U0201706

HANDBOOK OF
ELECTROPLATING PROCESS

简明电镀工艺手册

傅绍燕　编著

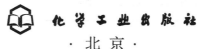
化学工业出版社
·北京·

本手册以电镀工艺及镀层镀液性能测试为主，共分9篇：第1篇电镀基本概念和基础资料（包括镀覆层选择及其厚度系列、镀覆层标识方法），第2篇电镀单金属（前处理、电镀单金属、贵重金属等），第3篇电镀合金（电镀防护性合金、装饰性合金、功能性合金、贵金属合金、非晶态合金以及电镀纳米合金等），第4篇特种材料电镀（铝、镁、锌、钛及其合金，不锈钢，粉末冶金件上电镀以及塑料电镀等），第5篇化学镀（化学镀镍、铜、锡、银、金、贵重金属，以及化学镀合金等），第6篇特种镀层镀覆工艺（刷镀、脉冲电镀、复合电镀、复合化学镀以及电铸等），第7篇金属转化处理工艺（钢铁的氧化、磷化处理，以及铝、镁、铜、钛及其合金氧化处理等），第8篇镀层及镀液性能测试，第9篇污染治理及职业安全卫生（清洁生产、节能减排、"三废"处理、职业安全卫生等）。

本手册内容全面，重点突出，实用性强，提供大量数据及图表，可供从事与电镀技术领域有关的设计、生产、科研等的工程技术人员、管理人员、院校师生等参考。

图书在版编目（CIP）数据

简明电镀工艺手册/傅绍燕编著 . —北京：化学工业出版社，2017.8（2022.9重印）
ISBN 978-7-122-29967-3

Ⅰ.①简… Ⅱ.①傅… Ⅲ.①电镀-技术手册
Ⅳ.①TQ153-62

中国版本图书馆 CIP 数据核字（2017）第 141338 号

责任编辑：赵卫娟 仇志刚 装帧设计：刘丽华
责任校对：吴 静

出版发行：化学工业出版社（北京市东城区青年湖南街 13 号 邮政编码 100011）
印 装：北京捷迅佳彩印刷有限公司
787mm×1092mm 1/16 印张 63 字数 1741 千字 2022 年 9 月北京第 1 版第 2 次印刷

购书咨询：010-64518888 售后服务：010-64518899
网 址：http://www.cip.com.cn
凡购买本书，如有缺损质量问题，本社销售中心负责调换。

定 价：298.00 元

前　言

　　电镀是金属表面处理工程的重要组成部分，电镀是对基体金属及非金属等表面进行防护、装饰以及获得某些特殊功能的一种工艺方法，是制造产业链中不可或缺的重要环节，广泛地应用于国民经济各工业部门及国防工业部门。

　　随着科学技术的进步和发展，对电镀技术提出了更高更新的要求。传统的电镀工艺技术需要不断改进和提高，电镀新工艺、新技术需要不断被研制和开发。而更重要的是要减少或防止对环境的污染，为人类生活创造一个无害的优美环境，这是金属表面处理科学发展的必然趋势。

　　依据电镀作业生产的实践，结合国内先进、成熟、实用的经验，吸收国外的先进技术，在收集及积累专业资料的基础上，结合 50 多年的从事电镀工作的经验，编写这本《简明电镀工艺手册》。手册力求能科学地反映我国电镀行业现状和发展水平。手册的编写力求完整性、规范性、实用性。完整性，本手册以电镀工艺、镀层镀液性能测试为主，内容较全面，重点突出，简明实用。在章节安排和内容取材上力求全面系统，涉及新的先进的生产工艺、先进技术，也顾及一些传统的、有效的通用电镀技术及生产作业方法。规范性，取材力求标准、规范，资料数据尽量准确可靠，充分应用现行标准、规范。手册突出实用性，根据电镀技术特点，比较全面、系统地对电镀工艺、镀层镀液性能检测的各个环节所涉及的基本问题逐一具体介绍，努力做到层次分明，对一些专门性的技术问题也做提示，并提供大量数据及图表，以供查阅。

　　电镀生产能耗高、污染重，所以节能、减排、治理污染就显得更为突出。本手册简要地介绍了电镀的清洁生产、节能、减排及污染治理等的要求、所采取的技术措施及处置方法等，以及有关环保的国家标准、法律、法规和政策。

　　由于电镀的生产特点，所以职业安全卫生也显得更为重要。应贯彻国家制定的职业病防治法，坚持"预防为主，防治结合"的卫生工作方针，落实职业病"前期预防"控制制度，保障劳动者健康。本手册也简要地介绍了电镀生产中的安全卫生隐患、应采取的预防和防范措施。

　　本手册由范国清、赵松鹤等同志校对。在编写过程中一些工厂提供了信息资料并得到了有关单位的支持和帮助，在此表示感谢！

　　本手册引用了有关手册、专著、期刊等的许多资料（数据、图表、公式等），在此谨向有关文献的作者和单位表示衷心感谢！

　　由于手册涉及面较广，编写时间仓促和编著者水平所限，疏漏和不妥之处在所难免，恳请读者批评指正，提出宝贵意见。

编著者

2017 年 9 月

目 录

第1篇　电镀基本概念和基础资料

第3篇 电镀合金

第 4 篇　特种材料电镀

第5篇 化学镀

第6篇　特种镀层镀覆工艺

第7篇　金属转化处理工艺

第8篇 镀层及镀液性能测试

第1篇　电镀基本概念和基础资料

第1章
电镀基本概念

1.1　概述

　　电镀是指在含有金属盐的电解质溶液中，根据电化学基本原理，借助直流电源，利用电解在作为阴极的工件表面形成均匀、致密、结合良好的金属或合金沉积的过程。

　　电镀是对基体金属或非金属表面进行防护、装饰以及获得某些特殊功能的一种工艺方法，广泛地应用于国民经济各工业部门及国防工业部门。

　　电镀过程是一种电化学沉积过程，也是一种氧化还原过程。电沉积的基本过程是将被镀零件浸在金属盐水溶液中作为阴极，金属板作为阳极，接通直流电源后，在被镀零件上沉积出金属镀层。电沉积过程也称为电结晶过程，这是因为镀层金属与一般金属一样，具有晶体结构，所以在阴极析出金属的过程也称为电结晶过程。

　　在形成金属晶体时又可分为同时进行的两个过程，即结晶核心（晶核）的生成过程和晶核生成后的成长过程。金属结晶的粗细程度，取决于结晶核心（晶核）的生成速度和晶核生成后的成长速度。如果晶核生成速度较快，而晶核生成后的成长速度较慢，则生成的晶核数目较多，晶粒较细；反之晶粒较粗。所以在电镀过程中当晶核的生成速度大于晶核的成长速度时，就能获得结晶细致、排列紧密的镀层。而晶核的生成速度大于晶核成长速度的程度越大，镀层结晶就越细致、紧密。结晶组织较细致的镀层，其防护性能和外观质量都较好。

　　实践表明，提高电沉积时的阴极极化作用，可以提高晶核生成速度，以获得结晶细致的镀层。但不能认为阴极极化作用越大越好，因为阴极极化作用超过一定范围，会在阴极上大量析出氢气，从而使镀层变得多孔、粗糙、疏松、烧焦，甚至是粉末状的，致使其质量下降。

1.2　电极电位

　　电极电位——金属与电解质溶液界面之间的电位差称为金属的电极电位。

　　平衡电极电位——金属浸在只含该金属盐的溶液中达到平衡时所具有的电极电位，称为该金属的平衡电极电位。

标准电极电位——当温度为 25℃，金属离子的有效浓度为 1mol/L（即活度为 1）时，测得的平衡电极电位，称为标准电极电位。

平衡电极电位的计算公式——能斯特方程式，其计算式如下：

$$\varphi_b = \varphi^{\ominus} + \frac{RT}{nF} \ln a$$

式中，φ_b 为该电极在不通电时所具有的电极电位，即平衡电极电位，V；$\varphi^{\ominus}$ 为标准电极电位，V；R 为气体参数；n 为参加电极反应的电子数；T 为热力学温度，等于 $273 + t$，℃；F 为 1 个法拉第电量，即 96500C；a 为离子的平均活度（有效浓度）。

上式简化后可写为：

$$\varphi_b = \varphi^{\ominus} + \frac{0.0591}{n} \ln a$$

由上式可知，当 $a = 1$ 时，$\varphi_b = \varphi^{\ominus}$，即活度等于 1 时的平衡电极电位就是标准电极电位。

【例】 25℃时，把铜浸入铜离子浓度为 0.1mol/L 的溶液中，其平衡电位可用能斯特方程式计算：

$$\varphi_b = \varphi^{\ominus} + \frac{0.0591}{n} \ln a$$
$$\varphi_b = \varphi^{\ominus} + \frac{0.0591}{2} \ln 0.1$$
$$= (+0.34V) + 0.0296 \times (-1)V$$
$$= +0.3104V$$

金属的电极电位的绝对值无法测量，是以氢的标准电极电位为零，与氢的标准电极电位比较测定的。

将标准电极电位按次序排列，叫作"电化序"。电化序反映了金属氧化、还原的能力。凡标准电极电位的数值较正的电极（金属），容易发生还原反应；而标准电极电位的数值较负的电极（金属），则容易发生氧化反应。对于电镀，电位越正的金属，如金（Au）、银（Ag）、铜（Cu）等，越易在比它电位负的金属如铁（Fe）的阴极上被还原析出（镀出）；而电位越负的金属，如铝（Al）、镁（Mg）、钛（Ti）等，则越不易被镀出。

金属在 25℃时水溶液中的标准电极电位[1]见表 1-1。

常用金属在海水中的电化序见表 1-2。

表 1-1 金属在 25℃ 时水溶液中的标准电极电位

酸性溶液		碱性溶液	
电极反应	标准电极电位 $\varphi^{\ominus}/V$	电极反应	标准电极电位 $\varphi^{\ominus}/V$
$K^+ + e \rightleftharpoons K$	−2.925	$H_2AlO_3^- + H_2O + 3e \rightleftharpoons Al + 4OH^-$	−2.350
$Ca^{2+} + 2e \rightleftharpoons Ca$	−2.870	$Zn(CN)_4^{2-} + 2e \rightleftharpoons Zn + 4CN^-$	−1.260
$Na^+ + e \rightleftharpoons Na$	−2.714	$Zn(OH)_2 + 2e \rightleftharpoons Zn + 2OH^-$	−1.245
$Mg^{2+} + 2e \rightleftharpoons Mg$	−2.370	$ZnO_2^{2-} + 2H_2O + 2e \rightleftharpoons Zn + 4OH^-$	−1.216
$Al^{3+} + 3e \rightleftharpoons Al$	−1.670	$WO_4^{2-} + 4H_2O + 6e \rightleftharpoons W + 8OH^-$	−1.050
$Ti^{2+} + 2e \rightleftharpoons Ti$	−1.630	$MoO_4^{2-} + 4H_2O + 6e \rightleftharpoons Mo + 8OH^-$	−1.050
$V^{2+} + 2e \rightleftharpoons V$	约−1.180	$Cd(CN)_4^{2-} + 2e \rightleftharpoons Cd + 4CN^-$	−1.030
$Mn^{2+} + 2e \rightleftharpoons Mn$	−1.180	$Sn(OH)_6^{2-} + 2e \rightleftharpoons HSnO_2^- + H_2O + 3OH^-$	−1.030
$Se + 2e \rightleftharpoons Se^{2-}$	−0.780	$Zn(NH_3)_4^{2+} + 2e \longrightarrow Zn + 4NH_3$	−0.960

续表

酸性溶液		碱性溶液	
电极反应	标准电极电位 $\varphi^{\ominus}/V$	电极反应	标准电极电位 $\varphi^{\ominus}/V$
$Zn^{2+}+2e \Longleftrightarrow Zn$	-0.763	$HSnO_2^-+H_2O+2e \Longleftrightarrow Sn+3OH^-$	-0.910
$Cr^{3+}+3e \Longleftrightarrow Cr$	-0.740	$SO_4^{2-}+H_2O+2e \Longleftrightarrow SO_3^{2-}+2OH^-$	-0.900
$Fe^{2+}+2e \Longleftrightarrow Fe$	-0.440	$2H_2O+2e \Longleftrightarrow H_2+2OH^-$	-0.828
$Cd^{2+}+2e \Longleftrightarrow Cd$	-0.403	$AsO_2^-+2H_2O+3e \Longleftrightarrow As+4OH^-$	-0.680
$In^{3+}+3e \Longleftrightarrow In$	-0.342	$AsO_4^{3-}+2H_2O+2e \Longleftrightarrow AsO_2^-+4OH^-$	-0.670
$Co^{2+}+2e \Longleftrightarrow Co$	-0.277	$SbO_2^-+2H_2O+3e \Longleftrightarrow Sb+4OH^-$	-0.660
$Ni^{2+}+2e \Longleftrightarrow Ni$	-0.250	$Cd(NH_3)_4^{2+}+2e \Longleftrightarrow Cd+4NH_3$	-0.597
$Mo^{3+}+3e \Longleftrightarrow Mo$	-0.220	$S+2e \longrightarrow S^{2-}$	-0.480
$Sn^{2+}+2e \Longleftrightarrow Sn$	-0.136	$Ni(NH_3)_6^{2+}+2e \Longleftrightarrow Ni+6NH_3$	-0.470
$Pb^{2+}+2e \Longleftrightarrow Pb$	-0.126	$Cu(CN)_2^-+e \Longleftrightarrow Cu+2CN^-$	-0.430
$Fe^{3+}+3e \Longleftrightarrow Fe$	-0.036	$Ag(CN)_2^-+e \Longleftrightarrow Ag+2CN^-$	-0.310
$2H^++2e \Longleftrightarrow H_2$	0.000	$CrO_4^{2-}+4H_2O+3e \Longleftrightarrow Cr(OH)_3+5OH^-$	-0.130
$[Ag(S_2O_3)_2]^{3-}+e \Longleftrightarrow Ag+2S_2O_3^{2-}$	$+0.010$	$Cu(NH_3)_2^++e \Longleftrightarrow Cu+2NH_3$	-0.120
$S+2H^++2e \Longleftrightarrow H_2S$	$+0.141$	$NO_3^-+H_2O+2e \Longleftrightarrow NO_2^-+2OH^-$	$+0.010$
$Sn^{4+}+2e \Longleftrightarrow Sn^{2+}$	$+0.150$	$Ag(SO_3)_2^{3-}+e \Longleftrightarrow Ag+2SO_3^{2-}$	$+0.300$
$Cu^{2+}+e \Longleftrightarrow Cu^+$	$+0.153$	$Ag(NH_3)_2^++e \Longleftrightarrow Ag+2NH_3$	$+0.373$
$HAsO_2+3H^++3e \Longleftrightarrow As+2H_2O$	$+0.247$	$O_2+2H_2O+4e \Longleftrightarrow 4OH^-$	$+0.401$
$BiO^++2H^++3e \Longleftrightarrow Bi+H_2O$	$+0.320$	$MnO_4^-+2H_2O+3e \Longleftrightarrow MnO_2（固）+4OH^-$	$+0.570$
$Cu^{2+}+2e \Longleftrightarrow Cu$	$+0.340$	—	—
$Cu^++e \Longleftrightarrow Cu$	$+0.521$	—	—
$H_3AsO_4+2H^++2e \Longleftrightarrow HAsO_2+2H_2O$	$+0.559$	—	—
$O_2+2H^++2e \Longleftrightarrow H_2O_2$	$+0.682$	—	—
$Fe^{3+}+e \longrightarrow Fe^{2+}$	$+0.771$	—	—
$Hg_2^{2+}+2e \Longleftrightarrow 2Hg$	$+0.789$	—	—
$Ag^++e \Longleftrightarrow Ag$	$+0.799$	—	—
$Rh^{3+}+3e \Longleftrightarrow Rh$	约$+0.800$	—	—
$Hg^{2+}+2e \Longleftrightarrow Hg$	$+0.854$	—	—
$NO_3^-+3H^++2e \Longleftrightarrow HNO_2+H_2O$	$+0.940$	—	—
$NO_3^-+4H^++3e \Longleftrightarrow NO+2H_2O$	$+0.960$	—	—
$Pd^{2+}+2e \Longleftrightarrow Pd$	$+0.987$	—	—
$Pt^{2+}+2e \Longleftrightarrow Pt$	$+1.190$	—	—
$O_2+4H^++4e \Longleftrightarrow 2H_2O$	$+1.229$	—	—
$Cr_2O_7^{2-}+14H^++6e \Longleftrightarrow 2Cr^{3+}+7H_2O$	$+1.330$	—	—
$Cl_2+2e \Longleftrightarrow 2Cl^-$	$+1.359$	—	—
$Au^{3+}+3e \Longleftrightarrow Au$	$+1.420$	—	—

续表

酸性溶液		碱性溶液	
电极反应	标准电极电位 $\varphi^{\ominus}/V$	电极反应	标准电极电位 $\varphi^{\ominus}/V$
$MnO_4^- + 8H^+ + 5e \rightleftharpoons Mn^{2+} + 4H_2O$	$+1.510$	—	—
$Au^+ + e \rightleftharpoons Au$	$+1.680$	—	—
$MnO_4^- + 4H^+ + 3e \rightleftharpoons MnO_2 + 2H_2O$	$+1.695$	—	—
$H_2O_2 + 2H^+ + 2e \rightleftharpoons 2H_2O$	$+1.770$	—	—
$S_2O_8^{2-} + 2e \rightleftharpoons 2SO_4^{2-}$	$+2.100$	—	—
$F_2 + 2e \rightleftharpoons 2F^-$	$+2.870$	—	—
$F_2 + 2H^+ + 2e \rightleftharpoons 2HF$	$+3.060$	—	—

表 1-2　常用金属在海水中的电化序

金属	电位/V	金属	电位/V	金属	电位/V
镁	-1.45	灰铸铁	-0.36	钛(工业用)	$+0.10$
锌	-0.80	铅	-0.30	银	$+0.12$
铝	-0.53	锡	-0.25	钛(碘化法)	$+0.15$
镉	-0.52	镍(活化)	-0.12	铂	$+0.40$
铁	-0.50	铜	-0.08	—	—
碳钢	-0.40	镍(钝化)	$+0.05$	—	—

1.3　电极的极化

当电流通过电极时，电极电位偏离其平衡电位值的现象，称为电极的极化。当有电流通过时，阴极的电位偏离其平衡电位向负的方向偏移的现象，称为阴极极化。当有电流通过时，阳极的电位偏离其平衡电位向正的方向偏移的现象，称为阳极极化。

电极通过的电流密度越大，电极电位偏离平衡电位的绝对值也越大，阴极上发生极化时，其电极电位随电流密度增大而不断变负；而阳极极化时，其电极电位随电流密度增大而不断变正。可用下列公式来描述电极的极化程度：

$$\Delta\varphi_k = \varphi_k - \varphi_{k\text{平}}$$
$$\Delta\varphi_A = \varphi_A - \varphi_{A\text{平}}$$

式中，$\Delta\varphi_k$ 为阴极过电位，过电位越大，电极极化的程度也越大；$\Delta\varphi_A$ 为阳极过电位，过电位越大，电极极化的程度也越大；φ_k 为阴极在某一定电流密度下的电极电位；φ_A 为阳极在某一定电流密度下的电极电位；$\varphi_{k\text{平}}$ 为阴极平衡电位；$\varphi_{A\text{平}}$ 为阳极平衡电位。

过电位 $\Delta\varphi$ 的数值越大（一般所说的过电位值，均指其绝对值），电极极化的程度也就越大。较大的阴极极化作用，往往有利于形成结晶细致的镀层。

电极的极化分为电化学极化和浓差极化两类。

(1) 电化学极化

当电极通电时，由于电极上的电化学反应速率小于电子运动速率，而引起的极化叫作电化学极化。

① 阴极电化学极化　当电极通电时，由于阴极上的电化学还原反应速率小于电子运动速率，这样电极表面就积累了过剩的电子（与未通电时的平衡状态相比），使得电极表面上的负电荷比通电前增多，电极电压向负的方向移动，这叫作阴极电化学极化。

② 阳极电化学极化　当电极通电时，由于阳极上金属原子放出电子的氧化反应速率小于电子从阳极流向外电源的速率，而在阳极上就有过剩的正电荷积累（金属离子），因此使阳极电位偏离平衡电位而变正，这叫作阳极电化学极化。

（2）浓差极化

当电极通电时，由于溶液中的离子扩散速率小于电子运动速率，而造成电极附近浓度的变化，由此引起的极化，叫作浓差极化。

① 阴极浓差极化　当电极通电时，由于阴极表面的电沉积反应，消耗位于阴极表面附近液层中的离子，由于离子扩散速率跟不上电极反应所消耗离子的速率，致使阴极表面附近液层中的离子浓度不断降低，造成与溶液深处离子浓度的差异。但由于阴极表面附近液层离子的缺乏，阴极上仍然会有电子的积累，使电极电位变负而极化，这种由于离子浓度差异而引起的极化称为阴极浓差极化。

② 阳极浓差极化　当电极通电时，由于阳极溶入溶液中的离子不能及时地向溶液内部扩散，导致阳极表面附近液层中的离子浓度增高，电极电位将向正方向移动，由此而引起的极化称为阳极浓差极化。

1.4　过电位及氢过电位

1.4.1　过电位

电极在给定的电流密度下的电极电位与其平衡电位之间的差值，称为该电极在给定电流密度下的过电位，或称过电势、超电势等。用下式表示：

$$\Delta\varphi = \varphi - \varphi_{平}$$

式中，$\Delta\varphi$ 为过电位；φ 为某电极在给定的电流密度下的电极电位；$\varphi_{平}$ 为其平衡电位。

阴极极化时，$\varphi < \varphi_{平}$，$\Delta\varphi$ 为负值；阳极极化时，$\varphi > \varphi_{平}$，$\Delta\varphi$ 为正值。$\Delta\varphi$ 的绝对值表明极化作用的程度，$\Delta\varphi$ 的绝对值越大，极化作用越大。影响过电位的因素很多，如电流密度，溶液温度、浓度，搅拌，电极材料及其表面状态等。

1.4.2　氢过电位

在给定的电流密度下，阴极上析氢的电极电位与其平衡电位之间的差值，称为氢过电位。用下式表示：

$$\Delta\varphi_H = \varphi_H - \varphi_{H平}$$

式中，$\Delta\varphi_H$ 为氢的过电位；φ_H 为在给定的电流密度下析氢的电极电位；$\varphi_{H平}$ 为其平衡电位。

氢过电位的大小决定着析氢过程的难易程度。氢过电位越大，析氢越困难；氢过电位越小，析氢越容易。氢过电位与阴极电流密度的关系，可用下面的经验公式表示：

$$\eta_H = a + b\,\lg D_K$$

式中，η_H 为氢过电位的绝对值（$\eta_H = |\Delta\varphi_H|$）；$a$、$b$ 为常数；D_K 为阴极电流密度。

a 常数的数值与电极材料性质、电极表面状态、溶液成分和浓度、溶液温度等因素有关；b 常数的数值变化不大，通常在 $0.10 \sim 0.15\text{V}$ 的范围内，见表 1-3。不同的金属，氢的过电位也不同，各种金属在 $1\text{mol/L}\ H_2SO_4$ 溶液中的氢过电位值[3]见表 1-4。

表 1-3　20℃时，氢在各种金属上析出时的 a 和 b 值

金属	溶液成分	a/V	b/V	金属	溶液成分	a/V	b/V
铅	0.5mol/L H_2SO_4	1.56	0.110	银	1mol/L HCl	0.95	0.116

续表

金属	溶液成分	a/V	b/V	金属	溶液成分	a/V	b/V
汞	0.5mol/L H_2SO_4	1.415	0.113	铁	1mol/L HCl	0.75	0.125
镉	0.65mol/L H_2SO_4	1.40	0.120	镍	0.11mol/L NaOH	0.64	0.150
锌	0.5mol/L H_2SO_4	1.24	0.118	钴	1mol/L HCl	0.62	0.140
锡	1mol/L HCl	1.24	0.116	钨	1mol/L HCl	0.23	0.140
铜	1mol/L H_2SO_4	0.80	0.115	铂[①]	1mol/L HCl	0.10	0.130

① 光滑的铂电极。

表 1-4　各种金属的氢过电位值（1mol/L H_2SO_4 溶液，16℃±1℃）

金属	电流密度/(A/dm²)				金属	电流密度/(A/dm²)			
	0.1	1	10	100		0.1	1	10	100
	氢过电位/V					氢过电位/V			
镉	0.98	1.13	1.22	1.25	黄铜	0.50	0.65	0.91	1.25
汞	0.90	1.04	1.07	1.12	铜	0.48	0.58	0.8	1.25
锡	0.86	1.08	1.22	1.23	银	0.47	0.76	0.88	1.09
铋	0.78	1.05	1.14	1.23	铁	0.40	0.56	0.82	1.29
锌	0.72	0.75	1.06	1.23	金	0.24	0.39	0.59	0.80
石墨	0.60	0.78	0.98	1.22	钯	0.12	0.30	0.70	1.00
铝	0.56	0.83	1.29	—	铂	0.024	0.07	0.29	0.68
镍	0.56	0.75	1.05	1.21	铂黑	0.015	0.03	0.04	0.05
铅	0.52	1.09	1.18	1.26					

1.5　析出电位

金属和其他物质（如氢气等）在阴极上开始析出的电位称为析出电位，也称放电电位。应当指出，析出电位仅指开始析出金属的电位，而绝不是把凡能镀出金属的任一电位都称为它的析出电位。

不同的金属，其析出电位不相同。析出电位越正的金属，越优先在阴极上析出。例如，在镀镍液中，铜离子杂质对镀层的影响远比锌离子杂质的影响大，这是因为铜在镀镍液中的析出电位比镍正，所以铜比镍容易在阴极上析出，而对镀层质量有显著影响。锌的析出电位比镍负，不易在阴极上析出，故无明显影响。

在电镀的实际生产中，为提高镀层质量，阴极电位都比金属的析出电位要负一定的数值，因为电镀不只是镀出金属，还要使镀出的金属满足一定的质量要求，如平整、致密、耐蚀等，这只有在适当大的阴极极化作用下才能达到，所以就要求相应大的电流密度。适当加大电流密度，可提高金属的沉积速度，提高生产率。在每一种金属层的电镀工艺中，都有一个电流密度范围，而此电流密度范围同时考虑了镀层质量和生产效率的要求。

在电镀过程中，在阴极上还会有氢气析出；在阳极上还会有氧气析出（即氢氧根离子的放电）。氢离子和氢氧根离子都有一个开始放电的析出电位与析出过电位，其数值与溶液成分、温度、电极材料及表面状态等有关。某些电极上析氧的过电位数值见表 1-5。

表 1-5　氧气开始析出（气泡）时的过电位数值

金属电极	析氧过电压 $\Delta\varphi_{O_2}$/V（在 1mol/L KOH 溶液中）	金属电极	析氧过电压 $\Delta\varphi_{O_2}$/V（在 1mol/L KOH 溶液中）	金属电极	析氧过电压 $\Delta\varphi_{O_2}$/V（在 1mol/L KOH 溶液中）
铂 Pt(镀铂)	0.25	铁(Fe)	0.25	镍(Ni)	0.06
钯(Pd)	0.43	铂 Pt(光滑)	0.45	镉(Cd)	0.43
金(Au)	0.53	银(Ag)	0.41	铅(Pb)	0.31

1.6　电化当量

1.6.1　常用金属及某些元素的电化当量

根据法拉第电解定律，电极上每析出（或溶解）1 克当量任何物质所需的电量为 96500 库仑（C）或 26.8 安培·小时（A·h），这个常数，一般称为法拉第常数。克当量就是物质原子量（M）与其化合价数（n）之比，即 M/n。

电化当量表示电解时每通过单位电量［库仑（C）或安培·小时（A·h）］所析出物质的量，单位为 g/C 或 g/(A·h)。按下式计算：

$$k = \frac{M}{nF}$$

式中，k 为电化当量，g/C 或 g/(A·h)；M 为物质的原子量；n 为物质的化合价数；F 为法拉第常数，96500C 或 26.8A·h。

电化当量的单位可用 mg/C 或 g/(A·h) 表示。在电镀计算时，电化当量的单位一般采用 g/(A·h)。

某些元素的电化当量列于表 1-6。

表 1-6　某些元素的电化当量

元素名称	元素符号	原子量	原子价	化学当量	电化当量 mg/C	电化当量 g/(A·h)
银	Ag	107.88	1	107.88	1.118	4.025
金	Au	197.2	1	197.2	2.0436	7.357
			3	65.7	0.681	2.452
铍	Be	9.013	2	4.507	0.0467	0.168
镉	Cd	112.41	2	56.21	0.582	2.097
氯	Cl	35.457	1	35.457	0.367	1.323
钴	Co	58.94	2	29.47	0.306	1.100
铬	Cr	52.01	3	17.34	0.180	0.647
			6	8.67	0.0898	0.324
铜	Cu	63.54	1	63.54	0.658	2.372
			2	31.77	0.329	1.186
铁	Fe	55.85	2	27.93	0.289	1.0416
			3	18.62	0.193	0.694
氢	H	1.008	1	1.008	0.010	0.0376

续表

元素名称	元素符号	原子量	原子价	化学当量	电化当量	
					mg/C	g/(A·h)
汞	Hg	200.61	1	200.61	2.079	7.484
			2	100.31	1.0395	3.742
铟	In	114.76	3	38.25	0.399	1.429
钾	K	39.100	1	39.100	0.405	1.459
钠	Na	22.991	1	22.991	0.238	0.858
镍	Ni	58.69	2	29.35	0.304	1.095
氧	O	16.00	2	8.00	0.0829	0.298
铅	Pb	207.21	2	103.61	1.074	3.865
钯	Pd	106.7	2	53.35	0.557	1.99
铂	Pt	195.23	2	97.62	1.0116	3.642
			4	48.81	0.506	1.821
铑	Rh	102.91	3	34.30	0.331	1.28
锑	Sb	121.76	3	40.6	0.421	1.514
锡	Sn	118.7	2	59.35	0.615	2.214
			4	29.68	0.307	1.107
钨	W	183.92	6	30.65	0.318	1.145
锌	Zn	65.38	2	32.69	0.339	1.220

注：表中数值均按电流效率100%计算。

1.6.2　金属合金的电化当量

金属合金的电化当量，按下式计算（以合金质量100g为基准）：

$$k_{a-b-c} = \frac{100}{\left(\dfrac{m_a}{k_a} + \dfrac{m_b}{k_b} + \dfrac{m_c}{k_c}\right)}$$

式中，k_{a-b-c} 为 a—b—c 合金的电化当量，g/(A·h)；k_a 为 a 金属的电化当量，g/(A·h)；k_b 为 b 金属的电化当量，g/(A·h)；k_c 为 c 金属的电化当量，g/(A·h)；m_a 为合金中 a 金属的质量，g；m_b 为合金中 b 金属的质量，g；m_c 为合金中 c 金属的质量，g。

计算示例：焦磷酸盐电镀 Zn、Ni、Fe 三元合金，其中 Zn 含量85%、Ni 含量10%、Fe 含量5%。Zn 的电化当量为1.220g/(A·h)、Ni 的电化当量为1.095g/(A·h)、Fe 的电化当量为1.0416g/(A·h)。则 Zn、Ni、Fe 三元合金的电化当量按下式计算：

$$k_{Zn-Ni-Fe} = \frac{100}{\left(\dfrac{85}{1.220} + \dfrac{10}{1.095} + \dfrac{5}{1.0416}\right)} = 1.196\text{g/(A·h)}$$

1.7　电镀溶液对镀层的影响

电镀溶液对镀层的影响因素有主盐特性、主盐浓度、附加盐和添加剂等。如表1-7所示。

表 1-7　电镀溶液对镀层的影响

影响因素	对镀层的影响
主盐特性的影响	电镀溶液中沉积镀层金属的盐叫作主盐,例如,硫酸盐镀锌溶液中的硫酸锌,就是主盐。依据主要放电离子存在的形式,可以把电镀溶液分为两大类:主盐金属以简单离子形式存在的镀液和主盐金属以配合离子形式存在的镀液 ① 一般来说,如果主盐是简单离子的盐,主要金属离子为简单离子的镀液,其阴极极化作用不大(铁、镍、钴的单盐溶液除外),所以镀层的晶粒较粗,镀液的分散能力也较差,例如硫酸盐镀锌、硫酸盐镀铜等 ② 如果主盐是络合盐,主要金属离子为配合离子的镀液,由于配合离子的离解能力较小,其阴极极化作用较大,所以镀层比较细致、紧密,镀液分散能力也较好,例如焦磷酸盐镀铜、铵盐镀锌、氰化物镀锌、氰化物镀铜等
主盐浓度的影响	在其他操作条件(如溶液温度、电流密度)不变的情况下,随着主盐浓度的增大,阴极浓差极化作用下降,降低了结晶核心生成的速度,所沉积的镀层的结晶晶粒较粗。阴极浓差极化随主盐浓度的增大而降低,这种规律对于某些电化学极化不太显著的单盐镀液(如单盐镀锌、铜、镉、锡、铅等)是比较明显的,而多数络合盐镀液却不十分显著,这是由于络合盐镀液的电化学极化较大,配合金属离子的浓度可以在较大范围内变化,同样能沉积出良好的镀层 主盐浓度低的镀液,不允许大的电流密度,但稀镀液结晶组织、分散能力都比浓镀液好,所以对形状比较复杂零件,往往采用低的主盐浓度
附加盐的影响	电镀溶液中,还常加入某些碱金属或碱土金属的盐类。例如: ① 导电盐　主要作用是提高镀液的导电性能,扩大阴极电流密度范围,在某些场合下它还能提高阴极极化作用,促使形成结晶细致的镀层。例如,硫酸盐镀镍溶液中加入硫酸钠和硫酸镁 ② 缓冲剂　一般由弱酸和弱酸的酸式盐组成。加入缓冲剂,能使溶液在遇到酸或碱时,pH 值变化幅度缩小。如镀镍溶液中的硼酸(H_3BO_3)、焦磷酸盐溶液中的磷酸氢二钠(Na_2HPO_4)等。任何缓冲剂都只能在一定的 pH 值范围内有较好的缓冲作用,例如硼酸(H_3BO_3)在 pH 4.3~6.0 有较好的缓冲作用,在强酸性或强碱性的溶液中就没有缓冲作用 ③ 阳极去极化剂　可降低阳极极化作用,能促进阳极活化,促进阳极溶解。如镀镍溶液中的氯化物,氰化镀铜溶液中的酒石酸盐和硫氰酸盐等
添加剂的影响	添加剂是指加入镀液中能改进镀液的电化学性能和改善镀层质量的少量添加物。添加剂包括如光亮剂、整平剂、润湿剂、阻化剂、助滤剂等 添加剂可分为无机和有机两类。无机添加剂多数采用硫、硒、铅、铋、锑等金属化合物。有机添加剂种类较多,电镀中广泛采用的是有机添加剂。添加剂能吸附在阴极表面或金属离子构成胶体-金属离子型的配合物,由于胶体与金属离子的结合牢固,阻碍了金属离子放电,从而提高阴极极化作用,使镀层细致均匀。到目前为止,还没有找到具有确切指导意义的理论,目前,还只能用试验的方法来确定某种添加剂适用于某种镀液
杂质的影响	镀液中的杂质,来自化学药品、不纯阳极、添加剂的分解、电镀过程中工件的溶解、清洗水质、工件没有清洗干净而带上道溶液中的物质以及管理和维护不当等。这些杂质会引起镀层结合不良,镀层表面麻点、针孔,有烧焦和失光等现象。杂质还会使镀液分散能力和覆盖能力变差,降低阴极电流效率,镀层应力增加,脆性增大等

1.8　工艺操作条件对镀层的影响

工艺操作条件对镀层的影响因素有电流密度、镀液温度、溶液搅拌、换向电流以及电流波形等。见表 1-8。

表 1-8　工艺操作条件对镀层的影响

影响因素	对镀层的影响
电流密度的影响	一般来说,阴极电流密度对镀层结晶结构有较大的影响。过低的阴极电流密度,阴极极化作用小,镀层结晶晶粒较粗;提高阴极电流密度,能增大镀液的阴极极化作用,促使镀层结晶细致。但由于电流密度增大而镀层结晶变细的程度不是很明显,其主要目的是加快沉积速度 各种镀液都有一定的电流密度范围,当电流密度低于下限时,阴极上沉积的镀层质量不好或甚至沉积不上镀层;当电流密度高于上限(或过大)时,由于阴极周围附近严重缺少金属离子,造成氢的析出,导致该处的 pH 值上升,形成金属碱式盐类附在金属镀层内,产生空洞、麻点、疏松、发黑或烧焦等现象。所以,任何镀液依据本身的工艺规范(如镀液浓度、温度、pH 值、溶液搅拌等),都有一个电流密度范围,是生产操作所必须遵守的 电流密度范围应依照电镀工艺及操作条件而定,如电镀溶液的浓度、pH 值、温度和搅拌等因素

影响因素	对镀层的影响
镀液温度的影响	在其他条件不变的情况下,升高镀液温度增大了离子的扩散速度,降低了阴极浓差极化;但升高镀液温度,也使离子脱水过程加快,离子和阴极表面的活性增强,电化学极化也降低等,而使镀层变粗 但升高镀液温度如若其他操作条件(如电流密度、镀液浓度等)与其配合恰当,也会取得良好效果。例如升高温度,加快金属离子的扩散速度,可以提高允许的阴极电流密度的上限值。此外,在很多电镀过程中(镀铬除外)随着镀液温度升高,阴极电流效率也提高;增大盐类的溶解度,改善阳极的溶解性等
溶液搅拌的影响	搅拌会加速镀液流动,使阴极附近的金属离子及时得到补充,因而降低阴极的浓差极化作用,在其他操作条相同的情况下,会使镀层结晶变粗。但搅拌后,可以提高允许的阴极电流密度的上限值,改善镀液的分散能力,能抵消搅拌而产生的结晶粗大现象,也可提高电流效率,加快镀层沉积 镀液搅拌方法有机械搅拌和压缩空气搅拌。机械搅拌通常采用阴极移动,阴极移动通常有水平移动和垂直移动两种,采用哪种移动方式按其具体条件而定,一般情况下,水平移动的效果好于垂直移动。对于镀液成分不受空气和二氧化碳影响的,可以采用压缩空气搅拌,如酸性镀铜、镍、锌等,焦磷酸盐镀铜、铜-锡合金、锌-铁-镍三元合金或其他焦磷酸盐镀液,以及铝及其合金阳极氧化处理槽液等。对于镀铁和任何氰化镀液,不宜采用压缩空气搅拌,因为它会使镀铁溶液中的 Fe^{2+} 氧化成 Fe^{3+};会使氰化镀液中的氰化物加速分解成碳酸盐 剧烈搅拌会冲击而带下阴极的细粒,并激起沉淀的各种固体杂质,而造成镀层粗糙,所以必须配合阳极包袋、阳极护管,必要时还要配合连续过滤装置
换向电流的影响	换向电流电镀,一般采用周期换向电镀(即电流方向周期变化的电镀)。一般认为在每个周期内将有一瞬间变成阳极,从而控制了晶体长大的时间,使之不能长得很粗大,同时还溶解镀层上的显微凸出部分,起整平作用。在氰化物镀液中采用周期换向镀铜、银、黄铜及其他金属时,能获得厚度均匀、平整的厚镀层;无氰络合盐镀液中采用周期换向电镀,也能得到良好的镀层。应用周期换向电镀,还能提高允许电流密度的上限。但是,周期换向电镀不是对任何镀液都有好处的,有时镀层的溶解造成污染,有些情况下,当镀件转为阳极时将会引起镀层钝化,而降低镀层的结合力
电流波形的影响	直流电源的电流波形尤其是纹波系数对电镀有影响,不同电镀工艺对直流电纹波系数的要求也不同,例如: ① 镀铬、酸性光亮镀铜、硫酸盐光亮镀锡、镀枪黑色锡-镍合金等,要求纹波系数越小越好,镀铬电源的纹波系数必须<5% ② 镀锌、镀镍、电化学除油等对波形无严格要求,均可采用,但用可控硅整流器时,其导通角不宜小 ③ 半光亮镀镍和光亮镀镍,纹波系数宜低些,采用普通低纹波输出直流电源,保证半光亮和光亮镀镍层质量,以保证后续套铬的质量 ④ 焦磷酸盐镀铜、氰化镀铜、铝阳极氧化等,直流的纹波系数可大些 ⑤ 电镀合金和复合电镀,合金电沉积一般要求保持镀层中合金成分比例无明显波动,并在宽的电流密度范围内合金成分保持比例一致,宜采用低纹波系数的直流电源,有利于提高镀层质量

1.9　电沉积时析氢对镀层的影响

在电镀水溶液中,由于水分子的离解,都存在一定量的氢离子。因此,任何镀液,无论是酸性、碱性或中性的,在适当的条件下,在阴极上析出金属的同时,往往还可能有氢气的析出。造成氢气析出的条件是:金属离子的沉积电位较负;氢的过电位小。

在酸性溶液中,水化的氢离子 H_3O^+ 转移到阴极表面附近,在阴极上脱水还原,生成的氢原子吸附在电极表面,两个吸附的氢原子结合成氢分子。其析氢反应为:

$$2H_3O^+ + 2e \longrightarrow H_2 + 2H_2O \qquad \varphi^\ominus = 0.0000V\ (氢的标准电极电位)$$

在碱性溶液中析氢反应为:

$$2H_2O + 2e \longrightarrow H_2 + 2OH^- \qquad \varphi^\ominus = -0.8280V\ (氢的标准电极电位)$$

氢气在阴极上析出对基体金属及镀层性质均有较大影响,会使基体金属产生氢脆,使镀层起泡、产生针孔和麻点。电沉积时析氢对镀层的影响见表 1-9。

表 1-9　电沉积时析氢对镀层的影响

析氢产生 的缺陷	析氢对镀层的影响
氢脆	氢脆是指金属内部渗入原子状态的氢而造成金属韧性下降而变脆的现象。氢离子在阴极析出后，一部分形成氢气析出，一部分以原子状态的氢渗入基体金属及镀层中而产生氢脆。这是由于渗入的氢原子楔入金属晶格内，使晶格畸变、歪扭，从而形成很大的内应力的缘故。氢脆有时会使镀层脆裂或造成镀层脱落，甚至镀件断裂（延迟断裂现象）。高强度钢及弹簧件、薄壁件对氢脆较为敏感，且强度越高，敏感性越大。不同的金属吸氢的程度各不相同，镀层金属中以铬吸氢程度最大（约占铬镀层质量的 0.45%）[1]，其次是铁族金属（Fe、Co、Ni，约占镀层质量的 0.1%）[1]，锌吸氢程度较小（约占镀层质量的 $0.001\%\sim0.01\%$）[1]，其他金属镀层的吸氢程度甚微，甚至没有。因此铬镀层受析氢的影响最大，它使镀层内应力增大，硬度变高，当镀层达到一定厚度时甚至产生龟裂 　　为了消除和减轻氢脆的影响，可在镀后采用除氢处理，温度一般为 $200\sim250℃$，保温时间为 $2\sim4h$。 　　有参考文献[3]指出，有一些氢脆不表现为延迟断裂现象，如电镀挂具（钢丝）经多次电镀及酸洗，渗氢严重，使用中经常一折就断裂；又如有的淬火零件（内应力大）在酸洗时便产生裂纹等。对于这些零件渗氢严重，无需外加应力就产生裂纹的情况，无法用高温除氢处理来恢复其原有性能
起泡	聚集吸附在基体金属微细孔内的氢，当周围介质的温度升高时，因体积膨胀对镀层施加压力，致使镀层产生小鼓泡，影响镀层质量。这种鼓泡常在锌、镉、铅的镀层中出现。这种小鼓泡有时在镀后就出现，有时要经过一段时间才出现，特别是在镀件边角或焊接处最易发生
空洞、麻点及针孔	氢在阴极析出后，经常呈气泡状黏附在阴极表面，而阻止金属在这些地方沉积，金属离子只能在这些气泡的周围放电沉积，如果氢气泡在整个电镀时间内总停留在表面，就会在镀层内形成空洞或贯通的缝隙；如果氢气泡在阴极表面上附着不牢，而间歇交替地逸出和黏附，就会在这些部位形成陷坑或点状穴，即成为麻点或针孔 　　应当指出，氢气的产生不一定就会造成麻点或针孔，如在镀铬或氰化镀铜时，虽有大量氢气析出，但造成镀层针孔的倾向很小，这是因为所产生的氢气不黏附在镀件表面而逸出液面。所以，造成镀层针孔必须有两个条件：第一氢气泡产生；第二产生的氢气泡黏附在镀件表面上 　　消除针孔等缺陷的方法： 　　① 减少氢气泡的产生，例如在镀镍溶液中加入双氧水，以它在阴极上还原替代氢离子的放电，减少氢气泡的产生，也使氢气泡容易脱离阴极而逸出 　　② 避免氢气泡在镀件表面黏附，向镀液中加入润湿剂（如十二烷基硫酸钠、海鸥洗涤剂等），降低金属/溶液间界面张力，提高镀液对金属的润湿能力 　　③ 阴极移动搅拌，使氢气泡尽快脱离镀件表面 　　④ 净化溶液，定期或连续过滤溶液，去除金属杂质及有机杂质，减少镀液中的杂质，减少氢气泡的黏附及在阴极表面的停留，对减少麻点亦很重要

1.10　基体金属对镀层的影响

　　基体金属对镀层的影响见表 1-10。

表 1-10　基体金属对镀层的影响

影响因素	对镀层的影响
基体金属材料性质的影响	基体金属材料性质的影响，主要是镀层与基体金属的结合力。影响镀层结合力的主要因素有金属的置换镀层和基体金属表面的氧化膜 　　① 置换镀层的影响　影响镀层与基体金属的结合力，与基体金属的化学性质有密切关系。如果基体金属的电位比镀层金属的电位负，在某些电解液中，在没有电流通过的情况下，镀层金属离子会被置换出来而附着在制件的表面上，这样所得镀层，称为"置换镀层"，或称为"接触镀层"。这种置换镀层与基体金属表面的结合往往是不好的，此后再在它上面所镀的镀层与基体金属结合力也就不好了 　　例如，铁电位比铜电位负，把钢铁件在硫酸铜电解液中镀铜，在未通电情况下，铜离子就被置换出来而附着在钢铁件的表面上，形成置换（接触）铜层，而大大影响后续的铜镀层与基体钢铁件的结合力。再如，钢铁件在焦磷酸盐电解液中镀铜或镀铜-锡合金，也有这样置换镀层的现象。解决的方法有采用预镀或在特定的溶液中进行电解活化 　　② 基体金属表面氧化膜的影响　有些金属特别容易在其表面生成一层极薄的氧化膜，如不经过处理，会影响基体与镀层的结合力。例如，像不锈钢等，容易在其表面上生成一层氧化膜，它具有保护金属不受腐蚀的作用，而被称为钝化膜。如果要在不锈钢表面电镀，这层用肉眼看不到的氧化膜，也足够影响其与镀层的结合力，必须进行活化处理，才能取得较好的结合力
基体金属与镀层金属膨胀系数差异的影响	基体金属与镀层金属膨胀系数差异较大时，当环境温度变化较大或在较高温度下进行电镀时，会影响其结合力，也容易产生内应力，影响镀层质量。例如，在铝及铝合金上电镀，因铝的线膨胀系数与许多镀层金属的线膨胀系数相差较大，当环境温度变化较大，甚至在加热条件下电镀时，也容易产生内应力而影响镀层质量

续表

影响因素	对镀层的影响
镀前零件加工性质的影响	零件的前加工状况和镀前准备工作,都会影响镀层质量 ① 铸造零件表面往往凹凸不平且多孔,在这样的表面上电镀,容易形成粗糙而多孔的镀层。生铁中的石墨,能降低锌的过电位,易造成氢的析出而影响镀层质量 ② 在加工有缺陷(如气孔、裂纹)的零件上电镀时,由于镀液易渗入零件的孔隙内,当镀件经过一段时间后,藏于孔隙内的镀液往外流渗出,腐蚀镀层金属,生成斑点状的腐蚀产物 ③ 钢铁件浸蚀时析出的氢气,尤其是当浸蚀时发生"过腐蚀"的零件表面,其氢的过电位大大降低,导致氢气的大量析出,氢气渗入基体金属而易产生氢脆,尤其高强度钢及弹簧件、薄壁件对氢脆较为敏感,生产中应注意避免
基体金属表面状态(粗糙度)的影响[3]	氢在粗糙表面上的过电位小于光滑表面,所以在粗糙表面上氢容易析出,从而影响镀层质量。如果氢在基体金属上的过电位,小于镀层在基体金属上的过电位,那时在刚入槽电镀时将有较多的氢气逸出,这时可以在开始通电时,采用短时间的大阴极电流密度"冲击",然后按正常的电流密度进行电镀,可以镀取均匀连续的镀层

1.11 分散能力和覆盖能力

1.11.1 概述

电镀质量的一个重要标志是金属镀层在镀件上分布的均匀性(分散能力)和完整性(覆盖能力),这在很大程度上决定镀层的保护性能。

(1) 分散能力

电解液的分散能力是指电解液所具有的使镀件表面镀层厚度均匀分布的能力,又称均镀能力。镀液的分散能力只说明镀件表面各部分镀层厚度的均匀程度,它不考虑复杂镀件的深凹处(如管状件的内壁等)是否镀上金属,只要镀层厚度越均匀,其分散能力也就越高。

(2) 覆盖能力

电解液的覆盖能力是指电解液所具有的使镀件表面的深凹处镀上金属的能力,又称深镀能力或遮盖能力。镀液的覆盖能力只说明镀件的凹处或深孔处有无镀层沉积,假如镀液能使形状复杂的镀件表面完全镀上金属,即使镀层厚度不均匀,也认为该镀液的覆盖能力是好的。覆盖能力越高,镀得越深。

在实际生产中,一般情况下,镀液的分散能力好,其覆盖深镀能力也好;分散能力差,其覆盖能力也差。但分散能力与覆盖能力是两种概念,不要混淆。

1.11.2 影响分散能力和覆盖能力的因素

根据电解定律,通过的电流(电量)越大,沉积出的金属就越多,其镀层就越厚,反之,镀层就越薄。镀层厚度的均匀程度与电流在镀件表面上是否均匀分布有直接关系。电镀时,即使是形状简单的且与阳极距离完全相等的平板零件上,由于电流的边缘效应(或尖端效应),电力线(离子运动的轨迹)容易在镀件的尖角、边缘上集中,电流密度比较大,因此镀层厚度较厚;而在中部电力线较少,电流密度较小,镀层厚度较薄(见图1-1)。对于凹凸不平或有深孔的复杂零件,还由于凹凸处与阳极的距离不同,电流密度在凹凸处分布也不同,致使镀层厚度也不同,甚至口径较小的深孔处沉积不上镀层。

影响分散能力和覆盖能力的因素有:阴极极化度、镀液导电性、阴极电流效率、基体金属性质和表面状态、电极和镀槽的几何因素等。

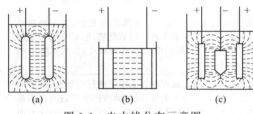

图1-1 电力线分布示意图
(a)电力线不完全平行;(b)电力线完全平行;
(c)电力线边缘效应

影响分散能力和覆盖能力的因素见表 1-11。

表 1-11　影响分散能力和覆盖能力的因素

影响因素	对分散能力和覆盖能力的影响
阴极极化度的影响	阴极极化度是指改变单位电流密度，所引起的电极电位改变的程度。阴极极化度以 $\Delta\varphi/\Delta D_K$ 表示。在一条阴极极化曲线上，不同线段内的极化度是不同的，即在不同电流密度的范围内，极化度是不同的。$\Delta\varphi/\Delta D_K$ 比值大，表示极化度大；比值小，表示极化度小 　　在电镀使用的阴极电流密度的范围内，较大的阴极极化度，才具有较高的分散能力和覆盖能力。所以，影响镀液分散能力和覆盖能力的是极化度，而不是极化值。这是因为阴极极化度大，它能促使电流在阴极表面上的实际分布比初次分布（初次电流分布是指不存在电极极化时，电流在电极表面上的分布）更为均匀，所以具有高的分散能力和覆盖能力 　　应当指出，如果在使用的阴极电流密度的范围内，极化度不大或者没有极化度，即使阴极极化值很高，则分散能力和覆盖能力是不能提高的。例如，镀铬液虽然有较大的阴极极化作用，而阴极极化度很小，所以它的分散能力很差 　　所以凡能提高阴极极化度的因素，都能提高分散能力和覆盖能力
镀液的导电性的影响	只有当镀液的阴极极化度不等于零时，增大镀液的导电性，才能改善电流在阴极表面均匀分布。当镀液的阴极极化度较大时，提高镀液的导电性，能显著地提高分散能力和覆盖能力。如果极化度极小甚至趋近于零时，增大导电性也不能改善电流在阴极表面均匀分布。例如，镀铬液的极化度几乎等于零，所以即使镀铬液的导电性很好，其分散能力和覆盖能力也很差
阴极电流效率的影响	沉积的金属在阴极表面上的分布不仅与电流（电流密度）分布有关，同时还与它在阴极上析出时的电流效率有关。所以，阴极电流效率对分散能力的影响，取决于阴极电流效率随阴极电流密度的改变而变化的程度。一般有下列三种情况： 　　① 阴极电流效率不随阴极电流密度而改变，例如，硫酸盐镀铜、硫酸盐镀锌就是这种类型。在这种镀液中，金属在阴极表面上的分布，实际上与电流在阴极表面上的分布相同。故这种镀液的阴极电流效率对分散能力没有影响 　　② 阴极电流效率随阴极电流密度增大而增大，例如，镀铬溶液是这类型中的典型例子。由于在近阴极上的电流密度大于远阴极上的电流密度；又由于阴极上电流密度大的部位，电流效率高，电流密度小的部位，电流效率低，这就使析出的金属在阴极表面上的分布更不均匀，降低了分散能力 　　③ 阴极电流效率随阴极电流密度增大而降低，例如，采用络合剂的镀液（如氰化物等）都是这种类型。由于阴极上电流密度大的部位，电流效率低；电流密度小的部位，电流效率高，这就使析出的金属在阴极表面上的分布更加均匀，提高了分散能力
基体金属性质和表面状态、粗糙度的影响	① 基体金属性质的影响　在不同材料上氢的过电位是不同的。如果氢在基体金属上的过电位，小于氢在镀层金属上的过电位，那么氢容易在基体金属上析出，而不容易在镀层金属上析出。金属和氢的过电位之间所存在的关系就可以这样表示：在某一金属上氢的过电位越大，金属本身的过电位越小，如下列顺序[1]： 　　　　　　　　　　　　　　氢的过电位增大 　　　　　　　　→→→→→→→→→→→→→→→→→→→→→→→ 　　　　　　Pt、Pd、Fe、Ag、Cu、P1①、Ni、Zn、Sn、Hg、Cd 　　　　　　←←←←←←←←←←←←←←←←←←←←←←← 　　　　　　　　　　　　　　金属的过电位增大 　　　　　　①原文献资料上是 P1，可能笔误，是否应是 Pb 　　虽然这个次序并不永远正确，但是这表明了：氢越容易析出的部分，金属就越难析出。在这种情况，如果电镀的基体金属上的氢过电位小于镀层金属上的过电位，那么在刚下槽电镀的一瞬间，将有大量氢析出，会影响镀层金属的均匀沉积。这时为了获得均匀连续的镀层，常常在最初通电时采用短时间的大电流密度进行"冲击"镀，以使基体金属表面很快地先镀上一层氢过电位大的镀层，然后按正常的电流密度进行电镀 　　在某些情况下，为改善镀层的连续性和保证镀层和基体金属的结合力，往往在基体金属上镀一层其他金属或合金作为底层或中间层 　　② 基体金属表面状态的影响　被镀基体金属的表面状态，对表面电流分布有着重大的影响。金属在有氧化膜、油污或被表面活性物质污染等的表面上的沉积，要比在净化的表面上困难得多，致使金属的沉积不均匀（金属将沉积在较易结晶的部位上），而且会显著降低其结合力。为促使金属在较难析出的部位上沉积，在开始电镀时使用较高的电流密度进行"冲击"镀，有可能获得较均匀的镀层 　　③ 基体金属表面粗糙度的影响　金属表面粗糙度，也会影响金属的沉积。因为在粗糙的表面上，其实际面积要比表观面积大得多，致使实际电流密度比表观电流密度小得多。如果某部位的实际电流密度太小，实际电极电位达不到金属的析出电位，那么该处就没有金属沉积。所以，在相同条件下，在表面粗糙度值小的表面上的覆盖能力要比在表面粗糙度值大的表面上的覆盖能力好。抛光过的表面具有最佳的覆盖能力，而喷砂的表面覆盖能力最差

影响因素	对分散能力和覆盖能力的影响
电极和镀槽的 几何因素的影响	这方面的影响因素,包括电极形状和尺寸、电极间的距离、电极在镀槽中的位置以及镀槽形状等,都会影响电流在阴极表面上的均匀分布,影响分散能力 　①尽量使阴极与阳极之间的距离趋于相等,使电流在阴极表面均匀分布。在实际生产中,为使复杂零件上电流分布均匀,常采用象形阳极,使零件各处与阳极间距离趋于相等,以提高其分散能力 　②增大阴极与阳极之间的距离,使阴极和阳极的距离之比减小,可以改善电流在阴极表面上的均匀分布,从而提高其分散能力 　③为使电流分布均匀,应将阳极和零件均匀地挂满整个镀槽,而不应该将阳极和零件只挂在镀槽的中间或一边

1.12　电流效率

电解时通过电流,在电极上实际析出(或溶解)物质的重量与理论计算应析出(或溶解)物质的重量之比,称为电流效率。

电流效率有阴极电流效率和阳极电流效率。电镀的阴极电流效率要小于100%,这是由于在阴极上除了析出金属外,还存在着副反应,如析出氢气等的缘故。阳极电流效率有时小于100%,有时大于100%,这是由于阳极上除了发生电化学溶解外,还进行着化学溶解。

电流效率是评定镀液性能的重要指标之一。电流效率高,加快镀层沉积速度,减少能耗。一般情况下,酸性镀液如酸性镀铜、酸性镀锌、镀镍等,电流效率接近100%;焦磷酸盐镀液的电流效率较高,一般大于90%;铵盐镀液的电流效率也较高,一般大于90%;氰化镀液的电流效率则较低,一般为60%~70%;镀铬溶液的电流效率更低,一般为12%~18%。

电镀溶液的阴极电流效率列于表1-12。

表 1-12　电镀溶液的阴极电流效率

电镀溶液	电流效率/%	电镀溶液	电流效率/%
普通镀铬	13	氰化镀银	95~100
复合镀铬	18~25	氰化镀金	60~80
自动调节镀铬	18~20	氯化物镀铁	90~95
快速镀铬	18~20	硫酸盐镀铁	95~98
镀镍	95~98	氟硼酸盐镀铅	95
硫酸盐镀锡	90	镀铂	30~50
碱性镀锡	60~75	镀钯	90~95
硫酸盐镀锌	95~100	镀铑	40~60
氰化镀锌	60~85	镀铼	10~15
锌酸盐镀锌	70~85	镀铋	100
铵盐镀锌	94~98	硫酸盐镀铟	50~80
硫酸盐镀铜	95~100	氯化物镀铟	70~95
焦磷酸盐镀铜	95~100	氟硼酸镀铟	80~90
酒石酸盐镀铜	75	氰化镀黄铜	60~70
氟硼酸盐镀铜	95~100	氰化镀低锡青铜	60~70
氰化镀铜	60~70	氰化镀高锡青铜	60
硫酸盐镀镉	97~98	镀铅-锡合金	100
铵盐镀镉	90~98	镀锡-锌合金	80~100

续表

电镀溶液	电流效率/%	电镀溶液	电流效率/%
氟硼酸盐镀镉	100	镀锡-镍合金	100
氰化镀镉	90~95	镀镉-锡合金	70

1.13　常用镀种对直流电源纹波系数的要求

纹波系数是指交流分量的总有效值电流与直流分量之比。有文献[10]指出，我国军标、航标均规定，镀铬电源的纹波系数必须<5%，其他电镀电源的纹波系数必须<10%。纹波系数直接影响镀层质量，选择电源时必须注意纹波系数与输出电流的对应关系。在同等条件下，电流越大，纹波系数越小；电流越小，纹波系数越大。因此，保证纹波系数，在实际生产中满足最低输出电流的要求，是非常重要的。不同电镀工艺对直流电纹波系数的要求也不同。纹波系数越小，波形越平直。常用镀种对直流电源纹波系数的要求见表 1-13，供参考。

表 1-13　常用镀种对直流电源纹波系数的要求

电镀种类	对纹波系数的要求
镀铬、酸性光亮镀铜、硫酸盐光亮镀锡、镀枪黑色锡-镍合金等	要求纹波系数越小越好，否则镀层易发灰、光亮范围变窄、光亮平整性不足等。这类镀种，对选用整流器的要求如下： ① 硅整流器，最好是带平衡电抗器的双反星形整流，其次是三相桥式或三相全波，单相硅整流不能用 ② 可控硅整流器，宜用十二相整流并带平波电抗器，不宜用一般可控硅整流器 ③ 高频开关电源，可以做到很小纹波，而且纹波系数非常稳定，不受输出电流的影响
镀锌、镀镍、电化学除油等	对波形无严格要求，均可采用。但用可控硅整流器时，其导通角不宜小。半光亮镀镍和光亮镀镍，对纹波系数的要求没有镀铬和酸性光亮镀铜那样高，采用普通低纹波输出直流电源，保证半光亮和光亮镀镍层质量，以保证后续套铬的质量
焦磷酸盐镀铜、氰化镀铜、铝阳极氧化等	直流的纹波系数大，可使镀层的光亮度好，阳极氧化件的着色效果好
电镀合金和复合电镀	合金电沉积，一般要求保持镀层中合金成分比例无明显波动变化，并在宽的电流密度范围内合金成分保持比例一致。采用低纹波系数的直流电源，有利于提高镀层质量

1.14　镀层硬度

各种镀层硬度见表 1-14。

表 1-14　各种镀层硬度

镀层名称	制取方法		硬度(HB)	镀层名称	制取方法		硬度(HB)
镀锌层	电镀法		50~60	镀铅层	电镀法		3~10
	喷镀法		17~25	镀银层	电镀法		60~140
镀镉层	电镀法		12~60	镀金层	电镀法		40~100
镀锡层	电镀法		12~20	镀铑层	电镀法		600~650
	热浸法		20~25	镀铂层	电镀法		600~650
镀铜层	电镀法	酸性镀铜	60~80	镀铬层	电镀法		400~1200HV
		氰化镀铜	120~150	镀铁层	电镀法	在热氯化物溶液中	80~150
	喷镀法		60~100			在冷氯化物溶液中	150~200
镀黄铜层	喷镀法		60~110			在硫酸溶液中	250~300

镀层名称	制取方法		硬度(HB)	镀层名称	制取方法	硬度(HB)
镀镍层	电镀法	在热溶液中	140～160	镀铝层	喷镀法	40～50
		在酸性高的溶液中	300～350	—	—	—
		在光亮镀镍溶液中	500～550			

注：镀液温度和电流密度对铬镀层的硬度有很大影响。镀液温度和阴极电流密度与镀层的硬度关系见第 2 篇电镀单金属，第 10 章镀铬，10.4.4 工艺规范的影响章节中表 10-8。

1.15 电镀基本计算

1.15.1 沉积金属质量、镀层厚度及电镀时间的计算

(1) 沉积金属质量的计算

在阴极上沉积金属的质量按下式计算：

$$m = \frac{CD_k st\eta_k}{60}$$

式中，m 为沉积金层的质量，g；C 为电化当量，$g/(A \cdot h)$；D_k 为阴极电流密度，A/dm^2；s 为电镀面积，dm^2；t 为电镀时间，min；η_k 为阴极电流效率，%。

(2) 镀层厚度的计算

镀层厚度按下式计算：

$$d = \frac{100CD_k t\eta_k}{60r}$$

式中，d 为镀层厚度，μm；C 为电化当量，$g/(A \cdot h)$；D_k 为阴极电流密度，A/dm^2；t 为电镀时间，min；η_k 为阴极电流效率，%；r 为镀层金属的密度，g/cm^3。

(3) 电镀时间的计算

镀层时间按下式计算：

$$t = \frac{60rd}{100CD_k \eta_k}$$

式中，t 为电镀时间，min；r 为镀层金属的密度，g/cm^3；d 为镀层厚度，μm；C 为电化当量，$g/(A \cdot h)$；D_k 为阴极电流密度，A/dm^2；η_k 为阴极电流效率，%。

1.15.2 阴极电流密度及电流效率的计算

(1) 阴极电流密度的计算

阴极电流密度按下式计算：

$$D_k = \frac{60rd}{100Ct\eta_k}$$

式中，D_k 为阴极电流密度，A/dm^2；r 为镀层金属的密度，g/cm^3；d 为镀层厚度，μm；C 为电化当量，$g/(A \cdot h)$；t 为电镀时间，min；η_k 为阴极电流效率，%。

(2) 阴极电流效率的计算

阴极电流效率按下式计算：

$$\eta_k = \frac{60rd}{100tD_k C}$$

式中，η_k 为阴极电流效率，%；r 为镀层金属的密度，g/cm^3；d 为镀层厚度，μm；t 为通过电流的时间，h；D_k 为阴极电流密度，A/dm^2；C 为电化当量，$g/(A \cdot h)$。

1.15.3　镀层沉积速度的计算

镀层沉积速度是指单位时间所镀上的镀层厚度，通常所采用的单位为 $\mu m/h$。沉积速度按下式计算：

$$v = \frac{60d}{t}$$

式中，v 为镀层沉积速度，$\mu m/h$；d 为镀层厚度，μm；t 为电镀时间，min。

1.15.4　镀层金属沉积时间与阴极电流密度的关系

金属铬的沉积时间与阴极电流密度的关系见表 1-15。金属的沉积时间与阴极电流密度的关系见表 1-16。合金的沉积时间与阴极电流密度的关系见表 1-17。

表 1-15　金属铬的沉积时间与阴极电流密度的关系

（当镀层厚为 10μm、电流效率为 13% 时）

阴极电流密度/(A/dm²)	5	10	15	20	30	40	50	60	70	80
沉积时间/min	200	100	67	50	34	25	20	17	15	13

表 1-16　金属的沉积时间与阴极电流密度的关系

（当镀层厚为 10μm、电流效率为 100% 时）

金属名称	阴极电流密度/(A/dm²)											
	0.10	0.25	0.50	1.0	1.5	2.0	2.5	3.0	4.0	5.0	10	20
	沉积时间(t)/min											
锌(Zn^{2+})	355	142	70	35	23	18	14	12	9	7	4	2
镉(Cd^{2+})	247	99	50	25	17	13	10	9	6	5	3	—
锡(Sn^{2+})	200	80	40	20	15	10	8	7	5	4	2	1
锡(Sn^{4+})	400	160	79	40	27	20	16	13	10	8	—	2
铜(Cu^{2+})	451	180	90	45	34	23	18	15	11	9	5	—
铜(Cu^+)	226	90	45	23	17	12	9	8	—	—	—	—
镍(Ni^{2+})	485	192	97	49	32	25	20	16	12	10	5	—
铁(Fe^{2+})	452	182	92	46	30	23	18	15	11	9	5	—
银(Ag^+)	157	63	31	16	11	8	6	—	—	—	—	—
金(Au^+)	160	64	32	16	10	8	6	—	—	—	—	—
铅(Pb^{2+})	176	70	36	18	12	9	7	6	4.5	4	2	1

注：如果阴极电流效率（η_k）不等于 100%，则金属的沉积时间（t'）可按下式计算：

$$t' = \frac{100t}{\eta_k}$$

表 1-17　合金的沉积时间与阴极电流密度的关系

（当镀层厚为 10μm、电流效率为 100% 时）

合金名称	阴极电流密度/(A/dm²)									
	0.2	0.4	0.6	1.0	2.0	3.0	4.0	5.0	6.0	10
	沉积时间(t)/min									
铜-锡(90Cu10Sn)	224	112	75	45	22.3	14.9	11.2	8.9	7.5	4.5
铜-锡(90Cu10Sn①)	124	62	41	25	12.4	8.2	6.2	4.9	4.1	2.4

续表

合金名称	阴极电流密度/(A/dm²)									
	0.2	0.4	0.6	1.0	2.0	3.0	4.0	5.0	6.0	10
	沉积时间(t)/min									
铜-锡(55Cu45Sn)	155	77	52	31	15.5	10.3	7.7	6.2	5.2	3.1
铜-锌(70Cu30Zn)	138	69	46	27.7	13.8	9.2	6.9	5.5	4.6	2.8
锌-铜(70Zn30Cu)	167	83	56	33.3	16.7	11.1	8.4	6.7	5.6	3.3
锡-锌(80Sn20Zn)	193	96	64	39	19.3	12.9	9.6	7.7	6.4	3.9
银-镉(95Ag5Cd)	81	41	27	16	8.1	5.4	4.1	3.2	2.7	1.6
铜-镍(75Cu25Ni)	231	115	76.9	46	23.1	15.4	11.5	9.2	7.7	4.6
铅-锡(93Pb7Sn①)	89.7	44.8	29.9	17.9	8.97	5.9	4.4	3.58	2.97	1.79
铅-锡(50Pb50Sn①)	94.8	47.4	31.6	19	9.5	6.3	4.7	3.8	3.2	1.9
锡-镍(65Sn①35Ni)	145	72	48	28.9	14.5	9.6	7.2	5.8	4.8	2.9
银-锑(95Ag5Sb)	84	42	28	16.8	8.1	5.6	4.2	3.4	2.8	1.7
镉-锡(70Cd30Sn①)	116	58	38.7	23.2	11.6	7.7	5.8	4.6	3.9	2.3
镍-铁(78Ni22Fe)	238	119	79.4	47.6	23.8	15.8	11.8	9.5	7.9	4.8
钴-镍(80Co20Ni)	243	122	81	48.6	24.3	16.2	12.1	9.7	8.1	4.9
锌-铁(85Zn15Fe)	182	91	61	36.4	18.2	12.1	9.1	7.2	6.1	3.6

① 金属价均为+2价。

注：1. 未加标记的铜为+1价；锡为+4价。合金中的各组分含量，均为质量分数。

2. 如果阴极电流效率（η_k）不等于100%，则金属的沉积时间（t'）可按下式计算：

$$t' = \frac{100t}{\eta_k}$$

1.15.5 镀层金属的质量

1μm 厚的镀层的质量见表 1-18。

表 1-18　1μm 厚的镀层的质量

金属镀层	符号	镀层质量		金属镀层	符号	镀层质量	
		mg/cm²	g/dm²			mg/cm²	g/dm²
银	Ag	1.05	0.105	铱	Ir	2.24	0.224
铝	Al	0.27	0.027	锰	Mn	0.72	0.072
金	Au	1.94	0.194	镍	Ni	0.89	0.089
铋	Bi	0.98	0.098	铅	Pb	1.13	0.113
镉	Cd	0.87	0.087	钯	Pd	1.20	0.120
钴	Co	0.89	0.089	铂	Pt	2.14	0.214
铬	Cr	0.71	0.071	铼	Re	2.06	0.206
铜	Cu	0.89	0.089	铑	Rh	1.25	0.125
铁	Fe	0.79	0.079	锑	Sb	0.67	0.067
镓	Ga	0.59	0.059	锡	Sn	0.73	0.073
锗	Ge	0.54	0.054	钛	Ti	1.19	0.119
铟	In	0.73	0.073	锌	Zn	0.71	0.071

1. 16 电镀零件面积的计算

由板材模压制成的、线材制成的、带材制成的镀件，如已知镀件的质量和厚度，则可用下列公式计算出镀件的表面积。而其他类型的镀件，应按其几何形状计算出各表面的面积（计算式参见数学资料），然后将各表面的面积加在一起，即得出镀件表面积。

（1）由板材模压制成的镀件的表面积计算

这类镀件的表面积（考虑到板材的端面积）按下式计算：

$$S = \frac{23g}{hr}$$

式中，S 为镀件表面积，cm^2；g 为镀件质量，g；h 为镀件厚度，mm；r 为镀件金属密度，g/cm^3。

（2）由线材制成的镀件的表面积计算

这类镀件的表面积按下式计算：

$$S = \frac{40g}{dr}$$

式中，S 为镀件表面积，cm^2；g 为镀件质量，g；d 为线材直径，mm；r 为镀件金属密度，g/cm^3。

（3）由带材制成的镀件的表面积计算

这类镀件的表面积按下式计算：

$$S = \frac{20g(a+b)}{abr}$$

式中，S 为镀件表面积，cm^2；g 为镀件质量，g；a 为带材厚度，mm；b 为带材宽度，mm；r 为镀件金属密度，g/cm^3。

（4）螺栓、螺帽、垫圈零件的概略表面积计算

这些种类零件的概略表面积计算，可以利用比例面积（零件的面积与其质量之比，单位为 dm^2/kg）来计算。螺栓、螺帽、垫圈零件的比例面积见图 1-2。

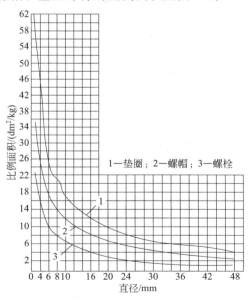

图 1-2 螺栓、螺帽、垫圈零件的比例面积图
（计算 22mm 螺帽的表面积，查表得出 1kg 螺帽约有 6dm² 面积）

第2章

镀覆层选择及其厚度系列

2.1 镀覆层选择

2.1.1 概述

防止金属腐蚀的方法大致可以分为表面保护层防腐蚀、阴极保护和腐蚀介质的处理三种方法，而主要的是表面保护层防腐蚀方法。

金属表面保护层防腐蚀方法的作用，在于将金属表面与周围介质隔离，从而可以防止或减少金属制品腐蚀，达到保护的目的，这是最普遍而最重要的金属防腐蚀方法。

根据构成表面保护层物质的不同，可以把保护层分为金属保护层、非金属保护层和化学转化膜保护层三类，此外，还有暂时保护层，如表 2-1 所示。表面防腐蚀保护层的分类示例见图 2-1。

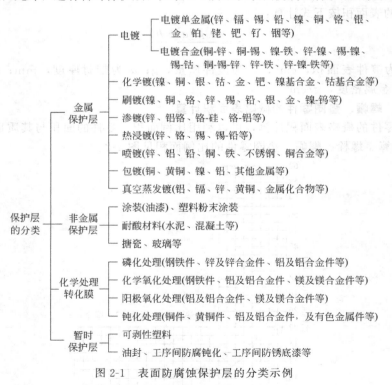

图 2-1 表面防腐蚀保护层的分类示例

表 2-1 表面防腐蚀保护层的分类

保护层分类	保护层的分类的作用
金属保护层	在金属制件上镀覆一层薄薄的另一种金属，使里面的金属与腐蚀介质隔开，这是一种有效地防止腐蚀的方法。这种保护层有电镀、化学镀、渗镀、热镀、喷镀、包镀等。金属保护层使用最普遍的主要是电镀层

保护层分类	保护层的分类的作用
非金属保护层	保护层的作用是将金属表面与周围介质隔离,从而防止或减少金属制品的腐蚀。非金属保护层即以非金属物质(包括有机和无机的)涂覆(或包覆)在金属表面上形成的,包括涂覆涂料、塑料、树脂、衬橡胶、搪瓷琅以及其他耐酸物质等,其中应用最广的是涂覆涂料及塑料粉末涂装
化学转化膜保护层	在金属制件上用化学或电化学处理的方法,在制件表面上形成转化膜,来防止金属制件的腐蚀,如钢铁件的磷化处理和氧化处理;有色金属的氧化处理和钝化处理。其中应用最广的是磷化处理

2.1.2　镀覆层选择考虑的因素

镀覆层选择必须考虑的因素如下。

① 零件的工作环境、储存和使用条件以及使用期限。

② 镀覆层的使用目的和要求。

③ 镀覆层与被镀零件材质、性能的适应性。

④ 镀覆层及其镀覆工艺不应降低基体材料的力学性能。

⑤ 被镀零件的种类、材料、前加工状态和性质。

⑥ 被镀零件的结构、形状、加工方法、表面粗糙度和尺寸公差。

⑦ 电镀层、化学处理转化膜层的特性和应用范围。

⑧ 镀层、化学转化膜与其互相接触金属（接触偶）的材料、性质。

⑨ 带有螺纹连接、压合、搭接、铆接、点焊、单面焊等的组件,因存在缝隙,原则上不允许在溶液中镀覆。

2.1.3　根据制品的用途选择金属镀覆层

目前应用于生产中的金属镀层有单金属镀层、合金镀层、化学镀层、化学及电化学转化膜等。根据制品的用途来选择金属镀层,参见表 2-2。

表 2-2　根据制品的用途选择金属镀覆层

用途		选择的金属镀层
防护		应用于大气或其他环境下防止金属腐蚀的镀层,例如钢铁件镀锌、镀镉等,以及防护性合金镀层,如镉-钛、锌-镍、锌-铁、锌-钴合金等,钢铁件的磷化处理、铝及其合金件的氧化处理等
防护装饰		应用于大气条件下,使基体金属既能防腐蚀又具有装饰美观的镀层,例如钢铁件的镀铜/镍/铬、镀镍/铜/镍/铬或镀铜-锡合金/镀铬等
修复		应用于已经被磨损的零件(如轴承、轧辊等)局部或整体加厚修复的镀层,例如镀硬铬、镀铁或镀铜等
赋予制品表面特殊的功能	耐磨	如镀硬铬、化学镀镍、复合镀以及铝及铝合金的硬质阳极氧化处理等
	减摩	如镀锡、镀钴-锡合金、银-锡合金、镀镍-磷合金复合镀层等
	反光	如镀银、镀装饰铬、镀铟等
	防反光	如镀黑镍、镀黑铬等
	导电	如镀铜、镀银、镀金、镀锡、镀金-钴合金、化学镀铜等
	电接触性	镀金、镀银、镀钯、镀铑、镀银-锑合金、银基复合镀层、金基复合镀层等
	磁性	如镀镍-铁合金、镍-钴合金、镍-钴-磷合金等
	焊接	镀锡、镀铬-锡合金、镀锡-铅合金、镀锡-铋合金、镀锡-铈合金、化学镀镍等
	抗氧化	镀铬、镀铂-铑合金、镀钴-碳化铬(Cr_3C_2)复合镀层等

续表

用途		选择的金属镀层
赋予制品表面特殊的功能	吸热	镀黑镍、镀黑铬、镀黑色铬-钴合金、铜的黑色氧化、镀锌发黑等
	耐酸	如镀铅等
	热处理的局部保护镀层	如防止局部渗碳的镀铜、防止局部渗氮的镀锡等

2.1.4　互相接触金属的镀层选择

不同金属、镀层互相接触时，在腐蚀性的环境中就会发生接触腐蚀，即活性较高的金属（阳极金属）加速腐蚀，而活性较低的金属（阴极金属）减缓腐蚀。故在选择互相接触的金属或镀层时，必须注意不同金属接触腐蚀的影响。选择互相接触的金属、镀层可参考表 2-3。

表 2-3　选择互相接触的金属、镀层的建议

接触材料	1 金银铂铑钯	2 铜、黄铜、青铜	3 铜镀镍	4 铜镀锡	5 铜镀银	6 铜镀镉	7 铜镀锌钝化	8 不锈钢	9 钢镀铬①	10 钢镀镍②	11 铅	12 锡(焊料)	13 钢③和铸铁	14 钢镀镉钝化	15 钢镀锌钝化	16 铝	17 铝氧化处理	18 锌合金钝化	19 镁合金钝化	20 硬铝氧化	21 铝镀锌钝化	22 铝镀铜④	23 钛及其合金	24 炭刷	25 涂装覆盖层
1 金、银、铂、铑、钯	0	1	01	1	1	0	12	2	0	0	1	2	2	2	2	2	2	2	2	2		2	—	—	
2 铜、黄铜、青铜	1	0	0	1	1	0	2	01	1	01	1	1	1	12	2	2	2	2	2	2	2	0	0	—	0
3 铜镀镍	01	0	0	0	01	01	2	0	01	0	0	0	1	12	12	2	12	1	1	12		12	0	—	0
4 铜镀锡	1	1	01	0	1	—	12	01	1	01	01	0	2	2⑦	2⑥	01	01	01	01	01	—	—	0	1	0
5 铜镀银	0	0	0	01	0	2	2	0	01	0	0	1	1	2	2		01		01				—		0
6 铜镀镉	12	2	2	—	2	0		2		2	12	2	12	0		01	01	01	12				2		1
7 铜镀锌钝化处理	2	2	2	12	2			2	2	2	12	2	1	2	0		01	01	01	01					
8 不锈钢	0	01	0	01	0	2	2	0	0	0	1	1	1	12⑤	2	2	2	1	1	0			0	—	0
9 钢镀铬①	0	1	01	1	01	2	2	0	0	0	0	0	0	1	1	2	2	2	2	01			0		0
10 钢镀镍②	1	01	0	01	01	12	2	0	0	0	0	0	0	01	12	12	2	12	1	12	0			0	0
11 铅	2	1	1	01	1	1	2	1	1	01	0	0	1	1	12	1	1	1							
12 锡(焊料)	2	1	1	0	1	2	0	0	0	0	0	0	12	01	01	01	01	0	0						
13 钢③和铸铁	2	1	12	2	2	12	2	1	0	0	1	12	0	2	2	2	2	2	2	2			—	2	—
14 钢镀镉钝化处理	2	12	12	2⑦	2	0	—	12⑤	2	12	1	01	2	0	2⑦	01	0	0	12	—		—	2	2	1

续表

接触材料	1	2	3	4	5	6	7	8	9	10	11	12	13	14	15	16	17	18	19	20	21	22	23	24	25
	金银铂铑钯	铜、黄铜、青铜	铜镀镍	铜镀锡	铜镀银	铜镀镉	铜镀锌钝化	不锈钢	钢镀铬①	钢镀镍②	铝	锡(焊料)	钢③和铸铁	钢镀镉钝化	钢镀锌钝化	铝氧化处理	锌合金钝化	镁合金钝化	硬铝氧化	铝镀锌钝化	铝镀铜④	钛及其合金	炭刷	涂装覆盖层
15 钢镀锌钝化处理	2	2	2	2⑥	2	—	0	2	2	12	1	01	2	2⑦	0	01	01	01	01	—	—	—	—	2	—
16 铝	2	2	12	01	2	01	01	2	2	2	1	12	2	2	01	0	—	1	—	12	—	1	—	2	0
17 铝氧化处理	2	2	1	01	2	01	01	1	1	2	1	1	2	2	01	01	0	1	—	1	—	1	—	—	—
18 锌合金钝化处理	—	2	1	01	2	01	01	2	—	—	2	12	1	2	—	—	0	—	—	—	01	—	—	—	01
19 镁合金钝化处理	2	2	2	01	2	12	01	01	2	2	1	2	12	01	12	01	12	01	0	12	01	12	01	1	0
20 硬铝氧化处理	—	2	1	01	—	—	—	1	01	—	—	—	—	—	—	—	0	—	—	—	—	—	1	—	0
21 铝镀锌钝化处理	—	2	—	—	—	—	—	—	—	—	—	—	—	—	—	1	—	—	—	—	0	0	2	—	—
22 铝镀铜④	—	0	—	—	—	—	—	—	—	—	—	—	—	—	—	2	—	—	—	—	2	0	—	—	0
23 钛及其合金	—	0	0	0	0	2	0	0	0	—	—	—	—	2	—	2	1	—	—	—	—	—	0	—	0
24 炭刷	—	—	1	—	—	—	—	—	—	—	—	—	—	2	2	—	—	—	—	—	—	—	—	0	—
25 涂装覆盖层	—	0	0	0	0	1	0	0	0	—	—	—	—	1	—	—	—	—	—	—	—	—	—	—	0
备注	注解:①铜、镍、铬复合镀层;②铜、镍复合镀层;③碳素钢和低合金钢;④锌、铜复合镀层;⑤1Cr18Ni9Ti 的不锈钢;⑥沿海地区(无工业大气影响)属 1 级;⑦沿海地区(无工业大气影响)属 0~1 级 等级:0——不引起接触腐蚀(可安全使用) 1——引起接触腐蚀,但影响不严重(在大多数的场合下可以使用,热带海洋条件例外) 2——引起严重的接触腐蚀,如热带海洋环境条件下(在人工气候调节的干燥室内或设备密封良好的条件下可以使用)																								

2.1.5　钢铁零件防护体系的选择

各种金属零件,如铁基合金、铝及铝合金、镁合金、铜及铜合金及钛合金等,在大气环境中工作的机械零件,需要有保护层,有时还需要具有特殊功能。根据材料特性及所要求的防腐、装饰、特殊功能等,来选择其防护体系。下面介绍各种金属零件在大气环境中各种条件下防护体系的选择[5],供参考。

碳钢、合金钢、铸铁、铸钢及含铬 18% 以下的耐蚀钢等,抗蚀能力不强,在大气、水、海水及海洋环境中容易腐蚀,除在液压油中工作外,通常需要防护层。含铬 18%(质量分数)以上的耐蚀不锈钢除有特殊要求外,一般不需要防护层,为增加抗蚀能力,需进行钝化处理。

钢铁零件除防护、装饰外，有时还需具有特殊功能，如高硬度、耐磨、导电、反光、防反光、磁性、耐酸以及热处理的局部保护镀层等。钢铁零件防护体系的选择见表 2-4。

表 2-4　钢铁零件防护体系的选择

防护层用途		防 护 层
防腐蚀	大气中（常温）	镀锌、热浸锌、喷锌、镀镉、离子镀铝、双层镀镍、镀乳白铬、镀锡-锌合金（代镉）、镀镉-钛合金（代镉）、磷化处理后经钝化涂油等
	大气中（<500℃）	镀镍、镀黄铜、镀乳白铬、镍镉扩散层、镀锌-镍合金
	油中	氧化处理（发蓝）
	水中（>60℃）	镀镉
	海水和海雾中	镀镉、镀锌-镍合金、镀镉-钛合金（代镉）、镀锡-锌合金（代镉）等
	低脆性	镀镉-钛合金、松孔镀镉
防护装饰		镀铜/镍/铬镀层、镀镍/铬镀层、镀铜-锡合金/铬镀层、镀锌-铜合金/铬镀层、镀锌-铁合金/铬镀层、镀锌-镍-铁合金/铬镀层、镀锡-镍合金镀层、镀锡-钴合金镀层、镀黑镍、镀枪色镍、镀黑铬、镀银、镀铑、镀金及其合金、镀仿金合金、光亮镀锌和镀镉经铬酸盐钝化和着色、钢铁件氧化处理后浸油等
高硬度、耐磨		镀硬铬、松孔镀铬、化学镀镍、镀铁（镀后渗碳）、镀铑、镀铬-钼合金、镀锡-镍合金、镀银-锑合金等
高温耐磨		镀铬-镍合金
减小摩擦		镀硬铬、镀铅-锡合金、镀铅-锡-铜合金、镀锡-铜-锑合金、镀铅-铟合金、镀银、镀银-铅-铟合金等
导电		镀铜、镀锡、镀银、镀金、镀金-钴合金等
可焊接性		镀锡、镀铅-锡合金、镀锡-铈合金、镀锡-铈-锑合金、镀锡-铋合金、镀锡-银合金、镀锡-锌合金
便于钎焊		镀铜、镀锡、镀镍、镀银、镀铅-锡合金
磁性		镀镍、镀镍-铁合金、镀镍-钴合金、镀镍-磷合金、镀镍-钴-磷合金
反光		镀银、镀装饰铬、镀铟、镀铑、高锡青铜、镀铝（真空蒸发获得）等
防反光		镀黑镍、镀黑铬等
防粘接		镀铜、镀银、磷化
抗氧化		镀铬、镀铂-铑合金
耐酸		镀铅等
食品工业中的容器		镀锡（与食品接触的表面镀锡，镀锡层耐有机酸且无毒）
氧气系统防护		镀锡、镀锡-铋合金
便于橡胶粘接		镀黄铜
涂装底层		磷化可作油底层
润滑层		磷化膜经肥皂液处理，可用作钢件冷挤压、拉伸的润滑层
绝缘		磷化
防渗碳、防渗氮保护		局部防止渗碳的镀铜，局部防止渗氮的镀锡
轴承表面镀层		镀铅-锡合金、镀铅-锡-铜合金（用作轴瓦、轴套等减摩）
修复镀层		修复磨损件的镀铬、镀铁
标志		镀黑铬、镀黑镍、黑色磷化、氧化

2.1.6　铝及铝合金零件防护层的选择

铝及铝合金的表面处理方法及镀覆层的选择见表 2-5。

表 2-5　铝及铝合金的表面处理方法及镀覆层的选择

防护层用途	表面处理方法及镀覆层
防腐蚀(大气环境)	硫酸阳极氧化处理并封闭
染色	硫酸阳极氧化处理后着色
装饰	瓷质阳极氧化、微弧阳极氧化、缎面阳极氧化或沙面阳极氧化、铝件经化学抛光或电解抛光后,进行硫酸阳极氧化处理后并着色、镀铜/镍/铬镀层
保持较高的抗疲劳性能	铬酸阳极氧化、化学氧化或硫酸、硼酸复合阳极氧化
耐磨	硬质阳极氧化、镀硬铬、松孔镀铬、化学镀镍
润滑性	镀铜/镀锡、镀铜/热浸锡、镀铜/镀锡-铅合金
绝缘	草酸阳极氧化、硬质阳极氧化
胶接	磷酸阳极氧化、铬酸阳极氧化、薄层硫酸阳极氧化
导电	镀铜、镀锡、镀铜/银、镀铜/金、镀铜/镍/铑、化学氧化等
便于(改善)钎焊	化学镀镍、化学镀铜、镀锡、镀锡-铅合金、镀镍、镀铜/镍
提高与橡胶粘接结合力	镀黄铜
消光	黑色阳极氧化或喷砂后阳极氧化
电磁屏蔽	化学镀镍
涂装底层	化学氧化、铬酸阳极氧化、硫酸阳极氧化或阿罗丁处理
识别标记	硫酸阳极氧化后着色

2.1.7　镁合金零件防护层的选择

镁合金的表面处理方法及防护层的选择见表 2-6。

表 2-6　镁合金的表面处理方法及防护层的选择

防护层用途	表面处理方法及防护层
防腐蚀、防护装饰	磷化、化学氧化、阳极氧化、微弧阳极氧化等,处理后进行涂装、化学镀镍-铜-磷合金
高硬度、耐磨	镀硬铬、化学镀镍
导电	镀铜、镀锡、化学镀镍-铜-磷合金
导电、耐蚀、抗磨蚀	通信卫星遥测、遥控全向天线镁合金镀金(多层电镀:铜/银/金镀层)
涂装底层	磷化、化学氧化、阳极氧化

2.1.8　铜及铜合金零件防护层的选择

铜及铜合金零件防护层的选择见表 2-7。

表 2-7　铜及铜合金零件防护层的选择

防护层用途		表面处理方法及防护层
防腐蚀	大气中(常温)	镀锌、镀镉、镀铬、钝化(或再涂清漆、虫胶漆)
	油中	钝化

续表

防护层用途	表面处理方法及防护层
防护装饰	镀镍、镍/铬镀层、化学氧化（或再经涂油或涂清漆）
减缓接触腐蚀	镀镉、镀锌
提高硬度、耐磨	镀硬铬、化学镀镍
减小摩擦	镀铅、镀银、镀铅-锡合金、镀铅-铟合金、镀铅-锡-铜合金、镀锡-铜-锑合金、镀银-铅-铟合金
导电	镀锡、镀银、镀金、镀金-钴合金等
消光	黑色氧化、镀黑镍、镀黑铬
便于钎焊	镀锡、镀银、镀铅-锡合金、镀锡-铋合金、化学镀锡
插拔耐磨	镀银后镀硬金、镀银后镀钯、镀铑
氧气系统防护	镀锡、镀锡-铋合金
防烧伤、防粘接	镀银后镀金
涂装底层	化学氧化、钝化

2.1.9　钛合金零件防护层的选择

钛合金零件防护层的选择[5]见表 2-8。

表 2-8　钛合金零件防护层的选择

防护层用途	表面处理方法及防护层
耐磨	镀硬铬
防止接触腐蚀	阳极氧化、离子镀铬、无机盐中温铝涂层
防止缝隙腐蚀	镀钯、镀铜、镀银
防止气体污染	阳极氧化
防止热盐应力腐蚀	化学镀锡
防着火	镀铜、镀镍、离子镀铝、钝化
阻滞吸氢脆裂	阳极氧化

2.1.10　其他金属零件防护层的选择

其他金属零件防护层的选择见表 2-9。

表 2-9　其他金属零件防护层的选择

金属零件	防护层用途	表面处理方法及防护层
锌合金压铸件	防护装饰	镀铜/镍/铬、镀金、仿金电镀、镀黑色珍珠镍、镀缎面镍、镀铜/锡-钴合金镀层、亚光镀层(铜/光亮镍/铬镀层)
	装饰	镀金、仿金电镀、镀枪色镍、镀缎面镍、滚镀铜/滚镀锡-钴合金
	涂装底层	磷化
粉末冶金铁基制品	防护	镀锌、镀镉等(后进行涂覆涂层)
	防护装饰	镀铜/镍/铬、镀镍/铬、镀黑铬、氧化发黑

金属零件	防护层用途	表面处理方法及防护层
钕铁硼磁性材料零件	防护	镀锌、镀锌-铁合金、磷化
	防护装饰	镀暗镍/镀亮镍、镀半亮镍/镀亮镍、镀暗镍/镀铜/镀亮镍、碱性化学镀镍/酸性化学镀镍
	装饰	镀镍/金
	外观和改善焊接	镀暗镍/焦磷酸盐镀铜/酸性镀锡、镀暗镍/焦磷酸盐镀铜/镀亮镍/酸性镀锡、镀镍/银

2.2　镀覆层厚度系列

2.2.1　概述

各种镀层的厚度取决于使用环境条件、使用寿命以及镀层类型等因素。各种镀层厚度系列中所涉及的镀层类型及服役环境条件等，分别叙述如下。

(1) 镀层类型

① 铜镀层类型　铜镀层用下列符号表示：

a——表示从酸性溶液中镀出的延展、整平性铜。

② 镍镀层类型　镍镀层的种类用下列符号表示：

b——表示全光亮镍。

p——表示机械抛光的暗镍或半光亮镍。

s——表示非机械抛光的暗镍、半光亮镍或缎面镍。

d——表示双层或三层镍。

dp——表示从预镀溶液中电沉积的延展性镍。

双层或三层镍的有关要求见表 2-10。

表 2-10　双层或三层镍电镀层的要求

层次 (镍层类型)	延伸率 /%	含硫量 (质量分数)/%[①]	厚度占总镍层厚度的百分数/%	
			二层	三层
底层(s)	>8	<0.005	≥60	50~70
中间层(高硫)	—	>0.15	—	≤10
面层(b)	—	>0.04 和<0.15	10~40	≥30

① 规定镍层的含硫量是为了说明所用的镀镍溶液种类。

③ 铬镀层类型　铬镀层的类型和厚度用下列符号表示：

r——表示普通铬（常规铬），厚度为 $0.3\mu m$。

mc——表示微裂纹铬[①]，厚度为 $0.3\mu m$。

mp——表示微孔铬，厚度为 $0.3\mu m$。

① 某些工序为达到所必需的裂纹样式，要求坚硬、较厚的（约 $0.8\mu m$）铬镀层。在这种情况下，镀层标识应包括最小局部厚度，如：Cr mc (0.8)。

(2) 镀层服役环境条件

镀层的各类服役环境条件的举例：

5——极其严酷，在极严酷的室外环境下服役，要求长期保护基体。

4——非常严酷，在非常严酷的室外环境下服役。

3——严酷，在室外海洋性气候或经常下雨潮湿的室外环境下服役。

2——中度，在可能产生凝露的室内环境下服役。

1——温和，在气氛温和干燥的室内环境下服役。

(3) 表示基体金属的化学符号

表示基体金属（或合金基体中的主要金属）的化学符号，后接一斜线"/"，如下所示：

Fe/——表示基体为钢铁。

Zn/——表示基体为锌或锌合金。

Cu/——表示基体为铜或铜合金。

Al/——表示基体为铝或铝合金。

Mg/——表示基体为镁或镁合金。

Ti/——表示基体为钛或钛合金。

PL/——表示基体为塑料。

2.2.2 锌镀层厚度系列及应用范围

(1) 锌镀层厚度

锌镀层厚度取决于使用条件。在国标 GB/T 9799—2011《金属及其他无机覆盖层 钢铁上经处理的锌电镀层》（本标准使用翻译法等同采用 ISO 2081：2008《金属及其他无机覆盖层 钢铁上经处理的锌电镀层》）的附录 C 中（资料性附录）表示出锌镀层厚度与制品使用条件的关系，见表 2-11。

表 2-11　锌电镀层＋铬酸盐转化膜中性盐雾试验的耐蚀性

镀层标识（部分）	使用条件号	使用条件	中性盐雾试验持续时间/h
Fe/Zn5/A			
Fe/Zn5/B	0	完全用于装饰性	48
Fe/Zn5/F			
Fe/Zn5/C			
Fe/Zn5/D			
Fe/Zn8/A	1	温暖、干燥的室内	72
Fe/Zn8/B			
Fe/Zn8/F			
Fe/Zn8/C			
Fe/Zn8/D			
Fe/Zn12/A	2	可能发生凝露的室内	120
Fe/Zn12/F			
Fe/Zn12/C			
Fe/Zn12/D			
Fe/Zn25/A	3	室温条件下的户外	192
Fe/Zn25/F			
Fe/Zn25/C		腐蚀严重的户外	
Fe/Zn25/D	4	（如海洋环境或工业环境）	360

说明：表 2-11 中给出了各种使用条件下达到防护要求的厚度值（即锌电镀层经铬酸处理后的最小局部厚度）。

① 对于某些重要的应用，使用条件为 3 时，锌电镀层的最小厚度建议由 14μm 代替 12μm。

② 对于直径不到 20mm 的螺纹件，镀层的最小厚度建议为 10μm；对于铆钉、锥形针、开口销和垫片之类的工件，其镀层的最小厚度建议为 8μm。

③ 漂洗和烘干　对于六价铬转化膜，为防止六价铬酸盐的溶解，如果铬酸盐处理后用热水漂洗，则漂洗时间应尽可能短。为防止铬酸盐膜脱水产生裂纹，工件的干燥温度应与所采用的铬酸盐类型保持一致（通常最高干燥温度为 60℃）。

④ 表 2-11 中的中性盐雾试验持续时间为基体金属腐蚀（红锈）开始时，锌＋铬酸盐转化膜的中性盐雾的耐蚀性。

⑤ 锌电镀层腐蚀（白锈）开始时铬酸盐转化膜的耐蚀性，见表 2-12。

表 2-12　锌电镀层腐蚀（白锈）开始时铬酸盐转化膜的耐蚀性

铬酸盐转化膜代号	中性盐雾试验时间/h	
	滚　镀	挂　镀
A	8	16
B	8	16
C	72	96
D	72	96
F	24	48

注：铬酸盐转化膜代号见表 2-13。

（2）铬酸盐转化膜和其他辅助处理的标识

① 铬酸盐转化膜标识　表 2-13 列出了铬酸盐转化膜代号（标识）及每类铬酸盐转化膜按 ISO 3892 测出的大致表面密度（单位面积的质量）。

表 2-13　铬酸盐转化膜的类型、外观和表面密度（GB/T 9799—2011）

类型		典型外观	膜层表面密度 ρ_A /(g/cm²)
代号	名称		
A	光亮膜	透明,透明至浅蓝色	$\rho_A \leqslant 0.5$
B	漂白膜	带轻微彩虹的白色	$\rho_A \leqslant 1.0$
C	彩虹膜	偏黄的彩虹色	$0.5 < \rho_A < 1.5$
D	不透明膜	橄榄绿	$\rho_A > 1.5$
F	黑色膜	黑色	$0.5 \leqslant \rho_A \leqslant 1.0$
备注		表中对铬酸盐涂层的描述不一定是指色漆和清漆附着的改善。所有的铬酸盐膜可能含有或不含六价铬离子 B 类型的漂白膜为两步骤工艺	

转化膜的封闭：为了进一步提高耐蚀性，铬酸盐转化膜可以进行封闭处理。封闭是在铬酸盐膜上涂上有机物或无机物，也可以增强铬酸盐膜在高温下的耐蚀性。转化可以通过在转化膜上浸或喷聚合物的水溶液，也可以通过在铬酸盐转化液中加入合适的有机物来进行。

② 其他辅助处理的标识　如果需要进行其他辅助处理（非转化后处理），其代号标识见表 2-14。

表 2-14　非转化后处理 （GB/T 9799—2011）

代号	处理类型	代号	处理类型
T1	涂覆涂料、粉末涂层或类似材料	T3	有机染色
		T4	涂动物油脂或其他润滑剂
T2	涂覆有机或无机封闭剂	T5	涂蜡

（3）锌电镀层标识示例

锌电镀层标识，按以下顺序明确指出基体材料、降低应力的要求、底镀层的类型和厚度（有底镀层时）、锌电镀层的厚度、镀后热处理的要求、转化膜的类型和/或辅助处理。

① 基体材料的标识　应用其化学符号标识，如果是合金，则应标明主要成分。例如，Fe 表示铁或钢、Zn 表示锌及锌合金、Cu 表示铜及铜合金、Al 表示铝及铝合金。

② 热处理要求的标识　SR 表示电镀前消除应力的热处理、ER 表示电镀后降低氢脆敏感性的热处理；在圆括号中标明最低温度（℃）；热处理持续时间用小时（h）计。

【例】　SR（210）1，表示电镀前消除应力热处理，在 210℃下处理 1h。

③ 锌电镀层标识示例

【例1】　铁或钢（Fe）上厚度为 $12\mu m$ 的锌电镀层（Zn12），镀层经彩虹色化学转化处理（C），其标识为：电镀层 GB/T 9799-Fe/Zn12/C

【例2】　铁或钢（Fe）上厚度为 $25\mu m$ 的锌电镀层（Zn25）；为降低氢脆，镀后在 190℃下热处理 8h［ER（190）8］；镀层经过不透明铬酸盐处理（D），并用有机封闭剂进行封闭（T2），其标识为：电镀层 GB/T 9799-Fe/Zn25/ER（190）8/D/T2

【例3】　同示例 2，但工件在镀前进行降低应力热处理，200℃下持续最短时间为 3h，其标识为：电镀层 GB/T9799-Fe/SR（200）3/Zn25/ER（190）8/D/T2

2.2.3　镉镀层厚度系列及应用范围

（1）镉镀层厚度

镉镀层厚度取决于使用条件。在国标 GB/T 13346—2012《金属及其他无机覆盖层　钢铁上经处理的镉电镀层》（本标准使用翻译法等同采用 ISO 2082：2008《金属及其他无机覆盖层　钢铁上经处理的镉电镀层》）的附录 C 中（资料性附录）表示出镉镀层厚度与制品使用条件的关系，见表 2-15。

表 2-15　镉加铬酸盐转化膜耐中性盐雾腐蚀性

镀层标识（局部的）	使用条件编号	使用条件	中性盐雾试验时间/h
Cd5/A	0	纯装饰性	48
Cd5/F			
Cd5/C	1	温暖、干燥的室内环境	72
Cd5/D			
Cd8/A			
Cd8/F			

续表

镀层标识(局部的)	使用条件编号	使用条件	中性盐雾试验时间/h
Cd8/C	2	可能会出现凝露的室内环境	120
Cd8/D			
Cd12/A			
Cd12/F			
Cd12/C	3	在良好的户外使用条件下	192
Cd12/D			
Cd25/A			
Cd25/F			
Cd25/C	4	在室外严重腐蚀条件下使用 (例如海洋或工业环境)	360
Cd25/D			

说明：如果进行铬酸盐处理，表 2-15 中给出了所需镉镀层的最小厚度。镉镀层的厚度取决于使用条件的严酷程度。

① 对于一些重要的应用，建议最低按使用条件 3，镉镀层局部厚度为 $14\mu m$。

② 对于那些螺纹直径在 20mm 以下的零件，推荐的最小厚度为 $10\mu m$。

③ 对于铆钉、锥形针、开口销和垫圈，推荐的最小厚度为 $8\mu m$。

④ 清洗和烘干　如果在铬酸盐处理后用热水做最终清洗，则为防止六价铬的溶解，清洗时间尽可能短。为防止铬酸盐转化膜脱水而开裂，干燥温度应与所采用的铬酸盐类型保持一致（通常最高干燥温度不超过 60℃）。

⑤ 表 2-15 中的中性盐雾试验时间，为基体金属腐蚀（红锈）开始时，镉加铬酸盐转化膜的中性盐雾的耐蚀性。

（2）镉镀层上的铬酸盐转化膜的耐腐蚀性

镉镀层上的铬酸盐转化膜的耐腐蚀性见表 2-16。

表 2-16　镉镀层上的铬酸盐转化膜的耐腐蚀性

铬酸盐转化膜代号	中性盐雾试验时间/h	
	滚镀	挂镀
A	8	16
C	72	96
D	72	96
F	24	48

注：铬酸盐转化膜代号见表 2-17。

（3）铬酸盐转化膜类型、外观和表面密度

铬酸盐转化处理溶液通常呈酸性，并含有六价铬或三价铬盐以及能够改变转化膜外观和硬度的其他盐类。镉镀层通过不同溶液的处理可以获得光亮、彩虹色、橄榄绿色和黑色的钝化膜。彩虹膜也可在碱性或磷酸溶液中褪色得到透明薄膜。表 2-17 根据 ISO 3892 测量给出了各种类型铬酸盐转化膜的近似表面密度（单位面积的质量）。

表 2-17　铬酸盐转化膜类型、外观和表面密度（GB/T 13346—2012）

类　型		典型外观	表面密度 ρ_A/(g/cm²)
代　号	名　称		
A	光亮	透明，浅蓝	$\rho_A \leqslant 0.5$
C	彩虹	黄色彩虹	$0.5 < \rho_A < 1.5$
D	不透明	橄榄绿色	$\rho_A > 1.5$
F	黑色	黑色	$0.5 \leqslant \rho_A \leqslant 1.0$
备注	① 表中对铬酸盐涂层的描述不一定是指色漆和清漆附着的改善 ② 表中铬酸盐涂层可能含有或不含六价铬离子		

（4）铬酸盐转化膜的其他后处理

① 封闭　为了提高铬酸盐转化膜的防腐蚀性能，可通过有机或无机产品对铬酸盐转化膜进行封闭处理。封闭处理也提高了铬酸盐转化膜的耐蚀性能。可用聚合物水溶液浸渍或喷涂对转化膜进行封闭。

② 转化膜的后处理　转化膜后处理的处理类型和代号，如表 2-18 所示。

表 2-18　转化膜后处理的处理类型和代号（GB/T 13346—2012）

代号	处理类型
T1	采用涂料、清漆、粉末涂料或类似的涂层材料
T2	采用有机或无机密封剂
T3	采用有机染料
T4	采用油脂、油或其他润滑剂
T5	采用蜡

（5）镉镀层标识示例

镉镀层标识，应按照下列顺序排列：基体金属、时效处理要求、底镀层厚度和类型、表面镉镀层厚度、电镀后热处理要求、转化膜类型和/或后处理。

① 基体金属材料的标识　应用其化学符号标识，例如 Fe 表示铁或钢。

② 热处理要求的标识　SR 表示电镀前降低应力热处理、ER 表示电镀后消除氢脆的热处理；在圆括号中标明最低温度（℃）；热处理持续时间用小时（h）表示。

【例】　SR（210）1，表示电镀前在 210℃下进行 1h 降低应力的热处理。

③ 镉镀层标识示例

【例 1】　在铁或钢上电镀 12μm 厚度的镉及彩色钝化膜（C）处理。

其标识为：电镀层 GB/T 13346-Fe/Cd12/C

【例 2】　在铁或钢上电镀 12μm 厚度的镉，电镀后在 190℃下进行 8h 消除氢脆的热处理，标识为 ER（190）8，增加不透明铬酸盐转化膜（D）及有机封闭剂封闭的后处理（T2）。

其标识为：电镀层 GB/T 13346-Fe/Cd12/ER（190）8/D/T2

【例 3】　同示例 2，但要在电镀前于 200℃下进行至少 3h 降低应力的热处理，标识为 SR（200）3。

其标识为：电镀层 GB/T 13346-Fe/SR（200）3/Cd12/ER（190）8/D/T2

2.2.4　铜镀层厚度系列及应用范围

工程用铜电镀层的厚度主要取决于应用范围及使用条件。在国标 GB 12333—1990《金属

覆盖层　工程用铜电镀层》中，规定了铜电镀层的厚度系列。本标准适用于工程用途的铜电镀层，例如在热处理零件表面起阻挡层作用的铜电镀层；拉拔丝加工过程中要求起减摩作用的铜电镀层；作锡镀层的底层防止基体金属扩散的铜电镀层等。但本标准不适用于装饰性用途的铜电镀层和铜底层及电铸用铜镀层。

工程用铜电镀层的最小厚度要求及应用实例，如表 2-19 所示。

表 2-19　铜电镀层的厚度系列

要求的最小局部厚度/μm	应用实例
25	热处理的阻挡层
20	渗碳、脱碳的阻挡层；印制电路板通孔镀铜；工程拉拔丝镀铜
12	电子、电器零件镀铜；螺纹零件密合性要求镀铜
5	锡覆盖层的底层，阻止基体金属向锡层扩散
按需要规定	上述类似用途或其他用途

注：1. 引自 GB/T 12333—1990《金属覆盖层　工程用铜电镀层》。

2. 螺纹零件镀铜时，应避免螺纹的牙顶上镀的太厚。为了使牙顶上的镀层厚度不超过允许的最大厚度值，可以允许其他表面上镀层的厚度比规定值略小。

2.2.5　锡镀层厚度系列及应用范围

锡镀层按厚度分类，并分别用于不同的条件下，各类最小厚度值的规定见表 2-20。

表 2-20　锡镀层最小厚度

使用条件	铜基体金属[①]		其他基体金属[②]	
	镀层分级号（部分的）	最小厚度/μm	镀层分级号（部分的）	最小厚度/μm
4——极严酷,例如在严酷腐蚀条件的户外使用,或同食物或饮料接触,在此条件下必须获得一个完整的锡镀层以抗御腐蚀和磨损	Sn30	30	Sn30	30
3——严酷,例如在一般条件的户外使用	Sn15	15	Sn20	20
2——中等,例如在有一定潮湿度的户内使用	Sn8	8	Sn12	12
1——轻度,例如在干燥大气中户内使用,或用于改善可焊性	Sn5	5	Sn5	5
备注	① 锌铜合金基体材料上的底镀层的要求　当存在下列任一原因时,某些基体表面可要求底镀层: a. 防止扩散；b. 保持可焊性；c. 保证附着强度；d. 提高耐蚀性 ② 特定基体材料上底镀层的要求 a. 难清洗的基体材料。某些基体材料,如磷-青铜、铍-青铜合金和镍-铁合金,由于其表面氧化膜特性,均难于做化学清洗前处理,如果要求锡镀层可焊性能,加镀最小局部厚度为 2.5μm 的镍层或铜底层可能是有益的 b. 铝、镁和锌合金。这些合金容易受到稀酸或碱的侵蚀,因此,制品在电镀以前,需要特殊处理,包括沉积一层厚度为 10～25μm 的厚铜或黄铜或锌底镀层				

注：引自 GB/T 12599—2002《金属覆盖层 锡电镀层技术规范和试验方法》。

2.2.6　镍镀层厚度系列及应用范围

镍镀层厚度系列引自 GB/T 9798—2005《金属覆盖层 镍电沉积层》（本标准等同采用 ISO 1458：2002《金属覆盖层 镍电沉积层》）。该标准规定了对在钢铁、锌合金、铜和铜合金、铝和铝合金上装饰性和防护性镍电镀层的要求，以及对在钢铁、锌合金上铜＋镍电镀层的要求。

无铜底层、有铜底层及无铬面层的装饰性镍镀层，适用于防止使用中的摩擦或触摸导致镀层变色或取代铬作面层的镀件，也适用于对变色要求不同的镀件。耐蚀性取决于覆盖层的种类和厚度。一般来说，相同厚度的多层镍比单层镍的防护性能更好。

下面各表给出了不同厚度和种类镀层的标识，以及镀件暴露于相应服役条件下镀层选择的指南。

钢铁上镍和铜＋镍镀层的厚度规定见表 2-21。

锌合金上镍和铜＋镍镀层的厚度规定见表 2-22。

铜或铜合金上镍镀层的厚度规定见表 2-23。

铝或铝合金上镍镀层的厚度规定见表 2-24。

表 2-21　钢铁上镍和铜＋镍镀层的厚度规定

服役环境条件	镀层标识	镀层类型		镀层厚度/μm	
		铜（Cu）	镍（Ni）	铜（Cu）	镍（Ni）
3-严酷	Fe/Ni30b	—	光亮镍	—	30
	Fe/Cu20a Ni25b	延展、整平性	光亮镍	20	25
	Fe/Ni30P		机械抛光的暗镍或半光亮镍		30
	Fe/Cu20a Ni25P	延展、整平性	机械抛光的暗镍或半光亮镍	20	25
	Fe/Ni30s	—	非机械抛光的暗镍或半光亮镍		30
	Fe/Cu20a Ni25s	延展、整平性	非机械抛光的暗镍或半光亮镍	20	25
	Fe/Ni30d①	—	双层或三层镍	—	30
	Fe/Cu20a Ni25d	延展、整平性	双层或三层镍	20	25
2-中度	Fe/Ni25b	—	光亮镍	—	25
	Fe/Cu15a Ni20b	延展、整平性	光亮镍	15	20
	Fe/Ni20P	—	机械抛光的暗镍或半光亮镍	—	20
	Fe/Cu15a Ni20P	延展、整平性	机械抛光的暗镍或半光亮镍	15	20
	Fe/Ni20s	—	非机械抛光的暗镍或半光亮镍	—	20
	Fe/Cu15a Ni20s	延展、整平性	非机械抛光的暗镍或半光亮镍	15	20
	Fe/Ni15d	—	双层或三层镍	—	15
	Fe/Cu15a Ni15d	延展、整平性	双层或三层镍	15	15
1-温和	Fe/Ni10b	—	光亮镍	—	10
	Fe/Cu10a Ni10b	延展、整平性	光亮镍	10	10
	Fe/Ni10s	—	非机械抛光的暗镍或半光亮镍	—	10
	Fe/Cu10a Ni10s	延展、整平性	非机械抛光的暗镍或半光亮镍	10	10
备注	钢铁件电镀前通常用氰化物镀铜作最底层，厚度应为 5～10μm，以避免其后酸性镀铜时，使结合力变差。用铜作最底层（闪铜）时，氰化物镀铜不能被表中规定的延展酸铜代替				

① 引自 GB 9798—2005，表中 3-严酷中原是 Fe/Ni30s，但有两个 Fe/Ni30s，故此处是否应用 Fe/Ni30d。

表 2-22　锌合金上镍和铜＋镍镀层的厚度规定

服役环境条件	镀层标识	镀层类型		镀层厚度/μm	
		铜（Cu）	镍（Ni）	铜（Cu）	镍（Ni）
3-严酷	Zn/Ni25b	—	光亮镍	—	25
	Zn/Cu15a Ni20b	延展、整平性	光亮镍	15	20
	Zn/Ni25s	—	非机械抛光的暗镍或半光亮镍	—	25
	Zn/Cu15a Ni20s	延展、整平性	非机械抛光的暗镍或半光亮镍	15	20
	Zn/Ni25d	—	双层或三层镍	—	25
	Zn/Cu15a Ni15d	延展、整平性	双层或三层镍	15	15
2-中度	Zn/Ni15b	—	光亮镍	—	15
	Zn/Cu10a Ni15b	延展、整平性	光亮镍	10	15
	Zn/Ni15s[1]	—	非机械抛光的暗镍或半光亮镍	—	15
	Zn/Cu10a Ni15s[2]	延展、整平性	非机械抛光的暗镍或半光亮镍	10	15
1-温和	Zn/Ni10b	—	光亮镍	—	10
	Zn/Cu10a Ni10b	延展、整平性	光亮镍	10	10
	Zn/Ni10s	—	非机械抛光的暗镍或半光亮镍	—	10
	Zn/Cu10a Ni10s	延展、整平性	非机械抛光的暗镍或半光亮镍	10	10
备注	锌合金必须先镀铜，以确保连续镀镍的结合力。最底层通常为氰化物镀铜，也有用无氰碱性镀铜。铜最底层最小厚度为 8～10μm。如果是复杂零件，最小厚度需增加到 15μm 左右，确保覆盖主要表面外的低电流密度区。当规定的铜层厚度大于 10μm 时，通常需要在氰化物镀铜后从酸性溶液中电镀延展性、整平性铜镀层				

① 表中的 2-中度中原是 Zn/Ni 15b，但 Zn/Ni15b 已经有了（重复），是否应为 Zn/Ni 15s。
② 表中的 2-中度中原是 Zn/Cu 10a Ni 15b，但 Zn/Cu10a Ni15b 已经有了（重复），是否应为 Zn/Cu 10a Ni 15s。

表 2-23　铜或铜合金上镍镀层的厚度规定

服役环境条件	镀层标识	镍镀层（Ni）	
		类型	厚度/μm
3-严酷	Cu/Ni20b	光亮镍	20
	Cu/Ni20P	机械抛光的暗镍或半光亮镍	20
	Cu/Ni20s	非机械抛光的暗镍或半光亮镍	20
	Cu/Ni20d	双层或三层镍	20
2-中度	Cu/Ni10b	光亮镍	10
	Cu/Ni10s	非机械抛光的暗镍或半光亮镍	10
	Cu/Ni10P	机械抛光的暗镍或半光亮镍	10
1-温和	Cu/Ni5b	光亮镍	5
	Cu/Ni5s	非机械抛光的暗镍或半光亮镍	5

表 2-24　铝或铝合金上镍镀层的厚度规定

服役环境条件	镀层标识	镍镀层　（Ni）	
		类型	厚度/μm
3-严酷	Al/Ni30b	光亮镍	30
	Al/Ni30s	非机械抛光的暗镍或半光亮镍	30
	Al/Ni30P	机械抛光的暗镍或半光亮镍	30
	Al/Ni25d	双层或三层镍	25
2-中度	Al/Ni25b	光亮镍	25
	Al/Ni25s	非机械抛光的暗镍或半光亮镍	25
	Al/Ni25P	机械抛光的暗镍或半光亮镍	25
	Al/Ni20d	双层或三层镍	20
1-温和	Al/Ni10b	光亮镍	10
备注	在铝或铝合金上，电镀本表规定的镍镀层前，需浸渍锌或锡、电镀铜和其他底镀层作为前处理部分，确保结合强度		

2.2.7　工程用铬镀层厚度系列及应用范围

一般把维氏硬度[1]在 6865MPa 以上的铬镀层定为功能性镀铬中的工业镀铬，也称工程镀铬。而在实际中是用铬镀层厚度来区分的，一般认为大于 5μm 厚度时被称为工程镀铬。

工程用铬镀层常在基体金属上直接电镀，以提高耐磨性，增强抗摩擦、腐蚀能力，减小静摩擦力或摩擦力，减少"咬死"的粘接，以及修复尺寸偏小或磨损的工件。为防止严重腐蚀，电镀铬前可采用镍或其他金属底层，或采用合金电镀来提高铬镀层的耐蚀性，如镀铬-钼合金。工程用铬镀层的厚度见表 2-25。此外，硬铬镀层的适宜厚度，可参见第 2 篇第 10 章镀铬章节中的镀硬铬部分。

表 2-25　工程用铬镀层的典型厚度

铬镀层典型厚度/μm	应用
2～10	用于减小摩擦力和抗轻微磨损
10(不含)～30	用于抗中等磨损
30(不含)～60	用于抗黏附磨损
60(不含)～120	用于抗严重磨损
120(不含)～250	用于抗严重磨损和抗严重腐蚀
＞250	用于修复

注：引自 GB/T 11379—2008《金属覆盖层 工程用铬镀层》。

2.2.8　镍＋铬和铜＋镍＋铬电镀层厚度系列

电镀装饰性的镍＋铬和铜＋镍＋铬电镀层，可用于增强零件外观装饰和防腐性能，而防腐性能取决于镀层的厚度和类型。

本电镀层厚度系列，引自 GB/T 9797—2005《金属覆盖层 镍＋铬和铜＋镍＋铬电镀层》。该标准规定了在钢铁、锌合金、铜和铜合金、铝和铝合金上，提供装饰性外观和增强防腐性的镍＋铬和铜＋镍＋铬电镀层的要求，规定了不同厚度和种类镀层的标识，提供了电镀制品暴露在对应服役环境条件下镀层厚度选用的指南。

镍＋铬和铜＋镍＋铬电镀层根据暴露环境条件，所规定的厚度系列见以下各表。

钢铁上的镍＋铬镀层的厚度规定见表 2-26。

钢铁上的铜＋镍＋铬镀层的厚度规定见表 2-27。

锌合金上的镍＋铬镀层的厚度规定见表 2-28。

锌合金上的铜＋镍＋铬镀层的厚度规定见表 2-29。

铜和铜合金上的镍＋铬镀层的厚度规定见表 2-30。

铝或铝合金上的镍＋铬镀层的厚度规定见表 2-31。

表 2-26　钢铁上的镍＋铬镀层的厚度规定

服役条件	镀层标识	镀层类型		镀层厚度/μm	
		镍（Ni）	铬（Cr）	镍（Ni）	铬（Cr）
5-极其严酷	Fe/Ni35d Cr mc	双层或三层	微裂纹	35	0.3
	Fe/Ni35d Cr mp		微孔	35	0.3
4-非常严酷	Fe/Ni40d Cr r	双层或三层	普通	40	0.3
	Fe/Ni30d Cr mp		微孔	30	0.3
	Fe/Ni30d Cr mc		微裂纹	30	0.3
	Fe/Ni40p Cr r	机械抛光的暗镍或半光亮镍	普通	40	0.3
	Fe/Ni30p Cr mc		微裂纹	30	0.3
	Fe/Ni30p Cr mp		微孔	30	0.3
3-严酷	Fe/Ni30d Cr r	双层或三层	普通	30	0.3
	Fe/Ni25d Cr mp		微孔	25	0.3
	Fe/Ni25d Cr mc		微裂纹	25	0.3
	Fe/Ni30p Cr r	机械抛光的暗镍或半光亮镍	普通	30	0.3
	Fe/Ni25p Cr mc		微裂纹	25	0.3
	Fe/Ni25p Cr mp		微孔	25	0.3
	Fe/Ni40b Cr r	光亮镍	普通	40	0.3
	Fe/Ni30b Cr mc		微裂纹	30	0.3
	Fe/Ni30b Cr mp		微孔	30	0.3
2-中度	Fe/Ni20b Cr r	光亮镍	普通	20	0.3
	Fe/Ni20b Cr mc		微裂纹	20	0.3
	Fe/Ni20b Cr mp		微孔	20	0.3
	Fe/Ni20p Cr r	机械抛光的暗镍或半光亮镍	普通	20	0.3
	Fe/Ni20p Cr mc		微裂纹	20	0.3
	Fe/Ni20p Cr mp		微孔	20	0.3
	Fe/Ni20s Cr r	非机械抛光的暗镍或半光亮镍	普通	20	0.3
	Fe/Ni20s Cr mc		微裂纹	20	0.3
	Fe/Ni20s Cr mp		微孔	20	0.3
1-温和	Fe/Ni10b Cr r	光亮镍	普通	10	0.3
	Fe/Ni10p Cr r	机械抛光的暗镍或半光亮镍	普通	10	0.3
	Fe/Ni10s Cr r	非机械抛光的暗镍或半光亮镍	普通	10	0.3

表 2-27　钢铁上的铜＋镍＋铬镀层的厚度规定

服役条件	镀层标识	镀层类型			镀层厚度/μm		
		铜(Cu)	镍(Ni)	铬(Cr)	铜(Cu)	镍(Ni)	铬(Cr)
5-极其严酷	Fe/Cu20a Ni30d Cr mc	延展、整平性	双层或三层	微裂纹	20	30	0.3
	Fe/Cu20a Ni30d Cr mp		双层或三层	微孔	20	30	0.3
4-非常严酷	Fe/Cu20a Ni30d Cr r	延展、整平性	双层或三层	普通	20	30	0.3
	Fe/Cu20a Ni25d Cr mp			微孔	20	25	0.3
	Fe/Cu20a Ni25d Cr mc			微裂纹	20	25	0.3
	Fe/Cu20a Ni30p Cr r	延展、整平性	机械抛光的暗镍或半光亮镍	普通	20	30	0.3
	Fe/Cu20a Ni25p Cr mc			微裂纹	20	25	0.3
	Fe/Cu20a Ni25p Cr mp			微孔	20	25	0.3
	Fe/Cu20a Ni30b Cr mc	延展、整平性	光亮镍	微裂纹	20	30	0.3
	Fe/Cu20a Ni30b Cr mp			微孔	20	30	0.3
3-严酷	Fe/Cu15a Ni25d Cr r	延展、整平性	双层或三层	普通	15	25	0.3
	Fe/Cu15a Ni20d Cr mc			微裂纹	15	20	0.3
	Fe/Cu15a Ni20d Cr mp			微孔	15	20	0.3
	Fe/Cu15a Ni25p Cr r	延展、整平性	机械抛光的暗镍或半光亮镍	普通	15	25	0.3
	Fe/Cu15a Ni20p Cr mc			微裂纹	15	20	0.3
	Fe/Cu15a Ni20p Cr mp			微孔	15	20	0.3
	Fe/Cu20a Ni35b Cr r	延展、整平性	光亮镍	普通	20	35	0.3
	Fe/Cu20a Ni25b Cr mc			微裂纹	20	25	0.3
	Fe/Cu20a Ni25b Cr mp			微孔	20	25	0.3
2-中度	Fe/Cu20a Ni10b Cr r	延展、整平性	光亮镍	普通	20	10	0.3
	Fe/Cu20a Ni10p Cr r		机械抛光的暗镍或半光亮镍	普通	20	10	0.3
	Fe/Cu20a Ni10s Cr r		非机械抛光的暗镍或半光亮镍	普通	20	10	0.3
1-温和	Fe/Cu10a Ni5b Cr r	延展、整平性	光亮镍	普通	10	5	0.3
	Fe/Cu10a Ni5p Cr r		机械抛光的暗镍或半光亮镍	普通	10	5	0.3
	Fe/Cu10a Ni20b Cr mp		光亮镍	微孔	10	20	0.3
备注	钢铁表面电镀酸性延展铜前，通常先进行氰化镀铜(5～10μm)作为最底层铜镀层，以防浸渍沉积铜，降低其结合力。这种最底铜镀层不能被表中规定的延展酸性铜取代						

表 2-28　锌合金上的镍＋铬镀层的厚度规定

服役条件	镀层标识	镀层类型		镀层厚度/μm	
		镍(Ni)	铬(Cr)	镍(Ni)	铬(Cr)
5-极其严酷	Zn/Ni35d Cr mc	双层或三层	微裂纹	35	0.3
	Zn/Ni35d Cr mp		微孔	35	0.3

续表

服役条件	镀层标识	镀层类型		镀层厚度/μm	
		镍(Ni)	铬(Cr)	镍(Ni)	铬(Cr)
4-非常严酷	Zn/Ni35d Cr r	双层或三层	普通	35	0.3
	Zn/Ni25d Cr mc		微裂纹	25	0.3
	Zn/Ni25d Cr mp		微孔	25	0.3
	Zn/Ni35p Cr r	机械抛光的暗镍或半光亮镍	普通	35	0.3
	Zn/Ni25p Cr mc		微裂纹	25	0.3
	Zn/Ni25p Cr mp		微孔	25	0.3
	Zn/Ni35b Cr mc	光亮镍	微裂纹	35	0.3
	Zn/Ni35b Cr mp		微孔	35	0.3
3-严酷	Zn/Ni25d Cr r	双层或三层	普通	25	0.3
	Zn/Ni20d Cr mc		微裂纹	20	0.3
	Zn/Ni20d Cr mp		微孔	20	0.3
	Zn/Ni25p Cr r	机械抛光的暗镍或半光亮镍	普通	25	0.3
	Zn/Ni20p Cr mc		微裂纹	20	0.3
	Zn/Ni20p Cr mp		微孔	20	0.3
	Zn/Ni35b Cr r	光亮镍	普通	35	0.3
	Zn/Ni25b Cr mc		微裂纹	25	0.3
	Zn/Ni25b Cr mp		微孔	25	0.3
2-中度	Zn/Ni15b Cr r	光亮镍	普通	15	0.3
	Zn/Ni15p Cr r	机械抛光的暗镍或半光亮镍	普通	15	0.3
	Zn/Ni15s Cr r	非机械抛光的暗镍或半光亮镍	普通	15	0.3
1-温和	Zn/Ni8b Cr r	光亮镍	普通	8	0.3
	Zn/Ni8p[①] Cr r	机械抛光的暗镍或半光亮镍	普通	8	0.3
	Zn/Ni8s[②] Cr r	非机械抛光的暗镍或半光亮镍	普通	8	0.3
备注	锌合金必须先镀铜以保证后续镍镀层的结合强度。最底铜镀层通常采用氰化镀铜,无氰碱性镀铜也可用。最底铜镀层的最小厚度应为 8~10μm。对于形状复杂的工件,这种铜镀层最小厚度需要增加到 15μm,以保证充分覆盖主要表面外的低电流密度区域。当规定最底铜镀层厚度大于 10μm 时,最底铜镀层上通常采用从酸性溶液获得延展、整平铜镀层				

注:在表中服役条件"1-温和"中的"镀层标识"中有 3 个同样的 Zn/Ni 8b Cr r,可能有笔误。如① 原标准中为 Zn/Ni 8b Cr r,是否应为 Zn/Ni 8p Cr r;② 原标准中也是 Zn/Ni 8b Cr r,是否应为 Zn/Ni 8s Cr r。表中所注的①、②为编著者所修改,供参考。

表 2-29　锌合金上的铜+镍+铬镀层的厚度规定

服役条件	镀层标识	镀层类型			镀层厚度/μm		
		铜(Cu)	镍(Ni)	铬(Cr)	铜(Cu)	镍(Ni)	铬(Cr)
5-极其严酷	Zn/Cu20a Ni30d Cr mc	延展、整平性	双层或三层	微裂纹	20	30	0.3
	Zn/Cu20a Ni30d Cr mp		双层或三层	微孔	20	30	0.3

续表

服役条件	镀层标识	镀层类型 铜(Cu)	镍(Ni)	铬(Cr)	镀层厚度/μm 铜(Cu)	镍(Ni)	铬(Cr)
4-非常严酷	Zn/Cu20a Ni30d Cr r	延展、整平性	双层或三层	普通	20	30	0.3
	Zn/Cu20a Ni20d Cr mp			微孔	20	20	0.3
	Zn/Cu20a Ni20d Cr mc			微裂纹	20	20	0.3
	Zn/Cu20a Ni30p Cr r	延展、整平性	机械抛光的暗镍或半光亮镍	普通	20	30	0.3
	Zn/Cu20a Ni20p Cr mc			微裂纹	20	20	0.3
	Zn/Cu20a Ni20p Cr mp			微孔	20	20	0.3
	Zn/Cu20a Ni30b Cr mc	延展、整平性	光亮镍	微裂纹	20	30	0.3
	Zn/Cu20a Ni30b Cr mp			微孔	20	30	0.3
3-严酷	Zn/Cu15a Ni25d Cr r	延展、整平性	双层或三层	普通	15	25	0.3
	Zn/Cu15a Ni20d Cr mc			微裂纹	15	20	0.3
	Zn/Cu15a Ni20d Cr mp			微孔	15	20	0.3
	Zn/Cu15a Ni25p Cr r	延展、整平性	机械抛光的暗镍或半光亮镍	普通	15	25	0.3
	Zn/Cu15a Ni20p Cr mc			微裂纹	15	20	0.3
	Zn/Cu15a Ni20p Cr mp			微孔	15	20	0.3
	Zn/Cu20a Ni30b Cr r	延展、整平性	光亮镍	普通	20	30	0.3
	Zn/Cu20a Ni20b Cr mc			微裂纹	20	20	0.3
	Zn/Cu20a Ni25b Cr mp			微孔	20	25	0.3
2-中度	Zn/Cu20a Ni10b Cr r	延展、整平性	光亮镍	普通	20	10	0.3
	Zn/Cu20a Ni10p Cr r		机械抛光的暗镍或半光亮镍	普通	20	10	0.3
	Zn/Cu20a Ni10s Cr r		非机械抛光的暗镍或半光亮镍	普通	20	10	0.3
1-温和	Zn/Cu10a Ni8b Cr r	延展、整平性	光亮镍	普通	10	8	0.3
	Zn/Cu10a Ni8p Cr r		机械抛光的暗镍或半光亮镍	普通	10	8	0.3
	Zn/Cu10a Ni8s Cr r		非机械抛光的暗镍或半光亮镍	普通	10	8	0.3

备注	锌合金必须先镀铜以保证后续镍镀层结合强度。最底铜镀层通常采用氰化镀铜,无氰碱性镀铜也可用。最底铜镀层的最小厚度应为8~10μm。对于形状复杂的工件,这种铜镀层最小厚度需要增加到15μm,以保证充分覆盖主要表面外的低电流密度区域。当规定最底铜镀层厚度大于10μm时,最底铜镀层上通常采用从酸性溶液获得延展、整平铜镀层

表 2-30　铜和铜合金上的镍十铬镀层的厚度规定

服役条件	镀层标识	镀层类型 镍(Ni)	铬(Cr)	镀层厚度/μm 镍(Ni)	铬(Cr)
4-非常严酷	Cu/Ni30d Cr r	双层或三层	普通	30	0.3
	Cu/Ni25d Cr mc		微裂纹	25	0.3
	Cu/Ni25d Cr mp		微孔	25	0.3

续表

服役条件	镀层标识	镀层类型		镀层厚度/μm	
		镍（Ni）	铬（Cr）	镍（Ni）	铬（Cr）
4-非常严酷	Cu/Ni30p Cr r	机械抛光的暗镍或半光亮镍	普通	30	0.3
	Cu/Ni25p Cr mc		微裂纹	25	0.3
	Cu/Ni25p Cr mp		微孔	25	0.3
	Cu/Ni30b Cr mc	光亮镍	微裂纹	30	0.3
	Cu/Ni30b Cr mp		微孔	30	0.3
3-严酷	Cu/Ni25d Cr r	双层或三层	普通	25	0.3
	Cu/Ni20d Cr mc		微裂纹	20	0.3
	Cu/Ni20d Cr mp		微孔	20	0.3
	Cu/Ni25p Cr r	机械抛光的暗镍或半光亮镍	普通	25	0.3
	Cu/Ni20p Cr mc		微裂纹	20	0.3
	Cu/Ni20p Cr mp		微孔	20	0.3
	Cu/Ni30b Cr r	光亮镍	普通	30	0.3
	Cu/Ni25b Cr mc		微裂纹	25	0.3
	Cu/Ni25b Cr mp		微孔	25	0.3
2-中度	Cu/Ni10b Cr r	光亮镍	普通	10	0.3
	Cu/Ni10p Cr r	机械抛光的暗镍或半光亮镍	普通	10	0.3
	Cu/Ni10s Cr r	非机械抛光的暗镍或半光亮镍	普通	10	0.3
1-温和	Cu/Ni5b Cr r	光亮镍	普通	5	0.3
	Cu/Ni5p Cr r	机械抛光的暗镍或半光亮镍	普通	5	0.3
	Cu/Ni5s Cr r	非机械抛光的暗镍或半光亮镍	普通	5	0.3

表 2-31　铝和铝合金上的镍＋铬镀层的厚度规定

服役条件	镀层标识	镀层类型		镀层厚度/μm	
		镍（Ni）	铬（Cr）	镍（Ni）	铬（Cr）
5-极其严酷	A1/Ni40d Cr mc	双层或三层	微裂纹	40	0.3
	A1/Ni40d Cr mp		微孔	40	0.3
4-非常严酷	A1/Ni50d Cr r	双层或三层	普通	50	0.3
	A1/Ni35d Cr mc		微裂纹	35	0.3
	A1/Ni35d Cr mp		微孔	35	0.3
3-严酷	A1/Ni30d Cr r	双层或三层	普通	30	0.3
	A1/Ni25d Cr mc		微裂纹	25	0.3
	A1/Ni25d Cr mp		微孔	25	0.3

续表

服役条件	镀层标识	镀层类型		镀层厚度/μm	
		镍（Ni）	铬（Cr）	镍（Ni）	铬（Cr）
3-严酷	A1/Ni35p Cr r	机械抛光的暗镍或半光亮镍	普通	35	0.3
	A1/Ni30p Cr mc		微裂纹	30	0.3
	A1/Ni30p Cr mp		微孔	30	0.3
2-中度	A1/Ni20d Cr r	双层或三层	普通	20	0.3
	A1/Ni20d Cr mc		微裂纹	20	0.3
	A1/Ni20d Cr mp		微孔	20	0.3
	A1/Ni25b Cr r	光亮镍	普通	25	0.3
	A1/Ni25b Cr mc		微裂纹	25	0.3
	A1/Ni25b Cr mp		微孔	25	0.3
	A1/Ni20p Cr r	机械抛光的暗镍或半光亮镍	普通	20	0.3
	A1/Ni20p Cr mc		微裂纹	20	0.3
	A1/Ni20p Cr mp		微孔	20	0.3
	A1/Ni20s Cr r	非机械抛光的暗镍或半光亮镍	普通	20	0.3
	A1/Ni20s Cr mc		微裂纹	20	0.3
	A1/Ni20s Cr mp		微孔	20	0.3
1-温和	A1/Ni10b Cr r	光亮镍	普通	10	0.3
备注	对浸镀锌或锡、铝或铝合金，按本表采用镍镀层时，为了保证结合强度，应先电镀铜或其他底镀层做预处理				

2.2.9 塑料上镍＋铬电镀层厚度系列

塑料上镍＋铬电镀层厚度系列，引自 GB/T 12600—2005《金属覆盖层 塑料上镍＋铬电镀层》。该标准规定了对塑料上有或无铜底层的镍＋铬装饰性电镀层的要求，该标准允许使用铜或者延展性镍作为底镀层，以满足热循环试验要求。该标准不适用于工程塑料的电镀层。

塑料上的电镀层根据暴露环境条件，所规定的厚度系列见以下各表。

塑料上镍＋铬镀层的厚度规定见表 2-32。

塑料上铜＋镍＋铬镀层的厚度规定见表 2-33。

表 2-32 塑料上镍＋铬镀层的厚度规定

服役条件	部分镀层标识	镀层类型			镀层厚度/μm		
		镍（Ni）（底层）	镍（Ni）	铬（Cr）	镍（Ni）（底层）	镍（Ni）	铬（Cr）
5-极其严酷	PL/Ni20dp Ni20d Cr mp（或 mc）	延展性	双层或三层	微孔（或微裂纹）	20	20	0.3
	PL/Ni20dp Ni20d Cr r	延展性	双层或三层	普通	20	20	0.3
4-非常严酷	PL/Ni20dp Ni20b Cr mp（或 mc）	延展性	光亮镍	微孔（或微裂纹）	20	20	0.3
	PL/Ni20dp Ni15d Cr r	延展性	双层或三层	普通	20	15	0.3

续表

服役条件	部分镀层标识	镀层类型			镀层厚度/μm		
		镍(Ni)(底层)	镍(Ni)	铬(Cr)	镍(Ni)(底层)	镍(Ni)	铬(Cr)
3-严酷	PL/Ni20dp Ni10d Cr r	延展性	双层或三层	普通	20	10	0.3
1-温和	PL/Ni20dp Ni7d Cr r	延展性	双层或三层	普通	20	7	0.3

表 2-33　塑料上的铜＋镍＋铬镀层的厚度规定

服役条件	部分镀层标识	镀层类型			镀层厚度/μm		
		铜(Cu)	镍(Ni)	铬(Cr)	铜(Cu)	镍(Ni)	铬(Cr)
5-极其严酷	PL/Cu15a Ni30d Cr mp (或 mc)	延展、整平性	双层或三层	微孔(或微裂纹)	15	30	0.3
	PL/Cu15a Ni30d Cr r	延展、整平性	双层或三层	普通	15	30	0.3
4-非常严酷	PL/Cu15a Ni25d Cr mp (或 mc)	延展、整平性	双层或三层	微孔(或微裂纹)	15	25	0.3
	PL/Cu15a Ni25d Cr r	延展、整平性	双层或三层	普通	15	25	0.3
3-严酷	PL/Cu15a Ni20d Cr mp (或 mc)	延展、整平性	双层或三层	微孔(或微裂纹)	15	20	0.3
	PL/Cu15a Ni15b Cr r	延展、整平性	亮镍	普通	15	15	0.3
2-中度	PL/Cu15a Ni10b Cr mp (或 mc)	延展、整平性	光亮镍	微孔(或微裂纹)	15	10	0.3
1-温和	PL/Cu15a Ni7b Cr r	延展、整平性	光亮镍	普通	15	7	0.3

2.2.10　铅镀层厚度系列及应用范围

铅镀层均匀、细致、柔软、延展性好，多用于减摩部位，可改善磨合。由于铅在空气中能形成一层致密的氧化保护膜，所以它有良好的抗氧化侵蚀作用。在含有硫的工业气氛中，以及周围有水的环境里，其性能稳定定。铅镀层厚度系列及应用范围见表 2-34。

表 2-34　铅镀层厚度系列及应用范围[5]

零件材料	使用条件	镀层厚度/μm	应用范围
钢、不锈钢、铜及铜合金	除要求防护和装饰外,还要求具有某些特殊功能	8～12	温度较低情况下改善零件磨合和封严作用,以防止润滑油氧化产物的腐蚀
		18～25	① 在硫物中工作的零件 ② 要求减摩和耐润滑油氧化产物腐蚀的零件

2.2.11　铁镀层厚度系列及应用范围

镀铁作为一种模具制造、磨损件的尺寸修复和表面强化等手段，在机械、交通运输、印刷制板等领域获得广泛广用。镀铁的应用范围及镀层厚度见表 2-35。

表 2-35　镀铁的应用范围及镀层厚度[1]

镀铁的用途	铁镀层单面厚度/μm	镀铁的用途	铁镀层单面厚度/μm
提高活字铅板的耐磨性和使用寿命	10～100	高合金钢在氧化前镀铁	5～10
保护铜板免受印刷染料的腐蚀作用	10～100	提高防护-装饰性镀铬性能(镀铜前镀铁)	5～10
恢复磨损和腐蚀严重的钢零件尺寸	100～2000	提高零件表面硬度(硬质镀铁)	30～200
改变铸铁镀锡、镀锌、镀铬的结合力	5～15	电烙铁头镀铁(软质镀铁)	500～1000

2.2.12　银镀层厚度系列及应用范围

银由于昂贵，银镀层一般不适用于作防护，除少量作为装饰镀层（如乐器、首饰、装饰品、工艺品等）外，大多利用其高导电性、高反光性及防粘接等功能在特殊条件下使用。银镀层厚度的要求见表 2-36。在日本工业标准（JIS）H0411《镀银层检验方法》中，将银镀层厚度分为 7 个等级，现列入表 2-37 中，供参考。

表 2-36　银镀层厚度及应用范围

零件材料	使用条件	镀层厚度/μm	应用范围
铜及铜合金	装饰品	≥2	引自轻工行业标准 QB/T 4188—2011《贵金属覆盖层饰品 电镀通用技术条件》，也适用于锡合金、锌合金、铝合金等金属基材
	室内	8	我国电子行业军用标准 SJ 20818—2002《电子设备的金属镀覆及化学处理》对铜上镀银层厚度的要求。铝和铝合金、塑料上的银镀层的厚度要求与铜基一样，只是根据不同的基体材料和使同环境，对底镀层有不同的要求
	室外	15	
	良好环境	5～8	提高导电性，稳定接触电阻和高度反射率的零件；要求插拔、耐磨性能的零件
	一般环境	8～12	
	恶劣环境	12～18	要求导电且受摩擦较大的零件；要求高频导电的零件
钢	良好环境	3～5	螺距≤0.8mm 的螺纹零件；防高温粘接
	一般环境	5～8	螺距>0.8mm 的螺纹零件；防高温粘接
	恶劣环境	8～15	
	良好环境	Cu3～5＋Ag5～8 总厚度 8～13	需要高温钎焊、高频焊接或导电的零件
	一般环境	Cu5～8＋Ag8～12 总厚度 13～20	
	恶劣环境	Cu8～12＋Ag12～19 总厚度 20～30	
铝及铝合金	一般环境	12～18	要求高频导电的零件
	恶劣环境	18～25	

表 2-37　银镀层厚度分级参数［日本工业标准（JIS）H0411］

级别	镀层厚度/μm	镀层单位质量/(g/cm²)	耐磨性试验	用途	适用环境
1	0.3	0.033	>30s	光学、装饰	良好、封闭

续表

级别	镀层厚度 /μm	镀层单位质量 /(g/cm²)	耐磨性试验	用途	适用环境
2	0.5	0.067	90s	光学、装饰	良好
3	4	0.4	4min	餐具、工程	良好
4	8	0.8	8min	餐具、工程	一般室内
5	15	1.6	16min	餐具、工程	室外
6	22	2.4	24min	工程	恶劣环境
7	30	3.2	32min	工程	特别要求

注：耐磨性试验采用落砂法。让 40 目左右的砂粒从管径为 5mm 的漏斗落到 45°角放置的试片上，露出底层为终点，落砂量为 450g，落下距离为 1000mm，测量所需时间。测量第 1、2 级别的镀层时，所用管径为 4mm，落砂量为 110g，落下距离为 200mm。

2.2.13　金镀层厚度系列及应用范围

金镀层具有优异的耐高温、耐蚀性和化学稳定性，能长期保持其光泽和永久接触电阻。但其硬度低，含有银、铜、锡、钴、镍等的金合金镀层，硬度比纯金镀层高 2～3 倍，被称为硬金镀层。金镀层和金合金镀层厚度系列及应用范围见表 2-38。

表 2-38　金镀层和金合金镀层厚度系列及应用范围

零件材料	使用条件	镀层	镀层厚度 /μm	应用范围
铜及铜合金	装饰镀层	薄金镀层	0.05～0.5	引自轻工行业标准 QB/T 4188—2011《贵金属覆盖层饰品 电镀通用技术条件》，也适用于锡合金、锌合金、铝合金等金属基材
		金镀层	≥0.5	
	除要求防护和装饰外，还要求具有某些特殊功能①	金镀层及金合金镀层	1～3	常用于电器上使用的减小接触电阻的零件
			3～5	用于波导管和多导线接线柱的接点
			5～8	耐磨导电零件，如电器回路条等
			8～12	用于防蚀和耐磨条件下导电和抗磨的零件

① 引自参考文献 [5]。

2.2.14　锌合金铸件防护装饰性镀层的厚度

锌合金铸件防护装饰性（镀铜＋镍＋铬）镀层厚度的要求，根据零件使用环境，可参考表 2-39 所列的镀层厚度系列。

表 2-39　锌合金铸件镀铜＋镍＋铬镀层厚度系列[1]

使用条件	最小镀层厚度/μm		
	铜（Cu）	镍（Ni）	铬（Cr）
良好（干燥的室内条件）	5	光亮镍 10	普通铬 0.13
中等（常有凝露的室内条件，如厨房、浴室）	5	光亮镍 10	普通铬 0.25
	5	光亮镍 15	微裂纹铬 0.25
	5	光亮镍 15	微孔铬 0.15

使用条件		最小镀层厚度/μm		
		铜(Cu)	镍(Ni)	铬(Cr)
恶劣(常有雨水、露水或清洗液的室外条件,如自行车零件、医院用具)	①	5	暗或半光亮镍 40	普通铬 0.25
		5	暗或半光亮镍 30	微裂纹铬 0.25
		5	暗或半光亮镍 30	微孔铬 0.25
	②	5	多层镍 30	普通铬 0.25
		5	多层镍 25	微裂纹铬 0.25
		5	多层镍 25	微孔铬 0.25
较恶劣(除处于室外大气条件外、还受到磨蚀作用,如汽车外表零件、海洋船只)		5	多层镍 40	普通铬 0.25
		5	多层镍 30	微裂纹铬 0.25
		5	多层镍 30	微孔铬 0.25

2.2.15 化学镀镍-磷合金镀层厚度系列

化学镀镍-磷合金镀层可改善防腐蚀性能和提高耐磨性能。一般来说,当镀层中磷含量增加到 8%(质量分数)以上时,耐腐蚀性能将显著提高;而随着镀层中磷含量减少至 8%以下时,耐磨性能会得到提高。但是通过适当的热处理,将会大大提高磷含量镀层的显微硬度,从而提高了镀层的耐磨性。

(1) 耐磨性镀层的厚度

为了以最小的化学镀镍-磷合金镀层厚度获得最佳耐磨性,基体材料的表面应平整无孔。在粗糙或多孔的工件表面,为了将基体材料对镀层特性的影响降到最小,镍-磷镀层应更厚一些。

满足耐磨性使用要求的最小化学镀镍-磷合金镀层厚度见表 2-40。

表 2-40　满足耐磨性使用要求的最小化学镀镍-磷合金镀层厚度

使用环境条件	种　类	最小镀层厚度 /μm	
		铁基体材料	铝基体材料
5 (极度恶劣)	在易受潮和易磨损的室外条件下使用,如油田设备	125	—
4 (非常恶劣)	在海洋性和其他恶劣的室外条件下使用,极易受到磨损,易暴露在酸性溶液中,高温高压	75	—
3 (恶劣)	在非海洋性的室外条件下使用,由于雨水和露水,易受潮,比较容易受磨损,高温时会暴露在碱性盐环境中	25	60
2 (一般条件)	在室内条件下使用,但表面会有凝结水珠,在工业条件下使用会暴露在干燥或油性环境中	13	25
1 (温和)	在温暖干燥的室内环境中使用,低温焊接和轻微磨损	5	13
0 (非常温和)	在高度专业化的电子和半导体设备、薄膜电阻、电容器、感应器和扩散焊中使用	0.1	0.1

注:引自 GB/T 13913—2008《金属覆盖层 化学镀镍-磷合金镀层规范和试验方法》。

可以通过控制化学镀镍-磷沉积过程，来获得具有能够满足不同使用要求特性的镍-磷镀层。表 2-41 列出了不同使用条件下镀层的种类和磷含量。

表 2-41　不同使用条件下推荐采用的镍-磷镀层的种类和磷含量

种类	磷含量(质量分数)/%	应用
1	对磷含量没有特殊要求	一般要求的镀层
2(低磷)	1～3	具有导电性、可焊性(如集成电路、引线连接)
3(低磷)	2～4	较高的镀层硬度，以防止黏附和磨损
4(中磷)	5～9	一般耐磨和耐腐蚀要求
5(高磷)	≥10	较高的镀层耐腐蚀性，非磁性，可扩散焊，具有较高的延展柔韧性。如用于硬磁盘的含磷 12.5% 的镀层

注：引自 GB/T 13913—2008《金属覆盖层 化学镀镍-磷合金镀层规范和试验方法》。

(2) 修复性镀层的厚度

用于修复磨损的工件和挽救超差的工件，采用的化学镀镍-磷修复性镀层的厚度≥125μm。

高磷含量（≥10%，质量分数）的镀层，比低磷或中磷的镀层，具有较低的内应力、较高的延展性和较高的耐腐蚀性，更适合于修复磨损或超差工件的修复性镀层。

当镀层厚度超过 125μm 时，有时在化学镀镍-磷之前，采用预电镀镍底层。

(3) 提高可焊性镀层的厚度

提高诸如铝以及其他难焊接的合金的可焊性，采用的化学镀镍-磷镀层的厚度为 2.5μm。

(4) 预镀底层

电镀底层的目的是减少沉积过程中，那些会降低沉积效率的元素的污损危害。另外，电镀金属底层能阻止杂质从基体金属扩散到化学镀镍-磷镀层，并有助于提高结合力。

① 含微量镁和锌的基体金属，可用电镀 2～5μm 厚的镍或铜底层。

② 含微量铬、铅、钼、锡、钛或钨的基体金属，可用电镀 2～5μm 厚的镍底层。

③ 可以在钢底层和化学镀镍-磷镀层之间闪镀镍层。

2.2.16　铜-锡合金镀层厚度系列

由于铜-锡合金镀层具有良好的耐蚀性和优良的钎焊性能，它广泛用于电子、电器制品的防腐蚀和改善焊接性能，也用于其他制品的防护装饰镀层（作中间镀层）。

铜-锡合金镀层厚度系列，引自 JB/T 10620—2006《金属覆盖层 铜-锡合金电镀层》，该标准规定了在不同环境条件下对铜-锡合金镀层厚度的要求和镀层的标识。

(1) 铜-锡合金镀层厚度

将铜-锡合金镀层按锡含量高低和不同的使用环境条件分类，表 2-42 中规定了每种使用环境对应的最小厚度值。

表 2-42　不同使用环境条件下对应的铜-锡合金镀层厚度要求

使用环境条件	高锡的铜-锡合金镀层 （锡含量 30%～50%,质量分数）	低锡的铜-锡合金镀层 （锡含量 5%～20%,质量分数）
	最小厚度/μm	
室外湿热环境	30	15
室外干燥环境	15	8
室内湿热环境	8	5

续表

使用环境条件	高锡的铜-锡合金镀层 （锡含量30%～50%,质量分数）	低锡的铜-锡合金镀层 （锡含量5%～20%,质量分数）
	最小厚度/μm	
室内干燥环境	5	2

注：1. 通常情况下，高锡铜-锡合金镀层硬度高、耐蚀性好，宜用于装饰性镀层，但镀层较脆，不能经受变形。低锡铜-锡合金镀层孔隙率低、耐蚀性较好，也具有良好的钎焊性，宜用于电子电气产品的电镀保护层。

2. 引自：JB/T 10620—2006《金属覆盖层 铜-锡合金电镀层》。

(2) 铜-锡合金镀层标识示例

铜-锡合金镀层标识由基体金属（或合金基体中的主要成分）、镀层组成的化学符号（Cux-Sn，x表示合金镀层中铜的平均含量）、镀层最小厚度值（μm）三部分组成。其镀层标识按以下顺序明确指出基体金属、镀层组成和镀层厚度。标识示例如下：

【例1】 在钢基体（Fe）上电镀5μm厚的铜含量为90%（质量分数）的铜-锡合金镀层。

其标识为：电镀层 JB/T 10620-Fe/Cu（90）-Sn5

【例2】 在黄铜基体（Cu-Zn合金）上电镀3μm厚的铜含量为85%（质量分数）的铜-锡合金镀层。

其标识为：电镀层 JB/T 10620-Cu-Zn/Cu（85）-Sn3

第**3**章

镀覆层标识方法

3.1 金属镀覆及化学处理标识方法

国家标准 GB/T 13911—2008《金属镀覆和化学处理标识方法》，适用于金属和非金属制件上进行电镀、化学镀及化学处理的标识。铝及铝合金表面化学处理的标识方法可参照本标准规定的通用标识方法。对金属镀覆和化学处理在该标准中未有规定的要求时，允许在有关的技术文件中加以说明。现将该标准摘略如下。

3.1.1 标识的组成部分

标识通常由下列 4 部分组成。

第 1 部分：包括镀覆方法，该部分为组成标识的必要元素。

第 2 部分：包括执行的标准和基体材料，该部分为组成标识的必要元素。

第 3 部分：包括镀层材料、镀层要求和镀层特征，该部分构成了镀覆层的主要工艺特性，组成的标识随工艺特性变化而变化。

第 4 部分：包括每部分详细的说明，如化学处理的方式、应力消除的要求和合金元素的标注。该部分为组成标识的可选择元素（见 3.2 典型镀覆层的标识示例）。

金属镀覆和化学后处理的通用标识见表 3-1。

表 3-1　单金属及多层镀覆及化学后处理的通用标识

基本信息				底镀层			中镀层			面镀层			
镀覆方法	本标准号	—	基体材料	—	底镀层	最小厚度	底镀层特征	中镀层	最小厚度	中镀层特征	面镀层	最小厚度	面镀层特征	后处理
备注	典型标识示例：电镀层 GB/T 9797-Fe/Cu20a Ni30b Cr mc 该镀覆标识表示：在钢铁基体镀覆 20μm 延展并平整性铜＋30μm 光亮镍＋0.3μm 微裂纹铬													

3.1.2 标识方法的排列顺序

金属镀覆及化学处理标识方法的排列顺序说明如下。

① 镀覆方法应用中文表示。为便于使用，常用中文电镀、化学镀、机械镀、电刷镀、气相沉积等表示。

② 本标准号为相应镀覆层执行的国家标准号或者行业标准号；如不执行国家或行业标准，应标识该产品的企业标准号，并注明该标准为企业标准，不允许无标准号产品。

③ 标准号后连接短横杠"-"。

④ 基体材料用符号表示，见表 3-2 常用基体材料的表示符号，对合金材料的镀覆必要时还必须标注出合金元素成分和含量。

⑤ 基体材料后用斜杠"/"隔开。

⑥ 当需要底镀层时，应标注底镀层材料、最小厚度（μm），底镀层特征有要求时，应按典型标识（见下面各类镀层标识）规定，注明底镀层特征符号，如无要求，允许省略。如果不需要底镀层，则不需标注。

⑦ 当需要中镀层时，应标注中镀层材料、最小厚度（μm），中镀层特征有要求时，应按典型标识（见下面各类镀层标识）规定，注明中镀层特征符号，如无要求，允许省略。如果不需要中镀层，则不需标注。

⑧ 应标注面镀层材料及最小厚度标识。面镀层特征有要求时，应按典型标识（见下面各类镀层标识）规定，注明面镀层特征符号，如无要求，允许省略。

⑨ 镀层后处理为化学处理、电化学处理和热处理，标注方法见下面各类镀层标识规定。

⑩ 必要时需标注合金镀层材料的标识，二元合金镀层应在主要元素后面加括号注主要元素含量，并用一横杠连接次要元素，如 Sn（60）-Pb 表示锡-铅合金镀层，其中锡的质量分数为 60%；合金成分含量无需标注或不便标注时，允许不标注。三元合金标注出两种元素成分的含量，依次类推。

3.1.3 金属镀覆方法及化学处理常用符号

金属材料用化学元素符号表示，合金材料用其主要成分的化学元素符号表示，非金属材料用国际通用缩写字母表示。常用基体材料的表示符号见表 3-2。典型镀覆层的标识见下面各种镀层的标识示例。

表 3-2　常用基体材料的表示符号

材料名称	符号
铁、钢	Fe
铜及铜合金	Cu
铝及铝合金	Al
锌及锌合金	Zn
镁及镁合金	Mg
钛及钛合金	Ti
塑料	PL
其他非金属	宜采用元素符号或通用名称英文缩写

3.2　典型镀覆层的标识示例

3.2.1 金属基体上镍＋铬和铜＋镍＋铬电镀层标识

金属基体上镍＋铬、铜＋镍＋铬电镀层的标识，见 GB/T 9797《金属覆盖层 镍＋铬和铜＋镍＋铬电镀层》标识的规定。铜、镍、铬镀层特征标识符号见表 3-3。典型标识示例如下，非典型标识见 GB/T 9797。

【例 1】电镀层 GB/T 9797-Fe/Cu20a Ni30b Cr mc

该标识表示：在钢铁基体上镀覆 20μm 延展并整平铜＋30μm 光亮镍＋0.3μm 微裂纹铬的电镀层。

【例 2】电镀层 GB/T 9797-Zn/Cu20a Ni20b Cr mc

该标识表示：在锌合金基体上镀覆 20μm 延展并整平铜＋20μm 光亮镍＋0.3μm 微裂纹铬的电镀层。

【**例 3**】电镀层 GB/T 9797-Cu/Ni25p Cr mp

该标识表示：在铜合金基体上镀覆 25μm 半光亮镍＋0.3μm 微孔铬的电镀层。

【**例 4**】电镀层 GB/T 9797-A1/Ni20s Cr r

该标识表示：在铝合金基体上镀覆 20μm 缎面镍＋0.3μm 常规铬的电镀层。

表 3-3　铜、镍、铬镀层特征标识符号

镀层种类	符号	镀层特征
铜镀层	a	表示镀出延展、整平铜
镍镀层	b	表示全光亮镍
	p	表示机械抛光的暗镍或半光亮镍
	s	表示非机械抛光的暗镍、半光亮镍或缎面镍
	d	表示双层或三层镍
铬镀层	r	表示普通铬（即常规铬）
	mc	表示微裂纹铬
	mp	表示微孔铬
备注		mc 表示微裂纹铬，常规厚度为 0.3μm。某些特殊工序要求较厚的铬镀层（约 0.8μm），在这种情况下，镀层标识应包括最小局部厚度，如：Cr mp(0.8) r 表示普通铬（即常规铬），一般厚度为 0.3μm mp 表示微孔铬，一般厚度为 0.3μm

3.2.2　塑料上镍＋铬电镀层标识

塑料上镍＋铬、铜＋镍＋铬电镀层的标识，见 GB/T 12600《金属覆盖层 塑料上镍＋铬电镀层》标识的规定。铜、镍、铬镀层特征标识符号见表 3-3。标识示例如下。

【**例 1**】电镀层 GB/T 12600-PL/Cu15a Ni10b Cr mp（或 mc）

该标识表示：塑料基体上镀覆 15μm 延展并整平铜＋10μm 光亮镍＋0.3μm 微孔铬或微裂纹铬的电镀层。

【**例 2**】电镀层 GB/T 12600-PL/Ni20dp Ni20d Cr mp

该标识表示：塑料基体上镀覆 20μm 延展镍＋20μm 光亮镍＋0.3μm 微孔铬的电镀层。

注：dp 表示从专门预镀溶液中电镀延展性柱状镍镀层。

3.2.3　金属基体上装饰性镍、铜＋镍电镀层标识

金属基体上镍、铜＋镍电镀层的标识，见 GB/T 9798《金属覆盖层 镍电沉积层》标识的规定。铜、镍、铬镀层特征标识符号见表 3-3。标识示例如下。

【**例 1**】电镀层 GB/T 9798-Fe/Cu20a Ni25s

该标识表示：钢铁基体上镀覆 20μm 延展并整平铜＋25μm 缎面镍的电镀层。

【**例 2**】电镀层 GB/T 9798-Fe/Ni30p

该标识表示：钢铁基体上镀覆 30μm 半光亮镍的电镀层。

【**例 3**】电镀层 GB/T 9798-Zn/Cu10a Ni15b

该标识表示：锌合金基体上镀覆 10μm 延展并整平铜＋15μm 全光亮镍的电镀层。

【**例 4**】电镀层 GB/9798-Cu/Ni10b

该标识表示：铜合金基体上镀覆 10μm 全光亮镍的电镀层。

【**例 5**】电镀层 GB/T 9798-Al/Ni25b

该标识表示：铝合金基体上镀覆 25μm 全光亮镍的电镀层。

3.2.4 钢铁上锌电镀层、镉电镀层的标识

钢铁基体上锌电镀层、镉电镀层的标识，见 GB/T 9799《金属及其他无机覆盖层 钢铁上经处理的锌电镀层》和 GB/T 13346《金属及其他无机覆盖层 钢铁上经处理的镉电镀层》标识的规定。标识中有关锌电镀层、镉电镀层化学处理及分类符号见表 3-4。标识示例如下。

【例1】电镀层 GB/T 9799-Fe/Zn25c1A

该标识表示：在钢铁基体上电镀锌层至少为 $25\mu m$，电镀后镀层光亮铬酸盐处理。

【例2】电镀层 GB/T 13346-Fe/Cd8c2C

该标识表示：在钢铁基体上电镀镉层至少为 $8\mu m$，电镀后镀层彩虹铬酸盐处理。

表 3-4 电镀锌和电镀镉后铬酸盐处理的标识符号

后处理名称	符号	分级	类型
光亮铬酸盐处理	c	1	A
漂白铬酸盐处理			B
彩虹铬酸盐处理		2	C
深处理			D

3.2.5 工程用铬电镀层标识

工程用铬电镀层的标识见 GB/T 11379《金属覆盖层 工程用铬镀层》的规定。标识中工程用铬电镀层的特征符号见表 3-5。为确保镀层与基体金属之间的结合力良好，工程用铬在镀前和镀后有时需要热处理。镀层热处理特征符号见表 3-6。标识示例如下。

【例1】电镀层 GB/T 11379-Fe//Cr50hr

该标识表示：在低碳钢基体上直接电镀厚度为 $50\mu m$ 的常规硬铬的电镀层。

【例2】电镀层 GB/T 11379-Al//Cr250hp

该标识表示：在铝合金基体上直接电镀厚度为 $250\mu m$ 的微孔硬铬的电镀层。

【例3】电镀层 GB/T 11379-Fe//Ni10sf/Cr25hr

该标识表示：在钢基体上电镀底镀层为 $10\mu m$ 厚的无硫镍＋$25\mu m$ 厚的常规硬铬的电镀层。

【例4】电镀层 GB/T 11379-Fe/［SR（210）2］/Cr50hr/［ER（210）22］

该标识表示：在钢基体上电镀厚度为 $50\mu m$ 的常规硬铬电镀层，电镀前在 210℃下进行 2h 消除应力的热处理，电镀后在 210℃下进行 22h 降低脆性的热处理。

铬镀层及面镀层和底镀层的符号，每一层之间按镀层的先后顺序用斜线（/）分开。镀层标识应包括镀层的厚度（以 μm 计）和热处理要求。工序间不做要求的步骤应用双斜线（//）标明。

镀层热处理特征标识，如［SR（210）1］表示在 210℃下消除应力处理 1h。

表 3-5 工程用铬电镀层特征符号

铬电镀层的特征	符号
常规硬铬	hr
混合酸液中电镀的硬铬	hm
微裂纹硬铬	hc
微孔硬铬	hp
双层铬	hd
特殊类型的铬	hs

表 3-6 热处理特征符号

热处理特征	符号
表示消除应力的热处理	SR
表示降低氢脆敏感性的热处理	ER
表示其他的热处理	HT

3.2.6 工程用镍电镀层标识

工程用镍电镀层标识见 GB/T 12332《金属覆盖层 工程用镍电镀层》的规定。标识中工程镍镀层的类型、含硫量及延展性标识见表 3-7。为确保镀层与基体金属之间的结合力良好，工程用镍在镀前和镀后有时需要热处理。镀层热处理特征符号见表 3-6。标识示例如下。

【例1】电镀层 GB/T 12332-Fe//Ni50sf

该标识表示：在钢基体上电镀最小局部厚度为 $50\mu m$、无硫的工程用镍电镀层。

【例2】电镀层 GB/T 12332-Al//Ni75pd

该标识表示：在铝合金基体上电镀最小局部厚度为 $75\mu m$、无硫的、镍层含有共沉积的碳化硅颗粒的工程用镍电镀层。

【例3】电镀层 GB/T 12332-Fe/［SR（210）2］/Ni25sfhr/［ER（210）22］

该标识表示：在高强度钢基体上电镀最小局部厚度为 $25\mu m$、无硫的工程用镍电镀层，电镀前在 210℃下进行 2h 消除应力的热处理，电镀后在 210℃下进行 22h 降低脆性的热处理。

镍或镍合金镀层及底镀层和面镀层的符号，每一层之间按镀层的先后顺序用斜线（/）分开。镀层标识应包括镀层的厚度（以 μm 计）和热处理要求。工序间不做要求的步骤应用双斜线（//）标明。

表 3-7 不同类型的镍电镀层的符号、硫含量及延展性

镍电镀层的类型	符号	硫含量(质量分数)/%	延展性/%
无硫	sf	<0.005	>8
含硫	sc	>0.04	—
镍母液中分散有微粒的无硫镍	pd	<0.005	>8

3.2.7 化学镀(自催化)镍-磷合金镀层标识

化学镀镍-磷镀层的质量与基体金属的特性、镀层及热处理条件有密切关系（见 GB/T 13913《金属覆盖层 化学镀镍-磷合金镀层规范和试验方法》的说明和规定）。所以化学镀镍-磷镀层的标识除包括所规定的通用标识外，必要时还包括基体金属特殊合金的标识、基体和镀层消除内应力的要求、化学镀镍-磷镀层中的磷含量。双斜线（//）用于指明某一步骤或操作没有被列举或被省略。

化学镀镍-磷镀层应用符号 NiP 标识，并在紧跟其后的圆括号中填入镀层磷含量的数值，然后再在其后标注出化学镀镍-磷镀层的最小局部厚度（μm）。

典型标识示例如下，非典型的化学镀层的标识参见 GB/T 13913。

【例1】化学镀镍-磷镀层

GB/T 13913-Fe〈16Mn〉［SR（210）22］/NiP（10）15/Cr0.5［ER（210）22］

该标识表示：在 16Mn 钢基体上化学镀含磷量为 10%（质量分数）、厚 $15\mu m$ 的镍-磷镀层，镍-磷镀层前要求在 210℃下进行 22h 的消除应力的热处理，化学镀镍后再在其表面电镀 $0.5\mu m$ 厚的铬，最后在 210℃下进行 22h 的消除氢脆的热处理。

【例2】化学镀镍-磷镀层 GB/T 13913-Al〈2B12〉//NiP（10）15/Cr0.5//

该标识表示：在 2B12 铝合金基体上化学镀含磷量为 10%（质量分数），厚 15μm 的镍-磷镀层，化学镀镍后再在其表面电镀 0.5μm 厚的铬。

【例3】化学镀镍-磷镀层 GB/T 13913-Cu〈H62〉//NiP（10）15/Cr0.5//

该标识表示：在铜合金基体上镀含磷量为 10%（质量分数），厚 15μm 的镍-磷的镀层，化学镀镍后再在其表面电镀 0.5μm 厚的铬不需要热处理。

3.2.8 工程用银和银合金电镀层标识

工程用银和银合金电镀层的标识见 ISO 4521 标识的规定。银和银合金镀层常用厚度见表 3-8。典型标识示例如下，非典型标识参见 ISO 4521。

【例1】电镀层 ISO 4521-Fe/Ag10

该标识表示：在钢铁金属基体上电镀厚度为 10μm 的银电镀层。

【例2】电镀层 ISO 4521-Fe/Cu10 Ni10 Ag5

该标识表示：在钢铁金属基体上电镀厚度为 10μm 的铜电镀层＋10μm 的镍电镀层＋5μm 的银电镀层。

【例3】电镀层 ISO 4521-Al/Ni20 Ag5

该标识表示：在铝或铝合金基体上电镀厚度为 20μm 的镍镀层＋5μm 的银电镀层。

表 3-8　银和银合金镀层常用厚度

银和银合金镀层厚度/μm	银和银合金镀层厚度/μm
2	20
5	40
10	—

注：必要时，银和银合金镀层的厚度也可采用 2μm 的倍数。

3.2.9 工程用金和金合金镀层标识

工程用金和金合金镀层的标识见 ISO 4523 标识的规定。如果需要表示金的金属纯度，可在该金属的元素符号后用括号（）列出质量分数，精确至小数点后一位。金和金合金镀层常用厚度见表 3-9。标识示例如下。

【例1】电镀层 ISO 4523-Fe/Au（99.9）2.5

该标识表示：在钢铁金属基体上电镀厚度为 2.5μm，纯度为 99.9%（质量分数）的金电镀层。

【例2】电镀层 ISO 4523-Fe/Cu10 Ni5 Au1

该标识表示：在钢铁金属基体上电镀厚度为 10μm 的铜镀层，再电镀厚度为 5μm 的镍镀层，最后电镀 1μm 的金电镀层。

【例3】电镀层 ISO 4523-Al/Ni20 Au0.5

该标识表示：在铝或铝合金基体上电镀厚度为 20μm 的镍镀层，然后再电镀 0.5μm 的金电镀层。

表 3-9　金和金合金镀层常用厚度

金和金合金镀层厚度/μm	金和金合金镀层厚度/μm
0.25	2.5
0.5	5
1	10

3.2.10　金属基体上锡和锡合金镀层标识

金属基体上锡电镀层、锡-铅合金电镀层、锡-镍合金电镀层的表面特征，在某些情况下与镀层的使用要求有关（见 GB/T 12599、GB/T 17461、GB/T 17462 的说明）。锡和锡合金镀层的标识应包括镀层表面特征内容（见表 3-10），合金电镀层应在主要金属符号后用括号标注主要元素的含量。非典型标识参见 GB/T 12599、GB/T 17461、GB/T 17462，典型标识示例如下。

【例 1】电镀层 GB/T 12599-Fe/Ni2.5 Sn 5f

该标识表示：在钢或铁基体金属上，镀覆 $2.5\mu m$ 镍底镀层＋$5\mu m$ 锡镀层，镀后应用熔流处理。

【例 2】电镀层 GB/T 17461-Fe/Ni5 Sn60-Pb 10f

该标识表示：在钢或铁基体金属上，镀覆 $5\mu m$ 镍底镀层＋$10\mu m$ 公称含锡量为 60％（质量分数）的锡-铅合金镀层，并且镀后经过热熔处理的锡-铅合金电镀层。

【例 3】电镀层 GB/T 17462-Fe/Cu2.5 Su-Ni 10

该标识表示：在钢或铁基体金属上，镀覆 $2.5\mu m$ 铜底镀层＋$10\mu m$ 锡含量无要求的锡-镍合金电镀层。

表 3-10　锡和锡合金镀层表面特征符号

镀层表面特征	符号
无光镀层	m
光亮镀层	b
熔流处理的镀层	f

第2篇 电镀单金属

第4章
电镀前处理

4.1 镀件镀覆前质量控制的技术要求

金属零部件镀覆前的质量控制，应符合 GB/T 12611—2008《金属零（部）件镀覆前质量控制技术要求》的规定。本标准规定了金属零（部）件在电镀、化学镀、化学钝化、化学氧化、电化学氧化及其他镀覆前的质量控制和验收的技术要求及具体做法。

4.1.1 镀覆前金属零部件的一般要求

（1）外观要求

① 待镀零部件应无机械变形和机械损伤。主要表面上应无氧化皮、斑点、凹坑、凸瘤、毛刺、划伤等缺陷。轻微的缺陷应选用机械磨光、化学抛光或电化学抛光等方法消除。

② 经磨削加工或经探伤检查的零部件及弹簧等，应无剩磁、磁粉及荧光粉等缺陷。粉末冶金件须进行孔隙及孔隙率检查。

③ 经热处理的工件应进行表面清理，不允许有未除尽的氧化皮和残留物（如盐、碱、型砂、烧结物等）；允许带有轻微的氧化色，但不允许有锈蚀现象。

（2）外型尺寸要求

① 设计规定有配合要求的零部件，镀覆前必须留有镀覆厚度的工艺尺寸，并按照工艺文件规定的尺寸进行检验和验收。

② 需镀覆的螺纹件，应按所规定镀覆厚度留有足够余量。

（3）焊接件镀覆前质量要求

① 焊接件应无残留的焊料和熔渣，焊缝应经喷砂或其他方法清理。

② 焊缝应无气孔和未焊牢等缺陷。

（4）镀覆前除油除锈要求

① 镀覆前金属零部件应清除油封。清除油封后，零部件表面应无油污、金属屑及机械加工划线的涂色等残留物。

② 不经机械加工的铸件、锻件和热轧件表面，应进行喷砂或喷丸处理。材料极限强度小于或等于 1050MPa 的热轧件也可用浸蚀去除氧化皮。

③ 凡经喷砂处理的高强度钢零部件，应在 1h 内开始镀覆（包括预处理）。

4.1.2　镀覆前消除应力的热处理要求

① 凡经机械加工、磨削、冷成型、冷拉伸、冷矫正的零部件，当其材料抗拉强度最大值大于 1050MPa 时，除表面淬火件外，应按表 4-1 规定的条件进行消除残余应力的热处理。当仅知道材料的抗拉强度最小值时，可按表 4-2 确定其抗拉强度的最大值。

表 4-1　不同抗拉强度热处理条件

材料抗拉强度最大值/MPa	热处理温度/℃	热处理时间/h
>1050~1450	190~210	1
>1450~1800	190~210	18
>1800	190~210	24

注：引自 GB/T 12611—2008《金属零（部）件镀覆前质量控制技术要求》。

表 4-2　材料抗拉强度极限值

材料抗拉强度最小值/MPa	材料抗拉强度最大值/MPa
1000~1400	1050~1450
1401~1750	1451~1800
>1750	>1800

注：引自 GB/T 12611—2008《金属零（部）件镀覆前质量控制技术要求》。

② 表面淬火件为了消除残余应力，应在 130~150℃ 下，保温不少于 5h。如允许基体金属的表面硬度降低，也可采用较高的温度、较短时间的热处理。

③ 当需要喷丸时，喷丸应在消除残余应力热处理后进行。

④ 当特殊要求消除应力热处理在喷丸后进行时，热处理的温度不得超过 220℃。

4.1.3　镀覆前表面粗糙度的要求

① 除设计已规定表面粗糙度值 Ra 和圆角值的零部件外，为保证镀层质量，零部件镀覆前的表面粗糙度值 Ra 和圆角值应符合表 4-3 的规定。

表 4-3　零部件镀覆前的表面粗糙度值和圆角值

镀覆层种类	镀覆前表面粗糙度值 Ra（不大于）/μm	圆角值/mm
工程镀铬(需做孔隙率检查)	0.8	≥0.5
工程镀铬(不需做孔隙率检查)	1.6	—
松孔镀铬	0.2	—
装饰镀铬	视光亮度要求确定	≥0.5
瓷质阳极氧化	0.2	—
镀钯、镀铑	0.2	≥0.5
硬质阳极氧化、绝缘阳极氧化	0.8	≥0.5
防渗碳、防氮化、防氧化而镀铜或镀锡	3.2	—

续表

镀覆层种类	镀覆前表面粗糙度值 Ra （不大于）/μm	圆角值 /mm
备注	本表是建立在镀覆后不经抛光、研磨等精饰的基础上 超过本表规定时，由需方和电镀方商定	

注：引自 GB/T 12611—2008《金属零（部）件镀覆前质量控制技术要求》。

② 图样上已规定零部件表面粗糙度值（即零部件最终表面粗糙度值）的，其镀覆前的表面粗糙度值应不大于图样上所标出的粗糙度值的一半。

③ 待镀的零（部）件必须装箱或采用专门的工位器具。表面粗糙度值 $Ra \leqslant 0.8\mu m$ 的和精密零部件，应装入专用包装箱内，分别包装，以免在搬运过程中损坏零部件或发生锈蚀。

4.2　电镀前处理方法

电镀、化学和电化学转化处理前，对其表面进行清除油污、铁锈、氧化物以及为适应镀覆层特殊要求，而对基体金属表面进行特殊处理等的任何准备工作，统称为电镀前处理。电镀前处理是电镀工艺技术的一个重要组成部分，对提高电镀质量起着重要的作用。其处理方法如图4-1所示。

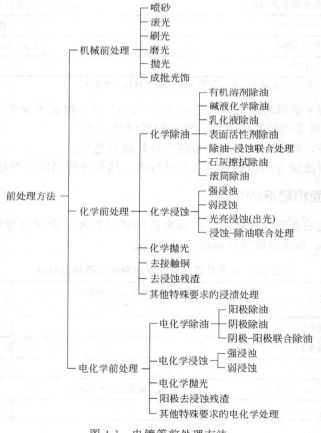

图 4-1　电镀等前处理方法

4.3　机械前处理

机械前处理是以机械喷射清理（喷砂、喷丸）、磨光、抛光等的方法，清理电镀工件表面的铁锈、氧化皮和缺陷以及赋予被镀工件表面平整、光亮及一定的粗糙度等。机械前处理方法有喷砂、喷丸、滚光、刷光、磨光、抛光、振动光饰等。

机械前处理以及镀后的镀层抛光等，多数为手工作业，劳动强度大，劳动条件差，生产效率低，污染严重，应采取相应措施，尽量减少机械前处理工作量。例如以前无法获得全光亮镀层的情况下，只好采用抛光电镀层的办法以获得光亮镀层，但电镀后抛光镀层则会减薄镀层，也浪费金属。而现在由于电镀添加剂的发展，只要控制好溶液成分、操作条件和添加剂用量的情况下，很多装饰性电镀能镀出光亮镀层，大大减少电镀层抛光的工作量。

4.3.1 喷砂

喷砂是喷射清理的一种形式，它是以喷射磨料强力撞击零件，对其表面进行清理或修饰加工的过程。电镀、化学和电化学转化处理工件的机械前处理，也常采用喷砂。喷砂的种类和应用如表 4-4 所示。

表 4-4 喷砂的种类和应用

喷砂的种类	喷砂清理的应用
干喷砂：除锈效率高，加工表面较湿喷砂粗糙，磨料破碎率高，并且粉尘较大，劳动条件差	① 清除铸件、锻件、热处理件等表面上的型砂、氧化皮、熔渣 ② 清除零件表面氧化皮、锈斑、毛刺、焊渣、旧漆层或干燥(固化)了的油类污物 ③ 对不能用酸浸蚀法来去除氧化膜或在去除氧化膜时容易引起过度浸蚀的零件 ④ 提高零件表面的均匀粗糙度，以提高磷化、涂漆及喷镀等涂层的附着力 ⑤ 对零件进行特殊无光泽(或消光状态)电镀，使其获得均匀无光泽表面 ⑥ 各种铸件镀硬铬时常使用喷砂预处理，一些机床零件镀乳白铬前也多用喷砂来消光 ⑦ 非金属零件表面电镀前的机械粗化等
湿喷砂：湿喷砂是在磨料中加入一定配比的水和防锈剂，再进行喷砂，以减弱磨料对零件表面的冲击作用，湿喷砂常用于较精密零件的加工，并且粉尘污染较小	

(1) 喷砂用的磨料及工艺条件

喷砂用的磨料有钢砂、氧化铝、石英砂、河砂、碳化硅等，其中使用氧化铝砂较好，因其不易粉化，可改善操作人员的劳动条件。但生产中使用较多的仍然是石英砂，也可用河砂。石英砂硬度高，切削能力强，使用寿命长，但价格高，污染严重。国家标准 GB 7691—2003《涂装作业安全规程 安全管理通则》明确规定：禁止使用游离二氧化硅含量在 80% 以上的石英砂干喷砂除锈清理。喷砂清理灰尘大、劳动条件差，应尽量采用其他工艺替代。喷砂尽可能采用湿喷砂，干喷砂应采用密闭性好的及带有净化除尘的喷砂室，尽可能采用自动或半自动喷砂机。

喷砂的工艺条件参见表 4-5。砂粒目数与粒径对照关系见表 4-6。

表 4-5 工艺条件（零件材料与使用的砂粒大小、空气压力的关系）

零件材料及特征	砂粒尺寸(直径)/mm	压缩空气压力/MPa
厚度>3mm 的大型钢铁件	2.5～3.5	0.3～0.5
厚度为 1～3 mm 的中型钢铁件及中型铸件	1～2	0.2～0.4
薄壁铁钢件及小型铁钢件	0.5～1	0.05～0.1
厚度<1mm 的薄片及有螺纹的钢铁件	0.05～0.15	0.03～0.05
黄铜零件	0.1～0.5	0.15～0.25
铝及铝合金件	<0.5	0.1～0.15
塑料零件	0.08～0.16	约 0.03～0.05

表 4-6 砂粒目数与粒径对照表

目数	粒径/μm	目数	粒径/μm	目数	粒径/μm	目数	粒径/μm
2.5	6000	12	1250	50	300	300	50
3	5000	14	1100	60	250	400	38
4	3750	16	950	80	190	500	30
5	3000	20	750	100	150	600	25
6	2500	25	600	120	125	700	20
7	2150	30	500	150	100	800	18
8	1900	35	430	180	85	1000	15
9	1700	40	375	200	75	2500	6
10	1500	45	330	250	60	15000	1

（2）机械清理的除锈质量等级

为保证除锈质量，对钢材提出了除锈标准（GB/T 8923.1—2011《涂覆涂料前钢材表面处理 表面清洁度的目视评定 第1部分：未涂覆过的钢材表面和全部清除原有涂层后的钢材表面的锈蚀等级和处理等级》）。它适用于以磨料喷射（包括喷砂）或抛射除锈过的热轧钢材表面。冷轧钢材表面除锈等级的评定也可参照此标准。

钢材表面用机械清理（磨料喷射、抛射）方法除锈，除锈方法以字母"Sa"表示，除锈质量分为四个除锈等级，见表 4-7。

表 4-7 钢材表面机械清理（磨料喷射、抛射）的除锈质量等级（GB/T 8923.1—2011）

除锈等级	除锈方式	除锈质量
Sa 1	轻度的喷射清理	在不放大的情况下观察时，表面应无可见的油、脂和污物，并且没有附着不牢的氧化皮、铁锈、涂层和外来杂质(可能包括水溶性盐类和焊接残留物)
Sa 2	彻底的喷射清理	在不放大的情况下观察时，表面应无可见的油、脂和污物，并且几乎没有氧化皮、铁锈、涂层和外来杂质(可能包括水溶性盐类和焊接残留物)。任何残留物应附着牢固(若氧化皮、铁锈或涂层可用钝的铲刀刮掉，则视为附着不牢)
Sa2 ½	非常彻底的喷射清理	在不放大的情况下观察时，表面应无可见的油、脂和污物，并且没有氧化皮、铁锈、涂层和外来杂质。任何污染物的残留痕迹仅呈现为点状或条纹状的轻微色斑
Sa 3	使钢材表面洁净的喷射清理	在不放大的情况下观察时，表面应无可见的油、脂和污物，并且应无氧化皮、铁锈、涂层和外来杂质。表面应具有均匀的金属色泽

（3）喷砂机

喷砂机分为干式喷砂机和湿式喷砂机两类。

① 干式喷砂机 干式喷砂机的结构形式按其工作原理及磨料输送方式，分为吸入式、压入式。

a. 吸入式喷砂机。其工作原理是压缩空气经过枪体时，利用空气射流的负压将磨料吸入混料腔并喷射向工件。这种机型喷砂机，结构简单、制造方便，但因能量利用率低，喷砂效率低，不适合大面积、高效率的清理场合，适用于电镀前处理小型工件的喷砂。

b. 压入式喷砂机。其工作原理是磨料在压力空气推动下，在喷砂机的混合室内混合，然后经软管输送到喷枪，高速射喷向工件。其特点是能量利用率高、喷射力强、喷砂效率高。但设备结构比吸入式喷砂机复杂。它适用于大中型工件的清理。

列举一些干式喷砂机的技术性能规格供参考，见表 4-8。

表 4-8　干式喷砂机的技术性能规格

技术性能规格	吸入式喷砂机			压入式喷砂机	
	DB-1	GS-943	XR-2	GY-2	GY-3
喷枪数量	1	1	1	1	1
工作气压/MPa	0.3～0.6	0.5～0.7	0.3～0.6	0.5～0.7	0.5～0.7
耗气量/(m³/min)	约1～1.5	2.5	约1～1.5	约3	约3
气源接管管径/mm	$\phi13$	$\phi22$	$\phi13$	$\phi22$	$\phi25$
清理质量等级	可达Sa3	可达Sa3	可达Sa3	可达Sa3	可达Sa3
工作台承重/kg	≤40	≤200	≤40	≤100	≤100
旋转台直径/mm	—	$\phi800$	$\phi500$	$\phi700$	$\phi700$
电源	AC 220V 50Hz		AC 380V 50Hz	AC 380V 50Hz	
除尘器电机/kW	0.37	2.2	0.32	2.2	2.2
照明(220V)/W	3×16	3×18	3×16	3×18	3×18
磨料添加量/kg	3～5	25	5～10	25	25
整机质量/kg	150	—	150		
配置除尘器	配有高效除尘器　XR-2型喷砂机配有高效一体式除尘器			配有高效除尘器,工作时不产生飘逸的粉尘	
设备外形					
生产厂	北京多特喷砂设备有限公司				

② 湿式（液体）喷砂机　液体喷砂的工作原理是将磨料与水按一定的比例混合，通过磨液泵的输送及喷枪处压缩空气的加速，高速喷射到工件表面，利用磨料的磨削作用，清除工件表面的锈蚀、氧化皮、残盐、焊渣以及机加件的微小毛刺、表面残留物等。此外，还可以作液体喷玻璃丸，强化、光饰零件表面。

列举一些湿式（液体）喷砂机的技术性能规格供参考，见表 4-9。

表 4-9　湿式（液体）喷砂机技术性能规格

项目	SS-1C 液体喷砂机	SS-2 液体喷砂机	SS-3 液体喷砂机
工作台直径/mm	$\phi700$	$\phi500$	$\phi500$
舱门尺寸/(mm×mm)	820×825	—	730×820
磨料粒度	≥46#	≥46#	≥46#
喷枪数量	1	1	1
喷嘴直径/mm	$\phi8～12$	$\phi8～12$	$\phi8～12$
气源压力/MPa	0.2～0.6	0.2～0.6	0.2～0.6
耗气量/(m³/min)	1～1.5	1～1.5	1～1.5

续表

项目	SS-1C 液体喷砂机	SS-2 液体喷砂机	SS-3 液体喷砂机
外接气源管径	G 1/2in	G 1/2in	G 1/2in
外接水源管径	G 1/2in	G 1/2in	G 1/2in
耗水量/(m³/班)	0.1	0.1	0.1
磨液泵/kW	4	1.5	1.5
分离水泵/kW	0.4	—	—
照明	3×20W/220V	2×15W/220V	3×20W/220V
主机尺寸($L \times W \times H$)/(mm×mm×mm)	1160×2500×2080（在长 1160 的右侧应留有右侧开门门宽 845 的位置）	905×1044×1564	1000×1265×1965（在长 1000 的右侧应留有右侧开门门宽 845 的位置）
整机质量/kg	600	160	300
设备外形图	右侧开门	前面向上翻开门	右侧开门
适用范围	通用型，单枪手动工作台，中小件小批量生产	通用型，单枪手动工作台，小件小批量生产	
生产厂	北京长空喷砂设备有限公司、北京多特喷砂设备有限公司等		

注：1in＝0.0254m。

4.3.2　滚光

滚光是将零件放入盛有磨料和化学药品溶液的滚筒中，利用滚筒的低速旋转，使零件与磨料、零件与零件相互摩擦以达到清理零件表面、滚磨出光的过程。滚光时，零件各部位被磨削的程度是不一样的，其顺序是锐角＞棱角＞外表面＞内表面，对于深的小孔内表面往往很难起滚光作用。滚光后的零件应干净、光洁，零件不得变形，不能有划伤、倒角、倒边及缧纹损伤现象。

滚光一般适用于大批量生产的小零件表面清理、整平和去掉零件上的毛刺和少量的油和锈，使零件获得光泽表面。滚光可以部分代替机械磨光、抛光和刷光，改善劳动条件，提高生产率，降低生产费用。滚筒及滚光工艺条件见表 4-10。

表 4-10　滚筒及滚光工艺条件

项目		滚筒形状及滚光工艺条件
滚筒	形状	滚筒形状有圆形、多边形(六边、七边、八边)，多边形滚筒较圆形滚筒优越 多边形滚筒内壁与轴的半径不等，零件随筒壁运动有较大角度变化，零件在筒中易于变动位置，使得相互碰撞机会增多，因而缩短了滚光时间，提高了滚光质量
	尺寸	滚筒直径一般为 300～800mm，长度为 600～800mm 和 800～1500mm 滚筒的内切圆直径大小与滚筒全长之比一般为 1：(1.25～2.5) 加大滚筒体积可以提高产量，但主要是加长滚筒长度而不是加大直径，这样可以防止由于加大滚筒容积而引起零件的划伤

续表

项目		滚筒形状及滚光工艺条件
滚光工艺条件	滚光方法	有湿法滚光和干法滚光两种。一般采用湿法滚光,干法滚光只用于提高小零件表面光洁度
	磨料	为使金属表面特别是零件的凹处获得光泽,应加入磨料。常用磨料有:浮石、石英砂、皮革角、贝壳、陶瓷碎片、铁屑等。磨料尺寸一般应大于或小于滚光零件的1/3 湿法滚光溶液及干法滚光磨料组成见表 4-11
	零件装载量	滚筒的零件装载量一般占滚筒体积的 75%,最少不要少于 35%,否则会影响滚光的时间以及处理零件的表面粗糙度
	滚筒转速	转速一般为 45~65r/min。如果滚筒直径大,零件重或薄壁件则转速应慢一些

表 4-11　湿法滚光溶液成分及干法滚光磨料组成的工艺规范

溶液成分及规范含量/(g/L)	湿液滚光溶液						干法滚光磨料组成
	钢铁零件			铜及铜合金	锌及锌合金	塑料粗化	
	1	2	3				
氢氧化钠	20~30	—	—	—	—	贝壳(预先滚去尖角)轻质碳酸钙水(适量)	棉花籽 60%~80%、氧化铁红(主要成分为 Fe_2O_3)5%、木屑(或谷壳)15%~18%、油酸1%~2%(百分数均为质量分数)
硫酸	—	15~25	20~40	5~10	0.5~1		
皂荚粉	3~5	3~10	—	2~3	2~5		
六次甲基四胺	—	—	2~4				
OP 乳化剂	—	—	2~4				
滚筒转速/(r/min)	40~65	40~65	40~65	40~65	30~40	20~30	
时间/h	1~2	1~3	1~1.5	2~3	2~3	4~12	
备注	湿法滚光溶液:当零件有少量油污时可加入少量碳酸钠、肥皂、皂荚粉等或少量乳化剂。零件表面有锈时可加入稀硫酸、稀盐酸。滚光溶液加入量(包括零件、磨料块、滚光剂的总和)一般达滚筒体积的 90%						

卧式滚筒滚光机的技术性能规格（示例）见表 4-12。

表 4-12　卧式滚筒滚光机的技术性能规格（示例）

设备名称型号	技术性能及规格				设备外形图
DMW 型回转式六角滚筒研磨机(支架式)	型号	DMW 100	DMW 200	DMW 500	无锡泰源机器制造有限公司的产品
	筒体名义容积/L	100	200	500	
	转速/(r/min)	30	30	30	
	衬胶厚度/mm	15	15	15	
	电动机功率/kW	1.5	2.2	1.5	
	质量/kg	350	400	500	
	外形尺寸/mm　长	1200	1400	1164	
	宽	1250	1400	1210	
	高	1300	1330	1380	

续表

设备名称型号	技术性能及规格					设备外形图
CO-B 型 六角双联 八角双联 滚筒研磨机	容量/L	50	100	150	250	东莞市启隆研磨机械 有限公司的产品
	滚筒尺寸 /(mm×mm)	550× 270	780× 425	720× 515	920× 560	
	功率/kW	0.75	1.5	1.5	2.25	
	充填量/L	50L× 60%	100L× 60%	150L× 60%	250L× 60%	
	机台 尺寸 /mm	长	2080	2260	2400	2660	
		宽	600	800	850	865	
		高	1200	1400	1400	1400	

设备名称型号	技术性能及规格			设备外形图
桌上型 电子滚动抛光机 （最小型滚筒抛光机）	型号	CB-3L	CB-5L	东莞市启隆研磨机械 有限公司的产品
	容量/L	3	5	
	电压/V	220	220	
	功率/kW	0.18	0.18	
	充填量/L	3L×80%	5L×80%	
	转速/(r/min)	0～300	0～300	
	滚筒尺寸/mm	145×150	180×190	
	机台尺寸 /(mm×mm×mm)	200×180×240	220×270×280	
	此种电子滚动抛光机是市场上最小的滚动抛光机，具有成本低、操作方便、不占地方、噪声小、转速快等优点，它具备时间设置、变档（有五档转速：40r/min、60r/min、100r/min、180r/min、300r/min）调速功能，提高了生产效率，适用于各类五金、电子、塑胶、首饰等类型的小零件去毛刺、倒角、去斑、抛光、搅拌混色等小批量加工			

4.3.3 刷光

刷光是一种传统的机械清理方法，刷光是用刷光轮或刷光刷在刷光机上或用手工对零件表面进行加工以清除表面上残存的附着物，并使表面呈现一定光泽的过程。刷光一般用于清除零件表面的毛刺、锈、氧化物、残余油污和浸蚀残渣等。刷光也可以在镀层上进行，以获得光亮、平滑、外观均一的镀层。

刷光生产效率低，适用于小批量零件的镀前或镀后处理，可以部分替代滚光。

（1）刷光轮材料

刷光轮常用钢丝、铜丝、黄铜丝、青铜丝以及合成纤维丝或动物毛丝等材料制作。金属丝有经过适度弯曲成波浪形并具有一定弹性的波纹金属丝和直金属丝两种，波纹金属丝比直金属丝弹性大、使用寿命长。不同零件材料所采用的金属丝的直径见表 4-13。

表 4-13　刷光轮金属丝的材料和直径

零件材料	刷光轮金属丝材料	金属丝直径/mm
铸铁、钢、青铜	钢	0.05～0.4
镍、铜	钢	0.15～0.25
锌镀层、锡镀层、铜镀层和黄铜镀层	黄铜、铜	0.15～0.2
银和银镀层	黄铜	0.1～0.15
金和金镀层	黄铜	0.07～0.1

(2) 操作规范

① 刷光轮转速　转速依刷光轮直径确定：直径为 130～150mm 时，转速一般为 2500～2800r/min；直径为 300mm 时，转速一般为 1500～1800r/min。

② 刷光液　刷光基体金属时，采用碳酸钠或磷酸三钠稀溶液（3%～5%，质量分数）、肥皂水、石灰水等刷光液。刷光镀层时可用干净的自来水。

4.3.4　磨光

磨光是借助粘有磨料的磨轮对金属制件进行抛磨以提高制件表面平整度和光洁度的机械加工过程。

(1) 磨光的应用

① 去掉零件表面的各种宏观缺陷、腐蚀痕、划痕、毛刺、焊瘤、焊渣、砂眼、气泡、氧化皮及锈蚀等。

② 磨光可以提高零件表面的平整度和光洁度，以减少后处理过程中镀层抛光损耗量和提高零件耐蚀性。

③ 磨光适用于加工一切金属材料。磨光质量主要取决于磨料、磨料粒度、磨光轮的刚性和磨光速度。精磨光后零件表面粗糙度的 Ra 值可达 $0.4\mu m$[4]。

(2) 磨光用的磨料

磨料是金属表面切削和整平过程的主要材料。磨光用的磨料有人造金刚砂、刚玉、天然金刚砂、石英砂、硅藻土、浮石等，常用的磨料是人造金刚砂、刚玉、天然金刚砂。

① 磨光用磨料　磨光用磨料及其特性见表 4-14。

表 4-14　磨光用磨料及其特性

磨料名称	主要成分	硬度	韧性	结构形状	粒度/目	外　观	用　途
人造金刚砂（碳化硅）	SiC	9.2	脆、易碎	尖锐	24～320	紫黑闪光晶粒	主要用于低强度金属如黄铜、青铜、铝以及硬而脆的金属如铸铁、碳化物、工具钢和高强度钢等的磨光
人造刚玉（氧化铝）	Al₂O₃	9.0	较韧	较圆	24～280	白至灰暗的晶粒	主要用于有一定韧性的高强度金属，如淬火钢、可锻铸铁和锰青铜等的磨光
天然金刚砂（杂刚玉）	Al₂O₃ Fe₂O₃ 其他	7～8	韧	圆柱	24～240	灰红至黑色砂粒	用于一般金属的磨光
石英砂	SiO₂	7	韧	较圆	24～320	白至黄色砂粒	通用磨光、抛光材料,也用于滚光、喷砂等
硅藻土	SiO₂	6～7	韧	较尖锐	240	白至灰红色粉末	通用磨光、抛光材料,用于抛光软金属及其合金
浮石	——	6	松脆	无定形	120～320	灰黄海棉块状	用于磨光、抛光软金属、木材、皮革、橡胶、塑料、玻璃等

② 磨料粒度　常用磨料颗粒尺寸见表 4-15。电镀前磨光常采用粒度号为 120～280 的磨料。

表 4-15　常用磨料颗粒尺寸

粒度/目	颗粒尺寸/μm	粒度/目	颗粒尺寸/μm	粒度/目	颗粒尺寸/μm
8	3150～2500	30	630～500	150	105～85
10	2500～2000	36	500～400	180	85～75

粒度/目	颗粒尺寸/μm	粒度/目	颗粒尺寸/μm	粒度/目	颗粒尺寸/μm
12	2000～1600	40	430～355	220	75～63
14	1600～1250	60	300～250	240	63～53
16	1250～1000	80	210～180	280	53～42
20	1000～800	100	150～125	320	42～28
24	800～630	120	125～105	360	28～20

(3) 磨光规范

磨光是机械前处理主要的重要的工序。钢铁件前处理一般只进行磨光（因钢铁件硬度高，用布抛轮是难以进行有效抛光的）；而铜及铜合金、铝及铝合金等，磨光后常需要再进行抛光（因其表面硬度低，可以抛得很亮）。

① 磨料粒度选择　磨料粒度直接影响生产效率、加工精度及表面光洁度。除表面状态较好或质量要求不高的零件可一次磨光外，一般采用磨料颗粒逐渐减小的几次磨光。磨光一般分为粗磨、中磨和精磨，磨光的磨料粒度选用参见表4-16。

表 4-16　磨光的磨料粒度选择

磨光分类	粒度/目(mm)	用途
粗磨	12～20(0.850～1.700)	磨削量大，除去厚的旧镀层、严重锈蚀等
	24～40(0.425～0.750)	磨削量大，除去氧化皮、锈蚀、毛刺、磨光很粗糙的表面
中磨(细磨)	50～80(0.191～0.300)	磨削量中等，磨去粗磨后的磨痕
	100～150(0.101～0.150)	磨削量较小，为精磨做准备
精磨	180～240(0.063～0.090)	磨削量小，可得到比较平滑的表面
	280～360(0.025～0.050)	磨削量很小，为镜面抛光做准备

② 磨光速度　在考虑选用磨光轮圆周（线）速度时，应当注意的是当磨料与金属表面高速摩擦时，不但能够使金属产生变形，摩擦产生的大量热还可以使金属工件的表面烧伤，形成蓝色的氧化膜[10]。所以生产中应控制好磨光轮的圆周（旋转）速度。磨光时采用的磨光轮圆周（线）速度，取决于金属材料、零件形状及表面状态等因素。一般情况下，零件形状简单或钢铁件粗磨时，采用较大的圆周速度；零件形状复杂或磨光有色金属及其合金时，采用较小的圆周速度。磨光不同材料适宜的磨轮圆周速度及允许的磨轮转数，如表4-17所示。

表 4-17　磨光不同材料适宜的磨轮圆周速度及允许的磨轮转数

零件材料	磨轮圆周速度/(m/s)	磨光轮直径/mm				
		200	250	300	350	400
		允许转速/(r/min)				
铸铁、钢、镍、铬	18～30	2864	2292	1910	1637	1432
铜及铜合金、银	14～18	1720	1375	1500	982	859
铝、锌、锡、铅及其合金	10～14	1337	1070	892	764	668
塑料	10～15	1432	1146	955	819	716

塑料件磨光，应考虑塑料件硬度低、耐热性差等特点。一般注塑成型的塑料零件，表面平滑，不需进行磨光，只有对表面质量要求很高的零件或去除零件上的浇口、飞边等时才进行磨光。热固性塑料件既可干磨也可湿磨，而热塑性塑料件因耐热性差，一般采用湿磨。去除塑料

件上的浇口、飞边，一般采用碳化硅磨光带进行磨光，磨光速度为 15～20m/s。使用磨光轮磨光时，速度应低一些，约为 10～15 m/s。

③ 磨光轮　磨光轮是由单片的棉布或其他纤维织品（如特种纸、皮革、呢绒、毛毡等）的圆片叠在一起，外面包以皮革（牛皮），再经压制（粘）或缝合而成的。所有磨光轮表面都要粘接磨料，用骨胶、牛皮胶、明胶作为粘接剂，将磨料粘于磨光轮的轮缘表面（黏着磨料用的熔化胶液的胶与水的比例见表 4-18）。应用这些材料使磨面具有一定弹性。磨光轮可分为硬轮和软轮两种，选择时应根据被磨零件材料及形状来确定。

表 4-18　黏着不同粒度磨料所用胶液中胶与水的比例

磨料粒度/mm	0.495～0.750	0.256～0.425	0.150～0.191	0.101～0.128	0.050～0.086
胶含量(质量分数)/%	50	40～45	33～35	30～33	23～30
水含量(质量分数)/%	50	55～60	65～67	67～70	70～77

当材料表面较硬、形状简单、粗糙度大，切削量大时表面磨光应采用硬质磨轮（如毡轮）；对表面较软的材料、有色金属、形状复杂的零件及切削量小的表面则应采用弹性较大的软轮（如布轮）。

在磨光轮上涂覆润滑剂可延长其使用寿命，防止软金属与磨料黏合，降低被磨表面粗糙度。磨光轮用的润滑剂一般由动物油、脂肪酸和蜡制成，其熔点较高。有时也可用抛光膏代替。

(4) 磨光带磨光

磨光带磨光也称带式磨光或砂带磨光。磨光带磨光就是用砂带作为磨光工具，把它安装上磨光带磨光机上，让它高速运行并与工件接触进行磨削的加工方法。砂带由磨料、胶黏剂及基体材料（即带材）三部分组成。带材可用 1～3 层不同类型的纸、布制成；胶黏剂可用合成树脂，也可使用骨胶或皮胶；磨料则按要求选用。合成树脂胶黏剂质量好，不怕水，可以带水进行湿磨光作业；用骨胶作胶黏剂只能用于干磨，而其寿命也比合成树脂胶黏剂的短。

磨光带磨光可以部分替代磨光轮的磨光工序，与磨光轮相比，用磨光带磨光有以下优点。

① 生产效率高，有利于实现磨光生产的机械化、自动化，减轻劳动强度。

② 磨光带磨削面积大，操作工件时冷却较快，工件变形的可能性小。磨光带使用寿命长。

③ 使用不同的接触轮来调节磨光带的松紧和软硬度，可对不同零件及复杂零件进行磨光。

④ 选用合成树脂胶黏剂粘接磨料的磨光带，可以带水湿磨。

⑤ 有现成的磨光带磨光机产品，可供购买。

磨光带磨光时也要添加润滑剂。润滑剂由动物油、脂肪酸和蜡制成，也可使用抛光膏。磨光带用的润滑剂有低黏度和高黏度的，低黏度润滑剂主要用于防止被磨光的软金属与磨料粘络，以及防止磨屑在带子上滞留；高黏度润滑剂主要起降低磨光表面粗糙度的作用，延缓磨屑诸塞和起散热的作用。润滑剂应少加、勤加。

使用磨光带磨光时，应根据材料种类、磨光类型选择磨光带的参数。磨光带磨光参数的选择见表 4-19。

表 4-19　磨光带磨光参数的选择

材料	磨光类型	磨料	粒度/mm	磨带速度/(m/s)	润滑剂	接触轮	接触轮硬度[①]
普通钢	粗磨	ZrO_2、Al_2O_3	0.256～0.850	4～7	干磨	轮齿、锯齿	70～95
	中磨	ZrO_2、Al_2O_3	0.101～0.191	4～7	干磨或稀油润滑	平面橡胶、帆布	40～70
	细磨	Al_2O_3	0.013～0.086	4～7	稠油或抛光油润滑	平面橡胶、帆布	软

材料	磨光类型	磨料	粒度/mm	磨带速度/(m/s)	润滑剂	接触轮	接触轮硬度[①]
不锈钢	粗磨	ZrO_2、Al_2O_3	0.256～0.492	3～5	干磨	轮齿、锯齿	70～95
	中磨	ZrO_2、Al_2O_3	0.101～0.191	3～5	干磨或稀油润滑	平面橡胶	40～70
	细磨	Al_2O_3、SiC	0.065～0.086	3～5	稠油或抛光油润滑	平面橡胶、帆布	软
铸铁	粗磨	ZrO_2、Al_2O_3	0.256～0.750	2～5	干磨	轮齿、锯齿	70～95
	中磨	ZrO_2、Al_2O_3	0.101～0.191	2～5	干磨	轮齿、平面橡胶	40～70
	细磨	ZrO_2、Al_2O_3	0.065～0.106	2～5	稀油润滑	平面橡胶	30～50
铝	粗磨	ZrO_2、Al_2O_3	0.191～0.750	4～7	稀油润滑	轮齿、锯齿	70～95
	中磨	ZrO_2、Al_2O_3	0.086～0.150	4～7	稀油润滑	平面橡胶	40～70
	细磨	Al_2O_3、SiC	0.013～0.069	4～7	稀油或稠油润滑	平面橡胶、帆布	软
铜	粗磨	Al_2O_3、SiC	0.191～0.492	3～7	稀油润滑	轮齿、锯齿	70～95
	中磨	Al_2O_3、SiC	0.101～0.150	3～7	稀油润滑	平面橡胶、帆布	40～70
	细磨	Al_2O_3、SiC	0.013～0.086	3～7	稀油或稠油润滑	平面橡胶、帆布	软
非铁金属模铸件	粗磨	ZrO_2、Al_2O_3	0.191～0.750	5～7	稀油润滑	锯齿、平面橡胶	70～95
	中磨	Al_2O_3、SiC	0.086～0.150	5～7	稀油润滑	平面橡胶、帆布	40～70
	细磨	Al_2O_3、SiC	0.013～0.069	5～7	稀油或稠油润滑	平面橡胶、帆布	软
钛	粗磨	ZrO_2、Al_2O_3	0.256～0.492	1～2.5	干磨	轮齿、锯齿	70～95
	中磨	SiC	0.128～0.191	1～2.5	稀油润滑	轮齿、平面橡胶	40～70
	细磨	SiC	0.065～0.101	1～2.5	稀油润滑	平面橡胶、帆布	软

① 为测量橡胶的钢轨硬度计的测量值。

带式磨光机的技术性能规格（示例）见表 4-20。

表 4-20 带式磨光机的技术性能规格（示例）

设备名称型号	DSM01 单头砂带机	KSM03 靠轮砂带机	SSM05 双头砂带机	SSM01 双头砂带机(改进型)
砂带宽度/mm	50～80	50	50 或 100	50
砂带长度/mm	2100	2415	2413	2413
砂带线速度/(m/min)	1902	981	1900	1902
电机功率/kW	2.2	1.5	4	2.2×2
电源	380V 50HZ	380V 50HZ		
机器外形尺寸/(mm×mm×mm)	720×720×1700	730×715×1326		
高度/mm			1050	
占地面积/mm²			1000×1150	450×700
整机质量/kg	400	150	380	400

设备名称型号	DSM01 单头砂带机	KSM03 靠轮砂带机	SSM05 双头砂带机	SSM01 双头砂带机(改进型)
设备外形图	(DSM01)　(KSM03) 无锡泰源机器制造有限公司的产品		(SSM05)	(SSM01)

4.3.5 抛光

机械抛光是借助高速旋转的抹有抛光膏的抛布轮使金属制件表面平整、光亮的机械加工过程。抛光一般用于镀层的抛光，也可用于镀前的有色金属如铜及铜合金、铝及铝合金等的抛光（磨光后进行抛光）。抛光不但能使镀件光亮美观，而且能使镀件的耐蚀性能有较大的提高。

（1）抛光的分类

抛光可分为粗抛、中抛（细抛）及精抛。

① 粗抛　是用硬轮对经过磨光或未经过磨光的零件表面进行抛光，对基材有一定的磨削作用，能除去粗的磨痕。

② 中抛（细抛）　是用较硬的抛光轮对经过粗抛的表面做进一步抛光，它能除去粗抛留下的划痕，能获得中等光亮的表面。

③ 精抛　是抛光的最后工序，用软轮抛光能获得镜面光亮的表面。精抛光对基体的磨削作用很小，若镀后对镀层抛光，其金属层的磨耗一般约占镀层质量的 5%～20%。

（2）抛光规范

① 抛光速度　即抛光轮圆周（线）速度，它取决于被加工金属材料、零件形状及抛光要求等因素。一般情况下，抛光速度要比磨光速度稍大些。根据经验，对于不同材料和镀件，抛光时抛光轮的圆周速度参见表 4-21。一般在粗抛时可选用较大的抛光轮圆周速度；精抛时可选用较小的抛光轮圆周速度。

一般注塑成型的塑料零件不需抛光，只有对表面质量要求很高的零件或有特殊要求时才进行抛光。抛光应选用白抛光膏或含磨料细而软的抛光液。抛光轮应选用软轮并最好采用有风冷作用的皱褶式抛光轮。宜采用低速抛光，以防塑料过热。

表 4-21　抛光不同金属材料适宜的圆周速度及抛光轮转数

零件材料		抛光轮圆周速度/(m/s)	抛光轮直径/mm			
			300	350	400	500
			允许转速/(r/min)			
钢	形状简单零件	30～35	2228	1910	1671	1337
	形状复杂零件	20～25	1592	1364	1194	955
铸铁、镍、铬		30～35	2228	1910	1671	1337
铜及其合金、银		20～30	1910	1637	1432	1146
锌、铅、锡、铝及其合金		18～25	1592	1364	1194	955
塑料		10～15	955	819	716	573

② 抛光轮　抛光轮是由粗布、细布、绒布或无纺布以及特种纸等软材料叠合起来，其中心的两边各用一小块牛皮并用钉子钉合起来而制成的。

粗抛光用的抛光轮大多是用粗布等缝合拼接起来的，并经过上浆处理，质地较硬。根据缝合密度和布料的不同，可制得不同硬度的抛光轮。

精抛光用的抛光轮是由整块白色细布等剪裁制成的。

抛光轮由不同的布料以及不同的方法制作而成，其结构形式如表 4-22 所示。

表 4-22　抛光轮的制作方法

抛光轮结构形式	抛光轮的制作方法
缝合式	它多用粗平布、麻布及细平布等缝合制作而成。缝合（线）方式多采用同心圆形，亦有螺旋形、直辐射形等。根据缝合密度和布料的不同，可制得不同硬度的抛光轮。这类抛光轮用于各种镀层及形状简单制品的抛光，主要用于粗抛光
非缝合式	它有圆盘式和翼片式两种，软轮均用细、软棉布制作而成，翼片式抛光轮的使用寿命更长些。这类抛光轮用于抛光形状复杂的制品、小零件以及最后的精抛光
折叠式	它是由一块圆片两折或三折成袋状，再相互交替叠压而成的。这种抛光轮除了风冷效果较好外，还具有弹性好、易于保存抛光膏，并能节约抛光膏等优点
皱褶式	将布卷成 45° 的布条，缝成连接并偏压成布卷，再把布卷围绕在有分开沟槽的圆筒上，便形成皱褶状，中间安装能通风的钢轮毂。这种抛光轮在旋转时能吸入空气，散热性能好，适用于大型零件的抛光

③ 抛光膏　抛光膏是将抛光磨料与粘接剂（如硬脂酸、石蜡等）配合一起而制成的（均可在市场上购买）。抛光轮上涂抛光膏的主要作用是增大其切削力。常用抛光膏的颜色有棕黄色（俗称黄油）、白色（俗称白油）、绿色（俗称绿油）和红色（俗称红油），红色抛光膏用的很少。常用抛光膏的成分和用途见表 4-23。

表 4-23　常用抛光膏的成分和用途

名称	成分	含量（质量分数）/%	用途
棕黄色抛光膏（黄油）	氧化铁	73.0	磨光、精磨光
	硬脂酸	18.5	钢铁基体、铬的磨光
	混脂酸	1.0	铜和铜合金件电镀前粗抛光
	精制地蜡	2.0	铝及铝合金件粗抛光
	石蜡	5.5	
白色抛光膏（白油）	抛光用石灰	72	抛光表面硬度较低的金属
	精制地蜡	1.5	铜和铜合金、铝、锌、银及其他有色金属的粗抛光
	硬脂酸	23.0	镍和铜-锡合金镀层抛光
	牛油	1.5	塑料及有机玻璃等的抛光
	松节油	2.0	
绿色抛光膏（绿油）	氧化铬	73.0	抛光表面硬度较高的金属
	硬脂酸	23.0	硬质合金钢、较硬金属、镍、铬镀层、不锈钢等的抛光
	油酸	4.0	

④ 液体抛光液　这种抛光液在室温条件下呈液态油状或水乳状。构成组分中所有的磨料和润滑剂与固态的抛光膏相同，所不同的是胶黏剂（胶黏剂不得用易燃的溶剂）。使用时，将抛光液置于高位供料箱或密封加压的供料箱中，也可用泵打入喷枪，由喷枪喷到抛光轮上。与固体的抛光膏相比，其供料是连续不间断地少量添加，可减慢抛光轮的磨损速度；而且其均匀喷注，不会在零件表面上留下过多的抛光液，减少抛光液的损耗。但这种抛光液一般只适用于自动抛光机。

4.3.6　成批光饰

成批光饰是将被处理的零件与磨料、水或油和化学促进剂一起放入专用的容器内，通过容器的振动和旋转使零件与磨料进行摩擦，以去除毛刺、倒锐角、棱边倒圆、表面整平、降低粗糙度、提高零件表面光亮度，同时还能除锈和除油等的表面精饰加工过程。

成批光饰的主要特点是一次能处理很多小型零件，省工省时，质量稳定，成本较低。它适合于多种形状的小型金属或非金属零件的光饰加工。成批光饰可以采用湿态加工和干态加工。

根据光饰加工形式的不同，成批光饰可分为普通滚光（已在 4.3.2 滚光章节中介绍过）、振动光饰、离心光饰、离心盘光饰和旋转光饰等，分别介绍如下。

（1）光饰加工方法

① 振动光饰　将零件和按一定比例的磨料和磨液装入碗形（碗形振动光饰机）或筒形（筒形振动光饰机）开口容器内，将其安装在基座的弹簧上，通过振动装置使容器产生上下或左右振动。零件装在具有螺旋升角的碗形容器中，通过振动，零件与磨料循着螺旋轨迹前行，产生碰撞和摩擦，达到零件表面光饰的目的。碗形振动光饰机与筒形振动光饰机相比，其振动磨削作用比较柔和，可以获得表面粗糙度更低一些的洁净表面，但生产效率不如筒形机高。振动光饰机的容器是开口的，可在加工过程中检查零件表面的加工状况。

振动光饰的工艺参数：一般频率要求为 20～30Hz，振幅为 3～6mm。

振动光饰加工，可使零件内外表面得到均匀磨光，无明显加工痕迹，无冲击变形，其加工效率比普通卧式滚筒高，但比行星式离心滚光机要低一些。因此，对容易因滚光而引起变形的零件、表面凹凸不平及内外表面都要光饰的零件以及一些硬度高、形状比较复杂的零件可采用振动光饰设备进行成批光饰加工。

振动式光饰机的技术性能规格（示例）见表 4-24。

表 4-24　振动式光饰机的技术性能规格（示例）

设备名称及外形图	技术性能及规格					
LMP型振动研磨机 （LMP150） 无锡泰源机器制造 有限公司的产品	型号	LMP100	LMP150	LMP200	LMP250	LMP300
	容器容量/L	100	150	200	250	300
	总高度/mm	1000	1050	1100	1100	1160
	外形长度/mm	970	1140	1140	1340	1340
	底座安装尺寸/mm	ϕ610	ϕ770	ϕ770	ϕ1030	ϕ1030
	总质量/kg	430	500	510	720	720
	振动电机　功率/kW	2.2	2.2	2.2	3.7	5.0
	振动电机　转速/(r/min)	1455	1450	1450	1450	1440
	振动电机　电压/V	380	380	380	380	380
	振动电机　频率/Hz	50	50	50	50	50

设备名称及外形图	技术性能及规格				
LMP型振动研磨机 （LMP1200） 无锡泰源机器制造 有限公司的产品	型号	LMP600	LMP900	LMP1200	LMP1250 z
	容器容量/L	600	900	1200	1250
	总高度/mm	1250	1414	1650	1650
	外形长度/mm	1820	2250	2250	2250
	底座安装尺寸/mm	ϕ1200	ϕ1630	ϕ1630	ϕ1630
	总质量/kg	1100	1500	1550	1500
	振动电机　功率/kW	5.5	11.0	11.0	15.0
	振动电机　转速/(r/min)	1450	1450	1450	1450
	振动电机　电压/V	380	380	380	380
	振动电机　频率/Hz	50	50	50	50

设备名称及外形图	技术性能及规格			
	型号	LMJ100	LMJ200	LMJ250
	容器容量/L	100	200	250
	总高度/mm	1060	1180	1170
LMJ螺旋振动研磨机	分选口高度/mm	810	900	930
	外形长度/mm	1140	1250	1500
	底座安装尺寸/mm	ϕ610	ϕ770	ϕ1030
(LMJ100)	总质量/kg	430	520	720
无锡泰源机器制造 有限公司的产品	振动电机 功率/kW	2.2	2.2	3.7
	转速/(r/min)	1450	1450	1450
	电压/V	380	380	380
	频率/Hz	50	50	50

设备名称及外形图	技术性能及规格				
	型号	LMJ300	LMJ400	LMJ600	LMJ900
	容器容量/L	300	400	600	900
	总高度/mm	1270	1376	1500	1544
LMJ螺旋振动研磨机	分选口高度/mm	1100	1200	1100	1214
	外形长度/mm	1450	1480	1860	2473
	底座安装尺寸/mm	ϕ1030	ϕ1380	ϕ1200	ϕ1630
(LMJ600)	总质量/kg	720	980	1100	1500
无锡泰源机器制造 有限公司的产品	振动电机 功率/kW	5	5	5.5	11
	转速/(r/min)	1450	1450	1450	1450
	电压/V	380	380	380	380
	频率/Hz	50	50	50	50

② 离心光饰　离心光饰一般采用行星式离心滚光机，其结构比较复杂。它是在一个绕水平转轴旋转的圆盘支架上，对称地安装几个心轴与转轴平行的卧式多角小滚筒。其工作原理[3]：当滚光小滚筒按一定半径围绕圆盘支架主轴旋转（公转）的同时，小滚筒自身也被带动做反向旋转（自转），由于公转产生的离心力和自转产生的摩擦力同时作用，加强了零件与磨料之间的磨削功能，大大提高滚磨效率，而这种滚光方式对零件所产的冲击力较小。调整滚筒转速可获得不同的加工效果，高速运转时磨削能力强，可起去毛刺作用；低速运转时表面光饰效果好。行星式离心滚光机是一种加工小型零件的高效率、低成本的表面精饰设备。

离心光饰的特点：生产效率高，零件与零件之间碰撞力小，材质较脆的零件也可用此法进行光饰加工。离心光饰可以保持零件较高尺寸精度和高光饰质量。

行星式离心滚光机的技术性能规格（示例）见表4-25。

表 4-25 行星式离心滚光机的技术性能规格 (示例)

设备名称型号	技术性能及规格			设备外形图
XMW 型卧式离心研磨机	型号	XMW30	XMW30a	无锡泰源机器制造有限公司的产品
	筒体名义容积/L	4×7.5	4×7.5	
	回转体转速/(r/min)	185	185	
	回转半径/mm	210	272	
	衬胶厚度/mm	6	6	
	主电机功率/kW	1.5	1.5	
	质量/kg	360	380	
	外形尺寸/(mm×mm×mm)	970×992×1175	1164×1210×1380	
XMW80 卧式离心研磨机	型号	XMW80	XMW120	无锡泰源机器制造有限公司的产品
	筒体名义容积/L	4×20	4×30	
	回转体转速/(r/min)	140	140	
	回转半径/mm	325	325	
	衬胶厚度/mm	8	8	
	主电机功率/kW	5.5	7.5	
	链轮电动机功率/kW	0.25	0.25	
	质量/kg	1000	1500	
	外形尺寸/(mm×mm×mm)	1560×1390×1660	1760×1390×1660	
GSJ 型离心式光饰机(高速滚筒)	型号	GSJ-30 型	GSJ-80 型	青岛鑫金源研磨设备有限公司的产品
	容量/L	4×8	4×20	
	滚筒转速/(r/min)	185	145	
	衬胶厚度/mm	5~8	5~8	
	电机功率/kW	250	800	
	机型尺寸/(mm×mm×mm)	1050×1020×1200	1300×1100×1680	
	采用行星传动方式,利用离心运动的原理,光饰光整效率高			

③ 离心盘光饰 一般采用市场销售的涡流式研磨机,它是利用高速旋转的离心圆盘,使零件和磨料在储料圆筒内搅动翻滚,以达到零件表面的光洁。其构造是由一个固定圆筒和一个安装在筒底的旋转圆盘组成的。其工作原理:由电机带动筒底的旋转圆盘以一定速度旋转,装入固定储料圆筒内的零件与磨料在离心力的作用下,沿固定圆筒壁回转,并沿筒壁上升,到达某一高度,又流向中心呈漩涡状下沉,其搅动状态如水流漩涡,零件与磨料的混合产生螺旋状的涡流运动,从而在它们之间产生强烈的滚磨作用。它的工作原理与家用涡轮洗衣机中的衣物和水的搅动清洗过程很相似。

涡流式研磨机的转盘最高转速可达 280r/min,无级调速,可倾斜卸料。由于零件运动速度较高,生产效率很高,由于是敞开式的,所以在光饰加工过程中可随时检查加工零件表面情况,很适合小零件光饰加工。

涡流式研磨机的技术性能规格 (示例) 见表 4-26。

表 4-26　涡流式研磨机的技术性能规格（示例）

设备名称型号	技术性能及规格			设备外形图
WLM 型 水涡流式研磨机	型号	WLM50	WLM120	无锡泰源机器制造 有限公司的产品
	研磨槽容量/L	50	120	
	回转盘转速/(r/min)	50～200	50～160	
	主电机功率/kW	2.2	4	
	排出方法	手动翻转倾倒式		
	质量/kg	45	1100	
	外形尺寸/(mm×mm×mm)	1480×660×1240	1480×1660×1240	
GS 型流动研磨机	型号	GS50	GS120	东莞市启隆研磨机械 有限公司的产品
	容量/L	50	120	
	转速/(r/min)	0～220	0～180	
	电机功率/kW	2.24	3.73	
	衬胶厚度/mm	15	15	
	卸料高度/mm	280	320	
	质量/kg	400	600	
	外形尺寸/(mm×mm×mm)	1390×700×1240	1740×900×1470	
WLM-50 型 水涡流式研磨机 （带有隔音罩）	研磨槽容量/L	50		无锡泰源机器制造 有限公司的产品
	回转盘转速/(r/min)	50～200		
	主电机功率/kW	2.2		
	排出方法	手动翻转倾倒式		
	外形尺寸/(mm×mm×mm)	1480×660×1240		
	质量/kg	450		
GSJ 型 涡流式光饰机	型号	GSJ-50	GSJ-120	青岛鑫金源研磨设备 有限公司的产品
	容量/L	50	120	
	转盘转速/(r/min)	50～200	50～200	
	工作槽宽/mm	160	240	
	衬胶厚度/mm	12～20	12～20	
	电机功率/kW	2.2	4	
	质量/kg	400	800	
	外形尺寸/(mm×mm×mm)	1500×850×1300	1750×950×1330	

④ 旋转光饰[3]　把要加工的零件固定在转轴上，并浸入盛有磨料的旋转筒内，零件表面受到快速运动的磨料介质的磨削作用，从而达到光饰表面的效果。由于被加工零件固定在转轴上加工，零件之间不会碰撞，所以这种光饰方法适用于加工曲轴、齿轮、轴承保持架等之类精度较高的零件，能获得较高的表面质量。

旋转光饰加工，可以进行干态光饰（可用细磨料和玉米芯、胡桃壳等碎料混合组成的磨料），也可进行湿态光饰（使用适宜粒度的氧化铝矿砂，加入适量水或磨光液）。旋转光饰加工速度快，零件不发生碰撞，但零件尺寸和形状受到限制，每次加工零件的数量有限，生产成本高。

（2）磨削介质[4]及其选择

成批光饰大都采用湿态加工，采用的磨削介质包括磨料、化学促进剂和水。有时也用干态加工，这时只用磨料。磨削介质及其选择见表 4-27。

表 4-27　磨削介质及其选择

磨削介质		磨削介质材料
磨料	天然磨料	天然磨料中用得最多的是金刚砂,其硬度高、切削力强。其他的天然磨料有花岗岩、大理石和石灰石的颗粒等,因易破碎、寿命短、易造成堵塞,故用得不多
	烧结磨料	主要有氧化铝和碳化硅,其磨削力比天然磨料强,可获得光饰质量高的表面
	预成型磨料	有烧制的陶瓷磨料和用树脂粘接的磨料两种。其形状有圆形、方形、三角形、圆锥形、圆柱形等。每种形状的磨料均有大小不同的多种规格
	钢材磨料	常用的钢材磨料有硬质钢珠、铁钉头和型钢头等。它们在使用中不易破碎,光饰质量好
	动植物磨料	常用的有玉米芯、胡桃核、锯末、碎毛毡和碎毛革。主要用于干法热滚磨,即对已光饰过的零件进行最后出光干燥。有时也和前面那些磨料混合使用
化学促进剂		通常是呈中性或弱碱性的清洗剂。湿态光饰时,在磨料中加入化学促进剂,其主要作用是:清洁零件和磨料;润滑零件和磨料表面,防止磨料粘接成团;防止零件和磨料生锈
磨削介质的选择	磨料	依据被加工零件的材料和光饰质量要求,来选择磨料的类型、形状和尺寸大小,往往需要通过试验才能确定。金属零件一般使用硬质磨料;塑料零件则常使用动植物磨料和硬质磨料的混合物;对光饰质量要求高的零件表面,应使用形状比较圆滑的磨料;磨料形状大小应小于零件内孔孔径的 1/3,但也不应过小,以防造成孔的堵塞
	化学促进剂	化学促进剂可选用肥皂、皂角粉、表面活性清洗剂等,也可以根据零件不同的材料选用相应的除油溶液

4.4　除油

4.4.1　概述

除油是镀前处理的一项重要工序。在进行电镀、化学和电化学转化处理前，必须彻底清除零件表面的油污、固态及液态污垢，以保证镀覆层与零件基体金属的牢固结合，以获得质量良好的镀覆层。

常用的油脂可分为皂化性油和非皂化性油两类。皂化性油主要是各种脂肪酸的甘油酯，它们能与碱发生反应，生成可溶于水的肥皂和甘油，可用碱溶液去除，各种植物油及动物油多属这类油脂。非皂化性油主要是各种烃类化合物，它们不能与碱起皂化反应，不溶于碱溶液，各种矿物油如机油、柴油、凡士林油及石蜡等均属于这一类。

随着工业的发展，零件在加工过程中所采用的润滑油类别也发生了变化，过去多采用的植物油，现已改为矿物油或乳化油，所以前处理的除油方法，应根据油脂的性质，采用相应的除油方法和除油溶液。

前处理的除油方法有：有机溶剂除油、化学除油、电化学除油、擦拭除油、滚筒除油、超声波除油等。常用除油方法的特点及适用范围，如表 4-28 所示。

表 4-28　常用除油方法的特点及适用范围

除油方法	特点	适用范围
有机溶剂除油	能溶解皂化油脂和非皂化油脂,一般不腐蚀零件,除油快,但不够彻底,需用化学或电化学除油进行补充除油。有机溶剂易燃、有毒、污染环境、成本较高	对油污严重的零件及易被碱液腐蚀的零件,做初步除油
化学除油	除油方法简便,设备简单,成本低,但除油时间较长	一般零件的除油
电化学除油	除油速度快而彻底,能除去零件表面的浮灰、浸蚀残渣等机械杂质。但阴极除油时零件易渗氢,深孔内油污去除较慢。且需直流电源	一般零件的除油或阳极去除浸蚀残渣
擦拭除油	设备简单,操作灵活方便,不受零件限制,但劳动强度大,工效低	大、中型零件或其他方法不易除油的零件
滚筒除油	工效高、质量好。但不适用于大零件和易于变形的零件	精度不太高的小型零件
超声波除油	对零件基体腐蚀小、除油效率高、净化效果好。复杂零件的边角、细孔、不通孔以及内腔内壁等都能彻底除油	形状复杂的、特殊零件的除油

对金属表面重油脂的零件,可先用有机溶剂或乳化液进行粗除油,然后采用以表面活性剂为主的除油剂除油或碱液除油,最后采用电化学方法补充除油。为了将油脂彻底去除,往往将上述除油方法联合使用,这样可取得更好的除油效果。用超声波作用于清洗溶液(超声波除油),可以更有效地除去制件表面的油污及其他杂质,可以提高除油速度和除油质量。

4.4.2　有机溶剂除油

有机溶剂对各种油脂(皂化及非皂化性油)都有很强的溶解能力,如能溶解重质油、老化变质的油和抛光膏中的硬脂酸油脂,除油速度快。

有机溶剂除油方法一般有:擦拭除油、浸渍除油和溶剂蒸气除油。

常用的有机溶剂有:汽油、煤油、丙酮、甲苯、氯甲烷、氯乙烷、三氯乙烯、三氯乙烷和四氯化碳等。用得较多的是汽油,因汽油价廉、毒性小、但易燃,对大多数金属无腐蚀作用,多用于室温下浸渍或擦拭刷洗除油。

① 擦拭除油　这种除油方法,即用刷子或抹布蘸溶剂后手工擦洗工件表面除油。小型零件可用擦洗方法除油,大中型零件或局部除油的零件,一般采用溶剂擦拭除油。

② 浸渍除油　将零件装入吊篮(筐)内或装上挂具,直接浸泡在带有搅拌或不带搅拌的溶剂槽中进行清洗,一般在室温下进行除油,有时亦采用超声波和溶剂联合清洗除油,以去除工件表面难于除去或深槽、缝隙中的油污。浸渍除油一般用于中小型零件。

③ 溶剂蒸气除油　这种除油一般是将浸渍除油与蒸气除油相结合进行除油。常用的方法是将工件先浸泡在溶剂槽中进行除油,然后将工件提起停留在槽上部的溶剂蒸气中,使溶剂蒸气在工件表面冷凝进一步溶解油污,冷凝下来的溶剂落回槽下部的溶剂液中。所用的是碳氢氯化物或氟化物溶剂,常用的是三氯乙烯、三氯三氟乙烷等。这种去油方法特别适用于除去油污、脂和石蜡。但三氯乙烯毒性大,而在紫外线照射下,受光、热、氧、水的作用,会分解出剧毒的光气和强腐蚀的氯化氢。若在铝、镁金属的催化下,其分解作用更剧烈。故三氯乙烯除油,应避免日光照射和带水入槽,铝、镁零件不宜采用三氯乙烯除油。由于新型水基低碱性清洗剂的出现,这种除油方法现在已经很少使用了。

虽然溶剂除油能力强、除油速度快、效率高,但由于溶剂毒性大,影响操作工人身体健康,污染环境,所以它的使用受到限制。国家标准 GB 7691—2003《涂装作业安全规程 安全管理通则》中明确规定:禁止大面积使用汽油、甲苯、二甲苯除油、除旧漆。所以应尽量采用其他除油方来取代有机溶剂除油。近年来国内外对非溶剂型高效除油剂的开发取得了很大进展，这为逐步取代有机溶剂除油创造了条件。

4.4.3　化学除油

化学除油是借皂化和乳化作用在碱性溶液中清除制件表面油污的过程。

化学除油包括：碱溶液除油、乳化液除油、酸性溶液除油和表面活性剂除油、碱液除蜡等。

4.4.3.1　碱溶液除油

碱溶液除油是以碱与植物油、动物油能起皂化作用，将油脂转化为水溶性肥皂而除去。碱溶液除油是使用最久、最广泛的一种传统的清洗除油方法，由于原料来源广泛，价格低廉，设备简单，操作方便，目前仍获得广泛应用。

因为皂化反应需要在较高的温度下进行，所以碱溶液除油需要较高的温度。除油溶液常用的成分有：氢氧化钠、碳酸钠、磷酸三钠、硅酸钠、除油添加剂等。各组分的作用如下：

① 氢氧化钠　氢氧化钠是强碱，具有较强的皂化能力，但对铝、锌、锡、铅及其合金等金属有较强的腐蚀作用，对铜及其合金也有一定的氧化和腐蚀作用。所以对钢铁件除油，氢氧化钠含量应小于 100g/L；对铜及其合金件除油，氢氧化钠含量应小于 20g/L。对铝、锌、锡、铅及其合金件除油，则不能用浓碱液，最好使用碱性盐如碳酸钠、磷酸三钠等。

② 碳酸钠　碳酸钠溶液具有一定碱性，但对铝、锌、锡、铅及其合金等金属没有显著的腐蚀作用。碳酸钠对油脂皂化性很弱，它在除油溶液中主要起润湿零件和分散油脂的作用。此外，碳酸钠吸收空气中的二氧化碳后，能部分转变为碳酸氢钠，对溶液的 pH 值有良好的缓冲作用。

③ 磷酸三钠　它在水溶液中几乎全部分解成磷酸氢二钠和和氢氧化钠，可对溶液起缓冲作用。它对铝、锌、锡、铅及其合金等金属腐蚀性不太强，常用作这些金属的除油剂。其磷酸根还具有一定的乳化能力。磷酸三钠渗透润湿作用较好，而三聚磷酸钠的渗透、润湿作用更好些，但价格较贵。磷酸三钠容易从零件表面洗净，同时它还能帮助硅酸钠容易被水洗掉。磷酸三钠和三聚磷酸钠都是含磷化合物，虽然含量不大，但从环境保护和维持生态平衡考虑，应尽可能采用无磷的其他添加剂。

④ 硅酸钠　它具有较强的乳化能力和一定的皂化能力，但对铝、锌等有一定的缓蚀作用。硅酸钠能水解成游离碱和硅酸，渗透入油脂和其他污物中，通过渗透和膨胀作用，可将油脂和污物剥离到溶液中。其胶态的硅酸具有较大的颗粒，可吸附油脂和污物，并悬浮在溶液中，有较好的除油效果。但残留在零件表面的硅酸盐较难洗净，除油后必须彻底洗净，如果残留在零件表面的硅酸盐进入下道浸蚀液会凝结成不溶性的硅凝胶，就难以清洗掉，将影响镀层的结合力。

⑤ 除油添加剂　常向除油溶液中添加乳化剂（表面活性剂），常用的有 6501、6503、664、OP 乳化剂和十二烷基苯磺酸钠等。表面活性剂可选用非离子型和阴离子型，据有关资料报道，将两种表面活性剂合起来使用，效果比单独使用好，以组合型的 YC 除油添加剂效果最好[1]。因表面活性剂的加入可使除油溶液有乳化作用，从而使这种碱性除油溶液兼具了皂化和乳化两种功能，皂化作用可以除去动、植物油；乳化作用可以除去矿物油，从而提高除油效果。

常用的碱溶液除油的溶液组成及工艺规范见表 4-29。不锈钢的化学除油见第 4 篇，第 22 章不锈钢电镀章节中的有关内容。

部分市售的脱脂剂见表 4-30。

表 4-29　常用的碱溶液除油的溶液组成及工艺规范

溶液成分及工艺规范	钢铁		铜及其合金		铝及其合金		锌及其合金		镁及其合金	锡、铅及其合金
	1	2	1	2	1	2	1	2		
	含量/(g/L)									
氢氧化钠（NaOH）	50～100	40～60	10～15	—	—	—	—	—	—	—
碳酸钠（Na$_2$CO$_3$）	20～40	25～35	20～30	10～20	40～50	40～50	10～20	15～30	10～20	25～30
磷酸三钠（Na$_3$PO$_4$）	30～40	25～35	50～70	—	40～50	—	10～20	15～25	10～20	25～30
硅酸钠（Na$_2$SiO$_3$）	5～15	—	10～15	—	20～30	—	10～20	—	10～20	—
OP 乳化剂	—	—	—	—	—	—	2～3	—	1～3	—
YC 除油添加剂	—	10～15	—	10～15	—	10～15	—	10～15	—	—
温度/℃	80～95	60～80	80～95	60～80	60～70	30～60	50～60	40～70	60～80	80～90
时间/min	依据零件表面油脂、污物情况，除净为止									

注：YC 除油添加剂为非离子型和阴离子型的混合型的除油添加剂。

表 4-30　市售的脱脂剂

名称型号	类型	处理方法和工艺参数			特点适用范围
		处理方法	温度/℃	时间/min	
FC-1120SF 脱脂剂	中强碱	预擦洗	常温～45	0.5～5	不含挥发性物质的水溶性清洗剂
FC-L4460 脱脂剂	强碱	喷淋 浸渍	40～45	1～3	喷淋、浸渍都可使用，低温型，不含硅酸盐
FC-4423T 脱脂剂	中强碱	喷淋 浸渍	45～55	1～3	喷淋、浸渍都可使用，低温型，清洗能力强
FC-4358 脱脂剂	中强碱	喷淋	50～65	＞2	除油效果好
FC-4328A 脱脂剂	弱碱	喷淋	50～60	1～3	低泡无硅酸盐型脱脂剂，具有表面调整功能
FC-E2001 脱脂剂	强碱	喷淋 浸渍	35～45	1～3	无 N、P，液体、环保型
SF-2070 脱脂剂	中强碱	喷淋 浸渍	42～48	＞2	无 N、P，液体、环保型
SF-9900 脱脂剂	中强碱	喷淋	50～60	1～3	液体，清洗能力强
PK-4840 清洗剂	无机碱	喷淋 超声波	40～60	3～10	精密清洗（用于发动机行业）洗净效果好，可防锈 3～6 天
PK-6000 清洗剂	无机碱	喷淋 浸渍	20～70	1～5	精密清洗（用于发动机行业），洗净后残留物少，可防锈 2～5 天
PK-7140 清洗剂	无机碱	喷淋	20～90	1～3	精密清洗（用于发动机行业）洗净效果好，可短期防锈

续表

名称型号	类型	处理方法和工艺参数			特点适用范围
		处理方法	温度/℃	时间/min	
PK-7160 清洗剂	无机碱	喷淋	20~70	0.5~2	精密清洗（用于发动机行业）洗净效果好,可短期防锈
GH-1001 喷淋脱脂剂	强碱（白色粉末）	喷、浸,含量1%~2%（质量分数）	室温~60	2~15	低泡,除油快,效果好,使皮膜致密化
GH-1002 常温脱脂剂	强碱（白色粉末）	浸渍,含量1%~2%（质量分数）	室温~60	2~15	高泡,脱脂能力很强,钢铁通用浸泡型
GH-1003 常温除油粉	中强碱（白色粉末）	喷、浸,含量2%~6%（质量分数）	室温~60	2~15	清洗能力强,使钢铁皮膜致密
GH-1005 合金除油粉	弱碱（白色粉末）	喷、浸,含量2%~6%（质量分数）	室温~60	2~15	低泡洗净力强,适合各种金属材质,不侵蚀材质
GH-1006 合金脱脂剂	弱碱（白色粉末）	浸渍,含量2%~6%（质量分数）	室温~60	2~15	高泡,脱脂能力很强,适合各种材质,通用浸泡型
GH-1008 超声波脱脂剂	弱碱（白色粉末）	超声波清洗,含量2%~6%（质量分数）	65~75	2~15	超声波专用除油使用产品
GH-1010 中性脱脂剂	中脱剂（液体）	添加用,含量0.5%~1%（质量分数）	60	2~15	配合各种喷淋脱脂剂使用,效果更佳。添加用
GH-1011 碱性脱脂剂	碱脱剂（液体）	添加用,含量0.5%~1%（质量分数）	60	2~15	配合各种浸泡脱脂剂使用,效果更好。添加用
BD-E001型 常温快速脱脂剂（除油剂）	液体	喷淋 浸渍	室温 50~60	3~10 1~3	低泡,适用于各种钢铁件、铝件、镀锌件、铜材、塑料等材料的除油、脱脂
BD-E301型 水基低泡高效脱脂剂	液体	喷淋、浸渍 1:3稀释	40	1~5	用于塑料、钢材、橡胶等表面的各种油脂污垢的快速去除,清洗力强,低泡无毒
DH-10L 低温脱脂剂	粉体	浸渍	30~50	3~10	有防锈作用
DH-20L 低温脱脂剂	粉体	喷淋	30~45	1~5	可表调混用
DH-2011 中温脱脂剂	粉体 低碱	浸渍	45~65	1~10	可表调混用
DH-2022 中温脱脂剂	粉体	喷淋 浸渍	45~65	1~5	可表调混用
DH-204 中温高效脱脂剂	粉体	浸渍	40~70	2~8	具有短期防锈作用
PA30-SL 低温高效复合脱脂剂	—	喷淋,含量3%~3.5%（质量分数）	40~47	—	由多种表面活性剂和一种弱碱组成
祥和牌XH-19A型 常温低磷碱性脱脂粉	pH 12~14	浸渍、擦洗,含量5%（质量分数）	室温	5~10	适用于各种形状、材质的黑色金属的脱脂去污。浸渍、擦洗

注：PK为沈阳帕卡濑精有限公司产品。

4.4.3.2 乳化液除油

乳化液除油是用含有有机溶剂、水和乳化剂的液体除去制件表面油污的过程。

在煤油、汽油或其他有机溶剂中加入适量的表面活性剂和水，搅拌均匀后即形成具有乳化性能的乳化除油液。乳化液除油有较强的除油能力，除油速度快、效果好，能除去重油脂、黄油、抛光膏等，但选择表面活性剂是除油的关键。这种除油液的有机溶剂具有含量低，挥发少，污染轻，使用安全不燃等优点。但乳化液除油只能除脱重油，除油不够彻底，电镀前还需再进行电化学除油。

乳化液除油的溶液组成及工艺规范见表4-31。

表 4-31　乳化液除油的溶液组成及工艺规范

溶液成分及工艺规范	1	2	3	4	5
	含量/(g/L)				
煤油	89	—	62	90	67
粗汽油	—	82	—	—	—
三乙醇胺	3.2	4.3	5	7.5	3.6
三氯乙烯	—	—	20	—	—
松节油	—	—	—	—	22.5
月桂酸	—	—	—	—	5.4
油酸	—	—	—	15	—
乙二醇丁醚	—	—	—	—	1.5
表面活性剂	10	14	15	—	—
水	余量	余量	余量	余量	余量
温度/℃	20～40	20～40	20～40	20～50	20～50

4.4.3.3 酸性溶液除油

酸性溶液除油即习惯称为"二合一"除油除锈处理，是在硫酸或盐酸溶液中加入适量合适的表面活性剂组成的酸性除油溶液。除油除锈机理，是表面活性剂在酸溶液中是稳定的，利用它对油脂的乳化作用，同时起到润湿、渗透、分散、降低溶液表面张力等作用，并借助于酸浸蚀（酸洗）金属产生氢气的机械剥离作用，达到除油除锈的目的。酸性溶液除油可在低温和中温下使用，低温一般只能除掉液态油，中温就可除掉油和脂，一般只适合于浸泡处理方式。酸性溶液除油的溶液组成及工艺规范见表4-32。

市售的酸性清洗剂主要由表面活性剂（如OP类非离子型活性剂、阳离子型）、普通无机酸、缓蚀剂三大部分组成。含有盐酸、硫酸的清洗剂应用最为广泛，成本低，效率较高，但酸洗残留的 Cl^-、SO_4^{2-} 对工件的后腐蚀危害较大，必须彻底洗净。而磷酸基没有腐蚀物残留的隐患，但磷酸成本较高，清洗效率低些。市售的酸性清洗剂（适用于钢铁件的除油除锈"二合一"）参见表4-33。

表 4-32　酸性溶液除油的溶液组成及工艺规范

溶液成分及工艺规范	钢铁件					铜及铜合金或铜-铁组合件
	1	2	3	4	5	
	含量/(g/L)					
硫酸(H_2SO_4)	200～250	70～100	200～250	150～300	—	180～220
盐酸(HCl)		3～5		2	600～980	—

续表

溶液成分及工艺规范	钢铁件					铜及铜合金或铜-铁组合件
	1	2	3	4	5	
	含量/(g/L)					
硫脲 [(NH$_2$)$_2$CS]	10～15	—	—	—	—	—
OP-10 乳化剂	—	—	—	5～10	—	—
PC-2 铁件除油除锈剂	—	—	12～15	—	—	—
NA-1 常温酸洗除油添加剂	—	—	—	—	10～12	—
PC-3 铜件除油除锈剂	—	—	—	—	—	35
十二烷基硫酸钠(C$_{12}$H$_{25}$SO$_4$Na)	—	8～12	—	—	—	—
温度/℃	65～75	70～90	65～75	65	15～40	65～75
时间/min	1～3	1～3	0.5～2	1～3	2～10	0.5～2

注：PC-2 铁件除油除锈剂、NA-1 常温酸洗除油添加剂、PC-3 铜件除油除锈剂是上海永生助剂厂的产品。

表 4-33　市售的酸性清洗剂（适用于钢铁件的除油除锈"二合一"）

商品名称	主要成分及施工方法	使用工艺参数			适用范围
		含量/%	温度/℃	时间/min	
623 型除油除锈液（固体粉末）	以磷酸、磷酸盐及其他助剂组成的除油、除锈溶液（二合一）产品 pH 值：0.5～1.5 浸渍	密度1.1～1.2g/cm^3	45～55	10～30	适用于带有中等锈蚀、薄氧化皮及中等油污的冷、热轧低碳薄钢板制件的前处理
729 型酸性金属清洗剂	为非离子和离子混合型酸性溶液，低泡 pH 值：2～4 浸渍	3～5	45～55	除净为止	清洗带有各种油污的金属制品工件及非金属工件。浸渍、喷淋、擦洗、超声波清洗均可
KRB-4 除油除锈二合一	无色透明液体 pH 值：1～1.5 浸渍	1∶(4～5)配比	室温～50	2～15	适用于钢铁件除油除锈，轻锈清洗时间为 2～5min，重锈清洗时间为 4～6min
BD-E601 型除油除锈剂（液体）	浸渍	—	30～60		适用于钢铁件及铜件。除油、去锈二合一的清洗溶液
DHR-80 除油除锈二合一添加剂	浸渍		50～70	适宜	与硫酸配合使用
DH-50 除油除锈二合一添加剂	浸渍		室温～40	适宜	盐酸体系，缓蚀、抑雾
GH-9019 除油除锈剂（液体）	浸渍	50～100	室温	10～20	对钢铁上的油污和氧化皮铁锈有去除功能，有较好的效果
祥和牌 XH-16C 常温除油除锈添加剂	浮白色～浅黄色液体，工作液 pH 值：2～3 浸渍	5	室温加热均可	5～20	与盐酸、硫酸复配或单独与盐酸、磷酸配制成除油除锈二合一的添加剂

4.4.3.4 表面活性剂除油

表面活性剂除油是用由表面活性剂、碱性盐、助剂和水等组成的液体除去零件表面油污的过程。它是用多种表面活性剂复配在一起，而配制成的新型除油溶液，其特点是除油速度快，效果好。水基金属清洗剂除油，就是属于表面活性剂除油的一种。水基金属清洗剂是以表面活性剂为基础，辅助以碱性物质和其他助剂配制而成。表面活性剂具有良好的润湿、渗透、乳化、加速溶解、分散等性能，利用这些特性能有效地除去油污。因而，这是目前广泛应用的一种除油方法。

这类清洗剂碱性低，一般 pH 值为 9～12，对设备腐蚀较小，对零件表面状态破坏小，可在低温和中温下使用，除油脂效率较高，特别在喷淋方式使用时，除油脂效果好。低碱性清洗剂主要由无机低碱性助剂、表面活性剂、消泡剂等组成。无机型助剂主要是硅酸钠、三聚磷酸钠、磷酸钠、碳酸钠等。其作用是提供一定的碱度，有分散悬浮作用，可防止脱下来的油脂重新吸附在工件表面。表面活性剂主要采用非离子型与阴离子型，一般是聚氯乙烯 OP 类和磺酸盐型，它在除油脂过程中起主要的作用。在有特殊要求时还需要加入一些其他添加物，如喷淋时需要加入消泡剂，有时还加入表面调整剂，起到脱脂、表面调节双重功能。

为提高清洗除油效果和使用方便，清洗剂生产厂家常用多种表面活性剂、碱性物质和其他助剂配制成各种用途的金属清洗剂。市售金属清洗剂牌号很多，状态也不同，油状金属清洗剂大多为非离子型或阴离子型表面活性剂；膏状金属清洗剂多由非离子、阴离子型表面活性剂及碱性盐组成；粉状金属清洗剂多由碱或碱性盐、防锈剂及部分表面活性剂组成。

金属清洗剂，应根据工件的材质、油污性质、工艺条件等来选择，以达到最佳的除油效果。除油方式采用浸渍（泡）除油或喷淋（射）法除油。采用喷淋（射）法除油时，由于有较强的喷射作用（压力一般在 0.1～0.2MPa），除油效果较好，时间短，不允许有很多泡沫，为减少泡沫，脱脂液需加消泡剂，必须选用不含阴离子型表面活性剂的低泡清洗剂，并在 60℃左右的较高温度下清洗。

部分市售的金属清洗剂、脱脂剂列入表 4-34 内。

表 4-34 市售的金属清洗剂、脱脂剂

名称型号	类型	处理方法和工艺参数			特点及适用范围
		处理方法	温度/℃	时间/min	
PK-4910N 清洗剂	表面活性剂	喷淋、浸渍	20～70	0.5～3	精密清洗 洗净效果好，可防锈 3～6 天
PK-5640L 清洗剂	表面活性剂	浸渍、超声波	30～60	3～10	精密清洗 洗净效果好，可防锈 3～6 天
SP-8330 清洗剂	表面活性剂	喷淋	30～50	2～4	精密清洗 洗净效果好，可防锈 3～8 天
SP-8380 清洗剂	表面活性剂	喷淋、浸渍	40～70	2	精密清洗 洗净效果好，可短期防锈
8501 高效 金属清洗剂	pH 9	喷、浸，含量 1%～2%（质量分数）	50～70	2～4	非离子型表面活性剂、络合剂、防锈剂、助剂
814 型 碱性 金属清洗剂	pH 9～12	浸、喷、擦洗、超声波清洗，含量 3%～7%（质量分数）	50～60	—	非离子和离子混合型碱性溶液，低泡沫，效果优良
816 型 金属洗净剂	pH 7	喷、浸，含量 1%～2%（质量分数）	50～60	2～3	阴离子、非离子型表面活性剂。适用于钢、铝

续表

名称型号	类型	处理方法和工艺参数			特点及适用范围
		处理方法	温度/℃	时间/min	
PA30-Q 金属清洗剂	pH 8~12	喷、浸，含量 2%~ 5%（质量分数）	室温 ~80	—	多种表面活性剂及防锈剂
PA30-SM 中温高效 复合脱脂剂	pH 9~10	喷淋 含量 2.5%~3%（质 量分数）	50~70	—	由多种表面活性剂和弱碱组成
C-1 金属清洗剂	表面 活性剂	5%（质量分数）	室温	—	能代替汽油、煤油，对有厚重防锈油 脂的零件进行除油清洗。对钢铁件有 3~4 天的防锈作用

注：PK、SP 为沈阳帕卡濑精有限公司的产品。

4.4.4　碱液除蜡[3]

零件经过磨光和抛光后，表面上会黏附抛光膏的残余物。蜡（如石蜡、地蜡、白蜡、羊毛脂蜡等）是抛光膏的主要成分之一。当进行磨光、抛光时，因摩擦而产生大量的热，导致抛光膏十分牢固地黏附在零件表面上，仅使用有机溶剂、碱液化学的方法很难将其彻底清除。因此，在磨光、抛光后，除油工序前先进行除蜡。

除蜡溶液通常由碱和碱性盐、助剂、表面活性剂、增溶剂等多种物质组成。

① 碱和碱性盐可使用氢氧化钠、碳酸钠、磷酸三钠、焦磷酸钠、硅酸钠等，使除蜡溶液具有足够的碱性，以使抛光膏中可皂化的成分（如硬脂酸、油酸、松节油等）转变成可溶于水的物质。钢铁件除蜡溶液的碱性可以强些；铜及铜合金件除蜡溶液的 pH 值宜小于 12；铝、锌及其合金件除蜡溶液的 pH 值应小于 10。

② 表面活性剂起润湿、渗透、乳化、分散的作用，可有效地改变蜡、油脂在零件表面的界面张力，使蜡、油脂连带磨料颗粒、粉尘等固体杂质从零件表面剥离下来，分散在除蜡溶液中。适用的表面活性剂有非离子型和阴离子型两类，若将这两类表面活性剂复配使用，可提高除蜡效果。适用的非离子型表面活性剂有聚氧乙烯脂肪醚型活性剂（如平平加）、聚氧乙烯烷基酚型活性剂（如 OP-10 或 TX-10）、聚醚型活性剂等；适用的阴离子型表面活性剂有磺酸盐型活性剂、高级醇硫酸酯型活性剂等。

③ 增溶剂起增大蜡、油脂在水中溶解度的作用。适用的增溶剂有甲醇、乙醇、异丙醇、二甘醇丁醚等。

④ 助剂的作用是使水质软化，以避免或减少水中的钙、镁离子盐对阴离子型表面活性剂的损害，阻止从零件上剥离下来的污垢再沉积，以及调节溶液的碱度等。

除蜡溶液大多可从市场上购买除蜡剂（也称除蜡水），加水配制而成。

除蜡溶液的组成及工艺规范见表 4-35。

表 4-35　除蜡溶液的组成及工艺规范

溶液组成	含量（质量分数）	工艺规范	备注
PC-1 抛光膏清洗剂 （除蜡水）	2%~4%	温度：65℃	除去钢铁件、铜、铝及铝合金件上的 抛光膏及油
GH-1001 除蜡水	6%~8%	温度：40~80℃ 时间：3~5min	浸泡。能有效除去零件表面的蜡质

续表

溶液组成	含量(质量分数)	工艺规范	备注
DZ-1 超力除蜡水 DZ-2 超力除蜡水	热浸：30mL/L 超声波除蜡： 20mL/L	温度：70～90℃ 时间：1～5min 温度：70～90℃ 时间：1～5min	DZ-1 适用于锌基合金、铜及铜合金、钢铁、不锈钢工件。DZ-2 适用于钢铁锌基合金、铜及铜合金、铝合金工件。广州美迪斯新材料有限公司的产品
除蜡剂浓缩液配方： 平平加(O-25) 三乙醇胺油酸皂 乙二醇丁醚 6501表面活性剂 TX-10辛基酚聚氧乙烯醚 JFC-E脂肪醇聚氧乙烯醚 水	10% 25% 8% 10% 5% 5% 余量	工作液： 除蜡剂浓缩液使用量为 3%～7% 温度：65～75℃ 浸渍时间：8～10min	用于除去零件表面上的抛光膏 采用超声波除蜡时，除蜡溶液中除蜡浓缩液用量为 2%～4%，温度为55～65℃，浸渍时间为 3～5min
除蜡剂浓缩液配方： 磷酸 三聚磷酸钠 柠檬酸 正硅酸钠 碳酸钠 阴离子型表面活性剂(如LAS、OAS 等) 非离子型表面活性剂(如TX-10 等) 水	20% 1% 10% 1% 3% 4% 15% 余量	工作液： 除蜡剂浓缩液使用量为 2%～5% 温度：50～60℃ 浸渍时间：>5min	用于零件表面的除油、除蜡、除锈

4.4.5　电化学除油

(1) 电化学除油方法和特点

电化学除油是以金属零件作为阳极或阴极在碱溶液中进行电解以清除零件表面油污的过程。电化学除油的特点是除油彻底、效率高，一般作为零件的最终除油。

电化学除油方法有：阴极除油、阳极除油和阴极-阳极联合除油。电化学除油方法的特点和适用范围见表 4-36。

表 4-36　电化学除油方法的特点和适用范围

除油方法	特点	适用范围
阴极除油	阴极上析出氢气，气泡小而密，数量多(要比阳极除油析出的氧气多一倍)，除油快，效果好，不腐蚀零件。但易渗氢，不适合用于高强度钢、高强度螺栓、弹簧、弹簧垫圈和弹簧片等一些弹性零件 当溶液中含有少量锌、锡、铅等金属时，零件表面将有海绵状金属析出，从而影响镀层与基体金属之间的结合力，这时可加入配合剂来处理	适用于在阳极上容易溶解的有色金属如铝、锌、锡、铅、铜及其合金等零件的除油
阳极除油	基体金属(钢铁零件)无氢脆，能去除零件表面的浸蚀残渣和某些金属薄膜，如锌、锡、铅、铬等 但除油速度比阴极除油速度低；对有色金属(如铝、锌、锡、铅、铜及其合金等)电化学腐蚀大，不宜采用阳极除油	对于硬质高碳钢、弹性材料零件如弹簧、弹簧薄片等，为避免渗氢，一般采用阳极除油。但不适用于金属等化学性能较活泼材料的除油
阴极-阳极联合除油	联合除油是交替地进行阴极和阳极除油，发挥两者的优点，克服其缺点，是较有效的电化学除油方法。根据零件材料性质，选用先阳极除油而后转为短时的阳极除油，也可以选用先阳极除油而后转为短时的阴极除油	一般用于无特殊要求的钢铁零件的除油

(2) 电化学除油溶液组成及工艺规范

电化学除油溶液与碱性化学除油相差不大。这种溶液对表面活性剂有特殊要求，要使用无泡或低泡的表面活性剂。因为电化学除油电解时，在阴极上析出氢气，在阳极上析出氧气。如采用一般的表面活性剂，则势必在液面上覆盖一层厚厚的泡沫，使氢气和氧气不能随时逸出，积聚多了会有爆鸣的危险。一般短碳链渗透剂或聚醚类表面活性剂，能达到无泡或低泡的要求，从除油效果来说，聚醚类表面活性剂要比短碳链渗透剂好。电化学除油时析出的氢气或氧气能撕裂油膜，并能强烈地搅动溶液，使零件表面附近的溶液不断更新，从而可达到更好的除油效果。

因为单靠有机溶剂除油或化学除油是不够彻底的，所以继用电化学除油是对有机溶剂除油或化学除油的补充。常用的电化学除油溶液组成及工艺规范见表 4-37。不锈钢的电化学除油见第 4 篇，第 22 章不锈钢电镀章节中的有关内容。

表 4-37　常用的电化学除油溶液组成及工艺规范

溶液成分及工艺规范	钢　铁			铜及铜合金		锌及锌合金		铝及铝合金		镁及镁合金	
	1	2	3	1	2	1	2	1	2	1	2
	含量/(g/L)										
氢氧化钠（NaOH）	10~20	40~60	40~60	10~15	—	—	—	—	—	—	—
碳酸钠（Na_2CO_3）	20~30	60	25~35	20~30	10~20	5~10	5~10	20~40	5~10	25~30	15~20
磷酸三钠（Na_3PO_4）	20~30	15~30	25~35	50~70	20~30	10~20	15~25	20~40	10~20	25~30	25~30
硅酸钠（Na_2SiO_3）	—	3~5	—	10~15	—	5~10	—	3~5	—	—	—
三聚磷酸钠（$Na_5P_2O_{10}$）	—	—	—	—	5~10	—	5~10	—	15~25	—	5~10
YC 除油剂	—	—	0.5~1	—	0.5~1	—	0.5~1	—	0.5~1	—	0.5~1
温度/℃	70~80	70~80	50~60	70~90	40~50	40~50	40~50	70~80	40~50	70~80	40~50
电流密度/(A/dm²)	5~10	2~5	5~10	3~8	5~7	5~7	5~8	2~5	5~8	2~5	2~3
阴极除油时间/min	5~8	—	1~1.5	5~8	1~1.5	0.5~1	1~1.5	1~3	1~1.5	1~3	1~1.5
阳极除油时间/min	0.2~0.5	5~10	0.2~0.5	0.3~0.5	—	—	—	—	—	—	—

注：YC 除油剂为非离子型和阴离子型的混合型的除油添加剂。

4.4.6　超声波清洗除油

超声波清洗除油，是用超声波作用于除油清洗溶液，以更有效地除去制件表面油污及其他杂质的方法。它是将频率大于 16kHz 的振荡的超声波场引入化学除油溶液中（即使超声波在除油溶液中传导），由于超声波振荡所产生的机械能，可使溶液内产生大量真空的空穴，而这些真空的空穴在形成和闭合时，能使溶液产生强烈的振荡，从而对零件表面的油污产生强有力的冲击作用，强化了除油过程，可缩短除油时间，提高除油质量，降低除油溶液的浓度和温度。

（1）超声波清洗除油的特点

① 可除去难溶的油污，如抛光膏、研磨膏（磨光膏）、钎焊剂、蜡类、指纹及金属碎屑等。

② 可以使形状复杂的零件（以及多孔隙的铸件、压铸件）、细孔、不通孔中的油污被彻底清除。清洗速度快，效果好，提高除油质量。

③ 超声波清洗除油可以适当降低除油溶液的浓度和温度。

④ 设备价格较高。

（2）适用范围

① 适用于去除难溶的油污（如抛光膏、钎焊剂、蜡类、金属碎屑等）。

② 有狭缝、带有细孔、盲孔（不通孔）、细螺纹等形状复杂的零件。

③ 压铸件、精加工零件等。

4.4.7 擦拭除油和滚筒除油

（1）擦拭除油

擦拭除油是用毛刷或抹布蘸上一些除油物质如：有机溶剂、石灰浆、氧化镁、肥皂液、碳酸钠等，在零件表面上进行擦拭，去除表面油污，主要用于不便用其他方法除油的批量不大、形状复杂等的零件除油，也有用于镀铬或工具镀铬等的除油。擦拭除油的特点是方便灵活，不受零件大小、形状、材质等条件限制，能保持零件的光洁度，不腐蚀零件，但使用人工操作，工效低。

（2）滚筒除油

滚筒除油是将零件放入滚筒内，加上适合和适量的除油液，通过滚筒转动，使除油液擦拭零件表面进行除油。除油介质可用弱碱性溶液、木屑或皂荚等。要求除油液不易产生泡沫。滚筒的转速一般约为100r/min。滚筒除油后可以在滚筒内用水进行清洗。

滚筒除油效果好，操作方便，成本低，适用于批量大的小型且质量轻的零件，或空心件，不适用于太薄的和可套在一起的零件，或表面忌划伤而又带有夹角、锐边以及易变形等的零件。

4.5 浸蚀

4.5.1 概述

浸蚀也称为酸洗，是将金属零件浸在一定浓度和一定温度的浸蚀液中，以除去其上的氧化物和锈蚀物等的过程。浸蚀是电镀、化学和电化学转化处理等前处理的重要工序。良好的浸蚀工艺和质量是镀覆层与基体金属结合力的重要保证。

（1）浸蚀（酸洗）的分类

浸蚀（酸洗）的分类如表 4-38 所示。

表 4-38 浸蚀（酸洗）的分类

分类		浸蚀性质用途和方法
按浸蚀性质和用途分类	一般浸蚀	除去金属零件表面上的氧化皮和锈蚀产物等
	强浸蚀	将金属零件浸在较高浓度和一定温度的浸蚀液中，溶解除去金属零件表面上的厚层氧化皮或不良的表层组织如：硬化表层、脱碳层、疏松层等以及粗化零件表面
	弱浸蚀	溶解金属零件表面上极薄的氧化膜、钝态膜，并使表面活化，以保证镀层与基体金属的牢固结合
	光亮浸蚀	溶解金属零件表面上的薄层氧化膜或其他化合物（如去除浸蚀残渣即挂灰等），并提高零件表面的光泽（呈现光亮）
	碱浸蚀	对两性金属如铝、锌及其合金等，将其零件浸在一定浓度和一定温度的碱浸蚀液中，溶解除去金属零件表面上的氧化膜或其他化合物

续表

分类		浸蚀性质用途和方法
按其处理 方法分类	化学浸蚀	金属零件浸泡在浸蚀溶液中,借助化学反应的溶解作用,以清除制件表面的氧化物和锈
	电化学浸蚀	金属零件作为阳极或阴极在电解质溶液中进行电解以清除制件表面氧化物和锈

(2) 对浸蚀的要求

浸蚀的作用是将金属零件表面上的氧化膜、锈斑和污垢等除去,露出金属表面。对浸蚀的要求如下:

① 浸蚀只除去氧化膜、锈斑等化合物,不腐蚀其基体金属。

② 不渗氢或少渗氢。

③ 不产生或少产生浸蚀残渣(挂灰)。

④ 为抑雾和缓蚀(防止基体金属过腐蚀)作用等,要在浸蚀溶液中加入一些添加剂,特别是加入缓蚀剂时,除锈时间不应缩短,应能防止基体金属过腐蚀和减少对基体金属的渗氢量。

4.5.2　浸蚀常用的酸和缓蚀剂的作用及其功能

(1) 硫酸

硫酸在室温下,对金属氧化物的溶解能力较弱,提高浓度不能显著提高硫酸的浸蚀能力,60%(质量分数)以上的硫酸几乎不能溶解氧化铁。因此,硫酸用作浸蚀除锈溶液,其浓度一般控制在8%～20%(质量分数)。提高温度,可以大大提高硫酸的除锈能力。由于硫酸挥发性低,适宜于加热浸蚀,工件氧化皮较厚,需要强浸蚀时,硫酸除锈液一般可加热到50～60℃。如加热温度再高,硫酸对氧化皮的溶解速度无明显增大,而容易过度腐蚀基体金属,并引起基体氢脆,故温度一般不宜超过75℃,同时应加入适当的缓蚀剂。

硫酸浸蚀过程中累积的铁盐能显著降低其浸蚀能力,减慢浸蚀速度并使浸蚀后的零件表面残渣增多,浸蚀质量降低。因此,硫酸浸蚀溶液中的铁含量,一般不应超过60g/L。

硫酸溶液广泛用于钢铁、不锈钢、铜和铜合金的浸蚀。浓硫酸也常与盐酸、硝酸、磷酸、氢氟酸等酸混合使用,用于多种金属和合金的光亮浸蚀、化学抛光、电解抛光。

(2) 盐酸

盐酸在常温下,对金属氧化物有较强的溶解能力,但对钢铁等金属基体溶解比较缓慢,因此,用盐酸除锈时,不易发生过腐蚀和严重的氢脆,工件表面残渣较少。盐酸除锈能力几乎与其浓成正比。在相同的浓度和温度下,盐酸的浸蚀速度比硫酸快得多。由于浓盐酸挥发性大,故大多在室温下浸蚀除锈,其浓度一般不超过360g/L。

盐酸分子只含有一个氢原子,所以用与硫酸同等摩尔浓度的盐酸浸蚀钢铁时,其析氢只有硫酸的一半,因此,用盐酸浸蚀钢铁,零件氢脆现象相对比较轻。酸浸蚀钢铁的腐蚀产物——氯化物,易溶于水,表面残留物少,易于清洗干净。

盐酸浸蚀溶液宜加入缓蚀剂。近年来市售的多功能缓蚀剂,效果好,除了能起缓蚀作用外,还能起到除油、抑雾、防渗氢、加快浸蚀速度等的效果,而且浸蚀后的钢铁零件表面较光亮、不挂灰。

(3) 硝酸

硝酸是一种氧化性强酸。工业浓硝酸通常有两种规格:密度为1.41g/cm³时,其质量分数≥68%;密度为1.501g/cm³时,其质量分数为98%。钢铁零件镀前浸蚀很少用硝酸,但硝酸是许多光亮浸蚀溶液的重要组成成分,如硝酸和硫酸的混合酸可用于铜及铜合金零件的光亮浸蚀;硝酸与氢氟酸的混合液,广泛用于去除铅、不锈钢、镍基和铁基合金、钛、锆及某些钴合金上的热处理氧化皮；硝酸与硫酸、盐酸、磷酸混合后常用于铜和铜合金的化学抛光、不锈钢光亮浸蚀、钢铁件强浸蚀后去除残渣；硝酸还用于铝及铝合金碱浸蚀后的浸亮等。

硝酸挥发性强，浸蚀金属时，会放出大量有害气体（氧化氮类），并释放出大量的热，污染环境、伤害人体，应做好安全防护，酸槽应加强通风和冷却槽液。目前，有些有机添加剂添加到硝酸的光亮浸蚀溶液中，可有效地抑制氧化氮气体的逸出，改善环境。

（4）磷酸

磷酸是中等强度的无机酸，磷酸的浸蚀能力较低，用磷酸溶液除锈，一般都需要加热。磷酸溶液除锈，产生氢脆的可能性较小，残留在工件表面的少量酸液，能转化为不溶性磷酸盐保护膜，具有缓蚀性。磷酸适用于焊接件、组合件涂装前的除锈。

磷酸的成本较高，单独用于浸蚀的不多，一般仅在有特殊要求的情况下才用磷酸来除锈。而它常与一定比例的硝酸、硫酸、醋酸或铬酐配合，可用于铝、铜、钢铁等金属的光亮浸蚀。在盐酸浸蚀溶液中加入适量磷酸，能加速钢铁氧化膜的剥离。

（5）氢氟酸

氢氟酸能溶解含硅的化合物，对铅、铬等金属的氧化物也有较好的溶解能力。因此，氢氟酸常用于铸铁件、锌压铸件的镀前浸蚀，也可用于不锈钢的光亮浸蚀。浓度为 10%（质量分数）左右的氢氟酸对镁及其合金的腐蚀比较缓和，也常用于镁及其合金的浸蚀。

氢氟酸毒性大，挥发性强，应加强通风及安全防护。

（6）缓蚀剂

浸蚀溶液加入缓蚀剂，可以减少浸蚀时基体金属的溶解，防止过腐蚀和产生氢脆现象，而且能减少化学品的消耗。

缓蚀剂的作用是它能吸附在裸露金属的活性表面上，提高析氢的过电位，从而降低金属的腐蚀。而缓蚀剂一般不被金属的氧化物所吸附，因此不影响氧化物的溶解。

钢铁零件除锈用的缓蚀剂，一般要求如下。

① 在高温高浓度浸蚀溶液中是稳定的，缓蚀效果好。

② 不影响钢铁零件的浸蚀速度。

③ 缓蚀剂配制方便，浓度易于控制，废液易于处理。

④ 价格便宜。

目前常用的缓蚀剂在硫酸中有硫脲、二邻甲苯基硫脲、苦丁、六次甲基四胺（乌洛托品）和动物蛋白水解炔醇产物如 KC 缓蚀剂等。用于盐酸溶液的主要有六次甲基四胺、丁炔二醇和丙炔醇等，效果更好的有 YS-1 高效除锈添加剂（由多种缓蚀剂组成）。

缓蚀剂的用量取决于被浸蚀零件的材质，浸蚀溶液的组成、浓度和温度，以及被除物的性质。在浸蚀溶液中缓蚀剂一般使用浓度约为 0.5%～1%（质量分数），浸蚀溶液使用时间增长，缓蚀剂的缓蚀效果也会下降，所以需定期向浸蚀溶液中补加缓蚀剂。弱浸蚀因其酸的浓度低，浸蚀时间短，一般不需加缓蚀剂。

4.6　化学浸蚀

4.6.1　钢铁零件的化学浸蚀

钢铁零件容易被氧化和腐蚀，其表面一般都存在氧化皮和铁锈。常见的氧化物有灰色的氧化亚铁（FeO）、赤色的三氧化二铁（Fe_2O_3）、橙黄色含水的三氧化二铁（$Fe_2O_3 \cdot nH_2O$）和蓝黑色的四氧化三铁（Fe_3O_4）等。

钢铁零件因大气腐蚀产生的锈蚀，一般是氢氧化亚铁和氢氧化铁。铁的氧化物、氢氧化物与酸作用都容易被溶解而除去，以硫酸浸蚀为例，其反应如下：

$$FeO + H_2SO_4 \longrightarrow FeSO_4 + H_2O$$
$$Fe(OH)_2 + H_2SO_4 \longrightarrow FeSO_4 + 2H_2O$$
$$2Fe(OH)_3 + 3H_2SO_4 \longrightarrow Fe_2(SO_4)_3 + 6H_2O$$

钢铁零件因高温而产生的氧化皮，主要是四氧化三铁和三氧化二铁，其在硫酸和盐酸溶液中都较难溶解，但当基体金属（铁）被溶解时，产生氢气，促使氧化皮从钢铁基体表面脱落；同时，析出的氢把四氧化三铁、三氧化二铁还原为氧化铁，从而使之溶解，又能借助氢气泡析出产生的机械作用，促使氧化物溶解和剥离。钢铁氧化物用盐酸浸蚀时，其化学反应如下：

$$FeO + 2HCl \longrightarrow FeCl_2 + H_2O$$
$$Fe + 2HCl \longrightarrow FeCl_2 + H_2 \uparrow$$
$$Fe_2O_3 + 4HCl + 2[H] \longrightarrow 2FeCl_2 + 3H_2O$$
$$Fe_3O_4 + 6HCl + 2[H] \longrightarrow 3FeCl_2 + 4H_2O$$

常温下，硫酸溶解三氧化二铁和四氧化三铁的能力是较弱的，提高温度可加快其浸蚀速度。钢铁氧化物用硫酸浸蚀时，其化学反应如下：

$$FeO + H_2SO_4 \longrightarrow FeSO_4 + H_2O$$
$$Fe + H_2SO_4 \longrightarrow FeSO_4 + H_2 \uparrow$$
$$Fe_2O_3 + 2H_2SO_4 + 2[H] \longrightarrow 2FeSO_4 + 3H_2O$$
$$Fe_3O_4 + 3H_2SO_4 + 2[H] \longrightarrow 3FeSO_4 + 4H_2O$$
$$Fe_2(SO_4)_3 + 4H_2 \longrightarrow 2FeSO_4 + H_2SO_4$$
$$Fe_2(SO_4)_3 + Fe \longrightarrow 3FeSO_4$$

钢铁零件在浸蚀过程中析出氢，氢原子易扩散到金属内部而引起氢脆；而氢气从浸蚀溶液中逸出时易造成酸雾。所以，钢铁零件化学浸蚀时，常在浸蚀溶液中加入缓蚀剂、润湿剂、抑雾剂等。

钢铁零件常用的化学浸蚀溶液的组成和工艺规范见表 4-39。

市售的钢铁件除锈剂见表 4-40。

表 4-39　钢铁零件常用的化学浸蚀溶液的组成和工艺规范

溶液成分及工艺规范	氧化物不多的零件		厚氧化皮或冲压件	厚氧化皮或锻压件	经淬火后厚氧化皮零件	光亮、少锈、有氧化皮碳钢件，合金钢件，弹簧或高强度拉力钢	铸件	合金钢零件		光亮浸蚀	已除锈，需光亮浸蚀零件	弱浸蚀
	1	2						预浸	浸蚀			
	含量/(g/L)											
硫酸(H_2SO_4) $d=1.84$	100~200	—	—	200~250	200 mL/L	—	75%[①]	230	—	600~800	0.1~1.0	5%~10%[①]
盐酸(HCl) $d=1.18$	—	500~1000	500~900	—	480 mL/L	100~200	150~360	—	270	450	5~15	—	50~100
硝酸(HNO_3) $d=1.41$	—	—	—	—	—	—	—	—	50	400~600	—	—
40%氢氟酸(HF)	—	—	—	—	—	—	25%[①]	—	—	—	—	—
草酸(H_2C_2O_4)	—	—	—	—	—	—	—	—	—	—	25	—
过氧化氢(H_2O_2)	—	—	—	—	—	—	—	—	—	—	15 mL/L	—
硫脲[CS(NH_2)_2]	—	—	—	2~3	—	—	—	—	—	—	—	—

续表

溶液成分及工艺规范	氧化物不多的零件 1	氧化物不多的零件 2	厚氧化皮或冲压件	厚氧化皮或锻压件	经淬火后厚氧化皮零件	光亮、少锈、有氧化皮碳钢件,合金钢件,弹簧或高强度拉力钢	铸件	合金钢零件 预浸	合金钢零件 浸蚀	光亮浸蚀	已除锈、需光亮浸蚀零件	弱浸蚀
	含量/(g/L)											
六次甲基四胺[$(CH_2)_6N_4$]	—	3~5	—	—	—	—	—	—	—	—	—	—
YS-1添加剂/(mL/L)	—	—	50~100	—	—	—	—	—	—	—	—	—
磺化煤焦油	—	—	—	—	—	—	—	10 mL/L	10 mL/L	—	—	—
温度/℃	室温	10~35	20~35	50~60	室温	室温	室温	30~40	50~60	≤50	10~35	室温
时间/min	除净为止	1~5	1~15	除净为止	10	除净为止	1~5	1	0.1	3~10s	3~5	0.5~2

① 表中浓度含量的百分数（%）为质量分数。

注：1. 溶液成分的 d 为密度，单位为 g/cm^3，例如硫酸（H_2SO_4）$d=1.84$，即 $d=1.84g/cm^3$，下同。

2. YS-1添加剂是上海永生助剂厂的产品。

表 4-40　市售的钢铁件除锈剂

商品名称	主要成分及施工方法	使用工艺参数 温度/℃	使用工艺参数 时间/min	适用范围
BY-1 多效型除锈液	水和多种除锈添加剂制成 pH值为1~2 浸泡、擦洗	室温	1~5	主要用于剥离钢铁部件表面锈蚀及氧化层,常温下浸泡擦洗即可除锈,金属工件除锈后可防锈一周
DH-3236 常温钢铁除锈剂	液体 涂刷、浸渍	室温	适宜	磷酸体系
DH-3238 中温钢铁除锈剂	液体 浸渍	40~60	5~20	磷酸体系
DH-60 常温钢铁除锈液添加剂	液体 浸渍	室温	10~30	盐酸体系 缓蚀、抑雾
DH-70 钢体快速除锈液添加剂	液体 浸渍	室温~40	5~30	快速抑雾
BD-B001型 不锈钢酸洗钝化膏	外观:膏状 酸碱度:强酸 本品不含 Cl、P 等破坏不锈钢表面的离子 软布或丝刷涂于不锈钢表面,涂膜厚度1~2mm	室温	5~20	清除不锈钢焊接和高温加工后产生的黄、蓝、黑色焊斑和氧化皮
BD-B102型 不锈钢酸洗钝化液	液态 浸渍 本品不含 Cl、P 等破坏不锈钢表面的离子	室温	2~10	清除不锈钢焊接和高温加工后产生的黄、蓝、黑色焊斑和氧化皮

4.6.2　不锈钢零件的化学浸蚀

不锈钢表面大都附有一层致密难溶的氧化皮或自然钝化膜，这层氧化皮或钝化膜中含有氧化铬、氧化镍和十分难溶的氧化铁铬（$FeO \cdot Cr_2O_3$）等，电镀前必须彻底清除干净。为了有效清除氧化皮膜，并尽量减少基体金属的腐蚀，不锈钢零件的化学浸蚀一般需经过松动氧化皮、浸蚀以及清除浸蚀残渣等步骤。

(1) 松动氧化皮

进行电镀的不锈钢主要有两大类：一类是奥氏体型的，如 1Cr18Ni9Ti、1Cr14Mn14Ni 等，这类中含镍量较高；另一类是非奥氏体型的，包括马氏体型和铁类型的不锈钢，如 0Cr13、1Cr13、2Cr13 等，这类中含碳量较高。这些不锈钢材料成型时表面产生的氧化皮，一般浸蚀很难除去，一般应先采用松动氧化皮处理。在不含强腐蚀性酸的条件下，借助氧化剂的作用，促使氧化层中的低价铬铁转变为高价的化合物，使氧化物结构发生变化，附着力降低，从而松动氧化物。其溶液的组成和工艺规范见表 4-41。

表 4-41　不锈钢零件松动氧化皮溶液的组成和工艺规范

溶液成分及工艺规范	1	2	3	4	5	6
	含量/(g/L)					
氢氧化钠（NaOH）	650～750	600～700	—	—	80～100	600～800
硝酸钠（$NaNO_3$）	200～250	—	—	—	—	—
亚硝酸钠（$NaNO_2$）	—	150～200	—	—	—	—
硫酸（H_2SO_4）$d=1.84$	—	—	10%	—	—	—
盐酸（HCl）$d=1.18$	—	—	10%	—	—	—
硝酸（HNO_3）$d=1.41$	—	—	—	80～150mL/L	—	—
高锰酸钾（$KMnO_4$）	—	—	—	—	20～50	—
温度/℃	140～150	135～145	55～60	室温	80～105	140～145
时间/min	20～60	60～120	视需要定	30～60	10～15	10～15

注：表中浓度含量百分数（%）为体积分数。

(2) 浸蚀

不锈钢含有镍、铬等，表面上的氧化皮或钝化膜非常致密，浸蚀时一般都采用混合酸。不锈钢浸蚀的溶液的组成和工艺规范见表 4-42。

表 4-42　不锈钢浸蚀的溶液的组成和工艺规范

溶液成分及工艺规范	1	2	3	4	5	6	7	8	9	10
	含量/(g/L)									
硫酸（H_2SO_4）$d=1.84$	200～250	少量	60～80	40～60	—	—	10%[①]	—	8%～10%[②]	80～100
盐酸（HCl）$d=1.18$	80～120	300～500	—	130～150	60	—	—	—	—	—
硝酸（HNO_3）$d=1.41$	—	—	—	20～30	130～150 mL/L	300～400	250～300	15～25 mL/L	6%～8%[②]	70～80
氢氟酸（HF）	—	—	—	—	2～5mL/L	80～140	50～60	—	4%～6%[②]	50～60

续表

溶液成分及工艺规范	1	2	3	4	5	6	7	8	9	10
	含量/(g/L)									
缓蚀剂	—	适量	—	适量	适量	—	—	—	—	—
苦丁磺化煤	0.1~0.2	—	—	—	—	—	—	—	—	1~1.5
温度/℃	40~60	室温	55~65	室温	室温	室温	室温	55~65	15~25	室温
时间/min	约60	30~40	50~60	20~40	2~10	15~45	20~50	30~60	1~2	30~50
适用范围	一般不锈钢的预浸蚀		0Cr13 1Cr13 2Cr13 等不含镍的不锈钢	马氏体不锈钢	1Cr18Ni9Ti 等奥氏体不锈钢的表面的较厚氧化皮的浸蚀(配方5还具有光亮浸蚀效果)			非镍铬不锈钢	马氏体不锈钢精密零件	1Cr18 Ni9Ti 等不锈钢精密零件

① 百分数（%）为体积分数。
② 百分数（%）为质量分数。

（3）不锈钢除浸蚀残渣

不锈钢在某些溶液中浸蚀后（尤其是强浸蚀），表面会附着一层腐蚀产物（浸蚀残渣，即浮灰、黑膜），可以用含有强氧化剂的溶液除去，或在碱溶液中阳极电解除去，也可在电化学除油槽中用阳极处理除去。去除不锈钢浸蚀残渣的溶液组成和工艺规范见表 4-43。

表 4-43　去除不锈钢浸蚀残渣的溶液的组成和工艺规范

溶液成分及工艺规范	化学除残渣				阳极电解除残渣
	1	2	3	4	
	含量/(g/L)				
硝酸(HNO₃)$d=1.7$	30~50	50~60	—	—	—
30%过氧化氢(H₂O₂)	5~15mL/L	15~25mL/L	—	—	—
硫酸(H₂SO₄)$d=1.84$	—	—	20~40	—	—
铬酐(CrO₃)	—	—	70~100	—	—
氯化钠(NaCl)	—	—	1~2	—	—
氯化铁(FeCl₃)	—	—	—	40~50	—
氢氧化钠(NaOH)	—	—	—	—	50~100
温度/℃	室温	室温	室温	40~50	70~90
阳极电流密度/(A/dm²)	—	—	—	—	2~5
时间/min	0.5~1	0.5~1	2~10	1~5	5~15

4.6.3　铜及铜合金零件的化学浸蚀

铜及铜合金零件的化学浸蚀，一般情况下要进行两道连续的浸蚀工序，即先进行一般浸蚀（即预浸蚀），后进行光亮浸蚀。当铜及铜合金件表面有厚的黑色氧化皮时，在预浸蚀前，可在 10%~20%（质量分数）硫酸溶液中（50~60℃）进行疏松氧化处理。经过机械抛光的铜及铜合金件，一般只需弱浸蚀即可。

铜及铜合金零件化学浸蚀溶液的组成和工艺规范见表 4-44。

表 4-44　铜及铜合金零件化学浸蚀溶液的组成和工艺规范

溶液成分及工艺规范	一般浸蚀(预浸蚀)				光亮浸蚀					弱浸蚀		
	一般铜及铜合金件	一般铜及铜合金件	铍青铜件	铸件	一般铜及铜合金件	铜、黄铜、铍青铜件	铜、黄铜、低锡青铜、磷青铜件	铜、黄铜、铜锌镍合金件	铜、铍青铜件	薄壁铜材及合金件	一般铜及铜合金件	一般铜及铜合金件
	含量/(g/L)											
硫酸(H_2SO_4) $d=1.84$	150~250	25%	200~300	—	1份体积	—	600~800	—	10~20	100	5%~10%	—
盐酸(HCl) $d=1.18$	—	—	100~200	—	0.02份体积	—	—	10%~15%	—	—	—	10%~20%
硝酸(HNO_3) $d=1.41$	—	12.5%	—	750	1份体积	600~1000	300~400	—	—	—	—	—
氢氟酸(HF)	—	—	—	1000	—	—	—	—	—	—	—	—
氯化钠($NaCl$)	—	—	—	20	—	0~10	3~5	—	—	—	—	—
铬酐(CrO_3)	—	—	—	—	—	—	—	—	100~200	—	—	—
磷酸(H_3PO_4) $d=1.7$	—	—	—	—	—	—	—	50%~60%	—	—	—	—
醋酸(CH_3COOH)	—	—	—	—	—	—	—	25%~40%	—	—	—	—
重铬酸钾($K_2Cr_2O_7$)	—	—	—	—	—	—	—	—	—	50	—	—
温度/℃	40~60	室温	80~100	室温	室温	≤45	≤45	20~60	室温	40~50	室温	室温

注：1. 在一般浸蚀（预浸蚀）中，也可采用盐酸（HCl）100~360g/L，室温。

2. 表中浓度含量的百分数（%）均为体积分数。

3. 浸蚀时间依据零件表面氧化皮状态而定，除净为止。

4.6.4　铝及铝合金零件的化学浸蚀

铝是两性金属，其氧化物既可在酸溶液中溶解也可在碱溶液中溶解，故可采用酸或碱溶液来浸蚀。

铝及铝合金零件化学浸蚀溶液的组成和工艺规范见表 4-45。

铝及铝合金零件光亮浸蚀（出光）溶液的组成和工艺规范见表 4-46。

表 4-45　铝及铝合金零件化学浸蚀溶液的组成和工艺规范

溶液成分及工艺规范	通用性配方(纯铝、铝锰系防锈铝合金等)	各种铝合金、阳极化前浸蚀	不含铜的铝镁硅合金	砂面浸蚀	精度要求高的铝及铝合金	弱浸蚀
	含量/(g/L)					
硫酸(H_2SO_4)$d=1.84$	—	—	—	350	—	—
盐酸(HCl)$d=1.18$	—	—	—	100	—	3%~5%
硝酸(HNO_3) $d=1.41$	100~500	200~400	—	—	10%~30%	—

溶液成分及工艺规范	通用性配方(纯铝、铝锰系防锈铝合金等)	各种铝合金、阳极化前浸蚀	不含铜的铝镁硅合金	砂面浸蚀	精度要求高的铝及铝合金	弱浸蚀
	含量/(g/L)						
氢氧化钠(NaOH)	60~80	—	—	40~50	50~60	—	—
氢氟酸(HF)	—	—	—	—	—	—	1%~3%	—
30%过氧化氢(H₂O₂)/(mL/L)	—	—	—	—	35	—	—
氟化钠(NaF)	—	—	10~20	40~60	—	—	—
铬酐(CrO₃)	—	—	—	—	—	65	—
三氯化铁(FeCl₃)	—	—	—	—	75	—	—
氟化氢铵(NH₄HF₂)	—	—	—	—	70	—	—
A-93长寿命碱蚀剂/(mL/L)	—	—	—	20~25	—	—	—
温度/℃	60~70	室温	室温	40~66	50~60	35~45	60~70	室温	室温
时间/min	0.1~2	1~5	0.1~0.3	0.5~2	2~5	1~3	0.5~2	0.1~0.3	0.5~1

注：1. 表中含量百分数（%）为体积分数。

2. A-93长寿命碱蚀剂是上海永生助剂厂的产品。用加此碱蚀剂的溶液浸蚀后，铝件表面没有挂灰，浸蚀后用20~40mL/L硝酸中和。

3. 弱腐蚀也采用3%~5%（质量分数）的NaOH溶液，在室温下，处理时间为0.5~1min。

表 4-46　铝及铝合金零件光亮浸蚀（出光）溶液的组成和工艺规范

溶液成分及工艺规范	铝及铝合金出光	含硅小于10%及一般的铝合金	含硅大于10%的铝合金	无黄烟光亮浸蚀[1]		
	含量/(g/L)					
硫酸(H₂SO₄)d=1.84	500	—	—	70%~75%	30%~40%	25%~28%
硝酸(HNO₃)d=1.41	500	400~800	50%	—	—	—
磷酸(H₃PO₄)d=1.7	—	—	—	25%~30%	60%~70%	72%~75%
氢氟酸(HF)40%	—	—	50%	—	—	—
铝离子(Al³⁺)/(g/L)	—	—	—	—	—	0.5~1.2
AP-1无黄烟添加剂/(mL/L)	—	—	—	0.8~1	—	—
JXZ添加剂/(mL/L)	—	—	—	—	—	0.3~0.8
组合添加剂/(mL/L)	—	—	—	1	—	—
温度/℃	室温	室温	室温	105~115	100~120	95~115
时间/min	0.1~0.3	3~5	0.2~0.5	0.5~2	0.5~2	2.5~4.5

① 引自参考文献[1]。

注：1. 表中含量百分数（%）均为体积分数。

2. AP-1无黄烟添加剂（抛光剂）是上海永生助剂厂的产品。

3. JXZ复合添加剂由江西理工大学研制，其组成为：0.4g/L无水对氨基苯磺酸、0.4g/L N-苯基邻氨基苯甲酸、20g/L双氧水、0.6g/L硫酸铜、0.6g/L硝酸镍。

4. 组合添加剂由1.5g/L聚二硫二丙烷磺酸钠（SP）、1.5g/L 2-巯基苯并咪唑（M）、0.4g/L亚乙基硫脲（N）、15g/L硫酸组成，用户可以自己配制。

4.6.5　锌及锌合金零件的化学浸蚀

锌是两性金属，化学性质非常活泼，在酸性和碱性介质中都会发生化学反应。锌及锌合金的浸蚀或活化一般用稀酸。

锌及锌合金零件的化学浸蚀溶液的组成和工艺规范见表 4-47。

表 4-47　锌及锌合金件化学浸蚀溶液的组成及工艺规范

溶液成分及工艺规范	光 亮 浸 蚀					弱 浸 蚀			
	1	2	3	4	5	1	2	3	4
	含量/(g/L)								
硫酸(H_2SO_4) $d=1.84$	50~100	—	—	3~6 mL/L	—	3~12	—	—	—
硝酸(HNO_3) $d=1.41$	—	10~30 mL/L	10~20 mL/L	—	—	—	—	—	—
氟硼酸(HBF_4)	—	—	20~30 mL/L	—	—	—	—	—	—
40%氢氟酸(HF)	—	—	60~80 mL/L	—	—	—	—	—	—
36%过氧化氢(H_2O_2)	—	—	—	50~100 mL/L	—	—	—	—	—
氢氧化钠(NaOH)	—	—	—	—	100~200	50~100	—	—	—
UV345 酸式盐	—	—	—	—	—	—	—	30	—
YS 酸式盐	—	—	—	—	—	—	—	—	20
温度/℃	室温	室温	室温	室温	室温	室温	室温	室温	室温
时间/min	<1	0.1~0.2	0.2~0.5	0.1~0.2	0.1~1	0.5~1	0.1~1	至少量气泡产生	

注：1. UV345 酸式盐为深圳华美公司的产品，YS 酸式盐是上海永生助剂厂的产品。

2. 锌及锌合金件的酸洗活化用商品的酸式盐。酸式盐的浓度低，对锌合金不易造成过腐蚀，而对锌合金件的活化性要比一般稀酸溶液好，用它比较安全。

4.6.6　镁及镁合金零件的化学浸蚀

镁及镁合金零件电镀前的浸蚀，是除去镁合金件表面的氧化物、嵌入表面的污垢及附着的加工切屑等。采用含有铬酐的浸蚀溶液时，浸蚀之后必须彻底清洗，以除去铬酸痕迹。

浸蚀时间对浸蚀质量及后续工序（电镀等）质量影响很大，浸蚀时间过长，基体被严重浸蚀，造成表面粗糙，所获得的镀层也粗糙，镀层与基体结合力也差；浸蚀时间太短，不能有效彻底除去零件表面的氧化膜。因此，镁及镁合金零件浸蚀必须严格控制浸蚀时间。

镁及镁合金零件化学浸蚀溶液的组成及工艺规范见表 4-48。

表 4-48　镁及镁合金件化学浸蚀溶液的组成及工艺规范

溶液成分及工艺规范	一般的镁及镁合金件	含铝量高的镁合金	精密件，一般浸蚀或去除旧氧化膜	消除变形镁合金表面润滑剂的燃烧残渣	适用于MB-2镁合金	含硅的镁合金	铸件毛坯	去除旧氧化膜[①]	镁及镁合金浸蚀后的活化
	含量/(g/L)								
铬酐(CrO_3)	180	125	150~180	80~100	500	—	—	—	—

续表

溶液成分及工艺规范	一般的镁及镁合金件	含铝量高的镁合金	精密件，一般浸蚀或去除旧氧化膜	消除变形镁合金表面润滑剂的燃烧残渣	适用于MB-2镁合金	含硅的镁合金	铸件毛坯	去除旧氧化膜①	镁及镁合金浸蚀后的活化
	含量/(g/L)								
硝酸(HNO_3) $d=1.41$	—	110mL/L	—	—	—	—	15~30 mL/L	—	—
磷酸(H_3PO_4) $d=1.7$	—	—	—	—	—	—	—	—	200 mL/L
氟化钾(KF)	3.5~7	—	—	—	—	—	—	—	—
氟化氢铵 (NH_4HF_2)	—	—	—	—	—	—	—	—	50
硝酸铁 [$Fe(NO_3)_3 \cdot 9H_2O$]	40	—	—	—	—	—	—	—	—
硝酸钠($NaNO_3$)	—	—	—	5~8	—	—	—	—	—
氢氟酸(HF) $d=1.13$	—	—	—	—	80~120 mL/L	—	—	—	—
氢氧化钠(NaOH)	—	—	—	—	—	—	—	350~450	—
温度/℃	25~30	室温	室温	40~50	20~30	室温	室温	70~80	16~30
时间/min	0.5~2	0.5~3	5~10	2~15	5~10	数秒	1~2	1~15	0.5~2

① 去除旧氧化膜后，还需用5%～15%（质量分数）的铬酐（CrO_3）溶液中和。

4.6.7　其他金属零件的化学浸蚀

镉、锡、镍及其合金件化学浸蚀溶液的组成及工艺规范见表4-49。

铅、钛及其合金件化学浸蚀溶液的组成及工艺规范见表4-50。

钼、钨及其合金件化学浸蚀溶液的组成及工艺规范见表4-51。

表 4-49　镉、锡、镍及其合金件化学浸蚀溶液的组成及工艺规范

溶液成分及工艺规范	镉及其合金			锡及其合金		镍及其合金	
	1	2	3	1	2	1	2(活化)
	含量/(g/L)						
硫酸(H_2SO_4)$d=1.84$	50~100	—	2~4	—	—	—	50~150 mL/L
硝酸(HNO_3)$d=1.41$	—	10~20 mL/L	—	—	—	—	—
盐酸(HCl)$d=1.18$	—	—	—	100~300	—	100~300	—
铬酐(CrO_3)	—	—	100~150	—	—	—	—
氢氧化钠(NaOH)	—	—	—	—	50~100	—	—
温度/℃	室温	室温	室温	室温	60~70	室温	室温
时间/min	<1	<1	0.5~1	1~3	0.5~5	1~3	0.2~1

注：镍（配方1）经过浸蚀后，接着在硫酸200g/L、铬酐20~30g/L、60~80℃的溶液中进行光亮浸蚀。

表 4-50　铅、钛及其合金件化学浸蚀溶液的组成及工艺规范

溶液成分及工艺规范	铅及其合金			钛及其合金		
	1	2	3	1	2	3
	含量/(g/L)					
硝酸(HNO_3)$d=1.41$	50～100 mL/L	—	—	3 份体积	—	—
盐酸(HCl)$d=1.18$	—	—	30mL/L	—	—	—
氢氟酸(HF)$d=1.13$	—	—	—	1 份体积	220mL/L	50mL/L
铬酐(CrO_3)	—	—	—	—	135	—
氢氧化钠($NaOH$)	—	50～100	—	—	—	—
氟化钠(NaF)或氟化钾(KF)	—	—	23	—	—	—
重铬酸钠($Na_2CrO_7 \cdot 2H_2O$)	—	—	—	—	—	250
温度/℃	室温	60～70	室温	室温	20～30	50～70
时间/min	<1	0.5～5	<1	至冒红烟	2～4	10～30

表 4-51　钼、钨及其合金件化学浸蚀溶液的组成及工艺规范

溶液成分及工艺规范	钼及其合金		钨及其合金
	1	2(出光)	
	含量/(g/L)		
硫酸(H_2SO_4)$d=1.84$	150mL/L	25～34mL/L	—
盐酸(HCl)$d=1.18$	150mL/L	—	—
氢氟酸(HF)$d=1.13$	—	—	50～70
铬酐(CrO_3)	60～100	90～100	—
温度/℃	室温	室温	室温
时间/min	5～10	1～3	1～2

4.7　电化学浸蚀

电化学浸蚀也称为电解浸蚀（或电解酸洗）。即将金属制件作为阳极或阴极在电解质溶液中进行电解以清除制件表面氧化物和锈蚀的过程。

电化学浸蚀通常用于有较厚氧化皮或较致密氧化皮的钢铁零件，以及具有不良表层组织的零件的浸蚀。也可以用电化学浸蚀代替化学强浸蚀。

（1）电化学浸蚀的特点

优点：浸蚀能力强，速度快，生产效率高，浸蚀溶液消耗量少，而且使用寿命较长；电解液浸蚀能力受溶液中铁含量影响小。其缺点：电解液分散能力较低；形状复杂的零件不宜使用；零件装挂比较麻烦，且装载量少于化学浸蚀。

（2）电化学浸蚀的方法

电化学浸蚀有阳极电解浸蚀、阴极电解浸蚀、交流电电解浸蚀以及阴极-阳极联合电解浸蚀等方法。

① 阳极电解浸蚀　零件挂在阳极上进行浸蚀。阳极浸蚀能力较弱，主要用于去除零件表面的不良表层组织，对氧化皮有一定的剥蚀能力，但要防止零件过度腐蚀。形状复杂的零件不宜采用阳极电解浸蚀，因为凸起部分容易发生过度腐蚀。

② 阴极电解浸蚀　零件装挂在阴极上进行浸蚀。阴极浸蚀主要是依靠氢的还原作用和机械剥离作用而去除较厚的氧化皮，去除氧化皮效率高。阴极电解浸蚀不易腐蚀零件的基体金属，不会引起过度腐蚀，但基体金属会渗氢，不适用于弹簧等高强度抗力零件。

③ 交流电电解浸蚀　具有阳极电解浸蚀和阴极电解浸蚀的特点，腐蚀比较均匀，不需直流电源。

④ 阴极-阳极联合电解浸蚀　一般先进行较长时间的阴极浸蚀，而后再进行短时间的阳极浸蚀。这样可利用阴极浸蚀效率高的特点，而且不会因金属基体发生溶解而改变零件外形尺寸。而转为阳极浸蚀后，可将阴极浸蚀过程中沉积在零件表面上的杂质除去，还可以消除阴极浸蚀时的渗氢现象，减轻氢脆。对于形状复杂而几何尺寸要求较严格的零件，为防止过浸蚀又减少氢脆，往往采用这种电解浸蚀方法。

钢铁件及不锈钢件电化学浸蚀溶液的组成及工艺规范见表 4-52。

钛、钨、镍等金属及其合金电化学浸蚀溶液的组成及工艺规范见表 4-53。

表 4-52　钢铁件及不锈钢件电化学浸蚀溶液的组成及工艺规范

溶液成分及工艺规范	钢铁件								不锈钢电解浸蚀	
	阳极电解浸蚀				阴极电解浸蚀			交流电解浸蚀		
	1	2	3	4	1	2	3		1	2
	含量/(g/L)									
硫酸(H₂SO₄)$d=1.84$	200~250	150~250	—	—	100~150	40~50	—	120~150	5%~10%	—
盐酸(HCl)$d=1.18$	—	—	320~380	—	—	25~30	30~40mL/L	30~50	—	50~500 mL/L
40%氢氟酸(HF)	—	—	0.15~0.30	—	—	—	—	—	—	—
氯化钠(NaCl)	—	30~50	—	—	—	20~22	40~50	—	—	—
氢氧化钠(NaOH)	—	—	—	—	120~150	—	—	—	—	—
高锰酸钾(KMnO₄)	—	—	—	—	50~80	—	—	—	—	—
十二烷基硫酸钠(C₁₂H₂₅SO₄Na)	—	—	—	—	—	—	0.1	—	—	—
温度/℃	20~60	20~30	30~40	60~80	40~50	60~70	室温	30~50	50	室温
阳电流密度/(A/dm²)	5~10	2~5	5~10	5~10	—	—	—	交流电流密度 3~10	20~30	—
阴电流密度/(A/dm²)	—	—	—	—	3~10	7~10	2~3		—	2
时间/min	5~15	10~20	1~10	5~15	10~15	除净为止	0.5	4~8	除净为止	1~5
电极材料	阴极采用铅或铁板			阴极:铁板	阳极:铅或铅锑合金(含锑6%~10%)		阳极:铁板	—	阴极:铅或铁板	阳极:石墨

注：1. 表中溶液浓度百分含量（%）为质量分数。

2. 阴极电解浸蚀配方 1 适用于非弹性、非高强度零件，浸蚀后的零件，需在氢氧化钠（85g/L）、磷酸钠（30g/L）的溶液中进行阳极去铅膜，阳极电流密度为 5~8A/dm²，温度为 50~60℃，时间为 8~12min，阴极材料为铁板。

3. 阴极电解浸蚀配方 3 为镀前弱浸蚀溶液。

4. 为了防止零件的过浸蚀，可向阳极电解浸蚀溶液和阴极电解浸蚀溶液中添加缓蚀剂。

5. 对于形状复杂而几何尺寸要求较严格的零件，为防止过浸蚀又减小氢脆，可采用联合电解浸蚀，先进行阴极电解浸蚀，后进行短时间的阳极电解浸蚀。

6. 不锈钢电解浸蚀配方 2，用于电镀前的预处理阴极活化。石墨阳极必须套上阳极套。

表 4-53　钛、钨、镍等金属及其合金电化学浸蚀溶液的组成及工艺规范

溶液成分及工艺规范	钛及其合金		钨及其合金		镍及其合金	
	1	2	1	2	1	2
	含量/(g/L)					
48%氢氟酸(HF)	125mL/L	—	—	—	—	—
71%氢氟酸(HF)	—	125mL/L	—	—	—	—
硫酸(H_2SO_4)$d=1.84$	—	—	—	—	70%(质量分数)	165
冰醋酸(CH_3COOH)	875mL/L	875mL/L	—	—	—	—
磷酸(H_3PO_4)$d=1.7$	—	—	—	160	—	—
醋酸酐[$(CH_3CO)_2O$]	—	100mL/L	—	—	—	—
氢氧化钾(KOH)	—	—	300	—	—	—
温度/℃	>50	>50	48~60	40~50	40	20~25
阴极电流密度/(A/dm²)	—	—	3~6	0.07	—	见附注
阳极电流密度/(A/dm²)	—	—	—	—	10	见附注
交流电流密度/(A/dm²)	2	2	—	—	—	—
交流电压/V	40	40	—	—	—	—
时间/min	10	10	2~5	10	0.2~1	见附注
电极材料	—	—	阳极:钢	阳极:铅	阴极:铅或铁板	—

注：1. 钛及其合金的配方 1 的操作方法：先用化学浸蚀 10~15min，再进行交流电浸蚀。用于纯钛，后续镀铬。

2. 钛及其合金的配方 2 的操作方法：先用化学浸蚀 10~15min，再进行交流电浸蚀。用于 6Al-4V 钛合金，后续镀镍、铬。

3. 钨及其合金的配方 1，处理后需在 100g/L 的硫酸溶液中浸 10min。

4. 镍及其合金的配方 2 的操作方法：先在 2A/dm² 下阳极浸蚀 10min，再在 20A/dm² 下钝化 2min，最后再在 20A/dm² 下阴极活化 2~3s，这种处理方法结合力好。

4.8　去接触铜、除浸蚀残渣

(1) 去接触铜

钢铁件去接触铜溶液的组成及工艺规范见表 4-54。

表 4-54　钢铁件去接触铜溶液的组成及工艺规范

溶液成分及工艺规范	化学去接触铜			阳极电解去接触铜
	1	2	3	
	含量/(g/L)			
铬酐(CrO_3)	150~250	140~170	150~250	—
硫酸(H_2SO_4)$d=1.84$	30~50	30~50	—	—
硝酸(HNO_3)$d=1.41$	—	20~30	—	—
硫酸铵[$(NH_4)_2SO_4$]	—	—	80~100	—
硝酸钠($NaNO_3$)	—	—	—	80~120
温度/℃	室温	室温	室温	室温

续表

溶液成分及 工艺规范	化学去接触铜			阳极电解 去接触铜
	1	2	3	
	含量/(g/L)			
电流密度/(A/dm²)	—	—	—	2~4
时间/min	除净为止			

(2) 除浸蚀残渣

钢铁件除浸蚀残渣溶液的组成及工艺规范见表 4-55。

表 4-55　钢铁件除浸蚀残渣溶液的组成及工艺规范

溶液成分及 工艺规范	化学除浸蚀残渣			阳极电解 除浸蚀残渣
	1	2	3	
	含量/(g/L)			
铬酐(CrO_3)	200~250			
硫酸(H_2SO_4)$d=1.84$	30~50	1份(体积)		
硝酸(HNO_3)$d=1.41$		1份(体积)	30~50	
氢氧化钠(NaOH)	—			50~100
氯化钠(NaCl)		10		
36%过氧化氢(H_2O_2)			5~15	
温度/℃	室温	室温	室温	70~80
电流密度/(A/dm²)	—			2~5
时间/min	2~5	0.1~0.2	0.2~1	5~15

注：化学除浸蚀残渣配方 2 需加适量水。

4.9　工序间防锈

除油除锈后的零件，表面活性高，很容易锈蚀。如不能立即进行电镀或化学和电化学转化处理等，应进行工序间防锈处理，以达到短时间的防锈。工序间防锈溶液的组成及工艺规范见表 4-56。

表 4-56　工序间防锈溶液的组成及工艺规范

溶液成分及 工艺规范	钢　铁　件				铜及铜合金件		铝及铝 合金件
	1	2	3	4	1	2	
	含量/(g/L)						
氢氧化钠(NaOH)	20~100	—	—	—	—	—	—
碳酸钠(Na_2CO_3)	—	—	3~5	30~50	3~5	—	3~5
亚硝酸钠($NaNO_2$)	—	—	30~80	—	—	—	—
六亚甲基四胺[$(CH_2)_6N_4$]	—	—	20~30				
重铬酸钾($K_2Cr_2O_7$)					30~50	50~100	30~50
磷酸(H_3PO_4)$d=1.7$	—	15~30	—				

溶液成分及 工艺规范	钢 铁 件				铜及铜合金件		铝及铝 合金件
	1	2	3	4	1	2	
	含量/(g/L)						
温度/℃	室温～80	80～100	室温	室温	室温～80	70～90	室温～80
时间/min	3～5	0.5～2	3～5	3～5	3～5	2～5	1～3

4.10 化学抛光

化学抛光，是金属零件在一定的溶液中和特定的条件下进行化学浸蚀处理，以获得平整、光亮表面的过程。

在化学抛光过程中，一般认为由于金属微观表面形成了不均匀的钝化膜，或由于形成了类似电化学抛光过程中所形成的稠性黏膜，从而表面微观凸出部分的溶解速度显著大于凹下部分，因此降低了零件表面的显微粗糙度，使零件表面比较平整和光亮。

同电化学抛光相比，化学抛光具有下列特点。

① 所需设备较简单，不需要外加电源及导电系统装置。

② 适应性强，可以抛光处理细管、深孔及形状更为复杂的零件。

③ 生产工艺简单，操作方便，生产效率高。

④ 化学抛光的表面质量，一般略低于电化学抛光。

⑤ 溶液调整和再生较困难，抛光过程中往往析出氧化氮类等的有害气体。

金属的化学抛光适用范围很广，如钢铁（包括不锈钢）、铜和铜合金、铝和铝合金、镍、锌、镉以及其他金属等的化学抛光。

4.10.1 钢铁件的化学抛光

钢铁件化学抛光溶液的组成及工艺规范见表 4-57。

表 4-57 钢铁件化学抛光溶液的组成及工艺规范

溶液成分及 工艺规范	低碳钢			低、中碳钢	低、中碳钢 和低合金钢	高碳钢
	1	2	3			
	含量/(g/L)					
磷酸(H_3PO_4)$d=1.7$	—	—	—	—	60%	
硫酸(H_2SO_4)$d=1.84$	—	0.1	—	—	30%	
硝酸(HNO_3)$d=1.41$	75mL/L	—	—	—	10%	
铬酐(CrO_3)	—	—	—	—	5～10	
40%氢氟酸(HF)	175mL/L	—	—	—	—	
30%过氧化氢(H_2O_2)	—	30～50	35～40	70～80	—	100mL/L
草酸[$(COOH)_2 \cdot 2H_2O$]	—	25～40	—	—	—	3
氟化氢铵(NH_4HF_2)	—	—	10	20	—	10
尿素[$(NH_2)_2CO$]	—	—	20	20	—	10
苯甲酸(C_6H_5COOH)	—	—	0.5～1	1～1.5	—	1
润湿剂	—	—	0.2～0.4	0.2～0.4	—	0.05

续表

溶液成分及 工艺规范	低碳钢			低、中碳钢	低、中碳钢 和低合金钢	高碳钢
	1	2	3			
	含量/(g/L)					
温度/℃	60～70	15～30	15～30	15～30	120～140	室温
时间/min	2～3	2～30	1～2.5	0.5～2	<10	至光亮为止
备注	—	pH 值:1.4～3 可以采用搅拌	pH 值:2.1 需要搅拌	pH 值:2.1 需要搅拌		pH 值:2～3

注：1. 表中溶液含量百分数（%）为体积分数。
2. 表中低、中碳钢和低合金钢的化学抛光，抛光前的零件，必须在干燥并加热至同溶液温度接近后再进槽。
3. 润湿剂：低碳钢配方 3 及低、中碳钢可用 6501、6504 洗净剂或聚乙二醇等；高碳钢配方采用海鸥洗涤剂。
4. 高碳钢化学抛光配方，工作时温度会升高，应进行冷却。

4.10.2　不锈钢件的化学抛光

　　不锈钢的原始表面一般都是暗灰色的，如要达到镜面光亮，就需要机械抛光。但大多数不锈钢不需要镜面光亮，只要一般光亮就行，这样采用化学抛光或电化学抛光方法就能达到。不锈钢件常用的化学抛光溶液的组成及工艺规范见表 4-58。

　　由于不锈钢牌号很多，其含镍、铬、钛等成分不一样，因此究竟选用何种溶液配方，需先做小样试验来确定。

表 4-58　不锈钢件化学抛光溶液的组成及工艺规范

溶液成分及 工艺规范	1	2	3	4	5	6
	含量/(g/L)					
盐酸(HCl)$d=1.18$	120～180mL/L	67mL/L	60～77	60	55mL/L	200mL/L
硝酸(HNO₃)$d=1.41$	15～35mL/L	40mL/L	180～200	132	—	—
磷酸(H₃PO₄)$d=1.7$	25～50mL/L	—	—	—	180mL/L	—
硫酸(H₂SO₄)$d=1.84$	—	227mL/L	—	—	—	—
40%氢氟酸(HF)	—	水 660mL/L	70～90	25	—	—
草酸(H₂C₂O₄)	—	—	—	—	40mL/L	—
硝酸铁[Fe(NO₃)₃]	—	—	18～25	—	—	—
冰醋酸(CH₃COOH)	—	—	20～25	—	—	—
36%过氧化氢(H₂O₂)	—	—	—	—	—	400mL/L
柠檬酸饱和溶液	—	—	60mL/L	—	—	—
磷酸氢二钠饱和溶液	—	—	60mL/L	—	—	—
六亚甲基四胺[(CH₂)₆N₄]	—	—	—	2	—	—
OP-10 乳化剂	—	—	—	—	4mL/L	—
聚乙二醇($M=6000$)	—	—	—	—	—	2mL/L
复合缓蚀剂	1～5	—	—	—	—	—
光亮剂	3～5	—	—	—	—	—

续表

溶液成分及 工艺规范	1	2	3	4	5	6
	含量/(g/L)					
水溶性聚合物	20～40	—	—	—	—	—
温度/℃	15～40	50～80	50～60	<40	70～85	15～35
时间/min	12～48	3～20	0.5～5	3～10	0.5～1	2～10

注：1. 配方 1 中的添加剂：复合缓蚀剂采用苦丁和有机胺等；光亮剂采用氯烷基吡啶、卤素化合物和磺基水杨酸；水溶性聚合物为黏度调节剂，采用纤维素醚和聚乙二醇的混合物等。

2. 配方 1 抛光时要抖动零件，避免气泡在表面停滞。加入适量甘油，可改善抛光质量。

3. 硝酸型溶液的抛光作用较强，其缺点是有大量氮氧化物（黄烟）产生。

4.10.3　铜及铜合金件的化学抛光

铜及铜合金件一般使用磷酸-硝酸-醋酸或硫酸-硝酸-铬酐型溶液进行化学抛光，由于含有硝酸，抛光过程中有大量氮氧化物（黄烟）产生，污染环境，所以应尽量选用不含硝酸的抛光液，改善环境。铜及铜合金件化学抛光溶液的组成及工艺规范见表 4-59。

表 4-59　铜及铜合金件化学抛光溶液的组成及工艺规范

溶液成分及 工艺规范	1	2	3	4	5	6
	含量/(g/L)					
磷酸(H_3PO_4)$d=1.7$	500～600	160～170	40～50	—	—	70%～94% （质量分数）
硝酸(HNO_3)$d=1.41$	100	30～40	6～8	—	45～50 mL/L	6%～30% （质量分数）
冰醋酸(CH_3COOH)	400～300	110～120	35～45	—	—	—
硫酸(H_2SO_4)$d=1.84$	—	—	20～30	400～480 mL/L	260～280 mL/L	—
盐酸(HCl)$d=1.18$	—	—	—	—	3mL/L	—
铬酐(CrO_3)	—	—	—	—	180～200	—
30%过氧化氢(H_2O_2)	—	15～20	—	—	—	—
8-羟基喹啉($8\text{-}C_9H_7NO_4$)	—	少量	—	—	—	—
抛光添加剂 A	—	—	—	60～80 mL/L	—	—
OP 乳化剂	—	—	—	0.5～1.5 mL/L	—	—
温度/℃	40～60	30～50	40～60	30～50	20～40	25～45
时间/min	3～10	1～3	3～10	0.2～0.3	0.2～3	1～2

注：1. 配方 1、2 适用于铜和黄铜的抛光。配方 1 的温度降至 20℃时，可以抛光白铜。

2. 配方 3 的酸含量低，适用于铜及黄铜的抛光，当温度降至 20℃时，可用于抛光白铜。

3. 配方 4[6]中的抛光添加剂由 A、B 两个组分组成，A 为抛光添加剂，B 为调整剂。A 是抛光液的主要组成部分，起促进反应和提高光亮度的作用。抛光调整剂 B 用于调整抛光液的性能。当抛光亮度下降，且加入硫酸和添加剂 A 无法解决时，应适当加入适量的抛光调整剂 B，起调整光亮作用。

4. 配方 5 适用于抛光精密、表面粗糙度低的零件。

5. 配方 6 适用于铜铁组合体的抛光。

4.10.4 铝及铝合金件的化学抛光

铝及铝合金件的化学抛光溶液有两种类型，即酸性抛光溶液和碱性抛光溶液。

(1) 酸性化学抛光溶液

传统的酸性抛光液有磷酸-硝酸、磷酸-硫酸-硝酸等体系。一般认为[6]，磷酸具有较高的黏度，它的主要作用是较缓慢和有选择地溶解表面微观凸起部分的铝和氧化铝，生成黏性液膜，附着在零件表面上。这层黏性液膜对整平和抛光表面起着十分重要的作用，所以抛光液中磷酸的浓度较高。硫酸有选择地溶解材料表面的铝和氧化铝，能提高铝表面抛光的活性，加快抛光速度，适量的硫酸还具有增光作用。硝酸起到局部钝化的作用，防止铝及铝合金表面严重腐蚀。

传统的酸性抛光处理过程中产生大量氮氧化物气体（黄烟），污染严重。目前，国内已研制开发出多种组合添加剂，取代硝酸，无硝酸抛光液适用于 Al、Al-Mg 合金及 Al-Mg 低硅合金。

(2) 碱性化学抛光溶液

碱性抛光溶液是利用铝及铝合金零件在碱性溶液中的选择性自溶解作用，起到整平和抛光零件表面的作用。由于碱比酸对铝及铝合金有更强的溶解能力，故采用碱性抛光溶液，铝及铝合金零件的质量损失较酸性抛光溶液更多，同时碱性抛光溶液工艺控制比酸性抛光溶液工艺控制更困难。

铝及铝合金件的化学抛光溶液的组成及工艺规范见表 4-60。

表 4-60 铝及铝合金件的化学抛光溶液的组成及工艺规范

溶液成分及工艺规范	酸性抛光溶液							碱性抛光溶液	
	1	2	3	4	5	6	7	1[1]	2[6]
	含量(质量分数)/%							含量/(g/L)	
磷酸(H₃PO₄)$d=1.7$	77.5	70	75	70~80	50	—	250~300 mL/L	—	—
硫酸(H₂SO₄)$d=1.84$	15.5	25	8.8	10~15	6.5	—	700~750 mL/L	—	—
硝酸(HNO₃)$d=1.41$	6	—	8.8	10~15	6.5	13	—	—	—
冰醋酸(CH₃COOH)	—	—	—	—	6	—	—	—	—
硼酸(H₃BO₃)	0.4	—	—	—	—	—	—	—	—
硫酸铵[(NH₄)₂SO₄]	—	—	4.4	—	—	—	—	—	—
硫酸铜(CuSO₄)	0.5	—	0.02	—	—	—	—	—	—
硝酸铜[Cu(NO₃)₂]	—	—	—	—	3g/L	—	—	—	—
氟化氢铵(NH₄HF₂)	—	—	—	—	—	10	—	—	—
尿素[(NH₂)₂CO]	—	—	3.1	—	其余为水	其余为水	—	—	—
WP-98 添加剂	—	5~15g/L	—	—	—	—	—	—	—
糊精	—	—	—	—	—	1	—	—	—
AP-1 无黄烟添加剂 (抛光剂)	—	—	—	—	—	—	8~10mL/L	—	—

续表

溶液成分及工艺规范	酸性抛光溶液							碱性抛光溶液	
	1	2	3	4	5	6	7	1[1]	2[6]
	含量(质量分数)/%							含量/(g/L)	
铝离子	—	≥10g/L	—	—	—	—	—	—	—
氢氧化钠(NaOH)	—	—	—	—	—	—	—	350～650	400～500
硝酸钠(NaNO₃)	—	—	—	—	—	—	—	—	300～350
亚硝酸钠(NaNO₂)	—	—	—	—	—	—	—	100～250	—
磷酸三钠(Na₃PO₄)	—	—	—	—	—	—	—	10～40	20～30
氟化钠(NaF)	—	—	—	—	—	—	—	20～50	—
氟化钾(KF·2HO)	—	—	—	—	—	—	—	—	30～50
温度/℃	100～105	90～110	100～120	90～120	90～95	50～57	100～120	110～130	110～120
时间/min	1～3	1～3	2～3	0.2～0.4	0.2～0.4	0.2～0.4	1～2	0.1～0.25	0.3～0.9

注：1. 配方 1 适用于纯铝和含铜量较低的铝合金。

2. 配方 2 为不含硝酸的抛光溶液，适用于 6063 及 6061 等型号的铝型材抛光。磷酸、硫酸的含量应为：磷酸（85%）∶硫酸（95%～98%）＝70∶20（质量比）。WP-98 添加剂由武汉材料保护研究所研制。

3. 配方 3 适用于纯铝和铝-镁合金。

4. 配方 4 适用于含铜、锌较高的高强度铝合金。

5. 配方 5 适用于铝-锌-镁合金、铝-镁-铜合金、含锌不超过 7%含铜不超过 5%的其他铝合金。

6. 配方 6 适用于含硅大于 2%的铝合金、高纯铝。

7. 配方 7 对 1060 纯铝和 5356 铝-镁合金有很好的抛光效果，对铝的腐蚀量比含硝酸的配方碱少 2/3。AP-1 无黄烟添加剂（抛光剂）是上海永生助剂厂的产品。

8. 碱性抛光溶液配方 1、2，应注意防止过腐蚀。碱性化学抛光后应迅速在 50℃左右的温水中清洗，清洗后再用 250～300mL/L 的硝酸溶液进行中和出光，在室温下，处理 10～30s，经水洗后，进入下一道工序。

9. 用含有铜离子抛光溶液抛光过的零件，应在 400～500g/L 的硝酸溶液中，在室温下浸渍数秒至十多秒，以除去表面的接触铜。

4.10.5　其他金属件的化学抛光

其他金属件的化学抛光溶液的组成及工艺规范见表 4-61。

表 4-61　其他金属件的化学抛光溶液的组成及工艺规范

溶液成分及工艺规范	镍		锌和镉		锌合金压铸件	钛及某些钛合金
	1	2	1	2		
磷酸(H₃PO₄)d＝1.7	10%	60%	—	—	—	—
硝酸(HNO₃)d＝1.41	30%	20%	—	—	40mL/L	400mL/L
硫酸(H₂SO₄)d＝1.84	10%	20%	2～4g/L	3mL/L	10mL/L	—
冰醋酸(CH₃COOH)	50%	—	—	—	—	—
铬酐(CrO₃)	—	—	100～150g/L	—	100g/L	—
40%氢氟酸(HF)	—	—	—	—	30mL/L	—
30%过氧化氢(H₂O₂)	—	—	—	70mL/L	—	—
氟化氢铵(NH₄HF₂)	—	—	—	—	—	100g/L
氟硅酸(H₂SiF₆)	—	—	—	—	—	200mL/L

续表

溶液成分及工艺规范	镍		锌和镉		锌合金压铸件	钛及某些钛合金
	1	2	1	2		
温度/℃	85～95	80～85	室温	室温	20～40	20～26
时间/min	0.5～1	1～3	0.2～1	0.3～0.4	0.5～1.5	至光亮为止

注：1. 含量百分数（%）为体积分数。
2. 镍的配方2适用于镍镀层的抛光。

4.11 电化学抛光

电化学抛光又称为电解抛光，是金属零件在合适的溶液中进行阳极浸蚀处理以使表面平滑、光亮的处理过程。

电化学抛光以被加工零件作为阳极，通电后，在被抛光零件上形成一层钝化膜，被溶解下来的金属离子通过这层膜而扩散。零件表面上的显微凸起点及粗糙处的高点和毛刺区的电流密度比凹下处等其余部分大，以较快的速度溶解；而凹下处由于电流密度较小，而且受到钝化膜或添加剂的保护而溶解较少或几乎不溶解，这样就可使微观表面得到整平，从而得到光亮的表面。

应当指出，虽然电化学抛光在一些场合下可以用来代替繁重的机械抛光，尤其是形状比较复杂的、用机械方法难以加工的零件。但是，电化学抛光方法不能去除或掩饰粗糙度较大的、深划痕、深麻点等表面缺陷，也不能去除金属中的非金属夹杂物。而且在多相合金中，当有一相不易阳极溶解时，将会影响电化学抛光的质量。

同机械抛光相比，电化学抛光具有下列特点。

① 机械抛光是对零件表面进行磨削而得到平滑表面的加工过程。这样在零件表面会形成一层冷作硬化的变形层，同时还会夹杂一些磨料。而电化学抛光是通过电化学溶解使被抛光零件表面得到整平的过程，表面没有变形层产生，也不会夹外来物质。但在电解过程中阳极上有氧析出，会使被抛光表面形成一层氧化膜。

② 电化学抛光多相合金时，因各相溶解不均而可能形成不平整的表面；铸件夹杂物多而难以抛光；粗糙度大、深的划痕不能被抛光平整。而机械抛光对基材要求却低得多。

③ 形状复杂的零件、细小零件、薄板及线材等，用电化学抛光比机械抛光容易得多。

④ 电化学抛光操作方便、生产效率比机械抛光高得多。

电化学抛光适用于某些金属零件在机械抛光或化学抛光后的表面精饰，提高光亮度（可获得镜面光亮的表面）。此外，电化学抛光还可用于制取高度反光表面；某些工具的表面精加工，提高切削刀具的使用寿命；显示零件表面的裂纹、砂眼、夹杂等缺陷；制备金相试片等。

4.11.1 钢铁件的电化学抛光

钢铁件的电化学抛光溶液的组成及工艺规范见表4-62。

表 4-62　钢铁件的电化学抛光溶液的组成及工艺规范

溶液成分及工艺规范	1	2	3	4	5	6	7
	含量（质量分数）/%						
磷酸(H_3PO_4) $d=1.7$	65～70	380～400 mL/L	45～60	66～70	70～80	50～10	60～62
硫酸(H_2SO_4) $d=1.84$	12～15	60～70 mL/L	20～40			15～40	18～22

续表

溶液成分及工艺规范	1	2	3	4	5	6	7
	含量(质量分数)/%						
铬酐(CrO_3)	5～6	70～90g/L	—	12～14	—	—	—
草酸($H_2C_2O_4$)	—	—	—	—	—	—	10～15g/L
甘油($C_3H_8O_3$)	—	—	—	—	—	12～45	—
硫脲[$CS(NH_2)_2$]	—	—	—	—	—	—	8～12g/L
乙二胺四乙酸二钠($EDTA\ Na_2$)	—	—	—	—	—	—	1g/L
水	12～14	120～150 mL/L	15～20	18～20	30～20	23～5	18～20
溶液密度/(g/cm³)	1.73～1.75	—	1.64～1.75	1.7～1.74	—	—	1.6～1.7
温度/℃	60～70	70～90	40～80	75～80	35～100	50～70	室温
阳极电流密度/(A/dm²)	20～30	30～50	50～100	20～30	15～45	20～100	10～25
电压/V	—	10～12	10～12	—	—	—	10～12
时间/min	10～15	5～10	5～10	10～15	5～10	2～8	10～30
适用范围	含碳量低于0.45%的碳钢	碳钢、低合金钢	碳钢	各种类型的钢材	低碳钢	低碳钢	碳钢和含锰及含镍的模具钢

注：阴极材料为铅。

4.11.2　不锈钢件的电化学抛光

不锈钢件电化学抛光，一般在化学抛光后进行，也可以未经化学抛光直接采用电化学抛光。但大多不锈钢件不需镜面光亮，只要一般光亮就行，这时选用化学抛光或电化学抛光就能达到。如要求镜面光亮的零件，应先进行机械抛光然后再进行电化学抛光。

不锈钢件电化学抛光溶液的组成及工艺规范见表4-63。

表 4-63　不锈钢件电化学抛光溶液的组成及工艺规范

溶液成分及工艺规范	1	2	3	4	5	6	7
	含量(质量分数)/%						
磷酸(H_3PO_4)$d=1.7$	50～60	40～45	50～10	11	560mL/L	50～60	42
硫酸(H_2SO_4)$d=1.84$	20～30	34～37	15～40	36	400mL/L	20～30	—
铬酐(CrO_3)	—	3～4	—	10	50g/L	—	—
甘油[$C_3H_5(OH)_3$]	—	—	12～45	25	—	—	47
明胶	—	—	—	—	7～8g/L	—	—
水	20	20～17	23～5	18	40mL/L	20	11
溶液密度/(g/cm³)	1.64～1.75	1.65	—	>1.46	1.76～1.82	1.64～1.75	—
温度/℃	50～60	70～80	50～70	40～80	55～65	50～60	100

续表

溶液成分及工艺规范	1	2	3	4	5	6	7
	含量(质量分数)/%						
阳极电流密度/(A/dm²)	20~100	40~70	20~100	10~30	20~50	20~100	5~15
电压/V	6~8	—	—	—	10~20	6~8	15~30
时间/min	8~10	5~15	2~8	3~10	4~5	10	30
阴极材料	铅	铅	铅	铅	铅	铅	铅
适用范围	1Cr18Ni9Ti、0Cr18Ni9 等奥氏体不锈钢	1Cr13、2Cr13 之类的马氏体不锈钢	一般不锈钢	不锈钢,抛光质量一般,溶液寿命很长,不需再生处理	不锈钢,抛光质量好,溶液寿命长,主要用于手表等精密零件	不锈钢(无铬抛光液)	不锈钢(无铬抛光液)

4.11.3 铜及铜合金件的电化学抛光

目前常用的铜及铜合金件的电化学抛光溶液,基本上是以磷酸为基型的溶液,其溶液的组成及工艺规范[4] 见表 4-64。

表 4-64 铜及铜合金件的电化学抛光溶液的组成及工艺规范

溶液成分及工艺规范	1	2	3	4	5	6
	含量/(mL/L)					
磷酸(H_3PO_4)$d=1.7$	700	420	670	470	350	800
硫酸(H_2SO_4)$d=1.84$	—	—	100	200	—	—
铬酐(CrO_3)/(g/L)	—	60	—	—	—	—
乙醇(C_2H_5OH)	—	—	—	—	620	—
HH991A 添加剂	—	—	—	—	—	100
HH991B 添加剂	—	—	—	—	—	100
水	350	200	300	400	—	—
溶液密度/(g/cm³)	1.55~1.60	1.60~1.62	—	—	—	—
温度/℃	20~30	20~40	20	20	20	15~35
阳极电流密度/(A/dm²)	6~8	30~50	10	10	2~7	2.5~3.5
电压/V	1.5~2	—	2~2.2	2~2.2	2~5	6~8
时间/min	15~30	1~3	15	15	10~15	2~10
阴极材料	铅	铅	铅	铅	铅	不锈钢

注:1. 配方 1 适用于纯铜或黄铜、铝青铜、锡青铜、磷青铜以及含量低于 3%(质量分数)的铍、铁、硅或钴的青铜。

2. 配方 2 适用于纯铜或黄铜。

3. 配方 3 适用于纯铜和含锡量低于 6%(质量分数)的铜合金。

4. 配方 4 适用于含锡量大于 6%(质量分数)的铜合金。

5. 配方 5 适用于含铅量高达 30%(质量分数)的铜合金。

6. 配方 6 适用于纯铜、黄铜件、板材、线材。添加剂中含有两种以上的有机酸,可加速铜的溶解,加快抛光速度,改善抛光质量,可达全光亮效果。

4.11.4　铝及铝合金件的电化学抛光

(1) 酸性电化学抛光溶液

铝及铝合金件的电化学抛光一般大都采用磷酸-硫酸-铬酸型的酸性溶液，这类溶液对基材溶解速度高，整平性能好，零件可不必预先进行机械抛光。其溶液的组成及工艺规范见表 4-65。

表 4-65　铝及铝合金件电化学抛光溶液的组成及工艺规范

溶液成分及 工艺规范	1	2	3	4	5	6	7
	含量(质量分数)/%						
磷酸(H_3PO_4)d=1.7	86～88	34	43	90% (体积分数)	60～70	60	75
硫酸(H_2SO_4)d=1.84	—	34	43	—	30～50	—	7
铬酐(CrO_3)	14～12	4	3		6～8	20	
甘油[$C_3H_5(OH)_3$]				10% (体积分数)			15
40%氢氟酸(HF)							3
水	调整密度 1.72～ 1.74g/cm³	28	11		4～7	20	
温度/℃	75～80	70～90	70～80	85～90	60～80	60～65	室温
阳极电流密度/(A/dm²)	15～20	20～40	30～50	30	15～70	40	≥8
电压/V	12～15	12～18	10～18	12	—	—	12～15
时间/min	1～3	5～8	2～5	1～3	5～10	3	5～10
阴极材料	铅或不锈钢						

注：1. 配方 1 适用于纯铝、铝-镁合金、铝-镁-硅合金。需搅拌溶液或移动阴极。

2. 配方 2 适用于纯铝、铝-镁合金、铝-锰合金。

3. 配方 3 适用于纯铝、铝-铜合金。

4. 配方 4 适用于纯铝、杜拉铝。

5. 配方 5（密度 1.65～1.7g/cm³）适用于纯铝、铝-镁合金、铝-锰合金、铝-铜合金。

6. 配方 6 适用于含铜 3%的铝-铜合金、含镁 1.5%的铝-镁合金、含镍 1%的铝-镍合金、含铁 1%的铝-铁合金（合金含量均为质量分数）。

7. 配方 7 适用于含硅的压铸件。抛光后先在 5%（质量分数）NaOH 溶液中浸 5min 后再清洗，以防光亮度降低。

8. 铝及铝合金件电化学抛光溶液一般情况下需要搅拌溶液或移动阴极。

(2) 碱性电化学抛光溶液

碱性溶液的电化学抛光，所使用电流密度较低，对基材溶解速度较小，主要用于进一步提高机械抛光过的铝件的光洁度。但对基材有一定的浸蚀，而且抛光后还需进行阳极氧处理，才能使零件有较好的抗蚀性。碱性溶液的电化学抛光虽然能达到全光亮的目的，但抛光液在抛光通电前或在断电情况下，对铝和铝合金基体能起腐蚀作用。但在抛光后应立即清洗，否则由于碱液的腐蚀，表面粗糙度增大，光亮度降低，因此，碱性溶液适用于对一些精密度和表面粗糙度要求不高的铝及铝合金件进行抛光。铝及铝合金件碱性电化学抛光溶液的组成及工艺规范[4]见表 4-66。

表 4-66　铝及铝合金件碱性电化学抛光溶液的组成及工艺规范

溶液成分及 工艺规范	1	2	3
	含量/(g/L)		
碳酸钠(Na_2CO_3)	350～380	150	300
磷酸三钠($Na_3PO_4 \cdot 12H_2O$)	130～150	50	65
氢氧化钠(NaOH)	3～5	—	10
酒石酸盐($M_2C_4H_4O_6$)	—	—	30
温度/℃	94～98	80～90	70～90
阳极电流密度/(A/dm^2)	8～12	10～15	2～8
电压/V	12～25	9～12	—
时间/min	6～10	5～8	3～8
阴极材料	不锈钢或钢板	不锈钢	不锈钢或钢板

注：1. 抛光溶液需要搅拌或阳极移动。

2. 碱性电化学抛光后要进行去膜处理，否则将影响氧化膜的透明度。去膜溶液的组成及操作条件如下：磷酸(H_3PO_4) 30mg/L，铬酐(CrO_3) 10g/L，温度 80～90℃，时间 0.5～1.5min。

4.11.5　镍及镍镀层的电化学抛光

镍及镍镀层的电化学抛光溶液的组成及工艺规范见表 4-67。

表 4-67　镍及镍镀层的电化学抛光溶液的组成及工艺规范

溶液成分及 工艺规范	1	2	3	4	5
	含量(质量分数)/%				
磷酸(H_3PO_4)$d=1.7$	65	—	—	60	750g/L
硫酸(H_2SO_4)$d=1.84$	15	70	33	20	900g/L
铬酐(CrO_3)	6	—	—	—	—
甘油[$C_3H_5(OH)_3$]	—	—	33	—	—
柠檬酸[$C_3H_4OH(COOH)_3$]	—	—	—	—	60g/L
柠檬酸铵[$(NH_4)_2HC_6H_5O_7$]	—	—	—	—	20g/L
水	14	30	34	20	—
温度/℃	室温	35～45	35	60	室温
电压/V	12～18	12	—	—	6～12
阳极电流密度/(A/dm^2)	30～40	30～40	11～22	80	15～20
时间/min	0.3～2	0.5～1.5	0.5～1	5	0.5～1
阴极材料	铅	铅	铅	铅	铅、不锈钢
适用范围	镍镀层	镍基体	镍、镍镀层	镍、镍镀层	镍、镍铁合金

注：阴极材料为铅。抛光镍镀层大约能除去镍层厚度约 $2～3.5\mu m$。

第5章

镀锌

5.1 概述

锌是一种银白色而略显浅蓝色的两性金属，性质活泼，既能溶于酸，又能溶于碱。它在空气中能与氧气、二氧化碳和硫化物起化学反应，尤其是在潮湿、湿热的条件下，在表面上生成一层碱性碳酸锌 $[ZnCO_3 \cdot Zn(OH)_2]$ 的白色薄膜（腐蚀产物），能够起到缓蚀作用。锌镀层在酸、碱和盐的水溶液中的耐蚀性较差。锌和锌镀层的物化性能、特性及其用途见表5-1。

表 5-1 锌和锌镀层的物化性能、特性及其用途

项目	技术性能		项目		技术性能
原子量	65.38		密度/(g/cm³)	镀层	7.2～7.8
化合价	+2			金属锌	7.134
标准电位/V	$Zn^{2+}+2e \longrightarrow Zn$	-0.76	电阻系数 /($\times 10^{-8}\Omega \cdot m$)	镀层	6.6～7.5
电化当量/[g/(A·h)]	1.22			金属锌	5.75
熔点/℃	419.505		硬度(HB)	镀层	50～60
沸点/℃	907			金属锌	17～25
比热容/[kJ/(kg·℃)]	0.387		线膨胀系数 /($\times 10^{-6}$/℃)	镀层	22
热导率/[W/(m·℃)]	112.9			金属锌	39.5
镀层特性	锌的标准电极电位为-0.76V，在一般情况下，电极电位比碳钢、铁和低合金钢较负，锌镀层属于阳极性镀层，对钢铁基体能起电化保护作用。对钢铁件保护性能好。在干燥空气中很稳定，在潮湿大气中容易腐蚀，并生成白色的碱式碳酸锌或氧化物 在含有二氧化硫和硫化氢的大气以及在海洋性潮湿的空气中，它的耐蚀性较差。在高温高湿空气中以及在封闭包装容器中的有机酸气氛里也容易被腐蚀 镀锌后经过铬酸盐等处理，能提高光泽改善外观，延缓白色腐蚀产物的生成，并能大大增强锌层的抗蚀能力 镀锌会使钢铁基体有产生氢脆的倾向，高强度钢、经过淬火的弹簧钢等对氢脆尤其敏感，这些材料在镀前要经调质处理，消除内应力，镀后要进行除氢处理				
用途	由于锌资源丰富，价格低廉，锌镀层广泛应用于防止钢铁件的大气腐蚀，此外，也适用于防止淡水、自来水、汽油和煤油等的腐蚀。广泛应用于机械工业、国防工业、汽车工业、仪器仪表、轻工、农机等工业。目前锌已成为电镀金属中用量最大的一种金属，据粗略估计，镀锌在电镀总量中占据的份额达到60%以上				

电镀锌溶液的种类很多，在生产上常用的有：氰化镀锌、锌酸盐镀锌、氯化铵镀锌、氯化钾镀锌、硫酸盐镀锌等。目前，氯化钾镀锌和锌酸盐镀锌工艺已经发展成为无氰镀锌的主流工艺，尤其是氯化钾镀锌，现在应用极为广泛。

5.2 氰化镀锌

5.2.1 概述

氰化镀锌的镀液主要由氰化钠和氢氧化钠等组成。在氰化镀锌溶液中的锌离子是以双配位

化合物的形式存在的，即锌离子与氰化钠和氢氧化钠都能形成配位化合物。锌离子与氰化钠形成锌氰化钠配位化合物；锌离子与氢氧化钠形成锌酸钠配位化合物。由于锌氰化钠和锌酸钠配离子的不稳定常数都很小，配位化合物比较稳定，因此在阴极上放电析出需要有较大的能量，所以电流效率比较低（一般约为70%～80%），镀层结晶细致。氰化镀锌的特点见表5-2。

表 5-2　氰化镀锌的特点

优点	缺点
① 镀层结晶细致，其结晶是柱状晶体，耐腐蚀性比其他镀锌溶液镀出来的锌镀层好 ② 镀液分散性能和覆盖能力好，活化能力与抗杂质能力强。很适合电镀形状复杂和镀层厚度在20μm以上的零件 ③ 镀层光泽性好，钝化处理后能得到彩虹色和蓝白色鲜艳的钝化膜 ④ 镀层附着力好，镀层厚度达30μm以上时仍能与基体金属保持良好的结合力 ⑤ 镀液组成简单，稳定性好，操作方便。允许使用的阴极电流密度和溶液温度范围较宽，对设备腐蚀性小 ⑥ 氰化镀锌溶液是强碱性的，氰化钠是一种很好的活化剂，又有较好的除油能力，即使前处理（除油和浸蚀）作业不够彻底，但对镀层与基体金属的结力也不会有较大影响	① 氰化镀液有剧毒，电镀过程中有含氰气雾逸出，必须加强通风，并对排出的废气、废水进行彻底的净化处理 ② 阴极电流效率比较低，一般约为70%～80%

无氰镀锌在无氰电镀领域是比较成熟的，可以用其他镀锌工艺来替代氰化镀锌。虽然现在我国禁止氰化镀锌工艺，但在一些有特殊要求和特殊用途的零件上仍然在使用，氰化镀锌是一种历史最悠久的镀锌工艺，还是有必要加以介绍。

5.2.2　镀液组成及工艺规范

根据镀液中氰化钠的含量，氰化镀锌大致可以分为高氰镀锌、中氰镀锌、低氰镀锌和微氰镀锌等，目前一般多采用中氰镀锌和低氰镀锌。

氰化镀锌的基础溶液组成[1]见表5-3。

氰化镀锌的溶液组成及工艺规范见表5-4、表5-5。

表 5-3　氰化镀锌的基础溶液组成

组成成分	高氰		中氰		低氰		微氰	
	含量/(g/L)	比例	含量/(g/L)	比例	含量/(g/L)	比例	含量/(g/L)	比例
锌离子(Zn^{2+})	30	1	20	1	10	1	10	1
氢氧化钠(NaOH)	60	2	80	4	90	9	10	1
氰化钠(NaCN)	90	3	40	2	10	1	2	0.2

注：表中的比例为：锌离子∶氢氧化钠∶氰化钠之间的比例。例如，典型的高氰镀锌溶液中各成分的含量比例为：锌离子（30g/L）∶氢氧化钠（60g/L）∶氰化钠（90g/L）=1∶2∶3。

表 5-4　氰化镀锌的溶液组成及工艺规范 （1）

溶液成分及工艺规范	高氰镀锌			中氰镀锌			
	1	2	3	1	2	3	4
	含量/(g/L)						
氧化锌(ZnO)	35～45	40～50	35～45	25～30	17～22	23	15～20
氰化钠(NaCN)	80～90	90～110	70～90	35～45	38～35	40	40～50
氢氧化钠(NaOH)	80～85	60～70	60～70	70～80	60～75	90	70～80
硫化钠(Na_2S)	0.5～2	0.5～1			0.5～2		

续表

溶液成分及工艺规范	高氰镀锌			中氰镀锌			
	1	2	3	1	2	3	4
	含量/(g/L)						
甘油[$C_3H_5(OH)_3$]	3～5	—	—	—	—	—	—
明胶	—	0.5～1	—	—	—	—	—
洋茉莉醛（$C_8H_6O_3$）	—	0.2～0.4	—	—	—	—	—
95A 开缸剂	—	—	5mL/L	5mL/L	—	—	—
95B 补充剂	—	—	3～5mL/L	3～5mL/L	—	—	—
HT 光亮剂	—	—	—	—	1～2mL/L	—	—
AD-840 添加剂	—	—	—	—	—	3～4mL/L	—
ZN-22 光亮剂	—	—	—	—	—	—	4～6mL/L
温度/℃	10～35	10～40	5～45	5～45	室温～40	室温	20～50
阴极电流密度/(A/dm²)	1～3	1～2.5	0.5～3	0.5～3	1～4	1.5～2.5	0.5～6

注：1. 高氰镀锌配方 1 为普通氰化镀锌溶液。

2. 高氰镀锌配方 2 为光亮氰化镀锌溶液。洋茉莉醛在镀液中几乎不溶解，需要磺化加成后变成可溶性的盐类才能溶解。

3. 高氰镀锌配方 3 的 95A 开缸剂、95B 补充剂是上海永生助剂厂的产品。

4. 中氰镀锌配方 1 的 95A 开缸剂、95B 补充剂是上海永生助剂厂的产品。

5. 中氰镀锌配方 2 的 HT 光亮剂为浙江黄岩萤光化学厂的产品。

6. 中氰镀锌配方 3 的 AD-840 添加剂为开封安迪电镀化工有限公司的产品。

7. 中氰镀锌配方 4 的 ZN-22 光亮剂是广州美迪斯新材料有限公司的产品。

表 5-5　氰化镀锌的溶液组成及工艺规范（2）

溶液成分及工艺规范	低氰镀锌				微氰镀锌		
	1	2	3	4	1	2	3
	含量/(g/L)						
氧化锌（ZnO）	10～14	15～20	16	15～20	10～12	10～12	11～13
氰化钠（NaCN）	8～12	10～15	10	10～12	2～3	3～5	3～5
氢氧化钠（NaOH）	60～80	80～90	100	70～80	110～120	110～120	120～130
硫化钠（Na_2S）	—	—	—	—	0.1～0.2	—	—
ZB-92 添加剂	2～4mL/L	—	—	—	—	—	—
95A 开缸剂	—	5mL/L	—	—	—	—	—
95B 补充剂	—	3～5mL/L	—	—	—	—	—
AD-840 添加剂	—	—	4～5mL/L	—	—	—	—
ZN-22 光亮剂	—	—	—	4～6mL/L	—	—	—
94 光亮剂	—	—	—	—	4～6mL/L	4～5mL/L	3～4mL/L
温度/℃	10～45	5～45	室温	室温	10～40	5～45	5～45
阴极电流密度/(A/dm²)	1～4	0.5～3	1.5～2	0.5～4	1～2	1～3	0.5～0.8

注：1. 低氰镀锌配方 1 的 ZB-92 添加剂是武汉材料保护研究所的产品。

2. 低氰镀锌配方 2 的 95A 开缸剂、95B 补充剂是上海永生助剂厂的产品。

3. 低氰镀锌配方 3 的 AD-840 添加剂为开封安迪电镀化工有限公司的产品。

4. 低氰镀锌配方 4 的 ZN-22 光亮剂是广州美迪斯新材料有限公司的产品。

5. 微氰镀锌配方 1、2、3 的 94 光亮剂是上海永生助剂厂和无锡钱桥助剂厂联合研制的产品。

5.2.3 镀液中各成分的作用

（1）氧化锌

氧化锌是提供镀液中锌离子的主盐。氧化锌的浓度必须与镀液中的其他成分（氰化钠、氢氧化钠）相适应，当其他成分不变时，氧化锌含量高，可允许的电流密度大，电流效率高，沉积速度快，但阴极极化作用降低，镀层结晶较粗糙，覆盖能力较差，适宜镀形状较简单的零件；氧化锌含量低，可允许的电流密度低，阴极极化增多，阴极上析氢增多，电流效率也低，但分散能力和覆盖能力好些，镀层结晶细致，光亮度也好些，适宜镀形状较复杂的零件。所以氧化锌在与镀液其他成分相适应的条件下，在能满足镀层质量的前提下，氧化锌含量应尽量取上限值。

此外，锌离子的含量除与游离氰化钠和氢氧化钠含量有关外，还与镀液温度有关。镀液温度高（如夏季或没有冷却设备时），锌离子在溶液中迁移速度比较快，镀液的浓差极化较小，镀层结晶容易粗糙，在这种情况下适当降低锌离子含量，提高镀液的浓差极化，促使镀层结晶细致一些。而在冬季镀液温度低或有降温冷却设备时，锌离子含量可以选取得高一些。

（2）氰化钠

氰化钠起配合、导电和阴阳极活化的作用。

① 氰化钠与锌离子形成配位化合物，其配位化合物（锌氰化钠）不稳定常数小，即配位化合物相对稳定，阴极极化作用大。所以，镀液中游离的氰化钠含量较高时，镀液分散能力较好，镀层结晶细致，但电流效率稍低。

② 氰化钠是一种良好的导电盐，起增加镀液的导电作用，降低槽电压，改善镀液的分散能力和覆盖能力。

③ 氰化钠是阴极阳极很好的活化剂。所以，氰化镀锌镀液对镀前处理要求不如其他镀液那样严格，当镀件刚下槽时在阴极上会析出大量氢，氢气泡的搅拌作用，促使油脂易于剥离而脱离镀件；新生态的氢是一种非常活泼的还原物质，如氧化物没有除净，可以帮助将其除去。所以即使镀前处理不十分彻底，对镀层与基体金属的结合力也影响不大。氰化钠也是阳极的活化剂，能防止阳极锌板的钝化。

（3）氢氧化钠

氢氧化钠的作用有：锌的配位剂，良好的导电介质，锌阳极的去极化剂。

① 氢氧化钠是锌的配位剂，与锌形成锌酸钠配离子，其配位化合物不稳定常数比氰化钠（锌氰化钠）稍大些，在氰化镀锌溶液中它们之间是可以互补的。一般来说，在氰化镀锌溶液中以锌氰化钠配离子占多数为好，镀液性能更好些。

② 氢氧化钠也是一种良好的导电介质，它的导电性能强于氰化钠，能改善镀液的导电性和提高覆盖能力。

③ 氢氧化钠也是锌阳极的去极化剂。锌在强碱性溶液中会产生化学溶解，所以提高镀液中的氢氧化钠含量，可有效地防止锌阳极的钝化。

综上所述，可以这样说，在氰化镀锌溶液中，在某种情况下氰化钠和氢氧化钠是可以相互替代，互为补充的，在高、中氰镀液中，锌主要以 $Zn(CN)_4^{2-}$ 的形式存在；而低、微氰镀液中，锌主要以 $Zn(OH)_4^{2-}$ 的形式存在，所以氰化镀锌就可以组成高氰、中氰、低氰和微氰的镀液。

（4）添加剂

氰化镀锌溶液添加剂有无机和有机添加剂两类。

① 无机添加剂，常用的是硫化钠。它的主要作用是能与某些重金属杂质化合后生成难溶的硫化物沉淀，从而净化镀液。例如，氰化镀锌溶液中最常见的金属杂质是铁、铜和铅，加入

少量的硫化钠，使之与铁、铜、铅离子生成溶度积很小的硫化铁、硫化铜、硫化铅沉淀。此外，硫化钠还能促使镀层光亮、结晶细致，添加量一般为 0.5～2.0g/L，但含量过多，会使镀层发脆。加入少量甘油，可提高阴极极化作用，有利于获得均匀细致的镀层。

② 有机添加剂，这种添加剂种类很多，有高分子化合物（如明胶、甘油、聚乙烯醇等）、芳香醛和杂环化合物等。有机添加剂的主要作用是促使镀层光亮，即光亮剂。现在好的氰化镀锌光亮剂多是组合型的，而不是单体物质。好的光亮剂还应考虑其在强碱性镀液中的稳定、分解产物的影响及其使用寿命。

5.2.4　工艺规范的影响

工艺规范的影响，如表 5-6 所示。

表 5-6　工艺规范的影响

影响因素	工艺规范（操作条件）对电镀的影响
镀液温度	氰化镀锌温度过高会加快光亮剂的消耗，加速氰化钠的分解，降低阴极极化作用和分散能力，镀层结晶粗糙。氰化镀锌溶液最佳温度为 15～35℃，一般实际生产情况，要严格控制这一范围的温度，有一定困难。因此，工艺规范做适当放宽，其温度范围定为 10～40℃
电流密度	电流密度应与镀液温度和组分含量相适应，一般控制在 1～3A/dm² 。镀液温度高，电流密度也可高些，但过高，镀层结晶粗糙，零件边缘和尖端易烧焦，致使阴极电流效率急剧下降；镀液浓度低，电流密度也要低些。只要镀层质量允许，电流密度最好控制在允许范围的上限，加快沉积速度，提高覆盖能力
阴极移动和周期换向	阴极移动可提高阴极电流密度上限和镀层均匀性，但一般氰化镀锌用得很少。氰化镀锌常采用周期换向电流电镀，可以提高电流密度，并促使镀层均匀、结晶细致、增加光亮度。采用周期换向电流电镀还可降低镀液中游离氰化钠含量，减少氰化钠分解；还可使阳极得到活化，使阳极不易钝化；还能减少光亮剂的损耗。氰化镀锌周期换向电流电镀，一般采用正向电流 15s，反向电流 2s 的方式
阳极	选择优质阳极可减少镀液故障，因为随着氰化钠含量的降低，镀液对杂质的敏感性增大。镀锌阳极宜采用 0 号锌板、1 号锌板。最好采用 0 号锌板，纯度高，0 号锌的牌号为 Zn-0，锌含量为 99.995%（质量分数）。1 号锌板也能用，但质量差一些，其锌含量为 99.95%（质量分数）。阳极宜采用压延的阳极，因压延的阳极比铸造的阳极溶解均匀，且可减少阳极"泥渣"的生成量。阳极泥渣悬浮在溶液中，易使镀层粗糙，质量下降。因此，常用阳极套来防止泥渣掉入镀液中

5.2.5　杂质的影响及处理方法

氰化镀锌溶液对杂质的影响要比锌酸盐镀锌和其他酸性镀锌小一些。常见的杂质有铜、铅和铬。

杂质的影响及处理方法参见表 5-7。

表 5-7　杂质的影响及处理方法

镀液中的杂质	杂质的影响及处理方法
铜杂质	铜杂质来自质量较差的锌阳极、由阳极上的铜钩和阴阳极铜棒上产生的铜绿掉落到镀液中，以及铜挂具掉入镀槽而发生化学溶解而进入镀液。镀液含铜量应低于 0.2g/L，否则会使镀层在低电流区发黑，钝化膜也容易变色，影响外观。铜杂质的去除方法，可加入 0.5～1g/L 的硫化钠，使它形成溶度积极小的硫化铜沉淀，经过滤而除去。也可通过低电流密度（0.1～0.15A/dm²，阴极最好挂瓦楞铁板）电解处理除去，通电处理是氰化镀锌溶液处理异金属杂质较有效的办法
铅杂质	铅主要是由质量较差的锌阳极带入镀液的。铅的危害性更大，极少量铅就能使电流效率下降，经铬酸盐钝化处理后，会出现棕黄色斑渍的钝化膜。铅杂质含量应低于 0.04g/L。铅杂质的去除方法，可参照上述的铜杂质去除方法进行
铬杂质	在一般情况下，六价铬杂质是不会带入镀液的，但由于在某些生产中如自动线或半自动线等，在铬酸盐钝化时不换挂具或滚筒，就有可能带入铬杂质。六价铬是一种较强的氧化剂，危害性较大，能影响镀液的覆盖能力和降低电流效率。六价铬杂质的去除：可以先用保险粉进行还原处理，使其形成氢氧化铬沉淀，然后过滤除去

5.3 锌酸盐镀锌

5.3.1 概述

锌酸盐镀锌工艺的关键在于添加剂。20 世纪 60 年代后期到 80 年代是我国无氰电镀工艺研究和应用的高潮时期，经过电镀工作者不断努力相继研究，在碱性锌酸盐镀锌添加剂方面的研究和开发已取得重大的进展。现今，添加剂研制的突破，促使锌酸盐镀锌技术取得革命性的进步，其综合性能已全面赶上氰化电镀工艺水平，为锌酸盐镀锌工艺推广应用开拓了广阔的前景。

锌酸盐镀锌以氢氧化钠作为锌离子的配位剂。氢氧化钠与锌形成（锌酸钠）配离子，不如氰化钠与锌形成（锌氰化钠）配离子稳定，这是锌酸盐镀锌的缺陷。这一缺陷可用提高氢氧化钠与氧化锌加入量的比值（这个比值称为 M 比）来加以克服，在锌酸盐镀液的组成中，要求 M 比值在 10 左右，即氢氧化钠与氧化锌的比值为 10∶1，或稍大些可达到 (10~12)∶1，即 10g 左右氢氧化钠与 1g 氧化锌相配合，以此来提高锌酸钠配离子的稳定性，促使提高镀液的阴极极化作用。滚镀用的镀液的氢氧化钠与氧化锌的比值要大些，可取 (11~14)∶1。在此基础上再加入性能优良的添加剂（光亮剂），就能获得结晶细致、覆盖能力好和光亮的锌镀层。

为实现无氰镀锌，还可以将氰化镀锌溶液转化为锌酸盐镀锌，具体做法是：氰化镀液不再加入氰化钠，而让其逐渐转化为锌酸盐镀锌溶液，就是从高氰→中氰→低氰→微氰逐渐过渡到无氰，让氰化钠在电镀过程中逐渐消耗掉。根据具体情况，到低氰、微氰时必须向镀液中加入添加剂。随着镀液中氰化钠含量的降低，锌离子不能很好地与氰化钠形成配位化合物，这时应适当提高氢氧化钠的含量，同时加入光亮剂，还可应适当降低锌离子含量（少挂锌阳极）。这样逐步完成转化，也不影响生产。

锌酸盐镀锌的特点见表 5-8。

表 5-8 锌酸盐镀锌的特点

优点	缺点
① 镀液成分简单，稳定、使用方便 ② 工艺规范较宽，耐温性有所提高，一般工艺温度可达 40℃ 左右 ③ 镀层结晶细致光亮，良好的柔韧性，钝化膜不易变色 ④ 镀液具有优良的分散能力和覆盖能力 ⑤ 彩色钝化膜附着力好，颜色耐变能力强，钝化膜耐蚀性好。采用三价铬钝化更易获得相对鲜艳的色泽[19] ⑥ 镀液对设备腐蚀小，易于用铁阳极作辅助阳极 ⑦ 产生的废水易于处理。这是由于锌易沉淀，在清洗时 pH 值低，锌酸盐也会水解产生白色氢氧化锌沉淀；此外，镀锌液中有机物含量较低，相应废水中有机物含量也低，便于废水处理	① 镀液对多种阳阴离子杂质敏感，允许量低 ② 总体光亮性比氯化锌镀锌差[19]，不大适用于有装饰性的特殊要求 ③ 白色钝化和蓝白色钝化后色泽易泛黄，不如氰化物镀锌美观 ④ 阴极电流效率较低

5.3.2 镀液组成及工艺规范

锌酸盐镀锌的溶液组成及工艺规范见表 5-9、表 5-10。

表 5-9 锌酸盐镀锌的溶液组成及工艺规范 (1)

溶液成分及工艺规范	1	2	3	4	5	6	7	8
	含量/(mL/L)							
氧化锌(ZnO)/(g/L)	10~12	10~13	8~20	8~12	10~15	10~12	8~12	8~12
氢氧化钠(NaOH)/(g/L)	100~120	110~130	75~150	100~120	100~180	100~120	100~140	80~120

续表

溶液成分及工艺规范	1	2	3	4	5	6	7	8
	含量/(mL/L)							
AD-DF 开缸剂	4～8	—	—	—	—	—	—	—
AD-DF 补充剂	4～8	—	—	—	—	—	—	—
JZ-04 光亮剂	—	6～8	—	—	—	—	—	—
JZ-04 除杂剂	—	8～10	—	—	—	—	—	—
JZ-04 深镀剂	—	0～0.8	—	—	—	—	—	—
ZN-500 光亮剂	—	—	15	—	—	—	—	—
ZN-500 走位剂	—	—	1～3	—	—	—	—	—
ZN-500 除杂剂	—	—	1	—	—	—	—	—
ZN-500 水处理剂	—	—	1	—	—	—	—	—
BZ-3A 添加剂	—	—	—	4～6	—	—	—	—
BZ-3B 添加剂	—	—	—	2～4	—	—	—	—
ZB-400A 柔软剂	—	—	—	—	8～12	—	—	—
ZB-400B 光亮剂	—	—	—	—	1～5	—	—	—
ZB-400C 净化剂	—	—	—	—	1～10	—	—	—
ZB-400D 除杂剂	—	—	—	—	0～5	—	—	—
94 光亮剂	—	—	—	—	—	3～4	—	—
Zn-101A 主光亮剂	—	—	—	—	—	—	8～12	—
Zn-101B 辅光亮剂	—	—	—	—	—	—	1～2	—
Zn-101C 净化剂	—	—	—	—	—	—	1～2[①]	—
ZN-100A 添加剂	—	—	—	—	—	—	—	4～6
ZN-100B 光亮剂	—	—	—	—	—	—	—	4～6
温度/℃	5～45	15～45	18～52	10～35	10～40	5～45	20～45	58
阴极电流密度/(A/dm²)	0.1～6	0.5～6	0.5～6	0.5～4	0.5～4	1～3	2～4[②]	1.5

① 配方 7 的 Zn-101C 净化剂视需要每次加 1～2mL/L。

② 挂镀阴极电流密度为 2～4A/dm²，滚镀为 1A/dm²。

注：1. 配方 1 的 AD-DF 开缸剂、AD-DF 补充剂是开封安迪电镀化工有限公司的产品。

2. 配方 2 的 JZ-04 光亮剂、JZ-04 除杂剂、JZ-04 深镀剂是上海永生助剂厂的产品。

3. 配方 3 的 ZN-500 添加剂是武汉凤帆电镀技术有限公司的产品。

4. 配方 4 的 BZ-3A 添加剂、BZ-3B 添加剂是杭州东方表面技术公司的产品。

5. 配方 5 的 ZB-400A、ZB-400B、ZB-400C、ZB-400D 添加剂是武汉材料保护研究所的产品。

6. 配方 6 的 94 光亮剂是上海永生助剂厂的产品。

7. 配方 7 的 Zn-101A 主光亮剂、Zn-101B 辅光亮剂、Zn-101C 净化剂是德胜国际（香港）有限公司，深圳鸿运化工原料行的产品。

8. 配方 8 的 ZN-100A 添加剂、ZN-100B 光亮剂是广州美迪斯新材料有限公司的产品。

表 5-10　锌酸盐镀锌的溶液组成及工艺规范（2）

溶液成分及工艺规范	1	2	3	4	5	6	7
	含量/(mL/L)						
氧化锌(ZnO)/(g/L)	10～12	11	12～18	10～15	8～12	19	17.5

续表

溶液成分及工艺规范	1	2	3	4	5	6	7
	含量/(mL/L)						
氢氧化钠(NaOH)/(g/L)	100～120	110	110～150	100～180	100～140	100	140
碳酸钠(Na₂CO₃)/(g/L)	—	—	—	—	—	10	—
FK-303 添加剂	10～12	—	—	—	—	—	—
FK-310 抗杂剂	5	—	—	—	—	—	—
221A 光亮剂	—	10～15	—	—	—	—	—
221B 走位剂	—	1	—	—	—	—	—
221C 净化剂	—	1	—	—	—	—	—
DZ-113A 添加剂	—	—	8～10	—	—	—	—
DZ-113B 光亮剂	—	—	2～3	—	—	—	—
DZ-113C 净化剂	—	—	8～10	—	—	—	—
ZB-400A 柔软剂	—	—	—	8～12	—	—	—
ZB-400B 光亮剂	—	—	—	1～5	—	—	—
ZB-400C 净化剂	—	—	—	1～10	—	—	—
ZB-400D 除杂剂	—	—	—	0～5	—	—	—
Zn-101A 主光亮剂	—	—	—	—	8～12	—	—
Zn-101B 辅光亮剂	—	—	—	—	1～2	—	—
Zn-101C 净化剂	—	—	—	—	1～2	—	—
ZINKO NZ-73A 光亮剂	—	—	—	—	—	10	—
ZINKO NZ-73B 催化剂	—	—	—	—	—	1	—
ZINKO NZ-73C 净化剂	—	—	—	—	—	1	—
Protolux 3000 开缸剂	—	—	—	—	—	—	3
Protolux 3000 光亮剂	—	—	—	—	—	—	3
Protolux 3000 添加剂	—	—	—	—	—	—	4
Protolux 净化剂	—	—	—	—	—	—	30
温度/℃	10～60	20～40	15～40	10～40	20～45	26～32	24
阴极电流密度/(A/dm²)	1～11	0.5～6	0.5～6	滚镀 0.5～1	滚镀 1	滚镀 0.75	滚镀 0.5

注：1. 配方 1 的 FK-303 添加剂、FK-310 抗杂剂是福州八达表面技术研究所的产品。FK-303 添加剂并有抑制刺激性气体逸出的功能，改善操作环境。

2. 配方 2 的 221A 光亮剂、221B 走位剂、221C 净化剂是厦门宏正化工有限公司的产品。

3. 配方 3 的 DZ-113A 添加剂、DZ-113B 光亮剂、DZ-113C 净化剂是广东志达化工有限公司的产品。

4. 配方 4 的 ZB-400A、ZB-400B、ZB-400C、ZB-400D 添加剂是武汉材料保护研究所的产品。

5. 配方 5 的 Zn-101A 主光亮剂、Zn-101B 辅光亮剂、Zn-101C 净化剂是德胜国际（香港）有限公司，深圳鸿运化工原料行的产品。

6. 配方 6 的 ZINKO NZ-73A 光亮剂、NZ-73B 催化剂、NZ-73C 净化剂是上海永星化工有限公司的产品。

7. 配方 7 的 Protolux 3000 开缸剂、光亮剂等是安美特（广州）化学有限公司的产品。

5.3.3 镀液中各成分的作用

（1）氧化锌

氧化锌是提供镀液中锌离子的主盐，其含量对镀液性能和镀层质量有重要影响。由于锌酸盐镀锌溶液中没有更强的配位剂，阴极极化作用不够，使锌离子在阴极上放电析出比较容易，所得到的镀层结晶比较粗糙。可采用加大氢氧化钠与氧化锌含量的比值，即采用提高氢氧化钠含量而降低氧化锌含量的办法，通过提高锌酸钠配位化合物的稳定度，提高镀液的阴极极化作用，促使镀层结晶细致些。一般情况下，氧化锌含量控制在 $8 \sim 14g/L$ 为宜，再加入较好的添加剂，就可以获得结晶细致的镀层。

（2）氢氧化钠

氢氧化钠的作用是：锌的配位剂，良好的导电介质，锌阳极的去极化剂。稍高含量的氢氧化钠，有利用配离子 $\left[Zn\left(OH \right)_4^{2-} \right]$ 稳定，提高阴极极化和获得细致的结晶。而且，氢氧化钠的含量高，镀液导电性好，降低能耗和防止升温过快，而使分散能力和覆盖能力好，且阳极不易钝化。但过高会带来不利影响，如逸出的气体比较多，光亮剂消耗大，会加速锌阳极溶解（还伴随着化学溶解），致使镀液不易控制。因此，氢氧化钠含量控制在 $80 \sim 140g/L$ 为宜，一般最高不应超过 $160g/L$。

（3）添加剂

锌酸盐镀锌的质量好坏取决于添加剂。其添加剂也可以分为初级光亮剂、次级光亮剂及辅助光亮剂等。

① 初级光亮剂（也称为晶粒细化剂或载体光亮剂），主要能提高阴极极化、起细化晶粒的作用。单独使用不能获得光亮镀层，好的初级光亮剂能获得结晶细致和半光亮的镀层[1]。它与次级光亮剂相结合使用，能得到光亮、结晶细致、物理性能较好的镀层。早期的初级光亮剂主要是环氧氯丙烷与有机胺的缩聚产物。现在的初级光亮剂与早期的光亮剂相比，其性能有很大的改善和提高，如镀层脆性小、镀液分散能力和覆盖能力更好、镀液耐温性提高、镀层光亮结晶细致等，而且镀液较稳定，不易分解。为了克服既加初级光亮剂又要加次级光亮剂给生产调控带来的麻烦，20 世纪末期推出一种称为"二合一"的添加剂，既有初级光亮剂促进细化晶粒的功能，又起镀层光亮的作用，已在生产中使用。

② 次级光亮剂，也称为主光亮剂。在镀液中已存在初级光亮剂（载体光亮剂）的前提下，再加入合适的次级光亮剂，以获得光亮镀层。现在新一代性能好的锌酸盐镀锌次级光亮剂，是以杂环化合物进行季胺化或与环氧氯丙烷进行缩聚反应的衍生物以及聚乙烯亚胺的磺化或季胺化产物[1]，同时还加入一定量的辅助添加剂，以发挥其协同效应，取得更好效果。

③ 辅助光亮剂，当初级光亮剂和次级光亮剂的性能还不够好时，可加入辅助光亮剂来进一步辅佐。辅助光亮剂，能起较好的整平和光亮作用，使锌镀层更均匀和外观更一致，还能促使低电流密度区镀层沉积速度加快，而高电流密度区镀层也不会出烧焦现象。

锌酸盐镀锌添加剂的选用，应根据镀层质量要求及生产条件等具体情况来确定。对产品质量要求及生产条件一般的，又缺乏经常试验习惯的，宜选用只需添加一种光亮剂，如 FK-303、94 光亮剂等之类；对产品质量要求较高的、生产管理水平较高的，可选用几类光亮剂配合使用。

无论选用哪类光亮剂，都应先试验确认符合要求时，才能加入大槽生产。某些添加剂是否能相互兼容，也应先做试验，再决定是否直接使用或改用。

5.3.4 工艺规范的影响

（1）镀液温度

锌酸盐镀锌溶液适宜温度一般为 $10 \sim 40℃$，如加入较好的添加剂（光亮剂）的镀液温度可达 55℃。但温度高时光亮剂消耗大，镀液中锌离子含量也容易上升，镀液稳定性变差，分散能力和覆盖能力降低，所以控制镀液温度很重要。滚镀溶液要求冷却降温。

（2）电流密度

电流密度与镀液温度和镀液组分含量有密切关系。镀液浓度高和温度高，允许电流密度大些；反之，则允许电流密度小些。一般情况下阴极电流密度宜采用 $0.5\sim4A/dm^2$，挂镀如采用阴极移动装置，允许电流密度可大些；滚镀的开孔率高、孔眼大、滚筒转速快，可允许采用较大的电流密度。

（3）阳极

锌酸盐镀锌为获得良好质量的锌镀层，宜选用优质的锌板阳极（Zn-0 号锌阳极），最好将锌极板用耐碱的涤纶阳极隔离框（或袋）隔离起来，以避免阳极泥渣进入镀液造成镀层出现毛刺。为防止挂具下端零件烧焦，阳极总长度要比挂具下端零件短 $100\sim150mm$。阳极面积要与阴极面积相适应，一般情况下，阳极面积：阴极面积 $=(1.5\sim2):1$。如多挂锌极阳极，镀液中锌离子过高时，可以挂些钢板或镀镍钢板作不溶性辅助阳极。

5.3.5 杂质的影响及处理方法

锌酸盐镀锌溶液对杂质比较敏感，且允许量低。锌酸盐镀锌溶液的杂质有无机和有机两类。杂质的影响及处理方法见表 5-11。

表 5-11 杂质的影响及处理方法

镀液中的杂质	杂质的影响及处理方法
无机杂质	有铜、铅和镉等。特别是阳极不纯时，镀液中容易积累铜、铅、铁、镉等重金属杂质。当铅＞2mg/L、铜＞20mg/L、铁＞50mg/L 时，都会造成乌暗、发黑（产生黑色条纹），影响钝化膜色泽，以致钝化膜发雾 无机杂质（重金属杂质）的处理。锌酸盐镀锌溶液中的金属杂质，不宜用硫化钠来处理，因为氢氧化钠对锌离子的配合能力相应较弱，加入硫化钠时会产生乳白色的硫化锌沉淀。硫化锌颗粒较大，沉积在镀层上会产生毛刺。重金属杂质一般采用下列处理方法去除 ① 小电流电解法 重金属杂质可在低电流密度下进行电解除去。电解液应进行搅拌，以提高去除效果 ② 定期用 1~3g/L 锌粉或专用碱性镀锌除杂剂处理。可用上海永生助剂厂研制的碱性镀锌净化剂去除，它能除去碱锌槽中的铜、铁、铅、锡、铬等金属杂质，并能吸附液中的光亮剂分解产物。去除方法：加入净化剂 0.5~2g/L，搅拌 30min，停 15min，再搅拌 30min 以提高净化效果，不断捞去液面漂浮物，至干净为止，静置 8h 后过滤
有机物杂质	主要是镀液中有机添加剂的分解产物，前处理不彻底而带入的一些油脂及脏物等。有机物杂质过多镀层会发雾、发花，严重时镀层会产生脆性 去除油污及添加剂分解产物的有机杂质比较麻烦。一般活性炭在锌酸盐镀锌溶液中的效果不好，要用细粒状 LH-02 专用活性炭，否则反而引入 Cl^- 等杂质。用开封安迪的 CK-778 净化剂，借助于生成 $Al(OH)_3$ 上浮再吸附部分有机杂质，更有效些
备注	前处理的酸洗或活化，常采用盐酸或硫酸，如没有彻底洗净，则带入镀槽中 Cl^-、SO_4^{2-}，若含量过多，则镀层失光、产生针孔，钝化后不亮。镀液中如 Cl^-、SO_4^{2-} 过多时，无有效去除办法，只能部分或全部更换镀液

5.4 氯化钾镀锌

氯化钾镀锌是氯化物镀锌中的一种类型。氯化钾镀锌是 20 世纪 80 年代发展起来的一种光亮镀锌工艺。近年来，我国在氯化钾镀锌添加剂研究开发上取得了显著进展，使得氯化钾镀锌工艺达到较高的水平，并获得广泛应用，特别是在滚镀方面。

氯化钾镀锌溶液没有配位剂，锌是以单盐形式存在于镀液中的，所以其电沉积过程简单，只是二价锌离子在阴极表面得到电子就被还原析出，阴极上还有少量氢气泡析出。要获得结晶细致和光亮镀层，全靠添加剂。因此，添加剂质量的好坏是决定镀层的重要因素。

5.4.1　氯化钾镀锌的特点

（1）优点

① 镀层整平性和光亮度好。

② 覆盖能力和分散能力等良好，镀层的应力能满足镀层的质量要求。

③ 镀液较稳定，氯化钾镀锌的添加剂浊点高，镀液能适应较高的操作温度。

④ 电流效率高，通常大于95%。氯化钾镀锌工艺比氰化镀锌和锌酸盐镀锌工艺渗氢量小。

⑤ 镀液电阻较小，槽电压低，可比氰化镀液或锌酸盐镀液节约用电达50%左右。

⑥ 镀液成分简单，成本低。

⑦ 由于镀液不含配位剂，废水处理较容易。

（2）缺点

① 镀层钝化膜变色程度虽然要比氯化铵镀锌轻，但还不及氰化镀锌和锌酸盐镀锌好。

② 一般氯化钾镀锌镀层抗盐雾性能不如碱性镀锌。

5.4.2　镀液组成及工艺规范

氯化钾挂镀锌的溶液组成及工艺规范见表5-12、表5-13。

氯化钾滚镀锌的溶液组成及工艺规范见表5-14。

表 5-12　氯化钾挂镀锌的溶液组成及工艺规范（1）

溶液成分及工艺规范	1	2	3	4	5	6	7	8
	含量/(mL/L)							
氯化锌($ZnCl_2$)/(g/L)	60~100	60~80	60~90	50~80	50~70	50~70	60~80	60~70
氯化钾(KCl)/(g/L)	200~230	200~220	180~210	180~220	180~250	180~220	200~230	180~220
硼酸(H_3BO_3)/(g/L)	25~30	25~35	25~35	30~40	25~35	25~35	25~30	25~35
CZ-03A 添加剂	20~25	—	—	—	—	—	—	—
CZ-03B 添加剂	1~1.5	—	—	—	—	—	—	—
CZ-87A 添加剂	15~20	—	—	—	—	—	15~20	—
ZB-300A 添加剂	—	1~2	—	—	—	—	—	—
ZB-300B 添加剂	—	25~35	—	—	—	—	—	—
AD-2000 添加剂	—	—	10~16	—	—	—	—	—
DZ-828A 添加剂	—	—	—	20~30	—	—	—	—
DZ-828B 添加剂	—	—	—	0.8~1	—	—	—	—
921A 添加剂	—	—	—	—	20~40	—	—	—
921B 添加剂	—	—	—	—	0.3~1.2	—	—	—
BZ-1 添加剂	—	—	—	—	—	15~20	—	—
氯锌1号或2号	—	—	—	—	—	—	—	14~18
pH 值	4.8~5.6	4.5~5.5	5.0~6.0	5.0~5.8	4.5~5.5	5.0~6.0	5.0~5.6	4.5~6.0
温度/℃	10~50	10~40	10~70	15~65	10~55	5~65	5~60	10~50

续表

溶液成分及工艺规范	1	2	3	4	5	6	7	8
	含量/(mL/L)							
阴极电流密度/(A/dm²)	1~5	0.5~3	0.5~4	0.2~4.0	0.5~3.0	0.5~3	1~4	1~5

注：1. 配方 1 的 CZ-03A、CZ-03B、CZ-87A 添加剂是上海永生助剂厂的产品。

2. 配方 2 的 ZB-300A、ZB-300B 添加剂是武汉材料保护研究所的产品。

3. 配方 3 的 AD-2000 添加剂是河南开封电镀化工有限公司的产品。

4. 配方 4 的 DZ-828A、DZ-828B 添加剂是河北金日化工有限公司的产品。

5. 配方 5 的 921A、921B 添加剂是厦门宏正化工有限公司的产品。

6. 配方 6 的 BZ-1 添加剂是杭州东方表面技术公司的产品。

7. 配方 7 的 CZ-87A 添加剂是无锡钱桥助剂厂的产品。

8. 配方 8 的氯锌 1 号或 2 号添加剂是武汉风帆电镀技术公司的产品。

表 5-13　氯化钾挂镀锌的溶液组成及工艺规范 (2)

溶液成分及工艺规范	1	2	3	4	5	6	7	8
	含量/(mL/L)							
氯化锌($ZnCl_2$)/(g/L)	40~70	60~70	60~70	45~80	60~80	60~70	40~70	55~75
氯化钾(KCl)/(g/L)	160~220	180~220	180~220	200~230	180~220	200~230	200~240	210~240
硼酸(H_3BO_3)/(g/L)	30~40	25~35	25~35	23~27	25~35	25~30	25~30	25~30
BH-51A 添加剂	20~40	—	—	—	—	—	—	—
BH-51B 添加剂	1~3	—	—	—	—	—	—	—
CT-95A 开缸剂	—	15~25	—	—	—	—	—	—
CT-95B 补加剂	—	按消耗加	—	—	—	—	—	—
LV-1 光亮剂	—	—	0.3~1	—	—	—	—	—
LV-2 开缸剂	—	—	20	—	—	—	—	—
LCZ-A 开缸剂、柔软剂	—	—	—	25~35	—	—	—	—
LCZ-B 光亮剂	—	—	—	按消耗加	—	—	—	—
ZN-28 主光剂	—	—	—	—	0.5~1	—	—	—
ZN-30 柔软剂	—	—	—	—	20	—	—	—
CZ-96A 柔软剂	—	—	—	—	—	14~16	—	—
CZ-96B 光亮剂	—	—	—	—	—	3~4	—	—
HK-550A	—	—	—	—	—	—	20~30	—
HK-550B	—	—	—	—	—	—	0.5~1	—
CT-2A 添加剂	—	—	—	—	—	—	—	12~18
pH 值	4.8~5.6	5~6	4.5~6	5.0~5.6	4.5~5.5	5.0~6.5	4.5~5.5	5.4~6.2
温度/℃	10~40	15~55	室温	10~50	15~50	5~65	10~50	5~50
阴极电流密度/(A/dm²)	0.1~5	0.5~4	1~5	0.5~3.5	1~6	0.5~6	—	0.3~2.5

注：1. 配方 1 适用于挂镀、滚镀。BH-51A、BH-51B 柔软剂是广州市二轻工业科学技术研究所的产品。

2. 配方 2 适用于挂镀、滚镀（滚筒转速 10~15r/min）。CT-95A、CT-95B 是江苏梦得电镀化学品有限公司的产品。CT-95B 补加剂，按消耗量 300~350mL/（kA·h）补加。

3. 配方 3 适用于挂镀。LV-1 光亮剂、LV-2 开缸剂是武汉风帆电镀技术公司的产品。

4. 配方 4 的 LCZ-A、B 是上海永生助剂厂的产品。

5. 配方 5 的 ZN-28 主光剂、ZN-30 柔软剂是广州美迪斯新材料有限公司的产品。

6. 配方 6 的 CZ-96A 柔软剂、CZ-96B 光亮剂是上海永生助剂厂的产品。添加剂浊点高，滚镀液耐高温。

7. 配方 7 适用于挂镀、滚镀。HK-550B、HK-550A 是南京海波公司的产品。

8. 配方 8 的 CT-2A 添加剂是四川拖拉机厂的产品。

表 5-14 氯化钾滚镀锌的溶液组成及工艺规范

溶液成分及工艺规范	1	2	3	4	5	6
	含量/(mL/L)					
氯化锌(ZnCl$_2$)/(g/L)	45～80	40～50	40～60	40～50	60～70	40～70
氯化钾(KCl)/(g/L)	200～230	200～230	180～220	200～240	180～220	160～220
硼酸(H$_3$BO$_3$)/(g/L)	23～27	25～30	25～35	25～35	25～35	30～40
LCZ-A 开缸剂、柔软剂	25～35	—	—	—	—	—
LCZ-B 光亮剂	按消耗加	—	—	—	—	—
CZ-96A 柔软剂	—	14～16	—	—	—	—
CZ-96B 光亮剂	—	3～4	—	—	—	—
ZN-28 主光剂	—	—	0.5～1	—	—	—
ZN-30 柔软剂	—	—	20	—	—	—
LV-1 光亮剂	—	—	—	0.3～1	—	—
LV-2 开缸剂	—	—	—	20	—	—
CT-95A 开缸剂	—	—	—	—	15～25	—
CT-95B 补加剂	—	—	—	—	按消耗加	—
BH-51A 添加剂	—	—	—	—	—	20～40
BH-51B 添加剂	—	—	—	—	—	1～3
pH 值	5.0～5.6	6.0～6.8	4.5～5.5	4.5～6	5～6	4.8～5.6
温度/℃	10～50	5～65	5～50	室温	15～55	10～40
阴极电流密度/(A/dm^2)	0.5～0.8	0.5～3	0.1～1	0.1～3	0.5～3	0.1～3
滚筒转速/(r/min)	—	6	—	—	10～15	—

注：1. 配方 1 的 LCZ-A、B 开缸剂是上海永生助剂厂的产品。

2. 配方 2 的 CZ-96A 柔软剂、CZ-96B 光亮剂是上海永生助剂厂的产品。添加剂浊点高，滚镀液耐高温。

3. 配方 3 的 ZN-28 主光剂、ZN-30 柔软剂是广州美迪斯新材料有限公司的产品。

4. 配方 4 的 LV-1 光亮剂、LV-2 开缸剂是武汉风帆电镀技术公司的产品。

5. 配方 5 的 CT-95A、CT-95B 是江苏梦得电镀化学品有限公司的产品。CT-95B 补加剂，按消耗量 300～350mL/（kA·h）补加。

6. 配方 6 适用于挂镀、滚镀。BH-51A、BH-51B 添加剂是广州市二轻工业科学技术研究所的产品。

5.4.3 镀液中各成分的作用

(1) 氯化锌

氯化锌是提供镀液中锌离子的主盐，也是一种导电盐，能增加镀液的导电性。氯化锌浓度允许在较大范围内变化，如锌离子浓度高，能提高电流效率，光亮区电流密度范围扩大，允许的电流密度也可大些，但浓度过高会使镀层结晶粗糙，分散能力和覆盖能力变差。锌离子浓度低，电流效率和允许的电流密度也低，镀层沉积速度较慢，却能提高镀液的分散能力，但浓度过低，会降低覆盖能力，也会使光亮区电流密度范围变窄，阴极电流密度也相应降低，高电流密度区易出现烧焦现象。但氯化钾镀锌溶液中的锌离子浓度对镀层质量的影响，并没有像氰化镀锌或锌酸盐镀锌那样明显，这是因为氯化钾镀锌液中没有配位剂，镀层质量全靠添加剂。因此，只要添加剂质量好，就能镀出整平性、光亮度、分散能力和覆盖能力好的镀层。所以氯化钾镀锌溶液在工艺规范内，提高氯化锌浓度，允许的电流密度增大，沉积速度加快，生产量提高。

（2）氯化钾

氯化钾对锌虽有微弱的配合作用，但主要是镀液中的导电盐，它除了起导电作用外，还有活化阳极的作用，即促使阳极正常溶解。镀液中氯化钾的含量高，镀液的导电性好、电阻小和槽电压低，还能改善低电流区的镀层质量，提高镀液的覆盖能力，阳极锌板不易钝化。但氯化钾含量过高会影响镀液对添加剂的溶解，使镀层光亮度下降，而且，过高浓度的氯化钾在镀槽温度降低时（非生产时镀液温度会很快降下来），就会结晶析出，也会影响镀层质量。当氯化钾含量过低时，镀液的分散能力和覆盖能力下降，光亮电流密度范围变窄。挂镀时，氯化钾的浓度控制在 $180\sim230g/L$ 为宜，滚镀时，则选用 $200\sim250g/L$ 较好。一般在冬季取下限，夏季取上限。

（3）硼酸

硼酸是镀液的缓冲剂，能抑制镀液 pH 值的变化，使镀液的 pH 值保持相对的稳定。如果镀液中硼酸含量不足，镀液的阴极电流密度上限就会缩小，镀层容易粗糙、烧焦，影响镀层的光亮度。这是因为在阴极区因析氢而提高 pH 值，OH^- 就会与锌或铁杂形成氢氧化物共析，使镀层粗糙灰暗而失光。若硼酸含量过高，镀层会发花。因此，镀液中硼酸的含量以 $25\sim30g/L$ 为佳，硼酸的含量在 $20g/L$ 以下时，对镀液的缓冲性能比较差。平时补充硼酸的量可按氯化钾添加量的 1/7 添加，即每加 7kg 氯化钾，就要同时加入 1kg 硼酸。

（4）添加剂

添加剂在氯化钾镀锌溶液中能起到提高阴极极化、细化结晶、提高光亮度和整平作用。要是没有添加剂，所得的镀层是粗糙疏松呈海绵状的，因此，添加剂在镀液中起决定性作用。氯化钾镀锌添加剂通常称为光亮剂，按其作用一般可分为三种类型[1]，即第一类是载体光亮剂，第二类是主光亮剂，第三类是辅助光亮剂。

① 载体光亮剂　其作用一是增溶主光亮剂，即起到主光亮剂的载体作用（一般主光亮剂不易溶于水，需要载体光亮剂作介质，才能使它与水亲和起来）；二起辅助光亮作用；三是降低镀液的表面张力，提高镀液的阴极极化作用，对阴极表面起润湿作用。在镀液中的含量一般为 $6\sim8g/L$，含量过高时会引起镀层脆性增加，同时还影响钝化膜的质量；含量过低时，镀层的光亮效果不佳。载体光亮剂多是一些非离子型表面活性剂的磺化反应物。常用的有平平加与氨基磺酸磺化反应产物，或平平加与顺丁烯二酸酐、焦亚硫酸钠的反应产物，或平平加与硫酸、氢氧化钠的反应产物，以及 OP 乳化剂、TX 乳化剂等。

② 主光亮剂　其作用是能吸附在阴极表面，提高阴极极化作用，使镀层结晶细致、平整和光亮，有的还能改善镀液的分散能力和覆盖能力。实用性较好的有亚苄基丙酮、邻氯苯甲醛等。在氯化钾镀锌溶液中亚苄基丙酮的光亮作用和整平能力较好。如与载体光亮剂和辅助光亮剂配合好一些，镀层的应力也不大（镀层脆性较小），通常在氯化钾镀锌溶液中亚苄基丙酮的用量为 $0.2\sim0.4g/L$。也可用邻氯苯甲醛代替亚苄基丙酮，其用量也是 $0.2\sim0.4g/L$。邻氯苯甲醛的优点是出光快，镀层光亮度高，但缺点是易氧化成邻氯苯甲酸，使镀液变得不稳定。另外，邻氯苯甲醛属低毒、易燃物，使用也受到限制。一般邻氯苯甲醛和亚苄基丙酮配合使用效果会更好。

③ 辅助光亮剂　通常在氯化钾镀锌溶液中，有了载体光亮剂和主光亮剂就能获得结晶细致和质量良好的锌镀层，但这种光亮剂还是不够完善的，这是因为它的电流密度范围不够宽和覆盖能力差。加入辅助光亮剂，能提高镀液的分散能力和覆盖能力，扩大光亮电流密度范围，可以防止镀层烧焦，同时还能降低主光亮剂的消耗量。辅助光亮剂在镀液中有很高的溶解度，所以它是很稳定的。常用的辅助光亮剂有苯甲酸钠（PTSA）、扩散剂 NNO（亚甲基二萘磺酸钠）、肉桂酸、水杨酸钠、烟酸、糖精、苯并三氮唑、巯基苯并咪唑、甘氨酸等。辅助光亮剂

的用量大致约为 0.001～10g/L。

5.4.4　工艺规范的影响

(1) 镀液温度

氯化钾镀锌有了质量好的添加剂后，其镀液工艺允许温度的范围较宽，一般可达 10～45℃，有的更高些。若光亮剂的浊点较高，则允许在较高的温度下操作。镀液温度高可加大电流密度，但温度高了镀液的分散能力和覆盖能力下降。镀液温度高会增加光亮剂的消耗。添加剂的消耗量增加会大大加快有机杂质的积累。所以镀液温度应控制在工艺允许的范围内，大型滚镀槽宜采用冷却槽液装置，保证镀层质量。

(2) 电流密度

氯化钾镀锌的阴极电流密度，一般控制在 0.5～3.5A/dm² 范围内。阴极电流密度大，镀层细致光亮，沉积速度快，覆盖能力好，因此只要镀层不烧焦，电流密度越大越好。

(3) pH 值

为了维持氯化钾镀锌的正常生产，一般镀液的 pH 值应控制在 4.5～6 范围内。当镀液的 pH 值偏低时，镀层光亮，但析氢多，电流效率降低，覆盖能力下降；pH 值偏高，OH⁻ 就会与锌或铁杂质形成氢氧化物共析，使镀层粗糙灰暗而失光，局部灰黑。通常在电镀过程中 pH 值会缓慢上升，应及时用稀盐酸调整 pH 值。调 pH 值时要不断搅拌，防止局部酸度过高而造成添加剂析出。

(4) 阳极

宜选用优质的锌板阳极（Zn-0 号锌阳极），最好将锌极板用耐碱的涤纶阳极隔离框（或袋）隔离起来，以避免阳极泥渣进入镀液。

5.4.5　杂质的影响及处理方法

氯化钾镀锌溶液中杂质的影响及处理方法见表 5-15。

表 5-15　杂质的影响及处理方法

杂质	杂质的影响及处理方法
铁杂质	镀液中的铁杂质有二价铁和三价铁。镀液中三价铁的含量达到 10g/L 时仍能正常生产，这可能与三价铁不能在阴极上与锌产生电化学共沉积有关。而二价铁的影响则比较敏感，使电流密度范围明显缩小，尤其是影响高电流密度区镀层的质量，镀层光亮度下降或发黄发黑。二价铁主要是因镀前处理的浸蚀后没有彻底洗净而带入镀槽，另外，镀件掉落镀槽中未及时取出，而发生化学溶解。二价铁含量过多，可用下列处理方法去除。 ① 加双氧水去除　在镀液中加入 30% 的双氧水 0.5～1mL/L，然后充分搅拌，将镀液的 pH 值调到 6，再过滤去除 ② 除杂剂去除　可用上海永生助剂厂研制的氯化物镀锌除杂剂，适用于氯化钾、氯化铵镀锌溶液，能除去镀锌液中的铁、铜和光亮剂中的有机物杂质。除杂剂分 A、B 两种，除杂方法如下： 　a. 除杂剂的 A 剂能除去滚镀时出现的眼子印，加入量 0.5mL/L，使用时稀释 10 倍后加入，搅拌均匀即可 　b. 除杂剂的 B 剂能使铁和有机物共沉淀。加入量 1～2mL/L，搅拌 15min 左右然后静置 8h 后过滤 　c. 可用除杂剂的 A 剂和 B 剂联合对镀槽进行大处理，去除铁、铜等金属杂质和一部分有机杂质。去除方法：先加入除杂剂 A 剂 1～4mL/L，并加热镀液到 50～60℃，搅拌 15min 左右，再加入 B 剂 1～2mL/L，搅拌 10min 左右，让其静置沉淀，然后进行过滤
铜杂质	镀液中的铜离子主要来源于铜棒、铜挂具、铜挂钩等落入镀槽而自溶解。铜杂质在 0.01g/L 以下对镀层几乎没有什么影响，铜杂质达到 0.15g/L 时，会造成高电流密度区镀层出现明显烧焦和粗糙，低电流密度区发暗，镀层钝化不亮、发花及发黑。一般用置换法处理较好，即在镀槽中加入 2g/L 左右锌粉，充分搅拌，静置 1h 后过滤。少量铜杂质也可采用 0.1～0.2A/dm² 电流密度电解除去，处理时间根据铜含量而定，电解处理时阴极最好采用瓦楞铁板 还可用上海永生助剂厂研制的氯化物镀锌除杂剂的 B 剂代替锌粉处理铜杂质，每 1mL 的 B 剂能除去铜杂质 10mg

续表

杂质	杂质的影响及处理方法
铅杂质	铅杂质主要来源于锌阳极,其次与氯化锌的质量也有关。铅杂质的影响比铜杂质严重,微量的铅杂质也会导致镀层发雾,低电流区发黑色或淡黑。铅杂质含量要控制在 0.005g/L 以下。镀液中的铅杂质可采用锌粉置换处理后过滤除去,或小电流密度电解
六价铬[1]	六价铬对氯化钾镀锌溶液有较大的影响,尤其是在低电流密度区危害更大。而三价铬对氯化钾镀锌溶液影响较小,但过多的三价铬也会导致镀锌层出现麻点。一般三价铬离子应低于 0.1g/L,而六价铬离子的含量一般不应超过 0.003g/L。处理六价铬的方法是先用保险粉,将六价铬还原成三价铬,然后将溶液的 pH 值调整到 6.0 左右,沉淀后过滤除去
硝酸根	硝酸根对光亮剂有一定的破坏性作用,并致使镀层覆盖能力变差,在低电流区几乎无镀层或镀层非常薄。一般硝酸根离子应低于 0.5g/L。少量的硝酸根离子可用小电流密度长时间电解处理,如果含量过高,只能更换溶液
有机杂质	镀液中有机杂质的来源主要是添加剂的分解、未清洗干净的油污带入槽内。其含量过高,会使镀层钝化后发雾不光亮,覆盖能力降低,镀层粗糙。有机杂质的去除:可加入 2~4g/L 的活性炭,搅拌 1~2h 后过滤;或先加入 0.5~1g/L 的高锰酸钾,搅拌 2h 后再加入活性炭,继续搅拌 2h 后过滤去除

5.5 氯化铵镀锌

5.5.1 概述

氯化铵镀锌又称铵盐镀锌,我国在 20 世代 70~80 年代,这种镀锌工艺应用得最为广泛。现在这种镀液添加剂已有较大的改进和提高,即提高镀层质量,已不再需添加氨三乙酸或柠檬酸作改进镀液性能的配位剂,有利于废水处理,又可降低成本。氯化铵镀锌具有下列特点。

(1) 优点

① 镀液成分简单,镀液 pH 值很稳定,对载体光亮剂的容纳量大。

② 分散能力和覆盖能力好,镀层结晶细致,镀层光泽美观。

③ 导电性能好,电流效率高(接近 100%),槽电压低,节约电能。

(2) 缺点

① 生产过程中有刺激性氨气析出,对设备腐蚀很严重。

② 镀液中铵离子对锌的配合势较弱,但对流入废水集水池中的铜、镍等金属离子恰有较强的配合能力,致使废水处理困难。

在国内该工艺近年已逐渐被氯化钾镀锌工艺所取代。

5.5.2 镀液组成及工艺规范

氯化铵镀锌溶液的基本组分很简单,只有氯化铵和氯化锌。现在用的氯化铵镀锌的溶液组成及工艺规范见表 5-16。

表 5-16 氯化铵镀锌溶液的组成及工艺规范

溶液成分及工艺规范	1	2	3	4
	含量/(mL/L)			
氯化锌($ZnCl_2$)/(g/L)	35~60	45~65	40~85	30~40
氯化铵(NH_4Cl)/(g/L)	200~300	160~240	220~280	180~220
Ekem-921 柔软剂	20~40	—	—	—
Ekem-921 光亮剂	0.3~1.0	—	—	—
CX-2000A 添加剂	—	1.0~1.5	—	—
CX-2000B 添加剂	—	40	—	—

续表

溶液成分及 工艺规范	1	2	3	4
	含量/(mL/L)			
柔软剂	—	—	25～30	—
光亮剂	—	—	0.5～1.0	—
HK-558A 添加剂	—	—	—	15～25
HK-558B 添加剂	—	—	—	0.5～1
pH 值	5.5～65	5.0～6.5	5.5～6.5	5.5～6.5
温度/℃	15～45	10～40	5～45	10～40
阴极电流密度/(A/dm²)	0.2～2.0	0.5～4.0	0.5～3.0	0.2～4

注：1. 配方 1 的 Ekem-921 柔软剂、Ekem-921 光亮剂是厦门宏正化工有限公司的产品。

2. 配方 2 的 CX-2000A 及 B 添加剂是武汉凤帆电镀技术股份有限公司的产品。

3. 配方 3 的柔软剂及光亮剂是上海永生助剂厂和无锡钱桥助剂厂的产品。

4. 配方 4 的 HK-558A、HK-558B 添加剂是南京海波的产品，也可用于滚镀（阴极电流密度为 0.2～1A/dm²）。

5.5.3　镀液中各成分的作用

（1）氯化锌

氯化锌是镀液中提供锌离子的主盐。氯化锌的浓度对锌镀层质量影响较大。氯化锌含量高，电流效率高，沉积速度快，分散能力略有降低，但含量过高，会降低阴极极化作用，使镀层结晶粗糙。氯化锌含量过低，电流效率低，沉积速度慢，覆盖能力变差。当氯化锌含量低于 25g/L 时，常会出现镀件凹入处没有镀层沉积的现象[25]。氯化锌浓度还与添加剂质量、镀件外形复杂程度以及镀液温度等有关，其浓度按下列情况选用：

① 质量好的一些商品添加剂，氯化锌浓度可以高一些，挂镀可达到 65～80g/L，滚镀可提高到 50g/L 左右。

② 形状简单的板材、管材、线材之类的镀件，其氯化锌浓度可以提高一些，可采用较高的电流密度，沉积速度快；形状复杂的镀件，氯化锌浓度要适当降低一些。

③ 夏季镀液温度高时，氯化锌浓度可控制在下限；冬季镀液温度低时，氯化锌浓度可采用上限。

（2）氯化铵

镀液中氯化铵主要起导电作用，而它又是一种配位剂和阳极去极化剂。氯化铵的导电性比氯化钾、氯化钠都要好。氯化铵在 55℃ 以上就容易分解，对电镀设备的腐蚀最严重。氯化铵浓度高，镀液导电性能好，槽电压低，节约电能，镀液分散能力和覆盖能力好。但超过 300g/L，氯化铵容易结晶析出（尤其是冬季生产）。氯化铵浓度过低，导电性能差，槽电压升高，阳极锌板易钝化，镀液分散能力和覆盖能力都会变差。所以氯化铵浓度控制在 250～280g/L 比较合适。

（3）添加剂

氯化铵镀锌溶液中如没有添加剂，所得到的只是海绵状的镀层。氯化铵镀锌溶液光亮剂主要有载体光亮剂和主光亮剂，由于氯化铵导电性能好，一般不需要加入辅助光亮剂，也能获得整平性好和很光亮的镀层。通常用平平加作载体光亮剂，亚苄基丙酮作主光亮剂。

① 载体光亮剂　它是非离子型表面活性剂，早期常用的有聚乙二醇（添加量为 1～2g/L）与硫脲（添加量为 1.5～2g/L）相配合，组成一组光亮剂，它的整平性较差，光亮度不够好，镀层有脆性，现在用得很少。后来多使用平平加作为载体光亮剂。因为滚镀溶液容易升温，当温度超过 38℃ 时，平平加容易盐析和不耐高温而引起镀层质量变差。所以氯化铵滚镀锌溶液

的载体光亮剂最好选用浊点高一些和性能好一些的，如 HW 高温匀染剂、MO 乳化剂[1]等。

② 主光亮剂　它对镀层有很好的出光和整平效果。主光亮剂主要是芳香醛和芳香酮，还有杂环化合物类，如吡啶类化合物等。芳香醛类有洋茉莉醛、邻氯苯甲醛和香草醛等；芳香酮类有亚苄基丙酮、2-羟基亚苄基丙酮、苯乙酮和二亚苄基丙酮等；杂环化合物类有 2-苯酰吡啶、3-氨基吡啶和 3-苯酰吡啶等，常用主光亮剂是亚苄基丙酮。

5.5.4　工艺规范的影响

(1) 镀液温度

氯化铵镀锌溶液最适宜的温度是 $15\sim35℃$。温度与添加剂质量有着密切关系，其组分中影响最大的是载体光亮剂。如果载体光亮剂是平平加，而镀液温度最高可达到 $38℃$[1]，如温度再升高平平加有可能盐析出来。即使选用质量好的光亮剂，其镀液温度也不宜超过 $45℃$。

(2) 电流密度

一般情况下，挂镀的阴极电流密度为 $0.5\sim2.5A/dm^2$，滚镀则为 $0.5\sim0.8A/dm^2$。因为滚镀的特殊情况，电流密度非常不均匀，贴近滚筒壁的电流密度很大，越接近滚筒中心区的电流密度越小，所以其平均电流密度就要小些，以避免镀层烧焦。阴极电流密度与镀液浓度、温度、添加剂质量、阴极是否移动以及滚筒转速等因素有关。一般情况下，镀液中锌离子浓度高、镀液温度高、载体光亮剂加得多、有阴极移动、滚筒转速高等，允许的阴极电流密度大些。在允许的情况下，电流密度应尽量在上限值为好，这样不但能提高生产效率，而且还能使镀层均匀性好。

(3) 阴极移动

阴极移动可以提高阴极电流密度，从而提高沉积速度和镀层均匀性，也可防止镀层烧焦现象。阴极移动速度一般为 $10\sim12$ 次/分，移动距离为 $100\sim150mm$。滚筒的转速一般为 $6\sim8r/min$，如转速过快，因锌镀层软易磨损，就显得锌镀层沉积慢；转速过慢，电流密度开不大。

(4) pH 值

氯化铵镀锌溶液的 pH 值通常为 $5.5\sim6.5$。对 pH 值要求不太严格，因为镀液中有配位剂氯化铵，即使 pH 值高一些，锌也不会形成氢氧化锌沉淀。在电镀过程中 pH 值会逐渐升高，当 pH 值升到 6.8 时就不再上升了，这主要是氯化铵在起缓冲作用。镀液接近中性，会降低镀液对锌阳极的化学溶解速度，这样锌离子浓度就不容易上升。

(5) 阳极

阳极建议采用 0 号锌板，滚镀的阳极可以直接用锌碇。阳极面积可以大些，一般情况下，阳极面积：阳极面积＝$(1.5\sim2):1$。最好将锌极板用耐碱的涤纶阳极隔离框（或袋）隔离起来，以避免阳极泥渣进入镀液。

5.5.5　杂质的影响及处理方法

氯化铵镀锌溶液中杂质的影响及处理方法见表 5-17。

表 5-17　杂质的影响及处理方法

杂质	杂质的影响及处理方法
铅和铜杂质	氯化铵镀锌溶液的杂质主要是铜和铅，铜杂质可使镀层发黑，铅杂质可降低电流效率和覆盖能力，甚至露底。铜杂质的来源是氯化锌和锌阳极中杂质带入镀液，铜杂质还来自阴极棒和阳极棒（氯化铵镀液对铜腐蚀严重，极棒上腐蚀产物——铜绿掉落镀液中）、锌板挂钩和挂镀件的铜钩。杂质多了，降低电流效率和覆盖能力，影响镀层结晶、光亮度下降和钝化膜易变色。铅、铜杂质可用锌粉处理，加入锌粉即它们置换反应，将沉淀的铜粉和铅粉立即过滤除去；最有效的办法还是长时间电解处理，直致镀层正常为止

续表

杂质	杂质的影响及处理方法
铁杂质	杂质的来源,一是镀件掉落镀槽中未及时取出,而发生化学溶解;二是前处理浸蚀后没有彻底洗尽而带入镀槽。影响较大是二价铁,它能降低电流密度的上限允许值,尤其在滚镀时更为突出,贴近滚筒壁的镀层容易烧焦,这就是产生所谓的滚筒眼子黑印。铁杂质的去除方法参见本章 5.4.5 氯化钾镀锌溶液中铁杂质的去除方法

5.6　硫酸盐镀锌

传统的硫酸盐镀锌溶液成分简单,成本低廉,导电性好,可采用较大电流密度,电流效率高,沉积速度快,并且镀层不需钝化等。但由于镀液中只使用简单锌盐,不含配位剂,其分散能力和覆盖能力差,镀层结晶较粗糙。因此只适用于形状简单的零件如钢丝、钢带、卷板钢、板材和圆钢等的电镀。由于近来硫酸盐镀锌光亮剂的研制取得成功,依靠有机光亮剂在电极上的吸附,能获得整平好、光亮银白的锌镀层。

5.6.1　镀液组成及工艺规范

硫酸盐镀锌的溶液组成及工艺规范见表 5-18。

表 5-18　硫酸盐镀锌的溶液组成及工艺规范

溶液成分及工艺规范	1	2	3	4	5	6
	含量/(mL/L)					
硫酸锌 $(ZnSO_4 \cdot 7H_2O)/(g/L)$	300~400	250~400	250~450	300~450	200~300	250~450
硫酸钠$(Na_2SO_4)/(g/L)$	—	—	20~30	—	30~40	—
硼酸$(H_3BO_3)/(g/L)$	25	25~30	—	20~30	20~30	25
硫锌-30 光亮剂	15~20	—	—	—	—	—
SZ-97 光亮剂	—	15~20	—	—	—	—
DZ300-1 光亮剂	—	—	10~20	—	—	—
ZT-30 光亮剂	—	—	—	14~18	—	—
w 硫锌光亮剂	—	—	—	—	14~18	—
ATS-330 无光型开缸剂	—	—	—	—	—	15~20
S-88 无光型添加剂	—	—	—	—	—	1~2
pH 值	4.5~5.5	4.2~5.2	3~5	4.5~5.5	4.5~5.5	4.5~5.5
温度/℃	10~50	10~45	5~55	10~50	10~50	10~50
阴极电流密度/(A/dm²)(是指带钢竖卧式、平卧式或线材连续电镀时采用的)	10~30(带钢竖卧)	10~30(线材)	1~10(带钢平卧)	20~60(线材)	20~60(带钢竖卧)10~30(带钢平卧)	5~50(带钢平卧)

注:1. 配方 1 的硫锌-30 光亮剂是武汉风帆电镀技术股份有限公司的产品。
2. 配方 2 的 SZ-97 光亮剂是上海永生助剂厂的产品。
3. 配方 3 的 DZ300-1 光亮剂是河北平乡助剂厂的产品。
4. 配方 4 的 ZT-30 光亮剂是厦门宏正化工有限公司的产品。
5. 配方 5 的 w 硫锌光亮剂是武汉长江化工厂的产品。
6. 配方 6 为无光镀锌,ATS-330 无光型开缸剂是武汉艾特普雷金属表面处理材料有限公司的产品,S-88 无光型添加剂是武汉风帆电镀技术股份有限公司的产品。
7. 表中所提出的电流密度是指线材及带钢连续电镀时采用的电流密度。因为硫酸盐镀锌虽然也可用于简单形状零件的镀锌(其硫酸锌含量约 200g/L 左右,挂镀的电流密度一般采用 1~4A/dm²),但应用得不多,因为其他类型的镀锌都优于硫酸盐镀锌,所以电镀一般零件时,一般不会选用硫酸盐镀锌溶液。

5.6.2　镀液中各成分的作用

（1）硫酸锌

硫酸锌是提供镀液中锌离子的主盐。硫酸锌浓度主要影响所采用的电流密度和沉积速度。由于线材、带钢镀锌时为提高产量，一般连续电镀线速度快，要求电镀时间短（仅只有几分钟），所以要求有较大的电流密度，为避免镀层烧焦，这就要求镀液中的锌离子浓度高，硫酸锌含量一般达到 $300\sim400g/L$。不要将硫酸锌浓度控制得太高，以免硫酸锌结晶析出，尤其是在冬季温度低时。如果用于一般零件的镀锌溶液，硫酸锌含量一般在 $200g/L$ 左右，这时可适当加入一些导电盐，以改善镀液的覆盖能力和分散能力。

（2）硫酸钠

硫酸钠是导电盐，用来提高镀液的导电能力，主要用于提高镀液的分散能力和覆盖能力。在普通镀液中镀形状稍微复杂些的零件，可以加一些这类导电盐，一般添加量约为 $15\sim25g/L$。

（3）硼酸

硼酸是镀液 pH 值的缓冲剂，它在 pH 值为 $4\sim5$ 时缓冲性较好。光亮硫酸盐镀锌多用硼酸作缓冲剂。因常温镀液中硼酸的溶解度较低，不能多加，一般硼酸的加入量为 $25\sim30g/L$。

（4）添加剂

硫酸盐镀锌溶液是没有配位剂的简单溶液，如没有添加剂，镀出的将是海绵状黑色的锌粉末。过去常用的添加剂有明胶、糊精、硫脲、有机磺酸盐（如 2,6-或 2,7-萘二磺酸、磺基水杨酸等）、葡萄糖等，这些添加剂虽然能使镀层结晶细致些，但都不是光亮剂，只能获得一般结晶的无光镀层。为获得光亮镀层就需要加入光亮剂。硫酸盐镀锌光亮剂也需由载体光亮剂、主光亮剂和辅助光亮剂三部分组成，目前市场上出售的硫酸盐镀锌的合成的光亮剂可以使用，并能取得较好的效果。

5.6.3　工艺规范的影响

（1）镀液温度

过去硫酸盐镀锌一般是在室温下进行的。现在光亮硫酸盐镀锌工艺，镀液温度要取决于光亮剂的质量。在光亮剂中起主要作用的是载体光亮剂的质量，尤其是它的浊点。只有镀液温度在浊点以下，才能镀出光亮的镀层。现在一些质量好的硫酸盐镀锌光亮剂，其耐温一般在 $50℃$ 以上，镀液温度一般控制在 $10\sim50℃$。

（2）电流密度

在进行线材、带钢镀锌时，为提高产量，就要加快线材、带钢的移动速度，还要缩短镀槽长度，就需要提高阴极电流密度，以加快沉积速度。阴极电流密度要与所采用的镀液组成及槽液温度相适应，对于线材镀锌，电流密度一般选用 $20\sim30A/dm^2$ 比较适宜；平卧式带钢连续电镀时宜不超过 $30A/dm^2$；竖式带钢连续电镀时可达到 $20\sim60A/dm^2$，宜不超过 $40A/dm^2$。电流密度过高，无论对镀液或导电结构等都有较高的要求，故不宜过高。但可在不让镀层烧焦的前提下，尽可能采用较大的电流密度。为便于计算，表 5-19 中列出了线材连续电镀时的电流参考值。

表 5-19　线材连续电镀时的电流参考值[3]

线材直径/mm	镀槽长度/m	线材行进速度/(m/min)	单线电流/A
$0.2\sim1.0$	$10\sim12$	$20\sim40$	$50\sim200$

线材直径/mm	镀槽长度/m	线材行进速度/(m/min)	单线电流/A
1.2~2.0	10~12	15~23	120~200
2.2~3.0	10~12	15~22	150~160
3.0~4.0	12~14	18~25	180~300
4.5~6.0	12~14	18~26	200~350

（3）pH 值

硫酸盐镀锌溶液 pH 值大致为 3.0~5.5。pH 值过高，锌离子要形成氢氧化锌而沉淀；pH 值过低，电流效率降低。pH 值与所采用的电镀方式和电流密度有关。按下列情况考虑选用。

① 一般形状简单零件的挂镀或滚镀，所采用的电流密度小，pH 值可适当高一些，这样电流效率也较高。

② 电镀线材和平卧式带钢连续镀锌，电流密度在 20~30A/dm² 时，pH 值可选取 4.2~5.2。

③ 竖式带钢连续镀锌，电流密度可达到 20~60A/dm²，pH 值要适当低一些，可选在 3.5~4.5。

5.7　除氢处理

除氢是指金属制件在一定温度下加热或采用其他处理方法以驱除金属内部吸入氢的过程。

零件在阴极电化学除油、浸蚀及镀锌过程中析出氢，除一部分成为氢气放出外，还有一部分是以氢原子形式渗入镀层和零件基体金属的晶格中去，造成晶格扭歪，内应力增大，使镀层和零件产生脆性，也称为氢脆。消除氢脆，一般在镀锌后进行。

除氢一般采用热处理方法，使氢逸出。除氢效果与处理温度和时间有关。温度高，时间长，除氢效果好。除氢通常在烘箱内进行，温度为 200~230℃，时间约 2~3h。除氢温度应取决于零件的基体材料，渗碳件和锡焊件的除氢温度一般为 140~160℃，保温 3h。

弹簧零件、薄壁零件（厚度在 0.5mm 以下）以及机械强度要求较高的钢铁零件，一般都应进行除氢处理。

镀锌的除氢处理应在钝化处理前进行，除氢后钝化处理若有困难，可在钝化前进行活化，例如可在 10%（质量分数）以下的硫酸溶液中活化。

5.8　锌镀层钝化处理

5.8.1　概述

化学钝化是指用含有氧化剂的溶液处理金属制件或镀层，使其表面形成很薄的钝态保护膜的过程。

锌是一种化学性质很活泼的金属，锌镀层如不进行钝化处理，镀层很快被腐蚀，并出现白色腐蚀产物。所以镀锌后要进行钝化处理，虽然钝化膜很薄（彩色钝化膜一般不超过 0.5μm，白色和蓝白色钝化膜更薄），但经彩色钝化后，其耐腐蚀能力要比未经钝化处理的提高 6~8 倍。锌镀层钝化处理，能得各种鲜艳的颜色，不但提高耐蚀性能，还提高其装饰性。所以，锌镀层除特殊用途外（如用作涂料底层、线材及带钢的镀锌），一般镀锌后都需进行钝化处理。

锌镀层的六价铬钝化处理工艺应用非常广泛，它有许多优点：有很高的耐蚀性，自我修复的自愈能力强，容易得到多色调的钝化膜，钝化液组分简单，工艺维护与管理简单，而且原材料来源广泛。但是六价铬是强致癌物，对环境与人体健康存在严重的危害性。因此，应尽可能采用非六价铬钝化工艺，如一时替代不了，可采用低铬或超低铬钝化工艺。

5.8.2　锌镀层钝化处理方法

（1）锌镀层钝化膜的质量要求

电镀企业对锌镀层钝化膜的质量指标要求如下。

白色钝化：24~48h（耐中性盐雾试验，NSS，下同）。

蓝色钝化：48~72h（滚镀＞48h，挂镀＞72h）。

彩色钝化：72~96h（滚镀＞72h，挂镀＞96h）。

黑色钝化：72~144h（滚镀＞72h，挂镀＞144h）。

（2）钝化处理方法

锌镀层的钝化处理方法很多，依据钝化溶液的成分可分为：铬酸盐钝化、三价铬钝化、无铬钝化等。锌镀层钝化处理方法，如图 5-1 所示。

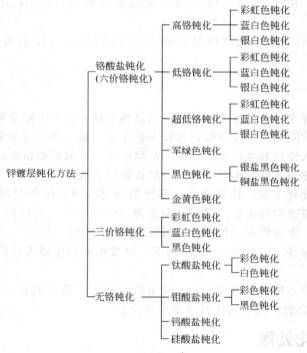

图 5-1　锌镀层钝化处理方法

（3）锌镀层钝化处理工艺流程

锌镀层钝化处理工艺流程，如图 5-2 所示。由于各种产品对锌镀层的质量要求、生产中所采用镀锌溶液的组成和工艺规范等的不同，以及生产工艺也在不断改善，所以所采用的钝化工艺及操作条件也会有所不同，故图 5-2 中所示的钝化处理工艺流程供参考。

5.9　锌镀层铬酸盐钝化

5.9.1　铬酸盐钝化机理

铬酸盐钝化是在含有铬酸的溶液中进行的。依钝化液中含铬浓度的不同，可分为高铬钝化、中铬钝化、低铬钝化和超低铬钝化等。

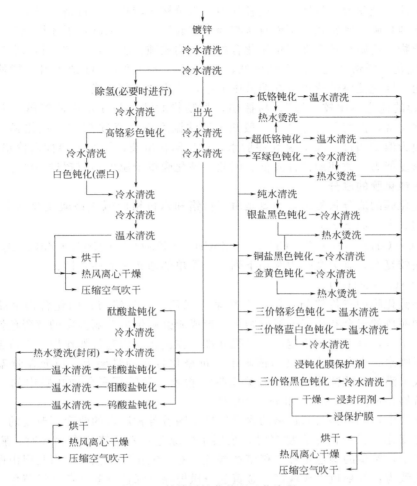

图 5-2　锌镀层钝化处理工艺流程

（1）彩色钝化膜的形成机理

① 高铬钝化　锌镀层在酸性介质中会起化学反应。它与钝化液中的铬酸会发生氧化还原反应。锌为还原剂，铬酸为氧化剂，将铬酸还原为三价铬，其反应如下。

a. 在酸性较强的高铬钝化液中，六价铬主要以 $Cr_2O_7^{2-}$ 的形式存在，这时其反应式如下：

$$Cr_2O_7^{2-}+3Zn+14H^+\longrightarrow3Zn^{2+}+2Cr^{3+}+7H_2O$$

b. 在酸性较弱的低铬和超低铬钝化液中，六价铬主要以 CrO_4^{2-} 的形式存在，这时其反应式如下：

$$2CrO_4^{2-}+3Zn+16H^+\longrightarrow3Zn^{2+}+2Cr^{3+}+8H_2O$$

由于锌镀层与铬酸之间的反应，要消耗大量氢离子，使锌镀层与溶液界面层中酸性减弱，pH 值升高。当 pH 值上升到一定值时，例如到 3 以上时[3]，就会在界面上形成凝胶状的钝化膜。

由于高铬钝化溶液中酸度很高，在溶液与锌镀层之间发生反应，虽然 pH 值上升，也无法达到形成凝胶状钝化膜时的 pH 值 3 以上的。因此，在高铬钝化溶液中是不能形成钝化膜的，只有当钝化零件离开钝化液，并在零件表面上黏滞有钝化液，在空气中停留一段时间后，由于氧化还原反应还在继续进行，消耗掉的氢离子无法再像在溶液中得到补充，锌镀层表面上的 pH 值迅速上升，达到一定 pH 值后，就在其表面上形成一层凝胶状的钝化膜。当刚形成钝化膜时，因膜层薄，钝化液与锌镀层反应较强烈，六价铬多转化为三价铬，当反应继续进行，因为已隔了一层钝化膜，则钝化液不能直接与锌镀层起反应，大大减弱了还原反应，这时就形成了六价铬化合物，而附着填充在三价铬化合物上，构成钝化膜，称为"气相成膜"。

② 低铬钝化　低铬钝化液由于酸度低，由于化学反应致使 pH 值上升，能使其达到钝化成膜的范围内，因此低铬钝化可以在溶液中成膜，称为"液相成膜"。

③ 未干燥的钝化膜比较"嫩"，易擦伤，凝胶状的钝化膜在水中能溶解，尤其是在热水中，所以热水清洗，温度不宜过高，一般热水清洗温度不宜超过 65℃。钝化膜的烘干温度也不宜过高，因为温度超过 75℃，钝化膜脱水，产生网状龟裂；同时可溶性六价铬转为不溶性，使膜失去自修复能力，致使耐蚀性降低。因此，钝化膜烘干温度不应超过 70℃。

（2）彩色钝化膜的成分

锌镀层钝化膜的成分很复杂，主要是由三价铬和六价铬的碱式铬酸盐及其水化物所组成。钝化膜的结构式大致如下[1]：

$Cr_2O_3 \cdot Cr(OH)CrO_4 \cdot Cr_2(CrO_4)_3 \cdot ZnCrO_4 \cdot Zn_2(OH)_2CrO_4 \cdot Zn(CrO_2)_2 \cdot xH_2O$

上述写法较复杂，有关文献中常用下列一个简单的通式来表述，即：

$Cr_2O_3 \cdot CrO_3 \cdot xH_2O$

在锌镀层钝化膜中三价铬与锌的化合物呈蓝绿色，六价铬与锌的化合物呈赭红色或棕黄色。由于不同颜色的组合和相互干扰的结果，形成彩虹鲜艳的美丽多彩的锌彩色钝化膜。三价铬化合物不溶于水，具有较高稳定性，且强度高，在钝化膜中起骨架作用。六价铬化合物易溶解于水，它靠吸附、夹杂和化学键力依附于三价铬化合物的骨架上，填充在骨架内的空间部分，使之构成丰满完整的钝化膜。据有关文献[3]报道，锌镀层彩色钝化膜中的三价铬含量为 28.2%，六价铬含量为 8.68%，水分占 19.3%。

彩色钝化膜中，三价铬与六价铬的含量比例是随着各种因素的改变而改变的，因而钝化膜的色彩也随之变化。三价铬化合物多时，膜层呈偏绿色；六价铬化合物多时，膜层则呈紫红色。实际生产中，希望的颜色是彩虹稍带黄绿色。对于钝化膜的色彩，当膜层由厚变薄时，色彩的变化可大致为：红褐色→玫瑰红→金黄色→橄榄绿→绿色→紫红色→浅黄色→青白色。质量好的钝化膜应是完整呈光亮五彩色的。

（3）彩色钝化膜的自修复功能

彩色钝化膜还具有自修复功能，当钝化膜受到损伤时，在有一定湿度的空气中，六价铬化合物能溶于水，溶于膜层表面凝结的水分中生成铬酸，能继续与锌层起氧化还原反应，再次形成钝化膜，即所谓的自愈功能，抑制受损部位锌镀层的腐蚀。

（4）高铬钝化与低铬钝化的不同点

从上述锌镀层彩色钝化膜形成机理等的分析，可以归纳高铬钝化与低铬、超低铬钝化的不同点，如表 5-20 所示。

表 5-20　高铬钝化与低铬、超低铬钝化的不同点

高铬钝化	低铬、超低铬钝化
高铬彩色钝化膜是在空气中形成的,钝化膜厚度取决于在空气中的停留时间,停留时间长,膜层厚,反之则膜层薄	低铬和超低铬彩色钝化膜,则是在溶液中形成的,钝化时间长,膜层厚
高铬彩色钝化所获得的钝化膜的厚度薄些,这是因为高铬钝化是在空气中成膜的,由于零件表面上所沾黏的溶液是有限的,而且还有一部分流淌掉,溶液没有后备的补充来源,所以获得的钝化膜薄些	低铬和超低铬钝化膜是在溶液中形成的,钝化时间可长些,膜层就厚些,而且钝化膜厚度要比高铬钝化形成的膜层厚
高铬钝化溶液黏滞度较高,扩散性和渗透性都不及低铬和超低钝化溶液好,因而其膜层致密要差些	低铬和超低铬钝化膜膜层致密要好些

续表

高铬钝化	低铬、超低铬钝化
高铬钝化膜中的六价铬含量要比低铬和超低铬钝化膜的高。如高铬钝化在空气中搁置时间为10s(当气温为30℃)时,钝化膜中六价铬含量(与总铬量之比)为25%(质量分数)左右;30s时则为55%左右[1]	低铬和超低铬钝化膜中的六价铬含量要比高铬钝化膜的低。在低铬钝化(CrO₃为5g/L)溶液中浸渍10s,六价铬含量(与总铬量之比)为15%(质量分数)左右;30s时则为16%左右。在超低铬钝化(CrO₃为3g/L)溶液中浸渍10s,六价铬含量为5%(质量分数)左右;30s时为15%左右;60s则时为20%左右[1]
高铬钝化液对锌镀层溶解速度快,并具有好的化学抛光能力,所以钝化前不需再进行出光	低铬和超低铬钝化液对锌镀层溶解速度慢,仅能形成钝化膜,而没有化学抛光能力,所以在钝化前需要再进行出光(用体积分数为2%~3%的稀硝酸溶液)

备注	实践证明,在低铬钝化液中形成的钝化膜层,耐磨性要比高铬钝化形成的钝化膜好。这可能与钝化膜中六价铬和三价铬含量有关,在低铬钝化的膜层中三价铬含量要比高铬钝化膜高得多,三价铬化合物硬度较高,所以耐磨性也较好

5.9.2　高铬酸盐钝化

(1) 彩色钝化

① 溶液组成及工艺规范　高铬彩虹色钝化溶液一般由铬酐、硫酸和硝酸等组成。高铬彩色钝化的溶液组成及工艺规范见表 5-21。

表 5-21　高铬彩色钝化的溶液组成及工艺规范

溶液成分及工艺规范		1	2	3
		含量/(g/L)		
铬酐(CrO₃)		150~180	180~250	250~300
硫酸(H₂SO₄)d=1.84		5~10	5~10	15~20
硝酸(HNO₃)d=1.41		10~15	30~35	30~40
温度/℃		室温	室温	室温
时间/s	在溶液中	10~15	5~15	5~10
	在空气中	5~10	5~10	5~10

② 钝化液中各成分的作用

a. 铬酐。铬酐溶于水生成铬酸,它是形成钝化膜的主要成分。它是一种强氧化剂,除了能形成钝化膜外,在溶液中还能起化学抛光作用。铬酐含量越高,化学抛光性能越好。

b. 硫酸。它是钝化成膜的促进剂,有加速成膜的作用,并能促使钝化膜层与锌镀层基体结合牢固,如没有足够硫酸,钝化膜易脱落。

c. 硝酸。它是一种强氧化性的酸,在钝化液中主要起化学抛光作用,它能使锌镀层微观凸起处优先溶解,光泽性增强。但硝酸含量不宜过高,否则会加速钝化膜的溶解,使膜减薄,同时使膜层与锌镀层附着不牢,容易脱落。

(2) 白色钝化

高铬的白色钝化,需要经过两道工序完成,即先经过高铬彩色钝化,再在漂白处理的溶液中,将彩色钝化膜中的六价铬化合物溶解掉,以除去彩色膜,而三价铬化合物与锌镀层结合,使锌镀层钝化膜呈现出蓝白色或银白色。实际上是将已经形成的保护性能较高的彩色钝化膜变成保护性能较差的钝化膜,其目的是为追求外观。如无特殊外观要求,一般不使用白色钝化。它只适用于要求不高的日用小五金产品和轻工产品。其溶液组成及工艺规范见表 5-22。

表 5-22 彩色钝化膜的白色钝化处理的溶液组成及工艺规范

溶液成分及 工艺规范	1	2	3	4	5	6
	含量/(g/L)					
铬酐(CrO_3)	150～200	7～10	1.5～2	—	—	—
碳酸钡($BaCO_3$)	1～6	0.2～0.5	1～1.5	—	—	—
硝酸(HNO_3)$d=1.41$	—	—	0.5	—	—	—
氢氧化钠($NaOH$)	—	—	—	10～20	—	—
硫化钠(Na_2S)	—	—	—	—	10～20	—
硫化钙(CaS)	—	—	—	—	3～7	40～50
温度/℃	室温	室温	82～90	室温	室温	室温
时间/s	10～20	20	15～30	10～30	10～30	3～5
钝化膜颜色	银白色	银白色	银白色	银白色	蓝白色	蓝白色

5.9.3 低铬酸盐钝化

低铬钝化溶液中的铬酐含量一般为 3～5g/L，能钝化出色泽艳丽的膜层，甚至能与高铬钝化出来的膜层相媲美，据有关文献报道以及耐盐雾试验的对比情况可知，低铬彩色钝化膜的耐腐性能与高铬彩色钝化膜相当。但由于低铬彩色钝化的溶液几乎没有化学抛光作用，所以，在低铬钝化前需进行出光处理。出光处理一般采用 3%～5%（体积分数）的硝酸，或 30～50mL/L 的硝酸（$d=1.41g/cm^3$）和 5～10mL/L 的盐酸（$d=1.19g/cm^3$），温度均为室温，时间均为数秒钟。

(1) 彩色钝化

① 溶液组成及工艺规范 低铬彩色钝化的溶液组成及工艺规范见表 5-23。市售商品低铬彩色钝化剂的处理工艺规范见表 5-24。

表 5-23 低铬彩色钝化的溶液组成及工艺规范

溶液成分及 工艺规范	1	2	3	4	5	6
	含量/(mL/L)					
铬酐(CrO_3)	5g/L	5g/L	2～4g/L	3g/L	—	—
重铬酸钠($Na_2Cr_2O_7$)	—	—	—	—	4g/L	3～5g/L
65%硝酸(HNO_3)	3	3	—	—	—	0.3～0.5
98%硫酸(H_2SO_4)	0.3	0.4	0.2～0.4	—	0.1～0.15	0.3～0.5
36%盐酸(HCl)	—	—	2～3	—	—	—
硝酸钠($NaNO_3$)	—	—	—	3g/L	—	—
氯化钠($NaCl$)	—	—	—	—	4～5g/L	—
硫酸钠(Na_2SO_4)	—	—	—	1g/L	—	—
醋酸(CH_3COOH)	5	—	—	—	—	—
高锰酸钾($KMnO_4$)	—	0.1g/L	—	—	—	—
pH 值	0.8～1.3	0.8～1.3	1.2～1.8	1.6～1.9	1.4～1.8	1.5～1.7
温度/℃	室温	室温	室温	室温	室温	室温
时间/s	5～8	5～8	5～20	10～30	15～40	30～50

表 5-24　市售商品低铬彩色钝化剂的处理工艺规范

钝化剂名称及型号	处理工艺规范				备　注
	含量/(mL/L)	pH 值	温度/℃	时间/s	
BH-55 镀锌彩钝剂	20	1～1.5	室温	浸渍 10～15 空中 5～15	广州市二轻工业科学技术研究所的产品
LP-93 钝化剂	15～20	0.8～1.3	室温	5～8	上海永生助剂厂的产品
ZN-360 彩锌水	10～35	—	室温	3～10	广州美迪斯新材料有限公司的产品
P-Z1 钝化剂	5～20	1.4～1.8	20～40	5～40	杭州东方表面技术有限公司的产品
AD-D994 钝化剂	钝化剂 4 硝酸 4	1.5～2	室温	20～100	开封安迪电镀化工有限公司的产品
ATG-09 钝化剂	15～20	0.8～1.5	室温	浸渍 10～20 空中 5～10	武汉艾特普雷金属表面处理新材料有限公司的产品

② 钝化液中各成分的作用

a. 铬酐和重铬酸钠。它们都能提供六价铬（形成钝化膜的主要成分），钝化溶液中铬酐含量在 5g/L 左右时，所获得的钝化膜中总铬含量最高，钝化膜最厚。因此，低铬彩色钝化溶液中铬酐含量以 3～5g/L 为最合适。

b. 硝酸和硝酸钠。硝酸对锌能起一定的抛光作用，还能起调节 pH 值的作用，钝化液中硝酸含量较低。硝酸钠只能对钝化膜的光亮度有一定帮助。

c. 硫酸和硫酸钠。硫酸的作用：作为钝化膜成膜促进剂；同时还能提高钝化膜的结合力；再则能降低钝化液的 pH 值。硫酸钠的作用与硫酸差不多，它也能促进钝化膜的形成和提高钝化膜的结合力。因它不含氢离子，不能用来调节 pH 值，适宜在较低含铬量及超低铬钝化液中应用。

d. 醋酸。醋酸是一种弱酸，它在钝化液中能起到调节 pH 值的作用。有利于保持钝化液 pH 值的相对稳定。钝化液不加它也能保持正常生产，但对钝化技术不太熟练的操作工来说，加入醋酸可保持钝化液稳定，减少调整的频度。

e. 高锰酸钾。它是一种强氧化剂，在钝化液中能将三价铬氧化成六价铬。而钝化膜组成与钝化液中的成分有密切关系，六价铬含量高了，钝化膜红色成分多。所以高锰酸钾的加入，能使钝化膜外观偏红色。

f. 盐酸。盐酸给钝化液带来 Cl^-，Cl^- 和 SO_4^{2-} 都能与 CrO_3 配制成低铬彩色钝化液，都能获得比较鲜艳的彩色钝化膜层。两者结合使用最好，不仅成膜快，结合力好，而且膜层更加鲜艳美观。

③ 钝化后的热水烫洗，即热水封闭。钝化后即可进入热水封闭，热水中加入 $CrO_3 0.5$～1g/L，温度可达到 85℃，烫洗后进行烘干。也可不进行热水封闭，只能采用温水洗（不超过65℃），然后进行烘干。

(2) 低铬一次性蓝白色钝化

① 低铬一次性蓝白色钝化的成膜机理[1]　从低铬一次性蓝白色钝化溶液组成来看，其总酸度并不比高铬三酸钝化溶液低，而且钝化液所含的铬离子浓度很低。因此，不能在溶液中成膜，只有当零件离开钝化液表面后，仅靠黏附在零件表面上的钝化液与锌镀层起反应，形成膜层。由于溶液稀而带出的溶液有限，这样本来数量就很少的六价铬在反应过程中几乎全部还原成了三价铬，由于三价铬带蓝色，所以与锌镀层化合后，膜层呈现出蓝白色。

低铬一次性蓝白色钝化膜的质量，无论外观和耐腐蚀性能都不比高铬二次白钝化膜差。一般蓝白色钝化膜的耐腐蚀性能要比银白色钝化膜层高，这是因为蓝白色钝化膜层的三价铬含量要比银白色钝化膜层多得多。

② 低铬一次性蓝白色钝化的溶液组成和工艺规范　低铬一次性蓝白色钝化的溶液组成和工艺规范见表 5-25。市售商品低铬蓝白色钝化剂的处理工艺规范见表 5-26。

低铬蓝白色钝化后一般进行热水烫洗（封闭），热水中加入 CrO_3 0.2～0.5g/L，温度可达到 85℃，然后进行干燥。如不采用热水封闭，只能用不超过 65℃的温水清洗。

表 5-25　低铬一次性蓝白色钝化的溶液组成和工艺规范

溶液成分及工艺规范		1	2	3	4	5
		含量/(mL/L)				
铬酐(CrO_3)		2～5g/L	2～5g/L	2～5g/L	2～5g/L	3～5g/L
三氯化铬($CrCl_3 \cdot 6H_2O$)		0～2g/L	0～2g/L	—	2～5g/L	1～2g/L
65%硝酸(HNO_3)		30～50	30～50	10～30	30～50	30～50
98%硫酸(H_2SO_4)		10～15	10～15	3～10	10～15	10～15
36%盐酸(HCl)			10～15			
30%氢氟酸(HF)		2～4		2～4		
氟化钠(NaF)		—	2～4g/L		2～4g/L	2～4g/L
温度/℃		室温	室温	室温	室温	室温
时间/s	在溶液中	5～10	2～10	5～20	2～10	5～8
	在空气中	5～15	5～15	5～10	5～15	5～10

表 5-26　市售商品低铬蓝白色钝化剂的处理工艺规范

钝化剂名称及型号	处理工艺规范			备注
	含量/(mL/L)	温度/℃	时间/s	
ZN-350 蓝锌水	ZN-350　10～35 68%硝酸　10～35	室温	10～30	机械或压缩空气搅拌 广州美迪斯新材料有限公司的产品
ZG-205 固体钝化剂	ZG-205　6～8g/L 68%硝酸　5～8	室温	溶液中 12～15 空气中 5～10	武汉材料保护研究所电镀技术生产力促进中心的产品
BH 镀锌高耐蚀蓝钝剂	BH　10～15 pH 值 1.5～1.7	室温	8～15	广州市二轻工业科学技术研究所的产品
蓝白色钝化剂 A 蓝白色钝化剂 B	A 4g/L B 4g/L 硝酸　6 pH 值 1.5～3	20～35	溶液中 5～15 空气中 5～10	武汉风帆电镀技术股份有限公司的产品
PZ-2 钝化剂	PZ-2　3～6g/L 硝酸　10～25 pH 值 0.8～1.2	室温	溶液中 5～10 空气中 5～10	杭州东方表面技术有限公司的产品
AD-D998A AD-D998B	A 4～8g/L B 4g/L 硫酸　6 pH 值 1.5～3	20～35	溶液中 5～15 空气中 5～10	开封安迪电镀化工有限公司的产品

（3）银白色钝化

低铬银白色钝化溶液成分简单，一般由铬酐和碳酸钡等组成。低铬银白色钝化膜非常薄，只有极微量的六价铬渗入锌镀层的表面晶格中，因此不会呈现出彩色和银色。钝化液中加入碳酸钡的目的是不让钝化液中存在硫酸根，使溶液中的硫酸根形成硫酸钡沉淀而除掉。因为硫酸根是成膜促进剂，从而形成铬酸盐彩色钝化膜，而银白色钝化膜不能有一点色彩。由于低铬银白色钝化膜中的含铬量比低铬蓝白色钝化膜低得多，故低铬银白色钝化膜的耐腐蚀性能要比低铬蓝白色钝化膜低。

低铬银白色钝化的最后一般进行热水烫洗（封闭），热水中加入 $CrO_3 0.1g/L$，然后进行热风离心干燥或压缩空气吹干。

低铬银白色钝化的溶液组成和工艺规范[1]见表 5-27。

市售商品低铬银白色钝化剂的处理工艺规范见表 5-28。

表 5-27　低铬银白色钝化的溶液组成和工艺规范

溶液成分及工艺规范	1	2	3
铬酐(CrO_3)/(g/L)	15	8	2～5
碳酸钡($BaCO_3$)/(g/L)	0.5	0.5	1～2
65％硝酸(HNO_3)/(mL/L)	—	—	0.5
温度/℃	室温	80	80～90
时间/s	15～35	15	15

表 5-28　市售商品低铬银白色钝化剂的处理工艺规范

钝化剂名称及型号	处理工艺规范			备　注
	含量/(mL/L)	温度/℃	时间/s	
ZN-390 白锌水	ZN-390　20～30	室温	5～10	机械或压缩空气搅拌 广州美迪斯新材料有限公司的产品
PZ-4 钝化剂	PZ-4 4g/L 硝酸　1～2	30～70	10～40	杭州东方表面技术有限公司的产品
AD-D997	AD-D997　10g/L 硝酸　3～7.5	室温	5～8	开封安迪电镀化工有限公司的产品

5.9.4　超低铬酸盐钝化

（1）超低铬彩色钝化

超低铬彩色钝化溶液中的铬酐一般为 1～2g/L。超低铬彩色钝化膜的耐腐蚀性，从盐雾试验的结果看，不比高铬彩色钝化膜差。而超低铬彩色钝化成膜时间较长，需要 30～60s，适宜于机械化自动化线或半自动线生产。因为超低铬彩色钝化溶液本身没有化学抛光能力，钝化前需对锌镀层进行出光处理。出光溶液一般采用 3％～5％（体积分数）的硝酸溶液，在室温下进行，出光时间一般很短，在自动线上生产，一般保证不了，可以降低硝酸含量，如采用 1％～1.5％（体积分数）的硝酸溶液，适当延长出光时间。

超低铬彩色钝化后可直接进入热水烫洗（热水封闭），热水中加入 $CrO_3 0.5～1g/L$，温度可达到 85℃，烫洗后进行烘干。

超低铬彩色钝化的溶液组成和工艺规范见表 5-29[1]。

表 5-29　超低铬彩色钝化的溶液组成和工艺规范

溶液成分及工艺规范	1	2	3	4	5
	含量/(g/L)				
铬酐（CrO_3）	1.2～1.7	1.2～1.7	1.5～2	1～2	2
98%硫酸（H_2SO_4）	—	—	0.3～0.4 mL/L	0.3～0.5 mL/L	—
65%硝酸（HNO_3）	0.4～0.5 mL/L	0.4～0.5 mL/L	0.5～1 mL/L	0.4～0.5 mL/L	—
36%盐酸（HCl）	—	—	—	0.2～0.5 mL/L	—
98%醋酸（CH_3COOH）	—	4～6 mL/L	—	—	—
硫酸钠（Na_2SO_4）	0.3～0.5	0.4～0.54	—	—	—
氯化钠（NaCl）	0.3～0.4	0.3～0.4	—	—	—
硝酸钠（$NaNO_3$）	—	—	—	—	2
硫酸镍（$NiSO_4 \cdot 6H_2O$）	—	—	—	—	1
pH 值	1.6～2.0	1.5～2.0	1.5～1.6	1.6～2.0	1.4～2.0
温度/℃	15～40	10～14	15～35	15～35	15～35
时间/s	30～60	30～60	20～30	30～60	10～30

(2) 超低铬蓝白色钝化和银白色钝化

市售商品超低铬蓝白色钝化剂的处理工艺规范见表 5-30。

市售商品超低铬银白色钝化剂的处理工艺规范见表 5-31。

超低铬蓝白色钝化后一般进行热水烫洗（封闭），热水中加入 CrO_3 0.2～0.5g/L，温度可达到 85℃；而超低铬银白色钝化热水烫洗（封闭），热水中加入 CrO_3 0.1g/L，然后进行热风离心干燥或压缩空气吹干。

表 5-30　市售商品超低铬蓝白色钝化剂的处理工艺规范

钝化剂名称及型号	处理工艺规范			备　注
	含量/(mL/L)	温度/℃	时间/s	
GR-10	GR-10　6～10g/L 浓硝酸　10～15	20～40	溶液中 5～10 空气中 3～5	武汉风帆电镀技术股份有限公司的产品
WX-1 蓝白粉	WX-1　2g/L 65%硝酸　10	室温	溶液中 7～15 空气中 7～15	上海永生助剂厂、无锡钱桥助剂厂的产品
WX-8 蓝绿粉	WX-8　2g/L 65%硝酸　5	室温	溶液中 10～30 空气中 5～12	钝化膜呈蓝绿色 无锡钱桥助剂厂产品
WX-9 纯蓝粉	WX-9　3g/L 65%硝酸　8	室温	溶液中 适宜[①] 空气中 适宜[①]	钝化膜色调更蓝 无锡钱桥助剂厂产品
ATG-07	ATG-07　6～8g/L 浓硝酸　6～8	20～35	溶液中 12～15 空气中 5～10	武汉艾特普雷金属表面处理新材料有限公司产品

① 适宜即钝化时间由操作者掌握，以获得良好质量为准。

表 5-31　市售商品超低铬银白色钝化剂的处理工艺规范

钝化剂名称及型号	处理工艺规范			备　注
	含量/(mL/L)	温度/℃	时间/s	
WX-2 银白粉	WX-2　2g/L 65%硝酸　5	10～40	溶液中 20～40 空气中 7～15	上海永生助剂厂产品
白色钝化剂	白色钝化剂 7g/L 铬酐　0.5～1g/L	20～40	25～40	武汉风帆电镀技术股份有限公司的产品

5.9.5　军绿色钝化

军绿色钝化又称为橄榄色钝化、草绿色钝化或五酸钝化。膜层外观并不光亮，但光度柔和，典雅美观，膜厚而致密，其耐腐蚀性超过其他颜色的锌镀层钝化膜，一般能通过盐雾试验 360h 左右。军绿色钝化溶液由五种酸（铬酐、磷酸、硝酸、硫酸和盐酸等）组成，实际上军绿色钝化膜是铬酸的彩色钝化膜和锌层磷酸盐的磷化膜结合的产物，主要是由三价铬化合物（呈蓝绿色）与磷化层（呈灰色）相结合而成的凝胶状的钝化膜。

军绿色钝化膜层厚，干燥前非常软嫩，容易擦掉，而且在水中能溶解，钝化后一般只需一道冷水清洗（时间不超过 5s）。如钝化液是采用低铬配方，则钝化后也可以不经水洗直接进入热水烫洗（热水封闭），热水中加入 CrO_3 0.5～1g/L，温度 60～65℃，然后进行烘干（温度不超过 65℃，可采用热风离心干燥、烘干或晾干）。烘干后膜层坚硬，有很好的耐腐蚀性。

军绿色钝化膜应用于军品、纺织机械零件、汽车零件、标准紧固件以及办公用品等。

(1) 溶液组成和工艺规范

军绿色钝化的溶液组成和工艺规范如下：

铬酐（CrO_3）	30～35g/L
85%磷酸（H_3PO_4）	10～15mL/L
65%硝酸（HNO_3）	5～8mL/L
98%硫酸（H_2SO_4）	5～8mL/L
36%盐酸（HCl）	5～8mL/L
pH 值	0.5～2
温度	15～40℃
时间：在溶液中	30～90s
在空气中	30～60s

军绿色钝化前，锌镀层需在 2%～3%（体积分数）的硝酸溶液中进行出光处理。

市售产品的军绿色钝化剂，控制和调整也比较方便，膜层质量也较好。市售军绿色钝化剂的处理工艺规范见表 5-32。

表 5-32　市售商品军绿色钝化剂的处理工艺规范

钝化剂名称及型号	处理工艺规范			备注
	含量/(mL/L)	温度/℃	时间/s	
WX-5A 钝化剂	30	15～35	溶液中 20～50 空气中 10～20	无锡钱桥助剂厂产品 如色泽不够好,可加入 1～2mL/L 调色剂 C
WX-5 钝化剂	100	室温	溶液中 15～90 空气中 5～10	上海永生助剂厂的产品

续表

钝化剂名称及型号	处理工艺规范			备注
	含量/(mL/L)	温度/℃	时间/s	
ZN-380 军绿色钝化剂	100	室温	10～30	机械或压缩空气搅拌 广州美迪斯新材料有限公司的产品
PZ-5 钝化剂	100	室温	溶液中 45～120 空气中 5～10	杭州东方表面技术有限公司产品
ZG-87A 钝化剂	80～100	15～35	溶液中 45～120 空气中 5～10	武汉材料保护研究所的产品
ATG-07 钝化剂	80～100	室温	溶液中 60～90 空气中 10～20	武汉艾特普雷金属表面处理新材料 有限公司产品
绿色钝化剂 钝化剂(E20642) 活化剂(E20643)	钝化剂　84 活化剂　84 水加至 1L	20～32	10～30	轻微搅拌 东莞美坚化工原料有限公司的产品
UL-303 钝化剂	50～90	20～30	溶液中 20～40 空气中 10～60	日本上村工业公司的产品
军绿色钝化剂	10～15g/L pH 值 1～1.5	—	10～15	武汉凤帆电镀技术股份有限公司的 产品

(2) 钝化液中各成分的作用

① 铬酐　铬酸酐是形成军绿色钝化膜的主要物质。钝化溶液中铬酸形成的彩色钝化膜（主要是三价铬化合物，呈蓝绿色）和锌层磷酸盐的磷化膜（呈灰色）相结合，形成军绿色的钝化膜。在这种钝化溶液中铬酐的适宜含量为 30～35g/L。铬酐含量超过 35g/L 时，膜层不均匀，随着铬酐含量增多，结合力下降，色泽也逐渐加深，而成为无光泽的黑色。

② 磷酸　磷酸是形成军绿色钝化膜的必要物质。它能在锌镀层上形成致密的磷化膜层，还能吸附三价铬和六价铬离子，形成交联的铬酸盐钝化膜和磷酸盐膜，两者结合的膜层，厚度增加，这就是具有更优良的防腐蚀性能的军绿色钝化膜。磷酸的适宜含量为 10～15mL/L，低于 10mL/L 时，膜层色泽逐渐转为黑色；高于 15mL/L 时，膜层不均匀。

③ 硫酸　硫酸是军绿色钝化膜的成膜促进剂。硫酸对膜层的形成、膜层的结合力和膜层的厚度都有较大影响。硫酸最佳含量为 6～7mL/L。

④ 硝酸　硝酸对锌镀层能起到一定的氧化和化学抛光的作用。硝酸适宜含量为 5～8mL/L，能获得均匀一致、光度柔和、外观呈现橄榄绿的优良钝化膜。硝酸含量过低，膜层结合力差；含量过高，钝化膜变成土黄色，而且膜层减薄。

⑤ 盐酸　盐酸能提供氢离子，增加钝化溶液的酸度。而且盐酸中的氯离子也是成膜的促进剂，能增加钝化膜的厚度和结合力。

⑥ 钝化剂　现在市场上有一些商品军绿色钝化剂。钝化剂配制的钝化溶液大都比较稳定，比五酸钝化溶液容易控制，而且多是低铬，产生的含铬废水少。需要时可选购商品的军绿色钝化剂，经小槽试验，符合要求时可配槽使用。

(3) 钝化的操作形式

军绿色钝化的生产操作形式很重要，因为其钝化膜层厚，而且干燥前军绿色钝化膜非常嫩，很容易被擦伤。所以，大中零件宜用塑料挂钩或不锈钢挂钩，将零装挂起来进行钝化处理，这样钝化膜不会被擦伤，膜层均匀，色泽和光亮度好。小零件可以放入不锈钢篮子中进行钝化，但装载量不能多，只能在篮底薄薄地摊上一层，不要使零件重叠在一起，以保证钝化质量。

5.9.6 黑色钝化

锌镀层黑色钝化所获得的膜层，外观纯黑乌亮、色泽均匀，耐腐蚀性及耐磨性很好，近些年来使用范围不断扩大。黑色钝化液的配方成分有银盐和铜盐两大类型，银盐黑色钝化又有醋酸薄膜型和磷酸厚膜型两种，它们的特点如表 5-33 所示。

表 5-33　银盐和铜盐黑色钝化的特点

黑色钝化类型		性能及其特点
银盐钝化	醋酸薄膜型	在黑色银盐钝化液中加入醋酸，所获得的钝化膜较薄，其膜层厚度与彩色钝化差不多，称为醋酸薄膜型，早期黑色钝化液多是这种类型的 醋酸薄膜型所获得的钝化膜乌黑光亮、结合力好。但膜层较薄、硬度不高，耐蚀性和耐磨性不够好，钝化液也不够稳定
	磷酸厚膜型	将磷酸加入钝化液中，在锌镀层上除了能形成铬酸盐转化膜外，还能形成磷酸盐转化膜，显著地增加黑色钝化膜的厚度，称为磷酸厚膜型 磷酸厚膜型所获得的钝化膜层厚，乌黑光亮、结合力好，硬度高、耐磨性好，耐蚀性有较大提高，而且溶液比较稳定。所以这种钝化液是目前最好的
铜盐钝化		以硫酸铜作为发黑剂的这类型的黑色钝化，称为铜盐钝化。所获得的膜层的黑度和光亮度都不够好，耐蚀性也较差，只能用作一般要求不高的产品。虽然铜盐钝化的成本较低，目前使用的却较少

黑色钝化液的成膜机理与低铬彩色钝化有相似之处，也是在溶液中成膜的。锌镀层黑色钝化液中铬酐是形成钝化膜的主要原料，它是强氧化剂，硝酸银和硫酸铜是发黑剂。银盐、铜盐在钝化过程中被氧化而生成黑色的氧化银或氧化铜，这些黑色的氧化银或氧化铜嵌入铬酸盐和磷酸盐组成的钝化膜层中，使钝化膜层呈现出黑色。

银盐黑色钝化液必须用纯水配制，钝化前一道水洗也应采用纯水，因为自来水中含有氯离子，氯离子与银离子发生反应生成氯化银沉淀，影响处理质量和溶液的稳定性。铜盐黑色钝化液不一定用纯水配制，用自来水就可以。黑色钝化前，锌镀层用稀硝酸溶液出光。

黑色钝化液如采用低铬配方，则钝化后也可以不经水洗直接进入热水烫洗（封闭），在热水中加入 CrO_3 0.5～1g/L，温度为 60～65℃，然后进行烘干（热风离心干燥、烘干或晾干）。

黑色钝化的溶液组成和工艺规范见表 5-34。

市售商品黑色钝化剂的处理工艺规范见表 5-35。

表 5-34　黑色钝化的溶液组成和工艺规范

溶液成分及工艺规范	银盐黑色钝化			铜盐黑色钝化	
	醋酸薄膜型		磷酸厚膜型	1	2
	1	2			
	含量/(g/L)				
铬酐(CrO_3)	6～10	10～14	18～20	4～6	15～30
98%硫酸(H_2SO_4)	0.5～1.0mL/L	0.5～3mL/L	5～6mL/L	—	—
98%醋酸(CH_3COOH)	40～50mL/L	40～60mL/L	—	—	70～120mL/L
硝酸银($AgNO_3$)	0.3～0.5	0.2～0.4	0.4～1.0	—	—
硫酸铜($CuSO_4 \cdot 5H_2O$)	—	—	—	6～8	30～50
磷酸二氢钠(NaH_2PO_4)	—	—	2～4	—	—
甲酸钠($HCOONa \cdot 2H_2O$)	—	—	—	—	70

续表

溶液成分及工艺规范		银盐黑色钝化			铜盐黑色钝化	
		醋酸薄膜型		磷酸厚膜型	1	2
		1	2			
		含量/(g/L)				
添加剂		—	—	—	3～5	—
pH 值		1.0～1.8	1～2	0.5～1.5	1.2～1.4	2～3
温度/℃		20～30	15～30	15～25	15～35	室温
时间/s	在溶液中	120～180	120～180	30～180	120～180	2～3
	在空气中	—	10～20	10～20	—	15

表 5-35 市售商品黑色钝化剂的处理工艺规范

钝化剂名称及型号	处理工艺规范			备注
	含量/(mL/L)	温度/℃	时间/s	
ZB-89A 黑色钝化剂 ZB-89B 黑色钝化剂	ZB-89A 100 ZB-89B 100 pH 值 1.2～1.7	20～30	溶液中 45 空气中 75	磷酸厚膜型钝化剂 武汉材料保护研究所的产品
ZN-A 钝化剂 ZN-B 发黑剂	ZN-A 60～120 ZN-B 60～120 pH 值 1.2～2.6	23～29	30～60	磷酸厚膜型钝化剂 广州美迪斯新材料有限公司的产品
WX-6A 开缸剂 WX-6B 发黑剂	WX-6A 100 WX-6B 100 pH 值 1.2～1.7	20～35	30～90	磷酸厚膜型钝化剂 无锡钱桥助剂厂的产品
YDZ-3 纯黑剂	YDZ-3 25～30 铬酐 5.5～7.5 pH 值 1～1.3	—	45～60	磷酸厚膜型钝化剂 上海通讯设备厂的产品
CK-836A 黑色钝化剂 CK-836B 黑色钝化剂	CK-836A 80～100 CK-836B 8～10 pH 值 1 左右	7～30	溶液中 30～120 空气中 30 左右	银盐钝化型 开封安迪电镀化工有限公司的产品

5.9.7 金黄色钝化

锌镀层金黄色钝化所获得的膜层，外观酷似黄铜镀层，钝化膜层厚，耐蚀性能要比彩色钝化膜好，抗变色性能比黄铜好。金黄色钝化后的热水烫洗（封闭），参见黑色钝化。

对于大面积的零件，其钝化膜表面上略带些彩色，用清漆罩光，就能消除掉彩色。罩光清漆可用水溶性的丙烯酸乳液或溶剂型自干的丙烯清漆、硝基清漆等。金黄色钝化的溶液组成和工艺规范见表 5-36。

表 5-36 金黄色钝化溶液的组成和工艺规范

溶液成分及工艺规范	1	2	3
	含量/(mL/L)		
铬酐（CrO_3）	3g/L	4～6g/L	—
98%硫酸（H_2SO_4）	0.3	—	—

续表

溶液成分及工艺规范	1	2	3
	含量/(mL/L)		
65％硝酸（HNO₃）	0.7	—	—
黄色钝化剂	—	8～10	—
WX-7 金黄色钝化剂 A	—	—	75
WX-7 金黄色钝化剂 B	—	—	25
pH 值	—	1～1.5	—
温度/℃	室温	—	室温
时间/s	10～30	5～15	20～60

注：1. 配方 2 的黄色钝化剂是武汉凤帆电镀技术有限公司的产品。

2. 配方 3 的 WX-7 金黄色钝化剂 A、B，是无锡钱桥助剂厂的产品。新配槽时加 A 剂 75mg/L，加 B 剂 25mg/L，以后补充时仍按 A 剂 3/4、B 剂 1/4 的量添加。

5.10　三价铬钝化

多年来，锌镀层的钝化几乎都采用铬酸盐钝化，六价铬对人物危害大，而三价铬的毒性仅为六价铬的 1％。由于迄今为止无铬钝化工艺的耐盐雾试验还未完全达到要求，国内外锌镀层钝化，多向三价铬钝化工艺上发展。近年来我国对三价铬钝化工艺的探讨、研究较多，发展较快，取得了很大的成绩。三价铬钝化膜的耐磨性优于六价铬钝化膜，并且附着力好，钝化液较稳定，使用寿命长，耐蚀性能可达到标准要求。市场上已有不少三价铬钝化剂，质量好的三价铬钝化剂的耐蚀性能已达到六价铬钝化剂的耐蚀性能。三价铬钝化处理工艺的特性[25]如下。

① 三价铬钝化处理与无铬钝化处理相比成膜比较容易，工艺较简单、稳定，具有较好的耐蚀性，并可得到不同色彩的钝化膜，成本低廉。

② 相对于铬酸盐钝化，三价铬钝化膜较薄，但膜层不具有自修复能力，为弥补这一缺陷，通常采用封闭处理。

③ pH 值范围窄，钝化处理溶液稳定性较差。

④ 三价铬钝化膜的耐热性比六价铬钝化膜好。

三价铬钝化处理种类有：三价铬彩色钝化、蓝白色钝化和黑色钝化等。

5.10.1　三价铬彩色钝化

三价铬彩色钝化所获得的钝化膜较厚，可达 0.25～1μm，耐蚀性能好。目前三价铬彩色钝化耐盐雾试验性可以达到六价铬彩色钝化工艺水平。而钝化膜外观美丽，具有较好的防护装饰性能，在生产中获得广泛应用。

三价铬钝化膜层通过锌的溶解形成锌离子，使锌镀层表面溶液的 pH 值上升，三价铬离子直接与锌离子、氢氧根等反应，形成不溶性化合物凝结在锌镀层表面，而形成钝化膜。但三价铬钝化无自修复功能，即无自愈能力。现在开发成功的质量好的商品三价铬彩色钝化剂，往往在组分中直接加入封孔剂，克服了它无自愈能力的缺陷，大大提高了镀层的耐蚀性，甚至有的盐雾试验可超过六价铬彩色钝化工艺。

pH 值是三价铬彩色钝化液的重要参数，一般在 2±0.2，pH 值在 1.8～2.2 是钝化膜在溶液中成膜的条件。pH 值低于 1.8，膜层难以形成；pH 值高于 2.2，膜层结合力差，膜层疏松，表面光洁度差。

在常温下，虽然也能形成钝化膜，但膜层薄，耐蚀性差。由于三价铬钝化液的自催性较弱，所以大多数溶液需要加热，以提高反应速率。温度高，膜层厚、耐盐雾性能好；但温度过高，膜层发雾，一般情况下温度宜控制在50℃左右。

三价铬彩色钝化膜形成速度慢，除需加热外，钝化时间也较长。钝化时间与钝化度温度有关，如钝化液温度高，则钝化时间也可适当缩短，一般应控制在30～60s。

三价铬彩色钝化的溶液组及工艺规范参见表5-37。三价铬盐是形成钝化膜的主盐。硝酸盐是氧化剂，与锌镀层反应生成锌离子，促使钝化膜形成。通常用的配位剂有氟化物、铵盐、醋酸盐、柠檬酸盐、酒石酸盐等。

市售商品三价铬彩色钝化剂的处理工艺规范见表5-38。

表 5-37　三价铬彩色钝化的溶液组及工艺规范

溶液成分及工艺规范	1	2	3	4	5
	含量/(g/L)				
硝酸铬[$Cr(NO_3)_3 \cdot 9H_2O$]	60	—	20～30	—	—
氯化铬($CrCl_3 \cdot 6H_2O$)	—	20	—	—	6～8
硫酸铬[$Cr(SO_4)_3$]	—	—	—	20～30	—
配位剂	20	6	—	—	—
硝酸钠($NaNO_3$)	—	7	—	—	6～10
硫酸镍($NiSO_4 \cdot 6H_2O$)	—	3	—	—	—
硫酸铵[$(NH_4)_2SO_4$]	12	—	—	—	—
醋酸(CH_3COOH)	—	8mL/L	—	—	—
氟化钴(CoF_2)	10	—	—	—	—
苯甲酸钠($C_6H_5CO_2Na$)	—	—	—	—	0.3～0.5
甘油($C_3H_8O_3$)	—	—	—	—	0.2～0.3
氧化剂	—	—	3～8mL/L	3～8mL/L	—
CT稀土添加剂	—	—	—	—	0.3～0.6
pH调整剂	—	—	4～6mL/L	4～6mL/L	无机酸调整
pH值	1.0	2.5～3.0	1.5～2.0	1.0～2.0	1.8～2.0
温度/℃	室温	25～35	35～45	室温	50～60
时间/s	60	50～60	30～60	30～60	30～60

注：1. 配方1~4引自参考文献[25]，配方1工艺得到的钝化膜呈黄绿浓彩，色泽浓艳均匀，覆盖度好，钝化膜与镀层的结合力较好。

2. 配方2工艺能获得外观艳丽、光亮、颜色均匀、附着力良好的膜层，中性盐雾试验出白锈时间大于144h。

3. 配方3工艺中的pH调整剂为有机酸，该工艺形成的钝化膜色泽鲜艳、均匀，操作条件范围广，适宜大批量、自动化生产。

4. 配方4工艺中的pH调整剂为多元酸，用于铸件镀锌及酸性镀锌的钝化，能获得外观色泽均匀、色调鲜艳的钝化膜层。

5. 配方5的CT稀土添加剂由江苏宜兴市新新稀土应用技术研究所研制生产。镀层耐蚀性高。

表 5-38　市售商品三价铬彩色钝化剂的处理工艺规范

钝化剂名称及型号	处理工艺规范			备　注
	含量/(mL/L)	温度/℃	时间/s	
WX-3C三价铬彩色钝化剂	100 pH值 1.8～2.3	40～70	30～70	上海永生助剂厂的产品

钝化剂名称及型号	处理工艺规范			备　注
	含量/(mL/L)	温度/℃	时间/s	
CZN-834 三价铬彩锌水	CZN-834A　50~100 CZN-834B　50~100 pH 值 1.8~2.2	室温	30~45	广州美迪斯新材料有限公司的产品
251 三价铬彩色钝化剂	90~140 pH 值 1.8~2.0	50~70	30~90	厦门宏正化工有限公司的产品
DB-30111 三价铬彩色钝化剂	100 pH 值 1.8~2.2	45~60	40~80	广东达志化工有限公司的产品
DB-941 三价铬彩色钝化剂	80~120 pH 值 1.9~2.4	20~40	25~50	广东达志化工有限公司的产品
TR125 三价铬彩色钝化剂	150~200 pH 值 1.6~2.4	55~80	30~90	武汉风帆电镀技术有限公司的产品
ATG-04 三价铬彩色钝化剂	80~120 pH 值 1.8~2.2	35~60	60~90	武汉艾特普雷金属表面处理新材料有限公司产品
PZ7 三价铬彩色钝化剂	80~120 pH 值 1.7~2.2	50~65	40~80	杭州东方表面技术有限公司的产品
PK-501 三价铬彩色钝化剂 A PK-501 三价铬彩色钝化剂 B	PK-501A　100 PK-501B　100 65%硝酸　10 pH 值 1.5~2.0	20~35	50~120	福州八达表面技术研究所的产品
三价铬彩色钝化剂((74324)	100 pH 值 1.8~2.2	60~70	60~150	美宁公司的产品
SurTec-680LC 钝化剂	125 pH 值 1.8~2.0	55~80	30~90	赛德克化工(杭州)有限公司的产品
LQ-500 钝化剂	10%~14%(质量分数) pH 值 1.8~2.0	50~65	30~90	上海力群金属表面技术开发有限公司的产品
PlaTec-215 钝化剂	8%~12%(质量分数) pH 值 1.8~2.2	室温	40~90	上海翰宸表面技术有限公司的产品
PlaTec-219 钝化剂	8%~12%(质量分数) pH 值 1.7~2.1	35~60	30~90	上海翰宸表面技术有限公司的产品

5.10.2　三价铬蓝白色钝化

　　锌镀层三价铬蓝白色钝化溶液由三价铬盐、氧化剂、络合剂、成膜剂、填充封孔剂等成分组成。所获得的三价铬蓝白色钝化膜的耐盐雾性能与六价铬钝化溶液所获得的钝化膜质量相仿。锌镀层三价铬蓝白色钝化能得到类似镀铬的透亮蓝白色钝化膜，在汽车、五金等产品中获得较广泛应用。

　　要提高钝化膜的耐蚀性能，可以在钝化后浸钝化膜保护剂。浸 ZP-1 保护剂，干燥后膜层透明，不影响钝化膜色泽，从而提高其耐蚀性。如对膜层耐蚀性要求不高，也可不浸保护剂。钝化膜保护剂的使用方法：1 份 ZP-1 钝化膜保护剂，加 1~3 份纯水稀释后使用；对耐蚀性要求很高的镀锌件，也可以不加水直接使用。浸涂后进行烘干（80~100℃）或用加热的压缩空气吹干。

　　三价铬蓝白色钝化溶液对锌镀层不能起较好的化学抛光作用，所以钝化前需要在稀硝酸溶液中进行出光，三价铬蓝白色钝化的工艺流程：镀锌→清洗→出光［0.5％～1.0％（体积分数）硝酸］→清洗→钝化→清洗→浸钝化膜保护剂→热风离心干燥或压缩空气吹干。

三价铬蓝白色钝化的溶液组成及工艺规范参见表5-39。

市售商品三价铬蓝白色钝化剂的处理工艺规范见表5-40。

表 5-39　三价铬蓝白色钝化的溶液组成及工艺规范

溶液成分及工艺规范		1	2	3	4	5	6
		含量/(g/L)					
三氯化铬($CrCl_3 \cdot 6H_2O$)		30～50	5～10	3～4	10～15	—	5～8
硫酸铬［$Cr(SO_4)_3$］		—	—	—	—	32	—
羧酸类配位剂		—	2.5～7.5	—	—	—	—
氟化铵(NH_4F)		1.5～2.5	—	—	—	—	—
65%硝酸(HNO_3)		3～5mL/L	—	3～5mL/L	—	1～2mL/L	—
草酸($H_2C_2O_4 \cdot 2H_2O$)		—	—	—	12～15	—	—
氟化钠(NaF)		—	—	3～4	—	—	—
氟化物		—	—	—	—	1.2	—
硝酸钠($NaNO_3$)		—	20	—	25～30	10	5～8
硝酸钴［$Co(NO_3)_2$］		5～8	—	—	3～5	2.7	—
硫酸钠(Na_2SO_4)		—	—	0.5～1	—	—	—
苯甲酸钠($C_6H_5CO_2Na$)		—	—	—	—	—	0.2～0.3
硫酸锌($ZnSO_4 \cdot 7H_2O$)		—	0.5	—	—	—	—
甘油($C_3H_8O_3$)		—	—	—	—	—	0.2～0.3
CT 稀土添加剂		—	—	—	—	—	0.3～0.6
纳米硅溶胶		—	—	—	5～10mL/L	—	—
pH 值		1.6～2.2	1.6～2.0	1.8～2.2	1.8～2.5	2.2～2.4	1.5～2
温度/℃		15～30	15～30	15～35	15～38	20～30	20～30
时间/s	在溶液中	10～30	10～20	5～10	30～40	5～30	15～30
	在空气中	3～5	—	5～10	5～10	—	—

注：配方6的CT稀土添加剂由江苏宜兴市新新稀土应用技术研究所研制生产。

表 5-40　市售商品三价铬蓝白色钝化剂的处理工艺规范

钝化剂名称及型号	处理工艺规范			备 注
	含量/(mL/L)	温度/℃	时间/s	
WX-3K 三价铬蓝白色钝化剂	100 65%硝酸　3 pH 值 1.8～2.3	室温	溶液中 15～25 空气中 3～5	上海永生助剂厂的产品
261 三价铬蓝白色钝化剂	50～120 pH 值 1.5～2.0	18～30	8～40	厦门宏正化工有限公司的产品
ZG-203 三价铬蓝白色钝化剂	20 pH 值 1.5～2.2	15～30	15～60	武汉材料保护研究所电镀技术生产力促进中心的产品

钝化剂名称及型号	处理工艺规范			备　注
	含量/(mL/L)	温度/℃	时间/s	
DB-302H 三价铬白色钝化剂	40～60 pH 值 1.6～2.2	18～35	10～30	广东达志化工有限公司的产品
P-Z8 三价铬蓝白色钝化剂	40～60 pH 值 1.7～2.2	15～35	20～40	杭州东方表面技术有限公司的产品
WZN-833 三价铬白锌水	50～70	室温	5～10	广州美迪斯新材料有限公司的产品
FK-503 三价铬蓝白色钝化剂	100 65％硝酸　15 pH 值 1～2	室温	5～50	福州八达表面技术研究所的产品
BZN-867 三价铬蓝锌水	BZN-867A　50～100 BZN-867B　50～100 pH 值 1.5～2.0	室温	7～15	广州美迪斯新材料有限公司的产品
ATG-03 蓝白色钝化剂	60～80 pH 值 1.8～2.2	室温	溶液中 20～30 空气中 5～10	武汉艾特普雷金属表面处理新材料有限公司的产品
SurTec-667 蓝白色钝化剂	70 pH 值 1.7～2.2	15～30	15～60	赛德克化工（杭州）有限公司的产品
WX-3TC 三价铬蓝白色钝化剂	WX-3TC 钝化剂　100 WX-3TC 封孔促进剂 60 65％硝酸　0.3 pH 值 2.0～2.3	30±10	30～60	上海永生助剂厂的产品
R-315 钝化剂	25～50 pH 值 1.8～2.2	20～30	8～20	广东佛山兴中达公司的产品
LQ-600A 钝化剂	50～100 pH 值 1.7～2.2	15～32	10～60	上海力群金属表面技术开发有限公司的产品
PlaTeC206 钝化剂	5％～8％(体积分数) pH 值 1.7～2.2	室温	20～45	上海翰宸表面处理技术有限公司的产品

注：WX-3TC 三价铬蓝白色钝化剂为高耐蚀钝化剂，膜层盐雾试验出现白锈的时间可超过 240h。为提高蓝白色外观，可以在钝化后进行清洗，增加浸渍一次增蓝溶液（0.1～0.2g/L 增蓝粉，温度 80～100℃），最后热风离心干燥。

5.10.3　三价铬黑色钝化

三价铬黑色钝化工艺在我国投入生产较晚，目前还不太成熟，尚处在开发阶段。三价铬钝化膜不含六价铬，因此没有自修复功能（即没有"二次钝化"作用），膜层耐蚀性主要依靠化合物的机械阻挡作用，抑制锌镀层在腐蚀环境中的溶解。关于耐蚀性能，认为三价铬黑色钝化膜较差的原因是膜层存在很多微裂纹[25]，破坏膜层的完整性，从而影响其耐蚀性。

一般认为，三价铬黑色钝化后，一定要进行封闭处理。钝化清洗后进行封闭处理，浸涂封闭剂，不经清洗，直接干燥。经封闭处理后再涂保护膜（水溶性或溶剂型的透明涂料或黑色涂料），然后再进行烘干。三价铬黑色钝化后经过这些后处理，可提高钝化膜层硬度，使膜层牢固，增加黑度，提高耐蚀性。

价铬黑色钝化工艺流程如下：

镀锌→清洗→稀硝酸出光→清洗→黑色钝化→清洗→浸封闭剂→干燥→浸保护膜（必要时进行）→干燥。

用于钝化膜层封闭的封闭剂市场上有很多成熟商品，如广东高力的 HN-60 透明封闭剂、HN-64 黑色封闭剂；深圳三本化工有限公司的 2000K、4000 封闭剂；上海益邦涂料有限公司的 YB-80 无机封闭剂、YB-90 有机封闭剂（一种水性涂料）等。

三价铬黑色钝化的溶液成分及工艺规范见表 5-41。

市场上推出的商品三价铬黑色钝化剂见表 5-42。

市场上推出的商品三价铬黑色钝化的发黑剂，既不是银盐，也不是铜盐，而是另外两种金属盐。目前推出的商品三价铬黑色钝化剂，从类型看大都分为 A、B 两类型。A 型为三价铬盐和其他辅助剂，B 型为发黑剂和助剂。使用时 A、B 两种剂型要联合起来，配制成钝化液。

表 5-41　三价铬黑色钝化的溶液成分及工艺规范[25,3]

溶液成分及工艺规范	1	2	3	4
	含量/(g/L)			
三氯化铬($CrCl_3 \cdot 6H_2O$)	22	40	—	24
硝酸铬[$Cr(NO_3)_3 \cdot 9H_2O$]	2	—	—	1～3
磷酸铬[$CrPO_4 \cdot 6H_2O$]	—	—	25	—
配位剂	16.4	10	—	适量
丙二酸(HOOCCH$_2$COOH)	—	—	25	—
NO_3^-	—	2	0.18	—
硫酸钴($CoSO_4 \cdot 7H_2O$)	7	—	2.2	6～8
硫酸镍($NiSO_4 \cdot 6H_2O$)	6.6	20	—	6～7
醋酸镍[$Ni(CH_3COO)_2 \cdot 4H_2O$]	—	—	2.3	—
氟化钠(NaF)	—	—	0.5	—
磷酸氢二钠($Na_2HPO_4 \cdot 2H_2O$)	16	16	12	14～18
硼砂($Na_2B_4O_7 \cdot 10H_2O$)	12	12	—	—
硅溶胶($SiO_2 \cdot nH_2O$)	—	—	1	—
pH 值	2.0～2.5	1.8～2.0	1.5	2.2～2.5
温度/℃	50～60	45～50	30～40	50～60
时间/s	40～60	20～30	60～120	40～60

注：配方 2 适用于锌-铁合金镀层的三价铬黑色钝化。

表 5-42　市售商品三价铬黑色钝化剂的处理工艺规范

钝化剂名称及型号	处理工艺规范			备注
	含量/(mL/L)	温度/℃	时间/s	
WX-6TB 三价铬黑色钝化剂 A WX-6TB 三价铬黑色钝化剂 B	钝化剂 A　100 钝化剂 B　50 pH 值 1.8～2.2	20～32	15～30	无锡钱桥助剂厂的产品
271 三价铬黑色钝化剂 A 271 三价铬黑色钝化剂 B	钝化剂 A　100～150 钝化剂 B　20～40 pH 值 1.6～2.3	40～60	30～90	厦门宏正化工有限公司的产品
DZN-867 三价铬黑锌水 A DZN-867 三价铬黑锌水 B	钝化剂 A　50 钝化剂 B　70 pH 值 1.8～2.2	室温	20～60	广州美迪斯新材料有限公司的产品

续表

钝化剂名称及型号	处理工艺规范			备注
	含量/(mL/L)	温度/℃	时间/s	
三价铬黑色钝化剂 A(74462) 三价铬黑色钝化剂 B(74462)	钝化剂 A　140～160 钝化剂 B　25～35 pH 值 1.8～2.0	55～65	30～90	美坚化工公司的产品
YH-TB 三价铬黑色钝化剂 A YH-TB 三价铬黑色钝化剂 B	钝化剂 A　100 钝化剂 B　100 pH 值 1.8～2.2	15～35	15～60	上海永生助剂厂和杭州湾助剂厂的产品
M400A 三价铬黑色钝化剂 M400B 三价铬黑色钝化剂	M400A　100 M400B　30 pH 值 1.8～2.2	25～35	20～60	日本三原产业株式会社的产品
DB936S-A 三价铬黑色钝化剂 DB936S-B 三价铬黑色钝化剂	DB936S-A　120 DB936S-B　60 pH 值 1.5～2.0	20～30	10～30	广东达志化工有限公司的产品
SurTec 697 三价铬黑色钝化剂	9%～11%(体积分数) pH 值 0.8～1.2	21～25	20～40	适用于锌-镍合金镀层钝化 赛德克化工(杭州)有限公司的产品
HBC-703 三价铬黑色钝化剂	A:10%～20%(体积分数) B:10%～20%(体积分数) pH 值 2.2～2.7	室温	>10	北京蓝丽佳美化工科技中心的产品
PlaTec 261	8%～12%(体积分数) pH 值 1.5～2.0	室温	70～120	适用于含镍 12%～15%(质量分数)的锌-镍合金钝化 上海翰宸表面处理技术有限公司的产品
PlaTec 260	A:8%(体积分数) B:5%(体积分数) pH 值 1.8～2.0	室温	50～90	上海翰宸表面处理技术有限公司的产品

5.11　无铬钝化

国内外的电镀工作者，在研究开发低铬钝化工艺的同时，也开展了对无铬钝化的研究。能够取代铬酸盐在锌镀层中起到钝化作用的主要有含氧酸盐，如钛酸盐、钼酸盐、钒酸盐、硅酸盐、钨酸盐、高锰酸盐以及磷酸盐等。

5.11.1　钛酸盐钝化

锌镀层与钛酸盐发生氧化还原反应，生成钛酸盐钝化膜层，它与锌层结合强度好、稳定性高，在受机械损伤后会在空气中得到自修复。钛酸盐钝化膜中性盐雾试验比铬酸盐钝化膜的差，但户外曝晒和室内存放却与铬酸盐钝化膜相差不多。锌镀层上的钛酸盐钝化膜是无定形的多孔膜，钝化后应彻底清洗干净，以免孔隙中残留的钝化液在以后的装配、储存、使用过程中渗透出来而产生腐蚀斑点。

钛酸盐钝化的溶液组成和工艺规范[1,6]见表 5-43。

市售商品钛酸盐钝化剂的处理工艺规范见表 5-44。

表 5-43 钛酸盐钝化的溶液组成和工艺规范

溶液成分及工艺规范	1	2	3	4
	含量/(g/L)			
95%硫酸氧钛($TiOSO_4 \cdot H_2SO_4 \cdot 8H_2O$)	3～6	2～6	2～5	2～5
30%过氧化氢(H_2O_2)	50～80	50～80	50～80	50～80
65%硝酸(HNO_3)	4～8mL/L	3～6mL/L	8～15mL/L	—
98%磷酸(H_3PO_4)	8～12mL/L	12～20mL/L	—	10～20mL/L
六偏磷酸钠$[(NaPO_3)_6]$	6～15	—	—	—
柠檬酸($C_6H_8O_7$)	—	—	5～10	5～10
单宁酸($C_{76}H_{52}O_{46}$)或聚乙烯醇$[(C_2H_4O)_n]$	2～4	—	—	—
pH 值	1.0～1.5	1.0～1.5	0.5～1.0	0.5～1.0
温度/℃	室温	室温	室温	室温
钝化时间/s	10～20	10～20	8～15	8～15
空气中停留时间/s	5～15	5～15	5～10	5～10

注：1. 配方 1、2 为彩色钝化；配方 3、4 为白色钝化。
　2. 配方 1 可用单宁酸（膜层带金黄色，类似铬酸盐钝化膜），也可用聚乙烯醇（膜层蓝紫色），但两者不可以同时使用。
　3. 配方 3、4 溶液组成简单，一次能生成白色钝化膜。
　4. 配方 3 适用于碱性无氰镀锌和氯化物镀锌层，可获得银白色外观。如要使膜层带微蓝色，可以在硫酸氧钛（1～3g/L）和过氧化氢溶液中浸 5～20s（如浸渍时间过长，会呈现出彩虹色）。
　5. 配方 4 适用于氯化物镀锌层，能一次性获取微蓝色的白色钝化膜。

表 5-44 市售商品钛酸盐钝化剂的处理工艺规范

钝化剂名称及型号	处理工艺规范			备　注
	含量/(mL/L)	温度/℃	时间/s	
YH-01A 无铬蓝白色钝化剂 A	YH-01A　10～12 30%过氧化氢　60 pH 值 1～2	5～30	溶液中 3～7 空气中 3～5	浙江慈溪杭州湾助剂厂的产品
YH-02 无铬彩色钝化剂 A YH-02 无铬彩色钝化剂 B	YH-02A　50 YH-01B　50 30%过氧化氢　60 65%硝酸　4 pH 值 0.5～1.0	5～30	溶液中 5～10 空气中 5～7	浙江慈溪杭州湾助剂厂的产品

为提高铬酸盐钝化膜的耐蚀性能，钝化后宜采用铬酸盐进行封闭处理。选用下列封闭液中的一种，进行封闭处理后，不经清洗，可直接干燥（烘干、热风离心干燥等）。

① 铬酸封闭法　在最后一道热水烫洗的水中加入 0.3～0.5g/L 的铬酐，浸渍时间为 5～10s，温度为 60～90℃，烫洗后可直接干燥（烘干、热风离心干燥等）。经铬酸封闭处理后，膜层在高温下的耐蚀性能提高。

② 高锰酸钾封闭法　在最后一道热水烫洗的水中加入 0.3～0.5g/L 的高锰酸钾，浸渍时间为 5～10s，温度为 60～90℃，清洗过后，再进行干燥。经高锰酸钾封闭处理后，钝化膜的色彩加深。

5.11.2 钼酸盐钝化

钼酸盐也能使锌镀层形成钝化膜。据有关资料报道，钼酸盐钝化膜的抗蚀性接近铬酸盐钝化膜，且钼的毒性仅为铬的 1%。钼酸盐钝化有两种方法，即化学浸渍法和电化学法（阴极电解法）。其溶液组成和工艺规范见表 5-45[6,25]。

表 5-45　钼酸盐钝化的溶液组成和工艺规范

溶液成分及工艺规范	化学法钝化						电化学法钝化
	1	2	3	4	5	6	
	含量/(g/L)						
钼酸铵[$(NH_4)_2MoO_4$]	10～20	20	—	—	300	40	30～100
钼酸钠（Na_2MoO_4）	—	—	—	5～30	—	—	—
钼酸盐	—	—	10～40	—	—	—	—
硫酸镍（$NiSO_4 \cdot 7H_2O$）	—	—	—	—	—	40	—
硫酸锌（$ZnSO_4 \cdot 7H_2O$）	—	—	—	—	—	20	—
硫代硫酸钠（$Na_2S_2O_3 \cdot 5H_2O$）	—	—	—	—	—	12	—
醋酸铵[$(CH_3COO)NH_4$]	—	—	—	—	—	20	—
醋酸铅[$Pb(CH_3COO)_2$]	—	—	—	—	—	4	—
钛盐	—	—	1～4	—	—	—	—
磷酸钠（$Na_3PO_4 \cdot 12H_2O$）	1～2	—	—	—	—	—	—
柠檬酸（$C_6H_8O_7$）	—	38	—	—	—	—	—
硫酸（H_2SO_4）	—	0.15	—	—	—	—	—
硝酸（HNO_3）	—	—	1～5mL/L	—	—	—	—
磷酸盐	—	—	10～20	—	—	—	—
氨水（NH_4OH）（浓）	—	—	—	—	600 mL/L	—	—
多羟基酸盐	—	—	—	—	—	—	10～100
大分子表面活性剂	—	—	—	—	—	—	1～50mL/L
铵或碱金属盐的钝化液	—	—	—	—	—	—	5～100mL/L
XZ-03B 添加剂	2～2.5	—	—	—	—	—	—
pH 值	3～4.5	1～3	2～3.5	2～5	—	—	4～7
温度/℃	45～55	室温	40～55	50～70	30～40	20～40	15～40
时间/s	60～90	4～10	1～3min 空气中 20～60s	20～60	10min	10～25min	阴极电解处理 10～30min

注：1. 化学法钝化配方 1 所得膜层呈彩虹色，光亮，较鲜艳。

2. 化学法钝化配方 2 所得膜层呈浅蓝绿色。

3. 化学法钝化配方 3 能获得浅蓝色透明钝化膜。

4. 化学法钝化配方 4 的钝化液中如果加入磷酸形成杂多酸，则耐蚀性更好。根据钝化液、温度和浸渍时间的长短，钝化膜层的颜色将会发生变化，可从微黄、灰蓝色、军绿色直至黑色。

5. 化学法钝化配方 5 能获得黑色透膜。钝化液成分简单，稳定性好，容易维护，但需经常加氨水，而且气味难闻。

6. 化学法钝化配方 6 能获得黑色透膜。钝化质量好，但溶液含有铅。

7. 电化学法钝化后，再在 0.5～2g/L 硅酸钠、3～6g/L 钼配合物的溶液中封闭处理 3～10s，得到黑色钝化膜。

5.11.3　硅酸盐钝化

锌镀层经硅酸盐钝化处理所获得的钝化膜，耐蚀性较差。但加入一些添加剂后，能够提高其耐蚀性能。硅酸盐钝化的溶液组成和工艺规范见表 5-46。

表 5-46　硅酸盐钝化的溶液组成和工艺规范[1,25]

溶液成分及工艺规范	1	2	3	4
	含量/(g/L)			
40%硅酸钠(Na_2SiO_3)	40	40	3~10	50
98%硫酸(H_2SO_4)	2.5	3	3~5mL/L	—
38%过氧化氢(H_2O_2)	40	40	20~30mL/L	—
10%硝酸(HNO_3)	5	5	—	—
65%硝酸(HNO_3)	—	—	3~5mL/L	—
30%磷酸(H_3PO_4)	5	—	—	—
硼酸(H_3BO_3)	—	—	1~3	—
醋酸钠(CH_3COONa)	—	—	1~3	—
高锰酸钾($KMnO_4$)	—	—	0.1~0.5	—
四亚甲基硫脲膦酸(TMTUP)	5	—	—	—
氨基三亚甲基膦酸(ATMP)	—	—	—	80mL/L
硫脲[$(NH_2)_2CS$]	—	—	—	5
pH 值	1.8~2.0	2	0.5~1	2~3.5
温度/℃	—	—	室温	20~40
时间/s	—	—	20	0.5~2min

注：1. 配方 1 已在一些单位应用。
2. 配方 4 在钝化后，再在 90~100℃热水中封闭 3min，于 60℃下烘干。

5.11.4　稀土盐钝化处理

稀土盐（铈盐、镧盐和镨盐）也能与锌镀层形成钝化膜。在钝化溶液中引入过氧化氢（H_2O_2）、高锰酸钾（$KMnO_4$）、硫代硫酸铵[$(NH_4)_2S_2O_4$]等强氧化剂，可使成膜速率大大提高，缩短处理时间，同时可降低处理溶液的工作温度[25]。稀土盐钝化处理后，锌镀层的耐蚀性能提高。铈盐钝化膜的耐蚀性接近铬酸盐钝化膜，镧盐和镨盐钝化膜的耐蚀性优于钼酸盐钝化膜[1]。稀土盐钝化的溶液组成和工艺规范见表 5-47。

表 5-47　稀土盐钝化的溶液组成和工艺规范

溶液成分及工艺规范	1	2	3
	含量/(g/L)		
硝酸镧[$La(NO_3)_3$]或硝酸铈[$Ce(NO_3)_3$]	30	20	—
氯化铈($CeCl_3$)	—	—	40
柠檬酸($C_6H_8O_7$)	—	10	—
30%过氧化氢(H_2O_2)	30mL/L	10mL/L	40mL/L

续表

溶液成分及工艺规范	1	2	3
	含量/(g/L)		
硼酸(H_3BO_3)	2	—	—
助剂 A	1mL/L	—	—
pH 值	3.5(用硝酸调节)	1.75~2.5	4
温度/℃	40	70	30
时间/s	60	30min	60

注：配方 1 钝化后吹干，在 80℃下干燥 4h。

5.11.5 植酸钝化处理[25]

植酸是一种少见的金属多齿螯合剂，分子式为 $C_6H_{18}O_{24}P_6$。它是一种环保无毒的有机大分子化合物，分子中有能与金属配合的 24 个氧原子、12 个羟基及 6 个磷酸根，这种独特的结构赋予植酸很好的成膜性。在含有硅酸钠、双氧水及植酸的钝化溶液中得到的钝化膜外观白亮、均匀、细致。

对于锌镀层表面的钝化，加入植酸能延缓钝化膜的腐蚀，植酸钝化效果、抗腐蚀能力优于其他羟基膦酸。植酸钝化的溶液组成和工艺规范见表 5-48[25]。

表 5-48 植酸钝化的溶液组成和工艺规范

溶液成分及工艺规范	1	2
	含量/(g/L)	
植酸($C_6H_{18}O_{24}P_6$)	5~10	3.5%
钼酸钠(Na_2MoO_4)	80~130	—
钨酸钠($Na_2WO_4 \cdot 2H_2O$)	20~30	—
硫酸氧钛($TiOSO_4 \cdot H_2SO_4 \cdot 8H_2O$)	2~7	—
丙烯酸($C_3H_4O_2$)	15~50	—
双氧水(H_2O_2)	20~40	—
氧化钙(CaO)	—	0.1%
硫酸锌($ZnSO_4 \cdot 7H_2O$)	—	0.2%
改性硅溶胶($SiO_2 \cdot nH_2O$)(固含量 25%~28%)	—	5.2%
硝酸(HNO_3)	—	1.2%
pH 值	—	
温度/℃	50~65	50
时间/s	—	30~40

注：1. 配方 1 工艺可采用浸渍、喷淋或涂覆等方式进行钝化。得到的钝化膜经 78h 的中性盐雾试验，试样表面白锈面积小于 2%。

2. 配方 2 的溶液成分含量的百分数均为质量分数。所得的膜层是完整、无龟裂的灰白色钝化膜。

5.11.6 无铬钝化剂

市售商品无铬钝化剂的处理工艺规范见表 5-49。

表 5-49　市售商品无铬钝化剂的处理工艺规范

钝化剂名称及型号	处理工艺规范			备注
	含量/(mL/L)	温度/℃	时间/s	
WZN-833 无铬白锌水	WZN-833　100 pH 值　6～7	室温	5～10	机械搅拌或空气搅拌。适用于氰化镀锌、锌酸盐镀锌和氯化物镀锌等的钝化,钝化膜呈银白色,光泽均匀。烘干温度为 80～110℃ 广州美迪斯新材料有限公司的产品
YH-01 无铬蓝白色钝化剂	YH-01　40～50 双氧水　40～45 pH 值　1～2	5～30	溶液中 3～7 空气中 3～5	钝化膜结晶致密、光亮度好;钝化液如超过25℃,则钝化时间和空气中停留时间都要缩短。钝化后采用 ZP-6 封闭剂,可大大提高其耐蚀性。调高 pH 值,用 10%(质量分数)氢氧化钠。钝化液用后及时加盖 上海永生助剂厂的产品
YH-02 无铬淡彩色钝化剂	YH-01　45～55 硝酸(HNO₃)4～6 双氧水　40～50 pH 值　0.5～1	5～30	溶液中 3～7 空气中 3～5	

5.12　不合格锌镀层的退除

不合格锌镀层退除的溶液组成和工艺规范见表 5-50。

表 5-50　不合格锌镀层退除的溶液组成和工艺规范

溶液成分及工艺规范	化学退除			电化学退除
	1	2	3	
	含量/(g/L)			
38%盐酸(HCl)	100～250	—	—	
98%硫酸(H₂SO₄)	—	180～250	—	
氢氧化钠(NaOH)	—	—	200～300	150～200
亚硝酸钠(NaNO₂)	—	—	100～200	
氯化钠(NaCl)	—	—	—	15～30
温度/℃	室温	室温	100～120	80～100
时间/min	退净为止	退净为止	退净为止	退净为止
阳极电流密度/(A/dm²)	—	—	—	1～5

注:化学退除配方 3,可防止钢铁件的过腐蚀和渗氢,适用于退除弹性零件、高强度钢零件以及质量要求高的零件。

第6章

镀镉

6.1 概述

镉是一种略呈银白色较柔软的金属，其硬度比锡硬，比锌软，可塑性好，易于锻造和碾压成形。化学性质与锌接近，在干燥的空气中，镉非常稳定，几乎不发生变化；在潮湿空气中表面能生成一层碱式碳酸盐的氧化膜，这层氧化膜可保护它不再被继续腐蚀。镉和镉镀层的理化性能、特性及其用途见表 6-1。

表 6-1　镉和镉镀层的理化性能、特性及其用途

项　目	技术性能	项　目		技术性能
原子量	112.41	线膨胀系数 /($\times 10^{-6}$/℃)	镀层	16.6
化合价	+2		金属镉	31.0
电化当量/[g/(A·h)]	2.097	电阻系数 /($\times 10^{-8}\Omega \cdot$ m)	镀层	6.8~8.5
标准电位(Cd²⁺+2e──→Cd)/V	-0.4029		金属镉	7.51
硬度(HB)	12~60	比热容/[kJ/(kg·℃)]		0.230
熔点/℃	321.03	热导率/[W/(m·℃)]		92
沸点/℃	765	残余应力/MPa　（氰化镀液）		-0.85
密度/(g/cm³)	8.65	—		—
镀层特性	镉与铁的标准电极电位比较接近。镉镀层对钢铁件的防护性能随使用环境而变化，因为它的电位随所处环境的不同而有所改变。镉在一般大气中或在含硫化物的潮湿大气中，镉镀层对钢铁件，是阴极性镀层，起不到电化学保护作用；而在人造海水中(25℃)，镉的电位是-0.77V，铁的电位是-0.42V，镀镉层属阳极镀层，所以镀镉层在海洋性气候、海水和高温环境条件，是阳极性镀层，对钢铁件的保护性能要比锌镀层好得多 {{br}} 镉质软，可塑性比锌好，润滑性能好，也比锌容易钎焊。镀镉对钢铁基体产生氢脆倾向较小 {{br}} 镉在包装储存条件下，与塑料、涂料、木材等有机材料释放的挥发物接触也会遭受明显腐蚀，而且产生长细丝状的单晶(长毛) {{br}} 镉的腐蚀产物比锌少，但有毒，镉的蒸气和可溶性盐都有毒，必须严格防止镉的污染		
用途	镉在较高温度下(在 232℃以上时)，会渗入钢铁零件基体的晶格中而导致零件产生脆性，称为"镉脆"，因此，钢铁件的镉镀层的使用温度一般在 232℃以下 {{br}} 适用于航空、航海、轮船上的仪器仪表及电子工业中的零件电镀，弹簧、弹簧片、高强度钢、易变形和受力的零件、精密零件的螺纹紧固件和配合件的滑动部分、电气零件的某些导电部分等宜采用镀镉。但以下几种情况，不能用镉镀层作为保护层：{{br}} ① 与油类接触的零部件，如与燃油、液压油、润滑油或其他油基液体接触的零部件 {{br}} ② 在有机材料存在的密闭环境中；与钛或钛合金接触的零件；电镀后需要焊接的零件 {{br}} ③ 与食品接触的零件；在 232℃以上环境中使用的零件		

由于镉的污染危害性极大，镉对人体和生物体是一种有剧毒的元素。而且镉不能降解，它的污染对环境的危害性要超过氰化物。我国对此非常重视，除极少数有特殊用途的零件镀镉需经过特别批准外，其余不允许镀镉，而是采用其他镀层来替代，如镀锌-镍合金、镀锡-锌合金、镀锌-钴合金、锌-镍-钴合金以及达克罗涂覆层等。

生产中镀镉的溶液组成类型有：氰化镀镉、硫酸盐镀镉、氨羧配位化合物镀镉及有机多膦酸盐（HEDP）镀镉等。

6.2 氰化镀镉

在氰化镀镉溶液中，由于氰化物与镉离子有较强的配位能力，镉离子与氰化物形成的配位化合物 $Na_2[Cd(CN)_4]$，其配位化合物的离解度很小，$K_{不稳}=1.41\times10^{-17}$。因配位化合物牢固，在阴极上析出电位较负，阴极极化作用较大，所以镀层结晶细致，分散能力好，镀层与基体金属结合强度高。依据氰化镀镉溶液组分的不同，可以镀出光亮镀层和松孔镀层。

① 光亮镀镉　含有添加剂时，可获得光亮的镉镀层，其孔隙少，耐腐蚀性高，但产生氢脆的倾向性大，主要用于抗拉强度较低的钢的防护。

② 松孔镀镉　不含添加剂的镀液（称其为低氢脆镀镉液），可在较高的电流密度下，获得疏松多孔的松孔镉镀层，这种镀层的结构，在高温除氢时，容易将渗入金属晶格间的氢驱逐出去，多用于抗拉强度较高的钢（高强度钢）的防护。

氰化镀镉的溶液组成及工艺规范见表 6-2。

表 6-2　氰化镀镉的溶液组成及工艺规范

溶液成分及工艺规范	光亮镀镉				松孔镀镉		
	1	2	3	4	1	2	3
	含量/(g/L)						
氧化镉（CdO）	30～40	30～40	30～40	30～40	35～40	30～40	22～40
氰化钠（NaCN）	90～120	140～160	100～120	130～150	105～150	120～150	90～150
氢氧化钠（NaOH）	15～25	15～25	15～25	15～25	20～40	10～20	—
氢氧化钠（游离）（NaOH）	—	—	—	—	—	—	7～25
硫酸钠（$Na_2SO_4 \cdot 10H_2O$）	—	30～50	40～60	30～50	—	—	—
碳酸钠（Na_2CO_3）	—	—	—	—	15～50	<60	<60
硫酸镍（$NiSO_4 \cdot 7H_2O$）	1～2	1～1.5	1～1.5	1～1.5	—	—	—
磺化蓖麻油（$C_{18}H_{32}Na_2O_6S$）	8～12	—	—	—	—	—	—
亚硫酸盐纸浆	—	8～12	8～12	—	—	—	—
糊精[$(C_6H_{10}O_5)_2$]	—	—	—	8～10	—	—	—
氰化钠/氧化镉	—	—	—	—	—	—	2.8～6
温度/℃	15～40	15～40	15～40	15～40	18～30	20～32	20～30
阴极电流密度/(A/dm²)	1～3	1～3	0.5～1.5	1～3	4±2	5～6	6

6.2.1 镀液中各成分的作用

(1) 氧化镉

氧化镉是提供镀液中镉离子的主盐。镀液中氧化镉浓度对镀液镀层影响较大，它的含量高，可允电流密度大，电流效率高，沉积速度快，但结晶较粗糙，覆盖能力较差。氧化镉的含量低，可允许的电流密度低，电流效率也低，但分散能力和覆盖能力好，镀层结晶细致。

镉离子的含量也与游离氰化钠和氢氧化钠的含量有关。如镉离子含量高，而游离氰化钠和氢氧化钠的含量低，镀层粗糙。再则，镉离子的含量还与镀液温度有关，温度高，镉离子在溶液中迁移速度较快，降低镀液浓差极化，易造成镀层结晶粗糙。所以，在夏季镀液温度高时，或温度容易上升的滚镀槽,宜采用相应较低的镉离子浓度;而在冬季镀液温度低时,则可以选取较高的镉离子浓度。总之,在镀层质量允许的前提下,氧化镉的含量应尽可能取上限值,以便采用较高的电流密度,加快沉积速度,提高生产效率。

(2) 氰化钠

氰化钠在镀液中主要起配位作用,即与镉离子形成配位化合物,提高阴极极化作用,促使镀层结晶细致;其次,起导电作用,增加镀液导电能力,降低槽电压,改善镀液分散能力和覆盖能力;再则,起阳极活化作用,能防止阳极板的钝化,使阳极正常溶解。

镀液中氰化钠含量过高,会降低允许的阴极电流密度范围的上限值,降低阴极电流效率;含量过低,镀液分散能力差,阳极容易钝化。一般镀液中控制氰化钠的总量为金属镉含量的 3 倍左右,即 NaCN 总量/Cd＝3～4。

(3) 氢氧化钠

氢氧化钠在镀液中主要起导电作用,其导电作用强于氰化钠,有利于降低槽电压和改善镀液覆盖能力。氢氧化钠也是镉离子的配位剂,与镉离子形成镉酸钠配合离子,起到氰化钠的辅助配合作用。氢氧化钠也是镉阳极的去极化剂,提高氢氧化钠含量可有效防止镉阳极钝化。

氢氧化钠含量过高,电流效率降低,镀液碱度增大,镀层发暗并带黑色条纹,容易起泡(铝及铝合金零件较严重)。氢氧化钠含量过低,镀液导电性差,分散能力和覆盖能力差。

(4) 碳酸钠及硫酸钠

碳酸钠不是配制镀液时加进去的,而是镀液中的氰化钠和氢氧化钠水解以后与空气中的二氧化碳作用生成的。适量的碳酸钠,可以增加镀液的导电性和提高分散能力,改善镀层组织。但碳酸钠累积过多,会降低阴极极化作用,而使镀层结晶粗糙。碳酸钠含量一般小于 50g/L,不宜超过 80g/L。

硫酸钠能增加镀液导电性,并能提高镀液稳定性。

(5) 添加剂

添加剂主要起光亮剂作用,能改善镀层的结晶和提高光亮度,氰化镀镉溶液的添加剂有:有机添加剂和无机添加剂两类。

① 有机光亮剂　用得较多、效果较好的光亮剂是土耳其红油(也称为磺化蓖麻油),其他还有萘酚磺酸、萘二磺酸、亚硫酸盐纸浆和糊精等。如有机光亮剂加入过量,分解产物多,也会影响镀层与基体金属的结合力。

② 无机光亮剂　常用的有镍盐(多用硫酸镍),可改善镀层物理性质,增加镀层光亮度。加入量要严格控制,如加入量过多,会导致镀层产生脆性和硬度提高,而镉镀层希望富有柔韧性,而不希望硬度高。

6.2.2　工艺规范的影响

工艺规范的影响见表 6-3。

表 6-3　工艺规范的影响

影响因素	工艺规范(操作条件)对电镀的影响
镀液温度	氰化镀镉溶液最佳温度为 15～35℃。温度过高会加快光亮剂的消耗,加速氰化钠的分解,降低阴极极化作用和分散能力。滚镀要控制这一范围的温度,有一定困难,需采取降温冷却措施,最好控制在 40℃ 以下
电流密度	电流密度应与镀液温度和组分含量相适应,镀液温度高,电流密度也可高些;镀液浓度低,电流密度也要低。只要镀层质量允许,电流密度最好控制在允许范围的上限,加快沉积速度,提高镀液覆盖能力

续表

影响因素	工艺规范(操作条件)对电镀的影响
阴极移动和周期换向	阴极移动可提高阴极电流密度上限和镀层均匀性。采用周期换向电流电镀,可以提高电流密度,并促使镀层均匀、结晶细致、增加光亮度;而且还可降低镀液中游离氰化钠含量,使其分解减少;可使阳极得到活化(不易钝化);能减少光亮剂的损耗。氰化镀镉周期换向电流电镀,一般采用正向电流15s,反向电流2s的方式
阳极	镀镉阳极宜采用电解镉板,镉含量不得低于99.9%(质量分数)。如果镀液中镉离子含量过高,也可挂些不溶性阳极(常用为钢板或镀镍钢板)

6.2.3 杂质的影响及处理方法

杂质对氰化镀镉溶液的影响较小,但杂质过多仍然会产生有害影响。氰化镀镉常见的有害杂质是铜离子和六价铬。杂质的影响及处理方法见本篇第5章镀锌工艺的有关杂质的影响及处理方法中的铜和铬杂质的处理方法。

碳酸钠含量过高,在冬天时让其自然结晶析出后除去,也可用化学沉淀法去除。化学法是加入石灰乳(氢氧化钙)或氢氧化钡,使碳酸钠形成不溶性的碳酸钙或碳酸钡沉淀,再过滤去除。应注意的是过滤沉渣中含有大量剧毒的镉离子。

6.3 硫酸盐镀镉

硫酸盐镀镉镀液组成简单,成本低廉,配制方便,电流效率高(95%～100%)。但由于镀液主要成分只是硫酸镉,没有配位剂,镉以简单离子形式存在,阴极极化作用小,导致分散能力和覆盖能力差,镀层结晶较粗糙。为防止硫酸镉水解,需加入一定量硫酸,以保持镀液稳定。向镀液中加入少量添加剂,可提高溶液的分散能力,促使镀层结晶细致一些。

硫酸盐镀镉只适用于镀取形状简单的零件,多用于板材、带材和线材,不适宜形状较复杂零件的滚镀。

6.3.1 镀液组成及工艺规范

硫酸盐镀镉的溶液组成及工艺规范见表6-4。

表6-4 硫酸盐镀镉的溶液组成及工艺规范

溶液成分及工艺规范	1	2	3	4	5	6
	含量/(g/L)					
硫酸镉($CdSO_4 \cdot 8/3H_2O$)	40～50	40～60	60～70	40～50	130～150	40～50
硫酸(H_2SO_4 化学纯)	45～60	40～60	—	45～60	—	45～60
硫酸钠($Na_2SO_4 \cdot 10H_2O$)	—	30～50	—	—	—	—
硫酸铵[$(NH_4)_2SO_4$]	—	—	30～35	—	—	—
硫酸铝[$Al_2(SO_4)_3 \cdot 18H_2O$]	—	—	25～30	—	—	—
硫酸镁($MgSO_4 \cdot 10H_2O$)	—	—	—	—	40～50	—
硼酸(H_3BO_3)	—	—	—	—	25～30	—
聚乙二醇($M=6000$)	—	—	—	—	—	0.8～1.2
苯酚(C_6H_5OH)	—	2～3	—	—	—	—
明胶	3～5	4～6	0.4～0.6	3～5	—	—

续表

溶液成分及工艺规范	1	2	3	4	5	6
	含量/(g/L)					
木工胶	—	—	—	—	1～2	—
OP-10 乳化剂	6～10	—	—	—	2～4	—
MO 乳化剂	—	—	—	—	—	3～5
茴香醛($C_8H_8O_2$)	—	—	—	—	—	0.05～0.1
萘二磺酸[$C_{10}H_6(SO_3H)_2$]	—	—	—	3～5	—	—
pH 值	—	—	3.0～3.5	—	3.0～4.0	—
温度/℃	10～40	10～40	10～40	10～40	15～25	10～40
阴极电流密度/(A/dm²)	1～3	2～3	0.5～1	1～3	1～2	2～5

6.3.2　镀液中各成分的作用

(1) 硫酸镉

硫酸镉是镀液中提供镉离子的主盐。镉以简单的水化镉离子形式存在于溶液中，硫酸镉含量过高，镀层结晶粗糙；含量过低，电流效率低，允许的阴极电流密度低，沉积速度慢。

(2) 硫酸

硫酸起阳极活化作用，同时增加镀液导电性，防止硫酸镉水解，稳定镀液。硫酸含量过高，析出氢气多，电流效率低，镀层结晶粗糙。

(3) 硫酸铝、硫酸镁、硫酸铵和硫酸钠

它们起同离子效应的作用，能提高镀液导电性。硫酸铝、硫酸镁对镀液 pH 值还起缓冲作用。

(4) 硼酸

硼酸是镀液 pH 值的缓冲剂，对镀液 pH 值起缓冲作用。

(5) 明胶、木工胶

它们是大分子结构的有机物添加剂，在酸性镀镉溶液中起很大作用。它们能吸附在阴极表面，提高阴极极化作用，促使镀层结晶细致光亮，并能提高覆盖能力。但加入量过多，容易使镀层产生脆性。所以一次加入量不宜过多，应少加、勤加。

(6) 聚乙二醇、OP-10 乳化剂、MO 乳化剂等表面活性剂

它们是非离子表面活性剂，在一定电位下，会在阴极上产生吸附，从而能提高阴极极化作用和覆盖能力，使镀层结晶细致。非离子表面活性剂也是一种载体光亮剂，可乳化芳香醛，本来不溶于水的芳香醛经非离子表面活性剂乳化后，就能溶于水。带苯环结构的芳香醛，在阴极上强烈地吸附，可获得非常光亮的镉镀层。

6.3.3　工艺规范的影响

(1) 镀液温度

硫酸盐镀镉的温度一般控制在 10～40℃。升高镀液温度，可提高阴极电流密度和分散能力，能提高电流效率，但温度过高，镀层结晶粗糙；温度低，沉积速度慢。

(2) 电流密度

电流密度应与镀液温度和组分浓度相适应，镀液温度高，电流密度也可高些，反之则低些；镀液浓度低，电流密度也要低。在一定的范围内，阴极电流效率随阴极电流密度的提高而提高。只要镀层质量允许，电流密度最好控制在允许范围的上限，加快沉积速度，提高镀层覆盖能力。

(3) pH 值

pH 值过高，阴极电流密度范围较狭窄，镀层结晶粗糙。在表 6-4（硫酸盐镀镉溶液的组成及工艺规范）中，配方 1、2、4 和 6 都是强酸性的，其 pH 值不需要去控制。配方 3 和 5 是弱酸性的，需要控制 pH 值，这两种配方中都含有缓冲剂，镀液的 pH 值是稳定的。

6.4 氨羧配位化合物镀镉

以前常用的以氯化铵、氨三乙酸和氯化铵、氨三乙酸、乙二胺四乙酸二钠（EDTA 二钠）的两种类型镀镉溶液，统称为氨羧配位化合物镀镉。氨羧配位化合物镀镉溶液，由于镉与氨三乙酸和乙二胺四乙酸二钠（EDTA 二钠）形成稳定的螯合离子，提高镀液的阴极极化作用，镀液分散能力和覆盖能力好，镀层结晶细致。但镀层脆性较大，镀液对设备的腐蚀严重。

但必须指出，镀液中镉与氨三乙酸螯合形成镉氨三乙酸的螯合物 $[CdN(CH_2COO)_3]^-$，镉与 EDTA 螯合形成镉 EDTA 的螯合物 $[Cd(NHCH_2)_2(CH_2COO)_4]^{2-}$。这两种螯合物的螯合势很强，所以在这种溶液中，氯化铵不能与镉形成镉氨配位化合物，只能起到导电和活化阳极作用。因此，氨羧配位化合物镀镉溶液，给废水处理带来很大困难。如要破坏它们的结构，困难很大，而且成本非常高。所以，不推荐采用这类镀液，但这类镀液曾经使用过一段时间，也作为镀镉一种工艺，做简要的介绍。

氨羧配位化合物镀镉的溶液组成及工艺规范见表 6-5。

表 6-5　氨羧配位化合物镀镉的溶液组成及工艺规范

溶液成分及工艺规范	1	2	3	4
	含量/(g/L)			
氯化镉($CdCl_3 \cdot 5/2H_2O$)	40～50	40～45	40～50	—
硫酸镉($CdSO_4 \cdot 8/3H_2O$)	—	—	—	40～50
氯化铵(NH_4Cl)	160～200	80～160	160～200	180～200
氨三乙酸[$N(CH_2COO)_3$]	60～80	100～160	60～80	75～85
乙二胺四乙酸二钠(EDTA 二钠)	15～20	—	15～20	—
硫酸镍($NiSO_4 \cdot 7H_2O$)	6～10	—	0.2～0.4	—
固色粉 Y	0.8～1.2	0.5～1	—	—
硫脲[$(NH_2)CS$]	1.5～2.0	—	—	—
海鸥洗涤剂	0.05～0.3	—	—	—
蛋白胨($C_{26}H_{20}N_2O_2S_2$)	—	—	2～4	—
DE 添加剂	—	—	—	6～12mL/L
pH 值	6.4～6.8	7.5～8.8	6.4～6.8	5.5～6.5
温度/℃	10～35	室温	10～20	室温
阴极电流密度/(A/dm²)	0.5～1	0.3～1.2	0.5～1.5	0.5～1.0

6.5 有机多膦酸盐(HEDP)镀镉

有机多膦酸这一类中，有一种用途较广泛的是 1-羟基亚乙基二膦酸（代号为 HEDP）。HEDP 是镀镉溶液中的配位剂，其镀液成分简单，毒性小，分散能力好，覆盖能力优于氰化镀镉，特别适用于形状复杂、具有深孔和多孔的零件镀镉。镀层结晶细致、硬度高、韧性好、氢脆性小、与基体金属结合力好，能满足高强度钢电镀要求。但 HEDP 是一种配位剂，废水处理应先进行破配合处理，然后再进行除镉除磷处理。

HEDP 镀镉的溶液组成及工艺规范见表 6-6。

表 6-6　HEDP 镀镉的溶液组成及工艺规范

溶液成分及工艺规范	1	2	3
	含量/(g/L)		
氯化镉($CdCl_3 \cdot 5/2H_2O$)	15～30	20～30	—
醋酸镉[$(CH_2COO)_2Cd$]	—	—	20～30
有机多膦酸盐(HEDP)(100％)	130～170	110～135	110～135
稳定剂	20～30mL/L	—	—
pH 值	13～14	13～14	13～14
温度/℃	室温	室温	室温
阴极电流密度/(A/dm^2)	0.8～1.5	0.5～2	0.5～2
阴极移动	12～15 次/分钟	—	—
阳极	纯镉板 阳极与阴极面积比大于或等于 3∶1	阳极与阴极面积比= 2∶1	

注：镀液调节 pH 值最好用氢氧化钾，因钾盐溶解度大。

6.6　镉镀层的后处理

6.6.1　镉镀层的出光

镉镀层的高铬钝化溶液，硝酸和硫酸的含量较高，溶液酸度高，对镉镀层有良好化学抛光性能，钝化前不需要稀硝酸溶液出光。低铬钝化、超低铬钝化和三价铬钝化，因钝化液没有化学抛光性能，钝化前需要稀硝酸溶液出光。常用的出光的溶液组成及工艺规范如下。

① 硝酸（HNO_3，$d=1.42$）　　　　10～20mL/L

温度　　　　　　　　　　　　室温

时间　　　　　　　　　　　　2～5s

② 31％过氧化氢（H_2O_2）　　　　60～100mL/L

硫酸（H_2SO_4，$d=1.84$）　　　15～20mL/L

温度　　　　　　　　　　　　室温

时间　　　　　　　　　　　　5～10s

6.6.2　镉镀层的钝化

镉镀层的钝化基本上与锌镀层钝化相同，也有高铬、低铬、超低铬和三价铬钝化，可参照本章镀锌层钝化有关章节。镉镀层高铬钝化，因为溶液酸度高，在钝化液中不能形成钝化膜，需在空气中停留一段时间才能形成钝化膜。而低铬、超低铬和三价铬钝化都能在钝化液中成膜，所以在空气中的停留时间没有要求。

镉镀层钝化的溶液组成及工艺规范见表 6-7。

表 6-7　镉镀层钝化的溶液组成及工艺规范

溶液成分及工艺规范		高铬钝化	低铬钝化	超低铬钝化	三价铬钝化	军绿色钝化
		含量/(g/L)				
铬酐(CrO_3)		180~220	5	2	—	—
98%硫酸(H_2SO_4)		15~20	0.4	—	—	—
65%硝酸(HNO_3)		20~25	3	—	6~10	—
硝酸钠(NaNO_3)		—	—	2	—	—
硫酸镍(NiSO_4·7H_2O)		—	—	1	—	—
硝酸铬[Cr(NO_3)_3·4H_2O]		—	—	—	40~50	—
硫酸钴(CoSO_4·7H_2O)		—	—	—	5~8	—
苹果酸(C_4H_6O_5)		—	—	—	6~10	—
封孔促进剂		—	—	—	20~40	—
绿色钝化剂(E20642)		—	—	—	—	84mL/L
活化剂(E20643)		—	—	—	—	84mL/L
pH 值		—	0.8~1.3	1.4~2.0	1.8~2.3	—
温度/℃		室温	室温	15~35	40~70	20~32
时间/s	在溶液中	5~10	5~8	10~30	30~70	10~30
	在空气中	10~30				

注：军绿色钝化液，需轻微搅拌。绿色钝化剂（E20642）及活化剂（E20643）是东莞美坚化工原料有限公司的产品。

6.7　除氢

弹簧、弹簧片、螺栓等类的零件，特别是高强度钢制作的零件，镀镉后必须进行除氢处理。除氢一般在恒温的烘箱内进行，温度为 180~200℃，时间为 2~3h。除氢可在带有空气循环和自动控温（±5℃）的电热烘箱内进行，整个过程应连续不间断。对于抗拉强度大于 1370MPa 的高强度钢零件，除氢应在镀镉后 4h 内进行，除氢时间为 24h。

除氢应在钝化前进行。除氢后，经稀硝酸溶液出光，然后再进行钝化处理。

6.8　不合格镀层的退除

不合格镀层可用铬酸、硝酸铵或盐酸溶液进行化学退除，其退除的溶液组成及工艺规范[3]见表 6-8。也可在氰化钠与氢氧化钠组成的溶液中进行阳极电解退除，还可以将退镉镀层零件装挂在氰化镀镉的阳极上，当阳极使用将镉镀层退除。如果是钝化处理过的零件，必须先用稀盐酸除去钝化膜，并彻底清洗干净后，才可以用来作阳极退除。

表 6-8　镉镀层退除的溶液组成及工艺规范

溶液成分及工艺规范	1	2	3
	含量/(g/L)		
铬酐(CrO_3)	140~250	—	—
98%硫酸(H_2SO_4)	3~4	—	—
硝酸铵(NH_4NO_3)	—	200~250	—

续表

溶液成分及工艺规范	1	2	3
	含量/(g/L)		
36%盐酸(HCl)	—	—	50～100
温度/℃	室温	18～25	室温
时间/s	退净为止	退净为止	退净为止

　　注：1. 配方 2 既适用于化学溶解退除，也适合电化学退除（温度 40～60℃，阳极电流密度 5～10A/dm²，零件挂在阳极上，阴极为铁板）。

　　2. 配方 3 适用于退除铜质零件上的镉镀层。

第7章

镀锡

7.1 概述

锡是一种银白色、无毒、柔软而且有一定韧性的金属，具有很好的延展性和焊接性。锡可以与很多金属形成合金或金属间化合物。锡具有较高的化学稳定性，在硫酸、硝酸、盐酸的稀溶液中几乎不溶解。在加热的条件下，锡缓慢地溶解于浓酸中。浓硝酸可使锡被氧化，所以在浓硝酸中锡会被腐蚀溶解。锡在热的碱溶液中溶解并生成锡酸盐。锡和锡镀层的物化性能见表7-1。

表 7-1　锡和锡镀层的物化性能

项目		技术性能	项目		技术性能
原子量		118.69	比热容/[kJ/(kg·℃)]		0.226
化合价		+2,+4	密度/(g/cm³)		7.298
标准电位/V	Sn²⁺+2e⟶Sn	−0.136	电导率/(mS/m)		9.09
	Sn⁴⁺+2e⟶Sn²⁺	+0.15	热导率/[W/(m·℃)]		62.7
	Sn⁴⁺+4e⟶Sn	+0.05	镀层含碳量(质量分数)/%		0.01~0.2
电化当量/[g/(A·h)]	Sn²⁺	2.214	电阻系数/(×10⁻⁸Ω·m)	镀层	11.4~18
	Sn⁴⁺	1.107		金属锡	11.5
熔点/℃		231.91	硬度(HB)	镀层	12~20
沸点/℃		2690		热浸锡层	20~25
镀层特性	锡镀层对于很多有机酸的耐蚀性能很好，而且没有毒性。锡镀层在大气中很稳定，与硫及硫化物几乎不起作用 锡镀层对钢铁而言属于阴极镀层，只有当锡层有足够的厚度和无孔隙(或减少孔隙率)时才能有效地保护钢铁零件。锡层对铜而言属于阳极镀层，要求抗蚀性较高的钢铁件镀锡，可采用镀铜或镀铜合金打底，然后再镀锡 锡质地柔软，具有高的延展性。此外，锡同锌、镉一样，在高温、潮湿的条件下，锡镀层表面能产生锡晶须 锡从−13.2℃起结晶开始发生异变，到−30℃将完全转变为一种同素异构体α锡即灰锡(俗称锡瘟)。所以，锡在低温下(锡制品在寒冬长期处于低温)会逐渐转变成灰色粉末状的无定形锡(灰锡)，而自行毁坏。但锡与少量锑或铋(约0.2%~0.3%，质量分数)共积时，能有效地抑制灰锡的产生 此外，锡同锌、镉一样，在高温、潮湿和密闭的条件下，锡镀层表面能产生锡"晶须"，称为"长毛"，这是镀层存在内应力所造成的。电镀后用加热法消除内应力或镀锡时与1%(质量分数)的铅共沉积，能有效地防止"晶须"的产生				

7.1.1 锡镀层的要求和用途

(1) 对锡镀层的要求

① 焊接性好　镀锡件经高温老化或时效等的影响，应仍能保持原有良好的焊接性能。

② 光亮电流密度范围广　应在较宽广的阴极电流密度范围内，锡镀层均能获得光亮，特别是在低电流密度区也应光亮。

③ 镀液稳定性高　镀锡溶液长期使用，应保持稳定，不变浑浊。

（2）锡镀层的用途

① 镀锡钢板或钢带（是两面镀了纯锡的冷轧薄钢板）具有很好的耐蚀性，且对人体无毒，所以镀锡薄钢板常作为食品行业制造罐头的材料。此外，它还广泛用于食品、饮料、气雾剂、电子工业零配件和一般包装工业。

② 由于锡镀层具有很好的焊接性、导电性和较低的熔点，所以它广泛用作电子元器件引线的焊接性镀层、连接器及印制电路板的表面保护层等。

③ 由于锡镀层柔软、富有延展性，许多机件常用于防止活动时拉伤、滞死，如轴承镀锡可以起到密合和减摩作用；汽车活塞环和汽缸壁镀锡可防止滞死和拉伤；在冷拔、拉伸等工艺过程中，提高其表面润滑能力；还可提高精密螺纹件拧入后的密封性能。

④ 因锡镀层与硫及硫化物几乎不起作用，因此与火药和橡胶接触的零件常采用锡镀层。

⑤ 局部渗氮的钢铁件，可以用局部镀锡的办法来保护不需渗氮的部位。

⑥ 有时也可用作装饰性装层，如花纹（冰花）锡镀层，就常作为日用品的装饰性装层。

7.1.2　镀锡的工艺方法

常用镀锡的工艺方法，有酸性镀锡和碱性镀锡两类。酸性镀锡，镀液中锡以 $+2$ 价锡离子（Sn^{2+}）形式存在；碱性镀锡，镀液中锡以 $+4$ 价锡离子（Sn^{4+}）形式存在。酸性镀锡和碱性镀锡溶液的性能比较见表 7-2。

我国长期以来几乎都采用高温碱性镀锡工艺，20 世纪 70 年代开始启用弱酸性镀锡，但从 20 世纪 80 年代以来，随着添加剂（光亮剂）的不断开发和完善，酸性镀锡获得迅速发展。现在酸性镀锡的应用远大于碱性镀锡，已趋于主导地位。

现在常用的镀锡工艺有：硫酸盐镀锡、甲基磺酸盐镀锡、氟硼酸盐镀锡、碱性镀锡、晶纹镀锡等。

表 7-2　酸性镀锡和碱性镀锡溶液的性能比较

镀液类型	优点	缺点
酸性镀锡（镀液中锡以 Sn^{2+} 形式存在）	① 电流效率高（90%～100%），电流密度大，沉积速度快，生产效率高 ② 镀液较稳定，温度低，不需加热 ③ 可获得全光亮镀层 ④ 工艺使用范围广（可镀取光亮、半光、亚光镀层；挂镀、滚镀、高速镀均可），成本较低	① 分散能力和覆盖能力，不如碱性镀锡 ② 镀层孔隙率较高 ③ 镀层焊接性能较碱性镀锡差，受热区易出现锡瘤 ④ 对镀前清洗要求较高，镀液对设备腐蚀较大，需用耐酸材料制造
碱性镀锡（镀液中锡以 Sn^{4+} 形式存在）	① 镀液组分简单，镀液呈强碱性，对钢铁设备几乎不腐蚀 ② 分散能力和覆盖能力好。适合于复杂零件及质量要求高的零件电镀 ③ 镀液无添加剂，不含有机成分，镀层含碳量低，结晶细致、洁白、孔隙少、焊接性能好 ④ 对镀前清洗要求没有酸性镀锡那样高 ⑤ 对杂质容忍度大（Sn^{2+} 除外）	① 电流密度范围较窄，电流效率低（70% 左右），沉积速度慢 ② 镀液温度高（70～85℃），耗能大 ③ 不能直接镀获光亮镀层 ④ 镀液中以 Sn^{4+} 形式存在，电化当量低，沉积速度比酸性镀锡慢 1 倍 ⑤ 阳极行为影响大（须防止 Sn^{2+} 的出现）

7.2　硫酸盐镀锡

硫酸盐镀锡镀液组分简单，控制方便，原料易得，成本较低，可以镀取亚光或光亮锡镀层，镀层外观亮白、结晶细致，而且沉积速度快，电流效率高，获得广泛应用。

　　无论是亚光或光亮硫酸盐镀锡，镀液主要组分是硫酸亚锡和硫酸。镀液中锡以 Sn^{2+} 形式存在，因氢在锡上的过电位较高，在阴极上析氢很小，阴极上主要是亚锡离子放电析出金属锡。所以亚光型镀锡的阴极电流效率很高，可达 95%～100%；光亮镀锡由于有机添加剂在阴极上的吸附和还原，其阴极电流效率比亚光型镀锡低，约在 90% 左右。

7.2.1　镀液组成及工艺规范

　　硫酸盐亚光镀锡的溶液组成及工艺规范见表 7-3。
　　硫酸盐光亮镀锡的溶液组成及工艺规范见表 7-4。

表 7-3　硫酸盐亚光镀锡的溶液组成及工艺规范

溶液成分及工艺规范	1	2	3	4	5	6
	含量/(g/L)					
硫酸亚锡($SnSO_4$)	15～45	15～35	30～40	30～40	35	10
硫酸(H_2SO_4)	120～200	80～150	90～110	60～109 mL/L	60～80 mL/L	60～80 mL/L
酚磺酸($C_{10}H_8O_7S_2$)或甲磺酸($C_7H_8O_4S$)	—	—	—	20～40 mL/L		
SYT847 添加剂	15～30mL/L	—	—	—	—	—
AT-01 添加剂					8～12mL/L	8～12mL/L
β-萘酚($C_{10}H_7OH$)		0.3～1.0		0.1～0.5		
明胶		1～3		2～3		
SN-10 添加剂			10～20mL/L			
温度/℃	25～45	15～30	15～30	10～25	室温	室温
阴极电流密度/(A/dm²)	0.3～0.5	0.3～0.8	1～3 阴极移动	0.1～0.5 滚镀	2～4	0.5～1 滚镀 8～10r/min

注：1. 配方 1 的 SYT847 添加剂是上海新阳电子化学有限公司的产品。
2. 配方 3 的 SN-10 添加剂是广州美迪斯新材料有限公司的产品。
3. 配方 5、6 的 AT-01 添加剂是上海永生助剂厂的产品。

表 7-4　硫酸盐光亮镀锡的溶液组成及工艺规范

溶液成分及工艺规范	1	2	3	4	5	6	7
	含量/(g/L)						
硫酸亚锡($SnSO_4$)	10～30	27～37	70	25～45	20～30	30～40	30～40
硫酸(H_2SO_4)	120～200	166～184	160	80～120	80～120	90～100 mL/L	180～200
酒石酸锑钾 [$K(SbO)C_4H_4O_6 \cdot 1/2H_2O$]	—	—		0.1～0.2	0.1～0.2		
SYT846A 添加剂	30～40 mL/L						
SYT846B 添加剂	补加						
DSN960 开缸剂		20～30 mL/L					

续表

溶液成分及工艺规范	1	2	3	4	5	6	7
	含量/(g/L)						
DSN961 光亮剂	—	0~1 mL/L	—	—	—	—	—
SS-820 添加剂	—	—	15~30 mL/L	—	—	—	—
SS-821 添加剂	—	—	0.5~1 mL/L	—	—	—	—
BH-411 硫酸镀锡 A 添加剂	—	—	—	35~45 mL/L	35~45 mL/L	—	—
BH-411 硫酸镀锡 B 添加剂	—	—	—	8~10 mL/L	8~10 mL/L	—	—
SN-20A 开缸剂	—	—	—	—	—	30mL/L	—
SN-20B 光亮剂	—	—	—	—	—	1~2mL/L	—
AT-97 开缸剂 A	—	—	—	—	—	—	30~35 mL/L
补充剂 B	—	—	—	—	—	—	平时补充
温度/℃	10~20	10~30	10~30	10~25	10~25	5~20	10~20
阴极电流密度/(A/dm²)	0.5~3	1~2.5 阴极移动 连续过滤	1~4	0.5~5 挂镀 阴极移动 连续过滤	0.1~2 滚镀 6~8r/min 连续过滤	1~2.5 阴极移动 连续过滤	0.5~5 阴极移动 连续过滤

注：1. 配方 1 的 SYT846A、SYT846B 添加剂，是上海新阳电子化学有限公司的产品。

2. 配方 2 的 DSN960 开缸剂、DSN961 光亮剂，是北京蓝丽佳美化工科技中心的产品。

3. 配方 3 的 SS-820、SS-821 添加剂，是上海轻工业研究所研制，浙江黄岩荧光化学厂生产的产品。

4. 配方 4 和 5 的 BH-411 硫酸镀锡 A 添加剂、BH-411 硫酸镀锡 B 添加剂，是广州二轻工业科学技术研究所的产品。

5. 配方 6 的 SN-20A 开缸剂、SN-20B 光亮剂，是广州美迪斯新材料有限公司的产品。消耗量：SN-20A 开缸剂和 SN-20B 光亮剂均为 100~150mL/(kA·h)。

6. 配方 7 的 AT-97 开缸剂 A、补充剂 B 是上海永生助剂厂的产品。也可滚镀，而硫酸亚锡含量为 25~35g/L，阴极电流密度为 0.5~0.8A/dm²，滚筒转速为 6~8r/min。

7.2.2 镀液中各成分的作用

(1) 硫酸亚锡

硫酸亚锡是提供镀液中亚锡离子（Sn^{2+}）的主盐。在允许的范围内，提高亚锡离子浓度，可以相应提高阴极电流密度，从而提高沉积速度。但亚锡离子浓度过高，镀液分散能力下降，光亮区域缩小，影响镀膜光亮性、颜色较暗。较低的亚锡离子浓度，可提高镀液分散能力，也提高光亮性。但亚锡离子浓度过低，阴极电流密度减小，镀层易烧焦，电流效率下降。

(2) 硫酸

硫酸可以防止亚锡离子氧化和抑制锡盐水解，使镀液稳定。硫酸还可提高镀液的导电性、分散能力和阳极电流效率。当硫酸不足时，亚锡离子易氧化成四价锡。当硫酸含量为 70g/L 时，镀液的稳定时间最短；而当硫酸含量为 70~250g/L 时，镀液的稳定时间随其浓度升高而延长。所以镀液中必须控制一定的硫酸含量，如硫酸浓度过低，则硫酸亚锡容易水解致使镀液浑浊；浓度过高，可能会抑制锡的溶解，导致阳极钝化和阴极电流效率下降。

（3）添加剂

添加剂对酸性镀锡来说至关重要，没有它不可能镀出光亮、厚度均匀的镀层。添加剂含量不足时，镀层光亮下降；含量过高时，阴极析氢严重，电流效率下降。从添加剂所起的作用来说，它应包括的组分有：光亮剂、分散剂及稳定剂。

① 光亮剂　光亮剂是添加剂的核心，是由主光亮剂与辅助光亮剂相互配合使用。光亮剂的光亮作用是通过在阴极上吸附产生的，如吸附能力过强，析氢严重；吸附能力过弱，起不到很好的光亮作用，镀层结晶粗糙。

a. 在亚光镀锡组分中常用的添加剂 β-萘酚、明胶。其作用[3]：β-萘酚能提高阴极极化作用、细化结晶、减少孔隙，但由于它具有憎水性，含量过高会造成明胶凝结析出，镀层产生条纹。明胶能提高阴极极化作用、细化结晶、提高分散能力，与 β-萘酚配位发挥协同效应，使镀层光亮细致。但明胶过多会降低镀层的韧性和可焊性，故为确保可焊性，应不加或少加明胶。

b. 光亮镀锡溶液中所用的光亮剂，现在大都使用市场上的商品光亮剂，这类光亮剂是多种组分复配而成的，在实际生产中各组分的消耗速度是不同的，所以市售光亮剂，常有配槽用的开缸剂和日常生产补加时用的补加剂等两种。其成分基本相同，主要差别是：开缸剂含光亮剂的成分比补加剂少，而含分散剂成分比补加剂多。依据光亮剂商品说明书提出的配槽、调整、补充添加等要求使用。

② 分散剂　提高分散性或分散能力，使镀层有均匀的覆盖能力。另外，大多数有机光亮剂在水溶液中溶解度非常小，分散剂也起到增溶和载体光亮剂的作用。如使用多种组分复配而成的光亮剂，根据需要也包含在其中。

③ 稳定剂　硫酸盐镀锡溶液，在使用或放置过程中由于会被氧化，颜色逐渐变黄、变浑浊。因此，需要加入稳定剂，其作用主要是防止镀液中二价锡离子被氧化为四价锡离子，以保持镀液稳定。常用的稳定剂主要为酚类、酚磺酸及抗坏血酸等。如 ASN 酸性镀锡稳定剂（广州美迪斯新材料有限公司的产品），适用于各种酸性镀锡溶液，能有效减缓 Sn^{2+} 氧化成 Sn^{4+} 的反应速率，减少锡盐消耗量及镀液处理次数，使镀液清澈、稳定，添加量为 20mL/L。

7.2.3　工艺规范的影响

（1）镀液温度

硫酸盐镀锡一般在室温下进行，亚光镀锡溶液温度稍高些（15～35℃），光亮镀锡溶液温度较低，一般在 10～20℃。亚锡盐的氧化水解和光亮剂的消耗均随温度升高而加快。温度低可以提高阴极极化作用，对出光有利，但温度过低析氢加大，工作电流密度范围减小，镀层易烧焦；温度过高，锡离子氧化速度加快，镀液易浑浊，光亮剂消耗增加，镀层光亮性下降，镀层粗糙，镀层变暗、发花、可焊性下降。所以，硫酸盐镀锡要选择合适的温度，加入稳定剂能适当提高镀液使用温度的上限值。

（2）阴极电流密度

硫酸盐镀锡的阴极电流密度依主盐浓度、温度和搅拌方式而定，一般控制在 $1 \sim 4 A/dm^2$ 范围内。电流密度过高，析氢会加大，镀层边缘易烧焦，镀层易疏松、粗糙、孔隙增多，还可能出现脆性；电流密度过低，镀层不光亮，沉积速度低，生产效率降低。

（3）阳极

一般采用 99.9% 以上的纯锡作阳极。纯度过低的阳极会把过多的杂质（如铜、砷、锑等）带进镀液，影响镀层质量。最好使用耐酸阳极套，以避免阳极泥渣进入镀液。一般阳极面积与阴极面积之比控制在（1.5～2）：1 的范围内。

（4）搅拌

硫酸盐镀锡（包括亚光和光亮镀锡）均应采用阴极移动或循环（过滤）搅拌。阴极移动速度为 15～30 次/分钟。为防止亚锡氧化，不宜采用压缩空气搅拌。

7.2.4　杂质的影响及处理方法

杂质的影响及处理方法见表 7-5。

表 7-5　杂质的影响及处理方法

镀液中的杂质	杂质的来源、影响及处理方法
金属杂质	金属杂质如铜、砷、锑等，主要来自不纯阳极板、化学品中的杂质及导电棒的溶解等。这些杂质可导致镀层发暗、发黑、出现条纹和孔隙率增大等。用以下方法去除： ① 电解法去除　定期通过（阴极瓦楞板）低电流密度（阴极电流密度为 0.1～0.2A/dm²）的电解法除去 ② 镀锡除杂剂去除　先加入絮凝剂 5mL/L，再加入除杂剂 5mL/L（正确添加量用赫尔槽试验确定），剧烈搅拌，静置后过滤（镀锡絮凝剂、除杂剂为上海永生助剂厂的产品）
有机杂质	有机杂质来自添加剂氧化分解产物的积累，使镀液颜色加深，黏度增大，使镀层产生条纹、针孔和脆性。定期用活性炭（1～3g/L）吸附处理除去
固体机械杂质	可以通过循环过滤除去。定期更换过滤器的滤芯（一般每两周更换一次滤芯），提高过滤效果；一般按照二班制生产量，每周清洗阳极板、袋；每三个月进行镀液清缸一次
镀液浑浊的处理	当硫酸亚锡水解致使镀液浑浊时，可适量加入 PSN 酸性镀锡处理剂。它对各种光亮剂体系的酸性镀锡溶液都适用，可在常温下快速将杂质或细微的沉淀物凝聚并沉淀除去，使镀液恢复清澈。镀液出现浑浊时，视浑浊程度而添加 PSN 处理剂 20～50mL/L（PSN 处理剂是广州美迪斯新材料有限公司的产品）

7.3　甲基磺酸盐镀锡

甲基磺酸又称甲烷磺酸，是一种稳定的强酸性介质。在甲基磺酸盐镀锡中，二价锡离子（Sn^{2+}）是由甲基磺酸锡（也称甲基磺酸亚锡）提供的。

甲基磺酸盐镀锡溶液对设备腐蚀性小，废水处理容易，能允许有较高的电流密度，可用于亚光镀锡和光亮镀锡，主要应用亚光镀锡。镀液稳定，无论工艺温度怎样变化，甲基磺酸盐都不会出现明显水解。甲基磺酸盐镀锡主要应用于电子器件引线脚的焊接性镀锡和镀锡钢板等方面。

甲基磺酸盐镀锡可采用挂镀、滚镀和高速镀等工艺方法。而且甲基磺酸盐高速镀锡，是工业上目前高速镀锡的主要工艺。高速镀锡主要应用于电子元器件的镀锡，包括半导体引线框架、接插件的镀锡等。

7.3.1　镀液组成及工艺规范

镀液主成分为甲基磺酸锡、甲基磺酸和添加剂。一般情况下，挂镀可采用较低的游离酸度、较低锡离子浓度和较低的添加剂浓度；滚镀可采用与挂镀相当的锡离子浓度或稍高的锡离子浓度；高速镀常采用较高的锡离子浓度和较高的添加剂浓度。

甲基磺酸盐挂镀（滚镀）锡的溶液组成及工艺规范见表 7-6。

甲基磺酸盐高速镀锡的溶液组成及工艺规范见表 7-7。

表 7-6　甲基磺酸盐挂镀（滚镀）锡的溶液组成及工艺规范

溶液成分及工艺规范	亚光镀锡			光亮镀锡
	1	2	3	
	含量/(g/L)			
二价锡（Sn^{2+}）	10～30	15～35	15～30	10～20

续表

溶液成分及工艺规范	亚光镀锡			光亮镀锡
	1	2	3	
	含量/(g/L)			
甲基磺酸(CH_3SO_3H)	150～200	80～150	120～180	120～180
SYT843 添加剂	15～30mL/L	—	—	—
SYT843-C 添加剂	5～15mL/L	—	—	—
PT-055S 添加剂	—	30～50mL/L	—	—
SYT848-A 添加剂	—	—	—	25～35mL/L
SLOTOTIN 51 添加剂	—	—	15～25mL/L	—
SLOTOTIN 52 添加剂	—	—	8～12mL/L	—
温度/℃	20～40	20～40	20～40	10～20
阴极电流密度/(A/dm²)	0.5～3	0.5～3	0.5～3	0.5～3

注：1. 亚光镀锡的配方 1 的 SYT843、SYT843-C 添加剂，是上海新阳半导体材料有限公司的产品。

2. 亚光镀锡的配方 2 的 PT-055S 添加剂，是日本石原（Ishihara）公司的产品。

3. 亚光镀锡的配方 3 的 SLOTOTIN 51 及 52 添加剂，是德国实乐达（Schlötter）公司的产品。

4. 光亮镀锡配方的 SYT848-A 添加剂，是上海新阳半导体材料有限公司的产品。

表 7-7　甲基磺酸盐高速镀锡的溶液组成及工艺规范

溶液成分及工艺规范	1	2	3
	含量/(g/L)		
二价锡(Sn^{2+})	30～60	40～70	30～90
甲基磺酸(CH_3SO_3H)	150～200	190～220	50～100
SYT843H 添加剂	35～55mL/L	—	—
HS2001 Make-UP 添加剂	—	2%～6%（体积分数）	—
HS2001 添加剂	—	1～2mL/L	—
Anit-oxidant 1 添加剂	—	1～3	—
SLOTOTIN 添加剂	—	—	30～70mL/L
温度/℃	35～45	45～55	35～60
阴极电流密度/(A/dm²)	10～30	2～27	10～80

注：1. 配方 1 的 SYT843H 添加剂，是上海新阳半导体材料有限公司的产品。

2. 配方 2 的 HS2001 Make-UP、HS2001、Anit-oxidant 1 添加剂是美国得力（Technic）公司的产品。

3. 配方 3 的 SLOTOTIN 添加剂是德国实乐达（Schlötter）公司的产品。

7.3.2　镀液中各成分的作用

(1) 二价锡（Sn^{2+}）

二价锡离子是镀液中的主要成分，主要由甲基磺酸锡浓缩液提供。提高镀液中的 Sn^{2+} 浓度，可使用较高的阴极电流密度，但会降低镀液的分散能力，零件的突出部位、边缘镀层会粗糙。当 Sn^{2+} 浓度过低时，高电流密度区易烧焦，析氢加大，电流效率下降。所以，挂镀时的二价锡应控制在 8～20g/L，高速镀时的二价锡应控制在 35～55g/L。

（2）甲基磺酸

甲基磺酸提供镀液的游离酸。其作用：保证镀液的导电性，防止甲基磺酸锡水解，使阳极正常溶解为 Sn^{2+}。当游离酸浓度过低时，镀液的导电性和分散能力下降，镀层外观色泽不均（阴阳面）。游离酸浓度过高，会降低阴极电流效率，析出氢气。甲基磺酸的含量一般控制在 $120 \sim 250g/L$。

（3）添加剂

添加剂作用很大，不但能提高镀液分散能力，并促使镀层结晶细致光亮，也能减缓或防止 Sn^{2+} 氧化成 Sn^{4+}，并使镀液具有一定的稳定性和抗氧化能力。较好的添加剂中的各组分之间要均衡、协调。镀锡添加剂根据不同功能要求，大致有下列几种组分[1,3]。

① 防烧焦组分　主要是含芳环及双键的某些化合物，或含氮、硫及氧的有机化合物。

② 分散性组分　分散性组分能使镀层厚度分布均匀，主要是含有环氧乙烷或和环氧丙烷链节的有机酸，以及含双键或三键有机羧酸的某些衍生物或含氮化合物。

③ 整平组分　整平组分对镀层表面起整平作用，主要是含有芳香族分子和含有 π 键基团的有机物，某些含氮或氧的杂环化合物，以及含氮和氧或双键的表面活性剂等。

④ 抗氧化组分　其作用主要是防止镀液中的 Sn^{2+} 氧化成 Sn^{4+}，保持镀液稳定。常用的抗氧化剂主要有对苯二酚、邻苯二酚、间苯二酚、β-萘酚及抗坏血酸等。

⑤ 光亮组分　光亮剂主要是由主光亮剂或辅助光亮剂组成。主光亮剂单独使用就能使镀层光亮；辅助光亮剂单独使用不能出光，必须与主光亮剂配合使用，能起增光作用。光亮组分主要是一些含不饱和键（双键、三键）的化合物、含氮的有机杂环化合物，含硫和氧的有机物及一些表面活性剂等。

此外，其他组分还包括晶粒细化组分、锡须抑制组分等。

现在市场上销售的添加剂，有的质量较好可供选用。一般添加剂在使用中都具有一定的宽容度，其用量允许有一定范围，生产操作时宜采用低的添加剂含量。

7.3.3　工艺规范的影响

（1）镀液温度

温度一般要求控制在工艺规范的范围内。提高镀液温度，可提高阴极电流密度范围；降低镀液温度，电流效率下降。镀液温度过高，镀液中的添加剂容易分解失效，Sn^{2+} 容易氧化成 Sn^{4+}，而使镀液浑浊。

（2）阴极电流密度

阴极电流密度应根据镀液中锡离子浓度、温度等情况确定。温度高，锡离子浓度高，可采用较高的阴极电流密度。阴极电流密度提高，阴极极化作用加强，有利于镀层结晶细致；但阴极电流密度过高，易析氢和烧焦镀层，使镀层结晶粗糙、疏松多孔。

（3）阳极

一般采用 99.9% 以上的纯锡作阳极。纯度过低的阳极会把过多的杂质带进镀液，影响镀层质量。应使用耐酸阳极套，以避免阳极泥渣进入镀液。一般阳极面积与阴极面积之比控制在 2:1。

7.3.4　杂质的影响及处理方法

（1）金属杂质的去除

金属杂质如铁、铜离子等，会使镀层发暗、孔隙率增大，可定期采用低电流（瓦楞板阴极，其电流密度为 $0.1 \sim 0.2A/dm^2$）电解处理。

（2）有机杂质的去除

有机杂质主要来自添加剂的分解产物，会导致镀液黏度增加，镀层结晶粗糙，出现条纹、针孔和脆性。采用活性炭处理除去。

（3）固体机械杂质的去除

可以通过循环过滤除去，并定期更换过滤器的滤芯，提高过滤效率。

7.4 氟硼酸盐镀锡

氟硼酸盐镀锡的主盐氟硼酸亚锡的溶解度大，可采用较高的浓度，所允许的电流密度范围宽，可以采用大的电流密度，沉积速度快，镀液的分散能力和覆盖能力好，结晶细致、光滑、洁白。而且阴极和阳极的电流效率都接近 100%，能耗低，操作稳定，操作及维护简单。它常用于板、带、线材的连续高速镀锡，也可用于常规电镀。但其最大缺点是废水处理困难，镀液配制较麻烦，并且镀液成本高，使应用受到限制，近年来它已逐渐被甲基磺酸盐镀锡和硫酸盐镀锡所替代。

7.4.1 镀液组成及工艺规范

氟硼酸盐镀锡的溶液组成及工艺规范见表 7-8。

表 7-8 氟硼酸盐镀锡的溶液组成及工艺规范

溶液成分及工艺规范	普通镀锡		光亮镀锡		快速镀锡	
	1	2	1	2	1	2
	含量/(g/L)					
氟硼酸亚锡[$Sn(BF_4)_2$]	100～400	60～100	15～20	40～60	225～300	200
氟硼酸(HBF_4)	50～250	—	200～350	80～140	225～300	—
游离氟硼酸(HBF_4)	—	40～50	—	—	—	100～200
硼酸(H_3BO_3)	23～38	—	30～35	23～38	23～38	—
四价锡(Sn^{4+})	—	<0.5	—	—	—	—
明胶	2～10	2.5～3	—	—	2～10	6
β-萘酚($C_{10}H_7OH$)	0.5～1	0.5	1mL/L	—	0.5～1	1
37%甲醛(HCHO)	—	—	20～30mL/L	3～8mL/L	—	—
平平加[$C_{12}H_{25}O(C_2H_4O)_n$]	—	—	30～40mL/L	—	—	—
2-甲基醛缩苯胺	—	—	30～40mL/L	—	—	—
胺-醛系光亮剂	—	—	—	15～30mL/L	—	—
OP-15 乳化剂	—	—	—	8～15	—	—
温度/℃	15～40	室温	15～25	10～20	35～55	20～40
阴极电流密度/(A/dm²)	1～10	0.8～1.5	1～3	1～10	<30	25～42

注：1. 胺-醛系光亮剂的制法：在 2%（质量分数）Na_2CO_3 溶液中，加入 280mL 乙酰基乙醛和 160mL 邻甲苯胺，在 150℃下反应 10d。得到的沉淀物用异丙醇溶解配成 20%（体积分数）的溶液。

2. 快速镀锡适用于卷带连续镀锡等，溶液需要搅拌。

7.4.2 镀液中各成分的作用及溶液维护

① 镀液中氟硼酸亚锡是提供二价锡离子的主盐，其含量很高时，可提高阴极电流密度，进行快速沉积。

② 氟硼酸的作用是增强镀液的导电性和避免氟硼酸亚锡水解。

③ 镀液中的氟硼酸根水解时会产生氢氟酸，加入一定量硼酸，可以防止或减少产生游离的氢氟酸。

④ 常用的添加剂主要有明胶、β-萘酚等，光亮镀采用甲醛、胺-醛系光亮剂等，而分散剂采用非离子表面活性剂。

⑤ 阳极采用纯度大于 99.9％的纯锡，阳极面积与阴极面积之比为 2：1。阳极袋用聚丙烯（PP）制作，停镀期间阳极仍留在镀液中，以延缓 Sn^{2+} 氧化。

⑥ 镀液只用阴极移动，不能用压缩空气搅拌，以免加速 Sn^{2+} 的氧化。

⑦ 定期用活性炭处理溶液。镀液过滤不能用含硅的助滤剂，以避免产生氟硅酸盐，因为它容易产生阳极泥。

7.5 碱性镀锡

碱性镀锡的主要成分为锡酸钠（或锡酸钾）和氢氧化钠（或氢氧化钾）。一般情况下选用钠盐，快速镀锡时宜选用钾盐。碱性镀锡曾经是亚光镀锡的主流工艺，应用广泛。碱性镀锡的特点（优点、缺点）见本章表 7-2（酸性镀锡和碱性镀锡溶液的性能比较）。

近年来，由于酸性镀锡添加剂的研制开发取得成功，大大地提高了酸性镀锡的质量，碱性镀锡在许多方面已被酸性镀锡所替代。

7.5.1 镀液组成及工艺规范

碱性镀锡工艺方法有挂镀、滚镀和快速镀。一般来说，挂镀时锡酸钠含量要高些；滚镀时锡酸钠含量要低，而游离碱含量要高些；快速镀时，一般采用锡酸钾，因为在水溶液中，锡酸钾溶解比锡酸钠好，因而可达到较高的锡酸根浓度，可以采用较高的电流密度，加速沉积速度。

碱性镀锡的溶液组成及工艺规范见表 7-9。

表 7-9 碱性镀锡的溶液组成及工艺规范

溶液成分及工艺规范	挂 镀		滚 镀		快 速 镀	
	1	2	1	2	1	2
	含量/(g/L)					
锡酸钠($Na_2SnO_3 \cdot 3H_2O$)	40~60	95~110	20~40	60~70	—	—
锡酸钾($K_2SnO_3 \cdot 3H_2O$)	—	—	—	—	95~110	190~220
氢氧化钠(NaOH)	10~16	8~12	10~20	10~15	—	—
氢氧化钾(KOH)	—	—	—	—	13~19	15~30
醋酸钠(CH_3COONa)	20~30	0~15	0~20	10	—	—
醋酸钾(CH_3COOK)	—	—	—	—	0~15	0~15
过硼酸钠($NaBO_3 \cdot 4H_2O$)	—	—	—	0.2	—	—
温度/℃	70~85	60~80	70~85	85~90	65~85	75~90
阴极电流密度/(A/dm²)	0.4~0.7	0.5~3	0.2~0.8	约0.2~0.8	3~10	3~15
阳极电流密度/(A/dm²)	2~4	2~4	2~4	2~4	1.5~4	1.5~5
电压/V	4~6	4~6	4~12	6~12	4~6	4~6

7.5.2 镀液中各成分的作用

(1) 锡酸钠 (或锡酸钾)

它是镀液中提供锡离子的主盐。提高其浓度有利于提高阴极电流密度、沉积速度和电流效率。镀液中锡含量一般控制在 $35\sim40g/L$ 左右（相当于 $85\sim100g/L$ 锡酸钠），在要求快速电镀时，可采用较高的锡含量；滚镀可适当降低镀液中的锡含量。

锡酸钠或锡酸钾根据实际生产需要选用：

① 锡酸钠　钠盐的溶解度比钾盐小，而在 $80℃$ 以上时电流效率降低，但能镀取出质量好的镀层，而钠盐镀液成本低，所以一般情况下可选用钠盐镀液。

② 锡酸钾　钾盐的溶解度比钠盐大，而且随温度升高而增大，可在 $90℃$ 下工作，导电性好，阴极电流效率高，可允许较高的电流密度，所以更适合于高电流密度下的快速镀锡。但钾盐镀液成本高。

(2) 氢氧化钠 (或氢氧化钾)

它对镀液性能起着很重要的作用。在镀液中保持有一定量的游离碱，可使纯阳极以 Sn^{4+} 的形式溶解；还可吸收空气中的二氧化碳，以减少二氧化碳对主盐的影响；能防止锡酸钠水解而沉淀。游离碱含量升高，能提高阴极极化作用和镀液的导电能力。如镀液中游离碱含量过低，则四价锡（Sn^{4+}）易水解，阳极易钝化，分散能力下降，镀层易烧焦；如四价锡含量过高，阴极电流效率下降，阳极不易保持正常金黄色的状态，会从阳极上溶解生成 Sn^{2+}，使镀液不稳定。一般情况下，主盐采用锡酸钠时，碱则应采用氢氧化钠；主盐采用锡酸钾时，碱则应采用氢氧化钾。

(3) 醋酸钠 (或醋酸钾)

其作用是中和镀液中过多的氢氧化钠（或氢氧化钾），调节镀液的碱度。如镀液中碱度增加过大，需加入醋酸盐来降低碱度。当主盐采用锡酸钾时，则应相应采用醋酸钾。

7.5.3 工艺规范的影响

(1) 镀液温度

镀液温度一般控制在 $70\sim85℃$。温度低于 $65℃$，镀层发暗，阴极电流效率降低，阳极易发黑（钝化）；温度过高，易产生二价锡（Sn^{2+}），并且易导致锡酸钠水解生成胶状沉淀。主盐为锡酸钾的镀液，可在稍高温度下工作（$90℃$）。

(2) 阴极电流密度

阴极电流密度要与镀液中的锡浓度、温度相适应。一般情况下，钠盐镀液阴极电流密度采用 $1\sim2A/dm^2$，钾盐镀液采用 $1\sim5A/dm^2$，快速镀锡时，电流密度还可高些。阴极电流密度过大，会降低阴极电流效率，甚至导致镀层发暗、多孔、结晶粗糙。

(3) 阳极

一般采用 99.9% 以上的纯锡作阳极。纯锡阳极可溶解产生 Sn^{4+}，以维持镀液中 Sn^{4+} 的含量在一定水平。纯锡阳极正常工作时，表面覆盖一金黄色的膜，如表面呈灰色，表明阳极有 Sn^{2+} 溶解；呈黑色，表明阳极发生钝化。也可挂些不溶性阳极（钢板或镍合金板）与锡阳极联合使用，不溶性阳极能将二价锡（Sn^{2+}）氧化成四价锡（Sn^{4+}），当采用不溶性阳极时，需经常向镀中补加锡酸盐，

7.5.4 杂质的影响及处理方法

锡酸盐碱性镀锡溶液是对杂质容忍度大的镀种之一。通常把 Sn^{2+} 看成是碱性镀锡溶液中的主要杂质，Sn^{2+} 对碱性镀锡溶液有非常大的危害，必须严格控制。此外，还有铅杂质，其

危害性与 Sn^{2+} 相似。

杂质的影响及处理方法见表 7-10。

表 7-10　杂质的影响及处理方法

镀液中的杂质	杂质的来源、影响及处理方法
二价锡离子(Sn^{2+})	Sn^{2+} 在镀液中的影响非常敏感，必须严格控制，一般不应超过 0.1g/L。Sn^{2+} 来源于锡阳极的不正常溶解，所以必须掌握阳极的溶解特性。镀液中的 Sn^{2+} 与 NaOH 作用生成$[Sn(OH)_4]^{2-}$络离子，比 Sn^{4+} 的络离子$[Sn(OH)_6]^{2-}$容易在阴极上被还原，致使镀层发暗、疏松、多孔，甚至为海绵状镀层。防止和控制二价锡离子(Sn^{2+})生成的方法如下： ① 保持锡阳极的正常工作状态。保证阳极一直处于金黄色膜包裹的正常工作状态，这是避免产生 Sn^{2+} 的重要方法。为保证阳极上的这层膜正常建立起来，在开始使用前，用铁板作阴极，施加短时间的大电流密度($4\sim6A/dm^2$)冲击。使阳极极化，产生金黄色的膜后，即可进行正常电镀。应保证电镀过程中不能断电，如果断电超过 1min，必须重新建立这种阳极膜层 ② 停止电镀操作之前应先把阳极取出，然后再关闭电源。在重新工作时，阳极最好带电入槽。不能在不通电的状态下使阳极浸泡在镀液中，以避免阳极的锡以 Sn^{2+} 的形式溶解进入镀液 ③ 掉落槽内的锡阳极及镀锡零件应及时捞出，不工作或断电时应将镀件及阳极及时取出 镀液中如有 Sn^{2+} 产生，可向镀液中加入 30%过氧化氢 0.2~0.4g/L，使之氧化成 Sn^{4+}；也可用铁板或镍板作阳极进行通电处理，使 Sn^{2+} 氧化成 Sn^{4+}
铅杂质	镀液中的铅主要来源于阳极及锡酸盐中的杂质。铅离子对镀液的危害与 Sn^{2+} 相似，会使镀层发暗、多孔，甚至出现黑色海绵状镀层。再则，铅有毒，含铅的镀锡制品不能用于装食品的容器。铅杂质可以采用电解法(长时间通电处理)除去

7.6　晶纹镀锡

晶纹镀锡也称花纹镀锡或冰花镀锡，是用来制作具有花纹图案锡镀层的一种镀锡工艺。晶纹锡镀层具有美丽的花纹，可用作一种装饰性镀层，应用于家用电器、五金器材和装饰材料和包装材料等的镀覆。

7.6.1　工艺方法及操作要点

① 晶纹镀锡的基本方法是镀锡后，对锡镀层进行热熔和冷却处理，使锡镀层呈现出花纹阴影，经浸蚀活化后，在同一镀锡槽内再进行第二次镀锡，可得到带有立体感强的花纹图案的晶纹锡镀层。

② 晶纹镀锡要得到明暗相间、立体感强的花纹图案，要求镀层厚度分布不均匀性大，即镀液分散能力差。

③ 晶纹镀锡可以采用酸性镀液，也可以采用碱性镀液。由于碱性镀液的分散能力较好，镀层厚度较均匀，所以一般采用酸性镀锡溶液。

④ 热熔温度对晶纹镀锡很重要，热熔温度过高，易形成锡流，影响晶纹图外观；温度过低，锡层不熔，不能进行重结晶，不能形成晶纹镀层。一般热熔温度采用 250~300℃。

⑤ 热熔后的冷却，图案是在冷却过程中形成的，所以冷却是晶纹镀锡的关键工序。常用冷却剂是水和空气，不同的冷却剂可得到不同的花形。冷却剂的选用、用量和喷口与镀层间的间距等，要根据花形图案的要求来确定。

⑥ 最后在晶纹锡镀层上涂覆透明清漆加以保护。

7.6.2　镀液组成及工艺过程[1]

(1) 镀液组成及工艺规范

晶纹镀锡常用酸性镀液，其溶液组成及工艺规范见表 7-11。

表 7-11　晶纹镀锡的溶液组成及工艺规范

溶液成分及工艺规范	1	2
	含量/(g/L)	
硫酸亚锡（$SnSO_4$）	40～55	20～30
硫酸（H_2SO_4）	80～100mL/L	55～80mL/L
硫酸钠（Na_2SO_4）	40～60	—
苯酚（C_6H_6O）	8～10	—
β-萘酚（β-$C_{10}H_7OH$）	—	0.1～0.3
明胶	—	2～5
萘酚（$C_{10}H_7OH$）	—	8～12
温度/℃	20～35	20～35
阴极电流密度/（A/dm^2）	1～1.5	1～1.5

（2）工艺过程

① 电镀前处理包括保油、浸蚀等，与普通的硫酸盐镀锡相同。

② 进行第一次镀锡，锡镀层厚度为 $3\mu m$ 左右。

③ 水洗、吹干。

④ 热熔处理，温度为 250～300℃，时间为 5～10min。

⑤ 冷却。通过控制冷却，得到花纹图案。

⑥ 浸蚀（活化）处理，除掉氧化层，使花纹突出。溶液为 10%（质量分数）硫酸，处理时间为 0.5～1min。

⑦ 水洗后，再在同一镀锡槽中进行第二次镀锡，阴极电流密度为 0.5～1A/dm^2，电镀时间为 5～10min。即得到明暗相间、立体感强的花纹图案。

⑧ 水洗、吹干。

⑨ 涂防护涂料（透明清漆等）。

7.7　锡镀层防变色处理

（1）锡镀层的变色及其原因[1]

锡镀层在存放过程中会存在变色问题，镀层在一定的温度、湿度条件下储存一定时间后会变色，典型颜色为黄色（也称为变黄）。变色会影响外观，严重的可能会使焊接性能变差。

锡镀层变色的原因：镀层中夹杂有机物较多，而当这些有机物易氧化变色时，通常会使镀层泛黄变色；再则，若镀层存在较多的缺陷、孔隙、裂纹等，会使镀液渗入孔隙、裂纹中，无法清洗去除，从而使有机物夹杂过多，而引起变色。纯锡镀层与锡-铅合金相比，一般结晶较粗，结晶颗粒不规则性大，存在的缺陷也较多，所以纯锡镀层的变色更为严重。

（2）锡镀层变色的控制及处理

① 控制锡镀层变色的方法　防变色方法如下。

a. 采用在镀层中夹杂及吸附少量的添加剂组分。采用的添加剂应能使镀层结晶细致，使结晶颗粒排列紧密，减少结晶颗粒之间的缝隙，减少结晶缺陷，以减少有机物的夹杂。再则，避免采用既有吸附性又能在氧化后显色的组分。

b. 加强工艺控制。在工艺控制上，要避免前处理过腐蚀，避免镀液浑浊，提高镀液稳定性，添加剂要少加勤加，避免镀液中添加剂过剩，控制好锡离子浓度及操作条件，定期处理槽液。

c. 加强镀后处理。加强镀后清洗，彻底吹净零件带出的镀液。保证清洗用水干净、清洁，清洗不彻底、不充分是导致变黄的主要原因之一。并采用适当的后处理。

② 镀层防变色处理　采用市场商品镀锡防变色剂进行处理，能取得较好的效果。镀锡防变色剂处理的工艺规范见表 7-12。

表 7-12　镀锡防变色剂处理的工艺规范

名称及型号	工艺规范	备注
镀锡防变色剂	防变色剂　　　　　1 份(体积) 蒸馏水或去离子水　19 份(体积) 温度　50~70℃ 时间　0.35~0.5min	防变色剂是环保型水性剂。抗变色性优于铬酸钝化,不影响焊接性。如镀层已经变色,可在 5%磷酸三钠溶液中出白,温度为 55~65℃,清洗后再浸防变色剂。零件浸镀锡防变色剂后,不经水洗,直接离心干燥或烘干(80℃) 镀锡防变色剂是上海永生助剂厂的产品
FSN 镀锡防变色剂	FSN 防变色剂　50mL/L 温度　50~70℃ 时间　1~3min	零件经各种体系镀锡后,都可用 FSN 来作防变色处理。对零件的可焊性和外观无影响。工艺流程:镀锡→水洗→(钝化)→水洗→浸防变色剂→水洗→干燥 FSN 镀锡防变色剂是广州美迪斯新材料有限公司的产品

7.8　不合格锡镀层的退除

不合格锡镀层的退除方法见表 7-13。

表 7-13　不合格锡镀层的退除方法

基体金属	退除方法	溶液组成	含量/(g/L)	温度/℃	阳极电流密度/(A/dm²)
钢铁	化学法	氢氧化钠(NaOH) 间硝基苯磺酸钠($C_6H_4NO_2SO_3Na$)	75~90 60~90	80~100	—
	化学法	38%盐酸(HCl) 氧化锑(Sb_2O_3) 水	1000mL 12g 125mL	室温	—
	化学法	98%硫酸(H_2SO_4) 硫酸铜($CuSO_4 \cdot 5H_2O$)	100mL/L 50	室温~50	—
	电化学法	氢氧化钠(NaOH) 氯化钠(NaCl)	150~200 15~30	80~100	1~5
可锻铸铁	化学法	98%硫酸(H_2SO_4) 氯化钾(KCl) 硫脲[$(NH_2)_2CS$]	150~200mL/L 15~20 5~10	20~40	
	化学法	38%盐酸(HCl) 氯化钾(KCl)	300mL/L 15~20	20~40	
铜、黄铜	化学法	硫酸铜($CuSO_4$) 三氯化铁($FeCl_3$) 65%醋酸(CH_3COOH)	112~131 62~87 260~390	室温	
	化学法	38%盐酸(HCl) 氧化锑(Sb_2O_3) 水	1000mL 12g 125mL	室温	
	电化学法	氢氧化钠(NaOH)	80~120	80~90	1
铝	化学法	65%硝酸(HNO_3)	500~600	室温	

第8章

镀铜

8.1 概述

纯铜为浅玫瑰色金属，具有金属光泽，铜在常温下于干燥的空中是稳定的，铜镀层在空气中易失去光泽。铜在潮湿的空气中会与二氧化碳反应生成碱式碳酸铜（铜绿）；与氯化物反应生成氯化铜；受到硫化物的作用会生成棕色或黑色硫化铜。但在高温下铜不与氮、氢、碳等直接化合。铜很容易溶解在硝酸和热浓硫酸中。铜及铜镀层的物化性能见表 8-1。

表 8-1 铜和铜镀层的物化性能

项目	技术性能		项目	技术性能	
原子量	63.54		镀层硬度（HV）	焦磷酸盐镀铜	150～220
化合价	+1，+2			硫酸盐镀铜	150～180
标准电位/V	$Cu^+ + e \longrightarrow Cu$	+0.521		氰化镀铜	150～200
	$Cu^{2+} + 2e \longrightarrow Cu$	+0.337	抗拉强度/MPa	焦磷酸盐镀铜	$(3.92～5.88)×10^{-2}$
电化当量/[g/(A·h)]	Cu^+	2.372		硫酸盐镀铜	$(1.96～5.88)×10^{-2}$
	Cu^{2+}	1.186	伸长率/%	焦磷酸盐镀铜	3～5
熔点/℃	1083			硫酸盐镀铜	3～12
沸点/℃	2580			氰化镀铜	2～5
密度/(g/cm³)	镀层	8.86～8.93	应力/MPa	焦磷酸盐镀铜	$-4.9×10^{-3}～$ $-1.47×10^{-2}$
	金属铜	8.96			
线膨胀系数/(×10⁻⁶/℃)	镀层	16.7～17.1		硫酸盐镀铜	$2.75×10^{-3}～$ $-1.03×10^{-2}$
	金属铜	17.0			
电阻系数/(×10⁻⁸Ω·m)	镀层	1.70～4.6		氰化镀铜	$7.85×10^{-3}～$ $-1.06×10^{-2}$ 及 $-2.75×10^{-3}～$ $-3.24×10^{-3}$
	金属铜	1.67～1.68			
比热容/[kJ/(kg·℃)]	0.385				
热导率/[W/(m·℃)]	394				

铜镀层呈粉红色，结晶细致、结合力好，质地柔软，具有良好的导电性、导热性和延展性，容易抛光，也能从镀液中直接镀出光亮铜层。镀到一定厚度后，镀层基本无气孔，一般容易镀上其他镀层，铜镀层常用作其他镀层的底层，因而被广泛用作装饰镀层的底层。金属铜与塑料的膨胀系数比较接近，铜镀层与塑料基体结合力好，因此在塑料电镀中常用化学镀铜层作为电镀的导电层。

铜的电位比铁正，钢铁件上的铜镀层是阴极镀层，当铜镀层存在空隙时，在腐蚀介质作用下，铁成为阳极而受到腐蚀，故一般不单独用铜作为防护层。

8.2 铜镀层的应用

铜镀层在电镀中占有重要的地位和较大的比例，主要应用如表 8-2 所示。

表 8-2 铜镀层的应用

铜镀层	应用范围
用作预镀层 （作为其他金层的底镀层）	由于一些金属容易在铜上沉积并能获得良好的结合力，因而铜镀层常用作钢铁、铝及铝合金、锌合金、锌压铸件、锡焊件、塑料件等的预镀层；黄铜、铍青铜、磷青铜等铜合金也常预镀铜，以提高镀层结合强度
用作中间镀层	铜镀层是重要的中间镀层，例如装饰性镀层体系；锌压铸件孔隙率高，生产中采用多层镀铜来使最终孔隙率降低至零而保证其耐蚀；塑料件上镀铜中间层，可以使塑料电镀件抗热冲击性能提高，并提高其户外的耐蚀性
用作最终镀层	铜镀层具有特性，在很多领域中得到广泛的应用，例如： ① 铜镀层再作转化膜处理，形成黑色、红古铜、真古铜等，再涂上透明清漆，用作装饰 ② 用于电铸制造复杂零件、印制线路板铜箔、覆铜板、波导管等 ③ 作为导电导热镀层，钢丝连续镀铜作为广播导线、薄钢带镀铜后制成管替代纯铜管作电冰箱散热器等 ④ 利用铜的减摩性好的特性，金属丝镀铜后，可减少拉丝时的摩擦力，提高拉丝模具使用寿命及金属丝表面平整光亮性 ⑤ 利用铜在高温下不与氮、碳等直接化合的特性，在表面热处理中在钢件局部不需渗碳、渗氮的部位先局部镀上铜镀层，用来局部防渗碳、渗氮
导电性镀层	① 利用铜的导电性好，在钢铁件、黄铜件上镀厚层替代纯铜件使用，降低成本 ② 在印制板行业作为双面板、多层板孔金属化以及在现代高密度、小孔径印制板孔金属化及封孔电镀中的应用 ③ 在现代超大规模集成电路制造中作凸点电镀、微孔金属化封孔电镀等的应用
焊接性镀层	在钢铁件、黄铜铸件、铝及铝合金件上镀铜以提高其焊接性能

8.3 预镀及预浸渍处理

在钢铁件上镀铜的关键之一，是解决好铜镀层与钢铁基体的结合力问题。铜镀层的结合力包括两个方面：一是基体材料或底镀层（如化学镀铜、化学镀镍等）与铜镀层的结合力；二是铜镀层与其上的其他镀层的结合力。在钢铁件上无氰镀铜，要获得良好结合力的铜镀层，必须同时解决好铜在钢铁件上的置换和钢铁件的钝化问题。

提高基体金属上铜镀层的结合力，主要是让镀件在镀液中无严重置换，又能处于活化状态进行电沉积。一般采用预镀及预浸渍处理等方法。

提高基体金属上铜镀层结合力的措施列入表 8-3。

镀铜前预镀的溶液组成及工艺规范见表 8-4。

镀铜前预浸渍处理的溶液组成及工艺规范见表 8-5。

表 8-3 提高基体金属上铜镀层结合力的措施

基体金属	提高基体金属上铜镀层结合力的措施
钢铁件（镀铜）	① 预镀暗镍 这是最可靠的无氰预镀方法。这种镀液有较好的分散能力和覆盖能力，镀层结晶细致。预镀薄层暗镍，常用作光亮酸性镀铜等的预镀底层 ② 氰化预镀铜 氰化预镀铜层上进行酸性镀铜，其结合良好、可靠，但不作推荐 ③ 闪镀无氰碱性镀铜 在高配合比的无氰碱性镀铜溶液中，以大电流密度冲击闪镀一层薄铜，然后在另一槽中加厚电镀。闪镀层很薄。在进一步进行无氰碱性镀铜或光亮酸性镀铜时，均应带电入槽 ④ 有机多膦酸盐（HEDP）预镀铜 国内已有应用有机多膦酸盐（HEDP）镀铜，对钢铁件进行预镀的先例。预镀后，可直接用硫酸盐光亮酸性镀铜加厚 ⑤ 预浸渍（铜）处理 预浸渍处理实际上是浸镀，依靠缓慢的反应而获得细密的薄铜层。浸镀后，用于无氰碱性镀铜，起到了去除钢铁件钝化层并防止钢铁件进一步钝化的作用；用于光亮酸性镀铜，可起到防止产生严重置换铜的作用[1]

基体金属	提高基体金属上铜镀层结合力的措施
锌压铸件（镀铜）	① 预镀中性镍　中性镀镍溶液 pH 值在 6.5～7.5，是较成熟的无氰预镀工艺。作为预镀使用的中性镀镍溶液不宜加入光亮剂，因为过亮的镍镀层上镀铜，其结合力不好 ② 氰化预镀铜或镀铜-锌合金　这是结合力较可靠的预镀方法 ③ 采用预浸后预镀有机多膦酸盐（HEDP）镀铜
不锈钢（镀铜）	不锈钢表面易钝化，一般在活化，闪镀镍后再镀铜
铝件（镀铜）	铝件镀铜前应经二次浸锌或浸锌-镍合金，然后进行氰化预镀铜，最后再镀其他镀层
亮铜层上镀亮镍	在光亮酸性镀铜层上镀亮镍，结合力不好，应先去除亮铜上附着的添加剂膜层

表 8-4　镀铜前预镀的溶液组成及工艺规范

溶液成分及工艺规范	预镀镍		氰化预镀铜			碱性活化预镀	酸性活化预镀	
	1	2	1	2	3		1	2
	含量/(g/L)							
硫酸铜(CuSO₄·5H₂O)	—	—	—	—	—	0.1～0.4	10～20	0.1～0.15
硫酸(H₂SO₄ 化学纯)	—	—	—	—	—	—	60～90	—
盐酸(HCl)	200mL/L	—	—	—	—	—	—	20～30
焦磷酸钾(K₄P₂O₇·3H₂O)	—	—	—	—	—	60～100	—	—
磷酸氢二钠(Na₂HPO₄)	—	—	—	—	—	30～40	—	—
碳酸钠(Na₂CO₃)	—	—	—	—	—	40～60	—	—
氯化镍(NiCl₂·6H₂O)	200～250	400～500	—	—	—	—	—	—
硼酸(H₃BO₃)	—	30～40	—	—	—	—	—	—
氰化亚铜(CuCN)	—	—	8～35	—	43	—	—	—
铜(Cu，以氧化亚铜形式加入)	—	—	—	14～26	—	—	—	—
氰化钠(NaCN)	—	—	12～54	—	49	—	—	—
游离氰化钠(F·NaCN)	—	—	—	6～12	4	—	—	—
氢氧化钠(NaOH)	—	—	2～10	—	—	—	—	—
碳酸钠(Na₂CO₃)	—	—	15～60	—	30	—	—	—
酒石酸钾钠(KNaC₄H₄O₆·4H₂O)	—	—	—	15～38	60	—	—	—
海鸥洗涤剂	—	—	—	—	—	0.1～0.2	—	—
六次甲基四胺[(CH₂)₆N₄]	—	—	—	—	—	—	—	20～30
GB-93A 光亮剂	—	—	—	—	—	—	12～16 mL/L	—
GB-93B 光亮剂	—	—	—	—	—	—	12～16 mL/L	—
pH 值	—	1～3	11.5～12.5	10.2～10.5	—	10.5～11.5	—	—
温度/℃	室温	60～70	18～50	45～60	38～54	35～60	室温	室温

续表

溶液成分及工艺规范	预镀镍		氰化预镀铜			碱性活化预镀	酸性活化预镀	
	1	2	1	2	3		1	2
	含量/(g/L)							
阴极电流密度/(A/dm²)	4～10	0.1～0.3	0.3～2	1.6～8.2	2.6① 1.3	1.5～3.5	0.8	2～3
时间/min	0.5～4	2～5		0.25～3	—	0.4～1.5		1～3
阳极材料						不锈钢	磷铜与石墨混用	石墨

①即开始镀时阴极电流密度为 2.6A/dm²，时间 2min；然后阴极电流密度为 1.3A/dm²，时间 3min。

注：1. 镀镍也可以采用低浓度的普通镀镍（暗镍）溶液。

2. 氰化预镀铜配方 1，用于普通氰化预镀铜；配方 2 用于锌合金压铸件预镀铜；配方 3 用于铝件预镀铜。

表 8-5 镀铜前预浸渍处理的溶液组成及工艺规范

溶液成分及工艺规范	丙烯基硫脲浸铜		硫脲浸铜	尿素浸铜	柠檬酸盐浸铜		焦磷酸盐浸铜
	预浸	浸铜			1	2	
	含量/(g/L)						
硫酸铜(CuSO₄·5H₂O)	—	25～50	10～20	4～6	—	5	—
硫酸(H₂SO₄)	50～100	50～100	70～100	45～55 mL/L	—	5	—
盐酸(HCl)	—	—	—	—	—	10	—
柠檬酸(C₆H₈O₇·H₂O)	—	—	—	—	10	—	—
柠檬酸钠(Na₃C₆H₅O₇·2H₂O)	—	—	—	—	—	100	—
焦磷酸钾(K₄P₂O₇·3H₂O)	—	—	—	—	—	—	400～450
碱式碳酸铜[Cu(OH)₂CuCO₃]	—	—	—	—	1	—	—
丙烯基硫脲(C₃H₅NHCSNH₂)	0.1～0.3	0.15～0.3	—	—	—	—	—
硫脲(CH₄N₂S)	—	—	0.1～0.3	—	—	—	—
尿素[CO(NH₂)₂]	—	—	—	4～8	—	—	—
pH 值	—	—	—	—	2～3	1.5～2.5	—
温度/℃	室温	室温	室温	室温	室温	室温	室温
时间/min	0.7～1.2	0.8～1	1～3	0.3～0.8	0.5～1	0.8～1.2	0.5～1

注：1. 采用丙烯基硫脲浸铜时，预浸后不经水洗直接浸铜。

2. 采用柠檬酸盐浸铜或焦磷酸盐浸铜时，其浸渍后不经水洗直接进行镀铜（柠檬酸盐镀铜或焦磷酸盐镀铜）。

8.4 镀铜种类及镀铜前处理工艺流程

(1) 镀铜的种类

镀铜溶液的种类很多，主要有氰化镀铜、硫酸盐酸性镀铜、焦磷酸盐镀铜、有机膦酸盐镀铜、柠檬酸盐镀铜、草酸盐镀铜、乙二胺镀铜、酒石酸盐镀铜等。目前，光亮硫酸盐酸性镀铜已广泛应用于生产，焦磷酸盐镀铜也有部分投入生产。目前实际生产应用中常使用低氰镀液，或使用氰化预镀铜，然后用硫酸盐酸性镀铜加厚。近年来，无氰酸性预镀铜技术得到初步推广应用，效果较好，但该工艺仍需改进提高。

(2) 镀铜前处理工艺流程

镀铜前处理工艺流程参见图 8-1。前处理工艺流程与被镀件基体材料、镀铜种类、工艺规范等有密切关系，而且镀铜工艺及前处理工艺也在不断改进和完善，所以图中的处理工艺流程仅供参考。

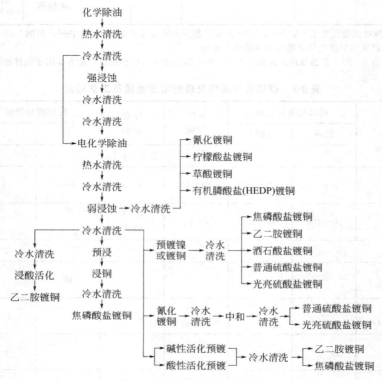

图 8-1　镀铜前处理工艺流程

8.5　氰化镀铜

氰化镀铜的镀液主要由铜氰络盐和一定量的游离氰化物等组成。

在所有镀铜工艺中，仅氰化镀液中铜的存在形式为一价铜的低价态，是以一价铜与氰根形成铜氰配离子，低价金属离子具有强的还原性，而氰化镀液有较强的析氢现象，新生态氢原子具有强的还原能力。因此，氰化镀铜可以在钢铁件、黄铜件、锌合金压铸件、铝及铝合金件等上直接电镀，也可作为预镀铜。

氰化镀铜溶液有一定的除油能力，并具有很强的分散能力和深镀能力，复杂零件的内侧面、凹孔以及材料缺陷的内部等能镀上，镀层结晶细致，与基体金属结合牢固，是其他镀铜工艺无法比拟的。

近年来光亮氰化镀铜有了发展，虽不如光亮酸性镀铜，但也能得到较好的外观和整平性，也可以省去镀后的抛光，所以亦能用作装饰性镀层的底层。

但氰化镀铜阴极电流效率比酸性镀铜低得多，镀层光亮整平性也比光亮酸性镀铜差。而且镀液有剧毒，氰化镀铜镀液本身不够稳定，氰化物会自身氧化分解或转化为碳酸盐，以致于调整频繁，日常维护成本高。

无氰镀铜符合环保和清洁生产的要求以及科技发展的趋势，具有良好的发展前景。已研究和开发出多种无氰镀铜工艺，经过电镀工作者不断努力，无氰镀铜工艺得到了不断的改进和完善，但其主要缺点是不能在钢铁件上直接电镀。这些无氰镀铜体系的共同特点是：镀液中的铜均以二价态存在，目前还不能完全达到取代氰化镀铜工艺的水平[25]。

8.5.1　镀液组成及工艺规范

氰化镀铜溶液按其浓度的不同，可分为：低浓度镀液，主要用于闪镀；中浓度镀液，主要用于光亮镀液，以及用于底镀层；高浓度镀液，主要用于快速镀和镀取厚镀层。在镀液中添加酒石酸钾钠，是为了促进阳极的溶解和改善镀层质量。

一般滚镀及高效率镀液均加入适量光亮剂与表面活性剂，可镀取光亮性较好的镀层，不经光亮酸性镀铜加厚而直接镀亮镍。

氰化镀铜的溶液组成及工艺规范见表 8-6。

表 8-6　氰化镀铜的溶液组成及工艺规范

溶液成分及工艺规范	闪镀铜	普通镀铜		滚镀铜	光亮镀铜			
		1	2		1	2	3	4
	含量/(g/L)							
氰化亚铜(CuCN)	30～45	20～30	30～50	30～65	45～75	50～60	50～60	50～58
总氰化钠(NaCN)	45～65	30～45	40～65	50～95	55～95	70～85	70～85	67～80
游离氰化钠(NaCN)	10～15	5～10	—	15～20	5～15	—	—	—
酒石酸钾钠(KNaC$_4$H$_4$O$_6$·4H$_2$O)	30～70①	—	30～60	50～90	—	—	—	20～25
硫氰酸钠(NaSCN)	—	—	10～20	—	—	—	—	—
硫氰酸钾(KSCN)	—	—	—	10～15	—	—	—	10～15
氢氧化钠(NaOH)	—	—	—	—	钢铁件 10～20 锌合金压铸件 0～5	1～3	1～3	12～15
碳酸钠(Na$_2$CO$_3$)	—	—	20～30	—	—	—	—	—
硫酸锰(MnSO$_4$·4H$_2$O)	—	—	—	—	—	—	—	0.05～0.08
Cu505 诺切液	—	—	—	—	20～30 mL/L	—	—	—
Cu503 主光亮剂	—	—	—	—	2～4mL/L	—	—	—
Cu504 辅光亮剂	—	—	—	—	5～8mL/L	—	—	—
诺切液	—	—	—	—	—	25～30 mL/L	25～30 mL/L	—
LM3# 高位光亮剂	—	—	—	—	—	3～6mL/L	—	—
LM4# 低位光亮剂	—	—	—	—	—	3～6mL/L	—	—
RM33# 高位光亮剂	—	—	—	—	—	—	3～6mL/L	—
RM34# 低位光亮剂	—	—	—	—	—	—	3～6mL/L	—

续表

溶液成分及工艺规范	闪镀铜	普通镀铜		滚镀铜	光亮镀铜			
		1	2	1	1	2	3	4
	含量/(g/L)							
pH 值	钢铁件12~12.5 锌、铝件9.8~10.5	10~12.0	—	12.5~13.0	12.2~12.8			
温度/℃	室温或45~60	室温	50~60	30~50	50~70	35~50	35~50	55~58
阴极电流密度/(A/dm²)	4~10	0.3~1.0	1~3	3~6	0.5~2.5	0.5~3	0.5~2	1.5~2

① 为锌、铝基体上闪镀时用酒石酸钾钠 30~70g/L。

注：1. 闪镀铜配方用于锌合金压铸件、铝及铝合金件、高浓度镀液电镀前基体的闪镀。

2. 光亮镀铜配方 1 适用于钢铁、铜及其合金，尤其适合锌合金铸件的光亮镀铜，滚镀或挂镀均宜。Cu505 诺切液、Cu503 主光亮剂、Cu504 辅光亮剂为德胜国际（香港）有限公司、深圳鸿运化工原料行的产品。

3. 光亮镀铜配方 2 适用于挂镀，诺切液、LM3#高位光亮剂、LM4#低位光亮剂为广州美迪斯新材料有限公司的产品。

4. 光亮镀铜配方 3 适用于滚镀，诺切液、RM33#高位光亮剂、RM34#低位光亮剂为广州美迪斯新材料有限公司的产品。

5. 光亮镀铜配方 4，采用周期换向电镀，正向时间：反向时间=25∶5，阴极移动。

8.5.2 镀液中各成分的作用

(1) 氰化镀铜溶液的类型

按氰化镀铜溶液中的主要组分来分，有钠盐型（氰化钠、氢氧化钠）和钾盐型（氰化钾、氢氧化钾）。其性能比较如下：

① 钾盐型镀液电导率高，分散能力更好些，允许的阴极电流密度比钠盐型的高得多。

② 在同样的温度、阴极电流密度的条件下，钾盐型的阴极电流效率比钠盐型的高。

③ 钾盐型的镀层光亮电流密度范围远比钠盐型宽。

④ 钾盐型获得的镀层的韧性比钠盐型好，硬度较低。

⑤ 钾盐价格比钠盐贵。

由于钾盐型成本较高，故一般多用钠盐型，光亮氰化镀较厚的铜镀层、工艺要求较高或钠盐型的缺点无法克服时，则宜采用钾盐型。

(2) 氰化亚铜

氰化亚铜为镀液常用的主盐，它提供的 Cu^+ 与氰化钠（NaCN）形成铜氰配离子。铜在含铜氰配离子的溶液中有较负的平衡电势，因此钢铁、锌合金件浸入氰化镀铜溶液时，没有置换出铜，可以直接镀铜并能获得良好结合力的铜镀层。

氰化亚铜中铜的含量为 70.9%（质量分数）。实际生产中通常控制金属铜的含量，当镀液中的游离氰化钠含量和温度不变时，提高铜含量，允许电流密度大，可提高整平作用；降低铜含量，阴极极化作用增大，能提高镀液的分散能力和覆盖能力，并可以获得结晶细致的铜镀层，但会降低阴极电流效率和电流密度的上限。所以预镀铜，一般采用低浓度的铜盐；快速镀铜，常采用高浓度的铜盐。

(3) 游离氰化钠

氰化亚铜和氰化钠提供的 Cu^+ 与 CN^- 生成铜氰配位化合物。在氰化镀液中，游离氰化钠（标记为 F·NaCN）是指未与氰化亚铜配合而以游离状态存在的氰化钠。游离氰化钠含量是控制氰化镀铜的一个重要因素。提高游离氰化钠的含量，可提高镀液的分散能力和覆盖能力；增大阴极极化作用，使镀层结晶细致；可以促进阳极正常溶解。但游离氰化钠含量过高时，配离子放电过于困难，阴极极化作用过大，析氢加重，从而降低阴极电流，甚至只析氢，而无铜沉积。游离氰化钠含量低时，阳极溶解不良；过低时，阳极钝化（槽电压上升、电流减小），生成黑色 CuO，进而 Cu^{2+} 溶解，镀液由无色逐渐变蓝。据有关文献[20]报道，在实际生产中，一般控制铜与游离氰化钠之间的摩尔比，其比值如下。

① 在一般底镀层或预镀用的镀液中：Cu：游离 NaCN＝1：（0.5～0.8）。

② 在含有酒石酸盐或硫氰酸盐的镀液中：Cu：游离 NaCN＝1：（0.3～0.4）。

③ 在周期换向电镀的镀液中：Cu：游离 NaCN＝1：（0.25～0.3）。

（4）酒石酸钾钠

酒石酸钾钠在镀液中有两个作用：一是作为辅助配位剂，能细化镀层结晶；二是作为良好的阳极去极化剂，促进阳极正常溶解。加入阳极去极化剂，允许采用较大的电流密度，并能适当提高电流效率，从而提高生产效率。

（5）硫氰酸盐

硫氰酸盐的作用与酒石酸钾钠相似，不但具有阳极去极化剂的作用，有利于阳极正常溶解；还具有隐蔽有害金属的作用，如锌等。

（6）氢氧化钠

氢氧化钠在镀液中的作用：一是提高镀液导电性，从而提高镀液的分散能力及允许电流密度；二是调高镀液的 pH 值。但它不宜加入过多，以免碳酸钠积累过快。锌合金压铸件、铝及铝合金件镀锌，不宜加入氢氧化钠，以免 pH 值过高，腐蚀基体金属而影响镀层质量。

（7）碳酸钠

氰化电镀都存在碳酸盐（钠）的积累问题，碳酸钠是：镀液中的氢氧化钠、游离氰化钠与空气中的二氧化碳反应而产生的。镀液中含有一定量碳酸钠（小于 30g/L）是有益的，能增强镀液的导电性，提高分散能力，减小阳极极化作用，还具有缓冲性能。但碳酸钠含量大于 90g/L（碳酸钾含量大于 118g/L）时，副作用很大，降低阴极电流效率，增大镀液黏度，降低镀液电导率，使镀层疏松多孔、发暗、粗糙，加剧阳极钝化等。氰化镀铜溶液中允许碳酸钠最多为 60g/L，过量的碳酸盐应设法除去。

在氰化镀铜溶液中，氰化物的稳定性较差，其主要原因如下[20]。

① 在空气中二氧化碳的作用下，氰化钠易分解：
$$2NaCN＋H_2O＋CO_2 \longrightarrow Na_2CO_3＋2HCN$$

② 因镀液加热而分解，生成各种化合物，如氨、甲酸钠等：
$$NaCN＋2H_2O \longrightarrow NaCOOH＋NH_3$$

③ 如阳极溶解不好，氰化物在阳极上被氧化，而分解变为碳酸盐，其分解速度与阳极上氧的生成量成正比：
$$4NaCN＋4H_2O＋O_2 \longrightarrow 2Na_2CO_3＋2NH_3＋2HCN$$
$$2NaOH＋2NaCN＋2H_2O＋O_2 \longrightarrow 2Na_2CO_3＋2NH_3$$

以上原因使镀液中游离氰化钠减少。

（8）添加剂

氰化铜镀层结晶细致，但不光亮，只有加入光亮剂后，才能获得光亮镀层。光亮剂有无机光亮剂和有机光亮剂。

① 无机光亮剂　有光亮平整性较好的铅盐，如碳酸铅、醋酸铅、酒石酸铅，以及硫氰酸钾、硫酸锰等。若采用硫酸锰作氰化镀铜溶液的光亮剂，硫酸锰须与酒石酸盐及硫氰酸盐同时使用，并采用周期换向电流电镀，才能获得光亮镀层。

② 有机光亮剂　市售的商品组合光亮剂多属于这一类。商品光亮剂，应先经过试验确认效果良好后再使用。

8.5.3 工艺规范的影响

(1) 镀液温度

镀液升温能提高镀液导电性，并能提高允许的阴极电流密度及镀层光亮度，但氰化物分解快，碳酸钠积累快。普通镀铜和闪镀铜，镀液温度一般为室温；滚镀、含有酒石酸钾钠的及高效率光亮镀液应升温至 45～70℃。

(2) pH 值

氰化镀铜溶液的 pH 值范围一般为 10～14。钢铁件镀锌，pH 值为 12.2～12.8；镀锌合金、铝及铝合金等这类金属，pH 值应控制在 9.8～10.5。pH 值偏高，镀液导电性及分散能力较好，但过高会降低阳极电流效率。

(3) 电流密度

氰化镀铜的阴极电流密度受多种因素影响：如氰化亚铜浓度含量高时允许的阴极电流密度大；游离氰化钠含量高时允许的阴极电流密度小；镀液温度高及搅拌时允许的阴极电流密度大；钾盐型比钠盐型允许的阴极电流密度大。但随着阴极电流密度的提高，电流效率下降。为了在较高的阴极电流密度下也能得到较高的电流效率，可采取增加镀液中的铜含量；或者在降低游离氰化钠含量的同时加入阳极去极化剂；也可适当提高镀液温度。一般情况下，氰化镀铜的阴极电流密度采用 $1～3A/dm^2$，简单镀件可取 $4A/dm^2$，复杂镀件可取 $2A/dm^2$。

阳极电流密度一般宜采用 $1.5～2.0A/dm^2$，阳极面积∶阴极面积＝2∶1。

(4) 周期换向电流电镀

采用周期换向电流电镀，可以提高铜镀层质量，使镀层厚度均匀、平整、降低孔隙率、允许采用较高的阴极电流密度，并能镀取较厚的质量较好的镀层。常用周期换向时间为：阴极时间∶阳极时间＝10s∶1s 或为 25s∶5s。

(5) 阳极

氰化镀铜用的铜阳极，一般采用电解铜，或者经过压延加工的电解铜。阳极面积与阴极面积之比一般为 2∶1。一般允许铜阳极电流密度较低，若要提高铜阳极电流密度，必须提高氰化物含量，提高镀液温度，加入阳极去极化剂，采用周期换向电流电镀才能实现。

(6) 搅拌

搅拌有利于溶液对流，及时补充镀件界面液层中铜盐的消耗，减小浓差极化，有利于扩大允许阴极电流密度，改善光亮均匀性。搅拌方式一般采机械搅拌，如阴极移动、连续循环过滤等。一般不宜采用压缩空气搅拌，因空气搅拌会不断向镀液中补充氧气与二氧化碳，会加速氰化物的分解及碳酸盐的积累。

8.5.4 杂质的影响及处理方法

杂质的影响及处理方法见表 8-7。

表 8-7 杂质的影响及处理方法

镀液中的杂质	杂质的来源、影响及处理方法
过量碳酸钠	过量的碳酸钠的去除方法有冷却结晶法和生石灰沉淀法： ① 冷却结晶法 降低镀液温度，使碳酸钠溶解度减小，过饱和后会呈 $Na_2CO_3 \cdot 10H_2O$ 结晶析出。冷却至 0℃时(冷却速度不能太快)，保持恒温 3～4h，抽出镀液，过滤残渣，如需要再进行第二次冷却去除。在冬季较冷时，也可以利用其自行结晶，然后将结晶碳酸钠过滤除去，也有一定效果 ② 石灰沉淀法 将生石灰溶于水，在不断搅拌下生成熟石灰[$Ca(OH)_2$]，利用熟石灰与碳酸钠反应生成碳酸钙沉淀去除，其反应式为： $$Na_2CO_3 + Ca(OH)_2 \longrightarrow 2NaOH + CaCO_3 \downarrow$$ 具体做法：将镀液加热到 50～60℃，在不断搅拌下加入计算量的熟石灰乳(也可用硫酸钙、氢氧化钡等)，加完后继续保温 3h 以上，过滤除去，对镀液进行分析调整

续表

镀液中的杂质	杂质的来源、影响及处理方法
铬杂质	六价铬危害性较大,镀液混入少量铬[1](0.01g/L 的 CrO_3),能显著降低阴极电流效率,使阴极低电流密度区镀层发暗,形成污斑,严重时(混入 0.1g/L 的 CrO_3)甚至只析氢而无镀层沉积。铬杂质由一步法镀铬后挂具未洗净镀液以及氰化镀铜前含有铬的溶液处理镀件而未彻底洗净而带入。铬杂质的去除方法如下: ① 不含酒石酸钾钠的镀液中铬杂质的去除　将镀液加热到 60℃,在搅拌下加入强还原剂保险粉(连二亚硫酸钠 $Na_2S_2O_4 \cdot 2H_2O$)0.2～0.5g/L,将六价铬还原为三价铬。三价铬在 pH 值大于 6.4 时,形成氢氧化铬沉淀,经过滤除去 ② 含酒石酸钾钠的镀液中铬杂质的去除　在加保险粉后,酒石酸钾钠会与还原后的三价铬配位而难以沉淀。此时加入 0.2～0.4g/L 茜素(1,2-二羟基蒽醌),然后再用活性炭吸附并过滤除去
铅杂质	镀液中铅杂质容许量为 0.001g/L,超过容许量将会影响镀层质量(镀层起麻点,结合力下降)。铅杂质是由含铅光亮剂加入过量以及含铅镀件溶解等而带入镀液中的。去除铅杂质时,先将镀液加热到 60℃,在不断搅拌下加入 0.2～0.4g/L 硫化钠,然后加活性炭 0.2～0.4g/L,搅拌 2h 后过滤除去。用此法除铅时,镀液中的氰化钠含量不能太低,否则会形成硫化亚铜沉淀。铅杂质的去除,还可以用小电流电解法

8.6　硫酸盐酸性镀铜

8.6.1　概述

　　虽然硫酸盐酸性镀铜的历史悠久,但由于镀液分散能力较差,镀层结晶不够细致,而且它在钢铁件、锌铸件、铝件上生成置换层而导致结合力不好等,所以在 20 世纪 60 年代以前应用较少。20 世纪 60 年代后,人们不断研制开发出硫酸盐酸性镀铜添加剂,光亮剂使获得的镀层具有优异的光亮性;整平剂可消除微小的抛光痕迹。光亮酸性镀铜(也称为全光亮酸性镀铜),实际上是在硫酸盐酸性镀铜溶液的基础组分中加入有机组合的光亮剂和添加剂。所获得的镀层光亮、柔软、孔隙率低、镀液整平性好。全光亮镀铜后,无需再抛光就能够得到镜面光泽铜镀层。光亮酸性镀铜常作为高装饰性组合镀层中重要的中间镀层。由于它具有高光亮、高整平、高分散性能,加之光亮镀镍的发展,使装饰性电镀实现了镀层不用抛光的"一步法"电镀工艺。而且铜镀层价格相对较低,所以是一个量大面广的中间镀层,应用十分广泛。光亮酸性镀铜现已成为无氰镀铜的主流工艺。其特点如表 8-8 所示。

表 8-8　光亮酸性镀铜的特点

优点	缺点
① 镀液组分简单,易于调整 ② 镀层柔软、孔隙率低,光亮性、整平性优异,镀后一般不需抛光 ③ 镀液阴极电流效率高,允许阴极电流密度大,沉积速度较快 ④ 镀层延展性好,不腐蚀塑料和印制板铜箔粘接剂,广泛应用于塑料件电镀及印制板电镀 ⑤ 镀液不含配位剂,废水处理较简单 ⑥ 电镀时逸出的气体危害性小,且无刺激性气体,一般可不设局部排风系统	① 由于钢铁在镀液中会快速产生置换铜层,结合力很差;锌合金压铸件、铝及铝合金件会受镀液严重腐蚀,因而不能直接电镀,必须先做预镀等处理 ② 管状复杂件不宜镀酸性光亮铜,这是由于:钢铁管件预镀的镀层无法深入,预浸镀也不可靠,管件内部置换铜严重 置换铜呈粉状、屑状脱落,易污染后道如镀亮镍工序,引入大量铜杂质 复杂管件清洗困难而不彻底,向亮镍镀液中带入铜光亮剂,而影响镀层质量 ③ 镀液最佳温度较窄,一般不高于 40℃,大量生产时当温度高时应冷却,冬季一般应适当加热

8.6.2　镀液类型、组成及工艺规范

　　从铜镀层的光亮性来分,镀液可分为光亮性镀液和非光亮性镀液两类,非光亮性镀液现在应用得很少。

(1) 镀液类型

从镀液中的硫酸铜和硫酸相对含量来分，镀液可分为高铜低酸、中铜中酸和低铜高酸等三类。其组分含量、镀液工艺规范、性能及应用见表 8-9，可供参考。

表 8-9　硫酸盐镀铜的镀液类型、镀液工艺规范、性能及应用

镀液类型	镀液组分		镀液性能	应用
	成分	含量/(g/L)		
高铜低酸	硫酸铜(CuSO₄·5H₂O) 98%硫酸(H₂SO₄) 光亮剂(包括氯离子 Cl⁻)	180~250 40~70 适量	允许阴极电流密度较大，光亮整平性好，但硫酸少，镀液电导率低，分散能力差	适用于装饰性电镀
	温度/℃ 阴极电流密度/(A/dm²) 阳极 搅拌 过滤 直流电源	20~30 2~5 含磷铜 空气或阴极移动 连续过滤 低纹波		
中铜中酸	硫酸铜(CuSO₄·5H₂O) 98%硫酸(H₂SO₄) 光亮剂(包括氯离子 Cl⁻)	160~180 70~140 适量	有较高的光亮整平性、足够大的阴极电流密度，较好的分散能力，低阴极电流密度区光亮性较好、光亮范围较宽	适用于一般普道光亮电镀
	温度/℃ 阴极电流密度/(A/dm²) 阳极 搅拌 过滤 直流电源	10~37 1~4 含磷铜 空气或阴极移动 连续过滤 低纹波		
低铜高酸	硫酸铜(CuSO₄·5H₂O) 98%硫酸(H₂SO₄) 光亮剂(包括氯离子 Cl⁻)	80~120 180~220 适量	允许阴极电流密度及光亮整平性不如高铜低酸，但硫酸多，镀液电导率高，分散能力好	适用于印制板电镀
	温度/℃ 阴极电流密度/(A/dm²) 阳极 搅拌 过滤 直流电源	20~35 1~3 含磷铜 空气或阴极移动 连续过滤 低纹波或脉冲		

(2) 镀液组成及工艺规范

光亮硫酸盐镀铜的溶液组成及工艺规范见表 8-10、表 8-11。

表 8-10　光亮硫酸盐镀铜的溶液组成及工艺规范 (1)

溶液成分及工艺规范	1	2	3	4	5	6	7
	含量/(mL/L)						
硫酸铜(CuSO₄·5H₂O)/(g/L)	150~220	200~240	200~220	200~220	160~200	195~235	200
98%硫酸(H₂SO₄)/(g/L)	50~70	55~75	34~70	34~70	40~90	50~70	60
氯离子(Cl⁻)/(mg/L)	10~80	30~100	80	80	30~120	50~100	6
M(2-巯基苯并咪唑)	0.001	—	—	—	—	—	0.08
N(1,2-亚乙基硫脲)	0.001	—	—	—	—	—	0.02
SP(聚二硫二丙烷磺酸钠)	0.01	—	—	—	—	—	0.68

续表

溶液成分及工艺规范	1	2	3	4	5	6	7
	含量/(mL/L)						
CA 稀土添加剂	—	—	—	—	—	—	0.5
聚乙二醇	—	—	—	—	—	—	0.14
201 开缸剂	—	3～5	—	—	—	—	—
201A 主光亮剂和深镀剂	—	0.6～1	—	—	—	—	—
201B 防焦辅助光亮剂	—	0.3～0.5	—	—	—	—	—
ULTRA Make UP 开缸剂	—	—	5～10	—	—	—	—
Ultra A 填平剂	—	—	0.4～0.6	—	—	—	—
Ultra B 光亮剂	—	—	0.4～0.6	—	—	—	—
210 Make UP 开缸剂	—	—	—	10	—	—	—
210A 主光亮剂	—	—	—	0.5	—	—	—
210B 主光亮剂	—	—	—	0.5	—	—	—
BH-8210 开缸剂	—	—	—	—	1～3	—	—
BH-8210A 光亮剂	—	—	—	—	0.3～0.5	—	—
BH-8210B 填平剂	—	—	—	—	0.3～0.5	—	—
210(Mu)开缸剂	—	—	—	—	—	4	—
210A 走位剂	—	—	—	—	—	0.7	—
210B 光亮剂	—	—	—	—	—	0.4	—
温度/℃	20～40	15～38	20～30	24～28	18～40	18～40	28
阴极电流密度/(A/dm²)	2～3	1.5～8.0	1～6	3	1～8	1～10	3
阳极电流密度/(A/dm²)	—	0.5～2.5	0.5～2.5	0.5～2.5	0.5～3	—	—
搅拌方法	—	空气及机械搅拌				—	搅拌

注：1. 配方 1 的 M、N、SP 光亮剂是浙江黄岩利民电镀材料有限公司的产品。

2. 配方 2 的 201、201A 及 201B 添加剂是上海永生助剂厂的产品。此外，该厂还有 206、207、209 等系列光亮镀铜光亮剂。

3. 配方 3 的开缸剂、填平剂及光亮剂是安美特（广州）化工有限公司的产品。

4. 配方 4 的开缸剂及光亮剂是安美特（广州）化工有限公司的产品。

5. 配方 5 的开缸剂、光亮剂及填平剂是广州二轻工业科学技术研究所的产品。

6. 配方 6 的开缸剂、光亮剂及走位剂是广东达志化工有限公司的产品。

7. 配方 7 的 CA 稀土添加剂由江苏宜兴市新新稀土应用技术研究所研制生产。它可提高铜镀层的抗氧化变色能力，扩大铜镀层的光亮范围，提高镀液的使用寿命和性能。

表 8-11　光亮硫酸盐镀铜的溶液组成及工艺规范（2）

溶液成分及工艺规范	1	2	3	4	5	6	7
	含量/(mL/L)						
硫酸铜 ($CuSO_4 \cdot 5H_2O$)/(g/L)	160～230	200～220	200～220	200～240	80～120	120～220	100～150
98% 硫酸 (H_2SO_4)/(g/L)	50～70	50～60	50～60	50～90	150～200	40～90	80～120

溶液成分及 工艺规范	1	2	3	4	5	6	7
	含量/(mL/L)						
氯离子(Cl⁻)/(mg/L)	50～100	70～100	70～100	—	50～120	50～90	40～60
氯化钠(NaCl)/(g/L)	—	—	—	0.16～0.24	0.1～0.2	—	—
760MU 开缸剂	6	—	—	—	—	—	—
760A	0.6	—	—	—	—	—	—
760B	0.4	—	—	—	—	—	—
TS-910MU 开缸剂	—	5	—	—	—	—	—
TS-910A	—	0.5	—	—	—	—	—
TS-910B	—	0.5	—	—	—	—	—
TS-810MU 开缸剂	—	—	5	—	—	—	—
TS-810A	—	—	0.5	—	—	—	—
TS-810B	—	—	0.5	—	—	—	—
TS-411 添加剂	—	—	—	0.3～0.7	—	—	—
TS-412 添加剂	—	—	—	1.5～2.5	—	—	—
TS-710MU 开缸剂	—	—	—	—	4～6	—	—
TS-710A 光亮剂	—	—	—	—	0.5	—	—
TS-710B 光亮剂	—	—	—	—	0.5～1	—	—
TS-712 润滑剂②	—	—	—	—	0.1～0.2	—	—
Cu-910MU 开缸剂	—	—	—	—	—	2～8	—
Cu-910A	—	—	—	—	—	0.3～0.6	—
Cu-910B	—	—	—	—	—	0.4～0.6	—
MB220MU 开缸剂	—	—	—	—	—	—	3～5
MB220A	—	—	—	—	—	—	0.3～0.5
MB220B	—	—	—	—	—	—	0.8～1.2
温度/℃	18～40	20～45	20～45	28～40	20～45	18～40	22～30
阴极电流密度/(A/dm²)	1～10	3～5	3～5	30	2～4	1.5～8	1～2
搅拌方法	空气搅拌	空气搅拌	空气搅拌	需要①	空气搅拌	空气搅拌	—
过滤方式	—	连续过滤	连续过滤	连续过滤	连续过滤	—	连续过滤

① 搅拌方法：滚筒的圆周旋转速度为 50～75r/min。

② 必要时加入 TS-712 润滑剂。

注：1. 配方 1 为高整平硫酸盐光亮镀铜。配方 1 的 760 MU、760A 及 760B 是广州美迪斯新材料有限公司的产品。

2. 配方 2 的 TS-910MU、TS-910A 及 TS-910B 是德胜国际（香港）有限公司、深圳鸿运化工原料行的产品。

3. 配方 3 的 TS-810MU、TS-810A 及 TS-810B 是德胜国际（香港）有限公司、深圳鸿运化工原料行的产品。

4. 配方 4 适用于印刷滚筒及凹板酸性镀硬铜，也适用于铝基体圆柱（汽缸）的酸性镀硬铜，镀层硬度可达 200～240HV。配方 4 的 TS-411 及 TS-412 添加剂是德胜国际（香港）有限公司、深圳鸿运化工原料行的产品。

5. 配方 5 适用于线路板酸性光亮镀铜。配方 5 的 TS-710MU、TS-710A、TS-710B 及 TS-712 润滑剂是德胜国际（香港）有限公司、深圳鸿运化工原料行的产品。

6. 配方 6 的 Cu-910MU、Cu-910A 及 Cu-910B 是广州美迪斯新材料有限公司的产品。

7. 配方 7 为滚镀硫酸盐光亮镀铜。配方 7 的 MB220MU、MB220A 及 MB220B 是广州美迪斯新材料有限公司的产品。

8.6.3　镀液中各成分的作用

（1）硫酸铜

硫酸铜是提供镀液中二价铜离子的主盐。硫酸铜含量低，允许的阴极电流密度低，阴极电流效率低；含量过低，高电流密度区会发生烧焦。硫酸铜含量稍高些，允许的阴极电流密度大些，高中电流密度区光亮整平性好些；但含量过高，镀液分散能力下降，镀液温度低时，阳极袋上有硫酸铜结晶。硫酸铜含量的提高受到其溶解度的限制，而且在镀液中随硫酸的增多，硫酸铜的溶解度相应地降低。所以硫酸铜含量必须低于其溶解度才能防止硫酸铜析出。镀液中硫酸铜含量一般宜控制在 $150\sim220g/L$。

（2）硫酸

硫酸在镀液中的作用如下。

① 防止铜盐水解沉淀，减少"铜粉"［即水解生成氧化亚铜（Cu_2O）沉淀物］。

② 降低镀液电阻，提高镀液导电性，改善镀液分散能力。

③ 由于铜离子效应，降低铜离子有效浓度，提高阴极极化作用，使镀层结晶细致。

④ 有利于铜阳极溶解，减少阳极钝化。

镀液中硫酸含量范围比较宽，一般控制在 $50\sim140g/L$ 左右。硫酸含量稍高，镀液分散能力好，镀层结晶细致、平整，低电流密度区光亮性好，光亮范围宽，改善阳极溶解。但硫酸含量过高，镀层光亮平整性下降；硫酸含量太高，镀层脆性大。用于印制板及集成电路互连线等电镀时，硫酸含量可提高至 $200g/L$ 左右。这是因为印制板等电镀为追求较高的分散能力，而采用较高硫酸含量，以提高镀液导电性，改善镀液分散能力。但由于硫酸含量提高会使硫酸铜的溶解度降低，所以提高硫酸含量的同时，必须降低硫酸铜的含量，否则镀液中的硫酸铜会结晶析出。所以印制板等的电镀，采用低铜高酸型镀液。

（3）氯离子（Cl^-）[1]

氯离子（Cl^-）属于光亮剂组分。它是光亮酸性镀铜溶液中不可缺少的一种无机光亮剂。必须有少量氯离子，才能镀取全光亮镀层。其作用如下：

① 氯离子（Cl^-）与其他光亮剂组分产生协同效应，即通过与其他光亮剂的协同作用，来增大阴极极化作用，大大提高镀层的光亮性和整平性。

② 降低镀层内应力，增加镀层韧性（柔软性）。

③ 镀液中难免产生一价铜（Cu^+），而氯离子（Cl^-）能与一价铜（Cu^+）形成 $CuCl$ 沉淀，有一定去除一价铜的作用，而减少产生铜粉（Cu_2O）故障。

氯离子（Cl^-）含量过低，镀层光亮平整性差，高电流密度区可能烧焦、易产生树枝状条纹，镀层粗糙；含量过高，低电流密度区镀层光亮性差，光亮规范变窄，镀层平整性下降，阳极易于钝化，溶解不良。镀液中氯离子（Cl^-）的含量一般宜控制在 $45\sim140mg/L$。一般配制镀液时加入氯化钠或盐酸，日常生产补充时常加分析纯氯化钠。

（4）光亮剂

光亮酸性镀铜用的光亮剂十分繁杂，光亮剂有两大系列：非染料型（体系）和染料型（体系）。

非染料型（体系）光亮剂的种类及性能[1]见表 8-12。

染料型（体系）光亮剂的种类及性能[3]见表 8-13。

表 8-12　非染料型（体系）光亮剂的种类及性能

项目	光亮剂的种类及性能
非染料型(体系)光亮剂组成	非染料型光亮剂。如传统非染料体系由 M(2-巯基苯并咪唑)、N(亚乙基硫脲)、SP(聚二硫二丙烷磺酸钠)、P(聚乙二醇)等组成。这体系光亮剂主要由第一类光亮剂、第二类光亮剂组成

项目	光亮剂的种类及性能
第一类光亮剂	这类光亮剂既是光亮剂又是整平剂，主要起光亮整平作用。分为两大类： ① 巯基杂环化合物或硫脲衍生物　这类光亮剂既有较高的光亮作用，也有较好的整平作用。属于这类的有： 　a. 亚乙基硫脲(N)　又名乙烯硫脲、2-巯基咪唑啉。易溶于水，能在 10～40℃ 范围内获得高光亮整平、韧性良好的镀层。N 含量少时，光亮整平性下降，低电流密度区不亮；过多时，整平性下降，产生光亮树枝状条纹镀层，严重时发花 　b. 2-巯基苯并咪唑(M)　又名防老剂(MB)。其作用与亚乙基硫脲(N)相似，对低电流密度区光亮作用更为突出。M 溶于冷水，可将 M 进一步做磺化处理，制成"水溶性 M"。M 含量过少，光亮整平性差，阴极低电流密度区镀层易泛暗红；过多时，镀层易呈细麻砂状，甚至造成橘皮和烧焦，阴极低电流密度区厚度下降 　c. 2-四氢噻唑硫酮(H₁)：白色晶体，溶于水。在 20℃ 左右时具有较高光亮性和整平性。25℃ 以上时则效果较差，现采用不多 ② 二硫化合物　单独加入二硫化合物只能获得半光亮与整平性差的镀层。但与巯基杂环化合物或硫脲衍生物配合使用时，能大大提高镀层光亮整平性。加入量过多，镀层含硫量高，氧化变色快。二硫化合物常用量为 0.01～0.02g/L 这类化合物常用的有聚二硫二丙烷磺酸钠(SP，其纯度对使用效果影响大，宜使用高纯度的，高纯品物代号为 SPS)、苯基聚二硫丙烷磺酸钠(BSP)、N,N-二甲基硫代氨基甲酰基丙烷磺酸钠(TPS)等
第二类光亮剂	具有润湿作用，能消除针孔，并能在阴极表面吸附，提高阴极极化作用，使镀层结晶细致紧密，还能增大光亮区范围。与第一类光亮剂联合使用，能提高镀层光亮整平性 这类光亮剂实质为聚醚类表面活性剂。聚醚类非离子型或阴离子型表面活性剂效果较好。这类光亮剂主要品种有：聚乙二醇(P、PEG)，它为非离子表面活性剂、十二烷基硫酸钠(K₁₂)，它是阴离子型表面活性剂，其他的有 OP-10、OP-20 乳化剂、聚乙二醇缩甲醛等，但现今多采用聚乙二醇(分子量为 6000，但有报道认为 8000～12000 更好)

表 8-13　染料型（体系）光亮剂的种类及性能

项目	光亮剂的种类及性能
染料型光亮剂	染料型光亮剂总体来说，优于非染料型光亮剂。在整平出光速度和低电流密度区光亮度优于非染料型光亮剂。市售商品光亮剂中多数是染料体系光亮剂
染料型光亮剂类型	一般分为三种剂型，即 A 剂、B 剂及 C 剂。A 剂和 B 剂是平时补充添加的主体光亮剂，C 剂主要用来开缸配槽，它在开缸时得较多，但平时也得适当补加(主要为带出损耗) ① A 剂的主要特点是高填平和出光快。含量过低，镀层整平性下降，光亮度不足；含量过高，低电流密度区无填平性 ② B 剂主要作用为防止高电流密度区烧焦和提高整平能力 ③ C 剂(Mu)为开缸剂，主要开缸配槽时用。它具有润湿作用；能消除镀层针孔，起平衡调节作用。含量不足，镀层高电流密度区出现凹凸条纹；含量过高，整个镀层呈雾状 A、B、C 剂是相辅相成的，只要各成分组成合理，发挥协同效应，可达到最佳的整平性、覆盖能力和最佳的出光速度
染料型光亮剂品种	主要采用有机染料，采用的有机染料品种较多，主要有： 吩嗪染料、噁嗪染料、三甲苯烷染料、二甲苯烷染料、噻嗪染料、酞菁染料、酚红染料等 ① 吩嗪染料　它能极大地改善光亮剂的整平性能并扩大光亮范围。这种染料品种有：二乙基藏红偶氮二甲基苯胺(商品名健那禄)、二甲基藏红偶氮二甲基酚(商品名健那黑)、藏红偶氮苯酚(商品名健那蓝)。这些染料可单独使用，其含量为 0.0015～0.05g/L，最佳用量为 0.015g/L；这几种染料也可混合使用，其用之和仍为 0.0015～0.05g/L ② 噻嗪染料　可作酸性镀铜的整平剂，代表品种有：亚甲基蓝、亚甲基绿、甲苯胺蓝、劳氏紫。其用量为 0.002～0.05g/L，最佳用量为 0.004～0.01g/L ③ 噁嗪染料　可作酸性镀铜的光亮剂，代表品种有：凯里蓝、尼罗蓝。其用量为 0.002～0.05g/L，最佳用量为 0.004～0.015g/L ④ 三甲苯烷染料　可作酸性镀铜的整平剂。品种有：结晶紫、龙胆紫、荷夫曼紫、甲基蓝、孔雀绿、甲基绿、碱性蓝 20 等。其用量为 0.002～0.05g/L，最佳用量为 0.004～0.015g/L

　　现在市场上有很多光亮酸性镀铜添加剂商品，使用前应先经过试验确认效果良好后，再投入大槽使用；使用时按厂家提供的添加剂使用说明书中关于配槽、调整、补充、日常维护管理等要求进行。

8.6.4　工艺规范的影响

（1）镀液温度

一般情况下，镀液温度稍高，镀液电导率上升，允许的阴极电流密度大些，有利于提高镀液的分散能力，镀层光亮整平性好。温度过高，光亮剂耗量会加大，添加剂的阴极吸附性能降低，阴极高电流密度区光亮整平性下降。镀液温度稍低，添加剂的吸附性能良好，镀层光亮整平性好些，能提高低电流密度区光亮整平性。温度过低，允许的阴极电流密度过低，镀层易烧焦，对高铜低酸镀液硫酸铜易结晶析出。镀液温度与采用的光亮剂的种类有关，一般 MN 型光亮剂配比良好时，允许镀液温度可达 $30\sim40℃$，一般情况下不需加冷冻设备，但滚镀槽一般宜采用冷却措施。染料型光亮剂，一般认为不宜高于 $30℃$。

（2）阴极电流密度

阴极电流密度与镀液温度、硫酸铜浓度和搅拌方式等有关。当镀液中光亮剂（包括氯离子）正常时，镀液温度高，允许使用的电流密度上限也高，有阴极移动或压缩空气搅拌时，阴极电流密度可达到 $5A/dm^2$。光亮酸性镀铜，阴极电流密度大，沉积速度快，镀层光亮整平性好。

（3）阳极电流密度

阳极电流密度与镀液中的硫酸含量、镀液温度等有关。一般允许阳极电流密度比阴极电流密度小，宜为 $0.4\sim1.2A/dm^2$。故阳极面积应远大于阴极面积。阳极面积：阴极面积一般为 $2:1$。

阳极在使用过程中，面积逐渐减小，相应阳极电流密度随着增大。当阳极电流密度超过一定值后，阳极溶解速度迅速变小，会造成阳极钝化；而同时加速 OH^- 放电生成氧气，光亮剂会因氧化而消耗加大，增加镀液有机杂质；而且氧气会使阳极上的黑色磷膜疏松、脱落，增加阳极泥渣。再则，由于阳极溶解不良，不足补充 Cu^{2+}，镀液中 $CuSO_4$ 浓度不断下降，允许阴极电流密度减小等。因此，阳极溶解减少面积后，应及补充阳极，使阳极电流密度保持在允许的范围内。镀液长期停用时，应取出阳极，因为磷铜阳极有自溶现象，会造成镀液中 Cu^{2+} 浓度升高。

（4）搅拌与过滤

搅拌能降低镀液的浓差极化，提高电流密度，加快沉积速度，防止镀层产生条纹，改善镀层均匀性。搅拌方式：可采用阴极移动或压缩空气搅拌。

① 搅拌　搅拌有机械搅拌（阴极移动）和压缩空气搅拌两种方式。

阴极移动，一般往复行程为 $80\sim100mm$，往复次数为 $20\sim25$ 次/分钟。

压缩空气搅拌，有助于氧化镀液中产生的一价铜离子，有利于消除"铜粉"的产生，而且有利于消除阳极浓差极化，也利于阳极溶解。但在添加有十二烷基硫酸钠的镀液中，不宜采用空气搅拌。

② 过滤　采用搅拌的同时，必须采用镀液连续循环过滤，以保持镀液洁净，延长镀液使用寿命，改善镀层质量。过滤可消除镀液可能存在的微量"铜粉"、金属铜微粒、添加剂的分解产物、机械杂质及悬浮杂质等。光亮酸性镀铜溶液黏度小，易于过滤。由于生成的铜粉（Cu_2O）或生成的 $CuCl$ 沉淀粒径很小，悬浮于镀液中的染料微粒也很细小，所以过滤精度要高，最好为 $3\sim5\mu m$。过滤流量应足够大，每小时过滤流量应为槽液体积的 $4\sim6$ 倍。不宜采用活性炭过滤机连续循环过滤，因活性炭对光亮剂各组分吸附能力不同，易造成光亮剂组分失调，再则活性炭含有氯，易向镀液中引入过多氯离子。

（5）阳极

在硫酸盐镀铜溶液中，阳极质量非常重要。不宜采用电解铜极作阳极，因为它很容易产生一价铜离子和铜粉，恶化镀层质量，导致镀层产生毛刺、粗糙等。而应采用含适量磷的阳极（含磷量为 $0.03\%\sim0.06\%$）。由于含磷的阳极，经电解后，表面会生成一层黑色的"磷膜层"，能抑制 Cu^+ 的产生，而且对 Cu^+ 氧化为 Cu^{2+} 具有催化作用，并能阻止阳极过快溶解，有利于稳定镀液中的铜盐浓度。

过薄过小的阳极可装入钛阳极筐中继续使用，最好用钛阳极筐内装磷铜球、块，比表面积比用铜板大。阳极必须加装由涤纶布或丙纶制作的阳极袋（使用钛筐时，套在筐外），减少阳极泥渣进入镀液中。镀液长期停用时，应取出阳极，以免磷-铜阳极溶解，而造成镀液中 Cu^{2+} 浓度升高。

8.6.5　杂质的影响及处理方法

杂质的影响及处理方法见表 8-14。

表 8-14　杂质的影响及处理方法

镀液中的杂质	杂质的来源、影响及处理方法
"铜粉"	镀液中"铜粉"会使镀层光亮性、整平性下降，孔隙率上升，低阴极电流密度区不亮，甚至使镀层出现麻点、粗糙、毛刺。去除"铜粉"及采取的主要措施如下： ① 采取措施，尽量减少 Cu^+ 的产生。如采用含磷量合适的低磷-铜阳极；保证阳极面积防止其钝化；及时补加硫酸；维持较低的镀液温度；及时打捞掉入镀槽内的镀件等 ② 对镀液进行连续循环过滤，及时去除 Cu_2O 等亚铜化合物，保持镀液清洁 ③ 添加双氧水虽然能将一价铜氧化为二价铜，对氧化一价铜很有效；但双氧水会氧化破坏光亮剂，造成比例失调，再则，双氧水还会与后续处理的活性炭优先作用，活性炭被消耗而降低活性炭处理的效果。故不推荐使用双氧水。若一定要使用双氧水，一次加入量不应超过 $0.1mL/L$；必须将双氧水稀释 10 倍以上在不断搅拌下慢慢加入，处理一价铜后及时取液分析，调整其配比、补充光亮剂
过量 Cl^-	镀液中 Cl^- 超过 $150mg/L$，对镀液镀层影响明显，因此，应严格控制其含量。去除过量 Cl^- 有以下几种方法： ① 银盐去除法　可用碳酸银或硫酸银与 Cl^- 作用，生成氯化银（AgCl）沉淀，过滤后除去。但成本太高，且生成的氯化银沉淀不易过滤除净 ② 锌盐去除法　其去除 Cl^- 的机理还不太明确，有的认为在锌粉表面生成氯化亚锌（ZnCl），过滤锌粉时可除去；有的则认为加入锌粉生成一价铜（Cu^+），进而生成 CuCl 沉淀，过滤后除去 ③ 连续过滤除氯离子（Cl^-）法　因酸性镀铜溶液中总会存在一价铜（Cu^+），而 Cu^+ 与 Cl^- 必然会生成 CuCl 沉淀，过滤后除去。所以对镀液连续循环过滤，既能保持镀液清洁，又能及时滤除 CuCl 沉淀，除去部分氯（Cl^-）
有机杂质	有机杂质主要来自添加剂的氧化分解产物、原材料化学品（硫酸铜、硫酸）中的杂质等。有机杂质多时，会降低镀层光亮整平性、缩小光亮范围，增加镀层脆性，镀后生成膜层较厚使除膜困难。去除有机杂质，须对镀液进行大处理，加入双氧水氧化，然后加入活性炭吸附，最后过滤除去

8.6.6　光亮酸性镀铜后的除膜

全光亮酸性镀铜，镀层表面都会产生一层膜层。若亮铜镀层不除膜直接镀亮镍，则亮镍层与亮铜层结合力很差。所以光亮酸性镀铜后，必须考虑除膜。除膜方法有电解除膜和化学除膜。

（1）电解除膜

碱性电解除膜效果较好，其方法有下列两种。

① 普通阳极电化学除油液中除膜　在镀前处理用的普通阳极电化学除油液中阳极电解数秒钟至数十秒钟，可有效除膜。除膜后经热水洗→冷水洗→浸蚀（活化）→冷水洗→镀亮镍。

② 设置专用阳极电解除膜槽　其除膜溶液组成及工艺规范见表 8-15。

表 8-15　阳极电解除膜的溶液组成及工艺规范

溶液成分及工艺规范	1	2
	含量/(g/L)	
氢氧化钠(NaOH)	30～40	20
碳酸钠(Na_2CO_3)或磷酸三钠(Na_3PO_4)	30～40	20
温度/℃	40～50	30～50
阳极电流密度/(A/dm^2)	2～4	3～5
时间/s	10～15	5～15

（2）化学除膜

化学除膜工序简单,除膜后经水洗即可镀亮镍。化学除膜的溶液组成及工艺规范见表8-16。

表 8-16　化学除膜的溶液组成及工艺规范

溶液成分及工艺规范	稀硫酸或稀盐酸除膜	过硫酸铵-氯化铵酸性除膜	氢氧化钠碱性除膜
	含量/(g/L)		
稀硫酸(H_2SO_4)或稀盐酸(HCl)	10%～20%(体积分数)	—	—
过硫酸铵[$(NH_4)_2S_2O_8$]	—	2～4	—
氯化铵(NH_4Cl)(工业级)	—	4～6	—
盐酸(HCl)(工业级)	—	40～70	—
氢氧化钠(NaOH)	—	—	30～50
十二烷基硫酸钠($C_{12}H_{25}SO_4Na$)	—	—	2～4
温度/℃	室温	5～40	40～60
时间/s	数十秒钟	5～10	5～50

注：1. 稀硫酸或稀盐酸除膜用于光亮酸性镀铜后较薄的膜层的除膜。
　　2. 氢氧化钠碱性除膜后,镀件必须经水洗、中和（硫酸中和）后再镀亮镍。

8.7　焦磷酸盐镀铜

焦磷酸盐镀铜的研究和应用已有较久的历史,我国于 20 世纪 70 年代,为取代氰化镀铜,不少单位进行深入研究,并曾获得过广泛应用。由于焦磷酸盐对许多金属离子都具有配位能力,因而在无氰镀铜及合金电镀中被广泛采用。

焦磷酸盐镀铜的特点及应用见表 8-17。

表 8-17　焦磷酸盐镀铜的特点及应用

优点	缺点
① 镀液组分简单,工作稳定 ② 镀液分散能力、整平能力较好。工艺控制得当,覆盖能力也较好 ③ 镀层结晶细致,并能获得较厚镀层,孔隙率低;正常情况下不加光亮剂,镀层也能呈现半光亮状 ④ 阴极电流效率高(95%～100%),比氰化镀铜析氢少,不易造成基体金属氢脆 ⑤ 镀液呈弱碱性,对设备腐蚀性小;镀液基本无毒,一般不必设置排风	① 镀液浓度高,黏度较大,不易过滤,而且镀件带液多,配制镀液成本较高 ② 长期使用后产生的正磷酸盐积累过多,使沉积速度显著下降 ③ 钢铁件、锌压铸件等不宜直接镀铜,应进行预镀或预浸处理才能镀铜,以提高镀层结合力 ④ 因镀液含有磷及氨氮,废水处理比较困难 ⑤ 镀液老化后,允许的阴极电流密度大幅下降,仅为0.8A/dm^2 左右

优点	缺点
应用	焦磷酸盐镀铜应用较广，如钢铁件、铝件、锌压铸件预镀后的加厚镀铜；印制电路板孔金属化镀铜；电铸；局部防渗碳、渗氮镀铜等

8.7.1 镀液组成及工艺规范

焦磷酸盐镀铜常用的有闪镀铜、普通镀铜、光亮镀铜和滚镀铜等。

焦磷酸盐镀铜的溶液组成及工艺规范见表 8-18。

焦磷酸盐光亮镀铜的溶液组成及工艺规范见表 8-19。

表 8-18　焦磷酸盐镀铜的溶液组成及工艺规范

溶液成分及工艺规范	普通镀铜 1	普通镀铜 2	一般装饰镀铜	闪镀铜	钢铁件上直接镀铜	防渗碳用镀铜	印制板孔金属化镀铜	塑料上用镀铜	滚镀铜
	含量/(g/L)								
焦磷酸铜($Cu_2P_2O_7$)	60~70	60~70	75~105	14	22~28	60~105	60~105	60~70	50~65
金属铜(Cu^{2+})	—	—	(26~36)	(5.0)		(22~36)	(22~36)	(20~24)	
焦磷酸钾($K_4P_2O_7 \cdot 3H_2O$)	280~320	280~320	280~370	120	300~350	230~370	240~450	200~250	350~400
酒石酸钾钠($NaKC_4H_4O_6 \cdot 4H_2O$)		30~40							
柠檬酸铵$[(NH_4)_2HC_6H_5O_7]$	20~25				60~70				
磷酸氢二钠(Na_2HPO_4)		30~40							
氨水(NH_4OH)	2~3mL/L	2~3mL/L	2~5 mL/L			1~2 mL/L	1~2 mL/L	2~5 mL/L	2~3mL/L
草酸钾($K_2C_2O_4$)	—	—		10					
硝酸钾(KNO_3)	—	—				15~25	10~15		
光亮剂	—	—	适量	适量			适量	适量	
二氧化硒(SeO_2)									0.008~0.02
2-巯基苯并噻唑($C_7H_5NS_2$)									0.002~0.004
P 比($P_2O_7^{4-}/Cu^{2+}$)	—	—	6.4~7.0	14		6.4~7.0	7.0~8.0	6.4~6.6	
pH 值	8.2~8.8	8.2~8.8	8.5~9.0	8.5~9.0	8.2~8.8	8.5~9.5	8.2~8.8	8.5~9.0	8.2~8.8
温度/℃	30~50	30~50	50~60	25~30	30~50	50~60	50~60	45	30~40
阴极电流密度/(A/dm²)	0.5~1	0.5~1	3~6	0.5~1	0.5~1	2~6	1~8	2~6	0.3~0.8
阳极电流密度/(A/dm²)	—	—	1~3		1~3		1~4	1~3	—

续表

溶液成分及工艺规范	普通镀铜		一般装饰镀铜	闪镀铜	钢铁件上直接镀铜	防渗碳用镀铜	印制板孔金属化镀铜	塑料上用镀铜	滚镀铜
	1	2							
	含量/(g/L)								
阴极移动	需要	需要	空气搅拌	强烈空气搅拌	需要或压缩空气搅拌	压缩空气搅拌	需要或压缩空气搅拌	压缩空气搅拌	滚镀

注：1. 闪镀铜工艺时间为 0.5～2.0min。

2. 钢铁件上直接镀铜工艺：阴极起始电流密度为 2.0A/dm², 冲击镀, 时间 0.5～1min。在钢铁件上直接镀铜, 其结合强度与氰化镀铜在同一水平上, 结合力为 7180～9550 N/cm²。

表 8-19　焦磷酸盐光亮镀铜的溶液组成及工艺规范

溶液成分及工艺规范	1	2	3	4	5	6
	含量/(g/L)					
焦磷酸铜($Cu_2P_2O_7$)	70～90	65～105	70 (金属铜 23)	75～95	80	60～100
焦磷酸钾($K_4P_2O_7 \cdot 3H_2O$)	300～380	230～370	250	280～350	290	230～350
柠檬酸钾 ($K_3C_6H_5O_7 \cdot 3H_2O$)	10～15	—	—	—	—	—
柠檬酸铵[$(NH_4)_3C_6H_5O_7$]	10～15	—	—	—	—	—
氨水(NH_4OH)	—	2～3 mL/L	2～4 mL/L	2～5 mL/L	2～4 mL/L	2～5 mL/L
DK-105 光亮剂	—	1～3 mL/L	—	—	—	—
PL 开缸剂	—	—	2～3 mL/L	—	—	—
PL 主光亮剂	—	—	0.2～0.3 mL/L	—	—	—
SKN 光亮剂	—	—	—	3～4 mL/L	—	—
BH-焦磷酸盐镀铜光亮剂	—	—	—	—	2～4 mL/L	—
PC-Ⅰ 光亮剂	—	—	—	—	—	2～5 mL/L
PC-Ⅱ 光亮剂	—	—	—	—	—	0.4～1.2 mL/L
二氧化硒(SeO_2)	0.008～0.02	—	—	—	—	—
2-巯基苯并咪唑($C_7H_6N_2S$)	0.002～0.004	—	—	—	—	—
P 比($P_2O_7^{4-}/Cu^{2+}$)	—	6.4～7.0	6.9:1	6.5～7.5	6.9:1	—
pH 值	8.2～8.8	8.6～9.0	8.6～8.9	8.5～8.9	8.6～8.9	8.5～9.2
温度/℃	30～50	50～60	50～55	55～60	50～60	55～65

续表

溶液成分及工艺规范	1	2	3	4	5	6
	含量/(g/L)					
阴极电流密度/(A/dm²)	1.5～2.5	2～8	1.0～6.0	1～6	1～6	1～5
阳极电流密度/(A/dm²)	—		1.6～3.3	1～3.5	1～3	
搅拌、过滤	需要	需要	需要	需要	需要	需要
阳极	—	无氧电解铜	无氧高导电铜		无氧高导电铜	

注：1. 配方 2 的 DK-105 光亮剂是广州达志化工有限公司的产品。

2. 配方 3 的 PL 开缸剂、PL 主光亮剂是安美特（广州）化学有限公司的产品。

3. 配方 4 的 SKN 光亮剂是上海康晋化工科技发展有限公司的产品。

4. 配方 5 的 BH-焦磷酸盐镀铜光亮剂是广州二轻工业科学技术研究所的产品。

5. 配方 6 的 PC-Ⅰ光亮剂、PC-Ⅱ光亮剂是上海轻工业专科学校的产品。PC-Ⅰ光亮剂只在配槽或大处理后加入。

8.7.2 镀液中各成分的作用

(1) 焦磷酸铜

焦磷酸铜是提供镀液中铜离子的主盐。它的含量对镀液性能有较大影响，主要影响镀液的阴极极化和工作电流密度范围。铜离子含量过低，镀层易烧焦且光亮范围非常狭窄，允许的工作电流密度范围小，整平性差；若铜含量过高，极化作用降低，镀层粗糙，这时要获得良好镀层，就必须提高焦磷酸钾的含量，从而会使镀液黏度增加，导电能力下降。因此，焦磷酸铜含量必须控制在一定范围内，一般镀铜溶液控制铜含量为 20～25g/L，光亮镀铜为 25～35g/L。

焦磷酸铜不溶于水，只能加入焦磷酸钾溶液中形成配位化合物才能被溶解。而平时向镀液补加主盐时，也不能直接加入焦磷酸铜，而应用焦磷酸钾溶液与其配位好后再加入。

(2) 焦磷酸钾

焦磷酸钾是镀液中的主要配位剂。焦磷酸钾含量应随铜含量不同而变化，在一定范围内，焦磷酸钾含量高，生成配离子稳定性高，电化学极化增强，镀液分散能力提高，镀层光亮范围加宽，镀层结晶细致，而且阳极溶解良好。

焦磷酸钾在焦磷酸盐中，是最稳定且溶解度最大的盐，100g 水中最多能溶解 187g 焦磷酸钾，而 100g 水中只能溶解 6g 焦磷酸钠。而且钾盐比钠盐有更好的导电性，能相应提高镀液中金属铜的含量，从而提高允许的工作电流密度和生产率，并能获得结晶细致的镀层。

若镀液中钠离子较多，则游离焦磷酸根生成焦磷酸钠而结晶析出，使镀液浑浊。因此，镀液只能用钾盐，虽然钾盐比钠盐贵，也不能用钠盐。

镀液中必须有过剩的焦磷酸钾，生成的配位化合物才稳定。镀液中焦磷酸根与铜的质量比（$P_2O_7^{4-}/Cu^{2+}$），称为 P 比。当镀液中无游离焦磷酸根（$P_2O_7^{4-}$）时，P 比为 5.5。因为焦磷酸盐镀铜溶液必须有游离焦磷酸根存在，所以 P 比必须大于 5.5，一般情况下：普通镀液 P 比为 7～8、装饰镀铜为镀液 6.5～7、闪镀液为 14、高焦磷酸盐镀铜镀液甚至可达到 20。P 比在 6～9，阴极电流效率几乎保持在 100%；P 比高于 9 后，阴极电流效率急剧下降；而 P 比在 6～10，镀液分散能力随 P 比上升而增强。

(3) 柠檬酸铵

柠檬酸铵是良好的辅助配位剂，能提高镀液分散能力，细化结晶，提高镀层光亮度，增大允许阴极电流密度，能改善阳极溶解性能，减少一价铜产生"铜粉"，并对镀液 pH 值一定缓冲作用。若柠檬酸铵含量不足，镀层粗糙，色泽发暗；但含量过高，会使光亮镀铜层发雾（雾状镀层），若系因 NH_4^+ 造成，可改用柠檬酸钾。柠檬酸铵一般加入量为 10～30g/L。

（4）酒石酸钾钠

酒石酸钾钠也是辅助配位剂，其作用与柠檬酸铵相似。但其整平性和光亮度，以及改善阳极溶解的作用等，都比柠檬酸铵稍差些。草酸钾也是辅助配位剂，能改善阳极溶解性能等。

（5）氨水

氨水是常用的辅助配位剂。氨水在镀液中的作用如下。

① 氨水是 Cu^{2+} 的良好配位剂，能提高阴极极化作用，提高镀层光亮细致程度，扩展光亮范围。

② 有助于阳极正常溶解。氨水少时，阳极易钝化，易产生铜粉。

氨水的最佳使用量为 2～5mL/L。氨水过少，镀层粗糙、发暗；氨水过量，低电流密度区不光亮，颜色深红、发暗，分散能力恶化。

（6）磷酸氢二钠

磷酸氢二钠的控制量一般为 30～40g/L。新配镀液时加入适量磷酸氢二钠，有下列好处。

① 能减慢焦磷酸盐水解形成过多有害正磷酸盐的速度。

② 能减缓或防止钢铁件在焦磷酸盐镀铜液中产生置换铜。

③ 磷酸氢二钠为酸式盐，对镀液 pH 值有一定缓冲作用。

磷酸氢二钠只是在新配镀液时加入，平时生产时不补加，因为镀液过多引入 Na^+ 也有害。

（7）硝酸钾

硝酸钾是导电盐，具有如下作用。

① 提高镀液电导率，从而提高镀液分散能力。

② 可适当降低镀液操作温度，提高允许阴极电流密度上限。

③ 减少镀层针孔、麻点。

硝酸钾一般加入量为 10～20g/L。硝酸钾用量太低作用不大；含量过高，会使阴极效率下降，镀层结晶粗大。

（8）光亮剂

焦磷酸盐镀铜光亮剂的种类很多，常用的光亮剂有下列几种。

① 含巯基杂环化合物的光亮剂　有 2-巯基苯并咪唑、2-巯基苯并噻唑。

a. 2-巯基苯并咪唑，又名麻风宁、防老剂 MB。它具有光亮和整平作用，一般用量为 0.002～0.005g/L。用量少，光亮度较好，但整平性较差；用量多，整平性好但光亮度较差。因 2-巯基苯并咪唑难溶于水，煮沸后溶解良好或加少量氢氧化钾助溶。为了获得较好的光亮度，它可与二氧化硒配合使用。

b. 2-巯基苯并噻唑，又名促进剂 M。它具有光亮作用，但使用时间长，会生成絮状沉淀。其一般用量为 0.002～0.004g/L。

c. 二氧化硒。二氧化硒常与 2-巯基苯并咪唑并用，能获得较好的光亮度，取得较好效果。其用量为 0.006～0.02g/L，量太少，效果不明显；量太多，呈暗红色雾状镀层。光亮剂配合比如下：

二氧化硒（SeO_2）	0.008～0.02g/L
2-巯基苯并咪唑（$C_7H_6N_2S$）	0.002～0.004g/L

② 市售的商品光亮剂　其光亮剂有单一型的和分为开缸剂和补加剂的两种。选用时应做系统全面试验，确认效果良好后再使用。即使是商品光亮剂，其效果也难达到光亮硫酸盐镀铜光亮剂的光亮、整平能力及起光速度。若镀后还要镀光亮硫酸盐镀铜，则不必过于追求光亮性，应注重生成细致平滑、孔隙率低的镀层，呈大半光亮范围即可。

（9）正磷酸盐过量的危害和处理

正磷酸盐是由镀液中焦磷酸钾水解而生成的，在镀液温度高（大于 60℃）、pH 值低（小于7）以及焦磷酸根与铜的比值高的情况下，焦磷酸钾的水解会加速，生成正磷酸盐并在镀液中积累。少量的正磷酸盐，能促进阳极正常溶解，并对镀液 pH 值有良好的缓冲作用。但正磷酸盐过量时，镀层韧性及延展性下降，脆性增加，甚至开裂；镀液电阻率加大，镀液性能恶化（分散能力及阴极电流效率下降）。防止焦磷酸盐水解，可将 pH 值提高到 8.6～9.2，控制铜含量在 26g/L 以上，适当提高 P 比避免镀层粗糙，可使溶液长期工作。

过量的正磷酸盐处理比较困难，只能稀释或更换溶液。

8.7.3 工艺规范的影响

（1）镀液温度

提高镀液温度，可提高允许的电流密度，从而提高生产效率。但温度过高，容易促使镀液中的氨挥发，使镀层粗糙，还会加快焦磷酸盐水解生成正磷酸盐，因此，对镀液加热时，应防止局部过热，因过热处温度超过 60℃，而导致焦磷酸盐水解成正磷酸盐速度加快。镀液温度过低，镀液分散能力和阴极电流效率大大降低，镀层结晶粗糙，色泽变暗，允许的阴极电流密度更小，高阴极电流密度区镀层易烧焦。

所以，镀液温度一般控制在 40～60℃ 的范围内。在此范围内，镀液有良好的分散能力和电流效率，镀层结晶细致、柔软、呈玫瑰红色。而且焦磷酸盐水解生成正磷酸盐的速度较慢。

（2）pH 值

在焦磷酸盐镀铜溶液中，pH 值是一项重要参数。pH 值高低影响镀液中配离子的稳定性、阴极极化效果和镀层质量。焦磷酸盐镀铜溶液的 pH 值的最佳范围为 8.0～9.0。

pH 值<8.0 时，会减弱阴极电化学极化，虽然镀层光亮性好些，但镀液分散能力下降，容易产生置换铜，并会加快焦磷酸盐水解生成正磷酸盐，会带来一系列副作用。pH 值>9.0 时，配位化合物的配位能力过强，铜离子放电困难，镀层光亮范围缩小，色泽暗红，结晶粗糙疏松，工作电流密度下降，镀液分散能力降低，阴极电流效率降低。所以应严格控制 pH 值。当 pH 值低时，可用氢氧化钾溶液或氨水调整；pH 值过高时，可用柠檬酸、酒石酸调整。

（3）电流密度

焦磷酸盐镀铜的阴极电流密度较低，特别是老化镀液的电流密度更低。采用强烈空气搅拌，阴极移动，可以扩大允许的阴极电流密度。加入适量柠檬酸铵、硝酸钾等可适当提高阴极电流密度。

当阳极电流密度为 0.75～2A/dm² 时，正常溶解的阳极呈桃红色。阳极电流密度过大，易使阳极钝化，表面形成浅棕色钝化膜；阳极电流密度过小，容易造成金属铜原子的不完全氧化，产生一价铜。

（4）搅拌和阴极移动

搅拌溶液可以降低浓差极化，增大阴极电流密度，减少镀层烧焦。焦磷酸盐镀铜的闪镀及高浓度焦磷酸盐镀铜，宜采用强烈压缩空气搅拌。采用压缩空气搅拌，镀液必须循环过滤。

生产中也常采用阴极移动，它能提高阴极电流密度，增加镀层光亮度。一般情况下：光亮镀铜的阴极移动次数为 25～30 次/分钟，行程为 100mm；普通镀铜阴极移动次数为 15～25 次/分钟。

（5）阳极

焦磷酸盐镀铜所用阳极，最好采用无氧铜，但由于加工困难、成本高，一般都采用电解铜，特别是经过压延加工后的电解铜，因铜板密实、泥渣量少，效果更好。在镀液中，当不通电时，阳极不会自行溶解，故停镀时不必取出阳极。但不能用酸性镀铜用的含磷阳极，因为阳极的黑色磷膜脱落后进入镀液，易使镀层疏松、粗糙、产生毛刺等。

电镀过程中，阳极面积与阴极面积之比一般采用 (1～2):1。

8.7.4　杂质的影响及处理方法

在焦磷酸盐镀铜溶液中，有害杂质影响最大的是氰化物和有机杂质，其次是六价铬、铅、镍、铁、氯离子等。

（1）无机杂质的影响及处理方法

焦磷酸盐镀铜溶液中的主要无机杂质的影响及去除方法见表 8-20。

表 8-20　焦磷酸盐镀铜溶液中无机杂质的影响及处理方法[1]

杂质种类	最高允许量/(g/L)	引入途径	影响	处理方法
CN^-	0.03	预镀氰化镀铜后清洗不净	$CN^->5mg/L$，镀层色泽变暗；$CN^->30mg/L$，镀层无光泽	加入 1～3mL/L 30%双氧水，加热至 50～60℃，搅拌 1h 以上，加入 3～5g/L 活性炭，搅拌、静置、过滤
Cr^{6+}	0.03	套铬后挂具未洗净、镀铬时铬雾飘散入槽	Cr^{6+} 含量为 10mg/L 时，铜镀层有条纹，阴极电流效率下降，低阴极电流密度区漏镀，阳极钝化，镀层结合力下降	① 大面积阴极小电流电解还原为三价铬 ② 加入 0.2～0.4g/L 保险粉，加热至 50～60℃还原，然后加入 1～2g/L 活性炭，搅拌，趁热过滤，再加入 0.5mL/L 双氧水，搅拌，去除残存保险粉，电解一段时间
Pb^{2+}	0.1	用铅管加热带入；含铅工件溶解带入	镀层无光，呈褐色；或呈云雾状或羽毛状。阳极暗色钝化	先加入少量 EDTA 后电解，再加入活性炭处理
Ni^{2+}	5	预镀镍后未洗净	能与铜共沉积，Ni^{2+} 少量时影响不大，$Ni^{2+}>5g/L$ 时镀层粗糙、发暗	先加入少量 EDTA 后电解，再加入活性炭处理
Fe^{2+}	10	预镀层过薄，通过孔隙置换。掉件溶解。闪镀前清洗不良	能使镀层发雾、色暗、结晶粗糙	Fe^{2+} 含量少时，加柠檬酸掩蔽。Fe^{2+} 含量多时加热，加入 0.5mL/L 双氧水氧化，然后加入 1～2g/L 活性炭，搅拌、静置、过滤
Cl^-	2	原材料不纯、水质不良、预镀暗镍后清洗不净	类似铅杂质的影响	难以去除，应尽可能防止带入
SO_4^{2-}	2	原材料不纯、水质不良、预镀暗镍后清洗不净	能使镀层粗糙发暗，镀液性能恶化	难以去除，应尽可能防止带入
Al^{3+}	0.05	电镀铝及铝合金时带入	—	电解处理

（2）有机杂质及其去除

镀液中有机光亮剂在电解时会因氧化还原而分解，其分解产物成为有机杂质。有机杂质有的会使镀层色泽变暗、光亮度下降；或使镀层发脆、粗糙；或使缩小阴极电流密度范围。

有机杂质的去除：先加入 1～2mL/L 30%双氧水，加热至 55℃左右，搅拌氧化 1h；再加入 3～5g/L 活性炭，搅拌 0.5h；静置、过滤。处理后取液做霍尔槽试验，调整、补充光亮剂。

8.8　有机多膦酸(HEDP)镀铜

8.8.1　概述

有机膦酸种类很多，目前应用于镀铜工艺的是羟基亚乙基二膦酸（$C_2H_8P_2O_7$，HEDP）。

HEDP 纯品为白色结晶，它本身及碱金属和铁的盐类均很容易溶于水。HEDP 可在广泛的 pH 值范围内同多种金属离子形成稳定的配位化合物，其稳定常数比焦磷酸配位化合物高。

HEDP 镀铜具有以下特点。

① 镀液成分简单，配制、操作及维护方便。

② 镀液稳定性好，HEDP 不会水解产生正磷酸盐。镀液自身有较好的 pH 缓冲性能，不需另加缓冲剂。

③ 工艺控制得当，钢铁件直接镀铜能获得结合力良好的、结晶细致的、半光亮的铜镀层。

④ 镀液和铜镀层主要性能指标接近氰化镀铜，部分指标（如镀液覆盖能力）优于氰化镀铜。

⑤ 允许阴极电流密度较小，仅为 $1.0 \sim 1.5 A/dm^2$，但经改进加入 CuR-1 添加剂后，阴极电流密度可达 $3A/dm^2$。

⑥ 由于工艺开发使用还不久，现在应用还不广，存在废水处理有机膦问题。

8.8.2 镀液组成及工艺规范

HEDP 镀铜的溶液组成及工艺规范见表 8-21。

表 8-21　HEDP 镀铜的溶液组成及工艺规范[25]

溶液成分及工艺规范	1	2	3
	含量/(g/L)		
Cu^{2+}[以 $Cu(OH)_2 \cdot CuCO_3$ 或 $CuSO_4 \cdot 5H_2O$ 形式加入]	8～12	10	—
Cu^{2+}[以 $Cu(CH_3COO)_2$ 形式加入]	—	—	5
HEDP[羟基亚乙基二膦酸($C_2H_8P_2O_7$)](100%计)	80～130	100	75
HEDP/Cu^{2+} 摩尔比	3:1～4:1	—	—
碳酸钾(K_2CO_3)	40～60	46	23
CuR-1 添加剂	20～25mL/L	—	—
氯化钾(KCl)	—	20	15
pH 值	9～10	9.8	9.5
温度/℃	40～50	54	57
阴极电流密度/(A/dm²)	1～3	1.8	1.5
阴极移动	15～25 次/分钟	空气搅拌	空气搅拌
阳极材料	电铸铜板(压延)	电解铜板	—

注：配方 1 为南京大学配合物研究所的工艺。

8.8.3 镀液中各成分的作用

(1) 铜盐（主盐）

主盐可采用碱式碳酸铜 [$Cu(OH)_2 \cdot CuCO_3$] 或硫酸铜 （$CuSO_4 \cdot 5H_2O$），换算成铜，铜含量应保持在 $8 \sim 12 g/L$ 范围内。Cu^{2+} 浓度过高，浓差极化过小，镀液分散能力下降，低阴极电流密度区镀层变差；Cu^{2+} 浓度过低，镀层光亮范围缩小，允许阴极电流密度过小，镀层易烧焦。

(2) HEDP 主配位剂

HEDP 是镀液中 Cu^{2+} 的主配位剂，与 Cu^{2+} 生成配阴离子 （$[Cu(HL)_2]^{6-}$）。镀液中 HEDP 的含量除保证充分和 Cu^{2+} 配合外，还需有一定的游离量。在 pH 工艺范围内（pH 值为 9.0～10.0），配位比（HEDP：Cu 摩尔比）以 3：1～4：1 为宜（相当质量比约为 10：1），此时镀液分散能力和镀层结合力较好，外观细致半光亮。

若配位比过低，镀层光亮范围缩小，镀液分散能力和覆盖能力下降，镀层结合强度下降，阳极溶解不好，易钝化。配位比过高，生成的配离子过于稳定，Cu^{2+} 放电困难，容易析氢，阴极电流效率下降，沉积速度降低，镀层易烧焦。因此，为保持恰当配位比，当镀液中 Cu^{2+} 含量为 8～12g/L 时，按 100%HEDP 计应为 80～130g/L。

（3）碳酸钾（K_2CO_3）

碳酸钾是导电盐，能提高镀液的电导率和分散能力。碳酸钾适宜含量为 40～60g/L。但加入过多碳酸钾，会缩小镀层光亮电流密度范围、降低允许电流密度。钾盐的导电性比钠盐好，还能提高镀层光亮度，故宜用钾盐。铜主盐用碱式碳酸铜时（配液），宜采用碳酸钾；铜主盐用硫酸铜时（配液），宜采用硫酸钾。

（4）CuR-1 添加剂

CuR-1 添加剂的主要作用是扩大允许阴极电流密度，并提高镀液整平性能。镀液未加添加剂时最大允许阴极电流密度为 $1.5A/dm^2$，加入 CuR-1 添加剂后能扩大至 $3A/dm^2$。

8.8.4　工艺规范的影响

（1）镀液温度

HEDP 镀铜溶液的温度约在 30～50℃ 范围内，均能获得结合力良好的铜镀层，随着温度降低，镀层外观变差，镀液分散能力下降，但温度过高，能耗及镀液蒸发量大，一般宜为 50℃。HEDP 镀液不会因镀液温度过高而水解产生正磷酸，镀液较稳定，有利于工业生产。

（2）pH 值

HEDP 与 Cu^{2+} 生成的配离子的状态随着镀液的 pH 值而定，pH 值越高，生成的配离子越稳定，Cu^{2+} 放电越困难，越容易析氢；pH 值低，配离子稳定性下降，阴极电化学极化减弱，镀液分散能力下降。根据试验结果，pH 值以 9.0～10.0 为宜。HEDP 本身即具有 pH 缓冲作用，只要 HEDP 含量合适，不需另加缓冲剂。镀液调整 pH 值时，调高 pH 值用氢氧化钾（KOH），调低 pH 值直接用 HEDP。

（3）搅拌及阴极移动

由于 HEDP 镀铜允许的阴极电流密度较小，所以采用压缩空气搅拌或阴极移动，以适当提高阴极电流密度。采用阴极移动时，阴极移动频率高些，搅拌较强烈，一般采用 15～25 次/分钟。

（4）电流密度

① 阴极电流密度　基本型 HEDP 镀铜（即未加添加剂），允许阴极电流密度较小，当采用阴极移动（15～25 次/分钟）及镀液温度达 50℃ 时，也仅为 $1.0～1.5A/dm^2$。加入 CuR-1 添加剂后阴极电流密度能扩大至 $3A/dm^2$。

② 阳极电流密度　一般取 $1～1.2A/dm^2$ 为宜。阳极电流密度过小，可能产生一价铜（Cu^+）；但超过 $1.6A/dm^2$ 阳极易钝化。故一般阳极面积与阴极面积之比采用（1.1～1.2）：1。

（5）阳极

阳极宜采用高纯度的轧制电解铜板，这种阳极泥渣量小些。用小了的阳极可装入钛阳极筐中继续使用。阳极板及钛阳极筐应加装阳极套（尼龙或涤纶套），防止阳极泥渣进入镀液。

8.9　柠檬酸盐镀铜

柠檬酸盐镀铜镀液成分较简单；允许阴极电流密度比 HEDP 基本型镀铜液稍高；工艺控

制操作得当，对钢铁等多种基材直接镀铜，可以获得较好的结合力。但镀液容易长霉菌（特别是在夏季）。

加入辅助配位剂酒石酸钾钠后为双配位型镀液，柠檬酸和酒石酸都是 Cu^{2+} 良好的配位体，在电极上都有较强的吸附作用，其镀液和镀层性能有很大的提高。据有关文献报道，其主要性能为：电导率与氰化镀铜相仿；阴极极化值大于焦磷酸盐镀铜而小于氰化镀铜；镀液分散能力优于焦磷酸盐镀铜和氰化镀铜；覆盖能力比氰化镀铜好；镀 $25\mu m$ 时测的孔隙率比同样厚度的氰化镀铜的孔隙率低。

8.9.1 镀液组成及工艺规范

柠檬酸盐镀铜的溶液组成及工艺规范见表 8-22。

表 8-22 柠檬酸盐镀铜的溶液组成及工艺规范

溶液成分及工艺规范	1	2	3	4
	含量/(g/L)			
碱式碳酸铜[$CuCO_3 \cdot Cu(OH)_2 \cdot nH_2O$]	55～60	—	—	55～60
铜（以碱式碳酸铜形式加入）	—	30～40	—	—
柠檬酸铜($CuC_6H_6O_7$)	—	—	25～120	—
柠檬酸($C_6H_8O_7 \cdot H_2O$)	250～280	230～280	60～225	250～280
酒石酸钾钠($NaKC_4H_4O_6 \cdot 4H_2O$)	30～40	—	—	—
酒石酸钾($K_2C_4H_4O_6 \cdot 4H_2O$)	—	—	—	30～35
碳酸钾(K_2CO_3)	—	—	—	10～15
碳酸氢钠($NaHCO_3$)	10～15	10	—	—
氢氧化钾(KOH)	—	210～230	55～235	—
二氧化硒(SeO_2)	0.008～0.02	—	—	—
防霉剂	0.1～0.5	—	—	—
亚硒酸(H_2SeO_3)	—	0.02～0.04	—	—
光亮剂	—	—	45～150 mL/L	0.008～0.02 mL/L
pH值	8.5～10	8.5～10	8.0～9.5	8.5～10
温度/℃	30～40	25～50	25～45	30～40
阴极电流密度/(A/dm^2)	0.5～2.5	3	0.5～2	0.5～2.5
阴极移动	阴极移动 25～30 次/分钟	阴极移动 25～30 次/分钟	阴极移动或空气搅拌	阴极移动或空气搅拌
阳极面积∶阴极面积	(1.5～2)∶1	—	—	—
阳极	阳极电流密度宜为 0.8～1A/dm^2。阳极材料可用电解纯铜板，应加涤纶布制作的阳极套，防止阳极泥渣进入镀液			

注：1. 配方2为基本型。
2. 配方4用于锌合金压铸件镀铜。

8.9.2　镀液中各成分的作用

(1) 碱式碳酸铜

它是提供镀液铜离子的主盐，碱式碳酸铜中含铜量为 $52\%\sim56\%$。因镀液中如含有 SO_4^{2-}、NO_3^- 时，会降低镀层的结合力，因此主盐不宜用硫酸铜或硝酸铜，应采用碱式碳酸铜或柠檬酸铜。

适当提高主盐含量，便可提高阴极电流密度和沉积速度，但含量过高，阴极极化降低，镀层结合力下降。

(2) 柠檬酸

柠檬酸在镀液中是铜离子（Cu^{2+}）的主要配位剂，与二价铜在碱性溶液中形成混合配位化合物 $[Cu(OH)_2(cit)_2]^{6-}$，其配合物不稳定常数为 1.7×10^{-19}，比较稳定，因此它在阴极放电时有较大的阴极极化。pH 值越高，生成的配离子越稳定。相比较，其配位能力比焦磷酸盐、HEDP 强。

柠檬酸根与 Cu^{2+} 含量之比（配位比）越大，生成的配位化合物越稳定。一般情况下，镀液中柠檬酸：碱式碳酸铜＝$(4.5\sim5):1$，此时镀层光亮范围最宽。配位比过大，Cu^{2+} 放电困难，镀层易烧焦；配位比过小，阴极极化弱，钢铁件易产生严重置换现象，分散能力及覆盖能力差。镀液中以铜计，为 $30\sim50g/L$ 时，效果最好。

(3) 酒石酸钾钠

酒石酸钾钠是镀液中的辅配位剂，加入量一般为 $30\sim40g/L$。加入酒石酸钾钠的作用：可大大提高阴极极化作用，使镀层结晶致密、光亮；防止置换铜产生，提高镀层结合力；能使获得光亮镀层的电流密度范围增大；有助于阳极正常溶解。但酒石酸钾钠会增加镀层硬度，降低铜层柔软性，不宜多加。

(4) 氢氧化钾

氢氧化钾提供镀液体系混合配体所需的 OH^- 配体，并可提高镀液的导电性。氢氧化钾比氢氧化钠有更好的导电性，能使镀层结晶更细致，并有更宽的光亮范围。

(5) 碳酸氢钠

碳酸氢钠对镀液 pH 值具有缓冲作用，可保持镀液的稳定。碳酸氢钠一般加入量为 $10\sim15g/L$。

(6) 二氧化硒

二氧化硒为无机光亮剂，加入后镀层光亮，但过多时镀层有脆性。二氧化硒加入量为 $0.008\sim0.02g/L$。生产中应坚持勤加少加的原则。

8.9.3　工艺规范的影响

(1) 镀液温度

随镀液温度升高，允许的电流密度提高，光亮区范围扩大，镀层烧焦区缩小。但温度过高，配离子稳定性下降，置换反应加快，结合力下降。故镀液温度不宜高于 $50℃$，最佳范围为 $30\sim40℃$。

(2) pH 值

pH 值直接影响柠檬酸和酒石酸盐对铜的配合能力。升高 pH 值，能提高配合能力，增大阴极极化作用，相应地提高镀层结合力。pH 值过低，生成的配离子稳定性差，游离 Cu^{2+} 活度增大，钢铁件易产生置换铜，影响结合力。pH 值过高（大于 10）时，光亮区范围缩小，镀层易烧焦，阳极容易钝化。故 pH 值宜控制在 $8.0\sim10.0$，最佳值为 9.0 ± 0.5。

pH 值的调节：调高 pH 值宜用氢氧化钾，调低 pH 值宜用柠檬酸。

（3）电流密度

柠檬酸盐镀铜的阴极电流密度较小，一般常为 $1\sim2A/dm^2$。加入硝酸钾，可提高阴极电流密度，但 NO_3^- 不利于钢铁件的活化，降低镀层结合力。而且镀铜后若清洗不净，易将 NO_3^- 带入后续工序如光亮酸性镀铜或亮镍，将是极其有害的。

（4）搅拌

搅拌可提高允许阴极电流密度上限，有利于减少镀层烧焦。柠檬酸盐镀铜一般不需过于强烈搅拌，可不必采用压缩空气搅拌，采用阴极移动即可（25～30 次/分钟）。

8.10 其他镀铜

其他镀铜包括市售商品镀铜液及多种无氰镀铜。有的无氰镀铜已在生产中使用数年，但由于种种原因未能坚持下来或未能推广。有些镀种有它的特点，随着对氰化电镀的严格控制，今后还会对无氰镀铜进行进一步的研究与开发，有必要对曾经应用过的一些无氰镀铜有所了解和做简要介绍。

8.10.1 草酸盐镀铜

草酸盐镀铜的溶液呈微酸性，钢铁件不易在镀液中钝化。钢铁件在镀液中虽有微弱置换现象，但铜镀层结合力仍良好，钢铁件可以直接镀铜。由于镀液允许阴极电流密度较小（仅为 $0.1\sim0.5A/dm^2$），只适合于作预镀用，镀取薄铜镀层。例如，用草酸盐镀铜预镀薄铜层，然后在其上再加厚镀硫酸盐暗铜层，作为钢铁件局部防渗碳用。此外，草酸盐镀铜的镀液组分简单，易于调整；并可在较宽的温度范围内工作（3～45℃），镀液不需加热。

（1）镀液组成及工艺规范

草酸酸盐镀铜的溶液组成及工艺规范如下：

硫酸铜（$CuSO_4\cdot5H_2O$）	10～15g/L（12g/L）
草酸（$H_2C_2O_4\cdot2H_2O$）	80～100g/L（93g/L）
氨水（NH_4OH）（化学纯）	65～80mL/L（70mL/L）
温度	10～40℃
pH 值	2～4
阴极电流密度	0.1～0.5A/dm²
阳极面积∶阴极面积	（1～2）∶1

（2）镀液各成分的作用及工艺规范的影响

镀液各成分的作用及工艺规范的影响见表 8-23。

表 8-23　镀液各成分的作用及工艺规范的影响

项目	镀液各成分的作用及工艺规范的影响
硫酸铜	硫酸铜为提供镀液所需二价铜离子(Cu^{2+})的主盐。本工艺配方中，硫酸铜含量低，所以允许的阴极电流密度小，沉积速度慢
草酸和氨水	草酸和氨水均为配位剂。草酸是中等强度的有机酸，大多数草酸盐都不溶于水。因草酸铜难溶于水，所以配制镀液时要先在硫酸铜溶液中加氨水，用氨水来配位铜，而后在硫酸铜溶液中加草酸。最终生成草酸铜氨复合配位化合物。要求镀液中的硫酸铜∶草酸∶氨水＝1∶8∶6，使复合配位化合物稳定地存在镀液中 如单用氨水配位铜离子，则配位能力不足；单用草酸，则会生成草酸铜沉淀。所以必须要草酸和氨水联合使用。草酸还有利于阳极溶解，增强镀液导电能力。但草酸含量过高，会破坏复合配位化合物而析出草酸铜沉淀
镀液温度	镀液适宜温度为 10～40℃，低于 5℃时，槽底有铜氨络草酸盐等结晶析出，而允许的阴极电流密度更小，故镀液温度过低时，宜加热

续表

项目	镀液各成分的作用及工艺规范的影响
pH 值	镀液 pH 值在 2～4。pH 值低于 2 时,草酸过多,易生成草酸铜沉淀;pH 值过高,氨水过多,镀液导电性差,镀层易烧焦,允许阴极电流密度更小。调高 pH 值用氨水;调低 pH 值用草酸
电流密度	镀液的主盐浓度低,允许的阴极电流密度仅为 $0.1～0.5A/dm^2$,故只适合于预镀薄铜层
循环过滤	pH 值过低时会产生草酸铜沉淀;而镀液中的草酸易与水中的杂质钙等生成沉淀;镀液中还有阳极泥渣及外来的机械杂质等固体微粒。因此,需对镀液进行连续循环过滤,以保证镀液、镀层质量

8.10.2 乙二胺镀铜

乙二胺系无色黏稠液体,有氨味,易燃,能溶于水和乙醇,具有强碱性。乙二胺对二价铜(Cu^{2+})有较强的配位能力,因此不加辅助配位剂,镀液也具有较好的分散能力和覆盖能力,也能镀取细致平滑镀层。配制镀液较为简单、方便,在工业化生产中已经应用过。乙二胺使多种金属杂质因配位而在镀液中积累,乙二胺对 CN^-、Cl^- 较敏感,而且乙二胺易燃挥发,有刺鼻气味,有毒性。乙二胺镀铜存在的这些问题限制了它的使用。

(1)镀液组成及工艺规范

乙二胺镀铜的溶液组成及工艺规范见表 8-24。

表 8-24 乙二胺镀铜的溶液组成及工艺规范

溶液成分及工艺规范	1	2	3	4
	含量/(g/L)			
硫酸铜($CuSO_4 \cdot 5H_2O$)	80～100	80～100	80～120	75～85
乙二胺($C_2H_8N_2$)	120～250	80～110	70～90	50～60
酒石酸钾钠($NaKC_4H_4O_6 \cdot 4H_2O$)	15～20	—	10～30	—
硫酸铵[$(NH_4)_2SO_4$]	—	50～60	—	—
硫酸钠($Na_2SO_4 \cdot 10H_2O$)	—	50～60	—	—
硝酸铵(NH_4NO_3)	—	—	40～50	40～50
氨三乙酸[$N(CH_2COOH)_3$]	—	—	—	5～10
二氧化硒(SeO_2)	—	—	0.1～0.3	—
甲基硫氧嘧啶($C_5H_6ON_2S$)	—	—	0.002～0.006	—
pH 值	—	7～8	7～8	7～7.5
温度/℃	室温	室温	室温	15～25
阴极电流密度/(A/dm²)	1～2	0.5～1.5	1.5～2	1～2.5

(2)镀液各成分的作用及工艺规范的影响

镀液各成分的作用及工艺规范的影响见表 8-25。

表 8-25 镀液各成分的作用及工艺规范的影响

项目	镀液各成分的作用及工艺规范的影响
硫酸铜	硫酸铜为提供镀液所需二价铜离子(Cu^{2+})的主盐
乙二胺	为主配位剂,与 Cu^{2+} 配位生成[$Cu(En)_2$]$^{2+}$ 配离子
酒石酸钾钠、氨三乙酸	为辅助配位剂,同时有助于阳极正常溶解

续表

项目	镀液各成分的作用及工艺规范的影响
硫酸铵与硫酸钠	要用作导电盐,提高镀液电导率,提高镀液分散能力
硝酸铵	其作用:作为导电盐,提高镀液电导率,提高镀液分散能力;其中 NH_4^+ 具有辅助配位作用,有利于提高镀层光亮性;其中 NO_3^- 代替 H^+ 在阴极上优先还原,可提高允许的阴极电流密度,减少镀层针孔、麻点
镀液温度	乙二胺镀铜均在室温下工作,不需加热。温度高会加速乙二胺的挥发及氨气逸出
pH 值	镀液为微碱性,pH 值低于 7 时,镀层光亮性差,pH 值过高,镀层易长毛刺
宜经预镀或预浸处理	钢铁件乙二胺镀铜,经预镀或预浸处理,可提高镀层结合力

8.10.3 酒石酸盐镀铜

酒石酸盐镀铜以酒石酸钾钠(酒石酸钾)作为主配位剂,它对二价铜离子(Cu^{2+})有较强的配位能力。镀液具有较好的分散能力及覆盖能力。pH 值接近中性,有利于锌压铸件、浸锌铝件的加厚镀铜(可取代氰化预镀铜和焦磷酸盐镀铜加厚两道工艺)。但镀液对钢铁件等无化学活化能力,应先做预浸铜或预镀处理。镀液不含有机膦,氨氮含量低,废水处理相对简单些。但镀液配制一次性成本高。

(1) 镀液组成及工艺规范

酒石酸盐镀铜的溶液组成及工艺规范见表 8-26。

表 8-26 酒石酸盐镀铜的溶液组成及工艺规范

溶液成分及工艺规范	1	2
	含量/(g/L)	
硝酸铜[$Cu(NO_3)_2 \cdot 5H_2O$]	40~45(含铜约 11~12g/L)	—
硫酸铜($CuSO_4 \cdot 5H_2O$)	—	8~12
酒石酸钾钠($NaKC_4H_4O_6 \cdot 4H_2O$)	80~85	—
酒石酸钾($K_2C_4H_4O_6 \cdot 4H_2O$)	—	6~12
硝酸钾($KNO_3 \cdot H_2O$)	20~30	—
碳酸钾(K_2CO_3)	—	40~60
氯化铵(NH_4Cl)	10~15	—
三乙醇胺($C_6H_5O_3H$)	30~35	—
PN 深镀剂(聚乙烯亚胺烷基盐)	0.02~0.06mL/L	—
光亮剂	—	3~5mL/L
pH 值	7.5	9~10
温度/℃	8~40	30~50
阴极电流密度/(A/dm²)	1~6	1~1.5
阳极面积:阴极面积	(1.5~2.0):1	—
搅拌及过滤	静镀或阴极移动,连续循环过滤	静镀或阴极移动,连续循环过滤
阳极材料	电解铜或酸性镀铜用的磷铜	电解纯铜板

（2）镀液各成分的作用及工艺规范的影响见表 8-27。

表 8-27　镀液各成分的作用及工艺规范的影响

项目	镀液各成分的作用及工艺规范的影响
硝酸铜	为提供镀液所需 Cu^{2+} 的主盐。Cu^{2+} 过多，配位比过小，可能生成 $Cu(OH)_2$ 沉淀；Cu^{2+} 过少，允许阴极电流密度减小。NO_3^- 代替 H^+ 放电还原，能提高允许阴极电流密度，并能实现室温静镀
酒石酸钾钠	为主配位剂、阳极去极化剂
三乙醇胺	为辅助配位剂，配位比氨水好，能细化镀层结晶，并能提高镀层光亮性及光亮均匀性。但含量过多，镀液黏度提高，电导率下降
氯化铵	具有导电盐功能。离解出的 NH_4^+ 具有辅助配位作用
硝酸钾	起导电盐作用，又可提供 K^+ 与 NO_3^-，K^+ 有一定光亮作用，NO_3^- 可扩大允许的阴极电流密度及实现室温镀铜，但降低阴极电流效率
PN 深镀剂	对提高镀液覆盖能力和分散能力有明显作用
pH 值	pH 值高，镀件在镀液中会进一步钝化。为适应锌压铸件电镀，pH 值宜控制在 7.5±2。调高 pH 值用氢氧化钾，调低 pH 值用稀硝酸
电流密度	表 8-26 中的配方 1 具有较宽的阴极电流密度，在正常情况下，室温下静镀阴极电流密度可达 1～6A/dm²。阳极电流密度不宜大于 3A/dm²

8.10.4　商品镀铜溶液

随着市场经济的发展，目前市场上已开发出一些商品镀铜剂（溶液），由于不公开其具体成分，故在使用前，按其使用说明的要求，认真全面进行试验，确认其质量后，配大槽使用。市售的商品镀铜溶液的组成及工艺规范参见表 8-28。

表 8-28　商品镀铜溶液的组成及工艺规范（示例）

溶液成分及工艺规范	1	2	3	4	5	6
	含量/(mL/L)					
238 开缸浓缩剂	300(含铜 9.0g/L)	—	—	—	—	—
238 配位剂	100	—	—	—	—	—
SF-638Cu	—	250～400	—	—	—	—
SF-638E	—	80～120	—	—	—	—
SF-8639Cu	—	—	250～400	—	—	—
SF-8639E	—	—	80～120	—	—	—
碳酸钾(K_2CO_3)	—	30～50g/L	30～50g/L	—	—	—
硫酸(H_2SO_4)	—	—	—	—	—	50～60
BH-580 无氰碱铜开缸剂	—	—	—	400～600 （金属铜 7.5～12g/L）	300～500 （金属铜 6～9g/L）	—
BH-580 无氰碱铜光亮剂	—	—	—	1.0～2.0	1.0～2.0	—
CU-100 浸铜粉	—	—	—	—	—	30～50g/L
pH 值	8.3～9.3	9.2～10	9.2～10	9.2～9.8	9.5～10	—
温度/℃	45～55	25～45	50～60	45～55	45～55	40～50

续表

溶液成分及工艺规范	1	2	3	4	5	6
	含量/(mL/L)					
阴极电流密度/(A/dm²)	0.1～1.8	0.5～2.5	0.5～2.5	0.5～2.0	0.1～1.0	—
阴阳极面积比	1∶(1.5～2.0)	1∶(1.0～1.5)	1∶(1.0～1.5)	1∶(1.5～3.0)	—	时间 0.5～2min
阳极	电解铜（轧制品更佳）	电解铜	电解铜	电解铜	—	—
搅拌	阴极移动或空气搅拌	压缩空气搅拌连续过滤	压缩空气搅拌连续过滤	空气搅拌，连续过滤（滤孔≤10μm）	滚筒转速 4～6r/min	—

注：1. 配方 1 的 238 开缸浓缩剂及 238 配位剂是上海永生助剂厂的产品。

2. 配方 2 的 SF-638Cu 开缸剂及 SF-638E 促进剂，以及配方 3 的 SF-8639Cu 开缸剂及 SF-8639E 促进剂，是广州三孚化工技术公司的产品。开缸剂：蓝色液体，主要由铜盐和配位剂组成，用于配缸及铜离子浓度的补充。镀液中的铜含量可以通过化学分析进行控制，一般铜含量在 4.5～7.2g/L。促进剂：无色或淡黄色液体，由配位剂、阳极活化剂、润湿剂、金属杂质的掩蔽剂和导电盐所组成，要日常添加补充，其消耗量为：800～1200mL/（kA·h）。

3. 配方 4 为挂镀，配方 5 为滚镀，适合于钢铁件、黄铜、铜、锌合金压铸件、铝及铝合金浸锌层的预镀。BH-580 无氰碱铜开缸剂及 BH-580 无氰碱铜光亮剂是广州二轻工业科学技术研究所的产品。

4. 配方 6 的 CU-100 浸铜粉是广州美迪斯新材料有限公司的产品。采用化学浸渍处理，浸铜粉可使钢铁件得到结合力好的化学镀层，用于酸性镀铜前的底层。耗量为：每添加 1000g 硫酸添加浸铜粉 400g。

8.11 不合格铜镀层的退除

不合格铜镀层的退除方法见表 8-29。

表 8-29 不合格铜镀层的退除方法

基体金属	退除方法	溶液组成	含量/(g/L)	温度/℃	阳极电流密度/(A/dm²)
钢铁件上铜镀层退除	化学法	多硫化铵[(NH₄)₂Sₓ] 浓氨水(NH₄OH)	75 310mL/L	室温	—
	化学法	100% HEDP 过硫酸铵[(NH₄)₂S₂O₈] pH 值	60～70 70～80 10(用氨水调)	室温	
	化学法	柠檬酸铵[(NH₄)₃C₆H₅O₇] 30% 双氧水	50～100 30～70	室温	
	化学法	铬酐(CrO₃) 硫酸铵[(NH₄)₂SO₄]	200～300 80～120	室温	—
	化学法	铬酐(CrO₃) 硫酸(H₂SO₄)	400 50	室温	—
	电化学法	过硫酸铵[(NH₄)₂S₂O₈]	100	室温	5
	电化学法	硝酸钠(NaNO₃)	80～180	室温	2～4
	电化学法	硫化钠(Na₂S)	120	室温	约 2
	电化学法	硝酸钾(KNO₃) pH 值	100～150 7～10	15～50	5～10
	电化学法	铬酐(CrO₃) 硫酸(H₂SO₄)	100～150 1～2	室温	5～10

续表

基体金属	退除方法	溶液组成	含量 /(g/L)	温度 /℃	阳极电 流密度 /(A/dm²)
钢铁件上 铜-镍镀层 一次性退除	化学法	65%硝酸(HNO₃) 氯化钠(NaCl)	1000mL/L 0.5～1	≤24	—
	化学法	65%硝酸(HNO₃) 乙二胺[(NH₂CH₂)₂]	100mL/L 200mL/L	<70	—
	电化学法	铬酐(CrO₃) 硼酸(H₃BO₃) 碳酸钡(BaCO₃) (碳酸钡去除硫酸根用)	250 25 适量	室温	5～7
钢铁件上 铜-镍-铬镀层 一次性退除	电化学法	硝酸钠(NaNO₃) 硼酸(H₃BO₃) 溴化钠(NaBr) pH 值	200～250 20～30 0.5～0.8 6～7	20～60	10～20 (阴阳极面积比 为 4∶1)
	电化学法	铬酐(CrO₃) 磷酸(H₃PO₄)	100～110 300～350	室温～70	10～15
铝件上 铜镀层退除	化学法	65%硝酸(HNO₃)	800～1000mL/L	室温 (<30℃)	
	化学法	65%硝酸(HNO₃) 98%硫酸(H₂SO₄) 水	250mL 500mL 250mL	室温	
	电化学法	85%磷酸(H₃PO₄) 三乙醇胺(C₆H₁₅O₃N)	750 250	65～90	10
	电化学法	98%硫酸(H₂SO₄) 甘油(C₃H₈O₃)	65%(体积分数) 5%(体积分数)	室温	2～3
锌压铸件上 铜镀层退除	化学法	98%硫酸(H₂SO₄) 70%硝酸(HNO₃)	2 份(体积) 1 份(体积)	20～30	—
	电化学法	亚硫酸钠(Na₂SO₃)	120	20	1～2
	电化学法 (交流电解)	铬酐(CrO₃) 硫酸(H₂SO₄)	250 2.5	20～25	7～14
锌压铸件上 铜-镍镀层 一次性退除	电化学法	98%硫酸(H₂SO₄)	435～520mL/L	室温	5～8
	电化学法	硫化钠(Na₂S)	120	室温	2
锌压铸件上 铜-镍-铬 镀层一次 性退除	电化学法	碳酸钠(Na₂CO₃)	70～100	室温	5～10
	电化学法	85%磷酸(H₃PO₄) 98%硫酸(H₂SO₄) 水调至相对密度为 1.53	30 份(体积分数) 10 份(体积分数)	室温	2.3～3.5
铜件上 铜-镍镀层 一次性退除	化学法	浓硫酸(H₂SO₄) 硝酸钠(NaNO₃) 水 聚乙二醇(M=6000)(工业级) 食用明胶 浓盐酸(HCl)(工业级)	600～650mL/L 120～150 350～400mL/L 8～10 8～10 5～10mL/L	10～35	

第9章

镀镍

9.1 概述

镍是一种银白色略带微黄的金属,具有铁磁性。镍具有良好的机械强度和韧性,能抵抗大气腐蚀,易溶于稀硝酸,在稀硫酸和稀盐酸溶液中溶解非常缓慢,与强碱不发生作用。镍和镍镀层的理化性能见表 9-1。

表 9-1　镍和镍镀层的理化性能

项目	技术性能		项目	技术性能	
原子量	58.67		密度/(g/cm³)	镀层	8.86~8.93
化合价	+2			金属镍	8.9
标准电位/V	$Ni^{2+}+2e \longrightarrow Ni$	−0.25	电阻系数 /(×10⁻⁸Ω·m)	镀层	7.4~11.5
电化当量/[g/(A·h)]	1.095			金属镍	6.84
熔点/℃	1453		线膨胀系数 /(×10⁻⁶/℃)	镀层	13.6
沸点/℃	2732			金属镍	13.4
比热容/[kJ/(kg·℃)]	0.44		硬度(HB)	热镀液	140~160
热导率/[W/(m·℃)]	92			酸性镀液	300~350
—	—			含光亮剂镀液	500~550
镀层特性	镍镀层结晶细小、平滑,容易抛光。在镀镍的溶液中,加入各种添加剂后,能大大改善镀层表面质量,可以镀出半光亮镍、光亮镍(镜面光亮)、双层镍、三层镍、黑镍、缎面镍等,因此是一种最主要的防护-装饰性镀层 镍的标准电极电位为−0.25V,比铁的标准电极电位正。镍表面钝化后,电极电位更正,因而钢铁基体上的镍镀层是阴极镀层。镍镀层的孔隙率高,只有当镀层超过 25μm 时才基本上无孔,所以薄的镍镀层不能单独用来作为防护性镀层。通常通过组合装层,如铜/镍/铬、镍/铜/镍/铬或双层镍、三层镍/铬来达到装饰防护的目的				

(1) 镍镀层的用途

为了降低镍镀层的孔隙率,以往常采用加厚镍镀层的方法,但镍的价格较贵,这样电镀镍的成本就比较高。因此,除了采用代镍镀层外,还必须采用其他措施,以尽量来降低镍的消耗。为了提高镍镀层的防腐性能,采用双层镍、三层镍镀层结构是比较合理的。因为这种结构不但可以降低镍镀层厚度,而且还能提高抗腐蚀性。

镍镀层应用很广,主要用于防护装饰性和功能性两个方面。

作为防护装饰性镀层,镍可以镀覆在低碳钢、锌铸件、某些铝合金、铜合金等表面上,作为底层或中间层外套薄铬层等。作防护装饰性镀层,它广泛用作汽车、摩托车、机床、日用五金制品、仪表、时钟、照相机和塑料制品等行业的防护装饰性镀层。

作为功能性镀层，它可提高耐磨性、修复磨损和被腐蚀的零件等。厚的镍镀层，可作为耐磨镀层。采用电铸工艺，用来制造印刷行业的电铸板、唱片膜及其他模具。采用复合电镀，可沉积出夹有耐磨微粒的复合镍镀层，其硬度和耐磨性比镍镀层更高，可作耐磨镀层。还可镀取具有良好自润滑性的复合镍镀层，用作润滑镀层等。

应当指出，镍及其化合物不能与人体皮肤长期接触，否则会引起皮肤湿疹。因此，那些与人体长期接触的金属制品不能用镍作为防锈和装饰的电镀层，这些制品有项链、手镯、耳环、手表壳、手表带、眼镜架和服装零件等。欧盟等国已经制定出了相应的法规，禁止在这些与人体长期接触的制品上镀镍。

（2）镀镍溶液的类型

镀镍溶液主要有硫酸盐型、氯化物型、氨基磺酸盐型、柠檬酸盐型、氟硼酸盐型等。其中以硫酸盐型（低氯化物）即称为 Watts（瓦特）镀镍液在工业上应用最为普遍。

镀镍溶液一般不含配位剂，基本组分很简单，由下列三部分组成。

① 主盐　提供镀液镍离子的主盐为硫酸镍。

② 促进镍阳极溶解的氯离子　一般以氯化镍或氯化钠提供镀液的氯离子。

③ 稳定镀液 pH 值的缓冲剂　采用硼酸。

由于镍是铁族金属之一，所以其镀液在电镀过程中具有较大的阴极极化作用和阳极极化作用，在不加配位剂的镀液中，就能镀得结晶细小而致密的镍镀层。

由于镀镍液不存在配位离子，所以电极反应也较简单。

在阴极上，镍离子（Ni^{2+}）得到电子被还原析出，沉积在阴极镀件上；同时伴随氢离子（H^+）被还原逸出氢气：

$$Ni^{2+} + 2e \longrightarrow Ni$$
$$2H^+ + 2e \longrightarrow H_2 \uparrow$$

在阳极上，镍金属失去电子，以镍离子（Ni^{2+}）的形式进入镀液，用来补充阴极上析出镍离子（Ni^{2+}）的消耗；如阳极发生钝化，则在阳极上会有氧气析出：

$$Ni - 2e \longrightarrow Ni^{2+}$$
$$4OH^- - 4e \longrightarrow 2H_2O + O_2 \uparrow$$

在阳极上析出氧气的同时，镍氧化成难溶的氧化镍，在阳极附近的镀液中的氯离子（Cl^-）也能氧化成氯气，其反应如下：

$$Ni + [O] \longrightarrow NiO$$
$$2Cl^- - 2e \longrightarrow Cl_2 \uparrow$$

9.2　镀镍添加剂

9.2.1　镀镍添加剂的分类

镀镍添加剂（也称为镀镍光亮剂）主要分为初级光亮剂（又称为第一类光亮剂）、次级光亮剂（又称为第二类光亮剂）和辅助添加剂（也称为辅助光亮剂）三大类。

次级光亮剂单独使用效果不明显，但与初级光亮剂联合使用时，则可取得非常显著的效果。

（1）初级光亮剂及次级光亮剂

初级光亮剂及次级光亮剂的作用及品种见表 9-2。

表 9-2　初级光亮剂及次级光亮剂的作用及品种

光亮剂类别	光亮剂的作用	光亮剂的品种[1]
初级光亮剂	① 能细化镍镀层的晶粒，并产生一定的光泽（半光亮镀层），但不能达到镜面的光亮镀层（全光亮镀层） ② 能增加镀层的延展性，减少镀层的张应力。当初级光亮剂用量增加到一定程度后，可使镍镀层产生压应力，能够抵消由于加入次级光亮剂而产生的张应力，从而改善镀层的延展性 ③ 能把硫引入镍镀层中。加入不同类型的初级光亮剂并达到一定的数量，可以控制镍镀层中的含硫量。利用镍镀层之间不同的含硫量，而导致镀层之间产生电位差，以提高多层镍耐腐蚀性能 ④ 与次级光亮剂配合使用，可产生协同效应，从而能获得镜面光亮（全光亮）的、整平性好的镍镀层 ⑤ 有抗杂质的能力。能使镀液对杂质具有较高的容忍度。例如苯亚磺酸钠等，能明显消除低电流密度区因杂质引起镀层发暗的疵病	① 磺酰亚胺类　例如糖精（邻磺酸基苯甲酰亚胺）和二苯酰基亚胺（BBI） ② 磺酰胺类　例如对甲苯磺酰胺 ③ 苯磺酸类　例如苯磺酸钠 ④ 萘磺酸类　例如1,3,6-萘三磺酸和1,5-萘二磺酸 ⑤ 亚磺酸类　例如苯亚磺酸钠、对甲苯亚磺酸钠 ⑥ 杂环磺酸类　例如噻吩-2-磺酸
次级光亮剂	① 单独使用虽然可获取光亮镀层，但电流密度范围十分狭窄，高电流密度区出现烧焦，低电流密度区镀层很薄，甚至会出现漏镀现象 ② 与初级光亮剂联合使用时，则可在较宽电流密度范围内得到镜面光泽（全光亮）镀层，并且出光快，并显示出良好的整平性 ③ 在阴极上有强烈的吸附性能，使阴极电位明显负移，增大阴极极化作用。加入过多，还原产物增多（相应镀层中夹量增多），镀层中夹入碳和硫等元素，从而使镀层电位变负，镀层发脆 ④ 次级光亮剂会使镍镀层产生张应力，增加镀层脆性，从而会降低其延展性。而加入能产生压应力的初级光亮剂后，能抵消次级光亮剂产生的张应力，从而改善镀层的延展性	① 醛类　甲醛、水合氯醛和邻磺基苯甲醛 ② 酮类　香豆素 ③ 炔类　1,4-丁炔二醇及其衍生物（如 BE、BEO、BMP 等）、丙炔醇及其衍生物（如 N,N-二甲氨基丙炔胺、N,N-二乙氨基丙炔胺）以及二乙氨基戊炔二醇等 ④ 氰类　亚乙基氰醇 ⑤ 杂环类　砒啶的衍生物[PPS、PPSOH（PHP）]和喹啉甲碘化物

(2) 辅助添加剂

随着镀件的镀层质量要求的提高，对镀液性能也提出了更高的要求。初级光亮剂与次级光亮剂组合使用，能获得全光亮镀层，但镀层的其他性能以及镀液性能等的要求，就需要有辅助添加剂来帮助，以达到更好的性能。总体来说，镀镍液引入辅助添加剂后，除了能稳定镀液外，还能提高镍镀层的综合质量。

辅助添加剂的作用及品种见表 9-3。

表 9-3　辅助添加剂的作用及品种

辅助添加剂的作用	辅助添加剂的品种
① 降低镀液的表面张力，使阴极上析出的氢气泡容易离开被镀工件表面。减少镀层孔隙 ② 进一步细化晶粒，使镀层更致密 ③ 扩大电流密度范围，防止边角处镀层烧焦 ④ 改善镀液分散能力和覆盖能力 ⑤ 抑制或降低光亮剂的分解速度，提高镀液稳定性 ⑥ 能抗异种金属杂质或者能把异种金属杂质螯合去除掉 ⑦ 根据需要，能增加或减少镀层的含硫量，改变镀层的电极电位，从而为达到多层镍间的防腐功能创造条件	① 润湿剂　镀镍溶液的润湿剂，都是一些表面活性剂（有阴离子型和非离子型两种），如十二烷基硫酸钠、聚乙二醇、OP-10 乳化剂、乙基己基硫酸钠（泡沫较少）、LB 低泡润湿剂、脂肪醇聚氧乙烯醚硫酸酯钠盐（AES）等 ② 走位剂　如烯丙基磺酸钠（ALS）、乙烯基磺酸钠（VS）、苯乙烯磺酸钠、丙炔磺酸钠（PS）、羧乙基硫脲嗡甜菜碱（ATP）等 ③ 柔软剂　如二苯磺酰亚胺、邻磺酰苯甲酰亚胺、丙烯磺酸钠、乙烯（基）磺酸钠等 ④ 整平剂　如丙炔醇、炔丙醇乙氧基化物、二乙基氨基丙炔物、丙氧化炔丙醇、甘油单丙烯醚、吡啶-2-羟基丙磺酸钠盐、N,N-二乙基丙炔胺等 ⑤ 除杂剂　选择性螯合剂，它能与金属杂质离子形成螯合物，这些螯合剂多数是带有芳环或杂环结构的有机化合物，它们不会对镍镀层产生不利的影响 ⑥ 抗杂剂　如丙炔磺酸钠、羧乙基异硫脲钠盐、羧烷基磺酸钠盐等 ⑦ 稳定剂　如丁炔二醇与环氧乙烷加成物等 ⑧ 防针孔剂　如乙基乙醇硫酸钾、磺基丁二酸酯钠盐等

9.2.2　光亮镀镍添加剂的技术性能要求

酸性光亮镀镍可以从镀液中直接镀取镜面光亮的镍镀层，而可以直接套铬，不必再经过机械抛光，这完全依靠于光亮镀镍添加剂。所以对光亮镀镍添加剂的性能有较高的要求。光亮镀镍添加剂的电镀性能技术要求见表 9-4。

表 9-4　光亮镀镍添加剂的电镀性能技术要求

项目	技术要求	试验方法
外观	添加剂应为透明或半透明液体，无沉淀和分层	在 25℃±2℃下，将适量添加剂注入无色透明的玻璃容器中，在自然光下观察，其结果符合外观的技术要求为合格
水溶性	添加剂应完全溶解于水	取 5mL 添加剂注入无色透明的玻璃容器中，用蒸馏水或去离子水稀释至 50mL，混合均匀，其结果符合水溶性的技术要求为合格
霍尔槽试验	合格	按照 JB/T 7704.1 规定的方法，在 0.5A 电流强度下电镀 5min，试片上应无漏镀现象。在 2A 电流强度下电镀 10min，试片上的镀层应全光亮。符合要求为合格
深镀能力	≥70%	按照 JB/T 7704.2—1995 规定的内孔法（图 3C）进行测试
分散能力	≥−15%	按照 JB/T 7704.4 规定的远近阴极法进行测试，在试验中 K 值宜选择 3
阴极电流效率	≥95%	按照 JB/T 7704.3 规定的方法进行测试。在试验中，待测镀液的阴极电流密度宜选择 2A/dm²
整平性	≥2.0	按照 JB/T 7704.5 规定的假正弦波法进行测试
镀层光泽[①]	>580（60°入射角）	试验仪器：光泽计，实验室电镀装置（整流器、镀槽、计时器等） 试样：选用 0.5～1mm 厚的冷轧钢板制成 100mm×50mm 规格的试片，经打磨抛光后，其表面粗糙度（Ra）为 0.41μm<Ra≤0.63μm，光泽值为 350～400，试样经常规电镀前处理后，按添加剂产品规定的电镀工艺条件，在镀液中电镀（10±2）μm 厚的镍层作为试样 测定：用经过校准的光泽计（入射角 60°）在试样同一面上的上、中、下部位测量三点，取其算术平均值作为测定结果
镀层延展性	≥8%	按照 GB/T 15821 规定的（圆径心轴弯曲）方法进行测定
镀层结合强度	镀层与基体、镀层与镀层之间无分离	选用 0.5～1mm 厚的黄铜板（H62-Y）或紫铜板制成 100mm×50mm 规格的试片，经常规电镀前处理后，按添加剂产品规定的电镀工艺条件，电镀（15±2）μm 厚的镀镍层作为试样，然后按照 GB/T 5270 的规定任意选择两种方法进行试验
添加剂消耗量	符合产品规定要求	试验仪器：实验室电镀装置（整流器、镀槽等）；直流安培小时计 试样：同上述镀层光泽测试用的试样 测试：按照产品说明书配制 1L 溶液，安培小时计与整流器串联，阳极放入镀槽，将镀液加热到添加剂产品规定的温度并恒温，同时采用适当的搅拌 将试样全浸入镀槽，为使新配制的镀液活化，按添加剂产品规定的电流密度通入电流，试镀 1A·h 更换试样，按添加剂产品规定的电流密度通入电流，预镀 1A·h 后取出试样，试样经水洗、干燥后，以此试样的镀层光亮状况作为比较的基准。然后每通电 0.5～1A·h 后取出试样与基准试样比较，观察镀层是否全光亮，当镀层出现轻微失光或局部发雾时预镀结束 在该镀液中按添加剂产品规定的补加量补加添加剂，仍按上述预备的方法进行电镀，直至试样与基准试样比较，镀层再次出现轻微失光或局部发雾时，记录补加添加剂后的电镀安时数和添加剂的补加量，并计算出每千安时消耗添加剂的毫升量[即 mL/(kA·h)] 在该镀液中按上述测试方法至少重复三次试验，将测试的算术平均值作为测试结果值

① 光泽值表示的是相对值。

注：1. 电镀性能试验用的材料、阳极及试验镀液组分等如下：

电镀性能试验所使用的化学试剂为化学纯试剂；

使用的阳极为纯度大于或等于 99.9% 的电解镍板；

试验镀液按硫酸镍 300g/L，氯化镍 50g/L，硼酸 40g/L 称取，用蒸馏水或去离子水配制。按添加剂产品规定的含量，将添加剂用水稀释后加入镀液中。用体积分数为 10% 的硫酸溶液或质量分数为 5% 的氢氧化钠溶液将镀液 pH 调到规定值内。

2. 表中的有关标准：JB/T 7704.1《电镀溶液试验方法 霍尔槽试验》、JB/T 7704.2—1995《电镀溶液试验方法 覆盖能力试验》、JB/T 7704.4《电镀溶液试验方法 分散能力试验》、JB/T 7704.3《电镀溶液试验方法 阴极电流效率试验》、JB/T 7704.5《电镀溶液试验方法 整平性试验》、GB/T 15821《金属覆盖层 延展性测量方法》、GB/T 5270《金属基体上的金属覆盖层 附着强度试验方法》。

3. 引自我国机械行业标准 JB/T 7508—2005《光亮镍添加剂 技术条件》。表 9-4 是从 JB/T 7508—2005 中整理出来的。

9.2.3 镀镍添加剂中间体

光亮镀镍添加剂种类很多，表 9-5 列出了部分添加剂中间体的功能及应用供参考，由于用途以及对镀液镀层性能的具体要求有所不同，故其使用量、消耗量也会有所差异，故表中用量、消耗量仅供参考。

表 9-5　镀镍添加剂中间体

代号	名称	功能与应用	含量/%	使用量/(g/L)	消耗量/[g/(kA·h)]
BOZ	1,4-丁炔二醇	淡黄色结晶体。在镀镍光亮剂中 BOZ 是最基本的中间体之一，沿用至今，如将丁炔二醇与环氧氯丙烷缩合，则缩合产物的性能比丁炔二醇更为优异。这种光亮剂国内代表性的产品如 BE、PK 等，如再用亚硫酸钠进行磺化处理，则覆盖能力会更好些，使低电流密度区的镀层较为白亮。其代表性的产品如 791 镀镍光亮剂	98	0.1～0.3	10～30
BMP	丙氧基化丁炔二醇	棕红色液体。BMP 是丁炔二醇与环氧丙烷的缩合物，本产品耐消耗，镀层整平性好，系长效镍光剂。通常需与 PAP、PPS、PVSS、COSS、PESS、MOSS 等辅助光亮剂配合使用	50	0.04～0.2	15～20mL
BEO	乙氧基化丁炔二醇	棕红色液体。BEO 是丁炔二醇与环氧乙烷的缩合物，是常用的长效镀镍中间体之一，使镀层晶粒细化。通常需与糖精、PME、PPS、PVSS、COSS、PESS 或 MOSS 等辅助光亮剂配合使用	99	0.02～0.1	8～10
PPS	吡啶嗡丙烷磺基甜菜碱	白色粉末，高区整平性佳。光亮镀镍中是强整平剂、光亮剂。必须和含有炔醇类、醚类及其衍生物等的次级光亮剂配合使用，使镀层镜面光滑，光亮夺目	99	0.05～0.3	10～18
PPSOH	吡啶嗡羟丙磺基内盐	淡黄色液体。它与 PPS 一样有整平性，中低区整平性能良好。PPSOH 还具备优良的低电流密度区走位能力，需与 BEO、PME、PESS 或 MOSS、糖精及辅助光亮剂配合使用	40	0.05～0.5	20～50
MOSS	丁醚嗡盐	棕褐色液体。镀镍层白亮强走位剂，适用于滚镀光亮或深孔镍光剂，与糖精、炔醇类中间体以及 PPS、PVSS 等次级光亮剂搭配使用，可获得极佳的深镀效果和高整平、全白亮的镀层	98	0.02～0.06	1～5
PESS	丙炔嗡盐	淡黄色液体。强走位剂，用于初级或次级光亮剂中，作为配制光亮剂的基本原料。适用于滚镀光亮剂或深孔用镍光剂，通常与糖精、炔醇类中间体及 PPS 等次级光亮剂配合使用，可获得极佳的深孔效果和高整平、全光亮的镀层	98	0.02～0.06	1～5
MT-80	琥珀酸酯钠盐	无色液体。在镀镍槽液中，加入适量的 MT-80 能消除针孔、麻点，提高整平性能，且具有优异的渗透性和润湿性能；在酸性镀铜工艺中也可使用	25	0.5～2	150～250mL

续表

代号	名称	功能与应用	含量/%	使用量/(g/L)	消耗量/[g/(kA·h)]
POPS	丙炔醇醚丙烷磺酸钠溶液	橙黄色透明液体。电镀镍低区光亮剂、整平剂。能增强低区的光亮、整平性,与 PS 合用,效果更佳	50	0.01～0.1	1～3
DEP	二乙基丙炔胺	淡黄色液体。是镍光剂中最常用的中间体。产品纯度高,酸化完全,镀层细腻丰满。通常与 BEO、PPS、PVSS、COSS、PME 等辅助光亮剂配合使用	80	0.005～0.02	2～5mL
DEPS	N,N-二乙基丙炔胺丙烷磺酸内盐	白色粉末。是炔胺类化合物,是镍光剂中最常用的中间体。作为整平、快速出光剂,通常与 BEO、PPS、PVSS、COSS、PME 等辅助光亮剂配合使用	99	0.01～0.05	2～5
POPDH	丙炔基氧代羟基丙烷磺酸钠	淡黄色液体。是炔胺类化合物,是镍光剂中最常用的中间体。电镀镍的低区光亮剂、填平剂。同炔醇类衍生物搭配使用,加强整平协同出光,增加镀层白亮度,提高低区填平能力	50	0.02～0.05	1～2mL
PABS	二乙氨基丙炔甲酸盐	淡黄色液体。是 DEP 的甲酸酸化产物,具有整平,走位好,不发蓝等特性。通常与 BEO、PPS、PVSS、COSS、PME 等辅助光亮剂搭配使用	75	0.005～0.02	1～2mL
PS	丙炔基磺酸钠	淡黄色液体。在光亮镀镍中,PS 是辅助走位剂,能提高低区的光亮性和填平性,效果明显,镀层脆性小。通常与糖精、炔醇类等次级光亮剂配合使用	35	0.02～0.05	8～10mL
VS	乙烯基磺酸钠	淡黄色液体。在光亮镀镍中,加入 VS 能提高镀液的覆盖能力,改善镀层延展性和光亮度。作为辅助光亮剂,通常与糖精、SAS、PPS 等配合使用	25	0.05～0.2	8～10mL
SAS	烯丙基磺酸钠	白色颗粒。本品系走位防针孔辅助光亮剂。加入 SAS 能有效地防止针孔,减少主光亮剂用量。通常与糖精、炔醇类等次级光亮剂配合使用,可获得柔软性极佳的镀层	98	0.5～2	35～50
ALS	月桂基硫酸铵	无色液体。ALS 是走位剂,加入 ALS 能有效地防止针孔,减少主光亮剂用量,通常与糖精、炔醇类等次级光亮剂配合使用,可获得柔软性极佳的镀层	35	2～5	100～200mL
HBOPS-Na	丁炔醇醚丙烷磺酸盐	棕红色透明液体。电镀镍低区光亮剂、填平剂。能增强低区的光亮性和填平性,与 PS 合用效果更佳	50	0.02～0.06	—
BBI	双苯磺酰亚胺	白色结晶体。用于配制镀镍的柔软剂,从而增加镀层的柔软性。初级光亮剂,提高镀层的延展性,具有抗杂和增白的作用	98	0.5～1.5	2～3
EHS	羟乙基磺酸钠	无色至淡黄色液体。镀镍的辅助光亮剂,增加镀层延展性及分散能力,对镀层可以产生一定的白亮效果	45	0.05～0.2	—
TCA	水合三氯乙醛	无色或淡黄色结晶。镀半光亮镍的电位差调节剂,能除镀液中的活性硫,提高电位差	98	0.01～0.1	3～5

代号	名称	功能与应用	含量/%	使用量/(g/L)	消耗量/[g/(kA·h)]
ATP	S-羧乙基异硫脲氯化物	无色至淡黄色粉末。能提高低区深镀能力,是一种除杂走位剂。溶于热水,用量过多会导致镀层光亮度下降	85	0.001～0.01	1.5
ATPN	羧乙基异硫脲嗡盐	白色粉末。提高低区深镀能力,是一种除杂走位剂。溶于水,用量过多会导致镀层光亮度下降	98	0.001～0.01	1
PA	丙炔醇	无色至淡黄色液体。在光亮镀镍中,加入 PA 能增强阴极极化效应,从而达到快速出光的效果。镀层整平性良好,但过量加入会使镀层发脆,结合力差。通常需与糖精、炔醇类等次级光亮剂配合使用	99	0.005～0.01	1～3
PAP	丙氧基化丙炔醇	淡黄色液体。PAP 是丙炔醇与环氧丙烷的缩合物,是镍光剂中最常用的成分之一。作为整平、快速出光剂,通常需与 BMP、PPS、PVSS、COSS、PESS 或 MOSS 及辅助光亮剂配合使用	50	0.04～0.08	10～20
SSO3	羟丙基硫代硫酸钠	无色至淡黄色液体。镀镍中提高低电流遮盖能力,杂质容忍剂。能提高低区深镀能力,同时具有抗杂效果	60	0.001～0.02	2
IUS	异硫脲丙酸盐	无色至淡黄色透明液体。镍的走位剂、抗杂剂。提高走位能力,具较强的除杂效果	50	0.002～0.02	2
MAP	二甲氨基丙炔	淡黄色透明液体。是炔胺类化合物,是镍-光剂中最常用的中间体。作为整平、快速出光剂,其亮度黑亮、高雅。通常与 BEO、PPS、PVSS、COSS、PME 等辅助光亮剂配合使用	80	0.005～0.01	1～3
BSS	苯亚磺酸钠	白色结晶体。在光亮镀镍或镍-铁合金电镀时,BSS 是走位剂也是络合剂,适用于初级光亮剂中,通常与糖精及次级光亮剂配合使用	98	0.01～0.1	5～10
BSI	糖精钠	用于配制镀镍的柔软剂,从而增加镀层的柔软性	—	0.5～1.5	2～5
MT-80	琥珀酸酯钠盐	无色液体。在镀镍槽液中,加入适量的 MT-80 能消除针孔、麻点,提高整平性能,且具有优异的渗透性和润湿性能;在酸性镀铜工艺中也可使用	25	0.5～2	150～200mL
MASS	苄基烯基吡啶内盐	淡黄色液体。MASS 是一种不含硫的全区域的顶级乌亮整平剂,用于次级光亮剂中,作为主光剂最基础的原料之一。适量加入 MASS 可以显著提高中低区整平能力和出光速度,表面青光乌亮、厚实,不发雾,组分适当,无锈点,且低区走位好,无漏镀现象,有较好的长效性。适用于配制滚镀或挂镀及半光亮镍光剂。通常与糖精、炔醇类等中间体配合使用,这样可获得极佳乌亮透清的高整平镀层	80	0.005～0.02	1～2

续表

代号	名称	功能与应用	含量/%	使用量/(g/L)	消耗量/[g/(kA·h)]
PME	乙氧基化丙炔醇	淡黄色液体。PME 是丙炔醇与环氧乙烷的缩合物,也是镀镍光亮剂中最主要的成分之一。作用为整平、快速出光剂,通常需与 BEO、PPS、PVSS、COSS、PESS 或 MOSS 及辅助光亮剂配合使用	99	0.02～0.04	3～6
BPMD	乙氧基炔醇复合物	棕红色液体。BPMD 是多种炔醇与乙氧基化合物在特定条件下缩合而成的。与 PPS 或 PPSOH 配合使用,即可成为性能优良的镍光剂。该产品特别适合自配	98	0.06～0.1	—
HD	己炔二醇	一种是清澈液体,含量在 78%～82%;另一种是浅色或白色固体,含量在 95% 以上。次级镀镍光亮剂,主要用于半光亮镀镍	82～95	0.05～0.2	—

注：表 9-5 是从江苏梦得电镀化学品有限公司的产品等的有关资料整理出来的。

9.3　普通镀镍

普通镀镍（暗镍），是指镀液不添加光亮剂而获得镍本色的镀层。这是最基本的镀镍工艺，如用于装饰，则镀镍镀层需要进行机械抛光。根据镀液的性质和用途，普通镀镍溶液可分为预镀液、普通镀液、瓦特镀液和滚镀液等。

① 预镀液　镀液浓度比较低，镀层厚度较薄。经预镀镍后，可促使镍镀层与钢铁基体和随后的铜镀层结合良好。

② 普通镀液　该镀液导电性好，可在较低温度下电镀，节能，操作控制方便。有特殊用途而镀层要求必须纯净的普通镀镍，镀液中可以不加任何添加剂。

③ 瓦特镀液　镀液成分简单，操作控制较方便，具有较快的沉积速度。镀层结晶细致，易于抛光，韧性好，耐蚀性比亮镍好。

④ 滚镀液　对小型零件电镀，镀液应具有良好的导电性和覆盖能力。

9.3.1　镀液组成及工艺规范

普通镀镍的溶液组成及工艺规范见表 9-6。

表 9-6　普通镀镍的溶液组成及工艺规范

溶液成分及工艺规范	预镀液	普通镀液			瓦特镀液	滚镀液
		1	2	3		
	含量/(g/L)					
硫酸镍($NiSO_4·6H_2O$)	100～150	180～250	240～260	280～385	250～300	200～250
氯化镍($NiCl_2·6H_2O$)	—	—	—	—	30～60	—
氯化钠($NaCl$)	8～10	16～18	4～6	12～15	—	10～15
硼酸(H_3BO_3)	30～35	30～35	30～35	35～40	35～40	40～45
硫酸钠(Na_2SO_4)	60～120	20～30	—	—	—	—
硫酸镁($MgSO_4·7H_2O$)	—	30～40	45～55	—	—	50

溶液成分及工艺规范	预镀液	普通镀液			瓦特镀液	滚镀液
		1	2	3		
	含量/(g/L)					
氟化钠（NaF）	—	—	4～6	—	—	4
十二烷基硫酸钠（$C_{12}H_{25}SO_4Na$）	0.05～0.1	0.05～0.1	—	—	0.05～0.1[①]	—
ST-1 添加剂	—	—	—	3～4mL/L	—	—
ST-2 添加剂	—	—	—	0.4～0.6 mL/L	—	—
pH 值	5～5.5	4.8～5.2	4～4.5	4.4～5.1	3～4	4.8～5.2
温度/℃	18～35	20～35	45～50	50～60	45～60	45～50
阴极电流密度/(A/dm²)	0.5～1	1～2	1～1.5	3～5	1～2.5	0.5～1.0
阴极移动	用或不用	需要 12 次/分	需要 12 次/分	需要	需要 12 次/分	滚筒转速 8～10r/min

① 也可以采用 LB 低泡润湿剂 1～2mL/L，来代替十二烷基硫酸钠。LB 低泡润湿剂为上海永主助剂厂的产品。
注：普通镀液配方 3 的 ST-1、ST-2 添加剂是上海日用五金工业研究所的产品。

9.3.2 镀液中各成分的作用

(1) 硫酸镍

硫酸镍是提供镀液中镍离子（Ni^{2+}）的主盐。镀镍溶液的主盐也可采用氯化镍，氯化镍镀液的导电性和覆盖能力较好，但因氯离子太多，镀层内应力较大，成本也较高，因此目前普遍采用硫酸镍。

硫酸镍的溶解度与温度有关，如果镀液温度是室温，普通镀液的硫酸镍最高浓度不宜超过 250g/L，这是为了防止镀液中硫酸镍结晶析出。瓦特镀液温度较高，所以其硫酸镍的浓度可以达到 300g/L 或更高一些。普通镀液的硫酸镍浓度大致在 100～350g/L。低浓度的镀液其覆盖能力较好，镀层结晶细致，容易抛光，但阴极电流效率较低，允许的阴极电流密度范围的上限值较小；含量在 300g/L 左右的镀液，镀层色泽均匀，允许较高的阴极电流密度，沉积速度快。

(2) 氯化镍或氯化钠

氯化镍、氯化钠是阳极的活化剂，又是镀液的导电盐。氯化镍、氯化钠为镀液提供氯离子，氯离子有活化阳极的作用，促使阳极正常溶解和增加镀液导电性。瓦特型镀液不用氯化钠，而用氯化镍，因为钠离子会降低阴极电流密度范围的上限值，引起镀层晶格扭歪和硬度增高[3]。

(3) 硼酸

硼酸是缓冲剂，在镀液中具有稳定 pH 值的作用。在镀镍过程中，镀液的 pH 值必须保持在一定的范围内，一般为 3.8～5.6，在这一 pH 值范围内，硼酸是一种良好的缓冲剂。pH 值过低，H^+ 易于放电，降低阴极电流效率，镀层容易产生针孔；pH 值过高，阴极周围的镍离子（Ni^{2+}）会与氢氧根（OH^-）形成氢氧化镍，而吸附在镀件表面，夹杂在镍镀层中，形成粗糙的镀层，就会出现毛刺。在镀镍溶液中，硼酸的含量要大于 25g/L 才能起到较好的缓冲作用。镀液中硼酸一般含量为 30～35g/L，采用高电流密度时，应采用硼酸含量较高（40g/L）的镀液。

（4）硫酸钠和硫酸镁

硫酸钠和硫酸镁都是中性盐，能增加镀液导电性，提高镀液的分散能力和覆盖能力。硫酸镁的导电能力虽然不如硫酸钠，但它能使镍镀层柔软、光滑和增加白度，尤其在滚镀液中效果特别显著。它们加入镀液后的最大作用是使普通镀镍（暗镍）可以在室温下进行，可节省能源。但加入后的缺点是降低阴极电流密度和阴极电流效率；再则，钠离子过多，会增加镀层硬度和应力。因此硫酸钠和硫酸镁一般只加到普通镀镍溶液中，而不加到光亮镀镍液及瓦特型镀液中。因为光亮镀镍液及瓦特型镀液的硫酸镍浓度很高，导电性好，所以不必再加入这些导电盐。

（5）十二烷基硫酸钠

十二烷基硫酸钠是阴离子表面活性剂，能降低镀液的表面张力，从而使氢气泡容易析出，不会停留在阴极表面而导致镀层产生针孔、麻点。但滚镀液和采用压缩空气搅拌、循环过滤的镀液，不宜采用十二烷基硫酸钠，因为它会产生大量泡沫。所以滚镀液和采用压缩空气搅拌的镀液，宜加入 LB 低泡润湿剂，它的润湿效果好，不产生泡沫，镀层不会发花。普通镀镍溶液一般不用压缩空气和循环过滤，而多采用阴极移动，所以十二烷基硫酸钠还是可以使用的。

9.3.3 工艺规范的影响

（1）镀液温度

普通镀镍的溶液温度一般在 18～35℃；瓦特镀液及滚镀液温度较高，一般为 45～60℃。升高镀液温度，可提高镀液中盐类的溶解度和导电度，可使用较高的阴极电流密度和提高阴阳极电流效率，所镀取的镀层柔韧而有弹性。但温度过高，镍盐易水解生成氢氧化镍沉淀，以及镀液中铁杂质水解，生成氢氧化铁沉淀，使镀层针孔、毛刺增多。因此，使用高温、高电流密度工作的镀液，应提高硼酸的含量（约 40g/L）。

（2）pH 值

镀液的 pH 值对电沉积过程及所获得的镀层的性质都有很大的影响。普通镀镍的溶液的pH 值一般为 3.8～5.6，必须严格控制保持在工艺规定的范围内。pH 值过高，阴极附近易产生氢氧化镍沉淀，夹杂在镍镀层中，形成粗糙的镀层，就会出现毛刺。pH 值低，阳极溶解较好，可提高操作电流密度、镀液导电性，但析氢增多，阴极电流效率降低，镀层易产生针孔。

pH 值的调节：调低 pH 值，用稀硫酸（浓硫酸应先稀释 10 倍左右后，再加入槽液中），若镀液氯离子浓度太低，也可用盐酸。调高 pH 值，用稀的氢氧化钠溶液、碳酸钠和新配制的碳酸镍、氢氧化镍等。

（3）阴极电流密度

阴极电流密度与镀液（镍离子）浓度、pH 值、温度及搅拌等有密切关系。一般情况下，镀液浓度高、pH 值低、温度高及有阴极移动时，允许使用较高的阴极电流密度。由于普通镀镍通常是在室温和低浓度镀液的条件下进行的，故其阴极电流密度的范围只是 0.5～1.5A/dm²。

（4）搅拌

普通镀镍溶液的搅拌，一般大多采用阴极移动方式。阴极移动速度一般为 15～25 次/分钟（相当于 3～5m/min）。

（5）阳极

镀镍采用的镍阳极，其镍含量应大于 99%，不纯的阳极会导致镀液受污染，影响镀层外观并会降低镀层的物理性能。

① 镀镍使用的阳极 在镀镍中比较适宜的镍阳极有以下几种[3]。

a. 含碳镍阳极。碳镍阳极溶解性能好。它是在熔融的电解镍中，加入 0.25%～0.35%

（质量分数）的碳和 0.25%～0.35%（质量分数）的硅铸造而成。

b. 含氧镍阳极。氧镍阳极溶解性能好。它是在熔融的电解镍中，加入 0.25%～1.0%（质量分数）的氧化镍浇铸而成。

c. 含硫镍阳极。硫镍阳极活性强，溶解性能好，可以在大电流密度下工作。阳极中含硫量为 0.01%～0.15%（质量分数）。

② 镍圆饼阳极　目前"S"镍圆饼（所谓"S"镍，含有一定量的硫）和钛篮配合使用的镍阳极，将"S"镍圆饼装在钛篮中，补充也非常方便，溶解性好，是比较理想的一种阳极，目前国内也已生产并有产品出售。"S"镍圆饼的优点如下[1]。

a. 不会产生海绵状镍，镍圆饼无锐边。

b. 改善镍在篮内的沉降，溶解，残渣量很少。

c. 降低起始槽电压和镀槽操作电压。

d. 可使用较高的电流密度。

e. 减少铜杂质污染，因阳极含硫（S），在阳极溶解的同时，硫可与镀液中的铜化合成硫化铜（CuS）沉淀，将铜杂质除去。

f. 提高镀层合格率，溶液损失可减少约 11%。

g. "S"镍圆饼使用方便，没有不良杂质，阳极篮可很长时间不用进行清理。

"S"镍圆饼是用电解法精制出来的，"S"镍圆饼的形状，如图 9-1（a）所示；电解镍的形状如图 9-1（b）所示；装"S"镍圆饼的钛篮，如图 9-1（c）所示。

使用钛篮时，钛篮口应略高于液面，以防止镍渣外流；篮框下端应高于镀件 100～150mm，以避免下端镀件电流过于集中而引起烧焦；钛篮应用耐酸阳极袋（聚丙烯袋或涤纶布袋）包套，以防阳极泥渣外流。

我国已研制成功的微孔阳极框也已投入使用，制造阳极套所需要的薄型微孔板厚度一般为 2mm 左右。微孔阳极框，对电镀、阳极使用、框内外离子的扩散速度等，均无不利影响，并能有效地阻止杂质、泥渣通过。

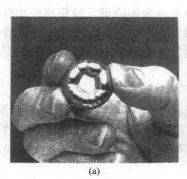

(a)　　　　　　　　　　(b)　　　　　　　　　　(c)

图 9-1　"S"镍圆饼形状及装镍圆饼的钛篮

(a) "S"镍圆饼的形状；(b) 电解镍的形状；(c) 装"S"镍圆饼的钛篮

9.3.4　杂质的影响及处理方法

普通镀镍由于没有添加剂，对于杂质的容忍度一般较小，所以平时要防止杂质带入镀液，保持导电铜棒的清洁，及时打捞出掉入镀液中的镀件及挂具，保持镀液清洁。杂质的影响及处理方法[3]见表 9-7。

表 9-7　杂质的影响及处理方法

镀液中的杂质	杂质的来源、影响及处理方法
铁杂质	阴极附近的 pH 值较高,易产生铁的氢氧化物沉淀,沉淀夹杂在镀层内会使镀层粗糙、发脆,而且氢氧化铁易使氢气泡在阴极上停留使镀层产生针孔。一般在低 pH 值的镀液中,铁杂质的含量不应超过 0.05g/L;在高 pH 值的镀液中,铁杂质的含量不应超过 0.03g/L 去除方法:用镀过镍的瓦楞铁板以 0.1~0.2A/dm² 的阴极电流密度,定期电解处理可以防止铁的积累。可用商品除铁粉去除,去除速度快、效果好。也可用 30% 双氧水去除
铜杂质	铜杂质含量达到 0.01~0.05g/L 时,镀件在低电流密度区会产生暗黑色粗糙的镀层,铜杂质过多甚至会产生海绵状镀层 去除方法:将镀液 pH 值调到 3,用瓦楞铁板作阴极,在搅拌下,以 0.05~0.1A/dm² 的阴极电流密度进行电解处理去除。也可用商品除铜粉去除
锌杂质	锌杂质含量大于 0.02g/L 时,镀层内应力显著增大,镀层发雾、发暗、发脆,锌杂质过多时镀层出现黑色条纹 去除方法:在搅拌下用瓦楞铁板作阴极,以 0.2~0.4A/dm² 的阴极电流密度进行电解处理。也可用商品除锌粉去除
铬杂质	铬杂质对镀液影响很大,六价铬含量达 0.01g/L 时,阴极电流效率显著降低,镀层发黑且脆,结合力差。当六价铬含量达 0.1g/L 以上时,就镀不出镍 去除方法:在搅拌下加入保险粉(连二亚硫酸钠,是强还原剂)0.02~0.4g/L,加热至 60℃,搅拌 1h 左右,调 pH 值至 5.0~5.5,静置几小时后过滤。滤后在镀液中加入双氧水,除去多余的保险粉。最后用稀硫酸调整 pH 值到正常值
硝酸根	硝酸根对镀液影响很大,微量硝酸根能使镀层呈灰色、发脆,弯曲时呈粉末状。含量达到 0.2g/L 以上时,镀层呈黑色,阴极电流效率显著降低 去除方法:用电解法去除,调 pH 值至 1~2,增大阳极面积,在高的阴极电流密度下电解,然后逐步将电流密度降低到 0.2A/dm²,将 NO_3^- 还原为 NH_4^+,电解至镀液正常为止
有机杂质	有机杂质会使镀层发脆,发黑或发亮,产生条纹、针孔等。如动物胶(由于抛光零件经除油后清洗不净而带入镀液内)含量至 0.01~0.2g/L 时,就能使镀层产生针孔、起皮等疵病。去除方法: ① 活性炭处理　将 3~5g/L 活性炭在不断搅拌下慢慢加入镀液中,加热至 60~80℃,继续搅拌一段时间,静置、过滤。有机杂质多时,先用 2~3mL/L 的 30% 双氧水处理,再用活性炭处理 ② 单宁酸处理　主要适用于去除动物胶一类的有机杂质。在镀液中加入 0.03~0.05g/L 的单宁酸,经过 5~10min,镀液内出现浅蓝到深色的、易于沉入槽底的松软棉絮状沉淀物,经过一昼夜,动物胶几乎都沉淀下来。用活性炭处理剩余的单宁酸

9.4　镀多层镍

　　镀多层镍是指在同一基体上,选用不同的镀液成分及工艺规范,镀得二层、三层和四层不同类型的镍镀层。主要利用各不同镍层的电位差来达到电化学保护的目的,以改善防护装饰性镀层体系,并在不增加或降低镍层厚度的基础上,增加镍层的耐蚀能力。

9.4.1　多层镍的组合形式及耐蚀性

(1) 多层镍的组合形式
目前生产上应用较多的多层镍/铬组合体系有:
双层镍　半光亮镍/光亮镍/铬
三层镍　半光亮镍/高硫镍/光亮镍/铬
　　　　半光亮镍/光亮镍/镍封/铬 (微孔铬)
　　　　半光亮镍/光亮镍/高应力镍/铬 (微裂纹铬)
四层镍　半光亮镍/高硫镍/光亮镍/镍封/铬 (微孔铬)

(2) 多层镍的耐蚀性[20]
　　多层镍-铬镀层体系之所以能提高镀层的抗腐蚀性能,是由于电化学的保护作用。电化学保护分为牺牲阳极型 (如双层镍和高硫镍组合的镀层) 和腐蚀分散型 (如镍封及高应力镍组合的镀层）两种。

① 牺牲阳极型的保护 通过牺牲多层镍组合镀层中电位较负的镀层（成为阳极，被腐蚀），来延缓电位较正镀层的腐蚀，从而使整个镀层体系的耐腐蚀性能得到提高。镍镀层的含硫量越高，电位越负。镍镀层的含硫量与电极电位的对应关系参见表9-8。

表 9-8　镍镀层的含硫量与电极电位的对应关系[20]

镀层种类	镍镀层含硫量（质量分数）/%	电极电位/mV
半光亮镍	0.003～0.005	−60
光亮镍	0.04～0.05	−220
高硫镍	0.1～0.3	−300

② 腐蚀分散型的保护 在有大量的微孔或微裂纹的铬镀层表面上，使腐蚀电流大大分散，从而达到延缓腐蚀，使整个镀层体系的耐腐蚀性能明显提高。

9.4.2　单层镍和双层镍体系

金属在大气中腐蚀是一种电化学过程。单层镍镀层与双层镍镀层的腐蚀和钢铁基体保护的作用机理是不同的。单层镍-铬镀层、双层镍-铬镀层的腐蚀机理见图9-2。

图9-2（a）所示的为单层镍-铬镀层的腐蚀示意图。从图中可以看出，腐蚀首先是从铬的裂纹或孔隙（穴）中暴露出来的镍镀层开始。铬的电位虽然比镍负，但铬镀层在大气中能迅速形成一层致密的钝化层，钝化后的铬镀层电位变得比镍镀层正。在腐蚀过程中，铬镀层与镍镀层形成微电池的两极，电位正的铬镀层成为阴极，孔隙中裸露的镍镀层成为阳极，镍镀层遭到腐蚀穿透达到钢铁基体的界面时，镍镀层与钢铁基体形成微电池，钢铁基体为阳极，遭受腐蚀，产生红锈。

双层镍是指半光亮镍/光亮镍/铬的组合体系，是先在基体上镀一层不含硫或含极少量硫的半光亮镍镀层（硫的质量分数小于0.003%），然后再在半光亮镍镀层上镀含硫的光亮镍镀层（硫的质量分数为0.05%左右），最后镀铬。双层镍-铬镀层的腐蚀机理如图9-2（b）所示。从图中可以看到，光亮镍层被部分腐蚀后，腐蚀过程达到半光亮镍层的界面时，由于含硫量多的光亮镍层电位较负，这两层镍之间存在着120～130mV的电位差，形成一个微电池，含硫量多的光亮镍层成为阳极继续遭受腐蚀，而半亮镍镀层则作为阴极而受保护，使原来腐蚀从纵向进行改变为横向进行，从而延缓了腐蚀介质向钢铁基体的腐蚀速度，显著地提高了镀层的耐蚀性。

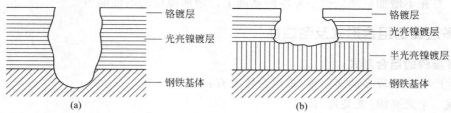

图9-2　单层镍-铬镀层、双层镍-铬镀层的腐蚀机理示意图
(a) 单层镍-铬镀层；(b) 双层镍-铬镀层

对钢铁基体，半光亮镍镀层与光亮镍镀层厚度比例为（3～4）：1。对锌铸件基体，半光亮镍镀层与光亮镍镀层厚度比例为3：2。实际生产中，半光亮镍镀层厚度，通常是总镍镀层厚度的60%～80%。

镍镀层表面在空气中和水洗时容易钝化，故镀件经半光亮镀镍后，不经水洗，可直接进入光亮镀镍槽。

9.4.3 三层镍体系

三层镍是双层镍体系的发展，其组合有多种形式，分述如下。

（1）半光亮镍/高硫镍/光亮镍/铬的组合体系

这种组合体系是在双层镍的半光亮镍镀层和光亮镍镀层之间，增加一层厚度约为 0.7~1μm 的高硫镍镀层（含硫量，质量分数为 0.15% 左右），最后镀铬（即为半光亮镍/高硫镍/光亮镍/铬）。三层镍-铬镀层的腐蚀机理如图 9-3 所示。由于高硫镍含硫量高，其电位更负，这三层镍的电位依次是半光亮镍镀层＞光亮镍镀层＞高硫镍镀层。所以当光亮镍镀层存在孔隙时，这层高硫镍镀层就成为阳极，保护了半光亮镍镀层和光亮镍镀层。

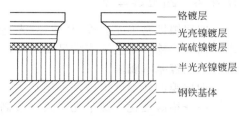

图 9-3　三层镍-铬镀层的腐蚀机理示意图

电镀三层镍的优点是镀层较薄而且有较好的耐蚀性，对半光亮镍镀层和光亮镍镀层的厚度比例没有严格控制要求。

三层镍的各层镀镍后，不经水洗，可直接进入下一个镀镍槽，其流程如下：

……→稀酸活化→镀半光亮镍→镀高硫镍→镀光亮镍→回收→水洗……。在电镀三层镍时，要严防高硫镍镀液及光亮镍镀液进入半光亮镍镀液中。

（2）半光亮镍/光亮镍/镍封/微孔铬的组合体系

在这种组合体系中，将半光亮镍镀层和光亮镍镀层作为基础镀层，然后镀一层镍封（即封闭镀镍）和微孔铬。如果采用普通镀铬，其铬镀层孔隙大而少，孔隙处形成微电池，铬镀层为阴极，孔隙中裸露的镍镀层为阳极，镍镀层被腐蚀。由于是普通镀铬，铬镀层的孔隙少，这样阴极的面积就大，而裸露的镍镀层部分面积就很小，由于微电池中通过的电流是一样的，这样面积小的所承受的电流密度就大，即大电流，因此会加快镍镀层的腐蚀速度，直至贯穿至基体金属。

由于微孔铬镀层表面有无数的微孔，这些均匀分布的微孔可将阴极面"切割"得很小，从而改变了大阴极小阳极的腐蚀模式，使得腐蚀电流几乎被分散到整个镍镀层上，阳极上的电流密度变小了，即小电流，从而防止了产生大而深的直贯基体金属的少量腐蚀沟纹和凹坑，并使镀层的腐速度减小，且向横向发展，从而减缓了镍层因受腐蚀而穿透底层的速度，保护了基体金属，显著地提高镀层的耐腐蚀性能。其腐蚀机理见图 9-4。

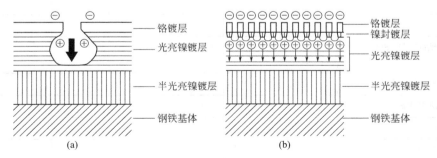

图 9-4　三层镍-微孔、微裂纹铬的腐蚀机理示意图
（a）双层镍-铬镀层（普通铬层）；（b）三层镍（镍封）-铬镀层（微孔铬层）
（箭头的大小表示腐蚀电流的大小）

（3）半光亮镍/光亮镍/高应力镍/微裂纹铬的组合体系

在这种组合体系中，在光亮镍镀层上再镀一薄层高应力镍，由于高应力镍的内应力大，在与其上的薄层铬的相互作用下，产生大量微裂纹。在腐蚀介质作用下，这些微裂纹部位形成无

数个微电池，使腐蚀电流分散到微裂纹处，将局部的严重腐蚀转变为缓慢的均匀腐蚀。其耐蚀机理与镍封/微孔铬组合体系一样。

9.4.4 四层镍体系

四层镍即是半光亮镍/高硫镍/光亮镍/镍封/铬。对防护-装饰性镀层的耐蚀性有更高的要求，而三层镍体系已不能满足要求时，可采用四层镍的镀层体系。其耐腐蚀机理与上述的双层镍、三层镍基本相同。

四层镍的各层镀镍后，不经水洗，可直接进入下一个镀镍槽，其流程如下：

……→稀酸活化→镀半光亮镍→镀高硫镍→镀光亮镍→镍封（即封闭镀镍）→二次水洗→……。在电镀四层镍时，严防将镍封镀液带入其他镀液中。

上述各种镀镍的溶液组成及工艺规范，见本章有关章节。

9.5 半光亮镀镍

半光亮镍镀层一般用作镀多层镍的底层，要求其镀层不含硫或仅含少量的硫，硫的质量分数小于0.003%，并有较好的整平性，与上层的镍镀层之间有好的结合力。

9.5.1 镀液组成及工艺规范

半光亮镀镍的镀液组成及工艺规范见表9-9、表9-10。

表 9-9 半光亮镀镍的镀液组成及工艺规范（1）

溶液成分及工艺规范	1	2	3	4	5	6	7
	含量/(mL/L)						
硫酸镍($NiSO_4 \cdot 6H_2O$)/(g/L)	240～280	250～300	300～350	340	250～300	250～300	210
氯化镍($NiCl_2 \cdot 6H_2O$)/(g/L)	45～60	40～50	45～55	45	45～55	35～45	35
硼酸(H_3BO_3)/(g/L)	30～40	40～45	40～45	45	40～50	40～50	40
1,4-丁炔二醇[$C_2(CH_2OH)_2$]	0.2～0.3	—	—	—	—	—	—
醋酸(CH_3COOH)	1～3	—	—	—	—	—	—
BN-99A	—	3～4	—	—	—	—	—
BN-99B	—	1.5～2.5	—	—	—	—	—
BN-99AC	—	4～6	—	—	—	—	—
十二烷基硫酸钠($C_{12}H_{25}SO_4Na$)/(g/L)	0.01～0.02	0.05～0.1	—	—	—	—	—
SN-92 无硫半光亮镍添加剂	—	—	1.2	—	—	—	—
SN-92 半光亮镍柔软剂	—	—	1～2	—	—	—	—
LB 低泡润湿剂	—	—	1～2	—	—	—	—
SPECTRAT-501 开缸剂	—	—	—	6	—	—	—
SPECTRAT-502 补充剂	—	—	—	0.5	—	—	—
SPECTRAT-503 添加剂	—	—	—	1.0	—	—	—
SPECTRAT WA-15S 湿润剂	—	—	—	2	—	—	—
BH-963A	—	—	—	—	0.3～0.5	—	—

续表

溶液成分及工艺规范	1	2	3	4	5	6	7
	含量/(mL/L)						
BH-963B	—	—	—	—	0.4~0.6	—	—
BH-963C	—	—	—	—	4~6	—	—
BH-半光亮镍润湿剂	—	—	—	—	1.5~2.5	—	—
SNB-1 添加剂	—	—	—	—	—	0.5~1	—
SNB-2 辅助剂	—	—	—	—	—	0.3~0.6	—
SNB-Base 开缸剂	—	—	—	—	—	8~12	—
N25287 开缸剂	—	—	—	—	—	—	10
pH 值	4~4.5	3.8~4.2	3.8~4.2	3.6~4.0	4.0~5.0	3.8~4.2	3.8~4.2
温度/℃	45~50	50~60	50~60	50~70	45~55	50~60	55~65
阴极电流密度/(A/dm²)	3~4	2~6	2.5~4	4~7	2~6	2~6	2~8.5
阴极移动或压缩空气搅拌	需要	需要	需要	需要	需要	需要	需要

注：1. 配方 2 的 BN-99 添加剂是武汉材料保护研究所的产品。

2. 配方 3 的 SN-92 无硫半光亮镍添加剂及 LB 低泡润湿剂是上海永生助剂厂的产品。

3. 配方 4 的 SPECTRAT-501、502、503 等是上海永星化工有限公司的产品。

4. 配方 5 的 BH-963 是广州二轻工业研究所的产品。

5. 配方 6 的 SNB-1 等是武汉吉和昌精细化工有限公司的产品。

6. 配方 7 的 N25287 开缸剂是美坚化工原料有限公司的产品。

表 9-10 半光亮镀镍的镀液组成及工艺规范（2）

溶液成分及工艺规范	1	2	3	4	5	6
	含量/(mL/L)					
硫酸镍（NiSO$_4$·6H$_2$O）/(g/L)	260~300	270	270	250~300	250~300	250~300
氯化镍（NiCl$_2$·6H$_2$O）/(g/L)	35~45	40	60	30~40	30~40	30~40
硼酸（H$_3$BO$_3$）/(g/L)	40~45	40	50	35~40	35~40	35~40
BNS-2Mu 开缸剂	10	—	—	—	—	—
BNS-2 光亮剂	0.5~1.0	—	—	—	—	—
BNS-P3 光亮剂	0.2~0.6	—	—	—	—	—
Mark LEV 开缸剂	—	5	—	—	—	—
Mark LEV 填平剂	—	1.2	—	—	—	—
Mark LEV 半光亮剂	—	1	—	—	—	—
Ni719 湿润剂	—	2	—	—	—	—
NI-88 主光剂	—	—	1	—	—	—
A-5(4X)柔软剂	—	—	10	—	—	—
SA-1 辅助剂	—	—	4	—	—	—
Y-19 湿润剂	—	—	1.5	—	—	—
MF-80 开缸剂	—	—	—	10	—	—
NS-23A	—	—	—	—	1.5	—

溶液成分及工艺规范	1	2	3	4	5	6
	含量/(mL/L)					
NS-23B	—	—	—	—	1.5	—
NS-118	—	—	—	—	3～4	—
DN-95A	—	—	—	—	—	2～3
DN-95B	—	—	—	—	—	1～1.5
DN-95C	—	—	—	—	—	1～1.5
pH 值	3.8～4.3	3.8～4.6	4.0～4.8	4.0～4.5	4.0～4.5	4.0～4.5
温度/℃	52～58	50～60	50～60	45～55	45～55	45～55
阴极电流密度/(A/dm²)	2～8	1～6	1～6	2～3	2～3	2～3
阴极移动或压缩空气搅拌	需要	需要	需要	需要	需要	需要

注：1. 配方 1 的 BNS 添加剂是杭州东方表面技术有限公司的产品。

2. 配方 2 的 Mark LEV 添加剂是安美特（广州）化学有限公司的产品。

3. 配方 3 的 NI-88、A-5（4X）、SA-1、Y-19 添加剂是安美特（广州）化学有限公司的产品。

4. 配方 4 的 MF-80 开缸剂是美坚化工原料有限公司的产品。补给剂平时补充，耗量为 100～200mL/（kA·h）。

5. 配方 5 的 NS-23A、NS-23B、NS-118 是广州电器科研所的产品。

6. 配方 6 的 DN-95A、DN-95B、DN-95C 是广州达志化工科技有限公司的产品。

9.5.2 半光亮镀镍用的添加剂

(1) 半光亮镀镍添加剂的要求

半光亮镍镀层要求结晶细致、整平性和分散能力好、半光亮，而最重要的质量指标是要求镀层中不含硫或硫的质量分数最高不超过 0.005％。所以对半光亮镀镍用的添加剂就有一定的要求，其要求如下。

① 添加剂内不得含硫。

② 使镀层外观呈半光亮，并具有良好的整平作用。

③ 使镀取的镀层内应力小，韧性好。

④ 添加剂要稳定，分解产物少，镀液易于管理。

(2) 半光亮镀镍用的添加剂

半光亮镀镍添加剂大体可分下列三类。

① 具有一定光亮作用的整平剂　早期的半光亮镀镍添加剂多用香豆素和丁炔二醇。香豆素具有良好的整平性能，并使镀层具有相当光亮及优良的延展性。但它在镀液中不稳定，容易分解成邻羟基苯丙酸，分解产物成了镀液中的杂质，使镀层应力增加，柔软性降低。而且这种镀液在较短时间内就会失去新配时所具有的优良性能。虽然常用甲醛作香豆素的稳定剂，也能起一定抑制分解的作用，但还是远不能达到稳定的要求。丁炔二醇整平性比香豆素差，镀层韧性也稍差，但镀液稳定性好，作为半光亮镀镍的添加剂还是不够理想。己炔三醇（HD）可作为半光亮镀镍的添加剂，它与环氧乙烷加成后效果更好，加入量为 50～200mg/L。目前，市售商品半光亮镀镍的添加剂质量不错，经试验确认其效果后再使用。

② 制止（或抑制）整平剂的分解产物（镀液杂质）的稳定剂或降低整平张应力的柔软剂　如甲醛、芳香族羟基羟酸以及甲酸、乙酸等这类添加剂。

③ 防针孔的润湿剂　作为半光亮镀镍的润湿剂，常用的有十二烷基硫酸钠，如镀液采用压缩空气搅拌，会产生大量气泡，就不适用，仅适用于阴极移动的镀液。当采用压缩空气搅拌

镀液时，应采用低泡润湿剂，如 LB 一类低泡润湿剂。

9.5.3　镀液的日常维护和管理

半光亮镀镍的基本组分（除添加剂外）与普通镀镍（暗镍）基本相同，其影响因素也大致相同。但半光亮镀镍溶液的镍盐浓度较高、pH 值较低、缓冲剂（硼酸）的含量要高些，以便采用较高的阴极电流密度。由于半光亮镀镍的溶液中加有各类添加剂，所以要做好镀液的日常维护和管理。

① 半光亮镀镍溶液绝不能混入如糖精等一类的含硫化合物，也不允许光亮镍、高硫镍的槽液带入半光亮镀镍溶液中。

② 镀液过滤机要专用。自动线上的配料槽、储存槽、输液管道、阀门等必须按不同镀液分别设置，严格分开。

③ 半光亮镀镍槽在布置上要与光亮镀镍槽或高硫镀镍槽隔开一定距离，以避免这些镀液溅到半光亮镍液中去。

④ 要防止铜杂质进入半光亮镀液。杂质铜离子会影响（降低）半光亮镍镀层电位。

⑤ 选用质量好的半光亮镀镍添加剂，要求添加剂不含硫或硫的质量分数要小于 0.005%。

⑥ 半光亮镀镍溶液如果受污染，双层镍镀层的电位达不到规定要求，这时可加入上海永生助剂厂研制的 RS 半光亮镀镍液去硫剂，每加入 2mL/L，能提高双层镍间的电位差 50mV。

⑦ 槽液工作一段时间后，用双氧水和活性炭来进行一次处理，去除有机和无机杂质。

⑧ 当镀液采用压缩空气搅拌时，润湿剂不宜采用十二烷基硫酸钠，因会产生大量气泡。宜采用低泡润湿剂，如 LB 低泡润湿剂。

9.6　光亮镀镍

光亮镀镍是在瓦特型或普通型镀镍溶液中加入某些添加剂而直接镀取白色或乌亮的光亮镍镀层的一种镀镍方法。目前所指的光亮镀镍，是既能达到镜面光泽的外观，又具有优良整平性的镀镍工艺。质量优良的镀镍光亮剂，可获得良好整平性和镜面光亮度的镀层，而且镀层韧性好，孔隙率低。镜面光亮镍镀层可以直接套铬，不必再经过机械抛光，这不但大大减少了抛光工作量，减轻了劳动强度，而且避免了因机械抛光而造成的镍镀层损耗，以及抛光材料的消耗。

9.6.1　镀液组成及工艺规范

光亮镀镍的溶液组分有四种：硫酸镍（溶液主盐）、氯离子（氯化镍、氯化钠提供，促进阳极镍板活化）、硼酸（镀液 pH 值的缓冲剂）和光亮剂（促使镀层平整光亮的添加剂）。现在光亮镀镍大都采用市场上的商品光亮剂，镀镍用的商品光亮剂品种繁多，可以经过试验、比较选用。

(1) 挂镀镍

挂镀光亮镀镍的镀液组成及工艺规范见表 9-11、表 9-12。

表 9-11　挂镀光亮镀镍的镀液组成及工艺规范（1）

溶液成分及工艺规范	1	2	3	4	5	6	7
	含量/(mL/L)						
硫酸镍(NiSO₄·6H₂O)/(g/L)	280~320	280~320	300~350	240~320	270	250~325	240~300
氯化镍(NiCl₂·6H₂O)/(g/L)	45~55	45~55	—	50~70	40	50~70	45~75

续表

溶液成分及工艺规范	1	2	3	4	5	6	7
	含量/(mL/L)						
氯化钠(NaCl)/(g/L)	—	—	15～18	—	—	—	—
硼酸(H₃BO₃)/(g/L)	40～45	40～45	40～45	35～45	40	40～55	37～53
BN-92A 光亮剂	0.4～0.6	—	—	—	—	—	—
BN-92B 光亮剂	4～6	—	—	—	—	—	—
3#或5#镀镍光亮剂 A	—	4～5	4～5	—	—	—	—
3#或5#镀镍光亮剂 B	—	0.3～0.5	0.3～0.5	—	—	—	—
LB 低泡润湿剂	—	1～2	1～2	—	—	—	—
N-100 主光亮剂	—	—	—	0.4～0.8	—	—	—
N-101 走位剂	—	—	—	6～10	—	—	—
WT-300 低泡湿润剂	—	—	—	1	—	—	—
HKB-3 光亮剂	—	—	—	—	2	—	—
Ni Conc 柔软剂	—	—	—	—	3	—	—
Y-19 润湿剂	—	—	—	—	1	—	—
NP631 主光亮剂	—	—	—	—	—	0.4	—
NP630 辅助剂	—	—	—	—	—	5	—
Y-19/Y-17 湿润剂	—	—	—	—	—	1	—
NI-3000 开缸剂	—	—	—	—	—	—	8～12
NI-3000 补加剂	—	—	—	—	—	—	0.4～0.8
MT-润湿剂	—	—	—	—	—	—	适量
pH 值	3.8～4.2	4.0～4.8	4.2～5.0	4.5～5.0	4.2～4.8	4.0～4.8	3.5～5.0
温度/℃	50～65	58～65	48～55	45～65	50～60	50～60	49～66
阴极电流密度/(A/dm²)	2～6	2～10	2～8	2～8	1～8	1～6	2.2～11
空气搅拌循环过滤或阴极移动	需要	需要	需要	需要	需要	需要	需要

注：1. 配方 1 的 BN-92A、BN-92B 光亮剂是武汉材料保护研究所的产品。

2. 配方 2 的 3#或 5#镀镍光亮剂 A、B 及 LB 低泡润湿剂是上海永生助剂厂的产品。

3. 配方 3 的 3#或 5#镀镍光亮剂 A、B 及 LB 低泡润湿剂是上海永生助剂厂的产品。

4. 配方 4 的 N-100 主光亮剂、N-101 走位剂是武汉风帆表面工程有限公司的产品。

5. 配方 5 的 HKB-3 光亮剂、Ni Conc 柔软剂等是安美特（广州）化学有限公司的产品。该配方提出需要时加入 FE-1 添加剂。

6. 配方 6 的 NP631 主光亮剂、NP630 辅助剂等是安美特（广州）化学有限公司的产品。

7. 配方 7 的 NI-3000 开缸剂、NI-3000 补加剂是江苏梦得电镀化学品有限公司的产品。

8. 据有关文献报道，在配方 2 镀液中再加入 0.3g/L 的 998A 稀土添加剂（由江苏宜兴市新新稀土应用技术研究所研制生产），镀层结晶很细致、光亮，提高耐蚀性。

表 9-12　挂镀光亮镀镍的镀液组成及工艺规范（2）

溶液成分及工艺规范	1	2	3	4	5	6	7
	含量/(mL/L)						
硫酸镍(NiSO₄·6H₂O)/(g/L)	250～300	180～250	240～300	250～300	260～300	280～320	250～300
氯化镍(NiCl₂·6H₂O)/(g/L)	45～55	50～60	50～60	—	—	45～55	30～50

续表

溶液成分及工艺规范	1	2	3	4	5	6	7
	含量/(mL/L)						
氯化钠(NaCl)/(g/L)	—	—	—	18~24	10~20	—	—
硼酸(H₃BO₃)/(g/L)	40~50	40~50	40~50	40~45	35~50	40~45	40~50
BH-981 开缸剂	10	—	—	—	—	—	—
BH-208 润湿剂	2	—	—	—	—	—	—
M-110A 走位剂	—	6~8	—	—	—	—	—
M-110B 光亮剂	—	0.3~0.6	—	—	—	—	—
DN-01 湿润剂	—	1~3	—	—	—	—	—
Ni-230 开缸剂	—	—	8~12	—	—	—	—
Ni-231 主光亮剂	—	—	0.8~1.2	—	—	—	—
TS-812 润湿剂	—	—	1~1.5	—	—	—	—
DN-610 柔软剂	—	—	—	8~12	—	—	—
DN-610B 光亮剂	—	—	—	0.8~1.0	—	—	—
DN-610 润湿剂	—	—	—	1~3	—	—	—
BNB-3 光亮剂	—	—	—	—	1	—	—
P-3 柔软剂	—	—	—	—	5	—	—
W-1 润湿剂	—	—	—	—	0.1~0.3	—	—
D-1A 挂镀镍辅光剂	—	—	—	—	—	10~16	—
D-1B 主光亮剂	—	—	—	—	—	0.8~1.0	—
D-RS932 润湿剂	—	—	—	—	—	0.5~1.5	—
FK-280A 辅光亮剂	—	—	—	—	—	—	10~15
FK-280B 主光亮剂	—	—	—	—	—	—	2
FK-37 润湿剂	—	—	—	—	—	—	1~3
pH 值	4.0~5.0	4.0~4.8	4.0~4.8	3.4~4.8	3.5~4.4	4.0~4.8	3.8~4.8
温度/℃	45~65	50~65	50~60	50~63	50~60	50~60	55~65
阴极电流密度/(A/dm²)	2~8	1~8	1~6	1~8	2~6	2~6	1~10
空气搅拌循环过滤或阴极移动	需要	需要	需要	需要	需要	需要	需要

注: 1. 配方 1 的 BH-981 开缸剂、BH-208 润湿剂是广州二轻工业科学技术研究所的产品。
2. 配方 2 的 M-110A、M-110B、DN-01 是广州美迪斯新材料有限公司的产品。
3. 配方 3 的 Ni-230、Ni-231 是德胜国际(香港)有限公司、深圳鸿运化工原料行的产品。
4. 配方 4 的 DN-610、DN-610B、DN-610 是河北金日化有限公司的产品。
5. 配方 5 的 BNB-3 光亮剂是杭州东方表面精饰技术有限公司的产品。
6. 配方 6 的 D-1A 挂镀镍辅光剂、D-1B 主光亮剂是杭州惠丰表面技术研究所的产品。
7. 配方 7 的 FK-280A、FK-280B 是福州八达表面工程技术研究所的产品。

(2) 滚镀镍

滚镀镍与挂镀镍镀液组成和工艺规范没有多大区别,只是电镀方式不同。一般情况下,滚镀镍的主盐浓度可以低些,这是因为滚镀的零件随着滚筒旋转,其表面接触不断更新的镀液,所以浓差极化相应较小。滚镀允许的阴极电流密度要低些,但槽电压要比挂镀高。

滚镀设备及滚镀形式有钟形、半浸式和全浸式等，现在多用全浸式。全浸式的镀件全部浸入溶液中，镀件不接触空气，不易被氧化，可提高镀层结合力。尽量提高滚筒壁上的开孔率，以降低电阻，也降低槽电压，电流可开得大些，提高沉积速度，可大大减少镀层烧焦，也提高分散能力。

滚镀镍用的光亮剂性能要比挂镀镍用的高。这是因为滚镀镍用的光亮剂要适用更宽的电流密度范围。虽然滚镀的平均电流密度要比挂镀低得多，但由于滚镀的特点，在滚筒内所处不同部位的镀件上的电流密度是不同的，靠近滚筒壁的零件，特别是贴在壁上的镀件上的电流密度很大（要比挂镀大得多），越往滚筒中心电流密度越小。因此，要求滚镀镍光亮剂既能在极大的电流密度下不使镀件烧焦，又能在很小的电流密度下使镀件不发黑，这就要求滚镀镍用的光亮剂性能比挂镀更高[1]。

滚镀光亮镀镍的镀液组成及工艺规范见表 9-13、表 9-14。

表 9-13 滚镀光亮镀镍的镀液组成及工艺规范 (1)

溶液成分及工艺规范	1	2	3	4	5	6	7
	含量/(mL/L)						
硫酸镍($NiSO_4 \cdot 6H_2O$)/(g/L)	280~320	180~240	250~300	250	180~250	240~300	180~250
氯化镍($NiCl_2 \cdot 6H_2O$)/(g/L)	40~50	60~70	40~50	50	50~60	55~65	50~60
硼酸(H_3BO_3)/(g/L)	40~50	35~40	40~45	45	40~50	40~50	40~50
N-200B 开缸剂	4~8	—	—	—	—	—	—
N-201B 补加剂	0.3~0.7	—	—	—	—	—	—
WT-300B 低泡润湿剂	0.5~1.0	—	—	—	—	—	—
200# 或 300# 柔软剂 A	—	5~6	—	—	—	—	—
200# 或 300# 光亮剂 B	—	0.3~0.5	—	—	—	—	—
LB 低泡润湿剂	—	1~2	—	—	—	—	—
BH-932A 开缸剂	—	—	10	—	—	—	—
BH-932B 润湿剂	—	—	0.5~1.0	—	—	—	—
十二烷基硫酸钠($C_{12}H_{25}SO_4Na$)/(g/L)	—	—	0.05~0.1	—	—	—	—
TS-5 柔软剂	—	—	—	10	—	—	—
TS-1 辅光剂	—	—	—	4	—	—	—
TS-1000 主光亮剂	—	—	—	0.5	—	—	—
TS-812 润湿剂	—	—	—	1.5	—	—	—
RNI-3A 走位剂	—	—	—	—	5~8	—	—
RNI-3B 光亮剂	—	—	—	—	0.3~0.6	—	—
DN-01 湿润剂	—	—	—	—	1~3	—	1~3
FK-833A 开缸剂	—	—	—	—	—	8~12	—
FK-833B 补加剂	—	—	—	—	—	0.5~1.5	—
FK-37 润湿剂	—	—	—	—	—	1~3	—
M-110A 走位剂	—	—	—	—	—	—	6~8
M-110B 光亮剂	—	—	—	—	—	—	0.3~0.6

续表

溶液成分及工艺规范	1	2	3	4	5	6	7
	含量/(mL/L)						
pH 值	4.2～5.0	4.4～4.8	4.0～4.8	4.0～4.8	4.0～4.8	4.5～5.0	4.0～4.8
温度/℃	45～60	45～60	50～60	50～60	50～65	55～65	50～65
阴极电流密度/(A/dm²)	—	0.5～0.8	—	0.3～1.0	0.1～1.0	—	1～8
电压/V	8～16	—	12～16	—	—	12～16	—

注：1. 配方 1 的 N-200B 开缸剂、N-201B 补加剂是武汉风帆表面工程有限公司的产品。

2. 配方 2 的 200# 或 300# A、B 及 LB 低泡润湿剂是上海永生助剂厂的产品。

3. 配方 3 的 BH-932A 开缸剂、BH-932B 润湿剂是广州二轻工业科学技术研究所的产品。

4. 配方 4 的 TS-1000 主光亮剂等是德胜国际（香港）有限公司、深圳鸿运化工原料行的产品。

5. 配方 5 的 RNI-3A 走位剂、RNI-3B 光亮剂是广州美迪斯新材料有限公司的产品。

6. 配方 6 的 FK-833A 开缸剂、FK-833B 补加剂是福州八达表面工程技术研究所的产品。

7. 配方 7 的 M-110A 走位剂、M-110B 光亮剂、DN-01 湿润剂是广州美迪斯新材料有限公司的产品。

表 9-14　滚镀光亮镀镍的镀液组成及工艺规范（2）

溶液成分及工艺规范	1	2	3	4	5	6	7
	含量/(mL/L)						
硫酸镍($NiSO_4 \cdot 6H_2O$)/(g/L)	280～320	180～260	220～280	210～260	250～300	240～300	60～80
氯化镍($NiCl_2 \cdot 6H_2O$)/(g/L)	40～50	50～60	40～60	40～60	30～50	45～75	12～15
硼酸(H_3BO_3)/(g/L)	40～50	35～50	40～50	40～50	40～45	37～50	38～42
DG-1 辅光剂	6～8	—	—	—	—	—	—
DG-1 主光亮剂	0.5～0.8	—	—	—	—	—	—
DZ-630 柔软剂	—	8～12	—	—	—	—	—
DZ-630 辅助剂	—	2～5	—	—	—	—	—
DZ-630 润湿剂	—	1～3	—	—	—	—	—
TH 开缸剂	—	—	5～8	—	—	—	—
TH 主光亮剂	—	—	0.6～1.0	—	—	—	—
S-LCD 走位剂	—	—	3～5	—	—	—	—
WT 润湿剂	—	—	1～2	—	—	—	—
BNG-2Mu 开缸剂	—	—	—	18～22	—	—	—
200-A 光亮剂	—	—	—	—	0.3～0.8	—	—
200-B 柔软剂	—	—	—	—	4～5	—	—
低泡润湿剂	—	—	—	—	0.5～1.5	—	—
NI-88 开缸剂	—	—	—	—	—	5～6	—
NI-88 补加剂	—	—	—	—	—	0.5～0.8	—
MT-80 润湿剂	—	—	—	—	—	1～2	—
RN-66B 主光剂	—	—	—	—	—	—	0.4～0.8
RN-66A 走位剂	—	—	—	—	—	—	8～10
DN-01 湿润剂	—	—	—	—	—	—	1～2

续表

溶液成分及工艺规范	1	2	3	4	5	6	7
	含量/(mL/L)						
pH 值	4.0～4.6	4.0～4.8	4.5～5.0	4.2～4.6	3.8～5.2	3.5～5.0	4.0～4.8
温度/℃	50～60	50～63	50～60	50～60	45～55	50～65	50～60
阴极电流密度/(A/dm²)	0.5～1.0	0.1～1.0	—	0.5～1.0	1.5～3	0.5～0.8	0.5～2.2
电压/V	—	—	12～15	—	—	—	—

注：1. 配方 1 的 DG-1 辅光剂、DG-1 主光亮剂是杭州惠丰表面技术研究所的产品。
2. 配方 2 的 DZ-630 柔软剂、DZ-630 辅助剂、DZ-630 润湿剂是河北金日化工有限公司的产品。
3. 配方 3 的 TH 开缸剂、TH 主光亮剂是深圳吉昌化工有限公司的产品。
4. 配方 4 的 BNG-2Mu 开缸剂是杭州东方表面精饰技术有限公司的产品。
5. 配方 5 的 200-A 光亮剂、200-B 柔软剂是上海长征电镀厂的产品。
6. 配方 6 的 NI-88 开缸剂、NI-88 补加剂是丹阳延中助剂有限公司的产品。
7. 配方 7 是超低浓度光亮滚镀镍工艺，其 RN-66B 主光剂、RN-66A 走位剂、DN-01 湿润剂是广州美迪斯新材料有限公司的产品。

9.6.2 镀液的日常维护和管理

(1) 镀液组分的作用

① 硫酸镍 硫酸镍是光亮镀镍溶液的主盐，其作用与普通镀镍相同。但光亮镀镍溶液温度要比普通镀镍高，普通镀镍溶液在室温下就能电镀，而光亮镀镍溶液必须加热到一定温度才能镀取光亮镀层。再则，光亮镀镍阴极电流密度比普通镀镍大，沉积速度快，所以硫酸镍的浓度要高些。硫酸镍的浓度也不宜太高，按镍离子计，最高不宜超过 80g/L，否则镀液冷却下来时会结晶析出。滚镀的硫酸镍含量可比挂镀低些。

光亮镀镍溶液的基本组分比较简单，一般只需硫酸镍、氯化镍或氯化钠和硼酸。氯化镍或氯化钠的作用同普通镀镍（暗镍）相似。主盐浓度较高，提高了镀液的电导率；镀液温度较高，提高了电导率，并具有较好的分散能力和覆盖能力，所以不必再添加作为导电盐的硫酸钠和硫酸镁。

② 硼酸 硼酸是镀液的缓冲剂，因为光亮镀镍溶液温度高，电流密度大，为能迅速有效地补充阴极双电层氢离子的消耗，应适当提高硼酸的含量，光亮镀液其最佳含量为 45g/L 左右。

③ 润湿剂 润湿剂含有表面活性剂，表面活性剂能降低镀液的表面张力，使氢气泡容易逸出，不会停留在阴极表面上导致镀层产生针孔、麻点。采用阴极移动的镀液，可以使用十二烷基硫酸钠，但采用压缩空搅拌或滚镀液，不宜采用十二烷基硫酸钠，因为它会产生大量的气泡，可采用 LB 低泡润湿剂。

(2) 镀液的维护和管理

光亮镀镍对镀液的要求要比普通镀镍高，除了要做到普通镀镍的杂质处理、镀液维护和管理外，还必须做到下列几点。

① 向光亮镀镍溶液中补充添加剂，一次加入量不能太多，需要多次少量添加，即勤加少加。光亮剂应稀释后加入，加后必须充分搅拌，使其均匀地分散到镀液中。商品添加剂给出的安培小时消耗量，其消耗量数据多数是在实验室试验条件下取得的，与实际生产会有些差距。添加剂的消耗与很多因素有关，如镀液温度的变化（有时影响很大）、镀液中的杂质、镀件镀液带出量以及镀液的日常维护等，都会影响添加剂的消耗，因此，完全依赖于安培小时计和自动加料机是不行的。自动加料装置与人工日常操作管理结合起来，才能取更好的效果。

② 光亮镀镍溶液必须保持十分清洁，不能有悬浮杂质，否则会影响镀层质量。为此，要

求镀液最好进行压缩空气搅拌和循环过滤，循环过滤应达到每小时 5 次以上。

③ 要防止铜杂质进入镀液，保持导电棒清洁，以免铜绿进入镀液而影响镀层性能。

9.7　镀高硫镍

高硫镍镀层主要用作钢、锌合金基体的防护-装饰性组合镀层体系（三层镍镀层）的中间层，其底层是半光亮镍镀层，上层是光亮镍镀层。由于高硫镍含硫量高，其电位更负，它保护了半光亮镍镀层和光亮镍镀层。但高硫镍镀层本身的腐蚀会加速，所以再在它的上面加一层电位相对较正、耐腐蚀性能相对较好的光亮镍镀层，来遮盖高硫镍镀层，使它得到机械保护。同时，光亮镍镀层也容易套铬，而高硫镍镀层套铬较困难。

高硫镍镀层是通过向镀镍溶液中加入含硫量较高的添加剂而镀取得到的。高含硫量的添加剂在阴极上吸附，并分解析出硫，硫与镍共沉积，夹杂在镍镀层中。高硫镍镀层厚度一般只需 $1\mu m$ 左右，电镀时间约 2～3min。在三层镍镀层的防护-装饰性组合镀层体系中，要求高硫镍镀层中的硫含量要大于 0.15%（质量分数），光亮镍镀层中的硫含量要在 0.04%～0.15%（质量分数），而半光亮镍镀层中的硫含量要小于 0.005%（质量分数）。这样才可保证半光亮镍镀层与光亮镍镀层之间的电位差在 120～130mV。高硫镍镀层与光亮镍镀层之间的电位差在 50mV 左右。试验测得的镍镀层的含硫量与电极电位的对应关系见表 9-15。

表 9-15　镍镀层的含硫量与电极电位的对应关系[20]

镀层种类	镀层含硫量（质量分数）/%	电极电位/mV
半光亮镍	0.003～0.005	−60
光亮镍	0.04～0.05	−220
高硫镍	0.1～0.3	−300

9.7.1　镀液组成及工艺规范

镀高硫镍的溶液组成及工艺规范见表 9-16、表 9-17。

表 9-16　镀高硫镍的溶液组成及工艺规范（1）

溶液成分及工艺规范	1	2	3	4	5	6
	含量/(mL/L)					
硫酸镍（$NiSO_4 \cdot 6H_2O$）/(g/L)	320～350	250～300	300	300	280～320	300
氯化镍（$NiCl_2 \cdot 6H_2O$）/(g/L)	—	50～60	40	90	35～45	60
氯化钠（NaCl）/(g/L)	12～16	—	—	—	—	—
硼酸（H_3BO_3）/(g/L)	35～45	35～40	40	38	35～45	40
苯亚磺酸钠（$C_6H_5SO_2Na$）/(g/L)	0.5～1	—	—	—	—	—
十二烷基硫酸钠（$C_{12}H_{25}SO_4Na$）/(g/L)	0.05～0.15	—	—	—	—	—
糖精（$C_6H_5COSO_2NH_2$）/(g/L)	0.8～1	—	—	—	—	—
1,4-丁炔二醇 [$C_2(CH_2OH)_2$]/(g/L)	0.3～0.5	—	—	—	—	—
HS 高硫镍添加剂		8～12				
LB 低泡润湿剂		1～2				

溶液成分及工艺规范	1	2	3	4	5	6
	含量/(mL/L)					
TN-98 高硫镍添加剂	—	—	8～10	—	—	—
HSA-60 高硫镍添加剂	—	—	0.05～0.1	—	—	—
TS-3 添加剂	—	—	—	3～5	—	—
TS-812 润湿剂	—	—	—	1～2	—	—
NS-32 高硫镍添加剂	—	—	—	—	10～12	—
BNT-2 高硫镍添加剂	—	—	—	—	—	10
pH 值	2～2.5	2.5～3.5	2.5～3.5	2.5～3.0	4.0～4.6	2.5～3.5
温度/℃	45～50	48～52	45～55	48～52	40～45	40～50
阴极电流密度/(A/dm²)	3～4	2.5～4	2～3	3～4	2～5	1～3
时间/min	2～4	2～3	2～4	>2	<4	2～4

注：1. 配方 2 的 HS 高硫镍添加剂及 LB 低泡润湿剂是上海永生助剂厂的产品。

2. 配方 3 的 TN-98 高硫镍添加剂是武汉材料保护研究所的产品、HSA-60 高硫镍添加剂是温州美联物资有限公司的产品。

3. 配方 4 的 TS-3、TS-812 添加剂是德胜国际（香港）有限公司、深圳鸿运化工原料行的产品。

4. 配方 5 的 NS-32 高硫镍添加剂是广州电器科学研究所的产品。

5. 配方 6 的 BNT-2 高硫镍添加剂是杭州东方表面技术有限公司的产品。

表 9-17　镀高硫镍的镀液组成及工艺规范（2）

溶液成分及工艺规范	1	2	3	4	5	6
	含量/(mL/L)					
硫酸镍 (NiSO₄·6H₂O)/(g/L)	280～320	300	250～350	250～300	300～350	300～350
氯化镍 (NiCl₂·6H₂O)/(g/L)	50～55	90	80～110	35～40	30～40	40～45
硼酸(H₃BO₃)/(g/L)	35～45	38	38～44	35～40	40～45	40～45
SNS 添加剂	5～10	—	—	—	—	—
WT 湿润剂	1～2	—	—	—	—	—
NP-A 湿润剂	—	1～3	—	—	—	—
HSA-60 高硫镍添加剂	—	5	—	—	—	—
NI-1302 高硫镍添加剂	—	—	4～8	—	—	—
NI-1366 低泡润湿剂	—	—	1～3	—	—	—
TN-2003 高硫镍添加剂	—	—	—	8～10	—	—
BNW-2003 润湿剂	—	—	—	1～2	—	—
N232A	—	—	—	—	8～10	—
N232B	—	—	—	—	6～7	—
N226	—	—	—	—	2～4	—
NB1020-A	—	—	—	—	—	8～10
NB1020-B	—	—	—	—	—	6～7

续表

溶液成分及工艺规范	1	2	3	4	5	6
	含量/(mL/L)					
十二烷基硫酸钠 $(C_{12}H_{25}SO_4Na)/(g/L)$	—	—	—	—	—	0.1~0.2
pH 值	2.0~3.0	2.0~3.0	3.0~4.0	2.5~3.5	—	2.5~3.5
温度/℃	40~50	46~50	45~60	45~55	45~50	45~50
阴极电流密度/(A/dm²)	2.5~3	2.1~4.3	2.5~3.5	2~3	2~3	2~4
时间/min	1~3	2~4	2			2~5

注: 1. 配方 1 的 SNS 添加剂是武汉吉和昌精细化工有限公司的产品。

2. 配方 2 的 HSA-60 高硫镍添加剂是温州美联物资有限公司的产品。

3. 配方 3 的 NI-1302 高硫镍添加剂是安锐表面精饰制品有限公司的产品。

4. 配方 4 的 TN-2003 高硫镍添加剂（开缸剂）是武汉材保电镀技术生产力促进中心的产品。

5. 配方 5 的 N232A、N232B、N226 添加剂是开封市安迪电镀化工有限公司的产品。

6. 配方 6 的 NB1020-A、NB1020-B 添加剂是上海诺博化工原料有限公司的产品。

9.7.2 镀液的日常维护

(1) 添加剂的选用

要选用含硫量高，而且易于在阴极上分解，并能让硫析出与镍共沉积的添加剂。含硫化合物有糖精、二苯磺酰基亚胺（BBI）、对甲苯磺酰胺、苯亚磺酸钠、羧乙基硫脲嗡甜菜碱（ATP）等。单独加入含硫化合物，其镀层含硫量也可能达到要求，但还要满足镀层和镀液的一些特性要求，所以还应考虑加入适量的光亮剂、走位剂和低泡润湿剂等一些辅助添加剂，才能有较好的效果。

目前，市售商品的高硫镍电镀添剂很多，有不少质量很好，可通过试验确认效果后再使用。

(2) 控制好高硫镍添加剂加入量

添加剂加入太多，镀层会有脆性。加入量可通过用电位测量仪来测出其大致的消耗量来确定。一次不要加得太多，要少加勤加。

(3) 要保持镀液清洁

不要让无机金属杂质过多污染，不能有悬浮物质。掉进镀液的镀件、挂具，应及时捞出。

(4) 镀液搅拌

生产时镀液一般采用阴极移动或压缩空气搅拌，如镀液中加有润湿剂，应采用低泡润湿剂。要求镀液循环过滤，循环过滤应达到每小时 5 次以上。

9.8 封闭镀镍

9.8.1 概述

封闭镀镍简称镍封，或称为复合镀镍。镍封闭镀层是为了提高防护-装饰性镀层体系的耐腐蚀性能而开发的镀层。

镍封闭工艺是在光亮镍溶液中加入一些固体非导体微粒（微粒直径＜0.05μm），借助搅拌，使固体微粒与镍离子共同沉积，并均匀分布在金属组织中，在制件表面形成由金属镍和非导体固体微粒组成的致密复合镀层。在这种镍封闭镀层上沉积铬时，由于镍封闭镀层上的非导体微粒不导电，所以微粒上无铬沉积，从而获得微孔型的铬镀层。铬镀层表面的大量微孔可在很大程度上消除普通铬镀层中存在的巨大内应力，从而减少镀层的应力腐蚀。但更重要的是这种微孔铬层对提高镍-铬的防护-装饰性镀层体系的耐蚀性起着很重要的作用。作为防护-装饰性镀层，铬层厚度一般为 $0.3\sim0.5\mu m$，随着铬镀层厚度的增加，微孔会因形成"搭桥"而消失，所以铬层不应过厚。

镍封闭镀层厚度不宜过厚，以 $2\sim3\mu m$ 为宜。镍封闭镀层微孔数[1]在 20000 个/cm² 时才有耐蚀效果，$40000\sim60000$ 个/cm² 时最好。但微孔数也不能过多，否则会影响镀层的光亮度。

目前用于镍封的微粒多为二氧化硅（SiO_2），其微粒直径约为 $0.01\sim0.5\mu m$。微粒过粗，沉降速度快，微粒在镀层中的密度就低，镀层耐蚀性差，镀层光泽度下降；微粒过细，沉降速度慢，镀层中形成的微孔过小，同样影响耐蚀效果。二氧化硅要先进行活化处理（先经碱处理、酸处理，最后经表面活性剂处理），其目的是去除所含杂质，让其均匀润湿，并使它带上正电荷，微粒在一定程度上也可以产生电迁移作用，能更多地与镍镀层在阴极上产生共沉积。

镍封闭镀层在镍/铬的防护-装饰性镀层体系中，对提高耐腐蚀性能所起的作用及耐蚀机理见本章 9.4.3 三层镍体系中的半光亮镍/光亮镍/镍封/微孔铬的组合体系的叙述。

9.8.2 镀液组成及工艺规范

封闭镀镍的溶液组成及工艺规范见表 9-18、表 9-19。

表 9-18 封闭镀镍的溶液组成及工艺规范（1）

溶液成分及工艺规范	1	2	3	4	5
	含量/(mL/L)				
硫酸镍（$NiSO_4 \cdot 6H_2O$）/(g/L)	$280\sim320$	$250\sim300$	$280\sim320$	$250\sim300$	$300\sim350$
氯化镍（$NiCl_2 \cdot 6H_2O$）/(g/L)	$35\sim45$	$60\sim70$	$35\sim45$	$55\sim65$	$30\sim50$
硼酸（H_3BO_3）/(g/L)	$35\sim45$	$35\sim45$	$35\sim45$	$35\sim50$	$35\sim40$
硫酸铝[$Al_2(SO_4)_3 \cdot 18H_2O$]/(g/L)	$0.8\sim1.0$	—	—	—	—
NS-52 镍封粉/(g/L)	$10\sim15$	—	—	—	—
NS-51A	$5\sim6$	—	—	—	—
NS-51B	$5\sim6$	—	—	—	—
NS-52	$6\sim8$	—	—	—	—
BN-99-MIC 光亮剂	—	$0.5\sim1.0$	—	—	—
BN-99-MIC 柔软剂	—	$8\sim12$	—	—	—
BN-99-MIC 微孔乳液	—	$10\sim15$	—	—	—
BN-99-MIC 分散剂	—	$4\sim6$	—	—	—
BN-99-MIC 润湿剂	—	$1\sim2$	—	—	—
NB1080-A 光亮剂	—	—	$10\sim15$	—	—
NB1080-B 光亮剂	—	—	$0.4\sim0.6$	—	—
NB1080-C 添加剂	—	—	$3\sim5$	—	—
NB1080-D 添加剂	—	—	$5\sim7$	—	—
SF-352A 纳米镍封柔软剂	—	—	—	$8\sim12$	—
SF-352B 纳米镍封光亮剂	—	—	—	$0\sim0.8$	—

续表

溶液成分及工艺规范	1	2	3	4	5
	含量/(mL/L)				
SF-352C 纳米镍封润湿剂	—	—	—	1～3	—
SF-352D 纳米镍封添加剂	—	—	—	6～15	—
SF-352E 纳米镍封分散剂	—	—	—	4～6	—
二氧化硅(SiO_2)/(g/L)	—	—	—	—	10～25
糖精($C_6H_5COSO_2NH_2$)/(g/L)	—	—	—	—	0.8～1.5
NC-1 促进剂	—	—	—	—	0.5～4.0
NC-2 促进剂	—	—	—	—	0.5～2.0
pH 值	4.0～4.5	3.8～4.4	4.4～4.8	3.6～4.2	3.8～4.4
温度/℃	55～60	50～60	45～55	50～65	50～60
阴极电流密度/(A/dm²)	4～6	2～5	3～6	2～6	2～5
时间/min	1～3	2～5	2～4	—	1～5
搅拌	强烈	强烈	强烈	中强度	强烈

注：1. 配方 1 的 NS-51A、NS-51B、NS-52、NS-52 镍封粉是广州电器科学研究所的产品。

2. 配方 2 的 BN-99-MIC 光亮剂、柔软剂、微孔乳液、分散剂、润湿剂是武汉材保电镀技术生产力促进中心的产品。

3. 配方 3 的 NB1080-A、B、C、D 是上海诺博化工有限公司的产品。

4. 配方 4 的 SF-352A、B、C、D、E 是广州市三孚化工有限公司的产品。

5. 配方 5 的 NC-1、NC-2 是上海长征电镀的产品。

表 9-19　封闭镀镍的镀液组成及工艺规范（2）

溶液成分及工艺规范	1	2	3	4
	含量/(mL/L)			
硫酸镍($NiSO_4 \cdot 6H_2O$)/(g/L)	250～300	280～320	175～195	300～330
氯化镍($NiCl_2 \cdot 6H_2O$)/(g/L)	30～40	40～60	50～60	50～60
硼酸(H_3BO_3)/(g/L)	40～45	40～45	40	40～50
1,4-丁炔二醇[$C_2(CH_2OH)_2$]/(g/L)	0.3～0.5		3.5	
聚乙二醇[$CH_2OH(CH_2CH_2O)CH_2OH$]/(g/L)	0.1～0.2			
二氧化硅(SiO_2)($\phi < 0.5\mu m$)/(g/L)	10～25			
糖精($C_6H_5COSO_2NH_2$)/(g/L)	1～2	—	—	—
BH-992 镍封开缸剂	—	8～12	—	—
BH-992 镍封超细剂	—	2～5	—	—
BH-992 镍封分散剂	—	4～40	—	—
BH-992 镍封促进剂	—	0.8～1.2	—	—
M947/(g/L)	—	—	3.5	—
N25297 微孔镍粉/(g/L)	—	—	20	—
N29209 微孔镍辅光剂	—	—	10	—
N29208 微孔镍补给剂	—	—	0.2	—
125294 微孔镍附加剂	—	—	1	—

续表

溶液成分及工艺规范	1	2	3	4
	含量/(mL/L)			
SNF 镍封开缸剂	—	—	—	6~8
SNF-A 微孔镍补给剂	—	—	—	4~5
SNF-B 载体	—	—	—	20~25
SNF-C 固体/(g/L)	—	—	—	20~30
pH 值	4.0~4.5	3.8~4.6	4.0~4.5	3.8~4.5
温度/℃	50~60	50~60	55~65	50~60
阴极电流密度/(A/dm²)	3~4	1~6	2~8	2~6
时间/min	2~4	—	0.5~3	1~3
搅拌	强烈	强烈	强烈	强烈

注：1. 配方 2 的 BH-992 镍封开缸剂、镍封超细剂、镍封分散剂、镍封促进剂是广州二轻工业科学技术研究所的产品。

2. 配方 3 的 M947、N25297 微孔镍粉、N29209 微孔镍辅光剂、N29208 微孔镍补给剂、125294 微孔镍附加剂是东莞美坚化工原料有限公司的产品。

3. 配方 4 的 SNF 镍封开缸剂、SNF-A 微孔镍补给剂、SNF-B 载体、SNF-C 固体是武汉吉和昌精细化工有限公司的产品。

9.8.3　镀液的日常维护

① 封闭镀液中的固体微粒（以 SiO_2 为例）的含量以 $12\sim25g/L$ 为宜。微粒与镍共析量，不但与微粒的粒度、浓度有关，还与添加剂浓度、pH 值、搅拌强度等有关，生产操作和管理应符合工艺规范要求。

② 镀件入槽前应先将镀液搅拌均匀，使微粒均匀分布于镀液中。镀件取出后要彻底清洗干净，以免将微粒带入下个镀槽（镀铬槽）。

③ 不宜采用机械搅拌或阴极移动装置，因为效果不好。必须采用压缩空气强烈搅拌，如搅拌不强烈，则微粒会沉降，也会减少其在镀层中的夹入量。要合理设计空气搅拌管，不能有搅拌不到的死角，要使固体微粒能均匀分布在镀液内。

④ 合理设计挂具，镀件必须牢靠地装挂在挂具上，避免在空气强烈搅拌时脱落，并要注意镀件的悬挂位置，尽可能使微粒均匀地分布在镀件上，出槽时又能将镀液排尽。

⑤ 为保证镍封闭镀层质量，微孔数量必须要经常检测。检测方法：将镀过镍封闭镀层的零件，放在普通硫酸镀铜溶液中电镀 $2\sim3min$，取出洗净干燥后，用带有刻度的显微镜观察计数。

⑥ 镀液的 pH 值对微粒的沉积也有很大影响：pH 值高，微粒沉积得少；pH 值低，微粒沉积得多。所以，要控制好镀液的 pH 值，使它保持在工艺规范的规定范围内。

⑦ 镍封闭镀层上的铬镀层不能过厚，应控制在 $0.25\mu m$ 左右。若铬镀层过厚，如超过微粒直径，则铬镀层就会连成一片（称为搭桥），从而影响其耐蚀性。

9.9　镀高应力镍

9.9.1　概述

在特定的镀镍溶液中，加入适量的特殊添加剂，能镀得应力很大的容易龟裂成微裂纹的镀层，叫作高应力镍。这种镍镀层的应力很大，如光亮镍镀层在厚度为 $5\mu m$ 时，镀层应力为

$0.12kgf/cm^2$（$1kgf=9.80665N$），而同样厚度的高应力镍镀层应力则为 $34.1kgf/cm^2$。

在光亮镍镀层上镀一层 $1\sim3\mu m$ 左右的高应力镍镀层，在高应力镍镀层上再镀一层 $0.2\sim0.3\mu m$ 的普通铬镀层。铬镀层在与高应力镍的相互作用下，导致铬镀层表面也形成均匀的微裂纹。据有关文献介绍，裂纹只要达到 250 条/cm 时，对耐蚀性就有显著效果，而高应力镍镀层能达到 $500\sim1500$ 条/cm，所以它对提高耐蚀性有极佳的效果。铜加速盐雾试验（CASS）和腐蚀膏试验表明，在双层或三层镍上再镀一层高应力镍，其耐蚀性几乎提高近一倍。与镍封闭镀镍相比，镀高应力镍有以下特点。

① 铬镀层的微裂纹是在高应力镍镀层的应力作用下产生的，裂纹的均匀性较好，而且与铬镀层厚度关系不密切，所以允许铬镀层稍厚些，这对于要求耐磨性好的零件较合适。

② 高应力镍镀液不含微粒，不必强烈搅拌，镀液温度也低，镀槽结构也简单些，减少投资，管理方便。

③ 镀液对杂质不敏感，有机物可以用活性炭进行净化处理。镀液维护比较方便。

④ 对高应力镍镀液性能要求较高，必须要有较高的分散能力和覆盖能力。这是由于高应力镍镀层应力的产生与镍镀层厚度有密切关系，镍镀层太薄，则应力太小，不足以使镀层产生微裂纹。而镀镍普遍存在着镀层不均匀的缺点，所以镍镀层厚度是不均匀的，膜厚的地方应力大，产生的裂纹就多；膜薄的地方应力小，产生的裂纹就少，从而造成零件各部位的腐蚀速率不一致。所以对镀液性能有较高的要求。几何形状特别复杂的零件，不适宜镀高应力镍。

9.9.2 镀液组成及工艺规范

镀高应力镍的镀液组成及工艺规范见表 9-20。

表 9-20 镀高应力镍的镀液组成及工艺规范

溶液成分及工艺规范	1	2	3	4	5
	含量/(mL/L)				
氯化镍（$NiCl_2 \cdot 6H_2O$）/(g/L)	$220\sim250$	$225\sim300$	$250\sim300$	$250\sim300$	$225\sim300$
醋酸铵（CH_3COONH_4）/(g/L)	—	$40\sim60$	—	$40\sim60$	—
醋酸钠（CH_3COONa）/(g/L)	$60\sim80$	—	—	—	—
异菸肼（$C_6H_7N_3O$）/(g/L)	$0.2\sim0.5$	—	—	—	—
MCN-1 添加剂	—	$3\sim8$	—	—	—
MCN-2 添加剂	—	$1.5\sim3$	—	—	—
GYN-1 添加剂	—	—	$50\sim75$	—	—
GYN-2 添加剂	—	—	3	—	—
HNS-1 添加剂	—	—	—	$3\sim5$	—
HNS-2 添加剂	—	—	—	$10\sim15$	—
PN-1 添加剂	—	—	—	—	$40\sim60$
PN-2 添加剂	—	—	—	—	$1.5\sim3$
pH 值	$4.5\sim5.5$	$3.6\sim4.5$	$4.1\sim4.4$	$4.0\sim4.4$	$3.6\sim4.5$
温度/℃	$30\sim35$	$25\sim35$	$30\sim35$	$25\sim35$	$30\sim35$
阴极电流密度/(A/dm²)	$4\sim8$	$4\sim10$	$5\sim8$	$5\sim8$	$5\sim10$
时间/min	$2\sim5$	$1\sim3$	$1\sim3$	$1\sim3$	$1\sim3$

续表

溶液成分及工艺规范	1	2	3	4	5
	含量/(mL/L)				
搅拌	空气搅拌	空气搅拌	空气搅拌	空气搅拌	空气搅拌

注：1. 配方 2 的 MCN-1、MCN-2 添加剂是上海长征电镀厂的产品。
2. 配方 3 的 GYN-1、GYN-2 添加剂是上海轻工业研究所的产品。
3. 配方 4 的 HNS-1、HNS-2 添加剂是上海永生助剂厂的产品。
4. 配方 5 的 PN-1、PN-2 添加剂是武汉材料保护研究所的产品。

9.9.3 镀高应力镍的质量控制与管理

① 高应力镍镀层要求有高的应力，应力高了镀层脆性就会增大，因此高应力镍镀层也不能镀得过厚，否则镀层可能会起皮。

② 采取措施，加强工艺控制，使镀液有十分良好的分散能力和覆盖能力，以促使镀件在低电流密度区和高电流密度区获得相近的微裂纹数量。

③ 合理设计挂具，应注意镀件在挂具上的装挂位置、悬挂方式，以使镀层厚度均匀。

④ 高应力镀镍一般都采用高浓度的氯化物镀液（氯化镍含量约为 $225 \sim 300 \mathrm{g/L}$），镀后必须彻底清洗干净。否则，会使氯化物带入镀铬溶液，大量氯离子会使铬镀液失去其正常功能，而且对于镀铬溶液中的氯离子，目前还没有很有效的处理方法。

⑤ 镀高应力镍的工件，经镀铬后必须立即浸入热水中，使镀层的内应力充分释放出来。否则工件在存放过程中，由于残留内应力的不断释放，会产生大裂纹，导致耐蚀性能下降，甚至工件报废。

⑥ 要达到耐蚀要求的微裂纹数，除了严格控制添加剂的使用量和添加方法外，还要对工艺规范如 pH 值、镀液温度、电镀时间、镀层厚度等进行严格控制。

9.10 镀缎面镍

9.10.1 概述

缎面镍又称沙丁镍、珍珠镍或麻面镍。它具有绸缎般的光泽，外观典雅，略呈乳白色，手感柔滑，色调柔和，可避免眼睛产生疲劳，深受人们喜爱，还具有结晶细致、孔隙少、耐蚀性好，不会因手触摸而留下痕迹。在缎面镍层上镀装饰铬、光亮银或光亮金，形成沙铬、沙银或沙金，可满足人们不同的爱好和需求。它广泛应用于汽车、照相器材、医疗手术器械、仪表、首饰、打火机、日用品、工艺品等的防护-装饰。

制作缎面镍镀层的方法有下列三种。

① 机械表面粗化法　这是早期制作缎面镍镀层常用的方法。例如，采用钢丝刷、铜丝刷或抛轮来刷洗黄铜件；或将基体金属进行喷砂或喷丸处理，使其外表微观形成凹凸表面，然后再进行电镀。这种方法所得的表面无光泽、有很多大小不一的凹凸峰，且分布不匀，所获取的缎面镍镀层效果较差，且耐蚀性差。再则，该方法具有劳动强度大，劳动条件差，成本高，污染严重等缺点，目前已基本被淘汰。

② 复合电镀法　在基础镀镍溶液中加入非导体的固体微粒，在强力搅拌下，使微粒均匀分散在镀液中，并使固体微粒与镍共沉积，微粒镶嵌在镀层中，形成复合镀层。非导体的固体微粒有二氧化硅、硫酸钡、高岭土、玻璃等，直径一般在 $1 \sim 5 \mu m$ 范围内。复合镀工艺，还需要在镀液中加入光亮剂和分散剂。但总体来说，这种方法镀得的镀层缎面效果和柔和度还不够好。

③ 乳化剂法　这种方法制作的缎面镍镀层，外观洁白，光度柔和，手感光滑，且不易沾污指痕，耐蚀性高，是目前制作缎面镍镀层最普遍使用的方法。

制作方法：向镀镍溶液中加入非离子表面活性剂，当镀液温度超过非离子表面活性剂浊点温度时，非表面活性剂便会以珠状微粒析出而悬浮在镀液中，使溶液变成乳浊液，并在阴极上通过电化学吸附和脱附形成无数个半圆形的凹坑。在吸附的时候，形成一个屏蔽点，导致电流中断，镍不能沉积在这一个屏蔽点上；在脱附时镍能正常沉积。在电场作用下，吸附和脱附交替地进行，因而在阴极表面上这些半圆形凹坑的边界重叠，使表面布满洼坑，这些洼坑对光线具有散射作用，从而达到缎面的柔和珍珠白效果[1]。常用作缎面镍镀层的非离子表面活性剂有：平平加（脂肪醇聚氧乙烯醚）、OP 乳化剂（烷基芳基聚氧乙烯醚）、聚氧乙烯脂肪胺、环氧乙烷和环氧丙烷与疏水基团共聚的嵌段共聚物等。

9.10.2　镀液组成及工艺规范

挂镀缎面镍的镀液组成及工艺规范见表 9-21。

滚镀缎面镍的镀液组成及工艺规范见表 9-22。

表 9-21　挂镀缎面镍的镀液组成及工艺规范

溶液成分及工艺规范	1	2	3	4	5	6	7	8
	含量/(mL/L)							
硫酸镍（$NiSO_4 \cdot 6H_2O$）/(g/L)	420～480	300	300～350	380～440	480	450～500	425	450
氯化镍（$NiCl_2 \cdot 6H_2O$）/(g/L)	—	40	15～20	30～40	40	35～40	33	35
氯化钠（NaCl）/(g/L)	10～12	—	—	—	—	—	—	—
硼酸（H_3BO_3）/(g/L)	35～40	40	35～40	30～40	45	30～40	40	40
STL-1 辅助添加剂	10～12	—	—	—	—	—	—	—
STL-2 缎面形成剂	1.0～1.2	—	—	—	—	—	—	—
BNS-990 开缸剂	—	15～20	—	—	—	—	—	—
BNS-990 走位剂	—	5	—	—	—	—	—	—
BNS-990 沙镍剂	—	0.3～0.8	—	—	—	—	—	—
ST-1 添加剂	—	—	2～5	—	—	—	—	—
ST-2 添加剂	—	—	0.5～0.7	—	—	—	—	—
HX-A 走位剂	—	—	—	10～15	—	—	—	—
HX-B 辅助剂	—	—	—	6～10	—	—	—	—
HX-C 沙剂	—	—	—	0.5～0.8	—	—	—	—
P1 添加剂	—	—	—	—	6	—	—	—
P2 添加剂	—	—	—	—	15	—	—	—
C1 添加剂	—	—	—	—	2.5	—	—	—
Satin-Mu 载体添加剂	—	—	—	—	—	8～12	—	—
Satin 1#（细）、2#（中）、3#（粗）	—	—	—	—	—	1～2	—	—
3800A(25303)添加剂	—	—	—	—	—	—	20	—

续表

溶液成分及工艺规范	1	2	3	4	5	6	7	8
	含量/(mL/L)							
3800B(25304)添加剂	—	—	—	—	—	—	12	—
3800C(25305)添加剂	—	—	—	—	—	—	0.25～1	—
S1砂剂	—	—	—	—	—	—	—	0.5～0.8
S2载体	—	—	—	—	—	—	—	20
S3光剂	—	—	—	—	—	—	—	6
pH值	4.0～4.8	4.2～4.5	3.8～4.4	4.0～4.6	4.0～4.4	4.2～4.6	4.1～4.5	4.1～4.5
温度/℃	55～60	50～55	50～55	50～58	50～55	48～52	50～60	50～60
阴极电流密度/(A/dm²)	2～6	4～6	2～5	4～10	3～6	5～6	3～8	3～8
时间/min	10～15	2～6	4～15	0.5～5		沉积速率 1μm/min		0.5～5
阴极移动/(次/min)	10～12	10～12	10～12	移动速率 3～5m/min		需要	—	—

注：1. 配方1的STL-1辅助添加剂、STL-2缎面形成剂是上海永生助剂厂的产品。

2. 配方2的BNS-990开缸剂、走位剂、沙镍剂是武汉材保电镀技术生产力促进中心的产品。

3. 配方3的ST-1、ST-2添加剂是上海长征电镀厂的产品。

4. 配方4的HX-A走位剂、HX-B辅助剂、HX-C沙剂是深圳市韩旭科技有限公司的产品。

5. 配方5的P1、P2添加剂和C1添加剂是安美特化学有限公司的产品。

6. 配方6的Satin-Mu载体添加剂、Satin 1#（细）、2#（中）、3#（粗）是德胜国际（香港）有限公司、深圳鸿运化工原料行的产品。主沙剂可提供细、中、粗三种类型供选择，以配合不同的应用需求。

7. 配方7的3800A（25303）、3800B（25304）、3800C（25305）是美坚化工原料有限公司的产品。

8. 配方8的S1砂剂、S2载体、S3光剂是广州美迪斯新材料有限公司的产品。

表 9-22　滚镀缎面镍的镀液组成及工艺规范

溶液成分及工艺规范	1	2	3	4
	含量/(mL/L)			
硫酸镍(NiSO₄·6H₂O)/(g/L)	450～500	420～480	500～580	—
氯化镍(NiCl₂·6H₂O)/(g/L)	20～30	30～40	30～40	—
硼酸(H₃BO₃)/(g/L)	35～45	30～40	40～50	—
NB1010AT添加剂	10～15	—	—	—
NB1010BT添加剂	0.3～0.6	—	—	—
NB1010D添加剂	0.5～3	—	—	—
HX-A走位剂	—	10～15	—	—
HX-B辅助剂	—	6～10	—	—
HX-C沙剂	—	0.5～0.8	—	—
SSN·100开缸剂	—	—	10～15	—
SSN·100辅助剂	—	—	5～8	—
SSN·100起沙剂	—	—	0.6～1.2	—
PBN黑珍珠镍盐/(g/L)	—	—	—	100～120
PBN黑珍珠镍添加剂	—	—	—	8～12
pH值	4.4～4.6	4.0～4.6	4.0～4.8	5.5～6.0

续表

溶液成分及工艺规范	1	2	3	4
	含量/(mL/L)			
温度/℃	45～55	50～58	50～55	15～35
阴极电流密度/(A/dm²)	1～2	—	0.6～6	0.5～1
时间/min	—	15～20	—	2～5
滚筒转速/(r/min)	—	—	5～12	—

注：1. 配方 1 的 NB1010AT、NB1010BT、NB1010D 添加剂是上海诺博公司的产品。
　　2. 配方 2 的 HX-A 走位剂、HX-B 辅助剂、HX-C 沙剂是深圳市韩旭科技有限公司的产品。
　　3. 配方 3 的 SSN·100 开缸剂、辅助剂、起沙剂是广东铭达化工有限公司的产品。
　　4. 配方 4 的 PBN 黑珍珠镍盐、PBN 黑珍珠镍添加剂是上海永生助剂厂的产品。

9.10.3　镀液组成及工艺规范的影响

（1）硫酸镍

镀液主盐硫酸镍浓度与缎面镍镀层的形成有很大关系，浓度过低缎面镍镀层效果差；浓度太高，当镀液冷却下来时会有结晶析出，影响镀层质量。因为镀液中盐类的浓度越高，作为缎面添加剂的非离子表面活性剂浊点就越低，其浊点应控制在镀液的操作温度范围内，形成均匀细小的乳滴，才能获得良好的缎面效果。因此，缎面镍镀液中硫酸镍含量应保持在 380～450g/L。

（2）氯化物

缎面镍镀液中氯化物浓度要低些，浓度高影响缎面效果。但浓度太低会引起阳极钝化，要求氯化物浓度尽量低，但又不能引起阳极钝化。应尽量扩大阳极面积，以降低阳极电流密度。缎面镍镀液用氯化镍和氯化钠均可。如用氯化钠一般为 10～12g/L，用氯化镍约为 20～30g/L，比其他镀镍溶液中的含量几乎要低一半左右。

（3）缎面形成剂

缎面镍镀液需要两种添加剂，即辅助添加剂和缎面形成剂。辅助添加剂中的主要成分与一般光亮镀镍添加剂中的初级光亮剂大致相同。辅助添加剂中还需有走位剂、润湿剂等。缎面形成剂主要是非离子表面活性剂。缎面形成剂要和辅助添加剂协同配合好，才能获得良好缎面状镍镀层。

缎面形成剂加入镀液的方法很讲究，否则效果不好。先用 20～30 倍水将缎面形成剂稀释和分散得均匀彻底，再在搅拌下缓慢加入镀液中。生产中如出现缎面粒子变粗，可对镀液连续过滤数小时，适当补充缎面形成剂。

（4）镀液温度

镀液温度与形成缎面的乳滴有密切关系。镀液工艺规范中的温度是根据缎面形成剂中的非离子表面活性剂的浊点来确定的，其温度必须高于浊点，如果温度低于下限，则形成的乳滴稀疏而小；如果温度超过上限，则形成的乳滴粗大，出现缎面粒子变粗，影响缎面效果。所以镀液温度要严格控制。

（5）电镀时间

电镀时间短，镀层薄，底层的光亮镍镀层不能完全被遮挡住，缎面效果不明显。电镀时间要根据电流密度、镀层外观以及工艺规范给定的时间等来控制。

（6）阴极移动

镀缎面镍除复合电镀法外，一般不用压缩空气搅拌，而是采用阴极移动。阴极移动速度过快，会出现低电流密度区镀层薄而呈现较光亮的表面。如不移动镀层会出现针孔、麻点，因为电流开不大，所以阴极移动速度宜稍慢些。

9.11 镀黑镍

黑色镍镀层具有很好的消光能力，常用于光学仪器、摄影照相器材、电信器材和办公用品等零件的装饰。黑镍镀层对太阳能的辐射有着较高的吸收率，可用于太阳能集热板。

黑镍镀层中含有镍、锌、硫化物及有机物等。它的组成随镀液成分及工艺规范而变化，大约含镍 40%～60%、锌 20%～30%、硫 10%～15%、有机物 10%（均为质量分数）左右。镀液中的硫氰酸盐是一种添加剂，它在电解过程中会分解析出硫，硫与锌和镍离子形成黑色硫化锌和黑色硫化镍。硫氰酸盐添加量过多，黑度好，但镀层脆性大；添加量不足，镀层黑度稍差，而且镀层发灰粗糙。而硫氰酸盐的分解产物则是镀层中有机物的主要来源。

黑镍镀层比较硬，镀层较薄，一般只有 2μm 左右，耐蚀性较差，经过涂漆或浸油处理，可提高耐蚀性。由于黑镍镀层很薄，因此若底层光亮，能获得带光泽的黑色镀层；若底层为无光泽的表面，获得的镀层则为无光泽的暗黑色镍镀层。

在钢铁件上直接镀黑镍，镀层与基体结合力差，因此，一般是先镀暗镍或亮镍再镀黑镍，如果零件表面不需要光亮，可用普通无光镍作底层；如果零件表面需要光亮些，则采用光亮镍作底层。若镀层对耐磨性没有要求，则零件可先进行镀锌再镀黑镍，这不但可提高耐蚀性，而且镀黑镍后的黑度会更好。有时也以铜镀层作为底镀层。

9.11.1 镀液成分及工艺规范

挂镀黑镍的镀液组成及工艺规范见表 9-23。

滚镀黑镍的镀液组成及工艺规范见表 9-24。

表 9-23　挂镀黑镍的镀液组成及工艺规范

溶液成分及工艺规范	1	2	3	4	5	6
	含量/(g/L)					
硫酸镍($NiSO_4 \cdot 6H_2O$)	80～110	120～150	—	—	—	—
硫酸锌($ZnSO_4 \cdot 7H_2O$)	40～60	—	—	—	—	—
硫酸镍铵[$NiSO_4(NH_4)_2SO_4 \cdot 6H_2O$]	40～50	—	35～40	—	—	—
硫氰酸铵(NH_4CNS)	40～50	—	15	—	—	—
氯化镍($NiCl_2 \cdot 6H_2O$)	—	—	75	—	—	200
氯化铵(NH_4Cl)	—	—	60	—	—	—
氯化锌($ZnCl_2$)	—	—	30	—	—	—
钼酸铵[$(NH_4)_2MoO_4$]	—	30～40	—	—	—	—
硼酸(H_3BO_3)	25～35	20～25	—	—	—	—
BS-101 黑镍开缸盐	—	—	—	80～150	—	—
BS-102 黑镍添加剂/(mL/L)	—	—	—	10	—	—
黑镍盐	—	—	—	—	60	—
密度(波美度)/°Bé	—	—	—	10～18	4	10～18
BS-1 黑镍调和盐	—	—	—	—	—	100～150
BS-2 黑镍添加剂/(mL/L)	—	—	—	—	—	10
pH 值	4.5～5.5	4.5～5.5	4.5～5.5	4.0～4.5	5.6～6.2	4～4.5

续表

溶液成分及工艺规范	1	2	3	4	5	6
	含量/(g/L)					
温度/℃	30～36	24～38	25～32	室温～50	40～55	室温～50
阴极电流密度/(A/dm²)	0.1～0.4	<0.5	0.1～0.2	0.1～0.5	0.1～0.3	0.1～0.5

注：1. 配方 4 也适用于滚镀，BS-101 黑镍开缸盐和 BS-102 黑镍添加剂是广州美迪斯新材料有限公司的产品。
2. 配方 5 的黑镍盐是德胜国际（香港）有限公司、深圳鸿运化工原料行的产品。
3. 配方 6 的 BS-1 黑镍调和盐、BS-2 黑镍添加剂是广州美迪斯新材料有限公司的产品。

表 9-24　滚镀黑镍的镀液组成及工艺规范

溶液成分及工艺规范	1	2	3	4	5
	含量/(g/L)				
硫酸镍($NiSO_4 \cdot 6H_2O$)	100～150	—	—	—	—
氯化镍($NiCl_2 \cdot 6H_2O$)	—	67.5	—	—	—
钼酸铵$[(NH_4)_6Mo_7O_{24} \cdot 4H_2O]$	30～40	—	—	—	—
氯化铵(NH_4Cl)	—	67.5	—	—	—
氯化钠($NaCl$)	—	22.5	—	—	—
氯化锌($ZnCl_2$)	—	11.25	—	—	—
硼酸(H_3BO_3)	20～25	—	—	—	—
酒石酸钾钠($NaKC_4H_4O_6 \cdot 4H_2O$)	—	11.25	—	—	—
BNS 黑镍盐	—	—	200～250	—	—
BNS 黑镍盐添加剂/(mL/L)	—	—	5～10	—	—
LB 低泡润湿剂/(mL/L)	—	—	1～2	—	—
黑镍盐	—	—	—	100	—
黑镍走位盐	—	—	—	50	—
BS-101 黑镍开缸盐	—	—	—	—	80～150
BS-102 黑镍添加剂/(mL/L)	—	—	—	—	10
密度(波美度)/°Bé	—	—	—	10	10～18
pH 值	4.5～5.5	6.0～6.3	4.5～5.5	5.6～6.2	4.0～4.5
温度/℃	30～50	24～30	25～40	35～45	室温～50
阴极电流密度/(A/dm²)	0.5～2	—	0.1～0.4	0.1～0.3	0.1～0.5
时间/min	—	—	3～5	—	—

注：1. 配方 3 也可用于挂镀，BNS 黑镍盐、BNS 黑镍盐添加剂、LB 低泡润湿剂是上海永生助剂厂的产品。
2. 配方 4 的黑镍盐、走位盐是德胜国际（香港）有限公司、深圳鸿运化工原料行的产品。
3. 配方 5 的 BS-101 和 BS-102 黑镍添加剂是广州美迪斯新材料有限公司的产品。

9.11.2　镀液的日常维护和管理

① 要严格控制镀液的 pH 值。pH 值过低，黑镍镀层结合不牢，有白色斑点；pH 值过高，镀层易脱落。

② 黑镍镀层不能镀得太厚，一般镀层厚度约为 $2\mu m$，若镀层太厚，脆性增大。

③ 控制好电流密度。电流密度过高，镀层易烧焦、粗糙，易发脆；电流密度过低，镀层

呈五彩色，有时呈黄褐色，有条纹。

④ 镀件要带电入槽，而且在电镀过程中电流不能中断。

⑤ 控制好镀液中锌的含量，硫酸锌含量过高，镀层粗糙；含量过低，则黑度较差。

⑥ 黑镍镀液一般不需搅拌，为避免产生针孔，必要时，挂镀溶液也可加少量润湿剂（如十二烷基硫酸钠 0.01～0.03g/L）。

⑦ 黑镍镀液要保护清洁，要定期进行过滤。如镀液黏度高，可加入活性炭（5g/L 左右），将镀液加热到 60～70℃，充分搅拌，静置 8h 以上，进行过滤。

⑧ 黑镍镀层的导电性差，挂具使用 2～3 次后，需要将挂具上沉积的镀层退除，以保证良好的接触导电。

9.12 镀枪色镍及其合金

9.12.1 概述

枪色镍镀层的色泽不同于黑镍，是一种铁灰色闪烁着寒光略常褐色的黑，接近枪械的颜色，称为枪色，也有称为黑珍珠，是近年来流行起来的一种新的装饰镀层，广泛用于灯饰、服饰、首饰、打火机、箱包、门锁、日用五金及仿古的饰品等，色泽典雅大方，很受青睐。

枪色镍镀层是靠加入一种或几种有机添加剂来实现的。镀层较薄，约为 $2\mu m$，一般在光亮镍或光亮铜镀层、青铜等镀层上镀覆枪色镍镀层，为提高其耐蚀性，在镀层表面再涂覆透明涂料。若要获取更加美丽的珍珠状枪色，可在光亮镀镍后先镀缎面镍，然后再镀枪色镍，加入某些添加剂也能形成珍珠状枪色镍。

有文献报道，枪色镍-锡合金镀层的性能比枪色镍镀层更好，其结晶细密，硬度高，耐磨性和耐蚀性好，镀层不易变色，应用非常广泛。还有一种枪色锡-钴合金镀层（不含镍），该镀层为偏蓝紫色的枪黑，色泽均匀，极具特色，适用于眼镜、首饰等工件的装饰性电镀。

9.12.2 镀液组成及工艺规范

镀枪色镍和合金的镀液组成及工艺规范见表 9-25、表 9-26。

表 9-25　镀枪色镍和合金的镀液组成及工艺规范 (1)

溶液成分及工艺规范	1(镍)	2(镍-锡)	3(镍-锡)	4(镍-锡)	5(镍-锡)
	含量/(g/L)				
PBN 枪色镍盐	95～105	—	—	—	—
PBN 添加剂(增黑剂)/(mL/L)	8～12	—	—	—	—
锡盐开缸剂	—	152	—	—	—
镍盐补缸剂	—	48	—	—	—
氯化镍($NiCl_2 \cdot 6H_2O$)	—	—	40～50	40～50	20～30
氯化亚锡($SnCl_2 \cdot 2H_2O$)	—	—	4～10	5～15	15～28
焦磷酸钾($K_4PO_7 \cdot 3H_2O$)	—	—	250～300	200～270	160～240
柠檬酸铵$[(NH_4)_2HC_6H_5O_7]$	—	—	20～25	—	—
发黑剂	—	—	1～2	—	—
调整剂/(mL/L)	—	—	30～40	—	—
XSN-1 枪色镀镍添加剂/(mL/L)	—	—	—	30	50

续表

溶液成分及工艺规范	1(镍)	2(镍-锡)	3(镍-锡)	4(镍-锡)	5(镍-锡)
	含量/(g/L)				
XSN-2 含硫聚胺化合物溶液/(mL/L)	—	—	—	20	10
pH 值	5.5～6.0	5.3～5.5	7.0～8.5	9.0～9.5	9.0～9.5
温度/℃	15～36	45～58	30～55	30～50	35～45
阴极电流密度/(A/dm²)	0.5～1.0	1.0～1.5	0.5～2.0	1.0～2.0	0.5～1.0
时间/min	2～5	3～5	1～5	—	—
阳极	镍板	镍板	碳板	—	—

注：1. 配方 1 的 PBN 枪色镍盐、PBN 添加剂（增光剂）由上海永生助剂厂研制。

2. 配方 2 的锡盐开缸剂、镍盐补缸剂由上海永生助剂厂研制。

3. 配方 3 适用于挂镀及滚镀，挂镀宜采用阴极移动、连续过滤。发黑剂、调整剂是广州美迪斯新材料有限公司的产品。

4. 配方 4 的 XSN-1 枪色镀镍添加剂、XSN-2 含硫聚胺化合物溶液由厦门大学研制。

5. 配方 5 的 XSN-1 枪色镀镍添加剂、XSN-2 含硫聚胺化合物溶液由厦门大学研制。

表 9-26　镀枪色镍和合金的镀液组成及工艺规范 (2)

溶液成分及工艺规范	1(镍-锡)	2(镍-锡)	3(锡-钴)	4(锡-钴)
	含量/(g/L)			
氯化镍（NiCl₂·6H₂O）	250	50～60	—	—
硫酸镍（NiSO₄·6H₂O）	—	15～20	—	—
氯化亚锡（SnCl₂·2H₂O）	10～50	12～15	—	10～12
氯化钴（CoCl₂·6H₂O）	—	—	—	20～25
氟化氢铵（NH₄HF₂）	50	—	—	—
焦磷酸钾（K₄PO₇·3H₂O）	—	250～270	320	250～270
SNI-A 添加剂/(mL/L)	150～200	—	—	—
SNI-B 添加剂/(mL/L)	10～20	—	—	—
90 组合添加剂/(mL/L)	—	15～20	—	15～20
锡盐	—	—	4～10	—
钴盐	—	—	20～40	—
SCO-1#/(mL/L)	—	—	100	—
SCO-3#/(mL/L)	—	—	20	—
pH 值	4.0～4.6	8.5～9.5	8.5～9.0	9.0～9.5
温度/℃	60～70	45～55	25～40	40～50
阴极电流密度/(A/dm²)	0.5～1.0	0.5～2.0	0.2～2.0	0.8～1.5
时间/min	—	1～10	1～3	1～10
阳极	电解镍	镍板	石墨	锡板
阴极移动	—	—	1～2m/min 连续过滤	—

注：1. 配方 1 的 SNI-A 添加剂、SNI-B 添加剂是广州美迪斯新材料有限公司的产品。

2. 配方 2 的 90 组合添加剂由上海大庆电镀厂研制。

3. 配方 3 的 SCO-1#、SCO-3# 是广州美迪斯新材料有限公司的产品。

4. 配方 4 的 90 组合添加剂由上海大庆电镀厂研制。

9.12.3　镀液成分及工艺规范的影响

①　氯化镍　提供镀液中的镍离子。增加镍离子含量能稍增加镍-锡合金中镍的含量。氯离子能使镍阳极活化起促进溶解的作用。镍与锡离子的相对含量会影响镀层色泽。

②　氯化亚锡　提供镀液中的锡离子。锡含量增加，能提高镍-锡合金中锡的含量。为防止二价锡被氧化成四价锡，不允许向镀液中加入双氧水等氧化剂，也不允许用压缩空气搅拌，而只能采用阴极移动。锡含量对枪色镀层的色泽影响很大。

③　焦磷酸钾　它是镍、锡的配位剂。镀液中必须保持一定量的游离焦磷酸根离子，以促使镀层结晶细致及阳极溶解，提高镀液分散能力。焦磷酸钾含量偏低时，镀液变浑，镀层粗糙、色泽不均；偏高时，阴极电流效率下降，镀液黏稠度增大，带出损耗多，镀件清洗较困难。所以焦磷酸钾含量宜保持在 250g/L 左右。

④　pH 值　pH 值变化影响镀层色泽。pH 值低，色泽淡，亮度好，焦磷酸钾易水解；pH 值高，色泽深，亮度下降，甚至不亮发花。pH 值应严格控制在工艺规定的范围内。

⑤　镀液温度　一般在 40～50℃左右。若在室温电镀，镀层色泽偏褐，不均匀，覆盖能力下降；温度高于 70℃，二价锡易氧化，光亮度显著下降，镀层呈淡铁褐色且不均匀。

⑥　电流密度　它的大小会影响合金镀层的比例，反映在镀层色泽上，电流密度偏低，镀层呈现不均匀蓝紫色；电流密度偏高，则镀层近似色泽差的黑镍。一般电流密度保持在 0.8～1.5A/dm² 范围内。

⑦　阳极　镀镍时采用镍板；镀镍-锡合金时常用镍板作阳极，锡的补充是以氯化亚锡形式加入；镀锡-钴合金时，以锡板作阳极，而钴的补充是以氯化钴的形式加入。

9.12.4　镀液维护和去除杂质

①　镀液最少每周分析一次，根据镀液使用情况，定期过滤净化，过滤前加入 2～5g/L 活性炭，色泽不好也可加入 0.5～1g/L 锌粉置换重金属杂质。

②　镀液中铜离子在 0.2g/L 以上时，镀层呈灰黑色、有脆性，低电流密度区甚至产生条纹。可加入 0.5g/L 锌粉置换处理或小电流电解处理。

③　镀液中铅离子达 0.1g/L 时，光亮范围变窄，光亮度下降。去除方法同铜杂质的去除，可同时处理。

④　铬酸根、硝酸根，能使二价锡氧化成四价锡，降低镀层锡含量，甚至使低电流区没有镀层。可用小电流电解法去除，或加入少量保险粉（低亚硫酸钠）处理。

9.13　柠檬酸盐镀镍

柠檬酸盐镀镍因镀液接近中性，所以也称为中性镀镍。这种镀镍溶液主要用于锌合金压铸件的电镀（主要用作预镀镍）。这是因为在酸性镀液中，锌合金很容易遭受腐蚀，在 pH 值接近中性的镀液中，锌基体不容易被腐蚀。镀液中的柠檬酸钠是镍离子的配位剂。这种镀液现在所能达到的只是使镀层稍为细致一些，略具半光亮度，因为这种镀层主要作为底镀层用，所以也不必去追求较高的光亮度。

9.13.1　镀液组成及工艺规范

柠檬酸盐镀镍的镀液组成及工艺规范见表 9-27。

表 9-27　柠檬酸盐镀镍的镀液组成及工艺规范

溶液成分及工艺规范	1	2	3	4
	含量/(g/L)			
硫酸镍（NiSO$_4$·6H$_2$O）	150~200	120~180	200~250	130~180
氯化镍（NiCl$_2$·6H$_2$O）	—	10~15	—	25~35
柠檬酸钠（Na$_2$C$_6$H$_5$O$_7$）	150~200	150~230	250~280	—
氯化钠（NaCl）	12~15	—	15~20	—
硫酸镁（MgSO$_4$·7H$_2$O）	20~30	10~20	—	—
三乙醇胺[N(CH$_2$CH$_2$OH)$_3$]	—	—	20~30	—
糖精（C$_6$H$_5$COSO$_2$NH$_2$）	—	—	1.5~2	—
乙氧基化丁炔二醇（BEO）/(mL/L)	—	—	0.3~0.5	—
PNI-A 配合剂	—	—	—	150~200
PNI-B 添加剂/(mL/L)	—	—	—	10~20
LB 低泡润湿剂/(mL/L)	1~2	—	1~2	—
溶液密度（波美度）/°Bé	—	—	—	21~24
pH 值	6.8~7.0	6.6~7.0	6.8~7.5	6.4~7.0
温度/℃	35~40	35~40	25~45	55~65
阴极电流密度/(A/dm^2)	0.5~1.2	0.5~1.2	0.5~1.5	2~4
阴极移动	需要	需要	需要	需要或轻微空气搅拌

注：配方 4 为中性预镀镍工艺，电镀时间为 3~5min。PNI-A 配合剂、PNI-B 添加剂是广州美迪斯新材料有限公司的产品。镀件下槽后，先用阴极电流密度 5~7A/dm^2 冲击电镀，时间为 0.35~1min，然后进行正常电镀，时间为 3~5min。

9.13.2　镀液的控制与维护

① 镀液中的硫酸镍与柠檬酸钠的比值，一般应控制在 1:(1.0~1.2)。

② 温度不宜过高，以防止柠檬酸盐分解。

③ 控制好 pH 值在工艺规范的范围内，若 pH 值过高将引起镀液的凝聚现象，pH 值过高用柠檬酸调节。

④ 锌合金件直接镀镍，应在入槽后用阴极电流密度 1~3A/dm^2 冲击镀 20~60s，以提高镀层与基体的结合力。对于已经预镀铜的零件不需冲击镀。

⑤ 如需要，可向镀液中加入适量的 LB 低泡润湿剂或十二烷基硫酸钠，有助于消除镀层的针孔、麻点等。

⑥ 采用阴极移动，18~25 次/分钟。

9.14　氯化物镀镍

氯化物镀镍按其溶液的组分、含量等，可分为高氯化物镀镍、强酸性全氯化物镀镍。

9.14.1　高氯化物镀镍

氯化物镀镍溶液的电导率高，分散能力好，镀层结晶细致。但镀层应力大，硬度高，镀液对设备腐蚀性强，故应用不广。这种镀液主要用于修复磨损零件和电铸。

高氯化物镀镍溶液加入特殊添加剂，可镀取高应力镀层，在其上镀薄层铬，可获得微裂纹铬层。

高氯化物镀镍的镀液组成及工艺规范见表 9-28。

表 9-28 高氯化物镀镍的镀液组成及工艺规范[3]

溶液成分及工艺规范	1	2	3
	含量/(g/L)		
氯化镍（$NiCl_2 \cdot 6H_2O$）	200	300	200～250
硫酸镍（$NiSO_4 \cdot 7H_2O$）	100	—	—
硼酸（H_3BO_3）	30～50	30～40	19
pH 值	2.5～4.0	3.8	1.0～5.0
温度/℃	40～70	55	50～70
阴极电流密度/(A/dm²)	2～10	1～13	4～5

9.14.2 强酸性全氯化物镀镍

强酸性全氯化物镀镍又称为冲击镀镍，镀液由氯化镍和盐酸组成。它的用途主要是活化底层金属的表面，使其与新镀层有良好的结合力，强酸性全氯化物镀镍的镀层很薄，可以把它看作电镀的一种前处理工序。

这种镀镍溶液酸性很强，电流效率较低，电镀过程中析氢比较多。新生态的氢是强还原剂，能活化阴极的金属表面。所以，这种镀液主要用来在表面极易钝化的不锈钢或老旧的镍镀层上再镀镍。

(1) 镀液组成及工艺规范

强酸性全氯化物镀镍的镀液组成及工艺规范如下：

氯化镍（$NiCl_2 \cdot 6H_2O$）	200～250g/L
盐酸（HCl）	150～200mL/L
温度	室温
阴极电流密度	5～10A/dm²
时间	0.5～5min

(2) 镀液各组分的作用

① 氯化镍 它是镀液的主盐。氯化镍对底层金属的活化性能要比硫酸镍好，所以主盐选用氯化镍。

② 盐酸 盐酸是活化剂，同时还起导电作用。盐酸浓度低，对底层金属的活化性能差，导电性差；盐酸浓度高，会降低电流效率，而这一工艺的主要作用是活化金属表面，所以适当地提高盐酸浓度是有好处的。

9.15 氨基磺酸盐镀镍

氨基磺酸盐镀镍的目的主要是功能性而不是装饰性的。它主要用作电铸镍、钢带和印制板镀金前的镀镍。氨基磺酸盐镀镍的特点如下。

(1) 优点

① 镀层韧性好，内应力小。严格控制工艺规范（操作条件）得到的镀层几乎无应力。

② 镀层孔隙率略低于硫酸盐镀镍。较薄的镀层的耐蚀性比硫酸盐镀镍液所获得的镀层好。

③ 镀液允许电流密度大，沉积速度快，生产效率高。

④ 镀液分散能力优于硫酸盐镀镍溶液。

（2）缺点

① 镀液中氯离含量高，增加了镀层的内应力。

② 镀液成本高。

9.15.1　镀液组成及工艺规范

氨基磺酸盐镀镍的镀液组成及工艺规范见表9-29。

表9-29　氨基磺酸盐镀镍的镀液组成及工艺规范

溶液成分及工艺规范	1	2	3	4
	含量/(g/L)			
氨基磺酸镍[Ni(NH$_2$SO$_3$)$_2$]	250～300	270～330	300～450	350～500
氯化镍(NiCl$_2$·6H$_2$O)	15～30	15～30	0～15	—
硼酸(H$_3$BO$_3$)	30～40	30～45	30～45	35～45
pH 值	3.5～4.2	3.5～4.2	3.5～4.5	3.5～4.5
温度/℃	35～40	25～70	40～60	45～60
阴极电流密度/(A/dm^2)	1.5～5.0	2～14	2～5	2.5～12
搅拌	需要	需要	需要	需要
阳极	电解镍板	—	—	S镍块 （含硫的镍块阳极）

注：配方3在不搅拌时的阴极电流密度采用1～2A/dm^2。

9.15.2　镀液的控制与维护

① 提高镀液中主盐——氨基磺酸镍的浓度，会提高镀液的分散能力，但其浓度超过600g/L时，电流效率会降低，所以一般主盐浓度控制在350～500g/L较为适宜。

② 氨基磺酸盐镍镀层主要的目的不是装饰性，镀液一般不需加光亮剂，但为了消除镀层针孔和麻点，必要时加入适量的润湿剂，如十二烷基硫酸钠，最好是低泡润湿剂。

③ 镀层应力大小与镀液的pH值、温度、电流密度和是否加入应力消除剂等有密切关系。如镀液温度低和阴极电流密度小的条件下操作得到的镀层几乎无应力。

④ 由于要获得低应力的镀层，就得降低镀液温度和电流密度，这样沉积速度慢，生产效率太低。所以，在既要获得应力小的镀层，又要顾及生产效率的前提下，就需要向镀液中加入适量的应力消除剂来达到目的。

⑤ 常用的应力消除剂有糖精或钴盐，因糖精易分解，分解后产生的有机物也会增加镀层的内应力，所以多采用钴盐作应力消除剂。

⑥ 阳极如果采用含硫的S镍块，镀液就不必加氯化物。

⑦ 镀液温度超过70℃时氨基磺酸盐会水解，水解后生成氢氧化镍或碳酸镍，水解产物不溶于水，因此镀液温度不宜超过65℃。

9.16　深孔零件镀镍

深孔零件镀镍难度大，对镀镍工艺要求很高，镀液必须具有优异的覆盖能力和分散能力，而且要满足镀层的韧性、结合力及耐蚀性等的质量要求。经过电镀工作者的不断努力，于20世纪80年代对碱性锌锰、镍镉电池的外壳（深而不通的孔）镀镍工艺的研制开发取得成功，并投入生产，并能获得性能良好的镍镀层。该工艺也可用于类似的形状复杂零件的镀镍。

电池外壳是比较典型的较深而不通孔的复杂零件，如 5 号电池壳，其内径为 14mm，孔深 49mm，两者之比达到 1∶3.5；7 号电池壳，其内径为 9mm，孔深 42mm，两者之比达到 1∶4.7。要求深孔内壁全部镀上镍，而且镀层要求洁白，并能满足柔韧性、导电性、耐蚀性及结合力的要求，难度很大。要达到电池壳镀层质量，除了良好的镀液性能外，就全靠优良添加剂（如深镀促进剂、走位剂、光亮剂、柔软剂、润湿剂等）的技术支持。

9.16.1 镀液组成及工艺规范

深孔零件滚镀镍的镀液组成及工艺规范见表 9-30。

表 9-30 深孔零件滚镀镍的镀液组成及工艺规范

溶液成分及工艺规范	1	2	3
	含量/(mL/L)		
硫酸镍(NiSO₄·6H₂O)/(g/L)	160～220	180～220	180～250
氯化镍(NiCl₂·6H₂O)/(g/L)	55～65	55～65	50～80
硼酸(H₃BO₃)/(g/L)	35～45	35～45	40～50
硫酸镁(MgSO₄·7H₂O)/(g/L)	30～60	—	—
镀镍深镀剂/(g/L)	8～12	—	—
深孔镀镍促进剂/(g/L)	15～20	—	—
深孔镀镍光亮剂 A	8～10	—	—
深孔镀镍光亮剂 B	0.2～0.3	—	—
LB 低泡润湿剂	1～2	—	—
BN-96 润湿剂	—	1～2	—
BN-96 光亮剂	—	0.5	—
BN-96 柔软剂	—	8～12	—
BN-96 配位剂	—	30～50	—
BN-96 走位剂	—	0.5～1	—
DNI 镀镍深镀剂	—	—	1～2
DNI-2A 开缸剂	—	—	10
DNI-2B 补给剂	—	—	0.1～0.5
DN-01 润湿剂	—	—	1～3
pH 值	4.0～5.0	4.5～5.0	4.2～4.8
温度/℃	45～55	50～55	50～65
阴极电流密度/(A/dm²)	0.08～0.15	0.05～0.8	0.1～1.0
滚筒转速/(r/min)	7～9	6～10	滚镀

注：1. 配方 1 的深镀剂、深孔镀镍促进剂、深孔镀镍光亮剂 A、B 及 LB 低泡润湿剂是上海永生助剂厂的产品。深孔镀镍光亮剂 A 是柔软剂，B 是主光亮剂。A 剂由柔软剂、低泡润湿剂、除杂剂和辅助光亮剂等组合而成；B 剂由光亮剂、整平剂等组成。

2. 配方 2 的 BN-96 系列添加剂是武汉材保电镀技术生产力促进中心的产品。

3. 配方 3 的 DNI 镀镍深镀剂、DNI-2A 开缸剂、DNI-2B 补给剂及 DN-01 润湿剂是广州美迪斯新材料有限公司的产品。

9.16.2　添加剂的作用及工艺规范的影响

深孔零件滚镀镍溶液的基本组分，就是在普通镀镍（瓦特型）的基本成分的基础上，加入添加剂，这样镀液才具有深孔电镀的功能，才能取得良好的镀层性能。

（1）添加剂

① 对添加剂的要求　深孔镀镍添加剂的要求要比其他类型镀镍添加剂的要求高。其要求如下。

a. 覆盖能力和分散能力要好。因为电池壳体，孔径小、深度又深，所以镀液必须要有很好的覆盖能力和分散能力，才能在孔底沉积上均匀的镀层。

b. 镀层柔软性要好。电池壳的边缘部位的镀层较厚，而且电池壳镀镍后还要经机械加工卷边，要求镀层柔软性特别好，否则就要脱壳。

c. 要求内壁镀层白，外壁镀层光亮。不允许内壁漏镀，镀层不能泛黄，内壁在一年内不生锈。

② 深镀剂　实际是低电流走位剂，它能促使镍镀层在很低的电流密度下放电沉积析出。一般深镀剂多是一些含硫化合物，有烯键或炔键磺酸钠类。如丙磺酸钠、乙烯基磺酸钠等，有的深镀剂中还加些除杂剂。深镀剂一次不宜加入过多，应少加勤加。

（2）工艺规范

① pH 值　pH 值一般控制在 4.5~5.0，pH 值小于 4.5 时，壳体内孔镀层易泛黄；pH 值大于 5 时，镀层易变脆。

② 电流密度　电池壳滚镀镍一般不超过 $0.13A/dm^2$。电流密度过大，会影响镀层与基体的结合力，根据实际生产经验，电流密度控制在 $0.08~0.1A/dm^2$ 为好。由于电流密度小，电镀时间一般为 2~2.5h。

③ 滚筒装置及操作要求　具体要求如下。

a. 滚筒装载量。由于电池壳质量轻又是不通孔，易浮起来，其装载量必须比一般滚镀装载量多，电池壳滚筒装载量占筒体积的 2/3。

b. 滚筒转速。滚筒转速一般控制在 7~8r/min。转速快，产品易磨毛，影响结合力；转速太慢，光亮差，易产生斑渍。

c. 滚筒的孔壁眼要尽可能开得大些、多些；滚筒的直径要小些，以保证能有足够的电力线通过，使得镀层更均匀。

d. 在滚筒下槽时，最好暂不通电，让滚筒旋转 1~2min 后，使每个电池壳内腔都灌满镀液后再通电电镀。

（3）日常维护

由于深孔滚镀镍的特点，镀液日常维护与管理比其他镀镍更重要，应做好下列几点。

① 前处理是电池壳滚镀镍的关键工序之一，必须将表面的油污、毛刺等彻底清理干净，否则影响镀层结合力。前处理最后的清洗必须彻底、洁净，否则，将未净的溶液带进镀镍液内，会影响镀层质量。

② 添加剂绝不能加得太多，需多次小量添加。如一次加入多了，会影响覆盖能力。

③ 要防止铜等金属杂质进入镀液。因滚镀镍时电流密度非常小，少量铜杂质会影响内壁镀层质量，严重时镀层发黑。镀液需经常添加些综合除杂剂，去除金属杂质。

9.16.3　镀层处理

为保证电池壳体的镀镍质量，镀层至少保持一年时间不生锈，需进行镀后处理。先经漂白，滚镀液中氯离子含量高，表面易产生黄斑渍，尤其是内壁，经漂白剂处理去除表面黄斑渍；再经磷酸三钠钝化处理，也起中和作用；最后再经防锈剂的防锈处理，处理后用纯水清洗，然后在热风离心机或烘干箱内干燥。其各工序溶液成分及工艺规范见表 9-31。

表 9-31　各工序溶液成分及工艺规范

溶液成分及工艺规范	漂白	钝化	防锈剂封闭处理
MQ205 镍层漂白剂	180～200mL/L	—	—
磷酸三钠(Na_3PO_4)	—	20～50g/L	—
RR 防锈剂	—	—	1份
水	用水稀释至 1L	—	19份纯水
pH 值	1～1.5	—	8.0～8.5
温度/℃		高温	35～50
时间/min	0.5～1	0.5～1	2～3

注：1. 漂白工序配方的 MQ205 镍层漂白剂是上海美群化工科技有限公司的产品。严格控制 pH 值，防止溶液浑浊。
2. 钝化工序配方的 RR 防锈剂是上海永生助剂厂的产品。比外，还有武汉环保电镀技术生产促进中心的 BN-96 封闭防锈剂、上海美群化工科技有限公司的 MQ-125 脱水防锈剂等。

9.17　不合格镍镀层的退除

在镍镀层上如有铬镀层，一般应先用盐酸退除铬层。不良镍镀层的退除方法见表 9-32。

表 9-32　不良镍镀层的退除方法

基体金属	退除方法	溶液组成	含量 /(g/L)	温度 /℃	阳极电流密度 /(A/dm²)
钢铁件上镍镀层退除	化学法	硝酸(HNO_3) 氯化钠($NaCl$) （镀件不得带水，对镀件略有腐蚀）	1L 40	室温	—
	化学法	浓硝酸(HNO_3) 浓盐酸(HCl)	9份(体积) 1份(体积)	室温	
	化学法	浓硝酸(HNO_3) （镀件不得带水，对镀件略有腐蚀）	—	室温	
	化学法	乙二胺[$(NH_2CH_2)_2$] 间硝基苯磺酸钠($C_6H_4NO_2SO_3Na$) 硫氰酸钠($NaSCN$)	100～150mL/L 60～70 0.1～1	80～100	
	电解法	硫酸(H_2SO_4)98% 甘油[$C_3H_5(OH)_3$]	600～625mL/L 22～38	室温	5～10
	电解法	铬酐(CrO_3) 硼酸(H_3BO_3)	250～300 25～30	室温	5～7
	电解法	硝酸钠($NaNO_3$)	300	90	10
	电解法	硝酸铵(NH_4NO_3) 酒石酸钾钠($KNaCHO_6 \cdot 4H_2O$) 硫氰酸钾($KSCN$)	180 20 1～2	35～50	10～15
	电解法	硫酸(H_2SO_4)98% 铬酐(CrO_3) 甘油[$C_3H_5(OH)_3$]	80%～85%(质量分数) 2%～3%(质量分数) 3%～5%(质量分数)	室温	20～30 不宜用于精密件
	电解法	STR-710 退镀剂 pH 值 可一次退除钢铁件上的铜、镍、铬镀层及多层镍、铬镀层。广州安迪斯新材料有限公司的产品	200 6～7 — —	15～30 (需制冷机冷却)	5～25 时间:3～5min

续表

基体金属	退除方法	溶液组成	含量 /(g/L)	温度 /℃	阳极电流密度 /(A/dm²)
铜及铜合金件上镍镀层退除	化学法	硫酸(H_2SO_4)d=1.84 硝酸(HNO_3)d=1.42 硝酸钾(KNO_3)	1000 125 125	室温	—
	化学法	硫酸(H_2SO_4)d=1.84 硝酸(HNO_3)d=1.42	2 份(体积) 1 份(体积)	室温	—
	化学法	硫酸(H_2SO_4)d=1.84 硝酸(HNO_3)d=1.42 磷酸(H_3PO_4)d=1.7 六次甲基四胺($C_6H_{12}N_4$)	300mL/L 500mL/L 200mL/L 12～20	室温	—
	化学法	乙二胺[($NH_2CH_2)_2$] 硫氰酸钠(NaSCN) 防染盐 S	140～200mL/L 1～3 55～75	80～100	—
	电解法	盐酸(HCl)d=1.19	100mL/L	室温	1～2
	电解法	硫酸(H_2SO_4)d=1.84 甘油[$C_3H_5(OH)_3$]	600～625mL/L 22～38	室温	5～10
	电解法	氯化钠(NaCl) 柠檬酸($C_6H_8O_7 \cdot H_2O$)	100 10	21～27	10
	电解法	亚硫酸氢钠($NaHSO_3$) 硫氰酸钠(NaSCN)	100 100	室温	2
锌及锌合金件上镍镀层退除	电解法	硫酸(H_2SO_4)d=1.84	435～520mL/L	室温	5～8
	电解法	硫酸(H_2SO_4)d=1.84 硝酸(HNO_3)d=1.42 硫脲[$CS(NH_2)_2$]	60%(体积分数) 20%(体积分数) 1	30～40	5～6
	电解法	碳酸钠(Na_2CO_3)	100	室温	2
铝及铝合金件上镍镀层退除	化学法	硫酸(H_2SO_4)d=1.84 硝酸(HNO_3)d=1.42	500mL/L 500mL/L	室温	—
	化学法	硝酸(HNO_3)d=1.42 氯化钠(NaCl)	1000mL/L 0.5～1	≤24	—
	电解法	硫酸(H_2SO_4)d=1.84	100%	室温	2
镁合金件上镍镀层退除	电解法	硝酸钠($NaNO_3$) 氢氟酸(HF)40%	100 20mL/L	室温	1～2
塑料件上镍镀层退除	化学法	硝酸(HNO_3)d=1.42	500mL/L	室温	—
	化学法	三氯化铁($FeCl_3$)	200～300	40～50	—
	化学法	盐酸(HCl) 双氧水(H_2O_2)	800mL/L 50mL/L	室温	—

第**10**章

镀铬

10.1 概述

普通铬镀层的颜色为微带浅蓝色的银白色。铬镀层具有很好的化学、物理性能。铬电极电位虽然很负，但它有强的钝化性能，在大气中很快钝化，从而使铬镀层的电位向正方向移动，使电位变正显示出贵金属的特性，对于钢铁零件铬镀层是阴极镀层。所以，一般铬不直接镀覆在钢铁件上（除加厚铬镀层或功能性镀层外）。铬及铬镀层的理化性能见表 10-1。

表 10-1 铬及铬镀层的理化性能

项目		技术性能	项目		技术性能
原子量		52.01	密度 /(g/cm³)	无光泽铬层	6.9
化合价		+2、+3、+6		光亮铬层	7.0
标准电位(Cr³⁺+3e →Cr)/V		−0.744		乳白铬层	7.1
熔点/℃		1903		金属铬	7.19
沸点/℃		2642		铸铬	6.7
线膨胀系数 /(×10⁻⁶/℃)	0～100℃	6.2	硬度(HV)	硬铬层	700～1000
	200～400℃	8.4		松孔铬层	800～1000
电化当量 /[g/(A·h)]	Cr³⁺	0.647		黑铬层	370～540
	Cr⁶⁺	0.324	镀层内应力 /MPa	薄硬铬镀层	548
热导率(20℃)/[W/(m·℃)]		67		无裂纹铬镀层	441
比热容(20℃)/[kJ/(kg·℃)]		0.461		加厚铬镀层(开裂)	117
电阻系数/(×10⁻⁸Ω·m)		12.9	电导率(20℃)/(S/cm)(近似值)		6.1×10⁴

铬镀层在大气中具有强烈的钝化能力，在其上形成一层很薄的氧化膜，并具有很高的稳定性。铬表面的这层氧化物能防止硫化氢和其他硫的化合物的腐蚀，具有优良的保护性，而且能长期保持其光泽。

铬镀层能耐酸、碱、盐类及有机酸等介质的浸蚀；氧化剂和还原剂对铬的影响也很小。但铬镀层能溶于盐酸和热的硫酸，硝酸对铬有中等程度的腐蚀。铬镀层极易在阳极电流作用下溶于碱溶液。

铬镀层具有很高的耐热性。一般温度在 400～500℃时，铬镀层才开始变色，温度高于700℃时，铬镀层由硬质形态转变为软形态。

铬镀层的摩擦系数小，特别是干摩擦系数，在所有的金属中是最低的，并具有很好的耐磨性。

在可见光范围以内，铬具有良好的反射能力，约为 65%，介于银（88%）和镍（55%）之间，且因铬不变色，使用时能长久保持其反射能力，而优于银和镍。

铬镀层具有优良的性能，广泛用作防护-装饰性镀层体系的表层和功能性镀层，装饰性镀铬是镀铬的主体，在电镀工业中占有重要的地位。

传统的镀铬工艺都是使用六价铬，它成分简单、工艺稳定、成本低、操作方便，一直沿用至今。随科学技术的发展和对环境保护的重视，在传统镀铬的基础上，相继开发和发展了微孔铬、微裂纹铬、乳白铬、黑铬、松孔铬、低浓度镀铬、高效镀铬、三价铬镀铬、稀土镀铬等工艺，大大地拓宽了镀铬的应用范围。

近 20 年来，开发、研制并在生产中应用的镀铬工艺，在镀铬的溶液（如镀硬铬、微裂纹铬、装饰铬等）中加入有机添加剂，使电流效率比普通镀铬溶液提高了 80% 以上，还可提高镀液的覆盖能力及镀层硬度等。装饰性镀铬加入稀土元素作为添加剂，有效地提高了镀液的覆盖能力和铬镀层的光亮度，并可在较低的阴极电流密度（$5\sim15A/dm^2$）和温度（$25\sim35℃$）下生产。

从环保角度出发，开发出了可替代六价铬电镀的工艺，如三价铬镀铬、钴基合金、钨基合金以及化学镀镍基合金等。

总之，镀铬工艺，除了对传统工艺不断加以改进和完善外，现继续不断地进行开发研制环保、节能、清洁生产的先进工艺和新工艺。

10.2　镀铬工艺的特点

与其他镀种相比，镀铬工艺（镀液、电镀过程）具有它自身的特点，主要表现如下。

① 镀铬溶液的主要成分不是金属铬盐，而是强氧化性的含铬的铬酐（CrO_3），铬酐溶于水形成铬酸（H_2CrO_4）。

② 镀铬溶液中必须加入一定量的阴离子（如 SO_4^{2-}、SiF_6^{2-}、F^-、BF_4^- 等），才能获得正常的铬镀层。

③ 铬为变价金属，又有含氧酸根，故在电镀过程中，阴极还原过程很复杂。

④ 镀铬虽然极化值很大，但极化度很小，所以镀液的分散能力和覆盖能力都很差，往往要采用辅助阳极和保护阴极。故对挂具的要求也比较严格，致使有些挂具比较复杂。

⑤ 镀铬电流效率很低，一般只有 $13\%\sim18\%$。这是因为阴极电流大部分要消耗在析氢及六价铬还原为三价铬两个副反应上。

⑥ 镀铬采用较高的阴极电流密度，阴极和阳极大量析出气体，镀液电阻较大，槽电压高，故镀铬的电压要求比较高。

⑦ 镀铬过程的特异现象[3]：随铬主盐酐浓度升高，阴极电流效率下降；随阴极电流密度提高，阴极电流效率提高；随镀液温度升高，阴极电流效率降低；随镀液搅拌加强，阴极电流效率降低，甚至镀不出铬层。

⑧ 镀铬采用不溶性阳极，常用的是铅、铅-锑合金、铅-锡合金等。镀液中消耗的铬需靠添加铬酐来补充。

⑨ 镀铬溶液内不加任何光亮剂，只要控制一定镀液的组成及工艺规范，便可获得光亮铬镀层。镀铬操作中，要获得光泽铬镀层的范围较狭小，应严格遵守工艺规范，一般温度控制在规定 $\pm(1\sim2)℃$。

⑩ 镀铬的镀液温度和阴极电流密度有一定的依赖关系，改变二者关系可获得不同性能的铬镀层。

⑪ 镀铬过程中，不允许断电。一旦断电，就会导致镀层起皮、发花、变色与失去光泽等质量问题。

⑫ 镀铬对基体金属表面粗糙度的要求比其他电镀高。例如，防护-装饰性镀铬[1]，要求半成品加工后的表面粗糙度（Ra）不高于 $1.6\mu m$，需经粗、细、精磨加工和抛光等工序，使表

面粗糙度（Ra）降低到 $0.4\mu m$ 左右，然后通过光亮电镀的增平、增光作用，使其表面粗糙度（Ra）降低到 $0.1\sim0.2\mu m$ 左右，再套薄铬层，以达到镜面光亮，这样才能满足防护-装饰性镀铬的外观要求。功能性镀铬，一般要求表面粗糙度（Ra）不高于 $0.40\mu m$。

⑬ 铬镀层的硬度很高，电沉积应力大，镀层薄时孔隙多，加厚时容易产生龟裂。

⑭ 镀铬溶液对金属杂质敏感度不大，可允许铁、锌、铜等杂质有较高的含量。

⑮ 镀铬有其自身一系列的特殊性，因此，除防护-装饰性镀铬因铬镀层薄而可组织自动线外，对功能性镀铬工艺较难进行自动线生产。

10.3　镀铬用阳极

镀铬采用的阳极是不溶性的铅或铅合金，而不使用铬阳极。

（1）采用不溶性阳极的原因

① 金属铬很脆、硬度高，阳极难以成型和机械加工，且易断。

② 如采用金属铬阳极，阳极在镀铬溶液内的溶解速度大于阴极沉积速度，而且是以三价铬（Cr^3）形式溶解进入镀液中，Cr^3 大量积累会影响镀层质量。

③ 镀铬液是强酸溶液，阴极还原反应变化较大，很难控制，使用不溶性铅阳极，可使电镀过程易达到平衡，易于控制。

④ 铅阳极使用时在其表面上的过氧化铅薄膜，能导致三价铬不断地被重新氧化为铬酸，因而可保持三价铬浓度处在一个较稳定的水平。

（2）不溶性阳极的选用

纯铅阳极质地柔软、强度低，较少使用，或用于小型镀槽。镀铬常采用铅合金阳极，如铅-锑合金、铅-锡合金等，因为它们的耐蚀性及强度都比纯铅好。镀铬不溶性阳极的选用，如表 10-2 所示。

表 10-2　镀铬不溶性阳极的选用

镀铬溶液	不溶性阳极的选用
普通镀铬、低铬酸镀铬、快速镀铬、四铬酸盐镀铬等溶液	铅阳极容易被溶液浸蚀，并且会形成大量的泥状铬酸铅；而且质软强度低。而铅-锑合金的耐蚀性和强度都比纯铅好 　所以这类镀铬一般采用铅-锑（锑的质量分数为 6%～8%）合金阳极
含氟硅酸的镀铬溶液	一般使用铅-锡（锡的质量分数为 8%～10%）合金阳极。为防止阳极钝态，采用含锡高的铅-锡合金，锡的质量分数可提高到 30%
复合镀铬溶液	复合镀铬溶液含有硫酸和氟硅酸两种催化剂，有很强的腐蚀性 　使用铅-锡（锡的质量分数为 25%～30%）合金阳极
自动调节镀铬溶液	使用铅-锡（锡的质量分数为 10%）合金阳极
稀土镀铬溶液	使用铅-锡合金或铅-锑合金阳极
三价铬镀铬溶液	使用高密度石墨或特制阳极（铱系、钌系涂层钛电极）
铱系、钌系涂层钛电极的制备	铱系、钌系涂层钛电极是近年来研制出来的不溶性阳极。这种阳极是在钛合金板上涂覆一层铱（Ir）和钌（Ru）的氧化物，然后高温烧结而成。烧结层在镀铬溶液中非常稳定，并有很大的表面积，不易钝化。这种阳极可替代传统的铅阳极，效果很好，三价铬镀铬溶液也用此阳极。这种阳极国内有商品供应

镀铬过程中，阳极面积与阴极面积的比例一般大致在 2：1 或 3：2，即阳极面积比阴极面积大一倍左右比较合适，有利于对三价铬（Cr^{3+}）的控制。

10.4　普通镀铬

10.4.1　概述

普通镀铬应用广泛，在普通镀铬溶液的基础上加入不同的催化添加剂，能开发出各种不同类型的镀铬溶液。普通镀铬溶液基本组分为铬酐和硫酸，按铬酐浓度可分为低、中、高浓度三种镀液，铬酐与硫酸的含量比例，一般控制在 CrO_3：$H_2SO_4 = 100 : 1$。普通镀液，成分简单，使用方便，是目前应用量和广用面等最为广泛的镀铬溶液。

① 低浓度镀液　是指铬酐含量为 150g/L 以下的镀液。具有电流效率较高（16%～18%）、硬度高（$HV = 700 \sim 900$）、镀层光亮度好、光亮电流密度范围宽，以及污染少和成本低等优点，但镀液覆盖能力较差，需槽电压较高，适合形状较简单零件的电镀。

② 中浓度镀液　是指铬酐含量为 180～250g/L 的镀液。铬酐 250g/L，硫酸 2.5g/L 的镀液，称为标准镀铬溶液，至今功能性镀铬还是以此浓度作为标准配方。中浓度镀液电流效率中等（13%～15%），多用于镀硬铬。在这类镀液中加入镀铬添加剂，特别是混合稀土金属盐添加剂，可以大大改善镀液性能。

③ 高浓度镀液　是指铬酐含量为 300～400g/L 的镀液。这类镀液主要用于装饰性镀铬和电镀复杂零件。这类镀液稳定性和导电性好，并具有较高的分散能力和覆盖能力，但电流效率低（10%～12%），镀液带出损失多，污染较严重。随着新型的镀铬添加剂的开发和应用，这类镀液的应用已逐渐减少。

普通镀铬溶液的特点及应用[1]见表 10-3。

表 10-3　普通镀铬溶液的特点及应用

镀液类型	优点	缺点	应用范围
低浓度镀液 （CrO_3 150g/L H_2SO_4 1.5g/L）	① 电流效率较高（16%～18%） ② 分散能力比其他镀液高 ③ 硬度及耐磨性高 ④ 获得光亮镀层的工作范围大，并可应用高电流密度 ⑤ 溶液损失少，污染低，成本低	① 镀液不稳定，CrO_3 与 H_2SO_4 之比变化大 ② 镀液覆盖能力较差 ③ 电导率小，要求使用电压高 ④ 有害杂质的允许含量小 ⑤ 如无保护阴极，难以得到边缘没有树枝状的厚镀层	外形简单的制品镀硬铬、装饰铬
中浓度镀液 （CrO_3 250g/L H_2SO_4 2.5g/L）	① 电流效率中等（13%～15%） ② 镀液较稳定，CrO_3 与 H_2SO_4 之比变化小 ③ 允许使用较低电压 ④ 可用于装饰及功能性多种镀铬	① 分散能力较低浓度镀液差 ② 电导率较高浓度镀液差	简单和复杂形状零件的加厚镀、镀硬铬、松孔铬、缎面铬、乳白铬以及镍、铜等上面镀铬
高浓度镀液 （CrO_3 350g/L H_2SO_4 3.5g/L）	① 复杂零件覆盖能力好 ② 镀液较稳定，CrO_3 与 H_2SO_4 之比变化小 ③ 电导率大，允许使用较低电压 ④ 有害杂质允许含量可稍高些 ⑤ 可采用低电流密度（10～30A/dm²）	① 电流效率较低（10%～12%） ② 镀液浓度高，损失大 ③ 获得光亮镀层的工作范围窄 ④ 铬镀层软，网状裂纹不显著	复杂和简单形状零件的铜和镍底上镀装饰铬、缎面铬

10.4.2　镀液组成及工艺规范

普通镀铬的溶液组成及工艺规范见表 10-4。

加有添加剂的普通镀铬的溶液组成及工艺规范见表 10-5。

表 10-4 普通镀铬的溶液组成及工艺规范

溶液成分及工艺规范		低浓度镀液			中浓度镀液		高浓度镀液	
		1	2	3	1	2	1	2
		含量/(g/L)						
铬酐(CrO_3)		80~120	80~120	130~150	150~180	250	300~350	320~360
硫酸(H_2SO_4)		0.45~0.65	0.8~1.2	1.3~1.5	1.5~1.8	2.5	3.0~3.5	3.2~3.6
氟硼酸钾(KBF_4)		0.6~0.9	—	—	—	—	—	—
氟硅酸(H_2SiF_6)		—	1~1.5	—	—	—	—	—
装饰铬	温度/℃	55±2	55±2	45~55	—	48~53	48~55	48~56
	电流密度/(A/dm^2)	30~40	30~40	15~30	—	15~33	15~35	15~35
缎面铬	温度/℃	—	—	58~62	58~62	58~62	58~62	58~62
	电流密度/(A/dm^2)	—	—	30~45	30~45	30~45	30~45	30~45
硬铬	温度/℃	55±2	55±2	55~60	55~60	55~60	—	—
	电流密度/(A/dm^2)	40~60	40~60	45~50	30~45	50~60	—	—
乳白铬	温度/℃	—	—	70~75	74~79	70~72	—	—
	电流密度/(A/dm^2)	—	—	30~40	25~30	25~30	—	—

注：中浓度镀液配方 2 为标准镀铬溶液。

表 10-5 加有添加剂的普通镀铬的溶液组成及工艺规范

溶液成分及工艺规范	低浓度镀液		中浓度镀液			
	1	2	1	2	3	4
	含量/(g/L)					
铬酐(CrO_3)	120~150	140~180	220~270	150~260	180~220	224~279
硫酸(H_2SO_4)	0.4~0.6	0.4~1.0	2.2~3.3	0.75~1.3	—	—
三价铬	0.3~3	—	0~4	0.5~3.0	—	—
LC-2 添加剂	2~2.5	—	—	—	—	—
WR-1 添加剂	—	1~2	—	—	—	—
4HC-A 剂(液体)/(mL/L)	—	—	8~10	—	—	—
4HC-B 剂(固体)	—	—	5~6	—	—	—
CR-842 添加剂/(mL/L)	—	—	—	5~10	—	—
CR-A 添加剂/(mL/L)	—	—	—	—	5~7	—
CR-B 添加剂/(mL/L)	—	—	—	—	13~17	—
CS_1 添加剂	—	—	—	—	—	16~19
CF-2 铬雾抑制剂	—	—	0.1	—	—	—
温度/℃	30~40	25~70	42~48	35~52	38~50	40~45
电流密度/(A/dm^2)	8~20	5~60	15~25	15~50	8~12	11~16

续表

溶液成分及工艺规范	低浓度镀液		中浓度镀液			
	1	2	1	2	3	4
	含量/(g/L)					
阳极材料	铅-锡合金 (Sn>10%)	铅-锡合金 (Sn8%~ 15%)	铅-锡合金 (Sn 8%)或 铅-锑合金 (Sb 6%)	铅-锡合金	铅-锡合金	铅-锡合金 (Sn10%)
阳极面积∶阴极面积	(4~5)∶1	—	(2~3)∶1	—	(1.5~2)∶1	—

注：1. 低浓度镀液配方 1 的 LC-2 添加剂是上海永生助剂厂的产品。镀液电流效率为 22%~26%。深镀能力好。兼有除铜、铁、镍等金属杂质的作用。本添加剂适用于装饰性镀铬。

2. 低浓度镀液配方 2 的 WR-1 添加剂是武汉风帆电镀技术有限公司的产品。工艺稳定，维护方便，装饰、硬铬均可。分散能力提高 30%~60%。

3. 中浓度镀液配方 1 的 4HC-A 剂、4HC-B 剂是上海永生助剂厂的产品。镀液电流效率为 22%~25%。镀层光亮度高，适宜镀厚铬层，工艺稳定，硫酸含量范围宽；分散能力和覆盖能力好，特别适用于复杂零件镀装饰铬。

4. 中浓度镀液配方 2 的 CR-842 添加剂是广州市达志化工科技有限公司的产品。沉积速度快，阴极电流效率高，分散能力和覆盖能力好。

5. 中浓度镀液配方 3 的 CR-A、B 添加剂是永星化工有限公司的产品。可在较低温度、电流密度下操作，节能，覆盖能力极佳。

6. 中浓度镀液配方 4 的 CS₁ 添加剂是美坚化工原料有限公司的产品。沉积快，电流效率高，不易烧焦，有极佳的覆盖能力，可自动调节催化剂浓度。

10.4.3　镀液成分的影响

(1) 铬酐浓度的影响

铬酐溶于水后形成铬酸，它是镀液中的主要成分，生产中铬酐的浓度可以在很宽（50~400g/L）的范围内变动，稍加改变并不明显地影响镀层质量。例如，铬酐含量在 50~500g/L，只要控制适当的温度和电流密度，就能镀出光亮镀层。为了节省资源、减少污染，尽量采用铬酐浓度低的镀液，生产上某些镀种的镀液已采用低铬酸镀铬溶液，含铬酐降至 50~60g/L。高浓度镀铬目前很少应用。

镀液中的铬酐含量对镀液电导率、电流效率以及镀层质量都有密切的影响。

① 铬酐浓度对电导率的影响　当镀液中铬酐的浓度在 450g/L 以下时，在一定温度下，铬酐浓度增高，镀液电导率增大。由于铬酐浓度较低时镀液电导率较小，所以含 50~60g/L 铬酐的低铬酸浓度镀铬，在相同的电流密度下其槽电压较高。

当镀液温度升高时，镀液电导率也随之提高。如果镀液提高铬酐浓度的同时提高温度，则可降低镀液电阻，从而使槽电压降低。

镀铬的槽电压随着铬酐浓度提高而降低、随着电流密度及极间距的增加而提高。但在铬酐浓度为 100g/L 及 250g/L 的镀液中，槽电压差别不大，而在铬酐浓度为 50g/L 的镀液中，槽电压相当高。所以，从槽电压、节约资源及节能角度来考虑，采用铬酐浓度为 100g/L 左右的镀液作为低铬酸浓度镀铬溶液较佳。

较高铬酐浓度的镀液，其覆盖能力较高，适用于复杂零件的装饰性镀铬。

② 铬酐浓度对电流效率的影响　一般情况下，镀液的铬酐浓度越低，则电流效率越高，即电流效率随镀液中的铬酐浓度降低而提高。

③ 铬酐浓度对电镀的影响　镀层的质量及镀液性能与镀液中的铬酐浓度有密切关系。

a. 当工艺规范如镀液温度和电流密度不变时，低铬酐浓度（150g/L）的镀液比高铬酐浓度（250g/L、350g/L）的镀液获得光亮镀层的工作范围大，并可应用高电流密度。

b. 低铬酐浓度的镀液的分散能力也比高铬酐浓度的镀液好。

c. 低铬酐浓度的镀液对杂质金属离子比较敏感，镀液覆盖能力较差。

(2) 硫酸浓度的影响

作为催化剂的硫酸在镀铬溶液内起着重要的作用，它直接影响铬镀层的质量，对电流效率、操作条件的影响也很大。最重要的是铬酐和硫酸浓度的比值，而不是它们的绝对含量。铬酐与硫酸的最佳比值为：CrO_3：$H_2SO_4 = 100 : 1$，此时电流效率最高，分散能力好，为操作时最好的镀液。

当硫酸含量过高时，得到的镀层有时发花，镀层不均匀，特别是凹处还可能露出底金属，阴极上气泡少。硫酸含量过低时，镀层发灰粗糙，光泽性差。硫酸对阴极反应的影响见表10-6。

表 10-6 硫酸对阴极反应的影响[3]

硫酸含量	阴 极 反 应			电效效率
	氢气的析出	三价铬的形成	铬的沉积	
无	大量	无	无	零
很少	主要	较少	很少	很低
适量	急剧减少	较少	大大增加	提高
继续增加	继续减少	显著增加	减少	降低

(3) 氟硅酸浓度的影响

氟硅酸根离子在电镀过程中的作用与硫酸根相似。

① 使用氟硅酸的特点　其优缺点如下。

a. 用氟硅酸代替部分硫酸，可提高电流效率到 $20\% \sim 25\%$ 左右，镀液在较高的温度下，仍能获得高电流效率。

b. 氟硅酸对铬层具有活化作用，短时间断电，继续复镀结合力不受影响，仍能获得光亮镀层。在小件滚镀铬的镀液中，都要加氟硅酸，使镀件能够获得光亮的铬镀层。

c. 工作范围宽，提高镀层光亮度，光亮电流密度加宽，允许电流密度高。并能在低的温度（$18 \sim 25℃$）下、低电流密度（$2 \sim 2.5A/dm^2$）下获得光亮镀层，提高覆盖能力。目前，在低铬酸镀铬镀液中，采用硫酸和氟硅酸配合，便可获得满意的铬镀层。

d. 含氟硅酸的镀液对其组分的变动和杂质（主要是铁）很敏感。

e. 在高温（$>70℃$）下容易分解出游离的氟氢酸（HF），它会对未镀上铬镀层的基体金属、铅阳极、加热管、槽体等产生腐蚀。

② 氟硅酸的添加量　在镀铬溶液中氟硅酸的添加量如下。

a. 采用氟化物离子来代替硫酸根时，其最适宜的含量约为铬酐含量的 $1.5\% \sim 4\%$。

b. 硫酸与氟硅酸配合使用时，当铬酐含量为 $200 \sim 500g/L$ 时，氟硅酸的适宜含量见表10-7。但在低铬酸镀铬中硫酸和氟硅酸的含量都应降低。

表 10-7　硫酸与氟硅酸配合使用时氟硅酸的含量

催化剂	铬酐含量为 $200 \sim 500g/L$ 时，催化剂的含量/(g/L)		
硫酸（H_2SO_4）	$0.1 \sim 0.3$	$1 \sim 1.5$	$2 \sim 2.5$
氟硅酸（H_2SiF_6）	$8 \sim 10$	$4 \sim 6$	$2 \sim 4$

(4) 三价铬的影响

镀铬溶液中除含有铬酐和催化剂外，还需含有一定量的三价铬离子，才能得到正常的光泽铬镀层。少量三价铬，可改善覆盖能力和分散能力。所以，配制新镀液时，应进行通电处理（大面积阴极和小面积阳极），使六价铬还原成三价铬，或添加些铬酸铬、硫酸铬使之产生三价铬，或添加些有机还原剂（如糖、酒石酸、草酸、柠檬酸、乙醇）将相应部分的铬酸还原成三价铬，以避免在电镀初期一段时间内覆盖能力和分散能力差。

镀液中三价铬的含量：低浓度镀液应含有三价铬 $0.5\sim1.5g/L$、中浓度镀液为 $2\sim5g/L$、高浓度镀液为 $4\sim7g/L$。一般来说，三价铬的含量约为总铬量的 $1\%\sim2\%$（质量分数）。

① 三价铬的影响　三价铬对镀层、镀液的影响如下。

a. 三价铬过少，沉积速度慢，分散能力差，镀层软，只有在高电流密度下才开始沉积铬。

b. 三价铬过多，会显著降低镀液的电导率，电阻增加，使槽电压升高，并使光泽镀层的电流密度范围缩小，镀层光亮度差，甚至灰暗、粗糙、脆性及斑点，光亮电流密度范围缩小。

② 镀液中三价铬的形成及变化　有下列几点。

a. 当阴极面积大于阳极面积时，因氧化反应小于还原反应，六价铬易还原成三价铬，所以，三价铬增多。反之，阴极面积小于阳极面积时，三价铬会减少。

b. 当镀液中铁杂质过多时，也会使三价铬含量增多。

c. 当镀液中硫酸浓度太高时，则与三价铬化合成含硫酸和三价铬的阳离子团，使三价铬逐渐聚集起来。

③ 三价铬的处理　三价铬过多，则成为镀液中有害杂质，在日常生产中，三价铬在槽内不得超过 7%（质量分数），否则镀层难以保证质量。处理和控制三价铬有下列几种方法。

a. 可采用大阳极、小阴极、低电流密度处理镀液。具体做法：采用阳极面积：阴极面积＝5:1，阳极电流密度为 $1\sim2A/dm^2$，温度为 $60℃$，每氧化 1g 三价铬需要 $4A\cdot h$ 电量的电解处理。

b. 可添加双氧水（H_2O_2）使三价铬氧化成六价铬，但成本高。

c. 生产中使阳极面积：阴极面积＝2:1，则可保持三价铬含量基本稳定。

d. 当大量进行内孔镀铬，可采用氧化电极组，即以细铁棒做阴极，铅筒做阳极，极距为 $40\sim50mm$，放置在同一镀槽内，以同电源或另加电源进行电解处理，可基本保持三价铬的稳定。

10.4.4　工艺规范的影响

镀铬的工艺规范（镀液温度和电流密度）对镀液性能（分散能力、覆盖能力、沉积速度、阴极电流效率）及镀层性质（如硬度、韧性、耐磨性、光泽度、气孔率、网状裂纹以及结合强度等）影响很大，必须严格控制。改变其中一个参数，另一参数也必须改变。

一般来说，装饰性镀铬采用较低的温度（$50℃\pm2℃$）和较低的电流密度 $[(20\pm5)\ A/dm^2]$；镀硬铬则采用中温度和高电流密度；镀乳白铬采用高温度和低电流密度。

（1）工艺规范对镀层硬度的影响

镀液温度和电流密度对铬镀层的硬度有很大影响。一定的电流密度下，常常存在着获取硬铬镀层最有利的温度，高于或低于此温度，铬镀层的硬度将降低。例如，当镀液为 CrO_3150g/L，$H_2SO_41.5g/L$ 和 CrO_3250g/L，$H_2SO_42.5g/L$（即标准镀铬溶液）时，电流密度为 $60A/dm^2$ 时，当温度约为 $55℃$ 时其硬度最高。所以在高硬度镀铬时，其温度最好在 $50\sim60℃$，因为在该温度范围内硬度变化不大。

镀液温度和阴极电流密度与镀层硬度的关系[1]（维氏硬度）见表 10-8。

表 10-8　镀液温度和阴极电流密度与镀层硬度的关系（维氏硬度 HV）

阴极电流密度 /(A/dm²)	镀液温度/℃						
	20	30	40	50	60	70	80
10	900	1050	1100	910	760	450	435

阴极电流密度 /(A/dm²)	镀液温度/℃						
	20	30	40	50	60	70	80
20	695	670	1190	1000	895	570	430
30	675	660	1145	1050	940	755	455
40	670	690	1030	1065	985	755	440
60	695	690	840	1100	990	780	520
80	695	700	725	1190	1010	955	570
120	750	705	700	1190	990	990	630
140	—	795	795	1280	1160	970	—
200	810	—	950	—	—	1010	—

注：镀液组成为 CrO_3 250g/L，H_2SO_4 2.5g/L。

（2）工艺规范对耐磨性的影响

一般情况下，铬镀层硬度高，摩擦因素少，耐磨性好。硬度越高则脆性越大。铬层的硬度与耐磨性有密切关系，但并非一致。例如，在中等浓度镀液中，其最高耐磨点为60℃（镀液温度），而最高硬度点为55℃（镀液温度）。对于硬铬和修复镀铬应优先考虑铬镀层的耐磨强度。

镀层耐磨性与温度和电流密度有密切关系。要获得最大的耐磨性，宜采用下列的温度和电流密度：

① CrO_3 150g/L，H_2SO_4 1.5g/L 时，温度为 55℃，阴极电流密度为 60A/dm²。

② CrO_3 250g/L，H_2SO_4 2.5g/L 时，温度为 60℃，阴极电流密度为 60A/dm²。

现在大多工厂普遍采用中等浓度铬酐的镀液来增加铬镀层的耐磨性，温度为 60℃，阴极电流密度为 60A/dm²。

（3）工艺规范对韧性的影响

铬镀层的韧性与镀液温度、电流密度有很大关系。一般情况下，在低温时采用高阴极电流密度，其韧性很差；镀液温度为 65℃ 时，在各种阴极电流密度下，都能获得韧性好的镀层，而 60A/dm² 时韧性和结合力最好。所以，为了获得最佳韧性和结合强度，应采用镀液温度为65℃、阴极电流密度为 60A/dm² 的操作条件。

（4）工艺规范对镀层光泽度的影响

在镀铬过程中，阴极电流密度与镀液温度之间存在着相互依赖的关系。在同一镀液中镀铬时，通过调整温度和电流密度，并控制在适当的范围内，可以获得光亮铬、硬铬和乳白铬三种不同的铬镀层。图 10-1 为三种镀铬溶液中的电流密度、镀液温度与光泽范围的关系。

（5）工艺规范对电流效率的影响

在镀铬过程中，当阴极电流密度不变时，电流效率随温度升高而下降；若温度固定，则电流效率随阴极电流密度上升而增加，如图 10-2 所示。再则，增加镀液的搅拌或铬酐含量都会降低电流效率。

为提高电流效率及沉积速度，应合理选用阴极电流密度和镀液温度。对于加厚镀铬，应尽量使用高的阴极电流密度，以加快沉积速度；在尽可能不影响质量的条件下，使用较低的镀液温度。

（6）工艺规范对覆盖能力的影响

镀铬的普通镀液，通过改变工艺规范可以在适当范围内提高覆盖能力，可采取以下方法：

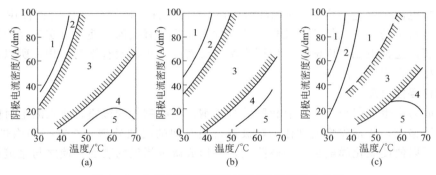

图 10-1　电流密度、温度与镀层光泽范围的关系

(a) CrO_3 250g/L、H_2SO_4 2.5g/L；(b) CrO_3 250g/L、H_2SO_4 1.5g/L、Na_2SiF_6 5g/L；

(c) CrO_3 50g/L、H_2SO_4 0.5g/L、Na_2SiF_6 0.5g/L

1—烧焦区域；2—深色带白色区域；3—光亮区域；4—乳白色区域；5—无镀层区域

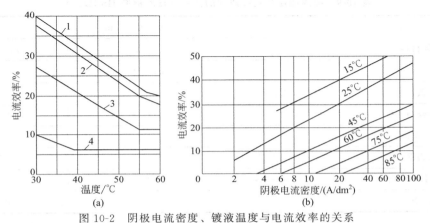

图 10-2　阴极电流密度、镀液温度与电流效率的关系

(a) 在不同阴极电流密度下，电流效率与温度的关系

(阴极电流密度：1—80A/dm²；2—60A/dm²；3—30A/dm²；4—15A/dm²)

(b) 在不同温度下，电流效率与阴极电流密度的关系

(镀液：CrO_3 240g/L、H_2SO_4 2.4g/L)

① 在镀液温度不变的情况下，提高电流密度，可提高覆盖能力。

② 提高温度而同时提高电流密度，可提高覆盖能力，也可提高沉积速度。

③ 适当增大铬酐与硫酸的比值，可提高覆盖能力。

但通过改变工艺规范来提高覆盖能力的幅度是有限的，因此，必须改变镀液，或在铬酐镀液中添加新型的添加剂，来改善和提高镀液的覆盖能力和分散能力，也可根据零件的形状、复杂程度等具体情况，采用保护阴极、象形阳极、辅助阳极等来加以改善和提高。

10.4.5　提高铬镀层结合力的措施

对于装饰镀铬，铬镀层与基体金属的结合力，主要取决于中间镀层与基体金属的结合力。作为功能性的铬镀层与基体金属的结合力，与装饰性镀铬有明显不同。因为功能性的铬镀层是直接镀在钢铁基体金属上的；而铬镀层有一定厚度、尺寸和精度要求；再则，对铬镀层有特性要求，如松孔铬镀层、气密性铬镀层等。所以，为提高铬镀层与基体金属的结合力，可采用以下几种措施[21]。

(1) 冲击镀

对形状复杂的镀件，除了使用象形阳极、保护阴极和辅助阳极外，还可以在镀件入槽时，以比正常电流密度高数倍的电流对镀件进行短时间冲击镀，使镀件表面迅速沉积一层铬，然后再恢复到正常电流密度进行电镀。冲击镀也可用于铸铁件镀硬铬，由于铸铁件中含有大量的碳，氢在碳上析出的过电位较低；此外，铸铁件表面粗糙有孔隙，使得真实表面积比表观表面积大得多，若以正常电流密度电镀，则因真实电流密度太小，没有铬的沉积，所以必须采用冲击镀，使它尽快沉积上一层铬。

（2）阳极浸蚀（反镀）

对于表面易产生一层钝化膜和氧化膜的合金钢、高碳钢等的镀铬，或在断电时间较长的铬镀层上继续镀铬时，通常先将镀件作为阳极进行短时间的浸蚀处理（在同一槽内进行），也称反镀或反拔，以便使氧化膜电化学溶解除去，并形成微观粗糙的表面，使之与铬镀层有良好的结合力。

加厚镀铬时，可根据铬镀层厚度的不同要求，来控制阳极浸蚀（反镀）的时间。铬镀层越厚，反镀时间越长。镀层厚度与反镀时间的关系见表 10-9，仅供参考。

表 10-9　镀层厚度与反镀时间的关系（日本标准 JIS H9123）

基体材料	镀层厚度/μm		
	5	25	125～250
	反镀时间/min		
低碳钢	0.5～1	2～4	5～10
高碳钢	0.25～0.5	1.5～3	3～5
镍铬钼钢	1	5～6	10～15
镍铬钢	0.5～1	2～3	5
高速钢、不锈钢	10～15s	0.25～0.5	1～2
铸铁	3～5s	10～15s	0.33～0.5

（3）阶梯式给电

含镍、铬的合金钢，在镀铬前进行阳极浸蚀（反镀），而后将镀件转为阴极，以比正常值小数倍的电流（一般电压控制在 3.5V 左右），使电极上仅进行析氢反应。由于初生态的氢原子具有很强的还原能力，能够把镀件金属表面上的氧化膜还原为金属，然后再在一定时间内，采用阶梯式通电，逐渐升高电流直至正常工艺条件进行电镀。在被活化的金属表面电镀，可获得结合力良好的镀层。另外，如镀铬过程中断电，继续电镀时，也可采用"阶梯式给电"方法，使其表面活化，而后转入正常电镀。

（4）镀前预热

对于大型工件镀铬，电镀前需进行预热处理，否则不仅影响铬镀层结合力，也影响镀液温度。所以镀前要预热数分钟，当基体金属温度与镀液温度相等时，再进行电镀。镀液温度变化宜控制在 ±2℃ 以内。

提高铬镀层的结合力依镀件材料不同，而有所差异。不同基体材料提高铬镀层的结合力所采取的相应措施参见表 10-10。

表 10-10　不同材料提高铬镀层结合力的相应措施[21]

材料名称	特点	提高结合力的措施
高碳钢	含碳高、硬度大、脆性大、易析氢	① 酸洗时间短 ② 阳极浸蚀（反镀）时间小于 15s ③ 采用比正常值高 1～1.5 倍的大电流，短时间冲击 ④ 镀液温度为 58～60℃

续表

材料名称	特点	提高结合力的措施
中碳钢	强度和硬度较高	① 酸洗时间不能过长，防止过度腐蚀 ② 阳极浸蚀（反镀）时间 30～60s ③ 大电流冲击
合金工具钢	含铬合金钢	① 阳极浸蚀（反镀）时间短 ② 转入阴极时，先用小电流活化，再阶梯式给电
	含镍合金钢	采用阶梯式给电的阴极活化
	含锰合金钢	① 加强酸洗 ② 适当采用阴极活化
	含钨合金钢（高速工具钢）	① 酸洗绝对禁止过腐蚀，一般 15～30s ② 阳极浸蚀（反镀）时间要短，一般 5～10s
碳素工具钢	含碳高、合金成分多	① 参照高碳钢 ② 镀液温度高于 60℃
不锈钢	奥氏体含镍高	① 不用阳极浸蚀（反镀） ② 阶梯式给电，每次间隔几分钟
	非奥氏体含碳高	① 阳极浸蚀（反镀）1～2min ② 浸 15％（质量分数）硫酸 ③ 阶梯式给电，每次间隔几分钟
铸铁、铸钢、弹簧钢	含硅高、易析氢、真实面积大	① 酸洗时，加一定量氢氟酸 ② 控制酸洗时间，不可太长 ③ 阳极浸蚀（反镀）时间短，或不进行反镀 ④ 开始用大电流冲击，时间为 2～3min
铬上镀铬	由于镀铬时电流突然中断，造成铬层钝化	① 阶梯式给电（断电时间短） ② 先阳极浸蚀（反镀），再转为阴极阶梯式给电（断电时间长）

10.4.6　铬镀层的渗氢和除氢

在镀铬过程中，由于镀液电流效率很低，在阴极上析出大量的氢，吸附在阴极上的氢大部分结合成氢分子，氢分子聚合成小气泡并逐渐长大，最后离开阴极表面而逸出，一部分氢被镀层吸收。因为镀铬时析出氢气多，铬镀层吸氢量较大（按质量分数计吸氢量为 0.45％），铁族金属吸氢量少（铁、钴、镍为 0.1％），锌更少（0.001％～0.01％）。被镀层吸收的氢与铬生成了不稳定的氢化铬，并渗入铬镀层的晶格内，造成镀层的内应力增加，在晶界表面上产生晶格歪曲，结晶方位改变，再加上外来离子的影响，使得铬镀层具有很高的硬度。另一部分氢被基体所吸收，也渗入基体晶体内，而造成不同的内应力，这便会形成脆性断裂，这种氢脆现象严重威胁镀层质量，应特别引起重视。

为减少镀铬对机械加工、研磨、成形、冷矫形零件基体材料使用性能的影响，抗拉强度大于 1034MPa 的钢铁关键件、重要件镀前必须进行消除应力处理，镀后应进行除氢处理。消除应力及除氢处理条件[5]见表 10-11。

表 10-11　镀前消除应力和镀后除氢处理条件

钢的抗拉强度和硬度				消除应力处理		除氢处理	
抗拉强度 σ_b/MPa	洛氏硬度 HRC	维氏硬度 HV	布氏硬度 HBW	温度 /℃	时间 /h	温度 /℃	时间 /h
$\sigma_b \leqslant 1050$	34	320	314	不要求		不要求	

续表

钢的抗拉强度和硬度				消除应力处理		除氢处理	
抗拉强度 σ_b/MPa	洛氏硬度 HRC	维氏硬度 HV	布氏硬度 HBW	温度 /℃	时间 /h	温度 /℃	时间 /h
$1050 < \sigma_b \leqslant 1450$	34～45	320～438	314～427	190～220	1	190～220	8(镀铬后除氢2h)
$1450 < \sigma_b \leqslant 1800$	45～51.5	438～530	527～507	190～220	18	190～220	18(镀铬后除氢6h)
$\sigma_b > 1800$	51.5	530	507	190～220	24	190～220	24(镀铬后除氢18h)
渗碳件、表面淬火件				140±10	≥5	140±10	≥5(镀铬后除氢≥5h)

注：除氢必须在镀铬后 4h 内进行。

10.4.7 杂质的影响及处理方法

镀铬溶液中的有害杂质有铁、镍、铜、锌、钠、过量的三价铬等金属离子，以及有机杂质、氯离子、硝酸根等。这类杂质在镀铬溶液内的允许范围比其他镀液宽得多。镀液对金属杂质的容忍量随铬酐含量提高而增加，故低浓度镀液对杂质的敏感性较强。镀铬溶液中金属杂质的容许浓度见表 10-12。杂质的影响及处理方法见表 10-13。

金属杂质主要来源于没有被铬层覆盖部位金属的溶解、掉落入镀液的镀件未及时打捞而溶解、阳极浸蚀，以及在功能性镀铬时，镀件镀铬槽内要进行反镀（即镀件在镀前短时间先成为阳极），会使铁溶解等。这些杂质在镀铬溶液中会逐渐积累起来。

表 10-12   镀铬溶液中金属杂质的容许浓度

金属杂质名称	最高允许含量/(g/L)
铁(Fe)	15
铜(Cu)	5
镍(Ni)、锌(Zn)、铝(Al)、镉(Cd)	3
在有铁杂质存在时三价铬(Cr^{3+})	8

注：表中金属杂质的最高允许含量，是指在标准镀铬溶液内。

表 10-13   杂质的影响及处理方法

杂质	杂质的来源、影响及处理方法
金属杂质	铁杂质含量高，镀液电阻增加，电导率降低，镀液很难保持电流的稳定性，光亮电流密度范围缩小。铜、锌杂质明显降低覆盖能力，电流效率下降 金属杂质的去除方法：可采用强酸性阳离子交换树脂处理方法。高浓度镀液具有很强的氧化性，为延长交换树脂的使用寿命，在处理时先将镀液稀释，使铬酸含量不超过 120g/L，然后进行交换处理。经过处理的镀液可以重新使用。另一种处理方法是采用素烧陶瓷罐进行隔膜电解处理
硝酸根离子	硝酸根离子最有害，镀液中含有少量的硝酸根离子，就能使镀层发灰而失去光泽，还能腐蚀破坏镀槽的铅衬里。当其浓度超过 1g/L 时，必须显著地升高电流密度，才能沉积铬 硝酸根离子的去除方法：先用碳酸钡把硫酸根除去，然后在 60～80℃下通电处理数昼夜，使之还原成氨逸出
氯离子	镀铬液对氯离子比较敏感，其允许含量较小(0.3g/L 以下)，氯离子含量高时，会降低镀液的分散能力、覆盖能力和电流效率，使镀层发灰、发花、粗糙，产生针孔，抗蚀能力下降。氯离子来源于槽液补充水、镀件清洗水以及盐酸浸蚀后清洗不干净而带入等。为减少氯离子带入，镀液补充用水应采用纯水，镀前弱浸蚀采用稀硫酸溶液，必须采用盐酸时，则加强清洗 去除方法：可将镀液加热到 70℃，用高电流密度进行电解处理，使其在阳极上氧化成氯气逸出。也可用化学法，加入适量碳酸银，生成氯化银沉淀除去。虽然此法处理效果好，但加入的碳酸银还能与铬酸反应生产铬酸银沉淀，不仅银耗量大，又损失铬酸。最好的办法是尽量减少氯离子的带入

10.5　防护-装饰性镀铬

10.5.1　概述

铬镀层有很高的反光性能并能长时间保持反光性，是很好的装饰性镀层。但必须有中间镀层以保证有足够的防腐蚀能力，常用的中间层有铜、镍、铜-锡合金、镍-铁合金等镀层，在光亮或经过抛光的中间镀层上镀铬后，可以得到带银蓝色光泽的镜面镀层。

防护-装饰性镀铬的外观要比一般电镀要求高，为了使铬镀层达到防护和装饰的要求，应做好下列几点。

① 铬镀层必须光亮平滑、均匀，并具有镜面般的银蓝色光泽。

② 对电位比铬负的基体金属（如钢铁、铝、锌等），必须采用中间镀层，镀层之间应保持一定的电位差，以提高镀层体系的耐蚀性能。

③ 为获得镜面光亮装饰镀层，中间镀层应进行抛光或采用全光亮镀层。在光亮镍、镍-铁合金镀层上镀铬时，工艺应连续进行，防止镀层钝化。抛光后镀铬时工序间隔时间应尽量短。宜采用"一步法"电镀工艺，不宜再采用每道中间镀层进行抛光工序。

④ 生产中选用镀铬工艺，除应考虑制品形状、质量要求外，还应考虑基体金属材料、镀件特点等，合理选用中间镀层以及镀液成分、工艺规范等。

⑤ 为提高耐蚀性，宜采用双层镍或三层镍，也可采用镍封形成的微孔铬、高应力镍形成的微裂纹铬工艺。中间层也可采用近年来发展的高耐蚀镀层，外套铬层。

⑥ 为提高镀液覆盖能力，可采用加有稀土元素的镀铬溶液。

⑦ 大型镀件装饰性镀铬前的预热，应在热水槽中进行，如在镀铬槽中预热，会腐蚀高亮度的底层表面。

⑧ 小件采用滚镀铬工艺时，滚镀液应加入氟硅酸，防止零件滚镀时瞬间不接触导电而致表面钝化。

防护-装饰性镀铬，可分为一般防护-装饰性镀铬（也称常规防护-装饰性镀铬）和高耐蚀性-装饰镀铬。一般防护-装饰性镀铬应用最为广泛，多用于室内温和环境使用的产品。高耐蚀性-装饰镀铬多用于耐蚀性要求高的室外严酷环境用的产品。

10.5.2　一般防护-装饰性镀铬

一般防护-装饰性镀铬应用最为广泛，要求镀层光亮、镀液覆盖能力好，主要表面均应覆盖上镀层，采用多镀层体系，铬镀层厚度一般在 $0.25\sim0.5\mu m$，多用 $0.3\mu m$。

装饰镀铬的镀液一般常用普通镀铬溶液的中、高浓度的镀液，还可用复合镀铬、自动调节镀铬、快速镀铬、四铬酸盐镀铬、稀土镀铬等镀液。其镀液组成及工艺规范分别见各种镀种的镀液组成、工艺规范。采用稀土镀铬，铬酐浓度可降至 $150\sim200g/L$，而覆盖能力、电流效率有明显提高。

装饰镀铬的温度：宜采用中等偏低的温度，常采用（55±5）℃。温度过低镀层灰暗；温度适中镀层光亮；温度过高外观呈乳色。加入稀土添加剂后，在低温下也能得到光亮的镀层。

装饰镀铬电流密度：电流密度范围很宽，随着镀液温度而定，它们的对应关系[3]见表10-14。

表 10-14　镀液温度与电流密度的关系

镀液温度/℃	电流密度/(A/dm²)	镀液温度/℃	电流密度/(A/dm²)
30±5	5~10(稀土镀铬)	40	10~20

续表

镀液温度/℃	电流密度/(A/dm²)	镀液温度/℃	电流密度/(A/dm²)
45	15～30	55	30～50
50	20～35	—	—

10.5.3　高耐蚀性-装饰镀铬

高耐蚀性-装饰镀铬常采用双层镍或三层镍与不连续铬（微孔铬和微裂纹铬）组成的镀层体系，具有很高的防腐蚀性能。高耐蚀性能的机理见本篇第 9 章镀镍的有关镀多层镍小节。

(1) 产生微孔铬和微裂纹铬的方法

① 微孔铬　产生微孔铬常用的有下列两种方法。

a. 镍封上镀普通铬。先在镍封闭镀液中镀上镍封闭镀层（由金属镍和非导体固体微粒组成的致密复合镀层，镀层厚度为 $2～3\mu m$），再在这种镍封闭镀层上沉积铬，由于镍封闭镀层上的非导体微粒不导电，所以微粒上无铬沉积，从而获得微孔型的铬层。这种铬层微孔多，质量好，这是最常用产生微孔铬的方法。

b. 普通装饰铬阴极电解。镀普通装饰铬后，增加一道微孔处理工序，即进行阴极电解，产生微孔铬。镀铬前后允许抛光而不影响微孔质量。镀层厚度在 $0.05～2.5\mu m$ 范围内，经电解处理可获得微孔直径为 $1\mu m$ 左右的微孔铬。阴极电解处理溶液组成及工艺规范如下：

铬酐（CrO_3）	$10～20g/L$
硫酸（98% H_2SO_4）	$2～3mL/L$
MP-1 添加剂	$2～3mL/L$
温度	$65～70℃$
阴极电流密度	$0.2～1A/dm^2$
时间	$0.3～3min$
阳极	不锈钢

② 微裂纹铬　形成微裂纹铬有下列几种方法。

a. 间接形成微裂纹铬。在光亮镍镀层上镀一层 $1～3\mu m$ 左右的高应力镍镀层，在高应力镍镀层上再镀一层 $0.2～0.3\mu m$ 的普通铬镀层。铬镀层在与高应力镍的相互作用下，导致铬镀层表面也形成均匀的微裂纹。这是最常用形成微裂纹铬的方法。

b. 直接形成微裂纹铬。采用合适的镀铬溶液（添加硒盐等），通过改变工艺规范及方法，使镀层产生高应力而直接获得微裂纹铬，单层微裂纹镀铬的方法不常用。也可以采用镀双层铬的方法，利用覆盖能力好的镀铬溶液镀第一层铬，第二层镀微裂纹铬。这种方法很少用。

c. 机械方法产生微裂纹铬。在镀厚铬后，采用机械加工使铬层形成微裂纹。这种方法也很少用。

(2) 镀液组成及工艺规范

① 镍封闭镀镍的镀液及工艺规范参照本篇第 9 章镀镍中的镍封闭镀镍小节。

② 高应力镀镍的镀液及工艺规范参照本篇第 9 章镀镍中的镀高应力镍小节。

③ 镀铬的镀液及工艺规范基本上与一般防护-装饰性镀铬相同。一般常用普通镀铬溶液的中、高浓度的镀液，还可用复合镀铬、自动调节镀铬、快速镀铬、四铬酸盐镀铬等镀液。采用稀土镀铬，铬酐浓度可降至 $150～200g/L$，而覆盖能力、电流效率有明显提高。

(3) 防护-装饰性镀铬体系的镀层厚度

防护-装饰性镀铬体系的镀层厚度，与制品使用的环境条件、产品对耐蚀性能的要求以及基体材料性质等有密切关系。防护-装饰性镀铬的镀层体系厚度系列，可见第 1 篇第 2 章镀覆层选择及其厚度系列中的 2.2.8 镍＋铬和铜＋镍＋铬电镀层厚度系列。该厚度系列是根据制品（镀件）所服务的环境条件而制定的。本电镀层厚度系列，规定了在钢铁、锌合金、铜和铜合金、铝和铝合金上，提供装饰性外观和增强防腐性的镍＋铬和铜＋镍＋铬电镀层的厚度要求（引自 GB/T 9797—2005《金属覆盖层 镍＋铬和铜＋镍＋铬电镀层》）。第 2 章的 2.2.9 中列出了塑料制品上镍＋铬和铜＋镍＋铬电镀层的厚度要求（引自 GB/T 12600—2005《金属覆盖层 塑料上镍＋铬电镀层》）。

10.6　镀硬铬

10.6.1　概述

镀硬铬是功能性镀铬中使用面广、用量大的重要镀种。硬铬也称耐磨铬，镀层硬度高，随工艺条件的不同，其硬度可达维氏硬度 6865～9807MPa。该铬镀层还具有耐磨、耐热、耐磨蚀等优良性能。而且铬镀层摩擦系数低，当与其他金属表面对磨时不易磨损、卡住和咬死。

镀硬铬可以直接镀在钢铁基体上，并要求被沉积在足够硬的基体上，达到一定厚度。否则，硬铬层的优点就不能有效地显示出来。

硬铬镀层厚度一般为 2～50μm，特殊耐磨镀铬为 50～300μm。修复磨损零件可达 800～1000μm，通常还要进行机加工。镀后进行除氢。硬铬镀层的适宜厚度参见表 10-15。

表 10-15　硬铬镀层的适宜厚度

镀件或制品名称		镀层厚度/μm	镀件或制品名称		镀层厚度/μm
刀具	钻头	1.3～13	轴和轴颈	泵轴	13～75
	铰刀	2.5～13		一般机械用轴	20
	扦齿刀、螺纹铣刀	30～32		内燃机轴	50
	拉刀	13～75		一般轴颈	50
	切削刀具	3	轧辊	高分子化合物用	20
	丝锥、板牙	2～20		造纸用（碾光机类）	30
量具（卡板、塞规）及平面零件		5～40		纺织用	20
金属模具	一般模具	10～20		非铁金属加工用	30
	塑料模具	5～50		钢铁加工用	50
	拉丝模	13～205		一般机械	20
	拉深凸模及冲头	38～205	用于减少摩擦力和抗轻微磨损		2～10
	锻造用模具	30	用于抗中等磨损		10～30
	玻璃用模具	50	用于抗黏附磨损		30～60
	陶瓷工业用模具	50	用于抗严重磨损		60～120
滚筒及线盘		6～305	用于抗严重磨损及抗严重腐蚀		120～250
液压凸轮		13～150	用于修复		＞250

10.6.2　镀硬铬的工艺要求

镀硬铬的工艺要求参见表 10-16。

表 10-16　镀硬铬的工艺要求

基本要求	工艺操作要求
① 所有的钎焊、热处理和喷丸强化，均应在零件镀铬前进行 ② 钢铁零件电镀到最后尺寸，其表面的粗糙度，当工程图样上对镀铬表面粗糙度未做规定时，镀前粗糙度不应高于 $Ra0.40\mu m$，镀后应等于或低于 $Ra0.40\mu m$ ③ 如果零件其他表面粗糙度符合要求，则喷丸强化所引起的表面不平，无论是发生在铬镀层上或铬镀层内，即使铬镀层经磨光或抛光后仍可见到，是允许的 ④ 零件表面不应有明显的缺陷，如气孔、毛刺、裂纹、划伤、压坑及其他机械损伤 ⑤ 经磁力探伤和磨削加工的零件不应有剩磁 ⑥ 锻件、铸件、焊接件、冲压件及原材料，如带有相应的技术标准允许范围内的缺陷，允许镀铬 ⑦ 镀铬后必须在 4h 内除氢，如果钢的抗拉强度小于或等于 1050MPa、硬度小于或等于 34HRC 的钢铁零件，不需除氢 ⑧ 零件局部镀铬，不镀之处要绝缘，绝缘材料要求附着力好、耐铬酸浸蚀、镀后易剥离 ⑨ 由于铬镀分散能力和覆盖能力差，应根据镀件外形状态及复杂程度，考虑设置辅助阴极和仿形阳极 ⑩ 同一零件要求镀铬和镀镉，应先镀铬后镀镉，镀铬后不除氢，但必须在镀铬后 4h 内镀镉，镀镉后除氢 ⑪ 镀铬应禁止阴极电解除油、强浸蚀，允许高强度钢件在镀铬时采用阳极浸蚀（反镀）的方法，以提高铬镀层结合力 ⑫ 镀铬件退铬，应在碱性溶液中用阳极电解法进行退除	① 镀液温度的变化不超过±2℃，宜采用温度自动控制。镀铬温度变化应尽量控制在±1℃，电流密度的变化不超过 5A/dm² ② 预热。零件在镀槽中预热 1～5min。铜及铜合金件、镀铜及镀镍零件不能在镀槽中预热，必要时可在温水槽中预热，然后带电下槽 ③ 阳极浸蚀（反镀），按下列步骤进行： a. 零件在镀槽中预热后阳极浸蚀（反镀）30～90s，阳极电流密度一般为 30A/dm²，特殊情况下可加大阳极电流密度，达到或超过阴极电流密度 b. 铜及铜合金件、镀铜及镀镍零件不必阳极浸蚀（反镀），可带电下槽 c. 不锈钢及耐热钢阳极浸蚀（反镀）时，仅允许阳极电流密度为 10～15A/dm²，时间为 10～30s，使其表面活化，阳极浸蚀处理后在 3～5min 内阴极电流密度从零逐渐升至正常值，进行电镀 d. 铸铁零件一般不进行阳极浸蚀，特殊情况下阳极浸蚀不超过 10～30s。铸铁零件必要时可先镀铜打底 ④ 冲击电流。其作用是改善镀液的覆盖能力，并使镀层均匀，特别是对于复杂零件及表面粗糙零件镀铬尤其重要。采用冲击电流，是在阳极浸蚀后立即反转电流方向，即转为阴极，用高于正常值 1.5～2.5 倍左右的阴极电流密度冲击 1～2min，然后再逐渐降至正常阴极电流密度进行电镀

10.6.3　镀液组成及工艺规范

镀硬铬溶液有普通镀硬铬溶液（即常规镀硬铬溶液）和高效镀硬铬溶液。目前，国内从催化剂及添加剂上来研究如何提高电流效率、覆盖能力等，取得了成果，镀层质量已有很大提高。

（1）普通镀硬铬溶液

普通镀硬铬溶液的组成及工艺规范见表 10-17。

表 10-17　普通镀硬铬溶液的组成及工艺规范

溶液成分及工艺规范		1			2		
铬酐(CrO_3)/(g/L)		135～165			200～250		
硫酸(H_2SO_4)/(g/L)		1.35～1.65			2～2.5		
温度/℃		55	60	65	50	55	60
阴极电流密度/(A/dm²)	钢铁件	45	50	55	40	50	60
	铜件	25	35	—	25	35	—

（2）高效镀硬铬溶液

高效镀硬铬溶液是指在传统的普通镀铬溶液中，再加入一种或几种有机添加剂，并辅助加入少量无机化合物，以便使其镀液及镀层获得优良的性能。目前，国内已有这类添加剂商品供应。高效镀硬铬的特点[3]如下。

① 具有较高的电流效率和沉积速度，阴极电流效率达到 22%～27%，较传统镀铬液提高 1 倍，降低能耗。

② 铬镀层硬度高，其显微硬度可达到 HV800～1000。

③ 耐磨性一般可提高 20%，滑动摩擦提高 25%。

④ 铬镀层具有很多裂纹，一般可达 400 条/cm。铬镀层是微裂纹组织，能使腐蚀均匀分散，提高了铬镀层的防腐蚀能力。

⑤ 可使用较高的阴极电流密度（70A/dm²）。镀液不含氟化物，工件低电流密度区不会产生浸蚀。

⑥ 镀液分散能力优于传统镀铬溶液。

高效镀硬铬的溶液组成及工艺规范见表 10-18。

表 10-18 高效镀硬铬的溶液组成及工艺规范

溶液成分及工艺规范	1	2	3	4	5	6	7
	含量/(g/L)						
铬酐（CrO_3）	150～300	200～280	250	150～300	250	250	180～240
硫酸（H_2SO_4）	1.5～3.3	1.8～2.3	2.7	1.5～3	2.7	2.7	1.8～2.4
三价铬（Cr^{3+}）	2～5	1～3	—	2～6	—	1～3	1～3
3HC-25 添加剂/(mL/L)	7～9	—	—	—	—	—	—
8F 铬雾抑制剂	0.03	—	—	—	—	—	—
CR-102A 开缸剂/(mL/L)	—	10	—	—	—	—	—
STHC-2 添加剂/(mL/L)	—	—	20	—	—	—	—
HP-6201 添加剂	—	—	—	3～4	—	—	—
HEEF-25RS 添加剂	—	—	—	—	适量	—	—
HEEF-25R 添加剂/(mL/L)	—	—	—	—	适量	—	—
HVEE 添加剂（开缸）	—	—	—	—	—	3	—
HVEE 添加剂 补给量	—	—	—	—	—	2g/(kA·h)	—
CR-203A 开缸剂/(mL/L)	—	—	—	—	—	—	25～30
温度/℃	55～70	55～60	60	55～65	58	55～60	55～65
阴极电流密度/(A/dm²)	50～100	40～90	60	30～80	60	30～90	40～90
阳极面积:阴极面积	(2～3):1	(2～3):1	(2～3):1	(2～3):1	2:1	—	(2～3):1

注：1. 配方 1 的 3HC-25 添加剂、8F 铬雾抑制剂是上海永生助剂厂的产品。电流效率可达到 20%～27%，沉积速度快，达 1～1.5μm/min。硬度达 HV1000 以上。3HC-25 消耗量约 2～4mL/(kA·h)。阳极：含锡 8%的铅-锡合金板（经过锻压）或含锑 6%的铅-锑合金板（经过锻压）。

2. 配方 2 的 CR-102A 开缸剂是广东达志化工有限公司的产品。

3. 配方 3 的 STHC-2 添加剂是郑州鑫顺电镀技术有限公司的产品。镀层硬度可达 1000HV 以上，阴极电流效率可达 22%～27%，能产生微裂纹（400～1000 条/cm 以上）。

4. 配方 4 的 HP-6201 添加剂是东莞市华普表面处理有限公司的产品。

5. 配方 5 的 HEEF-25RS 添加剂、HEEF-25R 添加剂是安美特（广州）化学有限公司的产品。开缸的添加剂（HEEF-25RS、HEEF-25R）的用量见商品说明书。消耗补充量：HEEF-25RS 150g/（1000A·h）、HEEF-25R 350mL/L，两者交替补充使用。

6. 配方 6 的 HVEE 添加剂是江苏梦得电镀化学品有限公司的产品。

7. 配方 7 的 CR-203A 开缸剂是广州美迪斯新材料有限公司的产品。镀层具有微裂纹（400～1500 条/cm），耐蚀性高。镀层硬度为 1050～1200HV。阴极电流效率达 26%。可用铬雾抑制剂改善操作环境。

10.7 滚镀铬

细小零件用挂镀方法镀铬，不仅效率低、装卸挂具劳动量大，而且零件上常留下夹具痕，影响产品质量。因此，采用滚镀可提高质量和生产效率。滚镀铬多用于体积小、数量多、又难于悬挂零件的装饰性镀层。但只适用于形状简单、具有一定自重的零件的电镀;不适用于扁平片状、自重轻以及外观要求较高零件的电镀。

滚镀铬比滚镀其他金属要困难些,因为镀铬液覆盖能力差;滚镀铬无牢固的接触点;电流断续使镀层结合力和光亮度降低;升温快。

滚镀铬溶液不能只采用硫酸催化剂,应采用与氟硅酸(或氟硅酸盐等)配合使用的催化剂,这是因为滚镀铬时镀件不断传(翻)动和相互碰撞,因而电接触的情况不断变化,电流密度时大时小,甚至还有断电的过程。因滚镀液中有氟硅酸离子,而它具有使铬镀层表面活化的作用,电流中断后再镀时,仍然能获得结合力良好的光亮铬镀层。

滚镀铬对镀件的镀前处理比较简单,由于是在中间层(如镍、锌-铜、铜-锡、镍-铁、锌-铁合金等)上套铬,这时可在5%(体积分数)的硫酸溶液中活化,仔细清洗后就可以进行滚镀铬。

(1) 镀液组成及工艺规范

滚镀铬的溶液组成及工艺规范见表 10-19。

表 10-19　滚镀铬的溶液组成及工艺规范

溶液成分及工艺规范	1	2	3	4	5
	含量/(g/L)				
铬酐(CrO_3)	180～220	250～270	300～350	400～500	300～350
硫酸(H_2SO_4)	0.5	0.5	0.6～0.9	0.4～0.5	—
32%氟硅酸(H_2SiF_6)	5～7	3～5	5～6	—	17
氟硅酸钠(Na_2SiF_6)	—	—	—	6～8	—
氟硼酸(HBF_3)	—	—	2～3	—	—
草酸($H_2C_2O_4 \cdot 2H_2O$)	—	—	—	—	1
温度/℃	10～35	25～35	25～35	30～35	<45
总电流/(A/筒)	240～300	250～300	200～250	200～300	200～300
每筒装载质量/kg	1～3	1～3	1～3	1～3	1～3
时间/min	30～40	30～40	30～40	20～30	30～40
滚筒转速/(r/min)	0.5～3	1	0.5～3	0.5～3	0.5～3

注:表中滚筒直径为350mm,长度为350mm。

(2) 工艺规范说明

① 镀液温度　一般为 30～35℃,大于 36℃时镀层颜色发白。为防止滚镀液温度升高,需要设置冷却装置。

② 滚筒转速　一般宜选用 1r/min。对于圆形的、小的、轻的镀件可采用较低的转速;对于扁形、大的、重的镀件可采用较高的转速。

③ 滚筒装载量及工作电流　按下列情况考虑。

a. 滚筒每次装载镀件的面积应尽量接近。

b. 镀件在镀液中的浸没深度一般为滚筒直径的 30%～40%。

c. 滚筒所采用的工作电流(电镀电流),应根据滚镀液的电流密度(一般约为 10～30A/dm^2)及装载镀件面积来确定。常用的卧式滚镀机的筒内装料量一般不超过 5kg。下列的滚筒装载量及所需电镀电流值,可供参考。

(a) 滚筒工作尺寸(直径×长度)ϕ350mm×350mm,装料量约为 1～3kg,所需电镀电流为 200～300A。

（b）滚筒工作尺寸（直径×长度）ϕ420mm×600mm，装料量约为 3～5kg，所需电镀电流为 400～600A。

d. 滚镀时间由镀层厚度确定。

e. 其他工艺控制。镀大总面积时，可在滚筒外另加挂辅助阳极；带电入槽，开始时用大电流冲击 1～2min。

10. 8　复合镀铬

由铬酐和两种催化剂（硫酸和氟硅酸）组成的镀液，称为复合镀铬溶液。它具有电流效率高（18％～25％）、分散能力和覆盖能力好、光亮电流密度范围宽、阴极电流密度可提高到 80A/dm^2 以上等特点。复合镀铬适用于装饰性镀铬、镀硬铬及小件滚镀铬。氟硅酸可降低沉积铬的临界电流密度，并具有活化作用，短时断电，重新电镀不会引起铬层脱皮。但镀液腐蚀性强，必须采取相应的防护措施。

10. 8. 1　复合镀铬与普通镀铬的比较

复合镀铬与普通镀铬的比较见表 10-20。

表 10-20　复合镀铬与普通镀铬的比较

项目	复合镀铬	普通镀铬
镀液	成分：铬酐、硫酸、氟硅酸 含量控制：CrO$_3$：H$_2$SO$_4$＝200：1 加入 H$_2$SiF$_6$　约5g/L，镀液很稳定	成分：铬酐、硫酸 含量控制：CrO$_3$：H$_2$SO$_4$＝100：1
光泽范围	光亮范围：宽 镀液温度控制：±5℃ 光泽：带有浅蓝银白色的光亮镀层	光亮范围：窄 镀液温度控制：±（1～2）℃ 光泽：不如复合铬镀层美观
光亮硬质铬范围	光亮硬质铬范围（温度及电流密度）较宽，对铬镀层加厚、加硬有好处。由于可采用较高的电流密度，所以分散能力也提高。更适用于形状复杂的各种模具的镀铬	光亮硬质铬范围（温度及电流密度）较窄，温度及电流密度对硬度影响很大，应严格控制
操作条件对硬度的影响	所获铬镀层硬度要比普通镀铬高 当电流密度为 60A/dm^2、温度为 60℃时，硬度为 64HRC；当温度提高到 65℃时，硬度仍高达 61HRC	铬镀层硬度要比复合镀铬低 当电流密度为 60A/dm^2、温度为 60℃时，硬度为 59HRC；当温度提高到 65℃时，硬度则显著降低到 54HRC
气孔率	铬镀层气孔率很小，气孔为 0～1 个/dm^2，镀层组织很细致，裂纹也很小，完全可以达到标准中的裂纹和孔隙率的要求	气孔较多，超过 5 个/dm^2
表面加工精度对铬镀层的影响	镀前表面不抛光，也能获得光泽细致、颗粒很少的镀层	镀前表面需要抛光，如不抛光，铬镀层表面颗粒很多
电流效率	电流效率可高达 26％左右	电流效率为 13％～18％
镀层的其他性能	与基体结合力、韧性、耐磨性等优于普通镀铬	与基体结合力、韧性、耐磨性等不如复合镀铬
镀液的腐蚀性	由于有氟硅酸，腐蚀性强，容易腐蚀零件、镀槽、加热管、阳极等	镀液腐蚀性比复合镀液小

10. 8. 2　镀液组成及工艺规范

装饰性复合镀铬的溶液组成及工艺规范见表 10-21。

硬铬、厚铬等复合镀铬的溶液组成及工艺规范[1] 见表 10-22。

表 10-21　装饰性复合镀铬的溶液组成及工艺规范

溶液成分及工艺规范	1	2	3	4	5
	含量/(g/L)				
铬酐(CrO_3)	50～60	50～60	80～120	120～130	200～250
硫酸(H_2SO_4)	0.45～0.55	0.45～0.65	0.8～1.2	0.9～1.0	1～1.25
38%氟硅酸(H_2SiF_6)	0.6～0.8		1～1.5	0.4	3～5
氟硅酸钠(Na_2SiF_6)	—	0.5～0.8	—		
温度/℃	53～55	53～55	53～57	45～50	45～55
阴极电流密度/(A/dm^2)	30～40	30～40	30～40	20～25	25～40

注：1. 配方 5 的氟硅酸含量为 3～5g/L，以 100%计。
2. 阳极采用铅-锡合金。

表 10-22　硬铬、厚铬等复合镀铬的溶液组成及工艺规范

溶液成分及工艺规范		工艺规范		
成分	含量/(g/L)	温度/℃	阴极电流密度/(A/dm^2)	沉积速度/(μm/h)
铬酐(CrO_3)	200～250	50±2	40～45	40～45
硫酸(H_2SO_4)	1～1.25	55±2	50～55	50～55
氟硅酸(H_2SiF_6)	3～5（以 100%计）	60±2	60～65	60～65
		65±2	70～80	70～80

注：1. 因镀层裂纹不明显，不宜用于松孔镀铬。
2. 氟硅酸也可用氟硅酸钠，含量为 4～8g/L。
3. 阳极采用铅-锡合金。

　　复合镀铬溶液比较稳定，由于铬酸中已含有少量硫酸，因此加入铬酐时已间接补充了硫酸含量，所以不必添加硫酸。

　　氟硅酸在生产中消耗比较快，必须分析镀液，定期添加。氟硅酸不足时，镀层会呈银白色，而无光泽，及时补充氟硅酸，即会恢复光泽铬镀层。

　　复合镀铬溶液酸性强，因为氟硅酸在高温时容易产生氢氟酸，其腐蚀性很强。零件、镀槽、加热管等容易受腐蚀。镀铬槽不能采用铅衬里，可采用聚氯乙烯硬塑料或软塑料作衬里材料。加热管可用氟塑料管、不锈钢管外包氟塑料，也可采用钛合金材料。

　　不镀的镀件表面应加强绝缘遮盖包扎保护，防止镀液渗入造成腐蚀。

　　复合镀铬使用的挂具，要保持有足够的截面，使电流通过时不产生热量，装挂要牢固。

　　超高强度钢材料，例如铬锰硅镍钢（30CrMnSiNi2A）材料，因对氢脆、应力很敏感，为避免受腐蚀而引起的裂纹倾向性，规定其不采用复合镀铬。

10.9　自动调节镀铬

　　自动调节镀铬与标准镀铬的不同之处，是在其溶液中以硫酸锶代替了标准镀铬液中的硫酸，而新添加了氟硅酸钾，组成为复合催化剂。由于在电镀过程中，过量添加的低溶解度的催化剂的盐类，能够通过自动电离来补充镀液中的硫酸催化剂，以达到自动调节镀液的目的，其工作原理如下。

　　以硫酸锶（$SrSO_4$）和氟硅酸钾（K_2SiF_6）为催化剂，在一定温度和一定浓度的铬酐溶液中，硫酸锶和氟硅酸钾各自存在着沉淀溶解平衡，并分别有一个溶度积（L）常数：

$$SrSO_4 \rightleftharpoons Sr^{2+} + SO_4^{2-}$$

$$K_2SiF_6 \Longleftrightarrow 2K^+ + SiF_6^{2-}$$

$$[Sr^{2+}] \cdot [SO_4^{2-}] = L_{SrSO_4} = K_1 \text{（常数）}$$

$$[K^+]^2 \cdot [SiF_6^{2-}] = L_{K_2SiF_6} = K_2 \text{（常数）}$$

以上两种盐，由于溶解度较低，在生产时有固体沉淀在槽内，达到饱和状态。当镀液中催化剂 SO_4^{2-} 或 SiF_6^{2-} 浓度不足时，沉淀的硫酸锶（$SrSO_4$）或氟硅酸钾（K_2SiF_6）将溶解，补充镀液内的 SO_4^{2-} 或 SiF_6^{2-}；当催化剂 SO_4^{2-} 或 SiF_6^{2-} 浓度过高时，过量的 SO_4^{2-} 或 SiF_6^{2-}，将分别与 Sr^{2+} 或 K^+ 化合成 $SrSO_4$ 或 K_2SiF_6 盐而结晶析出，成为饱和沉淀物。这样保持镀液的稳定。这种能自动调节并保持镀液稳定的镀铬，称为自动调节镀铬。

镀液中加入氟硅酸钾（K_2SiF_6），与硫酸锶（$SrSO_4$）组成复合催化剂，能大大改善铬镀层质量。而加了这种复合催化剂，所获得的铬镀层质量却和复合镀铬的铬镀层质量相同。

这类镀液可省去催化剂的分析和调整，比值始终保持一致，操作管理方便。这类镀液具有较好的分散能力和覆盖能力，光亮电流密度范围较宽等优点。但镀液腐蚀性强。

自动调节镀铬的溶液组成及工艺规范见表 10-23。

表 10-23　自动调节镀铬的溶液组成及工艺规范

溶液成分		工艺规范		
成分	含量/(g/L)	镀铬种类	温度/℃	阴极电流密度/(A/dm²)
铬酐(CrO_3)	250~300	装饰铬	50~60	30~45
硫酸锶($SrSO_4$)	6~8	缎面铬	55~62	40~60
氟硅酸钾(K_2SiF_6)	20	硬铬	55~62	40~80
阳极：铅-锑合金或铅-锡合金		乳白铬	70~72	25~30

注：阳极材料，铅-锑合金（锑的质量分数为 6%~8%）；铅-锡合金（锡的质量分数为 8%~10%）。

市售商品 CR-AB 低温高效自调节镀铬添加剂，其镀液温度低，具有较好的分散能力和覆盖能力，阴极电流效率可达 25%~28%，可自动调节硫酸根浓度，镀液稳定。其镀液组成及工艺规范如下：

铬酐（CrO_3）　　　　　　　　　150~220g/L
CR-A 添加剂　　　　　　　　　　3~5mL/L
CR-B 添加剂　　　　　　　　　　15~25mL/L
密度（波美度/°Bé）　　　　　　　15~20
温度　　　　　　　　　　　　　　25~40℃
阴极电流密度　　　　　　　　　　2~25A/dm²
阳极　　含 Sn 为 6%~8%（质量分数）的 Pb-Sn 合金
每补充 1kg 铬酐需加入 CR-A 添加剂 10mL/L、CR-B 添加剂 100mL/L。
注：CR-A、B 添加剂是广州美迪斯新材料有限公司的产品。

10.10　快速镀铬

快速镀铬溶液，是在普通镀铬溶液（标准镀铬溶液）的基础上，加入硼酸及氧化镁，可允许使用较高的电流密度，从而提高了沉积速度，所得镀层内应力小，与基体的结合力好，分散能力好，镀层结晶细致，硬度高（HRC61~62）。

镀液内加入硼酸，可使阴极电流密度的允许范围提高，改善镀液导电性能，大大加快沉积速度。加入氯化镁，可在使用高的电流密度时，不使电流效率降低。目前，在镀铬溶液中再加入有机添加剂，不仅可以采用高的电流密度，而且电流效率可大大提高（22%~27%），镀层性能优良。

快速镀铬的溶液组成及工艺规范见表 10-24。

表 10-24　快速镀铬的溶液组成及工艺规范

溶液成分		工艺规范		
成分	含量/(g/L)	镀铬种类	温度/℃	阴极电流密度/(A/dm²)
铬酐(CrO_3)	180～250	装饰铬	55～60	30～45
硫酸(H_2SO_4)	1.8～2.5	缎面铬	55～60	40～60
硼酸(H_3BO_3)	8～10	硬铬	55～60	40～80
氧化镁(MgO)	4～5	乳白铬	70～72	25～30

10.11　冷镀铬

在室温下进行镀铬，称为冷镀铬。冷镀铬不需加热，节能，改善劳动条件。对铜及铜合金件无显著腐蚀。电流效率高，分散能力和覆盖能力很好，由于阴极电流密度较低，沉积速度慢，可适用于镀薄的光亮铬镀层。冷镀铬可以挂镀和滚镀，多用于滚镀。

镀液由铬酐和氟化物（NH_4F 或 NaF）组成，也可加入少量硫酸。镀液温度和阴极电流密度较低。冷镀铬的溶液组成及工艺规范见表 10-25。

表 10-25　冷镀铬的溶液组成及工艺规范

溶液成分及工艺规范	1	2	3	4
	含量/(g/L)			
铬酐(CrO_3)	250	250	300	350～400
硫酸(H_2SO_4)	0.6	0.6	—	—
氟化钠(NaF)	—	10	—	7～10
氟化铵(NH_4F)	4～6	—	6	—
硫酸铬[$Cr(SO_4)_3$]	—	—	15	—
三价铬(Cr^{3+})	—	—	—	3～6
温度/℃	18～30	18～30	18～30	18～20
阴极电流密度/(A/dm²)	5～15	5～15	5～15	8～12

10.12　四铬酸盐镀铬

这类镀液中的铬酸被碱中和到以四铬酸钠的形式存在，因此称为四铬酸盐镀铬。镀液的铬酐浓度较高，除含有铬酐、硫酸外，还加有氢氧化钠、氟化钠、柠檬酸钠和糖等。这种镀液具有很多优点，是很有发展前途的一种新镀液，但由于镀层色泽与铬酸镀液获得的镀层色泽还有差距，尚未取得大量应用。

(1) 四铬酸盐镀铬的特点

① 优点

a. 允许阴极电流密度高（20～80A/dm²）、沉积速度快。

b. 电流效率高（可高达 30%～37%）。

c. 镀液具有良好的分散能力和覆盖能力。

d. 铬镀层延展性好，内应力低，在低厚度时成为致密的镀层，因此具有良好的耐蚀性。

e. 镀液不需加热，电镀时电流中断也不会造成铬镀层脱落。

f. 镀液性能稳定，对杂质敏感性小，镀层结晶细致、孔隙少、易抛光，具有良好的耐蚀性。

g. 由于大量铬酸被中和，显著地降低镀液的浸蚀性，所以，在黄铜、锌层或锌压铸件上可直接镀铬。

② 缺点

a. 镀层硬度较低。

b. 镀层色泽灰暗，如需光亮度，必须抛光。

c. 使用高电流密度时，需要冷却镀液。

（2）镀液组成及工艺规范

四铬酸盐镀铬的溶液组成及工艺规范见表 10-26。

表 10-26　四铬酸盐镀铬的溶液组成及工艺规范

溶液成分		工艺规范		
成分	含量/(g/L)	镀铬种类	温度/℃	阴极电流密度/(A/dm²)
铬酐（CrO_3）	350～400	装饰铬	20～45	20～40
硫酸（H_2SO_4）	1.5～2	缎面铬	20～45	30～50
氢氧化钠（NaOH）	52	阳　极	铅-锑合金（含锑 6%～8%，质量分数）		
柠檬酸钠（$Na_3C_6H_5O_7$）	3～5	备注	镀液温度在 20～35℃时，铬镀层颜色为灰色；35～45℃时为银白色。温度控制在 25℃左右时，电流效率最高，温度不应低于 20℃。镀液剧烈发热时，需用冷水冷却或安装冷冻装置		
氟化钠（NaF）	2～4				
糖	0.5～2				
三价铬（Cr^{3+}）	5～8				

（3）镀液中各成分的作用

① 氢氧化钠　氢氧化钠（NaOH）与铬酐（CrO_3）生成四铬酸钠（$Na_2Cr_4O_{13}$），它直接参加铬离子还原成金属铬的反应，而氢氧化钠对电流效率和镀层质量都有较大影响。其含量低于 20g/L，电流效率只有 10%左右；含量为 50g/L 时，电流效率高达 25%～30%；含量超过 80g/L 时，镀层质量变差。

② 氟化钠　对铬离子有配合作用，提高阴极极化作用，促使结晶细致，并提高结合力，但会降低镀层硬度。

③ 柠檬酸钠　可提高镀层硬度，易于抛光，同时有掩蔽铁离子杂质的作用。加入量一般为 3～5g/L，含量超过 5g/L 时，镀层脆性增大。

④ 糖　作为还原剂，使 Cr^{6+} 还原为 Cr^{3+}，以稳定镀液中的三价铬。糖的最佳含量为 1～2g/L，含量过高，镀层变脆。

10.13　双层镀铬

双层镀铬也称双重铬。其作用是提高镀层的耐蚀性、耐磨性。所以有两种双层铬形式，即耐蚀双层铬和耐磨双层铬。

（1）耐蚀双层铬

耐蚀双层铬的生产工艺是，先在标准镀铬溶液中镀第一层铬，然后在无气孔和低裂纹的镀铬溶液中镀第二层铬，这样可以获得高耐蚀性的双层铬镀层。

（2）耐磨双层铬

在乳白铬镀层上再镀上一层光亮耐磨铬，来达到耐蚀、耐磨的双重目的，这种双层铬称为耐磨双层铬，这是用来提高耐蚀耐磨性能比较好的工艺。其工艺方法是，在基体表面（粗糙度 Ra 为 $0.2 \sim 0.10 \mu m$）上，先镀上一层 $10 \sim 20 \mu m$ 厚的乳白铬，然后在其上再镀一层 $20 \sim 30 \mu m$ 厚的耐磨性硬铬，这种镀层组合既耐蚀又耐磨。

这种耐磨双层铬的电镀，也可以在同一镀铬槽内进行，先将镀液加热到 $65 \sim 70$℃，镀第一层乳白铬，不取出镀件，也不断电，将阴极电流密度降至 $5 \sim 15 A/dm^2$，将镀液温度降到 $58 \sim 60$℃，再提高阴极电流密度至 $55 \sim 60 A/dm^2$，镀硬铬镀到所需时间。

镀双层铬的溶液组成及工艺规范[1]见表 10-27。

表 10-27　镀双层铬的溶液组成及工艺规范

溶液成分及工艺规范	耐蚀双层铬		耐磨双层铬	
	第一层（标准镀液）	第二层（无气孔和低裂纹镀液）	第一层（乳白铬镀液）	第二层（标准镀液镀耐磨硬铬）
	含量/(g/L)			
铬酐(CrO_3)	250	350	$220 \sim 250$	$200 \sim 250$
硫酸(H_2SO_4)	2.5	2.3	$2.2 \sim 2.5$	$2 \sim 2.5$
$CrO_3 : H_2SO_4$	100∶1	150∶1	100∶1	100∶1
镀液温度/℃	50 ± 1	60 ± 1	$65 \sim 70$	60 ± 2
阴极电流密度/(A/dm²)	50	35	$25 \sim 30$	$55 \sim 60$
时间/min	—	—	$35 \sim 40$	$50 \sim 60$

10.14　镀乳白铬

通过改变镀铬溶液的工艺规范，在较高镀液温度（$65 \sim 75$℃）和较低的阴极电流密度（$20 A/dm^2 \pm 5 A/dm^2$）下获得的乳白色的无光泽的铬镀层称为乳白铬。它具有柔和舒适、带有弱反光的乳白色调，韧性好，能承受较大的变形而不致剥落。铬镀层孔隙少、裂纹少、内应力小、耐蚀性好，但镀层硬度比硬铬稍低些，维氏硬度为 $5884 \sim 6865 MPa$（HV600～700）。

乳白铬可直接镀覆在钢、锌、铝制品上，以代替多层电镀。在乳白色铬镀层上再镀一层光亮硬铬，能提高耐蚀耐磨性能，即称耐磨双层铬。

乳白铬常用于军工如航空、航天、兵器、船舶以及机械工业。乳白铬直接镀在喷砂后的表面上，能达到缎面铬外观，并具有良好的耐蚀性，常用于量具、分度盘、仪器面板等镀铬。

但镀乳白铬镀液温度高，能耗大，而由于阴极电流密度低，镀铬速度慢，生产效率低，因而在加厚镀铬工艺中不常使用。

镀乳白铬的镀液组成及工艺规范见表 10-28、表 10-29。

表 10-28　镀乳白铬的镀液组成及工艺规范 (1)

溶液成分及工艺规范	普通镀铬液			自动调节镀铬液	快速镀铬液
	1	2	3		
	含量/(g/L)				
铬酐(CrO_3)	$130 \sim 150$	$150 \sim 180$	250	$250 \sim 300$	$180 \sim 250$
硫酸(H_2SO_4)	$1.3 \sim 1.5$	$1.5 \sim 1.8$	2.5	—	$1.8 \sim 2.5$
硫酸锶($SrSO_4$)	—	—	—	$6 \sim 8$	—

续表

溶液成分及工艺规范	普通镀铬液			自动调节镀铬液	快速镀铬液
	1	2	3		
	含量/(g/L)				
氟硅酸钾(K₂SiF₆)	—	—	—	20	—
硼酸(H₃BO₃)	—	—	—	—	8～10
氧化镁(MgO)	—	—	—	—	4～5
温度/℃	70～75	74～79	70～72	70～72	70～72
阴极电流密度/(A/dm²)	30～40	25～30	25～30	25～30	25～30

表 10-29　镀乳白铬的镀液组成及工艺规范 （2）

溶液成分及工艺规范		1			2		
铬酐(CrO₃)/(g/L)		135～165			200～250		
硫酸(H₂SO₄)/(g/L)		1.35～1.65			2～2.5		
温度/℃		65	70	75	65	70	75
阴极电流密度/(A/dm²)	钢铁件	20	30	40	20	30	40
	铜件	20	30	40	20	30	40

10.15　镀黑铬

10.15.1　概述

黑铬是在一定组成的镀液中，获得的没有反光作用的镀层，它不是纯金属铬，而是由金属铬和三氧化二铬的水合物组成的，具有树枝状结构，金属铬以微粒形式弥散在铬的氧化物中，形成吸光中心，由于对光波的完全吸收，而使镀层呈现黑色，即黑色铬镀层。镀层中三氧化二铬含量越大，其黑度越佳。黑铬镀层属于功能性镀层中的一种特殊镀层，因为黑铬镀层具有和铬镀层相同的特性，并具有良好的物理、化学性能，色泽黑并具有均匀的光泽，瑰丽的装饰外观，耐磨、耐蚀、耐热等优点。耐蚀性优于普通镀铬，热稳定性高，加热到480℃，外观无明显变化，与底层结合力好。但其硬度较低，只有 HV130～350。镀黑铬应用广泛，如照相机、光学仪器、仪表系统、军用武器等零部件上常采用镀黑铬来防止光的漫反射，以及用于轻工、日用品等作装饰用，尤其是用作太阳能吸收器的吸收镀层。

黑铬镀层可以直接在钢铁、铜、镍和不锈钢上进行电镀，也可以先镀中间层，如钢铁件镀黑铬，先镀铜、镀镍或铜-锡合金作底层；黄铜件镀黑铬则用镀镍作底层。黑铬镀层的耐蚀性，取决于中间镀层以及镀铬的质量，因为黑铬电镀工艺与装饰性镀铬相似，可以采用双层镍或三层镍等高耐蚀性的电镀工艺。

从提高黑铬镀层的耐蚀性和装饰的外表美观出发，根据制品的需要，增加镀后处理工序，如涂蜡、浸油、喷涂有机涂覆层，或浸涂透明清漆。

10.15.2　镀液组成及工艺规范

黑铬镀液以铬酐水溶液为主，与普通镀铬溶液相似，只是催化剂不能用硫酸。因有硫酸根存在时，铬镀层显淡黄色或灰色。所以，在配制镀液时，必须将铬酐中存在的硫酸用碳酸钡或氢氧化钡彻底除净，这是镀黑铬工艺的关键。

在镀黑铬溶液中，采用两种催化剂比单纯一种催化剂的效果优越。目前生产上广泛采用醋酸和氟硅酸作为催化剂。

镀黑铬的溶液组成及工艺规范见表 10-30、表 10-31，市售商品添加剂的镀黑铬工艺规范见表 10-32。

表 10-30 镀黑铬的镀液组成及工艺规范（1）

溶液成分及工艺规范	1	2	3	4	5	6	7	8
	含量/(g/L)							
铬酐(CrO$_3$)	300～350	200～250	300～350	250～300	200～300	200～250	250～300	250～400
硝酸钠(NaNO$_3$)	8～12	—	7～12	7～11	—	5	7～11	—
醋酸(CH$_3$COOH)	—	6～6.5	—	—	20～180	6.5	—	3
硼酸(H$_3$BO$_3$)	25～30	—	25～30	20～25	—	—	3～5	—
氟硅酸(H$_2$SiF$_6$)	0.1～0.3	—	—	0.1～0.3	—	—	—	—
氯化镍(NiCl$_2$·6H$_2$O)	—	—	—	20～50	—	—	—	—
醋酸钡[Ba(CH$_3$COO)$_2$]	—	—	—	—	3～7	—	—	—
尿素[CO(NH$_2$)$_2$]	—	—	—	—	—	—	—	3
温度/℃	20～40	<40	<40	18～35	20～40	30～50	25～30	25
阴极电流密度/(A/dm^2)	45～60	50～100	35～60	35～60	25～60	50～100	40～50	50
时间/min	15～20	5～10	10～20	15～20	10～20	5～10	15～20	—

注：在配制镀液时，必须将铬酐中存在的硫酸彻底除净。

表 10-31 镀黑铬的镀液组成及工艺规范（2）

溶液成分及工艺规范	1	2	3	4	5	6	7	8
	含量/(g/L)							
铬酐(CrO$_3$)	200～300	300	350	250	250	250～400	200	250
硝酸钠(NaNO$_3$)	7～11	7	—	—	—	—	—	—
亚铁氰化钾{K$_4$[Fe(CN)$_6$·3H$_2$O]}	—	—	—	—	3	—	—	—
硼酸(H$_3$BO$_3$)	—	—	15	30	15	—	—	—
氨基磺酸(HSO$_3$NH$_2$)	—	—	—	—	20	—	—	5～40
硼酸铵[(NH$_4$)$_3$BO$_3$]	—	—	—	—	—	10～30	—	—
草酸[(C$_2$H$_2$O$_4$)·2H$_2$O]	—	—	—	10	—	—	—	—
醋酸(CH$_3$COOH)	—	—	—	—	—	—	5	—
氯化镍(NiCl$_2$·6H$_2$O)	—	—	—	—	—	—	20	—
硝酸钒[V(NO$_3$)$_5$]	—	—	—	—	—	—	2	—
温度/℃	15～40	30	18～28	30	20	20～30	25～35	15～35
阴极电流密度/(A/dm^2)	30～60	100	8～20	30～100	80	7～13	100	10～100

注：在配制镀液时，必须将铬酐中存在的硫酸彻底除净。

表 10-32　市售商品添加剂的镀黑铬工艺规范

添加剂名称及型号	成分及含量/(g/L)		工艺规范	备注
BC-1 黑铬添加剂	铬酐(CrO_3) BC-1 添加剂	280～320 12～15	温度：15～35℃ 电流密度：25～35A/dm² 时间：20～30min	上海永生助剂厂的产品
CR-205 高效黑铬添加剂	铬酐(CrO_3) BC-1 添加剂	350～450 20～25	温度：20～30℃ 电流密度：10～50A/dm²	广州美迪斯新材料有限公司的产品
LY-022 黑铬盐	铬酐(CrO_3) LY-022 黑铬盐	400 28	温度：15～28℃ 电流密度：17～38A/dm² 时间：4～8min	天津市中盛表面处理技术有限公司的产品
TH-203 黑铬添加剂	铬酐(CrO_3) 三价铬(Cr^{3+}) TH-203 添加剂	400～500 4～15 8～12	温度：15～25℃ 电流密度：15～40A/dm² 时间：4～8min	吉和昌精细化工有限公司的产品
GG-CR64 黑铬添加剂	铬酐(CrO_3) 三价铬(Cr^{3+}) GG-CR64 添加剂	350～450 4～15 8～15	温度：15～25℃ 电流密度：25A/dm²（沉积速度0.5μm/min）	深圳市宝安区松岗国光电镀原料经营部的产品
BL 黑铬添加剂	铬酐(CrO_3) 硝酸钠($NaNO_3$) 硝酸银($AgNO_3$) BL 添加剂	200～250 4 1 40mL/L	温度：<40℃ 电流密度：20～30A/dm² 时间：10min	广州电器科学研究所的产品
BC 黑铬添加剂	铬酐(CrO_3) 硝酸钠($NaNO_3$) 氟硅酸(H_2SiF_6) BC 添加剂	200～300 3.5～4.5 1mL/L 40～50mL/L	温度：<40℃ 电流密度：20～30A/dm² 时间：10min	上海轻工业研究所的产品
黑铬添加剂	铬酐(CrO_3) 三价铬(Cr^{3+}) 黑铬添加剂	350～450 4～10 8～15	温度：15～25℃ 电流密度：10～70A/dm² 时间：1～10min 阳极面积∶阴极面积＝(1.2～2)∶1	东莞市浩伦表面处理材料有限公司的产品

10.15.3　镀液中各成分的作用

① 铬酐　它是镀液的主要成分，含量在 150～400g/L 范围内均可获得黑铬镀层。铬酐含量偏低，镀液覆盖能力较差；含量偏高，虽然镀液覆盖能力有所改善，但镀层硬度降低，抗磨性能下降。镀液的铬酐含量一般应控制在 250～350g/L。

② 硼酸　它能使镀层细致，可使镀层减轻挂灰，并可使镀层呈现较好的黑色，略可提高镀液覆盖能力。硼酸含量过高，会使镀层出现脆性、脱落等现象。

③ 硝酸钠　它是镀液中的发黑剂，硝酸钠含量偏低，镀层不黑；含量偏高，镀液的分散能力和覆盖能力较差。一般硝酸钠含量控制在 7～12g/L 范围内。也可加入硝酸铬 [$Cr(NO_3)_3$] 和硝酸（HNO_3）作为发黑剂。

④ 醋酸　它有催化剂的作用，略可增加镀液导电性，也可用醋酸钡替代。

⑤ 氟硅酸　它是催化剂。镀液中只要含有 0.1g/L 氟硅酸，就能提高镀液的分散能力和镀层的黑度。含量过高，会引起镀层的脆性，发生脱落。因此，应严格控制其含量（含量一般为0.1～0.3g/L）。

⑥ 氯化镍　氯化镍的作用是可拓宽镀液温度。镀液中添加钒盐可以使操作范围放宽。如同时加入氯化镍和钒盐，则可较大地放宽操作范围。

⑦ 脲素　镀液中加入 3g/L 脲素，可加宽阴极电流密度范围和改善镀层光泽。

10.15.4 工艺规范的影响

① 镀液温度 温度对镀层色泽和镀液性能影响较大。最佳条件是低于 25℃，当温度高于 40℃时，镀层表面产生灰绿色浮灰，镀液覆盖能力降低。最好在 30℃以下进行电镀，电镀过程中会升温，因此，要考虑冷却装置。

② 阴极电流密度 电流密度也对镀层色泽和镀液性能影响较大。阴极电流密度宜大于 40A/dm²，电流密度过小，镀层呈灰黑色，甚至出现彩虹色；但不宜过大，当大于 80A/dm² 时，镀层易烧焦，而且镀液激烈升温。

③ 电镀时间 根据各种镀液的性能，确定电镀时间，一般为 5min 以上，如镀层不够黑，应适当延长电镀时间。

④ 阳极 一般采用铅-锑合金（锑含量为 6%～8%，质量分数），或用碳钢、高密度石墨。

10.15.5 杂质的影响及处理方法

镀黑铬应注意避免将前处理或电镀工序的污染物，特别是氯化物带到镀液中，因为氯化物（Cl^-）、SO_4^{2-} 以及 Cu^{2+} 和 Fe^{3+} 等杂质对黑铬镀层影响较大。杂质的影响及处理方法见表 10-33。

表 10-33 杂质的影响及处理方法

镀液中的杂质	杂质的来源、影响及处理方法
Cl^-	Cl^- 含量高,将显著地降低镀液的分散能力。过量的 Cl^-（0.1g/L 时）使黑铬镀层工艺范围缩小,镀层褐黄色浮灰,发花,易烧焦,而难以得到黑铬镀层。配制镀液应使用纯水。过量的 Cl^- 可用 6 倍于 Cl^- 量的硝酸银（$AgNO_3$）与其反应生成沉淀而除去
SO_4^{2-}	含有 SO_4^{2-} 时,镀层呈灰色或淡黄色而不黑。过量的 SO_4^{2-} 可用碳酸钡（$BaCO_3$）或氢氧化钡[Ba(OH)₂]除去
Cu^{2+}	Cu^{2+} 含量在 1g/L 以上时,镀液覆盖能力显著下降,会使镀层出现褐色条纹。可通过离子交换来去除 Cu^{2+},或采用素烧管电解法（又称隔膜电解法）去除。防止 Cu^{2+} 杂质产生,应避免铜镀件及铜挂钩、挂具掉落镀液中
Fe^{3+}	Fe^{3+} 含量超过 3g/L 时,会使镀层出现灰色而镀液分散力差。其去除方法同上述 Cu^{2+} 杂质的去除。防止 Fe^{3+} 杂质产生,应避免钢件、镀件掉落镀液中

10.16 松孔镀铬

10.16.1 概述

松孔铬亦称为网纹铬。松孔铬镀层是对已有的硬铬镀层进行阳极处理（松孔处理），使镀层原有的网状裂纹加深加宽，使其具有一定疏密程度和深度而彼此沟通的网状沟纹的硬铬镀层，它是耐磨铬镀层中的特殊镀层。该镀层具有很好的吸油（储油）能力，工作时，沟纹内储存的润滑油被挤出，溢流在工作表面上，由于毛细管作用，润滑油还可以沿着沟纹渗到整个工作表面，从而改善整个工作表面的润滑性能，降低摩擦系数，提高铬镀层的耐磨能力，同时，因镀层内有油，也大大提高了耐蚀性。

一般硬铬镀层在高压和高温工作条件下，处于"干摩擦"或"半干摩擦"状态，会造成严重磨损。可用松孔镀铬来改善摩擦状态，松孔铬镀层主要应用于摩擦状态下工作的零件，如内燃机汽缸腔、活塞环、滑动轴承、油门操纵轴以及起重机的活塞杆等。

一般在低负荷下硬铬镀层与松孔铬镀层的磨损情况大致是相同的。但在高负荷情况下，负荷超过 200MPa 时，松孔铬镀层的磨损量要比硬铬镀层的磨损量小得多。例如内燃机汽缸腔松孔铬镀层耐磨能力要比硬铬镀层高 5～7 倍。

对松孔铬镀层的要求见表 10-34。

表 10-34　对松孔铬镀层的要求

项目	松孔铬镀层的要求
外观颜色	松孔后的铬镀层呈亮灰色至浅灰色
硬度	维氏硬度为 7840～9800MPa
厚度	单面铬镀层厚度应大于 $100\mu m$，但不应超过 $250\mu m$
松孔深度	一般为 $20～50\mu m$
松孔网纹	以汽缸松孔铬镀层为例，要求如下： ① 松孔网纹的平均百分比为 15%～45% ② 松孔网纹的宽度：$20～60\mu m$。个别情况下，其宽度最窄不小于 $10\mu m$，最宽不大于 $120\mu m$ ③ 松孔网纹的深度为铬镀层厚度的 2/3
结合力	可直接镀在钢铁上，结合力良好
耐磨性	松孔铬镀层能储存油，因此松孔铬镀层耐磨性比硬铬镀层好。耐磨性与储油量有关，耐磨性取决于铬镀层平面部分裂纹网面积的大小，也与铬镀层松孔度、松孔深度等有关
储油性	松孔铬镀层的储油性（在 $1dm^2$ 镀层面积上的吸油量）取决于松孔度，其松孔度要求如下： ① 松孔度百分比：铬镀层表面精加工后，在整个铬镀层表面上松孔度应为 20%～35% ② 松孔度的偏差：在任何一个 $50.8mm^2$ 的面积内，平均松孔为 20%～35%；在 12.5mm 以下直径的范围内，平均松孔度为 35%～70%，允许有小于 20% 的松孔度偏差

10.16.2　松孔镀铬的加工方法

获得松孔铬镀层的方法有机械法、化学法和电化学浸蚀法，而目前最常用的是电化学浸蚀加工方法。

机械法：在零件镀铬表面上用滚压工具，压成圆锥形或角锥形的小坑或相应地车削成沟槽，然后镀铬、研磨。此法简单，易于控制，但对润滑油的吸附性能不好。

化学法：利用铬镀层原有裂纹边缘具有较高活性的特点，在稀盐酸于室温下或热的稀硫酸中浸蚀，裂纹边缘的铬优先溶解，从而使裂纹加宽加深，形成松孔铬镀层。这种方法铬损耗大，溶解不均匀，难以控制质量。

电化学浸蚀法：在镀硬铬后，再进行阳极浸蚀松孔处理。由于铬镀层裂纹处的电位低于平面的电位，因此裂纹处的铬优先溶解，而使裂纹进一步拓宽加深，处理后的松孔深度一般为 0.02～0.05mm，所获得的松孔铬镀层，松孔裂纹细致、均匀，质量好，该法是目前最普遍使用的方法。

(1) 电化学浸蚀加工方法

这种松孔镀铬方法，分为镀铬及阳极松孔两部分。

采用不同的镀铬工艺，镀上具有一定裂纹和点状的铬镀层，经阳极松孔处理，可获得沟槽型、针孔型、吹砂型、长沟型等松孔类型。

松孔镀铬常用的加工方法有下列两种。

加工方法 1：进行机械加工→镀铬→除氢→磨光→阳极松孔。这种方法所得松孔铬镀层质量较好，但工序复杂。

加工方法 2：进行机械加工→镀铬→阳极松孔→除氢→磨光。这种方法工序较简单、方便，但质量较方法 1 差，裂纹网分布不均匀；因采用最后磨光，被磨加工的松孔铬因磨料颗粒容易藏在裂纹内不易清理。

（2）工艺说明

① 镀前验收应检查零件尺寸，应留有镀层厚度余量。一般松孔镀铬厚度不小于 $120\mu m$。零件表面粗糙度为 $Ra0.8\mu m$，或经喷砂、喷丸、机械粗化等处理。

② 镀铬的镀件装挂很重要，根据镀件面积、形状等，采用导电良好的挂具，以及保护阴极、象形阳极、辅助阳极、局部绝缘等保护方法，以获得质量好的铬镀层。

③ 除氢 应在镀铬后 4h 内进行除氢。采用空气炉除氢，其温度为 $200\sim230℃$，时间为 $2\sim4h$；采用油槽除氢，其温度为 $180\sim200℃$，时间为 $2\sim4h$。

④ 磨光 由于铬镀层厚度高达 $150\mu m$ 以上，光靠镀铬很难达到镀层均匀和圆度要求。所以要通过磨、镗、超精磨等机械加工方法，使铬镀层达到精度及尺寸要求。再则，因磨光时会产生瞬时高温使铬镀层受热而产生裂纹，这有利于松孔镀铬。

⑤ 阳极松孔 在阳极进行松孔处理，一般有酸性松孔处理和碱性松孔处理。酸性松孔处理在镀铬槽中进行或在另一槽中进行。碱性松孔处理在电化学除油槽中进行或在专用槽中进行。

10.16.3 镀液组成及工艺规范

松孔镀铬的网状裂纹密度取决于硬铬原有裂纹密度。因此，镀铬工艺对松孔镀铬的影响很大，必须严格控制。

松孔镀铬的镀液组成及工艺规范见表 10-35。

阳极松孔处理的镀液组成及工艺规范见表 10-36。

表 10-35 松孔镀铬的镀液组成及工艺规范

溶液成分及工艺规范	1	2	3	4
	含量/(g/L)			
铬酐（CrO_3）	$240\sim260$	250	180	150
硫酸（H_2SO_4）	$2.0\sim2.2$	$2.3\sim2.5$	1.8	$1.5\sim1.7$
$CrO_3 : H_2SO_4$	$120 : 1$	$(100\sim110) : 1$	$100 : 1$	$(89\sim100) : 1$
温度/℃	60 ± 1	51 ± 1	59 ± 1	57 ± 1
阴极电流密度/(A/dm²)	$50\sim55$	$45\sim50$	$50\sim55$	$45\sim55$

表 10-36 阳极松孔处理的镀液组成及工艺规范

溶液成分及工艺规范	酸性松孔处理	碱性松孔处理
	含量/(g/L)	
铬酐（CrO_3）（工业级）	$150\sim250$	—
硫酸（H_2SO_4）（$d=1.84$）	$1.5\sim2.5$	—
氢氧化钠（NaOH）（工业级）	—	$80\sim120$
温度/℃	$50\sim58$	室温
阳极电流密度/(A/dm²)	$30\sim50$	$40\sim50$
时间/min	$3\sim12$	$3\sim12$

10.16.4 松孔铬镀层的影响因素

（1）镀液对松孔的影响

松孔镀铬溶液与镀硬铬溶液相同，但镀液中 CrO_3 与 H_2SO_4 的比值发生变化，对铬镀层的多孔性有显著的影响。当 CrO_3 与 H_2SO_4 的比值增大时，铬镀层的松孔度降低、网状密度降低，但网纹的宽度和深度增加。例如：当 CrO_3：H_2SO_4 为 80：1 时，松孔度为 28%，为 104：1 时，松孔度为 17%，为 123：1 时，松孔度为 9%。

铬酐与硫酸的比值及工艺规范（操作条件）不同，可以获得不同类型的松孔铬镀层。例如：

针孔型松孔铬镀层，可采用 CrO_3 250g/L，H_2SO_4 2.5g/L，CrO_3：H_2SO_4 ＝ 100：1，温度为 50℃±1℃，阴极电流密度为 45～50A/dm^2，厚度＞100μm，阳极松孔处理电流密度为 15A/dm^2，可获得较深的孔。

沟槽型松孔铬镀层，可采用 CrO_3：H_2SO_4 ＝ 115：1，温度为 60℃±1℃，阴极电流密度为 45～60A/dm^2，厚度至少为 100～125μm，经阳极松孔后，可获得一种沟纹状网络。

（2）工艺规范对松孔的影响[1]

工艺规范对松孔的影响见表 10-37。

表 10-37　工艺规范对松孔的影响

项目	工艺规范（操作条件）对松孔的影响
电流密度的影响	① 阴极电流密度增大时,沟纹网随着稍稍变疏,松孔深度略有增加 ② 当阴极电流密度为 60A/dm^2 时,松孔度（28%～30%）为最好 ③ 当阴极电流密度为 30～80A/dm^2 时,松孔无明显变化
镀液温度的影响	① 当镀液温度升高时,松孔度变化很大,松孔度随温度升高而增大。温度低时,网纹为狭小的线形沟纹,网纹密。温度高时,网纹粗大,但网纹稀 ② 温度达到 58～65℃ 时,网纹变得粗大而稀疏,增加了宽度和深度。当温度为 65℃ 时,网纹深度等于镀层厚,会穿透镀层直达基体金属 ③ 当镀液温度为 50～56℃ 时,松孔形状为点状松孔;当温度为 58～62℃ 时,松孔形状为沟状松孔

（3）阳极浸蚀（松孔）对多孔性的影响

阳极松孔也称阳极反拔或阳极浸蚀，在松孔过程中，铬镀层厚度和沟纹宽度、深度都发生变化，故阳极松孔对多孔性影响很大。在松孔铬镀层的表面上，各个沟纹的宽度是各不相同的。但影响裂纹网的因素很多，其中影响最大的是阳极浸蚀强度（阳极电流值与去铬时间的乘积，A·min）。随着阳极浸蚀强度增大，铬层厚度减少得越多，裂纹宽度将变得越宽。因此，为了获得所需质量的松孔铬镀层，去铬过程应当按阳极浸蚀强度来控制，可根据镀层厚度来选用不同的阳极浸蚀强度，如表 10-38 所示。按表中阳极浸蚀强度所适宜的范围，可以任选一种电流密度，但要相应地改变浸蚀时间，这样可使阳极浸蚀强度（A·min）保持不变。

表 10-38　铬镀层厚度与阳极浸蚀强度的关系

单面铬镀层厚度/μm	阳极浸蚀强度/[(A·min)/dm^2]
＜100	320
100～150	400
＞100	450

（4）影响松孔储油量的因素

松孔铬镀层的储油性是以 1dm^2 镀层面积上能吸入的润滑油量来计算的。镀层的储油量决定松孔铬对磨损的抵抗能力。所以，松孔镀铬应采取各种方法使铬镀层具有一定的松孔度和松孔深度。影响储油量的因素如下。

① 当阳极松孔（浸蚀）电流密度及阳极浸蚀时间增加时，储油量也增加。

② 镀层厚度减小时，储油量降低，故一般要求铬镀层最小厚度不小于 100μm。

③ 当储油量过大时，会降低铬镀层的机械强度。

(5) 三价铬及铁杂质对多孔性的影响

三价铬及铁杂质的浓度增加时，网纹变密；浓度减小时，网纹变稀。

松孔镀铬，要求三价铬浓度不能大于铬酐浓度的 2%，或三价铬浓度不能大于 5～6g/L。

铁杂质的浓度不能大于 8g/L。

10.17 三价铬镀铬

10.17.1 概述

为了取代危害性大、严重污染的六价铬电镀，人们经过长期不懈的努力，进行大量的研究，目前在三价铬镀铬方面已取得明显的进展，已在装饰性电镀方面获得工业应用。

(1) 三价铬镀铬工艺的特点

三价铬镀铬，减少对环境的污染。它与六价铬镀液比较，具有下列特点。

① 毒性低，三价铬的毒性仅是六价铬的 1/100；三价铬镀液中的三价铬含量低，只有六价铬镀液中含铬量的 1/7 甚至更少；排出的铬酸雾大大减少；操作时带出镀液损失少；废水处理比较容易。

② 镀液有较好的分散能力和覆盖能力，光亮电流密度范围宽，可以电镀形状较复杂的零件。电镀形状简单的零件，也可装挂得更紧密，提高生产率。

③ 镀液温度范围宽，一般在 15～45℃范围内，在 20～35℃较佳，镀液温度低，节能。

④ 阴极电流密度范围很宽，为 3～100A/dm² ，并且在高电流密度下，铬镀层不致烧焦。通常可在较低电流密度下工作。电流效率一般可达到 12%～25%，最高可达 50%～60%。

⑤ 电镀过程中，不受电流中断的影响。电镀过程中也可以将镀件从镀液中取出检查，然后放回镀液中仍可继续电镀，不影响镀层结合力。由于电镀过程中电流可以中断，根据工作情况可以改变操作条件。

⑥ 三价铬镀铬的铬镀层的耐蚀性比六价铬镀层高，因镀层呈微孔，当厚度为 1μm 时，就出现微裂纹结构，故耐蚀性高。

⑦ 容易在钢、铜及铜合金、锌铸件或镍上直接电镀，结合力良好。

⑧ 三价铬镀铬的镀层薄，硬度较低，不如六价铬镀层，所以目前还不能用于镀硬铬。

⑨ 铬镀层的退除方法与六价铬镀层的退除方法相同，而且退除过程中的废品率降低。

⑩ 三价铬镀铬的沉积机理没有六价铬镀铬复杂。因为三价铬镀铬是采用铬盐、导电盐及添加剂等，这与一般电镀过程相似。但三价铬镀液成分比较复杂，操件控制有一定难度。

(2) 三价铬镀铬的难点

① 镀液稳定性较差　三价铬镀液中六价铬是一种比较有害的杂质，它的产生和积累以及其他杂质的积累，会引起镀液的不稳定。

② 镀液组分较复杂　三价铬镀液组分较为复杂，特别是对配位剂的选择、操作控制、维护和调整较复杂，而且镀液稳定性较差。

③ 阳极选择的难点　阳极附近的 Cr^{3+} 常常会被氧化成 Cr^{6+}，难以控制。而 Cr^{6+} 是三价铬镀液中比较敏感的极其有害的杂质，它是阻碍三价铬电镀发展的重要因素。所以，如何在阳极氧化过程中抑制 Cr^{6+} 的生成，是三价铬镀铬的关键之一。

④ 铬镀层难以加厚　三价铬镀液所获得的铬镀层很难加厚，镀层最大厚度只能达到 3μm 左右，而且难以达到六价铬镀液中获取带浅蓝色的银白色铬镀层，三价铬镀层近似不锈钢的色泽。

⑤ 杂质的容忍度低　三价铬镀液对 Cu^{2+}、Ni^{2+}、Zn^{2+}、Fe^{2+} 等金属杂质离子容忍度较低。当这些杂质离子积累到一定程度时，镀层会产生黑色条纹和云状斑点，严重时影响覆盖能力，不能进行正常生产。

(3) 三价铬镀铬的镀液类型

目前，三价铬镀铬研究、开发和应用的镀液类型有硫酸盐三价铬镀液体系和氯化物三价铬镀液体系两种。

10.17.2 硫酸盐三价铬镀铬

硫酸盐三价铬电镀发展相对较晚，20 世纪 90 年代以后，在研究中发现硫酸盐体系三价铬电镀具有很多特点，于是该体系的研究和发展很快。近几年来，三价铬电镀在我国发展很快，相继推出了一些产业化的三价铬镀铬商品。

(1) 硫酸盐三价铬镀铬工艺的特点[25]

① 镀液中不含氯离子，其腐蚀性相对较小，可用于锌合金镀铬，而且对设备等腐蚀较小。

② 电镀过程中在阳极上不会有氯气产生，有利于环保。

③ 镀液维护比氯化物体系相对容易，方便，管理成本低。

④ 镀层色泽更接近六价铬镀层，镀层耐蚀性与六价铬镀层相当，比氯化物体系铬镀层耐蚀性高。

⑤ 硫酸盐镀液中的三价铬和其他组分浓度一般比较低，导电性较差，但废水处理比较容易。

⑥ 镀液可采用常温电镀，节能，工艺维护也比较容易。

⑦ 电镀通常使用特殊的钛上涂层阳极（DSA），但 DSA 阳极成本高，一次投资费用较高。

(2) 镀液组成及工艺规范

目前硫酸盐三价铬镀液体系大致可分为两种类型：一类是含铬浓度较高（约 0.4mol/L）的镀液，使用温度较高（40～50℃）；另一类是含铬浓度较低（约 0.2mol/L 以下）的镀液，使用温度较低，常温即可。新近发展的几种硫酸盐三价铬镀铬的镀液组成及工艺规范见表 10-39。

表 10-39 硫酸盐三价铬镀铬的镀液组成及工艺规范[25]

溶液成分及工艺规范	硫酸铬-尿素体系	硫酸铬-草酸盐体系	硫酸铬-甲酸盐体系	硫酸铬-羧酸盐体系（一）	硫酸铬-羧酸盐体系（二）
	含量/(g/L)				
硫酸铬[$Cr_2(SO_4)_3 \cdot 6H_2O$]	300～400	180～220	150	35～50	30～40
甲酸铵（$HCOONH_4$）	—	—	60～90	—	5～10
甲酸钠（$HCOONa$）	—	—	—	6	—
草酸铵[$(NH_4)_2C_2O_4$]	—	50～90	25～35	—	—
羧酸盐	—	—	—	8	6～8
尿素[$CO(NH_2)_2$]	30～46	—	20～25	—	—
硫酸钠（Na_2SO_4）	20～300	90～110	140	60	40～60
硫酸钾（K_2SO_4）	—	—	—	50	40～60
硫酸铝[$Al_2(SO_4)_3 \cdot 18H_2O$]	—	—	120	20	20
抗坏血酸（$C_6H_8O_6$）	5～20	—	10	—	—
硼酸（H_3BO_3）	—	30～35	35～45	40	—
氟化钠（NaF）	—	17～23	—	—	—

续表

溶液成分及工艺规范	硫酸铬-尿素体系	硫酸铬-草酸盐体系	硫酸铬-甲酸盐体系	硫酸铬-羧酸盐体系（一）	硫酸铬-羧酸盐体系（二）
	含量/(g/L)				
丙三醇 $[CH_2(OH)CH(OH)CH_2(OH)]$	—	2~3mL/L	—	—	—
添加剂	—	—	少量	少量	0.35
pH 值	2.5~3.5	3~4	3~3.5	2.5~3.5	3~3.5
温度/℃	27~37	30~40	室温	25~40	25~40
阴极电流密度/(A/dm²)	5~15	5~10	4~8	5~10	5~10
阳极材料	自制 DSA	专用 DSA	DSA	自制 DSA	自制 DSA
阴阳极面积比	2∶1	2∶1	2∶1	2∶1	2∶1

（3）镀液中各成分的作用

① 主盐　一般采用硫酸铬、碱式硫酸铬或硫酸铬钾等。主盐含量过高，会降低镀层的外观质量；含量过低，会降低使用电流密度的上限，降低电流效率。

② 配位剂　多采用有机酸、羧酸或羧酸盐，如甲酸盐、醋酸盐、柠檬酸盐、酒石酸盐、草酸、丙二酸、羧基乙酸等。配位剂能与 Cr^{3+} 形成配位化合物，使其更易于放电，加快沉积速度，稳定镀液。镀液中的甲酸盐有利于抑制阳极上氯气的析出。

③ 导电盐　一般采用钾、钠、铵和铝的硫酸盐，其作用是提高镀液的电导率，减少能耗；同时提高镀液分散能力和覆盖能力。

④ 缓冲剂　硼酸作为缓冲剂，不仅能稳定镀液 pH 值，还有利于镀液性能，但其溶解度有限。而铝的硫酸盐也具有良好的导电性和缓冲能力，也可两者联合使用。

⑤ 复合型添加剂　一般还需选择加入一些具有综合功能的复合型添加剂，可起光亮、整平、走位、除杂和稳定镀液的作用，还可抑制六价铬的产生和积累。复合型添加剂如乙烯基磺酸钠（VS）、乙基己基硫酸钠（EHS）、炔丙基磺酸钠（PS）、烯丙基磺酸钠（ALS）、苯亚磺酸钠（BAS）、羧丙基异硫脲内盐（US）、乙氧化丙炔醇（PME）等，其中的两种组合使用，其作用和效果更好。也常采用丙三醇光亮剂，它可提高镀层的光亮度，还可抑制硼酸（H_3BO_3）的分解。

⑥ 润湿剂　润湿剂可降低镀液的表面张力，更能润湿镀件表面，减少针孔，通常多使用十二烷基磺酸钠、苯磺酸钠、磺基丁二酸盐、OP-10 乳化剂、TX-10 乳化剂及无泡润湿剂等。

（4）工艺规范的影响[25]

① pH 值　这种镀铬溶液对 pH 值的变化比较敏感，pH 值过低，光亮电流密度范围变窄，低电流密度区容易出现漏镀，同时析氢剧烈，阴极电流效率下降；pH 值过高，阴极表面水解反应加剧，镀层夹杂大量水解产物，发暗，耐蚀性下降。因此，应控制好镀液的 pH 值，使它保持在 3~4.2 的范围内。

② 镀液温度　镀液温度多在 20~50℃，温度对沉积速率影响较大，但随温度升高，析氢增多，电流效率降低。

③ 电流密度　镀液的光亮电流密度区较宽，最低电流密度可在 1A/dm² 以下，因此可采用较低的电流密度，通常为 3~8A/dm²。电流密度过低会导致零件凹陷处无镀层；过高则降低电流效率，零件边缘易发暗或烧焦。

④ 阴阳极面积比　阴阳极面积比一般控制在 (1~2)∶1。阳极面积过小，影响零件表面

的电流分布，同时增大六价铬的生成速率。

　　⑤ 搅拌　镀液一般采用空气弱搅拌和低速循环过滤。

10.17.3　氯化物三价铬镀铬

　　氯化物三价铬镀铬工艺的研究和开发比较早，几十年来这种工艺已有了很大进步和发展，成为最早产业化的三价铬电镀工艺，有些已投入工业应用。

　　(1) 氯化物三价铬镀铬工艺的特性[25]

　　① 镀液导电性好。镀液成分溶解度高，导电性能好，槽电压低，节能。

　　② 沉积效率高。由于氯化物溶解度高，可采用高浓度的镀液，沉积速度快，效率高。

　　③ 镀液分散能力、覆盖能力和电流效率较高。

　　④ 镀层结晶细密、光亮。使用电流密度范围宽，镀层厚度低于 $0.5\mu m$ 时呈微孔型，超过 $2\mu m$ 时为微裂纹型。

　　⑤ 镀层与光亮镍镀层结合强度高、耐冲击性能好。

　　⑥ 镀液中有大量氯离子，对设备腐蚀严重，阳极会有氯气析出，污染环境。镀液中常含有铁离子，镀层较暗，耐蚀性略差于六价铬镀层。

　　⑦ 在氯化物三价铬镀铬中，采用石墨阳极较适宜。

　　(2) 镀液组成及工艺规范

　　氯化物三价铬镀铬的溶液组成及工艺规范见表 10-40。

表 10-40　氯化物三价铬镀铬的镀液组成及工艺规范[25]

溶液成分及工艺规范	甲酸-醋酸盐	甲酸-柠檬酸	甲酸-乙酸-氨基乙酸	甲酸-乙酸-尿素	甲酸-乙酸-氯化铁
	含量/(g/L)				
氯化铬($CrCl_3 \cdot 6H_2O$)	100～110	100～110	100～110	100～110	106
甲酸铵($HCOONH_4$)	—	—	35～40	35～40	50
甲酸钠($HCOONa$)	60～65	38～42	—	—	—
醋酸钠(CH_3COONa)	15～18	—	15～18	15～18	12
柠檬酸钠($Na_3C_6H_5O_6$)	—	23～27	—	—	—
氨基乙酸(NH_2CH_2COOH)	—	—	13～17	—	—
含氮化合物如尿素$[CO(NH_2)_2]$	—	—	—	15～25	—
氯化铵(NH_4Cl)	130～140	130～140	130～140	130～140	110
三氯化铁($FeCl_3 \cdot 6H_2O$)	—	—	—	—	0.34
氯化钾(KCl)	70～80	70～80	—	—	65
溴化铵(NH_4Br)	9～11	9～11	9～11	9～11	0.9
硼酸(H_3BO_3)	35～40	35～40	35～40	35～40	42
润湿剂	1～2mL/L	0.02～0.04	0.02～0.04	0.02～0.04	2mL/L
pH 值	2.5～3.5	2～3.5	2～3.3	2～3	3.4
温度/℃	20～35	20～40	15～45	15～45	20～25
阴极电流密度/(A/dm^2)	2～25	3～25	3～25	3～25	5
搅拌	轻微搅拌	轻微空气搅拌	轻微搅拌	轻微空气搅拌	轻微空气搅拌

(3) 镀液中各成分的作用

① 主盐　主盐氯化铬是三价铬盐，一般采用氯化铬浓度范围为 $80\sim106g/L$。氯化铬浓度过高，镀液不稳定，镀层发黑、结晶粗糙；氯化铬浓度过低，镀层光亮范围变窄。当氯化铬浓度为 $106g/L$ 左右时，镀层光亮范围最宽，镀液稳定性较好，故选择氯化铬浓度 $106g/L$ 为最佳。但因主盐浓度和配位剂成分及含量有密切关系，尤其是镀液中含有多种配位剂时，需进行多次配比试验，才能最后确定最佳含量。

② 配位剂　三价铬电镀中配位剂起着极其重要的作用，若没有配位剂就不能得到铬镀层，通常镀液中都含有两种或两种以上配位剂。

a. 甲酸盐。甲酸根离子是必不可少的配位剂，此外还需加入第二种或两种以上配位剂才能有好的效果。甲酸盐适宜含量不少于 $20g/L$，不应多于 $60g/L$。

b. 醋酸盐。它也是常用的配位剂，醋酸钠适宜的浓度范围在 $12\sim25g/L$，最佳浓度在 $16g/L$ 左右。其浓度小于 $12g/L$ 时，镀液不稳定，光亮范围变窄；大于 $20g/L$ 时，光亮范围也变窄。醋酸盐的加入会使铬的沉积电位变正，有利于三价铬的沉积。

c. NH_4^+。它也是一种配位剂，常以氯化铵或甲酸铵的形式加入，它能抑制氯气的析出。其浓度不宜过高，否则会影响镀液稳定性，进而影响镀层质量。

d. Cl^- 和 Br^-。它们也起配位的作用。有利于三价铬离子的沉积析出，并有抑制六价铬的作用，还能抑制氯气的析出。

e. 尿素。它是一种良好的抑氢剂，在阴极上具有抑制氢气析出的作用，提高金属离子在阴极上的沉积效率，提高阴极电流效率。

③ 导电盐　在氯化物镀液中导电盐是氯化物，如氯化钾、氯化铵和氯化钠等，它们能增加镀液导电性，降低槽电压，节能，还能提高镀液的分散能力和覆盖能力。而氯化钾和氯化铵的作用和性能好于氯化钠。

④ 稳定剂　常用的稳定剂有溴化物、碘化物和抗坏血酸等。稳定剂多为还原剂，主要作用是将六价铬还原为三价铬，从而有效地防止六价铬的生成和积累。其中溴化物的稳定效果最好，此外还能有效地抑制阳极上氯气的析出。

⑤ 缓冲剂　缓冲剂用于稳定镀液的 pH 值。镀液的 pH 值直接影响三价铬离子和配位剂的配位状态和稳定性，由于镀液中往往含有两种或两种以上的配位剂，其配位形式和状态是比较复杂的，pH 值的变化对其影响很大，故必须严格控制 pH 值的变化，以保持镀液稳定性。常用的缓冲剂有硼酸、醋酸盐、柠檬酸盐等，以硼酸使用最广，效果最好。

⑥ 润湿剂　润湿剂一般可用十二烷基磺酸钠、十二烷基苯磺酸钠、苯亚基磺酸钠、2-乙基己基硫酸钠、磺基丁二酸酯钠盐等低泡润湿剂和无泡润湿剂。其主要作用是润湿零件表面，降低镀液的表面张力，减少镀层表面的针孔和孔隙，提高镀层耐蚀性。

⑦ 添加剂　通常还需向镀液中加入一些添加剂（如光亮剂、走位剂、抗杂剂、整平剂等），一般含量很低，多在 $5\sim100mg/L$，可单独加或组合加入。

(4) 工艺规范的影响

① 镀液温度　镀液温度一般要比硫酸盐镀液低些，一般为 $20\sim40℃$。希望能在室温下工作，操作简单，节能。使用较高温度，会降低镀液覆盖能力，沉积速率也较慢。

② pH 值　一般镀液 pH 值宜保持在 $2\sim2.7$ 范围内。据文献介绍[25]，当电镀时间低于 10min 时，镀层厚度随 pH 值的增大而减小；当电镀时间低于 20min 或更长时，pH 值为 2.4 时镀层厚度最大，可以达到近 $7\mu m$。

③ 阴极电流密度　氯化物三价铬镀铬的电流密度范围比较宽，作为装饰性镀层，通常使用的电流密度为 $5\sim10A/dm^2$，若再提高电流密度，其电流效率相对降低；电流密度较低，则较复杂零件的深凹处部分镀层很薄，甚至镀不上镀层。

10.17.4　商品添加剂的三价铬镀铬

近年来，国内一些单位经开发研制，已相继推出了一些三价铬镀铬的添加剂，已投入生产应用。其工艺规范见表 10-41。

表 10-41　商品添加剂的三价铬镀铬工艺规范

添加剂名称及型号	成分及含量/(mL/L)	工艺规范	备注
TC 添加剂	TC 添加剂　　400～600g/L TC 稳定剂　　75～85 TC 修正剂　　3 TC 调和剂　　3～8 三价铬（Cr^{3+}）　20～23g/L	pH 值：2.3～2.9 温度：27～43℃ 阴极电流密度：10～22A/dm² 阳极电流密度：2～5A/dm² 槽电压：9～12V 阳极：专用石墨	空气搅拌 循环过滤 安美特化工有限公司的产品
HIT-08 添加剂	HIT-08 开缸剂 260～270g/L HIT-08 稳定剂 95～105g/L HIT-08 组合添加剂 6～12g/L HIT-08 补加剂 控制硼酸 60g/L 左右	pH 值：2.8～3.2 温度：20～40℃ 阴极电流密度：3～8A/dm² 槽电压：9～12V 阳极：专用 DSA 阳极	空气弱搅拌 循环过滤 哈尔滨工业大学的产品
BH-88 添加剂	导电盐　　280～350g/L 开缸剂　　90～120 辅助剂　　9～12 润湿剂　　2～3	pH 值：3.0～3.7 温度：45～55℃ 阴极电流密度：3～8A/dm² 时间：2～5min 阳极：DSA 涂层阳极	空气弱搅拌 循环过滤 槽电压：<12V 广州市二轻工业科学技术研究所的产品
TCR 添加剂	TCR-301 开缸剂　400～450g/L TCR-303 稳定剂　55～75 TCR-304 润湿剂　2～4 TCR-305 配位剂　1～2 三价铬（Cr^{3+}）　20～23g/L	pH 值：2.3～2.9 温度：30～40℃ 阴极电流密度：10～22A/dm² 阳极电流密度：2～5A/dm² 阳极：石墨或 DSA 涂层阳极 阳极面积：阴极面积为（1.5～2）:1	直流电的波纹要求小于10%。槽电压 9～12V。中等空气搅拌。10.8A/dm² 时，沉积速度为 0.15～0.25μm/min 广州市达志化工科技有限公司的产品
EZ-TRICRO 添加剂	EZ-TRICRO 开缸剂 400～500g/L EZ-TRICRO 稳定剂　55～75 EZ-TRICRO 润湿剂　2～5 EZ-TRICRO 络合剂　1～2 三价铬（Cr^{3+}）　20～24g/L	pH 值：2.5～3.0 温度：28～35℃ 过滤：连续过滤 阴极电流密度：20～30A/dm² 阳极电流密度：3.5～5A/dm² 阳极：EZ-TRICRO 三价铬专用阳极	中等机械程度或空气搅拌 深圳市俄真科技有限公司的产品
S8483 添加剂	S8488 导电盐　260～320g/L S8485 开缸剂　100 S8489 辅助剂　10 S8486 润湿剂　3	pH 值：3.3～3.7 温度：47～50℃ 阴极电流密度：3～5A/dm² 时间：1～6min 槽电压：12V 或以下	空气搅拌（弱） 连续过滤 专用惰性阳极 深圳市深远化工有限公司的产品
N 添加剂	N29322 基本液　260 N29323 浓缩液　100 N29324 开缸剂　10 N25329 润湿剂　3	pH 值：3.3～3.7 温度：45～57℃ 阴极电流密度：5～10A/dm² 槽电压：8～12V 阳极：专用 DSA 阳极	空气搅拌 循环过滤 开宁有限公司的产品
TCR-8581 添加剂	TCR-8581 开缸剂　400g/L TCR-8583 稳定剂　80 TCR-8584 湿润剂　5 TCR-8585 络合剂　3 三价铬（Cr^{3+}）　22g/L	pH 值：2.5～2.7 温度：31℃ 阴极电流密度：26A/dm² 槽电压：9～12V 阳极面积：阴极面积为（1.5～2）:1	沉积速度：10.8A/dm² 时，0.15～0.25μm/min 空气搅拌（中） 需要过滤 广州市积信电镀原料有限公司的产品

续表

添加剂 名称及型号	成分及含量/(mL/L)		工艺规范	备注
TRIMAC 添加剂	导电盐(18220) 开缸剂(18204) 辅缸剂(18221) 湿润剂(18222)	260～320g/L 100 10 3.0	pH值:3.3～3.7 温度:47～50℃ 阴极电流密度:3～5A/dm² 时间:1～6min 槽电压:12V或以下 阳极:专用惰性阳极	阳极面积:阴极面积为1:1 空气搅拌(弱) 连续过滤 镀液密度:1.18(50℃) 东莞美坚化工原料有限公 司的产品

10.17.5　三价铬镀铬用的阳极

三价铬镀铬采用不溶性阳极,不能采用可溶性阳极,其原因如下。

金属铬很脆且易断,作为阳极很难制造。金属铬阳极在三价铬电镀过程中,阳极的溶解和阴极的析出速度不能达到相对稳定和平衡,而且会有六价铬的积累,并迅速污染,而很难控制。因此,不能使用可溶性阳极。

阳极对三价铬镀液的稳定性有很大影响。在三价铬镀铬的过程中,阳极附近的Cr^{3+}常常会被阳极析出的氧氧化成Cr^{6+},因此,如何在阳极氧化过程中抑制六价铬(Cr^{6+})的生成和积累,是非常重要的。这必须从阳极选用方面来考虑,以达到控制六价铬的目的。目前在三价铬镀铬中所采用的阳极大致有下列几种。

(1) 石墨阳极

石墨阳极具有导电优良和耐蚀性好、价格便宜等优点,所以在三价铬镀铬的研究和生产中使用得最为广泛,特别适用于氯化物镀铬。但石墨阳极的缺点是脆性大,随使用时间延长,表面会有部分粉化而脱落,易污染镀液,影响镀层质量,故须装戴上阳极套,并需循环过滤。所以石墨阳极的质量很重要,要选用高纯度、高强度和高密度的石墨阳极,使用效果才好,现在安美特及M&T等公司有专用石墨阳极供应。

(2) 钛上涂层阳极 (DSA阳极)

钛上涂层多是稀有金属铱、钌、钽等在钛基体上的烧结氧化物,简称DSA阳极。在硫酸盐三价铬镀铬中,通常使用这类阳极。其特点如下。

① 阳极超电位低　DSA阳极的析氧或析氯的超电位都比其他阳极低,在阳极上不产生或少产生六价铬,从而避免或减少对镀液的污染,能保证长期稳定生产,使用效果好。目前在硫酸盐三价铬镀铬中,基本上都采用析氧超电位低的DSA阳极;氯化物三价铬镀铬,使用的是析氯超电位低的DSA阳极。

② 稳定性好,使用寿命长　通常可使用两年以上,但价格较昂贵。

国内已成功开发出这种电极(如广州二轻所的产品),经多家使用,效果良好。

(3) 铁氧体阳极

铁氧体阳极是近几年开发的阳极,其结构是由氧化铁和至少一种其他金属氧化物的烧结混合物构成的,烧结体是具有尖晶石结构的耐蚀性很好的铁氧体。它是三价铬镀铬中较理想的阳极,可以在各种三价铬镀铬中使用。它在三价铬电镀过程中,可以阻止和抑制六价铬的产生,从而控制六价铬的渐增积累,还可使镀液pH值稳定。这种阳极可以单独使用,也可以与其他不溶性阳极组合使用。但其主要缺点是脆性较大,也有资料报道,这种阳极会溶解产生一层阳极泥粘在零件表面上,导致镀层质量下降。

(4) 离子隔膜阳极篮

这是一种特殊的阳极篮,形状与镀镍用的阳极篮相似,是用塑料制成的。在阳极篮内插入低电阻的离子交换膜,使阳极区间的溶液只起导电作用,由于有离子交换膜隔离,三价铬无法通过隔膜进入阳极区，也就不会在阳极上被氧化为六价铬，从而保持镀液稳定。具体方法是：阳极篮中所用的是铅-锡合金（Sn 的质量分数为 7%）的普通阳极，篮内放入 10%（体积分数）的硫酸作为导体，即构成离子隔膜阳极篮。它能有效地控制 Cr^{6+} 的产生，但此法价格昂贵，使用操作较复杂。

10.17.6　三价铬镀液中杂质的影响及去除方法[25]

三价铬镀液对杂质离子比较敏感，镀液中的杂质有 Fe^{2+}、Fe^{3+}、Cu^{2+}、Ni^{2+}、Zn^{2+}、Pb^{2+}、NO_3^-、Cl^- 等。杂质来源：电镀过程中从上一工序带入的，极杠和零件的腐蚀，化学品内的杂质以及清洗水等。这些杂质都会影响镀液、镀层质量。

三价铬镀液中杂质的影响见表 10-42，杂质的去除方法见表 10-43。

表 10-42　三价铬镀液中杂质的影响

杂质	杂质的影响
铁离子	微量 Fe^{2+}（50mg/L 左右）有利于提高镀液覆盖能力，浓度过高（Fe^{2+} 超过 120mg/L、Fe^{3+} 超过 80mg/L）时，镀层发暗，沉积速率降低
铜离子	Cu^{2+} 对镀液性能影响很大，当 Cu^{2+} 含量超过 5mg/L 时，镀层发花，条纹区域增大；超过 10mg/L 时，镀液需经处理才能使用
镍离子	当 Ni^{2+} 含量超过 10mg/L 时，低电流密度区镀层发花；随着 Ni^{2+} 含量增加，低电流密度区镀层发暗区域增大；Ni^{2+} 含量超过 20mg/L 时，高电流密度区镀层明显出现条纹，导致镀液无法使用
锌离子	Zn^{2+} 对镀层表面影响很大，当 Zn^{2+} 含量达到 5mg/L 时，低电流密度区镀层发暗有条纹，若 Zn^{2+} 含量达到 10mg/L，镀液需经处理才能使用
铅离子	镀液对 Pb^{2+} 非常敏感，当 Pb^{2+} 含量达到 5mg/L 时，镀液就不能使用了
硝酸根离子	在硫酸盐镀液中，NO_3^- 对镀层外观有较大影响，其含量达到 20mg/L 时，光亮电流密度范围缩小；达到 60mg/L 时，高电流密度区出现漏镀现象，镀液无法使用
氯离子	在硫酸盐镀液中，Cl^- 对镀层表面有一定影响。随 Cl^- 含量增加，光亮电流密度范围缩小；当 Cl^- 含量超过 200mg/L 时，光亮电流密度范围显著降低，同时在阳极上有氯气析出

表 10-43　三价铬镀液中杂质的去除方法

杂质	杂质的去除方法
小电流电解法	一般采用大阴极（常用瓦楞板），小阳极，阴极电流密度常保持在 0.5～2A/dm²，进行电解处理，处理时间根据杂质类型和多少来确定。电解法处理对去除 Fe^{2+}、Cu^{2+}、Ni^{2+}、Zn^{2+}、Pb^{2+}、NO_3^-、Cl^- 等杂质都有效
沉淀法	处理时向镀液中加入适宜的沉淀剂，使杂质沉淀，然后过滤除去。如用亚铁氰化物（但不宜过量）沉淀 Cu^{2+} 效果很好，该法对 Ni^{2+} 和 Zn^{2+} 效果不好
螯合剂法	在被污染的镀液中加入适宜的螯合剂，可实现杂质金属离子与三价铬的共沉积。美国一项专利介绍了一种乙二胺四乙酸（EDTA）型螯合杂质金属离子的添加剂，加入这种螯合剂后，能立即消除杂质造成的危害，并恢复三价铬镀液的工作能力。EDTA 是很强的螯合剂，对很多金属离子和有机杂质都具有良好的隐蔽作用，而且能够促进金属离子的共沉积，从而维持镀液杂质在正常的可以接受的范围之内
离子交换法	离子交换法是采用离子交换树脂定期去除杂质金属离子的一种方法。利用离子交换树脂对各种金属离子亲和力的不同，有选择地吸附杂质金属离子，加以去除。例如采用 FXS-4195 螯合离子交换树脂定期去除杂质离子，效果很好。因为这种离子交换树脂对杂质金属离子具有很强的亲和力，90% 以上的杂质金属离子会被吸附；但这种离子交换树脂对三价铬离子的亲和力却很低，95% 以上的三价铬离子可通过这种螯合离子交换树脂
六价铬的抑制和去除	通常可加入适宜的还原剂等去除，如通常使用的重亚硫酸盐、亚硫酸盐、甲醛、乙二醛、维生素 C、溴化物等。此外，阳极材料的选择对六价铬杂质的生成和积累影响很大，如选用得当，可有效地抑制和减少六价铬的生成和积累。一般氯化物三价铬镀铬，采用石墨阳极较好；而硫酸盐三价铬镀铬，采用特制的钛上涂层阳极（DSA 阳极）较好

10.18 三价铬镀黑铬

近年来，三价铬镀黑铬发展很快，现在已达到工业生产程度，而且已有商业产品出售，但仍存在着铬镀层外层黑度不够、镀液稳定性等问题，需进一步改进和提高。

(1) 镀液组成及工艺规范

三价黑铬镀液与三价白铬镀液的组成相似，其组分有主盐、导电盐、配位剂、缓冲剂、光亮剂以及发黑剂等。它同三价白铬的镀液的主要区别是补充了发黑剂。

三价铬镀黑铬的镀液组成及工艺规范见表 10-44。

表 10-44   三价铬镀黑铬的镀液组成及工艺规范

溶液成分及工艺规范	1	2	3
	含量/(g/L)		
氯化铬(CrCl$_3$ · 6H$_2$O)	200	200	—
Cr^{3+}(以硫酸铬形式加入)	—	—	1mol/L
Co^{2+}(以氯化钴形式加入)	—	—	15
草酸(C$_2$H$_2$O$_4$ · 2H$_2$O)	3	—	—
醋酸铵(CH$_3$COONH$_4$)	5	—	—
氯化铵(NH$_4$Cl)	30	—	—
硼酸(H$_3$BO$_3$)	15~25	—	—
721-4 添加剂	0.7~1.5	—	—
次磷酸钠(NaH$_2$PO$_2$ · H$_2$O)	—	40	0.75mol/L
磷酸二氢钠(NaH$_2$PO$_4$)	—	4	4
氯化钴(CoCl$_3$ · 6H$_2$O)	—	12	—
硼酸(H$_3$BO$_3$)	—	20	—
氟化钠(NaF)	—	—	0.5mol/L
黑化剂	—	20	—
pH 值	2~2.5	1~2	0.5~1
温度/℃	15~30	20~35	30
阴极电流密度/(A/dm^2)	5~25	6~28	0.35

注：配方 1 的 721-4 添加剂为哈尔滨工业大学研制的产品。

(2) 工艺说明

① 表 10-44 中的配方 1 镀液

a. 镀层特性。所得镀层有良好的黑度，光滑，平整，并有较好的结合力。镀层显微硬度为 250HV 左右，有较好的耐磨性。但黑铬镀层表面略带有薄层均匀黑浮灰，最好采用后处理，如上蜡、浸油、喷涂有机覆盖层或浸涂透明漆。

b. 镀液特性及各成分的作用。镀液成分简单、稳定、容易操作，使用的电流密度范围较宽，可在室温下工作，节能，对环境污染小。

氯化铬是镀液的主盐。氯化铵是导电盐，它增加镀液导电性，并使黑铬镀层比较均匀。草酸为发黑剂，促使镀层发黑，还能与三价铬离子形成稳定的配合离子。醋酸铵为辅助发黑剂，对镀液有一定缓冲作用。硼酸为缓冲剂，并能提高镀液的覆盖能力。721-4 添加剂，能增加镀层黑度和均匀性，还能提高镀层结合力和镀液的覆盖能力。阳极采用紧密石墨阳极。此外，在使用高的电流密度时，阳极有少量氯气析出，有待进一步改进和提高。

② 表 10-44 中的配方 2 镀液 该工艺镀液成分简单，操作容易，可在室温下工作，节能，对环境污染小。镀层黑度好、均匀、致密、光亮性好。使用的电流密度范围较宽（6～28A/dm²），镀液分散能力和覆盖能力较好。电镀 10min 所得镀层厚度为 1.1μm，其镀层主要成分[25]是铬（27.30%）、氧（49.38%）、钴（10.32%）、磷（8.26%）、钠（4.53%，均为质量分数）。

③ 表 10-44 中的配方 3 镀液 该工艺用于镀太阳能热收集器的黑铬镀层。以次磷酸钠为三价铬的弱配位剂，氟化钠和磷酸二氢钠为适当的添加物质，镀液有较好的分散能力。推荐镍镀层作为底层，具有很好的结合强度，并能增加黑铬镀层的抗热性能。所获得的黑铬镀层耐蚀性高，并具有很高的吸收率，吸收系数达 0.96。

（3）商品添加剂的三价铬镀黑铬工艺规范

商品添加剂的三价铬镀黑铬工艺规范见表 10-45。

表 10-45 商品添加剂的三价铬镀黑铬工艺规范

添加剂名称及型号	成分及含量/(mL/L)		工艺规范	备注
BTC-330 黑色三价铬电镀添加剂	BTC-331 开缸盐 BTC-333 添加剂 BTC-334 润湿剂 BTC-335 配合剂	400～500 75～85 2～4 1～2	温度：30～40℃ 阴极电流密度：10～22A/dm² 阳极材料：石墨	广州市达志化工科技有限公司的产品
TRIMAC 添加剂（枪黑色）	导电盐（N25315） A 补给剂（N25311） B 补给剂（N25313） 开缸剂（N25310） 湿润剂（N25314）	250g/L 100 30 10 2	pH 值：3.4～3.8 温度：50～60℃ 阴极电流密度：5～10A/dm² 时间：2～5min 槽电压：12V 或以下 阳极：铅-锡合金	空气搅拌（弱），连续过滤 镀液密度：1.18(30℃) 阳极区：专用的特殊离子交换膜篮 东莞美坚化工原料有限公司的产品
MCR-3500 三价黑铬电镀添加剂	MCR-3501H 开缸盐 MCR-3502H 稳定盐 MCR-3503H 调和剂 MCR-3504H 修正剂 MCR-3505H 黑泽剂	400g/L 70～90 3～6 2～4 20	pH 值：2.3～2.9 温度：27～43℃ 阴极电流密度：10～22A/dm² 阳极材料：专用石墨阳极 阳极：阴极（面积）： (1.5～2.0)：1	广州美迪斯新材料有限公司的产品
MCR-3600 三价黑铬镀铬添加剂（枪黑光泽，近似锡镍枪色）	MCR-3600 导电盐 MCR-3601 补充盐 MCR-3602 稳定剂 MCR-3603 调和剂 MCR-3604 修正剂 MCR-3605 黑泽剂 MCR-3606 分散剂	275g/L 150g/L 70～90 3～6 2～4 10～20 20～40	pH 值：2.5 温度：25～35℃ 阴极电流密度：10～22A/dm² 阳极材料：专用石墨阳极 阳极：阴极（面积）： (1.5～2.0)：1	广州美迪斯新材料有限公司的产品

10.19 低铬酸镀铬

低铬酸镀铬溶液中的铬酐浓度低（50g/L 左右），只有常规标准镀铬溶液的 1/5～1/4，大大降低了对环境的污染，也减少了铬酐的消耗。

低铬酸镀铬的电流效率和镀层硬度，介于标准镀液与复合镀液之间；耐蚀性与高浓度镀铬相当。但由于铬酸浓度大幅度降低后，引起镀液电导率降低，槽电压升高，镀液的 pH 值提高，镀液覆盖能力较差，镀层外观较差（有彩色膜和黄膜等）。如果加入第二催化剂，可改善覆盖能力，电流效率可提高到 21%～26%，硬度较高，镀层光泽等。所以，低铬酸镀铬主要是选择合适的催化剂种类（如硫酸、氟硅酸及卤素化合物）及含量，如匹配合适就能获得较好的镀铬溶液和镀层质量。

(1) 镀液组成及工艺规范

低铬酸镀铬的溶液组成及工艺规范见表 10-46、表 10-47。

表 10-46 低铬酸镀铬的溶液组成及工艺规范 (1)

溶液成分及工艺规范	1	2	3	4	5	6
	含量/(g/L)					
铬酐(CrO_3)	45~55	50~60	50~60	50~60	50~60	50~60
硫酸(H_2SO_4)	0.23~0.35	0.8~1.2	0.45~0.55	0.7~0.9	0.25~0.35	0.3~0.5
氟硅酸(H_2SiF_6)	—	—	0.6~0.8	—	—	—
氟硅酸钠(Na_2SiF_6)	—	—	—	—	—	0.5~0.75
氟硼酸钾(KBF_4)	0.35~0.45	—	—	—	0.35~0.45	—
碘化钾(KI)	—	—	—	0.05~0.2	—	—
温度/℃	55±2	55~60	53~55	55~60	55±2	55±2
阳极电流密度/(A/dm²)	44~60	40~55	30~40	45~50	40~60	25~35

注：1. 阳极面积：阴极面积=(2~3):1。
2. 阳极一般采用铅-锡合金(质量分数为：铅 70%、锡 30%)。

表 10-47 低铬酸镀铬的溶液组成及工艺规范 (2)

溶液成分及工艺规范	1	2	3	4	5
	含量/(g/L)				
铬酐(CrO_3)	60~80	70~80	75~85	80~100	90~100
硫酸(H_2SO_4)	0.6~0.8	0.2~0.3	0.45~0.55	0.3~0.4	0.5~0.8
氟硅酸(H_2SiF_6)	—	—	0.5~0.6	3.5~4.5	—
氟硅酸钠(Na_2SiF_6)	—	—	—	—	1.2~2
氟硼酸(HBF₄40%)/(mL/L)	—	1.5~2	—	—	—
硼酸(H_3BO_3)	14~16	—	—	—	—
温度/℃	55~60	55±2	50±2	55±2	55±2
阳极电流密度/(A/dm²)	20~30	30~60	40~50	25~35	30~60

注：1. 阳极面积：阴极面积=(2~3):1。
2. 阳极一般采用铅-锡合金(质量分数为：铅 70%、锡 30%)。

(2) 镀液成分的作用

① 铬酐 它是镀液的主盐。铬酐浓度降低，会使镀液的导电性能降低，槽电压升高，而且镀层外观较差。从铬酐浓度为 50g/L 时就可获得光亮的铬镀层，当浓度在 60g/L 以上时，对槽电压影响较小。所以低铬酸镀铬，一般选用铬酐浓度为 60~80g/L，这样既可减小槽电压上升，又可获得外观质量良好的铬镀层。

② 催化剂 其催化剂有硫酸(H_2SO_4)、氟硅酸(H_2SiF_6)或氟硅酸盐(Na_2SiF_6)、氟硼酸钾(KBF₄)、碘化钾(KI)、硼酸(H_3BO_3)等。可根据镀层质量、外观要求、工艺规范等，合理选用催化剂。

a. 用硫酸作为催化剂，低铬酸镀铬合适的硫酸含量约为 0.8~1g/L，其配比(铬酐:硫酸)约为 100:(1.5~1.8)，比标准镀铬的 100:1 配比要高些。

　　b. 镀液中添加氟硅酸或氟硅酸盐，可提高镀层光亮度（色泽银白），氟硅酸含量一般为 0.6～0.8g/L。镀液中添加氟硅酸时，硫酸的含量可相应降低至 0.4～0.5g/L。

　　c. 镀液中加入少量氟硼酸钾（KBF_4），可取得光亮镀层，特别是可提高镀液的覆盖能力（覆盖能力可达 95%）。加入碘化钾（KI），可降低槽电位。加入硼酸（H_3BO_3），可获得光亮镀层的铬镀层。

　　③ 三价铬　镀液中存在三价铬是镀铬的必要条件，低铬酸镀液由于铬酐浓度降低了，三价铬的浓度也应适当降低，三价铬一般控制在 0.5～1.5g/L。为防止三价铬浓度上升，采用的阳极面积：阴极面积为（2～3）∶1，这不但能控制三价铬的浓度升高，还能适当降低槽电压。

　　(3) 杂质的影响及处理方法

　　① 金属杂质　镀液中铜、铁、锌的含量超过 6g/L 时，镀层发花、发黄、光泽变暗、有条纹、边缘有脱壳。金属杂质增加，镀液电阻增大，槽电压上升。铜、铁、锌杂质以及过量的三价铬可通过阳离子交换树脂（如 732#）去除。

　　② 氯离子　低铬酸镀液对氯离子很敏感，氯离子含量大于 0.3g/L 时，会造成镀层花斑、镀液覆盖能力降低，甚至镀层粗糙、发灰，耐蚀性大大降低。因此，要求槽液补充用水、配制槽液用水及逆流清洗回用水都采用纯水。氯离子去除方法可参见本章 10.4.7 节杂质的影响及处理方法中氯离子的去除方法。

10. 20　稀土镀铬

　　我国电镀工作者在稀土镀铬方面从理论、工艺及添加剂等方面进行了大量研究，开发出了稀土金属盐为主的催化、活化添加剂等，取得了非常可喜的成就，现已在工业生产中获得较广泛的应用。

　　稀土镀铬溶液，是在传统镀铬溶液的基础上，加入一定量稀土添加剂及氟离子。可以降低铬酐的浓度、拓宽镀液温度范围，降低和拓宽阴极电流密度范围，提高阴极电流效率，降低槽压，使镀铬生产初步实现低温度、低能耗、低污染和高效率，即所谓的"三低一高"的镀铬工艺。

　　(1) 稀土镀铬的优点[1,3]

　　① 可以降低镀液中的铬酐浓度，可以使用中、低浓度铬酐（120～200g/L）的镀液；较低较宽的镀液温度（10～50℃）；较低较宽的阴极电流密度（5～30A/dm²）；阴极电流效高达 18%～25%。

　　② 提高了镀液和镀层的物化性能。与传统普通镀铬工艺比较：分散能力提高 30%～60%，覆盖能力提高 60%～85%，电流效率提高 60%～110%，硬度提高 20%～30%，节电和节约铬酐约 30%～50%。所以稀土镀铬有很好的经济效益和社会效益。

　　③ 提高镀液的导电性，可在较低的电压（如 6～8V）下工作。

　　④ 降低了沉积铬的临界电流密度，由原来的 5A/dm² 降至 0.5A/dm² 左右，大大提高覆盖能力。

　　⑤ 铬镀层光亮度有所改善，有些添加剂还能直接镀取微孔或微裂纹铬。

　　⑥ 尽管稀土镀铬具有很多优点，但从实际生产中反映出的一些问题值得重视，不可忽视，应进一步研究、试验加以改善。

　　(2) 稀土镀铬存在的问题[1]

　　① 有些稀土添加剂镀铬超过 5min 后，镀层呈白色而且不光亮，有时铬镀层上有一层黄膜较难去除，硬度不稳定，外观有时也达不到要求。

　　② 在稀土添加剂中必然引入氟离子（F^-），无论是稀土氧化物或稀土化合物镀液，如果氟化物过多，镀件在低的电流密度区容易产生电化学腐蚀。在镀硬铬时一定要避免产生这种

现象。

③ 稀土添加剂多为物理混合体系，成分复杂，常规方法又不能化验其成分和杂质，给镀液带来不可靠性和不稳定性。

④ 镀液维护较困难。市售商品的很多添加剂为混合稀土，给镀液的控制带来许多不便，维护较困难。

(3) 镀液组成及工艺规范

稀土镀铬的溶液组成及工艺规范见表 10-48。

表 10-48　稀土镀铬的溶液组成及工艺规范

溶液成分及工艺规范		CS 型稀土镀铬	CE-198稀土镀铬	CF-201稀土镀铬	RL-3C稀土装饰镀铬	HIL/HIS₁稀土镀硬铬	LS-Ⅲ自调镀铬
		含量/(g/L)					
铬酐(CrO_3)		120～150	80～150	140～180	160～200	120～180	140～180
硫酸(H_2SO_4)		0.6～1.0	0.4～1.0	0.6～1.0	0.6～0.8	1～1.8	0.6～1.1
三价铬(Cr^{3+})		<2	<2.5	<3	<2	<4	<6
CrO_3：H_2SO_4		100：0.5～100：0.7	100：0.6	100：0.6～100：1	100：0.3～100：0.4	90：1～100：1	100：0.3～100：0.7
CS 添加剂		2	—	—	—	—	—
CE-198 添加剂		—	1～1.5	—	—	—	—
CF-201 添加剂		—	—	1.5～2	—	—	—
HIL 添加剂/(mL/L)		—	—	1.5	1.5	1.2～1.8	—
RL-3C 添加剂		—	—	—	4.5～5.5	—	—
HIS₁ 添加剂		—	—	—	—	1.5～2	—
LS-Ⅲ 添加剂		—	—	—	—	—	4～6
温度/℃	装饰铬	20～35	28～50	25～40	25～50	—	16～50
	硬铬	35±5		40～45	—	50～60	6～30
阴极电流密度/(A/dm²)	装饰铬	5～10	10～30	10～20	6～12	—	35±5
	硬铬	30±5		35～40	—	60～90	30±5
阳极材料		Pb-Sn 合金（Sn<5%）	—	Pb-Sn 合金（Sn<10%）	Pb-Sn 合金（Sn<25%）	Pb-Sn 合金	Pb-Sn 合金Pb-Sb 合金
阳极面积：阴极面积		1：(2～3)	1：(2～3)	1：(2～3)	1：(2～3)	1：3	1：3

注：1. 阳极合金材料中 Sn 的含量均为质量分数。
2. CS 添加剂是江苏省常熟环保局、常熟市兴隆电镀材料厂的产品。
3. CE-198 型稀土镀铬，在新配镀液中应加 0.3mL/L 的酒精。CE-198 添加剂是江苏梦得电镀化学品有限公司的产品。
4. CF-201 添加剂是江苏省宜兴市新新稀土应用研究所的产品。
5. RL-3C 添加剂是湖南省稀土金属材料研究所的产品。
6. HIL、HIS₁添加剂是湖南省稀土金属材料研究所的产品。
7. LS-Ⅲ 添加剂是安徽省合肥市科化精细化工研究所的产品。

10.21　不合格铬镀层的退除

不合格铬镀层的退除方法见表 10-49。

铜/镍/铬多层镀层一次退除的方法见表 10-50。

表 10-49　不合格铬镀层的退除的方法

基体金属	退除方法	溶液组成	含量 /(g/L)	温度 /℃	阳极电流密度 /(A/dm²)
钢铁件	化学法	盐酸(HCl d=1.19) 氧化锑(Sb₂O₃)	210~240 8~12	室温	—
	化学法 (退硬铬)	盐酸(HCl d=1.19) 水 H 促进剂	2 份(体积) 1 份(体积) 15~20	15~35	—
	化学法 (退黑铬)	盐酸(HCl d=1.19)	5%(体积分数)	室温	—
	电解法	氢氧化钠(NaOH) 阴极材料:铁或镀镍铁板	100~150	60~70	5~15
	电解法	氢氧化钠(NaOH) 阴极材料:铁或镀镍铁板	80~150	室温	5~10
	电解法 (退黑铬)	氢氧化钠(NaOH)	50~100	室温	5~15
铸铁、铸钢、球 墨铸铁件	电解法	氢氧化钠(NaOH)	50	10~35	3~5
铜及铜合金件	化学法	盐酸(HCl d=1.19)	1:1(体积比)	30~40	—
铝及铝合金件	电解法	硫酸(H₂SO₄ d=1.84)	80~100mL/L	室温	2~10
	电解法	铬酐(CrO₃)	150~200	室温	5~15
	电解法	碳酸钠(Na₂CO₃)	70~100	室温	5~10
锌及锌合金件	电解法	氢氧化钠(NaOH) 硫化钠(Na₂S)	20~30 30~35	室温	5~15
	电解法	碳酸钠(Na₂CO₃)	70~100	室温	5~10
钢上镀光亮镍 (再镀铬)	化学法 (退装饰铬)	盐酸(HCl d=1.19) H 促进剂	1:1(体积比) 15~20	50~60	—
	电解法 (退装饰铬)	氢氧化钠(NaOH) 碳酸钠(Na₂CO₃)	30 40	10~50	阳极电解 退除,6V
钢或铜合金上 镀镍(再镀铬)	电解法 (退装饰铬)	硫酸(H₂SO₄ d=1.84) 甘油	60%~80% (质量分数) 0.5%~1.5% (质量分数)	10~35	5~6
锌、铝、钛上镀 镍(再镀铬)	电解法 (退装饰铬)	碳酸钠(Na₂CO₃)	50	10~35	2~3

表 10-50　铜/镍/铬多层镀层一次退除的方法

基体金属	退除方法	溶液组成	含量 /(g/L)	温度 /℃	阳极电流密度 /(A/dm²)
钢铁件 (铜/镍/铬)	化学法	硝酸(HNO₃ d=1.41)	浓 (防止水分带入)	室温	—
	电解法	硝酸铵(NH₄NO₃) 氨三乙酸[N(CH₂COOH)₃] 六次甲基四胺[(CH₂)₆N₄]	40~100 20~80 10~30	8~50	10~35

续表

基体金属	退除方法	溶液组成	含量/(g/L)	温度/℃	阳极电流密度/(A/dm²)
钢铁件（铜/镍/铬）	电解法	硝酸钠（NaNO$_3$） 柠檬酸钠（Na$_2$C$_6$H$_5$O$_7$） 醋酸钠（CH$_3$COONa） 冰醋酸（CH$_3$COOH） 825 添加剂[①] pH 值 阴极材料:不锈钢或镀镍铁板	120～160 40～50 40～60 20～30mL/L 3～8mL/L 4.5～6.5	室温～45	10～40
	电解法	W-710 退除剂[②] pH 值 阴极材料:铁板	200～250 4～6	室温	5～10
	电解法	STR-710 镀层电解退镀剂[③] pH 值	200 6～7	15～30（需冷却）	5～25 时间 5～15min
铝及铝合金件（铜/镍/铬）	化学法	硝酸（HNO$_3$ d=1.41）	300～400	室温	—
铜及铜合金件（铜/镍/铬）	化学法	硝酸（HNO$_3$ d=1.41） 硫酸（H$_2$SO$_4$ d=1.84）	1 份（体积） 19 份（体积）	室温	—

① 825 添加剂是北京欣普雷技术开发有限公司的产品。
② W-710 退除剂是武汉风帆电镀技术有限公司的产品。
③ STR-710 镀层电解退镀剂是广州美迪斯新材料有限公司的产品。

第11章

镀铅

11.1 概述

铅是一种青灰色金属，铅镀层均匀、细致、柔软，塑性高，熔点低，延展性好。多用于减摩部位，可改善磨合。铅在空气中能形成一层致密的氧化保护膜，有良好的抗氧化浸蚀性。尤其是在含硫的工业污染气氛中以及在硫酸溶液中，铅的性能稳定。铅不耐氧化性硝酸、王水和有机酸，醋酸、乳酸、草酸和柠檬酸等有机酸对铅的腐蚀性很强。铅也易溶于浓盐酸，易受碱浸蚀。铅对非氧化性物质，如冷的氢氟酸、硫酸、硫酸盐、硫化物等却具有极高的稳定性。铅及铅镀层的理化性能、特性及其用途见表 11-1。

表 11-1　铅及铅镀层的理化性能、特性及其用途

项　目		技术性能	项　目		技术性能
原子量		207.21	密度/(g/cm³)	镀层	11.34
化合价		+2		金属铅	11.34
标准电位/V	Pb²⁺+2e⟶Pb	-0.126	电阻系数/(×10⁻⁸Ω·m)	镀层	22.9
电化当量/[g/(A·h)]		3.865		金属铅	18.8
熔点/℃		327.3	线膨胀系数/(×10⁻⁶/℃)		29.3
沸点/℃		1750	硬度(HB)		3～10
比热容/[kJ/(kg·℃)]		0.13	热导率/[W/(m·℃)]		34.7
镀层特性		铅的电位比铁正，对钢铁属于阴极性镀层，所以铅镀层只有在厚而无孔隙、无破损的情况下，才能有效地保护钢铁基体不受腐蚀。铅镀层对铜和铜合金是阳极保护性镀层，可用于保护铜和铜合金不受润滑油氧化物的腐蚀			
用途		① 铅镀层适用于接触硫酸的零件、接触二氧化硫气体的器具和仪表零件的防腐蚀 ② 利用它的润滑性，常用作轴瓦、轴承的润滑减摩镀层 ③ 用于防止润滑油氧化产物的腐蚀 ④ 利用其良好的塑性和韧性，可用作冷拉加工的润滑材料，可用于要求改善磨合和封严的零件			

镀铅的镀液种类很多，较有实用价值的镀铅溶液主要有氟硼酸盐、甲基磺酸盐。其他镀铅溶液有氨基磺酸盐、酒石酸盐、焦磷酸盐、醋酸盐和碱性溶液等镀铅溶液。

11.2 氟硼酸盐镀铅

氟硼酸盐镀液的主要成分是氟硼酸铅、适量的游离氟硼酸和少量的添加剂。镀液简单、稳定，镀层结晶细致、应力小、韧性好，可采用高的电流密度，并有较高的电流效率，因而获得广泛应用。但镀液含有的氟硼酸盐有较大毒性，对设备腐蚀大，成本高，废水处理较麻烦。

11.2.1 镀液组成及工艺规范

氟硼酸盐镀铅的溶液组成及工艺规范见表 11-2。

表 11-2　氟硼酸盐镀铅的溶液组成及工艺规范

溶液成分及工艺规范	1	2	3	4	5	6
	含量/(g/L)					
氟硼酸铅[Pb(BF$_4$)$_2$]	200～220	150～170	—	—	—	200～300
醋酸铅[Pb(CH$_3$COO)$_2$·H$_2$O]	—	—	—	170～190	—	—
碱式碳酸铅[PbCO$_3$·Pb(OH)$_2$]	—	—	130～150	—	130～150	—
氟硼酸(HBF$_4$)	—	—	—	125～140	115～125	—
游离氟硼酸(HBF$_4$)	30～35	30～40	—	30～35	30～35	60～120
氢氟酸(HF 100%)	—	—	120	—	—	—
硼酸(H$_3$BO$_3$)	25～28	25～28	106	25～28	25～28	—
明胶	0.2	—	—	—	—	—
聚乙二醇(M=8000)	0.1	0.1	—	0.1～0.2	—	—
萘二磺酸(C$_{10}$H$_8$O$_6$S)	0.2～0.3	0.2～0.3	—	—	0.2～0.3	—
木工胶	—	—	0.2	0.2	—	—
磺化三丁基乌头酯钠盐	—	0.1	—	0.1	—	—
β-萘酚乙氧基化表面活性剂	—	—	—	—	0.1～0.2	—
桃胶	—	—	—	—	—	3
温度/℃	室温	室温	18～30	室温	室温	室温
阴极电流密度/(A/dm^2)	1～4	1～3	1～3	1～4	1～4	1～3
阴极移动	需要	需要	—	需要	需要	—

11.2.2　镀液中主要成分的作用

(1) 氟硼酸铅

氟硼酸铅是镀液的主盐。铅含量高，阴极电流效率高，可以采用较大的阴极电流密度，沉积速度快。但含量过高，镀液覆盖能力较差，镀层结晶较粗糙。氟硼酸铅含量低，镀液覆盖能力较好，镀层结晶较细致，但容许阴极电流密度较低，沉积速度较慢。应根据镀层质量及镀层厚度要求，来确定镀液的氟硼酸铅浓度，氟硼酸铅浓度在 150～300g/L 范围内。一般情况下，镀层需要较厚时，采用较高浓度氟硼酸铅；镀层不需太厚，但细晶要求细致时，宜采用较低浓度氟硼酸铅。

(2) 氟硼酸

镀液中的氟硼酸除了要满足与铅化合形成稳定的氟硼酸铅化合物外，还必须有一定的游离氟硼酸存在，以起到导电和活化铅阳极的作用。游离氟硼酸不足，氟硼酸铅分解，导致氟化铅沉淀析出，镀液导电性差，降低分散能力和覆盖能力，铅阳极钝化；过量的游离氟硼酸，会降低阴极电流效率和沉积速度。所以，镀液要保持有一定量的游离氟硼酸，其含量要控制在 30g/L 以上。

(3) 硼酸

硼酸的作用，除了稳定氟硼酸外，也对氟硼酸铅起稳定作用。一般适宜含量为 25g/L 左右。含量过低，将导致氟硼酸分解，氢氟酸挥发，氟化铅沉淀。硼酸溶解度较小，若含量太高会在槽中结晶析出。

(4) 添加剂

不加添加剂的氟硼酸盐镀液，沉积出的镀层结晶粗糙。镀液加入添加剂，可使镀层结晶细致紧密、光亮，并可提高镀液覆盖能力。

早期应用较广泛的添加剂是明胶、桃胶、木工胶等一类高分子胶。它们吸附在阴极镀层表面，提高阴极极化作用，促使镀层结晶细致。聚乙二醇、β-萘酚乙氧基化表面活性剂等添加剂，在镀液中不但能起润湿、渗透作用，消除镀层针孔，而且也能吸附在阴极镀层表面使镀层结晶细化。有的添加剂可单独使用，有组合使用效果会更好些。

11.2.3 工艺规范的影响

(1) 镀液温度

镀液温度与阴极电流密度有关，提高温度，可适当提高电流密度；降低温度，要适当降低电流密度。温度过高（超过 40℃），镀层结晶粗糙。最佳的镀液温度为 18～35℃。

(2) 阴极电流密度

镀液中氟硼酸铅含量高，要适当提高电流密度。镀液采用阴极移动，也可提高电流密度。电流密度与镀液的温度有关。氟硼酸盐镀液的电流密度宜为 $1～4A/dm^2$。

(3) 搅拌

氟硼酸盐镀液的搅拌，宜采用阴极移动的机械搅拌，而不宜采用压缩空气搅拌，因空气搅拌会有大量氟硼酸气雾逸出，造成污染。

(4) 阳极

镀铅使用的是可溶性铅阳极。在铅阳极中，常含有铋、铜、锑、银、砷和锡等杂质，它们在氟硼酸盐镀液中的惰性比铅大，因而不能在阳极上溶解，所以，氟硼酸盐镀铅要用纯铅板。在氟硼酸盐镀液中，并在有氧存在的情况下，铅阳极也会发生化学溶解，尤其是发生在镀液和空气的界面处，所以铅板未浸入镀液的部位要尽量小，阳极在镀液与空气的界面部位可以涂胶封闭。

11.2.4 杂质的影响及处理方法

杂质的影响及处理方法见表 11-3。

表 11-3 杂质的影响及处理方法

镀液中的杂质	杂质的来源、影响及处理方法
铜杂质	铜杂质会使镀层出现粗粒子,低电流区镀层发黑。要尽量避免铜杂质进入镀液。铜杂质主要是导电铜棒和铜挂钩上腐蚀产生的铜绿掉入槽液,以及铜挂钩浸入镀液所致。镀液中的少量铜杂质,可以通过低电流电解法去除
氯离子	氯离子含量大于 0.3g/L 时,会出现枝晶状镀层。氯离子主要是前处理时,用盐酸浸蚀镀件而未将其洗净而带入镀液的。前处理最好采用氟硼酸浸蚀,配制镀液及向镀液补充用水均采用纯水,这些是防止镀液中氯离子积累的有效措施。氯离子可用去氯剂去除
硝酸根	硝酸根在阴极上还原,会导致阴极电流效率下降,镀层出现针孔多,硝酸根可采用大电流电解处理去除。镀液中有机杂质太多,可采用活性处理后再过滤

11.3 甲基磺酸盐镀铅

甲基磺酸盐镀液可以镀铅-锡合金，也可以镀铅。其镀液工艺稳定性好，而且镀液不含氟，危害小，废水处理较容易。甲基磺酸能与铅化合生成甲基磺酸铅，采用甲基磺酸盐镀锡和镀铅-锡合金，已在电子工业中用得很普遍。近年来，随着甲基磺酸投入工业化生产，其价格已大大降低，推动了甲基磺酸盐镀铅工艺在工业生产上的应用。

电镀行业一般使用质量分数为 70% 的甲基磺酸，外观为无色或微黄色透明液体，它是一种稳定的强酸性介质，主要提供镀液中的 H^+，其络合作用不明显，但稳定性好，不会分解。

11.3.1 镀液组成及工艺规范

甲基磺酸盐镀铅的溶液组成及工艺规范[1]见表 11-4。

表 11-4 甲基磺酸盐镀铅的溶液组成及工艺规范

溶液成分及工艺规范	1	2	3
	含量/(g/L)		
70%甲基磺酸(CH_3SO_2OH)(MSA)	150～240	150	150
甲基磺酸铅($C_2H_6O_6Pb_2S_2$)(MSP)	120～160	174	696
Pb^{2+}	34～46	50	200
MP 镀铅添加剂	10～20	—	—
有机添加剂	—	适量	适量
温度/℃	室温	20～30	20～30
阴极电流密度/(A/dm²)	0.5～1.2	<1.5	3～6
阴极移动	需要	需要	需要
备注	镀取<20μm 薄的铅镀层,镀层较光亮	镀取<50μm 较薄的铅镀层	镀取厚度为 200μm 的铅镀层

11.3.2 镀液成分及工艺规范的影响

① 甲基磺酸铅 它是向镀液中提供铅离子（Pb^{2+}）的主盐。甲基磺酸铅含量高,可允许采用较大的阴极电流密度,沉积速度快,但含量过高,镀层易粗糙;含量低,允许电流密度范围小,但镀液分散能力较好,镀层结晶也较细致。

② 甲基磺酸 其作用是活化阳极,增加镀液的导电性。甲基磺酸含量不足时,铅阳极易钝化,镀液分散能力较差,镀层结晶粗糙。

③ MP 镀铅添加剂,能促使镀层结晶光亮,提高镀液分散能力。如镀层不需光亮,只要结晶细致和分散能力稍好些,添加剂就可以少加些。

④ 镀液温度 温度高,能提高阴极电流密度,但镀层结晶粗糙;温度低,镀层结晶较细致,但阴极电流密度要小些。一般镀液温度宜控制在 20～30℃。

⑤ 电流密度 阴极电流密度除了与镀液温度有关外,还与阴极移动有关,如采用阴极移动时,阴极电流密度可大些。

⑥ 阳极 与氟硼酸盐镀铅的阳极要求相同。

11.4 其他溶液镀铅

下列几种镀铅溶液,存在很多缺陷,实际生产用得很少,所以仅做一些介绍。其他溶液镀铅的溶液组成及工艺规范见表 11-5。

表 11-5 其他溶液镀铅的溶液组成及工艺规范

溶液成分及工艺规范	醋酸盐镀液		氨基磺酸盐镀液	碱性镀液
	1	2		
	含量/(g/L)			
醋酸铅[$Pb(CH_3COO)_2$]	220	100～300	—	75

续表

溶液成分及工艺规范	醋酸盐镀液		氨基磺酸盐镀液	碱性镀液
	1	2		
	含量/(g/L)			
铅 Pb^{2+}（以氨基磺酸铅形式加入）	—	—	54	—
游离氟硼酸（HBF_4 100%）	160	—	—	—
醋酸（CH_3COOH）	—	30～40	—	—
硼酸（H_3BO_3）	20	—	—	—
氢氧化钠（NaOH）	—	—	—	200
邻甲苯胺（$NH_2C_7H_7$）	—	1mL/L	—	—
二硫化碳（CS_2）	—	1mL/L	—	—
明胶	1	—	—	—
动物胶	—	3	—	—
十六烷基三甲基溴化铵 [$C_{16}H_{33}(CH_3)_3NBr$]	—	—	2～15	—
松香	—	—	—	6
pH 值	<1	—	1.5	—
温度/℃	45	室温	20～50	80～90
阴极电流密度/(A/dm²)	1～8	<10	0.5～4	<10

11.5 不合格镀层的退除

不合格镀层的退除方法见表 11-6。

表 11-6 不合格镀层的退除方法

溶液成分及工艺规范	化学法退除	电解法退除
冰醋酸（CH_3COOH）	150～250mL/L	—
氢氧化钠（NaOH）	—	100～120g/L
30%双氧水（H_2O_2）	60～80mL/L	—
聚乙二醇	0.1～0.2g/L	—
温度/℃	室温	60～70
阴极电流密度/(A/dm²)	—	1～3(阴极材料:铁板)

第12章

镀铁

12.1 概述

铁镀层外观为有光泽的银白色。铁有良好的延展性和传热导电性，纯铁容易磁化，也容易去磁，化学性质较活泼。铁在干燥空气中较稳定，铁在常温下在浓硫酸或浓硝酸中发生钝化。铁及铁镀层的理化性能、特性及其用途见表12-1。

表 12-1　铁及铁镀层的理化性能、特性及其用途

项目	技术性能		项目	技术性能	
原子量	55.84		密度/(g/cm³)	金属铁	7.87
化合价	+2，+3		线膨胀系数/(×10⁻⁶/℃)		11.76
标准电位/V	$Fe^{2+}+2e \longrightarrow Fe$	−0.441	镀层硬度(HB)	在热的氯化物镀液中镀铁	80~150
	$Fe^{3+}+3e \longrightarrow Fe$	−0.036		在冷的氯化物镀液中镀铁	150~200
电化当量/[g/(A·h)]	Fe^{2+}	1.0416		在硫酸溶液中镀铁	250~300
	Fe^{3+}	0.694			
熔点/℃	1537				
沸点/℃	2930		电阻系数/(×10⁻⁸Ω·m)(20℃)		9.7
比热容/[kJ/(kg·℃)]	0.461				
镀层特性	铁镀层在潮湿的空气中易氧化成FeO、Fe_2O_3、Fe_3O_4等氧化物，对于硫酸、盐酸、硝酸都不稳定 铁镀层的化学成分与工业纯铁近似，但在很多场合下铁镀层的硬度和耐磨性却远高于工业纯铁，硬度比纯铁高5倍以上[1]。铁镀层由于纯度高，腐蚀速度比普通低碳钢低40%左右				
用途	镀铁的沉积速度快，镀厚能力强，一次可达2~3mm。而镀铁的价格仅有镀铬价格的10%左右，可以用来替代部分修复性镀铬，可取得很大的经济效益 镀铁普遍用于修复因腐蚀、磨损的轴、缸套等零件，在农机、交通、船舶、铁路运输及其工业部门得到广泛的应用。而目前应用最广的是大型矿车、内燃机、轮船发动机的曲轴、液压支柱、缸套等的修复强化 在印刷工业中铅板、铜板上镀一层很薄的铁镀层可提高其耐磨性，延长使用寿命 铁镀层还可以作为铸铁件镀锌、锡、铬前的中间层，或热浸锌前的中间层				

常用的镀铁溶液主要有氯化物、硫酸盐、氨基磺酸盐、氟硼酸盐等。其中氯化物镀铁溶液又分为低温镀液和高温镀液，而低温氯化物镀铁应用最广泛。

12.2　氯化物镀铁

12.2.1　概述

氯化物镀铁分为高温镀铁和低温镀铁两种工艺，其特点如下。

(1) 氯化物高温镀铁

无需特殊前处理，可以直接进行直流电镀（镀铁）。镀液温度在80℃以上，镀液成分简

单，导电性好，允许电流密度大，沉积速度快，可以直接镀出纯度高、内应力小、硬度低、韧性好、与基体结合力良好的镀层。主要用于耐磨性要求不高的尺寸修复，或用作其他镀种的底层。高温镀铁的缺点：能耗大，镀层硬度低，亚铁易氧化成三价铁而影响镀层质量，对设备腐蚀性大。

（2）氯化物低温镀铁

为了消除低温镀铁的内应力，保证与基体金属的良好结合性能，低温镀铁工艺需要特殊前处理（阳极刻蚀）或采用对称交流活化，以及近年开发并获得广泛应用的不对称交流电镀（即起始阶段采用不对称交流电镀，逐渐过渡到直流电镀）的低温镀铁工艺。镀液温度一般为30~50℃，镀液成分简单，导电性好，允许电流密度大，沉积速度快，镀层结晶细致，硬度高（45~60HRC），而且镀层微裂纹，具有良好的储油润滑作用和良好的耐磨性。镀液温度低，亚铁氧化慢，镀液相对稳定，而且能耗低。常用于作耐磨镀层、轴类修复与表面强化等，应用最为广泛。低温镀铁的缺点：镀层内应力大、结合力差，需要特殊的前处理或特殊电源。

12.2.2 镀液组成及工艺规范

氯化物高温镀铁的溶液组成及工艺规范见表 12-2。

氯化物低温镀铁的溶液组成及工艺规范见表 12-3。

表 12-2　氯化物高温镀铁的溶液组成及工艺规范

溶液成分及工艺规范	1	2	3	4
	含量/(g/L)			
氯化亚铁($FeCl_2 \cdot 4H_2O$)	300~350	450~500	350~550	350~550
氯化铵(NH_4Cl)	60~90	—	—	—
氯化钙($CaCl_2$)	—	200~500	180	—
氯化钠($NaCl$)	—	—	—	15~20
氯化锰($MnCl_2 \cdot 4H_2O$)	150~250	—	—	2~5
盐酸(HCl)	—	0.2~0.7	—	—
pH 值	1.5~2.5	1.2~1.5	0.8~1.5	1.5~4.0
温度/℃	65~75	90~100	80~104	90
阴极电流密度/(A/dm^2)	8~12	10~20	15~30	5~15

表 12-3　氯化物低温镀铁的溶液组成及工艺规范

溶液成分及工艺规范	1	2	3	4
	含量/(g/L)			
氯化亚铁($FeCl_2 \cdot 4H_2O$)	350~450	300~400	350~400	350~500
氯化钠($NaCl$)	—	10	10~20	—
氯化锰($MnCl_2 \cdot 4H_2O$)	—	—	1~5	5~50
硼酸(H_3BO_3)	—	—	5~8	5~8
pH 值	0.5~1.2	1~1.5	1~2	0.5~1
温度/℃	30~50	30~40	30~55	30~55
阴极电流密度/(A/dm^2)	15~30	15~20	15~30	5~30

12.2.3 镀液成分和工艺规范的影响

(1) 氯化亚铁

它既是镀液的主盐，又具有良好的导电性（当氯化亚铁浓度在450g/L以下时，随其浓度增加，镀液的电导率也随着增大），而且镀液的pH值一般能维持在0.5～1.5左右，酸度较大，有良好的pH值缓冲性能，所以氯化物低温镀铁除氯化亚铁外，也可不加其他成分，镀液组成很简单，有利于维护。随主盐浓度升高，可提高电流密度，加快沉积速度，提高韧性，但硬度下降，镀层结晶易粗糙。主盐浓度过低，沉积速度慢，脆性增大，硬度提高。氯化物镀铁，氯化亚铁浓度一般在300～500g/L范围内。

(2) 附加盐

镀液中加入氯化钠可提高镀液的导电性；氯化钙可以提高镀液的导电性，也有吸潮特性可减少水分蒸发；氯化铵可提高镀层硬度和减慢亚铁的氧化速度；氯化锰能提高一次镀厚能力，有细化晶粒的功能，也是抗氧剂，可抑制亚铁氧化；硼酸能缓冲pH值的变化。

(3) pH值

镀液的pH值对电镀过程影响较大，pH值过低，析氢量增大，电流效率下降，镀层容易产生毛刺和麻点。镀铁过程中pH值将升高，pH值升高将加速亚铁氧化和产生氢氧化铁沉淀，镀层夹杂物（氢氧化物）增多，镀层发脆，结合力差。为此，必须经常测定pH值，用盐酸调整。pH值一般维持在0.5～1.5左右。

(4) 镀液温度

随温度升高，允许阴极电流密度增大，沉积速度加快，但镀液稳定性降低，镀层硬度和脆性降低。低温镀铁温度宜控制在30～50℃，高温镀铁温度一般在80～100℃左右。

(5) 阴极电流密度

在一定范围内，镀层硬度随电流密度升高而增加，但继续升高到某一定值时，镀层硬度不再随电流密度升高而增加，但镀层结晶变得粗糙。低温镀铁阴极电流密度一般为15～30A/dm²，而高温镀铁阴极电流密度要低一些。

(6) 阳极

镀铁采用纯铁阳极，或含碳量不大于0.1%（质量分数）的钢材。由于阳极电流效率要高于阴极电流效率，所以阳极面积应比阴极面积小一些，一般采用阳极面积：阴极面积为（0.5～0.7）：1。为防止阳极泥渣进入镀液，应采用阳极袋。停镀一天以上应将阳极取出。

(7) 杂质影响[3]

镀铁溶液中锌、铜、铅、镍和钴等是有害杂质。杂质的影响及处理方法见表12-4。

表12-4 杂质的影响及处理方法

镀液中的杂质	杂质的影响及处理方法
锌杂质	锌含量大于0.2g/L时，会使镀层内应力增大
铜和铅杂质	铜和铅含量大于0.1g/L时，在高温槽液中在低电流密度区会造成镀层结晶粗糙，并能降低镀液分散能力。铜含量达到0.2g/L时，在高温槽中会导致海绵状镀层，镀层韧性降低
镍和钴杂质	镍和钴含量大于0.2g/L时，在高温槽液中在低电流密度区造成镀层结晶粗糙，并能降低镀液分散能力
金属杂质的处理	金属杂质可用瓦楞形阳极，在0.5A/dm²的电流密度下电解处理去除
有机杂质的处理	少量的有机杂质会使镀层发脆、产生针孔等故障，配槽时宜用活性炭处理，以后定期处理（吸附、过滤）

(8) 氯化物镀铁的镀后处理

镀件从镀液中取出清洗后，要在5%～10%的氢氧化钠或碳酸钠溶液中进行中和处理，浸泡20～30min，水洗，烘干。如要除氢，则在200～230℃下保温2～3h。必要时在零件上涂油保护。

12.2.4　氯化物低温镀铁技术

氯化物低温镀铁镀层内应力很大，结合力差。所以，需要采用特殊前处理（刻蚀处理）、对称交流活化或采用不对称交流电镀来消除镀层内应力，保证铁镀层与基体的结合强度。

刻蚀处理方法有阳极刻蚀、盐酸或硫酸浸蚀和对称交流活化等。盐酸或硫酸浸蚀处理，虽然能去除氧化物，也可以部分去除表面变形层，但效果有限，使铁镀层与基体的结合强度一般只有 59MPa 左右。而阳极刻蚀与对称交流活化处理，其结合强度可高达 200MPa 以上。

应当指出，这些特殊的前处理大部分是针对铁基零件（一般只能用于铸铁、中低碳钢和合金钢等）的，如在其他基体上，需要进行试验后方可应用。

（1）阳极刻蚀处理

阳极刻蚀在正常的前处理（除油、浸蚀）之后进行。零件作阳极，带电入槽（以防止硫酸的化学浸蚀）。铁镀件阳极刻蚀处理工艺规范见表 12-5。

阳极刻蚀处理可以除掉镀件表面污染层、氧化层、变形层，还可起到粗化微观表面，起到活化待镀表面的作用，从而保证后续电镀与基体的结合强度。阳极刻蚀处理是早期低温镀铁中常使用的方法，需要大电流整流器，酸雾污染大，对设备腐蚀严重。因此，在无刻蚀对称交流电化学活化处理方法出现后，阳极刻蚀在工业上已很少应用。

表 12-5　铁镀件阳极刻蚀处理工艺规范

溶液成分及工艺规范	铸铁	球墨铸铁	纯铁、碳钢、合金钢
硫酸（HSO_4 $d=1.84$）（体积分数）	30%	30%	30%
新配刻蚀液密度/(g/cm³)	1.224	1.224	1.224
温度/℃	室温	室温	室温
阳极电流密度/(A/dm²)	50~70	50~70	50~70
阳极与阴极面积比	1:8	1:8	1:8
刻蚀时间/min	0.5~1	0.5~2	1~3
刻蚀后外观	灰色	灰白色	银白色
阴极材料	铅板	铅板	铅板

注：1. 如刻蚀后零件表面颜色不均，或有异色斑点、黑色条纹等，也可再进行阳极刻蚀处理。
2. 阳极刻蚀溶液严防混入氯离子杂质，因氯离子能严重破坏钝化膜，影响均匀致密的钝化膜的形成。

（2）对称交流活化处理

在镀槽内通以对称交流电，在对称电流的阳极-阴极-阳极的交流电反复冲击下，实现表面粗化、活化，待表面金属光泽明显减弱后，施加一个冲击电流，然后逐渐过渡到直流电镀。

对称交流活化和电镀在同一镀槽内进行，不需另设刻蚀设备，节约材料，减少环境污染，降低劳动强度，得到普遍应用。

（3）不对称交流低温镀铁

不对称交流低温镀铁，是采用不对称交流电先镀一层与基体金属结合力好的软铁镀层，然后再镀硬铁镀层，所以这种镀铁分起镀、过渡镀、直流镀三个过程。一般无刻蚀不对称交流低温镀铁工艺大致流程如下，供参考。

机械前处理及化学电化学前处理→交流起镀→交流过渡镀→直流镀铁→中和处理→镀后处理，机械修整及检验（包括尺寸检查）。交流起镀、交流过渡镀等参数[3]如下。

① 交流起镀　起镀参数：一般采用正向电流（即阴极电流密度）为 8~10A/dm²，负向电流（即阳极电流密度）为 7~8A/dm²，通电时间 5~10min。镀上一层低应力的软铁镀层。

② 交流过渡镀　在 $10\sim15min$ 内，固定正波电流，逐渐调节负波电流，直到 $D_负$（阳极电流密度）＝$D_正$（阴极电流密度）$/10$ 时，停留 $2min$，即可转直流镀。过渡镀是为了使不对称交流镀层能够圆滑地转到直流镀层，过渡镀形成于软硬之间的过渡层，确保低温铁镀层与基体的结合性能。

③ 直流镀　转入直流镀后，一般希望刚刚转入直流镀时，电流密度不要设定太高，最好在 $20\sim30min$ 内逐渐调至正常电流密度值。

采用这种工艺所获得的铁镀层的结合强度最高可达到 $400MPa$[1]。

（4）不对称交流低温镀铁电源

国内有专门氯化物低温镀铁电源可供选用。对不对称交流低温镀铁电源的主要要求有：

① 同时可以输出不对称交流波形和直流波形，而且不对称交流与直流在不断电的情况下可以任意转换。

② 正向电流和负向电流的大小单独连续可调，并分别显示正向电流和负向电流的输出值。

③ 根据镀槽镀件的装载量，具有较大的电流输出值，以满足生产的需求。

12.3　硫酸盐镀铁

硫酸盐镀铁的铁镀层光滑柔和，常为淡灰色，出现针孔的倾向较小，能镀出较厚的镀层。由于主盐溶解度小，沉积速度低，分散能力较差，镀层硬度高，一般较脆。阴极电流密度高时容易产生烧焦现象。

硫酸盐镀铁溶液比较稳定，相对腐蚀性较低。硫酸盐镀铁没有氯化物镀铁应用得那么广泛。

（1）镀液组成及工艺规范

硫酸盐镀铁的溶液组成及工艺规范见表 12-6。

表 12-6　硫酸盐镀铁的溶液组成及工艺规范

溶液成分及工艺规范	1	2	3	4	5	6	7
	含量/(g/L)						
硫酸亚铁（$FeSO_4 \cdot 7H_2O$）	—	—	160	$150\sim210$	250	$400\sim500$	$400\sim450$
硫酸亚铁铵 [$FeSO_4(NH_4)_2SO_4 \cdot 6H_2O$]	$250\sim300$	$385\sim400$	—	—	—	—	—
硫酸（H_2SO_4）	—	0.25	—	—	—	—	$4.5\sim5.5$
硫酸铵[（NH_4）$_2SO_4$]	—	—	100	—	120	—	—
硫酸镁（$MgSO_4$）	—	—	—	$125\sim200$	—	—	—
硫酸钾（K_2SO_4）	—	—	—	—	—	$150\sim200$	—
氯化锰（$MnCl_2 \cdot 4H_2O$）	—	—	—	—	—	$1\sim3$	—
氯化钠（NaCl）	—	—	—	—	—	—	$200\sim230$
草酸（$H_2C_2O_4$）	—	—	—	—	—	$1\sim3$	—
pH 值	$2.8\sim5.5$	$5\sim5.5$	$5\sim5.5$	—	$2.1\sim2.4$	$2\sim2.5$	—
温度/℃	25	20	室温	25	60	$70\sim80$	$90\sim98$
阴极电流密度/(A/dm²)	$1\sim2$	$1\sim2.5$	$0.6\sim0.7$	$0.5\sim2.5$	$4\sim10$	$3\sim7$	$15\sim20$

（2）工艺规范的影响

① 硫酸盐镀铁溶液可采用硫酸亚铁或硫酸亚铁铵复盐作为主盐。需要加入导电盐，常用

的导电盐有硫酸钠、硫酸钾、硫酸镁和氯化钠等。

② 当镀液 pH 值低于 2，且镀液温度高时，阳极溶解快，而阴极电流效率低，镀件容易过腐蚀，应注意控制镀液 pH 值。

③ 镀液温度高，亚铁易氧化和生成氢氧化铁胶状沉淀，影响镀层质量。

④ 低温镀液，允许的阴极电流密度低，沉积速度慢；高温镀液，可用大的电流密度，电流效率提高，沉积速度快，镀层结晶细致，可用于零件修复。

⑤ 为防止镀件腐蚀，宜带电入槽，先用低电流密度电镀，然后逐渐升高至正常范围。

⑥ 使用纯铁或含碳质量分数小于 0.1% 的钢作阳极。阳极溶解较快，阳极面积应小一些，阳极面积：阴极面积＝(0.5～0.7)：1 为宜，需用阳极袋，不镀时取出阳极。停槽时可加一点酸，以抑制二价铁氧化。

⑦ 有机杂质过多时，可用活性炭处理。金属杂质用小电流电解处理。铬杂质需用 10～15A/dm^2 的阴极电流密度进行电解处理。

12.4　氨基磺酸盐镀铁

氨基磺酸盐镀铁溶液，具有溶解度大，允许使用较高的阴极电流密度，沉积速度快，镀层内应力小，韧性好，镀厚能力强等优点，较适合于高速镀铁。这种镀铁已用于电解法制备铁箔、电铸等。氨基磺酸盐镀铁的溶液组成及工艺规范[1]见表 12-7。

表 12-7　氨基磺酸盐镀铁的溶液组成及工艺规范

溶液成分及工艺规范	1	2	3
	含量/(g/L)		
氨基磺酸亚铁[Fe(NH$_2$SO$_3$)$_2$]	250	400	500～800
氨基磺酸铵(NH$_2$SO$_3$NH$_4$)	30	30	—
甲醛/(mL/L)	—	0.1	—
pH 值	3.0	2.0～2.5	1.0～1.5
温度/℃	50～70	43～49	45～55
阴极电流密度/(A/dm^2)	2～15	10～15	20～70

注：1. 配方 1、2 镀液中获得的铁镀层与硫酸盐铁镀层的外观、硬度非常接近，但内应力略有降低。
2. 配方 3 适用于高速镀铁，电流效率为 80%～93%，沉积速度快，为 0.5～0.7mm/h，一次镀厚能力大于 3mm。铁镀层为银白色，表面平滑柔和、内应力小，无龟裂，与基体结合强度高，电流密度范围宽，耐蚀性较好。但氨基磺酸亚铁浓度高，镀液黏度较大，当加热到 40℃ 以上时，流动性较好，因此高浓度镀液的使用温度应控制在 40℃ 以上。

12.5　氟硼酸盐镀铁

氟硼酸盐镀铁可获得结晶细致，与基体结合力好的铁镀层。氟硼酸盐镀液具有下列特点。

① 导电性能好，并具有良好的 pH 缓冲能力，生产中不需要通电处理和经常调整酸度。

② 镀液的分散能力及一次镀厚能力较氯化物镀铁有所提高。

③ 由于允许使用的 pH 值较高，析氢少，镀层含氢量低，镀层脆性小、易于获得低硬度并与基体结合强度高的铁镀层，质量稳定。

④ 对金属杂质的容忍浓度高，对三价铁（Fe^{3+}）的影响不敏感，有利于镀液的维护和管理。

⑤ 镀液中含有氟化物，对环境有害，需特殊的废水处理设备。镀液相对成本高。因此，除特殊情况下，高浓度氟硼酸盐镀铁在实际生产中用得不多。

氟硼酸盐镀铁的溶液组成及工艺规范见表 12-8。

表 12-8　氟硼酸盐镀铁的溶液组成及工艺规范

溶液成分及工艺规范	1	2	3	4	5
	含量/(g/L)				
氟硼酸亚铁[Fe(BF$_4$)$_2$]	280～320	226	—	—	60
氯化亚铁(FeCl$_2$·4H$_2$O)	—	—	350～380	250～300	—
硫酸亚铁(FeSO$_4$·7H$_2$O)	—	—	—	—	300
氟硼酸(HBF$_4$)	—	—	10～15	10～20	—
氟化钠(NaF)	—	—	2.0～2.5	—	—
硼酸(H$_3$BO$_3$)	18～20	—	—	—	—
氯化钠(NaCl)	—	10	—	—	—
氯化锰(MnCl$_2$·4H$_2$O)	—	—	—	50～60	—
氯化铵(NH$_4$Cl)	—	—	—	—	40
pH 值	3.2～3.6	2.0～3.0	3.0～4.0	2.5～3.0	3.0～4.0
温度/℃	40～60	55～60	25～40	30～50	60
阴极电流密度/(A/dm^2)	5～15	2～10	10～15	10～15	4

12.6　不合格镀层的退除

不合格铁镀层可在稀盐酸或稀硫酸中退除，或用机械方法去除。

第13章

镀银

13.1 概述

银是一种白色光亮的金属，银层较软，介于铜和金之间，可锻可塑，承受弯曲和冲击，并具有优异的减摩性能。银的化学稳定性好，在洁净的空气中，在碱以及一些有机酸中都很稳定。银溶于硝酸和热的浓硫酸。银在含有氯化物、硫化物的介质中，表面很快变色并失去反光能力，不但影响外观，而且显著降低镀层的焊接性和导电性。

银原子会沿材料表面滑移和向内部渗透扩散，会降低绝缘材料的性能。在潮湿大气中易产生"银须"。

银镀层的理化性能见表13-1。

表 13-1 银镀层的理化性能

项目	技术性能		项目		技术性能
原子量	107.87		密度/(g/cm³)	镀层	8～10.5
化合价	+1			金属银	10.49
标准电位/V	$Ag^+ + e \longrightarrow Ag$	+0.799	电阻系数 /($\times 10^{-8}\Omega \cdot m$)	镀层	1.58～13.0
电化当量/[g/(A·h)]	4.025			金属银	1.5
熔点/℃	960.8		线膨胀系数/($\times 10^{-6}$/℃)		19.7
沸点/℃	2210		硬度(HB)		60～140
比热容/[kJ/(kg·℃)]	0.234		热导率/[W/(m·℃)]		418
镀层特性	银镀层质软，介于铜与金之间，能承受弯曲和冲击，有自润滑性，并具有优异的减摩性能。银镀层易抛光，有很强的反光性能，反光率可达95%，有很高的导电性，良好的导热性和焊接性 银镀层对常用金属为阴极镀层。由于其昂贵，一般都不适用于作防护层 银在含有氯化物、硫化物的介质中，表面很快变色。所以，镀银后一般都要在镀后进行防变色处理而镀前为防止发生置换反应而形成结合力不牢固的置换银层，应进行预镀银或预浸银				

（1）银镀层的使用范围

镀银在功能性电镀和装饰性电镀中都有广泛的用途。

① 要求提高导电性、减小和稳定接触电阻、易于焊接的零件，如仪器、仪表、电子设备中的接触片、插头、销杆等。

② 防止高温粘接的零件，如发动机中的螺栓、螺母等。

③ 提高反光率的零件，如探照灯、灯罩及反射器中的反光镜等。

④ 用于零件的外观装饰，如餐具、首饰、乐器、装饰品等。

⑤ 其他方面如要求高频导电、高频焊接、导电且受摩擦的零件等。

（2）下列情况不允许使用银镀层

① 为防止银镀层很快变色，与含硫的材料接触的零件。

② 为防止银镀层生成"银须"，造成短路，印制电路板不能镀银。

③ 工作温度超过 148℃ 没有镍底层的铜合金件或以铜为底层的镀银钢件，因为在 148℃ 以上连续工作下，铜-银的界面上，能生成具有脆性的银和铜的低熔扩散产物，影响银镀层与基体的结合力。

④ 工作温度超过 650℃ 的零件。

⑤ 对电气性能要求高，又与绝缘材料直接接触的零件，采用银镀层要慎重，因为银原子会沿材料表面滑移和向内部渗透扩散，所以会降低绝缘材料的性能。

我国从 20 世纪 70 年代以来，广大电镀工作者在无氰镀银方面做了大量工作，但至今仍无重大突破，从综合性能来看还不及氰化镀银。所以无氰镀银至今还不能广泛推广应用和大批量投入生产。目前，生产上基本采用的仍是氰化镀银。无氰镀银有硫代硫酸盐镀银、亚氨基二磺酸铵（NS）镀银、磺基水杨酸镀银、烟酸镀银等，但这些镀液中所获得的银镀层的抗暗性能等比氰化镀银差，工艺维护复杂，成本高。

13.2 氰化镀银

氰化镀银可获得洁白、结晶细致的银镀层，并且镀液分散能力和覆盖能力好，电流效率高（90%～100%），工艺维护方便。但镀液有剧毒，严重污染环境。

氰化镀银溶液的主要成分是银氰络盐和氰化钾。在镀液中加入晶粒细化剂、光亮剂，可获得有光泽或全光亮的银镀层，并可提高镀层硬度。氰化镀液有广泛的适用性，从普通镀银、光亮镀银、半光亮镀银到高速电铸镀银都可以采用，并且镀层性能好。

13.2.1 镀液组成及工艺规范

普通氰化镀银的溶液组成及工艺规范见表 13-2。

光亮氰化镀银的溶液组成及工艺规范见表 13-3、表 13-4。

表 13-2 普通氰化镀银的溶液组成及工艺规范

溶液成分及工艺规范	一般镀银			快速镀银		镀硬银		低浓度镀银
	1	2	3	1	2	挂镀	滚镀	
	含量/(g/L)							
氰化银（AgCN）	35～45	—	35	50～100	75～110	—	—	4～8
氯化银（AgCl）	—	35～40	—	—	—	35～45	40～50	—
氰化钾（总）（KCN）	65～80	55～75	60	—	90～140	—	70～85	15～25
游离氰化钾（KCN）	35～45	30～38	40	45～120	50～90	15～25	—	15～25
碳酸钾（K₂CO₃）	15～30	15～30	15	15～25	15	25～35	10～20	10～12
氢氧化钾（KOH）	—	—	—	4～10	0.3	—	—	—
酒石酸钾钠（KNaC₄H₄O₆·4H₂O）	—	—	—	—	—	—	20～30	—
氯化钴（CoCl₂·6H₂O）	—	—	—	—	—	0.8～1.2	—	—
氯化镍（NiCl₂·6H₂O）	—	—	—	—	—	—	30～40	—
温度/℃	15～35	15～35	20～25	28～45	40～50	15～35	15～35	20～25
阴极电流密度/(A/dm²)	0.1～0.5	0.3～0.6	0.5～1.5	0.35～3.5	5～10	0.8～1	0.8～1.5	0.15～0.25
阳极电流密度/(A/dm²)	—	—	—	—	—	0.4～0.5	<0.7	—

注：1. 快速镀银一般需要阴极移动，移动速度为 20 次/分钟。

2. 快速镀银配方 2，主盐浓度是普通镀银的 2～3 倍，镀液温度也高些。因此可以在较高电流密度下工作，可获得较厚镀层，特别适合于电镀银。该镀液 pH 值要求保持在 12 以上，是为了提高镀液的稳定性，也有利于改善镀层和阳极状态。

3. 滚镀硬银的滚筒转速为 12～16r/min。

表 13-3　光亮氰化镀银的溶液组成及工艺规范（1）

溶液成分及工艺规范	挂镀				滚镀		
	1	2	3	4	1	2	3
	含量/(g/L)						
银(Ag)(以氰化银钾形式加入) [KAg(CN)₂]	30～38	25～30	—	—	—	20～40	—
氰化银(AgCN)	—	—	—	40～55	—	—	—
氯化银(AgCl)	—	—	35～45	—	—	—	—
硝酸银(AgNO₃)	—	—	—	—	45～55	—	40～50
氰化钾(KCN)	80～100	—	—	60～75	—	—	—
游离氰化钾(KCN)	—	20～30	40～55	—	120～140	100～200	130～150
碳酸钾(K₂CO₃)	—	30～40	15～25	40～50	5～10	—	5～10
氢氧化钾(KOH)	—	—	—	—	—	5～10	—
硫代硫酸钠(Na₂S₂O₃·5H₂O)	—	0.5～0.6	0.5～1	—	—	—	—
硫脲[CS(NH₂)₂]	—	0.2～0.22	—	—	—	—	—
二硫化碳(CS₂)	—	—	—	0.001	—	—	—
2-巯基苯并噻唑(C₇H₅NS₂)	0.5	—	—	—	—	—	—
1,4-丁炔二醇(C₄H₆O₂)	0.5	—	—	—	—	—	—
892 光亮剂 A/(mL/L)	—	—	—	—	10～15	—	—
892 光亮剂 B/(mL/L)	—	—	—	—	15～20	—	—
A 光亮剂/(mL/L)	—	—	—	—	—	30	—
B 光亮剂/(mL/L)	—	—	—	—	—	15	—
AG·400A 添加剂/(mL/L)	—	—	—	—	—	—	30
AG·400B 添加剂/(mL/L)	—	—	—	—	—	—	15
温度/℃	室温	15～35	18～35	15～25	20～40	18～30	15～30
阴极电流密度/(A/dm²)	0.5～1.2	0.5～1	0.2～0.5	0.3～0.6	0.1～0.5	0.5～2	0.1～0.5

注：1. 挂镀配方 1 为光亮镀银或镀硬银。
2. 挂镀配方 2 为半光亮镀银或镀硬银。
3. 挂镀配方 3、4 为半光亮镀银，需要阴极移动，移动速度为 20 次/分钟。
4. 滚镀配方 1 的 892 光亮剂 A、B 是上海永生助剂厂的产品。阳极面积∶阴极面积为 2∶1。
5. 滚镀配方 2 的 A、B 光亮剂是深圳华美电镀技术有限公司的产品。
6. 滚镀配方 3 的 AG·400A、B 添加剂是广东省揭阳市铭达表面工业研究所的产品。

表 13-4　光亮氰化镀银的溶液组成及工艺规范（2）

溶液成分及工艺规范	1	2	3	4	5	6
	含量/(g/L)					
氰化银钾 [KAg(CN)₂]	—	55	—	—	—	38～76
银(Ag)(以氰化银钾形式加入) [KAg(CN)₂]	—	—	—	20～40	—	—
硝酸银(AgNO₃)	45～55	—	55～65	—	40～50	—
氰化钾(KCN)	—	135	—	—	—	90～150

续表

溶液成分及工艺规范	1	2	3	4	5	6
	含量/(g/L)					
游离氰化钾(KCN)	100～120	—	70～90	90～150	100～130	—
碳酸钾(K₂CO₃)	5～10	10	—	—	5～10	7.5
氢氧化钾(KOH)	—	—	—	5～10	—	5～10
酒石酸钾钠(KNaC₄H₄O₆·4H₂O)	—	—	30	—	—	—
892 光亮剂 A/(mL/L)	10～15	—	—	—	—	—
892 光亮剂 B/(mL/L)	15～20	—	—	—	—	—
LY-978A 添加剂/(mL/L)	—	—	—	—	—	15～30
LY-978B 添加剂/(mL/L)	—	—	—	—	—	10～20
56 光亮剂/(mL/L)	—	4	—	—	—	—
TO-1 配缸剂/(mL/L)	—	—	30	—	—	—
TO-2 添加剂/(mL/L)	—	—	15	—	—	—
A 光亮剂/(mL/L)	—	—	—	30	—	—
B 光亮剂 /(mL/L)	—	—	—	15	—	—
AG·400A 添加剂/(mL/L)	—	—	—	—	25～30	—
AG·400B 添加剂/(mL/L)	—	—	—	—	10～15	—
pH 值	—	—	—	—	—	12～12.5
温度/℃	20～40	15～25	5～25	20～40	15～30	24～40
阴极电流密度/(A/dm²)	1～3	0.6～1.2	0.6～1.5	0.5～4	1～3	0.2～4
阴极移动(次/分钟)	需要	—	15～20	需要	需要	需要

注：1. 配方 1 的 892 光亮剂 A、B 是上海永生助剂厂的产品。阳极面积：阴极面积为 2∶1。

2. 配方 2 的 56 光亮剂是安美特化学有限公司、安美特（广州）化学有限公司的产品。

3. 配方 3 的 TO-1 配缸剂、TO-2 添加剂是上海复旦电容器厂、8372 研制的。

4. 配方 4 的 A、B 光亮剂是深圳华美电镀技术有限公司的产品。

5. 配方 5 的 AG·400A、B 添加剂是广东省揭阳市铭达表面工业研究所的产品。

6. 配方 6 的 LY-978A、B 添加剂是天津市中盛表面技术有限公司的产品。

13.2.2　镀液中各成分的作用

(1) 镀液的主盐——银盐

氰化银、氰化银钾、氯化银及硝酸银在各自的镀液配方中都是主盐。镀液中的银含量，对镀液的导电性、分散能力及沉积速度等有一定影响。一般来说，银含量高，允许采用的阴极电流密度也高，沉积速度快，生产效率高。但其含量过高，镀层结晶粗糙，色泽发黄，滚镀时还会产生橘皮状镀层。银含量低，允许采用的阴极电流密度也低，沉积速度慢，生产效率低。一般情况下，镀液中金属银的含量以 20～45g/L 为宜。

(2) 氰化钾

氰化钾是氰化镀银的主配位剂，除与银离子形成银氰配离子外，在镀液中还要维持一定量的游离氰化钾。它的主要作用：稳定镀液，提高阴极极化作用，使镀层结晶细致均匀，促使阳极正常溶解，提高镀液导电能力。游离氰化钾含量过高，会降低沉积速度，阳极可能出现颗粒状金属的溶解；而其含量过低，易使阳极钝化，而且表面会出现灰黑色的膜，使银镀层呈灰白色，甚至使结晶粗糙，结合力不好。一般情况下，游离氰化钾含量约为：镀硬银为 $15\sim30g/L$，普通镀银、光亮镀银约为 $30\sim60g/L$，快速镀银可达 $60\sim120g/L$。

氰化镀银溶液通常用氰化钾而不用氰化钠，原因如下。

① 钾盐导电能力比钠盐好，可使用较高的电流密度，镀层均匀细致，覆盖能力好。

② 钾盐中含硫量比钠盐低。

③ 钾盐不易使阳极钝化。

④ 氰化钾会被氧化为碳酸钾，其含量会不断提高，而碳酸钾的溶解度比碳酸钠大。

（3）碳酸钾

碳酸钾的主要作用是提高镀液的导电性。只在新配镀液时按配方含量的下限加入碳酸钾，因为氰化钾会被氧化为碳酸钾，所以其浓度会逐渐增加。但碳酸钾浓度超过 $110g/L$ 时，会使阳极钝化，镀层粗糙。此时需要处理，可加入 Ba^{2+}、Ca^{2+}，使碳酸钾生成碳酸钡、碳酸钙等沉淀，过滤除去。

（4）其他盐类

① 酒石酸钾钠　它是阳极去极化剂，防止阳极钝化，促进阳极正常溶解。

② 氯化钴、氯化镍、酒石酸锑钾　它们都能增加银镀层的硬度，一般称为增硬剂。但它们对银镀层的电阻影响较大，应严格控制其用量。

③ 硫脲　可以使镀层结晶细致，加入过多，会使镀液分散能力降低。

（5）光亮剂

① 硫代硫酸钠和二硫化碳是早期光亮剂，但不能得到全光亮的镀层，加入过量，易造成阳极钝化，会降低镀液的分散能力，严重时镀层会出现黑点、针孔，结晶粗糙。

② 2-巯基苯并噻唑和 1,4-丁炔二醇都是光亮剂，能使镀层结晶细致、光亮。用量太小，镀层不够光亮；用量太大，镀层电阻增大。应严格控制其用量。

③ 市售商品的添加剂。目前，市场上有不少质量不错的镀银光亮剂，可通过试验（试镀），确认效果良好后再使用。

13.2.3　工艺规范的影响

（1）镀液温度

提高镀液温度，可相应地提高阴极电流密度，但温度过高，镀层结晶疏松，在光亮镀液中镀不出光亮镀层，表面发乌，光亮剂损耗大。温度过低，降低允许的阴极电流密度的上限，沉积速度下降。低于 $5℃$ 时，电流效率明显下降。除了快速镀银外，氰化镀银的适宜温度一般在室温附近。

（2）阴极电流密度

镀液中的主盐浓度和镀液温度会直接影响电流密度。镀液中含银量高，温度高，允许的阴极电流密度也高。在规定的工艺规范内，提高阴极电流密度，镀层结晶致密，但可能产生脆性。电流密度过高，镀层粗糙，甚至呈海绵状，滚镀时会产生橘皮状镀层；电流密度过低时，沉积速度下降，镀层无光泽。

（3）镀液搅拌和过滤

镀液搅拌能提高阴极电流密度上限，扩大温度范围，提高沉积速度。氰化镀银搅拌一般采用阴极移动。

镀液必须定期或连续过滤，特别是镀厚银和快速镀银溶液。

（4）阳极

氰化镀银对银阳极的质量要求较高，一般采用 Ag-1 级，其含银的质量分数达到 99.99%。减小银阳极中的铜、铁、铋、铅、锑等杂质含量，因为它们不仅污染镀液，还会使阳极表面生成一层膜，影响阳极的正常溶解。阳极要采用阳极袋，防止阳极泥渣进入镀液中。

13.3 无氰镀银

我国从 20 世纪 70 年代以来，开发出了多种无氰镀银工艺，其中一些曾在实际生产中得到了应用，但由于存在某些缺陷，后来又不得不重新使用氰化物镀液。近年来，电镀工作者又对无氰镀银工艺做了大量工作，并对镀银的配位剂和添加剂进行了较多较深入的研究和试验。

目前无氰镀银主要存在以下问题[25]。

① 银镀层总体性能达不到商业要求，如镀层光亮度不够，与基体结合不好，镀层夹杂有机物，纯度不高，电导率下降等。

② 镀液成分复杂，稳定性差，对金属及有机杂质敏感，导致镀液使用周期短，增加使用成本。

③ 工艺性能不能满足生产需要，镀液分散能力差，电流效率低，阳极易钝化等。

为了解决无氰镀银存在的上述问题，多年来电镀工作者做出了很大努力，其主要工作是探索、试验、寻求好的配位剂和各种添加剂、光亮剂和辅助添加剂。随着近年电镀技术整体水平的提高，无氰镀银也有所进步，但要完全取代氰化镀银，还需加强研制、开发和推广。

13.3.1 硫代硫酸盐镀银

硫代硫酸盐镀银溶液覆盖能力好，阴极电流效率高，镀层结晶细致、可焊性好，而且配制容易，使用方便。但在酸性溶液中，硫代硫酸根易析出硫（$S_2O_3^{2-} + H^+ \longrightarrow HSO_3^- + S$），镀液不够稳定，允许使用的阴极电流密度范围较窄，而且银镀层中含有少量硫。

(1) 溶液组成及工艺规范

硫代硫酸盐镀银的溶液组成及工艺规范见表 13-5。

表 13-5 硫代硫酸盐镀银的溶液组成及工艺规范

溶液成分及工艺规范	挂镀						滚镀
	1	2	3	4	5	6	
	含量/(g/L)						
硝酸银（AgNO₃）	45~50	40~45	40~45	—	—	50~60	55~65
氯化银（AgCl）	—	—	—	33~40	—	—	—
溴化银（AgBr）	—	—	—	—	45~52	—	—
硫代硫酸铵[(NH₄)₂S₂O₃]	230~260	—	200~250	220~250	200~250	—	—
硫代硫酸钠（Na₂S₂O₃·5H₂O）	—	200~250	—	—	—	250~350	300~500
焦亚硫酸钾（K₂S₂O₅）	—	40~45	—	—	—	90~110	55~65
醋酸铵（CH₃COONH₄）	20~30	20~30	—	20~30	20~30	—	—
硼酸（H₃BO₃）	—	—	—	—	—	25~35	—
无水亚硫酸钠（Na₂SO₃）	80~100	—	—	80~100	80~100	—	—
硫代氨基脲（CH₅N₃S）	0.5~0.8	0.6~0.8	—	0.5~0.8	0.5~0.8	—	—
SL-80 添加剂/(mL/L)	—	—	8~12	—	—	—	—
辅加剂	—	—	0.3~0.5	—	—	—	—
pH 值	5.0~6.0	5.0~6.0	5.0~6.0	6.0~6.2	6.0~6.4	4.2~4.8	5.0~6.0
温度/℃	15~35	室温	室温	室温	15~35	10~40	5~35

续表

溶液成分及工艺规范	挂镀						滚镀
	1	2	3	4	5	6	
	含量/(g/L)						
阴极电流密度/(A/dm²)	0.1~0.3	0.1~0.3	0.3~0.8	0.1~0.2	0.2~0.3	直流或脉冲①	0.2~0.5
阳极与阴极面积比	(2~3):1	2:1	(2~3):1	3:1	(2~3):1	—	—

① 配方6可用直流也可用脉冲电流电镀，其最佳双向脉冲参数为：正向脉宽为1ms，占空比为10%，电流密度为0.8A/dm²，工作时间为100ms；反向脉宽为1ms，占空比为5%，电流密度为0.2A/dm²，工作时间为20ms（镀银层的抗变色性能是：双脉冲镀＞单脉冲镀＞直流镀）。

注：挂镀配方3适合于光亮镀银，SL-80添加剂和辅加剂，由广州科学研究院金属防护研究所研制。

（2）工艺维护

① 硝酸银、氯化银、溴化银是镀液中的主盐，常选用硝酸银。硫代硫酸铵或硫代硫酸钠为配位剂。硫代硫酸铵或硫代硫酸钠与焦亚硫酸钾或亚硫酸钠，任选两种进行配制，效果相同。

② 硫代硫酸盐镀银后，将镀件浸于浓盐酸中30min，待表面残留的硫代硫酸盐完全分解去掉后，用冷水清洗，再进行镀后处理，可提高抗变色能力。

③ 镀液中通常保持硝酸银：焦亚硫酸钾：硫代硫酸铵＝1:1:5（质量比）比较合适。

④ 硝酸银应与焦亚硫酸钾一起补加，按1:1（质量比）加入。不可将硝酸银直接加入硫代硫酸铵溶液中，以免造成黑色的硫化银（Ag_2S）沉淀。

⑤ 电镀过程中应控制好pH值，调节pH值应用弱酸（如醋酸），不能用强酸，以保持镀液稳定。

⑥ 杂质的影响。一定量的二价铁（Fe^{2+}）会使镀液出现黄色沉淀；三价铁（Fe^{3+}）会使镀液出现棕色沉淀。但沉淀过滤后，对镀层质量影响不大。当二价铜（Cu^{2+}）大于5g/L时，低电流密度区镀层变暗。当二价铅（Pb^{2+}）达到0.5g/L时，镀液中出现沉淀，镀层开始发暗，光亮范围缩小。采用低电流密度电解处理，可以除去二价铜（Cu^{2+}）、二价铅（Pb^{2+}）杂质。

13.3.2 亚氨基二磺酸铵(NS)镀银

亚氨基二磺酸铵（NS）镀银溶液成分简单，配制方便，易于维护。镀层结晶细致，可焊性、耐蚀性、抗硫性、结合力等良好。镀液覆盖能力接近氰化镀银。但镀层存在含硫量较高、韧性较低、抗硫化氢能力较差等缺点。而且镀液中氨易挥发，pH值变化大，对二价铜离子（Cu^{2+}）敏感，铁杂质的存在使光亮区范围缩小。

NS镀银的溶液组成及工艺规范见表13-6。

表 13-6　NS镀银的溶液组成及工艺规范

溶液成分及工艺规范	1	2	3	4
	含量/(g/L)			
硝酸银（$AgNO_3$）	25~30	30~40	25~30	25~30
亚氨基二磺酸铵[$HN(SO_3NH_4)_2$]	80~100	80~120	80~100	50~60
硫酸铵[$(NH_4)_2SO_4$]	—	100~140	—	50~60
柠檬酸铵[$(NH_4)_3C_6H_5O_7$]	—	1~5	—	—

续表

溶液成分及工艺规范	1	2	3	4
	含量/(g/L)			
醋酸铵(CH_3COONH_4)	—	—	15～20	15～20
酒石酸($H_2C_4H_4O_6$)	—	—	—	1～2
pH 值	8.8～9.5	8.2～9.0	8.8～9.5	8.5～9.0
温度/℃	室温	室温	室温	室温
阴极电流密度/(A/dm²)	0.3～0.6	0.2～0.4	0.3～0.6	0.3～0.5
阳极与阴极面积比	(1.5～2):1	—	(1.5～2):1	(1.5～2):1

注：1. 配方 1 为基本配方，可满足一般要求。

2. 配方 2、3 为光亮镀液，镀层经浸亮后可获得全光亮银镀层。

3. 配方 4 镀获的镀层，内应力小，镀层较软，但光亮度及细致程度不如配方 2、3。

13.3.3 磺基水杨酸镀银

磺基水杨酸镀银溶液的覆盖能力，仅次于 NS 镀银溶液，其他性能与 NS 镀液基本相同。其溶液组成及工艺规范见表 13-7。

表 13-7 磺基水杨酸镀银的溶液组成及工艺规范

溶液成分及工艺规范	挂 镀		滚 镀
	1	2	
	含量/(g/L)		
硝酸银($AgNO_3$)	20～40	30	25～40
磺基水杨酸($HOC_6H_3COOHSO_3H \cdot 2H_2O$)	100～140	140～160	120～150
醋酸铵(CH_3COONH_4)	—	140～200	—
总氨量(以硝酸铵与氨水 1:1 加入)	20～30	—	25～30
氢氧化钾(KOH)	8～13	—	10～13
pH 值	8.5～9.5	9(用氢氧化钾调节)	8.5～9.5
温度/℃	室温	室温	室温
阴极电流密度/(A/dm²)	0.2～0.4	0.2～0.4	0.2～0.4

13.3.4 烟酸镀银

烟酸镀银溶液获得的银镀层结晶细致、光亮、韧性好，镀液主要性能接近氰化镀液，但镀液对铜（Cu^{2+}）、氯（Cl^-）较敏感。烟酸镀银的溶液组成及工艺规范见表 13-8。

表 13-8 烟酸镀银的溶液组成及工艺规范

溶液成分				工艺规范	
硝酸银($AgNO_3$)	42～50g/L	氨水(浓)($NH_3 \cdot H_2O$)	32mL/L	pH 值(用醋酸、氢氧化钾调节)	9.0～9.5
烟酸($C_6H_5O_2N$)	90～110g/L	氢氧化钾(KOH)	45～55g/L	温度	室温
醋酸铵(CH_3COONH_4)	77g/L	碳酸钾(K_2CO_3)	70～82g/L	阴极电流密度	0.2～0.4A/dm²

13.4　镀银的前处理

　　钢铁件镀银一般先镀铜作为底层。镀银件的基体材料一般多为铜或铜合金件。由于铜的电位比银的电位负，当铜件浸入银镀液中时，表面会发生置换反应，生成的置换层与基体金属结合力差，而且在置换过程中产生的铜离子还会污染镀液。所以，为保证银镀层的结合力，镀银前除了常规的前处理（除油、浸蚀）外，还必须对镀件表面进行预处理。预处理工艺有下列三种。

　　（1）汞齐化处理

　　汞齐化处理的主要作用是提高铜件表面的电位，防止产生置换层。但汞有剧毒，污染危害性极大，而且清洗不净会污染镀银溶液。所以汞齐化处理方法，已被浸银和预镀银工艺所替代。

　　（2）浸银

　　经过除油、浸蚀、清洗净的镀件，浸入由低浓度银盐和高浓度配位剂组成的浸银溶液中，沉积上一层致密而结合力好的置换银层。这样，再镀银时，就能大大提高镀层的结合力。常用的浸银的溶液组成及工艺规范见表 13-9。浸银后必须加强清洗，以防浸银液污染后续的镀液。

表 13-9　浸银的溶液组成及工艺规范

溶液成分及工艺规范	1	2
	含量/(g/L)	
硝酸银（$AgNO_3$）	15～20	—
金属银（以亚硫酸银形式加入）	—	0.5～0.6
硫脲[$CS(NH_2)_2$]	200～220（过饱和量）	—
无水亚硫酸钠（Na_2SO_3）	—	100～200
pH 值	4（用 1:1 盐酸调节）	
温度/℃	15～30	15～30
时间/s	60～120	3～10

　　（3）预镀银

　　一般钢铁件、镍合金件、磷青铜件、铍青铜件、黄铜铸件、精度要求高的铜及其合金件、多种金属组装件或焊接件等[20]，要先预镀一层铜，再预镀银，而后镀银。铜及其合金件也可预镀铜后，在氰化镀液中带电下槽镀银。

　　预镀银是镀银前处理最常用也是最合适的方法。预镀银的溶液中银含量很低，而配位剂（氰化物）含量高，它可提高阴极极化作用，产生低电流效率的活化过程，使电位较负的金属零件浸入其中时，在其表面迅速生成一层薄而结晶细致、结合力好的镀层，从而避免镀件进入镀银液时产生置换银层。

　　预镀银层的厚度很薄，约为 0.05～0.25μm。预镀银溶液与后续的加厚镀银溶液基本相同，所以预镀银后镀件可不必水洗，直接进入加厚的镀银溶液。预镀银的溶液组成及工艺规范见表 13-10。

表 13-10　预镀银的溶液组成及工艺规范

溶液成分及工艺规范	1	2	3	4
	含量/(g/L)			
氰化银（AgCN）	1～3	2～3	3～5	0.7～1

续表

溶液成分及工艺规范	1	2	3	4
	含量/(g/L)			
氰化铜[Cu(CN)$_2$]	8～18	—	—	—
氰化钾(KCN)	70～100	65～75	60～70	—
碳酸钾(K$_2$CO$_3$)	—	—	5～10	10～20
碱式碳酸铜[CuCO$_3$·Cu(OH)$_2$]	—	10～15	—	—
亚铁氰化钾[K$_4$Fe(CN)$_6$]	—	—	—	100～140
温度/℃	18～30	18～30	18～30	25～48
阴极电流密度/(A/dm^2)	1～3	0.5～0.5	0.3～0.5	0.3～0.6
时间/s		30～60	60～120	180～380
阳极材料	不锈钢	不锈钢	不锈钢	不锈钢
适用范围	钢铁件	钢铁件	有色金属件	钢铁件、有色金属件

13.5 镀银的后处理

镀银的后处理，主要是银镀层的防变色处理。在防变色处理前一般都要先进行浸亮等工序，使其露出光亮的银镀层晶格，然后进行钝化处理的各种防变色处理，其镀银的后处理主要工艺流程如下：

…→镀银→回收→冷水洗→热水浸洗（90℃，2min）→冷水洗→浸亮→冷水洗→防变色处理（化学钝化或电解钝化或阴极电泳涂透明漆等）→冷水洗→干燥。

工艺说明如下。

① 热水浸洗是为了将在镀银过程中，镀层中含有的氰化物等浸洗出来，如不将其从镀层中浸出，会引起镀层变色。

② 硫代硫酸盐镀银后，经清洗后，需将镀件浸于浓盐酸中 30min，待表面未洗净的银盐及硫代硫酸盐完全分解去掉后，用冷水清洗，再进行镀后处理。

③ 浸亮用于一般银镀层，光亮镀银可以不进行此工序。浸亮工序在化学钝化或电解钝化之前进行。浸亮的工序流程如下：

…成膜→冷水洗→去膜→冷水洗→出光→冷水洗→防变色处理……

浸亮各工序的作用：

成膜——除去银镀层表面的硫化银、卤化银等，在银镀层表面形成一层薄的转化膜。

去膜——除去铬酸处理形成的薄膜，露出光亮的银镀层晶格。

出光——使银镀层更加光亮。

浸亮的溶液组成及工艺规范见表 13-11。

表 13-11 浸亮的溶液组成及工艺规范

浸亮工艺方案	成膜		去膜		出光	
1	铬酐(CrO$_3$)	80～85g/L	28%氨水(NH$_3$·H$_2$O)		68%硝酸(HNO$_3$)	10%[①]
	氯化钠(NaCl)	15～20g/L		300～500mL/L	或 37 盐酸(HCl)	10%[①]
	温度	室温	温度	室温	温度	室温
	时间	5～15s	时间	2～3s	时间	5～20s

续表

浸亮工艺方案	成膜		去膜		出光	
2	铬酐（CrO_3）	$30\sim50g/L$	重铬酸钾（$K_2Cr_2O_7$）	$10\sim15g/L$	68%硝酸（HNO_3）	
	氯化钠（NaCl）	$1\sim25g/L$	硝酸（$HNO_3 d=1.42$）	$5\sim10mL/L$		$5\%\sim10\%$[①]
	三氧化二铬（Cr_2O_3）	$3\sim5g/L$	温度	室温	温度	室温
	pH 值	$1.5\sim1.9$	时间	$10\sim20s$	时间	$3\sim5s$
	温度	室温				
	时间	$10\sim15s$				

① 出光的硝酸或盐酸含量均为体积分数。

注：1. 浸亮工艺方案 2 中的去膜也可用氨水（参照浸亮工艺方案 1 中的去膜配方）。

2. 浸亮工艺过程中，每两工序之间都要充分清洗。

13.6　银镀层防变色处理

银镀层在受到光的照射或遇到氯化物、硫化物等腐蚀介质时，会生成氧化银、氯化银、硫化银等，使银镀层表面失去光泽、变黄甚至变黑，特别是在工业气氛中与含硫的橡胶、胶木、涂料等接触的状态下，或在高温高湿的条件下，变色更为迅速、程度更为严重。银镀层变色与镀层周围介质的性质、浓度、湿度、温度等因素有关，也与银镀层本身的纯度有关。

银变色不但影响外观，而且严重影响银镀层的焊接性能和导电性能。防止银镀层变色有多种工艺方法，而无论采用哪种方法，都必须达到如下要求。

① 使银镀层具有一定的抗变色能力。

② 可以焊接（不影响焊接）。

③ 具有较低的接触电阻，不影响或稍影响导电性能。

④ 具有银的本色，即外观、颜色应保持不变或只稍有变色。

为提高银镀层的抗变色和抗蚀性能，零件镀银后要进行防银变色处理，其防银变色处理方法有：化学钝化、电解钝化、涂覆有机保护层（有机溶剂型或水溶型）、电泳涂覆层以及电镀贵金属等。从总体情况看，目前国内使用的几种类型的银镀层防变色处理方法的抗变色能力的综合效果为[20]：浸涂有机溶剂型保护层＞浸涂水溶性有机保护层＞电泳涂覆层＞电解钝化膜＞化学钝化膜。有些厂为了取得更佳的防变色效果，使用综合处理方法，如化学钝化＋电解钝化＋浸涂有机防银变色剂。

13.6.1　化学钝化

化学钝化是指银镀层浸渍在特定的溶液中，进行化学处理，生成一层非常薄的保护膜（钝化膜），以隔离银与腐蚀介质的接触，以达到防止变色的目的。

化学钝化操作简单，维护方便，成本低，但防变色能力较差，而且钝化处理中银镀层会损失 $2\sim3\mu m$，采用化学钝化的零件要镀较厚的银层。化学钝化有两种方法，即铬酸盐钝化和有机物钝化。

（1）铬酸盐钝化

一般采用重铬酸盐处理，在银镀层表面形成结合较紧密的铬酸盐钝化膜。它的抗光照射性能较好，但抗硫化物能力差，抗变色能力不明显。铬酸盐钝化的溶液组成及工艺规范见表 13-12。

表 13-12　铬酸盐钝化的溶液组成及工艺规范

溶液成分及工艺规范	1	2	3
	含量/（g/L）		
重铬酸钾（$K_2Cr_2O_7$）	$10\sim15$	$18\sim20$	7.35

续表

溶液成分及工艺规范	1	2	3
	含量/(g/L)		
68%硝酸(HNO₃)/(mL/L)	10~15	20~28	13
铬酐(CrO₃)	—	—	2~5
温度/℃	10~35	15~25	25
时间/s	20~30	8~12	3

（2）有机物钝化

在含硫、氮活性基团的化合物的钝化液中进行处理，在银镀层表面生成一层非常薄的银配位化合物钝化膜，以隔离银与腐蚀介质接触、反应，达到防止变色的目的。这种配位化合物钝化膜的抗潮性和抗硫性能，比铬酸盐钝化膜好，但抗光照射的性能比铬酸盐钝化膜差一些。

有机物钝化的溶液组成及工艺规范见表 13-13。

表 13-13　有机物钝化的溶液组成及工艺规范

溶液成分及工艺规范	1	2	3
	含量/(g/L)		
苯并三氮唑(C₆H₅N₃)(BTA)	3	—	2.5
磺胺噻唑硫代甘醇酸(STG)	—	1.5	—
碘化钾(KI)	2	2	2
1-苯基-5-巯基四氮唑(C₇H₆N₄S)(PMT)	0.5	—	—
pH 值	5~6	5~6	5~6
温度/℃	室温	室温	室温
时间/min	2~5	2~5	2~5

13.6.2　电解钝化

镀银零件浸亮（或不经浸亮，根据产品要求而定）后，放入电解钝化液中进行阴极电解钝化，形成一层钝化膜。它的抗变色能力比化学钝化膜好，几乎不改变镀件的焊接性能、接触电阻和外观色泽。电解钝化的溶液组成及工艺规范见表 13-14。

表 13-14　电解钝化的溶液组成及工艺规范

溶液成分及工艺规范	1	2	3	4	5	6
	含量/(g/L)					
重铬酸钾(K₂Cr₂O₇)	—	56~66	8~10	30~40	—	—
铬酸钾(K₂CrO₄)	8~10	—	—	—	—	—
碳酸钾(K₂CO₃)	6~8	—	6~10	—	—	—
硝酸钾(KNO₃)	—	10~14	—	—	—	—
氢氧化铝[Al(OH)₃]	—	—	—	0.5~1	—	—
电解保护粉	—	—	—	—	80~130	—
A24512 银电解保护粉	—	—	—	—	—	130

续表

溶液成分及工艺规范	1	2	3	4	5	6
	含量/(g/L)					
pH 值	9～10	5～6	10～11	5～6	12～13	—
温度/℃	10～35	室温	室温	10～35	15～35	15～35
阴极电流密度/(A/dm²)	0.5～1	2～3.5	0.5～1	0.2～0.5	1～5	1.5～2.5
时间/min	2～5	3～5	2～5	2～5	0.5～2	0.75～1.25
阳极材料	不锈钢	不锈钢	不锈钢	不锈钢	不锈钢	不锈钢

注：1. 配方 4 加入的氢氧化铝胶粒，在电流作用下，电泳到银层表面上，对钝化膜孔隙起填充作用，提高膜层致密性，增强抗变色能力。

2. 配方 5 的电解保护粉是广州美迪斯新材料有限公司的产品。

3. 配方 6 的 A24512 银电解保护粉是美坚化工原料有限公司的专利产品。补充量至溶液浓度为 13.1°Bé，每降低 1°Bé 需补充 A24512 银电解保护粉 11g/L。电解保护粉除适用于银外，也适用于铜、黄铜及青铜。

13.6.3 浸涂有机防变色剂

在镀银表面浸涂有机防变色剂，银镀层表面会生成一薄层固态保护膜，它对腐蚀介质能起到有效的屏蔽作用，从而防止银镀层变色，同时也可改善表面摩擦性能，且有润滑作用，接触电阻稳定，尤其适合接插、开关元件等电子器件。

浸涂有机保护层所用的防变色剂有：有机溶剂型防变色剂和水溶性有机防变色剂两种。

(1) 浸涂有机溶剂型防变色剂

浸涂有机溶剂型防变色剂的工艺规范见表 13-15。

表 13-15 浸涂有机溶剂型防变色剂的工艺规范

涂覆液类型	溶液组成	工 艺 规 范			
		涂覆方法	浸渍时间/min	烘干温度/℃	烘干时间/min
SP-89S 高性能防银变色剂	SP-89S 防银变色剂　1 份 三氯乙烷 1～3 份（根据用途和防变色时间而定）	浸渍	1 室温	自然干燥 膜厚 1～2μm	—
BY-2 电接触固体薄膜润滑剂	BY-2　　　　　　　2～4g 120# 汽油　　　　100mL 温度 60～70℃（水浴加热）	浸渍	1～2	70～75	20
DJB-823 电接触固体薄膜润滑剂	DJB-823　　　　　　2g 120# 汽油　　　　60mL 正丁醇　　　　　　40mL 温度　　　　60～70℃	浸渍	0.5～1	110～120	20
FAg-2 防银变色剂	FAg-2　　2%（体积分数） 环保溶剂　98%（体积分数）	浸渍	1～3	50～65	干燥为止

注：1. SP-89S 高性能防银变色剂是上海永生助剂厂的产品。据介绍它对银镀层有极佳的防变色效果，可保持 1～3 年不变色。可焊性好，10 万次开关转换和 1 万次插拔接触电阻无明显变化。耐熔温度 100℃，极限温度 450℃。

2. BY-2、DJB-823 的抗氧性能优于抗硫性能。它由北京邮电大学化学研究所研制。

3. FAg-2 防银变色剂是广州市达志化工科技有限公司的产品。

(2) 浸涂水溶性有机防变色剂

浸涂水溶性有机防变色剂的工艺规范见表 13-16。

表 13-16　浸涂水溶性有机防变色剂的工艺规范

涂覆液类型	溶液组成	工艺规范			
		涂覆方法	浸渍时间/min	烘干温度/℃	烘干时间/min
RTA 水性 防银变色剂	RTA 防银变色剂　　　　1 份 蒸馏水或去离子水　　　19 份 pH 值　　　　　　　　8～8.5 温度　　　　　　　15～40℃	浸渍	3～5	80～100	10
TX 防银变色剂	S 组分　　　　　　2～4.5g/L P 组分　　　　　　　0.1g/L pH 值　4.5～5.5(用醋酸调节) 温度　　　　　　　15～30℃	浸渍	2～5	100～110	10～15
TF 防银变色剂	TF 防银变色剂(液体浸渍剂) pH 值　　　　　　　6 左右	浸渍	—		
ST-100S 金属防变色剂	ST-100S　　　　　1 份(体积) 水　　　　　　　10 份(体积) pH 值　　　　　　　　6～7	浸渍	0.2～10 温度 60～70℃	80～90	—
MA901 银防变色剂	MA901　　　　　50～60mL/L	浸渍	1～3 温度 60～70℃	—	—

注：1. RTA 水性防银变色剂是上海永生助剂厂的产品。

2. TX 防银变色剂中，S 组分溶于 60～300mL/L 无水乙醇中，并于水浴中加热至沸腾，搅拌溶解；P 组分，用纯水溶解，然后稀释至 1L。其抗硫性能优于抗氧性能。它是浙江黄岩化学材料厂的产品。

3. TF 防银变色剂是江苏省太仓市归庄镇武兵化工厂的产品。

4. ST-100S 金属防变色剂是上海昆云贸易发展有限公司的产品。

5. MA901 银防变色剂是广州美迪斯新材料有限公司的产品。

13.6.4　电泳涂覆层

阴极电泳涂料可采用丙烯酸型、聚氨酯型等水溶性涂料。镀件镀银后并经彻底清洗，不需烘干，直接放入电泳槽，进行阴极电泳涂覆，电泳后取出清洗掉镀件表面黏附的漆液，烘干后，即可获得带有高透明度漆膜的镀银工件。透明漆膜有效地保护了下层的银镀层，达到防银变色的效果。但却提高了银镀层表面的接触电阻，银镀层可焊性差，所以应根据镀银零件的用途及对镀层的性能要求等具体情况，加以选用。

13.6.5　已变色银镀层的处理

对已变色银镀层的处理有两种方法，即溶液浸渍法和粉末擦拭法。

(1) 溶液浸渍法

将变色银镀层直接浸入有一定组分的溶液中，将变色的腐蚀产物除掉，其溶液成分及工艺规范见表 13-17。

表 13-17　用于处理变色银镀层的溶液成分及工艺规范

配方	溶液成分		适用范围和特点
1	硫代硫酸钠($Na_2S_2O_3$)	饱和	用于要求不损伤银镀层的去除变色
2	硫脲[$CS(NH_2)_2$] 96%硫酸(H_2SO_4)	90g/L 20g/L	用于严重变色
3	硫脲[$CS(NH_2)_2$] 37%盐酸(HCl)	80g/L 50g/L	不损伤银镀层

配方	溶液成分		适用范围和特点
4	硫脲[CS(CH$_2$)$_2$]	45g/L	对银镀层有少量损伤
	96%硫酸(H$_2$SO$_4$)	10g/L	
5	硫脲[CS(NH$_2$)$_2$]	8%（质量分数）	不损伤银镀层
	浓盐酸(HCl)	5.1%（质量分数）	
	水溶性香料	0.3%（质量分数）	
	润滑剂	0.5%（质量分数）	
	水	86.1%（质量分数）	

（2）粉末擦拭法

① 采用 GLS 银镀层变色去除剂，擦拭已变色的银镀层，使之呈现出银白色光泽。GLS 去除剂是北广恒通表面精饰有限公司的产品。

② 配制粉末擦拭去除　按下列配方将各种成分混合均匀，使用时加少量水调成很稠的膏状物，用软的布或海绵蘸着膏状物擦拭银镀层上的变色部位。其配方如下：硫脲[CS(NH$_2$)$_2$] 80g、柠檬酸（C$_6$H$_8$O$_7$）100g、硅藻土 200g。

13.7　不合格银镀层的退除

不合格银镀层的退除方法见表 13-18。

表 13-18　不合格银镀层的退除方法

基体金属	退除方法	溶液组成	含量/(g/L)	温度/℃	阳极电流密度/(A/dm^2)
铜、黄铜	化学法	98%硫酸(H$_2$SO$_4$) 68%硝酸(HNO$_3$) （放入退镀液中的工件应是干燥的）	950mL/L 50mL/L	室温	—
	电解法	铬酐(CrO$_3$) 98%硫酸(H$_2$SO$_4$)	100~150 1~2	18~25	5~10
铝、铝合金	化学法	浓硝酸(HNO$_3$)	浓	室温	—
	化学法	65%硝酸(HNO$_3$) 氯化钠(NaCl) （退镀液中不得带入水分）	1000mL/L 0.5~1	≤24	—
镍、钢	化学法	65%硝酸(HNO$_3$) 氯化钠(NaCl) （退镀液中不得带入水分）	1000mL/L 0.5~1	≤24	—
	电解法	铬酐(CrO$_3$) 98%硫酸(H$_2$SO$_4$)	100~150 1~2	18~25	5~10

第14章

镀金

14.1 概述

金镀层外观为金黄色，硬度低，延展性好，易于抛光，并具有较低的接触电阻，导电性能良好，易于焊接。金具有极高的化学稳定性，不溶于各种酸和碱，仅溶于王水和氰化物溶液。金能耐高温，具有很好的抗变色性能，在空气中甚至在热的硫酸或硫化氢中也不会变色。金镀层的理化性能见表14-1。

表 14-1 金镀层的理化性能

项目		技术性能	项目		技术性能
原子量		196.967	密度/(g/cm³)	镀层	<19.3
化合价		+1、+3		金属金	19.32
标准电位/V	$Au^+ + e \longrightarrow Au$	+1.691	硬度(HB)		40～100
	$Au^{3+} + 3e \longrightarrow Au$	+1.498	电阻系数 /($\times 10^{-8}\Omega \cdot m$)	镀层	2.34～4.2
电化当量 /[g/(A·h)]	Au^+	7.357		金属金	2.065
	Au^{3+}	2.452	线膨胀系数 /($\times 10^{-6}$/℃)	镀层	14.3
熔点/℃		1063		金属金	14.2
沸点/℃		2966	热导率/[W/(m·℃)]		297
比热容/[kJ/(kg·℃)]		0.130	—		—
镀层特性		对钢、铜、银及其合金基体而言，金镀层为阴极性镀层，镀层的孔隙影响其防腐性能 在镀金溶液中加入铜、镍、钴、锑、铟等金属，可以获得不同色调或硬度较高等的金镀层，并具有一定的耐磨性能 金镀层具有较低的接触电阻(并能长期保持较低的接触电阻)，导电性能良好，耐蚀性强，易于焊接，在长期储存后仍有好的焊接性			

金是昂贵的金属，应在保持所要求性能的前提下，尽量节约用金。对于不同的用途，应选用不同的金镀层厚度，如表14-2所示，供参考。

表 14-2 金镀层厚度的选择

金镀层用途	镀层厚度/μm	金镀层用途	镀层厚度/μm
闪镀金	0.05～0.125	印制电路板接点镀金	1.25～2.0
装饰薄金	0.1～0.5	工业用耐磨镀金	2.5～5.0
装饰厚金	>2	耐腐蚀、耐磨性镀金	5.0～7.5
接点及接插件镀金	0.2～0.75	电子器件防辐射镀金	12～38
接点、焊接、熔接镀金	0.75～1.25	—	—

为了节省用金，经常向镀金溶液中添加适量的金属离子，这样能获得不同色调、不同性能的金合金镀层。金合金镀层中的金含量用 K 来表示，不同 K 数的含金质量分数见表 14-3。

表 14-3　不同 K 数的含金质量分数

金合金的 K 数	金的质量分数/%	金合金的 K 数	金的质量分数/%
9	37.5	19	77.1~81.2
12	50	20	81.3~85.4
14	56.3~60.3	21	85.5~89.6
15	60.4~64.5	22	89.7~93.7
16	64.6~68.7	23	93.8~97.9
17	68.8~72.8	24	98 以上
18	72.9~77.0	—	—

由于金镀层具有优良的性能，所以它广泛地用于装饰性电镀和功能性电镀中。如金镀层在工业领域的精密仪器仪表、印制电路板、集成电路、管壳、电接点；以及装饰品、工艺品、钟表零件、首饰、摆件等上都获得了广泛应用。金镀层在电子工业中的应用见表 14-4。

表 14-4　金镀层在电子工业中的应用

电子元器件种类	需电镀的零件	电子元器件种类	需电镀的零件
接插件	插针、插孔	薄膜电路	保护薄膜电阻的稳定值
分立元件	外壳引线、导线接点、集成电路引线框架接点	半导体	晶体管接头、导线、管壳件等
印制电路板	插板部分	微波元器件	波导管、谐振腔

目前常用的镀金溶液有氰化物镀液和非氰化物镀液，如亚硫酸盐镀液、柠檬酸盐镀液、丙尔金镀液等。

14.2　氰化镀金

氰化镀金的镀液具有很强的阴极极化作用，分散能力及覆盖能力良好，镀层结晶光亮，镀层纯度较高，但有一定的孔隙度。镀金分为装饰性镀金（包括闪镀金）和功能性（即工业/电子用）镀金。

装饰性镀金对镀层外观色调要求较高，常向镀层中加入少量的镍、钴、铜、银等金属离子，以获得不同色调如粉红色、绿色、玫瑰色等的金镀层，以满足某些特殊装饰的要求。闪镀金由于镀层厚度极薄，仅为 $0.05 \sim 0.125 \mu m$，电镀时间仅为 5~30s，常用于低档的首饰、装饰品、摆件等的镀金。

工业用镀金根据用途不同有不同的要求，如要求提高硬度和耐磨性能的，需镀硬金（即镀层中含有镍、钴等的金合金）；要求焊接性能高的，主要需镀高纯金，如电子产品对镀金的金纯度要求为（均为质量分数）：半导体零件为 99.95%，印制板和接触器零件为 99.5%~99.7%。

14.2.1　镀液组成及工艺规范

装饰性用氰化镀金的溶液成分及工艺规范见表 14-5。
工业用氰化镀金的溶液成分及工艺规范见表 14-6。
闪镀金的溶液成分及工艺规范见表 14-7。

表 14-5　装饰性用氰化镀金的溶液成分及工艺规范

溶液成分及工艺规范	1	2	3	4	5
	含量/(g/L)				
金(Au)以金氰化钾形式加入[KAu(CN)$_2$]	8~12	4~5	4~5	4	12
银(Ag)以银氰化钾形式加入[KAg(CN)$_2$]	—	—	1~1.5	—	—
钴(Co)以钴氰化钾形式加入[KCo(CN)$_3$]	—	—	—	2	—
银氰化钾[KAu(CN)$_2$]	—	—	—	—	0.3
镍氰化钾[KNi(CN)$_3$]	—	—	—	—	15
氰化钾(KCN)	—	15~20	—	—	90
游离氰化钾(KCN)	30	—	50~60	16	—
磷酸氢二钾(K$_2$HPO$_4$·3H$_2$O)	30	—	—	—	—
碳酸钾(K$_2$CO$_3$)	15~30	15	—	10	—
28%氨水(NH$_3$·H$_2$O)/(mL/L)	—	—	60	—	—
硫代硫酸钠(Na$_2$S$_2$O$_3$·5H$_2$O)	—	—	—	—	20
pH 值	—	8~9	11~13	—	—
温度/℃	25~60	60~70（或室温）	室温	60~70	21
阴极电流密度/(A/dm^2)	0.2~1.0	0.05~0.1	0.5~1	2	0.5
阳极材料	不锈钢	金或铂	不锈钢或金	金或铂	金
搅拌方式	—	—	阴极移动	—	—

注：1. 配方 1、2 为一般镀金。
2. 配方 3 为镀金-银合金（含金 75%~80%，银 20%~25%，均为质量分数）。
3. 配方 4 为镀金-钴合金。
4. 配方 5 为光亮镀金，镀层全光亮，稍带绿色。

表 14-6　工业用氰化镀金的溶液成分及工艺规范

溶液成分及工艺规范	1	2	3	4	5
	含量/(g/L)				
金(Au)以金氰化钾形式加入[KAu(CN)$_2$]	8~20	8~20	4	8~14	1~5
银(Ag)以银氰化钾形式加入[KAg(CN)$_2$]	—	0.3~0.6	—	—	—
镍(Ni)以镍氰化钾形式加入[KNi(CN)$_3$]	—	—	—	0.4~0.7	—
钴氰化钾[KCo(CN)$_3$]	—	—	12	—	—
游离氰化钾(KCN)	15~30	60~100	16	—	8~10
磷酸氢二钾(K$_2$HPO$_4$·3H$_2$O)	22~45	—	—	15~25	—
磷酸二氢钾(KH$_2$PO$_4$)	—	—	—	10~20	—
碳酸钾(K$_2$CO$_3$)	—	—	10	—	100

续表

溶液成分及工艺规范		1	2	3	4	5
		含量/(g/L)				
氢氧化钠(NaOH)		—	—	—	—	1
pH 值		12	12	—	—	—
温度/℃		50～60	15～25	70	65～75	55～60
阴极电流密度/(A/dm²)	挂镀	0.3～0.5	0.3～0.8	2	0.5～1	2～4
	滚镀	0.1～0.2	0.1～0.2			
阳极材料		不锈钢	不锈钢	金	金	金
阳极面积:阴极面积		1:1	(1～5):1			
搅拌方式		中搅拌至强搅拌	不搅拌或中搅拌			

注：配方 1 为一般镀金；配方 2 为光亮镀金；配方 3 为镀硬金；配方 4 为镀金-镍合金；配方 5 为加厚镀金。

表 14-7 闪镀金的溶液成分及工艺规范[1]

溶液成分及工艺规范	挂镀					滚镀	
	1	2	3	4	5	1	2
	含量/(g/L)						
金(Au)以金氰化钾形式加入[KAu(CN)₂]	1.2～2	1.2～2	1.2～2	2	0.4	0.4	0.4
镍(Ni)以镍氰化钾形式加入[KNi(CN)₃]	—	0.03～1.4	0.03	—	1.1	—	1.5～3
铜(Cu)以铜氰化钾形式加入[KCu(CN)₃]	—	—	1.1	—	—	—	—
银(Ag)以银氰化钾形式加入[KAg(CN)₂]	—	—	—	0.25	—	—	—
游离氰化钾(KCN)	7.5	7.5	2	7.5	15	—	—
游离氰化钠(NaCN)	—	—	—	—	—	30	30
磷酸氢二钾(K₂HPO₄)	15	15	15	15	15	—	—
磷酸氢二钠(Na₂HPO₄)	—	—	—	—	—	23	23
pH 值	—	—	—	—	3～6	—	—
温度/℃	60～70	60～70	60～70	55～70	65～70	38～48	38～48
阴极电流密度/(A/dm²)	1～4	1～4	2～5	1～3			
电压/V	—	—	—	—	—	6	6
阳极材料	不锈钢(0Cr17Ni12Mo2)						
阳极面积:阴极面积	(1～3):1						

注：1. 挂镀配方 1 为镀 24K 金；配方 2 为镀 18K 金；配方 3 为镀玫瑰金；配方 4 为镀绿金；配方 5 为镀白金。

2. 滚镀配方 1 为镀 24K 金；配方 2 为镀淡色金。滚镀金时应控制电压在 6V 左右，为了得到 0.05μm 厚的镀层，需滚镀 3～4min。

3. 镀液中金的含量很低，温度及阴极电流密度较高，可以在极短的时间（约十多秒）内沉积出金镀层，达到所要求的色调。

4. 闪镀的金镀层色调取决于加入镀液的金属离子的种类。一般情况下，加入 Ni²⁺，金镀层的颜色变浅；加入 Ag⁺，金镀层带有绿的色调；加入 Cu²⁺，金镀层带有红的色调。

5. 镀液中加入磷酸氢二钾，可提高镀液导电性。

6. 闪镀金或金合金，一般不用搅拌镀液，以获得均匀的色调。

14.2.2 镀液成分和工艺规范的影响

(1) 金氰化钾

金氰化钾是碱性氰化镀金溶液的主盐，在镀液中以 $[Au(CN)_2]^-$ 配离子形式存在。金含量低时，镀层结晶细致，颜色较浅，允许的阴极电流密度较低，镀层易烧焦；提高金含量，可提高允许的阴极电流密度，提高电流效率，有利于改善镀层的光泽；含量过高时，镀层发红，颜色变暗，结晶粗糙。

(2) 氰化钾

氰化钾是氰化镀金溶液中的配位剂。游离氰化钾，能使阳极反应后溶解的金离子立即被氰离子配合形成 $[Au(CN)_2]^-$ 配离子，使金阳极正常溶解，镀液稳定；并能提高阴极极化作用，使镀层结晶细致。氰化钾含量过低，镀层结晶粗糙，颜色暗而深，阳极溶解不良；含量过高，阳极溶解过快，镀液中的金含量增加，镀层色泽浅且易发脆。

(3) 碳酸盐

碳酸盐是镀液中的导电盐，能提高镀液的导电性。由于氰化钾的水解和吸收空气中二氧化碳等的作用，镀液中会产生碳酸盐。所以，一般在配制镀液时，根据具体情况，不加或少加碳酸钾。镀液中碳酸盐含量低时，影响不明显；而过量的碳酸盐，能使镀层结晶粗糙，有斑点。过量的碳酸盐，可用氰化钡、氢氧化钡或氢氧化钙等除去。

(4) 磷酸盐

在氰化镀液中，磷酸盐起缓冲剂的作用，能稳定镀液，还能改善镀层光泽。

(5) 镀液温度

镀液温度会影响阴极电流密度范围和镀层外观，对镀液的导电性影响不大。升高温度，可提高允许的阴极电流密度范围，提高沉积速度。但温度过高，会使镀层结晶粗糙，温度超过 70℃，会加速氰化物分解，分解产物进入镀液，镀层粗糙并发暗、发红、发黑，所以镀液温度不应超过 70℃。温度过低，阴极电流密度范围缩小，镀层易发脆。

(6) 阴极电流密度

阴极电流密度会影响镀层外观。除闪镀金外，一般采用较低的阴极电流密度。但电流密度过低，镀层颜色偏浅，不光亮，甚至为无光泽黄铜色；电流密度过高，阴极大量析氢，电流效率低，镀层疏松、发暗、粗糙，严重时镀层略有脆性，还可能有金属杂质共沉积。

(7) 阳极

可采用可溶性的金（纯金板，质量分数为 99.99%）和不溶性阳极的铂、不锈钢、钛上镀铂、钛网镀铂等材料。金阳极在含有钾离子的镀液中溶解较好，当镀液中含有钠离子时，由于钠离子会在阳极表面形成金氰化钠的覆盖层，使阳极钝化。所以在氰化镀液中要避免使用钠盐，采用氰化钾，而不用氰化钠。采用不溶性阳极时，必须定期补充金离子。

(8) 杂质的影响

氰化镀液对杂质敏感性较小。铜、银、锌、铅等金属离子和有机物杂质，都会影响镀层结构、外观、焊接性，镀液导电性等。大量的氯离子会降低镀层结合力。金属杂质难以去除，应尽量避免带入镀液中。有机杂质用活性炭吸附去除。

14.3 柠檬酸盐镀金

柠檬酸盐镀金溶液中的金主盐，是以金氰化钾的形式加入的，但镀液中没有游离的氰化物，氰化物含量较少，实际上是一种低氰镀液。这种镀液稳定，毒性较低，镀层致密，孔隙率低，焊接性好。常在镀液中加入一些金属元素，形成金合金，使镀层光亮平滑、硬度高、耐磨性好。脉冲镀金采用脉冲电流电镀，沉积镀层硬度更高，耐磨性更好。

柠檬酸盐镀金常用于插接件、手表、眼镜、笔类零件以及要求具有较高耐磨性等零件和制品的电镀。由于柠檬酸盐镀金溶液，对印制电路板的黏合剂无溶解作用，因此柠檬酸盐镀金更适合于印制电路板的电镀。

14.3.1 镀液组成及工艺规范

装饰用柠檬酸盐镀金的溶液成分及工艺规范见表 14-8。

工业用柠檬酸盐镀金的溶液成分及工艺规范见表 14-9。

表 14-8　装饰用柠檬酸盐镀金的溶液成分及工艺规范

溶液成分及工艺规范	1	2	3	4	5
	含量/(g/L)				
金(Au)以金氰化钾形式加入[$KAu(CN)_2$]	6～8	4	10	3～7	—
柠檬酸金钾($KAuC_6H_5O_7 \cdot 2H_2O$)	—	—	—	—	2
柠檬酸铵[$(NH_4)_3C_6H_5O_7$]	50～60	90	100	—	—
柠檬酸钾($K_3C_6H_5O_7 \cdot H_2O$)	—	—	—	50～90	120
柠檬酸($C_6H_8O_7$)	—	—	—	40～50	25
酒石酸锑钾($KSbOC_4H_4O_6 \cdot 1/2H_2O$)	—	—	0.05～0.3	—	—
硫酸钴($CoSO_4 \cdot 7H_2O$)	—	—	—	15～20	—
硫酸铟[$In_2(SO_4)_3$]	—	—	—	1～2	—
硫氰酸钾(KCNS)	—	—	70	—	—
pH 值	5.6～5.8	3～6	5.2～5.8	3.5～4.5	4～5
温度/℃	80～90	60	30～40	35～38	35～50
阴极电流密度/(A/dm²)	—	0.5～1	0.2～0.5	0.5～1 阴极移动	0.2～1
阳极材料	金或不锈钢	铂或不锈钢	金	不锈钢或涂钌钛网	铂金钛网

注：1. 配方 1 为闪镀金，快速镀金，在不烧焦前提下，阴极电流密度可高些。

　2. 配方 2、3 为普通镀金。

　3. 配方 4 为镀金-钴合金，含钴质量分数为 1%～3%。镀层外观为 18～22K，光亮金色。

　4. 配方 5 为无氰镀金，溶液连续过滤。

表 14-9　工业用柠檬酸盐镀金的溶液成分及工艺规范

溶液成分及工艺规范	1	2	3	4	5	6
	含量/(g/L)					
金(Au)以金氰化钾形式加入[$KAu(CN)_2$]	8～15	8	6～8	8	6～8	5～6
柠檬酸金钾($KAuC_6H_5O_7 \cdot 2H_2O$)	—	—	—	—	—	100～120
镍氰化钾[$KNi(CN)_3$]	—	—	2～4	—	—	—
柠檬酸铵[$(NH_4)_3C_6H_5O_7$]	80～120	—	—	—	—	—
柠檬酸钾($K_3C_6H_5O_7 \cdot H_2O$)	—	—	—	—	120	—
柠檬酸($C_6H_8O_7$)	—	60	—	60	75	50～60

续表

溶液成分及工艺规范	1	2	3	4	5	6
	含量/(g/L)					
酒石酸锑钾 $(KSbOC_4H_4O_6 \cdot 1/2H_2O)$	0.2~0.35	—	—	—	0.3	—
硫酸钴 $(CoSO_4 \cdot 7H_2O)$	—	1~2.4	—	—	—	—
硫酸镍 $(NiSO_4)$	—	—	—	—	—	5~10
硫酸铟 $[In_2(SO_4)_3]$	—	—	—	—	—	2~3
磷酸氢二钾 $(K_2HPO_4 \cdot 3H_2O)$	—	—	25~30	—	—	—
pH 值	4.8~5.8	3.8~4.5	5~7.5	3.8~5.0	4.8~5.6	3.5~4
温度/℃	35~45	21~32	约 30~50	48~60	室温	25
阴极电流密度/(A/dm²)	0.1~0.2	0.5~2	0.2~0.4	0.1~0.5	0.4①	0.5~1
阳极材料	铂	镀铂阳极	不锈钢	镀铂阳极	铂	涂钌钛网
搅拌	—	需要	—	—	—	阴极移动

① 为平均电流密度。

注：1. 配方 1 为普通镀金；配方 2 为镀金-钴合金；配方 3 为镀金-镍合金；配方 4 为滚镀。

2. 配方 5 为脉冲镀金[1]，采用矩形波，频率为 1000Hz，通断比为 1:(5~10)，其阴极电流密度为平均电流密度。

3. 配方 6 为镀硬金。

14.3.2　镀液成分和工艺规范的影响

(1) 金氰化钾

柠檬酸盐镀液中，金氰化钾是主盐。由于这种镀液中没有游离氰化物，所以镀液中有 $[Au(CN)_2]^-$ 配离子，也有柠檬酸根 $(C_6H_5O_7)^{3-}$ 与金的配离子。金氰化钾含量不足时，允许阴极电流密度太低，镀层呈暗红色。提高金含量，可扩大阴极电流密度范围，提高镀层光泽，但金含量过高镀层会发花。

(2) 柠檬酸盐和柠檬酸

柠檬酸盐镀液中，柠檬酸盐和柠檬酸能起很大作用。柠檬酸根与金形成柠檬酸金配离子 $[Au(C_6H_5O_7)]^-$，能控制镀液中金离子浓度，提高阴极极化作用，使镀层结晶细致光亮，在没有游离氰化物的情况下，仍然使镀液稳定；柠檬酸盐与柠檬酸组成了缓冲溶液，起缓冲作用，使镀液的 pH 值很稳定；而且柠檬酸盐和柠檬酸还能提高镀液的导电性。其含量过低，镀液导电性差，分散能力差，会使镀层呈暗的金黄色；含量过高，阴极电流效率下降，且易使镀液老化。

(3) 其他盐类

① 硫酸钴、镍氰化钾和酒石酸锑钾等金属盐　它们的作用是使镀层光亮，提高镀层硬度。加入微量这些盐类，不但能使镀会光亮，而且所加金属盐不同，镀层色调也有轻微差别，如金-钴合金色泽偏红，金-镍合金为浅金黄不带红的色调。金与微量镍、钴或锑共沉积的镀层，可以提高硬度，其含量对硬度影响较大，应注意控制。

② 硫酸铟　它会使镀层特别鲜亮。在装饰性镀金和金合金的镀液中，常加硫酸铟。

③ 磷酸氢二钾　它起缓冲剂的作用，能稳定镀液，还能改善镀液光泽。

(4) 镀液温度

柠檬酸盐镀液的温度一般不太高（室温~50℃左右）。提高温度，可以提高阴极电流密度，所以在闪镀和快速镀时，才使用较高的温度。温度过低，阴极电流密度小，镀层颜色浅，甚至呈黄铜色。

（5）pH 值

pH 值会影响镀层中配合物的形成，应按各种镀液规范的要求，严格控制。同时 pH 值对外观和硬度都有明显影响。当 pH 值小于 3.5 或大于 6 时，镀层无光泽；pH 值在 3.5～4.5 时，镀层光亮，带红色；pH 值在 4.5～5.8 时，镀层光亮，呈金黄色。pH 值过高过低，硬度都会下降。

（6）阴极电流密度

提高阴极电流密度，可以提高电流效率。而且电流密度会影响镀层外观，电流密度过高，镀层颜色发红，呈红铜色；电流密度过低，镀层颜色偏浅，甚至呈黄铜色。

（7）镀后处理

柠檬酸盐镀金和镀合金后，镀件经清洗，放入沸腾的纯水中煮数分钟，镀层色泽明显变得鲜亮，特别是在添加有硫酸铟的装饰性镀液中更镀层加鲜亮。

（8）杂质的影响

铜、银等金属离子和有机物杂质，都会影响镀层结构、外观、焊接性，镀液导电性等。大量的氯离子会降低镀层结合力。有机杂质可用活性炭吸附去除。金属杂质难以去除，应尽量避免带入镀液中。

14.4　亚硫酸盐镀金

亚硫酸盐镀金工艺是较有前途和实用价值的无氰化物镀金工艺。它无毒，镀液整平性、分散能力和覆盖能力均好，电流效率接近 100%，沉积速度快，可以厚镀仍能保延展性和光亮度；镀层结晶细致、光亮，孔隙少；在镍、铜、银等上镀金，镀层结合性能好；镀液中加入钴盐或镍盐等可镀得硬金。但镀液单独用亚硫酸盐作配位剂时，镀液不够稳定，常加入辅助配位剂如柠檬酸盐、酒石酸盐、磷酸盐、乙二胺四乙酸二钠（EDTA 二钠）和含氮的有机添加剂。

14.4.1　镀液组成及工艺规范

亚硫酸盐镀金的溶液成分及工艺规范见表 14-10。

表 14-10　亚硫酸盐镀金的溶液成分及工艺规范

溶液成分及工艺规范	1	2	3	4	5	6	7
	含量/(g/L)						
金（Au）以三氯化金形式加入（$AuCl_3$）	5～25	8～12	5～25	8～12	10～15	5	12～20
亚硫酸铵[$(NH_4)_2SO_3 \cdot H_2O$]	150～250	—	150～250	—	—	—	—
亚硫酸钠（Na_2SO_3）	—	80～120	—	140～170	140～180	50	150～200
柠檬酸钾（$K_3C_6H_5O_7 \cdot H_2O$）	80～120	—	80～120	—	80～100	—	—
氯化钾（KCl）	—	—	—	100～120	60～80	—	—
磷酸氢二钾（K_2HPO_4）	—	30～50	—	—	—	—	20～35
硫酸钴（$CoSO_4 \cdot 7H_2O$）	—	—	—	0.5～1.5	0.5～1.0	—	0.5～1.0
硫酸铜（$CuSO_4 \cdot 5H_2O$）	—	—	—	—	—	0.8	0.1～0.2
钯（Pd）（以乙二胺氯化钯形式加入）	—	—	—	—	—	5	—
乙二胺四乙酸二钠（EDTA 二钠）（$C_{10}H_{14}N_2Na_2O_8 \cdot 2H_2O$）	—	0.5～1.5	—	30～40	40～60	100	2～5

溶液成分及工艺规范	1	2	3	4	5	6	7
	含量/(g/L)						
丙三醇($C_3H_8O_3$)	—	0.2~0.3	—	—	—	—	—
乙二胺($C_2H_8N_2$)	—	—	—	—	—	10	—
酒石酸锑钾 ($KSbOC_4H_4O_6 \cdot 1/2H_2O$)	—	—	0.05~0.15	—	—	—	—
pH 值	8.5~9.5	8.5~10.5	8.5~9.5	9~10	8~10	9.0	8.5~9.5
温度/℃	45~65	45~55	45~65	45~50	40~60	50	45~50
阴极电流密度/(A/dm²)	0.1~0.8	0.6~1.2	0.1~0.8	0.1~0.15	0.1~0.8	0.8	0.3~0.4①
阳极材料	金	金、铂	金	铂	金、铂	—	铂
搅拌	阴极移动	机械搅拌	阴极移动	机械搅拌	阴极移动	—	—

① 阴极电流密度为平均电流密度，脉冲电镀用矩形波，频率为7~10Hz，通断比为1：(1~4)。

注：1. 配方1、2为普通镀金。配方3镀金加入酒石酸锑钾，可提高金镀层硬度。

2. 配方4、5为镀光亮硬金。

3. 配方6为镀金-钯-铜合金金（含金80%、钯14%、铜6%，均为质量分数）。

4. 配方7为脉冲镀硬金[1]。

14.4.2 镀液成分和工艺规范的影响

(1) 氯化金

氯化金是镀液的主盐。镀液中金含量高，允许使用较高的阴极电流密度。金含量过高，易使镀层结晶粗糙；金含量过低，阴极电流密度范围变窄，沉积速度降低，金镀层色泽差。

(2) 亚硫酸盐

亚硫酸盐（亚硫酸铵、亚硫酸钠）是一种配位剂，它与金离子（Au^+）生成亚硫酸金 $[Au(SO_3)_2]^{3-}$ 配离子，从而提高阴极极化作用，稳定镀液，改善镀液的分散能力和覆盖能力，促使镀层结晶细致。亚硫酸盐含量过高，阴极析氢增多，电流效率降低；含量过低，镀层结晶粗糙，无光泽。

亚硫酸盐还是一种还原剂，能将三价金（Au^{3+}）还原为一价金（Au^+）。此外，亚硫酸盐还可提高镀液的导电性。

游离亚硫酸根（SO_3^{2-}）会被空气中的氧氧化成硫酸根（SO_4^{2-}），故需经常补充。补充时，需用纯水将亚硫酸盐溶解后，直接加入镀液中。

(3) 柠檬酸钾

柠檬酸钾具有配位剂的作用，是镀液的稳定剂。同时，它又有缓冲作用，能稳定镀液的pH值，并可改善镀层与底层金属的结合能力。

(4) 其他盐类

① 磷酸氢二钾、乙二胺四乙酸二钠（EDTA二钠） 磷酸氢二钾可提高镀液的导电性，并可作为一种缓冲剂，保持镀液的弱碱性。EDTA二钠具有很强的配合作用，是镀液的稳定剂，并能掩蔽金属杂质，避免金属杂质造成不良影响。

② 硫酸钴、硫酸铜 它们都是增硬剂，能提高金镀层硬度。硫酸铜还可使金镀层的颜色偏红。

③ 丙三醇、钯盐 丙三醇能阻滞亚硫酸盐被空气中的氧氧化成硫酸盐，使镀液稳定。镀液中加入钯盐，可改善镀层的色调。

④ 酒石酸锑钾 它能提高镀层硬度，添加过量时镀层发脆。

（5）镀液温度

镀液的温度范围较宽。温度高，允许使用的阴极电流密度高，沉积速度快；但温度过高，亚硫酸盐会使分解出的硫与金属离子反应，生成黑色的硫化金（Au_2S）沉淀。温度过低，阴极电流密度小，镀层颜色浅而暗，光亮范围变窄。在加热镀液时，一定要防止镀液温度过高和局部过热，以避免溶液分解而析出黑色的硫化金（Au_2S）。为防止局部过热，加热镀液要用水浴加热（或水套加热）。

（6）pH 值

pH 值是保证镀液稳定的重要因素。镀液的 pH 值必须保持在 8 以上，否则镀液不稳定。pH 值小于 6.5，镀液变浑浊，可用氨水调高 pH 值；pH 值大于 10，镀层光泽下降，呈暗褐色，可用柠檬酸调低 pH 值。

（7）搅拌

搅拌可使镀液各处的温度和 pH 值均匀，防止镀液局部过热和阳极区的 pH 值过低，提高镀液的稳定性。搅拌还可降低镀液的浓差极化，提高阴极电流密度，加快沉积速度。搅拌可采用空气搅拌（压缩空气搅拌）或机械搅拌（阴极移动）。

14.5　丙尔金镀金

丙尔金（商品名，金盐）是近来研究成功的新型材料，丙尔金镀金目前已成功应用于实际生产，有望替代氰化物镀金工艺。

丙尔金是由三氯化金原料，在丙二腈等有机配位剂作用下与柠檬酸盐反应生成的，其组分为一水合柠檬酸一钾二［丙二腈合金（Ⅰ）］，分子式为：$KAu_2N_4C_{12}H_{11}O_8$。

丙尔金镀金适用于功能性及装饰性电镀金工艺。镀金溶液操作的阴极电流密度范围宽，可提高生产效率，但阴极电流效率较低（35%）。镀层附着力强，结晶细致，外观光亮，厚度分布均匀，镀金色泽呈 24K 纯正金黄色。理化性能如可焊性、硬度、抗氧化性、耐盐雾性能等都很优良。

14.5.1　镀液组成及工艺规范

丙尔金镀金的溶液成分及工艺规范见表 14-11。

表 14-11　丙尔金镀金的溶液成分及工艺规范[3]

溶液成分及工艺规范	滚镀金-钴合金	可焊性镀纯金	高速酸性镀金	
	含量/(g/L)			
丙尔金 51%① ($KAu_2N_4C_{12}H_{11}O_8$)	2～8	6～10	8～12	6～10
硫酸钴($CoSO_4 \cdot 7H_2O$)25%	20mL	—	—	—
柠檬酸($C_6H_8O_7$)	—	—	1	—
柠檬酸钾($K_3C_6H_5O_7 \cdot H_2O$)	—	—	1	—
磷酸二氢钾(KH_2PO_4)	—	1	—	3
磷酸氢二钾(K_2HPO_4)	—	—	1	1
开缸剂 940	750mL	600mL	—	—
开缸剂 K300	—	—	20mL	—
平衡液 K300	—	—	1mL	—
光亮剂 K300	—	—	1mL	—
开缸剂 K186s	—	—	—	300mL

溶液成分及工艺规范	滚镀金-钴合金	可焊性镀纯金	高速酸性镀金	
	含量/(g/L)			
补充剂 K186s	—	—	—	1mL
纯水	220mL	390mL	970mL	650mL
镀液密度/°Bé	10~19	13~20	10~18	10~20
pH 值	4.0~4.6	6.7~7.5	4.4~4.8	4.2~4.7
温度/℃	25~50	55~70	45~65	45~65
阴极电流密度/(A/dm²)	0.2~1.0	0.2~1.0	10~50	10~50
阳极电流密度/(A/dm²)	0.1~1.0			
阳极材料	镀铂钛网	镀铂钛网	镀铂钛网	镀铂钛网
阴极电流效率/%		35	35	35
搅拌	滚筒转速 8~12r/min	连续搅拌	连续搅拌	连续搅拌

① 丙尔金（金盐）由河南三门峡恒生科技开发有限公司研制生产。

注：表中工艺配方的添加剂，是日本田中贵金属公司、美泰乐和美国罗门哈斯以及华美等公司在国内市场上销售的开缸剂之一，丙尔金（金盐）能与上述公司的各种类品牌开缸剂配套使用。

14.5.2 镀液维护[3]

丙尔金镀金的镀液配制、调整及日常维护，应按照市售商品（开缸剂及添加剂等）生产厂商提供的产品技术说明书的要求进行。

① 镀液的金含量应定期进行化学分析测定，或按其消耗量（即安培·小时的电量所消耗的量）进行计算。保持镀液中金含量控制在工艺范围内，变化量宜控制在±10%之内。

② 每补充100g金，需加入196g浓缩丙尔金（金盐）液，同时相应添加所要求量的添加剂如补充剂等。

③ pH 值　应保持 pH 值在工艺规范内，变化量最好控制在±2范围内。生产过程中，pH值会有升高的趋势，调低 pH 值用专用酸或酸式盐，调高 pH 值用专用碱式盐或氢氧化钾。

④ 镀液温度　温度应控制在 55℃±2℃，温度低于 25℃，导电盐和金盐会结晶析出，加热可重新溶解。

⑤ 镀液需要连续过滤，以去除颗粒杂质。当有机污染物增加时，需要进行活性炭处理去除。

14.6　商品添加剂的镀金工艺规范

市场商品添加剂的镀金工艺规范见表 14-12、表 14-13。

表 14-12　市场商品添加剂的镀金工艺规范（1）

溶液成分及工艺规范	1	2	3	4
	含量/(mL/L)			
金氰化钾（K[Au(CN)₂]）/(g/L)	0.8~2.5	0.8~1.5	0.8~3.0	8~15
DAu-801 开缸剂	600	—	—	—
DCo-80 光泽剂	0~50(按需要)	—	—	—
DAu-891 开缸剂	—	600	—	—

续表

溶液成分及工艺规范	1	2	3	4
	含量/(mL/L)			
LY-951(M)开缸剂	—	—	600	—
LY-952(R)补充剂	—	—	调整镀液补加	—
LY-952(M)开缸剂	—	—	—	600
镀液密度/°Bé	10~13	8~12	12~18	15~20
pH 值	4.0~4.5	6.0~8.0	3.5~4.0	4.8~5.2
温度/℃	40~60	50~70	50~60	30~40
阴极电流密度/(A/dm²)	0.5~1	0.5~1.0	0.4~1.0	0.5~2.0
阳极面积：阴极面积	—	(3~5)：1	—	—
阳极材料	钛网镀铂或不锈钢	—	钛网镀铂	—
搅拌	连续过滤	机械式,中搅拌	—	空气搅拌或阴极移动

注：1 配方1为装饰性镀金，也适用于线路板等电镀。DAu-801 开缸剂、DCo-80 光泽剂是广州达志化工有限公司的产品。

2. 配方 2 为装饰性镀金。DAu-891 开缸剂是广州达志化工有限公司的产品。

3. 配方 3 的 LY-951（M）开缸剂、LY-952（R）补充剂是天津市中盛表面技术有限公司的产品。

4. 配方 4 的 LY-952（M）开缸剂是天津市中盛表面技术有限公司的产品。

表 14-13　市场商品添加剂的镀金工艺规范 (2)

溶液成分及工艺规范	1	2	3	4
	含量/(mL/L)			
金(Au)以金氰化钾形式加入 [KAu(CN)₂] /(g/L)	0.8~3	1~2	0.8~1.5	1.5
GE-3 开缸基液	600	—	—	—
CB2G100B 开缸剂	—	600	—	—
AUROFLAHZ 装饰金开缸剂 B	—	—	600	—
N-12 中性水金开缸剂 A/(g/L)	—	—	—	60
N-12 中性水金开缸剂 B/(mL/L)	—	—	—	120
镀液密度/°Bé	—	8~12	12	7~12
pH 值	3.5~4.2	3.5~4	3.5~4	7~8
温度/℃	50~60	40~60	40~60	55~65
阴极电流密度/(A/dm²)	0.1~1	0.5~1.2	0.5~1.2	1~2
阳极材料	钛网镀铂	316S 不锈钢或铂钛钢	铂钛钢	铂钛钢

注：1. 配方 1 的 GE-3 开缸基液是上海永生助剂厂的产品。本工艺可作为厚金镀层的预镀，也可作为镀薄金的面镀层。镀液每补充 1.46g 氰化金钾（1g 金）同时补加 GE-3 补充液 1mL。pH 值需经常调整，调高用 10% 氢氧化钾，调低用 10% 柠檬酸。

2. 配方 2 的 CB2G100B 光亮酸性水金开缸剂是深圳超拔电子化工有限公司的产品。

3. 配方 3 的 AUROFLAHZ 装饰金开缸剂 B 是华美电镀技术有限公司的产品。

4. 配方 4 的 N-12 中性水金开缸剂 A、B 是南安电镀技术工程有限公司的产品。

14.7 不合格金镀层的退除

金镀层的退除一般用氰化钠或强酸，对环境有严重污染。一般情况下，退除镀层原则上不应采用氰化物。而金又是非常昂贵的金属，所以尽量不要退除金镀层，如一定要进行退镀，必须在有很好的排风条件下进行。

退除金和金合金镀层的方法见表14-14。

表 14-14　退除金和金合金镀层的方法

基体金属	退除方法	溶液组成	含量/(g/L)	温度/℃	阳极电流密度/(A/dm²)
铜及铜合金	化学法	氰化钾(KCN) 30%过氧化氢(H₂O₂)	120 15mL/L	室温	—
	化学法	间硝基苯磺酸钠(C₆H₄NO₂SO₃Na) 氰化钠(NaCN) 柠檬酸钠(Na₃C₆H₅O₇·2H₂O)	10～30 40～60 40～60	90	—
	电解法	亚铁氰化钾[K₄Fe(CN)₆·3H₂O] 氰化钾(KCN) 碳酸钾(K₂CO₃)	50 15 10	49	电压6V
镍	化学法	氰化钾(KCN) 30%过氧化氢(H₂O₂)	120 15mL/L	室温	—
	化学法	间硝基苯磺酸钠(C₆H₄NO₂SO₃Na) 氰化钠(NaCN) 柠檬酸钠(Na₃C₆H₅O₇·2H₂O)	10～30 40～60 40～60	90	—
	电解法	氰化钠(NaCN) 氢氧化钠(NaOH)	90 15	室温	电压6V
银	电解法	37%盐酸(HCl)	5%(体积分数)	室温	0.1～0.3
钢铁	化学法	98%硫酸(H₂SO₄) 37%盐酸(HCl) 退件放入后,加入少量硝酸	80%(体积分数) 20%(体积分数)	60～70	
	化学法	氰化钾(KCN) 30%过氧化氢(H₂O₂)	120 15mL/L	室温	—
	电解法	氰化钠(NaCN) 氢氧化钠(NaOH)	90 15	室温	电压2V
	电解法	98%硫酸(H₂SO₄) 37%盐酸(HCl)	1000mL/L 30mL/L	20	2～3

第15章
镀钯、镀铑、镀铂、镀铟

15.1　镀钯

钯是银白色的金属。钯镀层有极高的反光性和化学稳定性，在高温、高湿或硫化物的大气环境中很稳定，能长期保持外观色泽不变。不溶于冷的硫酸和盐酸，仅溶于硝酸、王水和熔融的碱。钯镀层硬度较高，高于金镀层，耐磨性好，而且接触电阻低，有良好的抗氧化性、抗烧伤性、耐磨性和焊接性。钯镀层的理化性能见表 15-1。

表 15-1　钯镀层的理化性能

项目		技术性能	项目		技术性能
原子量		106.4	电阻系数 /($\times 10^{-8} \Omega \cdot m$)	镀层	10.7
化合价		+2、+4		金属钯	9.1
标准电位/V	$Pd^{2+} + 2e \rightarrow Pd$	+0.987	密度/(g/cm³)		12.16
电化当量 /[g/(A·h)]	Pd^{2+}	1.99	线膨胀系数/($\times 10^{-6}$/℃)		11.8
	Pd^{4+}	1	热导率/[W/(m·℃)]		70.2
熔点/℃		1552	比热容/[kJ/(kg·℃)]		0.245
沸点/℃		约 3980	反射系数/%		60~70
内应力/MPa		686	—		—

钯镀层对铜和铜合金为阴极性镀层，钯镀层几乎无孔隙，因此，即使厚度很小的钯镀层，也能对基体起到可靠的机械保护作用。

钯可直接镀在铜或银的表面，在其他金属上镀钯，必须先镀铜或银作为中间层。镀钯电流效率约为 70%～90%。钯镀层厚度在 1～5μm 的范围内，镀钯过程中伴有氢的析出，析出的氢会渗入基体，薄壁零件镀钯时，应注意防止镀件发生氢脆而影力学性能。

镀钯在装饰性和功能性方面都有较大的用途，用于电子工业产品，如印制电路板、接插件、电接触元件上，提高耐磨性和接触的可靠性；用于装饰品如眼镜架、首饰和装饰件；可作为镀铑的中间层，有利于提高铑镀层的防护和装饰效果；还可在银镀层表面上镀 1～2μm 钯，起到防银变色的作用。

15.1.1　镀液组成及工艺规范

镀钯的溶液有多种类型，如铵盐镀液、磷酸盐镀液和酸性镀液等，但用得最多的是铵盐镀液。镀钯的溶液成分及工艺规范见表 15-2。

表 15-2　镀钯的溶液成分及工艺规范

溶液成分及工艺规范	铵盐镀液				磷酸盐镀液	酸性镀液
	1	2	3	4		
	含量/(g/L)					
钯(Pd)以二氯二氨基钯盐形式加入[Pd(NH$_3$)$_2$Cl$_2$]	10～20	—	—	—	—	—
二氯二氨基钯盐[Pd(NH$_3$)$_2$Cl$_2$]	—	20～40	—	—	—	—
钯(Pd)以二亚硝基二氨基钯盐形式加入[Pd(NH$_3$)$_2$(NO$_2$)$_2$]	—	—	10～20	—	—	—
钯(Pd)以二氯四氨基钯盐形式加入[Pd(NH$_3$)$_4$Cl$_2$]	—	—	—	10～20	—	—
钯(Pd)以氯钯酸形式加入(H$_2$PdCl$_4$)	—	—	—	—	10	—
钯(Pd)以二氯化钯形式加入(PdCl$_2$)	—	—	—	—	—	50
氨基磺酸铵(NH$_4$SO$_3$NH$_2$)	—	—	100	—	—	—
氯化铵(NH$_4$Cl)	10～20	10～20	—	60～90	—	30
25％氢氧化铵(NH$_4$OH)/(mL/L)	30～40	40～60	—	—	—	—
游离氨(NH$_3$)	4～6	4～6	—	—	—	—
磷酸氢二铵[(NH$_4$)$_2$HPO$_4$·12H$_2$O]	—	—	—	—	20	—
磷酸氢二钠(Na$_2$HPO$_4$)	—	—	—	—	100	—
苯甲酸(C$_7$H$_6$O$_2$)	—	—	—	—	2.5	—
pH 值	9～9.2	9	7.5～8.5	8～9.5	6.5～7	0.1～0.5
温度/℃	15～35	18～25	25～30	20～50	50～60	40～50
阴极电流密度/(A/dm^2)	0.25～0.5	0.25～0.5	0.1～2.0	0.1～2.5	0.1～0.2	0.1～1
阴极电流效率/％	90 左右	90	—	—	90 左右	—
槽电压/V	—	4	—	—	—	—
阳极面积∶阴极面积	—	2∶1	—	—	—	—
阳极材料	铂、钯或纯石墨	钯或铂	铂或镀铂	铂或镀铂	纯石墨	纯钯

　　铵盐镀液可以在室温下和较大电流密度下进行电镀。铜和铜合金基体在铵盐镀液中电镀时，必须预镀，这是因为在这种镀液中，当在较高的温度和 pH 值下工作时，铜和铜合金会变暗。预镀通常采用预镀镍。

　　酸性镀液中可镀得较厚的、应力低的、暗至半光亮的镀层，而且电流效率高（可达97％～100％）。但镀液对铜杂质非常敏感，铜和铜合金零件会将镀液中的钯置换出来，以致镀液报废，因此铜和铜合金零件在酸性镀液中镀钯前，必须预镀镍或金。

15.1.2　溶液成分和工艺规范的影响

(1) 钯盐

　　钯盐是镀液的主盐。钯的含量对允许的阴极工作电流密度影响较大。钯的含量高，允许的阴极电流密度也可适当提高，并可获得优良的镀层。

　　① 一般 Pd^{2+} 含量维持在 15～18g/L 时，允许的阴极工作电流密度为 0.3～0.4A/dm^2，

钯镀层很光亮。

② Pd^{2+} 含量在 20g/L 时，允许的阴极工作电流密度可达 $0.5A/dm^2$。

③ Pd^{2+} 含量在 10g/L 时，允许的阴极工作电流密度为 $0.2A/dm^2$。

④ 当钯的含量低于 10g/L 时，镀层色泽不均匀，尤其在低电流密度区，甚至发黑。

钯的含量过低，阴极析氢增多，电流效率降低，镀层易产生针孔；钯的含量过高，镀层结晶粗糙。镀钯常用不溶性阳极，镀液中的钯要靠钯盐来补充，所以应根据镀液的种类，及时补充相应的钯盐。

（2）铵盐

铵盐在镀液中有两个作用：一是氯化铵或其他形式的铵盐，均起导电作用，提高镀液的导电性；二是铵盐与氢氧化铵一起形成缓冲溶液，稳定镀液的 pH 值。铵盐含量过低，会使镀层不均匀，并发花或发蓝；含量过高，镀层表面会生产一层红膜，甚至产生暗黑色条纹。

（3）氨水

镀液中氨水主要起配合和缓冲作用。氨与钯离子形成钯氨配离子，使镀液稳定；与铵盐一起形成缓冲溶液，稳定镀液的 pH 值。其含量过低，阳极上会产生黄色沉淀，致使镀液浑浊，镀层粗糙、发花；含量过高，镀层颜色为青绿色，易出现黑色斑点或花纹。镀液中的游离氨的含量要控制在 5.5～6.5g/L 以内。氨水易挥发，应定期补充，使其含量始终保持在工艺范围内。

（4）pH 值

镀液的 pH 值宜控制在 7.5～9.3，在该范围内可获得良好的白色光亮的钯镀层，其最佳值范围为 8.9～9.3。pH 值过高（超过 9.3），镀层容易产生条纹；pH 值过低（低于 7.5），钯盐易沉淀，阳极钝化，镀层也会失去光泽。

（5）镀液温度

镀液温度可在较宽的范围内，在该范围内可获得良好的钯镀层，氨盐镀液的最佳温度为 20～30℃。温度过低，镀层光亮度低，允许的最高阴极电流密度也低；温度过高，镀液中的氨易挥发，使镀液不稳定，镀层易粗糙、发花。

（6）阴极电流密度

允许的最高阴极电流密度与镀液中的钯含量有着密切的关系，两者的关系见本节（1）钯盐。电流密度过高，镀层易烧焦，镀件的尖端处出现灰白；电流密度过低，镀层易发花、发黄。

15.1.3　不合格钯镀层的退除

退除钯镀层的方法见表 15-3。

表 15-3　退除钯镀层的方法

基体金属	退除方法	溶液组成	含量/(g/L)	温度/℃	阳极电流密度/(A/dm²)
铜、黄铜	化学法	浓硫酸（H_2SO_4） 硝酸钠（$NaNO_3$）	100mL/L 250	60	—
	电解法	氯化钠（NaCl） 亚硝酸钠（$NaNO_2$） pH 值	53 23 4～5	70	8～9 阴极：不锈钢
	电解法	氯化钠（NaCl） 37%盐酸（HCl）	112.5 4mL/L	室温	4～6 电压 2～4V

续表

基体金属	退除方法	溶液组成	含量/(g/L)	温度/℃	阳极电流密度/(A/dm²)
银	电解法	氯化钠(NaCl) 亚硝酸钠(NaNO₂) pH 值	53 23 4～5	70	8～9 阴极：不锈钢
	电解法	氯化钠(NaCl) 37%盐酸(HCl)	112.5 4mL/L	室温	4～6 电压2～4V
钢铁	电解法	氯化钠(NaCl) 37%盐酸(HCl)	112.5 4mL/L	室温	4～6 电压2～4V

15.2　镀铑

铑是银白色略带浅蓝色有光泽的金属，具有极高的化学稳定性、抗氧化性、抗烧伤性和导电性。其光亮外观能长期保持不变，并有很高的反光性能。铑的硬度高，仅次于铬，耐磨性好，接触电阻小，导电性好，但不能焊接，在高温下易氧化。铑镀层内应力大，不宜镀得过厚，当厚度超过 $3\mu m$ 时容易产生龟裂，只适宜薄镀层。

铑镀层的耐蚀性高，在含有硫化物和二氧化碳等的大气中有高的稳定性。不溶于一般的酸和碱，仅微溶于王水，溶于熔融的硫酸氢钾。铑镀层的理化性能见表 15-4。

表 15-4　铑镀层的理化性能

项目		技术性能	项目		技术性能
原子量		102.9	电阻系数/($\times10^{-8}\Omega\cdot m$)	镀层	4.5～8.5
化合价		+3		金属铑	6.02
标准电位/V	$Rh^{3+}+3e\longrightarrow Rh$	+0.67	线膨胀系数/($\times10^{-6}/℃$)		8.3
电化当量/[g/(A·h)]		0.637	密度/(g/cm³)		12.44
熔点/℃		1960	硬度(HB)		600～650
沸点/℃		4500	内应力/MPa		1760
热导率/[W/(m·℃)]		87.8	反射系数/%		76～81

镀铑在装饰性电镀和电子工业电镀上都有广泛的应用，常用作首饰和服饰的表面镀层；在电子工业电镀中，用作滑动和转动的接触件、印制电路板开关、高频开关等的表面镀层，以提高其导电性、耐磨性和接触可靠性。一般装饰用铑镀层的厚度为 $0.05\sim0.125\mu m$，工业及电子工业用铑镀层的厚度为 $0.5\sim5\mu m$；防银变色的铑镀层厚度约为 $0.1\mu m$。

镀铑溶液主要有硫酸型、磷酸型和氨基磺酸型镀液。

15.2.1　硫酸型镀铑溶液

硫酸型镀铑工艺简单，镀液易维护，电流效率相对较高，沉积速度也较快。但镀层的内应力较大，镀层易开裂，一般在镀银层上镀铑，厚度可达 $0.5\sim2.5\mu m$。硫酸型镀铑溶液常用于工业和电子工业的镀铑，也可用于装饰性镀铑。

（1）镀液组成及工艺规范

硫酸型镀铑的溶液成分及工艺规范见表 15-5。

表 15-5　硫酸型镀铑的溶液成分及工艺规范

溶液成分及工艺规范	挂镀			滚镀	
	1	2	3	1	2
	含量/(g/L)				
铑(Rh)(以硫酸盐浓溶液形式加入)	1.3~2	5	4~10	1	2.5~5
98%硫酸(H₂SO₄)/(mL/L)	25~80	25~50	40~90	80	80
温度/℃	40~50	45~50	40~60	45~50	45~50
阴极电流密度/(A/dm²)	2~10	1~3	1~5	0.5~2	0.5~2

注：1. 挂镀配方 1 用于装饰性镀铑；配方 2 用于工业及电子工业镀铑；配方 3 用于厚层镀铑。
　　2. 滚镀配方 1 用于装饰性镀铑；配方 2 用于工业及电子工业镀铑。

（2）镀液成分和工艺规范的影响

① 铑盐　铑盐是镀液的主盐，镀液中的铑最适宜的含量应控制在 1~2g/L（薄镀层）和 4~8g/L（厚镀层），在该范围内均能获得优质铑镀层。当含量低于此值时，镀层易发红、发暗，孔隙增多，甚至局部还可能镀不上铑；含量超过此值时，镀层易粗糙。滚镀铑溶液，应降低铑含量，提高硫酸含量，可获得满意镀层。由于滚筒带出的镀液量较多，在满足产品质量的前提下，应尽可能采用铑盐含量低的镀液，以节省昂贵铑的损耗。

② 硫酸　镀液中硫酸含量的允许范围较大，含有一定量的游离硫酸，能起到稳定镀液和增加导电性的作用。但阴极电流效率随着游离硫酸浓度的增加而有所降低。

③ 镀液温度　镀液的适宜温度为 40~50℃，温度过高，沉积速度降低，镀层粗糙；温度过低，低于 20℃时，镀层暗淡无光，并出现白雾和斑点。

④ 阴极电流密度　电流密度过高，阴极析氢增多，电流效率降低，镀层发白，镀层边缘可能出现脆裂；电流密度过低，沉积速度降低，镀层粗糙无光泽。

⑤ 阳极　采用不溶性阳极，如铂、钛上镀铂或钛上镀铑，但铑表面易钝化。阳极面积与阴极面积之比宜为（2~3）∶1。

15.2.2　磷酸型镀铑溶液

磷酸型镀铑所获得的铑镀层洁白，有光泽，耐热性较好，而且镀液对焊接的腐蚀比硫酸型镀液小，所以常用于首饰的电镀，也可用于镀层较薄的光学仪器等的电镀。

磷酸型镀铑的溶液成分及工艺规范见表 15-6。

表 15-6　磷酸型镀铑的溶液成分及工艺规范

溶液成分及工艺规范	1	2	3
	含量/(g/L)		
铑(Rh)(以磷酸盐浓溶液形式加入)	2	—	2
磷酸铑(RhPO₄)	—	8~12	—
85%磷酸(H₃PO₄)/(mL/L)	40~80	60~80	—
98%硫酸(H₂SO₄)/(mL/L)	—	—	25~80
温度/℃	40~50	30~50	40~50
阴极电流密度/(A/dm²)	2~10	0.5~1	2~10

注：配方 3 为硫酸-磷酸型镀铑溶液。

15.2.3　氨基磺酸型镀铑溶液

氨基磺酸型镀铑溶液所获得的铑镀层，其工艺掌握得当，厚度达 $2.5\mu m$ 以上时，仍不产生裂纹，而且镀层内应力低。所以它常用于需要较高厚度的工业及电子工业的电镀。

（1）镀液组成及工艺规范

氨基磺酸型镀铑的溶液成分及工艺规范见表 15-7。

表 15-7　氨基磺酸型镀铑的溶液成分及工艺规范

溶液成分及工艺规范	1	2	3
	含量/(g/L)		
铑(Rh)(以氨基磺酸铑形式加入)	2～4	—	—
铑(Rh)(以硫酸盐浓溶液形式加入)	—	2～4	2
氨基磺酸(HSO_3NH_2)	20～30	20～30	20
硫酸铜($CuSO_4 \cdot 5H_2O$)	0.6	—	0.3
硝酸铅[$Pb(NO_3)_2$]	0.5	—	—
温度/℃	35～55	35～55	40～45
阴极电流密度/(A/dm²)	0.5～1	0.5～1	0.8～1

（2）镀液成分和工艺规范的影响

① 铑盐　铑盐是主盐，镀液中的铑最适宜含量应控制在 $2\sim 4g/L$ 范围内，其含量低于 $2g/L$，镀层呈灰色无光泽或呈黄色；含量超过 $4g/L$，镀层表面粗糙。

② 氨基磺酸　它是镀液中的配位剂，氨基磺酸能增大阴极极化作用，促使镀层结晶细致、光亮、无裂纹，其含量不应低于 $20g/L$。其含量过高，电流效率下降，镀层出现黄斑和呈白雾状；含量过低，镀层结晶粗糙。

③ 硫酸铜和硝酸铅　镀液中这两种无机盐能使铑镀层结晶细致、平滑、光亮。硫酸铜最大含量不应超过 $0.8g/L$，否则镀层易发脆，出现裂纹。

④ 镀液温度　一般情况下，镀液温度在 $35\sim 40℃$ 的范围内，都能获得良好镀层。温度过低，镀层发白、不光亮；温度过高，镀层粗糙。

⑤ 阴极电流密度　氨基磺酸盐镀液阴极电流密度相对较低，适宜的电流密度控制在 $0.5\sim 1A/dm^2$，镀层外观良好。电流密度过高或过低对镀层的影响，与镀液温度的影响相似。

15.2.4　不合格铑镀层的退除

退除铑镀层的方法见表 15-8。

表 15-8　退除铑镀层的方法

基体金属	退除方法	溶液组成	含量/(mL/L)	温度/℃	阳极电流密度/(A/dm²)
镀镍的黄铜	化学法	硫酸(H_2SO_4) 盐酸(HCl)	3份(体积) 1份(体积)	室温	—
	电解法	98%硫酸(H_2SO_4)	500	32～38	电压7V
	电解法	37%盐酸(HCl)	50	室温	电压6V

续表

基体金属	退除方法	溶液组成	含量/(mL/L)	温度/℃	阳极电流密度/(A/dm²)
镀银的铜合金	化学法	98%硫酸(H_2SO_4) 68%硝酸(HNO_3) (进入镀液前工件应是干燥的)	950 50	49	—
	电解法	37%盐酸(HCl) 98%硫酸(H_2SO_4) 85%磷酸(H_3PO_4) 氯化钠(NaCl)	76 20 22 40g/L	20	0.1~0.2

15.3 镀铂

铂镀层为银白色，有很高的化学稳定性，在高温下不被氧化，不溶于一般的酸和碱，但溶于王水和熔融的碱，耐蚀性好。铂镀层的理化性能见表 15-9。

表 15-9 铂镀层的理化性能

项目		技术性能	项目	技术性能
原子量		195.23	熔点/℃	1769
化合价		+2、+4	沸点/℃	4530
标准电位/V	$Pt^{2+}+2e \longrightarrow Pt$	+1.19	线膨胀系数/($\times 10^{-6}$/℃)	8.9
	$Pt^{4+}+4e \longrightarrow Pt$	—	密度/(g/cm³)	21.45
电化当量/[g/(A·h)]	Pt^{2+}	3.642	镀层硬度(HB)	600~650
	Pt^{4+}	1.821	电阻系数/($\times 10^{-8}\Omega \cdot m$)	9.2~9.6
比热容/[kJ/(kg·℃)]		0.135	热导率/[W/(m·℃)]	69.0

铂镀层硬度高，电阻小，可焊性好，但镀铂电流效率低（30%～50%），镀层应力大，镀层厚度大于 1～2μm 就容易开裂脱落。铂价格昂贵，使其应用受到一定限制。镀铂应用不广泛，主要用途是在钛阳极上镀铂制成不溶性阳极，这类阳极常用于化学分析和电解工业，也用于电镀贵金属作阳极（如镀铑、镀钯、酸性镀金等），也可作为装饰镀层，用于首饰，以及作为仪器仪表等的零件的防护-装饰性镀层。

15.3.1 镀液组成及工艺规范

常用的镀铂溶液分为碱性和酸性两类。碱性镀液电流效率相对较高，性能较稳定，应用较广泛。一般情况下，碱性镀液铂可直接镀在镍基合金上，不需预镀。但镀液对铜杂质很敏感，所以即使是碱性镀液，铂也不能直接镀在铜和铜合金零件上。而酸性镀液，在大多数金属基体上，都需要预镀，可预镀银，最好预镀金。氨基磺酸镀液阴极电流效率高，可达 50%左右，镀液较稳定。

镀铂的溶液成分及工艺规范见表 15-10。

表 15-10 镀铂的溶液成分及工艺规范

溶液成分及工艺规范	碱性镀液			酸性镀液		
	1	2	3	1	2	3
	含量/(g/L)					
铂(Pt)(以亚硝酸二氢铂形式加入) [$Pt(NH_3)_2(NO_2)_2 \cdot 2H_2O$]	10~30	10	—	—	10~20	—

续表

溶液成分及工艺规范	碱性镀液			酸性镀液		
	1	2	3	1	2	3
	含量/(g/L)					
铂(Pt)(以硫酸二亚硝基亚铂酸形式加入)[$H_2Pt(NO_2)_2SO_4$]	—	—	—	5	—	—
铂(Pt)(以氯铂酸形式加入)($H_2PtCl_6 \cdot 6H_2O$)	—	—	10	—	—	—
氯铂酸($H_2PtCl_6 \cdot 6H_2O$)	—	—	—	—	—	34
98%硫酸(H_2SO_4)	—	—	—	调pH值	—	—
氨基磺酸(HSO_3NH_2)	—	—	—	—	50~100	—
磷酸铵[$(NH_4)_3PO_4$]	—	—	60	—	—	—
硝酸铵(NH_4NO_3)	100~110	100	—	—	—	—
磷酸氢二钠(Na_2HPO_4)	—	—	—	—	—	300
磷酸氢二铵[$(NH_4)_2HPO_4 \cdot 12H_2O$]	—	—	—	—	—	30
亚硝酸钠($NaNO_2$)	10~15	10	—	—	—	—
28%氨水($NH_3 \cdot H_2O$)	调pH值	50	调pH值	—	—	—
pH值	9	9~10	7.5~9	2.0	<2	4~7
温度/℃	95~100	95~100	65~75	40	60~80	70
阴极电流密度/(A/dm²)	1~2	1~3	0.1~1	0.1~1	1~5	2.5
阳极材料	铂	铂	镀铂阳极	铂	铂	—

注：1. 碱性镀液配方1、2、3，可直接镀在镍基合金上，不需预镀。

2. 酸性镀液配方1可直接镀在钛上，用于制造镀铂阳极。酸性镀液配方2是氨基磺酸镀液，阴极电流率较高（可达50%左右），镀液稳定。

15.3.2 镀液成分和工艺规范的影响

(1) 铂盐

铂盐是镀液的主盐，镀液中铂的含量在6g/L以上。铂含量过低，镀层发灰，严重时发黑；铂含量过高，镀层粗糙。由于镀铂时采用的铂或镀铂阳极，都是不溶解阳极，需要经常补加铂盐，以补充铂的损耗，保持镀液中铂的正常含量。

(2) 硝酸铵和磷酸铵

它们是导电盐，可提高镀液导电能力，从而提高镀液的覆盖能力。它们在镀铂过程中不消耗，仅因镀件带出镀液而损失，在配槽时加入，一般不必经常补充。

(3) 亚硝酸钠

亚硝酸钠能防止亚硝酸二氨铂的分解，使镀液稳定。它在镀铂过程中不消耗，在配槽时加入，一般不必经常补充。

(4) 氨水和硫酸

氨水用于碱性镀液调节pH值，硫酸用于酸性镀液调节pH值。碱性镀液的pH值必须保持在9左右，以防止镀层发灰或发黑。

(5) 镀液温度

镀液温度应保持在工艺规范规定的范围内。温度过高，镀液易分解，不稳定；温度过低，沉积速度缓慢，而且镀层发灰、发黑、粗糙。

（6）阴极电流密度

阴极电流密度应随镀液中铂含量的高低，相应提高或降低。电流密度过低，沉积速度缓慢，镀层发灰、发黑；电流密度过高，镀层粗糙，严重时会影响镀层结合力，甚至剥落。

15.3.3　不合格铂镀层的退除

由于铂的化学稳定性极高，目前还没有在不损伤基体的条件下退除铂镀层的方法，只有损坏基体材料，回收高价的铂。

退除铂镀层的方法见表 15-11。

表 15-11　退除铂镀层的方法

基体金属	退除方法	溶液组成	含量 /(mL/L)	温度 /℃
镍、钢	化学法	37%盐酸(HCl) 68%硝酸(HNO₃) (退镀时搅拌退镀液)	250 500	室温
	化学法	37%盐酸 98%硫酸(H₂SO₄)	1 份(体积) 3 份(体积)	室温
银	化学法	37%盐酸 98%硫酸(H₂SO₄)	1 份(体积) 3 份(体积)	室温
铝	化学法	68%硝酸(HNO₃) 98%硫酸(H₂SO₄) 水	1 份(体积) 3 份(体积) 2 份(体积)	90

15.4　镀铟

铟是银白色、硬度低、质地柔软的金属。铟在干燥的大气中很稳定，不易失去光泽，有很高的反光性能，并对润滑油氧化时所生成的有机酸有很好的抗蚀性，但能溶解在硝酸、硫酸和盐酸中。铟的理化性能见表 15-12。

表 15-12　铟的理化性能

项目	技术性能		项目	技术性能
原子量		114.76	线膨胀系数/(×10⁻⁶/℃)	33
化合价		+3	熔点/℃	156.61
标准电位/V	In³⁺+3e⟶In	−0.342	沸点/℃	2050
电化当量/[g/(A·h)]		1.428	比热容/[kJ/(kg·℃)]	0.239
密度/(g/cm³)		7.31	电阻系数/(×10⁻⁸Ω·m)	8.2
热导率/[W/(m·℃)]		23.8	—	—

在铅镀层上镀铟并经热处理，铟会扩散进入铅镀层，使铟与铅相互渗透形成铅-铟合金，用作轴瓦上的减摩层，具有良好的耐蚀性、耐磨性和干润滑性。因为铟有很高的反光性，可用它制造金属反光镜。铟镀层可作为镀铑前的预镀层，可降低铑镀层的厚度，并减小应力。在光学仪器、电子工业中镀铟也有广泛的应用。

15.4.1　镀液组成及工艺规范

铟镀层可以从多种镀液中沉积出来，应用较多的有氰化物、氨基磺酸盐、氟硼酸盐和硫酸盐等镀液。

① 氰化镀铟　氰化镀液具有很高的分散能力，与底层结合很好。镀层均匀，有柔和的光泽。使用不溶性阳极。新配制的镀液有较高的阴极电流效率（可达 90%），但随着镀液老化，电流效率会降低到 50%～70%。

② 氨基磺酸盐镀铟　该镀液分散能力略低于氰化镀液，镀层均匀，有柔和的光泽。可使用可溶性的铟阳极。阴极电流效率较高，可达 90%。镀液非常稳定，容易控制。在镀铟过程中，pH 值有上升的趋势，pH 值过高（达到 3.5 时），会出现氢氧化铟沉淀，调低 pH 值，可加入颗粒状的氨基磺酸。

③ 氟硼酸盐镀铟　该镀液所获得的镀层，结晶细致。可采用较高的阴极电流密度（5～10A/dm²），但阴极电流效率较低，只有 40%～75%。可使用可溶性的铟阳极，阳极电流效率可达 100%。为了协调阴极与阳极电流效率，需要采用铟（可溶性）和铂（不溶性）的混合阳极。经常添加氟硼酸，以维持镀液的 pH 值在 0.5～1.5。

④ 硫酸盐镀铟　该镀液所获得的镀层，结晶细致。使用可溶性阳极。

镀铟的溶液成分及工艺规范见表 15-13。

表 15-13　镀铟的溶液成分及工艺规范

溶液成分及工艺规范	氰化镀液		氟硼酸盐镀液		硫酸盐镀液		氨基磺酸盐镀液
	1	2	1	2	1	2	
	含量/(g/L)						
氯化铟($InCl_3$)	60～120	—	—	—	—	—	—
铟(In)(以氢氧化铟形式加入)	—	33	—	—	—	—	—
氟硼酸铟[$In(BF_4)_3$]	—	—	236	20～25	—	—	—
硫酸铟[$In_2(SO_4)_3$]	—	—	—	—	20～45	50～70	—
氨基磺酸铟[$In(SO_3NH_2)_3$]	—	—	—	—	—	—	100～110
氰化钾(KCN)	140～160	96	—	—	—	—	—
氢氧化钾(KOH)	30～40	64	—	—	—	—	—
硼酸(H_3BO_3)	—	—	22～30	5～10	—	—	—
氟硼酸铵(NH_4BF_4)	—	—	40～50	—	—	—	—
氟硼酸(游离)(HBF_4)/(mL/L)	—	—	—	10～20	—	—	—
硫酸钠(Na_2SO_4)	—	—	—	—	8～12	10～15	—
氨基磺酸钠($NaSO_3NH_2$)	—	—	—	—	—	—	125～150
氨基磺酸(HSO_3NH_2)	—	—	—	—	—	—	20～26
氯化钠(NaCl)	—	—	—	—	—	—	30～45
三乙醇胺[$(HOCH_2CH_2)_3N$]	—	—	—	—	—	—	2.3
葡萄糖($C_6H_{12}O_6$)	40～60	33	—	—	—	—	5～8
木工胶	—	—	—	1～2	—	—	—
pH 值	—	—	0.5～1.5	1.0	2.0～2.7	2.0～2.7	1.5～2.0
温度/℃	18～30	室温	21～32	15～25	18～30	18～25	室温
阴极电流密度/(A/dm²)	1.5～3	1.5～2	5～10	2～3	2～4	1～2	1～2

续表

溶液成分及工艺规范	氰化镀液		氟硼酸盐镀液		硫酸盐镀液		氨基磺酸盐镀液
	1	2	1	2	1	2	
	含量/(g/L)						
阳极材料	石墨、钢板	钢板	铟	石墨	铟、铂	石墨、铂	铟
阴极电流效率/%	50～75	50～75	40～75	30～40	50～80	30～80	90

15.4.2　不合格铟镀层的退除

在钢铁、铜及铜合金上的铟镀层，采用下列化学法退除：

冰醋酸（CH_3COOH）　　　　　2份（体积）

30%过氧化氢（H_2O_2）　　　　1份（体积）

温度　　　　　　　　　　　　室温

第3篇 电镀合金

第16章
电镀合金概论

16.1 概述

电镀合金，是指在电流作用下，使两种或两种以上金属离子（也括非金属元素），在阴极上共沉积形成细致镀层的过程。合金镀层，是指含有两种或两种以上金属的镀层。一般来说，电镀合金中最少组分的质量分数应在1%以上。有些合金镀层如镉-钛、锌-钛、锡-铈等，钛或铈的质量分数虽然低于1%，但它们对合金性能影响很大，故也称为合金镀层。电沉积合金具有以下特点。

① 电沉积合金的过程比较复杂。电镀合金工艺较电镀单金属工艺复杂，镀液成分和工艺规范对合金镀层成分影响比较大，镀液中金属离子浓度比和合金镀层中合金成分比，不是一个简单的正比关系。

② 合金镀层具有许多单金属镀层所不具备的优异性能，常具有较高的硬度、致密度、耐蚀性、耐磨性、耐高温性、减摩性、粘接能力、磁性、焊接性以及美丽的外观。合金镀层广泛用作防护性、装饰性以及功能性镀层。

③ 可获得水溶液中难以单独沉积的金属，如 Ni-W 合金中的 W、Ni-Mo 合金中的 Mo 等。

④ 电沉积合金可获得热熔法制备的平衡合金相图上没有的合金相，如电镀 Cu-Sn 合金和 Sn-Ni 合金等。

⑤ 可获得热熔法不能得到的性能优异的非晶态合金，如电镀 Ni-P 合金和 Ni-B 合金等。

⑥ 电沉积可容易获得高熔点金属与低熔点金属形成的合金，如 Sn-Ni 合金和 Zn-Ni 合金等。

⑦ 电沉积法与一般热熔法得到的合金相比，电沉积合金具有结晶细致、耐蚀性优良、硬度高、耐磨性好、韧性小等特点。

⑧ 电沉积合金的设备、工艺和操作都比热熔法简单，工作温度较低，节能。

16.2　电镀合金的分类及用途

根据电镀合金的特性和应用，电镀合金大致可分为电镀防护性合金、装饰性合金、功能性合金和贵金属合金等，如表 16-1 所示。此外还有非晶态合金、纳米合金等。

表 16-1　电镀合金的分类及用途

电镀合金分类	电镀合金的用途
防护性合金	防护性合金对钢铁基体属于阳极镀层，具有电化学保护作用，是很好的防护性镀层，还具有低氢脆性的特点，特别适合于要求高耐蚀性及低氢脆性的制品 目前应用较多的是锌和铁族金属形成的二元合金，如 Zn-Ni、Zn-Fe 和 Zn-Co 合金等，还有 Sn-Zn、Zn-Cd、Zn-Mn、Zn-Cr、Zn-Ti 和 Cd-Ti 等。近年来，锌基的三元合金，如 Zn-Ni-Fe、Zn-Fe-Co 和 Zn-Co-Mo 合金等，也在生产上得到应用
装饰性合金	控制合金镀层组成以及镀液、工艺规范等变化，使合金镀层呈现白色、金色、黑色、枪色等各种不同的色彩，广泛用作装饰镀层。如金色即仿金镀层有 Cu-Zn、Cu-Sn、Cu-Sn-Zn、Cu-Zn-In 等合金镀层；黑色镀层如 Sn-Ni 合金镀层；枪色镀层如 Sn-Ni、Sn-Ni-Cu 等合金镀层；青古铜色则是镀 Cu-Zn 合金后染色得到的 此外，合金镀层还可替代部分镍作为铬底层，减少镍的消耗；以及 Sn 基的某些合金，如 Sn-Co、Sn-Ni、Sn-Ni-Zn 等合金镀层，其外观似铬，可替代装饰性铬镀层
功能性合金	电镀的合金镀层，具有各种各样的特殊功能，以尽可能满足工程材料、电子工业等各领域发展的需求。功能性合金根据其特性及其用途，可分为： ① 可焊性合金镀层　如 Sn-Pb、Sn-Ce、Sn-Bi、Sn-Cu、Sn-Ag、Sn-Zn、Sn-In、Sn-Ce-Sb、Sn-Ce-Ni、Sn-Ce-Bi 等 ② 耐磨性合金镀层　如 Cr-Ni、Cr-Mo、Cr-W、Ni-P、Ni-B 等 ③ 磁性合金镀层　如 Ni-Co、Ni-Fe、Co-Fe、Co-Cr、Co-W、Ni-Fe-Co、Ni-Co-P 等 ④ 减摩性轴承合金镀层　如 Pb-Sn、Pb-In、Cu-In、Pb-Ag、Pb-Sn-Cu、Cu-Sn-Bi 等 ⑤ 不锈钢合金镀层　如 Fe-Cr-Ni、Cr-Fe(Fe-Cr) 等
贵金属合金	电镀贵金属合金主要是指以 Au、Ag、Pd 等为基体的合金，目前获得广泛应用的贵金属合金镀层，主要有金基合金和银基合金镀层 电镀金基合金：Au-Co、Au-Ni、Au-Ag、Au-Cu、Au-Sb、Au-Sn 等 电镀银基合金：Ag-Cd、Ag-Sb、Ag-Pb、Ag-Sn、Ag-Cu、Ag-Zn、Ag-Ni、Ag-Co 等 电镀钯基合金：Pd-Ni、Pd-Co、Pd-Ag、Pd-Fe 等 电镀贵金属三元合金：Au-Ag-Ni、Au-Ag-Zn、Au-Ag-Cu、Au-Ag-Cd、Au-Sn-Co、Au-Sn-Cu、Au-Sn-Ni 等

16.3　金属共沉积的基本条件

两种金属离子共沉积（二元合金）除电镀单金属的一些基本条件外，还应具备以下两个基本条件[1]。

① 合金中的两种金属，至少有一种金属离子能单独从其盐的水溶液中电沉积出来。有些金属（如钨、钼等）虽然不能单独从其盐的水溶液中电沉积出来，但可与铁族金属（如铁、钴、镍等）一同从水溶液中共沉积出来。

② 两种金属的沉积电位必须十分接近或相等。如果沉积电位相差太大，电位正的金属优先沉积，甚至完全排斥电位较负的金属析出。仅有少数金属可以从简单盐溶液中共沉积，例如 Pb（−0.126V）与 Sn（−0.136V）、Ni（+0.25V）与 Co（+0.277V）、Cu（+0.34V）与 Bi（+0.32V），它们标准电位比较接近，可以从它们的简单盐溶液中共沉积。但多数金属不容易共沉积，需要采取一些措施。

16.4　实现金属共沉积的措施

为实现金属离子的共沉积，一般可采取以下措施。

① 改变金属离子浓度　平衡电位相差不太大的金属，可通过改变金属离子浓度，如增大电位较负金属离子的浓度，使其电位正移；或者降低电位较正金属离子的浓度，使其电位负

移，从而使两种金属的析出电位互相接近或相等，而达到共同沉积。但改变金属离子浓度，来改变金属电位是很有限的。多数金属离子的标准电位相差较大，而金属离子浓度受盐类溶解度的限制，采用改变金属离子浓度的方法，不可能从简单盐溶液中共沉积，所以这一措施只作为一种辅助措施使用。

② 在镀液中加入配位剂　采用络合物镀液，标准电极电位相差较大的两种或多种金属，可通过在镀液中加入适宜的配位剂，形成金属配合离子，使电位较正金属的平衡电位明显负移（再则，也增强了阴极极化作用），使与一种（或两种以上）金属离子的析出电位相接近，而得到共沉积，这是非常有效的方法。配位剂的选择，需根据配位剂沉积金属的性质而定。

③ 选用适宜的添加剂　在镀液中加入添加剂，添加剂一般不影响（或影响很小）金属的平衡电位，但能显著增强或降低阴极极化作用，明显改变金属的沉积电位。添加剂在阴极表面的吸附或可能形成表面配合物，所以常具有明显的阻化作用。添加剂在阴极表面的阻化作用常带有一定的选择性，一种添加剂可能对某些金属的电沉积起作用，而对另一些金属的电沉积则无影响。因此，镀液中加入适宜的添加剂，也是实现共沉积的有效方法之一。添加剂可以单独加入镀液中，也可和配位剂同时加入。

16.5　金属共沉积的类型

根据合金电沉积的动力学特征及镀液组成和工艺条件，可将合金电沉积分为几种类型[20]，如表 16-2 所示。

表 16-2　金属共沉积的类型

共沉积的类型	金属共沉积的特点（特性）
正常共沉积	其特点是电位较正的金属优先沉积。依据各组分金属在对应镀液的平衡电位,可定性地推断合金镀层中各组分的含量。正常共沉积又可分为下列三种。 ① 正则共沉积　其特征是共沉积过程受扩散控制,合金镀层中电位较正金属中的含量随阴极扩散层中金属离子总含量的升高而提高,电镀工艺条件对沉积层组成的影响,可由镀液在阴极扩散层中金属离子的浓度来预测。因此,可以通过提高镀液中金属离子总含量、降低阴极电流密度、升高镀液温度或增加搅拌强度等能增加阴极扩散层中金属离子浓度的措施,来增加电位较正金属在合金镀层中的含量。在简单金属盐镀液中进行的共沉积一般属于正则共沉积,例如 Ni-Co、Cu-Bi、Pb-Sn 合金在简单金属盐镀液中的共沉积。在配合物镀液中,如果各组分金属的平衡电位相差很大,且共沉积时不能形成固溶体合金,则容易发生正则共沉积 ② 非正则共沉积　其特征是共沉积过程主要受阴极电位控制,即阴极电位决定了沉积合金的组成。电镀工艺条件对合金沉积组成的影响远比正则共沉积小。配合物镀液,特别是配位化合物浓度对某一组分金属的平衡电位有显著影响的镀液,多属于非正则共沉积。例如,氰化物镀 Cu-Zn 合金。再则,如各组分金属的平衡电位比较接近,而且容易形成固溶体合金的镀液,也容易出现非正则共沉积 ③ 平衡共沉积　当将各组分金属浸入含有各组分金属离子的镀液中时,它们的平衡电位最终变得相等,在此镀液中以低电流密度电沉积时(阴极极化作用很小)发生的共沉积,称为平衡共沉积。平衡共沉积的特点是在低电流密度下(阴极极化作用非常小),合金沉积层中各组分金属含量比等于镀液中各金属离子浓度比。生产中很少共沉积体系属于平衡共沉积,如酸性镀液中沉积的 Cu-Bi 合金、Sb-Sn 合金属于平衡共沉积
非正常共沉积	非正常共沉积可分为下列两种。 ① 异常共沉积　其特点是电位较负的金属从镀液中优先沉积,而且沉积层中电位较负金属组分的含量总比它在镀液中的浓度高。它不遵循一般的电化学理论,而且在电化学反应过程中还出现其他一些特殊的控制因素,故称异常共沉积。铁族金属(Fe、Co、Ni)中的合金共沉积多属于非正常共沉积,如 Ni-Co、Fe-Co、Fe-Ni、Zn-Ni 和 Ni-Sn 合金等 ② 诱导共沉积　从某些金属(如 Ti、Mo、W 等)的水溶液中不能单独电沉积出纯金属镀层,但当与另外某些金属(如铁族金属等)一起电沉积时,就可实现共沉积,这一沉积过程称为诱导共沉积。通常把能促使难镀金属共沉积的铁族金属称为诱导金属。诱导共沉积的合金有 Ni-W、Ni-Mo、Ni-Ti、Co-W、Co-Mo 等。诱导共沉积与其他类型的共沉积相比,更难推测出镀液中金属组分和工艺条件对沉积层组成的影响

16.6 电镀合金的阳极

阳极起到导电、补充镀液金属离子的消耗、保持阴极表面电流分布均匀等的作用。电镀合金用的阳极，要能等量、等比例地补充镀液中金属离子的消耗，保持镀液中金属离子浓度比稳定。因此，电镀合金对阳极的要求一般要比电镀单金属高。因为电镀合金，阳极的选用关系到镀液成分的稳定，从而影响合金镀层的组成和质量。目前电镀合金常使用下列四种类型的阳极。

① 可溶性合金阳极　将要沉积的两种或几种金属按一定比例熔炼并浇铸成单一的可溶性合金阳极。一般可溶性合金阳极成分应与合金镀层的成分相同或相近。这种阳极，工艺控制、操作比较简单，成本低，获得广泛应用。但使用这类合金阳极时须注意，合金阳极的金相组织结构、化学成分及所含杂质等，均对合金溶解的电位及溶解的均匀性有明显的影响。因此，一般采用单相的或固溶体型的合金阳极，溶解均匀，使用效果较好。

② 可溶性单金属联合阳极　将欲沉积的几种可溶性单金属阳极，挂在同一阳极导电杆上，构成联合阳极。通过调节单金属阳极面积比例来控制其溶解速度，来保证镀液中金属离子成分的稳定。若两种阳极溶解电位相差很大，就需要采用两套阳极电流控制系统，使电流按要求分别通过两种阳极，这使设备变得复杂，增加操作的困难。在电镀高锡合金（Cu-Sn）时，经常采用这类阳极。

③ 不溶性阳极　可使用化学性质稳定的金属或其他导体作为不溶性阳极，它在电镀过程中仅起导电作用，不参与电极反应。镀液中金属离子的消耗，靠添加金属盐类来补充。这需要频繁地调整镀液，操作麻烦，成本也提高。只有在不能使用可溶性阳极或金属离子浓度允许有较大波动时，才使用不溶性阳极。

④ 可溶性与不溶性联合阳极　在合金电镀中，有时将可溶性单金属阳极与不溶性阳极联合使用。镀液中含量高且消耗大的金属离子，采用可溶性阳极的溶解来补充；镀液中消耗较小的金属离子，可用金属盐或氧化物来补充。例如，镀 Ni-Co 合金时，用镍作为可溶性阳极，不锈钢作为不溶性阳极，钴以硫酸钴或氯化钴的形式加入。不锈钢阳极仅是为了调节镍阳极的电流密度，以防止镍阳极钝化。

第**17**章
电镀防护性合金

17.1 概述

电镀防护性合金，目前应用比较多的是锌和铁族金属形成的二元合金，如 Zn-Ni、Zn-Fe 和 Zn-Co 合金等，还有 Sn-Zn、Zn-Cd、Zn-Mn、Zn-Cr、Zn-Ti 和 Cd-Ti 等，它们也都有很好的防护性能。近年来，锌基的三元合金，如 Zn-Ni-Fe、Zn-Fe-Co 和 Zn-Co-Mo 合金等，也在生产上得到应用。锌合金对钢铁基体也是阳极镀层，对钢铁具有电化学保护作用。锌合金镀层比锌镀层具有更高的耐蚀性，并有良好的性价比（防护性/价格）。

电镀以锌基合金为主的防护性合金具有很多优良特性，如优良的耐蚀性、热稳定性和低氢脆性等。锌合金镀层经钝化处理，能大大提高耐蚀性。其中以 Zn-Ni 合金应用较广泛，而且 Zn-Ni 和 Sn-Zn 合金也是很好的代镉镀层。

17.2 电镀 Zn-Ni 合金

Zn-Ni 合金镀层的外观为灰白至银白色，通常使用镍含量为 7%～18%（质量分数）的 Zn-Ni 合金，对钢铁基体是阳极镀层。Zn-Ni 合金镀层具有优异的防护性能，适合在恶劣的工业大气和海洋环境中使用。其优点如下。

① 优异的耐蚀性   含 Ni 7%～9%（质量分数）的 Zn-Ni 合金的耐蚀性，比同等厚度的锌镀层耐蚀性高 3 倍以上；含 Ni 13%（质量分数）左右的 Zn-Ni 合金的耐蚀性是锌镀层的 5 倍以上，也优于镉镀层和镉-钛合金镀层。

② 优良的力学性能   镀后不改变钢材的屈服强度、抗张强度和延伸率，可塑性好以及可机械加工。

③ 低氢脆性   Zn-Ni 合金镀层的脆化率[1]小于 2%（而碱性锌酸盐镀锌为 78%、氯化物镀锌为 44%、氰化镀锌为 53%、光亮镀镉为 18%）。镀层内应力小，适合在高强度钢上电镀，可作为良好的代镉镀层。

④ 良好的焊接性   在各种条件下都可以焊接，同时没有长晶须（长毛）的疵病。

⑤ 良好的耐高温性   Zn-Ni 合金镀层熔点较高（750～800℃），适用于汽车发动机零部件的电镀。

Zn-Ni 合金镀层主要用于高耐蚀性钢板、汽车钢板和汽车配件上，以及电缆桥架、煤矿井下液压支柱（架）等上。目前它已广泛用于汽车、机械、电机、航空航天、造船、军工以及轻工等行业领域。

Zn-Ni 合金镀液有碱性锌酸盐、氯化物、硫酸盐和硫酸盐-氯化物体系等。

17.2.1 碱性锌酸盐镀 Zn-Ni 合金

锌酸盐镀 Zn-Ni 合金，是近几年发展起来的一种碱性镀 Zn-Ni 合金的工艺。合金镀层细致、平整、光亮，其硬度（220～270HV）比锌酸盐镀锌层（90～120HV）高，镀层也比较容易进行钝化处理。镀液的分散能力好，在较宽的阴极电流密度范围内镀层合金成分、厚度都比较均匀，工艺稳定，操作容易，对设备和工件腐蚀性小，成本低等，目前已获得广泛应用。

（1）镀液组成及工艺规范

碱性锌酸盐镀 Zn-Ni 合金的镀液组成及工艺规范见表 17-1。

表 17-1　碱性锌酸盐镀 Zn-Ni 合金的镀液组成及工艺规范

溶液成分及工艺规范	1	2	3	4	5	6
	含量/(g/L)					
氧化锌（ZnO）	8~12	10~15	6~8	10~15	10	12
硫酸镍（NiSO$_4$·6H$_2$O）	10~14	—	—	8~16	8	6
氢氧化钠（NaOH）	100~140	100~150	80~100	80~150	120	120
乙二胺[(CH$_2$NH$_2$)$_2$]	20~30	—	—	少量	—	—
三乙醇胺[N(C$_2$H$_5$O)$_3$]	30~50	—	—	20~60	—	—
ZQ 添加剂/(mL/L)	20~40	—	—	—	—	—
ZQ-1 添加剂/(mL/L)	8~14	—	—	—	—	—
开缸剂 Zn-2Mu/(mL/L)	—	20~25	—	—	—	—
添加剂 Zn-2A/(mL/L)	—	5~7	—	—	—	—
光亮剂 Zn-2B/(mL/L)	—	4~6	—	—	—	—
镍溶液 Zn-2C/(mL/L)	—	20~25	—	—	—	—
镍配位化合物/(mL/L)	—	—	8~12	—	—	—
香草醛（C$_8$H$_8$O$_3$）	—	—	0.1~0.2	—	—	—
Zn-11 添加剂/(mL/L)	—	—	0.5~1.0	—	—	—
添加剂	—	—	—	少许	—	—
氨水（NH$_3$·H$_2$O）/(mL/L)	—	—	—	15	—	—
NZ-918A/(mL/L)	—	—	—	—	6	6
NZ-918B/(mL/L)	—	—	—	—	4	4
NZ-918C/(mL/L)	—	—	—	—	70	100
温度/℃	15~35	20~30	20~40	室温	10~35	10~35
阴极电流密度/(A/dm^2)	1~5	0.5~4	0.5~4	4~10	0.5~4.5	—
阳极材料	锌和铁板	锌板	锌和镍板	不锈钢	锌板	锌板
镀层中 Ni 含量（质量分数）/%	13 左右	11~17	7~9	12~14	约 8~10	约 8~10

注：1. 配方 1 的 ZQ、ZQ-1 添加剂是哈尔滨工业大学的产品。
　　2. 配方 2 的 ZN 系列添加剂是杭州东方表面技术公司的产品。
　　3. 配方 3 的 ZN-11 添加剂是厦门大学的产品。
　　4. 配方 5 的 NZ-918 系列添加剂是武汉材料保护研究所的产品。连续循环过滤。
　　5. 配方 6 为滚镀配方，连续循环过滤。NZ-918 系列添加剂是武汉材料保护研究所的产品。

（2）镀液成分及工艺规范的影响

① 氧化锌和硫酸镍　它们是镀液中的主盐。镀液中的 Zn^{2+} 与 Ni^{2+} 的含量比对镀层外观影响不大，但对镀层中的镍含量影响比较大。镀液中 Zn^{2+} 与 Ni^{2+} 的含量比减小（即 Ni^{2+} 的含量相对增加）时，镀层中镍含量将有所增加，但当达到一定量后，镀层中镍含量便趋于恒定。

② 氢氧化钠　它主要对锌起配位剂的作用和改善镀液的导电性，还有利于阳极的均匀溶

解。氢氧化钠含量对锌的沉积速度和镀层质量有很大影响，含量不足，会出现氢氧化锌沉淀和阳极钝化；含量过高，会加速锌阳极的自溶解。

③ 镍的配位剂 常用的配位剂有柠檬酸盐、酒石酸盐、葡萄糖酸盐和多元醇以及有机胺（如乙烯二胺、乙烯三胺和多乙烯多胺）等，以有机胺效果最好。配位剂与镍形成镍配离子，以防止镍离子在碱性镀液中生成氢氧化镍沉淀，稳定镀液。而且它还具有提高阴极极化作用和细化结晶的作用。

④ 三乙醇胺 它可与锌离子和镍离子形成配离子，可提高阴极极化作用，也有利于镀液维护和改善镀层外观质量。

⑤ 添加剂 它对镀层有细化结晶、整平和光亮的作用。一般与碱性镀锌用的光亮剂相类似，常用的有芳香醛、有机胺以及有机胺和环氧氯丙烷的聚合物等。表 17-1 中配方 2 的 Zn-2A 与 Zn-2B 须配合使用，A 剂可增强阴极极化作用、促使结晶细致、改善镀液分散能力和覆盖能力；B 剂可扩大阴极电流密度范围，增强镀层光亮度。配方 3 中的 Zn-11 添加剂，在阴极表面上具有强的吸附作用，对 Zn^{2+} 和 Ni^{2+} 放电过程起阻抑作用，能提高阴极极化作用，促使镀层结晶细化，与香草醛配伍可获得光亮镀层。配方 5、6 中的 NZ-918A 为主光亮剂，起细化晶粒、提高阴极极化的作用；NZ-918B 是次级光亮剂，起镀层光亮的作用。

⑥ 镀液温度 一般随镀液温度升高，合金镀层中镍含量有所增加。镀液温度保持在 15～40℃ 范围内，能得到外观良好的镀层。

⑦ 阴极电流密度。阴极电流密度在 $1～5A/dm^2$ 范围内，都可以得到良好的镀层。电流密度的变化，对合金镀层中镍含量的影响不大。

17.2.2 氯化物镀 Zn-Ni 合金

弱酸性氯化物镀 Zn-Ni 合金的镀液有：氯化铵型、氯化钾型和氯化钠型。由于氯化铵具有较强的配合作用，废水处理较困难，逐渐采用氯化钾替代氯化铵且效果较好。这类镀液电流效率高（在 95％ 以上），容易得到高镍（质量分数为 13％ 左右）的合金镀层，对钢铁基体氢脆性小。但镀液分散能力不太好，对设备腐蚀性较大。

(1) 镀液组成及工艺规范

氯化物电镀 Zn-Ni 合金的镀液组成及工艺规范见表 17-2。

表 17-2 氯化物电镀 Zn-Ni 合金的镀液组成及工艺规范

溶液成分及工艺规范	氯化铵型			氯化钾型				氯化钠型
	1	2	3	1	2	3	4	
	含量/(g/L)							
氯化锌($ZnCl_2$)	65～70	120	100	70～80	55～85	140	60～80	50
氯化镍($NiCl_2 \cdot 6H_2O$)	120～130	130	140	100～120	75～85	200	100～120	50～100
氯化铵(NH_4Cl)	200～240	150	200	30～40	50～60		100～120	
氯化钾(KCl)	—	—	—	190～210	200～220	200	120～140	
氯化钠(NaCl)								220
硼酸(H_3BO_3)	18～25	30	—	20～30	25～30	10		30
醋酸钠(CH_3COONa)	—	—	—	—	—	25～35	—	
721-3 添加剂/(mL/L)	1～2			1～2				
SSA-85 添加剂/(mL/L)					5			

续表

溶液成分及工艺规范	氯化铵型			氯化钾型				氯化钠型
	1	2	3	1	2	3	4	
	含量/(g/L)							
配位剂或稳定剂	—	—	—	20～35	—	—	—	—
聚乙烯乙二醇胺苯醚	—	—	2	—	—	0.01	—	—
苯亚甲基丙酮($C_{10}H_{10}O$)	—	—	0.05	—	—	—	—	—
锌镍合金光亮剂/(mL/L)	—	—	—	—	—	—	15～20	少量
pH 值	5～5.5	5～6	5.8～6.8	4.5～5.0	5～6	5.0	4.5～5.0	4.5
温度/℃	20～40	35～40	40～55	25～40	32～36	30	20～40	40
阴极电流密度/(A/dm²)	1～4	0.5～3.0	1～8	1～4	1～3	2～4	挂镀 1～2.5 滚镀 0.4～0.7	3
阳极材料	Zn 与 Ni 分控，或 Zn+Ni	Zn：Ni=9：1		Zn 与 Ni 分控 Zn：Ni=10：1		Zn 板	Zn：Ni=(8～9)：(1～2)	Zn 与 Ni 分控
镀层中 Ni 的质量分数/%	13 左右	8～15	—	13 左右	7～9	7～9	—	—

注：1. 氯化铵型（配方 1）和氯化钾型（配方 1）中的 721-3 添加剂是哈尔滨工业大学的产品。
2. 氯化钾型（配方 4）和氯化钠型配方中的锌镍合金光亮剂是上海永生助剂厂的产品。
3. 氯化钾型（配方 2）中的 SSA-85 添加剂是武汉材料保护研究所的产品。
4. 氯化钠型的阳极材料：Zn 与 Ni 分控，Zn：Ni=10：1。

（2）镀液成分及工艺规范的影响

① 主盐　氯化锌和氯化镍是镀液的主盐。主盐的浓度是影响合金镀层组成的主要因素，镀层中的镍含量随镀液中镍盐含量的增加而增加。锌在镀层中的含量大于它在镀液中的含量，锌比镍优先沉积，属于异常共沉积。锌离子与镍离子的含量比，对镀层组分影响比较大，所以 Zn-Ni 合金镀层的组成，可由镀液中锌离子与镍离子的含量比来控制，而镀液中离子总浓度的变化则影响不大。

② 导电盐　氯化钾、氯化铵或氯化钠是导电盐。导电盐可提高镀液导电性和降低槽电压、改善镀液的分散能力和镀层质量。而 NH_4^+ 与 Zn^{2+}、Ni^{2+} 都有一定的配合能力，会影响合金镀层的组成。

③ 缓冲剂　硼酸作为缓冲剂。它主要用于调节和稳定镀液的 pH 值，以保证镀层的成分和质量。

④ 添加剂　氯化物镀液可使用的添加剂类型很多，如醛类、有机羧酸类、磺酸类、酮类、杂环化合物等。近年来，有机光亮剂发展很快，市场上也有商品光亮剂供选用。

⑤ 镀液温度　镀液温度影响阴极极化作用及阴极扩散层金属离子的浓度，从而影响镀层合金成分。一般随镀液温度升高，合金镀层中的镍含量有所增加。

⑥ pH 值　随镀液的 pH 值升高，合金镀层中的镍含量有所下降。

⑦ 阴极电流密度　提高阴极电流密度将使阴极电位负移，这有利于合金镀层中电位较负金属含量的增加，即锌含量增加。

⑧ 阳极　常使用锌和镍的单独阳极，单独悬挂，电流采用分控方式，即用两台直流电源分别控制阳极电流密度；或采用一台直流电源，在锌阳极和镍阳极的回路中分别串联一个大电阻，以此来调节两阳极上的分电流。为保持镀液中锌、镍离子比的稳定，分控在锌阳极上的电

流大致是镍阳极上的 4 倍。

⑨ 镀液过滤　镀液要经常过滤，最好连续过滤，以保持镀液的清洁。锌和镍阳极都应套上阳极袋，以防止阳极渣进入镀液。长时间不工作及下班前，必须将锌阳极从镀槽中取出，以防止锌阳极自溶解和置换。锌阳极使用一段时间后，应除去置换层。

17.2.3　硫酸盐镀 Zn-Ni 合金

硫酸盐镀 Zn-Ni 合金的主要特点是：镀液组成简单，工艺稳定，使用、维护和调整容易，镀液 pH 值较低，可使用较高阴极电流密度，阴极电流效率高（一般超过 95%，接近 100%），氢脆性很小，生产效率高，对设备腐蚀性小，成本较低；但合金镀层整平性较差，镀液的分散能力和覆盖能力比氯化物镀液稍差些。它适用于形状比较简单的零部件电镀，常应用于钢板和钢带等的批量生产。为进一步提高合金镀层的耐蚀性，一般还需进行镀后处理如铬酸盐钝化处理、磷化和涂料涂装处理。

（1）镀液组成及工艺规范

硫酸盐镀 Zn-Ni 合金的镀液组成及工艺规范[1]见表 17-3。

表 17-3　硫酸盐镀 Zn-Ni 合金的镀液组成及工艺规范

溶液成分及工艺规范	1	2	3	4
	含量/(g/L)			
硫酸锌($ZnSO_4 \cdot 7H_2O$)	72	70	150	100
硫酸镍($NiSO_4 \cdot 7H_2O$)	70	150	130	200
硫酸铵[$(NH_4)_2SO_4$]	30	—	—	20
硫酸钠(Na_2SO_4)	—	60	—	100
醋酸钠($CH_3COONa \cdot 3H_2O$)	—	—	50~100	—
柠檬酸($H_3C_6H_5O_7 \cdot H_2O$)	—	—	100~200	—
硼酸(H_3BO_3)	—	—	20~40	20
添加剂	少量	少量	少量	少量
pH 值	2~3	2	1~3	3
温度/℃	60	50	35~45	40
阴极电流密度/(A/dm²)	1~2	30	1~10	10
阳极材料	锌板	锌和镍板	不溶性阳极	锌和镍板

注：配方 4 适合电镀钢带或钢板，钢带快速移动。

（2）镀液成分及工艺规范的影响

① 硫酸锌和硫酸镍　它们是镀液的主盐，调节两者之间的含量比，就可改变合金镀层中的镍含量。

② 硫酸钠和硫酸铵　它们起导电盐的作用。由于镀液导电性较差，镀液中加入适量的导电盐，以提高镀液导电性，降低槽电压，并可提高阴极电流密度。

③ 硼酸和醋酸钠　它们是镀液的缓冲剂，对镀液中的酸度起调节作用，稳定镀液。

④ 柠檬酸　它主要与锌离子和镍离子形成配离子，从而稳定镀液，提高阴极极化作用，促使镀层结晶细化。柠檬酸也有一定的缓冲作用。加入配位剂后，虽然镀层质量有所提高，但电流效率会降低，影响生产效率。

⑤ 添加剂 镀液所用的添加剂,与氯化物镀液相差不大,但用量少。

⑥ 镀液温度 一般使用较高的工作温度,多在 40～55℃,这有利于使用较高的阴极电流密度和提高生产效率。温度过高,镀液蒸发快,影响镀液稳定性。

⑦ pH 值 pH 值过低,锌阳极溶解太快,镀液不稳定,合金镀层中镍含量会发生变化;pH 值过高,容易生成氢氧化物沉淀,它会夹杂在镀层中使之发暗、粗糙和发脆。所以,应经常调节 pH 值,使之保持在工艺规范要求的范围内。

17.2.4 硫酸盐-氯化物镀 Zn-Ni 合金

硫酸盐-氯化物镀 Zn-Ni 合金,综合氯化物镀液和硫酸盐镀液的优点,适用于形状简单的钢板和钢带等,也可以镀比较复杂的零部件,在生产上应用比较广泛。

硫酸盐-氯化物镀 Zn-Ni 合金的镀液组成及工艺规范[3]见表 17-4。

表 17-4 硫酸盐-氯化物镀 Zn-Ni 合金的镀液组成及工艺规范

溶液成分及工艺规范	1	2	3	4
	含量/(g/L)			
硫酸锌($ZnSO_4 \cdot 7H_2O$)	50	—	80	—
硫酸镍($NiSO_4 \cdot 7H_2O$)	90	60～80	200	25
氯化锌($ZnCl_2$)	—	60～80	—	200
氯化镍($NiCl_2 \cdot 6H_2O$)	10	—	—	70
氯化铵(NH_4Cl)	—	—	30	200
氯化钠($NaCl$)	—	140～160	—	—
葡萄糖酸钠($NaC_6H_{11}O_7$)	60	—	—	—
柠檬酸钠($Na_3C_6H_5O_7 \cdot 2H_2O$)	—	25～35	—	—
硼酸(H_3BO_3)	20	25～35	—	—
添加剂	少量	少量	—	—
pH 值	2～4	4～6	2.2	4～5
温度/℃	20～50	20～40	50	50
阴极电流密度/(A/dm²)	2～7	2～4	20	20～200
阳极材料	锌和镍	不溶性阳极	—	锌和镍

注:1. 配方 3、4 适用于电镀钢带,一般钢带作快速运动。

2. 添加剂常用的有胡椒醛、乙醇酸、甲苯磺酸和萘磺酸等,其主要作用是促使镀层结晶细致,平整光亮。电镀钢板和钢带,一般不用添加剂。

17.2.5 钕铁硼永磁材料镀 Zn-Ni 合金

钕铁硼永磁材料因其特殊的疏松和多孔结构,导致抗蚀性能差,而一般的表面涂覆又会引起磁性下降。采用电镀 Zn-Ni 合金和后处理,能大大提高钕铁硼的耐蚀性能,同时又降低了磁损失。钕铁硼永磁材料采用酸性氯化物镀 Zn-Ni 合金工艺,镀后经硝酸出光,然后进行钝化处理。电镀及镀后处理的溶液组成及工艺规范[23]见表 17-5。

表 17-5　镀 Zn-Ni 合金及镀后处理的溶液组成及工艺规范

钕铁硼永磁材料镀 Zn-Ni 合金		镀后处理(出光及钝化处理)	
氯化锌(ZnCl₂)	70g/L	镀后在 1%～3%(体积分数)硝酸溶液中出光	
氯化镍(NiCl₂·6H₂O)	95g/L	然后再在下列溶液中进行钝化处理。合金镀层最后浸涂	
氯化铵(NH₄Cl)	250g/L	树脂处理	
添加剂	少量	铬酐(CrO₃)	3～10g/L
pH 值	5.5～5.8(用氨水调节)	98%硫酸(H₂SO₄)	0.05g/L
温度	约 30～45℃	72%硝酸(HNO₃)	0.03g/L
阴极电流密度	1A/dm²	温度	25℃
镀层厚度	3～5μm	时间	15～40s

注：添加剂主要为萘磺酸、明胶和十二烷基硫酸钠。

17.2.6　Zn-Ni 合金镀层的钝化处理

　　Zn-Ni 合金镀层外观为灰白至清白色，对钢铁基体为阳极镀层，为进一步提高其耐蚀性能，镀后可进行钝化处理。

　　Zn-Ni 合金镀层的彩色钝化要比锌镀层困难得多，一般合金镀层中的镍含量在 10%（质量分数）以内，钝化比较容易；镍含量在 13%（质量分数）左右，钝化比较困难；当镍含量超过 16%（质量分数）时，则很难钝化。Zn-Ni 合金镀层的钝化处理，可分为彩虹色钝化、黑色钝化和白色钝化等。

(1) 彩虹色钝化

　　① 化学钝化　　彩虹色化学钝化液的主要成分是铬酸或铬酸盐，钝化液的组成及工艺规范见表 17-6。

表 17-6　Zn-Ni 合金镀层的彩虹色钝化液的组成及工艺规范

溶液成分及工艺规范	1	2	3	4	5	6	7
	含量/(g/L)						
铬酐(CrO₃)	2	10	—	—	3～15	—	—
重铬酸钠(Na₂Cr₂O₇·2H₂O)	—	—	60	20	—	—	—
硫酸(H₂SO₄)	0.1	1	2	—	—	—	—
硫酸锌(ZnSO₄·7H₂O)	—	—	—	1	—	—	—
硫酸铬[Cr₂(SO₄)₃]	—	—	—	1	—	—	—
721-3 促进剂	—	—	—	—	5～20	—	—
D-3 钝化剂/(mL/L)	—	—	—	—	—	50	—
NZ-918E 钝化剂/(mL/L)	—	—	—	—	—	—	25～35
pH 值	1.8	1.2	1.8	2.1	0.8～1.8		
温度/℃	40	30	34	50	30～70	45～65	25～35
时间/s	15	30	15	25	10～50	10～30	25～35

注：1. 配方 5 的 721-3 促进剂是哈尔滨工业大学的产品。721-3 促进剂可加快成膜速度，并有一定的出光作用，增加其含量，可加快成膜速度，并有利于提高钝化膜的结合力。

2. 配方 6 的 D-3 钝化剂是杭州东方表面技术有限公司的产品。

3. 配方 7 的 NZ-918E 钝化剂是武汉恒升金属化学有限公司的产品。

　　② 电解钝化　　电解钝化适合于含镍 5%～20%（质量分数）的 Zn-Ni 合金镀层，钝化膜为彩虹色，其钝化溶液的成分及工艺规范如下：

铬酐（CrO₃）	25g/L	阴极电流密度	8A/dm²
硫酸（H₂SO₄）	0.5g/L	时间	10s
温度	40～50℃	阳极材料	石墨

（2）黑色钝化

Zn-Ni 合金镀层的黑色钝化液有两种类型，一种是以银离子为黑化剂的黑色钝化，所得到的黑色钝化膜比较致密，黑度高；另一种是以铜离子为黑化剂的黑色钝化，其膜层黑度略差，钝化膜质量也不如银盐钝化。含银黑色钝化的黑色，主要来源于钝化反应生成的黑色氧化亚银。通常使用的银盐黑色钝化的溶液组成及工艺规范见表 17-7。

表 17-7 银盐黑色钝化的溶液组成及工艺规范

溶液成分及工艺规范	耐蚀型		装饰型
	1	2	
	含量/(g/L)		
铬酐(CrO₃)	10～20	—	30～50
磷酸(H₃PO₄)	6～12	—	—
醋酸(CH₃COOH)	—	—	40～60
硫酸根离子(SO₄²⁻)	10～15	—	5～8
银离子(Ag⁺)	0.3～0.4	—	0.3～0.4
钝化剂 D-4A/(mL/L)	—	150	—
钝化剂 D-4B/(mL/L)	—	150	—
pH 值	—	0.8～1.0	—
温度/℃	20～25	18～25	20～25
时间/s	30～40	40～90	100～180
外观色泽	暗深黑	真黑	真黑
钝化液寿命	长	—	短
耐蚀性(中性盐雾试验出白锈)/h	120～140	—	10～48

注：耐蚀型配方 2 的钝化剂 D-4A、D-4B 是杭州东方表面技术有限公司的产品。

（3）白色钝化

Zn-Ni 合金镀层的白色钝化应用较少，其钝化的溶液组成及工艺规范见表 17-8。

表 17-8 Zn-Ni 合金镀层的白色钝化的溶液组成及工艺规范

溶液成分及工艺规范	1	2	3
	含量/(g/L)		
六价铬离子(Cr⁶⁺)	5	5	—
三价铬离子(Cr³⁺)	2	1	—
钛离子(Ti⁴⁺)	—	1.2	—
硝酸(HNO₃)/(mL/L)	1	—	—
硫酸根离子(SO₄²⁻)	2～4	3.9	—
氟离子(F⁻)	—	2.7	—
D-5 钝化剂/(mL/L)	—	—	50

续表

溶液成分及工艺规范	1	2	3
	含量/(g/L)		
温度/℃	30～50	50	55～65
时间/s	液中停留 20～30s，空中停留 20～30s	10	1.5～2min 手动或空气搅拌

注：配方 3 的 D-5 钝化剂是杭州东方表面技术有限公司的产品。

17.2.7 Zn-Ni 合金镀层的除氢处理

Zn-Ni 合金镀层与锌镀层相比，具有最小的氢脆性，若用于一般产品可以不除氢；若用于高强度钢、弹簧零部件及军品等，还是需要除氢处理。

根据美国航空航天材料标准规定，除氢工艺规范如下。

① 凡弹簧件或硬度为 45HRC 的钢件，包括大于 45HRC 的钢件，应在 235℃±8℃ 的烘箱中，保持不少于 2h。

② 硬度为 33HRC，或在 33～45HRC 范围内的弹簧件或钢件，应在 190℃±8℃ 的烘箱中，保持不少于 3h。

③ 渗碳件或硬度略低的部件，可在 135℃±8℃ 的烘箱中，保持不少于 5h。

17.2.8 不合格 Zn-Ni 合金镀层的退除

不合格 Zn-Ni 合金镀层的退除方法见表 17-9。

表 17-9　不合格 Zn-Ni 合金镀层的退除方法

基体金属	退除方法	溶液组成	含量/(g/L)	温度/℃	时间
一般钢铁件	化学法	38%盐酸(HCl)	50%(体积分数)	15～35	退净为止
弹性件及抗拉强度≥1050MPa 的钢铁件	化学法	亚硝酸钠(NaNO₂) 氢氧化钠(NaOH)	100～200 200～300	100～150	退净为止
铝件	化学法	硝酸(HNO₃)	500	室温	退净为止

注：一般钢铁件 Zn-Ni 合金镀层也可在 180～250g/L 的硫酸溶液中，在室温下退除。

17.3 电镀 Zn-Fe 合金

Zn-Fe 合金镀层对于钢铁基体是阳极镀层，具有电化学保护作用，耐蚀性好，还具有焊接性好、可涂装和易加工等优点。Zn-Fe 合金镀层可替代锌镀层，作为黑色金层的防腐蚀镀层。

合金镀层中的铁含量对镀层的性能有重要影响。当铁含量为 0.4%～0.8%（质量分数）时，Zn-Fe 合金镀层黑色钝化后，具有相当高的耐蚀性；铁含量为 15%（质量分数）左右时，耐蚀性最好；铁含量为 10%～20%（质量分数）时，具有较好的抗点腐蚀和抗孔隙腐蚀的能力。

根据电镀 Zn-Fe 合金镀层的铁含量，可将镀层分为高铁合金镀层（一般铁的质量分数为 7%～25%）和低铁合金镀层（一般铁的质量分数为 0.3%～0.7%）。

高铁合金镀层耐蚀性很好，但铁的质量分数高于 1% 的合金镀层，很难钝化处理。高铁合金镀层主要用作汽车钢板的电泳涂漆的底层，为提高与涂料的结合力和耐蚀性，常需要进行磷化处理。高铁合金镀层抛光后或光亮闪镀铜后镀铬，可作为日用五金制品的防护-装饰镀层。铁的质量分数为 10%～15% 的合金镀层常作为装饰性镀黄铜的底层，以提高其耐蚀性。

低铁合金镀层容易进行钝化处理，其耐蚀性还可大大提高，黑色钝化后具有很高的耐蚀性，其耐蚀性优于锌镀层。而且黑色钝化不用银盐，从而降低了成本。

电镀 Zn-Fe 合金镀层的成本较低，镀液容易维护，操作方便，可挂镀也可滚镀，在生产上已逐渐获得广泛应用。

17.3.1　镀高铁 Zn-Fe 合金

镀高铁 Zn-Fe 合金的镀液有焦磷酸盐镀液和硫酸盐镀液。

(1) 焦磷酸盐镀高铁 Zn-Fe 合金

① 镀液组成及工艺规范　焦磷酸盐镀高铁 Zn-Fe 合金的镀液组成及工艺规范见表 17-10。

表 17-10　焦磷酸盐镀高铁 Zn-Fe 合金的镀液组成及工艺规范

溶液成分及工艺规范	1	2	3	4	5
	含量/(g/L)				
硫酸锌($ZnSO_4$)	64.5	35~45	—	—	—
焦磷酸锌($Zn_2P_2O_7$)	—	—	36~42	18~24	92
三氯化铁($FeCl_3 \cdot 6H_2O$)	5	11~16	8~11	12~17	27
焦磷酸钾($K_4P_2O_7$)	23.5	320~400	250~300	300~400	270
磷酸氢二钠(Na_2HPO_4)	35.5	60~70	80~100	60~70	—
光亮剂(醛类化合物)	胡椒醛 1~1.5	胡椒醛 0.007~0.01	洋茉莉醛 0.1~0.15	0.007~0.01	—
pH 值	8.5	10~12	9~10.5	9.5~12	9.5
温度/℃	50	42~48	55~60	40~50	60
阴极电流密度/(A/dm²)	1~3	1.2~1.4	1.5~2.5	1.2~1.5	2.1
阳极面积比(Zn:Fe)			1:(1.5~2)	1:(1.5~2)	—
镀层中 Fe 含量 (质量分数)/%	6~7.4	24~27	15	25	25

注：1. 配方 1、3 为光亮镀层。配方 3 套铬后呈乳白色，以作黄铜底层为好。

2. 配方 4 易镀铬，可直接作装饰用。配方 5 所镀的合金镀层，经抛光后镀铬，或光亮闪镀铜后镀铬可作为日用五金制品的防护—装饰性镀层。

② 镀液成分及工艺规范的影响[3]

a. 硫酸锌、焦磷酸锌和三氯化铁是主盐。锌离子浓度过高，镀层易发花，套铬困难；浓度过低则镀层中铁较多，镀层呈暗黑色。铁离子浓度过高，镀层出现粗条纹，不易抛光，耐蚀性降低；浓度过低则镀层发暗。

b. 焦磷酸钾为主配位剂，并且能促进阳极正常溶解。

c. 磷酸氢二钠主要起缓冲 pH 值和抑制焦磷酸水解成亚磷酸盐的作用。

d. 光亮剂（洋茉莉醛等）的作用是促进结晶细化、提高镀层光泽。含量过高，镀层发脆，并降低镀层的结合力。

e. pH 值过高，镀层粗糙，不易套铬；pH 值过低焦磷酸盐易水解，镀层色泽不均匀。

f. 镀液温度升高镀层中铁含量也随之升高，低电流密度处易发黑；温度低，阴极电流效率下降，镀层易烧焦。

g. Zn-Fe 合金镀液阴极电流密度范围较窄，电流密度过高镀层易烧焦，过低则镀层呈灰黑色。

h. 阳极采用锌、铁阳极分别悬挂。停镀时取出锌或铁阳极，以免发生化学置换反应。

(2) 硫酸盐镀高铁 Zn-Fe 合金

硫酸盐镀液可以沉积出铁含量高的高铁 Zn-Fe 合金，一般铁的质量分数在 7%~30%。这种镀液主要用来电镀 Zn-Fe 合金钢板、钢管、钢丝和钢带，多采用高速电镀。高铁合金层，一般经磷化处理后，作为涂料涂装的底层。

① 镀液组成及工艺规范　硫酸盐镀高铁 Zn-Fe 合金的镀液组成及工艺规范[1,3]见表 17-11。

表 17-11　硫酸盐镀高铁 Zn-Fe 合金的镀液组成及工艺规范

溶液成分及工艺规范	1	2	3	4	5
	含量/(g/L)				
硫酸锌($ZnSO_4 \cdot 7H_2O$)	200~300	260	115	18	10~40
硫酸亚铁($FeSO_4 \cdot 7H_2O$)	200~300	250	170	18	200~250
硫酸钠(Na_2SO_4)	30	30	84	—	—
醋酸钠(CH_3COONa)	20	12	—	—	—
硫酸铝[$Al_2(SO_4)_3$]	—	—	20	—	—
草酸铵[$(COONH_4)_2$]	—	—	—	68	—
硫酸铵[$(NH_4)_2SO_4$]	—	—	—	100~120	10~30
氯化钾(KCl)	—	—	—	—	5~10
柠檬酸($H_3C_6H_5O_7$)	5	—	—	—	—
添加剂	少量	—	0.5	1~2	—
pH 值	3	3	1.5~2.0	2	1.0~1.5
温度/℃	40	40	55	50	40~50
阴极电流密度/(A/dm²)	25~150	50	30	1~2	20~30
阳极材料	锌板	锌板	锌板	锌板	锌板
镀层中 Fe 含量(质量分数)/%	20	20	18	14	15~30

注：添加剂主要是萘二磺酸和甲醛的缩合物，还有苯甲酸钠、糖精、异丙基苯磺酸钠等及其混合物。

② 镀液成分及工艺规范的影响

a. 硫酸锌和硫酸亚铁是镀液中的主盐，改变镀液中的 Zn^{2+}/Fe^{2+} 浓度比，则镀层中铁含量发生变化。当镀液中 [$Fe^{2+}/(Zn^{2+}+Fe^{2+})$]>0.4 时[3]，才能得到合金镀层。由于镀液中亚铁离子的浓度变化对镀层铁含量影响较大，所以必须严格控制镀液的组成。

b. 硫酸钠和硫酸铝是导电盐，可以提高镀液的电导率，改善镀液性能，随导电盐的增加，镀层中铁含量也有所增加。

c. 醋酸钠是镀液的缓冲剂，在使用高电流密度时，阴极析氢较严重，在阴极表面附近 pH 值上升比较快，缓冲剂可起到稳定镀液 pH 值的作用。

d. 柠檬酸是镀液的稳定剂。镀液中的二价铁离子极易被氧化为三价铁离子，加入稳定剂（通常是还原剂和配位剂，如锌粉和柠檬酸等），起稳定镀液的作用。

e. 硫酸盐镀液常使用较高的阴极电流密度，大都在 $10A/dm^2$ 以上，而相应的使用较高的镀液温度和较低的 pH 值，与其相匹配。

f. 使用阳极。可使用可溶性阳极和不溶性阳极。采用可溶性阳极时，可用锌板和铁板联合阳极，也可用单锌阳极。用单锌阳极时，在电镀过程中，向镀液补充硫酸亚铁；当采用不溶性阳极时，向镀液补加氧化锌或碳酸锌和硫酸亚铁或铁粉，以维持镀液中主盐浓度的稳定。

17.3.2　镀低铁 Zn-Fe 合金

低铁 Zn-Fe 合金（铁的质量分数为 0.3%~0.7%）镀层，耐蚀性比锌镀层高得多（高两倍以上），镀层容易钝化成彩虹色或黑色，而黑色钝化可不用银盐。钝化后的合金镀层的耐蚀性有很大提高，中性盐雾试验可达 1000h 以上，可作为防护性镀层以替代纯锌镀层，广用广泛。镀液有碱性锌酸盐镀液和氯化物镀液。

（1）碱性锌酸盐镀低铁 Zn-Fe 合金

碱性锌酸盐镀液最主要的优点是随阴极电流密度的变化，镀层成分基本不变，这有利于控制合金镀层的最佳成分。而且镀液比较稳定，容易维护，对设备腐蚀小，废水处理容易。镀液的组成及工艺规范见表 17-12。

表 17-12　碱性锌酸盐镀低铁 Zn-Fe 合金的镀液组成及工艺规范

溶液成分及工艺规范	1	2	3	4	5
	含量/(g/L)				
氧化锌(ZnO)	14～16	10～15	18～20	12～14	10～14
硫酸亚铁(FeSO$_4$·7H$_2$O)	1.0～1.5	—	1.2～1.8	—	—
氯化铁(FeCl$_3$)	—	0.2～0.5	—	—	—
氢氧化钠(NaOH)	140～160	120～180	100～130	120～140	110～130
XTL 配位剂	40～60				
XTT 光亮剂	4～6				
WD 光亮剂			6～9		
开缸剂/(mL/L)				20	20
补给剂/(mL/L)				10	10
铁配位剂			10～30		
添加剂		4～6			
光亮剂		3～5		2～4	4
温度/℃	15～30	10～40	5～45	18～35	18～35
阴极电流密度/(A/dm^2)	1.0～2.5	1～4	1～4	1～4	0.5～1
阴极面积与阳极面积比	1:1	1:2	—	1:2	滚镀
镀层中 Fe 含量(质量分数)/%	0.2～0.7	0.2～0.5	0.4～0.6	0.2～0.7	

注：1. 配方 1 的 XTL 配位剂、XTT 光亮剂是哈尔滨工业大学研制的产品。
    2. 配方 3 的铁配位剂可用羟基羧酸盐如酒石酸盐、柠檬酸盐等。WD 光亮剂是武汉大学的产品。
    3. 配方 4 的开缸剂、补给剂等是广州二轻工业研究所的产品。
    4. 配方 5 为滚镀工艺，开缸剂、补给剂等是广州二轻工业研究所的产品。

（2）氯化物镀低铁 Zn-Fe 合金

氯化物镀液应用较多，合金镀层铁含量在 0.4%（质量分数）左右时耐蚀性最高。镀层表面致密、平整，为全光亮或半光亮，镀层容易进行钝化处理，经黑色钝化耐蚀性有明显提高。阴极电流效率高，约达 96% 以上。氯化物镀液的组成及工艺规范见表 17-13。

表 17-13　氯化物镀低铁 Zn-Fe 合金的镀液组成及工艺规范

溶液成分及工艺规范	挂镀		滚镀
	1	2	
	含量/(g/L)		
氯化锌(ZnCl$_2$)	80～100	90～110	50～80
硫酸亚铁(FeSO$_4$·7H$_2$O)	8～12	9～16	5～12

续表

溶液成分及工艺规范	挂镀		滚镀
	1	2	
	含量/(g/L)		
氯化钾(KCl)	210～230	220～240	180～220
聚乙二醇($M>6000$)	1.0～1.5	1.5	1.0～1.5
硫脲[$CS(NH_2)_2$]	0.5～1.0	—	0.5～1.0
抗坏血酸($C_6H_8O_6$)	1.0～1.5	—	0.5～1.0
ZF 添加剂/(mL/L)	8～10	—	8～10
添加剂/(mL/L)	—	14～18	—
稳定剂/(mL/L)	—	7～10	—
pH 值	3.5～5.5	4.0～5.2	3.5～5.5
温度/℃	5～40	15～38	5～60
阴极电流密度/(A/dm²)	1.0～2.5	1～5	250～350 安/筒 (50～80 千克/筒) 转速:8～10r/min
阳极材料(Zn:Fe)	10:1	10:1	
镀层中 Fe 含量(质量分数)/%	0.5～1.0	0.4～0.7	0.2～0.8

注:1. 挂镀配方 1 的 ZF 添加剂是成都市新都高新电镀环保工程研究所的产品。
2. 挂镀配方 2 的添加剂、稳定剂是哈尔滨工业大学研制的产品。
3. 滚镀配方的 ZF 添加剂是成都市新都高新电镀环保工程研究所的产品。

(3) 氯化物-稀土镀低铁 Zn-Fe 合金

在氯化物镀低铁 Zn-Fe 合金的镀液中,添加适量分析纯铈盐,可获得更加光亮、晶粒细致而致密的低铁 Zn-Fe (Fe 的质量分数约为 0.4%～0.7%) 合金镀层,耐蚀性优于锌镀层及一般的 Zn-Fe 镀层。其溶液组成及工艺规范见表 17-14。

表 17-14 氯化物-稀土镀低铁 Zn-Fe 合金的溶液组成及工艺规范

溶液成分				工艺规范
氯化锌($ZnCl_2$)	80～100g/L	铈(Ce)盐	0.06～0.16g/L	pH 值:4～4.5
硫酸亚铁($FeSO_4 \cdot 7H_2O$)	8～16g/L	BN 光亮剂	4～6.2mL/L	温度:室温
氯化钾(KCl)	180～200g/L	平平加	2～4g/L	阴极电流密度:1.3～4A/dm²
抗坏血酸($C_6H_8O_6$)	0.8～1.2g/L			阳极材料:石墨
注:本配方及 BN 光亮剂为昆明理工大学研制				

17.3.3 低铁 Zn-Fe 合金镀层的钝化处理

对于低铁 Zn-Fe 合金 (铁的质量分数为 0.3%～0.7%) 镀层,为进一步提高耐蚀性,必须对镀层进行钝化处理。钝化可分为彩虹色、黑色、白色和蓝白色钝化,黑色钝化可以不加银盐。黑色钝化膜耐蚀性最高,彩虹色次之,白色最差。

(1) 黑色钝化

合金镀层成分对钝化膜有影响。铁含量对钝化膜的影响如下。

① 铁含量为 0.3%～0.7% (质量分数) 时,可获得良好的黑色钝化膜。

② 铁含量低于 0.2% (质量分数) 时,只能得到棕色钝化膜。

③ 铁含量高于 0.7% (质量分数) 时,则黑色钝化膜中泛彩色。

④ 铁含量超 1.0％（质量分数）时，则难以钝化，不能获得连续的钝化膜。若要钝化处理，可闪镀一层锌后再进行钝化处理。

黑色钝化溶液组成及工艺规范见表 17-15。

表 17-15　Zn-Fe 合金镀层的黑色钝化溶液组成及工艺规范

溶液成分及工艺规范	1	2	3
	含量/(g/L)		
铬酐(CrO₃)	15～20	15～25	20～35
硫酸铜(CuSO₄·5H₂O)	40～45	35～45	25～35
醋酸(CH₃COOH)	45～50	40～60	70～90mL/L
醋酸钠(CH₃COONa)	15～20	—	—
甲酸铜[Cu(HCOO)₂]	—	15～25	—
甲酸(HCOOH)	—	—	10～15mL/L
XTH 发黑剂	—	—	0.5～2.0
XTK 耐蚀剂	—	—	0.5～2.5
pH 值	2～3	2～3	1.5～3.5
温度/℃	室温	室温	0～30
时间/s	30～60	100～150	3～8min

注：配方 3 的 XTH 发黑剂、XTK 耐蚀剂是哈尔滨工业大学研制的产品。XTH 发黑剂的作用主要是增强钝化膜的黑色，提高成膜速度，拓宽钝化液的操作条件，延长钝化液使用寿命。在 pH 值 1～4 和温度在 5～30℃ 范围内，均能获得良好的黑色钝化膜。XTK 耐蚀剂的主要作用是提高钝化膜的耐蚀性。

（2）彩虹色、白色及蓝白色钝化

彩虹色、白色及蓝白色钝化的溶液组成及工艺规范见表 17-16。

表 17-16　彩虹色、白色及蓝白色钝化的溶液组成及工艺规范

溶液成分及工艺规范	彩虹色钝化			白色钝化		蓝白色钝化
	1	2	3	1	2	
	含量/(g/L)					
铬酐(CrO₃)	1.5～2.0	3	5	2～5	1～2	—
重铬酸铵[(NH₄)₂Cr₂O₇]	—	—	—	—	—	5
氯化铬(CrCl₃)	—	—	—	—	—	12
硝酸(HNO₃)	0.5mL/L	2mL/L	3～8	25～30mL/L	—	20mL/L
硫酸(H₂SO₄)	—	0.3mL/L	0.5～1.0mL/L	10～15mL/L	—	10mL/L
硫酸盐	0.5	—	—	—	—	—
硝酸锌[Zn(NO₃)₂]	—	—	—	0.5～0.8	0.5～0.8	—
氯化钠(NaCl)	0.2	—	—	—	—	—
氟氢酸(HF)	—	—	—	3～4mL/L	—	—
氟化物	2～3	—	—	—	—	2

续表

溶液成分及工艺规范	彩虹色钝化			白色钝化		蓝白色钝化
	1	2	3	1	2	
	含量/(g/L)					
氯化铵(NH_4Cl)	—	—	—	—	0.5～0.8	—
EDTA 二钠	—	—	—	—	—	3
pH 值	1.5～1.7	1.8～2	1.0～1.6	—	—	—
温度/℃	室温	室温	室温	10～30	室温	15～35
时间/s	30～40	10～12	10～45	10～30	5～20	10～20

17.4　电镀 Zn-Co 合金

　　Zn-Co 合金镀层为银白色，结晶致密、平整。Zn-Co 合金镀层具有良好的耐蚀性，对钢铁基体是阳极镀层，具有电化学保护作用。合金镀层的耐蚀性随钴含量的增加而提高，但当钴含量超过 1.0%（质量分数）以后，耐蚀性提高幅度变小，因而生产中广泛应用的是钴含量为 0.6%～1.0%（质量分数）的 Zn-Co 合金镀层。镀层经铬酸盐钝化处理，可得到彩虹色或橄榄色钝化膜，其耐蚀性大大提高。对二氧化硫介质、新型甲醇混合燃料均有很好的耐蚀性，是锌镀层耐蚀性的三倍以上，在某些领域可代替不锈钢，从而降低成本。

　　Zn-Co 合金镀层的钴含量比较低，成本低，工艺简单，多应用于汽车配件，如汽车管道、燃料系统、制动系统等；还有各种标准件、紧固件等；也应用在采矿和建筑等工业。

　　电镀 Zn-Co 合金的镀液主要有：氯化物型、碱性锌酸盐型、硫酸盐型等。其中应用较多的是氯化物型，近年来，碱性锌酸盐镀液发展很快，其应用较广泛。

17.4.1　氯化物镀 Zn-Co 合金

　　氯化物镀 Zn-Co 合金的镀液简单，容易维护，电流效率高。镀层结晶细密，外观光亮。钴含量在 1%（质量分数）以下，镀层容易钝化。而弱酸性氯化物镀液可电镀钢铁铸件、锻压件和经过渗碳氮化的钢铁件表面。氯化物镀 Zn-Co 合金的镀液组成及工艺规范见表 17-17。

表 17-17　氯化物电镀 Zn-Co 合金的镀液组成及工艺规范

溶液成分及工艺规范	1	2	3	4	5	6
	含量/(g/L)					
氯化锌($ZnCl_2$)	100	80～90	46	78	80～120	50～90
氯化钴($CoCl_2 \cdot 6H_2O$)	20	5～25	10.4	4～16	15～25	5～15
氯化钾(KCl)	190	180～210	—	—	180～200	180～200
氯化钠(NaCl)	—	—	175	200	—	—
硼酸(H_3BO_3)	25	20～30	20～25	—	20～30	20～30
OZ 添加剂/(mL/L)	16	—	—	—	—	—
A 添加剂/(mL/L)	—	少量	1.5～2.0	20	—	—
BZ 添加剂	—	—	—	—	14～18	—
BZC-1A 配槽光亮剂/(mL/L)	—	—	—	—	—	14～18
pH 值	5	5～6	5	5～5.5	4.5～5.5	4.5～6

续表

溶液成分及工艺规范	1	2	3	4	5	6
	含量/(g/L)					
温度/℃	25	24～40	25	20～35	10～35	10～40
阴极电流密度/(A/dm²)	2.5	1～4	1.6	1～4	1～4	1～4
阳极材料	Zn 板	Zn 板	—	Zn 板		
镀层中 Co 含量(质量分数)/%	0.7	0.4～0.8	>1	0.4～0.8		<1

注：1. OZ 添加剂是甲基丙酮、苯甲酸钠与表面活性剂的合成物。

2. A 添加剂是苯甲酸钠与亚苄基丙酮的混合物。

3. BZ 添加剂是羟基羧酸盐、苯甲酸钠与一种表面活性剂的合成物。

4. 配方 6 的 BZC-1A 配槽光亮剂是广州市二轻工业研究所研制的产品。

17.4.2　碱性锌酸盐镀 Zn-Co 合金

碱性锌酸盐镀液的分散能力比氯化物镀液的好，覆盖能力两者相当。阴极电流效率为 60% 左右。镀层质量好，镀层厚度大于 $6\mu m$ 时没有孔隙，与钢铁基体结合良好。

碱性锌酸盐镀 Zn-Co 合金的镀液组成及工艺规范见表 17-18。

表 17-18　碱性锌酸盐镀 Zn-Co 合金的镀液组成及工艺规范

溶液成分及工艺规范	1	2	3	4
	含量/(g/L)			
氧化锌(ZnO)	8～14	20～40	10	8～14
硫酸钴(CoSO₄)	1.5～3.0	0.5～5.0	3.4	1.5～3.0
Co 添加剂	—	0.5～5.0	—	—
三乙醇胺[N(C₂H₅O)₃]/(mL/L)		6		
氢氧化钠(NaOH)	80～100	160	120	80～140
ZC 稳定剂	30～50	—		10
ZCA 添加剂/(mL/L)	6～10	少量		
铁族金属	—		0.06	
温度/℃	10～40	20～40	10～50	10～40
阴极电流密度/(A/dm²)	1～4	0.5～3	1～4	1～4
阳极材料	锌与铁混挂	锌与铁混挂	锌与铁混挂	
镀层中 Co 含量(质量分数)/%	0.6～0.8	<1	1	0.5～1

注：1. ZC 稳定剂为羟基羧酸盐。

2. ZCA 添加剂为氯甲代氧丙烷的衍生物，是哈尔滨工业大学研制的产品。

镀液中的氧化锌、硫酸钴或氯化钴是主要物质，其中硫酸钴含量对镀层中的钴含量影响很大，随着硫酸钴含量的增加，镀层中钴含量明显增加，为了使钴含量在要求的范围内，必须严格控制镀液中的硫酸钴含量。

锌在碱性镀液中有自溶的特性，所以锌阳极的溶解效率超过 100%，最好采用可溶性锌阳极与不溶性铁阳极混挂的方法，来控制锌阳极上的电流密度，以控制镀液中的锌离子浓度，停镀时锌阳极应从镀液中取出来。

17.4.3 硫酸盐镀 Zn-Co 合金

硫酸盐镀液的分散能力和覆盖能力，比氯化物镀液和碱性镀液的低，阴极电流效率高（通常在95％以上），镀层内应力低。镀液中加入适量的添加剂，能使镀层外观细致、平整，适合于电镀比较简单的零部件。电流密度高的镀液，可用于电镀钢板或钢带。

硫酸盐镀 Zn-Co 合金的镀液组成及工艺规范见表17-19。

表 17-19　硫酸盐镀 Zn-Co 合金的镀液组成及工艺规范

溶液成分及工艺规范	1	2	3	4
	含量/(g/L)			
硫酸锌($ZnSO_4 \cdot 7H_2O$)	44	100	495	31
硫酸钴($CoSO_4 \cdot 7H_2O$)	4.7	50	75	20
硫酸铵[$(NH_4)_2SO_4$]	50	—	—	—
硼酸(H_3BO_3)	—	30	—	—
硫酸钠(Na_2SO_4)	—	—	50	—
醋酸钠(CH_3COONa)	—	—	9	—
葡萄糖酸钠($NaC_6H_{11}O_7$)	—	—	—	60
25％氨水($NH_3 \cdot H_2O$)/(mL/L)	250	—	—	—
添加剂	少量	适量	适量	适量
pH 值	3～4	3.5	4.2	8.7
温度/℃	20～30	25	50	30
阴极电流密度/(A/dm²)	1.5～3	5.5	30	8.5
镀层中 Co 含量(质量分数)/%	<1	—	0.6～0.8	—

注：1. 配方3使用阴极电流密度高，可用于电镀钢板或钢带。

2. 添加剂一般是含氮的化合物，能使镀层外观细致、平整。

17.4.4 Zn-Co 合金镀层的钝化处理

含钴量低的 Zn-Co 合金镀层容易钝化，钝化后可大大提高其耐蚀性，可以得到彩虹色钝化膜（其耐蚀性比锌镀层高两倍）、橄榄色钝化膜（其耐蚀性比锌镀层高三倍以上）及黑色钝化膜。其钝化的溶液组成及工艺规范见表17-20。

表 17-20　Zn-Co 合金镀层钝化的溶液组成及工艺规范

溶液成分及工艺规范	彩虹色钝化		橄榄色钝化		黑色钝化
	1	2	1	2	
	含量/(g/L)				
铬酐(CrO_3)	5	5～8	5～10	5～10	20～30
硫酸(H_2SO_4)/(mL/L)	0.5	5～6	—	—	—
硝酸(HNO_3)/(mL/L)	3	3～4	—	—	—
醋酸(CH_3COOH)	—	—	—	—	70～80
甲酸钠($HCOONa \cdot 2H_2O$)	—	—	—	—	10～14

续表

溶液成分及工艺规范	彩虹色钝化		橄榄色钝化		黑色钝化
	1	2	1	2	
	含量/(g/L)				
氯化物	—	—	—	6～15	—
硫酸镍（NiSO$_4$·6H$_2$O）	—	—	—	1～2	—
硫酸铜（CuSO$_4$·5H$_2$O）	—	—	—	—	20～30
硝酸银（AgNO$_3$）	—	—	—	—	0.1～0.3
ZCD 促进剂	—	—	5～12	—	—
pH 值	1.3～1.7	1.4～1.8	1.2～1.8	1.2～1.8	2～3
温度/℃	20～30	—	20～40	20～50	20～35
时间/s	20～30	20～30	20～50	20～30	120～180

注：橄榄色钝化配方中的 ZCD 促进剂是哈尔滨工业大学研制的产品。

17.5　电镀 Sn-Zn 合金

Sn-Zn 合金镀层对钢铁基体是阳极镀层，其耐蚀性比锌镀层有显著提高，在钢铁的防护性镀层中，它占有重要地位。Sn-Zn 合金镀层具有下列特点。

① Sn-Zn 合金镀层在耐蚀性、氢脆性和焊接性等方面，都优于或相当于金属镉，可作为良好的代镉镀层。

② Sn-Zn 合金镀层结晶细致、柔软，与基体结合力好，并具有良好的韧性、延展性和电性能（导电性好、接触电阻低等）。镀层可以抛光，也容易焊接，不产生晶须（"长毛"现象），还具有润滑性、抗摩擦性、可加工性和可涂装等特性。

③ 在与铝零件接触时，不容易形成腐蚀电偶，也是比较好的防护-装饰性合金镀层。

④ 锌含量为 20%～30%（质量分数）的 Sn-Zn 合金镀层，耐蚀性最高。该镀层结晶细致、无孔隙，在二氧化硫气氛中也具有良好的耐蚀性。这是由于合金镀层中有锡，它对锌受到腐蚀而溶解具有抑制作用，使合金镀层不易受到点蚀。

⑤ Sn-Zn 合金镀层有良好的焊接性，它可以在无焊剂的条件下进行焊接，即使经钝化处理放置较长时间，也不影响其焊接性。而镀 Sn-Zn 合金镀层钢板的焊接强度，要比普通钢板增加一倍以上。但随锌含量的增加，合金镀层的焊接性能有所下降，为保证其焊接性，合金镀层中锌含量不宜超过 30%（质量分数）。

⑥ Sn-Zn 合金镀层韧性好，镀后的零件进行冲击、弯曲、深度引伸加工时，镀层不会脱落。

⑦ 合金镀层经铬酸盐钝化处理后具有彩虹色外观，可进一步提高耐蚀性，并具有较好的耐污染性。但锡含量高的合金镀层钝化比较困难。

由于 Sn-Zn 合金镀层具有许多优良特性，所以它既可作为保护性镀层，又可作为功能性镀层，可用于高强度钢、弹性件等的电镀，从而广泛应用于汽车钢板、零部件（如燃料管路、底盘、制动板、紧固件以及工具等），以及电气、电子、机械、航天航空和轻工等许多领域。

电镀 Sn-Zn 合金的镀液有：氰化物型、柠檬酸盐型、葡萄糖酸盐型、焦磷酸盐型和碱性锌酸盐型等。

17.5.1　氰化镀 Sn-Zn 合金

氰化镀 Sn-Zn 合金的镀层成分稳定，镀液分散能力好，容易维护，操作方便。一般采用与合金镀层成分相同的可溶性 Sn-Zn 合金阳极。为防止二价锡（Sn^{2+}）的增加和危害，阳极要像碱性镀锡那样保持半钝化状态。

（1）镀液组成及工艺规范

氰化镀 Sn-Zn 合金的镀液组成及工艺规范见表 17-21。

表 17-21　氰化镀 Sn-Zn 合金的镀液组成及工艺规范

溶液成分及工艺规范	挂镀				滚镀
	1	2	3	4	
	含量/(g/L)				
锡酸钾(K_2SnO_3)	50～100	120	—	—	94
锡酸钠($Na_2SnO_3 \cdot 3H_2O$)	—	—	72	50～100	—
氰化锌[$Zn(CN)_2$]	—	9	12.5	—	15
氧化锌(ZnO)	3～15	—	—	3～15	—
氰化钾(KCN)	20～60	30	—	20～60	34
氰化钠(NaCN)	—	—	30	—	—
氢氧化钾(KOH)	4～12	6.8	—	3～14	11
氢氧化钠(NaOH)	—	—	10	—	—
温度/℃	65～75	65	65	60～75	63～67
阴极电流密度/(A/dm²)	1～3	2～3	1～3	1～3	0.5～1.5
阳极材料(合金阳极,质量分数)	Sn-Zn(25%)	Sn-Zn(20%)	Sn-Zn(20%)	Sn-Zn(25%)	Sn-Zn(25%)
镀层中 Zn 含量(质量分数)/%	20～30	20	20	20～30	15～25

注：阳极采用 Sn-Zn 合金阳极，合金阳极成分与合金镀层成分相同，即 Zn 含量与镀层中 Zn 含量相同。

（2）镀液成分及工艺规范的影响

① 主盐　锡酸钾或锡酸钠（提供 Sn^{4+}）、氰化锌或氧化锌（提供 Zn^{2+}）是镀液的主盐。锡比锌难于沉积，所以镀液中 Sn^{4+} 的含量必须远大于 Zn^{2+} 的含量。合金镀层中的锡含量，随镀液中 Sn^{4+} 含量的增加而上升。

② 氢氧化钾（钠）　合金镀层中的锌含量，随镀液中氢氧化钾（钠）的含量增加而增加。当镀液中氢氧化钾（钠）的含量在 8～12g/L 范围变化时，合金镀层中锌含量比较稳定，锌含量大致在 25%（质量分数）左右。

③ 氰化钾（钠）　CN^- 是 Zn^{2+} 的配位剂。氰化物含量过低时，阴极极化作用降低，并降低分散能力和覆盖能力，致使镀层结晶粗糙，影响镀层质量。

④ 镀液温度　合金镀层中的锡含量随镀液温度升高而增加。镀液温度不宜过高，超过 70℃物质会剧烈分解；温度过低，大大降低电流效率。镀液温度宜控制在 65℃ 左右。

⑤ 阴极电流密度　合金镀层中的锌含量，随阴极电流密度的提高而降低。对碱性氰化镀液来说，电流密度对镀层成分的影响较小，但也必须控制在工艺规范的范围内。

⑥ 阳极　一般采用可溶性合金阳极，必须保持合金中两组分（Sn 和 Zn）均匀溶解。合金阳极可采用与镀层相同组分的 Sn-Zn 合金阳极。在氰化镀液中，为了使锡以 Sn^{4+} 的形式溶解，以防止 Sn^{2+} 的增加，阳极需保持半钝化状态，为此通常需对阳极进行预处理。先将阳极带电浸入镀液中电解（电压比正常电压要高 2V 左右）一段时间，使阳极上形成一层阳极膜，阳极外观变成暗绿色或暗褐色等，即可使用。当阳极使用较长时间后，其膜变为黑色而成为残渣进

入溶液，这时需取出阳极，去掉残渣，然后按上述方法处理阳极后再用。一般要求阳极面积：阴极面积为（1.5～2）∶1。

17.5.2　柠檬酸盐镀 Sn-Zn 合金

柠檬酸盐镀 Sn-Zn 合金的镀液应用得比较多，镀液较稳定，合金镀层成分比较容易控制，并能得到结晶细致、平整、光亮或半光亮的 Sn-Zn 合金镀层。

（1）镀液组成及工艺规范

柠檬酸盐镀 Sn-Zn 合金的镀液组成及工艺规范见表 17-22。

表 17-22　柠檬酸盐镀 Sn-Zn 合金的镀液组成及工艺规范

溶液成分及工艺规范	1	2	3	4	5	6
	含量/(g/L)					
硫酸亚锡($SnSO_4$)	35	28	20～30	25	110	5
硫酸锌($ZnSO_4 \cdot 7H_2O$)	32	24	14～20	30～50	110	110
柠檬酸($H_3C_6H_5O_7$)	80	—	—	—	30	—
柠檬酸铵[$(NH_4)_3C_6H_5O_7$]	—	90	100～140	80～90	—	—
柠檬酸钠($Na_3C_6H_5O_7 \cdot 2H_2O$)	—	—	—	—	—	30
葡萄糖盐	—	—	—	—	20	—
葡萄糖酸钠($NaC_6H_{11}O_7$)	—	—	—	—	—	20
酒石酸($H_2C_4H_4O_6$)	25	—	—	—	—	—
酒石酸铵[$(NH_4)_3C_4H_4O_6$]	—	5	—	—	—	—
硫酸铵[$(NH_4)_2SO_4$]	60	—	80～100	60～80	—	—
磷酸铵[$(NH_4)_3PO_4$]	—	80	—	—	—	—
氯化铵(NH_4Cl)	—	—	—	—	—	30
三乙醇胺[$N(C_2H_5O)_3$]	—	—	—	10	—	—
琥珀酸(丁二酸)($HOOCCH_2CH_2COOH$)	—	10	—	—	—	—
30%氨水($NH_3 \cdot H_2O$)/(mL/L)	72	80	—	—	—	—
明胶	—	—	—	—	15	—
光亮剂 /(mL/L)	8	8	—	—	—	15
稳定剂	—	—	0.03	—	—	—
光亮剂 I	—	—	0.005～0.01	—	—	—
光亮剂 II	—	—	0.01～0.02	—	—	—
SN-1 添加剂	—	—	—	15～20	—	—
pH 值	6～7	5.8	5.8～6.5	5～6	4.5	4.5
温度/℃	15～25	15～25	室温	15～25	20～35	室温
阴极电流密度/(A/dm²)	1～3	1～3	2～3	1.5～3	1.5	1～3
阳极合金 Zn 含量(质量分数)/%	合金:25	合金:25	—	—	合金:25	—
镀层中 Zn 含量(质量分数)/%	25 左右	25 左右	—	—	25 左右	85

注：1. 配方 3 的稳定剂、光亮剂 I、光亮剂 II 是上海自动化仪表一厂研制的产品。

2. 配方 4 的 SN-1 添加剂是南京航空航天大学研制的产品。

3. 配方 6 的电镀工艺能获得镀层锡含量低(锡的质量分数为 15%、锌为 85%)的合金镀层，容易进行钝化处理，可得不同色彩的钝化膜，提高耐蚀性。

(2) Sn-Zn 合金电镀工艺说明

① Sn-Zn 合金电镀工艺中，由于二价锡（Sn^{2+}）的标准电位（$-0.14V$）与二价锌（Zn^{2+}）的标准电位（$-0.76V$）相差较大，为了使两者电位相近，镀液中采用主配位剂柠檬酸或其盐，辅助配位剂酒石酸及铵盐等，对电位较正的 Sn^{2+} 进行配合，以增强极化作用。合金镀层中锌含量随配位剂含量的增加而提高；若配位剂含量过低，则合金镀层中锌含量降低，而且镀液的分散能力和覆盖能力下降。

② 为使镀液中的 Sn^{2+} 较长期稳定存在，必须在镀液中加入稳定剂。通常采用两种方法[3]。

a. 在镀液中加入辅助配位剂，如抗坏血酸、苯酚、间苯二酚、甲苯磺酸、酒石酸、苹果酸、乙醇酸和乳酸等。

b. 在镀液中加入还原剂，如维生素 C 以及分子结构中含有 $C=O$、$C=C$ 及多—OH 基团的化合物等。

③ 在 Sn-Zn 合金镀液中加入光亮剂，如明胶和蛋白胨等有机物，还可加入适量的醛类化合物，如香草醛、胡椒醛等作为次级光亮剂，可获得结晶细致、平整和光亮的 Sn-Zn 合金镀层。

17.5.3 葡萄糖酸盐镀 Sn-Zn 合金

葡萄糖酸盐镀 Sn-Zn 合金所获得的镀层光亮细致、氢脆小、与基体金属结合力好。其镀液组成及工艺规范见表 17-23。

表 17-23 葡萄糖酸盐镀 Sn-Zn 合金的镀液组成及工艺规范[6]

溶液成分及工艺规范	1	2	3	4
	含量/(g/L)			
硫酸亚锡（$SnSO_4$）	27	37	30	—
氯化亚锡（$SnCl_2$）	—	—	—	40
硫酸锌（$ZnSO_4$）	36	22.5	45	40
葡萄糖酸钠（$NaC_6H_{11}O_7$）	110	120	160	—
葡萄糖酸（$C_6H_{12}O_7$）	—	—	—	150
醋酸钠（CH_3COONa）	—	—	20	—
磷酸钠（Na_3PO_4）	—	—	—	15
三乙醇胺[$N(C_2H_5O)_3$]	26	75	—	—
聚乙二醇烷基醚	3	3	—	—
蛋白胨（$C_{26}H_{20}N_2S_2O_2$）	0.5	1.0	1.5	—
香草醛（$C_8H_8O_3$）	0.04	—	—	0.4
pH 值	6～7	6	6～7	6
温度/℃	25	20～30	40～60	25
阴极电流密度/(A/dm²)	1～2	4～6	1～3	2
镀层中 Zn 含量（质量分数)/%	25	—	30	30

17.5.4 焦磷酸盐镀 Sn-Zn 合金

焦磷酸盐镀 Sn-Zn 合金镀液的分散能力好，使用的阴极电流密度较窄。pH 值发生变化，焦磷酸盐易水解，产生正磷酸，由于长期使用正磷酸会积累，易产生沉淀，致使镀液不稳定，维护困难。其镀液组成及工艺规范见表 17-24。

表 17-24 焦磷酸盐镀 Sn-Zn 合金的镀液组成及工艺规范

溶液成分及工艺规范	1	2	3	4
	含量/(g/L)			
焦磷酸亚锡($Sn_3P_2O_7$)	21	—	28	—
硫酸亚锡($SnSO_4$)	—	20	—	—
锡酸钠($Na_2SnO_3 \cdot 3H_2O$)	—	—	—	50
焦磷酸锌($Zn_3P_2O_7$)	—	—	50	10
硫酸锌($ZnSO_4 \cdot 7H_2O$)	88	15	—	—
焦磷酸钾($K_4P_2O_7 \cdot 3H_2O$)	264	150	125	250
磷酸氢二钠($Na_2HPO_4 \cdot 2H_2O$)	—	—	—	20
明胶	—	—	1	—
添加剂/(mL/L)	—	2	—	—
pH 值	8～9	6～8	9～9.5	10～11
温度/℃	20～40	25	20～35	40～50
阴极电流密度/(A/dm²)	2	1～1.5	2.5	1～2
镀层中 Zn 含量(质量分数)/%	12	25	28	—

17.5.5 碱性锌酸盐镀 Sn-Zn 合金

碱性锌酸盐镀 Sn-Zn 合金的镀液成分简单，操作容易。由于是强碱性镀液，添加剂选用较困难，镀层不够平整光亮，故应用较少。镀液组成及工艺规范见表 17-25。

表 17-25 碱性锌酸盐镀 Sn-Zn 合金的溶液组成及工艺规范

溶液成分		工艺规范	
锡酸钠($Na_2SnO_3 \cdot 3H_2O$)	70g/L	温度	70℃
碳酸锌($ZnCO_3$)	15g/L	阴极电流密度	2.2A/dm²
氢氧化钠($NaOH$)	10g/L	镀层中 Zn 含量(质量分数)	25%
乙二胺四乙酸二钠(EDTA 二钠)	15g/L	阴极电流效率	65%

17.5.6 Sn-Zn 合金的钝化处理

Sn-Zn 合金镀层一般采用铬酸或铬酸盐进行钝化处理，但由于合金镀层的锌含量较低，而锡含量在 70%（质量分数）以上时，钝化剂对锡的作用很弱，故钝化比较困难。在钝化液中加入适量的活化剂或促进剂，能起到较好的钝化效果。

(1) 铬酸盐钝化

Sn-Zn 合金镀层经铬酸盐钝化后，可获得比较鲜艳的彩虹色钝化膜。若钝化后再在 60～65℃下老化 15～20min，可使钝化膜硬化，并提高膜层的结合力和耐蚀性。铬酸盐钝化的溶液组成及工艺规范见表 17-26。

表 17-26 铬酸盐钝化的溶液组成及工艺规范

溶液成分及工艺规范	1	2	3
	含量/(g/L)		
铬酐(CrO_3)	10~15	2~5	—
硫酸(H_2SO_4)/(mL/L)	1~3	15~20	—
硝酸(HNO_3)/(mL/L)	—	30~50	—
氢氟酸(HF)/(mL/L)	—	2~4	—
重铬酸钾($K_2Cr_2O_7 \cdot 2H_2O$)	—	—	30~50
促进剂	10~20	—	—
pH 值	1~2	—	3~4
温度/℃	20~50	10~40	35~40
时间/s	20~30	5~10	3~5min

注：配方 1 的促进剂是哈尔滨工业大学研制的产品。

（2）钼酸盐、钨酸盐、钛盐及三价铬钝化

各种钝化的溶液组成及工艺规范见表 17-27。钼酸盐钝化得到的钝化膜外观呈蓝绿色，膜层薄，耐蚀性不太高。也可采用电解钝化，能取得较好的效果。

表 17-27 各种钝化的溶液组成及工艺规范

溶液成分及工艺规范	钼酸盐钝化		钨酸盐电解钝化	钛盐钝化	三价铬钝化
	化学钝化	电解钝化			
	含量/(g/L)				
钼酸钠(Na_2MoO_4)	30~40	20~30	—	—	—
硫酸(H_2SO_4)/(mL/L)	2~3	—	—	10	—
氯化物	3~5	—	—	—	—
钨酸钠(Na_2WO_4)	—	—	30	—	—
硼酸钠(Na_3BO_3)	—	—	调 pH=9	—	—
硫酸氧钛($TiOSO_4 \cdot H_2SO_4$)	—	—	—	8~15	—
过氧化氢(H_2O_2)	—	—	—	50	—
促进剂	—	3~5	—	—	—
Cr^{3+}	—	—	—	—	1.5~2.5
钼酸盐(以 Mo^{6+} 计)	—	—	—	—	0.1~0.2
钴盐(以 Co^{2+} 计)	—	—	—	—	0.1~0.2
pH 值	4~6	5.5~6.5	9	—	—
温度/℃	20~40	20~40	20	室温	18~25
化学钝化时间/s	2~3min	—	—	—	30~60
阴极电流密度/(A/dm²)	—	0.1~0.4	0.5	—	—
阳极电流密度/(A/dm²)	—	—	0.5	—	—
阴极电解钝化时间/s	—	50~60	10	—	—

续表

溶液成分及工艺规范	钼酸盐钝化		钨酸盐电解钝化	钛盐钝化	三价铬钝化
	化学钝化	电解钝化			
	含量/(g/L)				
阳极电解钝化时间/s	—	—	10	—	—

注：钨酸盐电解钝化次数为 2~5 次。该钝化液适用于锌含量为 25%（质量分数）左右的 Sn-Zn 合金镀层，可得到彩色钝化膜。

17.5.7　不合格 Sn-Zn 合金镀层的退除

不合格 Sn-Zn 合金镀层的退除方法见表 17-28。

表 17-28　不合格 Sn-Zn 合金镀层的退除方法

基体金属	退除方法	溶液组成	含量/(g/L)	温度/℃	阳极电流密度/(A/dm²)	时间
钢铁件	化学法	氢氧化钠(NaOH) 氯化钠(NaCl)	100 20	沸腾	—	退净为止
	化学法	盐酸(HCl) 三氯化锑(SbCl₃) (或三氧化二锑)	1L 10~20 (20)	室温	—	退净为止
	电解法	氢氧化钠(NaOH)	稀溶液	室温	1~2	退净为止

17.6　电镀 Zn-Cd 合金

Zn-Cd 合金镀层对钢铁基体是阳极镀层，是很好的防护性镀层，对钢铁的防护性比单独的锌、镉镀层都要好。合金镀液有：氰化物型、硫酸盐型和氨基磺酸盐型等。

17.6.1　氰化镀 Zn-Cd 合金

从氰化镀液中可以镀得各种不同比例的 Zn-Cd 合金镀层，而且外观平整、致密、光亮，外观呈银白色似银。其镀液组成及工艺规范见表 17-29。

表 17-29　氰化镀 Zn-Cd 合金的镀液组成及工艺规范

溶液成分及工艺规范	1	2	3	4	5	6
	含量/(g/L)					
氰化锌[Zn(CN)₂]	75	75	61	30	100	27~54
氧化镉(CdO)	3	6.5	1.1	—	5.7	—
氢氧化镉[Cd(OH)₂]	—	—	—	7.5	—	1.3~3.9
氰化钠(NaCN)	38	38	120	45	160	—
游离氰化钠(NaCN)	—	—	—	—	—	5~10
氢氧化钠(NaOH)	90	90	45	30	100	40
氟化钠(NaF)	—	—	—	—	—	2~10
温度/℃	35	35	—	20~30	—	20~40
阴极电流密度/(A/dm²)	2	2	1	0.5~1	3	0.7~6
镀层中 Cd 含量(质量分数)/%	10	14	20	25	60	8~10

17.6.2　硫酸盐和氨基磺酸盐镀 Zn-Cd 合金

无氰镀液中如不加添加剂，得到的镀层是粗糙、疏松的暗黑色膜，所以在镀液中宜常加入适量的添加剂，以改善镀层质量，得到半光亮或光亮的镀层。常用的添加剂有：明胶、咖啡碱、甘草和芦荟苷素等。合金镀层中锌含量，随镀液中锌盐含量的增加或镉盐含量的减少而增加；随阴极电流密度的提高而增加；但随镀液温度上升或搅拌增强而降低。镀液中 pH 值的变化对镀层成分影响不大。其镀液组成及工艺规范[1]见表 17-30。

表 17-30　硫酸盐和氨基磺酸盐镀 Zn-Cd 合金的镀液组成及工艺规范

溶液成分及工艺规范	硫酸盐镀液	氨基磺酸盐镀液
	含量/(g/L)	
硫酸锌（$ZnSO_4$）	70	—
硫酸镉（$CdSO_4$）	5	—
硫酸铝[$Al_2(SO_4)_3 \cdot 18H_2O$]	30	—
咖啡碱（$C_8H_{10}N_4O_2$）	0.1	—
氨基磺酸锌[$Zn(H_2NSO_3)_2 \cdot 2H_2O$]	—	65
氨基磺酸镉[$Cd(H_2NSO_3)_2 \cdot 2H_2O$]	—	13
氨基磺酸（总）（NH_2SO_3H）	—	220
pH 值	3.6～3.8	2
温度/℃	室温	25
阴极电流密度/(A/dm²)	1.5	2
镀层中 Zn 含量（质量分数）/%	10	10

17.7　电镀 Zn-Mn 合金

Zn-Mn 合金镀层的耐蚀性与镀层中锰的含量有很大关系，当锰的含量低于 20%（质量分数）时，其耐蚀性与锌镀层相当；当锰的含量超过 40%（质量分数）时 Zn-Mn 合金镀层才具有很高的耐蚀性，钝化处理后，耐蚀性还可进一步提高。但锰含量太高，镀层脆性大，镀液稳定性不好。Zn-Mn 合金镀层具有良好的涂装性，镀层与涂层结合良好，耐蚀性明显优于锌镀层涂装件。Zn-Mn 合金镀层主要应用于钢铁的防护，多用于钢板和钢带的高速电镀。

（1）镀液组成及工艺规范

镀 Zn-Mn 合金常用以柠檬酸盐为配位剂的硫酸盐镀液。但该镀液的稳定性较差，电流效率较低，需加入适当的稳定剂，如溴化钾或硫代硫酸盐等。为提高生产效率，常采用较高的电流密度，所以必须对镀液进行高速搅拌，或使镀液高速（1～3m/s）流动。其镀液组成及工艺规范见表 17-31。

表 17-31　镀 Zn-Mn 合金的镀液组成及工艺规范

溶液成分及工艺规范	1	2	3
	含量/(g/L)		
硫酸锌（$ZnSO_4 \cdot 7H_2O$）	50～100	70	65
硫酸锰（$MnSO_4 \cdot 4H_2O$）	40～90	30	55
柠檬酸钠（$Na_3C_6H_5O_7 \cdot 2H_2O$）	180～300	176	155

续表

溶液成分及工艺规范	1	2	3
	含量/(g/L)		
硫代硫酸钠（$Na_2S_2O_3$）	—	0.1～0.2	—
溴化钾（KBr）	—	—	12～30
添加剂	0.2～1.6	—	—
pH 值	5.4～4.6	5～6	5.4～6
温度/℃	40～60	50～60	40～50
阴极电流密度/(A/dm²)	10～40	20～30	1.5
阳极	锌板	锌和钛上镀铂	锌板
搅拌	镀液高速流动	镀液流速 2m/s	—

（2）镀层的钝化处理

Zn-Mn 合金镀层钝化的溶液组成和工艺规范如下：

铬酐（CrO_3）	50g/L	硫酸铜（$CuSO_4 \cdot 5H_2O$）	16g/L
硫酸（H_2SO_4）	7mL/L	温度	室温
醋酸（CH_3COOH）	60mL/L	时间	30～60s
甲酸（HCOOH）	7mL/L		

17.8　电镀 Zn-Cr 合金

Zn-Cr 合金镀层是阳极镀层，耐蚀性明显优于锌镀层。该合金镀层有两种类型。

① 低含铬量（铬的质量分数约为 0.05%～0.1%）的合金镀层　耐蚀性虽然不如高含铬量镀层，但容易钝化，可采用锌板单一阳极，维护比较简单。

② 高含铬量（铬的质量分数大致为 4%～8%）的合金镀层　其耐蚀性最高，但钝化比较困难。

Zn-Cr 合金镀层一般多作为组合镀层的底层，或作为光亮的高耐蚀性表面镀层。

（1）镀液组成及工艺规范

镀液的主盐是锌盐和铬盐，铬盐一般采用毒性低的三价铬盐（氯化铬和硫酸铬）。导电盐常加入氯化物或硫酸盐。缓冲剂一般采用硼酸。适当添加光亮剂有利于得到光亮细致的 Zn-Cr 合金镀层，有时可直接使用镀锌光亮剂。镀液温度会明显影响镀层的外观质量，温度偏低，镀层光亮范围窄；温度偏高（超过 40℃ 时），镀层光亮度下降，光亮区变窄。

Zn-Cr 合金镀液有：氯化物型、硫酸盐型和硫酸盐-氯化物混合型三种。其镀液组成及工艺规范见表 17-32。

表 17-32　镀 Zn-Cr 合金的镀液组成及工艺规范[24]

溶液成分及工艺规范	氯化物镀液		硫酸盐镀液		硫酸盐-氯化物镀液		
	1	2	1	2	1	2	3
	含量/(g/L)						
氯化锌（$ZnCl_2$）	180	180	—	—	14	—	—
硫酸锌（$ZnSO_4 \cdot 7H_2O$）	—	—	200	158	180	300	57
氯化铬（$CrCl_3 \cdot 6H_2O$）	40	35	—	—	—	20～30	215

续表

溶液成分及工艺规范	氯化物镀液		硫酸盐镀液		硫酸盐-氯化物镀液		
	1	2	1	2	1	2	3
	含量/(g/L)						
硫酸铬[$Cr_2(SO_4)_3 \cdot 6H_2O$]	—	—	—	235	20	—	—
硫酸铬钾[$KCr(SO_4)_2 \cdot 12H_2O$]	—	—	40	—	—	—	—
氯化钾(KCl)	160	165	—	—	—	—	—
氯化钠(NaCl)	—	—	—	—	—	20	29
氯化铵(NH_4Cl)	—	—	—	—	—	—	27
氯化铝($AlCl_3 \cdot 6H_2O$)	20	22	—	—	—	—	—
硫酸铝[$Al_2(SO_4)_3 \cdot 18H_2O$]	—	—	16	—	20	—	—
硫酸铝钾[$KAl(SO_4)_2 \cdot 12H_2O$]	—	—	12	—	—	—	—
硫酸钠(Na_2SO_4)	—	—	40	60	30	—	—
柠檬酸钠($Na_3C_6H_5O_7$)	—	—	—	20~30	—	—	—
甲酸钠(HCOONa)	—	—	—	40~60	—	—	—
硝酸(HNO_3)	30	25	—	—	12	—	9
尿素[$CO(NH_2)_2$]	—	—	—	—	—	30	240
光亮剂	少许	3	少许	适量	少许	5~10	38
pH 值	2.8~3.5	3~4	2.8~3.5	0.5~2	3.5~4.5	3.4~3.7	2.5~3
温度/℃	室温	15~35	25~35	30	20~35	20~25	20~25
阴极电流密度/(A/dm²)	1~10	2~6	1~4	10~40	1~4	4~7	1~4
阳极	—	锌板	—	铅	—	锌	石墨
镀层中 Cr 含量(质量分数)/%	—	0.1	—	1~4	—	5~9.5	5~8

(2) 镀层的钝化处理

Zn-Cr 合金镀层一般采用铬酸盐钝化处理。含铬量低的合金镀层可采用镀锌用的高铬、低铬彩色钝化工艺，能得到美丽的彩色钝化膜。钝化的色彩与镀层中铬含量有关，其影响如下[1]：铬的质量分数为 2% 的镀层的钝化膜颜色色淡；铬的质量分数为 6% 的镀层的钝化膜为彩虹色；铬的质量分数为 8% 的镀层的钝化膜为深彩虹色；铬的质量分数高于 8% 的合金钝化很困难。

Zn-Cr 合金镀层钝化的溶液组成及工艺规范见表 17-33。

表 17-33　Zn-Cr 合金镀层钝化的溶液组成及工艺规范

钝化溶液	溶液组成		工艺规范	工艺说明
	成分	含量/(mL/L)		
高铬钝化	铬酐(CrO_3) 硫酸(H_2SO_4) 硝酸(HNO_3)	200g/L 20 20	温度:室温 时间:10~20s	钝化后,再在空气中停留 10s,然后冷水清洗,吹干或烘干
低铬钝化	铬酐(CrO_3) 硫酸(H_2SO_4) 硝酸(HNO_3) 醋酸(CH_3COOH) pH 值	5g/L 0.5 3 5 0.8~1.4	温度:室温 时间:5~10s	低铬钝化前需在质量分数为 3% 的硝酸溶液中出光,室温,时间为 5s 左右,钝化后需经老化处理,以提高钝化膜的硬度、耐磨性和耐蚀性。老化温度为 60~70℃,时间为 15~20min

17.9　电镀 Zn-Ti 合金

Zn-Ti 合金镀层结晶细致，光泽性好，耐蚀性高，氢脆性低，并且成本低。与锌镀层相比，具有如下特点。

① Zn-Ti 合金镀层具有优异的耐蚀性，是相同厚度锌镀层的 2～3 倍。

② Zn-Ti 合金镀层的耐蚀性随镀层中钛含量的增加而提高。Zn-Ti 合金镀层厚度为 $3\mu m$ 时，经中性盐雾试验，镀层中含钛的质量分数为 0.5% 时，试验 60h 后出现红锈；钛含量为 3% 时，200h 后出现红锈；钛含量为 8% 时，528h 后出现红锈；钛含量为 15% 时，出现红锈的时间大于 1000h；而相同厚度锌镀层出现红锈的时间为 30h。

③ Zn-Ti 合金镀层具有低氢脆性，合金镀层零件在 200℃ 下除氢 8h，可将氢完全除尽。由于合金镀层中钛的作用增强了基体中的氢往外逸出的能力，从而降低了高强钢材料的氢脆敏感性。

④ Zn-Ti 合金镀层耐有机酸及二氧化硫腐蚀性能明显优于锌镀层。

⑤ 含钛合金的镀液稳定性不好，给使用和维护带来一定困难。合金镀层含钛量不易提高，特别是碱性镀液，一般钛含量只能达到 1% 左右。

电镀 Zn-Ti 合金的溶液有酸性镀液、碱性镀液两种。

(1) 酸性镀 Zn-Ti 合金镀液

酸性镀液能得到钛含量为 1.5%～15%（质量分数）的合金镀层，当钛含量达到 15%（质量分数）时，可得到最好的耐蚀性。镀液中钛盐容易水解使镀液不稳定，但可加入适量的有机羧酸或盐作稳定剂，它对钛离子有一定的配合作用，起到稳定镀液的作用。酸性镀液有硫酸盐型和氯化物型两种，其镀液组成及工艺规范见表 17-34。

表 17-34　酸性镀 Zn-Ti 合金的镀液组成及工艺规范[24,1]

溶液成分及工艺规范	硫酸盐型			氯化物型
	1	2	3	
	含量/(g/L)			
硫酸锌($ZnSO_4 \cdot 7H_2O$)	80～400	80～400	80～400	—
氯化锌($ZnCl_2$)	—	—	—	60～100
硫酸钛($TiSO_4$)	5～80	5～80	—	—
氯化铵(NH_4Cl)	—	—	—	50～350
硫酸铵$[(NH_4)_2SO_4]$	20～120	50～350	50～350	—
酒石酸($H_2C_4H_4O_6$)	20～160	2～160	—	—
氟化钛钾(K_2TiF_6) 或氟化钛钠(Na_2TiF_6)	—	—	5～80	10～160
$[SO_4^{2-}]/[F^-]$ 的摩尔比	—	—	1:(5～30)	—
$[Cl^-]/[F^-]$ 的摩尔比	—	—	—	1:(5～30)
稳定剂	2～12	—	—	—
pH 值	3～4	3.4	3～4	3
温度/℃	70	70	70	70
阴极电流密度/(A/dm²)	2～10	2～10	2～10	1.5～10
镀层中 Ti 含量(质量分数)/%	1.5～15	1～15	1～15	—

(2) 碱性镀 Zn-Ti 合金镀液

碱性镀液获得的 Zn-Ti 合金镀层与基体结合力好，镀层结晶细致、平滑。在碱性镀锌溶液中加入钛盐以及稳定钛离子的辅助配位剂或稳定剂，即可得到碱性镀 Zn-Ti 合金的镀液。其镀液组成及工艺规范见表 17-35[24]。

表 17-35　碱性镀 Zn-Ti 合金的镀液组成及工艺规范

| 溶液成分及工艺规范 | 无氰镀液 | | 微氰镀液 |
| | 1 | 2 | |
	含量/(g/L)		
氧化锌(ZnO)	8~15	15~20	8~15
氢氧化钠(NaOH)	100~150	120~150	100~150
钛(以金属钛计)	0.65~0.85	1~3	0.95~1.0
氰化钠(NaCN)	—	—	30
配位剂	60~100	60~100	60~100
光亮剂/(mL/L)	3~6	1~2	3~6
表面活性剂/(mL/L)	4~6	4~6	4~6
温度/℃	室温	室温	室温
阴极电流密度/(A/dm²)	1~2	1~3	1~3
镀层中 Ti 含量(质量分数)/%	0.3~0.6	0.1~0.4	0.3~0.9

(3) Zn-Ti 合金镀层的钝化处理

钛含量低的合金镀层比较容易进行钝化处理，可采用低铬钝化，得到彩色钝化膜，其钝化溶液组成及工艺规范如下。

铬酐（CrO_3）	5g/L	钛离子（Ti^{4+}）	0.1g/L
硫酸根（SO_4^{2-}）	0.5g/L	温度	室温
硫酸根（NO_3^-）	5g/L	时间	10~15s

17.10　电镀 Cd-Ti 合金

Cd-Ti 合金对钢铁基体是阳极镀层，耐蚀性好，特别是在海洋气候下和海水中，具有优异的耐蚀性，而且氢脆性很小，主要用于高强度钢的防护，以及航空工业，以替代镉镀层。Cd-Ti 合金的镀液组成及工艺规范见表 17-36。

表 17-36　镀 Cd-Ti 合金的镀液组成及工艺规范

| 溶液成分及工艺规范 | 无氰镀液 | | | 氰化镀液 | |
| | 1 | 2 | 3 | 1 | 2 |
	含量/(g/L)				
氧化镉(CdO)	—	—	—	30	—
氯化镉($CdCl_2 \cdot H_2O$)	40	35~40	35~50		
镉(以 CdO 形式加入)	—	—	—	—	21~26
钛(以 $TiOCl_2$ 形式加入)	5	3~5	0.5		
钛(以过钛酸盐形式加入)					0.05~0.09

续表

溶液成分及工艺规范	无氰镀液			氰化镀液	
	1	2	3	1	2
	含量/(g/L)				
偏钛酸（H_2TiO_3）	—	—	15～18	—	—
氰化钠（NaCN）	—	—	—	120	98～130
氢氧化钠（NaOH）	—	—	—	30	15～23
碳酸钠（Na_2CO_3）	—	—	—	—	38
氯化铵（NH_4Cl）	200	110～120	140～160	—	—
三乙醇胺[$N(CH_2CH_2OH)_3$]	120	—	—	—	—
氨三乙酸[$N(CH_2COOH)_3$]	—	110～130	110～130	—	—
乙二胺四乙酸二钠（EDTA 二钠）	40	35～40	35～50	—	—
醋酸铵（CH_3COONH_4）	—	20～30	20～40	—	—
氯化镍（$NiCl_2 \cdot 6H_2O$）	—	1.5～2	—	—	—
硫脲[$(NH_2)_2CS$]	—	1～1.5	—	—	—
pH 值	6.5～7	5.8～6.4	6～7	—	—
温度/℃	15～35	室温	15～35	15～35	15～27
阴极电流密度/(A/dm^2)	1～4	1～4	0.5～3	1～4	1.5～4.5
镀层中 Ti 含量（质量分数）/%	—	—	0.1～0.7	—	0.1～0.7

17.11　电镀 Zn-Ni-Fe 合金

Zn-Ni-Fe 合金镀层对钢铁基体是阳极镀层，耐蚀性很好。合金镀层中镍含量为 10%（质量分数）左右，铁含量为 3%～5%（质量分数），其余为锌，镀层外观呈银白色，结晶细致，易于抛光，抛光后可直接套铬。这种合金镀层可作为日用五金等零件的防护-装饰性镀层的底层。

(1) 镀液组成及工艺规范

Zn-Ni-Fe 合金镀液通常使用硫酸盐镀液，其镀液组成及工艺规范[1、3]见表 17-37。

表 17-37　镀 Zn-Ni-Fe 合金的镀液组成及工艺规范

溶液成分及工艺规范	普通镀层			光亮镀层	
	1	2	3	1	2
	含量/(g/L)				
硫酸锌（$ZnSO_4 \cdot 7H_2O$）	100	70～80	53～81	80～88	100
硫酸镍（$NiSO_4 \cdot 6H_2O$）	16～20	19～24	20～25	12～15	10～18
硫酸亚铁（$FeSO_4 \cdot 7H_2O$）	2～2.5	2～2.5	2～2.5	2.5	2.5～3.5
焦磷酸钾（$K_4P_2O_7 \cdot 3H_2O$）	270～300	250～300	200～250	350～300	280～320
酒石酸钾钠（$KNaC_4H_4O_6 \cdot 4H_2O$）	15～25	20～30	15～25	10	25～35
磷酸氢二钠（$Na_2HPO_4 \cdot 12H_2O$）	50	50～60	50～100	50～60	50

续表

溶液成分及工艺规范	普通镀层			光亮镀层	
	1	2	3	1	2
	含量/(g/L)				
钼酸钠(Na₂MoO₄)	—	—	—	1	—
1,4-丁炔二醇[C₂(CH₂OH)₂]	0.4～0.6	0.4～0.6	0.4～0.6	—	—
洋茉莉醛(C₈H₆O₃)	—	—	—	0.01～0.02	适量
pH 值	8.2～8.5	8.2～8.8	8.5～9.3	8.9～9	8.5～8.8
温度/℃	38～42	32～38	32～36	35～40	44～48
阴极电流密度/(A/dm²)	0.6～0.8	0.6～0.8	0.5～1	1.5～2	1～1.5

(2) 镀液成分及工艺规范的影响

① 硫酸锌、硫酸镍和硫酸亚铁是镀液的主盐。

a. 镀层中的锌含量随镀液中锌离子浓度升高而增加，若镀层中锌含量过高，镀层发白，当锌含量超过85%（质量分数）时，套铬困难；镀液中锌离子浓度过低时，电流效率降低，镀层发暗，脆性增加。

b. 随镀液中镍离子浓度升高，镀层中镍含量剧增，而且铁含量也增加。镀液中镍离子浓度过高，低电流密度区易产生黑斑，镀层发脆；镍离子浓度过低，镀层发暗，边棱处容易烧焦。

c. 铁对镀层质量影响很大。因为镀层中锌含量达85%（质量分数）以上时，镀铬易发花；镍含量高于14%（质量分数）时，接近于黑镍区，镀层脆性较大。加入铁后，随着铁离子浓度的增加，镀层中锌含量迅速下降，镍含量也有所下降，消除了锌、镍过高的不良影响。但镀液中铁含量过高，会使镀层产生条纹、发暗，而且脆性增加。

② 焦磷酸钾　它是主要配位剂，它有较强的配合能力，可与 Zn^{2+}、Ni^{2+}、Fe^{2+} 形成配离子，但对 Fe^{2+} 的配合能力较差，故常加酒石酸盐作为辅助配位剂。焦磷酸钾还有利于阳极的正常溶解。

③ 酒石酸盐主要配合亚铁离子（Fe^{2+}），且防止生成氢氧化物沉淀。磷酸氢二钠的作用是防止焦磷酸钾水解，并对 pH 值有缓冲作用。

④ 添加剂　洋茉莉醛光亮剂，使镀层光亮。1,4-丁炔二醇可消除镀层的条纹，细化晶粒，但含量高，镀层脆性增大。

⑤ pH 值　镀液 pH 值对镀层外观、沉积速度及套铬均有影响，应严格控制在工艺规范内。当 pH 值低于8.2时，电流效率下降，沉积速度慢，镀层发暗；高于9.5时，镀层中的锌含量增加，镀层外观呈乳白色，不易套铬。

⑥ 镀液温度　升高温度有利于镍的沉积，并可提高合金的沉积速度。温度过高，低电流密度区易产生黑斑；温度过低，镀层易发白。

⑦ 阴极电流密度　电流密度对镀层影响较大。随电流密度升高，镀层中锌含量增加，镍含量降低，而铁含量变化不大。电流密度过高，镀层易出现条纹、麻点和毛刺，镀层脆性增大，电流效率降低；电流密度过低，镀件的沟槽等处出现黑斑，甚至变黑。

⑧ 阳极　镀 Zn-Ni-Fe 合金的阳极，采用可溶性锌与不溶性铁或不锈钢的联合阳极。镀液中的 Ni^{2+} 和 Fe^{2+} 消耗，由它们的硫酸盐来补充。

(3) 不合格合金镀层的退除

不合格 Zn-Ni-Fe 合金镀层的退除方法见表17-38。

表 17-38　不合格 Zn-Ni-Fe 合金镀层的退除方法

基体金属	退除方法	溶液组成		含量/(g/L)	温度/℃	时间
钢铁件	化学法	38%盐酸（HCl）		1:1（体积比）	室温	至零件表面冒气泡大为减小为止
钢铁件（有铜作底层或中间层）	化学法	配方 1　38%盐酸（HCl） 配方 2　防染盐 $[S(C_6H_4NO_2SO_3Na)]$ 硫酸铵 $[(NH_4)_2SO_4]$ 氨水		1:1（体积比） 100 100 200mL/L	室温 60~70	配方 1,退除时间同上（钢铁件） 配方 2,退除时间约数分钟
说明:先用配方 1 退去 Zn-Ni-Fe 合金镀层,再用配方 2 退去铜层,两个配方配合使用						

17.12　电镀 Zn-Fe-Co 合金

　　光亮性的 Zn-Fe-Co 合金镀层（Zn 88%~92%、Fe7%~9%、Co1%~2%，均为质量分数）的平衡电位比钢铁负，对于钢铁基体是阳极镀层。一般 Zn-Fe-Co 合金镀层与钢铁零件有良好的结合力，无需其他镀层打底，并具有良好的耐蚀性。镀液稳定，且分散能力好。Zn-Fe-Co 合金镀层通常可作为光亮黄铜或滚镀 Sn-Co 合金的底层。

　　镀 Zn-Fe-Co 合金常采用焦磷酸盐镀液，电流效率为 70%~80%，其滚镀的镀液组成及工艺规范见表 17-39。

表 17-39　滚镀 Zn-Fe-Co 合金的溶液组成及工艺规范

溶液成分				工艺规范
硫酸锌（$ZnSO_4 \cdot 7H_2O$）	100~110g/L	焦磷酸钾（$K_4P_2O_7$）	350~400g/L	pH 值:9~9.5
硫酸铁[$Fe_2(SO_4)_3 \cdot 7H_2O$]	8~12g/L	酒石酸钾钠（$KNaC_4H_4O_6 \cdot 4H_2O$）	20g/L	温度:35~45℃
硫酸钴（$CoSO_4 \cdot 7H_2O$）	1~1.5g/L	洋茉莉醛（$C_8H_6O_3$）	0.05~0.1g/L	滚镀电流:170~200 安/筒

17.13　电镀 Zn-Co-Mo 合金

　　Zn-Co-Mo 合金镀层（Co 2.5%、Mo 0.5%，均为质量分数，其余为 Zn）具有很高的耐蚀性，未经钝化的合金镀层的耐蚀性（经中性盐雾试验）是锌镀层的 4~6 倍，是 Zn-Co 合金镀层的 1~1.5 倍。Zn-Co-Mo 合金镀层有良好的涂装性，在涂装前一般要进行磷化或钝化处理。Zn-Co-Mo 合金多用于钢板和钢带基镀覆。电镀合金常用硫酸盐镀液，其镀液组成及工艺规范见表 17-40。

表 17-40　镀 Zn-Co-Mo 合金的溶液组成及工艺规范

溶液成分		工艺规范	
硫酸锌（$ZnSO_4 \cdot 7H_2O$）	250g/L	温度	45℃
硫酸钴（$CoSO_4 \cdot 7H_2O$）	30g/L	阴极电流密度	20~40A/dm²
钼酸铵[$(NH_4)_6Mo_7O_{24} \cdot 4H_2O$]	0.5g/L	搅拌	空气搅拌或阴极移动
硫酸铵[$(NH_4)_2SO_4$]	15g/L		

第**18**章
电镀装饰性合金

18.1 概述

电镀装饰性合金主要有：Cu-Zn、Cu-Sn、Ni-Fe、Sn-Ni、Sn-Co 等二元合金，以及 Cu-Sn-Zn、Cu-Zn-In、Cu-Sn-Ni 等三元合金。控制合金镀层组成以及镀液、工艺规范等变化，使合金镀层呈现白色、金色、黑色、枪色等各种不同的色彩，以适应人们对制品外表装饰性镀层的外观越来越高的要求。如金色即仿金镀层有 Cu-Zn、Cu-Sn、Cu-Sn-Zn、Cu-Zn-In 等合金镀层；黑色镀层如 Sn-Ni 合金镀层；枪色镀层如 Sn-Ni、Sn-Ni-Cu 等合金镀层；青古铜色则是镀 Cu-Zn 合金后染色的。此外，合金镀层还可替代部分镍作为铬底层，减少镍的消耗；以 Sn 为基体的某些合金，如 Sn-Co、Sn-Ni、Sn-Ni-Zn 等合金镀层，其外观似铬，可替代装饰性铬镀层。

装饰性合金镀层可用作装饰性镀层的底层或中间层，也可作为最终装饰镀层使用。有些外观鲜艳的装饰性镀层在大气中容易变色，还需要用有机涂膜来保护、罩光，如涂覆清漆、阴极电泳漆等。

18.2 电镀 Cu-Zn 合金

18.2.1 概述

电镀 Cu-Zn 合金镀层是铜含量为 70%～80%，锌含量为 30%～20%（均为质量分数）的镀层，俗称黄铜镀层，具有金黄色外观和较高的耐蚀性，它作为装饰性镀层已得到了广泛应用。

(1) Cu-Zn 合金镀层的用途

① 用作室内装饰品、家具、首饰、灯具、建筑五金件及皮革五金件等的装饰性镀层（主要是仿金镀层）。

② 作为钢铁件上镀 Sn、Ni、Cr、Ag 等的中间镀层。

③ 作为铝及铝合金件电镀的底层。

④ 铜含量为 20%（质量分数）左右的 Cu-Zn 合金镀层，可作为镀铬的底层（代镍镀层）。

⑤ 黄铜镀层与橡胶有很好的结合力，在工业上广泛用作钢铁零件与橡胶热压时的中间镀层，以提高金属与橡胶的黏合强度。

(2) Cu-Zn 合金镀层的类型

根据铜含量的不同，Cu-Zn 合金镀层可分成下列三种类型。

① 白色 Cu-Zn 合金镀层（俗称白铜）　其合金镀层中铜含量为 20%（质量分数）左右。

② 黄色 Cu-Zn 合金镀层（仿金镀层）　其合金镀层中铜含量为 70%（质量分数）左右。

③ 红色 Cu-Zn 合金镀层　其合金镀层中铜含量为 90%（质量分数）左右。

(3) 镀 Cu-Zn 合金用的镀液

目前在工业生产上使用的 Cu-Zn 合金镀液，主要是氰化物镀液。

　　虽然人们经过不断努力，开发出多种无氰电镀 Cu-Zn 合金工艺，但尚没有一种能与氰化物镀液相媲美的无氰 Cu-Zn 合金镀液。有些无氰镀液如酒石酸盐型、焦磷酸盐型、HEDP（羟基亚乙基二膦酸）型及甘油-锌酸盐型等镀液也有一定的应用。

18.2.2　氰化镀 Cu-Zn 合金

（1）镀液组成及工艺规范

　　由于铜与锌的标准电极电位（Cu 为 +0.35V，Zn 为 -0.76V）相差很大，在简单镀液中，铜与锌很难实现共沉积。而在碱性氰化镀液中，由于阴极极化作用，铜与锌的电极电位都向负方向移动，两者的电极电位差距缩小（Cu 为 -1.165V，Zn 为 -1.26V），因而有利于这两种金属的共沉积。

　　氰化镀白色 Cu-Zn 合金的镀液组成及工艺规范见表 18-1。

　　氰化镀黄色 Cu-Zn 合金（仿金镀层）的镀液组成及工艺规范见表 18-2。

　　氰化镀红色 Cu-Zn 合金的镀液组成及工艺规范[3]见表 18-3。

表 18-1　氰化镀白色 Cu-Zn 合金的镀液组成及工艺规范

溶液成分及工艺规范	挂镀				滚镀	
	1	2	3	4	1	2
	含量/(g/L)					
氰化亚铜(CuCN)	16～20	4～5	3～4	17	5～8	4～6
氰化锌[Zn(CN)$_2$]	35～40	32～36	14～17	64	14～21	28～35
氰化钠(NaCN)	52～60	85～90	36～42	85	40～60	—
游离氰化钠(NaCN)	5～6.5	—	—	31	—	8～15
碳酸钠(Na$_2$CO$_3$)	35～40	50	40～50	—	50～70	20～30
氢氧化钠(NaOH)	30～37	16～18	16～18	60	18～27	5～8
硫化钠(Na$_2$S)	0.2～0.25	—	—	0.4	—	—
酒石酸钾钠(KNaC$_4$H$_4$O$_6$·4H$_2$O)	—	—	—	—	30	20～30
醋酸铅[(CH$_3$COO)$_2$Pb·3H$_2$O]	—	—	—	—	—	0.01～0.02
温度/℃	20～60	28～34	18～25	25～40	20～35	50～55
阴极电流密度/(A/dm^2)	3～5	0.7～1.2	0.5～1	1～4	—	150～170安/筒
阳极中 Cu 含量(质量分数)/%	35	—	—	28	—	—

　　注：1. 挂镀配方 1、4 为常规电镀配方。
　　2. 挂镀配方 2 的镀液分散能力较好。
　　3. 挂镀配方 3 的氰含量较低。
　　4. 滚镀配方 2 为滚镀光亮锌。

表 18-2　氰化镀黄色 Cu-Zn 合金（仿金镀层）的镀液组成及工艺规范

溶液成分及工艺规范	挂镀							滚镀	
	1	2	3	4	5	6	7	1	2
	含量/(g/L)								
氰化亚铜(CuCN)	53	32～35	16～18	27	40～45	25～30	4.2～7	28～35	28～32

溶液成分及工艺规范	挂镀							滚镀	
	1	2	3	4	5	6	7	1	2
	含量/(g/L)								
氰化锌[Zn(CN)$_2$]	30	13~18	—	8~10	9~11	7~9	—	4~6	6~7
氧化锌(ZnO)	—	—	6~8	—	—	—	1.9~3.1	—	—
氰化钠(NaCN)	90	65~80	36~38	50~60	62~66	48~50	—	40~50	40~44
游离氰化钠(NaCN)	7.5	12~14	—	15~18	10~12	10~12	1~1.5	8~15	10~12
碳酸钠(Na$_2$CO$_3$)	30	30~50	15~20	25~35	—	—	—	20~30	—
氢氧化钠(NaOH)	—	—	—	—	—	—	—	5~8	—
氯化铵(NH$_4$Cl)	—	5~7	—	—	—	—	—	—	—
酒石酸钾钠 (KNaC$_4$H$_4$O$_6$·4H$_2$O)	45	—	—	—	15	20	15~25	20~30	15
柠檬酸钠 (Na$_3$C$_6$H$_5$O$_7$·2H$_2$O)	—	—	—	—	—	—	15~18	—	—
醋酸铅[(CH$_3$COO)$_2$Pb]	—	—	—	—	—	—	—	0.01~0.02	—
氨水(NH$_4$OH)/(mL/L)	—	—	—	—	—	—	1~3	—	—
附加剂 CA/(mL/L)	—	—	4~20	—	—	—	—	—	—
894 光亮剂 A/(mL/L)	—	—	—	—	18~20	—	—	—	16~18
894 光亮剂 B/(mL/L)	—	—	—	—	2~4	—	—	—	2~3
895 光亮剂 A/(mL/L)	—	—	—	—	—	20	—	—	—
895 光亮剂 B/(mL/L)	—	—	—	—	—	2	—	—	—
895 稳定剂	—	—	—	—	—	40	—	—	—
pH 值	10.3~10.7	11.5~11.7	10.5~11.5	9.5~10.5	11~12	10~12	8.5~9.5	—	11~12
温度/℃	43~60	35~45	15~35	25~28	40~45	25~35	25~35	50~55	38~42
阴极电流密度/(A/dm^2)	0.5~3.5	1~4	0.1~2.0	0.3~0.5	0.5~1	0.2~0.5	0.5~1.5	—	0.2~0.4
阴阳极面积比	1:2	1:2	—	1:2	—	—	—	1:(2~3)	—
阳极中 Cu 含量 (质量分数)/%	70	70	70	80	70	70	仿金镀层	70	70

注：1. 挂镀配方1、2 为常规电镀配方。

2. 挂镀配方3 的附加剂 CA 是广州电器科学研究院金属防护研究所研制的产品。

3. 挂镀配方4 适用于电镀橡胶粘接的镀层。

4. 挂镀配方5 为光亮电镀的镀液，需要阴极移动，15~20 次/分钟。894 光亮剂 A、B 是上海永生助剂厂的产品。

5. 挂镀配方6 为光亮电镀的镀液，895 光亮剂 A、B，895 稳定剂是上海永生助剂厂的产品。

6. 挂镀配方7 为微氰镀液。

7. 滚镀配方2 的滚筒转速为 8~12r/min。894 光亮剂 A、B 是上海永生助剂厂的产品。

表 18-3　氰化镀红色 Cu-Zn 合金的镀液组成及工艺规范

溶液成分及工艺规范	常规镀液	高速镀液
	含量/(g/L)	
氰化亚铜(CuCN)	53.5	70~105
氰化锌[Zn(CN)$_2$]	3.8	—
氧化锌(ZnO)	—	3.9
氰化钠(NaCN)	66.7	90~135
游离氰化钠(NaCN)	4.5	4~19
碳酸钠(Na$_2$CO$_3$)	30	—
氨水(NH$_3$·H$_2$O)/(mL/L)	1~5	—
氢氧化钾(KOH)	—	40~75
酒石酸钾钠(KNaC$_4$H$_4$O$_6$·4H$_2$O)	45	—
pH 值	10.3	12.5
温度/℃	38~60	75~95
阴极电流密度/(A/dm^2)	0.5~3.2	2.5~15
阳极中 Cu 含量(质量分数)/%	95	95

(2) 镀液各成分的作用

① 主盐　氰化亚铜、氰化锌、氧化锌等是镀液的主盐，提供被沉积的金属离子。主盐的浓度比及它们的总浓度，主要影响沉积速度和镀层合金组成。影响合金镀层组成的因素，还有配位剂含量和添加剂以及工艺规范等，但影响最大的还是镀液中的主盐浓度比。一般情况下，镀液中 [Cu^{2+}] 升高，镀层铜含量显著增加，镀层偏红；镀液中 [Zn^{2+}] 增加，镀层铜含量下降，镀层为带白色感的黄色。在生产中一般用镀液中的 [Cu^{2+}] / [Zn^{2+}]（物质的量比）来控制镀层中各金属的含量[1]：

白色 Cu-Zn 合金镀层：镀液中的 [Cu^{2+}] / [Zn^{2+}] 一般控制在 1:(3~6)。

黄色 Cu-Zn 合金（仿金镀层）：镀液中的 [Cu^{2+}] / [Zn^{2+}] 一般控制在 (2~4):1。

红色 Cu-Zn 合金镀层：镀液中的 [Cu^{2+}] / [Zn^{2+}] 一般控制在 (10~15):1。

② 氰化钠　氰化钠是 Cu^{2+} 和 Zn^{2+} 的配位剂，氰化钠的含量对合金组成和质量有明显影响。氰化钠浓度增加，铜析出困难，镀层铜含量下降，而锌含量增加。镀液中还必须有适量的游离氰化钠，以保证阳极正常溶解、稳定镀液以及两种金属按所需比例进行沉积。当游离氰化钠含量过低时，导致阳极钝化而不正常溶解，镀液成分不稳定，镀层粗糙，色泽不均匀；游离氰化钠含量过高，阴极析氢严重，电流效率显著下降。一般情况下，镀液中游离氰化钠含量应控制在 7~15g/L。镀红色 Cu-Zn 合金可采用游离氰化钠含量较低的镀液；镀复杂零件时，可采用游离氰化钠含量较高的镀液。

③ 碳酸钠　镀液中的碳酸钠主要对镀液 pH 值起缓冲作用和提高镀液的导电性。虽然在生产过程中由于氰化钠的分解和镀液吸入二氧化碳，致使镀液中的碳酸钠会逐渐增加，但配制新镀液时一般还是要加入适量碳酸钠。碳酸钠含量过高，阳极电流效率下降，会引起镀液中主盐金属离子浓度逐渐降低。在生产中，镀液中碳酸钠含量一般在控制在 70g/L 以下。如碳酸钠过量，可通过冷却镀液，使碳酸钠沉淀而除去。

④ 氢氧化钠或氢氧化钾　其作用是改善镀液的导电性，同时还有可能与锌离子形成配离子。加入氢氧化钠会提高镀液的 pH 值，当氢氧化钠含量较高时，镀液中一部分 [Zn

$(CN)_4]^{2-}$ 会转变成较易放电的 $[Zn(OH)_4]^{2-}$，致使镀层锌含量增加。氢氧化钠含量过高，镀层呈暗灰色、表面粗糙、发脆，套铬时易发花；氢氧化钠含量过低，镀层粗糙无光泽。氢氧化钠除镀白色 Cu-Zn 合金的镀液及高速镀液外，挂镀液一般不加，滚镀液加入少量。

⑤ 氨水或氯化铵　镀液中有少量铵离子，有助于阳极合金的正常溶解，控制 pH 值，可在较宽的电流密度范围内得到均匀而有光泽的金黄色合金镀层。氨水的另一作用是抑制氰化物的水解。镀液中 NH_4^+ 含量对镀层组分也有一定影响，随镀液中 NH_4^+ 含量增加，镀层锌含量增加。因此，通过调节镀液中 NH_4^+ 的含量，可以控制 Cu-Zn 合金镀层的组成和外观。

⑥ 铅盐　它是金属光亮剂，应先用酒石酸盐络合后，再加入镀液中。

(3) 工艺规范的影响

① pH 值　镀液的 pH 值主要影响镀液导电性，也影响锌离子的配合状态，从而影响镀层成分。提高镀液 pH 值，镀层中锌含量增加，铜含量下降。pH 值约为 10.3 时，镀液最稳定。调高 pH 值，可用氢氧化钠或氢氧化钾；调低 pH 值，可用重亚硫酸钠或碳酸氢钠水溶液等微酸性溶液，须在不断搅拌下缓慢加入，以防止氢氰酸气体逸出。

② 镀液温度　镀液温度对镀层成分和外观都有较大影响，随温度升高，镀层铜含量明显增加。因此，通过调节温度，可以得到不同组分的 Cu-Zn 合金镀层。但温度不宜过高，超过 60℃ 时，氰化物很容易分解成碳酸盐。一般氰化镀 Cu-Zn 合金镀液的使用温度不宜超过 40℃。

③ 阴极电流密度　提高阴极电流密度，阴极电流效率下降，所以一般氰化镀 Cu-Zn 合金所使用的阴极电流密度除高速电镀外，都比较小。当电流密度大于 $0.5A/dm^2$ 时，随着电流密度的增加，镀层中铜含量缓慢增加。因此，为了得到组分均匀的 Cu-Zn 合金镀层，必须严格控制阴极电流密度。

④ 阳极　镀 Cu-Zn 合金一般不采用单金属（Cu、Zn）混挂阳极，以防止在锌阳极上发生置换铜的反应，而难控制镀液中的主盐金属离子浓度比。因此，在生产上采用的阳极多为合金阳极，其组成要大致与镀层相同。目前常用的合金阳极大都是铸造或轧制而成的。轧制的阳极使用效果较好，阳极溶解效率高，溶解比较均匀。为了防止阳极发生钝化，阳极电流密度不得超过 $0.5A/dm^2$。

18.2.3　酒石酸盐镀 Cu-Zn 合金

酒石酸盐镀液，在碱性条件下，酒石酸根与 Cu^{2+} 和 Zn^{2+} 都有配合作用。它们的配合状态及配离子的稳定性，主要受镀液 pH 值的影响，因此，可以通过控制镀液 pH 值来实现铜和锌的共沉积。

在酒石酸盐镀液中要获得光亮的 Cu-Zn 合金镀层，必须加入适当的添加剂，如某些醇胺类（如三乙醇胺），或氨基磺酸类（如 p-苯酚氨基磺酸钠盐）及其衍生物等。当上述光亮剂混合使用时，光亮效果更好。

酒石盐镀 Cu-Zn 合金的镀液组成及工艺规范见表 18-4。

表 18-4　酒石酸盐镀 Cu-Zn 合金的镀液组成及工艺规范

溶液成分及工艺规范	1	2
	含量/(g/L)	
硫酸铜($CuSO_4 \cdot 5H_2O$)	30	35
硫酸锌($ZnSO_4 \cdot 7H_2O$)	12	15
酒石酸钾钠($KNaC_4H_4O_6 \cdot 4H_2O$)	100	90
氢氧化钠($NaOH$)	50	20~30

续表

溶液成分及工艺规范	1	2
	含量/(g/L)	
柠檬酸钾($K_3C_6H_5O_7 \cdot H_2O$)	—	20
磷酸氢二钾(K_2HPO_4)	—	30～35
pH 值	12.4	12.5
温度/℃	40	35
阴极电流密度/(A/dm²)	4	3

注：配方 1，当在镀液中加入 12mL/L 三乙醇胺和 4g/L p-苯酚氨基磺酸钠盐时，在 3～8A/dm² 的阴极电流密度内，均能得到全光亮的 Cu-Zn 合金镀层。

18.2.4　焦磷酸盐镀 Cu-Zn 合金

焦磷酸盐镀 Cu-Zn 合金镀液中的焦磷酸根（$P_2O_7^{4-}$）与 Cu^{2+} 和 Zn^{2+} 均有配合作用，并分别形成相应的配合离子。$P_2O_7^{4-}$ 对 Cu^{2+} 的配合能力不是很强，但焦磷酸盐镀液中铜的沉积过电势非常大，这有利于 Cu 与 Zn 的共沉积。

焦磷酸盐镀 Cu-Zn 合金的镀液，不加任何添加剂时，当阴极电流密度在 0.5A/dm² 以上时，所获得的镀层会出现烧焦或呈粉末状。当加入添加剂如组氨酸后，电流密度明显扩大，也提高了镀层质量。焦磷酸盐镀 Cu-Zn 合金的镀液组成及工艺规范见表 18-5。

表 18-5　焦磷酸盐镀 Cu-Zn 合金的镀液组成及工艺规范

溶液成分及工艺规范	1	2	3	4
	含量/(g/L)			
硫酸铜($CuSO_4 \cdot 5H_2O$)	25	—	—	—
硫酸锌($ZnSO_4 \cdot 7H_2O$)	8.6～20.1	30	—	—
焦磷酸铜($Cu_2P_2O_7$)	—	10	0.7～1.2	1.4～2.1
焦磷酸锌($Zn_2P_2O_7$)	—	—	33～37	42～54
焦磷酸钾($K_4P_2O_7$)	252	120	230～260	200～300
组氨酸(2-氨基-3-咪唑基丙酸)($C_6H_9N_3O_2$)	1.55	—	—	—
酒石酸钾钠($KNaC_4H_4O_6 \cdot 4H_2O$)	—	40	—	—
EDTA 二钠	—	2	—	—
甘油[$C_3H_5(OH)_3$]/(mL/L)	—	—	8～12	8～12
双氧水(H_2O_2)/(mL/L)	—	—	0.3～0.6	0.2～0.5
pH 值	9.3～9.4	—	8.2～8.5	7.5～8.5
温度/℃	30	50	28～32	20～35
阴极电流密度/(A/dm²)	0.3～3.0	3～4	0.1～0.3	0.1～0.3
阴阳极面积比	—	—	1:(1.2～1.6)	1:(1～1.5)
镀层中 Cu 含量(质量分数)/%	70～80	—	—	—

注：镀配方 4 适用于钢铁件热压橡胶前的镀黄铜。

18.2.5　HEDP 镀 Cu-Zn 合金

　　HEDP 镀 Cu-Zn 合金的镀液，以 HEDP（羟基亚乙基二膦酸）为配位剂，HEDP 与铜和锌的配合能力比焦磷酸盐好，随其含量增高，镀层结晶细致、分散能力好；但含量过高，阴极电流效率下降，镀层发红。适当的添加剂能促使镀液稳定和阳极正常溶解，如含量过高，镀层发暗。pH 值也是影响镀层质量的重要因素，应严格控制。

　　HEDP 镀 Cu-Zn 合金的镀液组成及工艺规范见表 18-6。

表 18-6　HEDP 镀 Cu-Zn 合金的镀液组成及工艺规范

溶液成分及工艺规范	1	2
	含量/(g/L)	
硫酸铜($CuSO_4 \cdot 5H_2O$)	45～50	35～45
硫酸锌($ZnSO_4 \cdot 7H_2O$)	20～28	20～30
HEDP(羟基亚乙基二膦酸)/(mL/L)	80～100	80～100
碳酸钠(Na_2CO_3)	20～30	15～25
柠檬酸钾($K_3C_6H_5O_7 \cdot H_2O$)	20～30	20～30
添加剂 SC	1～2	1～2
pH 值	13～13.5	12.5～13
温度/℃	25	25
阴极电流密度/(A/dm²)	1.5～3.5	1～2.5
镀层中 Cu 含量(质量分数)/%	70 左右,金黄色,可作仿金镀层使用	可作仿金镀层使用

18.2.6　甘油-锌酸盐镀 Cu-Zn 合金

　　合金镀液的主盐浓度较低，镀液中存在过量氢氧化钠时，Zn^{2+} 主要以锌酸根形式存在，而 Cu^{2+} 则与甘油形成配合物，镀液分散能力较好，阴极电流效率很高。其镀液组成及工艺规范见表 18-7。

表 18-7　甘油-锌酸盐镀 Cu-Zn 合金的镀液组成及工艺规范

溶液成分及工艺规范	1	2
	含量/(g/L)	
硫酸铜($CuSO_4 \cdot 5H_2O$)	25	12.5
硫酸锌($ZnSO_4 \cdot 7H_2O$)	30	30
甘油($C_3H_8O_3$)	20	12
氢氧化钠(NaOH)	120	120
温度/℃	20～22	20～22
阴极电流密度/(A/dm²)	0.2～1.5	0.9～1.4
阳极电流密度/(A/dm²)	0.5～0.8	0.5～0.8
镀层中 Cu 含量(质量分数)/%	55～70	27～33

　　注：镀层中 Cu 的质量分数低于 63% 时，其色泽比氰化镀液中得到的同组成的镀层更白一些。表中所镀得的镀层没有明显的金黄色，其外观色泽随镀层 Cu 含量的减少，按暗粉红色→淡红色→灰白色的规律变化[1]。

18.2.7　镀 Cu-Zn 合金的后处理

Cu-Zn 合金镀层在湿热的环境中，或在含硫量较高的气氛中易变色和泛黑点。装饰用镀层，一般都需要进行镀后处理。镀后处理多采用钝化处理和涂覆保护膜的方法，或者钝化处理后再涂覆保护膜。

（1）钝化处理

Cu-Zn 合金镀层钝化处理的溶液组成及工艺规范见表 18-8。

表 18-8　Cu-Zn 合金镀层钝化处理的溶液组成及工艺规范

溶液成分及工艺规范	1		2	3
	第 1 次钝化	第 2 次钝化		
	含量/(g/L)			
铬酐(CrO₃)	30～90	—	—	—
重铬酸钠(Na₂Cr₂O₇)	—	100～150	—	—
重铬酸钾(K₂Cr₂O₇)	—	—	50～70	4～10
硫酸(H₂SO₄)/(mL/L)	15～30	5～10	—	—
氯化钠(NaCl)	—	4～7	—	—
苯并三氮唑(C₆H₅N₃)	—	—	0.1%(质量分数)	—
固色剂(B-9B)/(mL/L)	—	—	—	20
pH 值	—	—	3～4(醋酸调节)	3～4(醋酸调节)
温度/℃	室温	室温	40～50	30～40
时间/s	15～30	3～8	数分钟至 1h	15～20min

注：配方 1 钝化处理工艺：钝化件先在第一次钝化液中进行一次钝化处理，然后经弱酸浸蚀后再在第二次钝化液中进行二次钝化处理。钝化后的零件不允许用热水洗，只能用压缩空气吹干。钝化件在 70～80℃下进行老化，可进一步提高其耐蚀性。

（2）涂覆保护膜

选用的保护膜涂料必须透明无色、与镀层结合力好，其硬度、耐热、耐磨等性能优良，而且保护膜不宜过厚。

可用于仿金镀层的涂料有丙烯酸涂料（如 115 丙烯酸清漆）、硝基清漆、聚氨酯清漆以及有机树脂等，采用浸或喷涂，烘干温度为 120～160℃。适用于塑料仿金镀层的涂料有 8351 护光漆、7650 聚氨酯清漆、双组分聚氨酯清漆等，烘干温度不超过 80℃。近年来，国内推出了仿金专用涂料，其特性及应用范围见表 18-9。

表 18-9　专用仿金涂料的特性、涂覆条件及应用范围

涂料名称	特性、涂覆条件及应用范围
TA-7 仿金镀层封闭涂料	涂料透明无色，流平性好，膜层硬度高，光泽好。烘干温度低、时间短、无强烈刺激气味 用于仿金镀件，特别是塑料仿金件的封闭抗变色 烘干：80～90℃　15～20min　　　　60～70℃　30～40min TA-7 涂料是广州电器科学研究院金属防护研究所的产品
BH 代金胶	代金胶属于代金工艺产品，它可使制品表面具有 18K 至 24K 金色的外观（金色和玫瑰金色） BH 代金胶　开缸：200～300mL/L 温度　65℃±5℃ 时间　1～3min 搅拌　机械或循环泵 补给量　50～60mL/m² BH 代金胶是广州市二轻工业科学技术研究所的产品

续表

涂料名称	特性、涂覆条件及应用范围
水㗊架	具有抗变色及抗湿性能,透明性优良 成分　以水稀释1~5倍 pH值 9~9.5(用氨水调节) 冷风或热风(<90℃)吹干 水㗊架是美坚化工原料有限公司的产品
低温㗊架	适用于银、铜及青铜镀层的涂覆,具有抗湿抗变色性能,透明度好且耐腐蚀。浸涂及喷涂均宜 烘干:90℃　15~20min 低温㗊架是美坚化工原料有限公司的产品

18.2.8　不合格 Cu-Zn 合金镀层的退除

不合格 Cu-Zn 合金镀层的退除方法见表 18-10。

表 18-10　不合格 Cu-Zn 合金镀层的退除方法

基体 金属	退除 方法	溶液组成	含量 /(g/L)	温度 /℃	阳极电流密度 /(A/dm²)	备注
钢铁件	化学法	72%硝酸(HNO_3) 氯化钠(NaCl)	1000mL/L 40~45	65~75	—	零件表面 不允许有水
	化学法	多硫化铵[$(NH_4)_2S_x$] 氨水($NH_3 \cdot H_2O$)	75 335mL/L	室温	—	—
	化学法	过硫酸铵[$(NH_4)_2S_2O_8$] 氨水($NH_3 \cdot H_2O$)	75 335mL/L	室温	—	—
	化学法	过氧化氢(H_2O_2) 氨水($NH_3 \cdot H_2O$)	375mL/L 625mL/L	室温	—	—
	化学法	铬酐(CrO_3) 98%硫酸(H_2SO_4)	150~250 5~10	室温	—	—
	电解法	硝酸铵(NH_4NO_3) 酒石酸钠($Na_2C_4H_4O_6 \cdot 4H_2O$) pH值	100~150 40~80 10~11	15~50	5~10	—
	电解法	硝酸钠(NaNO_3)	80~180	室温	2~4	—
不锈钢件	化学法	72%硝酸(HNO_3)	浓	室温	—	—
铝及铝 合金件	化学法	72%硝酸(HNO_3)	浓	室温	—	—
	化学法	72%硝酸(HNO_3) 98%硫酸(H_2SO_4) 水	250mL 500mL 250mL	室温	—	—
锌合金件	电解法	亚硫酸钠($Na_2SO_3 \cdot 7H_2O$)	120	室温	1~2	—
塑料件	化学法	65%硝酸(HNO_3)	500mL/L	室温	—	—
	化学法	铬酐(CrO_3) 98%硫酸(H_2SO_4)	100~400 2~50	室温	—	—

18.3　电镀 Cu-Sn 合金

18.3.1　概述

Cu-Sn 合金俗称青铜,Cu-Sn 合金镀层是应用最广泛的合金镀层之一。Cu-Sn 合金镀层外观色泽随镀层中锡含量的变化而呈现出各种色彩，而且镀层具有较高的耐蚀性，可以和同厚度的镍镀层相媲美。它作为防护-装饰性镀层已得到了广泛应用。

（1）Cu-Sn 合金镀层的类型

根据镀层锡含量的不同，Cu-Sn 合金镀层可分为低锡、中锡和高锡三种类型，如表 18-11 所示。

表 18-11　Cu-Sn 合金镀层的类型

镀层类型	镀层性能及其用途
低锡 Cu-Sn 合金镀层	其合金镀层中锡含量为 7%～15%（质量分数） 当锡含量为 7%～9%（质量分数）时镀层外观呈红色；锡含量为 13%～15%（质量分数）时镀层外观呈金黄色，这种合金镀层耐蚀性最好 低锡 Cu-Sn 合金镀层硬度较低，抛光性好，孔隙少，耐蚀性优良。这类合金镀层的应用： ① 可作为代镍镀层 ② 红色 Cu-Sn 合金镀层可作为防渗氮镀层及轴承用合金镀层 ③ 在亮镍上闪镀薄层金黄色 Cu-Sn 合金镀层，然后涂覆透明清漆，可作为仿金镀层 ④ 这类合金镀层在热水中有较高的稳定性，可作为与热水接触的工件的防腐层 ⑤ 低锡 Cu-Sn 合金镀层对钢铁基体属于阴极镀层，而且在空气中易氧化而失去光泽，故不宜作为表面装饰镀层，宜作为防护-装饰性镀层的底层
中锡 Cu-Sn 合金镀层	其合金镀层中锡含量为 16%～30%（质量分数） 当锡含量超过 20%（质量分数）时，镀层外观基本呈白色。中锡 Cu-Sn 合金镀层硬度比低锡镀层高，抗氧化能力和防护性能均优于低锡镀层，但仍不宜作为表面装饰镀层。这类镀层，由于锡含量高，套铬较困难，套铬后易发花，所以这类镀层应用较少
高锡 Cu-Sn 合金镀层	其合金镀层中锡含量为 40%～55%（质量分数） 镀层呈银白色，抛光后反射率高，具有镜面光泽，又称为"镜青铜"或"银镜合金"。镀层合金结构属金属间化合物，具有特殊的物理化学性能，其特点如下： ① 镀层硬度较高，硬度介于镍镀层和铬镀层之间 ② 在空气中耐氧化性强，在有硫化物的气氛中也不易变色失光，抗变色能力优于银和镍 ③ 能耐弱酸、弱碱和食物中有机酸的浸蚀 ④ 具有良好的焊接性和导电性 ⑤ 镀层性脆，柔韧性差，镀层不能经受强烈变形 高锡 Cu-Sn 合金镀层的应用：可作为代银、代铬镀层，可用作反光镀层以及仪器仪表、日用品、餐具、灯具、乐器和日用五金件等的防护-装饰性镀层

（2）镀 Cu-Sn 合金用的镀液

目前在工业生产上使用的 Cu-Sn 合金镀液，主要有高氰、低氰和无氰镀液三种类型，应用最广泛、最成熟的是氰化物镀液。无氰镀液中，焦磷酸盐镀液已应用于生产，此外还开发了酒石酸盐型、柠檬酸盐型、HEDP（羟基亚乙基二膦酸）型及 EDTA（乙二胺四乙酸）型等镀液。

18.3.2　高氰镀 Cu-Sn 合金

高氰镀 Cu-Sn 合金工艺成熟，镀液稳定，容易维护，镀液分散能力好，镀层组成和色泽容易控制。但使用强碱性的氰化物镀液，工作温度较高，氰化物有剧毒，环境污染较严重。

（1）镀液组成及工艺规范

高氰镀低锡 Cu-Sn 合金的镀液组成及工艺规范见表 18-12。
高氰镀中锡 Cu-Sn 合金的镀液组成及工艺规范见表 18-13。
高氰镀高锡 Cu-Sn 合金的镀液组成及工艺规范见表 18-14。
高氰滚镀高锡 Cu-Sn 合金的镀液组成及工艺规范见表 18-15。

表 18-12　高氰镀低锡 Cu-Sn 合金的镀液组成及工艺规范

溶液成分及工艺规范	无光镀液		光亮镀液				
	1	2	1	2	3	4	5
	含量/(g/L)						
氰化亚铜(CuCN)	28~34	35~42	29~36	25~35	28~30	18	铜含量 20
锡酸钠(Na₂SnO₃)	25~30	30~40	25~35	16~20	16~18	7	锡含量 12
游离氰化钠(NaCN)	18~22	20~25	25~30	14~18	18~20	13~17	钾盐 45
氢氧化钠(NaOH)	7~19	7~10	6.5~8.5	—	10~12	8~10	—
氢氧化钾(KOH)	—	—	—	—	—	—	16
游离氢氧化钠(NaOH)	—	—	—	6~9	—	—	—
焦磷酸钠(Na₄P₂O₇)	—	—	—	20~40	—	—	—
碱式硫酸铋[(BiO)₂SO₄·H₂O]	—	—	—	0.01~0.03	—	—	—
明胶	—	—	—	0.1~0.5	—	—	—
润湿剂 OP	—	—	—	0.05~0.2	—	—	—
893-开缸剂 A /(mL/L)	—	—	—	8~10	—	—	—
893-补加剂 B	—	—	—	平时添加	—	—	—
"铜-锡 91"光亮剂/(mL/L)	—	—	—	—	6	—	—
CSNU-A 光亮剂配槽用/(mL/L)	—	—	—	—	—	8~12	—
80#-1 添加剂/(mL/L)	—	—	—	—	—	—	50
80#-2 添加剂/(mL/L)	—	—	—	—	—	—	50
80#-3 添加剂/(mL/L)	—	—	—	—	—	—	2
80#-4 添加剂/(mL/L)	—	—	—	—	—	—	2
温度/℃	55~60	50~60	64~68	52~58	45~55	55~60	50
阴极电流密度/(A/dm²)	1.0~1.5	1.0~1.5	1.0~1.5	1.5~4	2~4	2~4	3
阴阳极面积比	—	—	—	1:(2~3)	1:2	5:3	—
阳极中 Sn 含量(质量分数)/%	10~12	10~12	10~12	10~12	8~12	8~10	—

注：1. 光亮镀液配方 2 的 893-补加剂 B 作平时添加用，消耗量为 250~300mL/(kA·h)。893-开缸剂 A、893-补加剂 B 是上海永生助剂厂的产品。

　　2. 光亮镀液配方 3 的 "铜-锡 91" 光亮剂是武汉风帆电镀技术有限公司的产品。

　　3. 光亮镀液配方 4 的 CSNU-A 光亮剂是南京大学研制的产品。

　　4. 光亮镀液配方 5 的 80# 添加剂是广州达志化工科技有限公司的产品。

表 18-13　高氰镀中锡 Cu-Sn 合金的镀液组成及工艺规范

溶液成分及工艺规范	1	2	3	4
	含量/(g/L)			
氰化亚铜(CuCN)	35	25~35	—	—
铜(以氰化亚铜形式加入)	—	—	11	8
锡酸钠(Na₂SnO₃)	25	16~30	—	—
锡(以锡酸钠形式加入)	—	—	7	9
氰化钠(NaCN)	45	—	45	65

续表

溶液成分及工艺规范	1	2	3	4
	含量/(g/L)			
游离氰化钠(NaCN)	—	14～18	—	—
氢氧化钠(NaOH)	22	6～9	22	26
开缸剂/(mL/L)	—	8～10	—	—
pH 值	13	13	13	13.5
温度/℃	55	52～58	55	60
阴极电流密度/(A/dm²)	1～2	1.5～4.0	1～2	1～3

注：配方 2 的开缸剂的上海永生助剂厂的产品。

表 18-14　高氰镀高锡 Cu-Sn 合金的镀液组成及工艺规范

溶液成分及工艺规范	1	2	3	4	5
	含量/(g/L)				
氰化亚铜(CuCN)	25	35～45	14	14	—
铜(以氰化亚铜形式加入)	—	—	—	—	6～10
锡酸钠(Na₂SnO₃)	120	100～150	45	50	—
锡(以锡酸钠形式加入)	—	—	—	—	12～20
氰化钠(NaCN)	27	—	45	53	45～55
游离氰化钠(NaCN)	—	18～20	—	—	—
氢氧化钠(NaOH)	—	—	12	15	6～12
碳酸钠(Na₂CO₃)	—	—	8	—	—
碳酸钾(K₂CO₃)	—	—	—	10	—
酒石酸钾钠(KNaC₄H₄O₆·4H₂O)	37	—	—	—	—
氧化锌(ZnO)	—	—	1	1.25	—
WCS-300 开缸剂 /(mL/L)	—	—	50	—	—
WCS-301 光亮剂/(mL/L)	—	—	2	—	—
WCS-302 络合剂　/(mL/L)	—	—	50	—	—
77#-1 白铜锡开缸剂/(mL/L)	—	—	—	50	—
77#-2 白铜锡光亮剂/(mL/L)	—	—	—	2	—
77#-3 白铜锡络合剂/(mL/L)	—	—	—	50	—
LY-998(M)开缸剂/(mL/L)	—	—	—	—	30
LY-998(R)光亮剂/(mL/L)	—	—	—	—	5～15
明胶	—	0.3～0.5	—	—	—
pH 值	13.5	—	12～13	11～13	12～14
温度/℃	65	60～65	40～55	50～60	50～60
阴极电流密度/(A/dm²)	3	2～2.5	—	1～3	0.3～3
阳极电流密度/(A/dm²)	—	—	—	—	0.2～1.5

续表

溶液成分及工艺规范	1	2	3	4	5
	含量/(g/L)				
阳极	—	—	—	石墨或不锈钢	白金钛网或不锈钢
搅拌	—	—	—	阴极移动	中等强度
过滤	—	—	—	连续过滤	

注：1. 配方 3 的 WCS-300 开缸剂、WCS-301 光亮剂、WCS-302 络合剂是广州美迪斯有限公司的产品。

2. 配方 4 的 77#-1 白铜锡开缸剂、77#-2 白铜锡光亮剂、77#-3 白铜锡络合剂是广州市达志化工科技有限公司的产品。

3. 配方 5 的 LY-998（M）开缸剂、LY-998（R）光亮剂是天津中盛表面技术有限公司的产品。

表 18-15　高氰滚镀高锡 Cu-Sn 合金的镀液组成及工艺规范

溶液成分及工艺规范	1	2	3
	含量/(g/L)		
氰化亚铜（CuCN）	20	16	18～25
锡酸钠（Na₂SnO₃）	20	29	30～40
氰化钠（NaCN）	45	47	
游离氰化钠（NaCN）	—	—	20～30
氢氧化钠（NaOH）	15	16	
碳酸钠（Na₂CO₃）	—	5	
碳酸钾（K₂CO₃）	10	—	
氧化锌（ZnO）	1.25	0～1	
78#-1 滚镀白铜锡开缸剂/(mL/L)	50		
78#-2 滚镀白铜锡光亮剂/(mL/L)	2		
78#-3 滚镀白铜锡络合剂/(mL/L)	50		
WCS-200 开缸剂 /(mL/L)	—	50	
WCS-201 光亮剂/(mL/L)	—	2	
WCS-202 络合剂　/(mL/L)	—	50	
明胶	—		0.3～0.5
pH 值	11～13	12.5～13	
温度/℃	50～60	50～60	60～65
阴极电流密度/(A/dm²)	0.3～1.5	—	180～200 安/筒
电压/V	4		
阳极	石墨或不锈钢		
过滤	连续过滤		

注：1. 配方 1 的 78#-1 滚镀白铜锡开缸剂、78#-2 滚镀白铜锡光亮剂、78#-3 滚镀白铜锡络合剂是广州市达志化工科技有限公司的产品。

2. 配方 2 的 WCS-200 开缸剂、WCS-201 光亮剂、WCS-202 络合剂是广州美迪斯有限公司的产品。

(2) 镀液组成及工艺规范的影响

① 铜盐和锡盐　它们是提供镀液中被沉积的金属离子的主盐。其浓度变化会显著地影响合金镀层的组成和外观，一般情况下，镀低锡 Cu-Sn 合金的镀液，铜离子/锡离子的浓度比，

宜控制在 (2～3)：1；镀高锡 Cu-Sn 合金的镀液，铜离子/锡离子的浓度比，宜控制在 1：(2.5～4.0)。当金属离子浓度比一定时，则金属离子的总浓度的变化对镀层组成影响不大。提高镀液中金属离子的总浓度，能提高允许的阴极电流密度和电流效率，有利于提高生产效率，但总浓度过高，镀液分散能力下降，镀层粗糙。镀液中锡要以四价形式存在，若阳极产生二价锡离子，将导致镀层发灰和产生毛刺等疵病，常用双氧水将其氧化为四价锡。

② 配位剂　氰化钠是铜离子的配位剂，氰化钠与铜离子（Cu^+）形成 $[Cu(CN)_3]^{2-}$ 配离子；氢氧化钠是锡离子的配位剂，OH^- 可与 Na_2SnO_3 中的 Sn^{4+} 生成 $[Sn(OH)_6]^{2-}$ 配离子。两种金属离子分别用各自的配位剂，而不互相干扰，所以只要控制得当，可以镀取从低锡到高锡的各种合金镀层。当游离氰化钠含量增加时，同时增大铜沉积时的阴极极化作用，铜的析出电位变负，这样有利于锡的析出；当游离氢氧化钠含量增加时，锡的析出电位变负，有利于铜的析出。所以在生产中控制游离配位剂的含量是非常重要的。在低锡 Cu-Sn 合金的镀液中，若游离氰化钠或游离氢氧化钠过量，将会使铜或锡的析出电位负移，不仅会使阴极电流效率下降，大量氢气析出，而且会使镀层针孔增多，甚至粗糙和疏松。

③ 添加剂　Cu-Sn 合金的镀液中含有适宜的添加剂，可使得在较宽的阴极电流密度下，获得结晶细致、平滑而光亮的合金镀层。合金镀液添加剂包括水溶性酒石酸盐、铋盐或铅盐、阴离子表面活性剂、明胶、含氮化合物、含硫化合物或含硫杂环化合物等，以及市场上的商品添加剂。

④ 镀液温度　镀液温度对合金镀层组成、镀层质量及镀液性能都有较大的影响。随镀液温度升高，镀层中锡含量相应增加，阴极电流效率提高。但温度过高，会加速氰化物分解，影响镀层组成和镀层质量；温度偏低，不但降低阴极电流效率，而且会使阳极溶解不正常，镀层光亮度也较差。氰化镀液常采用 55～65℃，在该温度范围内能得到光泽性好的优质镀层，而且电流效率较高。

⑤ 阴极电流密度　提高阴极电流密度，镀层中锡含量增加，但阴极电流效率降低。电流密度过高，电流效率明显降低，镀层粗糙，阳极易发生钝化；电流密度过低，镀层沉积缓慢，外观呈暗褐色。镀低锡 Cu-Sn 合金镀层常采用的阴极电流密度为 1.5～2.5A/dm²，镀高锡 Cu-Sn 合金镀层常采用的阴极电流密度为 2～4A/dm²。

⑥ 阳极　镀 Cu-Sn 合金用的阳极，可以采用 Cu-Sn 合金阳极或铜阳极，也可以采用铜、锡单金属混挂阳极。镀低锡 Cu-Sn 合金，多采用铜阳极或低锡合金阳极〔合金组分为 Cu：Sn=(8～9)：1〕。由于合金阳极随 Sn 含量增大而溶解性能变差，所以镀高锡 Cu-Sn 合金，常采用铜、锡单金属混挂阳极，或者单用铜阳极，镀液中被消耗的锡用锡盐补充。电镀结束后，应把阳极从镀液中取出。

18.3.3　低氰镀 Cu-Sn 合金

(1) 镀液类型

低氰镀 Cu-Sn 合金的镀液，有以下两种类型。

① 低氰化物-焦磷酸盐镀液　氰化物是铜的配位剂，保持铜呈一价状态，镀低锡 Cu-Sn 合金的镀液，游离氰化钠宜保持在 2g/L 左右；滚镀高锡镀液宜保持在 9～10g/L 左右。焦磷酸盐是二价锡的配位剂，镀低锡 Cu-Sn 合金的镀液，焦磷酸钠要求的浓度较高，为 80～100g/L；镀高锡镀液约为 60g/L。这种镀液能镀取各种锡含量的 Cu-Sn 合金镀层，镀层呈半光亮至光亮光泽，而且减少污染。但合金阳极溶解性能较差。

② 低氰化物-三乙醇胺镀液　三乙醇胺起辅助配位剂的作用，用三乙醇胺代替部分游离氰化钠，可使游离氰化钠含量降低至 1.5g/L，仍能获得优质镀层，能较好地用于镀取低锡 Cu-Sn 合金镀层。

（2）镀液组成及工艺规范

低氰镀 Cu-Sn 合金的镀液组成及工艺规范见表 18-16。

表 18-16　低氰镀 Cu-Sn 合金的镀液组成及工艺规范

溶液成分及工艺规范	低氰化物-焦磷酸盐镀液				低氰化物-三乙醇胺镀液	
	低锡合金	中锡合金	高锡合金	高锡合金	低锡合金	低锡合金
	含量/（g/L）					
氰化亚铜（CuCN）	—	12～14	—	—	—	20～30
铜（以氰化亚铜形式加入）	10～14	—	11～22	10～12	15～20	—
氯化亚锡（$SnCl_2 \cdot 2H_2O$）	—	1.6～2.4	—	—	—	—
锡酸钠（$Na_2SnO_3 \cdot 3H_2O$）	—	—	—	—	—	60～70
锡（以锡酸钠形式加入）	—	—	—	—	25～30	—
锡（以氯化亚锡形式加入）	0.3～0.7	—	1～2.5	0.6～1	—	—
锡（以四氯化锡形式加入）	2～8	—	6～9	—	—	—
游离氰化钠（NaCN）	1～2.5	2～4	8～12	8.5～10	2～3	3～4
焦磷酸钠（$Na_4P_2O_7$）	80～100	—	60～80	70～90	—	—
焦磷酸钾（$K_4P_2O_7$）	—	50～100	—	—	—	—
磷酸氢二钠（$Na_2HPO_4 \cdot 12H_2O$）	—	50～100	—	—	—	—
酒石酸钾钠（$KNaC_4H_4O_6 \cdot 4H_2O$）	—	25～30	—	—	—	—
三乙醇胺[$N(CH_2CH_2OH)_3$]	—	—	—	—	50～70	50～70
氢氧化钠（NaOH）	—	—	—	—	—	25～30
明胶	1～1.5	0.3～0.5	—	0.3～0.5	—	—
聚乙二醇[$HO(CH_2CH_2O)_nH$]	0.1～0.2	—	—	—	—	—
pH 值	8～9	8.5～9.5	11～12	11.5～12.5	11～13	—
温度/℃	45～55	55～60	15～45	40～45	56～62	55～60
阴极电流密度/（A/dm²）	1.5～2.5	1～1.5	滚镀 40～80A /5kg	滚镀 150～250A /筒	1～1.5	1～1.5
阳极	含锡 10%～12% 合金阳极	铜板	铜、锡阳极 混挂	铜、锡阳极 混挂	含锡 10%～12% 合金阳极	含锡 10%～12% 合金阳极

注：表中阳极的锡含量（%）为质量分数。

18.3.4　焦磷酸盐镀 Cu-Sn 合金

　　焦磷酸盐镀 Cu-Sn 合金的镀液，依据加入锡盐的不同，可分为两种类型，即二价锡类型（焦磷酸盐镀液）和四价锡类型（焦磷酸盐-锡酸盐镀液）。

　　① 焦磷酸盐镀液　镀液中加入的是 Sn^{2+} 盐（焦磷酸亚锡），镀液中有时还加入草酸铵、氨三乙酸等作辅助配位剂。通过改变 $[Cu^{2+}]/[Sn^{2+}]$ 的比值，可以获得各种不同组成的合金镀层，可获得锡的质量分数超过 10% 的 Cu-Sn 合金镀层，外观呈金色，结晶细致，抛光性好，可作为仿金镀层。其缺点是：由于存在 Sn^{2+} 对 Cu^{2+} 的还原作用，镀液中容易产生铜粉。

　　焦磷酸盐镀 Cu-Sn 合金的镀液组成及工艺规范见表 18-17。

表 18-17 焦磷酸盐镀 Cu-Sn 合金的镀液组成及工艺规范

溶液成分及工艺规范	1	2	3	4	5	6
	含量/(g/L)					
焦磷酸铜($Cu_2P_2O_7$)	20.8~37.8	—	38~42	—	20~25	10
铜(以焦磷酸铜形式加入)	—	14~16	—	12~17	—	—
焦磷酸亚锡($Sn_2P_2O_7$)	30.8~51.4	—	3.5~5.2	—	1.5~2.5	25
锡(以焦磷酸亚锡形式加入)	—	1.5~2.5	—	1.5~2.5	—	—
焦磷酸钠($Na_4P_2O_7$)	48~189.7	—	—	—	—	—
焦磷酸钾($K_4P_2O_7$)	—	320~350	300~320	240~280	300~320	320
草酸铵$[(NH_4)_2C_2O_4]$	20	—	—	—	—	—
氨三乙酸$[N(CH_2COOH)_3]$	—	30~40	30~40	30~40	25~35	—
磷酸氢二钠(Na_2HPO_4)	—	40~50	—	30~50	—	—
磷酸氢二钾(K_2HPO_4)	—	—	40~50	—	30~40	—
柠檬酸钠($Na_3C_6H_5O_7$)	—	—	—	5~10	—	—
FCS-A 配位剂/(mL/L)	—	—	—	—	—	100
FCS-B 稳定剂/(mL/L)	—	—	—	—	—	20
FCS-A 光亮剂/(mL/L)	—	—	—	—	—	15
pH 值	9~9.5	8~8.8	8.5~8.8	8.3~8.8	8~8.8	8.0
温度/℃	40~80	30~35	30~35	25~35	25~35	约 30~40
阴极电流密度/(A/dm²)	0.5~10	0.6~0.8	0.6~1.0	0.5~1	0.8~1.5	0.2~1.2
阳极电流密度/(A/dm²)	0.1~2.5	—	0.2~0.5	—	—	—
阳极	不锈钢+ Cu-Sn 合金	电解铜板	Cu-Sn 合金	电解铜板	电解铜板	电解铜板或合金
搅拌	需要	阴极移动	需要	阴极移动	需要	需要
镀层中 Cu 含量(质量分数)/%	10~96	—	>85	—	70~80	—

注:1. 配方 2、4 的电镀使用的是间隙电流(20~25 次/分钟),间隙时间 1/3s。
2. 配方 5 适于电镀仿金镀层,外观均为均匀金黄色,孔隙率低,抛光性好,较长期保持光泽,Cu-Sn 合金镀层需涂覆透明涂料。
3. 配方 6 的 FCS 系列添加剂是广州美迪斯新材料有限公司的产品。

② 焦磷酸盐-锡酸盐镀液 该镀液较稳定,沉积速度较快,但镀层锡含量低,只能达到 7%~9%,镀层偏红,可作为防护-装饰性镀层的底层使用。

焦磷酸盐-锡酸盐镀 Cu-Sn 合金的镀液组成及工艺规范见表 18-18。

表 18-18 焦磷酸盐-锡酸盐镀 Cu-Sn 合金的镀液组成及工艺规范

溶液成分及工艺规范	1	2	3	4
	含量/(g/L)			
焦磷酸铜($Cu_2P_2O_7$)	19~24	20~25	25~30	30~35
锡酸钠($Na_2SnO_3 \cdot 3H_2O$)	60~72	40~60	25~30	50~60
焦磷酸钾($K_4P_2O_7$)	240~280	230~260	200~250	250~300
硝酸钾(KNO_3)	40~45	40~45	—	15~25

续表

溶液成分及工艺规范	1	2	3	4
	含量/(g/L)			
酒石酸钾钠($KNaC_4H_4O_6 \cdot 4H_2O$)	20～25	30～35	—	—
磷酸氢二钠(Na_2HPO_4)	—	—	40～50	—
尿素及缩二脲$[(NH)_2CO]$	—	—	—	5～20
明胶	0.01～0.02	0.01～0.02	—	—
pH 值	10.8～11.2	10.8～11.2	11～11.5	10～10.5
温度/℃	30～55	25～50	25～35	45～52
阴极电流密度/(A/dm²)	2～3	2～3	0.8～1	0.7～1
阳极	含锡6%～8%的合金阳极	含锡6%～9%的合金阳极	Cu:Sn=7:3～6:4	铜板及合金板
阴极移动	8～11 次/分钟	—	10～18 次/分钟	25～30 次/分钟

注：表中阳极的锡含量（%）为质量分数。

18.3.5 柠檬酸盐镀 Cu-Sn 合金

柠檬酸盐镀 Cu-Sn 合金的镀液组成简单、稳定，电流效率高（＞95%），镀层锡含量约为10%～13%。但合金镀层有一定的脆性，阴极电流密度不够宽，对杂质较敏感。

柠檬酸盐镀 Cu-Sn 合金的镀液组成及工艺规范见表 18-19。

表 18-19 柠檬酸盐镀 Cu-Sn 合金的镀液组成及工艺规范

溶液成分及工艺规范	1	2
	含量/(g/L)	
铜(以碱式碳酸铜形式加入)	14～18	—
锡(以锡酸钾形式加入)	18～22	—
柠檬酸铜($Cu_2C_6H_4O_7 \cdot 2\frac{1}{2}H_2O$)	—	60～70
锡酸钾($K_2SnO_3 \cdot 3H_2O$)	—	50～60
柠檬酸($C_6H_8O_7 \cdot H_2O$)	140～180	—
柠檬酸钾($K_3C_6H_5O_7 \cdot H_2O$)	—	200～230
焦磷酸钾($K_4P_2O_7$)	—	50～60
氢氧化钠(NaOH)	100～135	—
磷酸氢二钾(K_2HPO_4)	15～20	—
pH 值	9～10	9～10.5
温度/℃	25～30	35～40
阴极电流密度/(A/dm²)	阴极移动：0.8～1.2 阴极不动：0.5～0.8	阴极移动：0.8～1.2
阴阳极面积比	1:(2～3)	1:2
阳极	电解压延铜板	电解压延铜板

18.3.6 不合格 Cu-Sn 合金镀层的退除

不合格 Cu-Sn 合金镀层的退除方法见表 18-20。

表 18-20 不合格 Cu-Sn 合金镀层的退除方法

基体金属	退除方法	溶液组成	含量/(g/L)	温度/℃	阳极电流密度/(A/dm²)	备注
钢铁件	化学法	72%硝酸(HNO₃) 氯化钠(NaCl)	1000mL/L 40~45	65~75	—	零件表面不允许有水。退除速度快，约为 6μm/min
	电解法	硝酸钾(KNO₃) pH 值(用硝酸调节)	100~150 7~10	15~50	5~10	阴极为铁或不锈钢。阴极移动。退除速度为 1.5~2μm/min
	电解法	三乙醇胺[N(CH₂CH₂OH)₃] 硝酸钠(NaNO₃) 氢氧化钠(NaOH)	60~70 15~20 60~75	30~50	1.5~2.5	阴极为铁或不锈钢。阴极移动。退除速度为 0.5~1μm/min
铝及铝合金	化学法	72%硝酸(HNO₃)	800~1000mL/L	室温	—	
锌合金	电解法	98%硫酸(H₂SO₄)	435~520mL/L	室温	5~9	
塑料	化学法	72%硝酸(HNO₃)	500mL/L	室温	—	
		铬酐(CrO₃) 98%硫酸(H₂SO₄)	100~400 2~50	室温	—	

18.4 电镀 Ni-Fe 合金

18.4.1 概述

Ni-Fe 合金镀层，无论是高铁合金还是低铁合金，其镀层结晶细致并有光泽，外观色泽介于镍和铬之间，呈青白色。

Ni-Fe 合金镀层的特点和用途如表 18-21 所示。

表 18-21 Ni-Fe 合金镀层的特点和用途

Ni-Fe 合金镀层的特点	Ni-Fe 合金镀层的应用
① 可用作部分代镍镀层，节省用镍。而且镀液中镍盐的浓度比光亮镀镍低 1/3~1/2，可减少镍盐带出的损失 ② 在 Ni-Fe 合金镀层上比较容易套铬，而且镀铬的覆盖能力较好 ③ 合金镀层硬度高，韧性和延展性都很好，镀后可以进行再加工 ④ 镀层与基体结合牢固，可在钢铁件上直接镀出全光亮、高整平性的合金镀层，且耐蚀性好 ⑤ 镀镍溶液的有害杂质——铁，在合金镀液中为主盐金属，因此镀液管理容易。而且光亮镀镍液转化为 Ni-Fe 合金镀液很方便	① 含 Ni 79%，含 Fe 21%（均为质量分数）的 Ni-Fe 合金镀层，是很好的磁性镀层，应用在电子工业中作为记忆元件镀层 ② 含 Fe 12%~40%（质量分数）的光亮 Ni-Fe 合金镀层，具有良好的硬度和韧性，硬度比光亮镍镀层稍大，一般为 550~650HV。在一般环境下，其耐蚀性与光亮镍镀层相当，因此它可以用作代镍镀层 ③ 但 Ni-Fe 合金镀层不宜作表面镀层，一般用作底层或中间层。由于这种镀层不宜在潮湿空气中或水中放置较长时间，以免出现铁锈而影响与上层镀层之间的结合强度，最好立即电镀面层 ④ Ni-Fe 合金作为防护-装饰性体系中的镀层，在汽车、轻工产品、家用电器、金属家具、日用五金和文化用品中得到了广泛应用

根据不同的使用环境和要求，为进一步提高耐蚀性，可采用多层合金镀层。如第一层先镀占总厚的 2/3 左右的高铁合金镀层（铁的质量分数为 25%~35%），作为底层，然后再镀一层

低铁合金镀层（铁的质量分数为 $10\%\sim15\%$）。对耐蚀性要求较高的零件，甚至还采用三层 Ni-Fe 合金镀层。在实际生产中，常采用双层或三层 Ni-Fe 合金镀层作为装饰性铬的底层。

18.4.2 镀液组成及工艺规范

Ni-Fe 合金镀液目前普遍采用的是以硫酸盐为主，同时加入少量氯化物的硫酸盐-氯化物镀液。其镀液组成及工艺规范见表 18-22、表 18-23。

表 18-22 镀 Ni-Fe 合金的镀液组成及工艺规范（1）

溶液成分及工艺规范	挂镀					滚镀
	1	2	3	4	5	
	含量/(g/L)					
硫酸镍（NiSO₄·6H₂O）	$180\sim220$	$150\sim200$	200	—	200	200
氯化镍（NiCl₂·6H₂O）	—	—	60	—	45	—
氨基磺酸镍[Ni(NH₂SO₃)₂]	—	—	—	369	—	—
硫酸亚铁（FeSO₄·7H₂O）	$10\sim40$	$10\sim12$	20	$20\sim25$	15	20
氯化钠（NaCl）	$25\sim30$	$13\sim18$	—	—	—	25
硼酸（H₃BO₃）	$40\sim45$	$40\sim45$	40	30	45	50
氨基磺酸（NH₂SO₃H）	—	—	—	$10\sim20$	—	—
柠檬酸钠（Na₃C₆H₅O₇·2H₂O）	$20\sim25$	$20\sim25$	30	—	24	—
苯亚磺酸钠（NaC₆H₅SO₂·2H₂O）	—	—	0.2	—	—	0.3
硫酸羟胺（H₄N₂·H₂SO₄）	—	—	—	$2\sim6$	—	—
葡萄糖（C₆H₁₂O₆）	—	—	—	—	—	30
糖精（C₇H₅O₃N）	$3\sim5$	3	3	$0.6\sim1$	—	5
甘露醇（C₆H₁₄O₆）	—	1	—	—	—	—
1,4-丁炔二醇[C₂(CH₂OH)₂]	—	$0.3\sim0.5$	0.5	—	—	—
十二烷基硫酸钠（NaC₁₂H₂₅SO₄）	—	适量	0.1	$0.05\sim0.1$	—	0.3
998A 稀土添加剂/(g/L)	—	—	—	—	0.4	—
791 光亮剂/(mL/L)	—	—	—	—	—	3.8
pH 值	$3.2\sim3.9$	$4\sim4.5$	$3.2\sim3.8$	1.0	$3\sim3.8$	3.5
温度/℃	$60\sim65$	$55\sim65$	$60\sim63$	45	—	$58\sim60$
阴极电流密度/(A/dm²)	$2\sim5$	$2\sim5$	4	25	5	$3\sim5$
阳极 Ni:Fe(面积比)	$(6\sim8):1$	$5:1$	—	不溶性阳极	—	$(6\sim8):1$
阴极移动	需要	—	需要	—	—	—
连续过滤	需要	—	—	—	—	—

注：1. 挂镀配方 1 的硫酸亚铁含量，镀高铁合金为 $30\sim40$g/L；镀低铁合金为 $10\sim20$g/L。

2. 挂镀配方 5 的 998A 稀土添加剂，开槽用量为 0.4g/L，补加量在 15g/kA·h·L。该稀土添加剂由江苏宜兴市新新稀土应用技术研究所研制生产。镀层细致，耐蚀性高。

表 18-23　镀 Ni-Fe 合金的镀液组成及工艺规范（2）

溶液成分及工艺规范	1	2	3	4	5	6
	含量/(g/L)					
硫酸镍($NiSO_4 \cdot 6H_2O$)	100～220	180～230	180～220	180～250	45～55	135
氯化镍($NiCl_2 \cdot 6H_2O$)	—	40～55	30～50	50～70	100～105	—
硫酸亚铁($FeSO_4 \cdot 7H_2O$)	10～20	15～30	10～20	10～30	17.5～20	13
氯化钠($NaCl$)	25～30	—	—	—	—	56
硼酸(H_3BO_3)	40～45	45～55	40～50	40～60	27.5～30	43
琥珀酸($CH_2CO_2H)_2$	—	—	—	—	0.2～0.4	—
抗坏血酸($C_6H_8O_6$)	—	—	—	—	1～1.5	—
柠檬酸钠($Na_3C_6H_5O_7 \cdot 2H_2O$)	—	—	—	—	—	26
苯亚磺酸钠($NaC_6H_5SO_2 \cdot 2H_2O$)	—	—	—	—	0.2～0.8	0.2
糖精($C_7H_5O_3N$)	3～5	—	3	3～4	2～4	4
丙酰基磺酸钠	—	—	—	—	—	0.2
十二烷基硫酸钠($NaC_{12}H_{25}SO_4$)	—	—	—	—	0.05～0.1	—
NF 镍铁光亮剂/(mL/L)	1.5～2	—	—	—	—	—
NF 镍铁稳定剂/(mL/L)	20～25	—	—	—	—	—
LB 低泡润湿剂/(mL/L)	1～2	—	—	—	—	—
NT 安定剂/(mL/L)	—	12～20	—	—	—	—
NT-10 主光亮剂/(mL/L)	—	0.6～0.9	—	—	—	—
NT-2 辅光剂/(mL/L)	—	14～18	—	—	—	—
NT-3 辅光剂/(mL/L)	—	30～40	—	—	—	—
NT-17 辅光剂/(mL/L)	—	2.5～4.5	—	—	—	—
D NT-2 主光亮剂/(mL/L)	—	—	0.6～1	—	—	—
D NT-1 辅光剂/(mL/L)	—	—	10～15	—	—	—
D NT-3 稳定剂/(mL/L)	—	—	20～30	—	—	—
润湿剂 RS932/(mL/L)	—	—	0.5～1.5	—	—	—
LY-922A 开缸剂 /(mL/L)	—	—	—	10	—	—
LY-922B 补充剂 /(mL/L)	—	—	—	1	—	—
LY-922C 稳定剂 /(mL/L)	—	—	—	25	—	—
ABS 光亮剂/(mL/L)	—	—	—	—	4～8	—
润湿剂/(mL/L)	—	—	—	2～4	—	—
pH 值	3～3.8	3～4	3～3.8	3.5～4	—	3.2～3.8
温度/℃	55～62	58～68	55～60	50～60	55～65	60～65
阴极电流密度/(A/dm²)	3～5	2～10	2～5	2～10	2～10	2～5
阳极 Ni：Fe(面积比)	—	(6～8)：1	(7～8)：1	(6～7)：1	(4～5)：1	(8～12)：1

注：1. 配方 1 的 NF 镍铁光亮剂、NF 镍铁稳定剂、LB 低泡润湿剂是上海永生助剂厂的产品。
2. 配方 2 的 NT 系列添加剂是广州二轻研究所的产品。
3. 配方 3 的 DNT 系列添加剂是杭州惠丰表面技术研究所研制的产品。
4. 配方 4 的 LY-922 添加剂是天津中盛表面技术有限公司的产品。
5. 配方 5 的 ABS 光亮剂是武汉大学化学系研制的产品。

18.4.3 镀液成分及工艺规范的影响

① 主盐 硫酸镍、氯化镍、硫酸亚铁是合金镀液的主盐。主盐离子浓度比（$[Fe^{2+}]$/$[Ni^{2+}]$）是影响合金组成的主要因素，它比离子的绝对浓度的影响要大得多。在简单盐的合金镀液中，电极电位比镍约负 200 mV 的铁仍优先沉积，Ni、Fe 的共沉积属于异常共沉积类型。生产实践证明，镀液中镍含量不变时，增加铁离子浓度，镀层中的铁含量直线上升，每增加 1g/L 的铁离子，镀层中铁含量比例大约增加 10%[3]。因此，在实际生产中，应严格控制镀液中的主盐金属离子浓度比值，来控制合金镀层的成分。

② 稳定剂 在简单盐的镀液中，Fe^{2+} 稳定剂的选择是很重要的。铁在镀液中是以 Fe^{2+} 形态存在的，在电解过程中，Fe^{2+} 在阳极容易形成 Fe^{3+}。Fe^{3+} 在 pH 值超过 3.5 时，有可能生成 Fe$(OH)_3$ 沉淀，由于 Ni-Fe 合金镀层具有磁性，它容易吸附在阴极表面上，使镀层产生针孔、毛刺和脆性等。当 Fe^{3+} 含量占总铁量 40% 以上时，就很难正常生产。所以，镀液中必须要加入一定量的 Fe^{2+} 稳定剂和足够量的缓冲剂，与 Fe^{2+} 形成稳定配合物，抑制 Fe^{2+} 的氧化，防止产生 Fe$(OH)_3$ 沉淀。一般作为 Fe^{2+} 稳定剂的有柠檬酸盐、葡萄糖酸盐、酒石酸盐、EDTA、抗坏血酸等。将上述稳定剂单独或混合加入镀液中，对 Fe^{2+} 稳定效果良好，而且还能提高镀液的整平能力。

③ 光亮剂和整平剂 一般来说，对光亮镀镍有效的光亮剂，也适用于光亮镀 Ni-Fe 合金。镀 Ni-Fe 合金的光亮剂有两种类型：一是糖精和苯并萘磺酸类的混合物；二是磺酸盐类和吡啶盐类的衍生物。糖精除对镀层起光亮作用外，还能减小镀层内应力，使镀层结晶细致、柔韧、色泽光亮。糖精的加入量，一般为 2～5g/L。近年来国内新研制的 NT-10、DNT-2、LY-922、ABSN 等光亮剂和整平剂，用量少、效能高。

④ 缓冲剂 Ni-Fe 合金镀液的 pH 值控制比镀镍还重要，当 pH 值超过 3.5 时，亚铁离子氧化快，会形成 Fe$(OH)_3$ 沉淀，从而影响镀层质量，镀液的 pH 值宜控制在 3.6 以下。所以 Ni-Fe 合金镀液也需要加入缓冲剂，常用的缓冲剂是硼酸。电镀过程中，pH 值会逐渐升高，调低 pH 值，可用稀的硫酸或盐酸，或硫酸与盐酸混合使用。

⑤ pH 值 在 Ni-Fe 合金的简单盐镀液中，pH 值对镀层组成和阴极电流效率的影响都比较大。pH 值升高，镀层铁含量增加，阴极电流效率提高。pH 值过高，会加速 Fe^{3+} 的形成，易产生 Fe$(OH)_3$ 沉淀，从而影响镀层质量。pH 值过低，会加速铁阳极的化学溶解，并在阴极上大量析氢，从而降低阴极电流效率。因此，镀液的 pH 值一般控制在 3.6 以下。

⑥ 镀液温度 镀液温度升高，镀层铁含量随之增加。但温度对电流效率的影响很小。镀液温度过高，会加速 Fe^{2+} 的氧化和光亮剂的分解；温度过低，电流密度范围变窄，镀液整平能力和镀层光亮度下降。生产中镀液温度一般控制在 55～68℃ 范围内。

⑦ 阴极电流密度 阴极电流密度对镀层组成有影响，随着电流密度的增大，镀层铁含量下降。但电流密度高，能提高镀液整平能力、镀层光亮和沉积速度。因此，应按工艺规范要求控制好阴极电流密度。

⑧ 搅拌 镀液的搅拌对合金镀层的组成影响比较大，镀液搅拌会提高镀层的铁含量。不同的搅拌方式对镀层铁含量增加的顺序为：空气强搅拌＞空气弱搅拌＞机械搅拌（阴极移动）＞不搅拌（静止电镀）。利用这一特点，可在同一槽内采用不同的搅拌方式获得高铁和低铁合金镀层。若采用空气搅拌，为防止铁的加速氧化，宜采用低压弱搅拌，同时镀液必须连续过滤。

⑨ 阳极镀 Ni-Fe 合金使用的阳极有：Ni-Fe 合金阳极，Ni、Fe 单金属分控或混挂阳极，使用合金阳极，操作方便，但不易控制镀液中主盐金属离子浓度比。为了控制主盐金属离子浓度比，常采用 Ni、Fe 单金属分挂阳极。因铁阳极容易溶解，因此铁阳极要小一些。当镀层中

铁含量为 20%～30%（质量分数）时，镍阳极与铁阳极的面积比以 (7～8)：1 为宜。铁阳极最好用高纯铁，镍阳极用电解镍或含硫镍，分别装在聚丙烯或纯涤纶制成的阳极袋中，以免阳极泥进入镀液。

18.4.4　不合格 Ni-Fe 合金镀层的退除

不合格 Ni-Fe 合金镀层的退除方法见表 18-24。

表 18-24　不合格 Ni-Fe 合金镀层的退除方法

基体金属	退除方法	溶液组成	含量/(g/L)	温度/℃	阳极电流密度/(A/dm²)
钢铁件	化学法	间硝基苯磺酸钠($C_6H_4NNaO_5S$) 柠檬酸钠($Na_3C_6H_5O_7 \cdot 2H_2O$) 乙二胺[$(CH_2NH_2)_2$] pH 值	80 80 40 7～8	80	—
	化学法	间硝基苯磺酸钠($C_6H_4NNaO_5S$) 柠檬酸($H_3C_6H_5O_7$) 三乙醇胺[$N(CH_2CH_2OH)_3$] pH 值	80 50 20mL/L 9～10	70～80	—
	化学法	72%硝酸(HNO_3) 氯化钠($NaCl$) 六次甲基四胺[$(CH_2)_6N_4$]	1000mL/L 15～20 5	室温	—
铜及铜合金	化学法	乙二胺[$(CH_2NH_2)_2$] 防染盐 S 焦磷酸钾($K_4P_2O_7$)	130～150 70～100 130～150	80～100	—
	电解法	氯化钠($NaCl$) 冰醋酸(CH_3COOH) pH 值	30 25 0.8～1.5	室温 ～38	10～30

注：如 Ni-Fe 合金镀层上层镀铬，需先用盐酸退铬后，再进行退除。

18.5　电镀 Sn-Ni 合金

18.5.1　概述

Sn-Ni 合金镀层结晶细致，耐蚀性好，而且随着合金组成的变化，可呈现出均匀一致的不同色彩，在许多领域获得广泛应用。其合金镀层具有以下特点。

① 镀层外观色泽，随合金组成而变化，一般随镀层中镍含量的增加，可获得从光亮青白色、粉红略带黑直到光亮的黑色，而且色泽均匀一致。

② Sn-Ni 合金镀层不易变色，抗变色性能明显优于单层锡镀层和镍镀层。

③ 优异的耐蚀性能。抗化学品腐蚀、大气腐蚀等性能均优于单层锡镀层和镍镀层。12～25μm 厚的 Sn-Ni 合金镀层的耐蚀性相当于同厚度的铜和镍双层镀层。在 Zn-Cu、Ni-Fe、Cu-Sn 合金镀层或光亮铜、镍镀层上施镀薄层的 Sn-Ni 合金镀层，可代替装饰铬镀层。

④ 合金镀层硬度和耐磨性较好。其硬度为 650～700HV，介于镍镀层和铬镀层之间。

⑤ 内应力很小。镀层不会产生裂纹、剥落等现象。但镀层略有脆性，镀后不宜进行变形加工处理。

⑥ 合金镀层为非磁性，并具有良好的焊接性能，可作磷青铜弹簧板、接线板、印制电路板以及电子产品的导电、焊接镀层。

Sn-Ni 合金镀层具有优异的性能，用途广泛，主要用于作为装饰性代铬镀层，以及作为电子电器、仪器、汽车、机械、轻工、照相器材等的防护-装饰镀层。

Sn-Ni 合金镀液很多，目前在生产上常用的有氟化物镀液和焦磷酸盐镀液。

18.5.2　氟化物镀 Sn-Ni 合金

氟化物镀液分散能力好，沉积速度快，镀液成分变化对合金组成影响小，但镀液含氟量高，腐蚀性强，而且镀液使用温度高，劳动条件差，对设备腐蚀严重，环境污染重。为克服这类镀液的缺点，开发出了多种镀液。目前，焦磷酸盐镀液有逐步取代氟化物镀液的趋势。

氟化物镀 Sn-Ni 合金镀液主要由主盐氯化亚锡、氯化镍和氟化物等组成。镀液中的氟离子（F^-）与 Sn^{2+} 能形成较稳定的配离子 $[SnF_3]^-$ 或 $[SnF_4]^{2-}$，而 F^- 对 Ni^{2+} 的配合能力很弱，因此，改变镀液中氟化物的浓度可以调整 Sn-Ni 合金镀层的组成。镀液中氟化物浓度增加，可使合金镀层中锡含量下降。

镀 Sn-Ni 合金的阳极，可以用 Ni 含量为 28%（质量分数）左右的合金阳极，但是铸造的这种合金阳极，溶解不均匀。而理想的合金阳极，只能用电解法或粉末冶金法制得。因为这种合金的使用受到一定限制，目前使用较多的是 Sn、Ni 单金属分控阳极。

氟化物镀 Sn-Ni 合金的镀液组成及工艺规范见表 18-25。

表 18-25　氟化物镀 Sn-Ni 合金的镀液组成及工艺规范

溶液成分及工艺规范	1	2	3	4
	含量/(g/L)			
氯化亚锡($SnCl_2 \cdot 2H_2O$)	50	40~50	45~50	40~50
氯化镍($NiCl_2 \cdot 6H_2O$)	300	280~310	250~300	250~300
氟化氢铵(NH_4HF_2)	40	50~60	50~55	—
氢氧化铵(NH_4OH)(浓)/(mL/L)	35	—	—	—
盐酸(HCl)(浓)/(mL/L)	—	—	8	—
氟化钠(NaF)	—	—	—	28~30
氟化铵(NH_4F)	—	—	—	35~38
pH 值	2~2.5	2~2.5	2~2.5	4.5~5
温度/℃	65~75	60~70	60~70	46~55
阴极电流密度/(A/dm²)	2~3	1~2	1.5~3	0.5~4
阳极	镍锡分挂	镍板	镍板	锡板：镍板 （面积比）= 1：10
镀层组成	Sn 含量约为 65%（质量分数）左右。镀层呈白色略带粉红色			

18.5.3　焦磷酸盐镀 Sn-Ni 合金

焦磷酸盐镀液的操作条件对镀层组分的影响较小，镀层质量较稳定，但阴极电流效率略低于氟化物镀液。焦磷酸盐是这种合金镀液中的主配位剂，若不加入适当的辅助配位剂，所得的镀层主要是锡。加入有效的辅助配位剂如柠檬酸、氨基乙酸、蛋氨酸等，使其与 Sn^{2+} 形成更稳定的配离子；或者在镍的沉积过程中起去极化作用，使镍更容易沉积，以实现锡、镍共沉积。生产上一般多采用 Sn、Ni 单金属分控阳极。焦磷酸盐镀 Sn-Ni 合金的镀液组成及工艺规范见表 18-26。

表 18-26　焦磷酸盐镀 Sn-Ni 合金的镀液组成及工艺规范

溶液成分及工艺规范	1	2	3	4	5
	含量/(g/L)				
焦磷酸亚锡(Sn₂P₂O₇)	20	—	—	—	—
氯化亚锡(SnCl₂·2H₂O)	—	28	25	15	25～30
氯化镍(NiCl₂·6H₂O)	15	30	60～72	70	—
硫酸镍(NiSO₄·6H₂O)	—	—	—	—	30～35
焦磷酸钾(K₄P₂O₇)	200	200	250～300	280	180～200
柠檬酸铵[(NH₄)₃C₆H₅O₇]	20	—	—	—	—
柠檬酸(C₆H₈O₇·H₂O)	—	—	—	—	15～20
氨基乙酸(NH₂CH₂COOH)	—	20	—	—	—
蛋氨酸(C₅H₁₁O₂NS)	5	—	—	5	—
乙二胺[(CH₂NH₂)₂](20%水溶液)/(mL/L)	—	—	15	15	—
盐酸肼(NH₂NH₂·HCl)	—	—	8	—	—
氨水(NH₃·H₂O)/(mL/L)	—	5	—	—	—
去极剂	—	—	—	—	20～30
光亮剂/(mL/L)	—	1	—	—	0.3～0.5
pH 值	8.5	8	8.2～8.5	9.5	8～8.5
温度/℃	50	50	50	60	45～50
阴极电流密度/(A/dm²)	0.5～6	0.1～1	0.1～1.5	3	0.5～2
镀层中 Sn 含量(质量分数)/%	67～92	60～90	65	—	—

注：1. 焦磷酸盐镀液用的阳极，一般采用 Sn、Ni 单金属分控阳极或合金阳极。
　　2. 配方 5 的去极剂及光亮剂是北京师范大学研制的产品。

18.5.4　镀黑色光亮 Sn-Ni 合金

在焦磷酸盐的 Sn-Ni 合金的镀液中加入发黑剂，即可获得黑色光亮的 Sn-Ni 合金镀层（亦称为枪黑色镀层）。黑色 Sn-Ni 合金镀液使用的阴极电流密度区域范围较宽，更适合于形状复杂制品的电镀。

许多含硫的氨基羧酸，可作为焦磷酸盐黑色光亮 Sn-Ni 合金镀液的发黑剂，如巯基丙氨酸、巯基丁氨酸、胱氨酸及蛋氨酸等。

黑色光亮 Sn-Ni 合金镀层中镍含量一般在 35%～40%（质量分数）左右。若镀层镍含量过低，镀层色泽呈灰白色或白色；镍含量过高，镀层黑度差。如果在镀液中再添加少量铜盐，则可获得 Sn-Ni-Cu 三元合金镀层，其色调更加美丽，而且硬度也更高（500～700HV）。

黑色光亮的 Sn-Ni 合金镀层，光亮、黑度均习，耐蚀性及抗变色性能良好，并具有耐磨性及较高的硬度，可以代替黑铬镀层或黑镍镀层，适合作为光学仪器、照相器材等零部件的表面镀层。

黑色光亮 Sn-Ni 合金的镀液组成及工艺规范见表 18-27。

表 18-27 黑色光亮 Sn-Ni 合金的镀液组成及工艺规范

溶液成分及工艺规范	1	2	3	4	5	6	7	8
	含量/(g/L)							
焦磷酸亚锡($Sn_2P_2O_7$)	10	—	—	—	—	—	—	—
硫酸亚锡($SnSO_4$)	—	—	15	—	—	—	—	—
氯化亚锡($SnCl_2 \cdot 2H_2O$)	—	10	—	—	8~10	4~10	10~50	—
氯化镍($NiCl_2 \cdot 6H_2O$)	75	75	—	—	40~50	40~50	250	—
硫酸镍($NiSO_4 \cdot 7H_2O$)	—	20	70	—	—	—	—	—
焦磷酸钾($K_4P_2O_7$)	250	250	280	—	250~300	250~300	—	200~250
柠檬酸铵$[(NH_4)_3C_6H_5O_7]$	20	—	—	—	20~25	20~25	—	—
乙二胺$[(CH_2NH_2)_2]$	—	—	15	—	—	—	—	—
含硫氨基酸	3~5	—	5~10	—	—	—	—	—
蛋氨酸($C_5H_{11}O_2NS$)	—	5	—	—	—	—	—	—
氟化氢铵(NH_4HF_2)	—	—	—	—	—	—	50	—
锡盐开缸剂	—	—	—	152	—	—	—	—
镍盐开缸剂	—	—	—	48	—	—	—	—
75# 枪黑剂	—	—	—	—	1~2	—	—	—
75# 调整剂	—	—	—	—	30~40	—	—	—
SNI-1 发黑剂	—	—	—	—	—	1~2	—	—
SNI-1 调整剂/(mL/L)	—	—	—	—	—	30~40	—	—
SNI-A 添加剂/(mL/L)	—	—	—	—	—	—	150~200	—
SNI-B 添加剂/(mL/L)	—	—	—	—	—	—	10~20	—
枪黑色 A 盐	—	—	—	—	—	—	—	20~30
枪黑色 B 盐	—	—	—	—	—	—	—	20~40
枪黑色稳定剂/(mL/L)	—	—	—	—	—	—	—	0.2~0.4
pH 值	8.5	8.5	9.5	5.3~5.5	8.5~8.8	7~8.5	4~4.6	8.5~9.5
温度/℃	50	50	60	45~58	35~45	30~55	60~70	40~45
阴极电流密度/(A/dm²)	0.2~6	2	0.2~0.6	1~1.5	0.4~4	0.2~2	0.5~1	0.1~2
镀层中 Ni 的含量 (质量分数)/%	39~41	—	38~40	—	—	—	—	—

注：1. 配方 4 的锡盐开缸剂和镍盐开缸剂是上海永生助剂厂的产品。

2. 配方 5 的 75# 枪黑剂和 75# 调整剂是广州市达志化工科技有限公司的产品。

3. 配方 6 的 SNI-1 发黑剂、SNI-1 调整剂是广州美迪斯新材料有限公司的产品。电镀时间为 1~5min，阳极为碳板，阴阳极面积比为 1：(1~1.2)，阴极移动，连续过滤。

4. 配方 7 的 SNI-A 添加剂、SNI-B 添加剂是广州美迪斯新材料有限公司的产品。

5. 配方 8 的枪黑色 A 盐、枪黑色 B 盐、枪黑色稳定剂是武汉凤帆电镀技术有限公司的产品。

18.5.5 其他镀 Sn-Ni 合金

其他镀 Sn-Ni 合金的镀液组成及工艺规范[3]见表 18-28。

表 18-28 其他镀 Sn-Ni 合金的镀液组成及工艺规范

溶液成分及工艺规范	EDTA 镀液	柠檬酸盐镀液
	含量/(g/L)	
硫酸镍($SnSO_4 \cdot 6H_2O$)	45	150
锡酸钠(Na_2SnO_3)	40	—
硫酸亚锡($SnSO_4$)	—	40
EDTA 四钠盐	75	—
酒石酸钠($Na_2C_4H_4O_6$)	40	—
柠檬酸铵$[(NH_4)_3C_6H_5O_7]$	—	150
氨基磺酸钠(H_2NSO_3Na)	—	70
间苯二酚($C_6H_6O_2$)	—	10
pH 值	12	4
温度/℃	70	40
阴极电流密度/(A/dm²)	1.5	3～4
阳极	石墨	镍板
镀层外观色彩	青白色	白色略带粉红色

18.5.6 不合格 Sn-Ni 合金镀层的退除

不合格 Sn-Ni 合金镀层的退除方法见表 18-29。

表 18-29 不合格 Sn-Ni 合金镀层的退除方法

基体金属	退除方法	溶液组成	含量/(g/L)	温度/℃	阳极电流密度/(A/dm²)
钢铁件	电解法	氢氧化钠(NaOH) 氰化钠(NaCN)	10 15	90～100	3.3
铜及黄铜	化学法	98%硝酸(HNO₃)/(mL/L) 防染盐 S 硫氰酸钾(KCNS)	60 60 0.6～1	70～90	退镀层后在 10%（质量分数）氰化钠中浸渍去黑膜
	电解法	37%盐酸(HCl)/(mL/L)	100	室温	16～30

18.6 电镀 Sn-Co 合金

Sn-Co 合金镀层的外观色泽酷似铬镀层，所以常用来作为代铬镀层。Sn-Co 合金镀层的电极电位比铁正，属于阴极镀层。该合金镀液虽然有许多种，但目前在工业上应用较多的 Sn-Co 合金的镀液，主要有焦磷酸盐型、锡酸盐型等镀液。

(1) Sn-Co 合金镀层的特点

① 合金镀层随钴含量变化，而有不同的外观色泽，钴含量小于 20%（质量分数）时呈光亮白色；钴含量为 20%～30%（质量分数）时呈近似铬镀层的青白色；钴含量大于 30%（质量分数）时呈黑色。

② Sn-Co 合金镀层的反射率略低于铬镀层，约为铬镀层的 80%～90%。

③ 合金镀层的硬度和耐磨性较差。硬度一般在 400～500HV，远低于铬镀层的硬度值，因此其耐磨性比铬镀层差。Sn-Co 合金镀层适合于对硬度和耐磨性要求不很高的制品，用作代

铬镀层。

④ 合金镀层内应力较小，适合作塑料制品的表面镀层。

⑤ 合金镀层抗变色能力较差，镀后需经钝化处理，以提高其耐蚀性能。

⑥ 镀液分散能力和覆盖能力较强，更适合于小零件和复杂零件的电镀。

(2) 镀液组成及工艺规范

① 焦磷酸盐镀液 该镀液具有优良的分散能力，适用于挂镀和滚镀。镀液中锡盐浓度高，镀层发白，反之钴盐多则发黑。当镀液中主盐金属离子浓度比，即 $[Co^{2+}]$ / $[Sn^{2+}]$（摩尔比），控制在 $(0.6 \sim 0.9):1$ 时，可获得均匀一致的青白色镀层，可用作代铬镀层。为使镀液稳定并获得较理想的合金镀层，镀液中配位剂浓度与放电金属离子总浓度比，即 $[P_2O_7^{4-}]$ / $([Co^{2+}] + [Sn^{2+}])$ 应保持在 $(2 \sim 2.5):1$。

该镀液的缺点是 Sn^{2+} 易氧化，应经常加双氧水处理；对铜杂质较敏感，应防止铜杂质的进入。

② 锡酸盐镀液 镀液中锡以 Sn^{4+} 形式存在，不存 Sn^{2+} 的氧化问题。而且 Sn^{4+} 与 OH^- 能够形成较稳定的配离子，因而锡酸盐镀液比焦磷酸盐镀液稳定。操作条件对镀层组成影响不明显。但 pH 值必须控制在 10 以上，防止 pH 值降低而产生氢氧化锡沉淀。该镀液对金属杂质不太敏感，镀液维护较容易。但镀液中的有机杂质对镀层质量有较大影响，新配镀液及日常生产宜用活性炭处理。

阳极一般采用不溶性阳极，多采用石墨阳极，消耗的放电金属离子，以盐类形式定期补加。

Sn-Co 合金的镀液组成及工艺规范见表 18-30。

表 18-30 Sn-Co 合金的镀液组成及工艺规范

溶液成分及工艺规范	焦磷酸盐镀液		锡酸盐镀液	
	1	2	1	2
	含量/(g/L)			
氯化亚锡($SnCl_2 \cdot 2H_2O$)	$15 \sim 50$	—	—	—
焦磷酸亚锡($Sn_2P_2O_7$)	—	15	—	—
锡酸钠(Na_2SnO_3)	—	—	$30 \sim 60$	$60 \sim 70$
氯化钴($CoCl_2 \cdot 6H_2O$)	$15 \sim 50$	30	$5 \sim 15$	$6 \sim 10$
焦磷酸钾($K_4P_2O_7$)	$200 \sim 300$	250	—	$150 \sim 200$
乙二胺四乙酸二钠(EDTA 二钠)	—	—	—	$10 \sim 15$
酒石酸钾钠($KNaC_4H_4O_6 \cdot 4H_2O$)	—	—	—	$15 \sim 20$
聚乙烯亚胺(分子量大于 3000)	$10 \sim 30$	—	—	—
乙烯基乙醇	$1 \sim 10$	—	—	—
氨基羧酸	—	—	$15 \sim 40$	—
氨水(NH_4OH)	—	70	—	—
甘氨酸(NH_2CH_2COOH)/(mL/L)	—	10	—	—
光亮剂	—	—	若干	—
pH 值	$8 \sim 9$	10	>13	$10 \sim 11$
温度/℃	$50 \sim 60$	55	$50 \sim 60$	—

续表

溶液成分及工艺规范	焦磷酸盐镀液		锡酸盐镀液	
	1	2	1	2
	含量/(g/L)			
阴极电流密度/(A/dm²)	0.3~1	0.5~2	0.5~3	150~170 安/筒 或 1~2A/dm²
阳极	石墨	石墨	—	石墨
阴极移动	需要	需要	—	需要
镀层中 Co 的含量(质量分数)/%	20~30	20	15~40	20

（3）镀后处理

Sn-Co 合金镀层易变色，镀后需进行钝化处理。常用的钝化处理方法有化学钝化和电解钝化两种，电解钝化效果优于化学钝化。其钝化的溶液组成及工艺规范见表 18-31。

表 18-31　Sn-Co 合金镀层钝化的溶液组成及工艺规范

溶液成分及工艺规范	化学钝化		电解钝化
	1	2	
	含量/(g/L)		
铬酐(CrO₃)	40~60	—	—
重铬酸钾(K₂Cr₂O₇)	—	8~10	12~15
36%醋酸(CH₃COOH)/(mL/L)	2~5	调 pH 值至 3~5	—
氢氧化钠(NaOH)	—	—	调 pH 值至 12.5
温度/℃	室温	15~30	60~90
阳极电流密度/(A/dm²)	—	—	0.2~0.5
时间/s	30~60	30~120	20~40

18.7　电镀 Cu-Sn-Zn 合金

Cu-Sn-Zn 三元合金比较容易电沉积，常应用于装饰性镀层。这种合金镀层中的三组分的含量，可在相当宽的范围内变化。该镀层一般分为两种。

① 含锡量较高的银白色镀层　合金镀层中锡含量在 15%~35%（质量分数）范围内。

② 含锡量较低的金黄色镀层（即仿金镀层）　合金镀层中锡含量在 1%~3%（质量分数）范围内。

18.7.1　镀银白色 Cu-Sn-Zn 合金

这种合金镀层一般用于音响、电视机、家用电器等产品塑料旋钮的电镀。合金镀液多为氰化物体系。其镀液组成及工艺规范[1]见表 18-32。由于镀液中沉积金属离子浓度很低，所以阴极电流效率很低，只有 35%左右。镀液中加入光亮剂，可得到光亮银白色的合金镀层。

表 18-32　镀银白色 Cu-Sn-Zn 合金的镀液组成及工艺规范

溶液成分及工艺规范	1	2	3
	含量/(g/L)		
氰化亚铜(CuCN)	2~4	3.8	4.3~5

续表

溶液成分及工艺规范	1	2	3
	含量/(g/L)		
氰化锌[Zn(CN)$_2$]	3～8	2	1.8～2.5
锡酸钠(Na$_2$SnO$_3$·3H$_2$O)	1.5～2.5	1.7	—
氰化钠(NaCN)	4～40	28	8～10
氢氧化钠(NaOH)	—	4.5	6～8
碳酸钠(Na$_2$CO$_3$)	15～70	30	—
添加剂 A	—	—	8～10
添加剂 B	—	—	5～6
pH 值	12.5～13	12.6～13	—
温度/℃	—	65	58～62
阴极电流密度/(A/dm^2)	0.5～2	1.5	0.8～1.0
镀层组成(质量分数)/%	Sn 20～35,Zn 8～15	Sn 25,Zn 15	

注：配方 3 的添加剂 A、B 是上海永生助剂厂的产品。

18.7.2　镀仿金 Cu-Sn-Zn 合金

仿金 Cu-Sn-Zn 合金的镀层外层色泽与 14～18K 金的颜色很相似，可用作各种装饰品的表面镀层。但这种镀层容易变色，所以作表面镀层时，镀后一般需要进行钝化处理或涂覆一层透明漆。

(1) 氰化镀仿金 Cu-Sn-Zn 合金

镀液的配位剂是氰化钠，它与 Cu$^+$ 和 Zn^{2+} 都有配合作用，并具有提高镀液稳定性、增大阴极极化作用、促进阳极正常溶解的作用。当镀液中有足够配位剂时，合金镀层的组成主要取决于镀液中的铜、锌、锡含量比。因此，生产中控制好镀液中铜、锌、锡含量的比值，对稳定镀层组成及镀层外观色泽是非常重要的。氰化镀仿金 Cu-Sn-Zn 合金的镀液组成及工艺规范见表 18-33。

表 18-33　氰化镀仿金 Cu-Sn-Zn 合金的镀液组成及工艺规范

溶液成分及工艺规范	高氰镀液		中氰镀液		低氰镀液	
	1	2	1	2	1	2
	含量/(g/L)					
氰化亚铜(CuCN)	25～28	20	15～18	5.6～7	10～40	5～7
氰化锌[Zn(CN)$_2$]	8～12	6	7～9	6.2～7.5	1～10	—
氧化锌(ZnO)						1.9～2.5
锡酸钠(Na$_2$SnO$_3$·3H$_2$O)	4～6	2.4	4～6	1.8～3.4	2～20	3.2～4.1
氰化钠(NaCN)	35～55	50				
游离氰化钠(NaCN)	—	—	5～8	8～12	2～6	2～3
酒石酸钾钠(KNaC$_4$H$_4$O$_6$·4H$_2$O)	20～30		30～35	20～30	4～20	—

续表

溶液成分及工艺规范	高氰镀液		中氰镀液		低氰镀液	
	1	2	1	2	1	2
	含量/(g/L)					
焦磷酸钾($K_4P_2O_7$)	—	—	—	230～250	—	95～125
柠檬酸钠($Na_3C_6H_5O_7 \cdot 2H_2O$)	—	—	—	—	—	15～20
碳酸钠(Na_2CO_3)（无水）	—	7.5	8～12	—	—	—
氢氧化钠(NaOH)	—	—	4～6	—	—	—
硫酸钴($CoSO_4 \cdot 7H_2O$)	0.5～1	—	—	—	—	—
氯化铵(NH_4Cl)	3～6	—	—	—	—	—
氨三乙酸[$N(CH_2COOH)_3$]	—	—	—	25～35	—	—
氨水(NH_4OH)/(mL/L)	—	—	—	5～10	—	2～5
LK 添加剂/(mL/L)	—	—	—	—	—	0.2～1
pH 值	11～12	12.7～13	11.5～12	9.5～10	10～11	9.5～12.5
温度/℃	28～32	20～25	20～35	40～50	15～35	15～35
阴极电流密度/(A/dm^2)	0.3～0.6	2.5～5	0.5～1	0.1～0.3	1～2	0.5～1.5
时间/min	0.5～2	1～10	1～2		1～2	
阳极铜锌比	—	7：3	7：3		7：3	

（2）焦磷酸盐镀仿金 Cu-Sn-Zn 合金

该镀液使用温度低，能耗小。镀液呈弱碱性，在镀液中锡盐是以二价锡形式加入，所以在电镀过程中或镀液与空气接触时，Sn^{2+} 容易被氧化成 Sn^{4+}，会影响镀液稳定性及镀层质量。因此在镀液中宜加入稳定剂，以控制 Sn^{2+} 的氧化。焦磷酸盐镀仿金 Cu-Sn-Zn 合金的镀液组成及工艺规范见表 18-34。

表 18-34　焦磷酸盐镀仿金 Cu-Sn-Zn 合金的镀液组成及工艺规范

溶液成分及工艺规范	1	2	3	4	5
	含量/(g/L)				
硫酸铜($CuSO_4 \cdot 5H_2O$)	14～16	45	35	58.6	45
焦磷酸铜($Cu_2P_2O_7$)	—	—	—	4～5	—
硫酸锌($ZnSO_4 \cdot 7H_2O$)	4～5	15	10	11.2	20
氯化亚锡($SnCl_2 \cdot 2H_2O$)	1.5～2.5	5	3	3.9	5
焦磷酸钾($K_4P_2O_7$)	300～320	320	260	310	340
磷酸氢二钠(Na_2HPO_4)	30～40	—	—	—	—
磷酸二氢钠(NaH_2PO_4)	—	—	10	—	—
柠檬酸钾($K_3C_6H_5O_7 \cdot 2H_2O$)	15～20	70	5	—	—
氨三乙酸[$N(CH_2COOH)_3$]	25～35	23	—	30	35～50
氢氧化钾(KOH)	15～20	—	—	—	—

续表

溶液成分及工艺规范	1	2	3	4	5
	含量/(g/L)				
酒石酸钾钠($KNaC_4H_4O_6 \cdot 4H_2O$)	—	35	20～30	20	25
硫酸镍($NiSO_4 \cdot 6H_2O$)	—	—	—	—	0.2
添加剂(ZG)	0.039～0.13	—	—	—	—
亚乙基硫脲($C_3H_6N_2S$)	—	0.2～0.7	—	—	—
丙三醇[$CH_2(OH)CH(OH)CH_2(OH)$]	—	—	—	—	0.3～1.5
pH 值	7.5～8.8	8.8～9.3	8.5～8.8	8.8	8.5～9.3
温度/℃	25～35	20～25	30～35	28～35	20～35
阴极电流密度/(A/dm^2)	0.8～1.5	1.1～1.4	2	0.9～1.5	1.2

(3) HEDP 镀仿金 Cu-Sn-Zn 合金

在该镀液中，HEDP 是 Cu^{2+} 和 Zn^{2+} 的配位剂，其配合能力比焦磷酸盐强。随其含量增加，镀层结晶细致，镀液分散能力和覆盖能力好。但含量过高，电流效率下降，镀层发红。镀液的 pH 值也是影响镀层质量的重要因素，应严格控制。HEDP 镀仿金 Cu-Sn-Zn 合金的镀液组成及工艺规范见表 18-35。

表 18-35　HEDP 镀仿金 Cu-Sn-Zn 合金的镀液组成及工艺规范

溶液成分及工艺规范	1	2
	含量/(g/L)	
羟基亚乙基二膦酸(HEDP)/(mL/L)	80～100	130
硫酸铜($CuSO_4 \cdot 5H_2O$)	45～50	15
硫酸锌($ZnSO_4 \cdot 7H_2O$)	15～20	10
锡酸钠($Na_2SnO_3 \cdot 3H_2O$)	10～15	10
碳酸钠(Na_2CO_3)	20～30	60
柠檬酸钾($K_3C_6H_5O_7 \cdot 2H_2O$)	20～30	—
酒石酸钾钠($KNaC_4H_4O_6 \cdot 4H_2O$)	—	40
氟化铵(NH_4F)	—	1
氯化铟($InCl_3$)	—	0.5
八烷基醇聚氧乙烯醚	—	0.5
添加剂	1～2	—
pH 值	13～13.5	13
温度/℃	室温	35～40
阴极电流密度/(A/dm^2)	1.5～3.5	1.5

(4) 酒石酸盐镀仿金 Cu-Sn-Zn 合金

在酒石酸盐镀仿金 Cu-Sn-Zn 合金镀液中，要得到光亮合金镀层，必须加入适当的添加剂，如某些醇胺类（如三乙醇胺）或氨基磺酸类（如 p-苯酚氨基磺酸钠）及其衍生物等，而且上述光亮剂混合使用时，光亮效果更好。酒石酸盐镀仿金 Cu-Sn-Zn 合金的溶液组成及工艺规范见表 18-36。

表 18-36　酒石酸盐镀仿金 Cu-Sn-Zn 合金的溶液组成及工艺规范

溶液成分		工艺规范
硫酸铜($CuSO_4 \cdot 5H_2O$)　30g/L 硫酸锌($ZnSO_4 \cdot 7H_2O$)　14g/L 锡酸钠($Na_2SnO_3 \cdot 3H_2O$)　7g/L 酒石酸钾钠($KNaC_4H_4O_6 \cdot 4H_2O$)　90g/L	柠檬酸($C_6H_8O_7 \cdot 2H_2O$)　20g/L 三乙醇胺[$N(CH_2CH_2OH)_3$]　14mL/L 氢氧化钠($NaOH$)　50g/L	pH 值：12～13 温度：40℃ 阴极电流密度：6A/dm²

18.7.3　仿金镀层的镀后处理

为防止仿金镀层变色，镀后镀层需要进行钝化处理及涂覆一层透明的有机树脂膜，以保证仿金镀层色泽长久不变。

① 钝化处理　其溶液成分及工艺规范如下：

重铬酸钾 （$K_2Cr_2O_7$） 　　　　　40～50g/L

pH 值（用醋酸调节）　　　　　　3～4

钝化时间　在 10℃ 以下 30min；10～20℃　20min；20～30℃　15min。

② 涂覆有机膜　常用的有机树脂膜组成（质量分数）如下：

604 环氧树脂　　　　　50%

丙酮　　　　　　　　　20%

丁醇　　　　　　　　　10%

二甲苯　　　　　　　　10%

环己酮　　　　　　　　10%

上述成分混合后用丁酯调节密度至 $0.925g/cm^3$。该涂层在烘箱内 120℃ 下恒温固化 2h。

此外，还可以涂覆有机透明涂料，如丙烯酸清漆 （B01-5）、水溶性丙烯酸涂料、环氧醇酸涂料、金属表面护光漆、金属防变色剂以及仿金、仿古铜镀层专用防护涂料等。

第**19**章
电镀功能性合金

19.1 概述

随着工业生产及科学技术的迅速发展，对材料表面上镀层的一些物理性能和力学性能等提出了越来越高的或特殊的要求。而单质金属镀层在不少场合已不适应需求。为此而进行深入研究并开发出了许多具有各种各样的特殊功能的合金镀层，赋予材料表面各种优良的物理、力学等性能，以尽可能满足工程材料、电子工业等各领域发展的需求。功能性合金根据其特性及其用途，可分为以下几种。

① 可焊性合金镀层 如 Sn-Pb、Sn-Ce、Sn-Bi、Sn-Cu、Sn-Ag、Sn-Zn、Sn-In、Sn-Ce-Sb、Sn-Ce-Ni、Sn-Ce-Bi 等。

② 耐磨性合金镀层 如 Cr-Ni、Cr-Mo、Cr-W、Ni-P、Ni-B 等。

③ 磁性合金镀层 如 Ni-Co、Ni-Fe、Co-Fe、Co-Cr、Co-W、Ni-Fe-Co、Ni-Co-P 等。

④ 减摩性轴承合金镀层 如 Pb-Sn、Pb-In、Cu-In、Pb-Ag、Pb-Sn-Cu、Cu-Sn-Bi 等。

⑤ 不锈钢合金镀层 如 Fe-Cr-Ni、Cr-Fe（Fe-Cr）。

应当指出，作为功能性合金，其合金种类、功能及其用途不仅仅局限于上述这些。随着工业及科学技术研究工作的深入，电镀功能性合金的应用范围将会更加广阔。

19.2 电镀可焊性合金

早期可焊性镀层大都采用纯锡镀层，由于无光锡镀层结晶粗，孔隙大，易氧化，可焊性差，光亮锡镀层可焊性比无光锡镀层好，但锡镀层有长晶须的潜在危险。从而发展到锡-铅合金镀层，以及目前常用的无铅的锡基合金镀层，改善了镀层的耐蚀性、抗氧化性和可焊性能。

19.2.1 电镀 Sn-Pb 合金

Sn-Pb 合金镀层外观有浅灰色的金属光泽，质地柔软，孔隙比纯锡镀层、铅镀层都低。该镀层具有熔点较低、焊接性好、镀液稳定、分散能力好、成本较低，并能有效地抑制锡须等优点，已广泛应用于电子电镀领域。

由于锡和铅的标准电极电位相差非常小（Sn/Sn^{2+} 为 $-0.136V$，Pb/Pb^{2+} 为 $-0.126V$），而氢过电位又高，因此可以通过控制镀液中锡、铅的金属离子的浓度比和阴极电流密度，实现在简单强酸性镀液中的共沉积，得到各种要求比例的 Sn-Pb 合金镀层。

① 锡含量为 15%～25%（质量分数）的 Sn-Pb 合金镀层，可用于钢带表面润滑、助粘、助焊。

② 锡含量为 55%～65%（质量分数）的 Sn-Pb 合金镀层，可改善钢铁、铜、铝表面的焊接性，常用于印制电路板的电镀。

③ 锡含量为 75%～90%（质量分数）的 Sn-Pb 合金镀层，有良好的焊接性能，常用于电子元器件引线的电镀。

Sn-Pb 合金镀液有：氟硼酸盐型、甲基磺酸盐型、柠檬酸盐型、氨基磺酸盐型等。从前普遍使用的是氟硼酸盐镀液，但由于氟硼酸盐具有很强的腐蚀性，腐蚀设备仪器，危害人体，废水处理复杂，现已逐渐被无氟镀液所替代。甲磺酸盐镀液具有优良的性能，并且随着生产成本的降低，已得到普遍的应用。

（1）氟硼酸盐镀 Sn-Pb 合金

氟硼酸盐镀 Sn-Pb 合金的溶液组成及工艺规范见表 19-1。

镀液中的氟硼酸亚锡及氟硼酸铅是主盐。亚锡离子的含量对镀层组成的影响最明显，改变 Sn^{2+} 的浓度，可使镀层中锡的含量在较宽的范围内变化。添加剂的加入，可以改善镀液的分散能力，使镀层结晶细致。提高阴极电流密度，可相应增加镀层中锡含量。一般情况下，提高镀液温度，镀层锡含量降低。一般按所需镀层的成分来选择合适的合金阳极，或者使用锡、铅分挂阳极。

用于焊接的合金镀层要稍厚一些，钢铁基体需镀 $20\sim30\mu m$，铝及铝合金镀 $40\sim60\mu m$。为提高焊接性和可焊储存期，镀后宜进行热融化处理。

表 19-1　氟硼酸盐镀 Sn-Pb 合金的溶液组成及工艺规范

溶液成分及工艺规范	1	2	3	4	5
	含量/(g/L)				
氟硼酸亚锡[$Sn(BF_4)_2$]	37～74	44～62	44～62	43	40～90
氟硼酸铅[$Pb(BF_4)_2$]	74～110	15～20	15～20	16	20～50
游离氟硼酸(HBF_4)	100～180	260～300	260～300	250	100～150
硼酸(HBO_3)	—	30～35	30～35	40	20～30
桃胶	1～3	—	—	—	3～5
蛋白胶	—	—	3～5	—	—
2-甲基醛缩苯胺	—	30～40	—	—	—
甲醛($HCHO$)	—	20～30	15	—	—
平平加[$C_{12}H_{25}O(C_2H_4O)_n$]	—	30～40	—	—	—
β-萘酚($C_{10}H_7OH$)	—	0.5～1	—	—	—
OP 乳化剂	—	—	—	15	—
亚苄基丙酮($C_{10}H_{10}O$)	—	—	—	0.4	—
4,4-二氨基二甲烷	—	—	—	0.6	—
间苯二酚($C_6H_6O_2$)	—	—	—	—	0.5～1
温度/℃	18～45	10～20	室温	室温	18～25
阴极电流密度/(A/dm^2)	4～5	3	1～4	4	1～1.5
阳极	Sn、Pb 分挂	Pb-60%Sn	Pb-60%Sn	Pb-60%Sn	Pb-8%Sn
镀层中 Sn 含量(质量分数)/%	15～25	45～55	60	60	50～70

注：合金阳极中的百分数为质量分数。

（2）甲磺酸盐镀 Sn-Pb 合金

甲磺酸盐镀液比较稳定，容易维护，毒性小，可以挂镀和滚镀，镀层质量优良，废水处理比较简单，取得了广泛应用，并将逐步取代毒性大、废水处理复杂的氟硼酸盐镀液。

镀 Sn-Pb 合金的基体若是黄铜，由于黄铜中的锌极易向 Sn-Pb 合金镀层扩散，会导致镀层的焊接性显著降低。因此为保证合金镀层良好的焊接性，对黄铜件必须镀 $1\sim2\mu m$ 的镍镀层

或 $3\mu m$ 的紫铜层。

甲磺酸盐光亮镀 Sn-Pb 合金的溶液组成及工艺规范见表 19-2。

表 19-2　甲磺酸盐光亮镀 Sn-Pb 合金的溶液组成及工艺规范

溶液成分及工艺规范	1	2	3	4	5
	含量/(g/L)				
甲磺酸(CH_3SO_3H)	225	225	$160\sim220$ mL/L	$150\sim240$	$150\sim200$
Sn^{2+}[以 $Sn(CH_3SO_3)_2$ 形式加入]	16	16	—	—	—
Pb^{2+}[以 $Pb(CH_3SO_3)_2$ 形式加入]	8	10	—	—	—
甲磺酸亚锡[$Sn(CH_3SO_3)_2$]/(mL/L)	—	—	$30\sim150$	—	—
甲磺酸铅[$Pb(CH_3SO_3)_2$]/(mL/L)	—	—	20	—	—
50%甲磺酸锡[$Sn(CH_3SO_3)_2$]	—	—	—	$60\sim180$ ($Sn^{2+}11.4\sim34$)	$30\sim40$ ($Sn^{2+}12\sim18$)
55%甲磺酸铅[$Pb(CH_3SO_3)_2$]	—	—	—	$30\sim60$ ($Pb^{2+}8.6\sim17.2$)	$12\sim18$ ($Pb^{2+}3.4\sim5.2$)
37%甲醛(HCHO)/(mL/L)	15	15	—	—	—
HSB 光亮剂/(mL/L)	—	—	$1\sim6$	—	—
HSB 走位剂	—	—	$16\sim20$	—	—
MS-1 锡-铅合金 A/(mL/L)	—	—	—	$35\sim45$	$35\sim45$
MS-1 锡-铅合金 B/(mL/L)	—	—	—	$10\sim20$	$10\sim20$
温度/℃	$20\sim30$	$20\sim30$	$15\sim38$	$10\sim25$	$10\sim25$
阴极电流密度/(A/dm^2)	$2\sim4$	$2\sim4$	$10\sim35$	$2\sim20$	$0.5\sim1$
阳极	Pb-40%Sn	Pb-40%Sn	—	6:4 锡铅板	6:4 锡铅板
镀层中 Sn 含量(质量分数)/%	60	60	—	—	—

注：1. 配方 3 适合高速镀光亮 Sn-Pb 合金，需要搅拌、连续过滤。HSB 光亮剂、走位剂是安美特（广州）化学有限公司的产品。

2. 配方 4 适合挂镀，阴极移动（15 次/分钟），镀液循环过滤。MS-1 锡-铅合金 A、MS-1 锡-铅合金 B 是上海永生助剂厂的产品。

3. 配方 5 适合滚镀，滚筒转速 8～10r/min，镀液循环过滤。MS-1 锡-铅合金 A、MS-1 锡-铅合金 B 是上海永生助剂厂的产品。

4. 合金阳极中的百分数为质量分数。

(3) 柠檬酸盐镀 Sn-Pb 合金

柠檬酸盐镀液比较稳定，维护方便，对各类杂质敏感性低。镀层光亮、细致、焊接性能好，该镀液已在生产上应用。其溶液组成及工艺规范见表 19-3。

表 19-3　柠檬酸盐光亮镀 Sn-Pb 合金的溶液组成及工艺规范

溶液成分及工艺规范	1	2
	含量/(g/L)	
氯化亚锡($SnCl_2$)	61	$30\sim45$
醋酸铅[$Pb(CH_3COO)_2$]	29	$5\sim25$
柠檬酸($H_3C_6H_5O_7$)	150	—
柠檬酸铵[$(NH_4)_3C_6H_5O_7$]	—	$60\sim90$

续表

溶液成分及工艺规范	1	2
	含量/(g/L)	
醋酸铵(CH₃COONH₄)	—	60～80
硼酸(H₃BO₃)	—	25～30
EDTA 钠盐	50	—
氯化钾(KCl)	—	20
YDZ-7 光亮剂/(mL/L)	—	16
YDZ-8 光亮剂/(mL/L)	—	16
稳定剂/(mL/L)	15	25～100
pH 值	5～6	5
温度/℃	室温	10～30
阴极电流密度/(A/dm²)	1～2	1～2
阳极	合金阳极 Pb-60%Sn	合金阳极 Pb-(60%～90%)Sn
搅拌	阴极移动	阴极移动
镀层中 Sn 含量(质量分数)/%	60	80～95

注：1. 配方 2 的 YDZ-7、8 光亮剂是上海通讯设备厂等单位研制的产品。

2. 合金阳极中的百分数为质量分数。

(4) 氨基磺酸盐镀 Sn-Pb 合金

该镀液的工作电流密度高，所获得的镀层有较好的结合力和延展性。改变镀液组成，可镀取任意合金组成的焊接性镀层。其溶液组成及工艺规范见表 19-4。

表 19-4　氨基磺酸盐镀 Sn-Pb 合金的溶液组成及工艺规范

溶液成分		工艺规范	
氨基磺酸亚锡[Sn(NH₂SO₃)₂]	40～100g/L	pH 值	0.5～2
氨基磺酸铅[Pb(NH₂SO₃)₂]	40～80g/L	温度	室温
BH 润滑剂	20～30mL/L	阴极电流密度	4～25A/dm²
T-328 光亮剂	3～6g/L	阴极移动	20～60 次/分钟
BH 润滑剂	20～30mL/L		

(5) 不合格 Sn-Pb 合金镀层的退除　见表 19-5。

表 19-5　不合格 Sn-Pb 合金镀层的退除方法

基体金属	退除方法	溶液组成	含量/(g/L)	温度/℃	阳极电流密度/(A/dm²)
钢铁	化学法	氢氧化钠(NaOH) 防染盐 S	50～60 50～100	沸腾	—
	化学法	醋酸(CH₃COOH) 30%过氧化氢(H₂O₂)	2 份(体积) 1 份(体积)	室温	
	化学法	氢氧化钠(NaOH) 防染盐 S 柠檬酸钠(Na₃C₆H₅O₇·2H₂O)	50～60 70～80 15	80～90	
	电解法	硝酸钠(NaNO₃) pH 值	500 6～10	20～80	2～10
	电解法	氢氧化钠(NaOH)	68～82	室温	电压 6V

续表

基体金属	退除方法	溶液组成	含量/(g/L)	温度/℃	阳极电流密度/(A/dm²)
不锈钢	化学法	65%硝酸(HNO₃)/(mL/L) 溶解金属量	800~1000 ≤30	室温	—
铜和铜合金	化学法	醋酸(CH₃COOH) 30%过氧化氢(H₂O₂)	2份(体积) 1份(体积)	室温	—
	化学法	40%氟硼酸(HBF₃) 30%过氧化氢(H₂O₂)	125mL/L 38mL/L	室温	—
	化学法	氢氧化钠(NaOH) 防染盐S 柠檬酸钠(Na₃C₆H₅O₇·2H₂O)	50~60 70~80 15	80~90	—
	化学法	氢氧化钠(NaOH) 防染盐S	50~60 50~100	沸腾	—
	电解法	氢氧化钠(NaOH)	68~82	室温	电压6V
镍和镍合金	化学法	氢氧化钠(NaOH) 防染盐S 柠檬酸钠(Na₃C₆H₅O₇·2H₂O)	50~60 70~80 15	80~90	—
	化学法	氢氧化钠(NaOH) 防染盐S	50~60 50~100	沸腾	—
	电解法	氢氧化钠(NaOH)	68~82	室温	电压6V
铝和铝合金	化学法	65%硝酸(HNO₃)/(mL/L) 溶解金属量	800~1000 ≤30	室温	—

19.2.2 电镀 Sn-Ce 合金

Sn-Ce 合金镀层外观与锡镀层相似，抗氧化能力强，化学稳定性好，焊接性能好。Sn-Ce 合金镀层的抗变色性、耐蚀性和焊接性等均优于纯锡和 Sn-Pb 合金镀层。铈可有效地阻止铜锡化合物的产生，增强镀层的抗氧化性。合金镀层中铈含量能达到 0.1%~0.5%（质量分数）。

镀液中的铈离子还有防止亚锡氧化和水解的功能，工艺稳定。光亮镀 Sn-Ce 合金在国内已推广使用。镀液一般采用硫酸盐溶液，该镀液具有电流效率高、沉积速度快、成本低及对环境污染小等优点。光亮镀 Sn-Ce 合金的溶液组成及工艺规范见表 19-6。

表 19-6　光亮镀 Sn-Ce 合金的溶液组成及工艺规范

溶液成分及工艺规范	1	2	3	4	5
	含量/(g/L)				
硫酸亚锡(SnSO₄)	35~45	25~30	50~70	47~70	35~45
硫酸(H₂SO₄)	135~145	120~150	150~180	140~160	70~80
硫酸高铈[Ce(SO₄)₂]	5~10	5~15	5~20	5~15	5~15
SS-820 光亮剂/(mL/L)	15	8~12	10~20	—	15~20
SS-821 光亮剂/(mL/L)	1	—	—	—	—
NSR-8405 稳定剂/(mL/L)	15	—	—	—	—

续表

溶液成分及工艺规范	1	2	3	4	5
	含量/(g/L)				
PAS-0 稳定剂/(mL/L)	—	20～40	—	—	40～50
PS-1 稳定剂/(mL/L)	—	—	20～40	—	—
OP-21/(mL/L)	—	—	—	6～18	—
混合光亮剂/(mL/L)	—	—	—	5～15	—
温度/℃	室温	5～40	室温	室温	室温
阴极电流密度/(A/dm²)	1.5～3.5 滚镀 50～60 安/筒	1～4	1～6	1～3	滚镀
阴阳极面积比	1:(2～4)	1:1.5	1:2	1:2	1:1.5
阴极移动	需要	需要	需要	需要	滚筒转速 8～10r/min

注：1. SS-820、SS-821 光亮剂是浙江黄岩化学厂的产品。
2. NSR-8405 稳定剂是南京曙光化工厂的产品。
3. PAS-0 稳定剂是北京广播器材厂的产品。
4. PS-1 稳定剂是上产通讯设备厂的产品。
5. 混合光亮剂的配制：OP-21 400mL，甲醛 100mL，亚苄基丙酮 50g，对二氨基二苯甲烷 25g，乙醇加至 1L。

19.2.3 电镀 Sn-Bi 合金

Sn-Bi 合金镀层熔点低，焊料润湿性优良，焊接性优于纯锡镀层，并能有效地防止纯锡镀层生长晶须，可以取代传统的 Sn-Pb 合金镀层。虽然铋化合物价格昂贵，但镀液中通常只需加入少量铋化合物（1～4g/L），即可获得铋含量为 0.3%～0.5%（质量分数）的 Sn-Bi 合金镀层。它适用于印制电路板、电子元器件等表面的电镀，可提高其焊接性能。其缺点是 Sn-Bi 合金镀层脆性较大，对镀后零件进行弯曲加工时，容易发生裂纹；再则，镀液中的 Bi 会在 Sn-Bi 合金阳极或镀层上置换沉积。

Sn-Bi 合金镀液有甲磺酸盐型、硫酸盐型和柠檬酸盐型等。

(1) 甲磺酸盐镀 Sn-Bi 合金

甲基磺酸（MSA）是强酸，电导率较高，稳定性好，沉积速度快，并可与多种金属共沉积。甲基磺酸对零件基材及设备的腐蚀性小，比氟硼酸及氟硅酸镀液的毒性低，废水处理容易。甲基磺酸镀 Sn-Bi 合金镀液的基本组成大致相同，区别在于添加剂，添加剂的成分和含量的不同，对镀层性能有很大影响，所以甲磺酸盐镀锡合金工艺的发展以添加剂的研究为主[25]。

甲磺酸盐镀 Sn-Bi 合金的溶液组成及工艺规范见表 19-7。

表 19-7　甲磺酸盐镀 Sn-Bi 合金的溶液组成及工艺规范

溶液成分及工艺规范	1	2	3
	含量/(g/L)		
甲磺酸亚锡[Sn(CH₃SO₃)₂]	39	75	—
或甲磺酸亚锡[Sn(CH₃SO₃)₂] 以 Sn²⁺ 计	15	17.4	15
甲磺酸铋[Bi(CH₃SO₃)₃]	12	3.6	—
或甲磺酸铋[Bi(CH₃SO₃)₃] 以 Bi³⁺ 计	5	2.6	5
甲磺酸(CH₃SO₃H)	200	106	—

续表

溶液成分及工艺规范	1	2	3
	含量/(g/L)		
聚氧乙烯牛油氨基醚	3	—	—
2-巯基安息香酸	1	—	—
顺式甲基丁二烯酸	0.5	—	—
2-巯基苯并噻唑-S-戊烷磺酸钠	—	0.05	—
1-奈醛（$C_{11}H_8O$）	—	0.1	—
甲基丙烯酸（$C_4H_6O_2$）	—	0.8	—
对苯二酚	—	0.3	—
苯酚-4-磺酸铋	—	—	17
苯酚-4-磺酸锡	—	—	60
环氧乙烷/环氧丙烷共聚物（共聚物分子量为2500，两者含量比为3:2）	—	—	7
2-巯基乙胺（C_2H_7NS）	—	—	3
富马酸（$C_4H_4O_4$）	—	—	0.3
pH值	<1	<1	<1
温度/℃	25	20	25
阴极电流密度/(A/dm^2)	3	3	4
阳极	Sn-20%Bi	Pt	Bi
搅拌方式	阴极移动	阴极移动	阴极移动

注：配方1中的合金阳极的百分数为质量分数。

(2) 硫酸盐镀 Sn-Bi 合金

硫酸盐镀 Sn-Bi 合金所得的镀层结构致密，抗氧化腐蚀性、焊接性能优良。镀液成分简单，镀液温度和阴极电流密度范围较宽，而且电流效率高，分散能力好，成本低，废水处理容易。但据有关资料介绍，Sn^{2+} 的氧化较快，镀液不能长时间工作。硫酸盐镀 Sn-Bi 合金的溶液组成及工艺规范见表 19-8。

表 19-8　硫酸盐镀 Sn-Bi 合金的溶液组成及工艺规范

溶液成分及工艺规范	1	2	3	4
	含量/(g/L)			
硫酸亚锡（$SnSO_4$）	40.7	30~50	50~60	40~70
硫酸铋[$Bi_2(SO_4)_3$]	12.7	0.5~4	—	3~5
硝酸铋[$Bi(NO_3)_3$]	—	—	0.5~1.5	—
硫酸（H_2SO_4）	—	160~180	110~130	120~140
谷氨酸（α-氨基戊二酸）（$C_5H_9NO_4$）	120	—	—	—
氯化钠（NaCl）	80	—	0.3~0.8	0.5~1
氨基壬酚醚（含 15mmol/L 环氧乙烷）	5	—	—	—
SNR-5A 光亮剂/(mL/L)	—	15~20	—	—

续表

溶液成分及工艺规范	1	2	3	4
	含量/(g/L)			
TNR-5 稳定剂/(mL/L)	—	30～40	—	—
OP-21	—	—	—	3～5
添加剂Ⅰ	—	—	0.5～0.6	—
添加剂Ⅱ/(mL/L)	—	—	0.5～0.6	—
明胶	—	—	—	1～2
pH 值	3.5	—	—	—
温度/℃	25	10～30	室温	室温
阴极电流密度/(A/dm²)	5	1～3	0.5～1	0.5～1.2
阳极	Sn	纯锡板	Sn（装入尼龙袋中）	纯锡板
搅拌方式	阴极移动	阴极移动	阴极移动	阴极移动

注：1. 配方 2 的 SNR-5A 光亮剂、TNR-5 稳定剂是南京大学配位化学研究所研制的产品。
　　2. 配方 3 的添加剂Ⅰ、添加剂Ⅱ是河南平原光学仪器厂研制的产品。镀层中 Bi 含量为 0.2%～2%（质量分数）。

（3）柠檬酸盐镀 Sn-Bi 合金[25]

柠檬酸盐镀 Sn-Bi 合金的镀液呈弱碱性，pH 值介于 4 和 4.5 之间，对零件基体及设备的腐蚀较小。该镀液以柠檬酸钠和 EDTA 作为复合配位体，与 Sn^{2+} 形成稳定的配位化合物，大大降低 Sn^{2+} 被氧化的速度，保持镀液的稳定性。再则，柠檬酸钠和 EDTA 与硼酸一起组成了很好的缓冲溶液，避免镀液的 pH 值波动过大。柠檬酸盐镀 Sn-Bi 合金的溶液组成及工艺规范见表 19-9。

表 19-9　柠檬酸盐镀 Sn-Bi 合金的溶液组成及工艺规范

溶液成分		工艺规范	
硫酸亚锡($SnSO_4$)	30g/L	pH 值	4～4.5
铋(Bi^{3+})	0.25g/L	阴极电流密度	0.5～1.25A/dm²
柠檬酸钠($Na_3C_6H_5O_7 \cdot 2H_2O$)	120g/L	阳极	纯锡板
乙二胺四乙酸(EDTA)	30g/L	注：配方中的稳定剂为复合稳定剂，其组成为聚乙烯二醇、维生素 C 及次磷酸钠。光亮剂是一种由若干种胺、多醛、杂环类化合物合成的聚合物；辅助光亮剂由一种有机盐和唑类化合物等组成，可提高阴极极化作用，提高镀液的分散能力。施镀时镀液不要搅拌，因为搅拌容易使镀层产生溅散状花纹	
硼酸(H_3BO_3)	30g/L		
氯化铵(NH_4Cl)	50g/L		
稳定剂	20mL/L		
光亮剂	20mL/L		
聚乙二醇	2g/L		

19.2.4　电镀 Sn-Cu 合金

无氰镀 Sn-Cu 合金镀液，沉积速度快，低毒，具有良好的环境效益。镀层具有可靠的焊接强度，而且生产成本低，既可适用于表面贴装的再流焊，也适用于插拔型的波峰焊[25]，是最具研究和应用价值的无铅镀层体系，已成为最有发展前途的无铅可焊性镀层之一。

Sn-Cu 合金镀层的组成、晶粒大小、平滑性和杂质都会影响其焊接性能。

① 用于焊接的 Sn-Cu 合金镀层中的铜含量一般为 0.1%～2.5%（质量分数），最佳为 0.5%～2.0%。铜含量低于 0.1%（质量分数），容易产生锡的晶须；铜含量高于 2.5%，镀层熔点会超过 300℃，难于进行良好的焊接。

② 合金镀层中的碳杂质含量，对焊接性能有着重要的影响。镀层中的杂质碳会因长期存

放或加热而扩散，会浮到镀层表面，从而显著影响镀层的焊接性。当镀层中的碳杂质含量在 0.3％（质量分数）以下时，就能显著地提高其焊接性能。

③ 为保证焊接可靠，要求 Sn-Cu 合金镀层和 Sn-Pb 合金镀层一样，镀后宜进行加热处理。Sn-Cu 合金镀层的镀液组成及工艺规范见表 19-10。

表 19-10　Sn-Cu 合金镀层的镀液组成及工艺规范

溶液成分及工艺规范	1	2	3	4	5	6
	含量/(g/L)					
Sn^{2+}［以 $Sn(CH_3SO_3)_2$ 形式加入］	45	55	—	17.3	9.9	—
Sn^{2+}（以 2-羟基乙基-1-磺酸锡形式加入）	—	—	36	—	—	—
硫酸亚锡($SnSO_4$)以 Sn^{2+} 计	—	—	—	—	—	59
Cu^{2+}［以 $Cu(CH_3SO_3)_2$ 形式加入］	1.2	2.5	—	0.1	0.1	—
Cu^{2+}（以 2-羟基乙基-1-磺酸铜形式加入）	—	—	1	—	—	—
硫酸铜($CuSO_4 \cdot 5H_2O$)以 Cu^{2+} 计	—	—	—	—	—	1
甲磺酸(CH_3SO_3H)	100	200	—	80	—	—
焦磷酸钾($K_4P_2O_7$)	—	—	—	—	200	—
硫酸(H_2SO_4)	—	—	—	—	—	200
聚氧乙烯壬酚醚	8	—	—	—	—	—
2-羟基乙基-1-磺酸	—	—	120	—	—	—
对二苯酚［$C_6H_4(OH)_2$］	3	—	—	—	—	—
邻二苯酚($C_6H_6O_2$)	—	0.3	—	—	—	—
聚氧乙烯山梨糖醇酯	—	8	—	—	—	—
聚氧乙烯烷基胺	—	—	5	—	—	—
抗坏血酸($C_6H_8O_6$)	—	—	3	—	—	—
苯甲酰丙酮($C_{10}H_{10}O_2$)	—	—	0.2	—	—	—
添加剂 SNC21/(mL/L)	—	—	—	30	—	—
添加剂 SNC22/(mL/L)	—	—	—	50	—	—
添加剂 SNC23/(mL/L)	—	—	—	5	—	—
巯基丁二酸($C_4H_6O_4S$)	—	—	—	—	25	—
十二烷基三甲基氯化铵($C_{15}H_{34}ClN$)	—	—	—	—	2.5	—
聚乙二醇（平均分子量 3000）	—	—	—	—	2.5	—
1-萘甲醛($C_{11}H_8O$)	—	—	—	—	0.2	—
硫脲［$(NH_2)_2CS$］	—	—	—	—	—	150
十二烷基二甲基甜菜碱($C_{16}H_{33}NO_2$)	—	—	—	—	—	2.5
环氧乙烷/环氧丙烷嵌段共聚物	—	—	—	—	—	2.5
pH 值	—	—	—	—	9	<1
温度/℃	30	45	25	40	50	30
阴极电流密度/(A/dm²)	9	20	25	10	2	10

溶液成分及工艺规范	1	2	3	4	5	6
	含量/(g/L)					
搅拌	—	—	—	阴极移动	阴极移动	镀液流动
镀层中 Cu 含量(质量分数)/%	—	—	—	2	1.2	1.6

注：1. 配方 1~3 引自参考文献 [1]，配方 4~6 引自参考文献 [25]。

2. 配方 1~3 阳极材料为锡或 Su-Cu 合金可溶性阳极，或镀有铂、铱、钛或钽等合金的不溶性阳极。

3. 配方 4 中的添加剂 SNC 系列为德国施洛特公司生产，其中 SNC21 添加剂可防止低电流密度区覆盖能力降低；SNC22 添加剂为抗氧化剂，可防止 Sn^{2+} 被氧化，防止铜和锡阳极之间的置换反应；SNC23 添加剂为光亮剂，可使镀层光亮，结晶细致。阳极材料为纯锡板。

4. 配方 5、6 均为美国专利（6508927B2）所述工艺。配方 5 的阳极材料为锡-铜合金、配方 6 的阳极材料为镀铂钛阳极。

19.2.5　电镀 Sn-Ag 合金

Sn-Ag 合金镀层具有较好的耐蚀性和焊接性，尤其是银含量为 3.5%（质量分数）的合金镀层性能最佳，其电阻小，硬度高，熔点为 221℃，焊接范围广，而且结合强度以及耐热疲劳特性优良，是目前最有发展前景的无铅可焊性镀层之一。

由于锡和银的标准电极电位相差较大（0.935V），所以合金的共沉积较困难。因银的电极电位比锡正得多，电沉积时，银在低电流区优先析出有可能使镀层中的合金比例偏差很大，所以无氰镀液中需要大量配位剂、添加剂，此外还应加入相应的抑制剂，抑制银的优先析出。

电镀 Sn-Ag 合金的镀液有碱性焦硫酸盐型、碱性焦磷酸盐型和酸性钾磺酸盐型等。碱性焦硫酸盐镀液成分简单，具有较好的化学稳定性，容易管理。通过调整镀液组成及工艺规范，可获得不同银含量的 Sn-Ag 合金镀层。

Sn-Ag 合金的碱性焦硫酸盐、焦磷酸盐的溶液组成及工艺规范见表 19-11。

Sn-Ag 合金的酸性钾磺酸盐等的镀液组成及工艺规范[25,1]见表 19-12。

表 19-11　Sn-Ag 合金的碱性焦硫酸盐、焦磷酸盐的镀液组成及工艺规范

溶液成分及工艺规范	焦硫酸盐镀液			焦磷酸盐镀液
	1	2	3	
	含量/(g/L)			
硫酸亚锡($SnSO_4$)	35	52	70	—
氯化亚锡($SnCl_2$)	—	—	—	44
碘化银(AgI)	1.5	2.4	4	1.2
焦硫酸钾($K_2S_2O_7$)	240	440	350	—
焦磷酸钾($K_4P_2O_7$)	—	—	—	210
碘化钾(KI)	150	250	100	330
pH 值	8.5	8.5	9	9
温度/℃	室温	室温	室温	25
阴极电流密度/(A/dm²)	2	0.4	4	2
阳极	纯锡	纯锡	纯锡	纯锡
镀层中 Ag 含量(质量分数)/%	4.1	10.4	59	—

表 19-12　　Sn-Ag 合金的酸性钾磺酸盐等的镀液组成及工艺规范

溶液成分及工艺规范	1	2	3
	含量/(g/L)		
甲磺酸锡[Sn(CH₃SO₃)₄]	45～77	10	6
甲磺酸银[Ag(CH₃SO₃)]	0.8～1.2	10	—
碘化银(AgI)	—	—	3
硫脲[(NH₂)₂CS]	10～15	—	—
甲磺酸(CH₃SO₃H)	110～130	—	—
柠檬酸钠(Na₃C₆H₅O₇)	1～1.5	—	—
1,4,5-三甲基-1,2,4-三氮唑-3-硫醇盐	—	20	50
葡萄糖酸钾(C₆H₁₁O₇K)	—	20	—
乙酰丙酮氧钒(C₁₀H₁₄O₅V)	—	0.2	—
聚氧乙烯二胺[(C₂H₄O)ₙC₄H₂N₂O]	—	—	50
邻二苯酚(C₆H₆O₂)	—	—	2
光亮剂/(mL/L)	18～23	—	—
硼酸(H₃BO₃)	—	—	10
pH 值	4.5～5.5	<1	10.3
温度/℃	15～45	30	20
阴极电流密度/(A/dm²)	2 左右	5	2
阳极	—	纯锡板	纯锡板
搅拌	—	阴极移动	阴极移动
镀层中 Ag 含量(质量分数)/%	3 左右	10	3

19.2.6　电镀 Sn-Zn 合金

Sn-Zn 合金镀层不但具有良好的耐腐蚀性，而且还有良好的可焊性，它可以在无焊剂的条件下进行钎焊，即使钝化后，放置较长时间也不影响焊接性能。在电子工业中 Sn-Zn 合金镀层可以代替纯锡及银镀层，具有较好的经济效益。

合金镀层随锌含量的增加，钎焊性下降，为保证其焊接性能，Sn-Zn 合金镀层中锌含量不宜超过 30%（质量分数），而镀层厚度应在 4～5μm 以上。锡的质量分数为 75%～85% 的 Sn-Zn 合金镀层，钎焊性良好，长期放置其焊接性能不变。

电镀 Sn-Zn 合金的镀液有：氰化物型、柠檬酸盐型、葡萄糖酸盐型、焦磷酸盐型和碱性锌酸盐型等。Sn-Zn 合金镀层的特点，以及镀液的组成及工艺规范等工艺，见本篇第 17 章电镀防护性合金中的电镀 Sn-Zn 合金章节。

19.2.7　电镀 Sn-In 合金

Sn-In 合金镀层具有熔点低、可焊性好的优点。Sn-In 合金镀层的镀液组成及工艺规范见表 19-13。

表 19-13　Sn-In 合金镀层的镀液组成及工艺规范

溶液成分及工艺规范	1	2
	含量/(g/L)	
甲磺酸锡[Sn(CH₃SO₃)₄]	7	—
锡酸钾(K₂SnO₃)以 Sn⁴⁺ 计	—	27
甲磺酸铟[In(CH₃SO₃)₃]	10	—
甲磺酸铟[In(CH₃SO₃)₃] 以 In³⁺ 计	—	3
甲磺酸(CH₃SO₃H)	200	100
十二醚(含 15mol 环氧乙烷)	5	—
十八胺(含 10mol 环氧乙烷)	2	—
葡萄糖(C₆H₁₂O₄)	—	150
氢氧化钾(KOH)	—	100
pH 值		9
温度/℃	20	60
阴极电流密度/(A/dm²)	2	2

注：1. 配方 1 为酸性镀液，主盐采用甲磺酸锡和甲磺酸铟，甲磺酸作配位剂，十二醚和十八胺作添加剂。
2. 配方 2[25] 为美国专利（6331240B1），是一种无氰弱碱性镀液，其主盐为锡酸钾和甲磺酸铟，配位剂为甲磺酸和葡萄糖，氢氧化钾用来调节 pH 值。

19.2.8　电镀可焊性三元合金[25]

电镀可焊性三元合金的镀液的特点见表 19-14。

表 19-14　电镀可焊性三元合金的镀液的特点

三元合金种类	镀液的特点	镀液及工艺规范
镀 Sn-Ce-Sb 三元合金	在 Sn-Ce 合金镀液中加入锑(Sb)盐，可获得 Sn-Ce-Sb 三元合金镀层，该镀层比 Sn-Ce 合金镀层更光滑，焊接性能更好，并可以提高焊接强度	见表 19-15
镀 Sn-Ce-Ni 三元合金	Sn-Ce-Ni 三元合金镀层不仅具有银白色光亮外观，可焊性好，而且镀层硬度高，抗高、低温性能也有提高	见表 19-15
镀 Sn-Ce-Bi 三元合金	光亮镀 Sn-Ce-Bi 三元合金所得镀层银白光亮，结晶细致，耐高温抗氧化，具有优良的可焊性及耐腐蚀性能	见表 19-15

表 19-15　可焊性三元合金的镀液组成及工艺规范

溶液成分及工艺规范	Sn-Ce-Sb 三元合金镀液	Sn-Ce-Ni 三元合金镀液[25]	Sn-Ce-Bi 三元合金镀液[25]
	含量/(g/L)		
硫酸亚锡(SnSO₄)	40	35~60	40~70
硫酸高铈[Ce(SO₄)₂]	10	15~25	8~20
酒石酸锑钾(KSbOC₄H₄O₆ · 1/2H₂O)	0.1~0.6	—	—
硫酸镍(NiSO₄)	—	10~12	—
硫酸铋(BiSO₄)	—	—	3~5
硫酸(H₂SO₄)	140	90~110	80~100

续表

溶液成分及工艺规范	Sn-Ce-Sb 三元合金镀液	Sn-Ce-Ni 三元合金镀液[25]	Sn-Ce-Bi 三元合金镀液[25]
	含量/(g/L)		
SS-820 添加剂/(mL/L)	15	—	—
添加剂	—	适量	—
开缸剂 SNR-3A	—	—	16~18
稳定剂 TNR-3/(mL/L)	—	—	1~2
补充剂 SNR-3B/(mL/L)	—	—	25
温度/℃	室温	8~13	室温
阴极电流密度/(A/dm²)	—	3~8	0.5~1.5
阴极面积：阳极面积	—	1:2	1:2
阴极移动	—	需要	需要

注：配方中的 SS-820 添加剂是浙江黄岩化学厂的产品，用于滚镀。

19.3　电镀耐磨性合金

单质铬镀层硬度高，作为耐磨性镀层具有优异的性能，但因铬镀层在高温下会变软，硬度降低，作为高温耐磨性镀层却不理想。铬基合金镀层比单质铬镀层更耐蚀、耐磨、耐高温，所以广泛用作耐磨性镀层，如 Cr-Ni、Cr-Mo、Cr-W 等铬基合金镀层。此外，一些镍基合金如 Ni-P、Ni-B、Ni-W 等也具有高的硬度和良好的耐磨性，也可作为耐磨性镀层。

19.3.1　电镀 Cr-Ni 合金

Cr-Ni 合金镀层具有耐磨、耐蚀、耐高温等性能，在钢铁、铜、镍基体上都可以得到结合强度良好的镀层。其镀液组成及工艺规范见表 19-16。

表 19-16　Cr-Ni 合金的镀液组成及工艺规范

溶液成分及工艺规范	1	2	3	4
	含量/(g/L)			
氯化铬($CrCl_3 \cdot 6H_2O$)	97~128	120	—	—
硫酸铬铵[$NH_4Cr(SO_4)_2 \cdot 12H_2O$]	—	—	287	—
硫酸铬[$Cr_2(SO_4)_3$]	—	—	—	196
氯化镍($NiCl_2 \cdot 6H_2O$)	2.5~12	—	—	—
硫酸镍($NiSO_4 \cdot 6H_2O$)	—	25~100	53	196
甲酸铵($HCOONH_4$)或甲酸钠	32~44	—	—	—
醋酸铵(CH_3COONH_4)或醋酸钠	12~20	—	—	—
氯化铵(NH_4Cl)或氯化钠	107~160	60~120	—	—
溴化钾(KBr)或溴化钠	12~18	8~16	—	—
硼酸(H_3BO_3)	37~43	24~25	18~20	25
721-1 光亮剂	1~2	—	—	—

续表

溶液成分及工艺规范	1	2	3	4
	含量/(g/L)			
十二烷基硫酸钠($NaC_{12}H_{25}SO_4$)	0.1~0.2	—	—	—
柠檬酸钠($Na_3C_6H_5O_7$)	—	50~100	—	—
乙醇酸($HOCH_2COOH$)	—	—	15	—
添加剂	—	10~16	—	—
配位剂	—	—	—	50
pH 值	3.2~3.5	2~4	2	1.3~1.4
温度/℃	10~35	10~30	50	50
阴极电流密度/(A/dm^2)	6~12	2~10	15~60	25~50
镀层中 Cr 含量(质量分数)/%	—	11.1	2~8	1~60

注：配方 1 由哈尔滨工业大学研制。阳极采用高纯紧密石墨。

19.3.2　电镀 Cr-Mo 合金

Cr-Mo 合金镀层化学稳定性高，致密坚固，具有优良的耐蚀性和耐磨性。当合金镀层中钼含量为 1%（质量分数）时，其耐磨性比铬镀层高 2~7 倍。随着钼含量的增加，镀层硬度随之增加，可达到 1300~1600HV。

电镀 Cr-Mo 合金镀液是在镀铬溶液中加入钼酸、钼酸铵或钼酸钠、三氧化钼，阳极采用铅合金。其镀液组成及工艺规范[24]见表 19-17。

表 19-17　Cr-Mo 合金的镀液组成及工艺规范

溶液成分及工艺规范	1	2	3	4	5	6
	含量/(g/L)					
铬酐(CrO_3)	200~300	200~300	250	250~300	250	150
硫酸(H_2SO_4)	2~3	2~3	2.5	2.5~3	1.25	1.5
钼酸(H_2MoO_4)	20~30	—	100	—	—	—
钼酸铵[$(NH_4)_6Mo_7O_{24} \cdot 6H_2O$]	—	35~100	—	—	300	—
钼酸钠($Na_2MoO_4 \cdot 2H_2O$)	—	—	—	80~100	—	—
三氧化钼(MoO_3)	—	—	—	—	—	50
氟化钠(NaF)	—	—	—	10~12	—	—
温度/℃	40~60	40~60	30~60	18~25	40	40
阴极电流密度/(A/dm^2)	35~50	35~50	30~80	5~7	4	15
阳极	铅合金	铅合金	铅合金	铅合金	Pb-Sn(10%)	铅合金
镀层中 Mo 含量(质量分数)/%	0.5~1.5	0.5~1.5	—	1.4	4	0.22

19.3.3　电镀 Ni-P 合金

Ni-P 合金镀层光滑、结晶细致，孔隙率低，化学稳定性强，耐腐蚀性能好。随着合金镀层中磷含量的增加,镀层由半光亮至全光亮。镀层中磷含量超过8%(质量分数)为非磁性镀层。用电镀方法可以镀取高磷(磷的质量分数为14%左右)和中高磷(磷含量为10%左右)的 Ni-P 合金镀层。该镀层具有高耐蚀、高耐磨性等优点,在电子、化工、机械等工业领域中获得了广泛应用。

Ni-P 合金镀层经 300~400℃ 热处理 1h,可得到高硬度(800~900HV)合金镀层(接近或达到镀硬铬水平),耐磨性好,摩擦因数小。并且,电镀 Ni-P 合金具有镀液稳定性好、分散能力好,镀层应力小,有些性能还优于硬铬层,电镀 Ni-P 合金可以在一定条件下作为代铬镀层使用。

Ni-P 合金常用的镀液有氨基磺酸盐镀液、次磷酸盐镀液和亚磷酸盐镀液等。

(1) 氨基磺酸盐镀 Ni-P 合金

氨基磺酸盐镀液稳定好,成分简单,镀层光亮、韧性好、应力低、结合力好,沉积速度快等,但镀液成本较高,可获得磷含量为 10%~15%(质量分数)的 Ni-P 合金镀层。其镀液组成及工艺规范见表 19-18。

表 19-18 氨基磺酸盐镀 Ni-P 合金的镀液组成及工艺规范

溶液成分		工艺规范	
氨基磺酸镍[$Ni(NH_2SO_3)_2$]	200~300g/L		
氯化镍($NiCl_2$)	10~15g/L	pH 值	1.5~2
硼酸(H_3BO_3)	15~20g/L	温度	50~60℃
亚磷酸(H_3PO_3)	10~12g/L	阴极电流密度	2~4A/dm²

(2) 次磷酸盐镀 Ni-P 合金

次磷酸盐镀液所获镀层结晶细致,镀液的分散能力和均镀能力较好,但稳定性较差。其镀液组成及工艺规范见表 19-19。

表 19-19 次磷酸酸盐镀 Ni-P 合金的镀液组成及工艺规范

溶液成分及工艺规范	1	2	3	4
	含量/(g/L)			
硫酸镍($NiSO_4 \cdot 6H_2O$)	14	240	180~200	130~150
氯化镍($NiCl_2$)	—	45	15	10
次磷酸二氢钠($NaH_2PO_2 \cdot H_2O$)	5	60	6~8	6
磷酸(H_3PO_4)/(mL/L)	—	—	—	50
硫酸钠(Na_2SO_4)	—	—	35~40	—
氯化钠($NaCl$)	16	—	—	—
硼酸(H_3BO_3)	15	35	—	—
pH 值	—	2~2.8	2~3.5	1.5~2.5
温度/℃	80	65~75	70~80	75
阴极电流密度/(A/dm²)	2.5	2~5	1~3	3~10
阳极	—	—	Ni+Ti	Ni+Ti
镀层中 P 含量(质量分数)/%	9	12.1	14±0.5	14~15
搅拌	—	—	阴极移动	阴极移动

(3) 亚磷酸盐镀 Ni-P 合金

亚磷酸盐镀液是近年来应用较多的镀液,其特点是:镀液成分简单,镀层光亮细致,结合力好，容易获得磷含量较高的 Ni-P 合金镀层。但它的分散能力和覆盖能力较差。亚磷酸酸盐镀 Ni-P 合金的镀液组成及工艺规范见表 19-20。

表 19-20　亚磷酸酸盐镀 Ni-P 合金的镀液组成及工艺规范

溶液成分及工艺规范	1	2	3	4	5
	含量/(g/L)				
硫酸镍（NiSO$_4$·6H$_2$O）	150～200	180～230	240	150	150～170
氯化镍（NiCl$_2$）	40～45	70～90	45	45	10～15
亚磷酸（H$_3$PO$_3$）	4～8	6～10	15	50	10～25
磷酸（H$_3$PO$_4$）	50mL/L	40～60	—	40	15～25
硼酸（H$_3$BO$_3$）	—	—	30	—	—
KN 配位化合物	—	—	—	—	50～70
DPL 添加剂	—	—	—	—	1.5～2.5
pH 值	1～2.5	0.5～1.5	1.25	1	1.5～2.5
温度/℃	75	70	70	75～95	70
阴极电流密度/(A/dm^2)	3～10	2～4	3	0.5～4	5～15
镀层中 P 含量（质量分数）/%	8～10		15		

注：1. 配方 5 的 KN 配位化合物、DPL 添加剂是哈尔滨工业大学研制的。

2. 可溶性阳极和不溶性阳极混合使用。不溶性阳极是钛板上镀铂，但造价较高。也可用高密度石墨，用涤纶或丙纶布包扎，防止污染镀液。可溶性阳极和不溶性阳极的面积比，宜为 1 : (1.5～3)。

（4）不合格 Ni-P 合金镀层的退除

不合格 Ni-P 合金镀层的退除方法见表 19-21。

表 19-21　不合格 Ni-P 合金镀层的退除方法

退除方法	溶液组成	含量/(g/L)	温度/℃	阳极电流密度/(A/dm^2)
化学法	浓硝酸（HNO$_3$） 氯化钠（NaCl）	1000mL/L 40	50～60	
	浓硝酸（HNO$_3$） 氯化钠（NaCl） 六次甲基四胺（C$_6$H$_{12}$N$_4$）	1000mL/L 20 5	室温	
	氢氧化钠（NaOH） 乙二胺（H$_2$NCH$_2$CH$_2$NH$_2$） 间硝基苯磺酸钠（C$_6$H$_4$NNaO$_5$S） 十二烷基硫酸钠（NaC$_{12}$H$_{25}$SO$_4$）	110 120 60 0.1～0.3	80	
电解法	铬酐（CrO$_3$） 硼酸（H$_3$BO$_3$）	250～300 25～30	20～80	3～7

19.3.4　电镀 Ni-W 合金

钨在水溶液中不能单独析出，在有铁族金属存在下，钨能跟铁族金属发生诱导共沉积。Ni-W 合金镀层结构致密，具有较高的熔点和硬度，耐热性好，尤其是在高温下具有优良的耐磨性、抗氧化性、自润滑性和耐蚀性能。当钨含量超过 44%（质量分数）时，合金镀层由晶态过渡到非晶态。合金镀层中钨含量为 30%～32%（质量分数）时，硬度为 450～500HV，但在 350～400℃ 下热处理 1h 后，其硬度可达 1000～1200HV。但合金镀层中钨含量超过 25％（质量分数）时，镀层脆性增加。

Ni-W 合金的镀液组成及工艺规范见表 19-22。

表 19-22　镀 Ni-W 合金的镀液组成及工艺规范

溶液成分及工艺规范	1	2[6]	3[6]	4
	含量/(g/L)			
硫酸镍（NiSO₄·6H₂O）	8～60	16	16	150
钨酸钠（Na₂WO₄·2H₂O）	30～60	30	—	2
三氧化钨（WO₃·2H₂O）	—	—	22.7	—
柠檬酸（H₃C₆H₅O₇）	50～100	30	40	—
柠檬酸钠（Na₃C₆H₅O₇·2H₂O）	—	6	—	50～60
氢氧化钠（NaOH）	—	—	3.6	—
硼酸（H₃BO₃）	—	—	—	20～30
氨水（NH₃·H₂O）	50～100	—	—	—
1,4-丁炔二醇[C₂(CH₂OH)₂]	—	—	—	0.5～0.75
糖精（C₇H₅O₃NS）	—	—	—	1
pH 值	5～7	6.5	6.5	5.2～6.7
温度/℃	38～80	65	65	40～45
阴极电流密度/(A/dm²)	2～25	5	5	0.8～1.5
阳极	1Cr18Ni9Ti 不锈钢	不锈钢	不锈钢	石墨
镀层中 W 含量（质量分数）/%		44	44	

19.4　电镀磁性合金

磁性合金镀层已在电子工业中得到了广泛应用。加强磁性的 Ni-Co、Ni-Fe 等磁性合金已在计算机和记录装置上作为记忆元件使用。其他如 Ni-P、Co-Fe、Co-Cr、Co-W、Ni-Fe-Co、Ni-Co-P 等也具有良好的磁性能。

19.4.1　电镀 Ni-Co 合金

Ni-Co 合金镀层具有银白色的外观，结晶细致，硬度较高，耐磨性良好，化学稳定性高。当 Ni-Co 合金中钴含量超过 40％（质量分数）以后，Ni-Co 合金具有优良的磁性能。它在电子工业，特别是电子计算机行业中有广泛用途，如制作磁鼓、磁盘、磁带等。

由于 Ni-Co 合金组成及结晶不同，其磁性能差别很大，因此，Ni-Co 合金作为磁性镀层时，必须严格控其合金组分、镀层厚度和外观，以及电镀结晶过程。

电镀磁性 Ni-Co 合金的镀液有硫酸盐型、氯化物型、氨基磺酸盐型和焦硫酸盐型等。

（1）硫酸盐、氯化物镀 Ni-Co 合金

① 镀液组成及工艺规范　磁性 Ni-Co 合金的镀液组成及工艺规范见表 19-23。

表 19-23　磁性 Ni-Co 合金的镀液组成及工艺规范

溶液成分及工艺规范	硫酸盐镀液				氯化物镀液	
	1	2	3	4	1	2
	含量/(g/L)					
硫酸镍（$NiSO_4 \cdot 7H_2O$）	135	70	300	128	—	—
氯化镍（$NiCl_2 \cdot 6H_2O$）	—	50	50	—	100～300	160
硫酸钴（$CoSO_4 \cdot 7H_2O$）	108	80	29	115	—	—
氯化钴（$CoCl_2 \cdot 6H_2O$）	—	—	—	—	100～300	40
氯化钾（KCl）	6～7	—	—	15	—	—
硼酸（H_3BO_3）	17～20	30	30	30	25～40	30
对甲苯磺酰胺（$C_7H_9NO_2S$）	—	1	—	—	—	2
十二烷基硫酸钠（$NaC_{12}H_{25}SO_4$）	—	0.003	—	—	—	0.003
次磷酸氢二钠（$Na_2HPO_2 \cdot H_2O$）	—	—	—	—	—	2
润湿剂	—	—	0.15～0.2	—	—	—
香豆素（$C_9H_6O_2$）	—	0.5	—	—	—	—
蔗糖（$C_{12}H_{22}O_{11}$）	—	1	—	—	—	—
pH 值	4.5～4.8	4～5	3.7～4	4～5	3～6	4～5
温度/℃	42～45	60	60～66	50～60	60～75	室温
阴极电流密度/(A/dm²)	3	1～2	3～4	1～2	10	3
叠加电流比（交流/直流）	1/3	2/3	—	—	1/5	1/3
镀层中 Co 含量（质量分数）/%	—	—	50	—	—	—

② 镀液主要成分的作用及工艺规范的影响　见表 19-24。

表 19-24　镀液主要成分的作用及工艺规范的影响

项目		镀液主要成分的作用及工艺规范的影响
镀液主要成分	主盐	镀液中的钴盐和镍盐是主盐,钴离子与镍离子的浓度比直接影响合金镀层中的钴含量和镀层的磁性。一般两种离子的浓度比为 1∶1 时,合金镀层中钴含量大约为 80%
	次磷酸盐	在含有次磷酸盐的镀液中,所获得的合金镀层中含有一定量的磷。磷在镀层中可以提高镀层的磁场强度,但含磷量超过工艺范围时,反而会破坏磁性能
	对甲苯磺酰胺	它不仅能使晶粒细化,而且能提高镀层的磁性。但加入过量,会使晶粒扭曲,镀层磁阻增大
工艺规范	pH 值	pH 值变化对镀层中钴含量有一定影响,随 pH 值升高,镀层中钴含量会下降
	镀液温度和电流密度	一般情况下,随镀液温度和电流密度提高,镀层磁性能有所提高,超过最大值后,继续升高温度和电流密度,磁性能会随之下降
	电流波形	如在直流电流上叠加交流成分,可以提高镀层磁场强度,而且可以改善镀层外观,提高镀层光亮度
电镀使用阳极	使用单独的镍阳极	适用于钴含量较低的 Ni-Co 合金镀液。连续滴加一定浓度的硫酸钴溶液到镀液中,以补充镀液中钴离子的消耗
	联合使用镍阳极和钴阳极	采用两套直流电源分别控制电极,从而分别控制镀液中的镍离子和钴离子的浓度。这种方法虽然操作复杂,但容易保证镀层中钴的含量,也有利于镀液维护
	使用 Ni-Co 合金阳极	根据镀液中钴的含量,来选择适宜钴含量的 Ni-Co 合金阳极。例如,合金阳极中钴含量为 18%（质量分数）时,可维持镀液中 12%～15%（质量分数）的钴含量

（2）氨基磺酸盐和焦硫酸盐镀 Ni-Co 合金

氨基磺酸盐和焦硫酸盐镀 Ni-Co 合金的镀液组成及工艺规范见表 19-25。

表 19-25　镀 Ni-Co 合金的镀液组成及工艺规范

溶液成分及工艺规范	氨基磺酸盐镀液	焦硫酸盐镀液
	含量/(g/L)	
氨基磺酸钴[Co(NH₂SO₃)₂]	225	—
氯化钴(CoCl₂)	—	23
氨基磺酸镍[Ni(NH₂SO₃)₂]	225	—
氯化镍(NiCl₂)	—	70
氯化镁(MgCl₂)	15	—
焦硫酸钾(K₂S₂O₇)	—	175
柠檬酸铵[(NH₄)₃C₆H₅O₇]	—	20
硼酸(H₃BO₃)	30	—
润湿剂/(mL/L)	0.375	
pH 值	—	8.3~9.1
温度/℃	室温	40~80
阴极电流密度/(A/dm²)	3	0.35~8.4

（3）不合格 Ni-Co 合金镀层的退除

不合格 Ni-Co 合金镀层的退除方法见表 19-26。

表 19-26　不合格 Ni-Co 合金镀层的退除方法

退除方法	溶液组成	含量 /(g/L)	温度 /℃	阳极电流密度/(A/dm²)
化学法	硫酸(H₂SO₄) 间硝基苯磺酸钠(C₆H₄NNaO₅S) 硫氰酸钠(NaSCN)	120mL/L 50 0.8	90	—
	间硝基苯磺酸钠(C₆H₄NNaO₅S) 柠檬酸钠(Na₃C₆H₅O₇·2H₂O) 乙二胺(H₂NCH₂CH₂NH₂) pH 值	80 80 40 7~8	80	—
	间硝基苯磺酸钠(C₆H₄NNaO₅S) 柠檬酸(C₆H₈O₇) 三乙醇胺(C₆H₁₅O₃N) pH 值	80 50 20 8~10	70~80	—
	浓硝酸(HNO₃) 氯化钠(NaCl) 六次甲基四胺(C₆H₁₂N₄)	1000mL/L 15 5	室温	
电解法	硫酸(H₂SO₄) 甘油(C₃H₈O₃)	1100~1200mL/L 20~25	35~40	5~7

19.4.2　电镀 Ni-Fe 合金

Ni-Fe 合金镀层结晶细致并有光泽，外观色泽介于镍和铬之间，呈青白色。含 Ni 80%，含 Fe 20% （均为质量分数）的 Ni-Fe 合金镀层，是很好的磁性镀层，应用在电子工业中作为记忆元件镀层。

Ni-Fe 合金的镀液组成及工艺规范见表 19-27。

表 19-27　Ni-Fe 合金的镀液组成及工艺规范

溶液成分及工艺规范	1	2	3	4
	含量/(g/L)			
硫酸镍($NiSO_4 \cdot 6H_2O$)	180~220	180~220	—	300~380
氯化镍($NiCl_2 \cdot 6H_2O$)	—	30~50	—	—
氨基磺酸镍[$Ni(NH_2SO_3)_2$]	—	—	369	—
硫酸亚铁($FeSO_4 \cdot 7H_2O$)	10~20	10~15	20~25	20~30
氨基磺酸(NH_2SO_3H)	—	—	10~20	—
氯化钠($NaCl$)	25~30	—	—	10~13
硫酸钠($Na_2SO_4 \cdot 10H_2O$)	—	—	—	60~80
硼酸(H_3BO_3)	40~45	40~50	30	—
柠檬酸钠($Na_3C_6H_5O_7 \cdot 2H_2O$)	20~25	—	—	—
柠檬酸($C_6H_8O_7 \cdot H_2O$)	—	—	—	15~20
硫酸羟胺[$(NH_2OH)_2 \cdot H_2SO_4$]	—	—	2~6	—
糖精($C_7H_5O_3NS$)	3~5	3	—	1~3
糖精钠($C_7H_4NO_3SNa \cdot 2H_2O$)	—	—	0.6~1	—
DNT-1 辅光剂　/(mL/L)	—	10~15	—	—
DNT-2 主光剂　/(mL/L)	—	0.6~1	—	—
DNT-3 稳定剂　/(mL/L)	—	20~30	—	—
润湿剂 RS 932　/(mL/L)	—	0.5~1.5	—	—
十二烷基硫酸钠($NaC_{12}H_{25}SO_4$)	—	—	0.05~0.1	0.05~0.15
pH 值	3.2~3.9	3~3.8	1	2.5~3
温度/℃	60~65	55~60	45	50~55
阴极电流密度/(A/dm²)	2~5	2~5	25	2~6
阳极　Ni：Fe（面积比）	(6~8)：1	(7~8)：1	不溶性阳极	镍板和铁板

注：1. 配方 2 的 DNT 系列添加剂是杭州惠丰表面技术研究所研制的。

2. 配方 1、2 需要阴极移动。

19.4.3　电镀 Co-W 合金

Co-W 合金镀层具有很好的耐蚀、耐热和耐磨等性能，钴含量较高的镀层具有良好的磁性。其镀液组成及工艺规范见表 19-28。

表 19-28　镀 Co-W 合金的镀液组成及工艺规范

溶液成分及工艺规范	1	2	3
	含量/(g/L)		
硫酸钴($CoSO_4 \cdot 7H_2O$)	5~30	120	70~120

续表

溶液成分及工艺规范	1	2	3
	含量/(g/L)		
钨酸钠($Na_2WO_4 \cdot 2H_2O$)	4～12	45	5～40
氯化钠(NaCl)	10	—	—
硼酸(H_3BO_3)	10	—	25～35
酒石酸钾钠($KNaC_4H_4O_6 \cdot 4H_2O$)	—	400	180～300
1,6-二胺己烷$[NH_2(CH_2)_6NH_2]$/(mol/L)	0.001～0.1	—	—
1,8-二胺辛烷$[NH_2(CH_2)_8NH_2]$/(mol/L)	0.001～0.1	—	—
氯化铵(NH_4Cl)	—	50	—
碳酸钠(Na_2CO_3)	45	—	—
TY-1 添加剂	—	—	0.3～0.8
TY-2 添加剂	—	—	0.5～4
pH 值	3.5～6	8～9.5	4～6
温度/℃	50	40～90	室温
阴极电流密度/(A/dm²)	0.5～3	3	1～2

注：配方 3 的 TY-1、2 添加剂是邮电部天兴仪表厂研制的。

19.4.4　电镀 Co-Cr 合金

Co-Cr 合金镀层具有良好的耐蚀性、耐磨性和磁性能，已在工业上应用。采用三价铬镀液，可在三价铬镀液体系内加入适量的二价钴离子得到 Co-Cr 合金，其镀液组成及工艺规范[25]见表 19-29。

表 19-29　Co-Cr 合金的镀液组成及工艺规范

溶液成分及工艺规范	1	2	3	4	5
	含量/(g/L)				
氯化铬($CrCl_3 \cdot 6H_2O$)	100	266	125	0.8mol/L	—
硫酸铬$[Cr_2(SO_4)_3 \cdot 6H_2O]$	—	—	—	—	0.3mol/L
氯化钴($CoCl_2 \cdot 6H_2O$)	30	15	1.4	0.05mol/L	0.5～1mol/L
甲酸(HCOOH)	40mL/L	—	60mL/L	—	0.4mol/L
柠檬酸钠($Na_3C_6H_5O_7 \cdot 2H_2O$)	80	—	—	—	—
磷酸二氢钠(NaH_2PO_4)	—	4	—	—	—
EDTA 二钠	—	—	4.2	—	—
二甲基甲酰胺$[(CH_3)_2CONH]$	—	—	—	0.137mol/L	—
尿素$[(NH_2)_2CO]$	—	—	—	—	0.75
氟硅酸(H_2SiF_6)	—	8～12	—	—	—
氯化铵(NH_4Cl)	50	—	80	0.5mol/L	—
氯化钠(NaCl)	—	—	—	0.5mol/L	—

续表

溶液成分及工艺规范	1	2	3	4	5
	含量/(g/L)				
溴化钠（NaBr）	15	—	—	—	—
溴化钾（KBr）	—	—	15	—	—
氟化钠（NaF）	—	21	—	—	0.5mol/L
硼酸（H_3BO_3）	30	—	30	0.15mol/L	0.5mol/L
硫酸铝$[Al_2(SO_4)_3 \cdot 18H_2O]$	—	—	—	—	0.2mol/L
硫酸钠（Na_2SO_4）	—	—	—	—	0.6mol/L
氨基磺酸铵（$NH_2SO_3NH_4$]	—	—	210	—	—
pH 值	3.8	1.5～3	—	—	2
温度/℃	室温	25	室温	—	30～50
阴极电流密度/（A/dm²）	2.5	20～50	3	—	30
搅拌	需要	—	—	—	需要
镀层中 Cr 含量（质量分数）/%	—	—	33	—	1.9～60

19.4.5 电镀 Co-P 合金

Co-P 合金是磁性镀层。镀层具有硬度高、耐磨、磁性能稳定的优点。它可用于微型电子元器件的电镀。其镀液组成及工艺规范[3]如下：

硫酸钴（$CoSO_4 \cdot 7H_2O$）	180g/L	pH 值	0.5～2
磷酸（H_3PO_4）	50g/L	温度	75～95℃
亚磷酸（H_3PO_3）	15g/L	阴极电流密度	5～40A/dm²

19.4.6 电镀 Ni-P 合金

Ni-P 合金的磁性随磷的含量而变化，当合金镀层中磷含量小于8%（质量分数）时，镀层属于磁性镀层。当磷含量大于14%（质量分数）时，镀层属于抗体。Ni-P 合金的镀液组成及工艺规范见表 19-30。

表 19-30 Ni-P 合金的镀液组成及工艺规范

溶液成分及工艺规范	1	2	3	4
	含量/(g/L)			
硫酸镍（$NiSO_4 \cdot 6H_2O$）	180～200	150～200	150～200	180
氯化镍（$NiCl_2 \cdot 6H_2O$）	15	40～45	—	10
亚磷酸（H_3PO_3）	4～8	4～8	—	3～20
磷酸（H_3PO_4）/（mL/L）	—	50	25～35	10～30
次磷酸钠（$NaH_2PO_2 \cdot H_2O$）	—	—	20～30	—
硫酸钠（Na_2SO_4）	35～40	—	—	—
硼酸（H_3BO_3）	—	—	—	20
氯化钠（NaCl）	—	—	20	—

续表

溶液成分及工艺规范	1	2	3	4
	含量/(g/L)			
TK 添加剂	—	—	—	3
氯化稀土	—	—	—	2
pH 值	1~1.5	1~2.5	2~2.5	1~2.5
温度/℃	70~80	75	70~80	60~70
阴极电流密度/(A/dm²)	1~2	3~10	10~15	3~18
阳极	Ni+Ti	Ni+Ti	Ni+Ti	—
镀层中 P 含量(质量分数)/%	10±5	8~10	<10	5~13
阴极移动	需要	需要	需要	—

19.4.7　电镀 Ni-Co-P 合金

Ni-Co-P 合金镀层具有良好的磁性能。其镀液组成及工艺规范见表 19-31。

表 19-31　Ni-Co-P 合金的镀液组成及工艺规范

溶液成分		工艺规范	
氯化镍($NiCl_2 \cdot 6H_2O$)	160g/L		
氯化钴($CoCl_2 \cdot 6H_2O$)	40g/L	pH 值	4~5
次磷酸氢二钠($Na_2HPO_2 \cdot H_2O$)	2g/L	温度	室温
硼酸(H_3BO_3)	30g/L	阴极电流密度	3A/dm²
对甲苯磺酰胺($C_7H_9NO_2S$)	2g/L	叠加电流比(交流/直流)	1/3
十二烷基硫酸钠($NaC_{12}H_{25}SO_4$)	0.03g/L		

19.5　电镀减摩性轴承合金

减摩性镀层具有良好的润滑减摩性能,可用于各种轴承的制造。例如 Pb-Sn、Pb-In、Pb-Ag、Cu-Sn、Ag-Re、Pb-Sn-Cu、Pb-Co-P、Cu-Sn-Bi 等,可用作轴承合金镀层。

19.5.1　电镀 Pb-Sn 合金

Pb-Sn 合金镀层具有浅灰色的金属光泽,较柔软,孔隙比纯锡镀层、铅镀层低。通过改变镀液中铅、锡金属离子的浓度比,就可以得到锡、铅含量不同的各种 Pb-Sn 合金镀层。锡含量为 6%~10%(质量分数)的 Pb-Sn 合金镀层,具有优良的润滑减摩性能,常用作轴瓦、轴套的减摩、耐蚀镀层。

镀 Pb-Sn 合金的镀液组成及工艺规范见表 19-32。

表 19-32　镀 Pb-Sn 合金的镀液组成及工艺规范

溶液成分及工艺规范	1	2
	含量/(g/L)	
氟硼酸铅[$Pb(BF_4)_2$]	110~275	160
氟硼酸亚锡[$Sn(BF_4)_2$]	50~70	15
游离氟硼酸(HBF_4)	50~100	100~200

续表

溶液成分及工艺规范	1	2
	含量/(g/L)	
桃胶	3～5	—
蛋白胨（$C_{26}H_{20}N_2O_2S_2$）	—	0.5
温度/℃	室温	—
阴极电流密度/(A/dm²)	1.5～2	3
镀层中 Sn 含量（质量分数）/%	6～10	10

注：配方 1 采用 Pb-Sn 合金阳极（含 Sn 质量分数为 6%～10%）；配方 2 采用 Pb-Sn 合金阳极（Sn 的质量分数为 8%）。

19.5.2　电镀 Pb-In、Cu-In 合金

Pb-In、Cu-In 合金属于减摩镀层。其镀液组成及工艺规范见表 19-33。

表 19-33　Pb-In、Cu-In 合金的镀液组成及工艺规范

溶液成分及工艺规范	Pb-In 合金镀液		Cu-In 合金镀液	
	1	2	1	2
	含量/(g/L)			
氨基磺酸铅[$Pb(NH_2SO_3)_2$]	10	10	—	—
氧化铟（In_2O_3）	20	5	—	—
铜（以氰化亚铜形式加入）	—	—	40	30
铟（以氰化铟形式加入）	—	—	10	16
氨基磺酸（NH_2SO_3H）	40	—	—	—
EDTA 二钠	—	20～40	—	—
十六烷基三甲基溴化铵	2	3～10	—	—
游离氰化钾（KCN）	—	—	40	38
游离氢氧化钾（KOH）	—	—	30	20
葡萄糖（$C_6H_{12}O_6$）	—	—	10	16
pH 值	—	3～10	—	—
温度/℃	30	20～30	70	70
阴极电流密度/(A/dm²)	1～3	1～3	1.5	6
镀层中 In 含量（质量分数）/%	5～10	10～12	8	20

19.5.3　电镀 Ag-Pb 合金

Ag-Pb 合金比纯银具有更高的硬度，在银中加入 3%～5%（质量分数）的铅，可以大大提高合金镀层的减摩性能。一般认为，用于轴承的 Ag-Pb 合金镀层中的铅含量宜小于 1.5%（质量分数）。

Ag-Pb 合金镀液主要是氰化镀液，其他镀液有酸性镀液和卤化物镀液。在氰化镀液中，影响镀层合金组成的主要因素如下。

① 增加镀液中氰化物的含量，镀层中铅含量增加；增加镀液中氢氧化钠的含量，则镀层

中铅含量减少。

② 一般情况下，镀层中铅含量随阴极电流密度提高而增加。

③ 镀液搅拌可降低合金镀层中铅的含量。

通过调整和控制上述的影响因素可得到所需要组成的 Ag-Pb 合金镀层。

镀 Ag-Pb 合金的镀液组成及工艺规范见表 19-34。

表 19-34　镀 Ag-Pb 合金的镀液组成及工艺规范

溶液成分及工艺规范	氰化镀液			酸性镀液	卤化物镀液
	1	2	3		
	含量/(g/L)				
氰化银（AgCN）	30	120	40	—	—
硝酸银（AgNO₃）	—	—	—	25	—
碘化银（AgI）	—	—	—	—	1～10
酒石酸铅[Pb(C₄H₄O₆)]	—	6	—	—	—
碱式醋酸铅[Pb(C₂H₃O₂)₂·2Pb(OH)₂]	4	—	2.6	—	—
硝酸铅[Pb(NO₃)₂]	—	—	—	100	—
醋酸铅[Pb(CH₃COO)₂·3H₂O]	—	—	—	—	20
氰化钾或氰化钠（KCN 或 NaCN）	22	205	44	—	—
氢氧化钾或氢氧化钠（KOH 或 NaOH）	1	10	60	—	—
酒石酸钾（K₂C₄H₄O₆）	47	100	86	—	—
酒石酸（H₂C₄H₄O₆）	—	—	—	20	—
碘化钾（KI）	—	—	—	—	900
温度/℃	25	35～50			
阴极电流密度/(A/dm²)	0.8～1.5	5～10	4	0.4～1.2	0.4
搅拌	需要	—	—	需要	
镀层中 Pb 含量（质量分数）/%	4	8	6	5	0.5～88

注：卤化镀液所镀得的镀层中铅的含量，根据主盐（银盐、铅盐）含量的不同、操作条件的变化，镀层中铅的含量可在 0.5%～88%（质量分数）之间变化。

19.5.4　电镀 Pb-Sn-Cu 合金

Pb-Sn-Cu 三元合金镀层，具有优异的减摩性能，不但使用寿命长、负载能力大，而且还具有良好的润湿性、耐蚀性，以及高硬度等，已被广泛用作中速内燃机、大功率柴油机等所需轴瓦的减摩镀层。Pb-Sn-Cu 三元合金的镀液组成及工艺规范见表 19-35。

表 19-35　Pb-Sn-Cu 三元合金的镀液组成及工艺规范

溶液成分		工艺规范	
氟硼酸铅[Pb(BF₄)₂]	85～90g/L		
氟硼酸亚锡[Sn(BF₄)₂]	5～7g/L	温度	25℃
氟硼酸铜[Cu(BF₄)₂]	2～2.3g/L	阴极电流密度	1.8～2.2A/dm²
游离氟硼酸（HBF₄）	150～180g/L	阳极	Pb-Sn 合金阳极，锡含量为 10%（质量分数）
明胶	0.5～1g/L	注：此配方是哈尔滨工业大学和船舶总公司共同研制的工艺	
间苯二酚（C₆H₆O₂）	5～6g/L		
说明	① 镀液中明胶作为添加剂，可促使镀层细致，而它的含量还能影响镀层的组成。随着明胶含量的增加，合金镀层中锡和铜含量均会增加，当明胶含量大于 0.5g/L 时，镀层中锡和铜的含量基本趋于稳定 ② 间苯二酚是镀液的稳定剂，可抑制 Sn^{2+} 向 Sn^{4+} 的转化，并能降低镀层的脆性。再则，随着间苯二酚含量的增加，合金镀层中锡和铜含量也随着增加		

19.6　不锈钢合金镀层

通常使用的不锈钢，其主要成分是 Fe、Cr、Ni。经过大量研究试制，已能从不同的镀液中，用电沉积方法获得一层 Fe-Cr-Ni 不锈钢型合金。能在较便宜的基体上，镀上一层不锈钢合金镀层，起到不锈钢的作用，这会取得良好的经济效益。也可以镀一层 Cr-Fe（Fe-Cr）合金，用它代替不锈钢。

19.6.1　电镀 Fe-Cr-Ni 合金

Fe-Cr-Ni 合金镀层，具有较高的硬度，很强的防变色能力和耐腐蚀性能。合金镀层经过高温热处理，能产生不锈钢结构，可代替不锈钢。

Fe-Cr-Ni 合金的镀液组成及工艺规范见表 19-36。

表 19-36　Fe-Cr-Ni 合金的镀液组成及工艺规范

溶液成分及工艺规范	1	2	3	4	5
	含量/(g/L)				
硫酸亚铁($FeSO_4 \cdot 7H_2O$)	28	5～8	—	—	—
氯化亚铁($FeCl_2 \cdot 4H_2O$)	—	—	30	40	20
硫酸铬[$Cr_2(SO_4)_3 \cdot 18H_2O$]	265	—	—	—	—
氯化铬($CrCl_3 \cdot 6H_2O$)	—	—	250	160	75
硫酸铬钾[$KCr(SO_4)_2 \cdot 12H_2O$]	—	400～450	—	—	—
硫酸镍($NiSO_4 \cdot 7H_2O$)	65	—	—	—	—
氯化镍($NiCl_3 \cdot 6H_2O$)	—	—	46	13.7	25
甲酸镍[$Ni(COOH)_2$]	—	15～20	—	—	—
硼酸(H_3BO_3)	25	30	—	37	—
三乙醇胺[$N(C_2H_4OH)_3$]	149	—	—	—	—
氟化钠(NaF)	—	8～10	—	—	—
甘氨酸(NH_2CH_2COOH)	—	10～20	—	37.5	—
柠檬酸钠($Na_3C_6H_5O_7 \cdot 2H_2O$)	—	—	70	—	—
氯化铝($AlCl_3$)	—	—	130	—	—
甲酸钠($HCOONa$)	—	—	—	68	—
溴化铵(NH_4Br)	—	—	—	14.7	—
氯化铵(NH_4Cl)	—	—	—	53.5	—
EDTA 二钠	—	—	—	—	25
pH 值	2	1.2～2.8	0.2～0.3	2.8～3	1～1.2
温度/℃	40	20～26	30	20～30	40
阴极电流密度/(A/dm²)	5～40	6～37	25～30	—	5～10
阳极	铂	—	—	铂	—
镀层成分：Fe 含量（质量分数）/% 　　　　　Ni 含量（质量分数）/% 　　　　　Cr 含量（质量分数）/%	58～78 11～27 6～10	58～82 25～40 5～15.5	37～89 8～54 3～29	74 8 18	74～49 2.9～5 18.1～20.6

注：配方 1～4 引自参考文献 [1]。

19.6.2 电镀 Cr-Fe、Fe-Cr 合金

Cr-Fe 合金镀层，外表美观，具有优异的耐蚀性能，可以用它代替不锈钢。

Fe-Cr 合金镀层由于表面形成了含铬的钝化膜，而阻挡了腐蚀介质的侵入，所以具有较强的耐蚀性。可以用它代替部分不锈钢材料。

Cr-Fe、Fe-Cr 合金的镀液组成及工艺规范见表 19-37。

表 19-37　Cr-Fe、Fe-Cr 合金的镀液组成及工艺规范

溶液成分及工艺规范	镀 Cr-Fe 合金[1]		镀 Fe-Cr 合金[24]	
	1	2	1	2
	含量/(g/L)			
硫酸铬铵[$NH_4Cr(SO_4)_2 \cdot 12H_2O$]	700	—	—	—
硫酸铬[$Cr_2(SO_4)_3 \cdot 18H_2O$]	—	450	—	—
氯化铬($CrCl_3 \cdot 6H_2O$)	—	—	100～300	160
硫酸亚铁铵 [$(NH_4)_2Fe(SO_4)_2 \cdot 12H_2O$]	13.6	13.5	—	—
氯化亚铁($FeCl_2 \cdot 4H_2O$)	—	—	10～40	10
硫酸镁($MgSO_4 \cdot 7H_2O$)	25	20	—	—
硫酸铵[$(NH_4)_2SO_4$]	100	100	—	—
磷酸二氢铵($NH_4H_2PO_4 \cdot H_2O$)	0.2	—	—	—
硅胶[$(SiO_2)=29.5\%$(质量分数)]	—	1	—	—
甘氨酸(NH_2CH_2COOH)	—	0.5～3	150～350	51
氯化铵(NH_4Cl)	—	—	100	21
硼酸(H_3BO_3)	—	—	20	12
溴化钠($NaBr$)	—	—	—	20
氟化钠(NaF)	—	—	—	10
抗坏血酸($C_6H_8O_6$)	—	—	—	5
pH 值	—	—	1～3	2
温度/℃	60	54	30	室温
阴极电流密度/(A/dm^2)	54	21～28	10～40	10
阳极	铅或 Cr-Fe 合金	Cr-Fe 合金或不溶性阳极	石墨	石墨
镀层中 Fe 含量(质量分数)/%	—	15	—	—
镀层中 Cr 含量(质量分数)/%	—	—	20～40	22～40

第20章
电镀贵金属合金

20.1 概述

贵金属合金镀层，是指在电镀贵金属镀液中加入一些其他金属盐，这些盐的金属离子与贵金属离子共沉积所获得的合金镀层。如在镀金溶液中加入一定量钴盐，可获得 Au-Co 合金镀层。

近年来，随着电子工业、宇航工业等的迅速发展，贵金属作为功能性镀层的使用量也迅速增加。贵金属合金镀层不但能满足人们对装饰品的需求，还能提高贵金属镀层的硬度、耐磨性、耐蚀性、导电性、焊接性、耐高温性等多种宝贵的物理和力学性能，而且也大大节约了贵金属的用量。由于贵金属合金镀层具有优异的性能，所以它在电子工业及宇航工业获得了广泛应用。

电镀贵金属合金主要是指以 Au、Ag、Pd 等为基的合金，以及电镀贵金属三元合金，见表 20-1。目前，获得广泛应用的贵金属合金镀层主要有金基合金镀层和银基合金镀层。

表 20-1　电镀贵金属合金品种

贵金属合金	电镀贵金属合金镀层
电镀金基合金	Au-Co、Au-Ni、Au-Ag、Au-Cu、Au-Sb、Au-Sn 等
电镀银基合金	Ag-Cd、Ag-Sb、Ag-Pb、Ag-Sn、Ag-Cu、Ag-Zn、Ag-Ni、Ag-Co 等
电镀钯基合金	Pd-Ni、Pd-Co、Pd-Ag、Pd-Fe 等
电镀贵金属三元合金	Au-Ag-Ni、Au-Ag-Zn、Au-Ag-Cu、Au-Ag-Cd、Au-Sn-Co、Au-Sn-Cu、Au-Sn-Ni 等

20.2 电镀金基合金

金镀层及金合金镀层在贵金属镀层中应用最广，除了用于装饰外，由于其镀层具有优良的化学稳定性、导电性、低而稳定的接触电阻、良好的焊接性、耐高温性及高的耐蚀性能，是用于改善电子元器件表面性能的优良镀层。含有银、铜、锡、钴、镍等的金合金镀层，其硬度比纯金镀层高 2~3 倍，硬度高，耐磨性好。而且由于金合金镀层中金含量的降低，减少了价格昂贵的金的用量，降低了成本。因此，实际生产中广泛使用金合金代替纯金镀层。金及金合金镀层的应用如下。

① 金合金镀层可获得多种色泽，广泛用于装饰品如首饰、钟表、工艺品等的防护和装饰镀层。

② 要求具有化学稳定性、高导电性、耐高温性、耐磨性及可焊性的零件。

③ 要求长期保持低接触电阻的零件。

④ 广泛用于电子工业，如用于电子元器件、集成电路引线框架、印制电路板等。应用较多的金合金镀层是金质量分数为 99% 左右的金-钴合金、金-镍合金、金-锑合金。

20.2.1 电镀 Au-Co 合金

在镀金溶液中加入少量钴,使金和钴共沉积,可获得 Au-Co 合金镀层,这样能明显地提高镀层的硬度。纯金镀层的硬度约为 70HV,而 Au-Co 合金镀层的硬度可达约 130HV。Au-Co 合金镀层主要用作集成电路电接点镀层、印制电路板等耐磨件镀层。

Au-Co 合金的镀液有柠檬酸盐型、焦磷酸盐型、亚硫酸盐型及氰化物型等。柠檬酸盐镀液稳定,寿命很长,应用较广泛。

碱性氰化物镀液(pH 值为 8.5～13)一般来说比酸性镀液的镀层光泽好,电流效率高,镀层较耐磨,但不适用于电器元件,特别是印制电路板的电镀,也因氰化物剧毒,所以电镀 Au-Co 合金镀液多数采用酸性氰化物或低氰镀液。酸性氰化镀液是在 pH 值为 3～6 的有机羧酸及其碱金属盐的缓冲溶液中加入金的氰配盐和钴盐组成的,电流效率较低(30%～60%)。所获得的镀层较致密,几乎无孔隙,耐蚀性好。在镀液中加入少量铟(硫酸铟),可显著地提高合金镀层的光亮度,而且不会增加镀层的脆性,常用于珠宝首饰的光亮 Au-Co 合金镀层。

Au-Co 合金的镀液组成及工艺规范见表 20-2。

表 20-2　Au-Co 合金的镀液组成及工艺规范

溶液成分及工艺规范	柠檬酸盐镀液			亚硫酸盐镀液		焦磷酸盐镀液	氰化物镀液
	1	2	3	1	2		
	含量/(g/L)						
氰化金钾[KAu(CN)$_4$ · 3/2H$_2$O]	4～12	10～12	6	—	—	0.1～4	8
亚硫酸金钾[KAu(SO$_3$)$_2$]	—	—	—	1～30	—	—	—
氯化金(AuCl$_3$)	—	—	—	—	25～35	—	—
硫酸钴(CoSO$_4$ · 7H$_2$O)	1～3	1～2	9	0.5～5	0.5～1.0	—	—
焦磷酸钴钾[K$_2$Co(P$_2$O$_7$)]	—	—	—	—	—	1.3～4	—
氰化钴钾[KCo(CN)$_3$]	—	—	—	—	—	—	<1
柠檬酸(H$_3$C$_6$H$_5$O$_7$)	20～70	5～8	25	—	—	—	—
柠檬酸钾(K$_3$C$_6$H$_5$O$_7$ · H$_2$O)	50～90	—	80	—	—	—	—
柠檬酸铵[(NH$_4$)$_3$C$_6$H$_5$O$_7$ · 2H$_2$O]	—	—	—	—	70～90	—	—
EDTA 钠盐	—	50～70	15	—	EDTA 50～70	—	—
焦磷酸钾(K$_4$P$_2$O$_7$ · 3H$_2$O)	—	—	—	—	—	100	—
酒石酸钾钠(KNaC$_4$H$_4$O$_6$ · 1/2H$_2$O)	—	—	—	—	—	50	—
亚硫酸钠(Na$_2$SO$_3$)	—	—	—	40～150	120～150	—	—
铟(以硫酸盐形式加入)	—	—	0.4	—	—	—	—
缓冲剂	—	—	—	5～150	—	—	—
磷酸二氢钾(KH$_2$PO$_4$)	—	—	—	—	—	—	120
pH 值(以柠檬酸调节)	3.2～4	3.0～4.2	3.2	>8	6.5～7.5	7～8	4.3～5
温度/℃	25～32	25～35	25～30	43～50	20～30	50	
阴极电流密度/(A/dm^2)	0.8～2	0.5～1.5	0.8～1.5	0.1～5	0.2～0.3	0.5	

20.2.2　电镀 Au-Ni 合金

Au-Ni 合金镀层结晶细致，当镀层较厚时，仍能保持其光泽的外观。镀层硬度高（200HV 以上），而且有韧性，孔隙率低，与相同厚度的其他金合金镀层相比，耐磨性和耐蚀性优良。它主要用于插接件、印制电路板插头、触点等耐磨件的电镀。

由于常规碱性氰化物镀液常引起电器元件，特别是印制电路板的剥离，目前还是以弱酸性"缓冲型"氰化物镀液为主，其中柠檬酸盐镀液应用最广。Au-Ni 合金的镀液组成及工艺规范见表 20-3。

表 20-3　Au-Ni 合金的镀液组成及工艺规范

溶液成分及工艺规范	氰化物镀液			柠檬酸盐镀液		焦磷酸盐镀液
	1	2	3	1	2	
	含量/(g/L)					
氰化金钾[KAu(CN)$_4$·3/2H$_2$O]	1～5	3.5	3～5	20～50	8	3～3.5
氰化镍钾[KNi(CN)$_3$]	5～20	10	1～2	10～50	—	—
氰化镍钾[KNi(CN)$_3$](以金属计)	—	—	—	—	0.5	—
焦磷酸镍钾(K$_2$NiP$_2$O$_7$)	—	—	—	—	—	0.6～0.8
氰化钾(KCN)	5～10	28	10～35	—	—	—
氯化铵(NH$_4$Cl)	—	7	—	—	—	—
磷酸盐(钾盐)	—	—	40～70	—	—	—
润湿剂/(mL/L)	—	—	2～5	—	—	—
硒盐	—	—	微量	—	—	—
柠檬酸(H$_3$C$_6$H$_5$O$_7$)	—	—	—	10～100	100	—
柠檬酸钠(Na$_3$C$_6$H$_5$O$_7$)	—	—	—	10～100	—	—
氢氧化钾(KOH)	—	—	—	—	40	—
焦磷酸钾(K$_4$P$_2$O$_7$·3H$_2$O)	—	—	—	—	—	50～60
酒石酸钾钠(KNaC$_4$H$_4$O$_6$·4H$_2$O)	—	—	—	—	—	50～60
pH 值	>9	>9	—	3～5	3～6	7～8
温度/℃	50～60	80	60～65	30	室温	50～60
阴极电流密度/(A/dm^2)	1～2	0.2	0.3～1	0.5～2	0.5～1.5	0.4～0.5

20.2.3　电镀 Au-Ag 合金

银很容易与金共沉积，结晶时能形成无孔隙的固溶体，镀层光泽好，韧性好，镀层颜色随银含量而变化。镀层电阻率随银的含量增加而减小，而硬度随银的含量增加而提高。Au-Ag 合金镀层一般硬度为 120～180HV。

电镀 Au-Ag 合金是节省金的措施之一。常用的 Au-Ag 合金有 16～18K（其金的质量分数为 75%）和 12～14K（其金的质量分数为 50%）两个体系。

作为装饰性镀层使用的 Au-Ag 合金镀层，可用 12K 的 Au-Ag 合金镀层作底层，以提高整个镀层的硬度和耐磨性。外镀一薄层 23K 合金（例如 Au-Ni 合金），增强镀层的耐蚀性、耐磨性，同时满足产品的装饰外观要求。

Au-Ag 合金的镀液，目前还是使用氰化物镀液，镀液中主盐的金属离子浓度比例变化，可获得各种组成的 Au-Ag 合金镀层。Au-Ag 合金的镀液组成及工艺规范见表 20-4。

表 20-4　Au-Ag 合金的镀液组成及工艺规范

溶液成分及工艺规范	1	2	3	4	5	6
	含量/(g/L)					
氰化金钾[KAu(CN)$_4$·3/2H$_2$O]	4.2(Au 含量)	15～20	3	4	3.7	10
氰化银钾[KAg(CN)$_2$]	0.2(Ag 含量)	5～10	2.5	0.8	0.7～1.5	1.1
游离氰化钾(KCN)	15	—	7.5	1	7.5	23
氰化钾(KCN)	—	50～100	—	—	—	—
磷酸二氢钠(NaH$_2$PO$_4$)	15	—	—	—	—	—
磷酸二氢钾(KH$_2$PO$_4$)	—	—	15	—	—	—
碳酸钾(K$_2$CO$_3$)	—	30	—	—	—	—
光亮剂	—	适量	—	—	—	—
pH 值	—	11～13	—	10～11	10～11	—
温度/℃	50～60	25～30	54～71	15～60	43～48	80
阴极电流密度/(A/dm^2)	0.1～0.2	0.5～1	0.5～2.5	3～4	1～2	3～4
镀液搅拌	—	阴极移动	—	—	搅拌	搅拌

注：1. 配方 4 可镀取 18K 的 Au-Ag 合金镀层。
　　2. 配方 5、6 可镀取 22K 的 Au-Ag 合金镀层。

20.2.4　电镀 Au-Cu 合金

Au-Cu 合金镀层依其金和铜两组分比例的不同，可得到多种合金，外观色泽也不同。Au-Cu 合金镀层实际应用较为广泛，金含量为 85%（质量分数）的 Au-Cu 合金镀层，外观为玫瑰红色，俗称"玫瑰金"，其合金镀层具有较高的耐磨性和化学稳定性，而且不易变色，广泛用作装饰性镀层，用于首饰、钟表、装饰品等；铜含量为 15%～25%（质量分数）的 Au-Cu 合金镀层，其硬度比纯金高 1.5 倍，此 Au-Cu 合金镀层可代替纯金镀层用于接插件和触点表面的电镀。

根据产品用途的不同采用不同的合金镀液。电镀首饰、钟表等装饰品，多采用氰化物镀液；而在电子工业中则多采用 EDTA 或 DTPA（二乙三胺五乙酸）的氰化金镀液或无氰镀液。Au-Cu 合金的镀液组成及工艺规范[1,24]见表 20-5。

为了获得装饰用的 Au-Cu 合金镀层即玫瑰金，以控制镀液中金、铜离子浓度比为 1：（2～3）为宜。阴极电流密度对合金组成及外观影响很大，升高电流密度，镀层铜含量增加，外观向金属铜颜色变化。

电镀 Au-Cu 合金使用不溶性阳极[3]，常用的阳极有金、铂、不锈钢、石墨等，其中以铂、金最好。不锈钢电极容易导致金属污染（尤其是以亚硫酸钠作为配位剂时），而石墨本身的吸附作用也会造成有机物污染。

表 20-5　Au-Cu 合金的镀液组成及工艺规范

溶液成分及工艺规范	1	2	3	4	5	6	7
	含量/(g/L)						
氰化金钾[KAu(CN)$_4$·3/2H$_2$O]	6～6.5	6～6.5	—	—	50	3	7

续表

溶液成分及工艺规范	1	2	3	4	5	6	7
	含量/(g/L)						
亚硫酸金钠[$Na_3Au(SO_3)_2$]	—	—	12～24	6～8	—	—	—
EDTA 铜钠盐[$Na_2Cu(EDTA)_2$]	16～18	—	—	—	—	—	—
DTPA 铜钠盐[$NaCu(DTPA)$]	—	16～18	—	0.5～3	—	—	—
焦磷酸铜钾[$K_6Cu(P_2O_7)_2$]	—	—	0.5～6	—	—	—	—
氰化亚铜($CuCN$)	—	—	—	—	—	8～14	7
硫酸铜($CuSO_4 \cdot 5H_2O$)	—	—	—	—	10	—	—
游离氰化钾(KCN)	—	—	—	—	—	1～1.5	1.5
磷酸(H_3PO_4)/(mL/L)	25	25	—	—	—	—	—
游离亚硫酸钠(Na_2SO_3)	—	—	6～8	—	—	9～10	—
二乙胺四乙酸二钠(EDTA 钠盐)	—	—	—	—	20	—	—
二乙三胺五乙酸(DTPA)	—	—	—	40～60	—	—	—
磷酸二氢钾(KH_2PO_4)	—	—	—	—	60	—	—
pH 值	7～7.5	7.5～9.5	9～9.5	9.5～10.5	3.5～4.5	7～7.2	7～7.5
温度/℃	65	65	55～60	40～50	35～38	75～85	60～80
阴极电流密度/(A/dm²)	0.6～1	0.6～1	0.6～1.6	1～2.5	0.5～1	0.1～2.5	0.5～1

注：配方 7 用于镀取 18K 的 Au-Cu 合金镀层。

20.2.5　电镀 Au-Sb 合金

Au-Sb 合金镀层的性能和用途与 Au-Cu 合金镀层非常相近。Au-Sb 合金的镀液有碱性氰化物镀液、中性或弱酸性镀液。

① 碱性氰化物镀液　多用于镀 Au-Sb 合金装饰性镀层，其镀层锑含量为 5%（质量分数），镀层呈金黄色，硬度比纯金高两倍（约为 200HV）。

② 中性或弱酸性镀液　多用于电子工业（如用于电子元器件、接插件等）用的功能性 Au-Sb 合金镀层。

Au-Sb 合金的镀液组成及工艺规范见表 20-6。

表 20-6　Au-Sb 合金的镀液组成及工艺规范

溶液成分及工艺规范	碱性氰化物镀液		中性或弱酸性镀液				
	1	2	1	2	3	4	5
	含量/(g/L)						
氰化金钾[$KAu(CN)_2 \cdot 3/2H_2O$]	6～8	8	15	12.3	12～14	—	—
金(Au)[以 $Au(CN)_2$ 的形式加入]	—	—	—	—	—	8～15	—
金（Au）[以 $KAu(CN)_2 \cdot 3/2H_2O$ 的形式加入]	—	—	—	—	—	—	4～5
酒石酸锑钾[$K(SbO)C_4H_4O_6 \cdot 1/2H_2O$]	0.3～1	0.05	—	0.1～1	0.8～1	0.2～0.35	0.1～0.2
三氧化二锑(Sb_2O_3)	—	—	1.25	—	—	—	—

溶液成分及工艺规范	碱性氰化物镀液		中性或弱酸性镀液				
	1	2	1	2	3	4	5
	含量/(g/L)						
游离氰化钾(KCN)	8~10	15	—	—	—	—	—
酒石酸钾钠(KNaC$_4$H$_4$O$_6$·4H$_2$O)	20~40	—	—	5	—	—	—
柠檬酸铵[(NH$_4$)$_3$C$_6$H$_5$O$_7$]	—	—	100	—	—	80~120	110~120
磷酸氢二钾(K$_2$HPO$_4$·3H$_2$O)	—	—	—	130	—	—	—
磷酸二氢钾(KH$_2$PO$_4$)	—	—	—	50	—	—	—
柠檬酸钾(K$_3$C$_6$H$_5$O$_7$)	—	—	—	—	12~14	—	—
柠檬酸(H$_3$C$_6$H$_5$O$_7$)	—	—	—	—	20~25	—	—
碳酸钾(K$_2$CO$_3$)	—	—	—	—	30	—	—
二甲基乙酰胺 [CH$_3$COH(CH$_3$)$_2$]/(mL/L)	—	—	5	—	—	—	—
pH 值	—	—	—	7	5.1~5.8	4.8~5.8	5.2~5.8
温度/℃	50	40	60	60	40~60	35~45	40
阴极电流密度/(A/dm²)	0.25	0.3~0.7	0.2~0.5	1	0.3~0.4	0.1~0.2	0.1~0.15[①]
阳极	金、钛	金、钛	金、钛	金	金、钛	铂	金、钛
镀层中 Sb 含量(质量分数)/%	1.5~2	—	0.25	0.1~4	—	—	—

①为平均电流密度。

注：中性或弱酸性镀液配方 5 为脉冲滚镀。脉冲导通时间为 0.2ms，脉冲关断时间为 0.8ms。

20.2.6 电镀 Au-Sn 合金

Au-Sn 合金镀层具有光亮银白色略带浅蓝色的外观，锡含量为 2%~20%（质量分数）的 Au-Sn 合金镀层，已代替纯金镀层用于制造半导体接点材料。Au-Sn 合金的镀液组成及工艺规范见表 20-7。

表 20-7 Au-Sn 合金的镀液组成及工艺规范

溶液成分及工艺规范	1	2
	含量/(g/L)	
氰化金钾[KAu(CN)$_2$·3/2H$_2$O]	5.8~31.6	15
焦磷酸亚锡(Sn$_2$P$_2$O$_7$)	57.6~102.9	—
氯化亚锡(SnCl$_2$·2H$_2$O)	—	20
焦磷酸钾(K$_4$P$_2$O$_7$)	99~231	—
柠檬酸铵[(NH$_4$)$_3$C$_6$H$_5$O$_7$]	—	100
pH 值	9.2	4.2
温度/℃	—	60
阴极电流密度/(A/dm²)	1	—
镀层中 Sn 含量(质量分数)/%	—	2~20

20.2.7 不合格金合金镀层的退除

不合格的金合金镀层只有在无法补救时，才进行退除。不合格的 Au-Co、Au-Cu 等合金镀层的退除方法见表 20-8。

表 20-8 不合格金合金镀层的退除方法

基体金属	退除方法	溶液组成	含量/(g/L)	温度/℃	阳极电流密度/(A/dm²)
钢铁、镍及镍合金	化学法	氰化钠（NaCN） 30％过氧化氢（H₂O₂）	120 15mL/L	室温	—
	电解法	氰化钠（NaCN） 氢氧化钠（NaOH）	80～100 8～22	室温～70	1～5
钢铁、铜及铜合金	化学法	氰化钠（NaCN） 30％过氧化氢（H₂O₂）	120 15mL/L	室温	—
	化学法	间硝基苯磺酸钠（C₆H₄NNaO₅S） 氰化钠（NaCN） 柠檬酸钠（Na₃C₆H₅O₇）	20 50 50	90～98	—
	电解法	98％硫酸（H₂SO₄） 甘油（C₃H₈O₃） 溶解金属 注：不适于高强度钢	600～625mL/L 22～38 ≤30	室温	5～10
铝及铝合金	电解法	98％硫酸（H₂SO₄） 甘油（C₃H₈O₃） 溶解金属	600～625mL/L 22～38 ≤30	室温	5～10

20.3 电镀银基合金

一般情况下，银合金镀层的抗硫氧化、显微硬度、耐磨性以及耐蚀性等性能有所提高和改进，但合金镀层的电阻率略有增大。不同性能的银合金镀层，可用于代替在含硫化物环境中工作的银镀层、用作耐海洋气候腐蚀的仪器仪表的防护镀层、电触点材料（镀层）、减摩镀层等。虽然银基合金镀层有其优越的性能，但要获得某些合金镀层，在生产中还存在些问题，目前有些成果还停留在实验中或是小规模的生产，有待进一步改进和提高。

20.3.1 电镀 Ag-Cd 合金

Ag-Cd 合金镀层与纯银镀层比较，具有良好的抗硫性能和优异的抗海水腐蚀性能。

① 镉含量为 15％（质量分数）的 Ag-Cd 合金镀层，抗硫化物腐蚀性能比纯银镀层高两倍。

② 镉含量为 5％（质量分数）的 Ag-Cd 合金镀层，抗海水腐蚀性能比纯银镀层高四倍。

③ 镉含量低于 5％（质量分数）的 Ag-Cd 合金镀层，其导电性能与纯银镀层无明显差别。

④ 而且 Ag-Cd 合金镀层的硬度、抗高温氧化的能力也均比纯银镀层高。

在实际应用中，镉含量为 1.5％（质量分数）的 Ag-Cd 合金镀层，主要用在含硫化物环境中替代银镀层；镉含量为 3％～5％（质量分数）的 Ag-Cd 合金镀层，用作耐海洋气候腐蚀的仪器的防护镀层。

电镀 Ag-Cd 合金，常用氰化物镀液，其镀液组成及工艺规范见表 20-9。

表 20-9　Ag-Cd 合金的镀液组成及工艺规范[1,24]

溶液成分及工艺规范	1	2	3	4	5	6
	含量/(g/L)					
氰化银（AgCN）	28	32	15	15.4	30	15
氰化镉[Cd(CN)$_2$]	14	20	15	21	15	30
氰化钠（NaCN）	—	—	—	76.4	—	—
游离氰化钾（KCN）	35～45	—	28	—	—	—
游离氰化钠（NaCN）	—	20～25	—	—	25	10
氢氧化钠（NaOH）	—	7～15	—	—	15	15
氢氧化钾（KOH）	10～15	—	—	—	—	—
硫氰酸钾（KCNS）	—	—	—	40～70	—	—
氨三乙酸[N(CH$_2$COOH)$_3$]	—	—	—	40～60	—	—
氨水（NH$_3$·H$_2$O）/(mL/L)	—	—	—	2	—	2
碳酸钠（Na$_2$CO$_3$）	—	—	—	10	—	—
温度/℃	15～25	18～25	18～35	30	15～35	15～35
阴极电流密度/(A/dm^2)	0.2～0.5	0.3～0.7	1.5～2.5	0.5	0.2～1	0.5～1.5
镀层中 Cd 含量（质量分数）/%	2.5～6.0	3～5	6.5 左右	10	低镉	中镉

注：一般电镀银含量高的 Ag-Cd 合金镀层，采用银阳极或不锈钢不溶性阳极较合适；电镀镉含量高的 Ag-Cd 合金镀层，采用不溶性阳极较好。

20.3.2　电镀 Ag-Sb 合金

Ag-Sb 合金镀层为银基合金功能性镀层。这一合金镀层的显微硬度、耐磨性等比纯银镀层好，是一种耐磨性镀层，而且焊接性能好。锑含量为 2%（质量分数）的 Ag-Sb 合金镀层的硬度比纯银镀层高 1.5 倍，耐磨性比纯银镀层高 10～12 倍，但电导率接近纯银镀层的 1/2。若合金镀层中锑含量过高，则镀层发脆，电性能也会变差，一般将锑的含量控制在 5%（质量分数）左右。

Ag-Sb 合金可用作无线电、电子工业中接插件的镀层，可以提高产品质量和使用寿命。采用光亮镀 Ag-Sb 合金工艺，其沉积速度快，而且可获得硬度高、抗硫性能好、光泽性好的镀层，在餐具生产中，已有用 Ag-Sb 合金镀层代替纯银镀层的。

目前用于生产的 Ag-Sb 合金镀液，绝大多数是氰化物镀液，加入适量光亮剂，可获得光亮 Ag-Sb 合金镀层。Ag-Sb 合金的镀液组成及工艺规范见表 20-10。

表 20-10　Ag-Sb 合金的镀液组成及工艺规范

溶液成分及工艺规范	1	2	3	4	5	6
	含量/(g/L)					
硝酸银（AgNO$_3$）	38～46	35～45	22～32	—	—	—
氰化银钾[KAg(CN)$_2$]	—	—	—	73	—	—
银（Ag）[以 KAg(CN)$_2$ 形式加入]	—	—	—	—	30～35	—
银（Ag）(以 AgCN 形式加入)	—	—	—	—	—	20～40
酒石酸锑钾[K(SbO)C$_4$H$_4$O$_6$·1/2H$_2$O]	—	—	3	—	—	2～4

续表

溶液成分及工艺规范	1	2	3	4	5	6
	含量/（g/L）					
锑（Sb）（以酒石酸锑钾形式加入）	0.45～0.6	0.19～0.77	0.77～1.2	—	0.65～0.95	—
氰化钾（KCN）	—	—	—	90	—	80～120
游离氰化钾（KCN）	70～80	100～130	—	—	22～28	—
氢氧化钾（KOH）	—	12～16	—	4	3～5	5～10
碳酸钾（K_2CO_3）	30～40	—	—	7.5	25～30	—
酒石酸钾钠（$KNaC_4H_4O_6 \cdot 4H_2O$）	—	16～25	—	50	40～60	20～40
硫代硫酸钠（$Na_2S_2O_3 \cdot 5H_2O$）	—	—	—	—	1	—
1,4-丁炔二醇（$C_4H_6O_2$）	0.5～0.7	—	—	—	—	—
2-巯基苯并噻唑（$C_7H_5NS_2$）	0.5～0.7	—	—	—	—	—
FH 添加剂	—	0.1～0.4	—	—	—	—
LC-1 添加剂/（mL/L）	—	—	7～10	—	—	—
光亮剂 A/（mL/L）	—	—	—	—	—	30
光亮剂 B/（mL/L）	—	—	—	—	—	15
温度/℃	15～25	室温	10～25	12～32	室温	15～30
阴极电流密度/（A/dm²）	0.8～1.2	0.2～4	0.1～2.0	0.7	0.8～1	0.3～0.6[①]
阴极移动	—	需要	需要	—	—	—

① 为平均电流密度。

注：1. 配方 2 的 FH 添加剂是由天津大学应用化学系研制的。

2. 配方 3 的 LC-1 添加剂是由上海轻工业专科学校研制的。

3. 配方 4 所得 Ag-Sb 合金镀层中 Sb 含量为 1.35%～1.55%（质量分数）。

4. 配方 6 为脉冲电镀。脉冲导通时间为 0.5ms，脉冲关断时间为 4.5ms。

20.3.3　电镀 Ag-Pb 合金

Ag-Pb 合金镀层比纯银镀层具有更高的硬度。Ag-Pb 合金镀层（当铅的质量分数小于 2%时）的硬度接近 200HV，而纯银镀层的硬度范围为 70～115HV。在银镀层中加入铅，可提高其润滑性，铅含量为 3%～5%（质量分数）的 Ag-Pb 合金镀层的减摩性能大大提高。因而，Ag-Pb 合金镀层可以作为减摩镀层用于高速轴承上。用于轴承的 Ag-Pb 合金镀层，铅含量一般小于 1.5%（质量分数）。

利用电沉积方法，可以得到一般传统的冶金工艺不易得到的亚稳态过饱和的固溶体合金。合金镀液主要是氰化物镀液（氰化物-酒石酸盐型和氰化物-醋酸盐型两种），其他的有硝酸盐镀液及卤化物镀液。Ag-Pb 合金的镀液组成及工艺规范见表 20-11。

表 20-11　Ag-Pb 合金的镀液组成及工艺规范

溶液成分及工艺规范	氰化物镀液			硝酸盐镀液	卤化物镀液
	1	2	3		
	含量/（g/L）				
氰化银（AgCN）	30	120	40	—	—
硝酸银（$AgNO_3$）				25	

溶液成分及工艺规范	氰化物镀液			硝酸盐镀液	卤化物镀液
	1	2	3		
	含量/(g/L)				
碘化银（AgI）	—	—	—	—	1～10
碱式醋酸铅[$Pb(C_2H_3O_2)_2 \cdot 2Pb(OH)_2$]	4	—	2.6	—	—
醋酸铅[$Pb(C_2H_3O_2)_2 \cdot 3H_2O$]	—	—	—	—	20
酒石酸铅[$Pb(C_4H_4O_6)$]	—	6	—	—	—
硝酸铅[$Pb(NO_3)_2$]	—	—	—	100	—
氰化钾或氰化钠（KCN 或 NaCN）	22	205	44	—	—
氢氧化钾或氢氧化钠（KOH 或 NaOH）	1	10	60	—	—
酒石酸钾（$K_2C_4H_4O_6$）	47	100	86	—	—
酒石酸（$H_2C_4H_4O_6$）	—	—	—	20	—
碘化钾（KI）	—	—	—	—	900
温度/℃	25	35～50			26
阴极电流密度/(A/dm²)	0.8～1.5	5～10	4	0.4～1.2	0.4
搅拌	需要			需要	
镀层中 Pb 含量（质量分数）/%	4	8	—	5	

20.3.4 电镀 Ag-Sn 合金

Ag-Sn 合金镀层比纯银镀层耐变色性好、耐磨性优良，而且导电性能良好、焊接性好，适用于五金制品及电子元件（广泛用作电触点镀层）。

目前用于生产的 Ag-Sn 合金镀液有焦磷酸盐-氰化物镀液、氰化物-锡酸盐镀液、无氰镀液等，其中应用较多的是焦磷酸盐-氰化物镀液。Ag-Sn 合金的镀液组成及工艺规范见表 20-12。

表 20-12　Ag-Sn 合金的镀液组成及工艺规范

溶液成分及工艺规范	焦磷酸盐-氰化物镀液		氰化物-锡酸盐镀液	无氰镀液		
	1	2		1	2	3
	含量/(g/L)					
氰化银钾[$KAg(CN)_2$]	14.7	18.5	—	—	—	—
氰化银（AgCN）	—	—	5	—	—	—
硝酸银（AgNO₃）（以银计）	—	—	—	10	40	40
硫酸锡[$Sn(SO_4)_2$]	19.9	—	—	—	—	—
锡酸钾（K_2SnO_3）	—	—	80	—	—	—
焦磷酸锡（SnP_2O_7）	—	51.8	—	—	—	—
五水氯化锡（Ⅳ）（以锡计）	—	—	—	10	10	10
焦磷酸钾（$K_4P_2O_7$）	100	231	—	—	—	—
氰化钾（KCN）	15					

续表

溶液成分及工艺规范	焦磷酸盐-氰化物镀液		氰化物-锡酸盐镀液	无氰镀液		
	1	2		1	2	3
	含量/（g/L）					
氰化钠（NaCN）	—	—	80	—	—	—
锑盐（以金属锑计）	—	0.7	—	—	—	—
酒石酸钾钠（$KNaC_4H_4O_6 \cdot 4H_2O$）	—	0.5	—	—	—	—
氢氧化钠（NaOH）	—	—	50	—	—	—
硫代苹果酸（$C_4H_6O_4S$）	—	—	—	45	45	90
葡萄糖酸钾（$C_6H_{11}O_7K$）	—	—	—	60	150	—
柠檬酸钾（$K_3C_6H_5O_7$）	—	—	—	—	—	26
三氧化砷（As_2O_3）	—	—	—	—	—	0.24
pH 值	9～10	8～9.5	9～10	1	1.9	3.2
温度/℃	—	20	室温	30	60	60
阴极电流密度/（A/dm²）	0.5～0.7	1	0.5	1	5	1
镀层中 Sn 含量（质量分数）/%	10	27	10	45	25	34

20.3.5　电镀 Ag-Cu 合金

Ag-Cu 合金镀层结晶细致、没有脆性、耐磨性及抗硫性能良好，可用作电触点镀层。Ag-Cu 合金的镀液组成及工艺规范[1] 见表 20-13。

表 20-13　Ag-Cu 合金的镀液组成及工艺规范

溶液成分及工艺规范	1	2	3
	含量/（g/L）		
硝酸银（AgNO₃）	15	12	—
硝酸铜［$Cu(NO_3)_2$］	30	—	—
碘化亚铜（CuI）	—	10	—
硝酸银＋硝酸铜	—	—	20
焦磷酸钾（$K_4P_2O_7$）	82	500	100
碘化钾（KI）	—	100	—
奎宁酸（$C_7H_{12}O_6$）	—	0.5	—
pH 值	—	—	9
温度/℃	45	25	20
阴极电流密度/（A/dm²）	1.5	0.3	0.5

20.3.6　电镀 Ag-Ni 和 Ag-Co 合金

Ag-Ni 和 Ag-Co 合金镀层，属于硬银合金镀层，其显微硬度及耐磨性均优于纯银镀层，而且有较好的导电性能。其镀液组成及工艺规范见表 20-14。

表 20-14　Ag-Ni 和 Ag-Co 合金的镀液组成及工艺规范

溶液成分及工艺规范	Ag-Ni 合金镀液	Ag-Co 合金镀液	
		1	2
	含量/(g/L)		
氰化银（AgCN）	6.7	—	—
银（Ag）[以 KAg(CN)$_2$ 形式加入]	—	—	26～34
氰化银钾[KAg(CN)$_2$]	—	30	—
氰化镍[Ni(CN)$_2$]	1.1	—	—
氰化钴钾[KCo(CN)$_3$]	—	1	—
氯化钴（CoCl$_2$·6H$_2$O）	—	—	0.8～1.2
氰化钠（NaCN）	11.8	—	—
游离氰化钾（KCN）	—	—	15～25
游离氰化钠（NaCN）	—	20	—
碳酸钾（K$_2$CO$_3$）	—	30	25～35
温度/℃	20	15～25	15～25
阴极电流密度/（A/dm^2）	0.2～0.8	0.8～1	0.8～1

20.3.7　不合格银合金镀层的退除

不合格银合金镀层的退除方法见表 20-15。

表 20-15　不合格银合金镀层的退除方法

基体金属	退除方法	溶液组成	含量/(g/L)	温度/℃	阳极电流密度/（A/dm^2）
钢铁	化学法	氰化钠（NaCN） 30%过氧化氢（H$_2$O$_2$） 注：经常翻动零件	15 15～30mL/L	室温	—
	化学法	98%硫酸（H$_2$SO$_4$） 65%硝酸（HNO$_3$） 注：经常翻动零件。严防将水带入	19 份（体积） 1 份（体积）	25～40	—
	化学法	65%硝酸（HNO$_3$） 氯化钠（NaCl） 注：溶液中不得带入水分	1000mL 0.5～1	≤24	—
	电解法	氰化钾（KCN）	50～100	室温	0.3～0.5
	电解法	氰化钠（NaCN） 氢氧化钠（NaOH）	80～100 8～22	室温～70	1～5
镍及镍合金	化学法	氰化钠（NaCN） 30%过氧化氢（H$_2$O$_2$） 注：经常翻动零件	15 15～30mL/L	室温	—
	电解法	氰化钠（NaCN） 氢氧化钠（NaOH）	80～100 8～22	室温～70	1～5

续表

基体 金属	退除 方法	溶液组成	含量 /(g/L)	温度 /℃	阳极电流 密度/(A/dm²)
铜及铜合金	化学法	氰化钠(NaCN) 30%过氧化氢(H₂O₂) 注:经常翻动零件	15 15～30mL/L	室温	—
铜及铜合金	化学法	98%硫酸(H₂SO₄) 65%硝酸(HNO₃) 注:经常翻动零件。严防将水带入	19份(体积) 1份(体积)	室温	—
铜及铜合金	电解法	氰化钠(NaCN) 氢氧化钠(NaOH)	80～100 8～22	室温～70	1～5
铝及铝合金	化学法	65%硝酸(HNO₃) 氯化钠(NaCl) 注:溶液中不得带入水分	1000mL 0.5～1	≤24	—

20.4 电镀钯基合金

钯能与很多金属形成合金，用电沉积方法可获得不少的钯合金，但最有应用价值的，并且已在工业生产上应用的主要是 Pd-Ni 合金，其他的还有 Pd-Co、Pd-Ag、Pd-Fe 等合金镀层。钯合金镀层在装饰性和功能性两方面都有较大的用途。

20.4.1 电镀 Pd-Ni 合金

Pd-Ni 合金镀层具有光亮的银白色，抗暗性能高，耐腐蚀性能好。可作为装饰性镀层，用于首饰、眼镜架、钟表壳等的电镀。据报道，钯含量为 80%（质量分数）的 Pd-Ni 合金镀层的主要性能（接触电阻、硬度、耐磨性、镀层孔隙率、焊接性、结合力、延展性以及内应力等）已接近或达到甚至超过硬金镀层的性能，与纯金镀层相比，其成本却大大降低（可降低 20%～80%，钯价格通常为金价格的 1/3）。如在该合金镀层上再镀上一层 $0.1～0.2\mu m$ 的软金或硬金，会得到焊接性、耐蚀性和耐磨性更优良的镀层。所以，Pd-Ni 合金镀层，可作为电子元器件的表面镀层，或部分代替金镀层，用于质量要求较高的接插件等元件的电镀。

(1) 镀液组成及工艺规范

Pd-Ni 合金的镀液组成及工艺规范见表 20-16。

以氯化钯和硫酸镍（或氨基磺酸镍）为主盐的 Pd-Ni 合金的镀液，性能稳定。合金成分可以通过改变镀液中的 Pd 和 Ni 的含量来确定，可将镀层中 Pd、Ni 的含量比控制在（75：25）～（85：15）范围内，镀液的分散能力和覆盖能力较好。

以铜及铜合金、镍及镍合金为基体的零件，可以直接电镀 Pd-Ni 合金，而且结合力良好。

表 20-16　Pd-Ni 合金的镀液组成及工艺规范

溶液成分及工艺规范	1	2	3	4	5
	含量/(g/L)				
氯化钯(PdCl₂)	10	10～25	10～15	18～22	—
钯(Pd){以[Pd(NH₃)₄]Cl₂ 形式加入}	—	—	—	—	8～12
硫酸镍(NiSO₄·7H₂O)	—	30～50	—	62～80	—
氨基磺酸镍[Ni(NH₂SO₃)₂]	—	—	40～50	—	—
氯化镍(NiCl₂·6H₂O)	—	—	—	—	32～48

续表

溶液成分及工艺规范		1	2	3	4	5
		含量/(g/L)				
硫酸镍铵[Ni(NH₄)₂(SO₄)₂·6H₂O]		10	—	—	—	—
硫酸铵[(NH₄)₂SO₄]		50	—	45~50	—	60
25%氨水(NH₃·H₂O)		—	80~120	65~74	—	—
导电盐		—	70~100	—	—	—
混合添加剂/(mL/L)		—	1~3	—	—	—
S-1光亮剂/(mL/L)		—	—	3~5	—	—
光亮剂/(mL/L)		—	—	—	5~15	—
pH值		7.2	7.5~8.5	8~9	8~8.5	7.5~9
温度/℃		30	20~50	35~45	30~35	30~45
阴极电流密度/(A/dm²)		1	0.1~1.5	0.8~1.5	10~15	0.1~2.5
阳极		钯	铂或石墨	高纯石墨		铂
镀层成分(质量分数)/%	Pd含量	53	75~85	80	80~85	75~85
	Ni含量	47	25~15	20	20~15	25~15

注：1. 配方2的导电盐、混合添加剂是上海复旦大学化学系研制的。
2. 配方3的S-1光亮剂是上海市轻工业研究所研制的。
3. 配方4为高速电镀。

(2) 镀液主要成分的作用及工艺规范的影响

镀液主要成分的作用及工艺规范的影响见表20-17。

表20-17　镀液主要成分的作用及工艺规范的影响

项目		镀液主要成分的作用及工艺规范的影响
镀液主要成分	氯化钯	氯化钯是镀液的主盐,一般含量为15~25g/L。随镀液中钯含量的增加,镀层中钯含量也有明显增加。镀液中的氯化钯含量为10~20g/L时,可获得钯含量为80%(质量分数)左右的光亮白色的Pd-Ni合金镀层。由于电镀采用不溶性阳极,而镀层中钯含量较高(质量分数80%),所以电镀过程中钯离子浓度的下降速度比镍离子浓度的下降速度快得多,必须定时定量(根据化验分析结果)补充溶解好的氯化铵钯溶液
	镍盐	一般使用硫酸镍和氨基磺酸镍,向镀液提供镍离子。使用氨基磺酸镍作为镍盐,所获得的Pd-Ni合金镀层色泽洁白,韧性较好。电镀过程中镍离子的消耗靠镍盐来补充,应控制镍盐含量在工艺规定的范围内
	氨水	氨水在镀液中能起配位剂和缓冲剂的作用,氨水不但可以保证氯化钯在镀液中以氯化铵钯的形式存在,而且能使镀液pH值维持在8~9。由于氨水易挥发,而氨水含量不足时,镀液会产生沉淀,所以要随时补加氨水,以控制其含量在工艺范围内
	光亮剂	光亮剂大多是含硫的有机物(如硫脲、巯基乙酸、硫代苹果酸等)、糖精及其衍生物和含氮杂环化合物等。工艺配方中的S-1光亮剂和混合添加剂均具有使镀层光亮细致的作用
工艺规范	pH值	镀液pH值保持在7~9范围内,对合金镀层组成影响不大,对阴极电流效率影响也较小。但当pH值为7时,镀层外观失去光泽,所以pH值宜选定在7.5~9范围内
	镀液温度	温度变化对镀层组成及阴极电流效率影响都较大。当温度较低时,镀层光亮度降低,电流开不大;超过45℃时,氨水易挥发,镀液成分变化大。所以镀液温度宜控制在20~45℃范围内
	阴极电流密度	随电流密度升高,镀层中钯含量缓慢下降,对电流效率影响不大,当电流密度升至2A/dm²时,镀层边缘出现烧焦。一般采用的阴极电流密度为0.1~1.5A/dm²

20.4.2　电镀 Pd-Co、Pd-Ag 及 Pd-Fe 合金

① Pd-Co 合金镀层色泽鲜艳，耐腐蚀，可以用作首饰等的装饰性镀层。

② Pd-Ag 合金镀层致密，硬度约为 200HV，具有很低的内应力（小于 $1kg/mm^2$），可用作电接点镀层（镀层中银的质量分数为 $40\% \sim 70\%$）、红外线反射层（银的质量分数为 $18\% \sim 20\%$）。

③ Pd-Fe 合金镀层具有光亮的灰色锻面光泽，是很好的磁性材料，还可作为催化烧炉中一氧化碳的传感器，也可用于制品的表面精饰。

Pd-Co、Pd-Ag 及 Pd-Fe 合金的镀液组成及工艺规范见表 20-18。

表 20-18　Pd-Co、Pd-Ag 及 Pd-Fe 合金的镀液组成及工艺规范

溶液成分及工艺规范	Pd-Co 合金镀液		Pd-Ag 合金镀液	Pd-Fe 合金镀液	
	1	2		1	2
	含量/(mol/L)				
氯化铵钯[$Pd(NH_3)_2Cl_2$]	0.1	0.38	—	—	$0.01 \sim 0.1$
氯化钯($PdCl_2$)	—	—	38g/L	$0.05 \sim 0.2$	—
硫酸钴($CoSO_4 \cdot 7H_2O$)	$0.01 \sim 0.3g/L$	—	—	—	—
氯化钴($CoCl_2 \cdot 6H_2O$)	—	0.17	—	—	—
氯化银($AgCl$)	—	—	12g/L	—	—
硫酸铁[$Fe_2(SO_4)_3$]	—	—	—	$0.1 \sim 0.3$	—
硫酸亚铁($FeSO_4 \cdot 7H_2O$)	—	—	—	—	$0.01 \sim 0.2$
丙二酸($HOOCCH_2COOH$)	—	0.6	—	—	—
配位剂	0.3	—	—	—	—
硫酸铵[$(NH_4)_2SO_4$]	$0.3 \sim 1.2$	—	—	—	0.3
添加剂	$5 \sim 30mL/L$	—	—	—	—
盐酸(HCl)	—	—	20mL/L	—	—
氯化锂($LiCl$)	—	—	500g/L	—	—
氨水($NH_3 \cdot H_2O$)	—	—	—	0.3	调 pH 值
氯化铵(NH_4Cl)	—	0.38	—	—	—
磺基水杨酸[$(HO)SO_3C_6H_3COOH$]	—	—	—	$0.2 \sim 0.6$	$0.02 \sim 0.3$
pH 值	$7 \sim 8$	$7 \sim 9$		—	$3 \sim 9$
温度/℃	55	$35 \sim 65$		$25 \sim 50$	$20 \sim 80$
阴极电流密度/(A/dm^2)	$1 \sim 5$	$0.5 \sim 7$	$0.5 \sim 20$ mA/cm^2	$5 \sim 300$ mA/cm^2	$0.35 \sim 35$
阳极	铂钛网				

注：1. Pd-Co 合金镀液配方 1 为厦门大学研制。

2. Pd-Fe 合金镀液配方 2，磺基水杨酸：铁=2：1。脉冲电镀，脉冲通断比为 1：（$20 \sim 100$）。

20.5　电镀贵金属三元合金

20.5.1　电镀 Au-Ag 基三元合金

Au-Ag-Ni 三元合金镀层结晶细致、光亮，呈微带绿色的黄金色，镀层硬度较高（约为

$200\sim210HV$），耐磨性好，可作为替代纯金镀层，用于钟表和一些电子产品壳体的电镀，作为装饰并可提高耐磨性。

Au-Ag-Zn 合金镀层为银白色，显微硬度可达 200 HV，性能比 Au-Ag 合金好，作为防护装饰用，可降低产品成本。

此外，还有 Au-Ag-Cu 和 Au-Ag-Cd 等三元合金。Au-Ag 基三元合金的镀液组成及工艺规范[1] 见表 20-19。

表 20-19　Au-Ag 基三元合金的镀液组成及工艺规范

溶液成分及工艺规范	Au-Ag-Ni 三元合金镀液	Au-Ag-Zn 三元合金镀液	Au-Ag-Cu 三元合金镀液	Au-Ag-Cd 三元合金镀液
	含量/(g/L)			
氰化金钾[KAu(CN)$_2$·3/2H$_2$O]	$6\sim15$	15	2.5 （以金属 Au 计）	$7\sim8$
氰化银钾[KAg(CN)$_2$]	$2\sim7.5$	10	0.4	$0.7\sim1$
氰化镍钾[K$_2$Ni(CN)$_4$]（以金属 Ni 计）	$1.5\sim3$	—	—	—
氰化锌钾[KZn(CN)$_3$]	—	0.4	—	—
氰化铜钾[K$_2$Cu(CN)$_3$]	—	—	6	—
氰化镉钾[K$_2$Cd(CN)$_4$]	—	—	—	$25\sim30$
磷酸氢二钠(Na$_2$HPO$_4$)	—	—	10	—
磷酸二氢钠(NaH$_2$PO$_4$)	—	—	10	—
柠檬酸(H$_3$C$_6$H$_5$O$_7$)	—	—	1	—
游离氰化钾(KCN)	$70\sim130$	—	—	—
氰化钾(KCN)	—	适量	—	$100\sim150$
酒石酸钾钠(KNaC$_4$H$_4$O$_6$·4H$_2$O)	—	45	—	—
光亮剂-1/(mL/L)	20	—	—	—
光亮剂-2/(mL/L)	1.5	—	—	—
pH 值	—	8.5	7.5	$9\sim11$
温度/℃	$18\sim22$	60	$60\sim70$	室温
阴极电流密度/(A/dm^2)	$0.2\sim0.5$	1.5	0.5	$0.4\sim0.6$

注：1. Au-Ag-Ni 三元合金镀液配方中的光亮剂-1、2 为上海轻工业研究所研制。

2. Au-Ag-Zn 三元合金镀液所得镀层中 Au 43%、Ag 46%、Zn 11%（均为质量分数）。

20.5.2　电镀 Au-Sn 基三元合金

据有关资料介绍，电镀 Au-Sn 基三元合金的镀液不仅能改善镀层的光泽，而且镀液中的锡离子的稳定性也能得到提高。同时由于加入第三种元素，可提高镀层硬度，改善了镀层的力学性能。

Au-Sn-Co 三元合金一般用于提高焊接性能。Au-Sn-Cu 三元合金常作为装饰性镀层，用于装饰品、钟表等行业。Au-Sn-Ni 合金镀层硬度高，常作为高硬度贵金属合金使用。

Au-Sn 基三元合金的镀液组成及工艺规范见表 20-20。

表 20-20　**Au-Sn 基三元合金的镀液组成及工艺规范**

溶液成分及工艺规范	Au-Sn-Co 三元合金镀液	Au-Sn-Cu 三元合金镀液	Au-Sn-Ni 三元合金镀液
	含量/(g/L)		
氰化金钾[KAu(CN)$_2$·3/2H$_2$O]	35	35	35
氯化亚锡(SnCl$_2$·2H$_2$O)	50	—	—
硫酸亚锡(SnSO$_4$)	—	75	50
氯化钴(CoCl$_2$·6H$_2$O)	0.5	—	—
硫酸铜(CuSO$_4$·5H$_2$O)	—	5	—
硫酸镍(NiSO$_4$·6H$_2$O)	—	—	10
柠檬酸(H$_3$C$_6$H$_5$O$_7$)	450	—	—
丙二酸(HOOC$_2$H$_2$COOH)	—	450	—
37%甲醛(HCHO)/(mL/L)	10	—	—
甲苯胺(C$_7$H$_9$N)	适量	—	—
硫酸羟胺[(NH$_2$OH)$_2$H$_2$SO$_4$]	—	5	—
硫酸联胺(NH$_2$NH$_2$·H$_2$SO$_4$·6H$_2$O)	—	—	30
苹果酸(C$_4$H$_6$O$_5$)	—	—	300
β-萘酚(C$_{10}$H$_7$OH)	—	1	—
明胶	—	—	1
胨	—	—	0.55
次苄基乙酸	—	—	0.5
pH 值	4.5	4.5	4.5
温度/℃	20	45	20
阴极电流密度/(A/dm^2)	2	10	40
时间/min	5	5	5
阳极	石墨	铂金	钛、铂金
镀层成分(质量分数)/%	Au 83、Sn 16.9、Co 0.1	Au 87、Sn 12、Cu 1	Au 75、Sn 24.8、Ni 0.2

第**21**章

电镀非晶态合金

21.1 概述

非晶态合金是多种元素的固溶体，非晶态是一种长程无序、微观短程有序的结构，不存在错位、孪晶、晶界等晶体缺陷。非晶态材料比相应的晶态材料具有更优异的物理和化学性能。非晶态合金是当代材料科学研究的一个新领域，是 20 世纪后期材料科学领域发展迅速的一种重要新型材料。

制备非晶态材料有多种方法，其中电沉积法（电镀法）比较容易获得各种组成的非晶态合金，也可以进行大批量生产，而且具有制备设备简单、操作方便、能耗低的特点，近年来获到广泛的重视及应用。

21.1.1 非晶态合金镀层分类

据有关文献[1,3]报道，目前用电沉积法已可制备出数十种非晶态合金镀层，可将其大致分成 5 种类型，将其归纳整理列入表 21-1 内，供参考。

表 21-1 电沉积制备非晶态合金镀层的类型

非晶态合金类型	非晶态合金镀层
金属-类金属系非晶态合金 （M-类金属）	Ni-P、Ni-B、Co-P、Co-B、Fe-S、Ni-S、Co-S、Cr-C、Pd-As、Co-Ni-P、Ni-Fe-P、Fe-Co-P、Ni-Cr-P、Fe-Cr-P、Co-Zn-P、Ni-Sn-P、Ni-W-P、Fe-Cr-P、Ni-Cr-B、Co-W-B、Ni-Fe-Co-P
金属-金属系非晶态合金 （M-M）	Ni-W、Ni-Mo、Fe-W、Fe-Mo、Co-W、Co-Mo、Cr-W、Cr-Mo、Co-Re、Co-Ti、Ni-Cr、Ni-Zn、Au-Ni、Ni-Fe、Co-Cd、Co-Cr、Fe-Cr、Cd-Fe、Pt-Mo、Al-Mn、Fe-Mo-Co、Pt-Mo-Co、Fe-Ni-W、Fe-Co-W
半导体元素的非晶态合金	Bi-S、Bi-Se、Cd-Te、Cd-Se、Cd-S、Cd-Se-S、Si-C-F
金属-氢构成的非晶态合金 （M-H）	Ni-H、Pd-H、Cr-H、Cr-W-H、Cr-Mo-H、Cr-Fe-H
金属氧化物的非晶态合金	Ir-O、Rh-O

21.1.2 电镀非晶态合金的特性

非晶态镀层晶核的形成、成长过程与晶态镀层是不同的。电沉积时[1]，非晶态镀层形成晶核的速度与过电势有密切关系，晶核越小，它的形成所需功越小，则晶核的形成速度就越快，晶核的形成速度快，而晶核的成长受到抑制，成长速度很慢，甚至无法成长，而以反复形成新的晶核来维持镀层的生长。所以，形成非晶态合金的主要条件是电沉积时需要有大的过电势，才能有效地生成细小而众多的晶核；此外，另一重要条件是在电极上要有大量氢气析出，这样会阻止析出金属原子排列规则，使其成为非晶态。

通常的非晶态合金镀层可以通过诱导共沉积获得[3]，如铁族金属（Fe、Co、Ni）可与 P、Mo、W、Re 等形成合金（Ni-P、Co-P、Fe-P、Ni-Mo、Co-Mo、Ni-W、Co-W 等）。

由于非晶态合金结构和化学组成的特殊性，它具有优异的物理、化学性能，如高的强度、韧性、超导、透磁率和耐蚀性等。电镀非晶态合金具有以下特性。

① 稳定性　非晶态合金是一种亚稳态的结构，在一定的外界条件下从亚稳态向稳态转化，转变为晶态或另一种非晶态，它的性能也发生变化，许多非晶态合金特有的优良特性会丧失。对于非晶态合金来说，其结构和性能的稳定性是一个突出的问题。

② 力学性能　由于非晶态合金的结构特征，其具有高强度、高的塑性和冲击韧性，力学性能十分突出，而且变形加工时无硬化的现象，具有高的疲劳寿命和良好的断裂韧性。尤其是铁族金属-类金属系非晶态合金，晶化后镀层会形成细小的金属间化合物，具有很高的显微硬度。

③ 耐磨性　非晶态合金具有很高的耐磨性，而且使用温度高，承载能力强，作为表面耐磨性镀层，已获得较为广泛的应用。目前，作为耐磨镀层应用的主要有 Ni-P、Ni-B、Fe-Ni-P、Fe-P、Co-P、Co-B 等非晶态合金。

④ 耐蚀性　非晶态合金镀层具有很高的耐蚀性。由金属和非金属形成的非晶态合金，其耐蚀性一般都较晶态合金镀层要好。其原因主要是这类非晶态合金镀层具有均一、单相结构，无晶体缺陷，表面易形成稳定的钝化膜。至于金属和金属形成的非晶态合金，其耐蚀性同样也比晶态合金镀层的耐蚀性要高得多。由于非晶态合金具有优异的耐蚀性，故在许多严酷腐蚀条件下，可使用高耐蚀的非晶态合金镀层。

⑤ 电磁性能　许多非晶态合金如 Ni-P、Fe-P、Co-P、Co-Ni-P 等具有良好的电磁性能，可作为矫顽力低、导磁性高的材料。非晶态合金具有高电阻率、低电阻温度系数。这些特征改善了材料的导磁特性，制成变压器磁芯，可减轻涡电流的损失。

⑥ 其他特性　非晶态合金还表现出良好的超导性，还具有热膨胀率随温度变化很小的特性，以及耐放射线照射的特性等。

21.1.3　电镀非晶态合金的用途

由于非晶态合金具有许多优异的性能，许多非晶态合金镀层已进入工业应用，如 Ni-P、Ni-W、Ni-Mo、Fe-W、Fe-Mo、Ni-W-P、Ni-W-B 等非晶态合金。人们主要注重非晶态合金镀层的功能特性，从而不断开拓它的用途。

电镀非晶态合金的用途，如表 21-2 所示。

表 21-2　电镀非晶态合金的用途

电镀非晶态合金	电镀非晶态合金的性能和用途
Ni-P 非晶态合金	Ni-P 非晶态合金的研究较早，应用面也较广。因其具有很高的耐磨性，使用温度高，承载能力强，它作为表面耐磨性镀层，已获得广泛的应用 具有良好的电磁性能，应用于电子工业，制作磁鼓、磁盘和磁性记忆材料
Ni-W 非晶态合金	具有良好的耐蚀性、耐热性、高硬度和耐磨性，可作为轴承、活塞、汽缸等材料用于汽车、机械、电子、石油等工业。该镀层经热处理，其硬度可达到 1350HV，可代替铬镀层，寿命能提高一倍以上
Ni-Co、Co-Mo 和 Ni-Co-P 非晶态合金	结晶致密、耐蚀性好、硬度和耐磨性较高，还具有很好的电催化活性，能明显降低析氢过电位，有利于降低槽压、减少能耗，有望代替电解用铁和石墨阴极，成为较理想的电催化阴极
Ni-Fe、Ni-Co 和 Ni-Mo 非晶态合金	具有良好的电磁性能，可作为磁性材料用于电子工业，可用来制作磁鼓、磁盘和磁性记忆材料
Co-W 非晶态合金	硬度高、耐蚀性强、耐热性优良，还具有良好的电催化活性和电磁性能，在化工和电子工业获得广泛应用
备注	此外，非晶态合金镀层具有优异的耐蚀性，可作为防护镀层，可在许多严酷腐蚀条件下使用；非晶态合金镀层还具有光、电及热特性的功能，也正在开辟新的应用领域。随着科学技术和现代工业的迅速发展，非晶态合金镀层的应用领域将不断扩大

21.2 电镀镍基非晶态合金

21.2.1 电镀 Ni-P 非晶态合金

Ni-P 合金镀层随着镀层磷含量的增加从晶态连续地向非晶态变化。变化过程大致是：微细晶态（磷的质量分数为 3％左右）→微细晶态＋非晶态（磷的质量分数为 5％左右）→非晶态（磷的质量分数超过 8％）。Ni-P 非晶态合金具有高耐蚀性、硬度、耐磨性、导电性，优良的焊接性、磁性屏蔽、良好的光泽，并具有非磁性等优异功能，获得了广泛应用。

(1) 镀液组成及工艺规范

Ni-P 非晶态合金的镀液组成及工艺规范见表 21-3。

双脉冲镀 Ni-P 非晶态合金的镀液组成及工艺规范见表 21-4。

表 21-3　Ni-P 非晶态合金的镀液组成及工艺规范

溶液成分及工艺规范	1	2	3	4	5	6	7
	含量/(g/L)						
硫酸镍($NiSO_4 \cdot 6H_2O$)	150	150	—	240	240	170	160～200
氯化镍($NiCl_2 \cdot 6H_2O$)	—	45	10～15	45	45	51	10～15
碳酸镍($NiCO_3$)	—	30	—	—	—	15	—
氨基磺酸镍[$Ni(NH_2SO_3)_2$]	—	—	200～300	—	—	—	—
硼酸(H_3BO_3)	—	—	15～20	35	—	—	20～30
氯化钠($NaCl$)	16～20	—	—	—	—	—	20～40
亚磷酸(H_3PO_3)	20～25	40	10～12	—	3～8	5	—
磷酸(H_3PO_4)	40	35	—	—	—	35	—
次磷酸二氢钠($NaH_2PO_2 \cdot H_2O$)	—	—	—	60	—	—	10～20
氟化钠(NaF)	—	—	—	30	—	—	—
pH 值	2.5～3.5	—	1.5～2	2～2.8	—	—	2～2.8
温度/℃	50～60	75	50～60	65～75	60	75	65
阴极电流密度/(A/dm^2)	1～2.5	6	2～4	2～5	5	5.5	1～3
镀层中 P 含量(质量分数)/%	10 以上	26.9	10～15	12.1	8～12	16.9	10～12

注：配方 1 用于铵铁硼永磁体电镀 Ni-P 非晶态合金镀层。

表 21-4　双脉冲镀 Ni-P 非晶态合金的镀液组成及工艺规范

溶液成分		工艺规范	
硫酸镍($NiSO_4 \cdot 6H_2O$)	240g/L	温度	60～80℃
氯化镍($NiCl_2 \cdot 6H_2O$)	20g/L	正向平均电流密度	2～8A/dm^2
柠檬酸钠($Na_3C_6H_5O_7 \cdot 2H_2O$)	36g/L	正向脉冲占空比	30％～70％
硼酸(H_3BO_3)	30g/L	反向平均电流密度	0.1A/dm^2
亚磷酸(H_3PO_4)	20～40g/L	反向脉冲占空比	10％～30％
pH 值	1～2	正反向脉冲频率	均为 1000Hz
		电镀时间	60min
		阳极	99.9％镍片

(2) 镀液组成及工艺规范的影响

① 镍盐　镀液中镍离子浓度低，沉积速度慢，析氢严重；但镍离子浓度过高，沉积速度

过快，镀层粗糙，镀层含磷量下降，所以镀液中的镍离子应控制在规范的范围内。硫酸镍的加入有利于提高阴极电流效率。氯化镍中的氯离子是阳极活化剂，可以降低或防止镍阳极钝化，保证镍阳极的正常溶解。氯化镍既是阳极活化剂又可以提供部分镍离子，在阳极正常溶解的情况下，尽量减少氯化镍的加入量，因为氯离子容易增加镀层的应力。氨基磺酸盐镀镍，镀液稳定，沉积速度快，镀层应力小，但镀液成本高。

② 次亚磷酸盐或亚磷酸　作为合金镀层中磷的主要来源，随其含量的增加，镀层磷含量增加。用次亚磷酸盐时，镀层光亮，硬度高，沉积速度快，可以在较高 pH 值下进行电镀，阴极电流效率较高，但存在高 pH 值下镀层含磷量低的缺点。使用亚磷酸时，镀液更稳定，随着镀液中亚磷酸的增加，镀层磷含量增加，但沉积速度、电流效率随之降低，而且电镀操作只能在较低的 pH 值下进行。

③ 磷酸　可以起到稳定镀液中亚磷酸含量的作用，便于镀液维护。磷酸还可以起到缓冲剂的作用，稳定镀液的 pH 值。

④ 镀液温度　镀液温度对镀层有较大影响。温度降低会导致镀层内应力增大，阴极电流效率降低，允许的电流密度降低，沉积速度慢（当温度低于 50℃ 时，沉积速度很慢），镀层质量差。升高温度将提高阴极电流效率，加快沉积速度，使镀层细致光亮。但温度过高，易引起镀液中的添加剂变质，镀液维护困难。因此，镀液温度应控制在规范的范围内。

21.2.2　电镀 Ni-W 非晶态合金

钨与铁族金属在一定的镀液中可以实现诱导共沉积，决定其镀层结构的关键因素是镀层中的 W 含量，当其达 44% （质量分数）以上时，镀层结构由晶态过渡到非晶态。Ni-W 非晶态合金在高温下耐磨损、抗氧化，具有自润滑性能和耐腐蚀性能，可用作内燃汽缸、活塞环、热锻模、接触器和钟表机芯等工件上的耐热耐磨镀层。

(1) 镀液组成及工艺规范

Ni-W 非晶态合金的镀液组成及工艺规范见表 21-5。

表 21-5　Ni-W 非晶态合金的镀液组成及工艺规范

溶液成分及工艺规范	1	2	3	4[26]
	含量/(g/L)			
硫酸镍（$NiSO_4 \cdot 6H_2O$）	8~60	8~60	—	5~35
氨基磺酸镍[$Ni(NH_2SO_3) \cdot 4H_2O$]	—	—	10~100	—
钨酸钠（$Na_2WO_4 \cdot 2H_2O$）	60	30~60	10~100	16~50
有机酸配位化合物	50~100	—	—	—
氨基配位化合物	50~150	—	—	—
柠檬酸（$C_6H_8O_7 \cdot H_2O$）	—	50~100	70~180	—
柠檬酸钠（$Na_3C_6H_5O_7 \cdot 2H_2O$）	—	—	—	60~120
氨水（$NH_3 \cdot H_2O$）	—	50~100	适量	—
十二烷基硫酸钠（$NaC_{12}H_{25}SO_4$）	—	—	—	0.05~1
a,a'-联吡啶（$C_{10}H_8N_2$）	—	—	—	0.25~1
pH 值	3~9	5~7	6~8	6.5~7.5
温度/℃	30~80	50~80	70~80	55~65
阴极电流密度/(A/dm²)	5~25	20~25	2~30	6~12
备注	—	阳极:不锈钢	阳极:不锈钢	中速搅拌

(2) 镀液组成及工艺规范的影响

① 镀液中钨含量的影响　当镀液中钨含量/（钨含量＋镍含量）大于 0.8 时，有利于钨的析出[25]。随镀液中 W 含量的增加，伴随着激烈的析氢，电流效率明显降低，而镀层中 W 含量随着上升，并趋于稳定。当镀层中 W 的含量大于 44%（质量分数）时，镀层为非晶态结构。

② 配位剂的影响　有机酸配位化合物与氨基配位化合物是镀液中两种主要的配位剂。

a. 有机酸配位化合物是 Ni^{2+} 和 WO_4^{2-} 的配位剂，为防止镀液中钨酸沉淀析出，其加入量必须大于镀液中 Ni 和 W 的摩尔数之和。当有机酸加入量从 Ni＋W 摩尔数之和的 1.0 倍增加到 1.4 倍时，镀层中的 W 含量及阴极电流效率略有降低，而镀层的光亮度增加。有机酸配位化合物的添加量，取镀液中（Ni＋W）摩尔数的 1.0～1.2 倍为宜。

b. 氨基配位化合物是一种含（NH_4^+）基团的化合物，添加该化合物是为了提高阴极电流效率，加速 Ni-W 合金共沉积。随着镀液中氨基化合物的增加，镀层中的 W 含量开始明显减少，继续增加氨基化合物的加入量，镀层中的 W 含量基本不变，阴极电流效率明显提高。当氨基化合物的量继续增加时，阴极电流效率也基本不变。

③ 氨基磺酸盐镀液　配方 3 为氨基磺酸镍和钨酸钠的合金镀液体系，并以柠檬酸为主配位剂，以减轻钠离子对镀层的不良影响。要得到较高钨含量的合金镀层，镀液中 [W]/（[W]＋[Ni]）摩尔比需在 60% 以上。

④ 镀液 pH 值的影响　当镀液 pH 值为 5～7 时，镀层为非晶态结构，这时镀层中 W 含量大于 44%（质量分数）。而当 pH 值≤4 及 pH 值≥8 时，镀层均为晶态结构。所以，只有在弱酸性和中性溶液中才能获得 Ni-W 非晶态镀层。

⑤ 镀液温度的影响　随着镀液温度的升高，镀层中 W 含量上升。当镀液温度大于 50℃ 时，镀层均为非晶态结构，这时镀层中 W 含量大于 44%（质量分数）。而当镀液温度低于 40℃ 时，只能获得晶态镀层，镀层中 W 含量在 44%（质量分数）以下。

21.2.3　电镀 Ni-Mo 非晶态合金

钼可与铁族金属发生诱导共沉积。当 Ni-Mo 合金镀层中 Mo 含量超过 33%（质量分数）时，合金结构转变为非晶态，当合金镀层中 Mo 含量≥40%（质量分数）时，易获得非晶态结构。非晶态 Ni-Mo 合金镀层具有优异的耐蚀性能、耐磨性能、力学性能及电磁学性能。

(1) 镀液组成及工艺规范

目前国内研究开发的非晶态 Ni-Mo 合金镀液主要为柠檬酸型，其镀液组成及工艺规范见表 21-6。

表 21-6　非晶态 Ni-Mo 合金的镀液组成及工艺规范

溶液成分及工艺规范	1	2	3
	含量/（g/L）		
硫酸镍（$NiSO_4 \cdot 7H_2O$）	60	50	0.15mol/L
氯化镍（$NiCl_2 \cdot 6H_2O$）	20	—	—
钼酸铵[（NH_4）$_2MoO_4 \cdot 4H_2O$]	—	—	0.1mol/L
钼酸钠（$Na_2MoO_4 \cdot 2H_2O$）	10	10	—
柠檬酸钠（$Na_3C_6H_5O_7 \cdot 2H_2O$）	50	—	0.3mol/L
氯化钠（NaCl）	20	—	0.3mol/L
焦磷酸钾（$K_4P_2O_7 \cdot 2H_2O$）	—	250	—
磷酸二氢铵（$NH_4H_2PO_4$）	—	30	—

续表

溶液成分及工艺规范	1	2	3
	含量/(g/L)		
苯亚磺酸钠(体积分数为 0.1%)/(mL/L)	—	1.6	—
氨水(NH$_3$·H$_2$O)	—	—	25mL/L
pH 值	9~10	8.5	9
温度/℃	48	25	30
阴极电流密度/(A/dm^2)	4~16	6	12

(2) 镀液组成及工艺规范的影响

① 镀液中金属浓度比的影响　电镀 Ni-Mo 合金镀液中，镍总是优先于钼沉积，镀液中的 Mo/(Mo+Ni) 总是比合金镀层中的 Mo/(Mo+Ni) 高。当镀液中浓度比 Mo/(Mo+Ni) 较低时，随着镀液中 Mo 含量的上升，镀层中 Mo 含量也相应上升。当金属浓度比较高时，Mo 在镀层中的含量上升较快，但电流效率急剧下降。一般认为电流效率下降，是镀层非晶态结构导致阴极表面析氢加剧的结果。

② 铵离子的影响　铵离子在 Ni-Mo 共沉积中起了重要的作用，它大大提高了阴极电流效率，但同时也降低了镀层中的 Mo 含量。

③ 镀液 pH 值的影响　pH 值对镀层中钼含量的影响较大，并且在不同的电流密度下，pH 值对镀层中钼含量的影响规律不同。在低电流密度（5~8A/dm^2）时，随着 pH 值的上升钼含量下降；在高电流密度（12~20A/dm^2）时，pH 值为 9 左右时，镀层中钼含量最低。一般 pH 值选择在 8~10 范围内。

④ 电流密度的影响　阴极电流密度对镀层中钼含量的影响不大，随着阴极电流密度升高，钼含量略有下降。在相当宽的金属浓度比范围内，钼含量基本稳定。

⑤ 镀液温度的影响　提高镀液温度可使镀层中钼含量上升，但电流效率却下降，特别是当电流密度较高时较为明显。因此，必须将镀液温度严格控制在工艺范围内。

⑥ 搅拌的影响　搅拌有利于 Mo 的沉积。中等强度搅拌能使钼含量上升约 3%。低电流密度（3~8A/dm^2）时，搅拌对电流效率几乎无影响；高电流密度（12~20A/dm^2）时，搅拌有利提高阴极电流效率（大约上升 6%）。

21.3　电镀铁基非晶态合金

21.3.1　电镀 Fe-W 非晶态合金

当 Fe-W 合金镀层中 W 的最小含量为 22%（质量分数）左右时，合金结构转变为非晶态。非晶态合金镀层具有较高的耐腐蚀性能和较高的硬度，在酸性溶液中表现出优良的耐蚀性。Fe-W 非晶态合金是软磁性材料，其矫顽力小，透磁率较高。

电沉积 Fe-W 非晶态合金，一般采用硫酸盐镀液。镀液以铁金属的硫酸盐和钨酸钠为主盐，以柠檬酸或酒石酸盐作为配位剂。其镀液组成及工艺规范见表 21-7。

表 21-7　Fe-W 非晶态合金的镀液组成及工艺规范

溶液成分及工艺规范	1	2	3
	含量/(g/L)		
硫酸亚铁(FeSO$_4$·7H$_2$O)	12	25~40	—

续表

溶液成分及工艺规范	1	2	3
	含量/(g/L)		
钨酸钠($Na_2WO_4 \cdot 2H_2O$)	80	35～45	30
硫酸亚铁($FeSO_4$)＋硫酸铁[$Fe_2(SO_4)_3$]（质量比为1:1）	—	—	3
酒石酸铵[$(NH_4)_2C_4H_4O_6$]	47.9	50	—
硼酸(H_3BO_3)	—	—	5
柠檬酸($C_6H_8O_7$)	—	—	66
酒石酸钾钠($KNaC_4H_4O_6 \cdot 4H_2O$)	—	—	100
葡萄糖($C_6H_{12}O_6$)	—	—	1
硫脲[$(NH_2)_2CS$]	—	—	1
pH值	8.5	8	4～5.5
温度/℃	80	50	20～60
阴极电流密度/(A/dm²)	1	1～8	3～6
电流效率/%	75	—	—
镀层中W含量（质量分数）/%	—	—	25～45

21.3.2 电镀 Fe-Mo 非晶态合金

Fe-Mo 合金镀层中的 Mo 含量低时为晶态结构，当 Mo 含量超过 20％时就转变为非晶态结构。由于 Fe-Mo 合金具有非晶态结构，赋予合金镀层化学均匀性，合金的耐蚀性大大提高。

Fe-Mo 合金镀液以铁金属的硫酸盐和钼酸钠为主盐，并以柠檬酸作为配位剂。其镀液组成及工艺规范[1]见表 21-8。

表 21-8　Fe-Mo 非晶态合金的镀液组成及工艺规范

溶液成分及工艺规范	1	2	3
	含量/(g/L)		
硫酸亚铁($FeSO_4 \cdot 7H_2O$)	—	18～70	—
三氯化铁($FeCl_3 \cdot 6H_2O$)	—	—	9
钼酸钠($Na_2MoO_4 \cdot 2H_2O$)	29	31～94	40
柠檬酸钠($Na_3C_6H_5O_7 \cdot 2H_2O$)	76.5	76～230	—
焦磷酸钠($Na_4P_2O_7 \cdot 10H_2O$)	—	—	45
碳酸氢钠($NaHCO_3$)	—	—	75
pH值	4	4～5	4～5
温度/℃	35	30	30
阴极电流密度/(A/dm²)	1～25	0.8	0.8
镀层中Mo含量（质量分数）/%	25	—	—

21.3.3 电镀 Fe-P 非晶态合金

Fe-P 合金镀层具有很好的耐蚀性能，经 400℃ 热处理，硬度可提高到 1000HV 以上，并具有很高的耐热性能，可用于高温下工作的零部件。

（1）镀液组成及工艺规范

Fe-P 非晶态合金的镀液组成及工艺规范见表 21-9。

表 21-9 Fe-P 非晶态合金的镀液组成及工艺规范

溶液成分及工艺规范	1	2	3	4
	含量/(g/L)			
氯化亚铁($FeCl_2 \cdot 4H_2O$)	200	200	200	0.2mol/L
硫酸亚铁($FeSO_4 \cdot 7H_2O$)	—	—	—	1.0mol/L
次磷酸二氢钠($NaH_2PO_2 \cdot H_2O$)	15～44	—	—	0.2mol/L
磷酸二氢钠($NaH_2PO_4 \cdot H_2O$)	—	30	—	—
硼酸(H_3BO_3)	20	20	20	0.5mol/L
磷酸(H_3PO_4)	—	20mL/L	20mL/L	—
稳定剂	2	—	—	—
抗坏血酸($C_6H_8O_6$)	—	2	2	—
pH 值	1.2～1.5	1.2～1.5	1～2	<1.5
温度/℃	50	50±2	50	40
阴极电流密度/(A/dm^2)	5～7	5～7	3～10	10

注：配方 3 获得的合金镀层中的磷含量为 10%～14%（质量分数）。

（2）镀液组成及工艺规范的影响

① 次磷酸二氢钠的影响　增加镀液中次磷酸二氢钠的含量，可以提高镀层中的 P 含量（如表 21-10 所示）。从表中数值可以看出，次磷酸二氢钠的加入量大于 20g/L 后，镀层中 P 含量的增加就不明显了。由氯化亚铁和次磷酸二氢钠组成的镀液，阴极极化作用小，电流效率低，而且电流效率随电流密度增大而提高，因此分散能力和覆盖能力较差。为改善镀层质量，控制次磷酸二氢钠的加入量和 pH 值是很重要的。

表 21-10 镀层中的磷含量与镀液中次磷酸二氢钠含量的关系

次磷酸二氢钠($NaH_2PO_2 \cdot H_2O$)/(g/L)	15	20	28	36	44
镀层中 P 含量(质量分数)/%	10.11	12.84	13.70	13.80	14.05

② pH 值的影响　镀液 pH 值对镀层中的 P 含量有很大影响。当 pH 值偏低时，由于大量析氢而得不到镀层；当 pH 值偏高时，镀层中的 P 含量迅速下降，得不到非晶镀层，所以镀液 pH 值应控制在 1 左右。

③ 镀后热处理温度的影响　在 400℃ 以下，随着加热温度的升高，镀层硬度增加；在 400℃ 以上，温度升高，则镀层硬度降低。在 400℃ 左右热处理后镀层硬度最大。

21.3.4 电镀 Fe-Cr 非晶态合金

Fe-Cr 合金镀层中铬含量约大于 30% 时，表现为非晶态结构。其镀层具有优良的耐蚀性、高强度和硬度，以及高温下抗氧化性等。镀液有氯化物型和硫酸盐型两种。采用氯化铬（三价铬）镀液，可得到均匀、覆盖能力好的镀层。通过控制电镀工艺规范（镀液组成、温度、pH值、阴极电流密度等），能够沉积出 Fe-Cr 非晶态合金镀层。其镀液组成及工艺规范见表 21-11。

表 21-11　Fe-Cr 非晶态合金的镀液组成及工艺规范

溶液成分及工艺规范	氯化物镀液			硫酸盐镀液	
	1	2	3	1	2
	含量/(g/L)				
氯化铬(CrCl$_3$·6H$_2$O)	100~300	160	160	—	—
硫酸铬[Cr$_2$(SO$_4$)$_3$·6H$_2$O]	—	—	—	140	0.5mol/L
氯化铁(FeCl$_3$·6H$_2$O)	—	35	—	—	—
氯化亚铁(FeCl$_2$·4H$_2$O)	10~40	—	10	—	—
硫酸亚铁(FeSO$_4$·7H$_2$O)	—	—	—	80~140	0.075mol/L
氯化铵(NH$_4$Cl)	100	100	21	—	—
甘氨酸(NH$_2$CH$_2$COOH)	150~350	—	51	—	—
氨基乙酸(NH$_2$CH$_3$COOH)	—	150	—	180	0.2mol/L
氨基磺酸(NH$_2$SO$_3$H)	—	—	—	0~100	—
硫酸(H$_2$SO$_4$)	—	—	—	0~50	—
硼酸(H$_3$BO$_3$)	20	37.2	12	—	0.3mol/L
溴化钠(NaBr)	—	—	20	—	—
氟化钠(NaF)	—	—	10	—	—
硫酸铵[(NH$_4$)$_2$SO$_4$]	—	—	—	130~400	0.8mol/L
尿素[(NH$_2$)$_3$CO]	—	—	—	60~300	1.25mol/L
抗坏血酸(C$_6$H$_8$O$_6$)	—	—	5	—	—
pH 值	1~3	1.8~3.4	2	1.8~3.4	1
温度/℃	30	30	室温	30	20~30
阴极电流密度/(A/dm^2)	10~40	约 20~40	10	—	30~40
阳极	石墨	—	—	石墨	—
镀层中 Cr 含量(质量分数)/%	20~40	—	22~42	—	—

21.4　电镀三元非晶态合金

电镀作为获得非晶态材料的方便途径，正日益受到重视，其中非晶态镀层应用较多的特性是耐磨性和耐蚀性。尤其是以镍基和铬基镀层最具优势。近年来在研究、开发二元非晶态合金电镀的基础上，对三元非晶态合金电镀进行了较多的研究，三元非晶态合金镀层的优良特性，已引起人们的较大关注。

21.4.1　电镀 Ni-W-P 非晶态合金

Ni-W-P 非晶态合金镀层，硬度高、耐蚀性好。镀层经 400℃ 热处理 1h，其硬度可达到 1400HV 以上，提高了耐磨性和热稳定性，可在较高的温度下工作。Ni-W-P 非晶态合金的镀液组成和工艺规范见表 21-12。

表 21-12 Ni-W-P 非晶态合金的镀液组成和工艺规范

溶液成分及工艺规范	1	2	3
	含量/(g/L)		
硫酸镍（$NiSO_4 \cdot 6H_2O$）	50	36	150
钨酸钠（$Na_2WO_4 \cdot 2H_2O$）	80	46	10
次磷酸二氢钠（$NaH_2PO_2 \cdot H_2O$）	15	16	—
柠檬酸（$C_6H_8O_7 \cdot H_2O$）	100		
柠檬酸钠（$Na_3C_6H_5O_7 \cdot 2H_2O$）	—	50	
氨水（$NH_3 \cdot H_2O$）/(mL/L)	30	—	
硫酸铵[$(NH_4)_2SO_4$]	—	13	—
硼酸（H_3BO_3）	—	31	
亚磷酸（H_3PO_3）			20
YC 稳定剂			70
YC-5201 添加剂/(mL/L)			20
pH 值	3.5～7.5	8	2.5
温度/℃	60～80	50～80	70
阴极电流密度/(A/dm²)	2～5	2～8	5
镀层中各成分含量（质量分数）/%	—	W：0.5～1、P：5～10、Ni：余量	W：0.3～2、P：5～15、Ni：余量

注：配方 3 的 YC 稳定剂、YC-5201 添加剂是湖南大学开发的产品。

21.4.2 电镀 Ni-Co-P、Ni-Cr-P 非晶态合金

当 Ni-Co-P 合金镀层中 P 含量在 5%～19%（质量分数）范围内时，它为非结晶镀层，具有较好的耐磨性和硬度，它的耐磨性优于硬铬和 Ni-Co 合金，并具有一定的热稳定性。

Ni-Cr-P 非晶态合金的镀层的外观光亮细致，具有优良的耐蚀性能，其厚度为 $2\mu m$ 时无孔隙，连续镀可达 $10\mu m$。

Ni-Co-P、Ni-Cr-P 非晶态合金的镀液组成和工艺规范见表 21-13。

表 21-13 Ni-Co-P、Ni-Cr-P 非晶态合金的镀液组成和工艺规范

溶液成分及工艺规范	Ni-Co-P 合金镀液	Ni-Cr-P 合金镀液
	含量/(g/L)	
硫酸镍（$NiSO_4 \cdot 6H_2O$）	30～50	—
氯化镍（$NiCl_2 \cdot 6H_2O$）	—	30
硫酸钴（$CoSO_4 \cdot 7H_2O$）	30～50	—
氯化铬（$CrCl_3 \cdot 6H_2O$）	—	100
次磷酸二氢钠（$NaH_2PO_2 \cdot H_2O$）	10～100	30
硼酸（H_3BO_3）	3～5	35
硫酸铵[$(NH_4)_2SO_4$]	25	—
氯化铵（NH_4Cl）	—	50

溶液成分及工艺规范	Ni-Co-P 合金镀液	Ni-Cr-P 合金镀液
	含量/(g/L)	
柠檬酸钠($Na_3C_6H_5O_7 \cdot 2H_2O$)	10	80
甲酸($HCOOH$)/(mL/L)	—	35
溴化钾(KBr)	—	17.3
pH 值	2.0~3.5	3
温度/℃	30~70	室温
阴极电流密度/(A/dm²)	4~7	20~40
镀层中各成分含量(质量分数)/%	—	Ni 70、Cr 10、P 20

21.4.3 电镀 Ni-W-B 非晶态合金

在 Ni-W 合金的镀液中加入含硼 (B) 物质,则可沉积出非晶态 Ni-W-B 合金镀层,它具有优良的性能,可作为代铬镀层,在各工业中获得了广泛应用。其镀液组成和工艺规范见表 21-14。

表 21-14 Ni-W-B 非晶态合金的镀液组成及工艺规范

溶液成分及工艺规范	1	2	3
	含量/(g/L)		
硫酸镍($NiSO_4 \cdot 6H_2O$)	35	20	30
钨酸钠($Na_2WO_4 \cdot 2H_2O$)	65	80	65
柠檬酸($C_6H_8O_7 \cdot H_2O$)	—	50	—
柠檬酸铵[$(NH_4)_3C_6H_5O_7$]	100	—	100
二甲基胺硼烷($C_2H_{10}BN$)	6	—	10
硼酸钠($Na_2B_4O_7 \cdot 10H_2O$)	—	10~40	—
pH 值	7~7.5	5.7	7~7.5
温度/℃	55	45	50~80
阴极电流密度/(A/dm²)	4~8	4~10	2~8
阳极	石墨	—	石墨

21.4.4 电镀 Fe-Ni-Cr 非晶态合金

Fe-Ni-Cr 非晶态合金具有优良的耐蚀性、高硬度和耐磨性好的优点,在某些地方可以代替不锈钢,因此电沉积 Fe-Ni-Cr 合金受到广泛的关注和重视。Fe-Ni-Cr 非晶态合金的镀液组成和工艺规范见表 21-15。

表 21-15 Fe-Ni-Cr 非晶态合金的镀液组成和工艺规范

溶液成分				工艺规范	
氯化铬($CrCl_3 \cdot 6H_2O$)	100g/L	柠檬酸钠($Na_3C_6H_5O_7 \cdot 2H_2O$)	80g/L	pH 值	2.5
氯化亚铁($FeCl_2 \cdot 4H_2O$)	10~20g/L	柠檬酸($C_6H_8O_7 \cdot H_2O$)	80g/L	温度	室温
氯化镍($NiCl_2 \cdot 6H_2O$)	30~40g/L	氯化铵(NH_4Cl)	50g/L	阴极电流密度	30~40A/dm²
硼酸(H_3BO_3)	30g/L	溴化钠($NaBr$)	15g/L		
甲酸($HCOOH$)	40mL/L				

21.4.5 电镀 Cr-Fe-C 非晶态合金

三价铬镀 Cr-Fe-C 非晶态合金具有优良的耐蚀性，高的硬度和耐磨性。Cr-Fe-C 非晶态合金的镀液组成和工艺规范见表 21-16。

表 21-16 Cr-Fe-C 非晶态合金的镀液组成和工艺规范

溶液成分及工艺规范	1	2	3	4
	含量/(mol/L)			
氯化铬($CrCl_3 \cdot 6H_2O$)	—	—	0.6	—
氯化亚铁($FeCl_2 \cdot 4H_2O$)	—	—	0.05～0.35	—
硫酸铬[$Cr_2(SO_4)_3 \cdot 6H_2O$]	0.5	0.4～0.6	—	0.5
硫酸亚铁($FeSO_4 \cdot 7H_2O$)	—	0.02～0.1	—	—
甲酸(HCOOH)	—	8mL/L	—	—
氨基乙酸(NH_2CH_2COOH)	—	0.2～0.3	0.2	—
尿素[$(NH_2)_2CO$]	—	1.1～1.5	—	—
氯化铵(NH_4Cl)	—	—	1.8	—
草酸铵[$(NH_4)_2C_2O_4 \cdot H_2O$]	0.2～0.5	—	—	0.2～1
硼酸(H_3BO_3)	—	0.1～0.3	0.5	—
硫酸铵[$(NH_4)_2SO_4$]	1	0.7～1	—	1
pH 值	2	0.8～1.3	2	1.8～2.2
温度/℃	25～45	20～30	30	28～32
阴极电流密度/(A/dm²)	15～17.5	20～40	5～25	10～30
镀层中 Cr：Fe：C 含量	65.8：26.9：6.6	—	Cr22.9%～74.4%	—
阳极	304 不锈钢	—	Pt	304 不锈钢

注：合金镀层中的铬来自镀液中的三价铬；配方 2,3 合金镀层中的铁来自镀液中的二价铁，配方 1,4 合金镀层中的铁来自阳极不锈钢的溶解；合金镀层中的碳来自镀液中的有机添加剂草酸铵在电解还原反应过程中产生的碳。

21.4.6 电镀 Fe-Cr-P、Fe-Cr-P-Co 非晶态合金

Fe-Cr-P、Fe-Cr-P-Co 非晶态合金的镀液组成和工艺规范[25]见表 21-17。

表 21-17 Fe-Cr-P、Fe-Cr-P-Co 非晶态合金的镀液组成和工艺规范

溶液成分及工艺规范	Fe-Cr-P 合金镀液		Fe-Cr-P-Co 合金镀液
	1	2	
	含量/(mol/L)		
氯化铬($CrCl_3 \cdot 6H_2O$)	0.38	—	0.38
氯化亚铁($FeCl_2 \cdot 4H_2O$)	0.16	—	0.16
硫酸铬[$Cr_2(SO_4)_3 \cdot 6H_2O$]	—	0.1～0.4	—
硫酸亚铁($FeSO_4 \cdot 7H_2O$)	—	0.01～0.2	—
氯化钴($CoCl_2 \cdot 6H_2O$)	—	—	0.17

溶液成分及工艺规范	Fe-Cr-P 合金镀液		Fe-Cr-P-Co 合金镀液
	1	2	
	含量/(mol/L)		
次磷酸二氢钠($NaH_2PO_2 \cdot H_2O$)	0.23	0.2~0.8	0.23
柠檬酸钠($Na_3C_6H_5O_7 \cdot 2H_2O$)	0.32	—	0.32
甲酸($HCOOH$)	0.9	—	0.9
氨基乙酸(NH_2CH_2COOH)	—	0.5~2	—
溴化钠($NaBr$)	0.15	—	0.15
硼酸(H_3BO_3)	0.5	0.8	0.5
硫酸钠(Na_2SO_4)	—	0.6	—
氯化铵(NH_4Cl)	—	—	0.9
pH 值	1.8 左右	1.5~3.5	1.8
温度/℃	室温	30~35	25
阴极电流密度/(A/dm^2)	5~10	4~8	20~50
阳极	—	Ti/IrO_2	—

第22章
电镀纳米合金

22.1 概述

纳米（nm），又称毫微米，是一种长度单位。电沉积纳米晶技术，是制备粒径为 $1\sim$ 100nm 的微细晶粒材料的技术。

在电镀溶液中，通常加入适宜的结晶细化剂（常用表面活性剂，如糖精、十二烷基磺酸钠、硫脲及香豆素等），采用适当的工艺规范（操作条件），可以得到晶粒细化的纳米晶结构的镀层。电镀纳米合金的方法有：直流电沉积、脉冲电沉积、喷射电沉积和电刷镀电沉积等。适合于制备纯金属纳米晶膜、合金膜及复合材料膜等各种类型的膜层。

电沉积纳米晶层具有独特的高密度和低孔隙率，结晶组织取决于电沉积参数。通过控制电流、电压、镀液组分和工艺参数，就能控制膜层的厚度、化学组分、晶粒组织大小和孔隙率等。

在直流电沉积过程中，如果在阴极沉积表面形成大量的晶核，而晶体的生成得到较大的抑制，就有可能得到纳米晶。为了电沉积得到纳米晶，可采用适当高的阴极电流密度，随着电流密度增高，电极上的过电位升高，促使形成的晶核增加，镀层的晶粒细化（晶粒尺寸减小）；再则，加入有机添加剂（晶粒细化剂），添加剂分子吸附在沉积表面的活性部位，可抑制晶体的生长。此外，有机添加剂还能提高电沉积的过电位，增大阴极极化作用。以上的这些作用都可促使沉积层晶粒细化，可得到纳米晶。

脉冲电镀与直流电电镀相比，更容易得到纳米晶镀层。采用脉冲电镀时，一个脉冲电流后，阴极-溶液界面处消耗的沉积离子，可在脉冲间隔内得到补充，因此可采用较高的峰值电流密度，得到的晶粒尺寸比直流电沉积的小。为保证阴极-溶液界面处的沉积离子能得到及时的补充，采用峰值电流密度高的脉冲电镀时，应结合短的脉冲导通时间和适当长的脉冲关断时间，或增大电解液与阴极的相对流速，如采用高速喷射镀液等措施[3]。目前电镀纳米晶较多采用脉冲电镀，所用的脉冲电流的波形，一般为矩方波（方波）。

由于纳米晶结构的特殊性，其性能比一般镀层有明显的改善和提高，如有较高的硬度、韧性、耐磨性等力学性能，优良的耐蚀性，还具有光学、电学以及磁学等的特殊性能。

22.2 电镀纳米镍基合金

22.2.1 电镀纳米 Co-Ni 合金

Co-Ni 合金用于装饰性、耐蚀性和磁性材料（如磁性记录装置等）。采用电解液高速喷射电沉积的方法，可使用高的电流密度，可大大提高沉积速度，并能细化晶粒。电镀纳米 Co-Ni 合金的溶液组成及工艺规范[3]见表 22-1。

当镀液中的 Ni^{2+} 浓度一定时，随镀液中 Co^{2+}/Ni^{2+} 比的增加，合金镀层中的钴含量增加。随阴极电流密度提高，合金镀层中的钴含量降低。随镀液温度升高，合金镀层中的钴含量降低。随镀液中 Co^{2+}/Ni^{2+} 比的增加，电沉积的晶粒尺寸减小，从 24nm 降至 14nm。

随着电解液喷射速度的增加，合金镀层中的钴含量增加，但当喷射速度达到 440 m/min 后，合金镀层中的钴含量基本保持稳定。

表 22-1　电镀纳米 Co-Ni 合金的溶液组成及工艺规范

编号	电解液组成	含量		工艺规范(操作条件)
		mol/L	g/L	
1	硫酸钴($CoSO_4 \cdot 7H_2O$) 氯化镍($NiCl_2 \cdot 6H_2O$) 硼酸(H_3BO_3)	$0.031 \sim 0.213$ 0.841 0.486	$8.8 \sim 60$ 200 30	阴极电流密度:318A/dm² 电解液喷射速度:356m/min 电解液温度:40℃
2	硫酸钴($CoSO_4 \cdot 7H_2O$) 氯化镍($NiCl_2 \cdot 6H_2O$) 硼酸(H_3BO_3)	0.213 0.841 0.486	60 200 30	阴极电流密度:$159 \sim 477$A/dm² 电解液喷射速度:356m/min 电解液温度:40℃
3	硫酸钴($CoSO_4 \cdot 7H_2O$) 氯化镍($NiCl_2 \cdot 6H_2O$) 硼酸(H_3BO_3) 添加剂	0.213 0.841 0.486 0.01	60 200 30 2.5	阴极电流密度:$159 \sim 477$A/dm² 电解液喷射速度:356m/min 电解液温度:40℃
4	硫酸钴($CoSO_4 \cdot 7H_2O$) 氯化镍($NiCl_2 \cdot 6H_2O$) 硼酸(H_3BO_3)	0.213 0.841 0.486	60 200 30	阴极电流密度:318A/dm² 电解液喷射速度:$254 \sim 510$m/min 电解液温度:40℃
5	硫酸钴($CoSO_4 \cdot 7H_2O$) 氯化镍($NiCl_2 \cdot 6H_2O$) 硼酸(H_3BO_3) 添加剂	0.213 0.841 0.486 0.01	60 200 30 2.5	阴极电流密度:318A/dm² 电解液喷射速度:254m/min 电解液温度:$30 \sim 50$℃

注：使用的阴极为 99.9% 的纯铜，面积为 20mm×20mm×0.5mm；阳极为高纯度（99.9%）镍板和 99.9% 的钴板，喷嘴直径为 ϕ5mm，喷射电沉积时间为 $10 \sim 15$min。

22.2.2　电镀纳米 Ni-W 合金

纳米 Ni-W 合金具有高的应力，良好的韧性，较好的磁性，也可用于磁记录装置。

电镀纳米 Ni-W 合金的溶液组成及工艺规范见表 22-2。表 22-2 中的配方 1[25]，在该工艺条件下制得的纳米 Ni-W 合金具有高的应力（大致为 23000MPa），良好的韧性，镀层试片可弯曲 180°而未破坏。在不同电流密度下制得的电沉积 Ni-W 合金的晶粒尺寸和显微硬度的关系[25]见表 22-3。

表 22-2 中的配方 2，所镀获得的致密的纳米 Ni-W 合金镀层，并具有较高的硬度、耐磨性、耐蚀性、耐高温等优良性能。在工具、成形模具上获得应用。

表 22-2 中的配方 3，所获得镀层致密，与基体结合力好，镀厚能力强，耐蚀、耐磨、防垢等性能突出。镀后镀件经烘箱炉 $200 \sim 600$℃热处理，自然冷却至室温。

表 22-2　电镀纳米 Ni-W 合金的溶液组成及工艺规范

溶液成分及工艺规范	1	2	3
硫酸镍($NiSO_4 \cdot 6H_2O$)	0.06mol/L	60g/L	20g/L
钨酸钠($Na_2WO_4 \cdot 2H_2O$)	0.14mol/L	150g/L	70g/L
柠檬酸钠($Na_3C_6H_5O_7 \cdot 2H_2O$)	0.5mol/L	—	—
柠檬酸($H_3C_6H_5O_7$)	—	130g/L	130g/L
氯化铵(NH_4Cl)	0.5mol/L	—	—

续表

溶液成分及工艺规范	1	2	3
溴化钠（NaBr）	0.15mol/L	—	—
氨基配合物	—	—	150g/L
pH 值	7.5	5（用氨水调节）	4.5～8
温度/℃	75	35	40～80
电流密度/(A/dm²)	5～20	20	3～20
时间/min	—	45	—
阳极	高纯铂板	—	不锈钢或钛阳极

注：镀槽是 600mL 的烧杯，内放 500mL 的镀液，药品为分析纯。

表 22-3　不同电流密度下得到的 Ni-W 合金镀层经热处理（450℃，24h）
后的平均晶粒尺寸与维氏硬度的关系（镀液温度 75℃）

电流密度/(A/dm²)	W 含量（原子分数）%	沉积晶粒尺寸/nm	硬度（HV）	晶粒尺寸（450℃,24h)/nm	硬度（450℃,24h)（HV）
5	17.7	6.8(7.0)①	558	9.5	919
10	20.7	4.7(3.0)①	635	9.0(10)①	962
15	19.3	4.7	678	8.9	992
20	22.3	2.5	685	8.2	997

① 为 TEM 的观察结果。

注：从表中可以看出，随电沉积时电流密度的增加，合金镀层中钨含量呈增加的趋势，沉积晶粒尺寸减小；合金硬度也随电流密度的增加而增加。

22.2.3　电镀纳米 Ni-Cu 合金

Ni-Cu 合金主要用作装饰性镀层。它还具有良好的力学性能、耐蚀性、电性能和催化性能。特别是合金镀层 Cu 含量为 30%（质量分数）时，它在海水、酸、碱介质等环境中，都具有很高的稳定性。

用脉冲电沉积制备纳米 Ni-Cu 合金的溶液组成及工艺规范见表 22-4。采用脉冲电镀技术，可降低镀层孔隙率、内应力、杂质和氢含量。

表 22-4　电沉积制备纳米 Ni-Cu 合金的溶液组成及工艺规范

溶液成分		工艺规范	
		温度	40℃
硫酸镍（NiSO₄·7H₂O）	0.475mol/L	峰值电流密度	20A/dm²
硫酸铜（CuSO₄·5H₂O）	0.125mol/L	平均电流密度	4A/dm²
柠檬酸钠（Na₃C₆H₅O₇·2H₂O）	0.2mol/L	脉冲频率	100Hz
pH 值（用氨水调节）	9.0	占空比	10%
		阳极用镍网,阴极是钛上镀铂,使用方波脉冲	

22.2.4　电镀纳米 Ni-Mo 合金

电沉积 Ni-Mo 合金具有较高的硬度、耐磨性和耐蚀性，低的热膨胀系数和良好的软磁性以及优异的电化学催化活性等，已在化学工中得到广泛应用。

电镀纳米 Ni-Mo 合金的溶液组成及工艺规范见表 22-5。

表 22-5　电镀纳米 Ni-Mo 合金的溶液组成及工艺规范

溶液成分		工艺规范	
硫酸镍($NiSO_4 \cdot 7H_2O$)	40g/L		
钼酸钠($Na_2MoO_4 \cdot 2H_2O$)	4～16g/L		
焦磷酸钠($Na_4P_2O_7 \cdot 10H_2O$)	160g/L	温度	20℃
氯化铵(NH_4Cl)	20g/L	阴极电流密度	1～5A/dm²
1,4-丁炔二醇($C_4H_6O_2$)	50mg/L	镀液中加入 1,4-丁炔二醇和非离子表面活性剂 H-10 后,	
非离子表面活性剂 H-10	0.1mL/L	镀层外观光滑、平整	
pH 值	8.5		

22.2.5　电镀纳米 Ni-P 合金

纳米 Ni-P 合金具有较高的硬度和耐蚀性。当镀层中磷含量低于 5%～7%（质量分数）时为纳米晶。纳米晶粒的大小强烈依赖于合金镀层中的磷含量,随着镀液中亚磷酸含量的增加,镀层中的含磷量增加;且随着电流密度的增加,镀层中的含磷量也增加。电镀纳米 Ni-P 合金的溶液组成及工艺规范见表 22-6。

表 22-6　电镀纳米 Ni-P 合金的溶液组成及工艺规范

溶液成分		工艺规范	
硫酸镍($NiSO_4 \cdot 6H_2O$)	130～150g/L		
氯化镍($NiCl_2$)	0～50g/L		
碳酸镍($NiCO_3$)	0～40g/L	温度	60～80℃
亚磷酸(H_3PO_3)	可变(约 2～3g/L)	阴极电流密度	1～10A/dm²
pH 值	1.5(用磷酸调节)		

22.2.6　电镀纳米 Ni-Fe 合金

Ni-Fe 合金镀层具有优良的韧性、软磁性、硬度和光亮度。脉冲电镀可提高阴极电流密度、提高镀液的覆盖能力和分散能力。糖精是镀液中较为普遍的一种添加剂,可降低镀层的张应力,并促使晶粒细化。有文献介绍,镀液中不加糖精时,纳米合金镀层平均晶粒尺寸为70nm,镀层具有较高的耐蚀性;当镀液中加入 1g/L 糖精时,纳米合金镀层平均晶粒尺寸减小至 51nm,但镀层耐蚀性下降。

周期换向脉冲电镀纳米 Ni-Fe 合金的溶液组成及工艺规范见表 22-7。

表 22-7　周期换向脉冲电镀纳米 Ni-Fe 合金的溶液组成及工艺规范

溶液成分		工艺规范	
硫酸镍($NiSO_4 \cdot 7H_2O$)	180g/L		
氯化镍($NiCl_2 \cdot 6H_2O$)	20g/L	温度	60℃
硫酸亚铁($FeSO_4 \cdot 7H_2O$)	10g/L	脉冲电镀参数	
氯化钠($NaCl$)	20g/L	电流密度	5A/dm²
柠檬酸钠($Na_3C_6H_5O_7 \cdot 2H_2O$)	20g/L	周期换向比	5:1
硼酸(H_3BO_3)	40g/L	占空比	1:4
十二烷基硫酸钠($NaC_{12}H_{25}SO_4$)	0.05g/L	脉冲频率	2000Hz
糖精($C_7H_5O_3N$)	0～1g/L	施镀时,控制搅拌器转速	250r/min
pH 值	3.5		

22.3　电镀纳米 Zn-Fe 合金

双向方波脉冲电镀纳米 Zn-Fe 合金,其镀液组成及工艺规范[1]见表 22-8。

采用双向方波脉冲技术,所获得的铁的质量分数约为 0.75% 的低铁纳米 Zn-Fe 合金镀层,结晶很细密，是纳米级的，其晶粒尺寸约为 30nm。常规直流电沉积的 Zn-Fe 合金镀层中的铁的质量分数约为 0.45%。电镀纳米 Zn-Fe 合金镀层具有很高的耐蚀性，其耐蚀性是相应的常规直流电镀的 Zn-Fe 合金镀层的 3 倍左右。

表 22-8　双向方波脉冲电镀纳米 Zn-Fe 合金的镀液组成及工艺规范

溶液成分		工艺规范	
氯化锌（$ZnCl_2$）	90g/L		
硫酸亚铁（$FeSO_4 \cdot 7H_2O$）	4g/L	温度	25℃
氯化钾（KCl）	210g/L	脉冲电流密度	$9A/dm^2$
柠檬酸（$H_3C_6H_5O_7$）	10g/L	脉冲频率	500Hz
抗坏血酸（$C_6H_8O_6$）	1.5～2g/L	占空比	60%
添加剂（光亮剂）	14mL/L	正反向脉冲比	50：2
pH 值	4.6		

22.4　电镀纳米 Fe-Ni 合金

纳米镍基合金微晶磁性材料，具有十分优异的特性，如高磁导率、低损耗、高饱和磁化强度等，现已用于开关电源、传感器和变压器等。纳米微晶磁性材料有利于实现小型化、轻量化及多功能化，发展迅速。铁基纳米 Fe-Ni 合金，能进一步改善高温磁性。

高铁的纳米 Fe-Ni 合金材料的制备工艺规范[3]见表 22-9。纳米结构的高铁软磁性材料具有很多优点，具有低矫顽力和高的饱和磁矩。

表 22-9　制备纳米 Fe-Ni 合金材料的镀液组成及工艺规范

溶液成分		工艺规范	
氨基磺酸镍[$Ni(NH_2SO_3)_2$]	0.75mol/L	温度	22～65℃
氯化铁（$FeCl_3$）	0.25mol/L	脉冲峰值电流密度	$20～120A/dm^2$
硼酸（H_3BO_3）	0.5mol/L	导通时间	1～40ms
十二烷基硫酸钠（$C_{12}H_{25}SO_4Na$）	0.5g/L	断开时间	100～360ms
糖精（$C_7H_5O_3NS$）	1g/L	阳极	用 Ni 和 Ni-Fe 合金
pH 值	2～3	阴极	钛板

注：糖精是晶粒细化剂，可降低电沉积的晶粒尺寸。

22.5　电镀纳米三元合金

电沉积 Ni-Fe-Cr 合金，具有优异的耐蚀性、抗疲劳等性能。其合合金有多种用途，如可用于核电站冷凝管等。

可以采用脉冲或直流电来镀取纳米 Ni-Fe-Cr 合金，两者获得合金镀层都在纳米晶范围内。与直流电沉相比，在脉冲条件沉积得到的镀层，其晶粒更细致、晶粒更小；沉积速率更高；沉积的阴极效率更高等。

电沉积 Ni-W-B 合金，其镀层与基体结合力好，镀厚能力力强，防腐蚀、耐磨、防垢等性能突出。镀后经烘箱炉 200～600℃热处理，自然冷却至室温。

电镀纳米三元合金的溶液组成及工艺规范见表 22-10。

表 22-10　电镀纳米三元合金的溶液组成及工艺规范

溶液成分及工艺规范	Ni-Fe-Cr 合金[1]	Ni-W-B 合金	
		1	2
硫酸镍（$NiSO_4 \cdot 6H_2O$）	—	20g/L	50g/L

续表

溶液成分及工艺规范	Ni-Fe-Cr 合金[1]	Ni-W-B 合金	
		1	2
氯化镍($NiCl_2 \cdot 6H_2O$)	0.2mol/L	—	—
氯化亚铁($FeCl_2 \cdot 6H_2O$)	0.03mol/L	—	—
氯化铬($CrCl_3 \cdot 6H_2O$)	0.8mol/L	—	—
钨酸钠($Na_2WO_4 \cdot 2H_2O$)	—	70g/L	40g/L
柠檬酸钠($Na_3C_6H_5O_7 \cdot 2H_2O$)	—	110g/L	80g/L
氯化铵(NH_4Cl)	0.5mol/L	—	—
硼酸(H_3BO_3)	0.2mol/L	—	—
二甲基氨基硼烷（DMAB）$[(CH_3)_2NHBH_3]$	—	10g/L	10g/L
二甲基甲酰胺（DMP）	500 mL/L	—	—
水	500 mL/L	—	—
稳定剂	0.05mol/L	—	—
光亮剂	1g/L	—	—
pH 值	小于 2	4.5～8	4.5～8
温度/℃	20～30	40～80	40～80
电流密度/(A/dm²)	20～30	3～20	3～20
采用的脉冲参数	周期为 100ms、75 ms、50 ms、25 ms、10 ms、5 ms、2 ms、1 ms	搅拌：不锈钢或钛铱阳极	
脉冲关断时间 t_{off}/t_{on}脉冲导通时间	0（直流）、0.2、0.25、0.3、0.4、0.5、0.6、0.7、0.8		

22.6　电镀纳米复合镀层

　　纳米复合镀层具有高强度、高硬度、耐磨性好，抗氧化性和耐蚀性等优良的特性。纳米复合镀层，是以纳米级不溶性微粒来代替微米级微粒，通过复合电镀技术而沉积的镀层。它与具有相同组成、微米级微粒沉积的普通复合镀层相比，很多性能都得到大大提高，而且随着纳米级粒子粒径的减小，其性能提高的幅度增大。

　　纳米级微粒（通常是指 1～100nm 范围内的固体粒子）与基质金属离子共沉积的过程中，纳米微粒的存在将影响电结晶过程，使基质金属的晶粒大为细化，从而使基质金属的晶粒成为纳米晶，使纳米复合镀层具有很多优异性能，如高强度、高硬度、耐磨性好，抗氧化性和耐蚀性好等。

22.6.1　电镀纳米镍复合镀层

　　电镀纳米镍复合镀有多种镀液，如 Ni/Al_2O_3、Ni/SiC、Ni/SiO_2 等。

　　电镀纳米 Ni/Al_2O_3 复合镀层的镀液，是在瓦特镀镍的基础溶液中，加入纳米微粒和柠檬酸铵，并加入适量的稀盐酸或氢氧化钠溶液调节复合镀液的 pH 值到 1.0～6.0。柠檬酸铵是分散剂，具有稳定镀液分散的效果。镀液的 pH 值不宜超过 6.0，随 pH 值升高，镀液稳定分散性下降。为提高镀液分散效果，采用超声分散，经超声波震荡分散 20min 后静置 10h，测量其稳定性。采用超声分散法比磁力搅拌法分散效果要好。

纳米 Ni/SiC 复合镀层具有较高的硬度（600～1000HV），远大于纯镀镍层的硬度（210 HV）。镀液选用对微粒有润湿、分散、除污等作用好的表面活性剂如（OP-10 乳化剂等）。为使纳米微粒充分润湿且均匀分散于镀液中，先超声波搅拌镀液 30min，再用磁力搅拌 2h。

采用脉冲换向电刷镀工艺所得的 Ni/SiO$_2$ 复合镀层，由于脉冲换向电流的结晶强化作用和纳米微粒的弥散强化作用，促使镀层更加致密、晶粒细小、摩擦系数低、耐磨性能更好。

电镀纳米镍复合镀层的溶液组成及工艺规范见表 22-11。

表 22-11　电镀纳米镍复合镀层的溶液组成及工艺规范

溶液成分及工艺规范		Ni/Al$_2$O$_3$ 复合镀层	Ni/SiC 复合镀层	刷镀 Ni/SiO$_2$ 复合镀层
		含量/（g/L）		
硫酸镍（NiSO$_4$·6H$_2$O）		280	300	134
氯化镍（NiCl$_2$·6H$_2$O）		40	35	—
硼酸（H$_3$BO$_3$）		30	40	—
柠檬酸铵[（NH$_4$）$_3$C$_6$H$_5$O$_7$]		5	—	30
乙二胺（NH$_2$CH$_2$CH$_2$NH$_2$）（1:1）		—	—	15mL/L
三乙醇胺（C$_6$H$_5$O$_3$H）（1:1）		—	—	30mL/L
十二烷基硫酸钠（C$_{12}$H$_{25}$SO$_4$Na）		0.1	—	—
表面活性剂			适量	
固体微粒	微粒名称	三氧化二铝（Al$_2$O$_3$）	碳化硅（SiC）	二氧化硅（SiO$_2$）
	微粒粒度/nm	平均粒径 40	40～60	30～60
	微粒含量/（g/L）	5	2～8	20
pH 值		1.0～6.0 用稀盐酸或氢氧化钠溶液调节	3～4.5	—
温度/℃		45～60	30～60	室温
阴极电流密度/（A/dm^2）		1～2.5	2～5	电源:脉冲电源
时间/min		—	120	电压:反向 5V 电流参数:频率 1000Hz,50%
搅拌		阴极移动	搅拌速度 200～500r/min	（每正向 8 个脉冲后两个反向脉冲）

　　注：Ni/Al$_2$O$_3$ 复合镀液中加入柠檬酸铵，并结合超声波震荡分散，可以制备出稳定悬浮的 Ni/Al$_2$O$_3$ 复合镀液，且大部分的纳米微粒在复合镀液中能高度分散。

22.6.2　电镀纳米镍合金复合镀层

电镀纳米镍合金复合镀层的溶液组成及工艺规范见表 22-12。

纳米 Ni-W/SiC 复合镀层具有优异的耐磨性、耐高温、高强度、高韧性等的特点。先采用十二烷基磺酸钠和润湿剂对碳化硅（SiC）进行润湿和分散，再在超声波中震荡 30min，分散 SiC，以避免在镀液团聚。

化学镀 Ni-P/SiC 复合合金，对碳化硅（SiC）微粒具有更强的镶嵌能力。化学镀所获得的纳米 Ni-P/SiC 复合合金镀层，其硬度、耐磨性、耐蚀性等性能远高于化学镀 Ni-P 合金镀层。

表 22-12　电镀纳米镍合金复合镀层的溶液组成及工艺规范

溶液成分及工艺规范		Ni-W/SiC 复合镀层	Ni-Co/SiC 复合镀层	Ni-W/Si₃N₄ 复合镀层	化学镀 Ni-P/SiC 复合镀层
		含量/(g/L)			
硫酸镍(NiSO₄·6H₂O)		300	270	15	24~26
氯化镍(NiCl₂·6H₂O)		20	15	—	—
硫酸钴(CoSO₄·7H₂O)		—	12	—	—
钨酸钠(Na₂WO₄·2H₂O)		30	—	10~30	—
柠檬酸钠(Na₃C₆H₅O₇·2H₂O)		25	—	—	—
柠檬酸(H₃C₆H₅O₇·6H₂O)		—	—	50~70	10~20
次磷酸钠(NaH₂PO₂·H₂O)		—	—	—	20~25
醋酸钠(CH₃COONa·3H₂O)		—	—	—	10~15
丁二酸钠(C₄H₄Na₂O₄)		—	—	—	2~4
硼酸(H₃BO₃)		40	35	—	—
十二烷基磺酸钠(C₁₂H₂₅SO₃Na)		0.1~0.3	—	—	—
EHS 润湿剂(40%质量分数)		0.5mL/L	—	—	—
复配表面活性剂		—	0.85	—	—
十二烷基硫酸钠(C₁₂H₂₅SO₄Na)		—	—	8mL/L	—
固体微粒	微粒名称	碳化硅(SiC)	碳化硅(SiC)	氮化硅(Si₃N₄)	碳化硅(SiC)
	微粒粒度/nm	50~60	钠米粉	钠米粉	钠米粉
	微粒含量/(g/L)	10~20	20	3	0.6
pH 值		3~5	5	7	1~4.8
温度/℃		40~60	50	65~85	80~85
阴极电流密度/(A/dm²)		1~4	2.56	8~26	—
时间/min		40	20	10~120	—
搅拌		需要	需要	需要	—

注：Ni-W/SiC 复合镀层配方中的 EHS 润湿剂为江苏梦得镀镍中间体 EHS 羟乙基磺酸钠。

22.7　电镀纳米镍镀层

　　纳米镍镀层的硬度、耐磨性、耐蚀性和光亮度等性能比普通镀镍层有较大的提高。它作为防护装饰性中间层或底层时，镀层的厚度可减少 1/2。适用于钢铁件镀铜-纳米镀镍-套铬，钢铁件预镀镍、直接镀纳米镍以及钕-铁-硼专用功能性镀纳米镍。

　　电镀纳米镍镀层的溶液组成及工艺规范见表 22-13。

表 22-13　电镀纳米镍镀层的溶液组成及工艺规范

溶液成分及工艺规范	1	2
硫酸镍(NiSO₄·6H₂O)/(g/L)	250~300	240~260
氯化镍(NiCl₂·6H₂O)/(g/L)	40~60	50~70

续表

溶液成分及工艺规范	1	2
硼酸(H_3BO_3)/(g/L)	40~60	45~55
纳米镀镍基础液/(mL/L)	100	100
pH 值	3.5~4.5	3.5~4.5
温度/℃	50~60	50~65
搅拌	连续循环搅拌或压缩空搅拌	
阴极电流密度/(A/dm^2)	2~5	1~4

第4篇 特种材料电镀

第23章
铝及铝合金的电镀

23.1 概述

23.1.1 铝及铝合金电镀的用途

铝及铝合金是应用最广泛的金属之一，它具有密度小、比强度高、传热快、导电性好、无磁性、易于压力加工、可铸造成形状复杂的零件等优点，因此，铝及铝合金在各种工业、日用机械、工艺品等制造中获得广泛应用。但铝及铝合金的硬度低、耐磨和耐蚀性差、不易焊接等缺点，影响其应用范围和使用寿命。通过电镀，可以改善其表面状态和表面特性，从而满足不同的使用要求，扩宽它的应用范围。铝及铝合金依据不同的特性及使用要求，可镀取不同的镀层，如表23-1所示。

表 23-1   铝及铝合金依据不同的特性要求镀取不同的镀层

改善表面特性和使用要求	铝及铝合金件采用的镀层示例
改善外观装饰性	如镀铬、镀镍、铜/镍/铬等
提高表面硬度与耐磨性	如镀硬铬、镀松孔铬、镀镍等
降低摩擦系数,改善润滑性	如镀铜/锡、铜/热浸锡、锡-铅合金等
提高耐蚀性	如镀锌、镀镉、镀镍等
提高表面导电性能	如镀铜、铜/银、铜/金、铜/镍/铑等
改善焊接性能	如镀锡、锡-铅合金、镀镍、铜/镍等
提高与橡胶热压时的结合力	如镀铜-锌合金
提高反光率	如镀铬等
提高磁性能	如镀镍-钴合金、镍-钴-磷合金等
修复尺寸公差	如镀铬等

23.1.2　铝及铝合金电镀的难点

① 铝与氧有很强的亲和力，表面总有一层氧化膜存在。电镀时严重影响镀层结合力。

② 铝的电极电位很负，在镀液中能与多种金属离子发生置换反应，形成接触镀层，严重影响镀层与基体金属之间的结合力。

③ 铝是两性金属，在酸、碱溶液中都不稳定。所以，在镀前、镀后处理以及电镀过程中可能发生的反应变得复杂，给电镀造成很大的困难。

④ 铝的线膨胀系数与许多金属镀层的线膨胀系数相差较大，在镀液加热下电镀，以及当环境温度发生变化时，镀层容易产生内应力而损坏。

⑤ 铝合金铸件因有砂眼、气泡及孔隙，在电镀工艺过程中易滞留残液和氢气，会引起腐蚀，使镀层起泡和脱落。

⑥ 由于铝及铝合金种类繁多，即使同一合金也可能有不同的热处理状态，因此，很难找到一种通用的前处理工艺，增加处理工艺的复杂性。

23.1.3　电镀工艺流程

铝及铝合金制品上的镀层质量，最关键的是结合力问题。提高镀层结合力主要取决于镀前处理质量及预镀层的质量。铝及铝合金除了常规的除油、浸蚀等镀前处理外，还必须进行一些特殊处理（中间处理）。一般是在基体金属与镀层之间制取既能和铝基结合好的、又与镀层结合好的底层或中间层。中间层的作用是使前处理除去铝表面自然氧化膜后防止再产生氧化膜；并防止镀件浸入镀液中而产生置换金属的反应。除此之外，要获得良好镀层，与铝直接接触的底层金属要与铝的晶体结构相似，以及它们之间有较好的固溶度。

由于铝及铝合金的特性，在铝及铝合金的电镀工艺流程中，主要部分是镀前处理及特殊处理（中间处理），其工艺流程如图 23-1 所示。

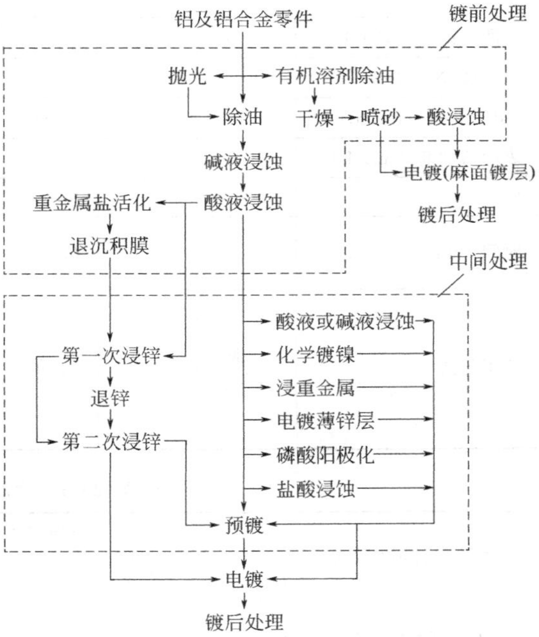

图 23-1　铝及铝合金的电镀工艺流程

23.2　镀前处理

铝及铝合金电镀前处理的主要主序包括：机械前处理、除油、浸蚀、重金属活化等。

铝及铝合金件的前处理有时也采用喷砂，使零件表面获得一定均匀的粗糙度，以提高镀层结合力，镀后可获得麻面镀层。抛光和振动光饰能提高表面光亮度，主要用于装饰性电镀。

23.2.1　除油

铝及铝合金件的镀前处理的除油，去除零件表面的各种动物油、植物油、矿物油脂、油污以及抛光件表面的残留抛光膏等。抛光零件应先用有机溶剂或专用除油剂及除蜡水进行除油，然后进行化学或电化学除油。

铝及铝合金电镀前的机械前处理见第 2 篇第 4 章电镀前处理章节中的有关部分。

（1）有机溶剂除油

油污较多和经抛光的铝零件，在化学除油之前，必须用有机溶剂进行粗除油。常用的有机溶剂有煤油、汽油、丙酮、乙醇、正丁醇、三氯乙烯和四氯化碳等。虽然有机溶剂能较好地溶解皂化油和非皂化油，不腐蚀铝件，除油速度快，但有机溶剂易燃，污染环境，生产成本高，除特殊需要外，应尽可能采用环保型的除油剂除油。而且有机溶剂除油不彻底，需用化学除油或电化学除油进行补充除油。

（2）化学除油

铝是两性金属，既溶于酸又溶于碱，在强碱溶液中会发生剧烈的氧化反应而生成铝酸盐。因此，铝及铝合金零件应采用弱碱溶液进行化学除油，并且碱溶液的 pH 值不宜超过 11。其化学除油的溶液组成及工艺规范见表 23-2、除油剂的除油工艺规范见表 23-3。

表 23-2　化学除油的溶液组成及工艺规范

溶液成分及工艺规范	1	2	3	4	5	6	7	8	9
	含量/(g/L)								
氢氧化钠（NaOH）	—	—	2～10	30～40	15～20	5～10	—	—	2～4
碳酸钠（Na_2CO_3）	30～40	—	30～60	—	40～50	30～50	23	20～60	30
磷酸三钠（Na_3PO_4）	50～60	40～60	40～60	—	20～30	20～30	23	30～60	30
水玻璃（$Na_2O \cdot nSiO_2$）	—	20～30	—	—	—	—	—	20～30	—
OP 乳化剂/(mL/L)	—	3～5	5～15	0.5～1	—	0.5～1	—	—	—
表面活性剂/(mL/L)	—	—	—	—	—	—	—	—	1～3
温度/℃	60～70	60～70	60～80	50～60	60～70	60～80	70～80	50～70	80～85
时间/min	1～3	5～15	0.5～2	1～2	0.5～1	0.5～3	至产生氢气后 30s	10～30	按需要而定
适用范围	一般铝合金	纯铝	铸铝	铸铝	LY 铝合金	纯铝、铝-镁合金	精密零件，可不再进行浸碱处理	粗糙度低、精度高及挤压型材	铸铝、防锈铝、硬铝等除油除锈二合一

表 23-3　除油剂的除油工艺规范

除油剂名称及型号	处理工艺规范			备注
	含量	温度/℃	时间/min	
BH-10 铝合金件碱性除油粉	BH-10 50～60g/L	50～60	3～10	对机油、动植物油、抛光油垢均有清洗效果，对铝合金腐蚀小。广州二轻工业科学技术研究所的产品
Ebarer sk-165 除油剂	sk-165 10～50mL/L	30～60	除净为止	荏原 UDYLITE 株式会社的产品
38 净洗剂	38 净洗剂 100mL/L	15～18	除净为止	上海正益实业有限公司的产品
CD-3 除油污及碱蚀剂	CD-3 40g/L	室温	1	广州美迪斯新材料有限公司的产品
DZ-2 强力除腊水	热浸 DZ-2 30mL/L 超声波 DZ-2 20mL/L	70～90	1～5	广州美迪斯新材料有限公司的产品
BH-20 除腊剂	热浸 BH-20 30～50mL/L 超声波 BH-20 20～30mL/L pH 值均为 8～9	79～90 60～80	5～8 1～5	广州二轻工业科学技术研究所的产品
GH-1012 铝合金脱脂剂	4%～6%（质量分数）	室温	2～5	上海锦源精细化工的产品

续表

除油剂名称及型号	处理工艺规范			备注
	含量	温度/℃	时间/min	
SUP-A-MERSOL CLEANER 超强除蜡水	热浸 30mL/L	70～99	1～3	东莞美坚化工原料有限公司的产
	超声波 20mL/L	<70	1～3	

（3）电化学除油

铝及铝合金只限于进行阴极除油，因为阳极除油会引起电化学腐蚀。其电化学除油的溶液组成及工艺规范见表 23-4。

表 23-4　电化学除油的溶液组成及工艺规范

溶液成分及工艺规范	1	2	3	4	5
	含量/(g/L)				
碳酸钠（Na_2CO_3）	10	10	20～30	20～40	5～10
磷酸三钠（Na_3PO_4）	10	—	30～40	20～40	10～20
三聚磷酸钠（$Na_5P_3O_{10}$）	—	10	—	—	15～25
硅酸钠（Na_2SiO_3）	—	—	—	3～5	—
聚氧乙烯型表面活性剂	—	—	1～2	—	—
YC 除油剂	—	—	—	—	0.5～1
温度/℃	60	60	70～80	70～80	40～50
阴极电流密度/(A/dm²)	10	10	2～4	2～5	5～8
时间/min	0.5～1	<1	1～3	1～3	1～1.5

（4）超声波除油

在化学除油过程中引入超声波场，可以强化除油过程，使细孔、深凹孔、不通孔中的油污彻底清除，缩短除油时间，提高除油质量。

① 超声波除油的溶液浓度和温度，要比单纯的化学除油低，可减少对铝及铝合金的腐蚀。

② 对于压铸孔隙较疏的零件，合理地选择超声波场的参数（频率、强度），以防铝件浸蚀而扩孔。工件可上下摆动，这样能量不会集中在工件一处，就不会出现扩孔现象。

③ 超声波的振子可以安装在除油溶液里面。因为超声波是沿直线传播的，为使工件的凹陷和背面部位也能得到超声波的辐射，以取得良好的除油效果，工件应不断地变换在除油槽里的位置，或适当地进行旋转。

23.2.2　浸蚀

浸蚀是前处理中较为重要的一道工序。其目的是进一步去除表面污物、氧化皮、夹杂物和可能影响镀层质量的某些合金成分等。浸蚀可以在碱性溶液或酸性溶液中进行。

碱液浸蚀工艺应用较为广泛，浸蚀速度快，当工件表面油污较少时，甚至可以不经过除油而直接进行碱液浸蚀。为避免零件过腐蚀，必须严格掌握碱性浸蚀的温度和时间。各种铝材的碱性浸蚀的溶液组成及工艺规范见表 23-5。

酸性浸蚀一般起出光的作用。铝及铝合金中的铜、铁、锰、硅、镁等，在除油及碱性浸蚀中是不溶于碱的，其反应产物残留着一层灰黑色的膜在零件表面（即挂灰），必须在酸性溶液中浸蚀除去。各种铝材的酸性浸蚀的溶液组成及工艺规范见表 23-6。

表 23-5　碱性浸蚀的溶液组成及工艺规范

溶液成分及工艺规范	1	2	3	4	5	6
	含量/(g/L)					
氢氧化钠(NaOH)	50~80	2~5	2~10	50~70	20~50	3%~5%①
碳酸钠(Na₂CO₃)	—	40	—	20~30	—	—
磷酸三钠(Na₃PO₄)	—	40	30~50	30~40	—	—
硅酸钠(Na₂SiO₃)	—	—	—	5~10	—	—
碳酸氢钠(NaHCO₃)	—	—	10~30	—	—	—
氟化钠(NaF)	—	—	—	—	15~40	—
海鸥洗涤剂	—	0.5~1	—	—	—	—
温度/℃	60~70	70~90	50~70	70~80	40~70	室温
时间/s	15~60	5~30	12~60	60~120	5~60	30~60
适用范围	纯铝和一般铝合金	铸铝、防锈铝、硬铝,对光亮度有要求的零件可省去化学除油		一般硬铝	阳极化前各种铝合金的浸蚀	一般铝合金弱浸蚀

① 百分数为质量分数。

表 23-6　酸性浸蚀（出光）的溶液组成及工艺规范

溶液成分及工艺规范	1	2	3	4	5	6	7
	含量/(mL/L)						
68%硝酸(HNO₃)	300~500	450~550	750	500	500		
98%硫酸(H₂SO₄)	—	—	—	—	500	100	—
40%氢氟酸(HF)	—	100~150	250	500			
36%过氧化氢(H₂O₂)	—	—	—	—		50	
盐酸(HCl,d=1.19)							3%~5%
温度/℃	室温	室温	室温	室温	室温	室温	室温
时间/s	60~120	3~10	3~10	3~5	5~15	30~60	—
适用范围	纯铝、铝-锰合金、防锈铝	铝-硅合金	含硅<10%的铝-硅合金、铝-铜-硅合金铸件、铝-镁-硅合金和铝-铜合金	含硅>10%的铝-硅合金	含铜的硬铝和防锈铝	铝-锌合金	一般铝合金弱浸蚀

23.2.3　重金属盐活化

　　用重金属盐活化铝合金表面,其目的是进一步使铝表面粗化,扩大铝表面的有效面积,类似喷砂处理,以提高镀层结合力。重金属盐活化,主要是接触沉积镍、铁、锰和铜。重金属盐活化的溶液组成及工艺规范[1]见表 23-7。经重金属盐活化处理后所获得的金属沉积膜,都必须在 1:1(体积比)的硝酸溶液中退除,退除后应仔细清洗。如经重金属盐活化处理后,立即电镀,得不到显著的效果,需浸锌后,才能进行电镀。因此,重金属盐活化只能作为电镀前的一种辅助预处理方法。

表 23-7　重金属盐活化的溶液组成及工艺规范

溶液成分及工艺规范	1	2	3	4	5
	含量/(g/L)				
氯化镍(NiCl$_2$·6H$_2$O)	500	500	—	—	—
48%氢氟酸(HF)	5mL/L	—	—	—	—
36%盐酸(HCl)	—	20mL/L	250mL/L	500mL/L	5mL/L
硼酸(H$_3$BO$_3$)	—	40	—	—	—
氯化铁(FeCl$_3$)	—	—	20	—	—
硫酸锰(MnSO$_4$·2H$_2$O)	—	—	—	6	—
氯化铜(CuCl$_2$)	—	—	—	—	150
温度/℃	室温	室温	90~95	35~40	30~40
时间/min	0.5~1	0.5~1	0.5~1	0.2~0.5	0.2~0.5
备注	沉积镍膜	沉积镍膜	沉积铁膜	沉积锰膜	沉积铜膜 适用于铝-镁合金活化

23.3　中间处理

　　铝及铝合金件经镀前的常规前处理后，为防止洁净的零件表面重新生成氧化膜，并防止零件进入镀液后发生金属置换反应而形成疏松的接触镀层，以免影响镀层与基体间的结合力，在镀前处理后，还要进行特殊处理，也称为中间处理，即在零件表面制取一层过渡金属层或能导电的多孔性化学膜层。中间处理的主要工序包括：浸锌、浸重金属（浸锌-镍合金、浸镍、浸锡、浸铁）、电镀薄锌层、化学镀镍、阳极氧化处理等。应根据基体材料和后续镀层的要求，选用适当的中间处理工艺，以获得附着力良好的镀层。

23.3.1　浸锌

　　在铝及铝合金电镀的中间处理方法中，浸锌工艺应用最广泛。浸锌一般用强碱性锌酸盐溶液，进一步除去铝件表面上的自然氧化膜，使铝表面裸露出来的结晶体与溶液中的锌离子发生置换反应，置换反应缓慢，从而可得到一层细致均匀、附着力好的置换薄锌层。沉积的这层锌，可防止铝表面的再氧化。而且在锌的表面电镀要比在铝表面电镀容易得多，并保证了镀层与基体之间的结合力。

　　为了获得结晶细小、致密、均匀、完整的浸锌层，改善基体与镀层的结合力，常采用两次浸锌。因为第一次浸锌时，要溶解氧化膜后才发生置换反应，沉积锌层，所以浸锌层结晶较粗大而疏松。所以要将第一次浸锌层用 1:1（体积比）的硝酸溶液退除，进行第二次浸锌。而第一次浸锌层经硝酸溶解后，铝表面呈现均匀细致的活化状态，裸露的晶粒成为第二次浸锌的结晶核，这样第二次浸锌所获得的浸锌层非常致密、均匀、完整，且增强了与基体的结合力。

　　其操作方法：将第一次浸锌层用 1:1（体积比）的硝酸溶液退除，经水洗净后（必须彻底清洗，以避免硝酸根带进第二次浸锌溶液，而影响浸锌质量），在同样的浸锌溶液中（在同槽中进行二次浸锌）或在浓度较低的浸锌溶液中，进行第二次浸锌（即第一次与第二次浸锌分槽进行）。

　　目前市场上有无硝酸退锌剂供应，这种药剂是氧化性弱酸溶液。市场上也有多种铝合金浸锌液（剂）供应，可以选购，经试验确定质量效果后再使用。

浸锌的溶液组成及工艺规范[1]见表 23-8、表 23-9。根据不同的铝合金材质，来选用浸锌的工艺配方。

表 23-8　浸锌的溶液组成及工艺规范（第一次与第二次浸锌分槽进行）

溶液成分及工艺规范	1		2		3		4	
	一次浸锌	二次浸锌	一次浸锌	二次浸锌	一次浸锌	二次浸锌	一次浸锌	二次浸锌
	含量/(g/L)							
氧化锌(ZnO)	—	—	100	—	60	20	75~100	80~120
硫酸锌(ZnSO$_4$)	300	300	—	—	—	—	—	—
硝酸锌[Zn(NO$_3$)$_2$]	—	—	—	30	—	—	—	—
氢氧化钠(NaOH)	500	20	200	60	360	120	450~500	450~550
酒石酸钾钠(KNaC$_4$H$_4$O$_6$·4H$_2$O)	10	20	—	80	10	40	—	8~10
柠檬酸(C$_6$H$_8$O$_7$)	—	—	40	—	—	—	—	—
氯化铁(FeCl$_3$)	1	—	2	2	1	2	1	0.5~1
硝酸钠(NaNO$_3$)	—	1	1	—	—	1	—	—
氢氟酸(HF)/(mL/L)	—	—	3~5	—	—	—	—	—
温度/℃	18~25	25~30	30~40	15~30	20~25	20~25	<25	<25
浸锌时间/s	30~60	45~60	40~60	30~60	30~60	20~40	30~60	60~90
适用范围	Al-Mg 合金		Al-Si 合金		Al-Cu 合金		大多数铝合金	

表 23-9　浸锌的溶液组成及工艺规范（第一次与第二次浸锌在同槽中进行）

溶液成分及工艺规范	1	2	3	4
	含量/(g/L)			
氧化锌(ZnO)	100	25	6	—
硫酸锌(ZnSO$_4$)	—	—	—	720
氢氧化钠(NaOH)	500	125	60	—
酒石酸钾钠(KNaC$_4$H$_4$O$_6$·4H$_2$O)	10~20	50	80	—
氯化铁(FeCl$_3$)	1	2	2	—
硝酸钠(NaNO$_3$)	—	1	1	—
48%氢氟酸(HF)/(mL/L)	—	—	—	35
温度/℃	20~25	室温	室温	15~25
第一次浸锌时间/s	60	30~60	30	45~60
第二次浸锌时间/s	15~20	10~15	10~15	—
适用范围	硬铝、锻铝。不适用于 ZL104、ZL105 铸铝合金	大多数铝合金	大多数铝合金	压延的铝材，对表面质量要求高的铝合金件

　　注：配方 4 为酸性浸锌，酸性浸锌比碱性浸锌对铝材的腐蚀要小得多。为了避免铝件在强碱性浸锌液中出现过腐蚀，如对于像计算机磁盘的表面质量要求极高，而镀层不允许有轻微的缺陷，可采用酸性浸锌来代替碱性浸锌。

23.3.2　浸重金属

浸重金属是铝及铝合金电镀工艺过程中的中间处理的一道工序，其主要目的是提高基体与镀层的结合力。

由于浸锌法所得到的锌层，在潮湿的腐蚀性环境中，锌层与镀覆金属形成腐蚀电池，锌为阳极而遭受横向腐蚀，从而导致电镀层剥落。为克服这一缺点，也可采用浸重金属。浸重金属包括：浸锌-镍合金、浸镍、浸锡和浸铁等。

(1) 浸锌-镍合金

浸锌-镍合金工艺适用于多种铝材，所获得的合金层结晶细致、光亮致密，而浸锌-镍合金与铝材之间的结合力要比浸纯锌层好，再则，浸纯锌层对于酸碱介质十分敏感，而锌-镍合金层化学稳定性较好，在电镀开始瞬间不易受电镀溶液的浸蚀。而且在此合金层上可以直接镀亮镍、硬铬、铜以及银等其他镀层，因此它受到人们的极大重视，并已在工业上得到应用。

浸锌-镍合金的溶液组成及工艺规范见表 23-10。

表 23-10　浸锌-镍合金的溶液组成及工艺规范

溶液成分及工艺规范	1	2	3	4	5
	含量/(g/L)				
氢氧化钠(NaOH)	200~300	100	—	200	—
硫酸锌(ZnSO₄)	60~100	—	—	80	—
氧化锌(ZnO)	—	5	4~5	—	30~40
硫酸镍(NiSO₄·6H₂O)	60~80	—	—	50	—
氯化镍(NiCl₂·6H₂O)	—	15	—	—	—
饱和氯化镍溶液	—	—	—	—	950~980mL/L
碱式碳酸镍[NiCO₃·3Ni(OH)₂·4H₂O]	—	—	以此调 pH 值为 3~3.5	—	—
硫酸铜(CuSO₄·6H₂O)	—	—	—	5	—
氯化铁(FeCl₃)	—	2	—	2	—
酒石酸钾钠(KNaC₄H₄O₆·4H₂O)	100~200	20	—	110	—
硝酸钠(NaNO₃)	—	1	—	—	—
氰化钠(NaCN)	—	3	—	10	—
硝酸(HNO₃,d=1.41)	—	—	60~70	—	—
40%氢氟酸(HF)	—	—	175~180mL/L	—	—
37%盐酸(HCl)	—	—	—	—	20~25mL/L
活化剂	3~5	—	—	—	—
温度/℃	15~25	10~30	室温	15~30	室温
时间/s	30~60	30~40	30~90	第一次浸 60 第二次浸 45	30~60
适用范围	一般铝合金		铝合金铸件 ZL501、防锈铝和硬铝	硬铝、锻铝和铸铝(包括含硅量高的铸铝)	酸性溶液

注：1. 配方 1~3 是一次性浸锌-镍合金；配方 4 是浸二次锌-镍合金。
2. 配方 1、4 中酒石酸钾钠含量高，使 Ni、Fe 和 Cu 呈配位化合物状态存在，有利于使浸锌-镍合金层致密。

(2) 浸镍

含硅13％（质量分数）以上的高硅铝合金不宜采用浸锌，而可以采用浸镍，这是由于浸镍溶液中含有氢氟酸，能提高铝合金表面的活化能力，可增加镍层与基体之间的结合力；再则，镍层比锌层硬，操作时不易损坏，可避免局部镀不上镀层的缺陷。但浸镍的成本要比浸锌和浸锌-镍合金的成本高。浸镍的溶液组成及工艺规范见表 23-11。

表 23-11 浸镍的溶液组成及工艺规范

溶液成分及工艺规范	1	2	3	4
	含量/(g/L)			
氯化镍(NiCl₂·6H₂O)	300～400	350～520	100～400	—
饱和氯化镍溶液	—	—	—	970～980
硼酸(H₃BO₃)	30～40	30～50	30～40	40
37％盐酸(HCl)	—	5～10mL/L	—	20～22mL/L
40％氢氟酸(HF)	20～30mL/L	20～30mL/L	20～30mL/L	—
温度/℃	20～35	室温	室温	20～35
时间/s	30～60	10～15	30～60	30～60
适用范围	硅含量＞13％(质量分数)的铸铝合金			含铜和含镁的铝合金

(3) 浸锡和浸铁

浸锡可使铝及铝合金的表面活化，提高镀层的结合力。浸铁的成本低，溶液组分简单，但槽液温度高，能耗大。浸锡和浸铁的溶液组成及工艺规范见表 23-12。

表 23-12 浸锡和浸铁的溶液组成及工艺规范

溶液成分及工艺规范	浸 锡	浸 铁	
		1	2
	含量/(g/L)		
锡酸钠(Na₂SnO₃·3H₂O)	60～65	—	—
氢氧化钠(NaOH)	4～5	—	—
酒石酸钾钠(KNaC₄H₄O₆·4H₂O)	3～5	—	—
氯化铁(FeCl₃)	—	20	20～30
37％盐酸(HCl)	—	16～17mL/L	150～250mL/L
温度/℃	15～25	90～95	70～80
时间/s	60	30～60	30

注：浸铁配方 2 适用于铸铝浸铁。

23.3.3 电镀薄锌层

电镀薄锌层可以用来代替浸锌，也可取得良好的结合力，适用于纯铝和 Al-Mg、Al-Mn、Al-Cu 等合金，但含硅的压铸铝合金不宜采用（没有浸锌好）。

在铝表面镀上一层薄锌层后，再镀铜，就可以进行各种电镀。一般工艺流程是在铝件镀前处理后，镀一层薄锌，用 1:1（体积比）硝酸溶液退除，第二次镀锌（代电入槽，镀层可稍厚些,如锌层有起泡等缺陷,应在退锌后重新镀锌),再进行镀铜,然后按要求进行各种电镀。

为减轻镀液对铝件的浸蚀,一般采用含碱较少的氰化镀锌溶液,其镀液组成及工艺规范见表 23-13。

表 23-13　低碱性的氰化镀锌的镀液组成及工艺规范

溶液成分				工艺规范	
氧化锌(ZnO)	$25\sim35$g/L	氢氧化钠(NaOH)	$50\sim70$g/L	温度	$20\sim30$℃
氰化钠(NaCN)(总量)	$75\sim95$g/L	甘油[$C_3H_5(OH)_3$]	$3\sim5$g/L	阴极电流密度	$1\sim3$A/dm^2
				时间	$2\sim5$min

23.3.4　化学镀镍

铝及铝合金件经过前处理后,在洁净的铝件表面上化学镀镍,其结合力优良,尤其适合于铸铝合金。化学镀镍主要用于大型或深孔内腔需要电镀的铝制品,即使在复杂零件上镀覆,其所获得的镍层厚度均匀且无孔,化学镀镍厚度一般达 $7\sim8\mu$m 即可。化学镀镍之后,可直接进行各种电镀,但电镀前要用 1:1(体积比)盐酸溶液充分活化,否则会导致分层脱皮现象。铝及铝合金件化学镀镍的溶液组成及工艺规范见表 23-14。

表 23-14　铝及铝合金件化学镀镍的溶液组成及工艺规范

溶液成分				工艺规范	
硫酸镍(NiSO$_4$·6H$_2$O)	30g/L	醋酸钠(CH$_3$COONa·3H$_2$O)	15g/L	pH 值	$4.8\sim5.5$(以 5 为最佳)
硼酸(H$_3$BO$_3$)	15g/L	柠檬酸钠(Na$_3$C$_6$H$_5$O$_7$)	10g/L	温度	$70\sim90$℃
次亚磷酸钠(NaH$_2$PO$_2$)	$15\sim20$g/L			时间	$15\sim20$min

23.3.5　阳极氧化处理

铝的阳极氧化处理,是用电化学氧化方法,使铝及铝合金表面产生多孔的氧化膜层,然后在该氧化膜层上进行电镀,使金属镀层能牢固附着在膜层上,从而提高镀层的结合力。

铝及铝合金在磷酸中阳极氧化后可获得孔径大的膜层,作为电镀的底层,其结合力良好。磷酸阳极氧化处理的溶液组成及工艺规范见表 23-15。

表 23-15　磷酸阳极氧化处理的溶液组成及工艺规范

溶液成分及工艺规范	1	2	3	4
	含量/(g/L)			
磷酸(H$_3$PO$_4$)	$250\sim350$	$300\sim420$	$600\sim720$	200
草酸(H$_2$C$_2$O$_4$)	—	1	1	1
硫酸(H$_2$SO$_4$)	—	1	1	250
十二烷基硫酸钠(C$_{12}$H$_{25}$SO$_4$Na)	—	1	1	0.1
温度/℃	$18\sim25$	25	$35\sim40$	$30\sim40$
阳极电流密度/(A/dm^2)	$0.2\sim1$	$1\sim2$	$2.5\sim4$	$3\sim3.5$
阳极氧化直流电压/V	$20\sim40$	$30\sim60$	$18\sim30$	$10\sim13$
氧化时间/min	$10\sim15$	$10\sim15$	$4\sim5$	$5\sim10$
适用范围	纯铝及一般铝合金		铝-铁-硅合金	铝-铜-镁合金

23.4 铝合金一步法镀铜

铝合金一步法镀铜工艺[1]，是在硫酸-硫酸铜镀液中，先对铝合金件进行阳极氧化处理，随后在同一槽液内电沉积铜，即将中间处理和电镀两个过程合并在同一个电镀槽内完成。该工艺能提高铝合金电镀质量，提高合格率，并简化了工序，减少了设备，而且该镀液对环境污染少。经一步法镀铜后，根据需要，可采用酸性光亮镀铜或焦磷酸盐镀铜加厚铜镀层，以便于在铜镀层上进行各种电镀。铝合金一步法镀铜工艺主要流程如下：有机溶剂除油→化学除油→一步法镀铜（在同一槽内，先进行阳极氧化处理，后进行电镀铜）→进行加厚镀铜（必要时进行）→电镀其他各种镀层（Ni、Sn、Cd、Zn、Cr、Ag、Au 等）。

铝合金一步法镀铜的溶液组成及工艺规范[1]见表 23-16。

表 23-16 铝合金一步法镀铜的溶液组成及工艺规范

铝合金基体材料			硬铝合金	防锈铝、锻铝	压铸铝（LZ 系列）
溶液组成	硫酸铜（$CuSO_4 \cdot 6H_2O$）/(g/L)			170～200	
	硫酸（H_2SO_4）/(g/L)			90～120	
	MG 添加剂/(g/L)			20～25	
	ET 添加剂/(mL/L)			0.6～0.8	
工艺规范	阳极氧化	温度/℃	25～30	25～30	25～30
		阳极氧化电流密度/(A/dm²)	1～1.5	1.5～2.5	1～1.5
		阳极氧化直流电压/V	13～15	15～16	13～15
		时间/min	30	30	30
	电镀铜	温度/℃	25～30	25～30	25～30
		阴极氧化电流密度及电镀时间	先以 0.5A/dm² 镀 10min 然后以 1A/dm² 镀 10min	先以 0.2A/dm² 镀 10min 然后以 0.5A/dm² 镀 10min 再以 1A/dm² 镀 10min	先以 0.2A/dm² 镀 5min 然后以 1A/dm² 镀 5min 再以 0.5A/dm² 镀 15min 最后以 1A/dm² 镀 5min
	阳极材料		纯电解铜板，套尼龙布袋		
	阴极移动		15～20 次/分钟		

注：MG 添加剂、ET 添加剂是复旦大新华无线电厂研制的。

23.5 电镀

铝及铝合金制品经过上述的镀前处理及中间处理（特殊处理）后，就可以进行各种电镀。为保证镀层有良好的附着力，根据电镀的有关要求，常常需要进行预镀。预镀可采用氰化预镀铜、氰化镀光亮黄铜、预镀中性镍和焦磷酸盐预镀铜等。

有些经中间处理（特殊处理）的铝件，可以直接进行电镀，如经浸锌处理、浸锌-镍合金处理及化学镀镍等。

铝零件电镀宜用铝合金作挂具。工艺流程中的冷、热水清洗必须彻底，必要时要清洗数次或浸泡一定时间，尤其是不要将重金属离子带入镀槽内。在热镀液中电镀的铝零件，应在热水槽中进行预热。铝件电镀需带电入槽。

23.6 铝及铝合金件不合格镀层的退除

铝及铝合金件不合格镀层的退除方法见表 23-17。

表 23-17 铝及铝合金件不合格镀层的退除方法

退除方法	溶液组成	含量/(g/L)	温度/℃	阳极电流密度/(A/dm²)	时间/min	适用范围
化学法	硫酸(H_2SO_4,$d=1.84$) 硝酸(HNO_3,$d=1.42$)	400~500mL/L 200~300mL/L	室温	—	2~5	铝合金件上退镍镀层
	硫酸(H_2SO_4,$d=1.84$) 硝酸(HNO_3,$d=1.42$)	1 份(体积) 1 份(体积)	室温	—	退净为止	铝合金件上退铜/锡镀层
	硝酸(HNO_3,$d=1.42$)	50%(体积分数)	室温	—	2~3	铝件上退黑镍镀层
	盐酸(HCl,$d=1.19$)	100%(体积分数)	室温	—	退净为止	铝件上退铜/镍/铬装饰性镀层。先在盐酸中退铬,再在硝酸中退镍和铜镀层
	硝酸(HNO_3,$d=1.42$)	50%(体积分数)	室温	—	退净为止	
	氰化钾(KCN,5%质量分数):过氧化氢(H_2O_2)=(4~5):1(体积比)		室温	—	退净为止	铝件上退铜/镍/银镀层。先在氰化钾溶液中退银层,再在硝酸中退镍和铜镀层
	硝酸(HNO_3,$d=1.42$)	50%(体积分数)	室温	—	退净为止	
电化学法	85%磷酸(H_3PO_4) 三乙醇胺($C_6H_{15}NO_3$)	750 250	65~90	10	退净为止	铝件上退铜/镍/铬装饰性镀层
	铬酐(CrO_3)	120~200	室温	30~50	退净为止	退浸锌后直接镀硬铬件上的镀层
	碳酸钠(Na_2CO_3)	50~80	室温	10~15	退净为止	退铸铝上的镀层

第**24**章
镁及镁合金的电镀

24.1 概述

24.1.1 镁合金的特性

镁合金是金属结构材料中最轻的材料,镁的密度只有 $1.74g/cm^3$,约为铝的 2/3、铁的 1/4。镁合金的抗拉强度约为 $200\sim350MPa$,与铝合金接近,而比强度高于铝合金和某些高强度钢,可减轻金属结构件的重量。镁合金的弹性模量低,约为 $45000MPa$,因此,其减振性好,能承受大的冲击载荷,适用于做承受剧烈振动的零部件,如航天航空器械、坦克、车辆等上需要减振的零部件。

镁及镁合金具有以下优良特性。

① 质量轻,是最轻的金属结构材料,硬度/质量比高。

② 具有突出的强度/质量比。

③ 具有突出的刚度/质量比。

④ 减振性好,对冲击和振动能量吸收性强,能承受大的冲击载荷。

⑤ 具有很高的屏蔽电磁干扰的性能。

⑥ 具有良好的切削加工性能;具有优良的热加工成型性能。

⑦ 具有良好的尺寸稳定性。

⑧ 具有良好的阻尼性和散热性,较低的热容量。

由于镁及镁合金具有优良特性,它在汽车工业、航天航空工业、军工工业及其他工业上都获得了广泛应用。

在镁合金上电镀适当的金属,可以改善它的导电性、焊接性、耐磨性、耐蚀性,提高外观装饰性。

24.1.2 镁合金电镀的难点

① 镁合金表面极易形成一层惰性的氧化膜,这层膜影响了镀层金属与基体金属的结合力。

② 镁的电极电位很低(-2.36V),具有较高的化学反应活性,与镀液中金属离子接触后会产生激烈的置换反应,形成疏松的接触镀层,严重影响镀层与基体金属之间的结合力。

③ 不同类型的镁合金由于组成元素及表面状态不同,而且存在大量金属间化合物,使得基体表面的电位分布不均匀,增加了电镀和化学镀的困难。

④ 镁合金铸件存在缺陷,如气孔、洞隙、裂纹、疏松,以及脱模剂等,影响镀层结合力;铸件在压铸过程中可能会产生偏析现象,在处理加工和抛光过程中暴露出来的疏松等缺陷,也增加了电镀的难度。

⑤ 镁合金上的各种金属镀层均为阴极性镀层,对基体只有机械保护作用。所以镀层必须是无孔隙的,才能有效防止基体镁合金腐蚀。否则,反而会加剧它的腐蚀。要求镀层无孔隙,镀层必须很厚,增加了电镀的难度。

24.2　电镀工艺流程

由于镁和镁合金的特性，要获得性能良好的镀层往往比较困难。要取得良好的金属镀层，要做好镀前处理，去除镁上的油污和自然形成的氧化膜；并做好中间处理，防止镁基体与镀液发生自发的置换反应，以提高基体与镀层之间的结合力。

对于镁和镁合金的电镀工艺生产及研究，主要集中在各种前处理的方法和中间处理（浸锌、预镀）方法上。目前，镁和镁合金的电镀工艺方法很多，列举一些电镀工艺流程（见图24-1）供参考。

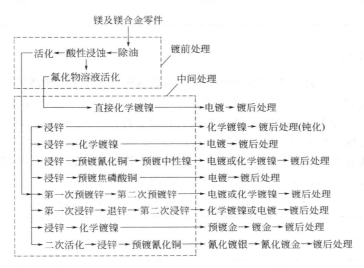

图 24-1　镁和镁合金电镀工艺流程示例

24.3　镀前处理

镁和镁合金电镀的镀前处理主要包括：机械前处理、除油、浸蚀及活化等工序。镁及镁合金零件大部分为压铸件，其表面是一层较为致密的表层，下面则为疏松多孔的结构。机械前处理一般采用磨光，主要去除表面毛刺、分模线、飞边等缺陷，再用砂纸打磨，最后用细砂纸抛光。在前处理时，如果铸件表面下面的孔隙全暴露出来，将极大地增加电镀的难度。因此，机械前处理不能过分磨光。

24.3.1　除油

一般采用碱性化学除油，去除镁合金表面的油脂和污物，因为镁合金在强碱溶液中不会受到腐蚀。常用的镁合金除油的溶液组成及工艺规范见表24-1。

表 24-1　镁合金除油的溶液组成及工艺规范

溶液成分及工艺规范	1	2	3	4	5
	含量/（g/L）				
氢氧化钠（NaOH）	60	20	—	10～15	—
碳酸钠（Na_2CO_3）	—	40	25～30	20～25	50～55
磷酸三钠（Na_3PO_4）	10	30	45～55	—	50～55

溶液成分及工艺规范	1	2	3	4	5
	含量/(g/L)				
硅酸钠(Na_2SiO_3)	—	—	—	—	30~35
OP-10 表面活性剂	—	—	1~2	—	—
十二烷基硫酸钠($C_{12}H_{25}SO_4Na$)	—	—	—	0.5	—
温度/℃	60	70~80	55~60	75	50~70
时间/min	10	5~7	5~10	2	除净为止

24.3.2 酸性浸蚀

酸性浸蚀是为了去除镁合金表面的氧化物、污垢及附着的冷加工切屑等。浸蚀时间对镁合金表面状态及镀层的结合力有很大影响。浸蚀时间过长，浸蚀严重，造成镁合金表面粗糙，得到的镀层也粗糙，结合力差；时间太短，则不能有效去除表面的氧化物，结合力较差。因此，必须严格控制工艺规范所规定的浸蚀时间。

酸性浸蚀溶液有含铬（六价铬）及无铬两大类。含铬的酸性浸蚀溶液的配方见第2篇第4章电镀前处理。无铬的酸性浸蚀的溶液组成及工艺规范见表24-2。

表 24-2　无铬的酸性浸蚀的溶液组成及工艺规范

溶液成分及工艺规范	1	2	3	4	5
	含量/(g/L)				
85%磷酸(H_3PO_4)/(mL/L)	200	—	—	15	25
68%硝酸(HNO_3)/(mL/L)	—	—	15~30	—	—
40%氢氟酸(HF)/(mL/L)	—	80~120	—	—	—
草酸($C_2H_2O_4 \cdot 2H_2O$)	—	—	—	—	5
硼酸(H_3BO_3)	—	—	—	30	—
氟化钾(KF)	1	—	—	—	—
氟化氢铵(NH_4HF_2)	—	—	—	40	13
温度/℃	室温	室温	室温	室温	室温
时间/s	20~30	数秒	60~120	25	15~60
适用范围	一般镁合金	含硅的镁合金	铸造毛坯浸蚀	镁合金化学镀镍前的浸蚀处理	

24.3.3 活化

镁合金经过碱性除油、酸性浸蚀及水洗工序，在其表面上又会很快生成新的氧化膜或钝化膜，因此在后续工序（如浸锌或直接化学镀镍等）之前，还需要进行活化处理。

活化处理在含有氟化物的溶液中进行，以便在镁合金表面上以镁的氟化物保护性膜（MgF_2）替代镁的氧化物，以利于下一步浸锌或直接化学镀镍时，减少镁基体被镀液腐蚀。

镁合金活化的溶液组成及工艺规范见表24-3。

表 24-3　镁合金活化的溶液组成及工艺规范

溶液成分及工艺规范	1	2	3	4	5	6	7
	含量/(g/L)						
85%磷酸(H_3PO_4)/(mL/L)	—	200	—	—	—	—	—
氟化氢铵(NH_4HF_2)	—	90	65	80	—	—	—
70%氟化氢(HF)/(mL/L)	54	—	—	—	—	—	—
40%氟化氢(HF)/(mL/L)	—	—	—	—	380~385	200	—
氟化钠(NaF)	—	—	5	—	—	—	—
硼酸(H_3BO_3)	—	—	20	—	—	—	—
草酸($C_2H_2O_4 \cdot 2H_2O$)	—	—	25	—	—	—	—
98%硫酸(H_2SO_4)/(mL/L)	—	—	—	—	—	50	—
焦磷酸钾($K_4P_2O_7$)	—	—	—	—	—	—	100
碳酸钠(Na_2CO_3)	—	—	—	—	—	—	40
温度/℃	室温	15~30	室温	室温	20	20	65~70
时间/min	10	0.2~5	5~10	10	5~10	2~5	2
适用范围	一般镁合金				铝含量高的镁合金	铝含量高的光亮镁合金铸件	铝含量高的铸造镁合金

24.4　中间处理

中间处理包括：浸锌、氰化预镀铜和中性预镀镍、焦磷盐预镀铜、预镀锌、浸锌后化学镀镍、直接化学镀镍等。

24.4.1　浸锌

浸锌是镁合金电镀最常用而有效的打底方法之一。镁合金件经前处理除油、活化后进行化学浸锌，置换上一层锌层。浸锌层的厚度和致密度直接影响后续镀层的质量，良好的浸锌层能与基体镁及后续镀层良好结合，有利于提高镀层质量。

（1）溶液组成及工艺规范

浸锌的溶液组成及工艺规范见表 24-4。

表 24-4　浸锌的溶液组成及工艺规范

溶液成分及工艺规范	1	2	3	4	5	6
	含量/(g/L)					
硫酸锌($ZnSO_4 \cdot 7H_2O$)	30	30	30	45	50	
硫酸镍($NiSO_4 \cdot 6H_2O$)	—	—	10	—	—	
焦磷酸钠($Na_4P_2O_7 \cdot 10H_2O$)	120	120	120	210	200	120~150
碳酸钠(Na_2CO_3)	5	5	30	5	5	4~5
氟化钠(NaF)	—	4	—	5	—	
氟化锂(LiF)	3	—	—	3	—	3~4
氟化钾(KF)	—	—	5~10	—	7	—

续表

溶液成分及工艺规范	1	2	3	4	5	6
	含量/(g/L)					
酒石酸钾钠(KNaC$_4$H$_4$O$_6$·4H$_2$O)	—	—	10～15	—	—	15～20
醋酸锌[Zn(CH$_3$COO)$_2$·2H$_2$O]	—	—	—	—	—	25～30
pH 值	10.2～10.4	10.2～10.4	10～11	10.2～10.4	10.2～10.4	10.2～10.4
温度/℃	75～85	75～85	70	75～85	80～85	80～85
时间/min	3～15	5～15	5～10	3～15	5～7	10～15

(2) 溶液成分及工艺规范的影响

① 焦磷酸钠能去除镁合金表面上的氧化物和氢氧化物，是一种水溶性配位剂。

② 氟化物能控制锌的析出速度，改善浸锌层结构和致密度，提高镀层的结合力。

③ 碳酸钠用于调整 pH 值。

④ 浸锌溶液中的锌离子浓度的最佳范围为 6.8～13.7g/L，而且也要控制 P$_2$O$_7^{4-}$ 的浓度，保持两者之间的比例。为使溶液浓度均匀，在浸锌过程中溶液需要搅拌。

⑤ 浸锌时间一般在 3～15min，时间太短，得不到致密的浸锌层；时间太长，锌层过厚、疏松。浸锌层厚度以 2.5～2.8μm 为好。

⑥ 浸锌温度一般控制在 70～80℃，温度过低，反应困难，时间再长，也得不到均匀细致的锌层。

⑦ 某些镁合金件需要二次浸锌才能获得良好的置换锌层。第一次浸锌（浸锌溶液以焦磷酸盐和硫酸锌为主要成分，约浸 6min）后，在 20%～30%（质量分数）硝酸中退除，或者在含有氟化物的活化液中退除锌层，退除时间约为 30～40s，经水洗后进行第二次浸锌（浸锌液成分是在第一次浸锌溶液基础上，增加 FeCl$_3$，浸锌时间为 1～4min）。经二次浸锌处理的锌层更均匀细密，能增强镁合金与后续镀层之间的结合力。

24.4.2 氰化预镀铜和中性预镀镍

镁合金经前处理、浸锌后，进行氰化预镀铜，再进行中性预镀镍，后续进行化学镀镍或电镀，这也是常用的一种铝合金电镀工艺。

(1) 氰化预镀铜

氰化预镀铜的溶液组成及工艺规范见表 24-5。

表 24-5　氰化预镀铜的溶液组成及工艺规范

溶液成分及工艺规范	1	2	3	4
	含量/(g/L)			
氰化铜[Cu(CN)$_2$]	40	38～42	30～50	30
氰化钾(KCN)(总量)	68	64.5～71.5	—	—
氰化钾(KCN)(游离)	7.5	—	—	—
氰化钠(NaCN)(总量)	—	—	50～60	40
氰化钠(NaCN)(游离)	—	—	7.5	7.5
氟化钾(KF)	30	28.5～31.5	—	—
酒石酸钾钠(KNaC$_4$H$_6$O$_6$·4H$_2$O)	—	—	30～40	30

续表

溶液成分及工艺规范	1	2	3	4
	含量/(g/L)			
碳酸钠（Na_2CO_3）	—	—	20～30	—
pH 值	9.6～10.4	9.6～10.4	9.6～10.4	10～11
温度/℃	55～60	45～60	50～55	22～32
阴极电流密度（冲击）/(A/dm^2)	5～10	5～10	2～3	5
时间（冲击）/min	1～2	1～2	1～2	2
阴极电流密度（工作）/(A/dm^2)	1.5～2.5	1～2.5	1～2	1～2
时间（工作）/min	5～10	6	10～15	5

镁合金件经浸锌和水洗后，应迅速带电进入氰化预镀铜槽。开始先在较大的阴极电流密度下冲击电镀数分钟，使工作表面均匀沉积一层铜后，再在正常工作的阴极电流密度下电镀。

在表 24-5 的配方 1、2 中，镀液成分中加有氟化钾，主要目的是缓和铜离子的沉积，减轻锌镀层裂纹中镁合金基体的腐蚀。

（2）中性预镀镍

在氰化预镀铜后，再预镀中性镍能起加厚镀层，增强与后续化学镀镍结合力的作用。采用预镀铜和预镀镍打底时，一般铜和镍的镀层厚度均应在 7～8μm 以上。中性预镀镍的溶液组成及工艺规范见表 24-6。

表 24-6　中性预镀镍的溶液组成及工艺规范

溶液成分		工艺规范	
硫酸镍（$NiSO_4 \cdot 6H_2O$）	120～140g/L	温度	45～50℃
柠檬酸钠（$Na_3C_6H_5O_7$）	110～140g/L	阴极电流密度（冲击）	2～3A/dm^2
氯化钠（NaCl）	10～15g/L	时间（冲击）	2～3min
硼酸（H_3BO_3）	20～25g/L	阴极电流密度（工作）	1～1.5A/dm^2
pH 值	6.8～7.2	时间（工作）	25～30min

24.4.3　焦磷盐预镀铜

镁合金件经化学除油、酸性浸蚀、活化、浸锌后，进行焦磷盐预镀铜，该镀层作为后续电镀的底层，具有良好的结合力。焦磷盐预镀铜的溶液组成及工艺规范见表 24-7。

表 24-7　焦磷盐预镀铜的溶液组成及工艺规范

溶液成分		工艺规范	
焦磷酸铜（$Cu_2P_2O_7$）	60g/L	pH 值	8.5～9.1
焦磷酸钾（$K_4P_2O_7 \cdot 3H_2O$）	300g/L	温度	50℃
柠檬酸铵[$(NH_4)_3C_6H_5O_7$]	40g/L	阴极电流密度	0.8～1.8A/dm^2
磷酸氢二钾（$K_2HPO_4 \cdot 3H_2O$）	40g/L	电源	全波整流
植酸（$C_6H_{18}O_{24}P_6$）	0.2g/L	时间	20min
香兰素（$C_8H_8O_3$）	0.05～0.1g/L		

24.4.4　预镀锌

镁合金件经化学除油、酸性浸蚀、活化后进行预镀锌。预镀锌分两步进行，即第一次预镀锌经水洗后，进行第二次预镀锌。

由于镁合金对氯离子腐蚀比较敏感，因此，用于钢基体的氯化物镀锌工艺不能用于镁合金的电镀。采用硫酸锌作为镀液的主盐，以焦磷酸盐作为配位剂，碳酸钠作为缓蚀剂的镀液，能获得与基体结合良好的锌镀层。

酸性浸蚀和活化的溶液组成及工艺规范见表 24-8。

预镀锌的溶液组成及工艺规范见表 24-9。

表 24-8 酸性浸蚀和活化的溶液组成及工艺规范

溶液成分及工艺规范	酸性浸蚀	活化	
		1	2
	含量/(g/L)		
85%磷酸(H_3PO_4)/(mL/L)	1000	200	—
氟化氢铵(NH_4HF_2)	—	90	—
钼酸钠(Na_2MoO_4)	—	—	30
氢氧化钠(NaOH)	—	—	20
温度/℃	室温	15～30	25
时间/min	3～5	0.2～5	3～5

表 24-9 预镀锌的溶液组成及工艺规范

溶液成分及工艺规范	第一次预镀锌	第二次预镀锌
	含量/(g/L)	
硫酸锌($ZnSO_4$)	10～20	—
氧化锌(ZnO)	—	8～10
焦磷酸钠($Na_4P_2O_7$)	80～110	—
氟化钾(KF)	7～12	—
碳酸钠(Na_2CO_3)	4～7	—
氢氧化钠(NaOH)	—	100～120
氨水($NH_3 \cdot H_2O$)/(mL/L)	10～20	—
光亮剂	—	适量
pH 值(用氨水调节)	10～11	—
温度/℃	40～50	10～30
阴极电流密度/(A/dm²)	0.5～1.5	1～3
时间/min	5～10	15～30
阳、阴极面积比		2:1

注：第二次预镀锌溶液（加厚）配方也可参照一般碱性无氰镀锌溶液配方，电镀时间为 15～30min。

24.4.5 浸锌后化学镀镍

镁合金化学镀镍工艺主要有浸锌后化学镀镍和氟化物活化后直接化学镀镍两种。浸锌后化学镀镍所得镍层比直接化学镀的镍层，具有更好的结合性和致密性。

浸锌后化学镀镍的一般工艺流程：除油→浸蚀→活化→浸锌→化学镀镍→后续电镀。

化学镀镍层可作为镀镍等的预镀层，也可作为最终镀层。

① 化学镀镍作为中间镀层 这时应使用硝酸、铬酐混合的酸性浸蚀液，浸蚀后，镀件会产生凹凸不平的表面，以增加化学镀镍（化学镀镍-磷合金）在镁合金上的结合力，但会降低

表面光亮度。为提高光亮度，可在化学镀镍表面上后续镀铜、锌、铬、金、银等金属。

② 化学镀镍作为最终镀层 还需进行钝化和热处理工序，以提高镀层的耐蚀性和表面硬度。

a. 钝化处理。化学镀镍后先进行热水清洗，再在下列溶液中钝化：

铬酐（CrO_3）	2.5g/L	温度	90～100℃
重铬酸钠或重铬酸钾	120g/L	浸渍时间	10～15min

b. 热处理。如在钝化后再进行烘烤除氢处理，可提高镀层结合力和硬度。热处理工艺规范：温度为 230℃，时间为 2h。

化学镀镍溶液采用硫酸镍或碱式碳酸镍作为主盐，次磷酸二氢钠作还原剂。用氟化氢铵作缓冲剂和配位剂，硫脲作为稳定剂和光亮剂，抑制镀液自发分解。氢氟酸用来保护基体镁合金，以免受介质的腐蚀。浸锌后化学镀镍的溶液组成及工艺规范见表 24-10。

表 24-10　浸锌后化学镀镍的溶液组成及工艺规范

溶液成分及工艺规范	1	2	3	4
	含量/(g/L)			
硫酸镍（$NiSO_4 \cdot 6H_2O$）	15～30	20	25	—
碱式碳酸镍[$NiCO_3 \cdot 2Ni(OH)_2 \cdot 4H_2O$]	—	—	—	10
次磷酸二氢钠（$NaH_2PO_2 \cdot H_2O$）	15～30	25	25	20
醋酸钠（CH_3COONa）	—	18	—	—
40％氢氟酸（HF）/(mL/L)	12	—	12	12
氟化氢铵（NH_4HF_2）	10	15	—	10
柠檬酸钠（$Na_3C_6H_5O_7 \cdot 2H_2O$）	20	—	—	5
复合配合剂（乳酸＋柠檬酸）	—	25	—	—
25％氨水（$NH_3 \cdot H_2O$）/(mL/L)	30	—	30	30
硫脲[$SC(NH_2)_2$]	1mg/L	1mg/L	1mg/L	1mg/L
pH 值	4～7	6～6.5	5.5～6.5	5.5～7.5
温度/℃	80～95	80～85	80～90	78～82
时间/min	60	—	—	60
沉积速度/(μm/h)	—	15～20	—	—

24.4.6　直接化学镀镍

（1）溶液组成及工艺规范

镁合金零件经除油、酸性浸蚀和氟化物活化，可以进行直接化学镀镍。

由于传统的化学镀镍溶液是酸性的，它会腐蚀镁合金基体，不宜使用，可采用以碱式碳酸镍作主盐的中性化学镀镍溶液，或弱酸性化学镀镍溶液，其溶液组成及工艺规范见表 24-11。

表 24-11　直接化学镀镍的溶液组成及工艺规范

溶液成分及工艺规范	1	2	3	4
	含量/(g/L)			
碱式碳酸镍[$NiCO_3 \cdot 2Ni(OH)_2 \cdot 4H_2O$]	10	10	12	—
硫酸镍（$NiSO_4 \cdot 6H_2O$）	—	—	—	20
40％氢氟酸（HF）/(mL/L)	10～12	20	12	5

续表

溶液成分及工艺规范	1	2	3	4
	含量/(g/L)			
柠檬酸($C_6H_8O_7$)	5	5	5	5
氟化氢铵(NH_4HF_2)	10	10	10	10
25%氨水($NH_3 \cdot H_2O$)/(mL/L)	30	调pH值用	—	—
次磷酸二氢钠($NaH_2PO_2 \cdot H_2O$)	20	20	20	23
硫脲[$SC(NH_2)_2$]	1mg/L	0.5~4mg/L	1mg/L	2mg/L
pH值	5.5~7.0	5.8~6.8	6~7	5.5~6.5
温度/℃	78~82	30~90	80~85	80~85
时间/min	60	80~90	60~90	90

(2) 溶液成分及工艺规范的影响

① 由于碱式碳酸镍不溶于水，所以要用氢氟酸来溶解。

② 柠檬酸和氟化氢铵起缓冲剂和配位剂的作用，氟离子还能减缓镀液对基体的腐蚀。

③ 硫脲起稳定剂和光亮剂的作用。随硫脲加入量的增加，镀液稳定性提高，但沉积速度明显下降。

④ 氨水用来调节镀液的pH值，pH值应控制在5.8~6.2为好。

⑤ 镀液温度低于80℃时，镍沉积速度慢，在80~90℃范围内时沉积速度迅速上升，温度过高，容易分解，镀液不稳定。因此，化学镀镍的温度应严格控制在工艺规范规定的范围内。

⑥ 随化学镀镍时间的增加，化学沉积镍层越来越厚。在30min时，镍层约为6.3μm，延长到90min时，可达到约30μm。因为镀液温度高，水分及氨水挥发，pH值也会不断下降，镍的沉积速度也下降，因此，要经常补一些水分，要用氨水来调节镀液的pH值到工艺规定的范围内。

24.5 后续电镀工艺

镁合金工件经过各种镀前处理、中间处理后，进入后续电镀。后续电镀可根据镁合金制品、工件的使用技术要求，选择合适的镀层，即各种常规电镀或化学镀。

目前应用于镁合金电镀的主要有防护-装饰性镀层（如镀铜/镍/铬）、功能导电镀层（如镀镍/金）和防护性镀层（如镀锌、铬酸盐钝化）等，下面举些示例供参考。

24.5.1 镁合金的防护-装饰性电镀[3]

镁合金的防护-装饰性镀层，一般采用铜/镍/铬的组合镀层，它具有较好的装饰性和一定的防护性。根据制品工件的使用环境条件，来确定镀层的总厚度，表24-12中给出了镁合金件防护-装饰性镀铜/镍/铬镀层在不同使用环境中的最小厚度，可供参考。

表24-12 镁合金防护装饰性镀铜/镍/铬组合镀层最小厚度参考值

使用环境	锻造镁合金电镀层总厚度/μm	铸造镁合金电镀层总厚度/μm
室内	15	25
一般室外	35	50
恶劣室外	45	60

(1) 用于室内的铸造镁合金防护-装饰性电镀

① 工艺流程 用于室内环境的铸造镁合金防护-装饰性铜/镍/铬镀层的电镀工艺流程（示例）如下：

除油→酸性浸蚀→活化→浸锌→焦磷酸盐预镀铜→光亮酸性镀铜→光亮镀镍→镀铬→镀后处理（各工序之间用清水或纯水清洗）。

② 镀液组成及工艺规范 光亮酸性镀铜、光亮镀镍及镀铬的镀液组成及工艺规范[3]见表 24-13。

表 24-13 电镀铜/镍/铬的镀液组成及工艺规范

溶液成分及工艺规范	光亮酸性镀铜	光亮镀镍	镀铬
	含量/(g/L)		
硫酸铜($CuSO_4 \cdot 5H_2O$)	220	—	—
硫酸镍($NiSO_4 \cdot 6H_2O$)	—	270	—
氯化镍($NiCl_2 \cdot 6H_2O$)	—	60	—
铬酐(CrO_3)	—	—	240
98%硫酸(H_2SO_4)	66	—	1.2
硼酸(H_3BO_3)	—	50	—
三价铬(Cr^{3+})	—	—	2.5
氯化钠(NaCl)	0.1	—	—
镀铜添加剂	适量	—	—
镀镍添加剂	—	适量	—
pH 值	—	4.5	—
温度/℃	室温	55	室温～45
阴极电流密度/(A/dm²)	4	5～6	15～20
时间/min	5～7	—	—

(2) 用于室外的铸造镁合金防护-装饰性电镀工艺

① 工艺流程 用于室外环境的铸造镁合金防护-装饰性铜/三层镍/铬镀层的电镀工艺流程（示例）如下：

除油→酸性浸蚀→活化→浸锌→焦磷酸盐预镀铜→光亮酸性镀铜→半光亮镀镍→镀高硫镍→光亮镀镍→镀铬→镀后处理（各工序之间用清水或纯水清洗）。

② 镀液组成及工艺规范 光亮酸性镀铜、光亮镀镍及镀铬的镀液配方同上述表 24-13。而半光亮镀镍及镀高硫镍的镀液组成及工艺规范[3]见表 24-14。

表 24-14 半光亮镀镍及镀高硫镍的镀液组成及工艺规范

溶液成分及工艺规范	半光亮镀镍	镀高硫镍
	含量/(g/L)	
硫酸镍($NiSO_4 \cdot 6H_2O$)	340	300
氯化镍($NiCl_2 \cdot 6H_2O$)	45	90
硼酸(H_3BO_3)	45	38
添加剂	适量	适量

续表

溶液成分及工艺规范	半光亮镀镍	镀高硫镍
	含量/(g/L)	
pH 值	3.8	2.5
温度/℃	66	50
阴极电流密度/(A/dm²)	5	3

24.5.2 镁合金的保护性电镀[3]

镁合金的保护性电镀常采用镀锌。镁合金压铸件镀锌，先采用焦磷酸盐预镀锌，以获得整平性好、结晶细致、结合好的锌镀层作为底层。然后用碱性锌酸盐镀锌加厚，可得到白色光亮、耐蚀性好、容易钝化的锌镀层。当锌镀层总厚度达到 $30\mu m$（预镀锌层厚度为 $5\mu m$，锌酸盐镀锌厚度为 $25\mu m$），经铬酸盐彩色钝化后，中性盐雾试验可超过 96h。

① 工艺流程　镁合金压铸件镀锌工艺流程（示例）如下：

除油→酸性浸蚀→活化→二次浸锌→焦磷酸盐预镀锌→碱性锌酸盐镀锌→经铬酸盐彩色钝化（各工序之间用清水或纯水清洗）。

② 镀液组成及工艺规范

焦磷酸盐预镀锌、碱性锌酸盐镀锌的溶液组成及工艺规范[3]见表 24-15。铬酸盐彩色钝化可采用三价铬彩色钝化工艺，见第 2 篇第 5 章镀锌章节中的三价铬钝化。

表 24-15　焦磷酸盐预镀锌、碱性锌酸盐镀锌的溶液组成及工艺规范

溶液成分及工艺规范	焦磷酸盐预镀锌	碱性锌酸盐镀锌
	含量/(g/L)	
硫酸锌($ZnSO_4 \cdot 7H_2O$)	30	—
氧化锌(ZnO)	—	10
焦磷酸钾($K_4P_2O_7 \cdot 3H_2O$)	150～300	—
氧化锌(ZnO)	—	100
氟化钠(NaF)	8	—
柠檬酸钠($Na_3C_6H_5O_7 \cdot 2H_2O$)	20	—
添加剂	—	适量
温度/℃	30～40	20～40
阴极电流密度/(A/dm²)	1.5～2	3～4
时间/min	15	30

24.6　镁合金件不合格镀层的退除

镁合金件不合格镀层的退除方法见表 24-16。

表 24-16　镁合金件不合格镀层的退除方法

退除的镀层	退除方法	溶液组成	含量/(g/L)	温度/℃	阳极电流密度/(A/dm²)	时间/min
浸锌层	化学法	70%氢氟酸(HF)	15%（体积分数）	室温	—	退净为止

续表

退除的镀层	退除方法	溶液组成	含量 /(g/L)	温度 /℃	阳极电流密度 /(A/dm²)	时间 /min
铜镀层	化学法	65%硝酸(HNO₃)	800~1000 mL/L	室温	—	退净为止
化学镀镍层	化学法	氢氟酸(HF) 硝酸(HNO₃) 水(H₂O)	4 份(质量) 3 份(质量) 3 份(质量)	室温	—	退净为止
铬镀层	电化学法	氢氧化钠(NaOH)	60~75	20~35	1~10	退净为止

注：化学镀镍层在氢氟酸和硝酸混合酸中退除，退除速度快、效果好，并使其表面形成氟化镁（MgF₂）保护膜，有效地保护镁合金基体不受腐蚀。

第25章
锌合金压铸件的电镀

25.1 概述

锌合金压铸件，可以在较低温度下压制成几何形状复杂的零件，并具有精度高、加工过程无切削或少切削、密度小和有一定机械强度等优点，因此，它在汽车、摩托车、家用电器、日用五金、轻工等工业中获得了广泛应用。锌合金的化学稳定性差，在空气中容易遭受腐蚀，因此常用电镀层作为它的防护层或防护-装饰层。

锌合金压铸件电镀，由于锌是两性金属，在强酸及强碱溶液中易受腐蚀溶解；再则，锌合金压铸件的加工表面容易产生冷纹、缩孔等，所以较难获得满意的镀层。在电镀过程中，关键是镀前处理特别是预镀。锌合金压铸件电镀时，应根据其特点，采取适当的措施。

① 提高压铸件质量，尽量减少铸件缺陷，如缝隙、皮下起泡、气孔、裂纹等，以及合模面留下的毛刺和飞边，以便于镀前的机械清理。

② 铸造前常在铸模表面涂覆脱模剂，但不宜选用难以去除的脱模剂。

③ 压铸件表面是一层致密的表层（厚度约为 $0.05\sim0.1\text{mm}$），在表面下面的内层则是疏松多孔的结构。为此，在磨光抛光时，不能过多损伤其表面的致密层，否则露出疏松多孔的内层，电镀很困难，而且会降低镀层质量。

④ 锌合金在压铸过程中，由于冷却时的温度不均匀，在压铸件表面易产生偏析现象，使表面的某些部位产生富铝相或富锌相。为此镀前处理的除油和浸蚀等不能使用强碱和强酸。因为强碱能使富铝相先溶解，而强酸则能使富锌相先溶解，从而在压铸件表面形成针孔和微气孔，并且会残留下强碱液和强酸液，以致镀层产生鼓泡、脱皮等不良现象。因此，只能选择弱碱和低浓度酸进行除油和浸蚀，而且温度不能高，时间不宜过长。

⑤ 锌合金压铸件的形状一般比较复杂，为此，电镀时应该采用分散能力和覆盖能力较好的镀液。

⑥ 所采用的镀层尽可能为光亮镀层，尽量避免抛光工序或减轻抛光工作量。一方面因为零件复杂，不易抛光，另一方面也可保证镀层厚度和质量。

⑦ 第一层镀层如采用铜镀层，其厚度应稍厚一些，因为镀层的铜会扩散到锌合金表面的锌中，形成一层较脆的铜-锌合金中间层，铜层越薄而扩散作用越快，因此铜镀层的厚度至少要达到 $7\mu\text{m}$ 或者更厚一些。

⑧ 对锌合金压铸件进行多层防护-装饰性电镀时，镀层为阴极镀层，所以镀层必须有一定厚度，以保证镀层无孔隙。否则，由于锌合金的电极电位较负，在潮湿的空气中易产生碱式碳酸锌的白色粉状腐蚀产物而遭到损坏，因此必须根据产品的使用条件，选择合适的镀层厚度。

⑨ 锌合金压铸件材料的要求。在机械制造业中，使用的锌合金压铸件是以高品质的锌为主加入约为 4% 的 Al、0.04% 的 Mg、最多 1%（均为质量分数）的 Cu 组成。其他有害杂质必须严格制在下列范围内：Fe≤0.1%、Pb≤0.005%、Cd≤0.004%、Sn≤0.003%（均为质量分数）。Pb、Cd 杂质易使镀层起泡，作为电镀用锌合金，杂质含量还有严格的控制要求，如 Pb≤0.002%、Cd≤0.002%（均为质量分数），这样会大大提高电镀成品合格率。常用的锌合

金材料中用于电镀的有 ZZnA4-3、ZZnA4-1、ZZnA8-1，使用最多的牌号为 ZnA1-925。

25.2 锌合金压铸件的电镀工艺流程

由于锌合金压铸件的特性，较难得到满意的镀层质量。要取得良好的金属镀层，关键要做好镀前处理尤其是预镀。由于锌合金压铸零件品种繁多，要求也不同，目前，锌合金压铸件的电镀工艺生产方法很多，列举一些电镀工艺流程（见图 25-1）供参考。

图 25-1　锌合金压铸件的电镀工艺流程（示例）

25.3 机械前处理

机械前处理方法有磨光（布轮磨光、滚动磨光、振动磨光）、抛光和喷砂等。由于锌合金压铸件的外表层（约厚 $0.05\sim0.1mm$）结构较致密，表层下就变得疏松，因此，采用机械方法清除压铸件表面的缺陷，应避免裸露出疏松部分。锌合金硬度低，一般采用滚光或机械抛光来获得一定的表面粗糙度，必要时可在抛光前进行磨光。目前，也有采用振动光饰方法，来精整锌合金的压铸件表面。

25.3.1 磨光

磨光用于去除压铸件毛坯表面毛刺、分模线、飞边等缺陷，其方法如下。

（1）布轮磨光

磨光采用硬布轮，其作用是磨平飞边、毛刺和分模线，对光滑表面不进行磨光。磨光时，磨轮转速不宜太快，磨光用力不宜过大，避免过度磨削，也应避免合金压铸件温度过高，改变锌合金的金相结构。磨光工艺规范如下。

磨料：金刚砂粒度为 $220\sim250$ 目。

磨轮线速度：$10\sim14m/s$。

磨光轮：硬布磨轮直径不大于 $250mm$，转速为 $1200\sim1500r/min$。

辅助磨料：棕黄色抛光膏也称黄油（由氧化铁、硬脂酸、混脂酸、精制地蜡和石蜡等组成）。

新磨轮使用时应预先倒去锐角，不能在无抛光膏的情况下硬磨。

（2）滚动磨光

小型压铸件也可采用滚光去除表面的缺陷。在装有磨料（氧化铝、花岗石、陶瓷、塑料屑等）和润滑剂（肥皂水、乳化剂等）的滚筒中进行滚动磨光。磨料与零件的质量比约为 $(2.25 \sim 2.5):1$。滚筒转速不宜过高，以防止冲击而损坏零件表面，一般转速宜采用 $5 \sim 6 \text{r/min}$。

（3）振动磨光

小型压铸件也可在装有陶瓷磨料的振动筒内，进行振动磨光，其工艺规范[4]如下：

振动频率：$10 \sim 50 \text{Hz}$。

振幅：$0.8 \sim 1.4 \text{mm}$。

时间：$1 \sim 4 \text{h}$。

装填量：一个 0.5m^3 的振动筒大约装 900kg 的磨料和 180kg 的零件。

也可在加有除油剂的溶液中进行振动磨光与除油，其工艺规范如下：

OP-10 乳化剂	1mL/L	温度	室温
磷酸三钠（Na_3PO_4）	$2 \sim 5 \text{g/L}$	时间	1h
碳酸钠（Na_2CO_3）	$1 \sim 2 \text{g/L}$		

25.3.2 抛光

抛光是为了进一步提高压铸件的表面光洁程度，其方法如下。

（1）布轮抛光

经磨光后的零件，要进行抛光。先进行粗抛光，然后对整个表面进行精抛光。抛光时要尽量避免在表面上残留下抛光膏，因此，抛光时抛光膏尽量少加勤加，以免粘在零件表面和孔洞内而难以除去，增加前处理困难。

① 粗抛光　采用硬布抛光轮，其工艺规范如下。

抛光轮线速度：$18 \sim 25 \text{m/s}$。

抛光轮直径：不大于 300mm，转速为 $1400 \sim 1600 \text{r/min}$。

抛光材料：棕黄色抛光膏也称黄油（由氧化铁、硬脂酸、混脂酸、精制地蜡和石蜡等组成）。

② 精抛光　采用软布轮抛光，去除表面一般细微缺陷，表面应达到镜面光亮，粗糙度的 Ra 值应达到 $0.1 \mu \text{m}$。精抛光工艺规范如下。

抛光轮线速度：$18 \sim 25 \text{m/s}$ 或稍高些。

抛光轮直径：不大于 300mm，转速为 $1600 \sim 1800 \text{r/min}$。

抛光材料：白色抛光膏也称白油（由抛光用石灰、精制地蜡、硬脂酸、牛油、松节油等组成）。

抛光后用白粉擦拭，除去残留抛光膏。应尽可能在抛光膏未硬化前（24h 内）用汽油、有机溶剂或化学除油剂去除抛光膏的残留物。

（2）滚光

滚光适用于大批量表面粗糙度要求不高的小型零件。滚光可以去除零件表面的油污和氧化皮，整平零件表面，使零件表面有光泽。滚光可以全部或部分替代前处理的磨光及抛光工序。滚筒结构形式及滚光工艺参数如下。

滚筒结构形式：为提高零件表面光泽，使筒内零件易于翻动，不宜采用圆形滚筒，而应采用六角形或八角形滚筒。

滚筒直径：一般取 $600 \sim 800 \text{mm}$，滚筒的内切圆直径大小与滚筒全长之比一般为 $1:(1.25 \sim 2.5)$。

滚筒转速：一般为 $45 \sim 65 \text{r/min}$。

滚筒的装载量：零件装载量一般占滚筒体积的 75%，最少应不少于 35%，过多或过少都会影响滚光的时间和零件的表面粗糙度。

磨料：常用的滚动磨料有浮石、硅砂、陶瓷片等。当要求滚光件表面粗糙度较低时，可加入玻璃球或瓷球等。在低速（约 600m/min 圆周线速度）下滚光，滚筒中的磨料也可用植物碎料，如碎玉米芯块、果核、果壳、塑料屑等软材料，再加润滑剂与零件相混合进行滚光。滚光时间一般为 5～10min，滚光后表面粗糙度值可达 $Ra0.2\mu m$。

（3）振动抛光

振动抛光，即振动光饰，在振动筒中装有磨料（氧化铝之类磨料、塑料屑等）与零件，通过振动使零件与磨料进行摩擦，从而达到整平表面和光亮的作用。振动光饰时，磨料与零件的装载比为（5～6）:1，振动筒的振动使用 20～50Hz 的频率、3.6～6.4mm 的振幅，处理时间为 2～4h，振动光饰后表面粗糙度值可达 $Ra0.15～0.25\mu m$。如采用更细的磨料与塑料屑，其表面粗糙度值可达 $Ra0.08～0.13\mu m$。

25.3.3 喷砂

喷砂是磨料强力撞击零件，对其表面进行清理或修饰加工的过程。锌合金压铸件亚光装饰防护电镀或麻面处理的前处理，采用喷细砂，既可洁净活化压铸件表面，零件镀后又能得到柔和的、漫反射的、消光的、均匀细致的亚光表面。

喷砂时应注意避免过多损伤压铸件表面的致密层，确保喷砂表面均匀致密。严禁零件表面局部区域长时间喷射，在满足均匀喷射的前提下，尽量缩短喷砂时间。喷砂采用低压喷砂，主要工艺规范如下。

喷砂用的砂料：氧化铝、氧化锆陶瓷砂、人造金刚砂以及硬质果壳的碎粒、硬质塑料颗粒等。

砂粒直径：$\phi 0.1～0.5mm$　　　　　喷射距离：控制在 100～300mm

喷射压力：0.05～0.2MPa　　　　　喷射角度：>60°

25.4　除油

25.4.1　预除油

抛光后的零件，应尽快用有机溶剂或表面活性剂清洗或擦洗，以除去残留的抛光膏或油污。嵌入在零件的螺孔、狭缝等深处的抛光膏，很难快速清除。可先用小刀把这些部位的抛光膏抠出来，再用有机溶剂或表面活性剂清洗。用三氯乙烯超声波清洗，除油效果较好。也可用市售的除蜡水进行预除油（除蜡水浸泡 10～20min），使工件平面的大部分油脂溶解，从而较有效地去除零件表面的油污和残渣；也使死角及凹下部位干硬的蜡块软化、松动，为下一步除油打下基础。除蜡剂处理工艺规范见表 25-1。

表 25-1　除蜡剂处理工艺规范

除油剂名称及型号	处理工艺规范			备注
	含量/(mL/L)	温度/℃	时间/min	
BH-20 除蜡剂	热浸除蜡 BH-20　　　　30～50 pH 值　　　　8～9	70～90	5～8 （适当抖动零件）	溶液为弱碱性，对基体无腐蚀，保持原有光泽。润湿性、渗透力强，不含硅酸盐，水洗性良好。用于锌合金压铸件除蜡 广州二轻工业科学技术研究所的产品
	超声波除蜡 BH-20　　　　20～30 pH 值　　　　8～9	60～80	1～5	

续表

除油剂名称及型号	处理工艺规范			备注
		含量/(mL/L)	温度/℃	时间/min	
SUP-A-MERSOL CLEANER 超力除蜡水	热浸除蜡 超力除蜡水	15~30	55~95	1~3	对硬水容忍度高。强力除蜡,对于严重蜡垢,配合超声波清洗效果更佳 东莞美坚化工原料有限公司的产品
	超声波除蜡 超力除蜡水	10~20	≤70	0.5~1	
DZ-1 超力除蜡水	热浸除蜡 DZ-1	30	70~90	1~5	除蜡速度快、效果好 广州美迪斯新材料有限公司的产品
	超声波除蜡 DZ-1	20	70~90	1~5	
CP 除蜡水	热浸除蜡 CP 除蜡水	60~120	60~100	3~5	热浸除蜡用空气或机械搅拌。能除油除蜡。不含硅酸盐、磷化物及螯合物
	超声波除蜡 CP 除蜡水	30~80	63~88	0.25~1	
PC-1 抛光膏清洗剂	PC-1 清洗剂	20~30	60~65	3~5	用于浸洗或滚筒除油、除蜡
TS-2 除蜡水	热浸除蜡 TS-2	30	70~85	5~10	热浸除蜡需抖动工件 德胜国际(香港)有限公司、深圳鸿运化工行的产品
	超声波除蜡 TS-2	20	70~85	5	

25.4.2 化学除油

锌合金化学活性较强,所以不宜用强碱除油,温度不宜太高,时间不宜太长。锌合金压铸件化学除油的溶液组成及工艺规范见表 25-2。

表 25-2　锌合金压铸件化学除油的溶液组成及工艺规范

溶液成分及工艺规范	1	2	3	4	5	6	7
	含量/(g/L)						
磷酸三钠($Na_3PO_4 \cdot 12H_2O$)	20~30	50~60	15~20	—	—	—	—
碳酸钠(Na_2CO_3)	15~30	30~40	16~20	—	20~30	—	—
硅酸钠($Na_2SiO_3 \cdot 5H_2O$)	—	—	3~5	—	—	—	—
三聚磷酸钠($Na_5P_3O_{10}$)	—	—	—	—	—	—	25~35
OP-10 乳化剂	—	1~3	0.5~1	—	—	—	—
洗衣粉	2~3	—	—	—	—	—	—
非离子表面活性剂	—	—	—	—	—	—	2~3
6503 洗涤剂/(mL/L)	—	—	—	8~10	—	—	—
三乙醇胺油酸皂($C_{24}H_{49}NO_5$) /(mL/L)	—	—	—	6~8	—	—	—
BH 型除油剂/(mL/L)	—	—	—	—	30~40	—	—
JN-92 型除油剂	—	—	—	—	—	80~100	—
温度/℃	55~70	50~60	50~60	55~65	50~60	20~45	50~60

续表

溶液成分及工艺规范	1	2	3	4	5	6	7
	含量/(g/L)						
时间/min	3～5	除净为止	0.5～1	10～15	0.5～1	除净为止	3～5

注：1. 配方 2、4 用于超声波除油。

2. 配方 5 的 pH 值为 11～12。

25.4.3　电化学除油

经预除油和化学除油后再经电化学除油，可以彻底去除残留的油脂和脏物，保证镀层的结合力。

电化学除油有阴极除油和阳极除油，也可先进行阴极除油，再进行短时间的阳极除油。阴极除油时，会析出较多的氢气，氢有很好的还原作用，能活化锌合金压铸件的表面，产生的氢气冲击工件表面，达到很好的除油效果。由于除油溶液使用时间较长后会被污染，金属离子会沉积在工件表面，使镀层发花，并影响结合力。这时若再进行阳极除油（很短时间，只需数秒），在工件表面起到剥离（溶解）的作用，工件就会暴露出活性好的基体表面。

但对于喷砂后的工件，如要采用电化学除油，严禁进行阳极除油，因阳极除油会使锌合金表面氧化或溶解，产生腐蚀或生成白色胶状腐蚀及麻点，所以只允许采用阴极除油。

锌合金铸件的电化学除油应是弱碱性的，除油时间不宜过长，一般常采用阴极电化学除油。锌合金铸件电化学除油的溶液组成及工艺规范见表 25-3。

表 25-3　锌合金铸件电化学除油的溶液组成及工艺规范

溶液成分及工艺规范	阴极除油			阳极除油	既可作阴极除油又可作阳极除油		
	1	2	3		1	2	3
	含量/(g/L)						
磷酸三钠($Na_3PO_4 \cdot 12H_2O$)	25～30	20～30	—	15	30～50	—	30～60
碳酸钠($Na_2CO_3 \cdot 10H_2O$)	15～30	15～30	—	15	15～25	—	10～20
洗衣粉	—	1～2	—	—	—	—	—
OP-10 乳化剂	—	—	—	0.3	—	—	1～2
CD-202 合金电解除油粉	—	—	—	—	—	40～50	—
Procleaner Zn 7000 电解除油粉	—	—	30～160	—	—	—	—
温度/℃	50～70	60～70	70～80	70～80	50～70	40～70	50～60
阴极电流密度/(A/dm²)	4～5	1～4	1～6	—	3～5	0.5～3	2～3
阳极电流密度/(A/dm²)	—	—	—	3～4	3～5	0.5～3	2～3
阴极除油时间/min	1～2	0.5～2	1～3	—	0.5～1	0.5～1	1
阳极除油时间/s	—	—	—	10	1～2	—	5

注：1. 阴极除油配方 3 的 Procleaner Zn 7000 电解除油粉是上海永星化工有限公司的产品。

2. 既可作阴极除油又可作阳极除油（即在同槽除油）的配方 1，是先进行阴极除油，然后进行短时间的阳极除油；配方 2 和 3 既可用于阴极除油，也可用于阳极除油；配方 2 的 CD-202 合金电解除油粉是广州美迪斯新材料有限公司的产品。

25.5　弱浸蚀

浸蚀就是去除压铸件表面的氧化皮及沟纹内的残留碱液，零件经过碱性除油一般都要进行弱浸蚀。锌合金压铸件的弱浸蚀常采用氢氟酸溶液，它既能溶解锌、铝的氧化物，又能清除零件上的含硅挂灰，而对基体金属的溶解较为缓慢。锌合金压铸件弱浸蚀的溶液组成及工艺规范见表 25-4。

表 25-4　锌合金压铸件弱浸蚀的溶液组成及工艺规范

溶液成分及工艺规范	1	2	3	4	5	6	7
	含量/(g/L)						
氢氟酸(HF)/(mL/L)	10～30	4	—	—	—	—	10
硝酸(HNO₃)/(mL/L)	—	10	—	—	—	—	—
硫酸(H₂SO₄)	—	—	—	20～30	—	—	—
盐酸(HCl)	—	—	—	—	—	—	100
SH-35 固体活化剂	—	—	—	20～200	—	—	—
柠檬酸(C₆H₈O₇)	—	—	—	—	35～45	10～20	—
草酸(C₂H₂O₄)	—	—	—	—	—	5～10	—
温度/℃	15～35	室温	室温	室温	室温	室温	室温
时间/s	3～5	—	5～30	10～60	30～60	60～120	—

注：1. 配方 4 中的 SH-35 固体活化剂为酸盐活化剂，是固体酸，浸蚀后锌合金表面较光亮，使用时不产生气雾，对设备腐蚀小。

2. 配方 5 特别适用于经过低压、细砂喷射的压铸件的浸蚀，能提高镀层结合力。浸蚀后必须彻底清洗干净。

3. 配方 6 浸蚀反应较缓慢，可作为滚筒里零件弱浸蚀使用。

25.6　中和、活化处理

零件经弱浸蚀仔细彻底清洗后，有的可以直接进入预镀工序，有的还需进行中和处理（预浸），中和是将存在细孔中的残留酸中和掉，以免镀后被封闭在细孔隙中的酸与锌基体发生反应，产生的氢气压力逐渐增大，致使镀层发生鼓泡现象。中和同时也起预浸活化的作用，能提高镀层结合力。

中和（和活化）的溶液组成及工艺规范见表 25-5。

表 25-5　中和（和活化）的溶液组成及工艺规范

溶液成分及工艺规范	1	2	3	4
	含量/(g/L)			
氰化钠(NaCN)	5～10	—	—	—
柠檬酸(C₆H₈O₇)	—	30～50	—	—
Procleaner MP 8000 万用酸盐	—	—	15～30	—
ZONAX DRY ACID SALT 酸盐	—	—	—	15～25
温度/℃	室温	室温	室温	15～25
时间/s	5～8	5～10	12～60	15

注：1. 配方 1 用于氰化预镀铜或氰化预镀黄铜之前，进行中和活化，不经水洗就可入镀槽进行预镀。也可用氰化预镀铜槽后的回收槽内溶液进行中和处理（预浸）。

2. 配方 2 用于中性柠檬酸盐预镀，或碱性低温化学预镀镍或碱性无氰预镀铜前，进行中和活化，不经水洗就可入镀槽进行预镀。

3. 配方 3 的 Procleaner MP 8000 万用酸盐，是上海永星化工有限公司的产品。

4. 配方 4 的 ZONAX DRY ACID SALT 酸盐，是东莞美坚化工有限公司的产品。

25.7 预镀

预镀是锌合金压铸件电镀过程中的关键工序之一。要求预镀溶液对基体金属的浸蚀性小，并在镀件表面能形成一层完全覆盖的致密且附着力好的预镀层，以保证后续的电镀质量。依据后续的各种电镀类型和要求，有多种预镀种类和方法。

25.7.1 预镀铜

(1) 氰化预镀铜

氰化预镀铜的镀液分散能力好，能获得均匀、结晶细致的镀层，是锌合金压铸件较为理想的预镀层。

氰化预镀铜一般采用中氰低铜镀液，工件要带电下槽，而且还要采用大电流冲击闪镀（0.5～1min），以保证零件的深凹处能镀上铜。预镀铜的关键是铜镀层要致密、孔隙要少，应有一定的厚度，一般在 1μm 以上，以阻止后续电镀的镀液对锌合金件的浸蚀。预镀铜层的厚度与后续镀层类型有关，如表 25-6[4] 所示。氰化预镀铜的溶液组成及工艺规范见表 25-7。

表 25-6 锌合金压铸件预镀铜层的厚度要求

预镀后的后续镀层	中性镍	普通镍	酸性亮铜	焦磷酸盐、HEDP，或氰化亮铜
预镀铜层的厚度/μm	1～2	5	3～4	1～2

表 25-7 氰化预镀铜的溶液组成及工艺规范

溶液成分及工艺规范	1	2	3	4	5	6
	含量/(g/L)					
氰化亚铜(CuCN)	20～30	20～40	20～30	20～40	8～10	55～85
氰化钠(NaCN)(总量)	25～33	8～16	—	—	—	—
氰化钠(NaCN)(游离)	2～8	—	6～8	10～20	15～20	10～15
氢氧化钠(NaOH)	—	3～6	—	4～7	—	—
碳酸钠(Na$_2$CO$_3$)	20～45	20～40	—	15～60	—	0～5
酒石酸钾钠(KNaC$_4$H$_4$O$_6$·4H$_2$O)	20～45	20～50	35～45	—	20～25	—
991 光亮剂/(mL/L)	—	—	—	—	—	10～12
温度/℃	30～45	50～55	50～60	50～55	50～60	55～65
阴极电流密度(冲击)/(A/dm^2)	1～1.5	—	—	—	—	—
时间(冲击)/min	0.5～1	—	—	—	—	—
阴极电流密度(工作)/(A/dm^2)	0.5～0.8	1.5～6	0.5～0.8	1～2	2.5～3.5	1～3
时间(工作)/min	5～6	1～3	—	—	—	—

注：配方 6 的 991 光亮剂是上海永生助剂厂的产品

(2) 滚镀氰化预镀铜

滚镀氰化预镀铜的溶液组成及工艺规范见表 25-8。

表 25-8 滚镀氰化预镀铜的溶液组成及工艺规范

溶液成分及工艺规范	1	2	3
	含量/(g/L)		
氰化亚铜(CuCN)	28～42	50～60	—

续表

溶液成分及工艺规范	1	2	3
	含量/(g/L)		
铜(Cu)	—	—	10～15
氰化钠(NaCN)(总量)	41～62	—	—
氰化钠(NaCN)(游离)	20～30	5～10	10～14
氢氧化钠(NaOH)	3.8～7.5	3	—
硫氰化钾(KCNS)	20～30	—	—
酒石酸钾钠(KNaC$_4$H$_4$O$_6$ · 4H$_2$O)	35～45	25～35	15～25
碳酸钠(Na$_2$CO$_3$)	—	5～10	—
醋酸铅[(C$_2$H$_3$O$_2$)$_2$Pb]	适量	—	0.01
BC-3 光亮剂	—	12	—
pH 值	—	—	12
温度/℃	60～70	45～55	45～55
阴极电流密度(冲击)/(安/筒)	150(时间 30min)	—	—
阴极电流密度(工作)/(安/筒)	50(时间 30min)	180～220	0.2～0.5/(A/dm^2)
时间(工作)/min	—	50～60	50～60
装载量/(千克/桶)	30～40	35	—
转速/(r/min)	10～12	10～12	—

(3) 碱性无氰预镀铜

近来研制开发出一些适合于锌合金压铸件的碱性无氰预镀铜工艺，经实际生产使用效果很好。碱性无氰预镀铜工艺也能获得均匀、细致光亮、结合力良好的镀层。镀液中不含氰化物及其他的有毒物质，而且覆盖能力优异，形状复杂的锌合金零件，无论是内孔还是直角拐角处均能获得均匀的镀层。碱性无氰预镀铜的溶液组成及工艺规范见表 25-9。

表 25-9 碱性无氰预镀铜的溶液组成及工艺规范

溶液成分及工艺规范	1	2	3	4	5	6	7
	含量/(g/L)						
二价铜盐	—	—	—	—	—	—	—
硝酸铜[Cu(NO$_3$)$_2$]	10	8～15	—	—	—	—	—
硫酸铜(CuSO$_4$ · 5H$_2$O)	—	—	—	—	—	—	8～12
碱式碳酸铜[CuCO$_3$ · Cu(OH)$_2$ · nH$_2$O]	—	—	—	—	—	50～60	—
氯化铵(NH$_4$Cl)	—	10～20	—	—	—	—	—
碳酸钾(K$_2$CO$_3$)	—	20～30	30～50	—	—	10～15	40～60
柠檬酸(C$_6$H$_8$O$_7$)	—	—	—	—	—	250～300	—
酒石酸钾(K$_2$C$_4$H$_4$O$_6$ · 4H$_2$O)	—	—	—	—	—	20～40	6～12
MWQ-1 螯合剂	—	75～135	—	—	—	—	—

续表

溶液成分及工艺规范	1	2	3	4	5	6	7
	含量/(g/L)						
MWQ-2 开缸剂/(mL/L)	—	85	—	—	—	—	—
氢氧化钾(KOH)	—	调 pH 值	—	—	—	—	—
氢氧化钠(NaOH)	20	—	—	—	—	—	—
Combi-EP 螯合剂	70	—	—	—	—	—	—
Poly-ca 开缸剂	90	—	—	—	—	—	—
SF-638Cu 开缸剂/(mL/L)	—	—	250~400	—	—	—	—
SF-638E 促进剂/(mL/L)	—	—	80~120	—	—	—	—
BH-580 无氰碱铜开缸剂	—	—	—	400~600（金属铜 7.5~12g/L）	300~500（金属铜 6~9g/L）	—	—
BH-580 无氰碱铜光亮剂	—	—	—	1.0~2.0	1.0~2.0	—	—
光亮剂/(mL/L)	—	—	—	—	—	—	3~5
pH 值	7.5~8.5	8.2~9.5	9.2~10	9.2~9.8	9.5~10	8~10	9~10
温度/℃	室温	25~30	25~45	45~55	45~55	25~50	30~50
阴极电流密度/(A/dm²)	0.3~1.2	0.6~2.5	0.5~2.5	0.5~2.0	0.1~1.0	0.5~2.5	1~1.3
时间/min	—	3~8	—	—	—	—	—
阳极材料	电解铜	电解铜	电解铜	电解铜	电解铜	—	—
阴阳极面积比($S_K : S_A$)	1:3	1:(2.5~3)	1:(1~1.5)	1:(1.5~3)	—	—	—
搅拌	阴极移动	空气搅拌	阴极移动	空气搅拌	滚筒转速 4~6r/min	—	—
过滤	—	需要	需要	需要		—	—

注：1. 配方 1 的阴极电流效率>80%，覆盖能力优于氰化镀铜，镀层呈半光亮。

2. 配方 2 用 5%氢氧化钾调 pH 值。

3. 配方 3 的 SF-638Cu 开缸剂及 SF-638E 促进剂，是广州三孚化工技术公司的产品。

4. 配方 4 为挂镀，配方 5 为滚镀，BH-580 无氰碱铜开缸剂及 BH-580 无氰碱铜光亮剂是广州二轻工业科学技术研究所的产品。

5. 配方 6 为柠檬酸盐镀液，配方 7 为酒石酸盐镀液。

25.7.2　预镀光亮黄铜

光亮黄铜是锌合金压铸件较好的预镀层，镀液稳定，覆盖能力好，镀层光亮，与基体金属结合力好，可在其上镀镍/铬层或镀铜后再镀镍/铬层，成品率高。

在锌合金压铸件电镀过程中，有时采用先预镀氰化铜 2min 后，再进行预镀黄铜 2~3min，成为组合双预镀层。这样可避免在氰化预镀铜中时间过长而使镀层粗糙，而通过预镀部分黄铜层，不但能满足预镀层的厚度要求，而且能保持预镀层光滑、细致和其致密性；再则，黄铜的覆盖能力比氰化铜强，对复杂工件能紧密地覆盖，不受下一道强酸介质的腐蚀，提高后续电镀的质量。

预镀光亮黄铜的溶液组成及工艺规范见表 25-10。

表 25-10　预镀光亮黄铜的溶液组成及工艺规范

溶液成分及工艺规范	挂镀			滚镀
	1	2	3	
	含量/(g/L)			
氰化亚铜(CuCN)	20～25	20～30	—	—
氰化锌[Zn(CN)₂]	8～14	8～14	—	—
氰化钠(NaCN)	40～45	15～18	62～66	40～44
氨水(NH₃·H₂O)/(mL/L)	0.3～0.8	—	—	—
氯化铵(NH₄Cl)	—	1～2	—	—
酒石酸钾钠(KNaC₄H₄O₆·4H₂O)	—	20～30	—	—
894 黄铜盐	—	—	70	50
894A 光亮剂/(mL/L)	—	—	18～20	17～19
894B 光亮剂/(mL/L)	—	—	2～4	2～3
pH 值	9.8～10.5	9.5～10.5	11～12	11～12
温度/℃	15～35	15～35	40～45	38～42
阴极电流密度(冲击)/(A/dm²)	1～1.5	—	—	—
阴极电流密度(正常)/(A/dm²)	0.5～0.8	0.5～1.5	0.5～1	0.2～0.4
时间/min	3～5	—	—	—
阴极移动/(次/分)	—	—	15～20	滚筒转速 8～12r/min

注：挂镀配方 3 及滚镀的 894 黄铜盐、894 光亮剂 A、B 是上海永生助剂厂的产品。

25.7.3　中性预镀镍

　　因为锌合金压铸件在酸性镀液中很容易遭受腐蚀，而在接近中性的或弱碱性的镀液中锌基体不容易腐蚀，所以锌合金预镀镍一般采用中性或弱碱性镀液。

　　中性预镀镍的镍层结晶细致，呈银灰色半光亮，而且镀液 pH 值接近中性，对工件基体腐蚀很少，不影响镀层。但使用的电流密度较小，镀时较长，因镀液含有柠檬酸根，废水处理较困难。如工件形状比较简单，用此工艺，可以简化电镀工序。中性预镀镍的溶液组成及工艺规范见表 25-11。

表 25-11　中性预镀镍的溶液组成及工艺规范

溶液成分及工艺规范	1	2	3	4	5	6
	含量/(g/L)					
硫酸镍(NiSO₄·6H₂O)	90～100	160～180	150～200	130～180	120～180	150～180
氯化镍(NiCl₂·6H₂O)	—	—	25～35	10～15	—	—
氯化钠(NaCl)	10～15	10～15	12～15	—	—	10～20
硫酸镁(MgSO₄·7H₂O)	—	—	20～30	—	10～20	10～20
柠檬酸钠(Na₃C₆H₅O₇)	110～130	180～200	150～200	—	150～230	170～200
硼酸(H₃BO₃)	25～35	20～30	—	—	—	20～30

续表

溶液成分及工艺规范	1	2	3	4	5	6
	含量/(g/L)					
单宁酸($C_{76}H_{52}O_{46}$)	—	0.4~0.6	—	—	—	—
LB 低泡润湿剂/(mL/L)	—	—	1~2	—	—	—
PNI-A 配合剂	—	—	—	150~200	—	—
PNI-B 添加剂/(mL/L)	—	—	—	10~20	—	—
pH 值	6.5~7.5	6.5~7	6.8~7.0	6.4~7.0	6.6~7	6.5~7
温度/℃	35~45	室温	35~40	55~65	35~40	35~40
阴极电流密度/(A/dm²)	1~5	0.4~1	0.5~1.2	2~4	0.5~1.2	0.5~1.2
时间/min	10~15	15	—	4~6	—	—
阴极移动	需要	需要	需要	需要或轻微空气搅拌	需要	滚镀

注：1. 配方 4 的 PNI-A 配合剂、PNI-B 添加剂是广州美迪斯新材料有限公司的产品。镀件下槽后，先用阴极电流密度 5~7A/dm² 冲击电镀，时间为 0.35~1min，然后进行正常电镀，时间为 3~5min。

2. 配方 6 为滚镀。

有些厂在氰化预镀铜后，后续的酸性镀铜或光亮镀镍之前，加了一道中性预镀镍，这是为了防止工件预镀铜后进入后续电镀时遭受镀液的浸蚀，采用组合预镀层，增加一道防线，以提高镀层质量。

镀液中柠檬酸钠与硫酸镍的质量比应保持在 1.1~1.3。比值过高，降低了镍的析出效率（电流效率降低）；比值过低，会使镍的配位化合物不稳定，镍离子开始呈氢氧化镍沉淀析出。预镀中性镍时，起始电流密度以正常电流密度的 1.5~2 倍进行冲击 2~3min 后，转入正常电镀。

25.7.4　化学预镀镍

化学镀镍可以在形状复杂的零件上沉积上均匀的镍层，可避免电沉积的预镀工艺因覆盖能力和分散能力问题产生内孔、深凹等处漏镀、边棱烧焦以及基体腐蚀等现象。

化学镀镍有酸性和碱性两种，锌合金压铸件采用碱性低温化学预镀镍效果比较好，酸性化学预镀镍易腐蚀基体，并出现镀层发花现象。碱性化学预镀镍的溶液组成及工艺规范见表 25-12。

表 25-12　碱性化学预镀镍的溶液组成及工艺规范

溶液成分及工艺规范	1	2	3	4	5
	含量/(g/L)				
硫酸镍($NiSO_4 \cdot 6H_2O$)	20~30	30	12	25	—
氯化镍($NiCl_2$)	—	—	—	—	40~50
次磷酸二氢钠($NaH_2PO_2 \cdot H_2O$)	20~25	30	8~10	25	10~12
焦磷酸钠($Na_4P_2O_7$)	—	60	—	50	—
柠檬酸钠($Na_3C_6H_5O_7$)	50~70	—	—	—	90~100
焦磷酸钾($K_4P_2O_7$)	—	—	25	—	—
三乙醇胺[$N(CH_2CH_2OH)_3$]	40~60	100	—	—	—

续表

溶液成分及工艺规范	1	2	3	4	5
	含量/(g/L)				
氯化铵(NH_4Cl)	30～40	—	—	—	45～55
稳定剂	—	—	2	—	—
pH 值	9～10	10	9～10	10～11	8.5～9.5
温度/℃	30～40	30～35	55～65	65～76	80～90
时间/min	10～15		5		5～10
沉积速度/(μm/h)	10		—	—	

25.8 后续电镀

锌合金压铸件通过镀前处理和预镀，可以进入后续电镀。按产品技术要求可进行一般的常规电镀，也可进行仿金镀、镀缎面镍、镀黑珍珠镍或防护装饰性电镀。防护装饰性电镀一般选用镀铜/镍/铬组合镀层。为进一步提高镀层的耐蚀性能，目前趋向于电镀双层镍、高硫镍（三层镍），加镍封，再套铬等的组合防护装饰性镀层。

25.9 不合格镀层的退除

锌合金压铸件电镀的返工率比较高，锌合金上退除铜、镍镀层比较困难。如单独镀层有缺陷可单独退除，当组合镀层中铬镀层有缺陷，只需退除外表的铬镀层，并且在柠檬酸中活化零件表面镍镀层后，即可重新镀铬。

单独铬镀层、镍镀层及铜镀层退除的溶液组成及工艺规范见表 25-13。

镍/铜镀层、镍/铜/铬镀层同时退除的溶液组成及工艺规范见表 25-14。

表 25-13　单独的铬、镍及铜镀层退除的溶液组成及工艺规范

溶液成分及工艺规范	单独铬镀层退除		单独镍镀层退除		单独铜镀层退除			
	1	2	1	2	1	2	3	4
	含量/(g/L)							
碳酸钠(Na_2CO_3)	100	30	—	—	—	—	—	—
磷酸三钠(Na_3PO_4)	—	20	—	—	—	—	—	—
98%硫酸(H_2SO_4)	—	—	100%	78%(体积分数)	—	—	2体积	—
68%硝酸(HNO_3)	—	—	—	—	—	—	2体积	1体积
38%盐酸(HCl)	—	—	—	—	—	—	1/16体积	—
水	—	—	—	—	—	—	1体积	1体积
甘油($C_3H_8O_3$)/(mL/L)	—	—	—	1%(体积分数)	—	—	—	—
硫化钠($Na_2S \cdot 9H_2O$)	—	—	—	—	120	—	—	—
硫酸钠($Na_2SO_4 \cdot 10H_2O$)	—	—	—	—	—	12	—	—
温度/℃	室温	室温	室温	室温	室温	室温	室温	室温

续表

溶液成分及工艺规范	单独铬镀层退除		单独镍镀层退除		单独铜镀层退除			
	1	2	1	2	1	2	3	4
	含量/(g/L)							
阳极电流密度/(A/dm²)	5~10	4~6	2	5~10	2	2	—	—
电压/V	—	6~8	—	6~12	—	—	—	—
时间/min	3~5（退净为止）	3~5（退净为止）	退净为止	退净为止	退净为止	退净为止	退净为止	退净为止

表 25-14　镍/铜镀层、镍/铜/铬镀层同时退除的溶液组成及工艺规范

溶液成分及工艺规范	镍/铜镀层同时退除			镍/铜/铬镀层同时退除		
	1	2	3	1	2	3
98%硫酸(H_2SO_4)/(mL/L)	1 体积	2 体积	—	380~420	10 体积	380~420
85%磷酸(H_3PO_4)	3 体积	—	—	—	30 体积	—
68%硝酸(HNO_3)	—	1 体积	—	—	—	—
水	1.5 体积	少量	—	—	加水至 $d=1.55g/cm^3$	—
焦磷酸钾($K_4P_2O_7$)/(g/L)	—	—	150	—	—	—
ZD-1 添加剂/(g/L)	—	—	—	130~150	—	130~150
温度/℃	室温	室温浸泡	室温浸泡	室温浸泡	室温	室温
阳极电流密度/(A/dm²)	3~5	—	—	—	2.5~3.5	3~10

注：镍/铜镀层同时退除的配方 1，退净后易产生置换铜，退后应在稀铬酸溶液中退铜。

第**26**章
钛合金的电镀

26.1 概述

钛及钛合金重量轻（约为钢的 1/2）而强度高，具有很高的强度重量比和优异的耐蚀性。它能承受高温，在 400～500℃的工作环境中，仍可保持原来的机械强度。由于钛及钛合金具有很多优导的特性，因而它的应用范围越来越广泛，特别是在航空、航天、航海及化工等工业中已获得大量应用。

但是钛及钛合金表面氧化膜的导热性及导电性差，焊接困难；而且硬度低，容易划伤，耐磨性差，因此，在使用中受到一定限制。所以，为克服其缺点，可采用表面处理、电镀来改善和提升其表面质量，以满足其他功能性的要求。

由于钛性质活泼，在其表面极易迅速生成氧化膜，必须采取特殊的镀前处理和镀后热处理，才能获得附着力良好的镀层。

钛合金在预镀之前，一般先在合适溶液中进行浸渍处理，如氟化物溶液化学浸渍或电化学浸渍、浸锌和浸镍等，以获得一层保护钛基体阻止氧化的膜层，即称为阻挡层。针对不同的处理所生成的阻挡层，应选择相应的电镀底层或直接化学镀镍。

26.2 钛合金电镀工艺流程

钛合金的电镀工艺生产方法很多，列举一些电镀工艺流程（见图 26-1）供参考。

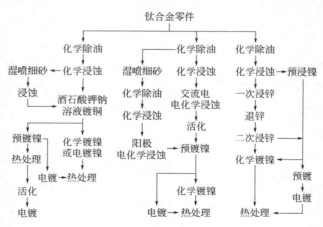

图 26-1 钛合金的电镀工艺流程（示例）

26.3 化学除油和化学浸蚀

26.3.1 化学除油

钛合金零件的除油一般采用碱性化学除油。不采用电化学除油，因为阴极除油易渗氢，而阳极除油会使钛合金表面钝化。

钛合金零件的化学除油，按一般钢铁件的化学除油工艺规范进行。

26.3.2 化学浸蚀

钛合金的化学浸蚀，是为除去其表面上的氧化膜，活化表面。化学浸蚀是酸性浸蚀，一般使用氢氟酸，它很容易将钛表面上的氧化膜除去。但在浸蚀过程中析出的氢会扩散到金属中，增加金属脆性。为消除渗氢现象，常在氢氟酸溶液中加入硝酸或过氧化氢。钛合金化学浸蚀的溶液组成及工艺规范[1,4]见表 26-1。

钛合金经化学浸蚀后，可进行酒石酸钾预镀铜，硫酸盐镀镍或氨基磺酸盐镀镍及化学镀镍。若所需镀层不是上述金属的镀层，而是电镀其他镀层，则应先预镀 $1\mu m$ 以上的镍镀层打底，然后再镀其他镀层。

表 26-1　钛合金化学浸蚀的溶液组成及工艺规范

溶液成分及工艺规范	1	2	3	4	5	6
	含量/(mL/L)					
40%氢氟酸(HF)	250	25	50	220	50～60	—
48%氢氟酸(HF)	—	—	—	—	—	10
65%硝酸(HNO_3)	750	—	—	—	—	10
36%盐酸(HCl)	—	—	—	—	200～250	—
重铬酸钠($Na_2Cr_2O_7 \cdot 2H_2O$)/(g/L)	—	390	250	—	—	—
铬酐(CrO_3)/(g/L)	—	—	—	135	—	—
氟化钠(NaF)/(g/L)	—	—	—	—	40～60	—
过氧化氢(H_2O_2)	—	—	—	—	—	60
乙二醇($C_2H_6O_2$)	—	—	—	—	—	30
纯水	—	—	—	—	—	30
温度/℃	室温	80～100	50～70	20～30	室温	室温
时间/min	至冒红烟	20	10～30	2～4	2～5	1～5
适用范围	纯 Ti Ti-6Al-4V Ti-4Al-4Mn Ti-3Al-5Cr	Ti-3Al-5Cr	纯 Ti Ti-6Al-4V Ti-4Al-4Mn	纯 Ti	纯 Ti Ti-6Al-4V	—

注：配方 1 可用作配方 2 和配方 3 的预浸蚀。

26.4　电化学浸蚀

(1) 溶液组成及工艺规范

钛合金的镀前处理的电化学浸蚀，有交流电电化学浸蚀和阳极电化学浸蚀，其溶液组成及工艺规范[24]见表 26-2。

表 26-2　钛合金电化学浸蚀的溶液组成及工艺规范

溶液成分及工艺规范	交流电电化学浸蚀		阳极电化学浸蚀
	1	2	
	含量/(mL/L)		
冰醋酸($C_2H_4O_2$)	875	875	—

溶液成分及工艺规范	交流电电化学浸蚀		阳极电化学浸蚀
	1	2	
	含量/(mL/L)		
48%氢氟酸(HF)	125	—	—
60%氢氟酸(HF)	—	125	—
71%氢氟酸(HF)	—	—	19份(体积)
醋酸酐[(CH₃CO)₂O]	—	100	—
乙二醇(C₂H₆O₂)	—	—	81份(体积)
温度/℃	>50	>50	55～60
化学浸蚀时间/min	10～15	10～15	—
交流电电流密度/(A/dm²)	2	2	—
交流电电压/V	40	40	—
交流电浸蚀时间/min	10	10	—
阳极浸蚀电流密度/(A/dm²)	—	—	5.4
阳极浸蚀时间/min	—	—	—
阴极材质	—	—	碳棒、镍或铜
适用范围	纯钛上镀铬	6Al-4V 钛合金上镀镍、铬	纯钛、Ti-4Al-4Mn 钛合金上氰化预镀铜后镀铜、镉、镍、银

(2) 工艺说明

① 在交流电电化学浸蚀配方1、2的操作过程中,先在电化学浸蚀溶液中化学浸蚀10～15min,然后接着进行交流电电化学浸蚀。

② 阳极电化学浸蚀处理时间,以零件局部气泡停止析出(表示浸蚀停止)为准,再延长15～30s。

③ 在电化学浸蚀过程中,必须严格控制好阳极电流密度。若电流密度过高,会出现抛光现象;过低,会产生局部化学浸蚀。这些都会降低镀层的结合力。

④ 钛合金在交流电电化学浸蚀后,进行活化(1:1盐酸中浸渍),再经预镀镍后,就可以进行化学镀镍或其他电镀。

⑤ 钛合金经阳极电化学浸蚀后,迅速清洗后立即预镀镍(氨基磺酸盐镀镍效果较好),就可进行化学镀镍或电镀。

26.5 浸镍

在活化的钛合金表面上进行预浸镍,能获得一层致密的结合力高的镍层。在这种催化活性的镍层上,可直接进行化学镀镍,或预镀后进行其他的电镀。

浸镍的溶液组成及工艺规范见表 26-3。

表 26-3 浸镍的溶液组成及工艺规范

溶液成分		工艺规范	
氯化镍(NiCl₂·6H₂O)	20g/L	pH 值	5.0～5.5
乙二醇(C₂H₆O₂)	700mL/L	温度	>50℃
氟化氢铵(NH₄HF₂)	35g/L	时间	30min

经过上述配方的浸镀的镍层，呈黄褐色，具有催化性。溶液中的乙二醇配位剂，使镍离子呈配合状态，使置换反应缓慢进行，以获得致密的镍层。浸镍时，要控制好溶液的 pH 值。若 pH 值大于 6，置换反应不会发生；pH 值过低，置换反应过快，使浸镀层结合力不好。故 pH 值要严格控制在工艺规范规定的范围内。

26.6　浸锌和预镀锌

钛合金经过化学除油、酸性化学浸蚀后，在已活化的钛基体上，进行二次浸锌，即第一次浸锌后，退除锌层（退锌溶液与酸性化学浸蚀溶液相同），再进行第二次浸锌（可与第一次浸锌在同槽内进行），或采用预镀锌，然后就可以进行化学镀镍，或预镀后进行后续的各种电镀。

钛合金浸锌和预镀锌的溶液组成及工艺规范见表 26-4。

表 26-4　钛合金浸锌和预镀锌的溶液组成及工艺规范

溶液成分及工艺规范	浸锌			预镀锌
	1	2	3	
	含量/(g/L)			
氯化锌($ZnCl_2$)	20	—	—	—
硫酸锌($ZnSO_4 \cdot 7H_2O$)	—	—	12	—
氟化锌($ZnF_2 \cdot 2H_2O$)	—	5	—	100
40%氢氟酸(HF)/(mL/L)	40	10	65	20
重铬酸钠($Na_2Cr_2O_7 \cdot 2H_2O$)	—	—	100	—
乙二醇($C_2H_6O_2$)/(mL/L)	80	80	—	80
pH 值	—	—	1.8~2.2	1~2
温度/℃	室温	室温	90~95	—
阴极电流密度/(A/dm^2)	—	—	—	0.1~5
时间/min	30~50	1	3~4	2~3

26.7　钛合金的电镀

① 钛合金的电镀工艺生产方法很多，电镀工艺流程可参见图 26-1。根据钛合金制品的用途及技术要求等具体情况，来确定所需的电镀种类。但钛合金零件在电镀前，一般需要预镀铜或预镀镍作为底层，然后可按需要镀各种镀层，也可直接进行化学镀镍，化学镀镍一般采用的溶液组成及工艺规范见表 26-5。普遍采用的预镀铜或预镀镍的镀液组成及工艺规范见表 26-6。

表 26-5　化学镀镍一般采用的溶液组成及工艺规范

溶液成分		工艺规范	
硫酸镍($NiSO_4 \cdot 6H_2O$)	10g/L	pH 值	4~4.5
次亚磷酸二氢钠($NaH_2PO_2 \cdot H_2O$)	10g/L	温度	90~98℃
柠檬酸钠($Na_3C_6H_5O_7 \cdot 2H_2O$)	12.5g/L	时间	75~90min
醋酸钠(CH_3COONa)	5g/L	搅拌和过滤	电镀时要连续搅拌和过滤
硫脲[$SC(NH_2)_2$]	0.1g/L		

表 26-6 预镀铜、预镀镍的镀液组成及工艺规范

溶液成分及工艺规范	预镀铜	预镀镍
	含量/(g/L)	
氰化亚铜($CuCN$)	23	—
硫酸镍($NiSO_4 \cdot 6H_2O$)	—	350
氯化镍($NiCl_2 \cdot 6H_2O$)	—	45
氰化钾(KCN)	34	—
碳酸钠(Na_2CO_3)	15	—
硼酸(H_3BO_3)	—	35
pH 值	—	4.5~5.3
温度/℃	20~35	室温
阴极电流密度(冲击镀)/(A/dm^2)	50	—
阴极电流密度(正常镀)/(A/dm^2)	5~15	5

注：预镀铜也可采用酒石酸钾镀铜溶液，预镀镍也可采用氨基磺酸盐镀镍溶液。

②据有关文献［24］介绍，钛及钛合金经除油、浸蚀后，采用表 26-7 中的活化方法以后，就可以在纯钛、钛合金上直接进行电镀，而且镀后不需热处理。但需注意活化处理一定要等到表面出现灰黑色活化膜才可以进行。可进行试镀确认效果后使用。

表 26-7 在纯钛及钛合金上直接电镀的活化方法[24]

溶液成分及工艺规范	在纯钛上直接电镀的活化方法	在钛及钛合金上直接电镀的活化方法
	含量/(mL/L)	
37%盐酸(HCl)	500	—
氯化钛($TiCl_3$)(15%~20%)	10~20	—
活化剂 A /(g/L)	2	—
40%氢氟酸(HF)	—	100~150
甲酰胺(CH_3NO)	—	500~800
活化剂 B /(g/L)	—	3
温度/℃	室温	室温
时间	至表面出现灰黑色活化膜	至表面形成灰黑色活化膜

注：活化剂 A、活化剂 B 为哈尔滨工业大学研制的产品。

26.8 镀后热处理

①因钛合金镀件的镀层是机械附着，为保证镀层有良好的附着力，需以镍镀层作底层并进行热处理，使镍与钛相互扩散。

②热处理可在镀镍后或在全部电镀完成以后进行。当热处理后要继续电镀时，应对原先预镀的镍镀层进行活化处理。经活化处理后，继续在镍镀层表面上电镀，可获得具有良好附着力的镀层。镍镀层的活化处理的溶液组成及工艺规范[1]如下。进行工序：先在较小电流密度下进行阳极浸蚀；再在大电流密度下进行钝化处理；最后做短时间的阴极活化处理。

98%硫酸（H_2SO_4）	165mL/L	钝化电流密度	20A/dm^2
温度	20～25℃	钝化时间	2min
阳极浸蚀电流密度	2A/dm^2	阴极活化电流密度	20A/dm^2
阳极浸蚀时间	10min	阴极活化时间	2～3s
去镍量	约1.3μm		

③ 热处理时，为防止其氧化，应在惰性气氛下进行，要控制好温度和时间。

如钛合金化学镀镍后，热处理温度为150～200℃，处理时间为1～3h；钛合金镀硬铬后，热处理温度为400～550℃，处理时间为0.25～1h。具体的热处理温度和时间，应由基体材料和镀层类型，通过附着力试验结果而定。

第 **27** 章

不锈钢的电镀

27.1　概述

不锈钢具有强度高、耐蚀性强的特点，在工业上获得广泛应用。在不锈钢上电镀适当的镀层，可改善其焊接性能，提高其导热性和导电性，减少高温氧化，在制造弹簧或拉丝时改善润滑性等。

不锈钢表面有一层自然形成的致密钝化膜，不锈钢电镀，关键在于选择合适的镀前处理工艺，有效地除去自然钝化膜并防止其再生成，这样才能保证镀层与基体之间具有良好的结合力。

不锈钢电镀，采用一般钢铁件的镀前处理工艺，不能获得附着力良好的镀层，这是因为不锈钢零件经除油和酸蚀后，很快又生成新的钝化膜。所以，不锈钢零件经除油和酸蚀后，还要用各种方法进行活化处理，才能保证镀层有足够的附着力。

进行电镀的不锈钢主要有两大类：一类是奥氏体型不锈钢，如 1Cr18Ni9Ti、1Cr14Mn14Ni 等，这类不锈钢中含镍量较高；另一类是非奥氏体型不锈钢，包括马氏体和铁类型不锈钢，如 0Cr13、1Cr13、2Cr13 等，这类不锈钢中含碳量较高。不锈钢电镀工艺流程随钢材的材质及镀种不同而不同。但总的工艺主要流程由机械前处理、除油、酸性浸蚀、活化、预镀和电镀等工序组成。

不锈钢电镀根据产品要求、零件表面状况及工艺要求等，进行必要的机械前处理，如喷砂、滚光、刷光、磨光及抛光等。

27.2　不锈钢电镀工艺流程

不锈钢的电镀工艺生产方法很多，列举一些电镀工艺流程（见图 27-1）供参考。

27.3　前处理

不锈钢前处理常用的除油有化学除油（其溶液组成及工艺规范见表 27-1）和电化学除油（其溶液组成及工艺规范见表 27-2）。但对于含镍铬的不锈钢（如奥氏体型不锈钢，含镍量高），表面更易钝化，所以不能采用阳极电化学除油。

不锈钢前处理的化学及电化学浸蚀、除浸蚀残渣、化学及电化学抛光等，可参见第 2 篇电镀单金属，第 4 章电镀前处理中有关这些内容的章节。

表 27-1　不锈钢化学除油的溶液组成及工艺规范

溶液成分及工艺规范	1	2	3	4	5	6	7
	含量/(g/L)						
氢氧化钠(NaOH)	20～40	80～100	10～20	—	10		
碳酸钠(Na₂CO₃)	20～30	30～50	20～30	28～35	5	—	—

续表

溶液成分及工艺规范	1	2	3	4	5	6	7
	含量/(g/L)						
磷酸三钠（Na₃PO₄）	5～15	20～40	—	30～40	40	—	—
OP 乳化剂/(mL/L)	1～3	—	3～5	—	—	—	—
105 洗净剂/(mL/L)	—	—	—	—	60	—	—
604 洗净剂/(mL/L)	—	—	—	—	40	—	—
6501 洗净剂/(mL/L)	—	—	—	—	60	—	—
BH 铁件碱性除油粉	—	—	—	—	—	40～60	—
PC 抛光膏清洗剂（除蜡剂）	—	—	—	—	—	—	2%～4%（质量分数）
水	—	—	—	—	—	—	余量
温度/℃	80～90	80～90	70～90	80～90	60～80	30～80①	65
时间/min	除净为止	除净为止	10～30	>20	15	2～20	除净为止

① 清洗一般油污的温度为 30～50℃，除重油污和除蜡为 60～80℃。可以去除植物油、矿物油、防锈脂、切削油、拉伸油、抛光蜡垢。

注：1. 配方 6 的 BH 铁件碱性除油粉是广州二轻工业科学技术研究所的产品。

2. 配方 7 用于机械抛光后除油及去除抛光膏。

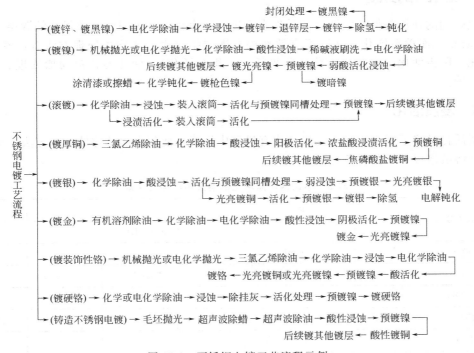

图 27-1　不锈钢电镀工艺流程示例

表 27-2　不锈钢电化学除油的溶液组成及工艺规范

溶液成分及工艺规范	1	2	3	4	5
	含量/(g/L)				
氢氧化钠（NaOH）	33～40	40～60	—	—	40～60

续表

溶液成分及工艺规范	1	2	3	4	5
	含量/(g/L)				
碳酸钠(Na_2CO_3)	20~30	25~35	30~35	—	20~40
磷酸三钠(Na_3PO_4)	20~30	25~35	30~35	—	20~30
硅酸钠(Na_2SiO_3)	3~5	—	2~4	—	3~10
YC 除油剂	—	0.5~1	—	—	—
CD-201 钢铁电解除油粉	—	—	—	40~60	—
OP-10 乳化剂	—	—	—	—	—
温度/℃	60~80	50~60	70~80	40~70	60~80
电流密度/(A/dm^2)	3~5	5~10	3~6	1~5	10
先阴极除油时间/min	3~5	1~1.5	2~4	0.5~3	1~5
后阳极除油时间/min	1~2	0.2~0.5	1~1.5	—	—

注：1. 配方 4 的 CD-201 钢铁电解除油粉是广州美迪斯新材料有限公司的产品。该除油粉可用于阴极或阳极电化学除油。

2. 电极材料为钢板或镀镍钢板。

27.4　活化和预镀[1]

活化处理的作用是使经浸蚀后的零件表面进一步净化，或再闪镀一层很薄的镀层（如镍或铜），以防止表面重新钝化，从而可有效地提高镀层结合力。活化预处理方法有：浸渍活化、阴极活化、阳极活化、先阳极活化后阴极活化（组合活化）、活化与预镀同槽处理、预镀镍、镀锌活化等。

27.4.1　浸渍活化

浸渍活化是将不锈钢零件在无机酸或有机酸中浸渍，使其表面活化的一种方法。不锈钢浸渍活化的溶液组成和工艺规范见表 27-3。

表 27-3　不锈钢浸渍活化的溶液组成和工艺规范

溶液成分及工艺规范	1	2	3	4	5
	含量/(g/L)				
硫酸(H_2SO_4)$d=1.84$	200~500mL/L	10	—	—	90~120
盐酸(HCl)$d=1.16$	—	1	500mL/L	150~200	—
醋酸(CH_3COOH)	—	—	10	—	—
氢氟酸(HF)	—	—	—	—	18~22
硝酸(HNO_3)	—	—	—	—	70~100
温度/℃	65~85	室温	30	15~25	14~20
时间/min	析出气体后再持续 1min 以上	0.5	5~10	0.5~1	5~15

注：配方 2 适用于自动线上不锈钢直接镀铬，不宜用于镀铜或镀镍。

27.4.2 阴极活化和阳极活化

不锈钢阴极活化和阳极活化的溶液组成和工艺规范见表 27-4。

不锈钢经阴极活化处理后，应立即进行电镀，工件在水中的放置时间不能超过 1min。

据有关资料介绍，不锈钢经阳极活化处理和水洗后，不经中间镀层，就可以进行直接镀镍。

表 27-4 不锈钢阴极活化和阳极活化的溶液组成和工艺规范

溶液成分及工艺规范	阴极活化				阳极活化		先阳极活化后阴极活化
	1	2	3	4	1	2	
	含量/(mL/L)						
硫酸(H_2SO_4)$d=1.84$	50~500	—	—	650	250~300	—	—
盐酸(HCl)$d=1.16$	—	50~500	150~300	—	—	50%~60%	150~200
温度/℃	室温	室温	15~35	室温	室温	室温	室温
阴极电流密度/(A/dm²)	0.5~2	2	3~5	控制电压(10V)	—	—	1~2
阳极电流密度/(A/dm²)	—	—	—	—	3~5	2~2.5	1~2
时间/min	1~5	1~5	1~3	2	1~1.5	1~2	先阳极活化1min后阴极活化2min

注：1. 阳极活化配方 2，盐酸含量为体积分数。
2. 电极材质一般采用铅板，若采用石墨电极，必须套上极袋。

27.4.3 活化与预镀同槽处理

① 活化与预镀同槽处理方法，就是将已浸蚀过的洁净的不锈钢零件，先在槽内活化溶液中进行活化（即被盐酸浸蚀活化），当产生气泡 2min 后，在同槽内再进行预镀镍（或镀铜）。

② 由于活化与预镀在同槽同一溶液中进行，这样活化的洁净表面不会同时形成钝化膜。这种方法的最大优点是：可以比较容易在生产现场采用，也可减小控制结合力的麻烦。

③ 经过活化与预镀后的零件，必须迅速清洗后，并转入后续电镀工序，最好带电入槽。

④ 活化与预镀镍同槽处理的过程中，要严格控制溶液中的铁杂质，使其含量不大于 7.5g/L。同时必须防止溶液受铜的污染，由于导电棒、阳极镍板挂钩受腐蚀产生的铜绿掉进溶液内，以及捆扎工件的铜丝受到腐蚀，而造成溶液受铜污染，当铜达到一定浓度，在工件上产生置换铜，而大大降低预镀镍的结合力。

活化与预镀同槽处理的溶液组成和工艺规范见表 27-5。

表 27-5 活化与预镀同槽处理的溶液组成和工艺规范

溶液成分及工艺规范	活化与预镀镍同槽处理				活化与预镀铜同槽处理
	1	2	3	4	
	含量/(g/L)				
氯化镍($NiCl_2 \cdot 6H_2O$)	220~240	160~200	—	60~200	—
硫酸镍($NiSO_4 \cdot 7H_2O$)	—	—	250	—	—
硫酸铜($CuSO_4 \cdot 5H_2O$)	—	—	—	—	0.4

续表

溶液成分及工艺规范	活化与预镀镍同槽处理				活化与预镀铜同槽处理
	1	2	3	4	
	含量/(g/L)				
盐酸(HCl)($d=1.17$)/(mL/L)	100~120	80~100	70~90	100	1000
温度/℃	20~40	20~40	室温	室温	室温
活化时间/min	5~12	10~15	1~5	5	产生气泡后 2min
阴极电流密度/(A/dm²)	5~12	5~10	2~3	50A/筒 (1~2kg)	4.5~6.7
电镀时间/min	2~5	2~6	3~5	10~15	1~2
阴极移动/(次/分)	20~30	20~30			

注：1. 活化与预镀镍同槽处理工艺，溶液温度最好为30℃，如超过30℃应冷却或降低盐酸含量。

2. 预镀镍的镍阳极材料，其含硫量不得超过0.01%（质量分数）。预镀铜采用电解铜作阳极。

3. 活化与预镀镍同槽处理配方2在采用不锈钢滚镀时，当零件经除油、酸性浸蚀和水洗后装入滚筒，先不通电运转3~5min（相当于化学活化），接着通电预镀10~15min。配方4为滚镀。

27.4.4　阳极活化与预镀镍同槽处理

在阳极活化与预镀镍同槽处理过程中，由于溶液中含有盐酸和氯化镍，在活化溶液中氯离子浓度很高。在首先进行阳极活化的过程中，阳极上铁溶解为亚铁离子，同时阳极逸出初生态氯气。初生态的氯原子有很强的氧化性，氯离子与不锈钢钝化膜表面形成的铁、铬、镍的配位体阴离子不断溶解，起到阳极活化的作用，从而获得活化洁净的表面。

经阳极活化后，变换极性，将原来的阳极变换成阴极进行预镀镍。在瞬间就镀上镍，避免在表面再形成钝化膜。只要一层薄镍层覆盖在整个不锈钢的表面，然后再镀其他镀层，如镀镍、镀铜、镀铬和镀银等。

阳极活化与预镀镍同槽处理的溶液组成和工艺规范[1]见表27-6。

表 27-6　阳极活化与预镀镍同槽处理的溶液组成和工艺规范

溶液成分及工艺规范	1	2	3
	含量/(g/L)		
氯化镍(NiCl₂·6H₂O)	350	240	240
盐酸(HCl)($d=1.18$)/(mL/L)	140	100~120	85~120
温度/℃	15~40	15~20	20~28
阳极活化电流密度/(A/dm²)	2~3	2~3	2~3
阳极活化时间/min	1.5	2	2
阴极电镀电流密度/(A/dm²)	3~5	2~5	2.2
阴极镀镍时间/min	5	6	6

27.4.5　活化与预镀镍分槽处理

活化与预镀镍分槽处理的方法是不锈钢件经活化（浸渍活化、阴极活化、阳极活化等）后清洗后，迅速转入预镀镍槽进行镀镍。镀件预镀镍后不清洗，立即放入硫酸盐镀镍槽或高氯化物镀镍槽中进行电镀，可保证镀层有良好的结合力。

预镀镍所用的镍阳极中硫含量不得超过 0.01%（质量分数）。

预镀镍的溶液组成和工艺规范见表 27-7。

表 27-7　预镀镍的溶液组成和工艺规范

溶液成分及工艺规范	1	2	3	4	5
	含量/(g/L)				
氯化镍(NiCl$_2$·6H$_2$O)	240	150~250	200~250	200~250	—
硫酸镍(NiSO$_4$·6H$_2$O)	—	—	—	—	250~320
盐酸(HCl)d=1.18 /(mL/L)	130	50~150	80~100	25~30g/L	50~170g/L
氯化镁(MgCl$_2$)	—	—	—	20~25	—
温度/℃	15~30	室温	20~30	室温	20~40
阴极电流密度/(A/dm^2)	5~10	3~5	5~15	5~8	5~12
时间/min	2~4	2~5	3~5	1~3	3~5

27.4.6　镀锌-退锌活化

在碱性镀锌溶液中先镀一层薄锌（电镀时间为 1~2min，不得超过 5min），并在酸性溶液（盐酸或硫酸）中退锌。当锌镀层被溶解时，所析出的氢，对不锈钢表面的氧化膜起还原活化作用。锌层可在 500mL/L 的盐酸或硫酸溶液中，在室温下，浸渍数秒进行退除。

27.5　电镀

① 不锈钢根据不同的材质、镀层功能性要求，合理地选择除油、酸性浸蚀、活化和预镀等工序；并合理地安排预镀层、中间镀层与最终镀层之间的组合层次。镀后根据要求进行必要除氢处理。不镀钢电镀工艺流程示例参见图 27-1。

② 镀层除氢处理。凡抗拉强度大于或等 1050MPa 的钢制件及技术文件中规定除氢的其他制件，镀后都应进行除氢处理。除氢一般将制件加热到 190~220℃，持续 2~24h。具体确切的除氢温度和时间，依据材质、镀层种类以及工艺文件规定来确定。如镀后要进行钝化或磷化处理，则钝化或磷化应在除氢之后进行。

27.6　不合格镀层的退除

不合格镀层的退除方法见表 27-8。

表 27-8　不合镀层的退除方法

退除镀层	溶液组成	含量/(g/L)	温度/℃	阳极电流密度/(A/dm^2)	时间/min
退铜镀层	铬酐(CrO$_3$) 硫酸(H$_2$SO$_4$,d=1.84)	120 24mL/L	室温	—	退净为止
退镍镀层	硫酸(H$_2$SO$_4$,d=1.84) 硝酸(HNO$_3$,d=1.42) 水	4 体积 6 体积 3 体积	室温	—	退净为止
退铜/镍/铬 （一次退除）	硝酸铵(NH$_4$NO$_3$) 葡萄糖酸钠(C$_6$H$_{11}$O$_7$Na) 硫氰酸钠(NaSCN) 三乙醇胺(C$_6$H$_{15}$O$_3$N) 溴化钠(NaBr)	50~100 20 2~3 10~12mL/L 5~6	25~35	15~21 阴极不锈钢	退净为止

第**28**章

粉末冶金件的电镀

28.1 概述

铁基粉末冶金零件由于生产效率高，能实现少切削或无切削，节约原料，降低生产成本。所以，粉末冶金件在机械、五金、电子等工业上获得了广泛应用。但是，粉末冶金件存在着表面粗糙、疏松、多孔、耐蚀性差、硬度和耐磨性较低的缺陷。为扩宽其用途，提高其表面功能，可以采用电镀的方法，镀上适当的金属镀层，提高其载荷能力、硬度、耐磨和防护装饰等性能。

由于粉末冶金件的特性，而基体内又含有油脂，它的电镀尤其是镀前处理要比钢铁件困难得多。它必须采用特殊的处理方法，才能获得良好的镀层。

据有关文献报道，根据实践经验，对于密度大于 $6.8g/cm^3$ 的铁基粉末冶金零件，其电镀工艺与钢件基本相似，只是电镀的电流密度要大一点。而对于密度较低的零件，则必须先进行封孔处理，才能进行电镀。

28.2 粉末冶金件的电镀工艺方法

目前，铁基粉末冶金件的电镀工艺方法大致有下列三种。

① 封孔处理方法 这种方法是先进行封孔处理，以堵塞孔隙，然后进行电镀。封孔处理可以采用机械方法、浸渍物质堵塞封孔、蒸汽及纯水煮沸封孔的方法。封孔处理的目的是避免在电镀过程中，由于孔隙渗入的残液而污染其他槽液；而且电镀后渗入的残液会重新渗入镀层而引起锈蚀。

② 中间镀层方法 采用中间镀层为后续镀层打底，如采用预镀铁、氰化预镀和化学镀镍等方法。这种方法工序简单，操作方便，成本低，性能稳定，合格率较高，镀层质量较好，特别适用于批量生产。

③ 在粉末冶金件上直接电镀 如在铁基粉末冶金件上直接镀镍、发黑氧化处理，或先预镀铜，再在铜镀层表面进行发黑处理。

28.3 封孔处理的工艺方法

28.3.1 封孔法的电镀工艺流程

封孔法的电镀工艺流程示例见图 28-1。

28.3.2 封孔方法

粉末冶金零件经高温除油后，进入酸碱溶液和电镀前，需进行封孔处理。封孔方法有机械封孔、煮沸纯水封孔、浸高熔点石蜡封孔、浸硬脂酸锌封孔、浸硅油封孔等。

(1) 机械封孔方法

粉末冶金零件，留有较大的精整余量，通过精整封闭表面孔隙。也可通过其他的机械方法使表面变形从而封闭孔隙，如打磨、抛光等。采用机械的方法对封孔有一定的作用。

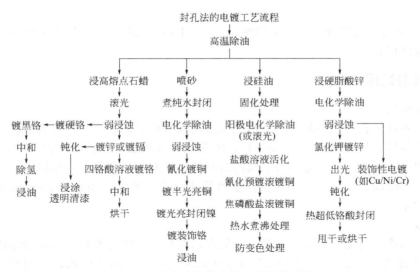

图 28-1　粉末冶金件电镀工艺流程示例

（2）煮沸纯水封孔

煮沸纯水封孔适合形状复杂的粉末冶金零件的封孔，其方法是将经喷砂后的零件放入沸腾的纯水中 2～3min，可达到封孔的目的。

采用这种方法进行封孔处理，其耐蚀性要差一些，若通过适当地调整组合镀种及相应的镀层厚度，并加强镀前、镀后处理，会进一步提高其耐蚀性能。

（3）浸高熔点石蜡封孔

采用高熔点石蜡（熔点 90℃）与 2%（质量分数）松香混合，加热到 160～180℃，将零件浸入熔蜡中约 30min，让石蜡填满零件的孔隙（液面无气泡冒出为止）。零件浸蜡后取出迅速放入冷水中，使其表面附着的石蜡迅速冷却而凝固破裂浮出水面，回收石蜡。

这种封孔方法，由于受石蜡熔点（90℃）的限制，后工序如热水洗、镀液、封闭处理、烘干老化等，其工作温度都不能超过 60℃，以免石蜡熔化而流出来。而采用石蜡封孔的电镀零件，不能在 90℃以上环境中使用。

（4）浸硬脂酸锌封孔

将经高温除油后的粉末冶金零件，浸渍在 180℃熔融的硬脂酸锌内，液态硬脂酸锌逐渐渗入零件孔隙中，直至孔隙全部被填满为止。取出零件，迅速在木屑中搓动，使零件表面的液态硬脂酸锌被木屑吸收，随即用毛刷清除附着在零件表面的木屑。当零件温度降到 120℃以下时，零件内部的液态硬脂酸锌变为固体，起到填充封孔的作用。

（5）浸硅油封孔

粉末冶金零件封孔的硅油是一种有机硅化合物，由于硅油的黏度很低、表面张力小，所以容易渗透到粉末冶金零件内部中去。而且硅油不会被碱性溶液皂化或乳化，所以碱液除油对硅油没有影响。虽然酸类对硅油能起分解作用，但由于硅油的憎水性强，酸不能渗入到已封闭的孔隙中去，故硅油封孔也不受影响。

硅油一旦成膜就非常稳定，并能耐 200℃左右的高温，适用于高温环境下工作的粉末冶金零件。

浸硅油封孔的一般方法如下。

① 用四氯化碳溶剂把硅油配制成 5%～10%（质量分数）的硅油溶液，并加热到 70℃。

② 然后将高温除油过的粉末冶金零件自然降温至 180～200℃，迅速浸入硅油溶液中，持续时间一般为 10～15min，浸渍时停止产生气泡，硅油就已渗透到全部微孔中，即可取出

沥干。

③ 浸过硅油封孔的零件，再在烘箱中在 200℃下烘 30min，把四氯化碳驱逐掉，并使渗透到微孔中的硅油固化。

28.3.3 镀前处理

(1) 高温除油

粉末冶金零件的孔隙内部的油脂，用乳化溶液和有机溶剂去除，其效果不好。一般采用高温除油，即将零件直接加热到 250～300℃，使孔隙内的油脂溢出挥发并燃烧除去。这种除油方法简单、快速而彻底。高温除油对后续的封孔等工序起着很大的促进作用。

具体的高温除油方法：将零件放在高温烘箱或箱式电炉内，加热到 250～300℃，持续至无油烟逸出为止。

(2) 喷砂

粉末冶金零件镀前处理的喷砂清理，只能应用在对表面粗糙度要求不高的零件上。

① 用于去除零件表面较厚的锈蚀产物及油脂或其炭化后的残留物，可用直径约为 0.8～1.0mm 的硅砂。

② 常用于高温除油后清除氧化皮。喷砂也可用于去除蜡膜。采用 150 目的金刚砂。

(3) 滚光

粉末冶金零件镀前处理的滚光清理，一般用于以下情况。

① 浸高熔点石蜡后的去蜡或浸硅油后的去硅油膜，也可用滚光处理。滚筒内应加入适量的铁屑或钢珠、皂荚粉、洗涤剂，滚磨到粉末冶金零件表面无蜡层（或无硅油膜）为止。

② 对于形状简单而数量大的小零件，也可用滚光清理，以清除表面锈蚀产物、污垢、有机硅油膜等。滚筒内装入多于零件体积的细粒状白云石磨料进行干态机械打磨，滚磨时间为 3～4h。

(4) 除油

① 采用封孔法电镀工艺的镀前处理除油，由于有些封孔用的填料能被热碱溶液溶解，例如硬脂酸锌能被汽油和热碱溶液溶解，所以用硬脂酸锌填充过的零件不宜采用汽油等有机溶剂除油，也不宜采用普通的化学除油。

② 封孔法电镀零件的镀前处理除油，一般采用电化学除油，除油必须在封孔处理后进行。电化学除油溶液中的氢氧化钠浓度、温度、时间、电流密度以及除油方式等，都会影响除油效果。氢氧化钠浓度过高、温度过高、时间过长，都会增加对填充剂的破坏程度。所以，在保证除油干净的前提下，应尽量降低氢氧化钠浓度、温度，缩短除油时间。采用阳极电化学除油时，在不腐蚀零件的前提下，尽量提高电流密度，以缩短除油时间。

③ 粉末冶金零件镀前处理的电化学除油，一般采用阳极电化学除油，不宜采用阴极电化学除油。或先用阴极电化学除油，再经过短时间的阳极电化学除油。粉末冶金零件电化学除油的溶液组成及工艺规范如下：

碳酸钠（Na_2CO_3）	40～50g/L	温度	约 40～50℃
磷酸三钠（$Na_3PO_4 \cdot 12H_2O$）	40～55g/L	电流密度	5～10A/dm²
氢氧化钠（NaOH）	20～35g/L	阴极时间	3～10min
洗净剂	1～2mL/L	阳极时间	30～60s

(5) 弱浸蚀

由于粉末冶金件成型后，采用油封及防锈处理，所以零件表面很少锈蚀。因此，镀前处理的除锈，采用稀的酸溶液，在室温下，进行弱浸蚀。零件经浸蚀后，迅速彻底水洗，并迅速转入后续工序。弱浸蚀的溶液组成及工艺规范见表 28-1。

表 28-1　弱浸蚀的溶液组成及工艺规范

溶液成分及工艺规范	盐酸弱浸蚀		硫酸弱浸蚀	
	1	2	1	2
盐酸（HCl）$d=1.19$	$100\sim150g/L$	$50\sim100mL/L$	—	—
硫酸（H_2SO_4）$d=1.84$	—	—	$3\%\sim5\%$（体积分数）	$50\sim100mL/L$
温度/℃	室温	室温	室温	室温
时间/min	$0.5\sim2.5$	$0.5\sim1$	$3\sim5$	$0.5\sim1$

28.3.4　后续电镀

粉末冶金件经过上述前处理后，必要时可镀氰化铜打底，根据粉末冶金件的使用功能要求，镀相应的镀层，如再进行镀半光亮镍、亮镍、封闭镍、套铬的多层组合的防护装饰性电镀，也可镀锌或镀镉；或镀锌后套铬；或直接镀硬铬后套铬等。电镀后根据需要，进行钝化、浸油、浸涂透明清漆等后处理。

28.4　中间镀层工艺方法

28.4.1　中间镀层法的电镀工艺流程

采用中间镀层法的电镀工艺流程示例见图 28-2。

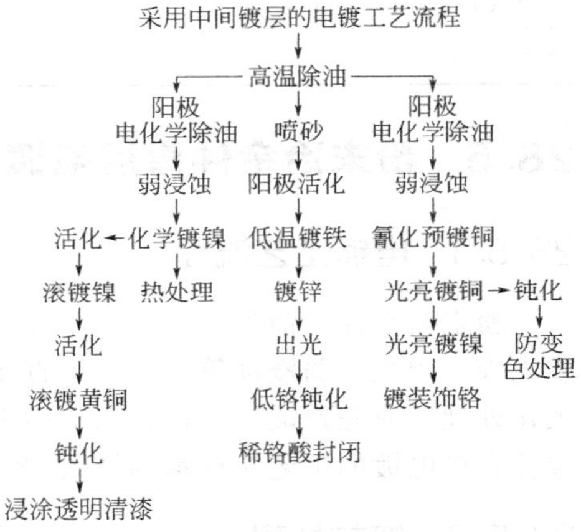

28.4.2　镀前处理

① 镀前处理的高温除油、喷砂、弱浸蚀等工序，可参照封孔处理工艺方法中的镀前处理。

② 中间镀层法的高温除油后，有的也可采用化学除油（代替阳极电化学除油），这时碱性化学除油，一般可按普通钢铁件的除油工艺方法进行。

28.4.3　中间镀层

中间镀层一般采用的有预镀铁、氰化预镀铜、化学镀镍等。

(1) 预镀铁

在采用中间镀层法的镀锌工艺流程中，零件经高温除油、喷砂后，进入阳极活化，进行低温镀铁（中间镀层），然后进行后续的镀锌等工序。阳极活化和低温镀铁的工艺规范如下。

① 阳极活化　粉末冶金件经喷砂后，表面还会有一层极薄的氧化膜，若不将它除去，势必影响镀层与基体的结合力，可采用阳极活化处理将氧化膜除去。阳极活化是在弱酸性低温镀铁溶液中进行阳极活化处理，必须严格控制工艺规范。由于活化溶液的酸性较弱，活化时间短，故不会对零件造成过腐蚀。活化处理的溶液组成及工艺规范见表 28-2。

图 28-2　采用中间镀层法的电镀工艺流程示例

表 28-2　活化处理的溶液组成及工艺规范

溶液成分		工艺规范	
硫酸亚铁铵[$FeSO_4(NH_4)_2SO_4\cdot6H_2O$]	$385\sim400g/L$	温度	20℃
硫酸（H_2SO_4）	$0.25g/L$	阳极电流密度	$2\sim5A/dm^2$
pH 值	$5\sim5.3$	时间　当阳极电流密度为 $5A/dm^2$ 时为 10s 　　　当阳极电流密度为 $2A/dm^2$ 时为 30s	

② 低温镀铁　在弱酸性低温镀铁溶液中，先进行阳极活化处理，接着电极换向后即可镀纯铁（作中间镀层）。由于在同槽中进行，能增强与后续镀层之间的结合力。镀铁采用的阴极电流密度为 $0.7\sim1.5A/dm^2$，能获得结晶均匀细致、外观呈银灰色的镀层。预镀铁的镀层孔隙率低，防止酸、碱液的渗入，增强后续镀层与基体的结合力。

(2) 氰化预镀铜

作为中间镀层的氰化预镀铜，其镀液组成及工艺规范见表 28-3。

表 28-3　氰化镀铜（中间镀层）的镀液组成及工艺规范

溶液成分及工艺规范	普通氰化镀铜(中间镀层)	滚镀光亮氰化铜(中间镀层)
	含量/(g/L)	
氰化亚铜(CuCN)	35～70	50～75
氰化钠(NaCN)(游离)	12～20	50～75
991 光亮剂	—	10～12mL/L
温度/℃	15～40	40～50
阴极电流密度/(A/dm²)	0.5～1.5	0.3～3
时间/min	5～10	—

28.5　粉末冶金件直接电镀

28.5.1　电镀工艺流程

粉末冶金件经前处理（如高温除油、化学除油、滚筒去毛刺或光饰、抛光、弱浸蚀等）后，可直接电镀，如直接镀镍、发黑氧化处理，或先预镀铜，再在铜镀层表面进行发黑处理。粉末冶金件直接电镀的工艺流程示例见图 28-3。

28.5.2　镀前处理

① 镀前处理的高温除油、弱浸蚀等工序，可参照封孔处理工艺方法中的镀前处理。

② 采用直接电镀工艺的镀前化学除油，一般可按普通钢铁件的除油工艺方法进行。

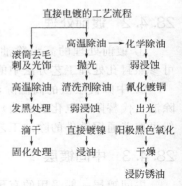

图 28-3　粉末冶金件直接电镀的工艺流程示例

28.5.3　阳极黑色氧化

上述图 28-3 工艺流程示例中，粉末冶金铁基零件的阳极黑色氧化，是先经过镀铜，将铜镀层作为底层，在铜镀层上进行阳极黑色氧化，可生成黑色均匀致密，光泽性较好的防护装饰性的氧化膜。阳极黑色氧化的溶液组成及工艺规范如下：

氢氧化钠（NaOH）	100～200g/L
温度	90～100℃
阳极电流密度	3～5A/dm²
时间	7～13min

28.5.4　粉末冶金件直接氧化发黑[1]

粉末冶金铁基零件上直接氧化发黑工艺，是零件先经过滚筒研磨去毛刺及光饰，再经高温除油（温度 500~600℃，时间 1~2h），然后进行急冷发黑处理至室温，经滴干，最后固化处理。直接氧化发黑所获得的氧化膜呈黑色和蓝色，有光泽，膜厚度约为 2~4μm。

① 急冷发黑处理　发黑溶液如下：

20 号全损耗系统用油	20%~25%（质量分数）
亚硝酸钠（$NaNO_2$）	1%~2%（质量分数）
氢氧化钠（$NaOH$）	0.5%~0.6%（质量分数）
水	余量

当经高温除油加热的零件，浸入冷的发黑溶液时，就会在铁基零件表面生成一层硬而致密的四氧化三铁（Fe_3O_4）氧化膜。发黑溶液中的 $NaNO_2$ 起强氧化剂作用，使零件表面钝化。全损耗系统用油与较热的零件接触时，分解成不饱和的碳氢化合物，加深氧化膜的黑度。

② 固化处理　经氧化发黑处理的零件，提出溶液滴干后，进行固化处理。即将零件浸在 120~140℃ 的热油中，持续时间为 0.5~1.5h，以去除零件表面的水分，稳定固化发黑后的表面氧化膜，同时起到润滑零件的作用。

第29章
塑料电镀

29.1 概述

塑料由于质轻，耐腐蚀，易整体成型且造型的可塑性大，制品的整体美观性好，并且有独特的物理化学性能以及优良的加工性能，在工业中获得了广泛应用。但塑料属于非金属材料，由于非金属本身固有的性质，限制了它的使用范围。塑料电镀，就是在塑料表面镀覆金属镀层，使其具有金属光泽、能导电、导磁、焊接、耐磨，并能提高其力学性能及热稳定性，从而扩宽了塑料的使用范围。

塑料镀覆金属镀层有两种方法，即干法镀覆（金属喷镀、真空镀覆）和湿法镀覆（化学镀、电镀）。与干法镀覆相比，用湿法镀覆获得的金属镀层，具有与基体结合牢固、耐磨性高、抗变色能力强等优点，因此，目前在工业中主要采用湿法镀覆（化学镀、电镀）技术。

塑料电镀首先应设法在其表面上覆盖一层导电的金属或导电的胶等。并要求其与基体结合牢固，再在其上镀覆各种金属，才能满足镀层质量要求。要使塑料表面镀覆金属，虽然有多种方法，但比较理想的是化学镀覆方法。目前工业生产上的塑料电镀，普遍采化学法沉积铜、镍等，再在其上电镀铬和其他金属镀层。

29.1.1 塑料电镀的特点

① 塑料件电镀具有塑料的自重轻，又兼有金属的机械强度和耐磨性能好的优点。塑料件电镀后，表面的耐磨性能、力学性能，都有明显的提高。

② 塑料与金属镀层不能形成原电池，即使镀层出现腐蚀点，也只能横向扩展，不可能向深度延伸。所以，塑料件能比镀相同镀层厚度的金属件的耐蚀性高十倍至几十倍。

③ 金属镀层与塑料的结合强度用剥离值来衡量，镀层剥离值一般用拉脱力来衡量，单位为 N/cm。剥离值是衡量塑料电镀件质量是否合格的最重要的指标。塑料材质的电镀性能对镀层剥离值的影响最大，各种塑料与金属镀层间的剥离值[1]见表 29-1。塑料与金属镀层间的剥离值最高可达 95N/cm，远远超过一般装饰性的要求（8～15N/cm）。

表 29-1　塑料与金属镀层间的剥离值

塑 料	剥离值/(kgf/cm)	塑 料	剥离值/(kgf/cm)	塑 料	剥离值/(kgf/cm)
ABS(通用级)	0.12～0.9	聚苯乙烯	0.1	聚丙烯酸酯	0.18～0.27
ABS(电镀级)	0.8～5.4	改性聚苯乙烯	0.14～1.4	尼龙	2.9～5
聚丙烯	0.7～9.6	氟塑料	0.9～7.1	聚砜	2.9～5
聚乙烯	0.7～0.9	聚缩醛	0.1～1.8	聚苯醚	0.9

注：1kgf=9.8N。

塑料电镀技术已广泛应用于各个工业部门。在塑料电镀中，用于装饰性的塑料电镀件大约占 95% 以上，用于特殊功能的塑料电镀件不足 5%。现今塑料电镀中，绝大多数是 ABS 塑料，其次是 PP 塑料（聚丙烯塑料）。

29.1.2 电镀塑料材料的选择

塑料种类很多，考虑到电镀的特性，如镀层的结合力、微观组织以及某些功能性要求等，对塑料材料进行选择是很有必要的，选择的基本原则如下。

① 尺寸稳定性好，变形温度越高越好。

② 表面硬度适中，抗拉强度不小于 $200kgf/cm^2$（19.6MPa）。

③ 应具有良好的电镀性能。

④ 电镀用的塑料，其成分应一致，不允许混入其他杂质。对相同成分的再生料，也尽可能不用。若要用，必须通过试验并严格控制再生料的含量不超过 20%，否则会影响镀层与基体的结合力。

⑤ 应根据产品要求和用途，考虑其材料价格、生产性能等。

29.2 塑料电镀件的设计要求

塑料电镀件的设计要求见表 29-2。

表 29-2 塑料电镀件的设计要求

项目	具体要求及一般做法
零件表面应平滑	不要求镜面光泽的部位，尽可能做成梨点状或压花纹，以便于粗化，提高镀层结合力，并掩盖小的缺陷和伤痕
尽量减小锐边、尖角和锯齿形	以免在这些部位，因电流密度大，镀得更厚，镀层易烧焦，内应力增加，甚至因应力过大而脱落。如必须要有锐边、尖角等时，其边缘应尽量倒圆。内棱角倒圆半径不小于 0.5mm，外棱角倒圆半径不小于 1mm
零件外形	零件的外形应有利于获得均匀的镀层。滚镀塑料件除满足上述条件外，还要求外形越简单越好
不宜有盲孔（即不通孔）	若有较深盲孔，容易引起处理溶液相互转移。如必须要有盲孔，其盲孔深度应为孔径的 $1/3\sim1/2$，而盲孔底部的修圆半径应大于或等于 3mm。即使是通孔，其直径也不宜过小，否则不利于溶液的流通。槽或孔之间的距离不宜太小，其边缘都应倒圆
尽量减小大面积的平直表面	镀件上有大面积的平直表面，会导致所获镀层厚度不均匀。平直表面积宜小于或等于 $10cm^2$。如果需要更大的平直表面，也应使中间部位略为隆起，隆起为 0.1~0.2mm/cm
要有足够的壁厚	镀件应有足够的强度，镀件壁厚应控制在 1.5~4mm，且壁厚应尽量均匀，厚度差不宜过大
沟槽	镀件上不宜采用长方形槽，更不能采用 V 形槽。必要时，槽的宽度深度比应大于或等于 3，底部修圆半径至少为 3mm
镶嵌件	用于电镀的塑料件不宜镶有嵌件，因为在镀前处理（如化学粗化）时，会受到严重腐蚀，还会降低活化液的使用寿命。若必须使用，选用嵌件的材料与塑料两者的热膨胀系数相差越小越好，如 ABS 塑料可选用铜、铝合金作嵌件。镶嵌件周围的塑料应有足够的厚度，并且要倒圆角。在电镀过程中，采用适当的方法将嵌件封闭
表面粗糙度	用作装饰性电镀的塑料件的表面粗糙度值，一般要求达到 $Ra0.050\sim0.025\mu m$，具体的按产品技术要求定
预留出电镀装挂位置	要有足够的装挂位置，防止导电不良或烧焦接触点。要求塑料镀件与挂具的接触面比金属件大 2~3 倍。装挂位置应设计在不影响外观的部位，并注意防止薄壁零件变形

29.3 塑料电镀件的成型工艺的要求

塑料的成型加工方法（采用注射成型的方式）和工艺规范（熔化温度、注射速度、注射压力、模具温度等），对镀层的剥离值都会产生较大的影响。不同的塑料都有符合该塑料电镀要求的成型加工方法和工艺规范。一般情况下，符合电镀要求的成型加工方法和工艺规范如下：

① 塑料成型前的原材料应在 80～90℃下烘干 3～4h，以去除残留水分，使其吸水率控制在 0.1%以下。

② 为提高模具内树脂的流动性，宜采用较高的模具温度，一般为 50～90℃。模具温度应与塑料熔化温度相配合，一般是塑料熔化温度为 220～250℃时，模具温度为 70～90℃。

③ 采用较高的注塑温度，如 ABS 塑料一般为 255～275℃。但不宜过高，否则会导致树脂炭化。

④ 采用较低的注塑压力。注塑压力与模具大小、塑压机的种类等因素有关，注塑压力一般控制在 70～210MPa 范围内，适宜的压力为 140MPa。

⑤ 采用较小的注塑速度，一般为非电镀件注塑速度的 50%[24]。

⑥ 塑料注射尽可能不使用脱模剂，特别是不能使用有机硅油类脱模剂。若使用脱模剂，可使用滑石粉或肥皂水。

⑦ 新旧原材料混合使用时，旧材料所占比例应不大于 20%。

29.4　各种塑料的热变形温度

塑料在电镀过程中，凡是有加热的工序如热处理去应力、除油、化学镀、电镀等的温度，都应低于塑料的热变形温度。各种塑料的热变形温度参见表 29-3。

表 29-3　各种塑料的热变形温度

塑料品种名称及代号		热变形温度/℃ （1.86MPa）	塑料品种名称及代号		热变形温度/℃ （1.86MPa）
ABS 塑料	耐热型	96～118	聚甲醛（POM）	均聚型	124
	中抗冲型	87～107		共聚型	110～157
	高抗冲型	87～103		玻纤增强	150～175
聚氯乙烯（PVC）	硬质	55～75	聚苯醚（PPO）	纯料	185～193
聚乙烯（PE）	低压	30～55		改进	169～190
	超高分子量	40～50	尼龙-66（PA-66）	未增强	66～86
	玻纤增强	126		玻纤增强	110
聚丙烯（PP）	纯料	55～65	尼龙-1010 （PA-1010）	未增强	45
	玻纤增强	115～155		玻纤增强	180
聚苯乙烯（PS）	纯料	65～96	氟塑料	F-4	55
	玻纤增强	90～105		F-46	54
聚甲基丙烯酸甲酯（PMMA）	浇注料	95	酚醛（PF）	—	150～190
	模塑料	95	脲醛（VF）	—	125～145
聚碳酸酯（PC）	纯料	85	三聚氰胺		130
	玻纤增强	230～245	环氧	—	70～290

29.5　塑料镀前处理可选用的有机溶剂

不同的塑料，耐有机溶剂的能力也不同。选用有机溶剂时，必须选用塑料表面不被溶解、不膨胀、不龟裂等的溶剂，而且还要求溶剂沸点低、易挥发、无毒、不易燃。塑料镀前处理可选用的有机溶剂[13]参见表 29-4。

表 29-4　塑料镀前处理可选用的有机溶剂

塑料名称	可用的有机溶剂	塑料名称	可用的有机溶剂
ABS 塑料	丙酮、二氯己烷	聚丙烯酸酯	甲醇
聚烯烃	丙酮、二甲苯	聚酯	丙酮
聚碳酸酯(PC)	甲醇、三氯乙烯	环氧树脂	甲醇、丙酮
聚苯乙烯(PST)	乙醇、甲醇、三氯乙烯	聚甲醛	丙酮
苯乙烯共聚物	乙醇、三氯乙烯、石油精	聚酰胺(尼龙)	汽油、三氯乙烯
聚氯乙烯(PVC)	乙醇、甲醇、丙酮、三氯乙烯	氨基塑料	甲醇
氟塑料	丙酮	酚基塑料	甲醇、丙酮、三氯乙烯
聚甲基丙烯酸甲酯(PMMA)	甲醇、四氯化碳、氟里昂	—	—

29.6　塑料电镀的工艺流程

塑料电镀工艺流程，以 ABS 塑料为例，其工艺流程如图 29-1 所示。

29.7　ABS 塑料的电镀

ABS 塑料是丙烯腈（A）、丁二烯（B）和苯乙烯（S）的三元共聚物组成的热塑性塑料。ABS 塑料中的三种成分的比例，可根据性能要求在很宽的范围内变化。但作为电镀用的 ABS 塑料，其成分比例需控制在一定的范围内，否则会影响镀层与基体的结合力。室内装饰件或屏蔽件，镀层剥离值最低允许值为 3.5～5N/cm，可选用通用级 ABS 塑料；室外装饰件，镀层剥离值最低允许值为 8～15N/cm，则应选用电镀级 ABS 塑料（部分电镀级 ABS 塑料牌号见表 29-5）。ABS 塑料电镀工艺流程示例见图 29-1。其他塑料的电镀工艺流程与此基本相同，其区别仅是消除应力、粗化等工序的配方组成和工艺规范有所调整。

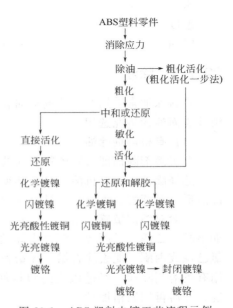

图 29-1　ABS 塑料电镀工艺流程示例

表 29-5　部分电镀级 ABS 塑料牌号

商品名	牌号	生产厂
团结牌	301mv-1m	兰州化学工业公司合成橡胶厂
桥牌	100(MPA)	中国石化股份有限公司上海高桥分公司
Taitalac	1250	台达化学工业股份有限公司(中国台湾)
Polyalc	PA-727	奇美实业股份有限公司(中国台湾)
—	D-210	国乔石油化学股份有限公司(中国台湾)

29.7.1　消除内应力

塑料在成型加工过程中会产生内应力，它对镀层的结合强度影响较大，必须消除其内应力，才能提高镀层与基体的结合力。

消除内应力常用的方法有两种：热处理法和溶剂浸渍法。

(1) 热处理法

用热处理的方法消除塑料制品的残留内应力,热处理一般在比塑料的热变形温度低 10℃ 的温度下进行。

ABS 塑料件成型后,立即进行热处理消除内应力,比放置一段时间后再进行热处理的效果好,所得镀层的剥离值更高。因此,应在塑料件成型后,立即进行热处理消除内应力。其方法是将镀件放在烘箱中,缓慢升温至 80℃,持续恒温 4～16h。要求剥离值高的镀件最好恒温 16h,然后缓慢降至室温。

(2) 溶剂浸渍法

由于热处理法时间长、耗电、成本高,故目前常用溶剂浸渍法消除内应力。其溶液组成及工艺规范如下:

丙酮	1 份（体积）
水	3 份（体积）
温度	室温
时间	浸泡 20～30min

29.7.2 除油

塑料除油常采用有机溶剂除油和化学除油（碱性溶液除油和酸性溶液除油）。生产中依据镀件表面油污情况选用。

(1) 有机溶剂除油

有机溶剂除油能去除塑料表面的石蜡、蜂蜡、脂肪、汗渍等污物。

选择除油用的有机溶剂时,必须选用塑料表面不被溶解、不膨胀、不龟裂;而且还要具有沸点低、易挥发、无毒、不易燃等的溶剂。

一般对溶剂敏感（耐溶剂性差）的塑料,如 ABS 塑料、聚苯乙烯塑料等,宜采用低级醇,如甲醇、乙醇、异丙醇及酮类或挥发快的脂肪族溶剂,如己烷、庚烷等。ABS 塑料可选用二氯己烷或丙酮,能去除石蜡、蜂蜡和脂等污物,但成本高。所以一般情况下 ABS 塑料不宜采用有机溶剂除油。经过抛光的塑料件,表面有蜡、脂等污物,可用热水（60～70℃）浸泡清洗,然后再用酒精擦拭。

(2) 化学除油

塑料件化学除油常用碱性溶液除油,其溶液组成及工艺规范与钢铁件除油溶液相似,但浓度低些,温度不宜太高,以防塑料变形,还必须加入适量的表面活性剂（最好是低泡型的）。

酸性溶液除油用得比较少,采用高锰酸钾酸性溶液除油,能增加塑料表面的亲水性,再进行粗化处理,能具有较高的结合力。采用重铬酸钾酸性溶液除油,除油后可不经水洗,直接进入化学粗化溶液中。

塑料件化学除油的溶液组成及工艺规范见表 29-6,塑料件除油剂除油的工艺规范见表 29-7。

表 29-6　塑料件化学除油的溶液组成及工艺规范

溶液成分及工艺规范	碱性溶液除油				酸性溶液除油[1]	
	1	2	3	4	1	2
	含量/(g/L)					
氢氧化钠(NaOH)	20～30	50～80	—	—	—	—
碳酸钠(Na₂CO₃)	30～40	15	30	30	—	—
磷酸三钠(Na₃PO₄)	20～30	30	20	50	—	—

续表

溶液成分及工艺规范	碱性溶液除油				酸性溶液除油[1]	
	1	2	3	4	1	2
	含量/(g/L)					
OP 乳化剂	1～3	—	10mL/L	—	—	—
表面活性剂	—	1～2	—	1～3	—	—
十二烷基硫酸钠($C_{12}H_{25}SO_4Na$)	—	—	1	—	—	—
高锰酸钾($KMnO_4$)	—	—	—	—	15	—
重铬酸钾($K_2Cr_2O_7$)	—	—	—	—	—	15
硫酸(H_2SO_4　$d=1.84$)	—	—	—	—	50mL/L	300mL/L
水	—	—	—	—	—	20mL/L
温度/℃	50～55	40～45	<70	40～55	65	室温
时间/min	30	30～40	20	10～30	30 左右需要搅拌	5～10

注：表面活性剂最好选用市售的低泡型表面活性剂。

表 29-7　塑料件除油剂除油的工艺规范

溶液成分及工艺规范	1	2	3	4
	含量/(g/L)			
MT-810 塑料电镀除油剂（固体成分）	35	—	—	—
MT-810 塑料电镀除油剂（液体成分）	100mL/L	—	—	—
38 净洗剂	—	10%（质量分数）	—	—
SP-1 除油剂	—	—	40～50	—
U-151 除油剂	—	—	—	40
温度/℃	35～50	15～18	45～60	50～70
时间/min	5～10	除净为止	3～5	4～6

注：1. 配方 1 的 MT-810 塑料电镀除油剂是广州美迪斯新材料有限公司的产品。其特性：去除油污，并对零件表面进行整理，改善整理后塑料表面的亲水状态。

2. 配方 2 的 38 净洗剂是上海正益实业有限公司的产品。

3. 配方 3 的 SP-1 除油剂是杭州东方表面技术有限公司的产品。

4. 配方 4 的 U-151 除油剂是安美特化学有限公司的产品。

29.7.3　粗化

粗化是塑料电镀的关键工序。粗化的作用有两个：一是使塑料表面由憎水性变成亲水性，有利于敏化、活化处理，以提高镀层的化学性结合；二是使塑料表面形成适当的微观粗糙度，增大镀层与基体的接触面积，以增强镀层的机械性结合，从而提高塑料与金属镀层间的结合力。

塑料的粗化方法，目前普遍使用的方法有三种：机械粗化、有机溶剂粗化和化学粗化。这三种粗化方法所获得镀层的结合力，按从大到小的顺序依次排列为：化学粗化、有机溶剂粗化、机械粗化。

应根据零件的精度、尺寸、形状、数量、塑料的物理化学性质以及零件的用途等，确定选用一种或几种粗化方法。

(1) 机械粗化

机械粗化可用于对精度要求不高的零件。机械粗化是用滚磨、喷砂和砂纸打磨等方法，去除塑料零件毛边、分型线条等，并使其表面粗糙，增加表面积，从而提高金属镀层的结合力。无论采用哪一种机械粗化方法，都不允许机械粗化后零件变形，同时其最后尺寸应在允许的公差范围内。

① 滚磨粗化　一般适合于小型零件。滚磨的工艺规范如下。

磨料：一般采用蚌壳（预先打掉尖角），加入量约为零件的几倍。

磨液：采用 $10\sim20g/L$ 氢氧化钠（NaOH）或碳酸钙（$CaCO_3$）的水溶液。

滚筒的装填量：零件＋磨料＋磨液的总体积约占滚筒容量的 $1/2$。

滚筒转速：24r/min。

滚磨时间：5～6h。

② 打磨粗化　用金刚砂纸对塑料表面进行摩擦打磨，劳动量大、生产效率低。适用于产量小的零件，以及滚磨和喷砂都不允许使用时，可以采用砂纸打磨。

③ 喷砂粗化　一般适用于厚壁零件及大零件。使用细砂（$\phi 0.1\sim0.3mm$）、硬质果壳的碎粒、硬质塑料颗粒等。可采用液压喷砂，灰尘少，效果较好。

(2) 有机溶剂粗化

这种粗化方法，是利用有机溶剂对塑料表面的溶解、溶胀作用，使塑料表面的低分子量成分、增塑剂及非晶态部分，被腐蚀，形成微观的粗糙表面。使用这种方法粗化，应特别注意不宜溶胀过度，以免塑料零件变形。有机溶剂粗化处理后，应尽快进行后续工序的处理，以免孔隙干涸后又封闭。有机溶剂粗化处理所采用的溶剂如下。

① ABS 塑料、聚苯乙烯，宜采用溶解力弱的乙醇溶剂处理。

② 聚烯烃类、聚酯等塑料，可用氯化溶剂处理。

③ 热固性塑料，则用甲苯、丙酮溶剂处理。

(3) 化学粗化

① 化学粗化的作用　ABS 塑料普遍采用化学粗化，其次是有机溶剂粗化。化学粗化实质上是对塑料表面进行化学刻蚀和氧化，从而提高镀层的结合力。

a. 刻蚀作用。在化学粗化过程中，粗化溶液中的硫酸能将 ABS 塑料中的 B 组分（丁二烯）溶解掉，在其表面形成无数的凹槽、微孔甚至孔洞，即微观粗糙，对后续工序产生"锁铆"效果，从而提高了机械性结合。

b. 氧化作用。强酸、强氧化性的化学粗化溶液，能使塑料表面的高分子结构的长链断开，即长链变短链，并发生氧化、磺化等作用。而在长链的断链处形成无数的亲水基团，大大提高塑料表面的亲水性，有利于后续工序（敏化、活化）顺利进行，从而提高了化学性结合。

化学粗化过程中的刻蚀作用，增强了机械性结合；而氧化作用，增强了化学性结合。这些作用组合起来，即可提高基体与镀层的结合力。

② 溶液组成及工艺规范　化学粗化溶液的配方及工艺规范，对塑料表面的刻蚀影响较大，要确定最佳的粗化配方及工艺规范十分困难，一般要靠试验的方法进行优选确定。ABS 塑料化学粗化的溶液组成及工艺规范见表 29-8。

表 29-8　ABS 塑料化学粗化的溶液组成及工艺规范

溶液成分及工艺规范	高铬酸型		高硫酸型			含磷酸型		粗化剂粗化
	1	2	1	2	3	1	2	
	含量/(g/L)							
铬酐（CrO_3）	400～430	250～350	30	20～30	10～20	9	—	—
98%硫酸（H_2SO_4）/(mL/L)	180～220	325	600	543	600～700	520	477	—

续表

溶液成分及工艺规范	高铬酸型		高硫酸型			含磷酸型		粗化剂粗化
	1	2	1	2	3	1	2	
	含量/（g/L）							
85％磷酸（H_3PO_4）/（mL/L）	—	—	—	—	—	140	166	—
重铬酸钾（$K_2Cr_2O_7$）	—	—	—	—	—	—	30	—
盐酸（HCl）（$d=1.18$）/（mL/L）	—	—	—	—	—	—	—	100
MT-830 粗化剂/（mL/L）	—	—	—	—	—	—	—	100
水/（mL/L）	—	—	400	—	—	—	—	—
温度/℃	60～70	60～70	70～75	60～70	60～70	60～70	60～70	室温
时间/min	10～30	15～30	5～10	30～60	30～60	30～60	30～60	2～3

注：MT-830 粗化调整剂是广州美迪斯新材料有限公司的产品。

③ 化学粗化工艺说明

a. 高铬酸型粗化溶液应用最普遍，对 ABS 塑料粗化能力强，粗化速度快，效果较好，而且溶液使用时间长，悬浮物少，不需要经常调整。但溶液铬含量高，含铬废水量大。高铬酸型粗化溶液配方 1 适用于自动线生产，配方 2 适用于手工生产。

b. 高硫酸型粗化溶液配方 1，适用于先经过机械粗化的镀件；配方 2、3 适用于比较复杂零件的粗化，粗化速度较慢。

c. 应当指出，塑料种类对粗化效果影响很大。目前，国内塑料电镀行业使用电镀级 ABS 塑料的还不多，一般多用通用级 ABS 塑料，而通用级 ABS 塑料又分为许多种。虽然都是电镀级 ABS 塑料，但不同生产厂家、不同牌号、甚至不同批次的材料，其粗化工艺规范往往有所不同。因此在化学粗化投产前，最好预先做一试验，以确定合适的工艺规范。

d. 一般情况下，粗化溶液的工作温度，应比塑料的热变形温度低 10～20℃。低于 60℃ 时粗化速度很慢。粗化温度越高，粗化时间越短。

e. 经碱性化学除油的镀件，应反复清洗，最好用 50～60℃ 热水洗（或再用稀硫酸溶液中和），以防止碱液带入粗化槽，而与硫酸发生中和反应或稀释粗化溶液。

f. 零件的装挂形式。最好将零件装在挂具上进行粗化，这既有利于机械搅拌，又减少零件相互的接触面。

g. 粗化溶液的装载量。放入槽内的零件体积一般为槽液体积的 1/4～1/3，过多将导致粗化不均匀。

h. 在粗化过程中，应对零件不断地进行机械搅拌（特别是几何形状复杂的零件），以使零件能被均匀粗化。

i. 对不通孔或不通孔细深的零件，必须封堵不通孔。否则，很难将粗化溶液彻底清洗干净，残留的粗化液带入敏化、活化溶液中去，会降低或失去敏化、活化效果。

（4）粗化质量的检查

对粗化质量的检查，可以从粗化表面外观做出判断。粗化程度与表面特征的关系[24]如下：

① 粗化表面必须全部能被水润湿。

② 表面微暗，平坦但不反光，说明粗化适宜。

③ 如果表面平滑有光泽，对强光源反射好，说明粗化程度不足。

④ 表面明显发暗，但仍平滑，说明粗化稍过度。

⑤ 表面呈白绒状，说明粗化过度。

⑥ 表面有裂纹、疏松，说明粗化严重过度。

29.7.4 中和或还原

化学粗化后要彻底清洗,这是为了将在化学粗化处程中残留于零件表面的六价铬清洗干净,以防止氧化性的铬酸进入下一道工序敏化溶液中去,而起到破坏作用。需进行中和或还原处理。可在下列溶液中于室温下浸泡 1~3min,再反复清洗。

① 50~100g/L 氢氧化钠溶液中进行中和处理。

② 10%(体积分数)氨水溶液中进行处理。

③ 100~200mL/L 盐酸溶液中进行浸酸处理。

④ 2~10mL/L 水合肼($N_2H_4 \cdot H_2O$)、10~15mL/L 盐酸溶液中进行还原处理。

⑤ 10~50g/L 亚硫酸钠溶液中进行还原处理。

29.7.5 敏化

敏化处理是将经粗化处理过的塑料件,放入含有敏化剂的溶液中浸渍,使其表面吸附一层易氧化的金属离子(一般为具有还原性的二价锡离子)。敏化剂是一种还原剂,当其附着在零件表面上时,能在随后的活化处理时,将具有催化活性的金属离子还原成金属,以此作为化学镀的催化中心。所以,敏化工序在化学镀中起着十分重要的作用,敏化剂能促使镀层均匀沉积,提高化学镀的沉积速度,增强覆盖力。敏化处理的溶液组成及工艺规范见表 29-9。由于敏化液在空气中长期放置,Sn^{2+} 会被氧化为 Sn^{4+} 而失去敏化作用,所以配制好的敏化液应放入一根纯度为 99.9%(质量分数)的锡条(或锡粒),这样可延缓 Sn^{2+} 的氧化。

根据敏化作用机理[1],塑料零件浸入敏化溶液中时,表面附有一层敏化溶液,当它移入清洗水槽时,由于清洗水的 pH 值比敏化溶液高,这时就会发生二价锡离子的水解,而形成二价锡凝胶状物,这种凝胶状物沉积在零件表面上,形成一层极薄的膜。由此可见,二价锡凝胶状物不是在敏化溶液中产生的,而是在敏化后的清洗水中形成的。因此,敏化效果与清洗水的水质、流速、压力等有关。生产中一般用自来水(只要清洗水的 pH 值不低于7),但不能用碱度过高及温度过高的水来清洗,否则会降低或失去敏化效果。再则,清洗水流速过低,不利于水解产物 H^+ 和 Cl^- 扩散,减缓水解反应速率;过大的流速和压力,不利于凝胶状产物的形成和附着。所以,敏化后的零件既要反复清洗,但水流速又不宜过快,更不要用高压水清洗。

表 29-9 敏化处理的溶液组成及工艺规范

溶液成分及工艺规范	敏化溶液(适合与离子型活化液配合使用)		预浸溶液(与胶态钯活化液配合使用)
	1	2	
	含量/(g/L)		
氯化亚锡($SnCl_2 \cdot 2H_2O$)	10~30	2~5	10
37%盐酸(HCl)/(mL/L)	40~50	2~5	100
金属锡条/根	1	1	1
温度/℃	室温	室温	室温
时间/min	1~5	3~10	1~5

注:1. 敏化溶液配方 1 适用于大批量连续生产时塑料电镀时使用。

2. 敏化溶液配方 2 适用于小批量间歇生产时使用。

3. 预浸溶液适合与胶态钯活化溶液配合使用,故称为预浸溶液。使用方法:胶体钯活化前,将零件浸渍到预浸溶液中 1~3min 后,不经水洗直接进入胶态钯活化液中进行活化。

29.7.6 活化

活化的作用是将经过敏化处理的塑料件浸入含有催化活性金属(如银、钯、铂和金等)的化合物溶液中，将具有催化活性的金属离子还原成金属，使其表面形成一层贵金属微粒，以此作为化学镀的催化中心——晶核。

常用的活化溶液有两种：离子型活化溶液和胶态钯活化溶液。

（1）离子型活化溶液

离子型活化溶液的活化过程在于，当经过敏化的含有二价锡凝胶状物的零件表面与含有贵金属离子（通常使用银或钯盐）的活化溶液相接触时，这些贵金属离子很快被二价锡还原成金属微粒，并紧密地附着在零件表面上，以此作为化学镀的催化中心——晶核。离子型活化溶液的优点是配制简单，适应性强；最大的缺点是溶液维护困难，生产过程调整频繁。离子型活化溶液有：硝酸银离子型活化溶液和氯化钯离子型活化溶液。

① 硝酸银离子型活化溶液　该活化液的金属银只对化学镀铜有催化活性，所以，硝酸银活化液只适用于化学镀铜。硝酸银的价格只是氯化钯的 1/200 左右，一次投入成本低，它与化学镀铜配合适用于多种塑料的前处理。其缺点是易分解发黑，稳定性差。溶液配制要用纯水，零件入活化槽前也要用纯水清洗干净，防止自来水中的氯离子与活化液中的银离子形成氯化银沉淀。

常用的硝酸银离子型活化的溶液组成及工艺规范[1]见表 29-10。

表 29-10　ABS 塑料常用的硝酸银离子型活化的溶液组成及工艺规范

溶液成分及工艺规范	1	2	3	4
	含量/(mL/L)			
硝酸银（$AgNO_3$）/(g/L)	1～3	2～5	30～90	10
25％氨水（$NH_3 \cdot H_2O$）	7～10	6～8	20～100	—
酒精（C_2H_5OH）	—	—	—	1000
温度/℃	15～30	15～30	15～30	15～30
时间/min	3～5	5～10	0.5～5	1～3

注：1. 配方 1、2 的银盐浓度低，适用于小批量生产，避免频繁调整溶液。
2. 配方 3 的银盐浓度较高，适用于大批量的连续生产。
3. 配方 4 的溶剂型活化溶液，适用于用有机溶剂粗化后的零件的活化。

② 氯化钯离子型活化溶液　氯化钯活化液对化学镀铜、镍、钴等均有催化活性，而且溶液比较稳定，易于调整和维护，使用寿命长，催化活性比银强，虽然钯盐价格昂贵，但它的使用远比银盐广泛。氯化钯离子型活化溶液有酸性和碱性两种，常用酸溶液，据文献报道，碱性活化液也能取得好的活化效果。

氯化钯离子型活化的溶液组成及工艺规范见表 29-11。

表 29-11　氯化钯离子型活化的溶液组成及工艺规范

溶液成分及工艺规范	酸性活化溶液			碱性活化溶液
	1	2	3	
	含量/(g/L)			
氯化钯（$PdCl_2$）	0.5	0.25～1.5	0.2～0.5	0.3～0.5
氯化铵（NH_4Cl_2）（试剂级）	—	—	—	0.2～0.5
37％盐酸（HCl）/(mL/L)	10	0.25～1	3～10	—
硼酸（H_3BO_3）	—	20	—	—
配位剂 HD-1	—	—	—	3～5

溶液成分及工艺规范	酸性活化溶液			碱性活化溶液
	1	2	3	
	含量/(g/L)			
pH 值	1.5～2.5	1.5～2.5	1～3	7～9
温度/℃	室温	室温	室温	20～40
时间/min	1～3	0.5～5	1～5	2～5

注：碱性活化溶液的配位剂 HD-1 为湖南大学研制。

（2）胶体钯活化溶液（直接活化）

胶体钯活化溶液，是将敏化所用的还原剂与活化所用的催化离子置于一起，即将敏化与活化合为一步进行，故也称直接活化法。这种溶液通常由氯化钯、氯化亚锡、盐酸、硫酸等组成。利用氯化亚锡对氯化钯的还原作用，通过活化可在塑料表面形成一层四价锡离子与金属钯的胶体状化合物，为后续的化学镀镍提供催化中心。

离子型活化后的零件表面附着的是银或钯的金属微粒，而胶体钯活化后零件表面附着的则是钯与锡的化合物，此化合物呈胶体状，故称为胶态钯或胶体钯。

胶体钯活化溶液比上述两种离子型活化溶液更稳定，使用、维护方便，很适合大批量生产和自动线生产，可提高 ABS 塑料零件的结合力，但一次投入成本高。胶体钯活化的溶液组成及工艺规范见表 29-12。

表 29-12　胶体钯活化的溶液组成及工艺规范

溶液成分及工艺规范	1		2	3	4		5	6
	A 溶液	B 溶液			基本液	补充液		
	含量/(g/L)							
氯化钯（$PdCl_2$）	1g	—	0.2～0.3	0.5～1	0.25	1	—	—
氯化亚锡（$SnCl_2 \cdot 2H_2O$）	2.5g	75g	10～20	50	3.5～5	10	2～4	—
37% 盐酸（HCl）/(mL/L)	100mL	200mL	200	330	10	80	200～300	—
氯化钠（NaCl）	—	—	—	—	250	150	—	—
锡酸钠（$Na_2SnO_3 \cdot 3H_2O$）	—	7g	—	—	0.5	—	—	—
尿素[$CO(NH_2)_2$]	—	—	—	—	50	50	—	—
间苯二酚（$C_2H_6O_2$）	—	—	—	—	1	—	—	—
水	200mL	—	—	—	—	—	—	—
BPA-1 活化剂/(mL/L)	—	—	—	—	—	—	4～6	—
PL 活化剂/(mL/L)	—	—	—	—	—	—	—	3～5
温度/℃	15～40		20～40	50～60	20～40		25～40	20～30
时间/min	2～3		5～10	5～10	3～10		2～5	2～5

注：1. 配方 1，将 A、B 溶液分别配制好后。将 B 溶液在不断的搅拌下缓慢倒入 A 溶液中，稀释至 1L，并搅拌均匀，该溶液为棕色的胶态钯溶液。将混合液在 40～45℃下保温 3h，缓慢降至室温。以提高溶液活性和延长其使用寿命。化学镀镍前的活化，最好使用本配方，活化效果很好，而且溶液很稳定。

2. 配方 2 及 4 中钯含量较低，可用作化学镀铜前的活化。

3. 为了保护胶态钯活化液不会尽快地被稀释，以及取得更好的活化效果，一般活化前将零件浸渍到表 28-9 敏化处理的溶液组成及工艺规范中的预浸溶液 1～3min 后，不经水洗直接进入胶态钯活化液中进行活化。

4. 配方 5、6 是目前市场上比较有代表性的两种胶态钯活化剂商品。BPA-1 活化剂为杭州东方表面技术有限公司的商品。PL 活化剂为安美特化学有限公司的商品。

29.7.7 还原和解胶

(1) 还原处理

零件经离子型活化溶液处理后,为提高零件表面的催化活性,加快后续的化学沉积速度;并除去残留在零件表面的活化液,防止将它带入化学镀液中,需要进行还原处理。还原处理的溶液组成及工艺规范见表 29-13。

表 29-13 还原处理的溶液组成及工艺规范

溶液成分及工艺规范	经硝酸银活化后需要化学镀铜	经氯化钯活化后需要化学镀铜或镀镍	对氯化钯、氯化铵、HD-1 组成的活化液
甲醛(CH_2O,质量分数 37%)	100mL/L	—	—
次磷酸二氢钠($NaH_2PO_2 \cdot H_2O$)	—	10~30g/L	—
水合肼($N_2H_4 \cdot H_2O$)	—	—	2%~5%(体积分数)
温度/℃	室温	室温	10~40
时间	10~60s	10~30s	3~5min

(2) 解胶处理

经胶体钯活化后的零件,其表面吸附的是以原子钯为核心、外围为二价锡的胶团,而活化后经清洗工序,使二价锡水解成胶状,把钯严实地裹在里面,而使其无催化活性。解胶即将钯周围的二价锡离子水解胶层除(脱)去,使钯暴露出来成为化学镀的催化活性中心。解胶可以在酸性或碱性溶液中进行,其溶液组成及工艺规范见表 29-14。

表 29-14 常用解胶的溶液组成及工艺规范

溶液成分及工艺规范	酸性解胶溶液					碱性解胶溶液	中性解胶溶液
	1	2	3	4	5		
	含量/(mL/L)						
37% 盐酸(HCl)	80~120	—	—	—	—		
98% 硫酸(H_2SO_4)	—	100	—	—	—		
氢氧化钠(NaOH)/(g/L)	—	—	—	—	—	50	
次磷酸二氢钠($NaH_2PO_2 \cdot H_2O$)/(g/L)	—	—	—	—	—		30
BPS-1 添加剂	—	—	80~120	—	—		
AK 加速剂 PLUS	—	—	—	210	—		
MT-840 解胶剂(体积分数)	—	—	—	—	20%~40%		
温度/℃	35~45	35~40	40~50	40~60	35~45	30~40	18~30
时间/min	1~3	1~3	2~5	2~5	3~7	0.5~3	0.5~3

注:1. 配方 1 用盐酸解胶用于化学镀镍(酸性)质量较好,适用于 ABS 塑料一次装挂的自动线。

2. 配方 2 用硫酸解胶会产生沉淀物,应定期或连续过滤。

3. 配方 3 的 BPS-1 添加剂为杭州东方表面技术有限公司的商品。

4. 配方 4 的 AK 加速剂 PLUS 为安美特化学有限公司的商品。

5. 配方 5 的 MT-840 解胶剂是广州美迪斯新材料有限公司的产品。

6. 碱性解胶溶液价廉,易于分析调整,但易产生沉淀物,使表面粗糙,适用于零件表面有花纹或粗糙度要求不严格的零件。此法除 ABS 塑料外,对各种塑料适用性强,解胶后可不经水洗直接进行化学镀铜或化学镀镍,但不适用于一次装挂的自动线。

7. 中性解胶溶液适用于要求表面粗糙度值低的零件,但成本较高。

8. 经解胶处理后的零件表面应呈均匀的浅褐色,否则,应重复敏化、活化处理、解胶至合格为止。

29.7.8 化学镀

塑料零件经过镀前处理除油、粗化、敏化、活化后，即可进行化学镀。塑料零件的化学镀与金属件化学镀有一定差别。塑料零件化学镀，根据产品要求可进行化学镀铜或镀镍（化学镀铜与化学镀镍的比较见表29-15）。多数采用化学镀铜（成本低），但大面积零件及一些质量要求高的产品宜采用化学镀镍，而镀液温度应比塑料热变形温度低约20℃，以防止零件变形。

表 29-15 化学镀铜与化学镀镍的比较

化学镀层	优点	缺点
化学镀铜	① 镀层的韧性好 ② 应力小，与镀层的结合力良好 ③ 镀层导电性良好 ④ 镀层析出性良好 ⑤ 镀液在室温下使用 ⑥ 材料来源广，价格低 ⑦ 与硝酸银活化配合，能适用于多种塑料	① 镀液稳定性差，较难控制 ② 铜层的耐蚀能力较差 ③ 铜层与基体附着性稍差 ④ 表面易产生积点，影响粗糙度 ⑤ 易产生处理伤痕 ⑥ 沉积速度慢（需10~30min），效率低
化学镀镍	① 镀层结晶细致，无污斑与粗晶现象 ② 镀层耐蚀性能好 ③ 与基体附着性良好 ④ 镀层质量好，成品率高 ⑤ 镀液稳定性好，镀液管理较好控制 ⑥ 沉积速度快，只需3~10min	① 韧性好，比铜镀层差 ② 内应力较铜镀层大，与镀层附着性稍差 ③ 工作时镀液需加热 ④ 镀层析出性稍差 ⑤ 镀层导电性稍差 ⑥ 需要钯盐活化，成本较高

(1) 化学镀铜

传统化学镀铜溶液为高碱性镀液，一般甲醛作还原剂，然而甲醛是一种致癌有毒物，对人体、环境具有明显的危害。在环保和能源成为人们关注焦点的今天，传统的化学镀铜受到冲击，寻找替代甲醛的新型还原剂的研究已有很多报道。据文献[25]介绍，以乙醛酸、次磷酸钠作还原剂的研究较多。以乙醛酸作为化学镀铜的还原剂，其还原能力及反应机理与甲醛相似，该方法镀速高、镀液稳定且铜镀层的纯度高。以次磷酸钠作还原剂的化学镀铜，工艺参数范围宽、镀液寿命长等。所以，非甲醛化学镀铜工艺将有很大的发展前景。

化学镀铜的溶液组成及工艺规范见表29-16。

表 29-16 化学镀铜的溶液组成及工艺规范

溶液成分及工艺规范	甲醛化学镀铜					非甲醛化学镀铜	
	1	2	3	4	5	1	2
	含量/(g/L)						
硫酸铜($CuSO_4 \cdot 5H_2O$)	5	15	7	10~15	14	16	10
酒石酸钾钠($KNaC_4H_4O_6 \cdot 4H_2O$)	25	60	22.5	—	44.5	—	—
对甲苯磺酰胺($C_7H_9NO_2S$)	—	0.06~0.15	—	—	—	—	—
氢氧化钠(NaOH)	7	10~15	4.5	20	9	—	—
氯化镍($NiCl_2 \cdot 6H_2O$)	—	2	2	—	4	—	—
硫酸镍($NiSO_4 \cdot 6H_2O$)	—	—	—	—	—	—	0.5~1
37%甲醛(HCOH)/(mL/L)	10	8~18	25.5	5~8	51	—	—
乙醛酸(CHOCOOH)	—	—	—	—	—	13	

续表

溶液成分及工艺规范	甲醛化学镀铜					非甲醛化学镀铜	
	1	2	3	4	5	1	2
	含量/(g/L)						
次磷酸钠($NaH_2PO_2 \cdot H_2O$)	—	—	—	—	—	—	30
碳酸钠(Na_2CO_3)	—	—	2.1	—	4.2	—	—
EDTA 二钠 ($C_{10}H_{14}N_2Na_2O_8 \cdot 2H_2O$)	—	—	—	30～45	—	40	—
柠檬酸钠($Na_3C_6H_5O_7 \cdot 2H_2O$)	—	—	—	—	—	—	15
α、α'-联吡啶($C_{10}H_8N_2$)	—	—	—	0.1	—	0.01	0.01
pH 值	12.8	12.5～13.5	—	13.5	12.5	12.5	9
温度/℃	室温	10～40	室温	25～40	室温	40	65～70
时间/min	20～30	—	20～30	—	20～30	—	—
沉积速度/(μm/h)	—	2～4	—	2	—	—	—

注：1. 甲醛化学镀铜的配方 2、3、5 中引入少量氯化镍，可适当降低化学镀层的粗糙度值。
2. 非甲醛化学镀铜的配方 1 为乙醛酸化学镀铜，配方 2 为次磷酸钠化学镀铜。

(2) 化学镀镍

化学镀镍的溶液组成及工艺规范见表 29-17。

表 29-17　化学镀镍的溶液组成及工艺规范

溶液成分及工艺规范	1	2	3	4	5	6	7
	含量/(g/L)						
硫酸镍($NiSO_4 \cdot 7H_2O$)	20	—	25	—	—	—	—
氯化镍($NiCl_2 \cdot 6H_2O$)	—	30	—	—	—	—	—
次磷酸二氢钠($NaH_2PO_2 \cdot H_2O$)	30	10	25	—	—	—	—
柠檬酸钠($Na_3C_6H_5O_7 \cdot 2H_2O$)	10	—	—	—	—	—	—
次磷酸镍铵[$NH_4Ni(H_2PO_2)_3$]	—	—	—	8	—	—	—
次磷酸铵($NH_4H_2PO_2$)	—	—	—	8	—	—	—
醋酸钠($CH_3COONa \cdot 3H_2O$)	—	—	10	5	—	—	—
氯化铵(NH_4Cl)	30	50	—	—	—	—	—
E300A/(mL/L)	—	—	—	—	40	—	—
E300B/(mL/L)	—	—	—	—	60	—	—
KV-A/(mL/L)	—	—	—	—	—	50	—
KV-B/(mL/L)	—	—	—	—	—	45	—
KV-C/(mL/L)	—	—	—	—	—	50	—
BH-主盐 A/(mL/L)	—	—	—	—	—	—	50
BH-开缸剂 B/(mL/L)	—	—	—	—	—	—	100
BH-补给剂 C	—	—	—	—	—	—	补加用
pH 值	8.5～9.5	8～9.5	4～5	＞8	7.8～9.5	8.5～9.2	8.5～9.5

溶液成分及工艺规范	1	2	3	4	5	6	7
	含量/(g/L)						
温度/℃	30~40	30~40	30~40	40	25~40	30~45	45~55
时间/min	5~10	5~10	5~10	2~5	5~10	6~8	—

注: 1. 配方 1 广泛用于塑料化学镀形成导电膜。

2. 配方 3 为室温下工作的酸性镀液。由于酸性镀液所获得的镀层比碱性镀液所得镀层的耐蚀性能强得多,所以它主要用于只进行化学镀,而又要求耐蚀性高的塑料电镀件。

3. 配方 4 的化学镀速度高,每小时可镀 6~12μm,在塑料上沉积导电膜只需 2min。

4. 配方 5 的 E300A、E300B 添加剂为杭州东方表面技术有限公司的商品。

5. 配方 6 的 KV-A、KV-B、KV-C 添加剂为安美特化学有限公司的产品。

6. 配方 7 的 BH-主盐 A、BH-开缸剂 B、BH-补给剂 C 是广州二轻工业科学技术研究所的产品。

29.7.9 电镀

塑料零件经过镀前处理、化学镀以后,就可以进行后续的电镀。虽然在化学镀铜或化学镀镍上,可以直接镀镍,但化学镀后,表面形成的一层金属膜很薄,而且为提高镀层的抗热冲击性能,宜先镀铜,因为铜层的热膨胀系数比较接近塑料。镀铜时不能用氰化镀液,因它会腐蚀化学镀层,造成起泡。可以直接光亮酸性镀铜,也可先用闪镀铜,再进行光亮酸性镀铜。然后根据产品需要电镀其他镀层,如镀镍、铬等金属或合金。

29.7.10 ABS 塑料直接电镀工艺

近年来,市场上还推出了一种 ABS 塑料直接电镀工艺,简化了工序,缩短了工艺流程,从而适应了大批量生产和自动线生产。

杭州东方表面技术有限公司推出的自主开发的具有自身特点的塑料直接电镀工艺,工件经胶体钯活化后,无须进行解胶即可直接进行铜置换操作,工艺流程和时间大大缩短。据有关资料介绍,该工艺对塑料要求较高,最好使用电镀级的 ABS 塑料,因此目前该工艺的使用并不十分普及。

(1) 工艺处理流程

ABS 塑料直接电镀工艺流程(以杭州东方表面技术有限公司的相关工艺为例)如下:

除油→水洗→粗化→回收→水洗→还原→水洗→还原→水洗→预浸→胶体钯活化→回收→水洗→铜置换→回收→水洗→后续电镀。

工艺说明:

① 某些应力高的 ABS 塑料应先去除应力再除油,而多数 ABS 塑料可以直接进行除油。

② 对于手工线生产,塑料镀件可以在除油后再装上挂具;对于自动线生产,塑料镀件可以装上挂具后再除油。

③ 还原的作用是去除镀件表面残留的铬酸,以保证活化液的使用寿命。本工艺采用两遍还原,可降低还原液含量,又可使还原更彻底。

④ 预浸的作用是减少前面可能出现的有害物质进入活化液;防止活化液中的盐酸被稀释;预浸后不经水洗直接进入活化槽,防止胶体钯直接与镀件表面上的中性水接触而发生破坏性分解。

⑤ 据介绍,本工艺活化液中所含胶体钯细而密,具有较高的活性,且不易沉降,稳定性好。

⑥ 铜置换为本工艺的关键工序,它完全不等同传统意义上的化学镀铜。所得到的铜置换导电层呈浅灰黑色,结晶细致,结合力良好。由于铜置换导电层非常薄(小于 1μm),所以后

续镀层不易产生毛刺和麻点。BPC-1A 为溶液提供铜离子，并含有适量的有机物组合配位剂、促进剂等；BPC-1B 主要含有碱及适量的配位剂、抑制剂、润湿剂等。铜置换溶液不含难分解的螯合剂，便于废水处理。

（2）溶液组成及工艺规范

上述工艺流程中各工序的溶液组成及工艺规范见表 29-18。

表 29-18　溶液组成及工艺规范

工序后称	溶液组成		工艺规范	
	成分	含量/(g/L)	温度/℃	时间/min
除油	除油剂 SP-1	20～40	40～50	3～10
粗化	铬酐(CrO_3) 硫酸(H_2SO_4) 润湿剂	400 400 适量	60～72	6～15
还原	焦亚硫酸钠($Na_2S_2O_5$) 盐酸(HCl) pH 值	2～5 适量 3～4	—	0.5～1.5
预浸	盐酸(HCl) 预浸剂 BPP-1	150～200mL/L 18～21mL/L	—	0.5～1
活化	浓盐酸(HCl) 活化剂 BPA-1	200～300mL/L 40～40mL/L	30～45	3～5
铜置换	BPC-1A BPC-1B pH 值	70～120mL/L 250～350mL/L >12	50～60	3～5

29.8　其他塑料的电镀

各种不同塑料的电镀工艺的主要差别在于镀前的去应力、粗化等工序。只要采用与其相适应的粗化工艺，形成最佳的粗糙度，就能在其表面顺利进行敏化、活化和化学镀。电镀工艺流程与 ABS 塑料电镀相似，可参见 ABS 塑料电镀工艺流程示例（见图 29-1）。

29.8.1　热塑性聚丙烯(PP)塑料的电镀

聚丙烯塑料用途广泛，在塑料电镀中仅次于 ABS 塑料，占据第二位。它具有优异的电镀性能，与金属镀层的剥离值高达 9.6kgf/cm（1kgf＝9.8N），比 ABS 塑料高 1～2 倍，而且剥离值与它的成型条件无关。因此，聚丙烯塑料可作比 ABS 塑料面积更大的电镀零部件。

（1）聚丙烯塑料的分类

从电镀角度来分类，可分为三类：普通型、电镀型和导电型。

① 普通型　是一种高结晶型塑料，在结晶中夹杂有一部分无定形结构。

② 电镀型　为改进电镀性能，在聚丙烯塑料中加入些填料如氧化锌、硫化锌、二氧化钛、硫酸钡、碳酸钙等，一般含量为 20%（质量分数）左右。在化学粗化过程中，填料被浸蚀、溶解，形成微观粗糙不平的表面，为后续敏化、活化和化学镀创造必要的条件。

③ 导电型　在聚丙烯中加入约 30%（质量分数）的石墨粉，使其具有较弱的导电性（表面电阻值小于 5Ω/cm）。可按一般金属件的电镀工艺进行电镀。由于它的导电性能差，电镀初始应使用低的电流密度。

应当指出，聚丙烯塑料对铜很敏感，与铜接触时会加速它的老化而变脆，在高温下尤为明显。因此，不能用化学镀铜作为它的导电层。

（2）聚丙烯塑料的电镀工艺

聚丙烯塑料的镀前处理中的去应力、除油、敏化、活化等工序与 ABS 塑料等其他塑料无多大差别，可按 ABS 塑料的电镀工艺进行。而稍有不同的工序如在化学除油后一般在有机溶剂中进行溶胀处理，然后进行化学粗化。

① 溶胀处理　普通型聚丙烯塑料在除油后要用有机溶剂进行溶胀处理（电镀型聚丙烯塑料可直接进行粗化），其处理液有：有机乳浊液和二甲苯溶剂两种。

a. 有机乳浊液溶胀处理。有机乳浊液能有选择性地使塑料件表面的无定形物质膨胀起来，以便化学粗化。其溶液组成及工艺规范如下：

松节油	40mL/L	温度	60～85℃
海鸥洗涤剂	60mL/L	时间	10～30min

b. 二甲苯溶剂溶胀处理。二甲苯溶剂将其表面的非结晶无定形部位溶解掉，暴露出晶格，以便化学粗化、刻蚀形成沟槽和微观粗糙，以提高镀层结合力。在不同温度下二甲苯溶剂溶胀的处理时间见表 29-19[4]。在高温下浸泡时间过长，会使塑料产生裂纹。有机溶剂二甲苯温度高不安全，宜采用 40℃ 处理温度，时间可稍长一些。

表 29-19　二甲苯溶剂溶胀处理的工艺条件

温度/℃	20	40	60	80
处理时间/min	30	5	2	0.5

② 化学粗化　聚丙烯化学粗化的溶液组成及工艺规范见表 29-20。

表 29-20　聚丙烯化学粗化的溶液组成及工艺规范

溶液成分及工艺规范	1	2	3
98%硫酸(H_2SO_4)	600mL/L	190～217mL/L	200～400g
铬酐(CrO_3)	至饱和	400g/L	150～300g
水	加至 1L	加至 1L	400～600g
湿润剂 F-53	—	—	0.3g
温度/℃	70～80	75～85	85～90
时间/min	10～30	10～45	30～60

注：配方 1 使用效果较好。如果聚丙烯塑料电镀件数量很少，也可与 ABS 塑料件共用一种化学粗化溶液。

29.8.2　聚四氟乙烯(PTFE)的电镀

聚四氟乙烯（PTFE）塑料具有极好的化学稳定性，耐酸、碱、氧化剂的浸蚀，既憎水又憎油，给电镀带来很多困难。聚四氟乙烯塑料电镀，首先要用特殊方法破坏聚四氟乙烯塑料表面的 C—F 键，用活性基团取代表面的氟原子，从而得到具有活性的塑料表面，然后再用一般工艺进行电镀。聚四氟乙烯电镀的一般工艺流程如下：

机械粗化（喷砂等）→化学除油→化学粗化（萘-钠处理）→丙酮洗→预浸→胶态钯活化→解胶→化学镀铜→酸性镀铜→镀镍→镀铬（或其他各种镀层）。

聚四氟乙烯的前处理主要是粗化，即机械粗化和化学粗化。

（1）机械粗化

一般采用喷砂方法，采用 100～200 目颗粒的氧化铝砂，喷射到零件表面，形成适宜的粗糙度。量少也可采用纱布或砂纸打磨零件表面，小型的形状不规则或简单的零件，可采用滚磨处理。

(2) 化学粗化[1]

化学粗化采用萘-钠处理。零件经机械粗化、丙酮清洗、干燥后，在室温下浸入萘-钠络合液中，萘-钠配位化合物分子中的钠，能破坏塑料表面的 C—F 键，使 F 分离出来，发生碳化，形成微观粗糙面（提高了镀层的机械性结合）。同时用活性基团取代表面的 F 原子，得到具有活性的塑料表面（提高了镀层的化学性结合）。镀层剥离值可达到 8N/cm。常用萘-钠配合粗化的溶液组成及工艺规范如下：

四氢呋喃（C_4H_8O）	1000mL	温度	15～32℃
钠（Na）	23g（1mol）	时间	3～10min
精萘（$C_{10}H_8$）	128g（1mol）		

萘-钠配合粗化溶液的配制、萘-钠配合粗化处理要在特殊装置中进行。萘-钠配合粗化的溶液还有其他配方，如下：

四氢呋喃（C_4H_8O）	1000mL	石蜡（熔点 46～48℃）	100g
萘（$C_{10}H_8$）	178g	金属钠（Na）	23g

用此配方所获得的镀层的剥离值稍低。但这种配方配制时不需特殊装置，配合溶液更稳定。粗化过程可在大气中进行，并能存放一定周期。

29.8.3 聚酰胺(尼龙)的电镀

聚酰胺（PA）通常称为尼龙。尼龙的品种很多，这里主要介绍尼龙-6、尼龙-66 和尼龙-1010 的镀前处理工艺。尼龙电镀性能中等，镀层的剥离值可达 14N/cm。

聚酰胺（尼龙）塑料零件镀前应检查内应力。检查方法是将零件浸入正庚烷中，若 5～10s 内出现裂纹，说明内应力很大；若在 2～5min 内不出现裂缝，则表示裂纹很小。

尼龙零件的去应力和化学粗化按下列方法进行，其他镀前处理方法与 ABS 塑料基本相同。

(1) 去应力

有应力的零件应进行去应力处理。常用在沸水中浸泡的方法去除应力，其方法：将零件浸泡在沸水中进行处理，停留至规定的处理时间后，随水温降低而逐渐冷却。处理时间取决于零件的壁厚，当壁厚为 1.5mm 时，处理时间为 2h；壁厚为 6mm 时，处理时间为 16h。

(2) 化学粗化

聚酰胺（尼龙）塑料的化学粗化的溶液组成及工艺规范见表 29-21。

表 29-21　聚酰胺（尼龙）塑料的化学粗化的溶液组成及工艺规范

溶液成分及工艺规范	尼龙-6	尼龙-66		尼龙-1010	
		1	2	1	2
	含量/(g/L)				
铬酐(CrO_3)	50～70	100～120	—	100～120	—
重铬酸钾($K_2Cr_2O_7$)	—	—	15～30	—	15～30
98%硫酸(H_2SO_4)/(mL/L)	300	500～600	300	500～600	300
温度/℃	15～30	15～30	15～30	15～30	15～30
时间/min	0.2～0.5	0.5～1	0.5～1	1～2	2～4

29.8.4 酚醛(PF)塑料的电镀

酚醛（PF）塑料的镀前处理工艺与 ABS 塑料基本相同，只是粗化工艺有所差别。酚醛塑料的化学粗化溶液有碱性粗化溶液和酸性粗化溶液。用碱性粗化溶液处理后的零件，应用热水

（60～70℃）反复清洗，然后在硝酸（130mL/L）溶液中于室温下浸渍数分钟，再用清水反复清洗，彻底洗尽残留的碱液，并要严格控制粗化温度和时间，因为碱液易使酚醛塑料表面疏松，从而影响镀层的结合力。酚醛塑料化学粗化的溶液组成及工艺规范见表29-22。

表 29-22　酚醛塑料化学粗化的溶液组成及工艺规范

溶液成分及工艺规范	碱性粗化溶液		酸性粗化溶液		
	1	2	1	2	3
	含量/(g/L)				
氢氧化钠(NaOH)	8	250	—	—	—
碳酸钠(Na₂CO₃)	19	—	—	—	—
海鸥洗净剂/(mL/L)	12.5	—	—	—	—
铬酐(CrO₃)	—	—	350～400	—	70
98%硫酸(H₂SO₄)	—	—	300～600	30mL/L	25mL/L
温度/℃	30～45	15～30	60～70	50～60	室温
时间/min	5～10	3～20	30～40	10～30	3～5

29.8.5　环氧塑料及环氧玻璃钢的电镀

环氧塑料及环氧玻璃钢的镀前处理工艺与 ABS 塑料基本相同，只是粗化工艺有所差别。环氧塑料及环氧玻璃钢粗化的溶液组成及工艺规范见表29-23。

表 29-23　环氧塑料及环氧玻璃钢粗化的溶液组成及工艺规范

溶液成分及工艺规范	环氧塑料			环氧玻璃钢	
	1	2	3	1	2
铬酐(CrO₃)	300g	200g	28g/L	300g	—
98%硫酸(H₂SO₄)	1000mL	1000mL	600mL/L	1000mL	55%～75%
65%硝酸(HNO₃)	50mL	—	—	50mL	—
85%磷酸(H₃PO₄)	—	—	150mL/L	—	—
70%氢氟酸(HF)	—	—	—	—	8%～18%
水	400mL	400mL	—	400mL	7%～37%
温度/℃	85～90	60～70	60～70	85～90	50～70
时间/min	60	30～60	30～60	60	15～90

注：环氧玻璃钢配方 2 中的百分数均为质量分数。

29.8.6　聚氯乙烯(PVC)的电镀

聚氯乙烯（PVC）的电镀性能较差，镀层剥离值为 4～6N/cm。聚氯乙烯比 ABS 塑料的粗化难度大，其镀前处理工艺规范如下。

① 去应力　在 50～60℃下，恒温 2～4h 后，缓慢冷却到室温。除油与一般塑料相同。

② 溶剂溶胀处理　溶剂处理的作用是使零件表面被溶胀，提高其亲水性，加强粗化溶液的刻蚀作用。溶剂处理的溶液组成及工艺规范见表29-24。

表 29-24　溶剂处理的溶液组成及工艺规范

溶液成分及工艺规范	1	2
环己酮($C_6H_{10}O$)(试剂)	400mL/L	40%(体积分数)
乙醇(C_2H_6O)	60mL/L	60%(体积分数)
氯化亚锡($SnCl_2 \cdot 2H_2O$)	20~30g/L	—
温度/℃	15~30	15~30
时间/min	1~3	1~3

注：配方 1 中加进适量氯化亚锡，可提高零件表面的亲水性，加强粗化溶液的蚀刻作用。

③ 粗化　普通聚氯乙烯化学粗化的溶液组成及工艺规范见表 29-25。化学粗化后，应在浓盐酸中浸泡 5~10min，然后充分清洗，最后按照 ABS 塑料的银氨活化、化学镀铜工艺进行后续处理。小型简单零件，也可采用滚筒滚磨进行机械粗化，然后再进行化学粗化处理。

表 29-25　普通聚氯乙烯化学粗化的溶液组成及工艺规范

溶液成分及工艺规范	1	2	3
重铬酸钾($K_2Cr_2O_7$)	8.5%(质量分数)	4.7%(质量分数)	—
铬酐(CrO_3)	—	—	250g/L
98%硫酸(H_2SO_4)	91.5%(质量分数)	82.5%(质量分数)	300mL/L
水	—	12.8%(质量分数)	—
温度/℃	50~70	50~70	60~70
时间/min	3~5	3~45	60~120

29.8.7　聚乙烯(PE)的电镀

聚乙烯（PE）塑料的电镀性能一般，镀层剥离值可达 7~9N/cm，适合室内装饰件的电镀。

聚乙烯（PE）塑料的电镀工艺与 ABS 塑料电镀基本相同，所不同的是镀前处理的溶剂处理和化学粗化，做以下简要介绍。

① 溶剂处理　它的作用是将聚乙烯表面存在的分子量小的馏分除去，以提高镀层的结合力。溶剂处理是在二甲苯溶剂中于 88℃温度下，浸泡数分钟，然后再进行化学粗化。

② 化学粗化　常用的化学粗化的溶液组成及工艺规范见表 29-26。化学粗化后的敏化、活化、化学镀与 ABS 塑料相同。

表 29-26　聚乙烯塑料化学粗化的溶液组成及工艺规范

溶液成分及工艺规范	重铬酸盐-硫酸型			高锰酸钾-硫酸型[1]
	1	2	3	
	含量/(g/L)			
重铬酸钾($K_2Cr_2O_7$)	20	—	85	—
铬酐(CrO_3)	—	5~7	—	2%(质量分数)
高锰酸钾($KMnO_4$)	—	—	—	0.1%(质量分数)
98%硫酸(H_2SO_4)	930	940	930	89.8%(质量分数)
表面活性剂	—	—	—	0.1%(质量分数)

溶液成分及工艺规范	重铬酸盐-硫酸型			高锰酸钾-硫酸型[1]
	1	2	3	
	含量/(g/L)			
水	—	—	—	8%（质量分数）
温度/℃	70	60～70	50	15～32
时间/min	5～15	15～30	3	15～30

注：采用高锰酸钾-硫酸型粗化溶液进行粗化，能提高零件表面的亲水性，有利于提高镀层的剥离值，但粗化后其表面有二氧化锰，它会影响后续工序的敏化、活化，可用下述溶液将其除去：草酸（$H_2C_2O_4 \cdot 2H_2O$）10g/L，在室温下，浸泡3～5min。

29.8.8 聚甲基丙烯酸甲酯(PMMA)的电镀

聚甲基丙烯酸甲酯（PMMA）是透光性好的塑料，俗称有机玻璃。它的电镀性能差，镀层剥离值仅为2.7N/cm。聚甲基丙烯酸甲酯的镀前处理工艺如下。

① 机械粗化　用180目硅砂进行喷砂处理。

② 亲水处理　机械抛光后除油，然后做亲水处理，其溶液组成及工艺规范如下：

氯化亚锡（$SnCl_2 \cdot 2H_2O$）　　　　　　　　20g/L

温度　　　　　　　　　　　　　　　　80～90℃

时间　　　　　　　　　　　　　　　　5～10min

③ 化学粗化　化学粗化的溶液组成及工艺规范见表29-27。

化学粗化后的敏化、活化、化学镀与ABS塑料相同。

表 29-27　化学粗化的溶液组成及工艺规范

溶液成分及工艺规范	1	2
铬酐(CrO_3)	30g/L	—
98%硫酸(H_2SO_4)	870mL/L	9份（体积）
磷酸(H_3PO_4)	—	4份（体积）
水	—	7份（体积）
温度/℃	室温	30
时间/min	0.5～2	2～5

29.8.9 聚砜(PSF)的电镀

聚砜（PSF）有优良的电镀性能，电镀层剥离值可达50N/cm。聚砜镀前处理工艺如下。

① 去应力　在155～165℃下，恒温3～5h后，缓慢冷却到室温。

② 机械粗化　要求不高的零件可先用180～200目硅砂进行喷砂粗化，然后再进行化学粗化。

③ 溶剂处理　溶剂处理的溶液组成及工艺规范如下：

二氯乙烷（$C_2H_4Cl_2$）　40%（体积分数）　　　温度　　　15～30℃

乙醇（C_2H_6O）　　　60%（体积分数）　　　时间　　　1～3min

④ 化学粗化　化学粗化的溶液组成及工艺规范见表29-28。

化学粗化后的敏化、活化、化学镀与ABS塑料相同。

表 29-28　化学粗化的溶液组成及工艺规范

溶液成分及工艺规范	1	2	3
	含量/(g/L)		
铬酐(CrO_3)	400～430	33	—
98%硫酸(H_2SO_4)	330～405	870mL/L	2.5～3 份(体积)
硝酸(HNO_3)	—	—	1 份(体积)
温度/℃	50～60	70～85	15～32
时间/min	7～10	15～20	2～4

29.9　不合格镀层的退除

塑料件上不合格镀层的退除方法见表 29-29。

表 29-29　塑料件上不合镀层的退除方法

退除镀层	溶液组成	含量/(g/L)	温度/℃	时间/min
退铜及铜合金镀层	65%硝酸(HNO_3)	500mL/L	室温	退净为止
	铬酐(CrO_3) 硫酸(H_2SO_4, $d=1.84$)	100 2～50	室温	退净为止
退镍镀层	65%硝酸(HNO_3)	500mL/L	室温	退净为止
退铜/镍/铬 (一次退除)	氯化铁($FeCl_3 \cdot 6H_2O$)	760～800	室温	退净为止
	STR-610 塑料上镀层退镀剂	30%～60%(质量分数)	室温～50℃	退净为止

注：STR-610 塑料上镀层退镀剂是广州市美迪斯新材料有限公司的产品。

第5篇 化学镀

第30章
化学镀镍

30.1 概述

化学镀也称为自催化镀。化学镀是指在经活化处理的基体表面上，通过镀液中适当的还原剂，使镀液中的金属离子在基体表面的自催化作用下，还原沉积形成金属镀层的过程。

（1）化学镀的特点

化学镀与电镀技术相比，具有以下特点。

① 可用于各种基体，如金属、非金属及半导体，均可获得优良镀层。

② 化学镀液分散能力优于电镀，镀层厚度分布均匀，无明显的边缘效应。无论零件如何复杂，只要采取适当措施，就能获得均一镀层。

③ 可以厚镀，对于能自动催化的化学镀层，可以获得任意厚度，甚至可达到电铸的效果。

④ 镀层与基体结合优良，镀层具有很好的化学、力学和磁性能，镀层致密，孔隙率小，外观良好，硬度高等。

⑤ 化学镀液稳定性差，使用寿命短。镀液的工艺维护、再生较困难，成本高。

（2）化学镀镍用的还原剂

化学镀镍是在具有催化活性的表面上，通过还原剂的作用，使镍离子还原析出形成金属镀层的过程。化学镀镍所用的还原剂有次磷酸钠、氨基硼烷、硼氢化钠、肼等。化学镀镍层的组成，因使用的还原剂的不同而不同，如以次磷酸钠为还原剂所得的化学镀镍层一般为镍-磷合金，磷含量可达 $0.5\%\sim14\%$（质量分数）；以二甲基氨基硼烷（DMAB）或硼氢化钠为还原剂所得的化学镀镍层为镍-硼合金，硼含量为 $0.2\%\sim5\%$（质量分数）。

化学镀镍所用的还原剂在结构上的共同特征是含有两个或多个活性氢，还原镍离子就是靠还原剂的催化脱氢进行的。常用的化学镀镍还原剂及其特性，如表 30-1 所示。

表 30-1 常用的化学镀镍还原剂及其特性

还原剂	分子式	分子量	外观	自由电子数	镀液pH值	氧化还原电位/V
次磷酸钠	$NaH_2PO_2 \cdot H_2O$	106	白色吸湿性结晶	2	4~6、7~10	-1.4
硼氢化钠	$NaBH_4$	38	白色晶体	8	12~14	-1.2
二甲基氨基硼烷(DMAB)	$(CH_3)_2NH \cdot BH_3$	59	市售品是溶解在异丙醇中的黄色液体	6	6~10	-1.2
二乙基氨基硼烷(DEAB)	$(C_2H_5)_2NH \cdot BH_3$	87	市售品是溶解在异丙醇中的黄色液体	6	6~10	-1.1
肼	$H_2N \cdot NH_2$	32	白色结晶	4	8~11	-1.2

注：氧化还原电位是在碱性溶液中测定的近似值。

(3) 化学镀镍的溶液种类

化学镀镍实质上是化学镀镍基合金。化学镀镍溶液按照其使用的还原剂大致可分为次磷酸盐溶液、硼氢化物溶液、氨基硼烷溶液、联氨(肼) 4 种溶液。各种镀液的一般用途如下。

① 以次磷酸盐作还原剂的高温镀液，常用于钢和其他金属基体上化学镀镍；而中温碱性镀液，用于塑料和其他非金属基体上化学镀镍。

② 以硼氢化物作还原剂的碱性镀液，常用于铜和铜合金基体上化学镀镍。

③ 以氨基硼烷作还原剂的镀液，用于非金属或塑料基体上化学镀镍。

④ 以联氨(肼)作还原剂的镀液，所得镍镀层纯度高，有较好的磁性能，用于生产磁性膜。

目前，化学镀镍常用的是以次磷酸钠为还原剂，镀 Ni-P 合金，而且工艺稳定成熟。由于氨基硼烷还原剂价格昂贵，因此，化学镀 Ni-B 合金，尚未大规模工业化应用。

(4) 化学镀镍的应用

化学镍镀层具有较高的硬度和耐磨性、优良的耐蚀性、良好的外观。因此，它在工业各个领域如机械工业、电子工业、宇航工业、核工业、食品工业、石油工业、轻工业以及日用品、装饰、艺术品等方面都获得了广泛应用。

随着现代电子制造业的发展，化学镀镍技术在 PCB 制造、电子元件制造、微电子封装、电子存储、电磁屏蔽等领域，以及计算机制造业等领域都有非常广泛的应用。

30.2 化学镍镀层的性能

化学镀镍与电镀镍的性能比较见表 30-2。

表 30-2 化学镀镍与电镀镍的性能比较

性能	电镀镍	化学镀镍	性能	电镀镍	化学镀镍
镀层组成	镍含量在99%以上(质量分数)	镍含量92%左右、磷含量8%左右	耐蚀性	好(孔隙多)	优良(孔隙少)
外观	暗至全光亮	半光亮至光亮	相对磁化率/%	36	4
结构(镀态)	晶态	非晶态	电阻率/$\mu\Omega \cdot cm$	7	60~100
密度/(g/cm³)	8.9	平均7.9			
分散能力	差	好	热导率/[J/(cm·s·℃)]	0.16	0.01~0.02
硬度	200~400HV	500~700HV			

续表

性能	电镀镍	化学镀镍		性能	电镀镍	化学镀镍
耐磨性	相当好	极好	耐磨性	无润滑油	磨损	磨损少
加热调质	无变化	提高硬度达 900～1300HV		有润滑油	良好	良好

(1) 镍镀层密度

镍镀层密度见表 30-3。

表 30-3 镍镀层密度

镍镀层	密度
室温下金属纯镍	8.9g/cm³
普通电镀镍（瓦特型）	8.9～8.91g/cm³
化学镀 Ni-P 合金	当镀层中磷的质量分数为 1%～4% 时,其镀层密度为 8.28g/cm³ 当镀层中磷的质量分数为 7%～9% 时,其镀层密度为 8.12～7.95g/cm³ 当镀层中磷的质量分数为 10%～12% 时,其镀层密度为 7.9g/cm³
化学镀 Ni-B 合金	当硼的质量分数为 5% 时,其镀层密度为 8.25g/cm³
以联氨（肼）作还原剂的化学镀镍	镍镀层密度为 8.5g/cm³,经 760℃ 热处理后,其密度降至 7.9g/cm³

(2) 孔隙率

孔隙率是化学镀层的一个重要指标,因为它在很大程度上决定了镀层与基体的耐蚀性。一般情况下化学镍镀层的孔隙率比相同厚度的电镀镍镀层低。

化学镀镍的孔隙率随镀层厚度增加而降低,当化学镍镀层的厚度达到 15μm 时,基本无孔隙。当化学镍镀层经热处理后,镀层致密性有显著提高,从而也可降低镀层的孔隙率。

化学镍镀层孔隙率的高低依次排列为：以肼为还原剂的镍镀层＞一般碱性镍镀层＞酸性镍镀层,即酸性镍镀层孔隙率最低。

(3) 钎焊性[2]

化学镍镀层容易钎焊。Ni-P 合金镀层的磷含量低的镍镀层钎焊性能,比磷含量高的镍镀层好。当磷含量上升到 3%～7%（质量分数）时,钎焊性能逐渐变坏。

Ni-B 合金镀层用非腐蚀性焊剂（如松香）很容易焊接,镀层在 260℃ 低温焊料里浸渍 5min 具有更优良的钎焊性,即使存放 6 个月也很容易焊接。Ni-B 合金镀层的钎焊性能好于 Ni-P 合金镀层。

从二甲基氨基硼烷（DMAB）镀液中镀得化学镍镀层,不管其 B 含量高低,镀后立即钎接,具有良好的钎焊性能。

(4) 镀层内应力

化学镀层会产生内应力,镀层的内应力与镀层的磷含量有关。一般情况下,镀层的磷含量高时,应力为压应力。但磷含量约为 6%（质量分数）的 Ni-P 合金镀层,则呈现 35MPa 的拉应力,而磷含量为 10.5% 的镀层则无应力,当磷含量更高时镀层又呈现压应力。

一般 Ni-B 合金镀层的内应力很高,以二甲基氨基硼烷（DMAB）为还原剂所获得的镀层内应力约为 48～310MPa。以硼氢化物为还原剂所获得的镀层内应力约为 110～200MPa,且均为拉应力。

(5) 硬度

化学镍镀层的硬度比电镀镍镀层的硬度高,未经热处理的化学镍镀层显微硬度约为 500～600HV（相当于 48～52HRC）,若经热处理后镀层时效硬化,其硬度可高达 1100～1200HV

（与常规的硬铬镀层的硬度相当）。化学镍镀层也具有优异的热硬性。

化学镀 Ni-B 合金镀层的硬度高于化学镀 Ni-P 合金镀层的硬度，其硬度为 650～750HV，经 350～400℃热处理 1h 后，其硬度可达 1100～1200HV。

（6）耐磨性

化学镀 Ni-P 合金镀层比电镀镍镀层的硬度高、更耐磨，经适当热处理后，其耐磨性可以和硬铬镀层相媲美。

化学镀 Ni-4.0%P（质量分数）合金比 Ni-10.0%P（质量分数）合金具有较少的磨损体积，耐磨性好。这是因为非晶态合金的原子间结合力较晶态原子间结合力小，塑性变形抗力小，非晶态合金在磨损过程中极易滑动转移，加剧磨损。

Ni-4.0%P（质量分数）合金随热处理温度升高，其耐磨性提高，到 400℃时耐磨性最好，随后热处理温度升高，硬度降低，耐磨性下降。Ni-4.0%P（质量分数）合金镀层的硬度成为控制磨损的主要因素[27]，表明 Ni_3P 的沉淀强化效果对耐磨性起着重要的作用，要求保证具有固溶体＋弥散分布的第二相 Ni_3P 组织，才能维持最好的耐磨性能。

Ni-10.0%P（质量分数）合金镀层随热处理温度升高，其耐磨性提高，超过 400℃热处理，虽然硬度降低，磨损体积仍减小。这种镀层，高温热处理后得到的是以 Ni_3P 为基体的混合组织，镀层具有一定的硬度，由于 Ni_3P 的聚集粗化，Ni 的再结晶，使得镀层延展性大为改善，韧性增加，提高了抗裂纹生成和扩展的能力，故具有极好的耐磨性[27]。

化学镀 Ni-B 合金镀层的耐磨性优于 Ni-P 合金镀层。

（7）摩擦性能

化学镍镀层表面平滑，其优异的摩擦性能类似于硬铬镀层。含磷的化学镍镀层，在润滑条件下，相对于钢的摩擦因数约为 0.13，而在非润滑条件下，该摩擦因数约为 0.4。化学镀 Ni-B 合金镀层，在润滑条件下，该镀层相对于钢的摩擦因数约为 0.12～0.13，在干燥条件下约为 0.43～0.44。

（8）耐蚀性能

化学镍镀层是一种屏障镀层，通过屏障层把基体与周围介质隔离而起到耐蚀作用，而不是牺牲阳极反应。化学镀 Ni-P 合金镀层及 Ni-B 合金镀层都具有优异的耐蚀性能。

由于化学镀层是无定形结构且易于钝化，所以它具有优异的耐蚀性，其耐蚀性优于纯镍镀层。无定形结构（非晶态）镀层的耐蚀性优于晶态镀层，高磷合金镀层比低磷合金镀层更耐蚀。

30.3　化学镀 Ni-P 合金

30.3.1　化学镀 Ni-P 合金的基本原理

化学镀 Ni-P 合金，是以次磷酸钠为还原剂，将镍离子还原成镍，同时次磷酸本身也被吸附氢原子还原为磷，镍原子和磷原子共同沉积形成 Ni-P 合金。关于其反应机理，普遍认为是原子氢态理论。

① 镀液在加热时（加能量），次磷酸根（$H_2PO_2^-$）与水（H_2O）反应，形成亚磷酸根（HPO_3^-），同时释放出原子氢 [H]。即：

$$H_2PO_2^- + H_2O \longrightarrow HPO_3^{2-} + H^+ + 2[H]$$

② 初生态的原子氢 [H] 吸附在催化金属表面而使之活化，使镀液中的镍离子（Ni^{2+}）被还原，在催化金属表面上沉积金属镍（Ni）。即：

$$Ni^{2+} + 2[H] \longrightarrow Ni + 2H^+$$

③ 随着次磷酸根（$H_2PO_2^-$）的分解，还原成磷（P）。即：

$$H_2PO_2^- + [H] \longrightarrow H_2O + OH^- + P$$

④ 镍原子和磷原子共同沉积形成 Ni-P 合金。

⑤ 在还原 Ni-P 的同时原子态的氢 [H] 结合成氢气而析出。即：

$$2[H] \longrightarrow H_2\uparrow$$

30.3.2 化学镀 Ni-P 合金的分类

(1) 按镀液的性质分类

化学镀 Ni-P 合金按镀液的 pH 值可分为酸性（pH 值一般在 4～6）和碱性（pH 值一般大于 8）两大类。

碱性镀液所得的镀层中磷含量很低，稳定性较差，主要用于非金属材料电镀前的化学镀镍，以及铝及铝合金、镁及镁合金电镀前的底镀层，以提高镀层与铝、镁基体的结合力。酸性镀液所得的镀层中磷含量较高，镀液较稳定，应用最为广泛。碱性及酸性镀液所得的化学镍镀层的性能对比见表 30-4。

表 30-4 碱性及酸性镀液所得的化学镍镀层的性能对比

镀层性能	碱性镀液所得镍镀层	酸性镀液所得镍镀层	镀层性能	碱性镀液所得镍镀层	酸性镀液所得镍镀层
镀层磷含量（质量分数）/%	5	7～12	溶液对铜、铁杂质敏感性	敏感	不敏感
硬度	低	高	电阻	低	高
耐磨性	差	好	焊接性	好	差
耐蚀性	差	好	镀层结构	晶态	非晶态
磁性	有磁性	无磁性	孔隙率	高	低

(2) 按镀层中磷含量分类

酸性镀液按所获得的镀层中的磷含量可分为高磷、中磷和低磷三类。

① 高磷合金镀层 其磷含量在 10%（质量分数）以上，镀层为非晶态、非磁性，随着磷含量的增加，镀层的耐蚀性能也提高。非磁性的镀层，主要应用于计算机工业中；耐蚀性能优良的镀层，应用于耐蚀性要求高的零部件中。

② 中磷合金镀层 其磷含量为 6%～9%（质量分数），镀层经热处理，部分晶化，形成 Ni$_3$P 弥散强化相，镀层硬度大大提高。中磷合金镀层在工业中应用最为广泛，如广泛用于汽车、电子、办公设备、精密机械等工业。

③ 低磷合金镀层 其磷含量为 2%～5%（质量分数），低磷合金镀层有特殊的力学性能。如镀态硬度可达 700HV，耐磨性好，韧性高，内应力低。镀层经热处理（温度 350～440℃，时间 1h）后，其硬度和耐蚀性明显优于硬铬镀层，可部分替代硬铬镀层。

(3) 磷含量对镍镀层性能的影响

不同磷含量的化学镍镀层的物理机械性能见表 30-5。

表 30-5 不同磷含量的化学镍镀层的物理机械性能

性能	镀层中磷的质量分数/%		
	1～4	7～9	10～12
密度/(g/cm^3)	8.28	8.12～7.95	7.9
软化点/℃	1300	890	890

续表

性　能		镀层中磷的质量分数/%		
		1～4	7～9	10～12
电阻率/$\mu\Omega \cdot cm$		20～30	40～70	120
热膨胀系数/($\times 10^{-6}/℃$)		14	13	12
抗拉强度/MPa		150～200	800～1100	750～900
延伸率/%		<0.5	0.4～0.7	1.5
硬度(HV)	镀态硬度	650～700	550～600	500～550
	镀后 400℃热处理 1h	约 1000	约 1030	约 1050
Taber 磨损试验/TWI[①]		10～20	15～20	20～25

① TWI 表示磨损指数,表示在 Taber 磨损试验机进行测试时,每 1000 周磨损的质量毫克数,即每 1000 周的磨损试验所失重的毫克数。

30.3.3　镀液组成及工艺规范

(1) 化学镀 Ni-P 合金的镀液组成及功能

化学镀 Ni-P 合金的镀液组成及功能[3]见表 30-6。

表 30-6　化学镀 Ni-P 合金的镀液组成及功能

镀液组成	功能	举例
镍盐(镍离子)	沉积金属来源	氯化镍、硫酸镍、醋酸镍
次磷酸根离子	还原剂	次磷酸钠、次磷酸
配位体	形成镍配合物,控制离游 Ni^{2+} 浓度,以稳定镀液,防止亚磷酸镍沉淀。也起 pH 值的缓冲剂作用	一元羧酸(R—COOH)、二元羧酸、羟基羧酸、氨水、链烷醇胺类
加速剂	活化次磷酸根离子,加速沉积速率,起与稳定剂和配位体相反的作用	某些一元或二元羧酸的阴离子、氟化物、硼酸盐、铵盐
稳定剂	屏蔽催化活性核,防止溶液分解	铅、锡、砷、钼、镉或铊离子、硫代硫酸钠、硫脲等
缓冲剂	延长 pH 值的控制调节时间	根据所用 pH 值范围选择一定的配位体、钠盐、硫酸、盐酸、氨水
pH 调节剂	施镀过程中调整 pH 值	硫酸、盐酸、碱、氨水
润湿剂	提高被镀表面的润湿性	离子型和非离子型表面活性剂,十二烷基硫酸钠,氟碳型表面活性剂

(2) 化学镀 Ni-P 合金的镀液组成及工艺规范

① 酸性次磷酸盐镀液　其镀液较稳定,易于控制,沉积速度较高,镀层磷含量较高,磷的质量分数约为 5%～14%（通常在 7%～11%）,生产中使用最广泛。镀液最佳 pH 值为 4.6～5.0,工作温度为 85～95℃,沉积速度为 10～30 μm/h,常用的酸性次磷酸盐化学镀镍的镀液组成及工艺规范见表 30-7。

表 30-7　常用的酸性次磷酸盐化学镀镍的镀液组成及工艺规范

溶液成分及工艺规范	1	2	3	4	5	6	7	8	9	10
	含量/(g/L)									
硫酸镍($NiSO_4 \cdot 6H_2O$)	25～30	25	25	26	—	26～30	20	30～35	—	27～30

续表

溶液成分及工艺规范	1	2	3	4	5	6	7	8	9	10
	含量/(g/L)									
氯化镍(NiCl$_2$·6H$_2$O)	—	—	—	—	30	—	—	—	30	—
次磷酸钠(NaH$_2$PO$_2$·H$_2$O)	20~25	30	30	24	10	20~25	15	18~25	10	28~32
醋酸钠(CH$_3$COONa·3H$_2$O)	15	20	—	—	—	15	—	12~17	10	20
三乙醇胺[N(C$_2$H$_4$OH)$_3$]	—	—	—	—	—	—	10	—	醋酸8	—
柠檬酸(C$_6$H$_8$O$_7$·H$_2$O)	—	—	—	—	—	20	—	—	—	—
柠檬酸钠(Na$_3$C$_6$H$_5$O$_7$·2H$_2$O)	10	—	—	—	10	10	3~5	—	—	—
葡萄糖酸钠(NaC$_6$H$_{11}$O$_7$)	—	30	—	—	—	—	—	—	—	—
乳酸(C$_3$H$_6$O$_3$)/(mL/L)	—	—	20	27	—	—	—	—	—	—
苹果酸(C$_4$H$_6$O$_5$)	—	—	12	—	—	—	—	—	—	20
丁二酸(C$_4$H$_6$O$_4$)	—	—	—	—	—	—	—	—	—	15
丙酸(CH$_3$CH$_2$COOH)	—	—	—	2.2	—	—	—	—	—	—
硫脲[(NH$_2$)$_2$CS]	—	2	—	—	—	—	—	—	—	—
碘酸钾(KIO$_3$)/(mg/L)	—	—	—	—	—	—	—	—	—	2
铅离子/(mg/L)	—	2	稳定剂适量	2	—	—	—	2	—	—
铁氰化钾[K$_4$Fe(CN)$_4$]	—	—	—	—	—	—	15	—	—	—
CR稀土添加剂	—	—	—	—	—	0.8~1	稳定剂适量	—	—	—
光亮剂/(mg/L)	—	—	—	2	—	—		2	—	2
pH值	4.5~5	5	5~6	4.5	4~6	4.5~5	4~5	4~5	5.2~5.6	4~5
温度/℃	85~90	90	85~90	90~95	90	85~90	60~70	85~90	95	85~95
沉积速度/(μm/h)	12~15	20	17~20	20	5~10	15~18	15~20	10~15	—	20~25

注：配方6为稀土添加剂化学镀镍，CR稀土添加剂由江苏宜兴市新新稀土应用技术研究所研制生产。稀土添加剂在配槽时加入总量的60%，中途镀液空载时加入40%。装载量为1dm²/L。能提高镀液稳定性（延长使用周期），镀层硬度高（镀态硬度为630HV），耐磨性好。

② 碱性次磷酸盐镀液　镀液的pH值范围比较宽，镀层的磷含量较低，通常为3%~7%（质量分数），沉积速度要慢一些，生产的镍镀层孔隙率较高，耐蚀性较差，但常常比较光亮。常用的碱性次磷酸盐化学镀镍的镀液组成及工艺规范见表30-8。

表30-8　常用的碱性次磷酸盐化学镀镍的镀液组成及工艺规范

溶液成分及工艺规范	1	2	3	4	5	6	7	8
	含量/(g/L)							
硫酸镍(NiSO$_4$·6H$_2$O)	25	—	20	—	30	—	33	30
氯化镍(NiCl$_2$·6H$_2$O)	—	24	—	45	—	24	—	—
次磷酸钠(NaH$_2$PO$_2$·H$_2$O)	25	20	30	11	20	20	17	20
焦磷酸钾(K$_4$P$_2$O$_7$)	50	—	—	—	—	—	—	—

续表

溶液成分及工艺规范	1	2	3	4	5	6	7	8
	含量/(g/L)							
醋酸钠($CH_3COONa \cdot 3H_2O$)	—	—	—	—	—	—	—	20
柠檬酸钠($Na_3C_6H_5O_7 \cdot 2H_2O$)	—	40	10	100	—	60	84	—
柠檬酸铵$[(NH_4)_3C_6H_5O_7]$	—	—	—	—	50	—	—	—
硼酸(H_3BO_3)	—	40	—	—	—	—	—	—
硼砂($Na_3BO_3 \cdot 10H_2O$)	—	—	—	—	—	38	—	—
乳酸($C_3H_6O_3$)/(mL/L)	—	—	—	—	—	—	—	25
氯化铵(NH_4Cl)	—	—	30	50	—	—	50	—
硫酸铵$[(NH_4)_2SO_4]$	—	—	—	—	—	—	—	30
28%氨水($NH_3 \cdot H_2O$)/(mL/L)	10~20	—	30	—	—	—	—	—
添加剂 HLP-1/(mL/L)	—	—	—	—	—	—	—	20
pH 值	10~11	8~9	9~10	8.5~10	8~10	8~9	9.5	7~7.5
温度/℃	65~75	85~95	35~45	90~95	90	90	88	70~85
沉积速度/(μm/h)	—	10~12	—	10	—	10~13	—	20~25

注：配方 8 为快速低磷化学镀镍工艺，磷含量为 1.5%~3%（质量分数），哈尔滨工业大学研制。

③ 中低温次磷酸盐镀液 这类镀液一般多使用焦磷酸钠作为配位剂，镀液工作温度较低，特别适用于塑料件的镀覆。镀液温度升高，沉积速度加快，磷含量增加，当温度超过 75℃ 后，镀液很不稳定，镀层呈灰黑色。常用的中低温次磷酸盐化学镀镍的镀液组成及工艺规范见表 30-9。

表 30-9　常用的中低温次磷酸盐化学镀镍的镀液组成及工艺规范

溶液成分及工艺规范	1	2	3	4	5	6	7	8	9
	含量/(g/L)								
硫酸镍($NiSO_4 \cdot 6H_2O$)	—	30	25	28		20	30	—	40
氯化镍($NiCl_2 \cdot 6H_2O$)	25	—	—	—	40~60	—	—	30	—
次磷酸钠 ($NaH_2PO_2 \cdot H_2O$)	25	24	25	32	30~60	20	20	30	35
磷酸氢二钠 ($NaH_2PO_4 \cdot 12H_2O$)	—	30	—	—	—	—	—	—	—
氨基三亚甲基磷酸钠 (Na_2ATMP)	—	30	—	—	—	—	—	—	—
醋酸钠 ($CH_3COONa \cdot 3H_2O$)	—	—	—	—	10~15	—	—	—	—
焦磷酸钠($Na_4P_2O_7$)	60~70	—	50	—	—	—	—	—	—
柠檬酸钠 ($Na_3C_6H_5O_7 \cdot 2H_2O$)	—	—	—	—	60~90	20	—	20	—
30%氨水 ($NH_3 \cdot H_2O$)/(mL/L)	—	6	—	—	—	—	—	—	25

溶液成分及工艺规范	1	2	3	4	5	6	7	8	9
	含量/(g/L)								
氯化铵(NH₄Cl)	—	—	—	—	—	—	50	—	—
乳酸(C₃H₆O₃)/(mL/L)	—	—	—	5～10	—	—	—	—	—
光亮剂 DN-1/(mL/L)	—	—	—	—	—	—	—	—	20
配位体 DN-2/(mL/L)	—	—	—	—	—	—	—	—	40
硫脲[(NH₂)₂CS]/(mg/L)	—	—	—	0.8～1	—	—	—	—	—
羟基乙酸钾(KC₂H₃O₃)	—	—	—	—	10～30	—	—	—	—
pH 值	10～10.5	6～7	10～11	8～9	5～6	8.5～9.5	8～9.5	3～4	9～10 或 8～8.5
温度/℃	70～75	75	65～76	55～65	60～65	40～45	30～40	25～30	40

注：配方9为光亮低温化学镀镍工艺，溶液较酸性稳定、节能、外观光亮。当 pH 值为 9～10 时，所获镀层为磷含量为 2%～4%（质量含量）的低磷合金；pH 值为 8～8.5 时，所获镀层为磷含量为 7%～8%（质量含量）的普通磷合金。

④ 市场商品的化学镀镍添加剂　目前，市场上出现一些化学镀镍添加剂商品，列入表 30-10，供参考。应经小槽试验，确认其效果后方可使用。

表 30-10　市场商品的化学镀镍添加剂的镀液配方及操作条件

镀液	成分	含量/(mL/L)	温度/℃	镀层磷含量（质量分数）	备　注
高磷化学镀镍	SXEN-2002MA SXEN-2002MB pH 值(用氨水调节)	100 100 4.6～4.8	85～90	10%～14%	装载量:0.5～2.5dm²/L 最高镀速:15～18μm/h 杭州水星表面技术有限公司的产品
	JS-935A JS-935B pH 值	60 150 4.6～5.2	82～90	10%～13%	装载量:0.73～2.45dm²/L 最高镀速:10～18μm/h 恩森(台州)化学有限公司的产品
	SM425A SM425B	60 180	—	10.5%～12%	适用于沉积厚镀层(250μm) 深圳市思美昌科技有限公司的产品
	MT-767A MT-767B pH 值	120 150 4.2～4.8	85～90	10%～12%	装载量:0.5～2dm²/L 镀液寿命:10～12 个周期 搅拌:搅拌空气 如需进一步提高镀层光亮度,还可以添加 MT-767D 广州美迪斯新材料有限公司的产品
中磷化学镀镍	HSB-97 化学镀镍 A 剂 HSB-97 化学镀镍 B 剂 pH 值(用氨水调节)	100 100 4.8～5.2	87～90	6%～9%	滚镀:装载量为 0.8～1.5dm²/L 沉积速度:15～25μm/h 镀液寿命:8～10 个周期 镀液循环过滤(6～10 次/小时),过滤精度 3～5μm 上海永生助剂厂的产品
	MT-877A MT-877B pH 值	60 150 4.2～4.8	85～90	8%～10%	装载量:0.5～2dm²/L 镀液寿命:10～12 个周期 搅拌:搅拌空气 如需进一步提高镀层光亮度,还可以添加 MT-877D 广州美迪斯新材料有限公司的产品

续表

镀液	成分	含量/(mL/L)	温度/℃	镀层磷含量（质量分数）	备注
中磷化学镀镍	308A 开缸剂 308B 辅助剂 pH 值	60 120 4.4~5.0	80~95	6%~9%	装载量:0.5~2dm²/L 最高镀速:20~25μm/h 空气搅拌,连续过滤 广州二轻工业科学技术研究所的产品
	JS-998A JS-998B pH 值	60 150 4.8~5.2	85~90	—	装载量:0.25~2dm²/L 最高镀速:20~30μm/h 恩森(台州)化学有限公司的产品
	EN-828A EN-828B pH 值	60 90 4.7~5.2	82~88	7%~8%	上海敖美化学有限公司的产品
低磷化学镀镍	YB-0 YB-1(开缸及补给用) YB-2(补给用)	100 100	80~95	2%~4%	荏原优吉莱特(上海贸易)有限公司的产品
	SXEN-2001MA SXEN-2001MB pH 值(用氨水调节)	100 200 7~7.5	70~75	0.5%~3%	装载量:0.5~1.5dm²/L 最高镀速:20μm/h 杭州水星表面技术有限公司的产品
	JS-929M pH 值	200 5.8~6.8	63~87	2%~4%	装载量:0.6~2.45dm²/L 恩森(台州)化学有限公司的产品
	NI-429M pH 值	200 5.8~6.8	63~87	2%~4%	上海敖美化学有限公司的产品
碱性化学镀镍	BH-碱性化学镀镍 主盐 A 开缸剂 B pH 值(用氨水调节)	50 100 8.5~9.5	45~55	—	广州二轻工业科学技术研究所的产品
	NICHEM1000A NICHEM1000B pH 值	40 150 9~9.5	29~35	—	装载量:0.32~0.96dm²/L 连续过滤(不能打气) 广东高力表面技术有限公司的产品
	AL-100A AL-100C pH 值	150 70 9.6~11.5	35~43	—	上海敖美化学有限公司的产品
	MT-866Mu MT-866A MT-866B 镍含量 pH 值	100 100 补充用 6g/L 8.5	45	—	沉积速度:≥10μm/h 镀液寿命:8~10 个周期 过滤:连续过滤 化学镀时间:5~20min 广州美迪斯新材料有限公司的产品

30.3.4　镀液组分及工艺规范的影响

(1) 镍盐

镍盐是镀液的主盐,提供镀液的二价镍离子。次磷酸盐镀液的主盐一般使用硫酸镍和氯化镍。硫酸镍的价格低廉,且纯度较高,目前主盐多数使用硫酸镍。早期曾使用氯化镍作主盐,但氯离子不仅降低镀层耐蚀性,还会产生拉应力,目前很少使用。

一般随镍盐浓度升高,沉积速度加快。但镀液中镍离子浓度不宜过高,镍离子过多,会降低镀液的稳定性,容易形成粗糙的镀层,甚至可能诱发镀液分解。同时镍盐的浓度还受配位体、还原剂比例的制约,通常硫酸镍的浓度约在 20~35g/L 范围内。镍离子与次磷酸盐浓度的最佳摩尔比应在 0.4 左右[20]。

(2) 还原剂

还原剂是化学镀镍的主要成分，它的作用是通过催化脱氢，提供活泼的氢原子，把镍离子还原成金属，与此同时，随着它的分解，使磷进入镀层，形成 Ni-P 合金镀层。

在化学镀 Ni-P 合金的镀液中采用次磷酸钠作还原剂。在一定范围内镍的沉积速度与次磷酸钠的浓度成正比，因而次磷酸钠的浓度直接影响镍的沉积速率。通常沉积 1g 镍，需消耗 5.4g 次磷酸钠，旧镀液因次磷酸钠自身分解，消耗量会增加。

化学镀镍的沉积速度、镀层质量及镀液稳定性取决于 $Ni^{2+}/H_2PO_2^-$ 的摩尔比值。适宜的 $Ni^{2+}/H_2PO_2^-$ 的摩尔比应保持在 $0.25 \sim 0.6$，最好在 $0.3 \sim 0.45$。一旦 $Ni^{2+}/H_2PO_2^-$ 的摩尔比降到低于 0.25，得到的镀层呈褐色，比值升高，镀层磷含量下降，而当比值高于 0.6 时，沉积速度很低。

在不同的镀液中，次磷酸钠浓度对镍沉积速度的影响如表 30-11 所示。超过极限速度，增加次磷酸钠浓度，其沉积速度不仅不会增加，反而会降低镀液稳定性和镀层质量。

表 30-11　次磷酸钠浓度对镍沉积速度的影响

硫酸镍镀液															氯化镍镀液				
镀液成分：　　硫酸镍 30g/L															氯化镍 25g/L				
镀液成分：　醋酸钠 20g/L					醋酸钠 15g/L					醋酸钠 20g/L					醋酸钠 20g/L				
镀液成分：　　次磷酸钠 含量/(g/L)															次磷酸钠 含量/(g/L)				
15	20	25	30	35	5	10	15	20	30	15	20	25	30	35	10	20	30	40	50
沉积速度/(μm/h)															沉积速度/(μm/h)				
5	10	15	20	30	4	9	20	17	17	12	10	10	8	6	9	21	25	24	23
温度 83～85℃					温度 83～85℃					温度 82～84℃					温度 90℃				
pH 值 4.2～4.6					pH 值 5.0～5.6					pH 值 4.4～4.8					pH 值 5.0				

(3) 配位剂

配位剂是镀液的重要组分之一，它的作用是与镍离子生成稳定的配位化合物，降低游离镍离子的浓度，抑制亚磷酸镍的沉淀，稳定和延长镀液使用寿命；控制沉积速度，改善镀层质量等。

在酸性镀液中，镍离子的配位剂有：柠檬酸、氨基乙酸、乳酸、苹果酸、羟基乙酸、丁二酸、丙酸、醋酸、酒石酸等。

不同的配位剂对镀液稳定性、沉积速度、镀层孔隙率和硬度等有不同影响。在酸性镀液中，常用的几种配位剂的影响顺序[3]如下。

稳定性：柠檬酸＞苹果酸＞丁二酸＞乳酸＞丙酸。

沉积速度：苹果酸、丙酸＞丁二酸＞乳酸＞柠檬酸。

镀层孔隙率：乳酸＞丁二酸＞丙酸＞柠檬酸＞苹果酸。

镀层硬度：乳酸＞丁二酸＞柠檬酸＞丙酸＞苹果酸。

综合考虑镀层的影响因素，使用复合的配位剂比单一的配位剂效果更好。

在碱性镀液中，常用的配位剂有：焦磷酸盐、柠檬酸盐、铵盐、三乙醇胺、乙二胺等。

在镀液中，配位剂的量不仅取决于镍离子的浓度，也取决于自身的化学结构和化学当量，其浓度最好通过试验进行优化。配位剂影响镀层的磷含量和耐蚀性，一般来说，强配位剂比弱配位剂获得的镀层磷含量高，耐蚀性好，但沉积速度低。选择配位剂不仅要使沉积速度快、镀层质量好，而且还要使镀液稳定性好、寿命长。

（4）加速剂

加速剂也称为促进剂，其作用是加速化学镀的沉积速度。即能使次磷酸根中的氢（H）和磷（P）原子之间键能变弱，有利于次磷酸根离子脱氢，增加了 $H_2PO_2^-$ 的活性，从而提高沉积速率。常用的加速剂有：脂肪酸、丙酸、丁二酸（琥珀酸）、苹果酸、三乙醇胺、氟化物、铵盐、锂盐等。化学镀镍中许多配位剂兼有加速剂的作用。此外有些稳定剂也具有加速的作用，如硫脲、硫脲衍生物等。

（5）稳定剂

稳定剂的作用是，能吸附在镀液中微小颗粒或杂质的表面，进行掩蔽，从而防止镀液自然分解，延长镀液的使用寿命。化学镀镍稳定剂可分为四类。

① 重金属离子　如 Pb^{2+}、Bi^{3+}、Sn^{2+}、Zn^{2+}、Cd^{2+}、Sb^{3+}、Tl^+ 等。

② 含氧酸盐　如钼酸盐（MoO_4^{2-}）、碘酸盐（IO_3^-）、砷酸盐（AsO_2^-）、溴酸盐（BrO_3^-）等。

③ 含硫化合物　如硫脲及其衍生物、巯基苯并噻唑、黄原酸酯、硫代硫酸盐、硫氰酸盐等。

④ 有机酸衍生物　如甲基四羟邻苯二甲酸酐、六内亚甲基四邻苯二甲酸酐等。

稳定剂的添加量绝不能高，否则可能导致整个镀液失效。稳定剂应根据镀液使用情况、需解决的问题等来选用，并且要确认稳定剂不与镀液中的其他添加剂作用而降低催化活性；如同时使用多种稳定剂，则相互间不会阻碍或减弱稳定作用；稳定剂必须要在保证镀层符合性能要求的前提下，发挥其作用。

（6）光亮剂

化学镀镍是一种功能性镀层，通常为半光亮外观，然而近年来人们对它的光亮性要求越来越高。由于化学镀液温度一般较高，而且镀件表面要不断大量析出氢气，因而无论是酸性还是碱性镀液，其光亮剂的选择都十分困难和重要。

传统的化学镀镍溶液，通常含有起稳定和光亮作用的 Pb^{2+} 和 Cd^{2+} 的光亮剂，虽然其含量只有 $1\sim2mg/L$，但沉积到镀层中的 Pb、Cd 含量要高得多。当前化学镀镍的发展趋势是无Pb、无 Cd 镀层。人们研制了无铅、镉的复合稳定光亮剂，可用的化合物有硫脲及其衍生物、碘酸钾、碘化钾、硫代硫酸钠、硫酸铜、硝酸银、含硫有机杂环化合物和稀土化合物等。目前，市场上也有化学镀镍光亮剂商品销售。

（7）润湿剂

加入润湿剂的作用是降低镀液与镀件表面之间的表面张力，提高浸润能力，有利于施镀过程中镀件表面氢气泡的逸出，可减少镀层孔隙。润湿剂通常使用阴离子表面活性剂，如硫酸酯、磺化脂肪酸、十二烷基硫酸钠等。

（8）pH 值和缓冲剂

① pH 值的影响　镀液 pH 值对化学镀镍过程的影响如下。

a. 在酸性镀液中，当镀液 pH 值增大时，沉积速度随之提高；反之则沉积速度降低。pH 值<3 时，沉积反应终止；pH 值>6 时，可能产生沉淀，pH 值继续增大，亚硫酸镍沉淀析出，将有触发镀液自然分解的危险。一般 pH 值控制在 4.5~5.0。

b. 在碱性镀液中，pH 值在规定范围内，对沉积速度影响不大，pH 值过高会降低镀液的稳定性。

在化学镀镍过程中，pH 值会不断降低，调节 pH 值时，应使镀液适当冷却然后再进行调整，以防镀液分解。

② 添加缓冲剂　缓冲剂的作用是保持镀液 pH 值的稳定。因此，所有化学镀镍溶液均必须添加缓冲剂。常用的缓冲剂有柠檬酸、乙醇酸、醋酸、乙二酸、丁二酸等的钠盐或钾盐，用

量通常约为 $10\sim20g/L$。常用的 pH 值调整剂有醋酸、稀硫酸、氨水和稀碱等。

(9) 镀液温度

化学镀镍的全部过程涉及的大多数氧化和还原反应都需要热能，因此，镀液温度是影响氧化还原反应进行和沉积速度最重要的参数。许多反应只有在 50℃ 以上才能以明显速度进行，而实际上所有的酸性次磷酸钠镀液，其操作温度均在 $80\sim95$℃，只有少数碱性至中性的次磷酸钠镀液，能够在 70℃ 以下操作。

镀液的沉积速度随温度升高而增加，温度过高，镀液不稳定，容易分解；温度过低，反应不进行。

镀液温度还会影响镀层的磷含量，在相同的工艺条件下，当升高温度时，镀层的磷含量降低。因此，必须精确控制镀液温度，使温度相对恒定（变化在 ±2℃ 内[3]），而且要保持镀液温度均匀，防止局部过热。采取搅拌的方法，使镀液温度均匀。

(10) 装载量

镀槽的装载量关系到生产效率和镀液稳定性。装载量低时，可获得较高的沉积速度，但镀液易分解，并影响镀层质量；装载量高时，则沉积速度较慢。一般装载量为 $0.5\sim1.25dm^2/L$，最佳装载量为 $1\ dm^2/L$。要注意装载分布均匀，不得过分集中。

(11) 搅拌

搅拌镀液可提高沉积速度，可使镀液内各组分浓度分布均匀，并可避免镀液局部过热，有利于镀液稳定和镀层质量提高。镀液搅拌一般采用空气搅拌、镀液循环或机械搅拌。有文献报道，使用超声波加强镀液搅拌，可降低镀液温度，并提高沉积速度。采用频率从几千赫兹到 2MHz 的超声波，可使碱性次磷酸钠镀液的沉积速度提高 15 倍；酸性次磷酸钠镀液的沉积速度提高不那么显著。

(12) 杂质

化学镀镍对很多杂质很敏感，要防止镀液被铅、锡、镉、铬酸、硫化物、硫代硫酸盐等杂质污染。少量杂质会降低沉积速度，杂质含量多将导致镀液失效。少量的金属杂质，可采用低电流密度电解除去。

30.3.5 脉冲化学镀 Ni-P 合金

脉冲化学镀即脉冲电流辅助化学镀，它是 20 世纪 80 年代中期发展起来的一种化学镀的新型工艺。脉冲化学镀是在化学镀的基础上叠加脉冲电流，在脉冲导通时除了发生化学沉积外，还同时进行电化学沉积，而在脉冲关断时，则只进行化学沉积。脉冲电流的引入使化学镀层的性能发生了变化，有文献报道，在化学镀 Ni-P 合金工艺中叠加脉冲电流后，可加快沉积速度，提高镀层中磷的含量，而且也提高了镀层的耐蚀性、硬度和耐磨性。此外，采用脉冲化学镀可以大大减少还原剂的用量，可以通过控制脉冲电流参数，有效地控制镀液的稳定性，从而减少络合剂和稳定剂的用量。

脉冲化学镀的溶液组成及工艺规范（示例）见表 30-12。

表 30-12　脉冲化学镀的溶液组成及工艺规范

溶液成分		工艺规范	
硫酸镍($NiSO_4 \cdot 6H_2O$)	28g/L		
次磷酸钠($NaH_2PO_2 \cdot H_2O$)	24g/L	温度	80℃
醋酸钠($CH_3COONa \cdot 3H_2O$)	17g/L	峰值电流密度	$1.0A/dm^2$
稳定剂	1.5mg/L	脉冲频率	1000Hz（即脉冲周期为 1ms）
表面活性剂	适量	脉冲波形	方波
pH 值	4.6	工作比（即占空比）	50%～70%

30.4　化学镀 Ni-B 合金

30.4.1　概述

（1）化学镀 Ni-B 合金镀层的特点

① 镀层为无定形结构，经 450℃ 热处理后，向 Ni_2B 和 NiB_3 转变，并具有很高的硬度（900～1000HV）。

② Ni-B 合金镀层熔点为 1450℃，比 Ni-P 合金镀层（890℃）高得多。

③ 镀态硬度为 700～800HV，经热处理后，其硬度高达 1200～1300 HV。

④ 镀层的镀态硬度高，因此，很适合于不能承受热处理的基材（如塑料、高强度铝合金等）作耐磨镀层使用。

⑤ 耐磨性优于化学镀 Ni-P 合金，经热处理后，其耐磨性超过硬铬。

⑥ 钎焊性能好，采用银或铜钎焊时，具有优良的高温钎焊性和强度。

⑦ 硼含量为 4%～5%（质量分数）的镀层为非磁性，经热处理后变为磁性；硼含量在 0.5%（质量分数）以下时，镀层有磁性，热处理后矫顽力和剩磁均无变化。

⑧ 耐蚀性能比 Ni-P 合金差。

（2）化学镀 Ni-B 合金镀层的应用

① 镀层具有良好的焊接性、低电阻、耐蚀性、耐磨性，可用于导体和非导体，作为电触点材料。可在某些电子元件上代替银镀层、金镀层。

② 镀层耐高温、表面平整、耐磨性高，可用于玻璃制品的金属模具。

③ Ni-B 合金镀层色泽与铑相似，可作为代铑的装饰性镀层。

按化学镀 Ni-B 合金所用的还原剂的不同，其镀液有硼氢化钠溶液和氨基硼烷溶液。

30.4.2　硼氢化钠镀 Ni-B 合金溶液

以硼氢化钠作为还原剂的化学镀镍溶液，使用硫酸镍或氯化镍作主盐。硼氢化钠易溶于水，具有较强的还原作用。在理论上一个当量的硼氢化钠能还原四个当量的金属离子，而次磷酸盐只能还原一个当量的金属离子[20]。含硼氢化钠的溶液必须在 pH 值＞11 的强碱性溶液中使用，否则会因水解而迅速分解。

在强碱性溶液中硼氢化钠能使镍离子还原，以主盐氯化镍为例，其反应式为：

$$NaBH_4 + 4NiCl_2 + 8NaOH \longrightarrow 4Ni + NaBO_2 + 8NaCl + 6H_2O$$

$$2NaBH_4 + 4NiCl_2 + 6NaOH \longrightarrow 2Ni_2B + 6H_2O + 8NaCl + H_2 \uparrow$$

与此同时，还发生如下副反应：

$$NaBH_4 + 2H_2O \longrightarrow NaBO_2 + 4H_2 \uparrow$$

（1）硼氢化钠镀液的特点

① 硼氢化钠具有较强的还原能力，在低温下比次磷酸盐容易还原镍。

② 加入稳定剂，可提高硼氢化钠的利用率。镀液可连续使用。

③ 用酒石酸盐代替部分乙二胺，可降低镀液温度。

④ 所获得的合金镀层硼含量在 2%～8%（质量分数）。

⑤ 硼氢化钠的价格比次磷酸钠贵得多，但因其在镀液中含量很低，所以配成镀液的成本并不算很高。

（2）镀液组成及工艺规范

以硼氢化钠作为还原剂的化学镀镍的镀液组成及工艺规范见表 30-13。

表 30-13 硼氢化钠作为还原剂的化学镀镍的镀液组成及工艺规范

溶液成分及工艺规范	1	2	3	4	5	6	7	8
	含量/(g/L)							
氯化镍(NiCl$_2$·6H$_2$O)	30	—	30	—	30	30	20~30	30
硫酸镍(NiSO$_4$·6H$_2$O)	—	20	—	12				
硼氢化钠(NaBH$_4$)	0.5	2.3	1	0.5	0.6	0.7	0.7~1.0	0.6
乙二胺(C$_2$H$_8$N$_2$)	60		15		50	60	50~70	60
氢氧化钠(NaOH)	40	调 pH 值至 12.5	40	40	40	40	50~70	40
酒石酸钾钠(NaKC$_4$H$_4$O$_6$·4H$_2$O)		40	40					
EDTA-2Na				35				
焦亚硫酸钾(K$_2$S$_2$O$_5$)			2					
氯化铅(PbCl$_2$)	0.06	0.05						
氟化钠(NaF)	3							
硝酸铊(TlNO$_3$)				0.05				
硫酸铊(Tl$_2$SO$_4$)							0.03~0.05	
巯基乙酸(C$_2$H$_4$O$_2$S$_2$)					1			
胱氨酸(C$_6$H$_{12}$N$_2$O$_4$S)						0.01		
亚硫基二乙酸(C$_4$H$_6$O$_4$S)								1
pH 值	12	12~13	>12	14		13	13~14	13.5~14
温度/℃	90	45~50	60	95	90	95	85~90	90~95
镀层硼含量(质量分数)/%	6~8	6~8	—	—	—	—	—	—

(3) 工艺说明

① 硼氢化钠的浓度将明显影响沉积速率和镀液稳定性，随 BH$_4^-$ 浓度增加，槽液的稳定性下降。可在加入氢氧化钠的同时，间隔地加少量的硼氢化钠，以保持镀液中还原剂的浓度和较好的沉积速率。

② 由于镀液为强碱性，为防止形成碱式镍盐沉淀，必须加入配位剂。配位剂一般采用乙二胺、乙二胺四乙酸（EDTA）或柠檬酸盐等。

③ 在高的 BH$_4^-$ 浓度、高的温度下镀液的稳定性很差，应加入稳定剂。稳定剂一般为硫酸铊、硝酸铊、巯基乙酸、氯化铅、香豆素、硫酸镉、氟化钠、焦亚硫酸钾、亚硫基二乙酸等。

④ 一般镀液的 pH 值必须在 12 以上，镀液才能稳定。所以必须经常对镀液进行分析化验和调整。

30.4.3 氨基硼烷镀 Ni-B 合金溶液

氨基硼烷是胺与硼氢化钠的加成物。作为化学镀镍的还原剂，一般只采用二甲基氨基硼烷 [(CH$_3$)$_2$NHBH$_3$，别名：DMAB] 和二乙基氨基硼烷 [(C$_2$H$_5$)$_2$NHBH$_3$，别名：DEAB] 两种。以二甲基氨基硼烷（DMAB）作为还原剂在镀液（碱性、中性或弱酸性）内的反应如下[2]。

① 在碱性或中性镀液内，其反应式如下：

$$(CH_3)_2NHBH_3 + OH^- \longrightarrow (CH_3)_2NH + BH_3OH^-$$

$$2BH_3OH^- + 6\,OH^- \longrightarrow 2BO_2^- + 4H_2O + 3\,H_2\uparrow + 6e$$

② 在弱酸性镀液内，其反应式如下：

$$(CH_3)_2NHBH_3 + H^+ \longrightarrow (CH_3)_2NH_2^+ + BH_3$$

$$BH_3 + 2H_2O \longrightarrow BH_3OH^- + H_3O^+$$

$$BH_3OH^- + H_2O \longrightarrow BO_2^- + 6H^+ + 6e$$

③ 以上反应式表明，无论是碱性镀液还是酸性镀液，在以二甲基氨基硼烷作为还原剂的镀液中，都是 BH_3OH^- 脱氢氧化释放电子去还原镍和硼，最后得到镍-硼合金镀层。

（1）氨基硼烷镀液的特点

① 镀液可在较宽的 pH 值范围内操作，但一般使用的 pH 值为 6～9，pH 值过低，氨基硼烷会分解。

② 镀液使用温度一般低于 75℃，温度过高会引起氨基硼烷分解。

③ 镀层硼含量为 0.4%～5%（质量分数），其镀层性能与用硼氢化钠作还原剂所获得的镀层相似。

④ 镀液稳定性较好，镀液再生能力强，因而使用周期长。

⑤ 镀液的氧化反应活化能较低，因此有些金属如铜、银、不锈钢等，在次磷酸钠镀液中没有催化能力，但在二甲基氨基硼烷镀液中都有足够的催化能力，从而使化学镀镍过程自发进行，不需进行活化处理。

（2）镀液组成及工艺规范

以氨基硼烷作为还原剂的化学镀镍的镀液组成及工艺规范见表 30-14。

氨基硼烷在强酸性介质中易分解，所以镀液的 pH 值应控制在 5 以上。镀液的 pH 值会影响镀层的硼含量，随 pH 值升高，镀层中硼含量降低，从 pH 值为 9 的镀液中获得的镀层的硼含量约为 0.5%（质量分数）。调整 pH 值一般使用氨水或氢氧化钠。

镀液的沉积速率约为 6～9μm/h。镀液温度对沉积速率有明显影响，室温下镀层沉积速率较低，一般低于 2.5μm/h，提高镀液温度沉积速度明显加快。因此，温度宜控制在 60～70℃。

由于氨基硼烷镀液沉积速率较低，一般主要用于需要薄镍镀层的地方。例如，在非导体金属化方面（塑料等制品）随后靠电镀加厚镀层，而不是作为耐磨、耐蚀镀层。

表 30-14　以氨基硼烷作为还原剂的化学镀镍的镀液组成及工艺规范

溶液成分及工艺规范	1	2	3	4	5	6
	含量/(g/L)					
氯化镍($NiCl_2 \cdot 6H_2O$)	24～48	30	—	20	—	—
硫酸镍($NiSO_4 \cdot 6H_2O$)	—	—	40	—	—	60
醋酸镍[$Ni(C_2H_3O_2)_2 \cdot 4H_2O$]	—	—	—	—	50	—
二甲基氨基硼烷(DMAB) [$(CH_3)_2NHBH_3$]	3～4.8	—	0.05 mol/L	1～6	2.5	3
二乙基氨基硼烷(DEAB) [$(C_2H_5)_2NHBH_3$]	—	3	—	3	—	—
醋酸钠($NaC_2H_3O_2 \cdot 3H_2O$)	18～37	—	—	5	—	—
柠檬酸钠($Na_3C_6H_5O_7 \cdot 2H_2O$)	—	10	20	15	25	—
硼酸(H_3BO_3)	—	—	10	—	—	—
珀琥酸钠($C_4H_4Na_2O_4 \cdot 6H_2O$)	—	20	—	—	—	—

续表

溶液成分及工艺规范	1	2	3	4	5	6
	含量/(g/L)					
焦磷酸钠($Na_4P_2O_7 \cdot 10H_2O$)	—	—	—	100	—	100
硫酸钠(Na_2SO_4)	—	—	15	—	—	—
异丙醇(C_3H_8O)/(mg/L)	—	50	—	50	—	—
乙醇酸($C_2H_4O_3$)	—	—	—	40	—	—
焦亚硫酸钾($K_2S_2O_5$)	—	—	1.5	—	—	—
联胺硼烷	—	—	—	0.5～1.5	—	—
亚硫基二乙酸/(mg/L)	—	—	—	—	1.5	—
88%乳酸($C_3H_6O_3$)/(mL/L)	—	—	—	—	25	—
润湿剂	—	—	—	—	0.1	—
pH 值	5.5	5～7	5	8.5～10	7	10
温度/℃	70	65	60	20～50	30～40	25
沉积速度/(μm/h)	7～12	7～12	—	—	—	—

30.5 联氨(肼)作为还原剂的化学镀镍

肼，又称为联氨（H_2NNH_2），它是一种无色油状液体，易溶于水而形成水合肼。以肼作为还原剂的化学镀镍，其还原能力都比前几种还原剂弱，在酸溶液中不可能使镍离子还原，只有在碱性溶液中才有可能使镍离子还原，其反应式为：

$$2Ni^{2+} + H_2NNH_2 + 4OH^- \longrightarrow 2Ni + N_2\uparrow + 4H_2O$$

为了使镀液稳定，应加入配位剂，常使用的配位剂有酒石酸盐、丙二酸盐、羟基乙酸、EDTA-二钠等。用氢氧化钠调节 pH 值。根据不同工艺控制其 pH 值，镀液温度控制在 90℃以上。

用肼作还原剂的氧化产物是水和氮气，虽然不存在有害氧化物积累的问题，并可获得纯度较高（仅含体积分数 2%以下的氮）的镍镀层，但镀层内应力大，脆性大，而热处理并不能使镀层硬度提高，限制了镀层的使用范围。再加上肼在空气中激烈氧化发烟，并有刺激性的臭味，污染环境，所以应用比较少。

以联氨（肼）为还原剂的化学镀镍的镀液组成及工艺规范见表 30-15。

表 30-15　以联氨（肼）为还原剂的化学镀镍的镀液组成及工艺规范

溶液成分及工艺规范	1	2	3	4	5	6
	含量/(g/L)					
硫酸镍($NiSO_4 \cdot 7H_2O$)	29	—	—	—	—	23
氯化镍($NiCl_2 \cdot 6H_2O$)	—	5	—	5	12	—
醋酸镍[$Ni(C_2H_3O_2)_2 \cdot 4H_2O$]	—	—	60	—	—	—
85%水合肼($N_2H_4 \cdot H_2O$)/(mL/L)	—	—	100	30	7.5	18
硫酸肼($N_2H_4 \cdot H_2SO_4$)	13	—	—	—	—	—
二盐酸肼($N_2H_4 \cdot 2HCl$)	—	103	—	—	—	—
酒石酸钾钠($NaKC_4H_4O_6 \cdot 4H_2O$)	—	5	—	6	—	—
乙二胺四乙酸二钠($Na_2EDTA \cdot 2H_2O$)	—	—	25	—	—	—

续表

溶液成分及工艺规范	1	2	3	4	5	6
	含量/(g/L)					
羟基乙酸($C_2H_4O_3$)	—	—	60	—	—	—
碳酸铵[$(NH_4)_2CO_3$]	—	—	—	—	1	—
pH 值	8~10	10	11	10	10~11	8~10
温度/℃	85~90	95	90	95	90~100	85~90

30.6 化学镀镍工艺

不同基体金属上的化学镀镍，按基体金属对化学镀镍催化活性的不同，可分为四类[4]，即高催化活性的金属、有催化活性的金属、非催化活性的金属、有催化毒性的金属。根据基体金属不同的催化活性，采用相应的镀前处理。

30.6.1 高催化活性金属的化学镀镍

这类金属如普通钢铁、镍、钴、铂、钯等，这些金属经一般电镀前处理后，即可直接进行化学镀镍，其工艺流程如下。

① 一般工件 主要工艺流程大致如下：

化学除油→电化学除油→浸蚀→化学镀镍。

② 高合金钢和镍基合金工件 主要工艺流程如下：

溶剂除油→化学除油→电化学除油→浸蚀→电化学除油→浸蚀→闪镀镍→化学镀镍。

闪镀镍的镀液组成及工艺规范如下：

氯化镍（$NiCl_2 \cdot 6H_2O$）　　200~240g/L　　阴极电流密度　　0.8~1.2A/dm²

盐酸（HCl）（$d=1.19$）　　100~120mL/L　　时间　　3~5min

温度　　　　　　　　　　室温

30.6.2 有催化活性金属的化学镀镍

这类金属有催化活性但表面容易氧化，如不锈钢、铝、镁、钛、钨、钼等。这类金属进行适当的活化或预镀后，才能进行化学镀镍。

① 不锈钢件的化学镀镍 主要工艺流程如下：

溶剂除油→化学除油→电化学除油→浸蚀→闪镀镍→化学镀镍。

闪镀镍的镀液组成及工艺规范如下：

氯化镍（$NiCl_2 \cdot 6H_2O$）　　200~240g/L　　阴极电流密度　　2~5A/dm²

盐酸（HCl）（$d=1.19$）　　100~120mL/L　　时间　　1~2min

温度　　　　　　　　　室温　　阳极　　　　　　硫去极化镍

② 铝合金件的化学镀镍 铝的表面很容易与氧反应生成氧化膜，阻碍镀层与基体金属的结合，进行特殊的前处理包括除油、除氧化膜等工序后，才能进行化学镀镍。其工艺见第4篇第23章铝及铝合金的电镀。

③ 镁合金件的化学镀镍 镁合金表面极易形成一层惰性的氧化膜，这层膜影响了镀层金属与基体金属的结合力。要取得良好的镀层，就要做好镀前处理，即除油、浸蚀、活化和浸锌等，其工艺见第4篇第24章镁及镁合金的电镀。

④ 钛合金件的化学镀镍 由于钛性质活泼，在其表面极易迅速生成氧化膜，必须采取特

殊的镀前处理，如除油、浸蚀、活化、浸锌或预镀，才能获得附着力良好的镀层。其工艺见第4篇第26章钛合金的电镀。

⑤ 钨、钼工件的化学镀镍 其主要工艺流程如下：

化学除油→浸蚀→活化→化学镀镍。

a. 除油。其溶液组成及工艺规范与钢件相同。

b. 浸蚀。溶液组成及工艺规范如下：

盐酸（HCl）（$d=1.19$）	900mL/L	温度	室温
70%氢氟酸（HF）	100mL/L	时间	3～5min
氯化铁（$FeCl_3 \cdot 6H_2O$）	50g/L		

c. 活化。采用电化隔触发活化：用铝线将这类金属包扎后，浸入化学镀镍溶液中，可产生触发沉积反应，形成一层薄的接触镀层。

30.6.3 非催化活性金属的化学镀镍

非催化活性金属如铜、银、金等，它们进行催化处理后，才能进行化学镀镍。以铜为例，其化学镀镍工艺如下。

铜及铜合金件化学镀镍前的前处理，类似于钢件的前处理，包括碱液除油和浸蚀除氧化膜。不同之处在于，铜对于化学镀镍的化学还原没有催化作用，因而铜及铜合金必须进行化学或电化学活化，或且预镀镍。铜合金活化常用方法如下：铜合金经过除油和除氧化膜后，立即进入化学镀镍溶液内，并附加一个镍阳极，施加电压为5V，时间为30～60s，在铜合金表面闪镀一层镍，这时该表面才具有催化能力，从而使镍的沉积过程自动进行。

此外，塑料一般是非导体，对镍的化学还原不具有催化性，必须经过特殊的前处理，如除油、浸蚀、粗化、中和、敏化、活化等工艺，才能进行化学镀镍。其工艺见第4篇第29章塑料电镀。

30.6.4 有催化毒性金属的化学镀镍

属于这类的金属如铅、镉、锌、锡、锑等。由于它们对化学镀镍溶液有毒害作用，因此应先预电镀一层铜，再用氯化钯活化，或闪镀一层镍后，再进行化学镀镍。

30.7 化学镀镍的后处理

一般情况下，多数化学镀镍后除进行清洗和干燥外，不再做任何的后处理。但为了达到某一功能，如烘烤减少氢脆、提高硬度和耐磨性、提高耐蚀性、电镀其他金属或涂覆有机涂料，以及提高其装饰性等，还需进行必要的后处理。

（1）烘烤

化学镀镍后的烘烤，可提高镀层与金属基体的结合力，并消除化学镀镍过程中以及先前工序中可能产生的氢脆。镀镍渗入基体的氢量见表30-16，不同金属基体上化学镀镍镀层的烘烤工艺规范[2]见表30-17。

表 30-16 镀镍渗入基体的氢量

镀层类别	工艺	氢含量/（cm^3/100g）
电镀镍	无光亮剂 室温电镀	60～80
	有光亮剂 室温电镀	140～160
化学镀镍	95℃	30

表 30-17 不同金属基体上化学镍镀层的烘烤工艺规范

基体金属	温度/℃	时间/h	基体金属	温度/℃	时间/h
时效硬化铝及铝合金	130±10	1～1.5	碳素钢	210±10	1～1.5
非时效硬化铝及铝合金	160±10	1～1.5	镍及镍合金	230±10	1～1.5
铜及铜合金	190±10	1～1.5	钛及钛合金	280±10	1～1.5

注：若镍镀层厚度超过 $50\mu m$，则需要延长烘烤时间。

（2）热处理

化学镍镀层经热处理后，可提高硬度和耐磨性。热处理及其热处理温度不仅影响硬度和耐磨性，还会影响镀层耐蚀性、镀层磁性等。所以化学镍镀层的热处理温度和时间，应按产品技术要求及工艺规范的规定进行。当热处理温度超过 250℃时，热处理应在惰性或还原性气氛中进行。还应注意，高温热处理可能会对某些基体材质的力学性能和耐蚀性能产生不利的影响。一般热处理温度为 300～400℃。但高强度铝合金上的化学镍镀层，其热处理温度不能超过 150℃，否则会影响铝合金强度。

（3）镀层的钝化处理

化学镀 Ni-P 合金镀层在形成过程中会产生微孔，随镀层厚度增加，微孔逐渐消失。但镀层厚度有一定限制，微孔难以避免。因此，有防腐要求的化学镍镀层需要进行封孔处理，以提高耐蚀性。其钝化处理溶液组成及工艺规范见表 30-18。

表 30-18 钝化处理溶液组成及工艺规范

溶液成分及工艺规范	铬酸盐钝化处理	三价铬钝化处理
	含量/(g/L)	
重铬酸钾($K_2Cr_2O_7$)	10～30	—
硝酸铬[$Cr(NO_3)_3 \cdot 9H_2O$]	—	10
柠檬酸钠($Na_3C_6H_5O_7 \cdot 2H_2O$)	—	5
乙二胺($C_2H_8N_2$)	—	4
抗坏血酸($C_6H_8O_6$)	—	0.2
十二烷基苯磺酸钠($C_{12}H_{25}C_6H_4NaO_3S$)	—	0.1
碳酸钠(Na_2CO_3)	调 pH 值	—
pH 值	9	—
温度/℃	室温	60
时间/min	1～3	10

此外，有文献报道，化学镀 Ni-P 合金镀层，经酸性高锰酸溶液处理，可得到具有优异耐蚀性、较高硬度和耐磨性的黑色镀层。高锰酸溶液处理是指高锰酸钠或高锰酸钾以硫酸溶解的酸性溶液，其溶液组及工艺规范如下：

高锰酸离子	10g/L	温度	10～50℃
硫酸	5～100g/L	时间	5～300s

（4）后续电镀

若化学镀镍后续需要镀其他金属或合金，例如电镀铬、光亮镍、铜或黄铜等，则对刚出槽的化学镍镀层，进行清洗，立即进行电镀其他金属或合金。如果化学镍镀层表面已经干燥，则需要除油和预镀镍处理。

30.8 不合格化学镀镍层的退除

不合格化学镀镍层的退除，因镀层含有磷，要比电镀层退除困难得多。不合格件被检查出来后，在热处理前立即进行退除，否则退镀更加困难。退镀层时不应损坏基体金属。

不合格化学镀镍层退除的溶液组成及工艺规范见表30-19。

表 30-19 不合格化学镀镍层退除的溶液组成及工艺规范

基体金属	退除方法	溶液组成	含量/(g/L)	温度/℃	阳极电流密度/(A/dm²)
钢铁	化学法	浓硝酸(HNO_3)(入槽工件必须干燥)	—	35	—
	化学法	硝酸(HNO_3)($d=1.4$) 98%醋酸(CH_3COOH)	70%(体积分数) 30%(体积分数)	室温	—
	化学法	间硝基苯磺酸钠(防染盐 S) ($C_6H_4NO_2SO_3Na$) 乙二胺($C_2H_8N_2$) 氢氧化钠($NaOH$)	60~80 120mL/L 40~50	60~80 退除速度： 5~10μm/h	—
铜及铜合金	化学法	98%硫酸(H_2SO_4) 65%硝酸(HNO_3) 硫酸铁[$Fe_2(SO_4)_3$]	1份(体积) 2份(体积) 5~10	室温	—
	化学法	间硝基苯磺酸钠(防染盐 S) ($C_6H_4NO_2SO_3Na$) 乙二胺($C_2H_8N_2$) 硫氰酸钠($NaCNS$) pH 值(用醋酸调节)	60~65 200~220mL/L 1 8	90~95	—
	电化学法	硝酸钠($NaNO_3$) 氨三乙酸($C_6H_9NO_6$) 柠檬酸($C_6H_8O_7 \cdot H_2O$) 硫脲[$CS(NH_2)_2$] 葡萄糖酸钠($NaC_6H_{11}O_7$) 十二烷基硫酸钠($C_{12}H_{25}O_4SNa$) pH 值(用氢氧化钠或氨水调节)	100 15 20 2 1 0.1 4.0	室温	2~10 阴极：钢板 阳极阴极面积比为： (2~3):1
铝及铝合金	化学法	65%硝酸(HNO_3) 氯化钠($NaCl$)	1000mL 0.5~1	≤24	—

30.9 化学镀镍基多元合金

现今化学镀镍已开发出化学镀 Ni-P 和 Ni-B 合金系列。而能够与化学镀 Ni-P 共沉积的元素有 W、Co、Fe、Mo、Cu、Cr、Zn、Mn 等；能够与化学镀 Ni-B 共沉积的元素有 Fe、W、Mo、Cu 等。加入某种金属成分，形成镍基多元合金镀层，能调整和改变材料的微观结构，从而改善其物理化学性能，甚至获得一些新的特性，进一步扩宽其应用领域。

30.9.1 化学镀 Ni-W-P 合金

化学镀 Ni-W-P 合金镀层为非晶态，镀层致密。Ni-W-P 合金镀层与 Ni-P 合金镀层相比，具有更优异的耐蚀性、更低的孔隙率、更好的耐磨性和热稳定性。热处理的影响规律与 Ni-P 合金镀层相似。

化学镀 Ni-W-P 合金是一种很好的电触头材料，用来制作薄膜电阻。Ni-W-P 合金熔点高达 1400℃，具有良好的耐磨性，可作为耐高温摩擦零件的表面镀层。化学镀 Ni-W-P 合金的镀液组成及工艺规范见表 30-20。

由于钨酸钠在酸性溶液中会析出钨酸，不溶于水，故其镀液都是碱性溶液，并以柠檬酸盐作配位体，铵盐作为缓冲剂。钨酸钠是镀层中钨的来源，还能增加化学镀的沉积速度。镀层中的钨含量随 pH 值的升高而增加；而镀层中的磷含量总的来说随着 pH 值的升高而降低。通常化学镀 Ni-W-P 合金镀层具有张应力。

表 30-20　化学镀 Ni-W-P 合金的镀液组成及工艺规范

溶液成分及工艺规范	1	2	3	4	5
	含量/(g/L)				
硫酸镍($NiSO_4 \cdot 7H_2O$)	35	7.5	20	7	26
钨酸钠($Na_2WO_4 \cdot 2H_2O$)	26	7	30	35	60
次磷酸钠($NaH_2PO_2 \cdot H_2O$)	10	7	20	10	20
柠檬酸钠($Na_3C_6H_5O_7 \cdot 2H_2O$)	85	20	35	40	100
氯化铵(NH_4Cl)	50	—	—	—	—
硫酸铵[$(NH_4)_2SO_4$]	—	24	30	—	30
25%氨水($NH_3 \cdot H_2O$)/(mL/L)	60	—	—	—	—
乳酸($C_3H_6O_3$)/(mL/L)	—	—	5	—	—
硫脲[$(NH_2)_2CS$]/(mg/L)	—	—	—	—	0.01~0.02
铅(Pb^+ 离子)/(mg/L)	—	—	2	—	—
pH 值	8.8~9.2	9	7	8.2	9
温度/℃	98	90	85	98	90
沉积速度/(μm/h)	7	4.5	>10	—	11
镀层钨含量(质量分数)/%	12~20	—	3.5	12~20	—
镀层磷含量(质量分数)/%	2~6	—	4.1	2~6	—

30.9.2　化学镀 Ni-Co-P 合金

化学镀 Ni-Co-P 合金镀层因含有磷，磁性比 Ni-Co 合金小得多，称为软磁性合金，并且磁性随磷含量的增加而降低。Ni-Co-P 合金镀层常用于计算机和磁声记忆材料，如计算机硬盘。

化学镀 Ni-Co-P 合金的镀液组成及工艺规范见表 30-21。

表 30-21　化学镀 Ni-Co-P 合金的镀液组成及工艺规范

溶液成分及工艺规范	1	2	3	4	5	6	7
	含量/(g/L)						
硫酸镍($NiSO_4 \cdot 7H_2O$)	—	—	—	14	14	14	18
氯化镍($NiCl_2 \cdot 6H_2O$)	30	25	25	—	—	—	—
硫酸钴($CoSO_4 \cdot 7H_2O$)	—	—	35	14	14	14	30
氯化钴($CoCl_2 \cdot 6H_2O$)	30	30	—	—	—	—	—
次磷酸钠($NaH_2PO_2 \cdot H_2O$)	20	20	20	20	20	20	20
柠檬酸钠($Na_3C_6H_5O_7 \cdot 2H_2O$)	100	100	—	60	—	60	80

续表

溶液成分及工艺规范	1	2	3	4	5	6	7
	含量/(g/L)						
酒石酸钾钠($NaKC_4H_4O_6 \cdot 4H_2O$)	—	—	200	—	140		
氯化铵(NH_4Cl)	50	50	50	—	—		50
硫酸铵[$(NH_4)_2SO_4$]					65	65	
硼酸(H_3BO_3)	—	—	—	30			
30%氨水($NH_3 \cdot H_2O$)/(mL/L)	调pH值	调pH值					
pH值	8.5	8.5	8~10	7	9	9	9.3
温度/℃	90	90	80	90	90	90	89
沉积速度/(μm/h)	14	9	—	7	20	15	
镀层钴含量(质量分数)/%	23	37	40	65	40	40	—
镀层磷含量(质量分数)/%	6.9	5.5	4	8	2	4	7

30.9.3 化学镀 Ni-Cu-P 合金

化学镀 Ni-Cu-P 合金镀层的镀态结构为非晶态的无定形结构。铜的加入使镀层硬度有所降低，而韧性得到改善，合金的热稳定性较普通化学镀 Ni-P 合金好。当铜含量较高时，合金镀层的导电性大为改善，Ni-Cu-P 合金镀层的耐蚀性优良。

以化学镀 Ni-Cu-P 合金镀层作为硬磁盘记忆底层，其表面更趋完善，磁记忆效果得到提高。Ni-Cu-P 合金镀层还可作为其他电磁波屏蔽层和高耐蚀表面的保护层。

化学镀 Ni-Cu-P 合金的镀液组成及工艺规范见表 30-22。

表 30-22　化学镀 Ni-Cu-P 合金的镀液组成及工艺规范

溶液成分及工艺规范	1	2	3	4
	含量/(g/L)			
硫酸镍($NiSO_4 \cdot 6H_2O$)	—	43	50~70	35
氯化镍($NiCl_2 \cdot 6H_2O$)	20	—	—	—
硫酸铜($CuSO_4 \cdot 5H_2O$)	—	1	0.8~1.2	9
氯化铜($CuCl_2 \cdot 2H_2O$)	1	—	—	—
次磷酸钠($NaH_2PO_2 \cdot H_2O$)	20	25	10~20	20
柠檬酸钠($Na_3C_6H_5O_7 \cdot 2H_2O$)	50	40	50~70	60
氯化铵(NH_4Cl)	40	—	—	—
醋酸铵(CH_3COONH_4)	—	35	30~50	40
25%氨水($NH_3 \cdot H_2O$)/(mL/L)	35	调pH值	10~15	10~20
pH值	8.9~9.1	6.5~8.5	7~7.5	8.5~11
温度/℃	90	70~90	85~95	75~89
沉积速度/(μm/h)	12	—	18~25	
镀层铜含量(质量分数)/%	22	6~8	7	
镀层磷含量(质量分数)/%	5~7	8~12	3	

30.9.4 化学镀 Ni-Mo-P 合金

Ni-Mo-P 合金镀层与 Ni-P 合金镀层相比，它的热稳定性提高，但其硬度、耐磨性和耐蚀性提高不明显。相对于碳钢，Ni-Mo-P 合金镀层为阳极性镀层，这表明对基体金属的保护依赖于合金镀层本身的耐蚀性和镀层的致密性。

Ni-Mo-P 合金镀层的晶粒较大，它的电阻系数小，可用于生产薄膜电阻，作高密磁记录盘的基底镀层。

化学镀 Ni-Mo-P 合金的镀液组成及工艺规范见表 30-23。随镀液浓度的提高，合金镀层中钼含量逐渐升高，而磷含量逐渐降低，如表 30-24 所示。

表 30-23　化学镀 Ni-Mo-P 合金的镀液组成及工艺规范

溶液成分及工艺规范	1	2	3	4
	含量/(g/L)			
硫酸镍($NiSO_4 \cdot 7H_2O$)	—	25	35	25~30
氯化镍($NiCl_2 \cdot 6H_2O$)	5~15	—	—	—
钼酸钠($Na_2MoO_4 \cdot 2H_2O$)	—	0.5~0.7	0.06	0.22~0.9
钼酸铵$[(NH_4)_2MoO_4 \cdot 2H_2O]$	0.1~0.2	—	—	—
次磷酸钠($NaH_2PO_2 \cdot H_2O$)	20	20	10	15~35
柠檬酸钠($Na_3C_6H_5O_7 \cdot 2H_2O$)	45	—	85	25~30
氯化铵(NH_4Cl)	30	—	50	—
25%氨水($NH_3 \cdot H_2O$)/(mL/L)	调 pH 值	—	60	—
添加剂	—	—	—	5~20
pH 值	8.2	9	8.5~9.5	4~6.5
温度/℃	85~95	86~90	98	85~95

表 30-24　钼酸钠浓度对 Ni-Mo-P 合金镀层成分的影响

钼酸钠浓度/(g/L)	0.1	0.2	0.3	0.4	0.5	0.6	0.7
镀层中 Mo(质量分数)/%	4.1	7.2	10.5	12.7	13.8	15.2	16.4
镀层中 P(质量分数)/%	8.6	5.4	1.5	1.2	0.85	0.75	0.65

30.9.5 化学镀 Ni-Sn-P 合金

化学镀 Ni-Sn-P 合金镀层比 Ni-P 合金镀层有更好的钎焊性能，而且随锡含量的增加而提高。而且在 Ni-Sn-P 合金镀层中，在磷含量相对不变的情况下，随镀层中锡含量的增加，其耐蚀性增强。化学镀 Ni-Sn-P 合金的镀液组成及工艺规范见表 30-25。

表 30-25　化学镀 Ni-Sn-P 合金的镀液组成及工艺规范

溶液成分及工艺规范	1	2	3
	含量/(g/L)		
硫酸镍($NiSO_4 \cdot 7H_2O$)	—	35	20~30
氯化镍($NiCl_2 \cdot 6H_2O$)	45	—	—
氯化亚锡($SnCl_2$)	26	—	15~25

续表

溶液成分及工艺规范	1	2	3
	含量/(g/L)		
锡酸钠($Na_2SnO_3 \cdot 3H_2O$)	—	3.5	—
次磷酸钠($NaH_2PO_2 \cdot H_2O$)	60	10	25~40
乳酸($C_3H_6O_3$)/(mL/L)	90		25~40
酒石酸钾钠($NaKC_4H_4O_6 \cdot 4H_2O$)	—	—	5~10
柠檬酸钠($Na_3C_6H_5O_7 \cdot 2H_2O$)	—	85	15~20
氯化铵(NH_4Cl)	—	50	—
氢氧化铵(NH_4OH)	—	60	—
pH 值	4.5	8.9~9.2	4.5~5.5
温度/℃	90	98	85~92

30.9.6 化学镀 Ni-Fe-P 合金

化学镀 Ni-Fe-P 合金是磁性镀层，主要用于计算机的记忆元件上。基材可以是铝、铜合金、塑料和玻璃等。其合金的镀液组成及工艺规范见表 30-26。

表 30-26 化学镀 Ni-Fe-P 合金的镀液组成及工艺规范

溶液成分及工艺规范	1	2	3	4
	含量/(g/L)			
硫酸镍($NiSO_4 \cdot 7H_2O$)	—	—	—	35
氯化镍($NiCl_2 \cdot 6H_2O$)	13.3	50	25~30	—
氯化亚铁($FeCl_2 \cdot 4H_2O$)	—	25	—	—
硫酸亚铁($FeSO_4 \cdot 7H_2O$)	—	—	10~15	—
硫酸亚铁铵[$(NH_4)_2Fe(SO_4)_2 \cdot 6H_2O$]	8	—	—	50
次磷酸钠($NaH_2PO_2 \cdot H_2O$)	10	25	10~15	25
酒石酸钾钠($NaKC_4H_4O_6 \cdot 4H_2O$)	30~100	75	30~50	75
25%氨水($NH_3 \cdot H_2O$)/(mL/L)	125	350	调 pH 值	58
尿素[$CO(NH_2)_2$]	—	—	10~16	—
pH 值	8.5~11	11	8~10	9.2
温度/℃	75	75	90	20~30
沉积速度/($\mu m/h$)	6	9		—
镀层铁含量(质量分数)/%	25	20	10~19	—
镀层磷含量(质量分数)/%	0.5~1	0.25~0.5	2	—

30.9.7 化学镀 Ni-Cr-P 合金

化学镀 Ni-Cr-P 合金镀层具有较高的耐蚀性，而铬含量仅为 0.1%（质量分数）的合金耐蚀性约为 Ni-P 合金镀层的 2.5 倍。化学镀 Ni-Cr-P 合金的镀液组成及工艺规范见表 30-27。

表 30-27　化学镀 Ni-Cr-P 合金的镀液组成及工艺规范

溶液成分				工艺规范	
氯化镍($NiCl_2 \cdot 6H_2O$)	30g/L	甲酸(HCOOH)	35mL/L	pH 值	7～7.7
氯化铬($CrCl_3 \cdot 6H_2O$)	100g/L	溴化钾(KBr)	17.3g/L	温度	84～88℃
次磷酸钠($NaH_2PO_2 \cdot H_2O$)	30g/L	氯化铵(NH_4Cl)	50g/L	装载量	0.5～1dm²/L
柠檬酸钠($Na_3C_6H_5O_7 \cdot 2H_2O$)	80g/L	硼酸(H_3BO_3)	35g/L		

30.9.8　化学镀 Ni-Re-P 合金

铼很容易与镍在一般的化学镀镍溶液中共沉积。当 Ni-Re-P 合金镀层中铼含量为 45%（质量分数）时，其镀层熔点可达 1700℃，比 Ni-P 合金镀层高一倍。化学镀 Ni-Re-P 合金的镀液组成及工艺规范见表 30-28。

表 30-28　化学镀 Ni-Re-P 合金的镀液组成及工艺规范

溶液成分及工艺规范	1	2	3
	含量/(g/L)		
硫酸镍($NiSO_4 \cdot 7H_2O$)	35	7	—
氯化镍($NiCl_2 \cdot 6H_2O$)	—	—	30
铼酸钾($KReO_3$)	1.5	1.5	5～10
次磷酸钠($NaH_2PO_2 \cdot H_2O$)	10	10	10～35
柠檬酸钠($Na_3C_6H_5O_7 \cdot 2H_2O$)	85	20	—
醋酸钠($CH_3COONa \cdot 3H_2O$)	—	—	10～15
氯化铵(NH_4Cl)	50	—	—
25%氨水($NH_3 \cdot H_2O$)/(mL/L)	60	—	—
pH 值	8.9～9.2	8.2	5
温度/℃	98	98	90
沉积速度/(μm/h)	—	—	3～13
镀层铼含量(质量分数)/%	46	—	5～34
镀层磷含量(质量分数)/%	2	—	5～9

30.9.9　化学镀 Ni-P-B 合金

化学镀 Ni-P-B 合金镀层具有优异的耐蚀性和良好的耐磨性。其合金镀层的韧性和致密性比 Ni-B 合金好。Ni-P-B 合金镀层经 350℃，1h 的热处理后，可得到最高硬度为 1120HV。化学镀 Ni-P-B 合金的镀液组成及工艺规范见表 30-29。

表 30-29　化学镀 Ni-P-B 合金的镀液组成及工艺规范

溶液成分				工艺规范	
氯化镍($NiCl_2 \cdot 6H_2O$)	24g/L	氢氧化钠(NaOH)	40g/L	pH 值	12.5～13
次磷酸钠($NaH_2PO_2 \cdot H_2O$)	10～13g/L	乙二胺($C_2H_8N_2$)	36g/L	温度	80℃
硼氢化钾(KBH_4)	0.8g/L				

30.9.10　化学镀 Ni-W-B 合金

Ni-W-B 合金镀层为非晶态合金。W 和 B 在合金中的分布是均匀的，不存在偏析现象，因此合金中各处的电阻值是相同的。化学镀 Ni-W-B 合金的镀液组成及工艺规范见表 30-30。镀液在其他条件不变的情况下,沉积速度随着钨酸钠浓度(在 50g/L 范围内)的升高而呈直线上升。合金镀层中的钨含量随镀液中钨酸钠浓度的升高而增加;而镀层中的硼含量随镀液中钨酸钠浓度的升高而降低;当钨酸钠浓度达到 30g/L 时,硼含量趋于恒定。

表 30-30　化学镀 Ni-W-B 合金的镀液组成及工艺规范

溶液成分及工艺规范	1	2
	含量/(g/L)	
硫酸镍(NiSO$_4$·6H$_2$O)	16～26	—
氯化镍(NiCl$_2$·6H$_2$O)	—	30
钨酸钠(Na$_2$WO$_4$·2H$_2$O)	1～13	—
钨酸钾(K$_2$WO$_4$)	—	40
二甲基氨基硼烷(DMAB)[(CH$_3$)$_2$NHBH$_3$]	3	—
硼氢化钠(NaBH$_4$)	—	1
柠檬酸钠(Na$_3$C$_6$H$_5$O$_7$·2H$_2$O)	60	—
酒石酸钾钠(NaKC$_4$H$_4$O$_6$·4H$_2$O)	—	40
硼酸(H$_3$BO$_3$)	31	—
糖精钠(C$_7$H$_4$NNaO$_3$S)	3	—
乙二胺(C$_2$H$_8$N$_2$)	60	15
氢氧化钠(NaOH)	—	40
pH 值	7.0	—
温度/℃	69～71	90
沉积速度/(μm/h)	—	6
镀层钨含量(质量分数)/%	—	7
镀层硼含量(质量分数)/%	—	3

第31章

化学镀铜和镀锡

31.1 化学镀铜

31.1.1 概述

化学镀铜是利用还原剂，使镀液中的铜离子，在经活化处理而具有催化活性的基体表面上，还原沉积形成金属镀层的过程。

商品化学镀铜溶液出现于 20 世纪 50 年代，该镀液是以甲醛为还原剂的碱性酒石酸镀液。化学镀铜技术在 70 年代已经走向成熟，形成印制电路板镀薄铜、图形镀、镀厚铜以及塑料镀的系列化的规模。由于甲醛的毒性越来越受到社会的关注，80 年代不少人开始尝试采用次磷酸盐、肼或硼化合物作为还原剂。化学镀铜技术诞生到现在的 60 多年来的历史中，经历了发展到现在已取得很大的进步。

在化学镀中，化学镀铜是十分重要的镀种。化学镀铜广泛用于电子工业中作印制板（PCB）孔金属化、电磁屏蔽、雷达反射器、塑料电镀、材料装饰表面以及其他非金属材料的金属化。化学镀铜作为导电互连材料与基体之间必须要有足够的结合力，以便能承受在电子器件制造及使用过程中，可能遭受的机械力或者热冲击。化学镀铜层的物理力学性质，如延展率、抗张强度、内应力、致密性等都会影响镀层的结合力。

化学镀铜层与电镀铜层的物理性质比较见表 31-1。

表 31-1 化学镀铜层与电镀铜层的物理性质比较

物理、力学性质	化学镀铜层	电镀铜层	物理、力学性质	化学镀铜层	电镀铜层
铜含量(质量分数)/%	≥99.2	≥99.9	延展率/%	4~7	15~25
密度/(g/cm³)	8.8±0.1	8.92	硬度(HV)	200~215	45~70
抗张强度/MPa	207~550	205~380	电阻率/μΩ·cm	1.92	1.72

31.1.2 化学镀铜基本原理

用于化学镀铜的还原剂有甲醛、次磷酸钠、硼氢化钠和肼。但目前普遍使用的还是甲醛。近年来，由于各国加强了对使用甲醛的限制，促进了次磷酸钠作为还原剂的研究、开发和应用。

(1) 甲醛还原剂的化学镀铜原理

化学镀铜如果用电化学进行说明，则有金属离子（Cu^{2+}）被还原的阴极反应和还原剂（HCHO）被氧化的阳极反应。化学镀铜时，Cu^{2+} 得到电子还原成金属铜，所需的电子是由还原剂甲醛提供的。阴极的还原反应和阳极的氧化反应如下：

阴极反应：$Cu^{2+} + 2e \longrightarrow Cu$

阳极反应：$2HCHO + 4OH^{-} \longrightarrow 2HCOO^{-} + H_2 \uparrow + 2H_2O + 2e$

镀液中的总反应为：$Cu^{2+} + 2\,HCHO + 4OH^- \longrightarrow Cu + 2\,HCOO^- + H_2\uparrow + 2H_2O$

只有在催化剂（Pd、Ag 或 Cu）存在的条件下，才能沉积析出金属铜。由于 Cu 对甲醛催化活性大。所以新沉积出的铜本身就是一种催化剂，所以在活化处理过的表面，一旦发生化学沉积铜反应，此反应可以继续在新生的铜上继续进行。

甲醛必须在 pH>11 的碱性介质中，才具有还原铜离子的能力。

在化学镀铜过程中还有以下三个反应。

① 甲醛的氧化还原反应（即康尼查罗反应）　即甲醛自发消耗。甲醛在碱性溶液中，还会发生歧化反应，产生它自身的氧化还原产物，消耗大量的甲醛，同时也产生了甲醇。甲醇会使 Cu^{2+} 的还原被阻止在 Cu^+ 的状态，引起镀液过早老化。反应式：$2\,HCHO + NaOH \longrightarrow HCOONa + CH_3OH$

② 产生氧化亚铜　甲醛在碱性溶液中，不仅促使 Cu^{2+} 还原成金属铜，而且还能将它部分地还原成 Cu^+，从而导致产生 CuOH、Cu_2O。其反应为：

$$2Cu^{2+} + HCOH + 5OH^- \longrightarrow Cu_2O\downarrow + HCOO^- + 3H_2O$$

由于镀液中没有 Cu^+ 的配位剂，因此这些氧化物只有极少量被溶解，有大量的 Cu^+ 则以一种沉淀的形式存在镀液中，而不断累积增多。

③ Cu^+ 的歧反应　所产的 Cu_2O 在碱性溶液中还会发生歧化反应，其反应为：

$$Cu_2O + H_2O \longrightarrow Cu + Cu^{2+} + 2OH^-$$

该反应会产生细小的铜粒子。这些细微铜粒不规则地分散在整个镀液中，当积聚到一定量的铜微粒时，上述的非催化反应便变成自催化反应（这种反应不是在被镀件的催化表面上发生的，而是在溶液的内部的发生），随着铜微粒的表面增大而加快，短时间内就会使溶液浑浊变坏从而丧失稳定性。

由上述反应可见，提高化学镀铜溶液的稳定性，可采取以下措施：加入稳定剂、空气搅拌、过滤和加甲醇等。

a. 稳定剂。它能抑制上述的副反应（如产生氧化亚铜 Cu_2O），可提高槽液的稳定性。

b. 空气搅拌。它可防止 Cu^+ 的生成。空气搅拌能使生成的 Cu_2O 迅速被氧化成可溶性的 Cu^{2+}，有效地抑制 Cu_2O 的产生，从而提高槽液的稳定性。空气搅拌的反应式为：$2Cu_2O + O_2 + 8H^+ \longrightarrow 4\,Cu^{2+} + 4H_2O$

c. 过滤。用连续过滤，使大于 $2\mu m$ 的铜粒子和杂质滤掉，排除结晶中心。

d. 加甲醇。甲醛在碱性溶液中，还会发生歧化反应（康尼查罗反应），其反应式为：$2HCHO + NaOH \longrightarrow HCOONa + CH_3OH$

此反应是一个可逆反应，反应向右则消耗甲醛，为减少甲醛的消耗，可加入反应产物甲醇加以抑制。

（2）次磷酸钠还原剂的化学镀铜原理

次磷酸钠能还原铜离子，但必须在具有催化活性的表面上发生。金属催化活性的次序为：Au>Ni>Pd>Co>Pt>Cu。

由于 Cu 基体（或镀层）对不同还原剂的催化活性是不同的，而 Cu 对次磷酸催化活性小，所以首先沉积的铜镀层对于后续的反应不具有催化性，当最初的催化基体表面被铜镀层完全覆盖后（通常小于 $1\mu m$），铜离子的沉积反应便停止。这时，如果向镀液中加入少量镍离子，由于镍离子被还原为金属镍，从而增加了镀层的催化性，使沉铜反应得以继续下去。因此。次磷酸钠化学镀铜的镀液中需要维持适当的镍离子浓度。

在中性和弱碱性的条件下，以次磷酸钠作还原剂的化学镀铜溶液中，主要的氧化还原反应是：铜离子还原成金属铜，而次磷酸根离子氧化成亚磷酸根离子。其总反应为：$2H_2PO_2^- + Cu^{2+} + 2OH^- \longrightarrow Cu + 2H_2PO_3^- + H_2\uparrow$

其中，阳极反应为：

由于反应只能在催化表面上发生，第一步是还原剂脱氢反应，生成 HPO_2^-；它和 OH^- 反应生成 $H_2PO_3^-$，并释放电子。其反应式为：

$$H_2PO_2^- \xrightarrow{\text{催化表面}} HPO_2^- + H$$

$$HPO_2^- + OH^- \longrightarrow H_2PO_3^- + e$$

$$H_2O + e \longrightarrow OH^- + H$$

$$H + H \longrightarrow H_2 \uparrow$$

阳极总反应为：

$$H_2PO_2^- + H_2O \longrightarrow H_2PO_3^- + H_2 \uparrow$$

阴极反应为 Cu^{2+} 和 Ni^{2+} 得到电子还原成金属：

$$Cu^{2+} + 2e \longrightarrow Cu$$

$$Ni^{2+} + 2e \longrightarrow Ni$$

对镀层的成分进行分析，也没有发现金属镍沉积，说明上述的金属镍催化次磷酸盐的氧化反应，并与溶液中的 Cu^{2+} 发生反应，又进入溶液中，其反应为：

$$Ni + Cu^{2+} \longrightarrow Ni^{2+} + Cu$$

31.1.3　非甲醛化学镀铜溶液的种类

使用无毒或低毒的具有还原性的物质替代甲醛的化学镀铜溶液是符合当前绿色环保要求的。根据所用还原剂的种类和镀液特点，可将非甲醛还原剂的化学镀铜分为四大类，其溶液组成、工艺及特点如表 31-2[25] 所示。

表 31-2　非甲醛化学镀铜液的镀液组成、工艺及特点

镀液种类	还原剂	镀液组成	优点	缺点
醛糖类化学镀铜液	甲醛加成物、乙醛酸、丙酮醛和葡萄糖、山梨糖醇等糖类	配位剂有：五羟丙基二亚乙基三胺、EDTA、酒石酸钾钠、硫代羧酸、乙内酰脲和乙内酰脲衍生物等　镀液 pH 值:11.5～13.5　温度:30～60℃	甲醛含量很低或无甲醛，无毒性气体析出，环境污染少，镀层性能好；以糖类作还原剂，镀液稳定性好	甲醛加成物作还原剂,沉积速度较慢，需要加入少量甲醛作促进剂；乙醛酸作还原剂，价格较贵，镀液有歧化反应。糖类作还原剂，还原能力较弱，沉积速度较慢
硼氢化物化学镀铜液	四丁基氢硼化铵、硼氢化钠、硼氢化钾、二(三)甲氨基硼烷、肼	乙内酰脲或其衍生物　镀液 pH 值:一般为 8 左右	镀液 pH 低，稳定性好	硼酸盐对环境有一定的负面影响，铜沉积层会引入硼，且二甲氨基硼烷较贵
次磷酸盐化学镀铜液	次磷酸及其盐	柠檬酸钠、硼酸、亚硫酸铵等　镀液 pH 值:8～10　温度:64～70℃	镀液的稳定性、沉积速率均高于甲醛镀液	镀液中需要加入少量 Ni^{2+}、Co^{2+}、硼酸、硫脲或二苯基硫脲等以催化铜的反应，以维持较高的沉积速率；镀层的电导率、抗拉强度、延伸率等物理性能不如甲醛化学镀铜层
低价金属盐化学镀铜液	Fe^{2+}、Co^{2+}、Ti^{3+}、Ni^{2+} 和 Sn^{2+} 等低价金属盐	硫脲、柠檬酸等、二亚乙基三胺类、乙内酰脲和乙内酰脲衍生物　温度:20～70℃	镀液 pH 值较低，反应可在弱酸性至中性条件下进行，H_2 的产生受到抑制	沉积层里易夹杂其他金属，影响铜镀层的纯度；此类化学镀铜液的稳定性有待进一步提高

31.1.4　化学镀铜的溶液组成及工艺规范

传统的化学镀铜为高碱性溶液，一般以甲醛为还原剂，EDTA 和酒石酸钾钠为单一或混合配合剂。但甲醛对人体、环境具有明显危害，镀液的不稳定以及贵重金属的使用等已成为不

可忽视的问题。然而，目前非甲醛化学镀铜还处于研究阶段，但将是化学镀铜的应用方向。

（1）甲醛还原剂化学镀铜溶液

甲醛还原剂化学镀铜的溶液组成及工艺规范见表31-3。

表 31-3　甲醛还原剂化学镀铜的溶液组成及工艺规范[3]

溶液成分及工艺规范	低稳定性		高稳定性						
	1	2	1	2	3	4	5	6	7
	含量/(g/L)								
硫酸铜($CuSO_4 \cdot 5H_2O$)	14	10	16	10	10～15	10	15	16	10
酒石酸钾钠 ($NaKC_4H_4O_6 \cdot 5H_2O$)	40	40～50	14	—	—	14	—	—	—
EDTA 二钠盐	—	—	25	45	50	25	45	6	30
三乙醇胺[$N(C_2H_4OH)_3$] /(mL/L)	—	—	—	—	—	—	—	21.5	5
37%甲醛(HCHO)/(mL/L)	25	10～20	15	15	15～25	10	—	16	3
氢氧化钠(NaOH)	8	—	14～15	14	13～15	12	—	—	—
碳酸钠(Na_2CO_3)	4	10	—	—	—	—	—	—	—
氯化镍($NiCl_2 \cdot 6H_2O$)	4	—	—	—	—	—	—	—	—
2,2′-联吡啶[$(C_5H_4N)_2$]	—	—	0.02	0.01	0.1	0.02	0.01	0.02	0.02
亚铁氰化钾 [$K_4Fe(CN)_6 \cdot 3H_2O$]	—	—	0.01	0.1	0.2	0.01	—	0.1	—
2-巯基苯并噻唑(2-MBT) ($C_7H_5NS_2$)	—	—	—	0.002～0.005	—	—	—	0.0005	—
聚甲醛[$(CH_2O)_n$]/(mol/L)	—	—	—	—	—	—	0.5	—	—
镍氰化钾($C_4K_2N_4Ni$)	—	—	—	—	—	—	0.01	—	—
聚乙二醇($M=1000$)	—	—	—	—	—	—	0.05	—	—
聚乙二醇($M=6000$)	—	—	—	—	—	—	—	—	0.001
聚二硫二丙烷磺酸钠(SPS) ($C_6H_{12}O_6S_4Na_2$)	—	—	—	—	—	—	—	—	0.0005
pH 值	12	11～13	12～12.5	11.7	12～12.5	12～12.5	12～12.5	9	9.2
温度/℃	20～30	室温	28～35	60	50～60	40～50	70	65～70	65
沉积速度/(μm/h)	—	—	2	5	—	4	7～10	6	—

注：1. 低稳定性配方1、2和高稳定性配方1适合于塑料电镀，一般镀20～30min。
2. 高稳定性配方2、3、4、5适合于印制电路板的孔金属化的高稳定性化学镀铜。
3. 高稳定性配方6为快速化学镀铜。
4. 高稳定性配方7用于高深径比微孔或道沟的化学镀铜填充。

（2）非甲醛还原剂化学镀铜溶液

次磷酸钠还原剂化学镀铜的溶液组成及工艺规范见表31-4。

其他非甲醛还原剂化学镀铜的溶液组成及工艺规范见表31-5。

表 31-4　次磷酸钠还原剂化学镀铜的溶液组成及工艺规范

溶液成分及工艺规范	1	2	3	4	5
	含量/(g/L)				
硫酸铜($CuSO_4 \cdot 5H_2O$)	10	10	7.5～8.5	10	6

续表

溶液成分及工艺规范	1	2	3	4	5
	含量/(g/L)				
EDTA 二钠盐	—	—	—	—	1.3
次磷酸钠($NaH_2PO_2 \cdot H_2O$)	30	30	35~40	30	30
柠檬酸钠($Na_3C_6H_5O_7 \cdot 2H_2O$)	15	15	20	23.5	12
硼酸(H_3BO_3)	30			30		30
硫酸镍($NiSO_4 \cdot 6H_2O$)	0.5~1	0.5~1	0.8~1	2	1.15
马来酸($C_4H_4O_4$)	—	—	—	—	0.02
2,2'-联吡啶[$(C_5H_4N)_2$]	—	0.01	—	0.015	—
亚铁氰化钾[$K_4Fe(CN)_6 \cdot 3H_2O$]	—	—	0.003~0.004	—	0.0002~0.0005
聚乙二醇($M=4000$)	—	—	0.1	—	—
硫脲[$(NH_2)_2CS$]	—	—	—	—	0.0001~0.001
pH 值	9	9	9~9.5	9	10.4
温度/℃	65~70	65~70	65	70	70
沉积速度/($\mu m/h$)	6	—	2	3.9	6~8
镀层电阻率/$\mu\Omega \cdot cm$	—	—	—	10.6	5.5~7.5

表 31-5　其他非甲醛还原剂化学镀铜的溶液组成及工艺规范

溶液成分及工艺规范	1	2	3	4	5
	含量/(g/L)				
硫酸铜($CuSO_4 \cdot 5H_2O$)	28	10	12.5	10	16
乙醛酸($C_2H_2O_3$)	18.4	2	—		13
硼氢化钠($NaBH_4$)	—	—	0.8	1.3	—
EDTA 二钠盐	44	30	45		40
酒石酸钾钠($NaKC_4H_4O_6 \cdot 5H_2O$)	—	—	—	22	—
氢氧化钠($NaOH$)	—	—	—	10	—
氰化钠($NaCN$)	—	—	0.4		
2,2'-联吡啶[$(C_5H_4N)_2$]	0.01	—	—		0.01
亚铁氰化钾[$K_4Fe(CN)_6 \cdot 3H_2O$]	0.01	—	—		
聚乙二醇($M=4000$)	—	0.001	—		
聚二硫二丙烷磺酸钠（SPS）($C_6H_{12}O_6S_4Na_2$)	—	0.0005	—		
25%氨水($NH_3 \cdot H_2O$)/(mL/L)	—	—	—	140	—
pH 值	12~12.5	12.5	13	13.3	12.5
温度/℃	50	70	25	20	40
沉积速度/($\mu m/h$)	2		2.5	3	
镀层电阻率/$\mu\Omega \cdot cm$	2.4	—	—		

注：配方 2 为乙醛酸还原剂的化学镀铜，用于高深径比微孔或道沟的化学镀铜填充。

31.1.5　各组分的作用和工艺规范的影响

化学镀铜的一般工艺流程通常为：除油→水洗→化学粗化→水洗→敏化→水洗→活化→水洗→化学镀铜。

化学镀铜的溶液主要由铜盐、还原剂、配位剂、稳定剂、pH 值调整剂和其他添加剂等组成。

（1）铜盐

铜盐提供被沉积的铜离子，可使用的有硫酸铜、氯化铜、碱式碳酸铜、酒石酸铜、醋酸铜等二价铜盐。化学镀铜大多数都使用硫酸铜。镀液中铜盐浓度对镀层性能的影响较小，而铜盐中的杂质却对镀层性能有很大的影响。所以，化学镀铜溶液中对铜盐的纯度有较高的要求。

当镀液的 pH 值保持在工艺规范内时，提高铜盐浓度，会提高沉积速度，但镀液的自分解的倾向也随之增大；铜盐浓度过低时，沉积速度慢，镀层发暗。无稳定剂的镀液中的铜盐，通用采用低浓度，铜盐浓度一般为 0.03～0.06mol/L，如用硫酸铜则相应浓度为 7.5～15g/L。若有稳定剂可采用其上限或稍高些，即硫酸铜浓度为 15g/L 或再高一些。一般镀液中 Cu^{2+} 浓度为 2.5～5g/L。

（2）还原剂

化学镀铜溶液中使用的还原剂有甲醛、次磷酸钠、硼氢化钠、乙醛酸、二甲基氨基硼烷、肼等。目前，化学镀铜溶液多使用甲醛作为还原剂。

甲醛的还原能力与镀液的 pH 值关系很大。只有在 pH 值＞11 的碱性条件下，它才具有还原铜的能力。所以，以甲醛作还原剂的化学镀铜，总是在强碱性溶液中进行，pH 值越高，则甲醛还原能力越强，沉积速度越快，但同时也增加镀液自分解的倾向，降低镀液的稳定性。因此，甲醛还原剂的化学镀铜溶液的 pH 值通常保持在 11.5～12.5，超过 13 反应速率过快，则镀液极易分解。

甲醛的用量与镀液的使用温度有关，由于镀液温度高则镀铜速度快，所以低温时甲醛用量可稍高些（可用 15～25mL/L），镀液温度为 60℃时，可用 10～15mL/L。若甲醛还原剂过高，镀液自分解的倾向性增大。化学镀铜过程中要消耗甲醛，为此，必须按分析结果或凭经验添加甲醛和调整 pH 值。

以次磷酸钠为还原剂的化学镀铜溶液，由于铜离子对次磷酸钠的氧化过程无催化作用，所以需加入镍离子等活性金属离子。

半导体集成电路的填充高深径比的微孔和道沟的化学镀铜，采用深孔填充的化学镀铜，其还原剂有甲醛和乙醛酸[3]。深孔填充化学镀铜与普通化学镀铜不同，铜在微孔或道沟底部的沉积速率大于在其表面的沉积速率，从而使铜完全填充整个微孔或道沟，不产生空洞或缝隙，可实现直径 100nm、深 1000nm 的微孔填充。

（3）镀液的 pH 值

化学镀铜反应在一定的 pH 值条件下才能发生。由于配位剂对铜的配合反应随镀液的 pH 值而变化，所以化学镀铜反应所需要的 pH 值也不同。例如[20]：用 EDTA 作配位剂的最佳化学镀铜反应所需的 pH 值为 12.5；而用酒石酸盐作配位剂的最佳化学镀铜反应所需的 pH 值为 12.8。当镀液的 pH 值低于工艺规范的规定值 0.1 时，化学镀铜反应虽然能进行，但镀层中的针孔率上升，甚至局部大面积范围沉积不上铜。pH 值过高，铜镀层粗糙，而且镀液会快速分解。一般情况下，沉积速率随 pH 值增加而加快，在 pH 值约为 12.5 时沉积速率最快，此时铜镀层外观最好。pH 值超过 12.5 以后，沉积速率开始下降，副反应加剧，镀液开始自分解。

（4）pH 值调整剂

由于化学镀铜过程中镀液的 pH 值会降低，因此必须向镀液中添加碱，以便始终保持镀液的 pH 值处于工艺规范的正常范围内，通常用氢氧化钠作为化学镀铜的 pH 值的调整剂。而次磷酸钠化学镀铜，硼酸可作为 pH 缓冲剂。

（5）配位剂

以甲醛作还原剂的化学镀铜溶液是碱性的，配位剂的作用是防止在碱性溶液中，铜离子形成氢氧化铜沉淀。所以，镀液中必须含有配位剂，使铜离子变成配离子状态。正确地选用配位剂不仅有利于镀层的稳定，而且可以提高沉积速率和镀层质量。

化学镀铜溶液中常用的配位剂有：酒石酸盐和 EDTA 钠盐，也可用环己二胺四乙酸和乙二胺。一般采用单一配位剂，近代化学镀铜溶液中通常采用两种或两种以上混合配位剂，如酒石酸盐和 EDTA 钠盐配合使用。混合配位剂稳定性好，镀液长期放置不沉淀，使用温度宽。使用酒石酸盐和 EDTA 钠盐各有优缺点[3]：酒石酸盐配离子稳定常数不大，只适合在室温下工作的镀液，所获得的镀层韧性较差，但酒石酸盐价廉，成本低；EDTA 钠盐配离子稳定常数大，可在较高温度的镀液中工作，且保持稳定，而且镀层性能优良，但价格高。两者混合使用可扬长避短。常用的化学镀铜配位剂及其配合稳定常数见表 31-6，稳定常数 pK 值越大，表示其铜配离子越稳定。

配位剂与主盐的比例很重要，一般情况下，酒石酸盐与主盐的比例约为 3.5∶1；EDTA 钠盐与主盐的比例约为 2∶1，比例过高，沉积速度太慢；比值过低，则镀层粗糙。

用于次磷酸钠化学镀铜的配位剂有 EDTA 二钠、柠檬酸钠、羟乙基乙二胺三乙酸（HEDTA）。

表 31-6　常用的化学镀铜配位剂及其配合稳定常数

中心离子	配位剂		铜配离子	pK
	名称	分子式		
Cu^{2+}	酒石酸	$C_4H_6O_6$	$[Cu(C_4H_6O_6)_2]^{2-}$	6.51
	乙二胺四乙酸二钠	$Na_2(EDTA)$	$[Cu(EDTA)_2]^{2-}$	18.86
	乙二胺	$NH_2C_2H_4NH_2$	$[Cu(C_2H_4N_2H_4)_4]^{2+}$	19.99
	氨	NH_3	$[Cu(NH_3)_4]^{2+}$	12.68
	水杨酸	$C_6H_4OHCOOH$	$[Cu(C_6H_4OHCOO)_2]^{2+}$	18.45
	三乙醇胺	$N(C_2H_5OH)_3$	$[Cu(C_2H_5OH)_3]^{2+}$	6.0
Cu^{+}	氰化钠	$NaCN$	$[Cu(CN)_4]^{3-}$	30.30
	硫脲	NH_2CSNH_2	$[Cu(CSN_2H_4)_4]^{+}$	15.39
	α,α'-联吡啶	$(C_5H_4N)_2$	$[Cu(C_5H_4N)_2]^{+}$	14.2
	硫代硫酸钠	$Na_2S_2O_3$	$[Cu(S_2O_3)_3]^{5-}$	13.84
	硫氰化钾	$KCNS$	$[Cu(CNS)_2]^{-}$	12.11

（6）稳定剂

稳定剂的作用是抑制化学镀铜过程中产生的副反应。这些副反应不仅消耗了镀液中的有效成分，而且产生氧化亚铜，氧化亚铜进而产生歧化反应，生产金属铜微粒，造成镀层疏松粗糙，甚至引起镀液自发分解。化学镀铜溶液的稳定剂种类很多（它通常是一价铜的配合物），常用的稳定剂有甲醇、氰化钠、2-巯基苯并噻唑、α,α'-联吡啶、亚铁氰化钾等。这类稳定剂对提高镀液稳定性有效，但大多数稳定剂又是化学镀铜反应的催化毒性剂，因此稳定剂的含量一般很低，否则会显著降低沉积速率甚至停镀。

稳定剂单独使用的效果远没有两种或两种以组合使用好，因组合使用可产生协同效应。为此，要选择合适的稳定剂种类搭配和含量。

例如：α,α'-联吡啶常与镍氰化钾或亚铁氰化钾配合使用，还能提高镀层的平整性和韧性。α,α'-联吡啶常用量为 $10\sim20\text{mg/L}$，亚铁氰化钾为 $10\sim100\text{mg/L}$。

(7) 其他添加剂[3]

① 提高沉积速度的添加剂称为促进剂。作为化学铜溶液促进剂的化合物有铵盐、硝酸盐、氯化物、氯酸盐、钼酸盐等。

② 在有些配方中还加入了非离子型或阴离子型表面活性剂，例如聚乙二醇、聚氧乙烯烷基酚醚等，有利于氢气的排放，防止镀层氢脆。这类高分子化合物还可吸附于镀液中的铜微粒上，使之失去催化活性，所以它们也是稳定剂，但用量不能多，以免"毒化"催化表面。

③ 在以次磷酸钠为还原剂的化学镀铜溶液中，添加适量硫脲可提高沉积速率和镀层质量。而亚铁氰化钾的加入会降低化学镀铜的沉积速率，但可提高镀层质量，降低化学铜镀层的电阻率。

④ 在以乙醛酸为还原剂的化学镀铜溶液中添加适量的 2,2'-联吡啶和亚铁氰化钾，不仅可提高镀液的稳定性，而且还会增加沉积速率，这两者同时使用，能提高铜镀层的光亮性。

⑤ 深孔填充化学镀铜的添加剂有聚乙二醇、聚二硫酰丙烷磺酸钠、N,N-二甲基硫代氢基甲酰丙烷磺酸钠、α,α'-联吡啶等，其加入量仅为每升毫克数量级，但可使铜在微孔底部的沉积速率大于其表面的沉积速率，从而使微孔或道沟实现化学镀铜的无孔隙填充。

⑥ 硫酸镍（或氯化镍）能提高镀层的光泽度和加快沉积速率。

(8) 镀液温度

升高镀液温度，沉积速率增加，得到的铜镀层内应力变小，韧性提高。但温度升高的同时，镀液的副反应也加剧、稳定性下降。低稳定性镀液宜在室温下工作。要使镀液温度高、沉积速率快、镀液稳定性好，应借助其他的配位剂、稳定剂等，这时可以在较高温度下工作，但一般也不应超过 70℃。化学镀铜的镀液宜采用自动控温装置，用以控制和稳定温度。

(9) 搅拌

化学镀铜的镀液宜采用空气连续搅拌。空气搅拌的主要作用：一是使亚铜离子氧化成可溶性的二价铜离子，提高镀液的稳定性；二是能使镀液成分更加均匀，使接触被镀件表面的镀液浓度尽可能与整体溶液均匀一致，以保证有足够的二价铜离子还原成镀层，从而提高沉积速率；再则，使停留在镀件表面的气泡迅速脱离逸出液面，减少镀层针孔、起泡。

镀液宜连续不断进行过滤，过滤掉镀液中的铜颗粒和杂质，保持镀液清洁。

(10) 设置化学镀铜备用槽

化学镀铜最好设置备用槽，以便定期清理沉积在槽壁上的金属沉积物、槽底的铜渣。镀液过滤置于备用槽后，可用 1∶1 硝酸溶液浸泡清洗，以溶解金属沉积物，然后用水彻底冲洗干净。不可以用任何的机械方式进行清理清洗，如用钢丝刷等硬物擦洗，会导致槽壁更粗糙，反而有利于金属铜在槽壁上沉积。

(11) 装载量

镀槽的装载量关系到生产效率和镀液稳定性。装载少，镀液稳定性好，但生产效率低；装载过多，镀液稳定性差，成品合格率降低。一次装载量约为 $2\text{dm}^2/\text{L}$。

31.1.6 化学铜镀层的后处理

化学镀铜的铜镀层如作为电镀的底层或非导体的导电层，可以不进行后处理；但用作某些特殊领域（最终镀层），需要对其进行后处理，以提高镀层的抗氧化性、耐磨性、光亮性等性能。浸油热处理能提高铜镀层的抗氧化性；经铬酸盐钝化处理，可显著改善其抗氧化性和耐磨性，而且经铬酸盐钝化处理后的铜镀层表面仍有光泽。

可浸涂铜纳米保护剂（BCu-10），它是一种水溶性铜纳米保护剂，可防止化学镀铜、电镀铜或其他铜及铜合金表面氧化。浸涂后不影响零件的导电、导热和焊接性能。BCu-10 铜纳米保护剂浸涂的工艺规范见表 31-7。

BCu-10 保护剂所形成的保护膜是无色透明的，浸透后可大大提高铜表面的抗腐蚀能力，中性盐雾试验≥48h；提高抗高温氧化性能，200℃烘烤≥20min 不变色；接触电阻≤1mΩ；耐指纹性能优良。

表 31-7　BCu-10 铜纳米保护剂浸涂的工艺规范

溶液成分及工艺规范	一般保护用	长时间储藏用
	含量（质量分数）/％	
BCu-10 铜纳米保护剂	5～15	20
纯水	85	80
温度/℃	50～60	50～60
浸渍时间/min	最少 3～5	最少 3～5
备注	工件浸涂后经水洗，甩干或强热风吹干。对于形状复杂的零件，应适当延长浸渍时间 BCu-10 保护膜容易被酸浸蚀或酸性除油溶液退掉。一般情况下，经除油清洗或进行酸浸蚀便可彻底退除 BCu-10 保护膜，不影响后续的电镀操作 BCu-10 铜纳米保护剂是武汉材料保护研究所电镀中心的产品	

31.1.7　不合格化学铜镀层的退除

不合格化学铜镀层退除的溶液组成及工艺规范见表 31-8。

表 31-8　不合格化学铜镀层退除的溶液组成及工艺规范

基体金属	退除方法	溶液组成	含量/(g/L)	温度/℃	阳极电流密度/(A/dm²)
钢铁	化学法	硝酸(HNO_3)($d=1.4$) 氯化钠(NaCl)	100mL/L 42～45	60～80	—
	化学法	间硝基苯磺酸钠(防染盐 S) ($C_6H_4NO_2SO_3Na$) 氰化钠(NaCN)	70 70	80～100	—
镍及镍合金	电化学法	氰化钠(NaCN) 氢氧化钠(NaOH)	80～100 10～20	20～70	1～5
铝及铝合金	化学法	65％硝酸(HNO_3)	800～1000mL/L	室温(<30℃)	—
	化学法	氰化钠(NaCN) 氢氧化钠(NaOH) 间硝基苯磺酸钠(防染盐 S) ($C_6H_4NO_2SO_3Na$) pH 值	70～100 5～15 60 11～12	50～55	—
锌及锌合金	电化学法	98％硫酸(H_2SO_4)	435～520	室温	5～8
	电化学法	亚硫酸钠(Na_2SO_3)	120	20	1～2
塑料	化学法	65％硝酸(HNO_3)	500mL/L	室温	—
	化学法	铬酐(CrO_3) 98％硫酸(H_2SO_4)	100～400 2～50mL/L	室温	—

31.2 化学镀锡

31.2.1 概述

锡是一种具有银白色表面外观、质地柔软的金属。锡具有耐腐蚀、耐变色、无毒、易钎焊和延展性好等优点，锡广泛应用于电子、化工等行业，尤其是化学镀锡层作为可焊性镀层，在铜及铜合金为基体的电子元器件和半导体封装等行业中得到了广泛应用。化学镀锡能在零件复杂的外形表面及孔内都镀覆上均匀的镀层。此外，化学镀锡也是取代锡-铅合金镀层的一种很好材料，符合环环保要求，有一定的发展前景。

化学镀锡主要有三种方法，即置换法化学镀锡（又称浸镀锡）、接触法化学镀锡和还原法化学镀锡。

接触法化学镀锡[2]将工件浸入锡盐的溶液中时，必须与一种活泼的金属紧密连接，该活泼的金属为阳极，进入镀液并放出电子，镀液中电位较高的锡离子得到电子而沉积在工件上，从而形成金属锡镀层。置换法化学镀锡与还原法化学镀锡分述如下。

31.2.2 浸镀锡(置换法)

置换法化学镀锡（浸镀锡），是将工件浸入不含还原剂的锡盐溶液中，按化学置换原理在工件表面上沉积出金属锡镀层。当工件表面完全覆盖锡镀层后，反应立即停止。

浸镀锡的置换反应包括两个过程：一是基体金属原子失去电子形成离子，并通过扩散离开基体表面；另一个是溶液中的金属扩散到基体表面，得到电子形成金属原子，并在基体表面形成"晶核"、"长大"，形成锡镀层。

(1) 浸镀锡方法的特点

① 优点

a. 不需外加电源，节能。

b. 分散能力和覆盖能力好，深孔或管道内壁都能沉积上锡镀层。

c. 操作方便，成本低。

② 缺点

a. 只能在有限的几种基材上浸镀。目前只用在钢铁件、铜及铜合金件、铝及铝合金件上。

b. 所获得的锡镀层厚度很薄，一般只有 $0.5\mu m$，很难满足实际需要。

c. 若浸镀液中含有锑（$Sb^{3+} > 0.005g/L$ 时）、硫酸根（$SO_4^{2-} > 0.075g/L$），镀液会被毒化，不再沉积锡。

在实际生产中，往往在原有浸镀锡的溶液中加入还原剂，以增加锡镀层厚度。

(2) 钢铁件浸镀锡和锡-铜合金

钢铁件浸镀锡和锡-铜合金的溶液组成及工艺规范见表 31-9。

表 31-9 钢铁件浸镀锡和锡-铜合金的溶液组成及工艺规范

溶液成分及工艺规范	浸镀锡		浸镀铜-锡合金
	1	2	
	含量/(g/L)		
硫酸亚锡（$SnSO_4$）	0.8~2.5	0.8~2.5	7.5
硫酸铜（$CuSO_4 \cdot 5H_2O$）	—	—	7.5
98%硫酸（H_2SO_4）	5~15	5~15	10~30

续表

溶液成分及工艺规范	浸镀锡		浸镀铜-锡合金
	1	2	
	含量/(g/L)		
次磷酸钠(NaH$_2$PO$_2$·H$_2$O)	—	15~20	—
温度/℃	90~100	90~100	20
时间/min	5~20	5~20	5

注：浸镀锡配方 2 加入还原剂次磷酸钠，可以加厚锡镀层。

(3) 铜及铜合金件浸镀锡

由于铜的标准电极电位（$E^{\ominus}Cu^{2+}/Cu = 0.3419V$，$E^{\ominus}Cu^{+}/Cu = 0.512V$），比锡的标准电极电位（$E^{\ominus}Sn^{2+}/Sn = -0.1375V$）正，而且高出很多。因此，从热力学分析，铜基体不可能置换出锡。要实现在铜基体上的浸镀锡，必须加入铜离子配位剂，如硫脲、氰化钠等，使它们与铜离子形成稳定的配位化合物，使铜的电极电位大幅度负移。

置换反应生成的锡镀层非常薄，而且锡镀层完全覆盖基体后，置换反应立即停止。当镀液中加入还原剂（如次磷酸钠等）后，促使锡的自催化沉积，随着时间的增长锡镀层不断增厚。而且还原剂的加入对反应动力学有明显的促进作用，能明显地提高锡的化学沉积速率。

铜及铜合金件浸镀锡的溶液组成及工艺规范见表 31-10。

表 31-10　铜及铜合金件浸镀锡的溶液组成及工艺规范

溶液成分及工艺规范	1	2	3	4	5	6
	含量/(g/L)					
硫酸亚锡(SnSO$_4$)	8~16	4.8	20~28	—	—	28
氯化亚锡(SnCl$_2$·2H$_2$O)	—	—	—	30	—	—
甲基磺酸锡[(CH$_3$SO$_3$)$_2$Sn]	—	—	—	—	82	—
98%硫酸(H$_2$SO$_4$)	—	20	10~43	—	—	49
甲基磺酸(CH$_4$O$_3$S)	—	—	—	—	118	—
37%盐酸(HCl)/(mL/L)	10~20	—	—	50	—	—
柠檬酸(C$_6$H$_8$O$_7$·H$_2$O)	—	—	20~90	—	—	—
硫脲[(NH$_2$)$_2$CS]	80~90	50	10~43	60	80	60
次磷酸钠(NaH$_2$PO$_2$·H$_2$O)	—	—	20~100	25	55	80
氟钯酸钾(K$_2$PdF$_6$)	—	—	—	1	—	—
乙二胺四乙酸(EDTA)	—	—	—	—	—	0.7
甜菜碱(C$_5$H$_{11}$NO$_2$,d=1.17)/(mL/L)	—	—	—	—	20	—
表面活性剂	—	—	1~2	—	—	—
温度/℃	50~沸点	25~50	45	70	38~42	38~42
时间/min	1~2	5	15			

(4) 铝及铝合金件浸镀锡

由于铝是两性金属，性质活泼，浸镀锡时，置换反应中产生氢气泡，较大地影响锡镀层的结合力。铝合金或铸造硬铝的浸镀锡效果较好，铝合金中含有硅，浸镀锡时氢气逸出较少，而硅含量高，能提高镀层结合力及致密性。汽车铝合金发动机活塞（一般是含硅铝合金）较适宜于浸镀锡，同时锡镀层可起到润滑作用，减小气缸的磨损。

铝及铝合金件浸镀锡的溶液组成及工艺规范见表 31-11。

表 31-11　铝及铝合金件浸镀锡的溶液组成及工艺规范

溶液成分及工艺规范	1	2	3
	含量/(g/L)		
氯化亚锡($SnCl_2 \cdot 2H_2O$)	30	10~12	—
锡酸钠($Na_2SnO_3 \cdot 3H_2O$)	—	—	40
次磷酸钠($NaH_2PO_2 \cdot H_2O$)	25~30	15~20	—
氰化钠($NaCN$)	—	15~25	—
硫脲[$(NH_2)_2CS$]	60	—	—
盐酸(HCl)	40~50	—	—
氯锡酸钯($PdSnCl_4$)/(mL/L)	0.15~0.7	—	—
氯氨钴[$Co(NH_3)_4Cl_2$]/(mL/L)	—	1~2	—
酒石酸钾钠($NaKC_4H_4O_6 \cdot 5H_2O$)	—	—	10
焦磷酸钾($K_4P_2O_7$)	—	—	10
醋酸钠($CH_3COONa \cdot 3H_2O$)	—	—	5~10
碳酸钠(Na_2CO_3)	—	调节 pH 值	—
活化剂 M-LF	0.2~0.8	0.2~0.6	—
有机磺酸盐光亮剂	—	—	0.5
有机添加剂	—	—	1
pH 值	1	9~12	11.3~11.5
温度/℃	50~60	55~68	55~65
时间/min	—	—	5

31.2.3　化学镀锡(还原法)

化学镀锡是溶液的锡离子在还原剂的作用下，在催化活性表面上沉积锡镀层的过程。一般所指的化学镀是专指用还原剂施镀，不包括置换法浸镀和接触镀。

目前化学镀锡溶液的种类较多，有甲基磺酸锡、硫酸亚锡、氯化亚锡、氟硼酸锡等溶液。常用的是甲基磺酸锡和硫酸亚锡溶液。

化学镀锡的溶液组成及工艺规范见表 31-12。

表 31-12　化学镀锡的溶液组成及工艺规范

溶液成分及工艺规范	甲基磺酸锡溶液	硫酸亚锡溶液	氯化亚锡溶液		氟硼酸锡溶液
			1	2	
	含量/(g/L)				
甲基磺酸锡[$(CH_3SO_3)_2Sn$]	82	—	—	—	—
硫酸亚锡($SnSO_4$)	—	28	—	—	—

续表

溶液成分及工艺规范	甲基磺酸锡溶液	硫酸亚锡溶液	氯化亚锡溶液		氟硼酸锡溶液
			1	2	
	含量/(g/L)				
氯化亚锡($SnCl_2 \cdot 2H_2O$)	—	—	7.5	8	—
氟硼酸锡[$Sn(BF_4)_2$]	—	—	—	—	29
甲基磺酸(CH_4O_3S)	118	—	—	—	—
硫酸(H_2SO_4,$d=1.84g/L$)/(mL/L)	—	49	—	20	—
氟硼酸(HBF_4)	—	—	—	—	53
次磷酸钠($NaH_2PO_2 \cdot H_2O$)	55	80	—	—	—
硫脲[$(NH_2)_2CS$]	80	60	—	50	114
甜菜碱($d=1.17g/L$)/(mL/L)	20	—	—	—	—
柠檬酸钠($Na_3C_6H_5O_7 \cdot 2H_2O$)	—	—	100	—	—
乙二胺四乙酸(EDTA)	—	0.7	—	—	—
乙二胺四乙酸二钠(EDTA·2Na)	—	—	15	—	17
三氯化钛($TiCl_3$)/(mL/L)	—	—	4.5	—	—
醋酸钠($CH_3COONa \cdot 3H_2O$)	—	—	10	—	—
32%苯磺酸($C_6H_6O_3S$)	—	—	0.32	—	—
LH 添加剂/(mL/L)	—	—	—	50	—
稳定剂 C/(mL/L)	—	—	—	5	—
pH 值	—	—	用氨水调节至 8~9	—	—
温度/℃	40±2	40±2	90	25	80

注：氯化亚锡溶液配方 2 的 LH 添加剂、稳定剂 C 为河南天海电器集团公司研制的产品。

第32章
化学镀银和镀金

32.1 化学镀银

32.1.1 概述

化学银镀层具有完整的晶体结构。银镀层硬度较低，外观较暗，但容易抛光擦亮。化学银镀层具有优异的导电性、导热性和可焊性。但化学银镀层在空气中暴露容易被氧化而变色，必要时可通过镀层表面钝化、涂膜等处理，对银镀层加以保护。

化学镀银的施镀性良好，几乎可以在任何金属及非金属材料上施镀，广泛应用印制电路、电接触材料、电子工业、光学仪器及装饰等领域。但银价格昂贵，化学镀银溶液不够稳定，从而限制了它的使用范围。近年来，粉体表面的化学镀银取得了一定进展。普通粉体表面镀银可节约银用量，如果表面包覆比较完整，可在一定情况下代替银粉。而且这些粉体自身也有其特殊性能，能充分发挥两种材料的作用。

通常的化学镀银溶液，有的很不稳定，因此常将银盐和还原剂分开配制，开始使用前才混合。

目前，化学镀银溶液基本上还是一次性使用，因其使用一次以后即自发分解，不能继续使用。因此，如何采取措施，稳定镀液，使之在一次施镀过程中得到最大的沉积速度和镀层厚度是值得研究和解决的问题。目前，许多电镀工作者都在致力于化学镀银的研究和开发，不断探索采用简单的工艺，低廉的成本，制备优良的化学镀层。

32.1.2 化学镀银溶液的组成和种类

（1）化学镀银溶液的组成

化学镀银过程中，还原金属离子所需的电子由还原剂提供，镀液中的金属离子吸收电子后在工件表面上还原沉积。

化学镀银溶液非常不稳定，其原因是由于银的标准电位很高，从而与还原剂的电位差较大，使 Ag^+ 容易从溶液本体中还原，使镀液发生自分解反应。更稳定的配位物体系有利于减缓本体反应。

化学镀银溶液一般由主盐、还原剂、配位剂、稳定剂等组成。

① 主盐 一般采用硝酸银，提供镀液的银离子（Ag^+）。

② 配位剂 镀液常采用氨水作配位剂，使银与氨水配位化合成 $[Ag(NH_3)_2]^+$ 形式。

③ 还原剂 由于 Ag^+ 电位较高，可以使用很多种还原剂，如甲醛、葡萄糖、酒石酸钾钠、硫酸肼、水合肼、二甲基氨基硼烷、硼氰化物、次磷酸钠、三乙醇胺、乙醇等。

④ 稳定剂 化学镀银溶液不稳定，使用寿命短，必须加入稳定剂，以防止镀液分解。常用的稳定剂有明胶、碘化物、硫脲、硫代硫酸盐、胱氨酸以及 Cu^{2+}、Fe^{3+}、Al^{3+}、Ni^{2+}、Co^{2+}、Hg^{2+}、Pb^{2+} 等无机盐。

（2）化学镀银溶液的种类

化学镀银根据反应类型的不同，可分为还原法化学镀银和置换法浸镀银两类。

由于还原法化学镀银这类溶液不够稳定，依其施镀时镀液的配制方法，其镀液又分为下列两种。

① 银盐与还原剂混合配制在一起的镀液。

② 银盐溶液与还原剂溶液分开单独配制，使用时按比例混合在一起的镀液，这种镀液有：甲醛化学镀银、酒石酸盐化学镀银、葡萄糖化学镀银及肼盐化学镀银等镀液。还原能力较强的还原剂，多用于喷淋镀液。

（3）银盐与还原剂配制在一起的化学镀银

银盐与还原剂配制在一起的化学镀银的溶液组成及工艺规范见表 32-1。

表 32-1　化学镀银的溶液组成及工艺规范

溶液成分及工艺规范	1[3]	2[25]	3[2]	4[25]	5
	含量/(g/L)				
硝酸银（$AgNO_3$）	—	1.6	30	3	8
银氰化钠[$NaAg(CN)_2$]	1.83	—	—	—	—
氰化钠（NaCN）	1	—	—	—	—
氢氧化钠（NaOH）	0.75	—	—	—	—
氢氧化钾（KOH）	—	—	15	—	—
葡萄糖（$C_6H_{12}O_6$）	—	—	15	—	—
联氨（肼）（$N_2H_4 \cdot H_2O$）	—	0.35	—	—	—
二甲基氨基硼烷[$(CH_3)_2NHBH_3$]（DMAB）	2	—	—	—	—
硫代硫酸钠（$Na_2S_2O_3$）	—	—	—	10	105
亚硫酸钠（Na_2SO_3）	—	—	—	2	—
乙二胺四乙酸（EDTA）	—	—	—	0.1	—
硫脲[$(NH_2)_2CS$]/(mg/L)	0.25	—	—	—	—
碳酸铵[$(NH_4)_2CO_3$]	—	70	—	—	—
25%氨水（$NH_3 \cdot H_2O$）	—	56	80	—	75
乙醇（C_2H_5OH）	—	—	50	—	—
温度/℃	60	83	10～20	80	室温
时间/min	—	—	5～10	—	—

32.1.3　甲醛化学镀银

甲醛化学镀银溶液，在采用硝酸银（$AgNO_3$）与氨水（NH_4OH）配制时，首先在 $AgNO_3$ 溶液中加入少量 NH_4OH，析出黑褐色 Ag_2O 沉淀，再加过量的 NH_4OH 形成银氨配合物 [$Ag(NH_3)_2OH$]，从而使 Ag_2O 溶解。其反应过程如下：

$$2AgNO_3 + 2NH_4OH \longrightarrow Ag_2O + 2NH_4NO_3 + H_2O$$
$$Ag_2O + 4NH_4OH \longrightarrow 2[Ag(NH_3)_2]OH + 3H_2O$$

采用甲醛（HCHO）作为还原剂时，其反应如下：

$$2[Ag(NH_3)_2]OH + HCHO \longrightarrow 2Ag + HCOOH + 4NH_3 + H_2O$$

可以通过三个途径促进 Ag^+ 的完全还原，即提高 pH 值；提高还原液中甲醛的浓度；升高镀液温度。

甲醛化学镀银的溶液组成及工艺规范见表 32-2。

表 32-2　甲醛化学镀银的溶液组成及工艺规范

	溶液成分及工艺规范	1	2	3
银盐溶液	硝酸银（$AgNO_3$）	3.5g	6g	20g
	25%氨水（NH_4OH）	适量	6mL	适量
	水（H_2O）	100mL	100mL	1000mL
还原剂溶液	38%甲醛（HCHO）	1.1mL	6.5mL	40mL/L
	乙醇（CH_3CH_2OH）	95mL	—	—
	水（H_2O）	3.9mL	93.5mL	200mL
使用时将两种溶液按比例混合，即银盐溶液∶还原剂溶液（体积比）		1∶1	1∶1	1∶5
镀液温度/℃		15~20	15~20	15~20

注：1. 配方 3 中氨水的用量，是将其添加至溶液由浑浊到透明即可。

2. 甲醛化学镀银的时间，根据所需镀层厚度确定。

32.1.4　酒石酸盐化学镀银

采用硝酸银为主盐和酒石酸钾钠作还原剂的化学镀银，其反应为：

$$2[Ag(NH_3)_2]NO_3 + KNaC_4H_4O_6 + H_2O \longrightarrow Ag_2O + KNO_3 + NaNO_3 + (NH_4)_2C_4H_4O_6 + 2NH_3$$

$$4Ag_2O + (NH_4)_2C_4H_4O_6 \longrightarrow 8Ag + (NH_4)_2C_2O_4 + 2CO_2 + 2H_2O$$

酒石酸钾钠化学镀银的溶液组成及工艺规范见表 32-3。

表 32-3　酒石酸钾钠化学镀银的溶液组成及工艺规范

	溶液成分及工艺规范	1	2
银盐溶液	硝酸银（$AgNO_3$）	20g	16g/L
	25%氨水（NH_4OH）	适量	适量
	氢氧化钾（KOH）	—	8g/L
	水（H_2O）	1000mL	—
还原剂溶液	酒石酸钾钠（$KNaC_4H_4O_6 \cdot 4H_2O$）	100g	30g/L
	水（H_2O）	1000mL	—
使用将两种溶液按比例混合：银盐溶液∶还原剂溶液（体积比）		1∶1	1∶1
温度/℃		10~15	10~20
时间/min		10	10

32.1.5　葡萄糖化学镀银

葡萄糖（$C_6H_{12}O_6$）价格便宜，应用较多。葡萄糖化学镀银的溶液组成及工艺规范见表 32-4。

表 32-4　葡萄糖化学镀银的溶液组成及工艺规范

溶液成分及工艺规范		1	2	3
银盐溶液	硝酸银($AgNO_3$)	3.5g	12g/L	10g/L
	25%氨水(NH_4OH)	适量	适量	约 12mL/L
	氢氧化钠($NaOH$)	2.5g/100mL	—	—
	氢氧化钾(KOH)	—	15g/L	20g/L
	水(H_2O)	60mL	—	—
还原剂溶液	葡萄糖($C_6H_{12}O_6$)	45g	5g/L	40g/L
	酒石酸($C_4H_6O_6$)	4g	—	—
	乙醇(C_2H_5OH)	100mL	—	—
	水(H_2O)	1000mL	—	—
使用时将两种溶液按比例混合：银盐溶液∶还原剂溶液(体积比)		1∶1	1∶3	1∶1
温度/℃		15～20	15～16	5～20

32.1.6　肼盐化学镀银

以肼盐作为还原剂的化学镀银需要在碱性条件下进行反应，因在酸性介质中，它会与银离子反应生成稳定的配位化合物，而不易将银还原出来。肼盐化学镀银的溶液组成及工艺规范见表 32-5。

表 32-5　肼盐化学镀银的溶液组成及工艺规范

溶液成分及工艺规范		1	2
银盐溶液	硝酸银($AgNO_3$)	25g/L	9g/L
	25%氨水(NH_4OH)	约 50mL/L	15mL/L
还原剂溶液	硫酸肼($N_2H_4 \cdot H_2SO_4$)	9.5g/L	20g/L
	25%氨水(NH_4OH)	10mL/L	—
	氢氧化钠($NaOH$)	—	5g/L
使用时将两种溶液按比例混合：银盐溶液∶还原剂溶液(体积比)		1∶1	1∶1
温度/℃		室温	室温

32.1.7　喷淋(镀)化学镀银

醛类和肼类还原剂的还原能力较强，多用于喷淋镀液。喷淋（镀）化学镀银的溶液组成及工艺规范见表 32-6。

表 32-6　喷淋（镀）化学镀银的溶液组成及工艺规范

溶液成分及工艺规范		1	2	3	4	5
银盐溶液	硝酸银($AgNO_3$)	19g/L	5g	114g	10g/L	25g/L
	25%氨水(NH_4OH)	适量	适量	227mL	5mL/L	适量
	水(H_2O)	—	600mL	—		

续表

溶液成分及工艺规范		1	2	3	4	5
还原剂溶液	38%甲醛(HCHO)	71mL/L	9g	—	—	—
	硫酸肼($N_2H_4 \cdot H_2SO_4$)	—	—	42.5g	20g/L	—
	三乙醇胺($C_6H_{15}NO_3$)	7mL/L	—	—	—	8mL/L
	乙二醛($C_2H_2O_2$)	—	—	—	—	20mL/L
	氢氧化钠(NaOH)	—	—	—	5g/L	—
	25%氨水(NH_4OH)	—	—	45.5mL	—	—
	水(H_2O)	—	100mL	—	—	—
使用时将两种溶液按比例混合：银盐溶液：还原剂溶液(体积比)		1:1	1:3	1:1	1:1	1:1
温度/℃		室温	室温	室温	室温	室温

注：配方3将银盐溶液、还原剂溶液均稀释至4.55L，使用时按1:1混合。

32.1.8 浸镀银(置换法)

置换法浸镀银是较新的工艺，其镀层十分平整，银层厚度较薄，仅为 $0.2\sim0.3\mu m$，特别适用于高密度细线和细孔的印制板。

浸镀银不需要加入还原剂，是利用银与基体金属的标准电极电位的不同而置换银，同时基体发生氧化、溶解，溶液中的 Ag^+ 沉积至基体表面。一旦基体金属表面全部被银覆盖后，其反应就停止。

浸镀银的溶液组成及工艺规范见表32-7。

表 32-7　浸镀银的溶液组成及工艺规范

溶液成分及工艺规范	有氰浸镀银		无氰浸镀银		
	1	2	1	2	3
	含量/(g/L)				
硝酸银($AgNO_3$)	—	—	8	7.5	—
氰化银(AgCN)	8	6	—	—	—
甲基磺酸银($AgCH_3SO_3$)(以银计)	—	—	—	—	10
氰化钠(NaCN)	15	—	—	—	—
氰化钾(KCN)	—	4	—	—	—
硫代硫酸钠($Na_2S_2O_3 \cdot 5H_2O$)	—	—	105	—	—
25%氨水($NH_3 \cdot H_2O$)/(mL/L)	—	—	75	—	—
亚硫酸钠(Na_2SO_3)	—	—	—	100	—
乙二胺四乙酸二钠($EDTANa_2 \cdot 2H_2O$)	—	—	—	10	—
六次甲基四胺($C_6H_{12}N_4$)	—	—	—	10	—
甲烷磺酸(CH_4O_3S)	—	—	—	—	100
1,4-双(2-羟乙基硫)乙烷	—	—	—	—	25
温度/℃	室温	室温	室温	室温	40

32.2 化学镀金

32.2.1 概述

化学金镀层具有很高的化学稳定性，可防止金属腐蚀和接触点的表面氧化，接触电阻低，以保持较好的导电性、耐磨性和焊接性。近年来，化学镀金广泛应用于要求优良电性能的电子工业，以改善各种元器件表面的电性能，广泛用于半导体的管芯、管座，印制线路板的插足，集成电路框架的引线，继电器的防腐导电面和触点等。随着电子产品向小型化和微型化发展，许多产品已经不可能再用电镀的方法来进行加工制造，这时，开发化学镀金工艺就成为一个重要的技术课题，化学镀金将会得到极大的发展。

化学镀金适用于任何镀件，包括导体和非导体材料。可根据需要，获得所需厚度的金镀层。且镀覆简便，复杂制品、元器件能得到均匀镀层。但镀液稳定性差、寿命短，成本高。

化学镀金通常可分为置换法镀金和催化法即还原法镀金。

置换法镀金（一般称为浸镀金）不需要添加还原剂，是利用镀液中的金属离子与镀件基体金属的氧化还原电位的差异，使镀件基体金属溶出和镀液中的金属离子还原析出，沉积在镀件表面上形成镀层。一般当镀件基体上完全覆盖金属后，反应就停止，所以所获镀层极薄（一般为 $0.03\sim0.1\mu m$）。

还原法镀金是利用还原剂使镀液中的金属离子还原析出，沉积在镀件表面上形成镀层，可获得较厚的镀层。还原法镀金的有：硼氢化物化学镀金、次磷酸盐化学镀金、肼盐化学镀金、二甲基氨基硼烷化学镀金以及无氰化学镀金等。

32.2.2 化学镀金溶液的组成

化学镀金溶液的组成如表 32-8 所示。

表 32-8 化学镀金溶液的组成

溶液组成	作用功能	成分举例
主盐（金盐）	提供镀液中被沉积的金属离子	氰化物镀金：氰化金钾、氰化金钠等 无氰镀金：亚硫酸金钠、四氯金酸、三氯化金、硫代苹果酸金盐等
配位剂	配位剂能与金离子形成配离子，防止镀液产生沉淀，增加镀液稳定性，改善镀层质量等	氰化物镀金：氰根（CN^-） 无氰镀金：亚硫酸根（SO_3^{2-}）、硫代硫酸根（$S_2O_3^{2-}$）、氨、乙二胺、氯化金酸盐、柠檬酸盐、酒石酸盐、磷酸盐、有机磷酸
还原剂	还原金属离子，沉积镀层，化学镀的驱动力	硼氢化物、二甲基氨基硼烷（DMAB）、次磷酸盐、肼、甲醛、抗坏血酸、硫脲、葡萄糖、亚硫酸盐、苯基化合物、甲醚代 N-二甲基吗啉硼烷等
稳定剂	防止镀液自然分解，稳定镀液，延长使用寿命	EDTA、乙醇胺、三乙醇胺、亚硝酸盐、苯并三唑、2-巯基苯并噻唑、对苯二酚
加速剂	提高金镀层沉积速度	含有铅（Pb^{2+}）、钛（Ti^+）的化合物等

32.2.3 硼氢化物化学镀金

硼氢化物化学镀金的溶液组成及工艺规范见表 32-9、表 32-10。

表 32-9 硼氢化物化学镀金的溶液组成及工艺规范（1）

溶液成分及工艺规范	1	2	3	4	5	6
	含量/(g/L)					
氰化金钾[$KAu(CN)_2$]	5	6	4	1.45	8	—

续表

溶液成分及工艺规范	1	2	3	4	5	6
	含量/(g/L)					
氰化金钾[KAu(CN)$_4$]	—	—	—	—	—	8
氰化钾(KCN)	8	13	6.5	11	10	
硼氢化钠(NaBH$_4$)	25		0.006~0.01		25	
硼氢化钾(KBH$_4$)	—	22	—	10.8		3~5
氢氧化钠(NaOH)	20				20	
氢氧化钾(KOH)	—	11	11.2	11.2		10~20
EDTA 二钠	15			5		
硫酸钛[Ti(SO$_4$)$_2$]			0.005~0.1			
乙醇胺(C$_2$H$_7$NO)				50mL/L		
羟基乙二胺三乙酸钠 (C$_{10}$H$_{15}$N$_2$Na$_3$O$_7$)					25	
氨基三乙酸[N(CH$_2$COOH)$_3$]					20	
巯基琥珀酸(C$_4$H$_6$O$_4$S)					3	
二氯化铅(PbCl$_2$)						0.5~1mL/L
温度/℃	90	75	70~80	72	90	80
沉积速度/(μm/h)	12	3~5	2~10	1.5 微搅拌	23	<2.5

注：采用硼氢化物及其衍生物作还原剂，所获得的金镀层纯度高，硬度与电镀金镀层相当，电导率与喷涂金镀层相当。

表 32-10　硼氢化物化学镀金的溶液组成及工艺规范（2）

	溶液成分及工艺规范	1[3]	2[18]
银盐溶液	氰化金钾[KAu(CN)$_2$]	5g/L	5g/L
	氰化钾(KCN)	8g/L	8g/L
	EDTA-Na$_2$	5g/L	—
	EDTA	—	5g/L
	柠檬酸钠(Na$_3$C$_6$H$_5$O$_7$·2H$_2$O)	50g/L	50g/L
	硫酸肼(N$_2$H$_4$·H$_2$SO$_4$)	—	2g/L
	二氯化铅(PbCl$_2$)	0.5mg/L	0.5mg/L
	明胶	2g/L	
还原剂溶液	硼氢化钠(NaBH$_4$)	20g/L	200g/L
	氢氧化钠(NaOH)	12g/L	120g/L
使用时将两种溶液按比例混合： 银盐溶液：还原剂溶液(体积比)		1:1	10:1
温度/℃		75~78	75
沉积速度/(μm/h)		8(溶液搅拌)	4μm/30min(溶液搅拌)

32.2.4　次磷酸盐化学镀金

次磷酸盐化学镀金的溶液组成及工艺规范见表 32-11。

表 32-11 次磷酸盐化学镀金的溶液组成及工艺规范

溶液成分及工艺规范	1	2	3
	含量/(g/L)		
氰化金钾[KAu(CN)₂]	2	0.5~10	2
氰化钾(KCN)	—	0.1~6	—
氯化铵(NH₄Cl)	75	—	75
柠檬酸钠(Na₃C₆H₅O₇·2H₂O)	50	—	—
柠檬酸铵[(NH₄)₃C₆H₅O₇]	—	—	50
次磷酸钠(NaH₂PO₂·H₂O)	10	1~20	2
醋酸钠(CH₃COONa)	—	1~30	—
碳酸氢钠(NaHCO₃)	—	0.2~10	—
氯化镍(NiCl₂·6H₂O)	—	—	2
pH 值	7~7.5	4.5~9	5~6
温度/℃	91~95	18~98	沸腾
沉积速度/(μm/h)	2.5~5	0.1~0.5μm/15min	

注：配方 1、2 适用于镍基材，配方 3 适用于铜合金基材。

32.2.5 肼盐化学镀金

肼盐化学镀金的溶液组成及工艺规范见表 32-12。

表 32-12 肼盐化学镀金的溶液组成及工艺规范

溶液成分及工艺规范	1	2
	含量/(g/L)	
氰化金钾[KAu(CN)₂]	7	6
氰化钾(KCN)	—	6.5
柠檬酸钠(Na₃C₆H₅O₇·2H₂O)	30	—
氢氧化钾(KOH)	—	7~9
氯化铵(NH₄Cl)	90	—
硫酸肼(N₂H₄·SO₄)	75	—
硼氢化肼(N₂H₄BH₃)	—	0.6
pH 值	5.8~5.9	—
温度/℃	95	58~60
沉积速度/(μm/h)	第 1h 为 3μm/h，后降为 1μm/h	4

注：1. 配方 1 如在化学镀 Ni-P 合金镀层上镀，可在镀液中加 FeSO₄1g/L。
2. 配方 2 主要用于 Cu、Ni 表面镀金。

32.2.6 二甲基氨基硼烷化学镀金

二甲基氨基硼烷化学镀金的溶液组成及工艺规范见表 32-13。

表 32-13　二甲基氨基硼烷化学镀金的溶液组成及工艺规范

溶液成分		工艺规范	
氰化金钾[KAu(CN)$_2$]	5.76g/L		
氰化钾(KCN)	2.45g/L	pH 值	13.5
氢氧化钠(NaOH)	20g/L	温度	70℃
二甲基氨基硼烷[(CH$_3$)$_2$NHBH$_3$](DMAB)	7.8g/L	注:Pb-EDTA 可用氯化铊、硝酸铊或苹果酸铊代替,	
EDTA 二钠	7.5g/L	其用量以金属铊计为 0.015~0.05g/L	
Pb-EDTA	0.003g/L		

32.2.7　置换法浸镀金

置换法浸镀金的溶液组成及工艺规范见表 32-14。

表 32-14　置换法浸镀金的溶液组成及工艺规范

溶液成分及工艺规范	1	2	3
	含量/(g/L)		
氰化金钾[KAu(CN)$_2$]	5	5	—
亚硫酸金钠或四氯金盐(以 Au 计)	—	—	10
柠檬酸钠(Na$_3$C$_6$H$_5$O$_7$ · 2H$_2$O)	50	—	—
柠檬酸(C$_6$H$_8$O$_7$)	—	—	26
氯化铵(NH$_4$Cl)	75	—	—
氯化镍(NiCl$_2$ · 6H$_2$O)	15	5	—
亚硫酸钠(Na$_2$SO$_3$)	—	—	68
醋酸钠(CH$_3$COONa · 3H$_2$O)	—	50	—
氯化铵+氨水(缓冲剂)/(mL/L)	—	40	—
pH 值	7~7.5	9	7
温度/℃	90~100	95	85
浸镀时间/min	3~4	0.12 mg/(cm^2 · min)	

32.2.8　无氰化学镀金

随着人们环保意识的增强，化学镀金技术正在向无氰化学镀金的方向发展。无氰化学镀金目前有多种类型，如亚硫酸盐、硫代硫酸盐、卤化物、硫代苹果酸等的化学镀金。

① 亚硫酸盐化学镀金溶液，金离子的配位剂也是亚硫酸盐，使用的还原剂有次磷酸钠、硼氢化物、甲醛、肼、二甲基氨基硼烷（DMAB）、硫脲、苯基化合物等。为提高镀液稳定性，还需要添加少量稳定剂，如 EDTA、三乙醇胺、2-巯基苯并噻唑、苯并三唑等。

② 硫代硫酸盐化学镀金溶液，使用硫代硫酸盐作为一价金离子的配位剂，还原剂为抗坏血酸，但镀液稳定性较差。

③ 据有关文献[30]报道，亚硫酸盐或硫代硫酸盐单独作配位剂的镀金液体系不稳定，在使用中受到了限制。20 世纪 80 年代末，开始使用亚硫酸盐-硫代硫酸盐复合配位剂，现已得到了较大发展。在该体系中可使用的还原剂有硫脲、抗坏血酸、肼、次磷酸钠及苯系化合物等。

亚硫酸盐、硫代硫酸盐化学镀金的溶液组成及工艺规范见表 32-15。

其他无氰化学镀金的溶液组成及工艺规范见表 32-16、表 32-17。

表 32-15 亚硫酸盐、硫代硫酸盐化学镀金的溶液组成及工艺规范

溶液成分及工艺规范	亚硫酸盐镀液			硫代硫酸盐镀液	亚硫酸盐-硫代硫酸盐混合镀液	
	1	2	3		1	2
	含量/(g/L)					
亚硫酸金钠 $Na[Au(SO_3)_2]$	3	1.5	0.6	—	—	10
亚硫酸金钠或四氯金盐(以 Au 计)	—	—	—	1	2	—
亚硫酸钠(Na_2SO_3)	15	15	15	—	12.5	25
硫代硫酸钠($Na_2S_2O_3 \cdot 5H_2O$)	—	—	—	50	25	50
次磷酸钠($NaH_2PO_2 \cdot H_2O$)	4	—	—	—	—	—
硼氢化钠($NaBH_4$)	—	0.6	—	—	—	—
37%甲醛($HCHO$)	—	—	1	—	—	—
磷酸二氢钾(KH_2PO_4)	—	—	—	15	24	—
磷酸氢二钠($Na_2HPO_4 \cdot 12H_2O$)	—	—	—	—	9	—
磷酸二氢钠($NaH_2PO_4 \cdot 2H_2O$)	—	—	—	—	3	—
苯亚磺酸($C_6H_6O_2S$)	—	—	—	10	—	—
草酸($H_2C_2O_4$)	—	—	—	5	—	—
L-抗坏血酸钠($C_6H_7NaO_6$)	—	—	—	—	40	—
1,2-二氨基乙烷	1	1	—	—	—	—
溴化钾(KBr)	1	1	—	—	—	—
EDTA 二钠	1	1	—	—	—	—
柠檬酸钠($Na_3C_6H_5O_7 \cdot 2H_2O$)	—	—	5	—	—	—
硼酸钠(Na_3BO_3)	—	—	—	—	—	25
氯化铵(NH_4Cl)	—	—	7	—	—	—
苯并三氮唑($C_6H_5N_3$)	—	—	—	—	—	3
硫脲[$(NH_2)_2CS$]	—	—	—	—	—	1.5
对苯二酚[$C_6H_4(OH)_2$]	—	—	—	—	—	1.5
十二烷基苯磺酸钠($C_{12}H_{25}C_6H_4NaO_3S$)	—	—	—	—	—	100
稳定剂	—	—	—	适量	适量	—
pH 值	9	10	—	5.5	7	6.5
温度/℃	96~98	96~98	96~98	49	60	75
沉积速度/(μm/h)	0.5	2.7	10			

表 32-16 其他无氰化学镀金的溶液组成及工艺规范 (1)

溶液成分及工艺规范	1	2	3	4
	含量/(g/L)			
氯化金钾($KAuCl_4 \cdot 3H_2O$)	2	—	—	—
金氯酸($HAuCl_4$)	—	3	12	1

续表

溶液成分及工艺规范	1	2	3	4
	含量/(g/L)			
37%甲醛(HCHO)	—	10	20	—
二甲基氨基硼烷[(CH₃)₂NHBH₃](DMAB)	2	—	—	—
次磷酸钠(NaH₂PO₂·H₂O)	20	—	—	—
葡萄糖(C₆H₁₂O₆)	—	—	—	10
碳酸钠(Na₂CO₃)	—	30	32	30
巯基苯并噻唑(MBT)(C₇H₅NS₂)	1.2mg/L	—	—	—
pH 值	11.9			
温度/℃	50	8	室温	10
沉积速度/(μm/h)	0.64	—	—	—

注：配方 1 的沉积速度为以 Pd 活化，在 Ni 上化学镀金的沉积速度。

表 32-17　其他无氰化学镀金的溶液组成及工艺规范（2）

	溶液成分及工艺规范	1	2	3
金盐溶液	氯化金钾(KAuCl₄)	3g/L	—	—
	三氯化金(AuCl₃)	—	1.5g	10g
	氢氧化钠(NaOH)	—	适量	—
	氯化钠(NaCl)	—	—	5g
	水(H₂O)	—	200mL	800mL
	pH 值	14(用氢氧化钠调)	—	—
还原剂溶液	甲醚代 N-二甲基吗啉硼烷	7g/L	—	—
	丙三醇(C₃H₈O₃)	—	1份(体积)	—
	酒石酸(H₂C₄H₄O₆)	—	—	22.5g
	氢氧化钠(NaOH)	—	—	300g
	乙醇(CH₃CH₂OH)	—	—	380mL
	pH 值	14(用氢氧化钠调)	—	—
	水(H₂O)	—	1份(体积)	用水稀释至总体积为 600mL
使用时将两种溶液按比例混合：金盐溶液:还原剂溶液(体积比)		1:1	将 2～3mL 还原剂溶液加入金盐溶液	3:7
温度/℃		55		

注：配方 1 可在经过 Pd 盐活化过的化学镀镍表面上施镀，沉积速度为 4.5μm/h。

32.2.9　化学镀镍/置换镀金工艺[25]

化学镀镍/置换镀金（简称 ENIG）工艺，是在 PCB 裸露的铜线路板表面上先进行化学镀镍，然后进行置换镀金，以获得 Ni/Au 多层镀层的工艺，就镀层的实质而言，化学镍镀层是主体，金层则是为了防止其钝化（氧化）。

这种工艺是全化学镀工艺，适用于非导体线路 PCB 的镀覆。Ni/Au 组合镀层表面平坦，具有防止铜基体氧化，可焊接、导通、打线、散热的功能，并能提高镀层耐蚀性、改善外观、色泽等。因而，这种工艺在各类高密度电子设备、表面贴装技术中获得了广泛应用。

化学镀镍/置换镀金的工艺基本流程如下：

浸蚀→2 道纯水洗→微刻蚀→2 道纯水洗→预浸→活化→2 道纯水洗→化学镀镍→2 道纯水洗→置换镀金→3 道纯水洗→干燥（常温空气吹干）。

主要工序的作用如下。

① 浸蚀　用于去除铜表面的油脂等污染物。

② 微刻蚀　主要用来去除铜表面的氧化物。

③ 预浸　保持铜表面洁净、新鲜。

④ 活化　铜表面经钯活化后可形成钯活性点，为镀镍提供催化核心。

⑤ 化学镀镍　目前多采用中磷镀层的镀液。

⑥ 置换镀金　为减缓对镍磷镀层的腐蚀，尽量采用中性、低温的置换镀金溶液。

⑦ 水洗　用于微电子产品的表面处理，各基本工序之间一般采用 2～3 道水洗。对水质要求较高，为避免 Cl^- 等杂质的影响，用纯水（去离子水）作为清洗用水。

化学镀镍及置换镀金的溶液组成及工艺规范，与本章前面的化学镀镍、置换镀金的工艺基本相同。

通过对传统化学镀镍/置换镀金工艺进行调整或加入特殊还原剂或添加剂，以减小镀金时对镍基体（镍镀层）的过腐蚀问题，是未来置换镀金的发展趋势。

第**33**章
化学镀钯、铑、铂和钴

33.1 化学镀钯

33.1.1 概述

化学钯镀层呈银白色，具有良好的物理性能，如耐高温、抗氧化、耐高压、优异的表面耐蚀性、耐磨性、能经受多次热冲击等，广泛应用于多种领域。而化学镀钯又是 PCB 表面铜层或镍层理想的保护镀层。其可焊性好，接触电阻低，能满足电子元件等的要求，因而近年来广泛应用于印制线路板等的电子产品上。

化学钯镀层亦可部分替代金镀层。化学镀钯可以自发地镀覆在铜、黄铜、金或化学镀镍层上。由于钯的催化活性强，化学镀钯能用许多种还原剂进行自催化沉积。目前，广泛使用的还原剂有次磷酸盐、亚磷酸盐、肼及其衍生物、三甲胺、甲醛及硼氢化合物等。而应用较多的是以次磷酸钠和肼作为还原剂的镀液。

化学镀钯溶液一般由金属主盐、还原剂、缓冲剂、配位剂、加速剂、稳定剂等组成。

33.1.2 次磷酸盐化学镀钯

次磷酸盐化学镀钯的溶液组成及工艺规范见表 33-1。

表 33-1　次磷酸盐化学镀钯的溶液组成及工艺规范

溶液成分及工艺规范	1	2	3	4	5	6
	含量/(g/L)					
氯化钯($PdCl_2$)	10	3	3.6～4.4	7	1.78	1.8
次磷酸钠($NaH_2PO_2 \cdot H_2O$)	4.1	15	10.6～21.2	15	6.36	6.4
乙二胺四乙酸二钠(Na_2EDTA)	19	—	—	—	3.7	—
乙二胺($C_2H_8N_2$)	25.6	—	—	—	—	4.8
25%氨水($NH_3 \cdot H_2O$)/(mL/L)	—	160	—	100	—	—
28%氨水($NH_3 \cdot H_2O$)/(mL/L)	—	—	10～20	—	200	—
硫代硫酸钠($Na_2S_2O_3 \cdot 5H_2O$)	—	—	0.037～0.045	—	—	—
氯化铵(NH_4Cl)	—	40	—	—	—	—
2-氨-5 氧代磺酸	—	—	—	10	—	—
N,N'-二-P-苯磺酸-C-巯基甲腊	—	—	—	0.015	—	—
琥珀酸钠($C_4H_4Na_2O_4 \cdot 6H_2O$)	—	—	—	75	—	—

续表

溶液成分及工艺规范	1	2	3	4	5	6
	含量/(g/L)					
硫代乙二醇酸	—	—	—	—	0.02	—
硫代二甘醇酸	—	—	—	—	—	0.03
焦磷酸钠($Na_4P_2O_7 \cdot H_2O$)	—	—	—	—	—	34
氟化铵(NH_4F)	—	—	—	—	—	0.03
pH 值	4.1	9.8	8~10	8.5~9	—	6~8
温度/℃	71	45~55	40~50	70	40	50
沉积速度/($\mu m/h$)	—	2.5	2~3	15~20	1.1	—
装载比/(dm^2/L)	—	—	—	5	—	—

33.1.3　肼液化学镀钯

肼（N_2H_2），无色，是强还原剂，室温下比较稳定，能与水和醇类以任何比例混合。肼作还原剂的化学镀钯，主盐是氯化四氨钯或氯化钯，也可以用钯氨配位化合物。配位剂EDTA 起到稳定镀液的作用。肼液化学镀钯的析出速度相对较快些，但镀液稳定性相对较差，因为钯（pd）的催化活性会使肼分解，所以用肼作还原剂进行化学镀钯时，最好现配镀液。

化学镀钯的溶液组成及工艺规范见表 33-2。

表 33-2　肼液化学镀钯的溶液组成及工艺规范

溶液成分及工艺规范	1	2	3
	含量/(g/L)		
氯化四氨钯[$Pd(NH_3)_4Cl_2$]	5.4	—	—
氯化钯($PdCl_2$)	—	5	—
醋酸钯[$(CH_3COO)_2Pd$]	—	—	8.5
肼(N_2H_4)	0.3	0.3	8%肼 10mL/L
乙二胺四乙酸二钠(Na_2EDTA)	33.6	20	—
25%氨水($NH_3 \cdot H_2O$)/(mL/L)	—	—	100
28%氨水($NH_3 \cdot H_2O$)/(mL/L)	350	100	—
醋酸氨(CH_3COONH_4)	—	—	70
碳酸钠(Na_2CO_3)	—	30	—
硫脲[$(NH_2)_2CS$]	—	0.0006	—
3,4-二甲氧基苯甲酸($C_9H_{10}O_4$)	—	—	10
N,N'-二-O-甲基-C-巯基甲赃	—	—	0.02
pH 值	—	—	8.5~9
温度/℃	80	80	65~70
沉积速度/($\mu m/h$)	25.4	15.6	15~20
装载比/(dm^2/L)	100	—	5

33.1.4 硼烷化学镀钯

化学镀钯用的硼烷还原剂，如用二甲基氨基硼烷（DMAB），还原能力太强，会影响镀液的稳定性。因此，改用叔胺硼烷，如用三甲基氨基硼烷、N-甲基吗啉硼烷等。硼烷化学镀钯的溶液组成及工艺规范[2]见表33-3。

表33-3　硼烷化学镀钯的溶液组成及工艺规范

溶液成分及工艺规范	1	2	3
	含量/(g/L)		
氯化四氨钯[$Pd(NH_3)_4Cl_2 \cdot H_2O$]	3.75	—	—
氯化钯（$PdCl_2$）	—	4	4
三甲基氨基硼烷（DMAB）[$(CH_3)_2NHBH_3$]	3	—	2.5
N-甲基吗啉硼烷（$C_5H_{14}BNO$）	—	1	—
氨水（$NH_3 \cdot H_2O$）/(moL/L)	0.3	0.8	0.6
巯基苯并噻唑（MBT）（$C_7H_5NS_2$）	—	0.03	0.0035
pH值	11.4	11	—
温度/℃	50	45	45
沉积速度/(μm/h)	3.2～3.4	0.9	1.6～0.8

33.1.5 不合格化学钯镀层的退除

不合格化学钯镀层退除的溶液组成及工艺规范见表33-4。

表33-4　不合格化学钯镀层退除的溶液组成及工艺规范

基体金属	退除方法	溶液组成	含量/(g/L)	温度/℃	阳极电流密度/(A/dm²)
钢铁	化学法	98%硫酸（H_2SO_4） 硝酸钠（$NaNO_3$）	100mL/L 250	70～90	—
铜、黄铜及银	电化学法	氯化钠（NaCl） 亚硝酸钠（$NaNO_2$） pH值	50～60 20～30 4～5	65～75	7.5～9.5 阴极：不锈钢
	电化学法	氯化钠（NaCl） 37%盐酸（HCl）	113 4	室温	4～6

33.2 化学镀铑

铑外观呈银白色，反光性能很好，化学性质十分稳定，耐硫化物性能优良，如在银镀层上闪镀0.025～0.05μm厚的铑镀层，可有效地防止银镀层变色。铑镀层的硬度极高、耐磨性好、熔点高、接触电阻低、导电性好。因此，铑镀层可用于耐磨导电层、印制线路板等电子产品的插拔元件、电触点镀层以提高耐磨性和稳定性。因其价格昂贵，多用于高精密的导电性能要求特别高的电器接触件的镀覆。

化学镀铑的溶液组成及工艺规范[25]见表33-5。

表 33-5　化学镀铑的溶液组成及工艺规范

溶液成分及工艺规范	1	2
	含量/(g/L)	
氯铑酸钠(Na_3RhCl_6)	1	—
亚硝酸三氨铑[$Rh(NH_3)_3(NO_2)_3$]	—	3.2
水合肼($N_2H_4 \cdot H_2O$)	2	1.5
氢氧化钾(KOH)	2	—
氨水($NH_3 \cdot H_2O$)/(mL/L)	5	50
温度/℃	80	85

33.3　化学镀铂

化学镀铂可用肼和硼氢化钠作还原剂，其溶液组成及工艺规范见表 33-6。

表 33-6　化学镀铂的溶液组成及工艺规范

溶液成分及工艺规范	肼作还原剂的镀液	硼氢化钠作还原剂的镀液
	含量/(g/L)	
氢氧化铂钠[$Na_2Pt(OH)_6$]	10	—
氯铂酸钠(Na_2PtCl_6)	—	2.3
肼(N_2H_4)	1(间隙性补充以维持该浓度)	—
硼氢化钠($NaBH_4$)	—	0.5
氢氧化钠($NaOH$)	5	40
乙二胺($C_2H_8N_2$)	10	30
绕丹宁($C_3H_3NOS_2$)	—	0.1
巯基苯并噻唑(MBT,$C_7H_5NS_2$)	—	微量
pH 值	10	—
温度/℃	35	70
沉积速度/(μm/h)	12.7	1.5
装载比/(dm^2/L)	—	0.5～1

33.4　化学镀钴及钴合金

33.4.1　概述

化学钴镀层与化学镍镀层相比，其最大优点是具有强磁性，而且具有适合高密度磁记录的磁性，尤其是 Co-P 镀层。而且镀层的磁性能，可以通过镀液组成和工艺规范的变化予以调整。

由于化学钴镀层磁性能优良，而采用化学镀钴可以使表面层，无论是尺寸还是性能都具有极佳的均匀性[2]，因而在电子工业领域中，化学钴镀层广泛用于制作电子计算机中的磁记录介质材料。

钴的标准电位比镍负，所以化学镀钴要比化学镀镍困难。化学镀钴的还原剂有次磷酸钠、硼氢化钠、氨基硼烷、肼及甲醛等。目前，常用的主要是次磷酸钠还原剂。

33.4.2 次磷酸盐化学镀钴

在次磷酸盐作为还原剂的碱性镀液中，可镀得磷含量为 $1\%\sim6\%$（质量分数）的 Co-P 合金镀层。而且可以通过调整镀液组成、工艺规范及镀层厚度获不同磁性能（硬磁性或软磁性）的镀层。

用次磷酸盐作为还原剂的酸性化学镀钴溶液，其沉积速度非常缓慢，甚至得不到钴镀层，只有在碱性溶液中才有合适的沉积速度。镀液的 pH 值用氨水调整，而不用氢氧化钠，因氢氧化钠会使镀液的沉积速度变慢。

次磷酸盐化学镀钴的溶液组成及工艺规范见表 33-7。

表 33-7 次磷酸盐化学镀钴的溶液组成及工艺规范

溶液成分及工艺规范	1	2	3	4	5	6	7
	含量/(g/L)						
硫酸钴($CoSO_4 \cdot 7H_2O$)	—	24	—	$20\sim28$	—	20	29
氯化钴($CoCl_2 \cdot 6H_2O$)	30	—	22.5	—	27	—	—
次磷酸钠($NaH_2PO_2 \cdot H_2O$)	20	20	25	21	9	17	20
焦磷酸钠($Na_4P_2O_7 \cdot 7H_2O$)	—	—	—	—	—	—	106
柠檬酸钠($Na_3C_6H_5O_7 \cdot 2H_2O$)	100	70	—	—	90	44	—
酒石酸钾钠($KNaC_4H_4O_6 \cdot 4H_2O$)	—	—	140	—	—	—	—
酒石酸钠($Na_2C_4H_4O_6$)	—	—	—	147	—	—	—
氯化铵(NH_4Cl)	50	—	—	—	45	—	—
硫酸铵$[(NH_4)_2SO_4]$	—	40	—	—	—	—	66
硼酸(H_3BO_3)	—	—	30	31	—	—	—
十二烷基硫酸钠($C_{12}H_{25}O_4SNa$)	—	0.1	—	—	—	—	—
pH 值	$9\sim10$	8.5	9	9	$7.7\sim8.4$	$9\sim10$	10
温度/℃	90	92	90	90	75	90	70
沉积速度/(μm/h)	$3\sim10$	1.8	15	20	$0.3\sim2$	15	—

33.4.3 硼氢化钠化学镀钴

硼氢化钠化学镀钴的溶液组成及工艺规范见表 33-8。

表 33-8 硼氢化钠化学镀钴的溶液组成及工艺规范

溶液成分及工艺规范	1	2	3
	含量/(g/L)		
氯化钴($CoCl_2 \cdot 6H_2O$)	$20\sim25$	10	19
硼氢化钠($NaBH_4$)	$0.6\sim1$	1	8.3
柠檬酸钠($Na_3C_6H_5O_7 \cdot 2H_2O$)	$80\sim100$	—	—
乙二胺四乙酸(EDTA)	—	35	—
氯化铵(NH_4Cl)	$1\sim5$	—	—

续表

溶液成分及工艺规范	1	2	3
	含量/(g/L)		
乙二胺($C_2H_8N_2$)	50～60	—	—
酒石酸钾钠($KNaC_4H_4O_6 \cdot 4H_2O$)	—	—	56
氢氧化钠($NaOH$)	4～40	40	—
25%氨水($NH_3 \cdot H_2O$)/(mL/L)	—	—	520
亚硒酸(H_2SeO_3)	0.003～0.3	—	—
pH 值	—	—	12.5
温度/℃	60	60～80	40

33.4.4　二甲基氨基硼烷化学镀钴

二甲基氨基硼烷化学镀钴的溶液组成及工艺规范见表33-9。

表 33-9　二甲基氨基硼烷化学镀钴的溶液组成及工艺规范

溶液成分及工艺规范	1	2
	含量/(g/L)	
氯化钴($CoCl_2 \cdot 6H_2O$)	25	30
二甲基氨基硼烷[$(CH_3)_2NHBH_3$](DMAB)	4	4
琥珀酸钠($C_4H_4Na_2O_4 \cdot 6H_2O$)	25	—
酒石酸钠($Na_2C_4H_4O_6$)	—	80
氯化铵(NH_4Cl)	—	50
28%氨水($NH_3 \cdot H_2O$)/(mL/L)	—	60
硫酸钠(Na_2SO_4)	15	—
pH 值	5	9
温度/℃	70	80

33.4.5　肼盐化学镀钴

肼盐化学镀钴的溶液组成及工艺规范见表33-10。

表 33-10　肼盐化学镀钴的溶液组成及工艺规范

溶液成分及工艺规范	1	2
	含量/(g/L)	
氯化钴($CoCl_2 \cdot 6H_2O$)	12	14
盐酸肼($N_2H_4 \cdot 2HCl$)	69	—
水合肼($N_2H_4 \cdot H_2O$)	—	90
酒石酸钾钠($KNaC_4H_4O_6 \cdot 4H_2O$)	113	—
柠檬酸钠($Na_3C_6H_5O_7 \cdot 2H_2O$)	—	206

续表

溶液成分及工艺规范	1	2
	含量/(g/L)	
pH 值	11	11.5～12
温度/℃	90	92～95
沉积速度/(μm/h)	6	4

33.4.6　化学镀钴基三元合金[2]

钴基三元合金镀层具有很好的磁性能，作为磁性镀层使用。通过合金化的方法，能调整和改变镀层材料的微观结构，从而改善其物理化学性能，获得一些新的特性。而化学镀钴三元合金，比化学镀二元合金具有更优异和更特殊的使用功能，从而显示出更广阔的应用前景。

Co 具有自催化性能，可作为合金镀层中的主体金属。Fe、W、Cu、Mo、Zn 等金属离子在含 Co 盐溶液中虽然无催化作用，但能以一定数量与 Co-P 共沉积，构成化学镀钴基三元合金镀层。

(1) 化学镀 Co-Ni-P、Co-Fe-P 三元合金

Co-Ni-P 三元合金镀层是一种高密度磁性膜层，具有较高的矫顽力、较小的剩磁和优良的电磁转换性能。

Co-Fe-P 三元合金镀层也有较好的电磁性能。镀层中的 Fe 含量越低，厚度越薄，矫顽力越高。

化学镀 Co-Ni-P、Co-Fe-P 三元合金的溶液组成及工艺规范见表 33-11。

表 33-11　化学镀 Co-Ni-P、Co-Fe-P 三元合金的溶液组成及工艺规范

溶液成分及工艺规范	Co-Ni-P 三元合金镀层			Co-Fe-P 三元合金镀层
	1	2	3	
	含量/(g/L)			
硫酸钴($CoSO_4 \cdot 7H_2O$)	17	30	8～14	25
硫酸镍($NiSO_4 \cdot 7H_2O$)	11	3	14	—
硫酸亚铁($FeSO_4 \cdot 7H_2O$)	—	—	—	0～20
次磷酸钠($NaH_2PO_2 \cdot H_2O$)	25	50	20	40
柠檬酸钠($Na_3C_6H_5O_7 \cdot 2H_2O$)	—	180	60	30
硫酸铵[$(NH_4)_2SO_4$]	13	—	—	40
硼酸(H_3BO_3)	—	—	30	—
丙二酸($C_3H_4O_4$)	31	—	—	—
苹果酸($C_4H_6O_5$)	54	—	—	—
苹果酸钠($NaC_4H_5O_5$)	—	50	—	—
琥珀酸($C_4H_6O_4$)	60	—	—	—
pH 值	8.9～9.3（用氨水调节）	10	6.5～9（用 NaOH 调节）	8～8.2
温度/℃	75～85	30	90	80
沉积速度/(μm/h)	—	—	—	10

（2）化学镀 Co-W-P、Co-Zn-P 三元合金

Co-W-P 三元合金镀层具有良好的磁性，可以在不改变剩磁的条件下提高矫顽力。该三元合金镀层还具有良好的耐蚀性和耐磨性。

Co-Zn-P 三元合金镀层的磁性能比 Co-P 镀层好。化学镀 Co-Zn-P 三元合金镀层，一般是在 Co-P 镀液中加入锌盐。

化学镀 Co-W-P、Co-Zn-P 三元合金的溶液组成及工艺规范见表 33-12。

表 33-12　化学镀 Co-W-P、Co-Zn-P 三元合金的溶液组成及工艺规范

溶液成分及工艺规范	Co-W-P 三元合金镀层		Co-Zn-P 三元合金镀层	
	1	2	1	2
	含量/(g/L)			
硫酸钴($CoSO_4 \cdot 7H_2O$)	14	—	—	2.8
氯化钴($CoCl_2 \cdot 6H_2O$)	—	30	7.5	—
钨酸钠($Na_2WO_4 \cdot 2H_2O$)	10～50	30	—	—
硫酸锌($ZnSO_4$)	—	—	—	1.6～3.2
氯化锌($ZnCl_2$)	—	—	1	—
次磷酸钠($NaH_2PO_2 \cdot H_2O$)	21	20	3.5	2
柠檬酸($C_6H_8O_7$)	—	—	20	—
柠檬酸钠($Na_3C_6H_5O_7 \cdot 2H_2O$)	—	80	—	9
酒石酸钾钠($KNaC_4H_4O_6 \cdot 4H_2O$)	140	—	—	—
硫酸铵[$(NH_4)_2SO_4$]	66	—	—	—
氯化铵(NH_4Cl)	—	50	13	—
硫氰化钾($KCNS$)	—	—	0～0.002	—
硼酸(H_3BO_3)	—	—	—	3.1
25%氨水($NH_3 \cdot H_2O$)/(mL/L)	—	60	—	—
pH 值	8～10	8.9	8.2（用氨水调节）	8.5～10（用 NaOH 调节）
温度/℃	90～95	95	80	93

第6篇 特种镀层镀覆工艺

第34章

刷镀

34.1 概述

刷镀又称选择性电镀，是指用一个同专用阳极连接并能提供电镀需要的电解液的电极或刷，在作为阴极的制件上移动进行选择电镀的方法。刷电与电镀的基本原理一样，刷镀的工艺特征是：刷镀过程中专用阳极与阴极做相对运动，镀笔（专用阳极）包套软材料（吸附镀液）与旋转的工件（阴极）的电镀表面产生摩擦，金属沉积形成镀层，而电沉积过程是间歇性循环进行的（即只当镀件表面接触镀笔阳极时，才有金属沉积）。镀层的均匀性可由电流密度、阳极移动速度、镀液流量、刷镀时间等来控制。

34.1.1 刷镀作业系统装置

刷镀是槽电镀技术的发展，它仍然依靠电流的作用来获得所需的金属镀层。因此，许多普通电镀的电化学原理和定律都适用于刷镀。

刷镀的基本原理及刷镀作业系统装置，如图34-1所示。镀笔（阳极）连接在电源正极上，镀笔包套材料上吸满镀液与旋转镀件（阴极）接触摩擦，电流通过阳极与镀件表面接触的包套材料所附的镀液，刷镀溶液中的金属离子则在阴极上（制件表面）沉积，形成镀层。随着时间延长，镀层逐渐加厚。

刷镀作业系统装置由刷镀电源、镀笔（阳极）以及辅助设备工具（包括转胎、循环泵、加热器、镀液回收盘、挤压瓶、各种手提小砂轮、磨石、砂纸、刮刀、绝缘胶带及填充塞）等组成。

34.1.2 刷镀工艺特点和适用范围

(1) 刷镀工艺特点

① 刷镀属于槽外进行的一种局部快速电镀，不需要镀槽及其他装置，镀覆时不受场地、零件位置和环境的限制，可在现场、野外对大型设备机器实现不完全拆解而进行局部电镀。

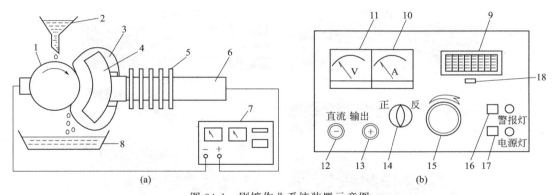

图 34-1 刷镀作业系统装置示意图

(a) 刷镀系统装置；(b) 刷镀电源面板示意图

1—被镀工件；2—镀液容器及注液管；3—包套；4—阳极；5—散热器；6—镀笔；7—刷镀电源；8—镀液回收盘；
9—安培小时计电量预置；10—电流表；11—电压表；12—负接线柱；13—正接线柱；14—极性转换开关；
15—调压手柄；16—复位按钮；17—电源开关按钮；18—置数按钮

② 能够解决常规电镀难以做到的某些零件的镀覆和修复。如电镀槽尺寸难以容下的大型零件或表面划伤、凹坑等缺陷的修复。

③ 由于阴阳极间距离近，允许使用大电流密度，沉积速度快，约为镀槽电镀的几十倍。

④ 镀层硬度高、氢脆性小、孔隙率低（大大低于有槽电镀层），而且镀层厚度可以控制。

⑤ 镀液稳定，不需临时化验分析和调整，运输方便。

⑥ 对工件基体金属热影响小，不会产生变形和金相组织变化。

⑦ 设备简单，不需镀槽，便于携带，投资少，操作简便，能耗低。

⑧ 对环境污染小。

（2）刷镀应用范围

① 修复轴类零部件的表面和轴颈处、孔类零部件的轴承孔处、活塞类零部件等的超差或磨损。

② 修复加工超差、磨损、损伤或锈蚀的机械零部件、量具和模具，如塑料模具、压铸模具、胶木模具、热锻模具等表面的缺陷。

③ 修复划伤、凹坑、锈蚀的机床导轨。

④ 修复印制电路板、电气触点、接头和整流装置等。

⑤ 刷镀一般镀槽无法容纳的大型工件以及补镀槽电镀的次品（损伤或有缺陷的电镀件）。

⑥ 现场、野外刷镀难拆卸或运费昂贵的大型或固定的机器设备和装置。

⑦ 刷镀要求局部防渗碳、防渗氮的机械零部件。

⑧ 采用刷镀方法用来填补盲孔、窄缝、深孔等机械零件。

⑨ 刷镀要求改善材料表面的功能性，如导电性、焊接性、耐磨性和耐蚀性的机械零件。

⑩ 采用刷镀金、银、铜等方法，装饰或修复雕塑、文物、珠宝等艺术品、工艺品。

⑪ 用刷镀方法在金属表面沉积不同金属的图案。

⑫ 以反向电流给金属去毛刺、模具刻字、去金属表面刻字以及给动平衡机械零件去重等。

刷镀修复机械零部件示例见图 34-2。

（3）刷镀不适宜的场合

① 刷镀工艺不适宜大面积、高厚度、大批量的生产，这在技术经济指标方面都不如镀槽电镀。

② 不适宜修复零件的断裂缺陷和要求承受疲劳负荷较大的零件。

刷镀用的溶液根据用途的不同，一般分为预处理溶液、刷镀单金属溶液、刷镀合金溶液、退镀溶液和钝化溶液等。

花键修复前　　　　　　　　　　　　花键修复后

螺纹修复前　　　　　　　　　　　　螺纹修复后

菠萝刀修复前　　　　　　　　　　　菠萝刀修复后

轴承位修复前　　　　　　　　　　　轴承位修复后

涡轮减速箱修复前　　　　　　　　　涡轮减速箱修复后

图 34-2　刷镀修复机械零部件示例

34.2　镀笔(阳极)

34.2.1　镀笔的结构形式

　　镀笔由阳极、散热装置、导电芯棒和绝缘手炳等组成。由于导电柄及阳极的电阻热较大，所以导电柄装有散热片，以利于散热，否则会影响刷镀作业的正常进行。

　　镀笔的作用是连接电源正极，从刷镀电源来的电流通过镀笔杆阳极和镀液层到达阴极，再回到电源，并完成电沉积。常用的镀笔结构形式如图 34-3 所示。

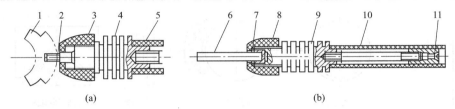

图 34-3 常用的镀笔结构形式
1,6—阳极；2—连接杆；3,8—锁紧螺母；4—散热片；5,10—柄体；
7—密封圈；9—散热片；11—导电螺栓

34.2.2 阳极形状和材料

(1) 阳极形状

阳极形状要与镀件形状、体积、受镀面积大小和所处位置等相适应。阳极的设计原则如下。

① 阳极设计要考虑制作方便 在保证镀层质量的情况下，简化制作以降低成本，方便操作。在手持操作方式下，只要不影响阳极强度，尽量减小其体积；采用机械夹持方式，要求夹持和装卸方便。

② 阳极仿形设计 为保证阳极工作面与工件被镀表面尺寸形状一致，阳极工作面应采用仿形设计。

③ 接触面积 阳极与工件（阴极）接触面积一般控制在所需刷镀面积的 1/4～1/3，而圆柱体（轴类）等横截面积的接触要求阳极的包角要小于或等于 120°。

④ 直径尺寸 刷镀轴类零件，要求阳极工作表面直径尺寸大于工件刷镀面直径尺寸的 10%～20%；刷镀孔类零件内孔，则要小于 10%～20%。这样才能储存充足的镀液，减缓阳极包套的磨损。

⑤ 供液方式 供液有下列两种形式。

a. 镀液从外部直接输往阳阴极之间，这是常用的供液方式，方便。

b. 从阳极内部输送镀液，虽然结构复杂些，但能减少镀液污染，并能起冷却作用，降低阳极温度。

常用阳极形状见表 34-1。

表 34-1 常用阳极形状

名称	阳极形状	用途	名称	阳极形状	用途
圆形		刷镀内径表面或平面	平板形		刷镀平面
圆棒形		刷镀内径表面、深槽或平面	毛笔形		刷镀深孔、凹坑、沟槽
半圆形		刷镀内径表面、平面或曲面	锥形		刷镀深孔、沟槽
弯月形		刷镀外径表面或圆柱形表面	面团形		刷镀凹坑、凹角等处
片形		刷镀平面或狭缝处			

续表

| 仿形阳极 | 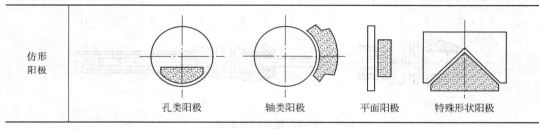 |
| | 孔类阳极　　　　　　轴类阳极　　　　　平面阳极　　　　特殊形状阳极 |

（2）阳极材料

刷镀大多采用不溶性阳极。对阳极材料的要求：导电性能好，化学性能稳定，不污染镀液，电镀过程中不会形成高阻抗膜而影响导电。应根据刷镀使用情况、阳极强度、制作成本、沉积速度等来选用阳极材料。

① 石墨阳极　这种阳极结构均匀、细密，导电性好，耐腐蚀，耐高温，稳定性好，不产生钝化现象，可提高沉积速度。而且石墨材料加工制作方便，成本低。所以，刷镀采用的不溶性阳极，常采用石墨阳极（高纯度的石墨阳极）。用作阳极的石墨材料应致密而均匀，纯度高，如高纯度细结构冷压石墨。

② 不锈钢阳极　不锈钢阳极稳定性好，用于制作小型毫米级圆柱片和丝状阳极、大型阳极，以及加工形状复杂等的阳极。但它不宜用于含卤素或氰化物的镀液。

③ 铂-铱合金阳极　铂-铱合金阳极（含铱10%，质量分数）化学稳定性好，在各种电净液、活化液及金属镀液中均不溶解，也不钝化，是较好的阳极材料，特别适合在微孔、狭缝、凹坑和死角等处使用，但价格昂贵。

④ 可溶性阳极　这种阳极用得较少。可溶性阳极大多选用与金属镀层相同的金属材料，例如镀铁和铁合金镀液，采用碳钢来制作阳极，其他镀镍、镀铜等，也可采用镍板、铜板等阳极。作阳极的金属材料要求纯度高、有害杂质少，否则影响镀层质量。如阳极易钝化，宜向刷镀液中加入防钝化剂，使阳极正常溶解。

⑤ 其他阳极材料　其他阳极材料有铂阳极、在不锈钢和钛等金属表面镀铂的阳极等，这些阳极具有不钝化，强度等高等优点，可用于某些特殊场合。

34.2.3　阳极包裹材料

阳极包裹的作用：一是起到阴阳极之间的隔离作用，防止零件与阳极直接接触而短路；二是可吸附刷镀溶液，还能对阳极表面脱落或腐蚀下来的石墨粒子和其他物质等起机械过滤作用。

包套阳极时，应根据工艺条件和镀液性能，选择适当的阳极包裹材料。其包裹材料有脱脂棉、泡沫塑料或化学纤维等。包裹材料常用脱脂棉，脱脂棉要求纤维长，层次整齐。包裹棉厚度在 3～10mm，根据具体使用情况来选择不同厚度。包裹的脱脂棉外要包套1～3层包套，常用的包套材料有棉布、涤纶布、腈纶毛绒、涤纶毛绒、丙纶布等。

阳极的包裹及软阳极操作示意如图34-4所示。

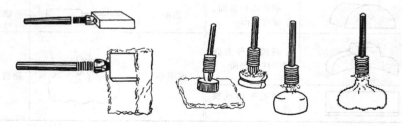

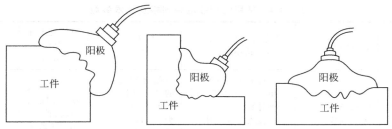

图 34-4　阳极的包裹及软阳极操作示意图

34.3　刷镀电源

刷镀电源是刷镀系统装置的重要电气设备。刷镀电源一般由整流装置、安培小时计、过载保护电路及其他辅助电路等组成，一般有刷镀用的专用电源。

（1）刷镀电源的基本要求

对刷镀电源的基本要求如表 34-2 所示。

表 34-2　刷镀电源性能的基本要求

项目	刷镀电源性能的基本要求
直流输出特性	直流输出应具有平直或缓降的外特性，即要求负载电流在较大范围内变化时，电压的变化很小
输出电压的调节	输出电压能无级调节，调节精度高，常用电源电压可调节范围为 0～30V
电源的自动调节	电源的自调节作用强，输出电流能随镀笔和阳极接触面积的变化而自动调节
电源输出端的极性转换	电源输出端应设有极性转换装置，以满足刷镀、活化、电净等不同工艺的需要
电源输出的计量装置	电源应装附有可供计量刷镀电量的装置（一般为安培小时计或镀层厚度计），能准确地显示被刷镀工件所消耗的电量或镀层厚度
过载保护装置	有过载保护装置，当超载（超过额定值 10%）或短路时，能迅速切断主电源，保证被镀工件不受损坏
刷镀电源体积要小	刷镀电源力求体积小、重量轻、工作可靠、操作简单、维修方便，适应现场或野外修理的要求

（2）刷镀电源的配套等级及主要用途

常用刷镀电源的配套等级及主要用途见表 34-3。

表 34-3　常用刷镀电源的配套等级及主要用途

输出分类	主要用途	输出分类	主要用途
5A/6V 5A/20V	电信电子触点、继电器、微型仪表零件，项链、戒指等金、银首饰，奖杯、小工艺品的镀金、镀银等	60A/30V 75A/30V	中型机械零部件的刷镀，使用广泛
		100A/30V 120A/30V 150A/30V	大中型机械零部件的刷镀
15A/20V	印制电路板、电气元器件、中小型工艺品、量具、卡规、卡尺的修理，模具保护和光亮处理等	300A/20V 500A/20V	大型机械零部件的刷镀
30A/30V	小型机械零部件的刷镀	1000A/20V	特大型机械零部件的刷镀，在某些特殊场合使用

（3）常用的刷镀电源规格及技术参数

刷镀电源种类很多，各制造厂家的电源规格、性能以及主要电路设计模式等有所不同，常用的刷镀电源一般规格及技术参数[24]列入表 34-4，供参考。

表 34-4　常用的刷镀电源规格及技术参数

电源容量/A	交流输入	直流输出	镀层厚度监控装置（安培小时计）	快速过流保护装置	可修复工件最大直径/mm	外形尺寸/(mm×mm×mm)	重量/kg
5	单相交流 220V±10% 50Hz	0～5A 0～20V 无级调节	分辨率0.0001A·h 电流大于0.5A时开始计数 电流大于1A时,计数误差≤±10%	超过额定电流的10%时动作,切断主电路时间为0.01s,不切断控制电路	微型仪表零件、镀贵金属、首饰、小工艺器等	—	—
10	单相交流 220V±10% 50Hz	0～10A 0～20V 无级调节	分辨率0.001A·h 电流大于0.5A时开始计数 电流大于1A时,计数误差≤±10%	超过额定电流的10%时动作,切断主电路时间为0.01s,不切断控制电路	电气元器件,小型工件,量具、工艺品、艺术品等	140×280×320	10
30	单相交流 220V±10% 50Hz	0～30A 0～35V 无级调节 0～20A 0～35V 外接电流表控制	分辨率0.001A·h 电流大于0.6A时开始计数 电流大于2A时,计数误差≤±10%	超过额定电流的10%时动作,切断主电路时间为0.01s,不切断控制电路	≤60	430×330×340	32
60	单相交流 220V±10% 50Hz	0～60A 0～40V 无级调节 0～40A 0～40V 外接电流表控制	分辨率0.001A·h 电流大于1A时开始计数 电流大于2A时,计数误差≤±10%	超过额定电流的10%时动作,切断主电路时间为0.02s,不切断控制电路	≤200	560×560×860	80
100	单相交流 220V±10% 50Hz	0～100A 0～20V 无级调节	分辨率0.001A·h 电流大于1A时开始计数 电流大于2A时,计数误差≤±10%	超过额定电流的10%时动作,切断主电路时间为0.02s,不切断控制电路	≤200	600×450×910	100
150	单相交流 220V±10% 50Hz	0～150A 0～75A 0～20V 无级调节	分辨率0.01A·h 电流大于2A时开始计数 电流大于10A时,计数误差≤±10%	超过额定电流的10%时动作,切断主电路时间为0.035s,不切断控制电路	≤250	495×500×770	100
300	三相交流 380V±10% 50Hz	0～300A 0～20V 无级调节	分辨率0.01A·h 电流大于10A时开始计数 电流大于20A时,计数误差≤±10%	超过额定电流的10%时动作,切断主电路时间为0.035s,不切断控制电路	≤250	740×700×1050	200
500	三相交流 380V±10% 50Hz	恒流0～500A 0～16V 恒压0～500A 0～20V 无级调节	分辨率0.01A·h 电流大于40A时开始计数 误差≤±10%	恒流精度±10%,恒压时超过额定电流的10%时动作,切断主电路时间为0.035s,不切断控制电路	≤250	920×830×1410	250

注：刷镀电源外形尺寸及质量为大致的数值,供参考。

34.4 刷镀的镀层选择

根据不同行业对产品机械零部件表面的技术要求，以及不同的需要，来选用刷镀的镀层（分为预镀层及工作镀层）。各种镀层的作用、性能和用途等见表 34-5。

表 34-5 各种镀层的作用、性能和用途

镀层		镀层的作用、性能和用途
预镀层	特殊镍	它是刷镀生产中使用较多的一种预镀层(打底镀层)镀液,其所获镀层,广泛作为不锈钢、高合金钢和铬、镍等特殊材料的底镀层
	碱性铜	由于其镀液偏碱性,腐蚀性小,常用作铝、锌、铸铁类材料的底镀层,还有防渗碳和防渗氮的作用
	快速镍	由于其镀液近中性,用作铸铁类较疏松材料的底镀层
工作镀层	耐磨和硬度镀层	这类镀层可选用镍-钴合金、镍-钨(D)合金、镍-磷合金、镍-铁合金以及铬、快速镍、半光亮镍等镀液,其所获镀层具有较高的硬度和耐磨性。先在基体上镀特殊镍打底($2\mu m$ 左右),中间层一般镀快速镍和碱性铜,其厚度由镀层总厚来决定。碱性铜主要起夹心层的作用(此外,还可用低应力镍镀层作为夹心镀层)。耐磨镀层一般应用在轴承、长轴轴颈和机床导轨等零件表面,以提高耐磨性
	减摩镀层	这类镀层有铜、银、铟-锡合金、铅-锡合金、碱性铜等镀液。先用特殊镍打底,再镀减摩镀层,因其大都是厚度薄的镀层,所以一般不需要中间层。减摩镀层一般应用在轴与轴套、轴瓦等产生摩擦作用的零件上。铟和铟-锡合金镀层还能提高抗黏着磨损能力
	耐高温镀层	快速镍、特殊镍、半光亮镍、硬铬、镍-钨(D)合金、镍-磷合金等镀液,都是很好的耐高温抗氧化的镀层,能在 400℃ 以下使用,如热锻模等机械零部件。以特殊镍打底后,再镀铜-锌合金作为中间层,然后表面再镀铬。也可直接在特殊镍镀层上镀镍-钨(D)合金或镍-磷合金镀层
	防腐镀层	主要用在腐蚀环境中防止基体受到腐蚀,常用的镀锌,一般采用特殊镍打底;为防止海洋性气候下的腐蚀,则需在特殊镍镀层上镀镉或锌-镉合金
	导电镀层	属于导电镀层的有铜、银、金和合金镀层。用在电气接触零部件上,如印制电路板和电子接触开关等。以特殊镍打底,后镀工作层
	导磁镀层	用在电子工业中要求镀层能导磁的场合。在特殊镍打底后,再镀一层镍-铁合金或镍-钴合金作为工作层
	焊接镀层	用于要求焊接或钎焊,而在焊接性较差制件上镀覆焊接镀层,以提高焊接性能。在特殊镍打底后,可镀铜、银和锡,使其具有较好的焊接性能
	装饰性镀层	刷镀的装饰性镀层较少,金和银是主要的装饰性镀层,一般应用于电子工业仪表的装饰、艺术品装饰等。装饰性镀层由特殊镍打底,再接着镀金,如要镀银,中间也可加镀铜
	反光镀层和防反光镀层	用作反光作用的,可采用银镀层。作防反光作用的,可采用黑色镀层,如黑镍镀层,在特殊镍打底后,中间镀一层锌,然后再镀一层黑镍
	防渗碳、防渗氮镀层	在热处理的局部渗碳、渗氮中,可以利用刷镀可局部电镀的特性,在不需渗碳、渗氮的部位,在特殊镍打底后,再刷镀铜层即起防渗的作用

预镀层（又称打底镀层或过渡层、隔离层）的作用：提高镀层与基体的结合力；防止镀层与基体之间的扩散；防止镀液对基体的腐蚀；防止镀液与基体金属置换等。常用作预镀层的有特殊镍、碱性铜和快速镍等。

工作镀层的作用：在修复尺寸中即为尺寸镀层，主要是修复尺寸（恢复尺寸）。在功能性镀覆中，即为各种功能性的面层。常用的镀层有镍、铜、铁、钴等，这些是刷镀的主要镀层，其镀液能高效、快速地沉积镀层。

34.5 刷镀的溶液种类

根据刷镀溶液在刷镀工艺中的作用和用途，一般可分为预处理溶液、单金属刷镀溶液、合

金刷镀溶液、后处理液和退镀溶液等，如表 34-6 所示。

表 34-6　刷镀溶液的分类

类别	品种	处理液及镀液名称
表面预处理溶液	电净溶液	1 号电净溶液、2 号电净溶液、3 号电净溶液
	活化溶液	1 号活化溶液、2 号活化溶液、3 号活化溶液、4 号活化溶液、铬活化溶液、银汞齐活化溶液
单金属刷镀溶液	镀镍溶液	特殊镍、快速镍、低应力镍、半光亮镍、光亮镍、黑镍、高堆积镍
	镀铜溶液	高速铜、碱性铜、高堆积碱性铜、半光亮铜
	镀铁溶液	快速铁、半光亮铁、酸性铁
	镀锡溶液	酸性锡、碱性锡、中性锡
	镀铬溶液	中性铬、酸性铬
	镀钴溶液	碱性钴、酸性钴、半光亮钴
	镀锌溶液	酸性锌、碱性锌
	镀镉溶液	低氢脆镉、碱性镉、酸性镉
	镀金溶液	金镀液
	镀银溶液	中性银
	镀铟溶液	碱性铟
合金刷镀溶液	镀二元合金溶液	镍-钨、镍-钨(D)、镍-磷、镍-锌、镍-铁、钴-钨、钴-钼
	镀三元合金溶液	铁-镍-钴、磷-钴-镍、锑-铜-锡
后处理溶液	钝化溶液	锌钝化溶液
	着色溶液	银、铜、锡、镉等着色溶液
退镀溶液	剥离各种镀层溶液	镍、铜、铬、镉、锌、银、金、锡

34.6　刷镀的预处理

刷镀的预处理可分为电化学除油（电净）和活化两类。

34.6.1　电化学除油(电净)

(1)　电净溶液的组成及工艺规范

电化学除油溶液又称为电净溶液。一般在刷镀前先用机械或化学方法去掉工件表面的油污，然后再进行电化学除油。电净溶液由于氢氧化钠含量较高，是一种无色透明的强碱性水溶液（pH 值＞10），导电性很好，具有很强的电化学除油能力。电净溶液的组成及工艺规范见表 34-7。

表 34-7　电净溶液的组成及工艺规范

名称	镀液成分含量/(g/L)		工艺规范	使用范围
1 号电净溶液	氢氧化钠(NaOH) 碳酸钠(Na_2CO_3) 磷酸三钠(Na_3PO_4) 氯化钠(NaCl)	25 22 50 2.5	pH 值≥13 工作电压:8~15V 阴阳极相对运动速度:5~8m/min 电源极性:正极(接镀笔)	溶液无色透明,长期有效,腐蚀性小。有较强除油污能力,适用于黑色金属的电解除油
2 号电净溶液	氢氧化钠(NaOH) 碳酸钠(Na_2CO_3) 磷酸三钠(Na_3PO_4) 氯化钠(NaCl)	40 40 160 5	pH 值≥11 工作电压:8~15V 阴阳极相对运动速度:5~8m/min 电源极性:正极(接镀笔)	

名称	镀液成分含量/(g/L)		工艺规范	使用范围
3 号电净溶液	氢氧化钠(NaOH) 碳酸钠(Na₂CO₃) 磷酸三钠(Na₃PO₄) 氯化钠(NaCl) 水基清洗剂	25 22 50 2.5 5~10mL/L	pH 值≥13 工作电压:8~15V 阴阳极相对运动速度:5~8m/min 电源极性:正极(接镀笔)	与 1 号电净溶液性能相似。有较强除油污能力,尤其适用于铸铁类等组织结构疏松的材料

（2）各种基体材料的电净操作条件

电化学除油（电净）溶液的组成及工艺规范见表 34-7，各种基体材料电化学除油（电净）的操作条件见表 34-8。

表 34-8　各种基体材料的电化学除油（电净）操作条件

被镀材料	电净溶液	电源极性	电净时间/s	工作电压/V
低碳钢、低碳合金钢、中碳钢、中碳合金钢、高合金钢、不锈钢、特殊钢	1 号或 2 号	正极或负极 （阴极除油或阳极除油）	20~30	8~15
高强度钢	1 号或 2 号	负极（阳极除油）	油除净,时间尽量短	10~12
铜及铜合金	1 号	正极（阴极除油）	20~40	8~12
铝及铝合金	1 号	正极（阴极除油）	20~30	8~15
镍、铬镀层	1 号	正极（阴极除油）	20~30	8~15
铸铁	3 号	正极（阴极除油）	30~60	10~15

注：1. 电净溶液的组成见表 33-7 电净溶液的组成及工艺规范。
　　2. 电源极性是指接阳极（镀笔）的极性，如电源极性正极，是正极接阳极（镀笔），镀件为阴极，即为阴极除油。

34.6.2　活化

（1）活化的溶液组成及工艺规范

活化溶液用于去除被镀表面的氧化皮。镀件经电净后，采用电化学浸蚀方法，使基体表面金属显露出其金相组织。由于基体金属和表面氧化皮性质的不同，需采用不同的活化溶液。常用活化的溶液组成及工艺规范[1]见表 34-9。

表 34-9　活化的溶液组成及工艺规范

名称	溶液成分含量/(g/L)		工艺规范	溶液的外观、性质及使用范围
1 号活化溶液	硫酸(H₂SO₄) 硫酸铵[(NH₄)₂SO₄] pH 值	80.6 110.9 0.4	工作电压:8~15V 阴阳极相对运动速度:5~10m/min 电源极性:正极(接镀笔)或负极(接镀笔)	无色透明液体 主要用于不锈钢、低碳钢、低碳合金钢、白口铸铁、旧的镍层和铬层等材料的活化
2 号活化溶液	38%盐酸(HCl) 氯化钠(NaCl) pH 值	25 140.1 0.3	工作电压:6~14V 阴阳极相对运动速度:5~10m/min 电源极性:负极(接镀笔)	无色透明液体 适用于中碳钢、中碳合金钢、高碳钢、高碳合金钢、铝及铝合金、灰口铸铁,也可用于旧镀层和去除金属毛刺
3 号活化溶液	柠檬酸钠 (Na₃C₆H₅O₇·2H₂O) 柠檬酸 (H₃C₆H₅O₇·H₂O) 氯化镍(NiCl₂·6H₂O) pH 值	141.2 94.2 3.0 4	工作电压:10~25V 阴阳极相对运动速度:6~8m/min 电源极性:负极(接镀笔)	淡绿色液体,弱酸性水溶液 专门用于去除中、高碳钢及铸铁类经 1 号或 2 号活化溶液活化后表面残留的碳化物和石墨碳渣等,使工件表面呈现洁净的银灰色。如不经此工序,工件表面的碳膜将为夹在基体与镀层之间,大大降低其结合力

名称	溶液成分含量/(g/L)	工艺规范	溶液的外观、性质及使用范围
4号活化溶液	硫酸(H_2SO_4)(化学纯) 116.5 硫酸铵(化学纯) 118.8 [$(NH_4)_2SO_4$] pH值 0.2	工作电压:10～15V 阴阳极相对运动速度:6～10m/min 电源极性:镀笔正极 (有时负极)	无色透明液体,酸性较强 主要用于铬钢、镍钢或者经1号、2号活化溶液活化后仍难施镀的基体的活化处理,也可用于旧镀层的活化或退除金属毛刺等
铬活化溶液	硫酸铵(化学纯) 100 [$(NH_4)_2SO_4$] 硫酸(H_2SO_4)(化学纯) 87.5 磷酸(H_3PO_4)(化学纯) 5.3 氟硅酸(H_2SiF_6)(化学纯) 5 pH值 0.5	工作电压:10～15V 阴阳极相对运动速度:6～8m/min 电源极性:镀笔正极 (有时负极)	无色透明液体 专门用于难镀金属基体的活化处理,如铬镀层表面的活化。也可用于镍或铬基体金属的活化处理
银汞齐活化溶液	硫酸银(Ag_2SO_4) 4 硫酸汞($HgSO_4$)(化学纯) 5.2 硫酸(H_2SO_4)(化学纯) 226 磷酸(H_3PO_4)(化学纯) 8.2 氟硅酸(H_2SiF_6)(化学纯) 3 pH值 <0.1	工作电压:8～12V 阴阳极相对运动速度:8～12m/min 电源极性:负极(接镀笔)	无色透明液体 专门为镀银使用的活化液,可大大提高银镀层与基体金属的结合力

(2) 各种基体材料的活化操作条件

在进行活化处理时,应根据不同基体材料,选择活化溶液和操作条件。活化溶液组成及工艺规范见表34-9,各种基体材料的活化操作条件[1]见表34-10。

表34-10　各种基体材料的活化操作条件

被镀材料	活化溶液	电源极性	活化时间/s	工作电压/V
碳钢、低碳合金钢	1号或2号	1号正极或负极 2号负极	1号:30～50 2号:20～40	1号:8～15 2号:6～14
中碳钢、中碳合金钢、高碳钢	2号+3号	负极	2号:30～50 3号:30～60	2号:6～14 3号:18～25
特种钢、不锈钢、高合金钢、镍镀层、铬镀层	2号+3号	负极	2号:30～50 3号:30～50	2号:6～14 3号:18～25
铸铁	2号+3号	负极	2号:30～60 3号:30～80	2号:6～14 3号:18～25
铬镀层	铬活化溶液	正负交替	30～60	10～15
镍镀层、不锈钢	1号或2号	1号正极或负极 2号负极	1号:30～50 2号:20～40	1号:8～15 2号:6～14

注:1. 活化溶液的组成见表34-9活化溶液的组成及工艺规范。
2. 电源极性是指接阳极(镀笔)的极性,如电源极性正极,是正极接阳极(镀笔),镀件为阴极,即为阴极电解浸蚀。

34.7　刷镀单金属

由于刷镀工艺与槽镀工艺不同,而对镀层技术要求的侧重面也不一样,刷镀溶液与槽镀溶液相比,具有下列特点。

① 刷镀溶液中主盐金属离子含量很高,一般情况下,其离子含量要比槽镀溶液高几倍到几十倍,允许使用大电流密度,以达得较高的电流效率和沉积速度。

② 刷镀溶液能反复循环使用,pH值变化小,镀液稳定。

③ 刷镀溶液多采用金属有机配位化合物水溶液,配位化合物在水中有相当大的溶解度,并且有很好的稳定性。因此,镀液中金属离子浓度很高。

④ 对工艺规范、参数如电流、电压、温度以及阴阳极相对运动速度等，要求不是很严格，适用范围较宽。

⑤ 有些刷镀液氢脆性小，如低氢脆镉溶液，镀后不必除氢。

⑥ 除金、银镀液添加少数氰化物外，绝大多数镀液不使用剧毒的氰化物。

⑦ 一般情况下，刷镀溶液主要考虑和控制的是镀层厚度和力学性能，对镀层装饰性考虑较少。

常用刷镀单金属有刷镀镍、铜、铁、钴、锌、镉、锡、铬、银、金、铟等，应用较广泛的有刷镀镍、铜、铁、钴。下面分别加以介绍。

34.7.1　刷镀镍

刷镀镍应用范围很广。刷镀所获得的镍镀层具有较高的硬度（在 50HRC 左右）和塑性，镀层结晶细小，并具有很好的化学稳定性。刷镀镍溶液有特殊镍、快速镍、低应力镍、半光亮镍、光亮镍等。刷镀镍的镀液组成和工艺规范见表 34-11。

表 34-11　刷镀镍的镀液组成和工艺规范

镀液名称	镀液组成		工艺规范及技术性能	镀液性能与适用范围
	成分	含量/(g/L)		
特殊镍	硫酸镍($NiSO_4 \cdot 7H_2O$) 氯化镍($NiCl_2 \cdot 6H_2O$) 37%盐酸(HCl) 冰醋酸(CH_3COOH)	396 15 21 69	pH 值:0.3 工作电压:10~18V 阴阳极相对运动速度:5~10m/min 安全厚度:5μm 耗电系数:0.744A・h/($dm^2 \cdot \mu m$) 镀覆量:955~978$\mu m \cdot dm^2$/L 镀液颜色:深绿色	用作预镀层和耐磨表面层。可以作为钢、不锈钢、合金钢、铅、铜、镍、铬等基体金属的打底镀层，以提高与其上面镀层的结合力，一般镀层厚度仅需1~2μm。不适用于铸铁类材料
快速镍	硫酸镍 ($NiSO_4 \cdot 7H_2O$) 柠檬酸铵 $[(NH_4)_3C_6H_5O_7]$ 草酸铵 $[(COONH_4)_2 \cdot H_2O]$ 醋酸铵 (CH_3COONH_4) 25%氨水 ($NH_3 \cdot H_2O$)	254 56 0.1 23 105mL/L	pH 值:7.5 工作电压:8~14V 阴阳极相对运动速度:6~12m/min 安全厚度:130μm 耗电系数:0.104A・h/($dm^2 \cdot \mu m$) 镀覆量:584$\mu m \cdot dm^2$/L 镀液颜色:蓝绿色	镀层硬度高(50HRC)、耐磨性好，以及具有良好的耐蚀性，沉积速度快(＞25μm/min)。在钢铁、不锈钢、铝、铜上均有良好的结合力。用于尺寸修复和作耐磨层，如需要更耐磨的表面,应在其上镀镍-钨合金或半光亮镍
低应力镍	硫酸镍 ($NiSO_4 \cdot 7H_2O$) 冰醋酸 (CH_3COOH) 醋酸钠 (CH_3COONa) 对氨基苯磺酸 ($NH_2C_6H_4SO_3H$) 十二烷基硫酸钠 $[CH_3(CH_2)_{11}SO_4Na]$	360 30mL/L 20 0.1 0.01	pH 值:3~3.5 工作电压:8~14V 阴阳极相对运动速度:6~10m/min 安全厚度:100μm 耗电系数:0.214A・h/($dm^2 \cdot \mu m$) 镀覆量:843$\mu m \cdot dm^2$/L 镀液颜色:绿色	所获得的镀层应力较小、厚度为 127μm 时无裂纹。主要在沉积厚镀层时作夹心层用。广泛应用于多种金属组成的复合镀层，但其本身不能镀得太厚
半光亮镍	硫酸镍 ($NiSO_4 \cdot 7H_2O$) 冰醋酸(CH_3COOH) 无水硫酸钠 (Na_2SO_4) 氯化钠($NaCl$) 硫酸联氨 ($NH_2 \cdot H_2SO_4 \cdot NH_2$)	300 48mL/L 20 20 0.1	pH 值:2~4 工作电压:6~10V 阴阳极相对运动速度:10~14m/min 安全厚度:100μm 耗电系数:0.122A・h/($dm^2 \cdot \mu m$) 镀覆量:697$\mu m \cdot dm^2$/L 镀液颜色:绿色	镀层硬度高、耐磨性好、耐蚀性好。常用作底层，上面镀一层光亮镍，利用它与光亮镍镀层之间的电位差，来提高整个镀层的耐蚀性能

续表

镀液名称	镀液组成		工艺规范及技术性能	镀液性能与适用范围
	成分	含量/(g/L)		
光亮镍	硫酸镍 ($NiSO_4 \cdot 7H_2O$) 醋酸 (CH_3COOH)	200～220 70～80 mL/L	工作电压:5～10V 阴阳极相对运动速度:5～10m/min 安全厚度:100μm 镀覆量:472～517μm·dm²/L 镀液颜色:绿色	需用腈纶毛绒包套才能获得镜面光亮,镀层厚度为3～20μm,用作装饰刷金的底层

注:表中镀覆量值($μm·dm^2/L$),是未考虑镀液损失时计算出的理论值,下同。

34.7.2 刷镀铜

铜镀层塑性较好,易抛光,便于机械加工。铜镀层能改善导电性、焊接性,可起防渗碳、防渗氮的作用。镀铜溶液沉积速度较快,有利于沉积厚镀层。刷镀铜溶液有高速铜、碱性铜、高堆积碱性铜、半光亮铜等。刷镀铜的镀液组成和工艺规范见表34-12。

表 34-12　刷镀铜镀液的组成和工艺规范

镀液名称	镀液组成		工艺规范及技术性能	镀液性能与适用范围
	成分	含量/(g/L)		
高速铜	甲基磺酸铜 [$Cu(CH_3SO_3)_2$] 甲基磺酸铜是用甲基磺酸和碱式碳酸铜来配制的	460	pH值:1.5左右 工作电压:8～14V 阴阳极相对运动速度:10～15m/min 安全厚度:200μm 耗电系数:0.073A·h/(dm²·μm) 镀覆量:1589μm·dm²/L 镀液颜色:深蓝色	镀层平滑致密。沉积速度快,可以厚镀,主要用于快速修复尺寸、填补凹坑、划伤等。不能直接镀在钢铁、锌、锡等零件上,需用特殊镍或碱性铜打底
	硫酸铜 ($CuSO_4 \cdot 7H_2O$) 硝酸铜 [$Cu(NO_3)_2 \cdot 3H_2O$]	40 430	pH值:1.5～2.5 工作电压:6～16V 阴阳极相对运动速度:10～15m/min 耗电系数:0.073A·h/(dm²·μm) 镀覆量:1379μm·dm²/L 镀液颜色:深蓝色	沉积速度快,用于尺寸修复,不能直接镀在钢铁上
高堆积碱性铜	甲基磺酸铜 [$Cu(CH_3SO_3)_2$] 乙二胺 ($NH_2CH_2CH_2NH_2$) 氯化钠 ($NaCl$)	322 178 1	pH值:8.9～9.5 工作电压:8～14V 阴阳极相对运动速度:6～12m/min 安全厚度:200μm 耗电系数:0.079A·h/(dm²·μm) 镀覆量:107μm·dm²/L 镀液颜色:蓝紫色	镀层细密,沉积速度快,镀厚能力强。镀液偏碱性,对金属基体腐蚀性小。广泛应用于快速镀厚、填补凹坑、尺寸修复及电路板上的电路修复
碱性铜	硫酸铜 ($CuSO_4 \cdot 5H_2O$) 乙二胺 ($NH_2CH_2CH_2NH_2$)	250 135	pH值:9.5～10 工作电压:10～15V 阴阳极相对运动速度:6～12m/min 安全厚度:10～30μm 耗电系数:0.079A·h/(dm²·μm) 镀覆量:716μm·dm²/L 镀液颜色:蓝紫色	镀层细密,与钢铁、铝有较好的结合力。沉积速度较慢,可用作预镀层,在夹心层上有广泛应用。用作铝、锌、铸铁类材料的底镀层,还用于印制板的修理和防渗碳层,改善材料表面的钎焊性、导电性、抗黏附磨损的能力

续表

镀液名称	镀液组成		工艺规范及技术性能	镀液性能与适用范围
	成分	含量/(g/L)		
半光亮铜	硫酸铜($CuSO_4 \cdot 5H_2O$) 甲酸钠(HCOONa) 甘露醇 [$CH_2OH(CHOH)_4CH_2OH$] 硫脲[$SC(NH_2)_2$] 十二烷基硫酸钠 [$CH_3(CH_2)_{11}SO_4Na$]	250 40 0.2 0.2 0.01	pH 值:1 工作电压:6～8V 阴阳极相对运动速度:10～14m/min 安全厚度:100μm 耗电系数:0.152A·h/($dm^2 \cdot μm$) 镀覆量:694μm·dm^2/L 镀液颜色:蓝色	在低电压操作情况下,所获得的镀层结晶细密,既可作为工作镀层,也可作为装饰性镀层

34.7.3　刷镀铁

刷镀所获得的铁镀层硬度较高,刷镀铁大多应用在钢铁基体材料上,其镀层颜色具有钢铁本色。刷镀铁溶液有快速铁和半光亮铁,其镀液组成和工艺规范见表 34-13。

表 34-13　刷镀铁的镀液组成和工艺规范

镀液名称	镀液组成		工艺规范及技术性能	镀液性能与适用范围
	成分	含量/(g/L)		
快速铁	硫酸亚铁($FeSO_4 \cdot 7H_2O$) 柠檬酸($C_6H_8O_7 \cdot H_2O$) 醋酸铵(CH_3COONH_4) 草酸铵[$(COONH_4)_2 \cdot H_2O$] 糖精($C_7H_5NO_3S$)	250～300 80～120 20～40 2 1	pH 值:6.5 工作电压:8～15V 阴阳极相对运动速度:6～20m/min 安全厚度:200μm 耗电系数:0.11A·h/($dm^2 \cdot μm$) 镀液颜色:棕红色	铁镀层的硬度较高,常用作工作镀层(又称尺寸层),主要是修复尺寸。由于刷镀大多应用在钢铁件上,刷镀出来的铁镀层具有钢铁本色,很受欢迎
半光亮铁	硫酸亚铁($FeSO_4 \cdot 7H_2O$) 冰醋酸(CH_3COOH) 氨基乙酸(H_2NCH_2COOH) 添加剂	240～280 30 20 0.3～0.5	pH 值:1.8～2 工作电压:6～12V 阴阳极相对运动速度:10～25m/min 安全厚度:200μm	

34.7.4　刷镀锡

锡镀层化学稳定性好,与硫化物几乎不发生作用。它具有较好的塑性、焊接性,防渗氮,在螺纹配合时具有较好的密封性。因锡镀层有孔隙,在钢铁件上刷镀锡前,宜先刷镀一层铜,然后再刷镀锡。刷镀锡溶液有酸性和碱性两类,其镀液组成和工艺规范见表 34-14。

表 34-14　刷镀锡的镀液组成和工艺规范

镀液名称	镀液组成		工艺规范及技术性能	镀液性能与适用范围
	成分	含量/(g/L)		
酸性锡	氯化亚锡($SnCl_2 \cdot 2H_2O$) 草酸($C_2H_2O_4$) 草酸铵[$(COONH_4)_2 \cdot H_2O$] 明胶	60 5 85 4	pH 值:<0.1 工作电压:3～10V 阴阳极相对运动速度:10～15m/min 安全厚度:20μm 耗电系数:0.037A·h/($dm^2 \cdot μm$) 镀覆量:1781μm·dm^2/L 镀液颜色:无色	沉积速度快,约为碱性镀锡的两倍,不能用于铸铁和多孔基材。对锡层有溶解作用,而不能修补锡镀层。用于要求镀速快的场合

镀液名称	镀液组成		工艺规范及技术性能	镀液性能与适用范围
	成分	含量/(g/L)		
酸性锡	氟硼酸亚锡[Sn(BF₄)₂] 氟硼酸(HBF₄) 硼酸(H₃BO₃) 明胶 β-萘酚(β-C₁₀H₇OH)	200 100~135 30 3~4.5 0.6~0.75	pH 值：<0.1 工作电压：6~15V 阴阳极相对运动速度：10~20m/min 安全厚度：20μm 耗电系数：0.037A·h/(dm²·μm) 镀覆量：1781μm·dm²/L 镀液颜色：无色	沉积速度快，约为碱性镀锡的两倍，不能用于铸铁和多孔基材。对锡层有溶解作用，而不能修补锡镀层。用于要求镀速快的场合
碱性锡	硫酸亚锡(SnSO₄) 氢氧化钠(NaOH) 醋酸钠(CH₃COONa) 双氧水(H₂O₂)/(mL/L)	300 20 35 3	pH 值：9~10 工作电压：8~12V 阴阳极相对运动速度：15~25m/min 安全厚度：20μm 镀覆量：1096μm·dm²/L 镀液颜色：无色	能用于任何基材，结晶细密，不溶解锡层，用棉花擦拭，即有良好光泽。用于轴承座的精密配合和改善钎焊性能

34.7.5 刷镀其他金属

刷镀其他金属钴、锌、镉、铬、银、金、铟等，其刷镀液组成和工艺规范见表34-15。

表 34-15 其他金属刷镀液组成和工艺规范

镀液名称	镀液组成		工艺规范及技术性能	镀液性能与适用范围
	成分	含量/(g/L)		
半光亮钴	硫酸钴(CoSO₄·7H₂O) 硫酸镍(NiSO₄·7H₂O) 甲酸(HCOOH)	339 14.5 60mL/L	pH 值：1.5 工作电压：8~12V 阴阳极相对运动速度：10~14m/min 安全厚度：200μm 耗电系数：0.037A·h/(dm²·μm) 镀液颜色：暗红色	镀层细密、硬度高，可作为工作镀层结束后最上面的一层镀层（装饰层），也可作为夹心、减摩或导磁层。应用范围与刷镀镍相似
碱性锌	氢氧化锌[Zn(OH)₂] 乙二胺(NH₂CH₂CH₂NH₂) 甲酸(HCOOH) 三乙醇胺[N(C₂H₄OH)₃] 氯化铵(NH₄Cl) 10 号添加剂	145 200mL/L 150mL/L 60mL/L 4.3 10mL/L	pH 值：7.8~8.5 工作电压：8~16V 阴阳极相对运动速度：4~10m/min 安全厚度：130μm 耗电系数：0.02A·h/(dm²·μm) 镀覆量：1325μm·dm²/L 镀液颜色：灰白色	刷镀锌层主要作为基体材料的阳极保护层。可在钢铁和锌铸件上进行刷镀，作为耐腐蚀和修补镀层，修复旧锌层
低氢脆镉	氧化镉(CdO) 甲基磺酸(CH₃SO₃H) 乙二胺(NH₂CH₂CH₂NH₂) 甲酸(HCOOH) 草酸铵[(COONH₄)₂·H₂O] 10 号添加剂	114.3 200 165mL/L 2.8mL/L 1.8mL/L 7.0mL/L	pH 值：7~7.5 工作电压：8~16V 阴阳极相对运动速度：6~14m/min 安全厚度：30~100μm 耗电系数：0.03A·h/(dm²·μm) 镀覆量：1156μm·dm²/L 镀液颜色：棕黄色	镀层细密、较软、塑性强、耐蚀性好。特别是无氢脆，在高强度钢上刷镀镉，不需要除氢处理，用于高强度钢，也可用于一般钢铁零件
中性铬	重铬酸铵[(NH₄)₂Cr₂O₇] 草酸(C₂H₂O₄) 草酸铵[(COONH₄)₂·H₂O] 醋酸铵(CH₃COONH₄) 氨水(NH₃·H₂O)	126 441 124 10 15~35mL/L	pH 值：7 或 7.5 工作电压：8~12V 阴阳极相对运动速度：3~5m/min 安全厚度：25μm 耗电系数：0.545A·h/(dm²·μm) 镀覆量：728μm·dm²/L 镀液颜色：紫蓝色	镀层具有良好的耐磨、防黏附性能。但硬度比槽镀铬低，沉积速度慢，色泽差，不能作装饰铬使用。刷镀铬用作最后耐磨镀层及模具修复

镀液名称	镀液组成		工艺规范及技术性能	镀液性能与适用范围
	成分	含量/(g/L)		
中性银	氰化银钾[KAg(CN)₂]	125	pH 值:7 工作电压:3～8V 阴阳极相对运动速度:6～10m/min 安全厚度:10μm 镀覆量:1914μm·dm²/L 镀液颜色:无色透明	镀层洁白,导电性好,易抛光。常用于首饰等工艺品,以及电子产品上。一般镀前预镀金或采用汞齐活化液对被表面进行擦拭。为氰化镀液
	碳酸钾(K₂CO₃)	11.6		
	碳酸铵[(NH₄)₂CO₃]	9		
	磷酸氢二钾(K₂HPO₄·3H₂O)	调 pH 值		
刷镀金	氰化金钾 [KAu(CN)₂·3/2H₂O]	15～22	pH 值:8 左右 工作电压:3～10V 阴阳极相对运动速度:5～10m/min 安全厚度:1μm 镀液颜色:无色透明	镀层结晶细致,孔隙小。常作钯、铑等的底层。适用于电子产品局部镀金,也适用于文物、建筑的修复。为氰化镀液
	氰化钾(KCN)	15～22		
	磷酸氢二钾(K₂HPO₄·3H₂O)	15～22		
	碳酸钾(K₂CO₃)	30～37		
碱性铟	碳酸铟[In(CO₃)₂]	118	pH 值:9～9.5 工作电压:6～14V 阴阳极相对运动速度:8～12m/min 安全厚度:10～100μm 耗电系数:0.04A·h/(dm²·μm) 镀覆量:889μm·dm²/L 镀液颜色:淡黄色	刷镀层具有很好的润滑性、减摩性能和密封性,是很好的密封材料和轴承表面配合材料。具备耐蚀性能,应用于海洋工程及电子工业
	酒石酸(C₄H₆O₆)	150		
	乙二胺(NH₂CH₂CH₂NH₂)	190mL/L		
	甲酸(HCOOH)	40mL/L		

34.8　刷镀合金

刷镀合金是指刷镀含有两种或两种以上金属成分的镀层。合金镀层会超出单一金属镀层的性能,具备了更多更广泛的力学性能和理化性能来满足对刷镀工件表面的技术要求。常用的刷镀合金溶液有镍-钨合金、镍-钨（D）合金、铁-镍-钴合金等溶液。刷镀合金的溶液组成和和工艺规范见表34-16。

表 34-16　刷镀合金的溶液组成和和工艺规范

镀液名称	镀液组成		工艺规范及技术性能	镀液性能与适用范围
	成分	含量/(g/L)		
刷镀镍-钨合金	硫酸镍(NiSO₄·7H₂O)	436	pH 值:2 左右 工作电压:10～15V 阴阳极相对运动速度: 4～12m/min 安全厚度:30～75μm 耗电系数: 0.214A·h/(dm²·μm) 镀液颜色:绿色	镀层硬度高、耐热、耐蚀性好、耐磨性好。一般镀层厚度小于 30μm。镀层太厚,会产生裂纹。常在工作镀层上面覆盖一层镍-钨合金。在热锻模、活塞、气缸磨损中都得到应用。用作表面耐磨层
	钨酸钠(Na₂WO₄·2H₂O)	25		
	36%冰醋酸(CH₃COOH)	20mL/L		
	柠檬酸(C₆H₈O₇·H₂O)	36		
	柠檬酸钠(Na₃C₆H₅O₇·2H₂O)	36		
	无水硫酸钠(Na₂SO₄)	20		
	十二烷基硫酸钠 (C₁₂H₂₅SO₄Na)	0.01		
刷镀镍-钨(D)合金	硫酸镍(NiSO₄·7H₂O)	393	pH 值:1.5 左右 工作电压:10～14V 阴阳极相对运动速度:8～14m/min 安全厚度:10～100μm 耗电系数: 0.132A·h/(dm²·μm) 镀覆量:844μm·dm²/L 镀液颜色:深绿色	刷镀层有很高的硬度(60HRC)和耐磨性,镀层残余应力小,无氢脆,可镀较厚的镀层。可在铝、铬合金、钼、钛等难镀基体金属表面得到高结合力的镀层。用作表面耐磨层
	钨酸钠(Na₂WO₄·2H₂O)	23		
	硼酸(H₃BO₃)	31		
	柠檬酸(C₆H₈O₇·H₂O)	42		
	硫酸钠(Na₂SO₄)	6.5		
	硫酸钴(CoSO₄·7H₂O)	2		
	硫酸锰(MnSO₄·H₂O)	2		
	氯化镁(MgCl₂·6H₂O)	2.8		
	醋酸(CH₃COOH)	20mL/L		
	甲酸(HCOOH)	35mL/L		
	氟化钠(NaF)	5		
	十二烷基硫酸钠(C₁₂H₂₅SO₄Na)	0.001～0.01		

续表

镀液名称	镀液组成		工艺规范及技术性能	镀液性能与适用范围
	成分	含量/(g/L)		
刷镀铁-镍-钴合金	氯化亚铁($FeCl_2 \cdot 4H_2O$) 氯化镍($NiCl_2 \cdot 6H_2O$) 氯化钴($CoCl_2 \cdot 6H_2O$) 冰醋酸(CH_3COOH) 氟硼酸钠($NaBF_4$) 添加剂	300 300 6 10mL/L 30 0.5	pH 值：3～3.5 工作电压：5～15V 阴阳极相对运动速度：10～25m/min	铁-镍-钴为磁性合金镀层，在电子、计算机等行业中获得了应用

34.9 刷镀耐磨复合镀层

目前，用于制备耐磨复合镀层的基质金属主要是金属镍、金属铬以及镍基合金。用于制备复合镀层的硬质微粒种类很多，如碳化硅（SiC）、氧化铝（Al_2O_3）、碳化钨（WC）、二氧化钛（TiO_2）、二氧化硅（SiO_2）、金刚石等。镍能与各种硬质固体微粒共沉积形成复合镀层，并且具有高耐磨性能的同时，仍保持了良好的韧性。因此，镍和镍合金耐磨复合镀层获得了广泛应用。刷镀复合镀层的方法尤其适用于对零部件或者大型构件破损处的修补。刷镀耐磨复合镀层的溶液组成及工艺规范见表 34-17。

表 34-17　电刷镀耐磨复合镀层的溶液组成及工艺规范

溶液成分及工艺规范		1	2
		含量/(g/L)	
硫酸镍($NiSO_4 \cdot 7H_2O$)		360	254
氯化镍($NiCl_2 \cdot 6H_2O$)		6	—
柠檬酸($H_3C_6H_5O_7 \cdot H_2O$)		30	—
次磷酸钠($NaH_2PO_2 \cdot H_2O$)		15	—
乳酸($C_3H_6O_3$)/(mL/L)		60	—
醋酸(CH_3COOH)/(mL/L)		25	—
氟化钠(NaF)		5	—
柠檬酸铵[$(NH_4)_3C_6H_5O_7$]		—	56
醋酸铵(CH_3COONH_4)		—	23
草酸铵[$(NH_4)_2C_2O_4$]		—	0.1
氨水($NH_3 \cdot H_2O$)		—	105
阳离子表面活性剂		—	1
固体微粒	微粒名称	纳米碳化硅粉(SiC)	氧化铝(Al_2O_3)
	微粒粒度/μm	—	平均粒径 3～5μm
	微粒含量	9	30
pH 值		4.5	7.5～7.8
温度/℃		室温	室温
电压/V		12	10
刷笔速度/(m/min)		9～11	9

34.10　工艺规范及操作条件

刷镀的镀层种类较多，应用范围广，由于被镀件的材料、外表形状和使用条件等的不同，必须根据具体情况，来选用镀层种类及其工艺规范及操作条件。

34.10.1　镀液温度和工件温度

① 镀液温度　镀液开始工作时，最好加热到 30～50℃。这样可以使用较高的电流密度，沉积速度快，镀层内应力小，附着力好。镀液温度低，起始电压要低，刷镀过程中，阴极处接触产生电阻热，使镀液温度升高，再逐步将电压升高。在冬季环境温度较低时，要预先将镀液加热（水浴或水套加热）到 25℃以上。温度太高，镀液蒸发快，而且有些化学成分会分解，影响镀层质量。

② 工件温度　刷镀工作的最佳温度为 30℃左右，最低不低于 10℃，最高不超过 50℃。在冬季环境温度较低时（低于 10℃），要对工件进行预热，使温度提高到 10℃以上。

34.10.2　刷镀电压

工作电压是刷镀工艺的一个重要参数，工作电压的高低直接影响镀液的沉积和镀层质量。由于刷镀时电流随镀液的新旧程度、温度、供液状态、阳极接触压力与面积等因素而变化，难以进行控制，所以采用刷镀电压作为控制参数，因为它比较容易控制。

预处理液及各种镀液都推荐了适用的工作电压范围，但在刷镀操作时，不能简单地取中间值，应根据具体情况做适当调整。当被镀面积小、镀液温度低、工件温度低、工件（阴极）与镀笔（阳极）相对运动速度低时，工作电压要低些；反之，工作电压要高些。电压太高，发热量增大，阳极表面溶液沸腾，溶液损耗大，镀层发黑、粗糙；电压过低，镀层沉积速度慢，甚至沉积不出镀层。刷镀过程中电压调节是否合适，也可由镀层外观是否正常来做出判断。

34.10.3　阴阳极相对运动

(1) 阴阳极相对运动的特点

刷镀时由于阳极面积小于工件的被镀面积，所以刷镀的阳极和阴极要有相对的运动，其相对运动的特点如下。

① 刷镀由于阴阳极相对运动，镀液一直受到搅拌，改善了界面传质状态，降低了浓差极化作用，使镀液趋于均匀。

② 电极摩擦使工件表面始终接触新鲜镀液，加快沉积速度，又可防止镀层烧焦。

③ 在接触压力作用下，阳极包套始终对阴极电镀表面进行摩擦，其作用如下。

a. 去除镀件表面杂质，减小夹杂在镀层内的杂质，提高镀层质量。

b. 驱赶氢气泡的作用。在阳极包套的不断摩擦下，氢气泡难于在电镀表面滞留，减小镀层的渗氢量。

c. 减少电极界面碱化现象（即界面局部 pH 值升高）。界面碱化会使电镀过程恶化，镀层质量下降。阳极表面摩擦，有助于加强传质过程，消除界面碱化。

d. 电镀软金属如锡、铅、镉、铟以及合金时，阳极摩擦具有抛光作用，镀层表面呈现光亮金属色泽。

④ 由于阴阳极相对运动，使阴阳极接触部位周期性的电沉积，而造成晶粒断续生长，形成结晶错位，细化晶粒，强化镀层性能。

⑤ 阴阳极相对运动的方式可使设备小型化，不受镀槽的束缚，从而使大件局部镀、现场和野外刷镀更加方便。

（2）阴阳极相对运动的速度

刷镀时阴阳极之间应保持一定的相对运动速度。相对运动速度太低，刷镀电流过大时，会使镀层烧焦、多孔、粗糙、发脆；速度太高，电流效率下降，甚至无沉积镀层，而且镀液飞溅，损耗增大。阴阳极相对运动的速度参数，要通过大量工艺试验和实际操作来确定。圆柱形零件（回转件）刷镀时，阳极固定，工件（阴极）旋转，相对运动速度是指线速度。

34.10.4 被镀表面润湿状态

被镀表面在整个刷镀过程中（从电净工序开始）的各个工序，均要求始终保持润湿状态。因此各工序的转换工作要迅速、合理，绝不能在刷镀过程中使镀层产生干斑。特别是对于大面积的刷镀，可采用两把刷笔相对配合刷镀、断续或连续向阳极添加镀液等措施。

34.10.5 耗电系数

耗电系数的物理意义是指在 $1dm^2$ 面积上沉积 $1\mu m$ 厚的镀层所消耗的电量。它是刷镀中用来控制镀层厚度的一个重要参数，其经验数值可通过试验测得，一般出售的镀液都给出该镀液耗电系数的参考值。镀液耗电系数在刷镀过程中与镀液的消耗，以及刷镀时的镀液温度、镀笔与镀件的接触情况等有关，因此用它计算得到的耗电量是一个近似值。

34.11 刷镀层的安全厚度

镀层安全厚度是指在镀层质量的各项性能指标都得到保证的条件下，一般所能镀覆的厚度。镀层安全厚度参考值见表34-18。表中所列镀层安全厚度，仅是理论参考数值，在实际生产中，由于许多因素相互影响，如何对镀层厚度进行掌握，有时还得凭操作者的经验。

表 34-18　镀层安全厚度参考值

镀液种类	安全厚度/μm	镀液种类	安全厚度/μm	镀液种类	安全厚度/μm
特殊镍	5	装饰铬	10	铅	20
快速镍	130	中性铬	25	金	1
低应力镍	100	碱性锌	130	银	10
半光亮镍	100	酸性锌	130	铟	10～100
碱性铜	10～30	低氢脆镉	30～100	镍-钨合金	30～75
高速铜	200	酸性钴	200	镍-钴合金	50
半光亮铜	100	锡	20	镍-磷合金	10
高堆积碱性铜	200	铁	200	铁合金	200～400

34.12 刷镀工艺流程

刷镀工艺流程虽然因被刷镀的金属材料、工件表面状况、镀层要求等的不同而有所差异，但都有一通用的工艺流程。刷镀有单一镀层及复合镀层，其常用的工艺流分述如下。

34.12.1 单一镀层的刷镀工艺流程

常用的单一镀层的刷镀工艺流程见表34-19。

表 34-19 常用的单一镀层的刷镀工艺流程

序号	工序名称	操作内容
1	镀前准备	① 粗除油 采用有机溶剂或洗净剂去除厚油脂、污物等 ② 机械准备 经机械加工后,要达到一定的粗糙度($Ra 1.6\mu m$ 以上);机械去除锈蚀层、锈斑;机械修整,车削磨削加工,去除毛刺、飞边、磨光、抛光、整形等
2	对镀件表面进行电化学除油(电净)	采用阳极除油、阴极除油或阴阳极交替除油。电净溶液的组成及工艺规范见表 34-7。各种基体材料的电净,所采用的工作电压和电净时间见表 34-8
3	用水冲洗被镀表面	用清水(自来水)洗净工件被镀表面
4	保护非镀表面	用绝缘胶带、塑料布等包裹(扎)镀件的非镀表面
5	对镀件进行活化处理(浸蚀)	用电化学浸蚀和机械摩擦去除基体表面的氧化物和杂质。活化的溶液组成及工艺规范见表 34-9。各种基体材料所采用的活化操作条件见表 34-10
6	用水冲洗被镀表面	用清水(自来水)洗净工件被镀表面
7	预镀层(打底镀层)	为保证镀层与基体的结合强度,对于不同的基体材料,选择不同的打底镀层。打底镀层一般有特殊镍、碱性铜和快速镍
8	用水冲洗被镀表面	用清水(自来水)洗净工件被镀表面
9	镀工作镀层	根据制品的功能要求,选镀工作镀层
10	用水冲洗被镀表面	用清水(自来水)洗净工件被镀表面。有时为了中和酸液,可用碱性溶液清洗,再用清水冲洗。对质量要求较高的工件,可采用纯水清洗
11	镀后处理	烘干或吹干镀件表面、机械加工、抛光、涂防锈油等

注:1. 刷镀实际操作中,根据实际情况及要求的不同,可增加或减少工序。
2. 工序间清洗,最好不要用江、河、湖、井等中的水,以防止水中的化学成分对镀层质量产生影响。

34.12.2 复合镀层的刷镀工艺流程

① 复合镀层 当单一镀层不能满足要求时,就需要用两种或两种以上镀层去满足技术要求,这种镀层称为复合镀层。

② 夹心镀层 在实际生产中,往往不可能一次镀(厚)到位,这是因为刷镀的零件要恢复的尺寸,往往超过单一镀层所允许的安全厚度值。解决方法:把几个单一镀层加起来以达到镀层所需厚度。再则,有时为改变镀层应力状态、提高镀层结合力等,往往采用夹镀一层或几层其他性质的镀层,这样的镀层称为夹心镀层。

③ 常用的复合镀层的刷镀工艺流程 见表 34-20。

表 34-20 常用的复合镀层的刷镀工艺流程

序号	工序名称	操作内容
1	镀前准备	① 粗除油 采用有机溶剂或洗净剂去除厚油脂、污物等 ② 机械准备 经机械加工后,要达到一定的粗糙度($Ra 1.6\mu m$ 以上);机械去除锈蚀层、锈斑;机械修整,车削磨削加工,去除毛刺、飞边、磨光、抛光、整形等
2	对镀件表面进行电化学除油(电净)	采用阳极除油、阴极除油或阴阳极交替除油。电净溶液的组成及工艺规范见表 34-7。各种基体材料的电净,所采用的工作电压和电净时间见表 34-8
3	用水冲洗被镀表面	用清水(自来水)洗净工件被镀表面
4	保护非镀表面	用绝缘胶带、塑料布等包裹(扎)镀件的非镀表面
5	对镀件进行活化处理(浸蚀)	用电化学浸蚀和机械摩擦去除基体表面的氧化物和杂质。活化的溶液组成及工艺规范见表 34-9。各种基体材料所采用的活化操作条件见表 34-10
6	用水冲洗被镀表面	用清水(自来水)洗净工件被镀表面
7	预镀层(打底镀层)	为保证镀层与基体的结合强度,对于不同的基体材料,选择不同的打底镀层。打底镀层一般有特殊镍、碱性铜和快速镍

续表

序号	工序名称	操作内容
8	用水冲洗被镀表面	用清水（自来水）洗净工件被镀表面
9	镀修复尺寸镀层	根据镀件材料、表面状况及制件技术要求等，选镀镀层
10	用水冲洗被镀表面	用清水（自来水）洗净工件被镀表面
11	镀夹心镀层	根据镀件材料、镀层厚度要求或改变镀层的应力状态及其他要求等选用适合的夹心镀层，根据需要可镀 2～3 次夹心镀层
12	用水冲洗被镀表面	用清水（自来水）洗净工件被镀表面
13	镀工作镀层	根据制品的功能要求，选镀工作镀层
14	用水冲洗被镀表面	用清水（自来水）洗净工件被镀表面。有时为了中和酸液，可用碱性溶液清洗，再用清水冲洗。对质量要求较高的工件，可采用纯水清洗
15	镀后处理	烘干或吹干镀件表面、机械加工、抛光、涂防锈油等

注：1. 刷镀实际操作中，根据实际情况及要求的不同，可增加或减少工序。例如复合镀层，有时需要增加 2～3 次夹心镀层等。

2. 工艺流程中的清水冲洗，除了特殊镍打底后再刷镀快速镍时可以不进行冲洗外，其他每道工序间都要进行清水冲洗。

3. 工序间清洗，最好不要用江、河、湖、井等中的水，以防止水中的化学成分对镀层质量造成影响。

34.13　刷镀的有关计算

34.13.1　阴阳极相对运动速度的计算

圆柱形零件（回转件）刷镀时，阳极固定，工件（阴极）旋转，相对运动速度是指线速度。线速度与转速的关系按下式计算：

$$n = \frac{V}{\pi D} \times 1000$$

式中，n 为工件转速，r/min；V 为阴阳极相对运动的速度，m/min；D 为工件被镀表面的直径，mm。

34.13.2　刷镀溶液用量的估算

刷镀溶液用量的概略估算，其计算式如下：

$$V = \frac{S\delta dk}{100M}$$

式中，V 为镀液用量，L；S 为刷镀面积，dm^2；d 为镀层金属密度，g/cm^3；δ 为镀层厚度，μm；M 为镀液中金属离子含量，g/L；k 为镀液损耗系数，取 1.5～2。

各种镀液的镀覆量（$\mu m \cdot dm^2/L$），是由镀液用量 V 计算出来的（系未考虑镀液损失时计算出的理论值）。它表示用 1L 镀液所能镀覆的面积（dm^2）和镀层厚度（μm）的乘积。

34.13.3　刷镀的电量、厚度、时间等的计算

① 刷镀用电量的计算　按下式计算：

$$Q = \frac{Sd\delta}{100C}$$

② 刷镀层厚度的计算　按下式计算：

$$\delta = \frac{QC}{Sd} \times 100$$

③ 刷镀时间的计算　按下式计算：

$$t = \frac{\delta n}{v}$$

上述各式中：

Q 为刷镀通过的电量，A·h；δ 为镀层厚度，μm；t 为刷镀时间，min；S 为刷镀面积，dm^2；d 为镀层金属密度，g/cm^3；C 为该金属的电化当量，g/(A·h)；n 为刷镀面积占阴极面积的倍数；v 为沉积速度，μm/min。

第35章
复合电镀和化学复合镀

35.1 概述

复合镀是指用电化学法或化学法，使金属离子与均匀悬浮在溶液中的不溶性（非金属或其他金属）固体微粒，同时沉积而获得复合镀层的过程。用电化学方法镀得的复合镀层称为复合电镀（弥散电镀）；用化学方法镀得的复合镀层称为化学复合镀。

复合镀层的基本成分有两种。一种是通过电化学或化学还原反应而形成镀层的那种金属，称为基质金属；另一种则为不溶性固体微粒，它们通常是不连续地分散于基质金属之中，组成一个不连续相。基质金属应用较多的是镍、铜、锌、铬、银、金等几种金属。用作制备复合镀层的固体微粒（也称为分散剂或分散微粒），是某些不溶于镀液且不与镀液发生任何化学反应的无机物、有机物及金属粉末。

复合镀层依据使用的固体微粒的性质，可分为无机、有机和金属三大类。目前，研究和应用最多的是无机复合镀层。

近20多年来高速发展起来的复合镀层已成为复合材料系列中的重要分支，由于它具有一系列独特的优良的物理、化学和力学性能，所以在工程技术中获得了广泛应用。

35.1.1 复合镀常用的固体微粒

用于制备复合镀层的固体微粒的直径一般在十几微米以下。微粒的粒径大小对它在复合镀层中的含量及镀层性能有明显影响。可供选用的固体微粒品种很多，常用的有下列一些固体微粒。

① 无机物微粒 如金刚石、石墨、各种氧化物（如 Al_2O_3、TiO_2）、碳化物（如 SiC）、硫化物（如 MoS_2）、硼化物（如 TiB_2）、氮化物（如 BN）、硫酸盐（如 $BaSO_4$）、硅酸盐（如高岭土）等。

② 有机化合物微粒 如聚四氟乙烯、尼龙、酚醛树脂等。

此外，金属粉（如镍、铝、铬、钨粉）也可作为与基质金属共沉积的微粒。

复合镀常用的基质金属和固体微粒见表 35-1。

复合镀层常用的固体微粒的基本性质见表 35-2。

表 35-1　复合镀常用的基质金属和固体微粒

基质金属	固体微粒
镍(Ni)	Al_2O_3、Cr_2O_3、Fe_2O_3、TiO_2、ZrO_2、ThO_2、SiO_2、CeO_2、BeO_2、MgO、SiC、WC、金刚石、氟化石墨、高岭土
铜(Cu)	Al_2O_3(α、y)、TiO_2、ZrO_2、SiO_2、CeO_2、SiC、TiC、WC、ZrC、NbC、B_4C
钴(Co)	Al_2O_3、Cr_2O_3、Cr_3C_2、WC、TaC、Zr_2B、BN、Cr_3B_2、金刚石
铁(Fe)	Al_2O_3、Cr_2O_3、SiC、WC、PTFE(聚四氟乙烯)、MoS_2
铬(Cr)	Al_2O_3、CeO_2、ZrO_2、TiO_2、SiO_2、UO_2、SiC、WC、ZrB_2、TiB_2

基质金属	固体微粒
银(Ag)	Al_2O_3、TiO_2、BeO、SiC、BN、MoS_2、刚玉、石墨
金(Au)	Al_2O_3、V_2O_3、ZrO_2、SiO_2、TiO_2、ThO_2、TiC、WC、Cr_3B_2
锌(Zn)	ZrO_2、SiO_2、TiO_2、Cr_2O_3、SiC、TiC、Cr_3C_2
镉(Cd)	Al_2O_3、Fe_2O_3、B_4C、刚玉
铅(Pb)	Al_2O_3、TiO_2、TiC、B_4C、Si、Sb、刚玉
锡(Sn)	刚玉
镍-钴(Ni-Co)	Al_2O_3、TiC、Cr_3C_2、BN
镍-铁(Ni-Fe)	Al_2O_3、Fe_2O_3、SiC、Cr_3C_2、BN
镍-锰(Ni-Mn)	Al_2O_3、SiC、Cr_3C_2、BN
铅-锡(Pb-Sn)	TiO_2
镍-磷(Ni-P)	Al_2O_3、Cr_2O_3、TiO_2、ZrO_2、SiC、B_4C、Cr_3C_2、PTFE(聚四氟乙烯)、BN、CdF_2、金刚石
镍-硼(Ni-B)	Al_2O_3、Cr_2O_3、SiC、Cr_3C_2、金刚石
钴-硼(Co-B)	Al_2O_3、Cr_2O_3、BN
铁-磷(Fe-P)	Al_2O_3、SiC、B_4C

表 35-2　复合镀层常用的固体微粒的基本性质

微粒名称	分子式	密度/(g/cm³)	熔点/℃	显微硬度(HV)
氧化铝(α)	$\alpha\text{-}Al_2O_3$	3.9～4.02	1975	2000～3000
氧化铝(γ)	$\gamma\text{-}Al_2O_3$	3.2～3.65	750(γ-α)	1000～2000
氧化锆	ZrO_2	5.6～6.1	2700～3000	1150～1600
氧化硅	SiO_2	2.2～2.6	1470～1710	1200～1280
氧化钛	TiO_2	3.8～4.2	1640～1830(分解)	1000
氧化铬	Cr_2O_3	5.1	2000～2400	2940
碳化硅	SiC	3.21	2050(分解)～2700	2500～3500
碳化铬	Cr_3C_2	6.7～7	1540～1880	1300～1900
碳化钨	WC	15.8	2600～2800	2400
硼化钛	TiB_2	4.5	2930	3000～4100
硼化锆	ZrB_2	6.1	3100	1900～2700
硼化铬	Cr_3B_2	5.6	1850～2280	1800
二硫化钼	MoS_2	4.8	1820～2100	26
二硫化钨	WS_2	7.4	1250	1～1.5
氮化硼	BN	2.2	3000	2(莫氏)
立方氮化硼	c-BN	3.45	—	8000
六方氮化硼	h-BN	2.2～2.5	3000(升华)	230
硫酸钡	$BaSO_4$	4.15	1580	3～3.5(莫氏)
金刚石	C	3.5	＞3500	8000
石墨	C	2.2	＞3500	50～70(肖氏)
氟化石墨	$(CF_x)_n$	2.34～2.68	320(分解温度)	1～2(莫氏)
高岭土	$Al_2O_3 \cdot 2SiO_2 \cdot 2H_2O$	—	—	—
聚四氟乙烯(PTFe)	$(CF_2\text{—}CF_2)_n$	1～2.85	727(分解温度)	35(肖氏)

35.1.2 复合镀层的类型和应用

各种不同类型复合镀层的性能（如耐蚀性、耐磨性、自润滑性、高温抗氧化性、耐电蚀性等）与普通的纯金属镀层相比，均有明显提高。复合镀层分类的方式有多种，按复合镀层的用途来分类，如表 35-3 所示。

表 35-3　复合镀层的类型和应用

复合镀层类型	复合镀层的性能和应用
防护与装饰性复合镀层	镍封和缎面镍是应用广泛的防护-装饰性组合镀层，是目前大规模生产中使用最多的复合镀层。在镍封镀层表面沉积装饰铬层，可形成微孔铬，对提高防护性能起着极大的作用。铜/双层镍（或三层镍）/镍封/微孔铬组合镀层，已经成为目前用于严酷腐蚀环境中的防护-装饰性镀层。缎面镍具有类似绸缎的柔和低光泽的漂亮外观，广泛用于家用电器、照相器材、室内装饰、汽车内饰等的防护装饰性镀层
耐磨性复合镀层	这类复合镀层主要是由基质金属镍、铬以及镍基合金与硬质磨粒形成的。这类镀层有镍及镍合金耐磨性复合镀层（以及化学镀耐磨性复合镀层）、铬基耐磨性复合镀层。伴随着复合镀技术的发展，耐磨性复合镀层已经在机械、汽车、冶金等行业得到了广泛的应用
自润滑（减摩）复合镀层	以基质金属与具有自润滑性质的固体微粒形成的自润滑复合镀层。它能改善摩擦界面的润滑状况，可大大降低摩擦界面的摩擦系数，有效地提高镀层的耐磨性能。这种类型的复合镀层有许多种，如镍基、铜基、锡基、铁基、钴基等自润滑复合镀层，以及化学镀自润滑复合镀层
用于电接触材料（电触点）的复合镀层	以基质金属银、金与固体微粒共沉积形成的复合镀层，既能保持银、金的导电性能好、接触电阻小的良好性能，又可显著提高材料的耐电蚀能力和耐磨性能。因此，银基和金基复合镀层常用来提高电子元器件的可靠性和使用寿命，已在多种电气设备中被用作电接触材料
用于制造钻磨工具的复合镀层	采用复合电镀的方法，将超硬质材料微粒（如金刚石、立方氮化硼）镶嵌于具有良好强韧性的基质金属中，制造出来的钻磨工具（如复合镀钻头、磨具、整形锉、金刚石砂轮、滚轮等）的复合镀层，不但硬度高、耐磨性好，而且可显著提高使用寿命
其他功能的复合镀层	其他功能的复合镀层如：防黏着镀层，即金属与疏油材料形成的复合镀层，常用于模具制造上，可使压模与被压制工件不发生粘接。钴基高温耐磨和抗氧化复合镀层，具有电催化功能的复合镀层等

35.2 复合电镀的共沉积过程

到目前为止，大多数研究主要集中在探索复合镀层制备、生产工艺等方面，但关于复合电镀沉积机理的研究还不成熟，所以理论并不完善。不过大量的实验及生产实践证明，固体微粒与金属共沉积过程可以分为以下三个步骤[20]。

① 悬浮的微粒向阴极表面附近移动　一般采用搅拌的方法使微粒悬浮于镀液中。搅拌可以克服重力对微粒的吸引作用，使微粒充分均匀地悬浮起来。悬浮于镀液中的固体微粒，由本体溶液向阴极表面附近输送。这个步骤主要取决于对镀液的搅拌方式、搅拌强度，以及阴极形状及排列情况等因素。

② 微粒黏附在电极上　搅拌镀液，微粒被运动的流体传递到阴极表面，一旦接触阴极便靠外力停留黏附其上。凡是影响微粒与电极间作用力的因素，均对这种黏附有影响。这个步骤不仅与微粒和电极的特性有关，还与镀液的成分、性能，以及电镀的操作条件有关。

③ 微粒被阴极析出的基体金属嵌入　黏附于电极上的微粒在电极上停留的时间必须超过一定的值，才有可能被电极上沉积的金属捕获而嵌入镀层中去。一般情况下，被镀层捕获的微粒仍有被冲刷下来的可能，只有当镀层厚度超过微粒半径时，微粒才能牢牢地嵌埋在镀层中。这个步骤除与微粒在电极上的附着力有关外，还与溶液流动对黏附在电极上的微粒的冲击作用，以及基质金属的沉积速度等有关。

35.3　复合电镀的工艺方法

(1) 复合电镀的基体条件

复合电镀是一种特殊的电镀工艺。通常是在常规电镀溶液中加入所需的固体微粒，在一定的工艺规范下进行的。要镀取复合镀层，需满足下列基本条件。

① 使固体微粒呈悬浮状态。

② 使用的微粒的粒度（尺寸）适当。微粒过大，则不易包覆在镀层中，而且镀层粗糙；微粒过细，则微粒在镀液中易团聚，进而使其在镀层中分布不均匀。一般常用微粒粒度为 $0.02\sim10\mu m$。

③ 微粒应亲水，在水溶液中最好带正电荷，特别是疏水微粒在使用前（进入镀液前）应用表面活性剂对其进行润湿处理，已被润湿的微粒还需要进行活化处理（在稀酸中浸渍）以除去铁等金属杂质，用水清洗。清洗后微粒表面应呈中性，然后再与少量镀液混合并充分搅拌，使其被镀液润湿，最后将处理好的微粒倒入镀液中。为使微粒表面带正电荷，在镀液中应添加阳离子表面活性剂。

(2) 复合镀液中固体微粒的加入量[24]

① 为了获得合格的复合镀层，一般情况下固体微粒的加入量<500g/L。

② 对于大多数的电沉积过程，微粒加入量为 20～100g/L。

③ 有机聚合物微粒的加入量，通常要求比陶瓷微粒的加入量大些。

④ 复合化学镀的镀液中的微粒加入量，可以低一些，一般只需加入 5～25g/L，就足以使化学镀的复合镀层获得与电镀复合层相同的微粒含量。

(3) 镀液组成

复合镀液在常规镀液组成的基础上，加入不同的固体微粒。为保证复合电镀过程顺利进行和取得良好质量的复合镀层，有的复合镀液中还加入些添加剂。

① 为使微粒在镀液中充分均匀悬浮，有的还加入润湿剂或表面活性剂。

② 为使微粒能顺利地进入复合镀层中，提高微粒在复合镀层中的含量，有的还加入微粒共沉积促进剂。

③ 为使纳米微粒在镀液中以单分散形式存在，有的还加入分散剂（通常为阳离子型或非离子型表面活性剂）。

(4) 复合镀液的搅拌

复合镀液中含有大量固体微粒，为使微粒在镀液中均匀悬浮，并保证均匀地进入复合镀层，在复合电镀过程中必须对镀液进行搅拌。镀液搅拌强度对固体微粒在复合镀层中的含量有较大影响。增大镀液搅拌强度，会使微粒向镀件表面碰撞的概率增大，镀层中微粒含量在一定程度上也会增加。但搅拌强度过大，也会使被吸附在电极表面的微粒被冲刷下来的概率增加，从而使镀层中微粒的含量降低。因此，一般情况下，密度较小或微粒较小的固体微粒，很容易在镀液中均匀、充分地悬浮，搅拌强度不需太大；密度大或微粒大的固体微粒，需要较强烈的搅拌。

镀液的搅拌方式有机械搅拌、镀液循环搅拌、压缩空气搅拌、超声波搅拌、磁力搅拌等。根据复合镀过程的需要，这些搅拌可以单独使用，也可以使用两种以上的联合搅拌。

① 机械搅拌　最常见的机械搅拌，是用可调速电动机带动叶片式螺旋桨，以一定速度旋转搅拌镀液。搅拌强度（螺旋桨的旋转速度）以使镀液上部无清液，底部无微粒沉淀为宜。

② 镀液循环搅拌　在泵的作用下，使镀液和微粒强制循环流动。镀液（悬浮液）从槽上部溢出，再从槽底送入，达到均匀搅拌的目的。

③ 压缩空气搅拌　将压缩空气通入镀液中，使镀液处于剧烈的鼓泡沸腾状态，对槽液进

行搅拌。通过合理的槽体结构及空气管道的设计，可以消除搅拌死角，使固体微粒均匀充分悬浮于镀液中。若压缩空气的引入影响某些镀液的稳定性，则不适合采用这种搅拌方式。

④ 超声波搅拌　借助于超声波在镀液中传递时的振动，实现对镀液的搅拌。其优点是微粒在镀液中悬浮均匀，尤其是当微粒尺寸很小（如纳米微粒）时，还能防止微粒之间的团聚，其缺点是搅拌过程噪声大。

⑤ 磁力搅拌　磁力搅拌是借助于磁性转子在磁场作用下的旋转带动镀液流动，实现对镀液的搅拌。目前可以在市场上购买到不同形式、不同规格的磁力搅拌器。

(5) 镀液的 pH 值

复合镀液中 pH 值的变化，依复合电镀体系不同而有所差别。一般来说，对于强酸或强碱类型的复合镀液，电镀过程中镀液的 pH 值变化不大；但对于弱酸或弱碱类型的复合镀液，电镀过程中镀液的 pH 值变化比较明显。对复合电镀总体来说，镀液的 pH 值的改变对复合镀层中微粒含量影响不太大。

(6) 镀液的温度

复合镀液温度会影响复合镀层中微粒的含量。镀层中微粒含量随镀液温度升高而减少，这是由于镀液温度升高，镀液中离子、微粒的热运动加剧，吸附于镀件表面的微粒数量将减少；而镀液中加入的共沉积促进剂，也因温度升高而降低其作用。再则，温度升高，降低镀液黏度，不利于微粒在镀件表面吸附。所有这些，都不利于微粒进入复合镀层。因此，镀液温度过高，不利于镀取高微粒含量的复合镀层。

(7) 电流密度

随着阴极电流密度的提高，与基质金属共沉积到复合镀层中的微粒数量也随之增加，但达到一定数值后，继续提高电流密度，微粒的共沉积量保持不变或稍有下降。因此，适宜的阴极电流密度有利于镀出高微粒含量的复合镀层。

35.4　防护与装饰性复合镀层

35.4.1　镍封镀层

镍封镀层也称为镍封闭镀层，在防护-装饰性组合镀层体系中被广泛应用。如在铜/半光亮镍/亮镍/镍封/微孔铬组合中，镍封即复合镀层，它大大提高了多层电镀的耐蚀性。

镍封镀层是在普通光亮镍镀液中，加入直径在 $0.01 \sim 1\mu m$ 范围内的不溶性固体微粒（如 SiO_2、TiO_2、$BaSO_4$ 等），在共沉积促进剂的帮助下，使微粒与金属镍共沉积的复合镀层。

镍封镀层的溶液组成及工艺规范见表 35-4。

表 35-4　镍封镀层的溶液组成及工艺规范

溶液成分及工艺规范	1	2	3	4
	含量/(g/L)			
硫酸镍($NiSO_4 \cdot 6H_2O$)	300~350	270	300	350~380
氯化镍($NiCl_2 \cdot 6H_2O$)	—	60	60	—
氯化钠($NaCl$)	10~15	—	—	12~18
硼酸(H_3BO_3)	35~45	40	40	40~45
甲酸($HCOOH$)	—	20	—	—
40%甲醛($HCHO$)	—	0.2	—	—

续表

溶液成分及工艺规范		1	2	3	4
		含量/(g/L)			
1,5-萘二磺酸($C_{10}H_8O_6S_2$)		—	—	3	—
炔丙醇(C_3H_4O)		—	—	0.2	—
1,4-丁炔二醇($C_4H_6O_2$)/(mL/L)		0.3～0.4	—	—	0.4～0.5
糖精($C_6H_5COSO_2NH_2$)		0.8～1	—	—	2.5～3
聚乙二醇(分子量 6000)		—	—	—	0.15～0.2
硫酸钴($CoSO_4$)(促进剂)		—	3	—	—
NC-1 促进剂/(mL/L)		1～4	—	—	—
NC-2 促进剂/(mL/L)		1～2	—	—	—
固体微粒	微粒名称	二氧化硅(SiO_2)	碳化硅(SiC)	硫酸钡($BaSO_4$)	二氧化硅(SiO_2)
	微粒粒度/μm	0.01～0.03	0.1～0.2	0.1	<0.5
	微粒含量	10～25	140	2～10	50～70
pH 值		3.8～4.4	—	—	4.2～4.6
温度/℃		50～55	60	60	55～60
阴极电流密度/(A/dm²)		2～5	4	5	3～4
时间/min		1～5	0.5	1～2	3～5
搅拌		激烈搅拌	激烈搅拌	激烈搅拌	激烈搅拌

注：配方 1 的 NC-1、NC-2 促进剂是上海长征电镀的产品。

35.4.2　缎面镍镀层

缎面镍镀层呈乳白色，结晶细致，具有类似绸缎的柔和低光泽的漂亮外观，而且内应力小，并且具有良好的耐蚀性能，广泛用于防护-装饰性镀层。

缎面镍镀液由光亮镀镍溶液及固体微粒组成。用于制造缎面镍镀层的固体无机微粒，常用的有硫酸钡微粒、玻璃粉、滑石粉、氧化铝微粒、高岭土等。缎面镍镀层的厚度一般为 5～12μm，在工业和海洋性气候中使用的缎面镍镀层的厚度可增加到 25～37μm。缎面镍镀层内微粒的含量一般在 2.5%（质量分数）左右。

镀缎面镍的溶液组成及工艺规范见表 35-5，也可以用第 2 篇第 9 章中镀缎面镍的工艺配方。

表 35-5　镀缎面镍的溶液组成及工艺规范

溶液成分及工艺规范	1	2	3	4
	含量/(g/L)			
硫酸镍($NiSO_4 \cdot 6H_2O$)	280～320	300～380	250～320	320～420
氯化镍($NiCl_2 \cdot 6H_2O$)	—	45～90	35～45	20～30
氯化钠($NaCl$)	12～16	—	—	—
硼酸(H_3BO_3)	35～45	42～45	35～45	35～45

续表

溶液成分及工艺规范	1	2	3	4
	含量/(g/L)			
NB1080A/(mL/L)	—	—	10~15	—
NB1080B/(mL/L)	—	—	0.4~0.6	—
NB1080C/(mL/L)	—	—	10~15	—
NB1080D/(mL/L)	—	—	5~7	—
NB1006A/(mL/L)	—	—	—	8~15
NB1006B/(mL/L)	—	—	—	0.4~0.8
NB1006D/(mL/L)	—	—	—	0.5~2
初级光亮剂	2~4	—	—	—
次级光亮剂	0.2~0.4	—	—	—
光亮剂	—	适量	—	—
润湿剂	—	适量	—	—
氧化铝(Al_2O_3)(粒径为 $0.01\sim0.5\mu m$)	100~140	—	—	—
氧化铝(Al_2O_3)(粒径为 $1\sim5\mu m$)	—	120~150	—	—
十二烷基硫酸钠($C_{12}H_{25}SO_4Na$)	0.1~0.5	—	—	—
共沉积促进剂(乙二胺或乙烯多胺)	—	1	—	—
pH 值	4~5	3~3.6	4.4~4.8	4.2~4.8
温度/℃	50~60	60~65	45~55	50~55
阴极电流密度/(A/dm²)	1~4	5~7	2~4	2~4
时间/min	10	6~10		
搅拌	压缩空气强烈搅拌		压缩空气搅拌	阴极移动

注：1. 配方 2 中的光亮剂、润湿剂均为普通光亮镀镍溶液中使用的光亮剂和润湿剂。
　　2. 配方 3 的 NB1080 系列添加剂是上海诺博公司的产品。
　　3. 配方 4 的 NB1006 系列添加剂是上海诺博公司的产品。微粒类型为有机微粒型。

35.4.3　锌(锌合金)耐腐蚀复合镀层

采用复合电镀技术镀出的锌（锌合金）复合镀层，其耐蚀性能比纯锌镀层有显著提高。以锌合金（如 Zn-Co、Zn-Ni、Zn-Fe）为基质金属的复合镀层的耐蚀性、耐磨减摩性能均比纯锌镀层有成倍提高。

镀锌及锌合金复合镀层的溶液组成及工艺规范[1]见表 35-6。

表 35-6　镀锌及锌合金复合镀层的溶液组成及工艺规范

溶液成分及工艺规范	镀锌复合镀层		镀锌-钴合金复合镀层	镀锌-铁合金复合镀层	
	1	2		1	2
	含量/(g/L)				
硫酸锌($ZnSO_4\cdot6H_2O$)	81	250		50	—
氯化锌($ZnCl_2$)	—	—	60~100	—	—

续表

溶液成分及工艺规范	镀锌复合镀层		镀锌-钴合金复合镀层	镀锌-铁合金复合镀层	
	1	2		1	2
	含量/(g/L)				
氧化锌(ZnO)	—	—	—	—	18
氢氧化锌[Zn(OH)$_2$]	50	—	—	—	—
氢氧化铝[Al(OH)$_3$]	39	—	—	—	—
氯化钾(KCl)	—	—	180~240	—	—
氢氧化钠(NaOH)	—	—	—	—	180
硼酸(H$_3$BO$_3$)	30	30	20~30	30	—
硫酸钠(Na$_2$SO$_4$)	—	120	—	—	—
氯化钴(CoCl$_2$)	—	—	5~20	—	—
硫酸亚铁(FeSO$_4$·7H$_2$O)	—	—	—	160	—
氯化亚铁(FeCl$_2$)	—	—	—	—	2
硫酸铵[(NH$_4$)$_2$SO$_4$]	—	—	—	100	—
柠檬酸(H$_3$C$_6$H$_5$O$_7$·H$_2$O)	—	—	—	40	—
抗坏血酸(C$_6$H$_8$O$_6$)	—	—	—	1	—
光亮剂	—	—	适量	—	—
阳离子表面活性剂	—	—	0.01~0.1	—	—
添加剂/(mL/L)	—	—	—	适量	50
配位剂/(mL/L)	—	—	—	—	30
固体微粒　微粒名称	铝粉	二氧化硅(SiO$_2$)	二氧化钛(TiO$_2$)	二氧化硅(SiO$_2$)	二氧化钛(TiO$_2$)
固体微粒　微粒粒度/μm	粒径为 250 目	11.3nm	0.03~0.5	0.76	0.5
固体微粒　微粒含量	30	25~50	5~60	10~30	30
pH 值	4.8~5.2	1.5~2.5	3.8~4.5	3	—
温度/℃	35~45	室温	15~35	20	30
阴极电流密度/(A/dm^2)	1.5~3	4~6	1~4	6	2
搅拌	强烈搅拌	强烈搅拌	强烈搅拌	强烈搅拌	强烈搅拌

注：1. 镀锌-铁合金复合镀层配方 1 的镀液，镀得的 (Zn-Fe)-SiO$_2$ 复合镀层中，铁的质量分数一般为 8%~12%，SiO$_2$ 的质量分数为 0.4%~0.51%。

2. 镀锌-铁合金复合镀层配方 2 的镀液，镀得的 (Zn-Fe)-TiO$_2$ 复合镀层中，铁的质量分数为 0.2%~0.8%，TiO$_2$ 的质量分数为 0.5%~1%。

35.5　耐磨性复合镀层

耐磨性复合镀层是基质金属和均匀分布的固体微粒构成的。耐磨性复合镀层必须使用硬度高的固体微粒，而基质金属也必须有一定强度和硬度，且耐磨性要好，以免微粒过早地从基质金属中脱落，而不能起到提高耐磨性的目的。用于复合镀层的硬质微粒种类很多，而且已经由最初在镀液中从添加一种硬质微粒，发展到同时添加两种或两种以上不同性质的硬质微粒，从而形成了含不同微粒的复合镀层。

常用的固体微粒有：碳化硅（SiC）、碳化钨（WC）、碳化铬（CrC）、二氧化硅（SiO₂）、二氧化锆（ZrO₂）、二氧化钛（TiO₂）、三氧化二铬（Cr₂O₃）、氧化铝（Al₂O₃）、硼化钛（TiB₂）、硼化锆（ZrB₂）、金刚石（C）等。常用的基质金属属有：镍、铬、钴、铁等。

据有关文献介绍[20]，与基体金属共沉积的固体微粒的硬度并不是越硬越好，而是必须与基质金属的性质相适应，当固体微粒的硬度与基体金属硬度之比等于4~8时，镀层耐磨性最好。

目前，耐磨性复合镀层应用较多的是镍基耐磨复合镀层和铬基耐磨复合镀层。耐磨复合镀层已经在机械、汽车、冶金等行业得到越来越广泛的应用。

35.5.1 镍基耐磨复合镀层

镍能与各种硬质固体微粒共沉积形成复合镀层。因为镍和镍合金的韧性和硬度较好，它们与硬质微粒组成的耐磨复合镀层，由于硬质微粒的嵌入，硬度大大提高，而且在具有较高耐磨性能的同时，仍能保持良好的韧性。因此，镀镍和镍合金耐磨复合镀层获得了较广泛应用。

镀镍耐磨复合镀层的溶液组成及工艺规范见表35-7。

镀镍合金耐磨复合镀层的溶液组成及工艺规范见表35-8。

表 35-7　镀镍耐磨复合镀层的溶液组成及工艺规范

溶液成分及工艺规范	1	2	3	4	5	6	7
	含量/(g/L)						
氨基磺酸镍[Ni(NH₂SO₃)₂·4H₂O]	400	450	350	—	—	—	—
硫酸镍(NiSO₄·6H₂O)	—	—	—	250	200~400	240~250	250
氯化镍(NiCl₂·6H₂O)	10	10	7.5	50	30~50	30~45	15
柠檬酸钠(Na₃C₆H₅O₇·2H₂O)	—	—	—	10	—	—	—
硼酸(H₃BO₃)	50	40	30	30	30~40	35~40	40
亚磷酸(H₃PO₃)	—	10~30	—	—	—	—	—
次磷酸钠(NaH₂PO₂·H₂O)	—	—	—	18~20	—	—	—
OP-10 乳化剂	0.4	—	—	—	—	—	—
阳离子表面活性剂	—	—	—	适量	—	—	—
表面活性剂	—	—	—	—	0.1~0.2	—	—
十二烷基硫酸钠(C₁₂H₂₅SO₄Na)	—	—	—	—	—	0.05~0.1	—
固体微粒 微粒名称	碳化硅(SiC)	碳化硅(SiC)	氧化铝(Al₂O₃)	碳化钨(WC)	碳化钛(TiC)	氧化锆(ZrO₂)	金刚石(C)
固体微粒 微粒粒度/μm	3	2.5	3.5~14	2.5	80nm	1	7~10
固体微粒 微粒含量	70~120	100	150	75	6~8	25	170
pH 值	4.4	1.2~1.6	3~3.5	1.5~1.8	3~4	3.5~4	4.4
温度/℃	48~52	49~51	50	61~63	40	40	45
阴极电流密度/(A/dm²)	5	15	3	2	3~4	2.5~3.3	10
镀层中微粒含量(质量分数)/%	11	7	7	43.2	—	—	20(体积分数)
镀层中其他含量(质量分数)/%	—	P3.5~6	—	P8~12	—	—	—

表 35-8　镀镍合金耐磨复合镀层的溶液组成及工艺规范

溶液成分及工艺规范	1	2	3	4	5	6	7
	含量/(g/L)						
硫酸镍($NiSO_4 \cdot 6H_2O$)	300	8~60	15	300	—	—	100~140
氨基磺酸镍[$Ni(NH_2SO_3)_2 \cdot 4H_2O$]	—	—	—	—	—	10~100	30
氯化镍($NiCl_2 \cdot 6H_2O$)	30	—	—	40	26	—	—
钨酸钠($Na_2WO_4 \cdot 2H_2O$)	40	36~60	10~30	—	60	10~100	—
氯化钴($CoCl_2 \cdot 6H_2O$)	—	—	—	2.5	—	—	—
硫酸亚铁($FeSO_4 \cdot 7H_2O$)	—	—	—	—	—	—	70
磷酸(H_3PO_4)/(mL/L)	—	—	—	—	—	—	10~30
盐酸(HCl)/(mL/L)	—	—	—	—	—	—	10~30
硼酸(H_3BO_3)	30	—	—	30	—	—	—
柠檬酸($H_3C_6H_5O_7 \cdot H_2O$)	—	50~180	50~70	—	65	—	—
柠檬酸铵[$(NH_4)_3C_6H_5O_7$]	—	—	—	—	—	55	—
次磷酸钠($NaH_2PO_2 \cdot H_2O$)	—	—	—	—	—	—	2
氨水($NH_3 \cdot H_2O$)/(mL/L)	—	50~150	—	—	30	—	—
有机分散剂	适量	—	—	适量	—	—	—
糖精($C_6H_5COSO_2NH_2$)	—	—	—	—	—	—	适量
香豆素	—	—	—	—	—	—	适量
十二烷基硫酸钠($C_{12}H_{25}SO_4Na$)	—	—	0.8	—	—	—	—
固体微粒　微粒名称	金刚石	碳化硅(SiC)	氮化硅(Si_3N_4)	氧化锆(ZrO_2)	氧化锆(ZrO_2)	碳化硅(SiC)	金刚石
固体微粒　微粒粒度/μm	50~60nm	3~5	纳米粉	10~60nm	1	3~5	0.5~1
固体微粒　微粒含量	30	40~120	3	5	25~80	40~120	6
pH 值	4~5	3~9	7	4	6	6~8	1~1.5
温度/℃	60	30~80	74~78	45	65	65~80	60~65
阴极电流密度/(A/dm²)	2.5	5~25	14~16	1.5	20~25	2~30	10~15

35.5.2　铬基耐磨复合镀层

铬基耐磨复合镀层的耐磨性能，比硬铬镀层有进一步提高。目前，镀取铬基耐磨复合镀层的溶液仍主要为六价铬镀液，而且耐磨复合镀层中硬质微粒的含量很低。尽管如此，铬基耐磨复合镀层仍有很好的耐磨性能，其耐磨性甚至是硬铬镀层的三倍。

镀铬基耐磨复合镀层的溶液组成及工艺规范[1]见表 35-9。

在三价铬镀液中加入硬质耐磨蚀微粒碳化钨（WC）和表面活性剂 NPE，可获得优良的 Cr/WC 耐磨复合镀层，其镀液组成及工艺规范[25]见表 35-10。

表 35-9　镀铬基耐磨复合镀层的溶液组成及工艺规范

溶液成分及工艺规范	1	2	3	4
	含量/(g/L)			
铬酐(CrO_3)	250	250	250	250

续表

溶液成分及工艺规范		1	2	3	4
		含量/(g/L)			
硫酸(H_2SO_4)		2.5	2.5	2.5	2.5
铬鞣		5	—	—	—
稀土共沉积促进剂		—	—	1~1.5	20(主要成分为碳铈)
固体微粒	微粒名称	氧化铝(Al_2O_3)	碳化钨(WC)	碳化硅(SiC)	金刚石
	微粒粒度/μm	平均粒径7	平均粒径5	平均粒径2	4~5nm
	微粒含量	50	30~40	400~500	8.5
温度/℃		50	50	30~50	55
阴极电流密度/(A/dm²)		45	50	30~40	25(平均电流密度)
镀层中微粒含量(质量分数)/%		0.1~0.3	3~4	1	0.05~0.15

注：1. 配方1镀取的铬基耐磨复合镀层厚度为140~170μm，其耐性比硬铬镀层提高3倍。

2. 配方4为防止金刚石纳米微粒在镀液中发生团聚，采用无泡沫有机磺酸类表面活性剂对微粒进行处理。采用对称正负双脉冲叠加直流的方法镀取铬基耐磨复合镀层，脉冲参数如下：频率为50~100Hz，占空比为0.3，正、负脉冲电流值与叠加直流电流比为1:10，正、负脉冲电流峰值与叠加直流电流比为4:1。

表 35-10　三价铬耐磨复合镀层的溶液组成及工艺规范

溶液成分		工艺规范
氯化铬($CrCl_3 \cdot 6H_2O$)	25~150g/L	
柠檬酸钠($Na_3C_6H_5O_7$)	25g/L	pH值2
甲酸钠(NaCOOH)	40g/L	阴极电流密度 6A/dm²
氯化铵(NH_4Cl)	130g/L	温度　室温
氯化钾(KCl)	75g/L	阳极　铂(Pt)
溴化钠(NaBr)	15g/L	注：镀液中加入表面活性剂NPE，会使复合镀层中WC微
硼酸(HBO_3)	40g/L	粒的分布变密集。表面活性剂NPE为具有12单位的乙烯氧
碳化钨(WC)微粒	0~80g/L	化物的壬基苯酚乙氧基化合物的聚合物
表面活性剂NPE	少量	

35.5.3　钴基耐磨复合镀层

镀钴基耐磨复合镀层的溶液组成及工艺规范见表35-11。

表 35-11　镀钴基耐磨复合镀层的溶液组成及工艺规范

溶液成分及工艺规范		1	2	3
		含量/(g/L)		
硫酸钴($CoSO_4 \cdot 7H_2O$)		300~500	430~470	260~310
氯化钴($CoCl_2 \cdot 6H_2O$)		—	—	25~40
氯化钠(NaCl)		15~20	15~20	—
硼酸(H_3BO_3)		30~45	25~35	20~30
添加剂		适量	—	适量
固体微粒	微粒名称	碳化物	碳化铬(CrC)	三氧化二铝(Al_2O_3)
	微粒粒度/μm	—	2~4μm	—
	微粒含量	适量	350~550	适量

续表

溶液成分及工艺规范	1	2	3
	含量/(g/L)		
pH 值	3～5	4.5～5.2	2～4
温度/℃	20～60	20～65	30～50
阴极电流密度/(A/dm²)	2～8	1～7	3～7

35.5.4 铜基耐磨复合镀层

镀铜基耐磨复合镀层的溶液组成及工艺规范见表 35-12。

表 35-12 镀铜基耐磨复合镀层的溶液组成及工艺规范

溶液成分及工艺规范		1	2
		含量/(g/L)	
硫酸铜(CuSO₄·5H₂O)		120～220	120～210
硫酸(H₂SO₄)/(mL/L)		45～120	52～120
促进剂		适量	—
固体微粒	微粒名称	三氧化二铝(Al₂O₃)	三氧化二铝(α-Al₂O₃)
	微粒粒度/μm	—	0.3
	微粒含量	30 或适量	30
温度/℃		20～30	22
阴极电流密度/(A/dm²)		1～4	4
镀层中微粒含量(质量分数)/%		—	3

35.6 自润滑复合镀层

采用一定量的具有自润滑性质的固体微粒（称为固体润滑剂）与基质金属共沉积形成复合镀层，不仅具有基质金属的强度及韧性，而且分散于镀层中的固体润滑剂微粒分布于摩擦面上，起到润滑、防止或减少摩擦时两种金属直接接触的作用，可大大降低摩擦界面的摩擦系数，从而减少黏着磨损，使磨损量大大下降，有效地提高镀层的耐磨性能。固体润滑剂可在高温、高负荷、超低温、超高真空、强氧化性介质、强辐射等环境下有效地使界面润滑，而普通液体润滑剂（油脂等）在这些条件下的润滑效果较差。自润滑复合镀层一般用于以下情况。

① 要求高耐磨、磨损率小的零件。

② 高温或低温环境中要求减摩的零件。

③ 要求高耐磨插拔性能好的电触点。

④ 要求高温抗氧化的零件。

⑤ 用作压铸橡胶和塑料制品时的脱模镀层等。

可供自润滑复合镀层使用的固体微粒（固体润滑剂）的种类很多，常用的固体微粒性能见表 35-13。

常用的固体润滑剂微粒如聚四氟乙烯（PTFE）、氟化石墨等，往往很难在镀液中润湿和分散。因此，需要向镀液中添加少量表面活性剂（宜选用非离子型或阳离子型表面活性剂）来改善这类微粒在镀液中的分散性。其加入量应控制在低限，否则会增加镀层脆性。

表 35-13　常用制备自润滑复合镀层的固体微粒性能

名称	分子式	密度/(g/cm³)	硬度(HBW)	分解温度/℃	最高正常工作温度/℃	最高瞬时工作温度/℃	热导率/[W/(m·K)]	在真空中的摩擦力
石墨	C	2	2	3400	450	600	52～396	高
二硫化钼	MoS_2	4.9～5	2	1098	350	700	—	可变
聚四氟乙烯	$(CF_2{-}CF_2)_n$	1～2.85	35HS	727	260	350	—	低
氟化石墨	$(CF)_n$	2.34～2.68	1～2	320～420				
氮化硼	BN	2.2	2	3000	700	900	15～29	低

35.6.1　镍基自润滑复合镀层

镍可以与二硫化钼（MoS_2）、氟化石墨 [$(CF)_n$]、石墨（C）、聚四氟乙烯（PTFE）、氮化硼（BN）、二硫化钨（WS_2）等制备自润滑复合镀层，该类镀层用途广泛。

① 镍与聚四氟乙烯（PTFE）制备的自润滑复合镀层，稳定性高、摩擦系数低且平稳，从大气至高真空环境中，其摩擦系数均无变化。在 $-200℃$ 以下，它仍有很好的自润滑性能。但其耐热性较差，最高工作温度不超过 250℃。此外，它的抗有机溶剂和抗黏附性也极好，既憎油又憎水。作为抗黏附复合镀层的只有 Ni-PTFE 与 Ni-$(CF)_n$，所以如果它们镀在模具内壁表面，可充分发挥抗黏附的脱模性能。

② 镍与氟化石墨 [$(CF)_n$] 制备的自润滑复合镀层，其性能比 Ni-PTFE 差一些。如在 200℃ 条件下压铸聚丙烯树脂时，压铸膜表面镀了 Ni-$(CF)_n$ 复合镀层，可使压铸膜的使用寿命增长两倍以上。而 Ni-$(CF)_n$ 及 Ni-MoS_2 复合镀层主要在低负荷条件下使用。

③ 镍与氮化硼（BN）制备的自润滑复合镀层，具有很好的润滑性能和低的摩擦系数，而且耐热性优良。

镀镍基自润滑复合镀层的溶液组成及工艺规范见表 35-14。

有资料报道[3]，虽然碳化硅（SiC）、碳化钨（WC）或三氧化二铝（Al_2O_3）等硬质微粒与镍共沉积形成的耐磨复合镀层的耐磨性大大提高。但在干摩擦条件下，若在其耐磨复合镀液中加入少量软质的自润滑微粒，如二硫化钼（MoS_2）、二硫化钨（WS_2）或石墨（C）等，使之共沉积形成复合镀层，就会明显地大幅度降低其摩擦系数。

表 35-14　镀镍基自润滑复合镀层的溶液组成及工艺规范

溶液成分及工艺规范		1	2	3	4	5	6
		含量/(g/L)					
氨基磺酸镍 [$Ni(NH_2SO_3)_2 \cdot 4H_2O$]		—	—	—	323	323	—
硫酸镍($NiSO_4 \cdot 7H_2O$)		280	250	250	—	—	240
氯化镍($NiCl_2 \cdot 6H_2O$)		45	45	45	30	30	45
硼酸(H_3BO_3)		40	40	40	34	34	30
亚磷酸(H_3PO_3)		—	—	—	—	—	1～2
固体微粒	微粒名称	聚四氟乙烯(PTFE)	六方氮化硼(h-BN)	氟化石墨 [$(CF)_n$]	二硫化钼(MoS_2)	二硫化钼(MoS_2)	石墨(C)
	微粒粒度/μm	0.3	<0.5	<0.5	1～5	1～5	5～15 片状
	微粒含量	50	30	60	2～3	150	5

续表

溶液成分及工艺规范	1	2	3	4	5	6
	含量/(g/L)					
pH 值	4.2	4.3	4.3	2～3	2～3	1.5
温度/℃	45	50	50	50	50	55
阴极电流密度/(A/dm²)	4	10	10	2.5	2.5	5
镀层中微粒含量(体积分数)/%	10～15	9	6.5	20(质量分数)	60(质量分数)	3～4(质量分数)

35.6.2　铜基自润滑复合镀层

在很多情况下，铜基自润滑复合镀层比镍基自润滑复合镀层有着更优越的减摩、耐磨性能。由于固体润滑剂微粒硬度低，其所制备的复合镀层的硬度也较纯铜镀层有所降低，且镀层的摩擦系数也显著降低。铜基自润滑复合镀层，主要用于对电性能要求一般的电接触点。其溶液组成及工艺规范见表 35-15。

表 35-15　镀铜基自润滑复合镀层的溶液组成及工艺规范

溶液成分及工艺规范		1	2	3
		含量/(g/L)		
硫酸铜($CuSO_4 \cdot 5H_2O$)		200	150～200	180
硫酸(H_2SO_4)		50	50～70	50
葡萄糖($C_6H_{12}O_6$)		—	30～40	—
乙醇(C_2H_5OH)		—	—	50
异-3-甲酰基过硫氰酸酯		—	—	0.1～0.3
固体微粒	微粒名称	石墨(C)	二硫化钼(MoS_2)	二硫化钼(MoS_2)
	微粒粒度/μm	1～15	1～5	1～5
	微粒含量	50	40～50	150～180
温度/℃		19～21	20～30	20～30
阴极电流密度/(A/dm²)		5	3～5	3～5

35.6.3　其他自润滑复合镀层

其他自润滑复合镀层有铁基、锌基、锡基等复合镀层，其溶液组成及工艺规范见表35-16。

表 35-16　其他自润滑复合镀层的溶液组成及工艺规范

溶液成分及工艺规范	锌基自润滑复合镀层	铁基自润滑复合镀层	锡基自润滑复合镀层
	含量/(g/L)		
氯化锌($ZnCl_2$)	78	—	—
氯化亚铁($FeCl_2 \cdot 4H_2O$)	—	220	—
锡酸钠($Na_2SnO_3 \cdot 3H_2O$)	—	—	115

续表

溶液成分及工艺规范		锌基自润滑复合镀层	铁基自润滑复合镀层	锡基自润滑复合镀层
		含量/(g/L)		
氯化钾（KCl）		210	—	—
硼酸（H_3BO_3）		30	—	—
碘化钾（KI）		—	2	—
硫酸（H_2SO_4）		—	加至镀液 pH 值为 1.5	—
氢氧化钠（NaOH）		—	—	14
醋酸钠（$CH_3COONa \cdot 3H_2O$）		—	—	33
专用添加剂		适量		
固体微粒	微粒名称	胶体石墨	二硫化钼（MoS_2）	高纯镍粉
	微粒粒度/μm	平均粒径为 2	—	0.2~1
	微粒含量	5~75	0~60	适量
pH 值		5~5.7	1.5	—
温度/℃		室温	20	80
阴极电流密度/(A/dm²)		0.5~4	10	0.5~3
搅拌		连续或间歇激烈搅拌	搅拌	搅拌

注：锌基自润滑复合镀层镀液中的氯化钾（KCl）也可用 165g/L 氯化钠（NaCl）代替。

35.7 用于电接触材料的复合镀层

电接触材料，既要求有良好的导电性能和导热性能，又要求有良好的耐磨性和抗电蚀性能。将一些固体微粒与导电良好的基质金属共沉积形成相应的复合镀层，既保持其良好的导电性条件，又增强耐磨性和抗电蚀性，显著延长电接触材料的使用寿命。

作为电接触材料的有铜基、银基和金基复合镀层。

35.7.1 铜基电接触材料的复合镀层

铜基复合镀层主要用于对电性能要求不高的电触头，通过提高镀层的硬度、耐磨性或自润滑性能，来延长电接触材料的使用寿命。镀铜基复合镀层的溶液组成及工艺规范[1]见表35-17。

表 35-17 镀铜基复合镀层的溶液组成及工艺规范

溶液成分及工艺规范		1	2	3	4
		含量/(g/L)			
硫酸铜（$CuSO_4 \cdot 5H_2O$）		120~210	200	200	250
硫酸（H_2SO_4）		52~120	50	50	75
碳酸铊（Tl_2CO_3）		5	—	—	—
固体微粒	微粒名称	氧化铝（α-Al_2O_3）	石墨粉（C）	二硫化钼（MoS_2）	碳化硅（SiC）
	微粒粒度/μm	0.3	—	—	—
	微粒含量	30	100	100	50

续表

溶液成分及工艺规范	1	2	3	4
	含量/(g/L)			
温度/℃	22	20	20	30~32
阴极电流密度/(A/dm²)	4	5	5	3~10
镀层中微粒含量(质量分数)/%	5.1	6.1	5.3	—

35.7.2　银基电接触材料的复合镀层

银的硬度和熔点较低，耐磨性和耐电蚀的能力较差，直接影响电接触条件下的使用寿命。将一些固体微粒与银共沉积形成相应的复合镀层，虽然它的电阻比纯银大些，但可以大大增强耐磨性和抗电蚀性，但对焊接没有影响。在铜基体上电沉积银基复合镀层，既具有较好的电接触性能，又能降低成本，也延长了它作为电接触材料的使用寿命。

镀银基复合镀层的溶液组成及工艺规范见表 35-18。

表 35-18　镀银基复合镀层的溶液组成及工艺规范

溶液成分及工艺规范		1	2	3	4	5	6	7
		含量/(g/L)						
银(以 AgCN 形式加入)		—	24	24	24	24	—	20~40
氯化银(AgCl)		30~40					30~45	
氰化钾(KCN)总量		65~80					60~80	100~200
氰化钾(KCN)游离		35~45						
碘化钾(KI)		—	400	400				
JF-1 添加剂/(mL/L)		—	—	—			适量	
固体微粒	微粒名称	二硫化钼(MoS₂)	石墨粉(C)	氮化硼(BN)	氧化铝(Al₂O₃)	氧化铍(BeO)	氧化镧(La₂O₃)	二硫化钼(MoS₂)
	微粒粒度/μm	<3	—	—	0.1~0.3	0.5~5	0.5~5	<3
	微粒含量	50	100	50	100	100	0.5~8	10~35
pH 值		—	2.2~4.7	2.2~4.7				
温度/℃		10~35	室温	室温	室温	室温	10~35	10~35
阴极电流密度/(A/dm²)		0.4	0.25	0.25	1	1	0.4~2.0	—
机械搅拌		需要	需要	需要	需要	需要	需要	需要
镀层中微粒含量(体积分数)/%		3	3.8	1	0.3~0.7	0.3	6~8	1~6

注：1. 配方 6 的 JF-1 添加剂由天津大学研制。
2. 配方 7 获得的银基复合镀层有较小的动摩擦系数，适用滑动电接触元件。

35.7.3　金基电接触材料的复合镀层

金基电接触材料的复合镀层，主要用于提高电插头的耐磨性，以提高电子元器件的可靠性和使用寿命，减少金的使用量。

镀金的电插头一般对电性能要求高，所以复合金镀层中固体微粒的含量不宜过高，否则对电性能影响较大。

镀金基复合镀层的溶液组成及工艺规范见表 35-19。

表 35-19　镀金基复合镀层的溶液组成及工艺规范

溶液成分及工艺规范		1	2	3	4	5
		含量/(g/L)				
金[以 $KAu(CN)_2$ 形式加大]		10	10	5~7	15	10
柠檬酸铵[$(NH_4)_3C_6H_5O_7$]		100	100	2~3	—	—
柠檬酸氢二铵[$(NH_4)_2HC_6H_5O_7$]		—	—	—	—	100
柠檬酸[$H_3C_6H_5O_7 \cdot H_2O$]		—	—	100~120	—	—
氢氧化钾(KOH)		—	—	4~6	—	—
磷酸二氢钾(KH_2PO_4)		—	—	—	100	—
促进剂 MN-0		—	适量	—	—	—
固体微粒	微粒名称	碳化硅(SiC)	二硫化钼(MoS_2)	氟化石墨$(CF)_n$	氧化铝(Al_2O_3)	碳化钨(WC)
	微粒粒度/μm	<0.5	—	<0.5	0.6~1.5	0.5
	微粒含量	0~5	1	30~50	10~50	1~8
pH 值		5.5~6	5.4~5.8	5.4~5.8	—	5.5~6
温度/℃		50	50	30~40	10~50	30~50
阴极电流密度/(A/dm²)		0.1~1	0.3	0.06~0.13	0.1~1	0.1~10
镀层中微粒含量(体积分数)/%		0~8	4.2	8~12	—	—

35.8　高温耐磨与抗氧化的复合镀层

钴基高温耐磨与抗氧化的复合镀层，主要是以 $Co-Cr_3C_2$、$Co-Cr_2O_3$、$Co-Si$、$Co-WC$ 等组成的复合镀层，具有良好的高温（300~800℃）耐磨性能。$Co-Cr_3C_2$ 复合镀层在 800℃ 下仍具有耐磨性能，并已用于生产。镀钴基高温耐磨与抗氧化复合镀层的溶液组成及工艺规范见表 35-20。

表 35-20　镀钴基高温耐磨与抗氧化复合镀层的溶液组成及工艺规范

溶液成分及工艺规范		1	2
		含量/(g/L)	
硫酸钴($CoSO_4 \cdot 7H_2O$)		430~470	500
氯化钠(NaCl)		15~20	15
硼酸(H_3BO_3)		25~35	35
固体微粒	微粒名称	碳化铬(Cr_3C_2)	氧化铬(Cr_2O_3)
	微粒粒度/μm	平均粒径为2~5	粒径为1~10
	微粒含量	350~550	200~250
pH 值		4.5~5.2	4.7
温度/℃		20~65	50

续表

溶液成分及工艺规范	1	2
	含量/(g/L)	
阴极电流密度/(A/dm²)	1～7	1～7
搅拌	板泵法搅拌或循环搅拌	板泵法搅拌或循环搅拌

35.9　化学复合镀

化学复合镀是在化学镀溶液中，金属自催化过程中，惰性固体微粒与金属或合金共沉积在基体表面，而形成复合镀层的过程。化学复合镀既具有镀层金属（或合金）的优良特性，又具有分散微粒的特殊功能，从而满足人们对镀层性能的特定要求。目前，复合化学镀层已广泛应用于机械、汽车、电子、冶金、石油等工业部门。目前常用的化学复合镀有耐磨性复合镀层及自润滑复合镀层等。

在化学复合镀液中加入硬质固体微粒如碳化硅（SiC）、氧化铝（Al_2O_3）、三氧化二铬（Cr_2O_3）等，可以制备出耐磨性能优良的复合镀层。

在化学复合镀液中加入软质固体微粒如聚四氟乙烯（PTFE）、氟化石墨 $[(CF)_n]$、二硫化钼（MoS_2）等，可以制备出具有低摩擦系数、抗黏着磨损的自润滑复合镀层。

35.9.1　化学镀耐磨复合镀层

(1) 化学镀 Ni-P-SiC 耐磨复合镀层

化学镀 Ni-P-SiC 复合镀层在任何类型的溶液中均可施镀，只要选择大小合适的微粒（一般为 $1～10\mu m$）便容易镶嵌。与电镀相比，化学镀镍对碳化硅（SiC）微粒具有更强的镶嵌能力。

这种镀层由于碳化硅（SiC）共析，Ni-P-SiC 的镀层硬度（镀态 700～750HV）明显提高。而且其硬度高于 Ni-P 合金镀层（镀态 500～550HV）。

当镀层中碳化硅（SiC）微粒含量低时，耐磨性随微粒含量的增加而上升；但当微粒含量超过一定值时，随微粒含量的增加耐磨性反而下降。这是由于随微粒含量的增加，化学镀层对微粒的镶嵌能力下降，在磨损过程中，造成微粒大量脱落。化学镀 Ni-P-SiC 复合耐磨镀层的溶液组成及工艺规范见表 35-21。

表 35-21　化学镀 Ni-P-SiC 复合耐磨镀层的溶液组成及工艺规范

溶液成分及工艺规范	1	2	3	4	5	6
	含量/(g/L)					
硫酸镍（$NiSO_4 \cdot 7H_2O$）	20	20～25	25	27	20	21
次磷酸钠（$NaH_2PO_2 \cdot H_2O$）	25	10～20	20	30	24	24
醋酸钠（$CH_3COONa \cdot 3H_2O$）	—	10～20	10	—	—	12
醋酸（CH_3COOH）	—	—	5	—	—	—
柠檬酸钠（$Na_3C_6H_5O_7 \cdot 2H_2O$）	—	5～15	—	—	—	—
乳酸（$C_3H_6O_3$）	33	—	—	31	20	32
丁二酸（$C_4H_6O_4$）	—	—	—	2	—	—
酒石酸（$C_4H_6O_6$）	—	—	—	1	—	—

溶液成分及工艺规范		1	2	3	4	5	6
		含量/(g/L)					
丙酸($C_3H_6O_2$)		—	—	—	—	2	2~3mL/L
氟化钠(NaF)		—	—	0.2	—	1	0.5~1
硫脲[$CS(NH_2)_2$]		—	—	0.03	—	微量	
稳定剂		—	适量	—	微量		
Pb^{2+}		—					0.001~0.002
固体微粒	微粒名称	碳化硅(SiC)	碳化硅(SiC)	碳化硅(SiC)	碳化硅(SiC)	碳化硅(SiC)	碳化硅(SiC)
	微粒粒度/μm	平均粒径 0.11	—	—	—	1~10	—
	微粒含量	10	10~20	10	10	5~12	8
pH 值		4.3~4.5	4.6~5	4.5	4.8	4~5	8
温度/℃		89~91	80~90	85~90	85~90	80	88~90

(2) 化学镀 Ni-P-Al₂O₃ 耐磨复合镀层

化学镀 Ni-P-Al$_2$O$_3$ 耐磨复合镀层的溶液组成及工艺规范见表 35-22。

表 35-22　化学镀 Ni-P-Al₂O₃ 耐磨复合镀层的溶液组成及工艺规范

溶液成分及工艺规范		1	2	3
		含量/(g/L)		
硫酸镍($NiSO_4 \cdot 7H_2O$)		24	20	21
次磷酸钠($NaH_2PO_2 \cdot H_2O$)		27	24	24
88%乳酸($C_3H_6O_3$)/(mL/L)		30	20	—
丙酸($C_3H_6O_2$)		2mL/L	5mL/L	2.2
醋酸钠($CH_3COONa \cdot 3H_2O$)		10	—	—
醋酸铵(CH_3COONH_4)		—	—	12
氟化钠(NaF)		—	—	2.2
碘化钾(KI)		—	2mg/L	—
表面活性剂		适量	—	—
Pb^{2+}		0.001~0.002	—	—
硝酸铅[$Pb(NO_3)_2$]		—	—	0.002
固体微粒	微粒名称	三氧化二铝(Al_2O_3)	三氧化二铝(Al_2O_3)	三氧化二铝(Al_2O_3)
	微粒粒度	纳米粉	—	—
	微粒含量	20~50	10	10
pH 值		4.5~5	4.5	—
温度/℃		88~92	80	83~93
镀层中微粒含量(质量分数)/%		—	—	8~9

35.9.2　化学镀自润滑复合镀层

化学镀自润滑复合镀层，可采用在常规化学镀（如化学镀镍、化学镀铜）溶液中加入固体润滑剂微粒的方法镀取。固体润滑剂微粒，需借助阳离子和非离子表面活性剂的作用（改善微粒表面的润滑性），才能在镀液中均匀分散。在化学镀自润滑复合镀层中，以 Ni-P-PTFE 复合镀层的应用最为广泛。Ni-P-PTFE 复合镀层经热处理后，既可使 PTFE（聚四氟乙烯）材料得到烧结处理，又可使镀层硬度得以提高。

化学镀自润滑复合镀层的溶液组成及工艺规范见表 35-23。

表 35-23　化学镀自润滑复合镀层的溶液组成及工艺规范

溶液成分及工艺规范		1	2	3	4
		含量/(g/L)			
硫酸镍($NiSO_4 \cdot 7H_2O$)		30	30	25～30	40
硫酸铜($CuSO_4$)		—	—	—	4
次磷酸钠($NaH_2PO_2 \cdot H_2O$)		30	22	20～25	38
乳酸($C_3H_6O_3$)		80mL/L	—	25～30	—
柠檬酸钠($Na_3C_6H_5O_7 \cdot 2H_2O$)		20	15	10～15	40
羟基乙酸($C_2H_4O_3$)		—	25	—	—
柠檬酸[$H_3C_6H_5O_7 \cdot H_2O$]		10	—	—	—
醋酸钠($CH_3COONa \cdot 3H_2O$)		20	—	10～15	—
十二烷基硫酸钠($C_{12}H_{25}SO_4Na$)		5	—	—	—
表面活性剂		—	0.25	适量	—
稳定剂(MoO_2)		—	微量	—	—
固体微粒	微粒名称	聚四氟乙烯（PTFE）	氟化石墨[$(CF)_n$]	二硫化钼（MoS_2）	聚四氟乙烯（PTFE）
	微粒粒度/μm	纳米粉	平均粒径1	1～7	—
	微粒含量	8	20	8	20（复配乳液）
pH 值		5	5	1.6～4.4	7
温度/℃		70～80	88～92	88～90	80

注：配方 4 的聚四氟乙烯（PTFE）的复配乳液，通过在 PTFE 乳液中，加入一定浓度的特殊氟碳型表面活性剂制备而成。

35.9.3　化学镀其他复合镀层

（1）化学镀 Ni-P-Cr$_2$O$_3$ 复合镀层

三氧化二铬（Cr_2O_3）的硬度和熔点都较高，化学性质稳定。如将它作为固体微粒加入镀液中，它可与 Ni-P 共沉积形成 Ni-P-Cr$_2$O$_3$ 复合镀层，可提高镀层的硬度和耐磨性。其镀液组成及工艺规范见表 35-24。

表 35-24　化学镀 Ni-P-Cr$_2$O$_3$ 复合镀层的溶液组成及工艺规范

溶液成分				工艺规范
硫酸镍($NiSO_4 \cdot 7H_2O$)	28g/L	柠檬酸钠($Na_3C_6H_5O_7 \cdot 2H_2O$)	5g/L	pH 值：3.5～5.5
次磷酸钠($NaH_2PO_2 \cdot H_2O$)	23g/L	三氧化二铬(Cr_2O_3)（平均粒径为 $2\mu m$）	2～12g/L	温度：86～90℃
醋酸钠($CH_3COONa \cdot 3H_2O$)	5g/L	阳离子表面活性剂	微量	搅拌：连续搅拌

若需要双层复合镀层，可将镀前处理好的零件，先在不含固体微粒及柠檬酸钠的镀液中施镀一定时间后取出，再放入上述镀液中进行施镀，所得的镀层即为 Ni-P/Ni-P-Cr$_2$O$_3$ 双层复

合镀层。

(2) 化学镀 Ni-P-氟化石墨复合镀层

化学镀 Ni-P-氟化石墨复合镀层,不但具有耐磨性、自润滑性,而且其摩擦因数不随着温度变化,在高温下仍然有较低的摩擦因数。它是一种优良的耐磨干态润滑的复合镀层,可用于发动机内壁、活塞环、轴承、机器的滑动部件以及模具等部件。其镀液组成及工艺规范[2]见表 35-25。

表 35-25　化学镀 Ni-P-氟化石墨复合镀层的溶液组成及工艺规范

溶液成分				工艺规范
硫酸镍($NiSO_4 \cdot 6H_2O$)	$25\sim32g/L$	稳定剂(MoO_2)	微量	pH 值:4.9~5.5
次磷酸钠($NaH_2PO_2 \cdot H_2O$)	$20\sim25g/L$	阳离子型表面活性剂	$0.2\sim0.3g/L$	温度:87~90℃
醋酸钠($CH_3COONa \cdot 3H_2O$)	$13\sim18g/L$	非离子型表面活性剂	$2\sim3mL/L$	装载量:$0.5\sim1.5dm^2/L$
α-羟基酸	$20\sim30g/L$	氟化石墨$[(CF)_n]$(微粒粒径 $1\mu m$)	$15\sim30g/L$	搅拌:间歇搅拌或慢速机械
α-氨基酸	$8\sim12g/L$			搅拌

35.10　不合格复合镀层的退除

不合格复合镀层要在热处理之前进行退除,否则镀层钝化后更难退除。选择的退镀液,应对基体金属无腐蚀作用。不合格复合镀层退除的溶液成分及工艺规范见表 35-26。

表 35-26　不合格复合镀层退除的溶液成分及工艺规范

退除镀层	基体金属	退除方法	溶液成分	含量/(g/L)	温度/℃	阳极电流密度/(A/dm^2)
锌基复合镀层	钢铁件	化学法	38%盐酸(HCl)	5%~15%(体积分数)	室温	—
		化学法	氢氧化钠(NaOH) 亚硝酸钠($NaNO_2$)	200~300 100~200	100~120	—
	铝和铝合金	化学法	硝酸(HNO_3) 水	1 份(体积) 1 份(体积)	室温	—
镍基复合镀层	钢铁件	化学法	浓硝酸(HNO_3)(零件必须干燥入槽)	1000mL/L	<35	—
		化学法	硝酸(HNO_3) 98%醋酸	70%(体积分数) 30%(体积分数)	室温	—
		化学法	硝酸(HNO_3) 氢氟酸(HF)	41.5%(体积分数) 24.5%(体积分数)	20~60(溶解速率 $120\mu m/h$)	—
	不锈钢	化学法	硝酸(HNO_3)	稀硝酸溶液	室温	—
	铜和铜合金	化学法	硫酸(H_2SO_4) 硝酸(HNO_3) 硫酸铁$[Fe_2(SO_4)_3]$	1 份(体积) 2 份(体积) 5~10	室温	—
	铝和铝合金	化学法	硝酸(HNO_3)	稀硝酸溶液	室温	—

续表

退除镀层	基体金属	退除方法	溶液成分	含量/(g/L)	温度/℃	阳极电流密度/(A/dm²)
铜基复合镀层	钢铁件	化学法	铬酐(CrO₃) 硫酸(H₂SO₄)	400 50	室温	—
		化学法	浓硝酸(HNO₃) 氯化钠(NaCl)	1000mL/L 40	60～70	—
		电化学法	硝酸钾(KNO₃) pH 值	100～150 7～10	室温	5～10
		电化学法	硝酸钾(KNO₃) 硼酸(H₃BO₃) pH 值	150～200 40 5.4～5.8 (硝酸调)	室温	7～10
铬基复合镀层	钢铁件	化学法	盐酸(HCl)	5% (质量分数)	30～40	—
		化学法	盐酸(HCl) 三氧化二锑(Sb₂O₃)	1000mL/L 20	室温	—
		化学法	铬酐(CrO₃)	10～30	20～25	—
		化学法	硫化钠(Na₂S) 氢氧化钠(NaOH)	30 20	室温	
		电化学法	氢氧化钠(NaOH)	90	室温	2
		电化学法	氢氧化钠(NaOH)	10%～20% (质量分数)	60～70	10～20
	铜、镍及其合金	化学法	盐酸(HCl) 水	1 份(体积) 1 份(体积)	室温	—
	铝和铝合金	电化学法	硫酸(H₂SO₄)	80～110	室温	2～10
	锌合金	电化学法	碳酸钠(Na₂CO₃)	50	室温	2～3

第**36**章

脉冲电镀

36.1 概述

脉冲电镀是指采用脉冲电源，通过控制电流波形、频率、工作比及平均电流密度等的参数，使电沉积过程在很宽的范围内变化，从而获得具有一定特性镀层的电镀技术。

在电镀过程中，提高镀层质量有两种途径：一是改进镀液配方和工艺规范；二是改进电源，即改变电源产生的电流波形并控制其参数。脉冲电镀所用的是一种可以提供通断直流电流的脉冲电源。

36.1.1 脉冲电镀的基本原理

脉冲电源电流的波形有方波（或称矩形波）、正弦半波、锯齿波和间隔锯齿波等多种形式，目前应用较普遍的是方波脉冲电流。典型的方波脉冲电流和双脉冲波形如图 36-1 所示。

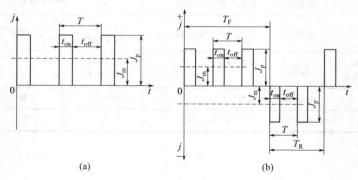

图 36-1 方波脉冲电流和双脉冲波形示意图

(a) 方波脉冲电流；(b) 双脉冲波形

在脉冲电镀过程中，除可以选择不同的电流波形外，还有三个独立的参数可调，即脉冲导通时间、脉冲关断时间和脉冲电流密度。而一般直流电镀只有一个参数可调，即电流或电压。

脉冲波形各有关参数和符号表示（见图 36-1）如下。

t_{on} 为脉冲导通时间（也称脉冲宽度）；t_{off} 为脉冲关断时间（也称脉冲间隔）；J_p 为脉冲电流密度（脉冲峰值电流密度）；J_m 为平均电流密度（脉冲平均电流密度）；T 为脉冲周期。

在双脉冲波形中：

T_F 为正向脉冲工作时间；T_R 为反向脉冲工作时间。

脉冲的各参数之间的关系可按下列公式进行换算。

脉冲周期（T）：$T = t_{on} + t_{off}$

脉冲频率（f）：$f = \dfrac{1}{T}$

占空比（工作比）（γ）：脉冲导通时间与脉冲周期之比，占空比常用百分数表示，其表示如下：$\gamma = \dfrac{t_{on}}{T} \times 100\% = \dfrac{t_{on}}{t_{on} + t_{off}} \times 100\%$

脉冲峰值电流密度（J_p）：$J_p = \dfrac{J_m}{\gamma}$

平均电流密度（J_m）：$J_m = J_p \gamma$

脉冲电镀所依据的电化学原理，主要是利用电流（或电压）脉冲的导通和关断，增加阴极的活化极化和降低阴极的浓差极化，从而改善镀层的物理、化学和力学性能。

在脉冲电镀过程中，当电流导通时，接近阴极的金属离子充分地被沉积；而当电流关断时，被消耗的金属离子利用这段时间扩散补充到阴极周围，当下一个导通时间到来时，阴极周围的金属离子浓度得以恢复，因此可以使用较高的电流密度。脉冲电镀传质过程与直流电镀时传质过程的差异，使脉冲电镀峰值电流可以大大高于平均电流，这就导致了脉冲电镀条件下阴极的高过电位，使晶核形成的概率大大提高，促使晶核形成的速度远高于晶体长大的速度，使镀层结晶细化、排列紧密、孔隙减少、硬度增加。再则，脉冲条件下间断的高阴极电位下的吸脱附过程与直流不一样，这使脉冲电镀可得到光亮镀层。

在采用双脉冲电镀（即周期换向脉冲电镀）时，当反向脉冲电流导通时，短时间的反向脉冲所引起的高度不均匀阳极电流分布，会使阴极（此时阴极转相为阳极）所获得沉积层的毛刺、凸起部分溶解掉，改善复杂形状镀层的厚度分布，从而起到整平的作用。

36.1.2　脉冲电镀的特点

① 改善镀层结构，得到晶粒细致、致密、光亮和均匀的镀层。
② 提高镀液的分散能力和覆盖能力。
③ 降低镀层孔隙率，提高抗蚀性和耐磨性。
④ 减小或消除氢脆，改善镀层的物理性能。
⑤ 降低镀层内应力，提高镀层的韧性。
⑥ 减少添加剂的用量，减低镀层中杂质含量，提高镀层的纯度。
⑦ 降低浓差极化，提高阴极极限电流密度，提高电镀速度。
⑧ 为了达到同样的技术指标，采用脉冲电镀可以用较薄的镀层代替较厚的直流电镀镀层，可以节省原材料，尤其是在节约贵金属方面，具有较大经济效益。

脉冲电镀作为镀槽外控制电极过程的手段，为电镀技术的发展开辟了新的途径。但是，脉冲电镀仍存在一定的限制性[20]。

① 脉冲的通、断时间选择受电容效应的限制。
② 脉冲电镀的最大平均沉积速度，不能超过相同流体力学条件下直流电镀的极限沉积速度。

脉冲电镀应用范围比较广，用于电镀单金属的有脉冲镀锌、镀镍、镀铜、镀铬、镀铁、脉冲电镀贵金属（如银、金、钯、铂等），还能脉冲电镀合金等。此外，还用于铝合金的脉冲阳极氧化。

36.2　脉冲参数的选择

在脉冲电镀条件下，金属的电结晶过程和沉积层的形貌与脉冲参数有着密切的关系。选用的基本原则[20]如下。

（1）脉冲导通时间（t_{on}）的选择

脉冲导通时间（t_{on}），由阴极脉动扩散层建立的速率或由金属离子在阴极表面消耗的速率（J_p）来确定。如果 J_p 大，金属离子在阴极表面消耗得快，那么脉动扩散层也建立得快，则脉冲导通时间（t_{on}）可取短些；反之，t_{on} 则取长些。但无论脉冲导通时间（t_{on}）取长或取短，都必须使 t_{on} 大于脉冲电镀中双电层的充电时间 t_C（即电极电势达到对应的脉冲电流值之前的时间），以避免电容效应的影响。一般情况下，脉冲电镀贵金属 t_{on} 选择在 $0.1 \sim 2ms$ 范围内；脉冲电镀普通金属 t_{on} 选择在 $0.2 \sim 3ms$ 范围内。

（2）脉冲关断时间（t_{off}）的选择

脉冲关断时间（t_{off}），由受特定离子迁移速率控制的阴极脉动扩散层的消失速率来确定。如果外扩散层向脉动扩散层补充金属离子使之消失得快，则 t_{off} 可取短些；反之，t_{off} 可取长些。但无论脉冲关断时间（t_{off}）取长或取短，都必须使 t_{off} 大于脉冲电镀中双电层的放电时间 t_d（即电极电势下降到相应于零电流以前的时间），以避免电容效应的影响。一般情况下，脉冲电镀贵金属 t_{off} 选择在 $0.5 \sim 5ms$ 范围内；脉冲电镀普通金属 t_{off} 选择在 $1 \sim 10ms$ 范围内。

（3）脉冲峰值电流密度（J_p）的选择

脉冲电镀时采用的平均电流密度（J_m），通常都不超过在相同条件下直流电镀电流密度的极限值。这样，在每个脉冲结束时，其扩散层中的离子不致过度消耗。在固定平均电流密度（J_m）的条件下，通过改变脉冲导通时间（t_{on}）、脉冲关断时间（t_{off}），依据上述的脉冲各参数关系换算公式，可以得到不同的脉冲峰值电流密度（J_p）。

脉冲峰值电流密度（J_p）是脉冲时金属离子在阴极表面的最大沉积速度，其大小受 t_{on}、t_{off} 和 J_m 的制约。一般来说，在平均电流密度（J_m）不变的条件下，峰值电流密度（J_p）越大，晶粒越小、镀层越细致光滑、孔隙率相应越低。因此，在选定 t_{on} 和 t_{off}，以及保持 $J_m/J_p \leqslant 0.5$ 的前提下，选择的脉冲峰值电流密度（J_p）越大越好。

（4）脉冲占空比（工作比）γ 的选择

脉冲占空比（γ），由选定的脉冲导通时间（t_{on}）和脉冲关断时间（t_{off}）确定。一般脉冲电镀贵金属选取的占空比（γ）为 $10\% \sim 50\%$；脉冲电镀普通金属选取的占空比（γ）为 $25\% \sim 70\%$。

36.3 脉冲电镀电源

（1）脉冲电源的功能

脉冲电源常用波形有矩形波（方波）、三角波锯齿、正弦波等，用得最多的是矩形波（方波）。脉冲波形的一些组合形式如图 36-2 所示。

由于脉冲电源主要是由嵌入式单片计算机等进行控制，因此，它除实现脉冲输出之外，一般具备多种控制功能。

① 自动稳流稳压　脉冲电源具有高精度的自动调节功能。如电网三相电压波动达上百伏时，脉冲电源输出电压可以几乎不变。脉冲电源的自动调节功能一般具有以下两种模式。

a. 恒电流限压模式。当电镀工艺参数，如零件面积、温度、浓度、酸碱度等工艺条件发生改变时，在恒电流模式下，输出电流自动恒定在设定值不发生改变。这在需精确计算硬铬厚度情况下是很有用的。采用恒流模式时的限压功能的目的是保护设备不被烧坏。

b. 恒电压限流模式。当电镀工艺参数发生改变时，输出电压自动恒定在设定值不发生改变。这种模式对于铝氧化着色大有作用。

② 多段式运行模式　某些电镀时，往往需要进行反向电解、大电流冲击、阶梯送电等操作。传统电源只能靠手工实现。而具有多段式运行模式的脉冲电源则只需提前设定，生产时可自动按顺序进行自动调节。目前国产脉冲电源已达到三段式运行，每一段时间可在 $0 \sim 255s$ 内调节设定。

③ 双向脉冲功能（周期换向脉冲功能）　正负脉冲频率、占空比、正反向输出时间均可独立调节，使用灵活、方便。配合电镀工艺的需要，可获得不同物理性能的镀层。

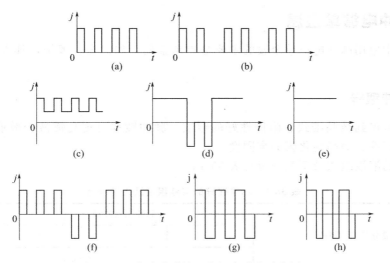

图 36-2　脉冲波形的一些组合形式示意图

（a）单脉冲波形；（b）间歇脉冲波形；（c）直流叠加脉冲波形；（d）直流与脉冲换向波形；
（e）直流波形；（f）双脉冲（周期换向）波形；（g）对称方波交流电波形；（h）不对称方波交流电波形

④ 直流叠加功能　输出正反向脉冲电流的同时，由同一台电源叠加输出一纯直流成分，拓宽了脉冲电源的使用范围及用途。

⑤ 对称或不对称方波交流功能　输出正、反脉冲参数可分别调节的单相不对称交流电流。

(2) 脉冲电源的特点

① 驱动波形规整，极大地改善了斩波后的输出波形，有利于提高镀层质量。

② 采用数字调控，简单直观。

③ 输出功能多、参数多，单独可调。

④ 波形调节范围宽，调节步进可以到 0.1ms。

⑤ 保护功能全面，有输入过压保护、欠压保护、短路保护、输出过热、过流缺相保护和操作故障保护等。

⑥ 温度漂移系数小，能长期稳定连续运行。

(3) 脉冲电镀电源的使用要求

① 电源与镀槽之间的距离　脉冲电镀电源与镀槽之间的距离不宜太远（一般保持 2～3m），以避免脉冲电流波形失真、压降过大。

② 阴极和阳极导线的连接方式　直流电镀导线的连接方式不适合于脉冲电镀，因为脉冲电镀的电感阻滞电流变化，导致通过镀液的脉冲电流上升时间延长，使脉冲波形发生形变。克服的办法，最好是将阴、阳极间采用多对导线分别缠绕在一起，这样可以有效地增加线间电容抵消电感效应的影响。

③ 导线承受电流的额定值　脉冲电流产生的热量要比平均电流指示的大。连接阴极和阳极的导线规格，应按导线承受电流的额定值计算。即导线的电流应按脉冲的峰值电流（即脉冲电流）和平均电流乘积的均方根来计算。导线电流的额定值按下式计算：

$$导线额定电流 = \sqrt{脉冲电流 \times 平均电流}$$

例如：脉冲电流为 100A，占空比为 25%，平均电流则为 25A，按下式计算即得出导线的额定电流值。

$$导线的额定电流 = \sqrt{100A \times 25A} = 50A$$

④ 挂具材料和尺寸的选用　脉冲电镀用的挂具，要选用导电更好的材料和更大的尺寸。

36.4 脉冲电镀单金属

目前生产中应用脉冲电镀单金属的主要是贵重金属，如镀金、镀银，其次是镀镍、镀锌、镀铜等。

36.4.1 脉冲镀锌

脉冲镀锌可得到结晶细致、耐蚀性好的镀层。脉冲镀锌可提高镀液分散能力、减少析氢量、降低镀层脆性、提高钝化膜的牢固度。

脉冲镀锌的溶液组成及工艺规范见表 36-1。

表 36-1 脉冲镀锌的溶液组成及工艺规范

溶液成分及工艺规范	脉冲无氰镀锌			脉冲氰化镀锌
	1	2	3	
	含量/(g/L)			
氯化锌（$ZnCl_2$）	20	20	45	—
氧化锌（ZnO）	19~22	—	—	35~45
氰化钠（$NaCN$）	—	—	—	80~90
氢氧化钠（$NaOH$）	—	—	—	80~85
氯化铵（NH_4Cl）	220~270	200	—	—
氯化钾（KCl）	—	—	220	—
硼酸（H_3BO_3）	—	—	25	—
氨三乙酸[$N(CH_2COOH)_3$]	30~40	—	—	—
聚乙二醇[$HOCH_2(CH_2OCH_2)_nCH_2OH$]	1~1.5	—	—	—
硫脲[$(NH_2)_2CS$]	1~1.5	—	—	—
表面活性剂/(mL/L)	—	6	—	—
添加剂/(mL/L)	—	—	15~20	—
pH 值	5.8~6.2	5	5~5.5	—
温度/℃	10~35	10~35	室温	10~35
脉冲导通时间/ms	0.05	1	1	0.1
脉冲关断时间/ms	0.95	9	1	1
平均电流密度/(A/dm^2)	0.8~1.5	1	2	7

36.4.2 脉冲镀镍

脉冲镀镍可获得结晶细致的镍镀层，能降低镍镀层的孔隙率和内应力，增强镀层延展性，可减少杂质含量。减少或者不用光亮剂就可以获得光亮镍镀层。并可采用更高的电流密度进行电镀，从而提高沉积速度。

脉冲镀镍的溶液组成及工艺规范见表 36-2。

表 36-2　脉冲镀镍的溶液组成及工艺规范

溶液成分及工艺规范	1	2	3	4	5
	含量/(g/L)				
硫酸镍($NiSO_4 \cdot 6H_2O$)	180～240	280	140～210	—	300
氯化镍($NiCl_2 \cdot 6H_2O$)	—	—	—	25～35	100
氨基磺酸镍[$Ni(NH_2SO_3)_2$]	—	—	—	300～400	—
硫酸镁($MgSO_4 \cdot 7H_2O$)	20～30	60	30～50	—	—
硫酸钠(Na_2SO_4)	—	60	80～100	—	—
硼酸(H_3BO_3)	30～40	45	20～30	30～45	40
氯化钠($NaCl$)	10～20	20	3～5	—	—
十二烷基硫酸钠($C_{12}H_{25}SO_4Na$)	—	0.02	—	—	0.02
pH 值	5.4	4	5～5.5	3.5～4.5	3.6～4.1
温度/℃	室温	40	室温	40～60	40～45
脉冲导通时间/ms	0.1	0.18	0.2	0.1	—
脉冲关断时间/ms	0.9	0.52	0.8	0.9	—
占空比	—	—	—	—	5%
平均电流密度/(A/dm²)	0.7	0.7	1	10	0.75

36.4.3　周期换向脉冲镀铜

采用周期换向脉冲镀铜，可改善铜镀层的质量，使镀层厚度均匀、平整、孔隙少，而且允许采用较高的电流密度，获得较厚的铜镀层。周期换向脉冲镀铜的溶液组成及工艺规范[20]见表 36-3。

表 36-3　周期换向脉冲镀铜的溶液组成及工艺规范

溶液成分		工艺规范	
氰化亚铜($CuCN$)	50～90g/L	温度	55～70℃
游离氰化钠($NaCN$)	6～9g/L	阴极电流密度	4～8A/dm²
酒石酸钾钠($NaKC_4H_4O_6 \cdot 4H_2O$)	10～20g/L	阳极电流密度	2～4A/dm²
硫氰酸钾($KSCN$)	10～20g/L	阴阳极时间比($t_k : t_a$)	20s : 5s
氢氧化钠($NaOH$)	10～20g/L		

36.4.4　脉冲镀铬

脉冲镀铬能改变镀层的性能和结构，如提高铬镀层的耐蚀性、耐磨性，并能获得无裂纹铬镀层。脉冲镀铬的溶液组成及工艺规范见表 36-4。

表 36-4　脉冲镀铬的溶液组成及工艺规范

溶液成分及工艺规范	1	2	3
	含量/(g/L)		
铬酐(CrO_3)	250	250	250
硫酸(H_2SO_4)	2.5	2.5	2.5

续表

溶液成分及工艺规范	1	2	3
	含量/(g/L)		
氟硅酸钾(K_2SiF_6)	—	2	—
温度/℃	30	45～55	60
脉冲导通时间/ms	0.17	1	0.5～5
脉冲关断时间/ms	0.83	2	0.5～2.5
平均电流密度/(A/dm²)	4	13	8～15

36.4.5 脉冲镀银

脉冲镀银可以获得纯度高、结晶细致、平滑、孔隙率低、色泽柔和均匀的镀层。由于银镀层表面孔隙率低，因而降低了对污染物的吸附能力，从而提高了银镀层的抗变色能力。并且脉冲镀银比直流镀银所获得的银镀层具有更高的硬度和耐磨性，因此，将银镀层厚度降低20%时，脉冲银镀层仍具有与直流银镀层相当的技术性能。脉冲镀银的溶液组成及工艺规范见表36-5、表36-6。

表 36-5 脉冲无氰镀银的溶液组成及工艺规范

溶液成分及工艺规范	1	2	3	4	5
	含量/(g/L)				
硝酸银($AgNO_3$)	45～55	40～50	—	50～60	30
甲基磺酸银($AgCH_3SO_3$)	—	—	90	—	—
碳酸钾(K_2CO_3)	40～70	—	20	—	40
氯化钾(KCl)	—	—	—	—	5
烟酸($C_6H_5O_2N$)	90～110	—	—	—	—
硫酸铵$[(NH_4)_2SO_4]$	—	100～120	—	—	—
亚氨基二磺酸铵$[HN(SO_3NH_2)_2]$(NS)	—	120～150	—	—	—
丁二酰亚胺($C_4H_5O_2N$)	—	—	120	—	—
硫代硫酸钠(NaS_2O_3)	—	—	—	250～350	—
硼酸(H_3BO_3)	—	—	—	25～35	—
焦亚硫酸钾($K_2S_2O_5$)	—	—	—	90～110	—
5,5-二甲基乙内酰脲($C_5H_8N_2O_2$)	—	—	—	—	120
焦磷酸钾($K_4P_2O_7 \cdot 3H_2O$)	—	—	—	—	40
pH 值	9～9.5	8.2～8.8	8.5	4.2～4.8	10
温度/℃	室温	室温	室温	10～40	室温
占空比	1:9	1:9	0.1	见注2	见注3
平均电流密度/(A/dm²)	0.4～0.6	0.3～0.5	1.8	见注2	0.4

注：1. 配方3最佳工艺为脉冲周期5ms。
2. 配方4采用双向脉冲，其脉冲参数：正向脉冲宽为1ms，占空比为10%，电流密度为0.8A/dm²，工作时间为100ms；反向脉冲宽度为1ms，占空比为15%，电流密度为0.2A/dm²，工作时间为20ms。
3. 配方5的导通时间为1.2ms，关断时间为1.8ms。

表 36-6　脉冲氰化镀银的溶液组成及工艺规范[3]

溶液成分及工艺规范	1	2	3	4
	含量/(g/L)			
氯化银（AgCl）	39	35～40	30～40	—
氰化银（AgCN）	—	—	—	40.2
氰化钾（KCN）	70	50～60	65～80	58.5
碳酸钾（K_2CO_3）	—	—	30～40	44.4
温度/℃	室温	室温	室温	16～35
脉冲导通时间/ms	0.2	0.4	0.1～0.3	0.1
脉冲关断时间/ms	1.8	0.6	0.9～1.4	1.4
平均电流密度/（A/dm^2）	0.4	0.3～0.5	0.2～0.6	2

注：氰化镀银的配方 2 适用于脉冲滚镀银。

36.4.6　脉冲镀金

脉冲镀金可以使用现在工业生产中所用的配方，工艺条件也基本相同，只要选用合适的脉冲电流参数进行电镀，即可获得良好的金镀层。脉冲镀金是一种提高镀层质量、减少黄金消耗的有效方法。采用脉冲镀金得到的金镀层外观颜色好，而且镀层结晶细致、密度大、均匀性好，并具有较好的抗高温变色能力。

在电子工业中广泛应用的晶体管座、印制电路板、接插件、连接片及电器件采用的脉冲镀金，在达到规定技术指标要求的前提下，可以减薄镀层厚度，从而可节省 15%～20% 的黄金[20]。

脉冲镀金溶液可以采用低氰柠檬酸盐镀液、亚硫酸盐镀液及氰化物镀液等。此外，还可采用周期换向脉冲镀金（又称双向脉冲镀金），它综合脉冲电镀与换向电镀的优点，大大提高镀层质量。

低氰柠檬酸盐及氰化物脉冲镀金的溶液组成及工艺规范[3]见表 36-7。

亚硫酸盐脉冲镀金的溶液组成及工艺规范见表 36-8。

周期换向脉冲镀金的溶液组成及工艺规范[24]见表 36-9。

表 36-7　低氰柠檬酸盐及氰化物脉冲镀金的溶液组成及工艺规范

溶液成分及工艺规范	低氰柠檬酸盐镀液				氰化物镀液
	1	2	3	4	
	含量/(g/L)				
金[以 $KAu(CN)_2$ 形式加入]	20～35	10	6～8	4～5	7～10
氰化钾（KCN）	—	—	—	—	20～25
柠檬酸钾（$K_3C_6H_5O_7 \cdot H_2O$）	100～120	20	120	—	—
柠檬酸铵[$(NH_4)_3C_6H_5O_7$]	—	—	—	120	—
柠檬酸（$H_3C_6H_5O_7$）	—	10	75	—	—
硫酸钾（$K_2SO_4 \cdot 5H_2O$）	18～22	—	—	—	—
酒石酸锑钾[$K(SbO)C_4H_4O_6 \cdot 1/2H_2O$]	—	10	0.3	0.1～0.2	—
pH 值	5.4～6.4	5.1	4.8～5.6	5.2～5.8	—
温度/℃	65	60	室温	40	25～35

续表

溶液成分及工艺规范	低氰柠檬酸盐镀液				氰化物镀液
	1	2	3	4	
	含量/(g/L)				
脉冲导通时间/ms	0.2	6	0.1～0.17	0.2	0.4
脉冲关断时间/ms	1.4	14	0.9～0.83	0.8	0.6
平均电流密度/(A/dm²)	0.35～0.45	0.75	0.4	0.1～0.15	0.05～0.1

注：1. 低氰柠檬酸盐镀液配方 4 适用于脉冲滚镀金。
2. 阳极材料均采用纯金、钛网镀铂。

表 36-8　亚硫酸盐脉冲镀金的溶液组成及工艺规范

溶液成分及工艺规范	1	2	3
	含量/(g/L)		
金(以 $HAuCl_4 \cdot 4H_2O$ 形式加入)	20	15～20	—
金(以 $AuCl_3$ 形式加入)	—	—	10～15
亚硫酸铵[$(NH_4)_2SO_3$]	250	150～180	250～280
柠檬酸钾($K_3C_6H_5O_7 \cdot H_2O$)	100	80～100	50～80
硫酸钴($CoSO_4 \cdot 7H_2O$)	—	0.3～0.5	—
添加剂	—	—	10
pH 值	9～9.5	8～9	—
温度/℃	40～45	20～30	55～65
脉冲导通时间/ms	0.1	0.07～0.3	0.1
脉冲关断时间/ms	0.9	0.93～1.7	0.9
平均电流密度/(A/dm²)	0.5	0.2～0.6	0.3～0.4
阳极材料	纯金、钛网镀铂	纯金、钛网镀铂	—

注：配方 3 的脉冲频率为 1000Hz。

表 36-9　周期换向脉冲镀金的溶液组成及工艺规范

溶液成分		工艺规范	
金氰化钾[$KAu(CN)_2$]	10～15g/L	温度　40～50/℃　　脉冲频率　1000Hz	
柠檬酸钾($K_3C_6H_5O_7 \cdot H_2O$)	40～50g/L	峰值电流密度/(A/dm²)	
磷酸氢二钾(K_2HPO_4)	100～150g/L	正向电流密度 0.5;反向电流密度 0.1	
添加剂	0.1～0.3g/L	通断比　正向1:10　反向1:5	
pH 值	4.6～5.5	正向脉冲与反向脉冲导通时间比　　9:2	

36.4.7　脉冲镀钯和镀铂

脉冲镀钯和镀铂的溶液组成及工艺规范见表 36-10。

表 36-10　脉冲镀钯和镀铂的溶液组成及工艺规范

溶液成分及工艺规范	脉冲镀钯	脉冲镀铂
	含量/(g/L)	
钯(以 K_2PdCl_4 形式加入)	5	—
铂[以 $H_2Pt(NO_2)_2SO_4$ 形式加入]	—	5～10

续表

溶液成分及工艺规范	脉冲镀钯	脉冲镀铂
	含量/(g/L)	
亚硝酸钠（NaNO₂）	14	—
氯化钠（NaCl）	40	—
硼酸（H₃BO₃）	25	—
pH 值	4.7	1.2～2（用 H₂SO₄ 调节）
温度/℃	50	50～60
脉冲导通时间/ms	4.5	0.1～0.2
脉冲关断时间/ms	10.5	0.9～1.1
平均电流密度/(A/dm²)	1	0.5～1
阳极材料	纯钯、钛网镀铂	纯铂、钛网镀铂

36.4.8 不对称交流低温镀铁

不对称交流低温镀铁的镀液温度一般为 30～50℃，镀液成分简单，导电性好，允许电流密度大，沉积速度快，镀层结晶细致，硬度高，而且镀层有微裂纹，具有良好的储油润滑作用和良好的耐磨性。

不对称交流低温镀铁，是采用不对称交流电先镀一层与基体金属结合力好的软铁镀层，然后再镀硬铁镀层（面层），所以这种镀铁分起镀、过渡镀、直流镀三个过程。其典型的镀液组成及工艺规范如下：

氯化亚铁（FeCl₂·4H₂O）	350～550g/L	温度	30～50℃
pH 值	1～1.5	电流密度	15～30A/dm²

工艺说明如下。

① 起镀工艺参数 阴极电流密度/阳极电流密度为 1～1.3，一般采用阴极电流密度为 8～10A/dm²，阳极电流密度为 7～8A/dm²，通电时间为 5～10min。

② 过渡镀工艺参数 阴极电流密度/阳极电流密度为 8～10，在此电流比例下电镀 2～3min，即可转直流镀。过渡镀是为了使不对称交流镀层能够圆滑地转到直流镀层，过渡镀形成间于软硬之间的过渡层，确保底镀层与基体的结合性能。

④ 直流镀工艺参数 电镀时间约为 20～30min。转入直流镀后，逐步提高阴极电流密度到规定的电流密度。

36.5 脉冲电镀合金

36.5.1 脉冲电镀 Zn-Ni 合金

脉冲电镀 Zn-Ni 合金，可提高镀层中的 Ni 含量（至 15%～20%，质量分数），而且镀层结晶细致。脉冲电镀 Zn-Ni 合金的溶液组成及工艺规范见表 36-11。

表 36-11 脉冲电镀 Zn-Ni 合金的溶液组成及工艺规范

溶液成分及工艺规范	1	2
	含量/(g/L)	
氧化锌（ZnO）	15	130

续表

溶液成分及工艺规范	1	2
	含量/(g/L)	
氯化镍(NiCl$_2$·6H$_2$O)	12～36	135
氯化铵(NH$_4$Cl)	250	—
氯化钾(KCl)	—	160
硼酸(H$_3$BO$_3$)	20	30
pH 值	6.5～6.8	3.5
温度/℃	20～40	25～40
脉冲导通时间/ms	0.25	1
脉冲关断时间/ms	4.75	10
平均电流密度/(A/dm^2)	1～2	9.2

36.5.2 脉冲电镀铜基合金

脉冲电镀 Cu-Zn 合金（黄铜），通过选择适当的脉冲参数，有可能获得组分及颜色重现的合金镀层。脉冲电镀 Cu-Sn 合金（青铜），其所获得的合金镀层的颜色均匀，镀层中的 Sn 含量较稳定，约在 10%～12%（质量分数）。

脉冲电镀铜基合金的溶液组成及工艺规范见表 36-12。

表 36-12　脉冲电镀铜基合金的溶液组成及工艺规范

溶液成分及工艺规范	脉冲镀 Cu-Zn 合金	脉冲镀 Cu-Sn 合金
	含量/(g/L)	
氰化亚铜(CuCN)	30	—
铜(以 Cu$_2$P$_2$O$_7$·3H$_2$O 形式加入)	—	10～18
氰化锌[Zn(CN)$_2$]	7	—
锡(以 Na$_2$SnO$_3$·3H$_2$O 形式加入)	—	8～18
氰化钠(NaCN)	49	—
焦磷酸钾(K$_4$P$_2$O$_7$)	—	125～250
碳酸钠(Na$_2$CO$_3$)	4.7	—
pH 值	—	10.5～11
温度/℃	20～40	40
脉冲导通时间/ms	10	40
脉冲关断时间/ms	20	160
平均电流密度/(A/dm^2)	0.32	1.4

36.5.3 脉冲电镀镍基合金

脉冲电镀 Ni-Co 合金，其镀层致密均匀，镀层中的 Co 含量可提高到 20%（质量分数）左右，其耐蚀性、耐磨性优于直流电镀镀层。Ni-Co 合金可作为防护-装饰性镀层及磁性材料。

脉冲电镀 Ni-P 合金，可获得质量良好的非晶态结构的 Ni-P 合金镀层。

脉冲电镀 Ni-Cr 合金，主要是增加合金镀层的耐磨性和耐蚀性。

脉冲电镀 Ni-Fe 合金，比直流电镀在稳定镀层成分、抑制氢气析出、提高电流效率等方面均具有优越性，可获得含 Ni 80%，含 Fe 20%（均为质量分数）的合金镀层。脉冲电镀镍基合金的溶液组成及工艺规范见表 36-13。

表 36-13　脉冲电镀镍基合金的溶液组成及工艺规范[3]

溶液成分及工艺规范	脉冲镀 Ni-P 合金	脉冲镀 Ni-Co 合金	脉冲镀 Ni-Cr 合金	脉冲镀 Ni-Fe 合金
	含量/(g/L)			
硫酸镍($NiSO_4 \cdot 6H_2O$)	150	—	—	—
硫酸镍($NiSO_4 \cdot 7H_2O$)	—	250～300	—	180～220
氯化镍($NiCl_2 \cdot 6H_2O$)	45	30～50	30～40	25～30
硫酸钴($CoSO_4 \cdot 7H_2O$)	—	10～30	—	—
三氯化铬($CrCl_3 \cdot 6H_2O$)	—	—	100	—
硫酸亚铁($FeSO_4 \cdot 7H_2O$)	—	—	—	15～20
柠檬酸钠($Na_3C_6H_5O_7 \cdot 2H_2O$)	—	—	—	20～30
磷酸(H_3PO_4)	50	—	—	—
亚磷酸(H_3PO_3)	40	—	—	—
硼酸(H_3BO_3)	—	35～45	30～40	—
溴化钠(NaBr)	—	—	15	—
氯化铵(NH_4Cl)	—	—	50	—
柠檬酸二氢钠($NaH_2C_6H_5O_7$)	—	—	80	—
甲酸(HCOOH)/(mL/L)	—	—	35～40	—
填平剂 3L/(mL/L)	—	0.5	—	—
辅光剂 3C/(mL/L)	—	5	—	—
润湿剂 Y19/(mL/L)	—	1.5	—	—
糖精($C_6H_4COSO_2NH$)	—	—	—	3～5
十二烷基磺酸钠($C_{12}H_{25}SO_3Na$)	—	—	—	0.1～0.3
非离子型表面活性剂	—	—	少量	—
pH 值	0.8	4～4.8	3.8	2.3
温度/℃	78	50～60	30～40	25
脉冲导通时间/ms	2	1	0.5	5
脉冲关断时间/ms	0.2	1.5	2	5
平均电流密度/(A/dm²)	1.4	4	5～10	3.5～5

注：脉冲镀 Ni-Co 合金镀液中的填平剂、辅光剂、润湿剂为安美特（广州）化学有限公司的产品。

36.5.4　脉冲电镀其他二元合金

在钛基上脉冲电镀 Cr-Mo 合金（Cr 的质量分数为 2%），可提高耐磨性和耐蚀性，甚至可以获得无裂纹的合金镀层。

脉冲电镀 Au-Ni 合金，其镀层具有比直流电镀镀层更高的硬度和耐磨性，可用于电子工业中的镀金接插件。

脉冲电镀 Ag-Sb 合金（Sb 的质量分数在 2%左右），其合金镀层的光亮度、耐磨性及抗变色性能，均优于相同条件下的直流电镀 Au-Ni 合金，广泛用作铜管乐器的装饰镀层。

脉冲电镀其他二元合金的溶液组成及工艺规范[3]见表 36-14。

表 36-14　脉冲电镀其他二元合金的溶液组成及工艺规范

溶液成分及工艺规范	脉冲镀 Cr-Mo 合金	脉冲镀 Au-Ni 合金	脉冲镀 Ag-Sb 合金
	含量/(g/L)		
铬酐(CrO_3)	260	—	—
钼酸铵[$(NH_4)_6Mo_7O_{24} \cdot 4H_2O$]	75	—	—
金[以 $KAu(CN)_2$ 形式加入]	—	10～20	—
硫酸镍($NiSO_4 \cdot 7H_2O$)	—	1～1.5	—
银(以 $AgCN$ 形式加入)	—	—	20～40
氰化钾(KCN)	—	—	80～120
硫酸锶($SrSO_4$)	6	—	—
氟硅酸钾(K_2SiF_6)	20	—	—
柠檬酸钾($K_3C_6H_5O_7 \cdot H_2O$)	—	100～120	—
柠檬酸($H_3C_6H_5O_7$)	—	10～20	—
氢氧化钾(KOH)	—	—	5～10
酒石酸钾钠[$NaKC_4H_4O_6 \cdot 4H_2O$]	—	—	20～40
酒石酸锑钾[$K(SbO)C_4H_4O_6 \cdot 1/2H_2O$]	—	—	2～4
光亮剂 A/(mL/L)	—	—	30
光亮剂 B/(mL/L)	—	—	15
pH 值	—	3.5～4	12～12.5
温度/℃	50～60	30	15～30
脉冲导通时间/ms	3	2.6	0.5
脉冲关断时间/ms	3	20	4.5
平均电流密度/(A/dm^2)	46.5	1	0.3～0.6

　　注：脉冲镀 Ag-Sb 合金镀液中的光亮剂 A、B 由华美电镀有限公司提供。

36.6　脉冲电镀耐磨复合镀镍

脉冲电镀耐磨复合镀镍的溶液组成及工艺规范[1]见表 36-15。

表 36-15　脉冲电镀耐磨复合镀镍的溶液组成及工艺规范

溶液成分及工艺规范	1	2	3	4
	含量/(g/L)			
硫酸镍($NiSO_4 \cdot 6H_2O$)	250～300	280	300	300
氯化镍($NiCl_2 \cdot 6H_2O$)	30～60	40	35	45
硼酸(H_3BO_3)	35～40	38	40	40

续表

溶液成分及工艺规范		1	2	3	4
		含量/(g/L)			
亚磷酸(H_3PO_3)		—	—	—	15
十二烷基磺酸钠($C_{12}H_{25}SO_3Na$)		—	0.1	—	—
SDS 添加剂		0.05~0.1	—	—	—
分散剂		适量	—	—	适量
固体微粒	微粒名称	碳化硅(SiC)	金刚石	氧化锆(ZrO_2)	二氧化硅(SiO_2)
	微粒粒度	平均粒径 20nm	粒度 80/100~ 230/270	纳米粉	平均粒径 6~7nm
	微粒含量	4~5	60	14~16	20
pH 值		4~6	4.1~4.4	4	1~2
温度/℃		40~60	43~59	40	70
平均阴极电流密度/(A/dm^2)		3	3~4	3	4
脉冲频率/(kHz)		60	1~1.2	0.25	0.1
占空比		—	0.22	0.14	0.2

注：SDS 添加剂由西安友联化工有限公司生产。

第**37**章
电铸

37.1 概述

电铸是指通过电解使金属沉积在铸模上，从而制造或复制金属制品（能将铸模和金属沉积物分开）的过程。电铸虽然与电镀都属于电沉积，但电铸则是通过电沉积制得电铸实体，它要与其体芯模分离；电铸要制作有某些功能的实体零件，因此电铸层厚度通常有几百微米到几毫米，甚至十几毫米。

（1）电铸的特点

电铸一般用来制造某些用常规机械加工方法难以制造的特殊零件，它具有以下特点。

① 优点

a. 复制性好。它能准确地复制出芯模的表面形貌。

b. 能将较难操作的内型面加工转变为较容易操作的外型面加工。

c. 通过合理的芯模设计，选用合适的工艺规范，可以制造出精度高、表面粗糙度值小的零件。

d. 能获得纯度很高的金属制品，可以得到由不同材料组成的多层结构的零件，并能将各种金属零件、非金属零件组成一个整体。

e. 可用电铸连接某些不能焊接的特殊材料或零件。

f. 电铸的厚度可以控制。可制取几微米厚的金属箔材，也可制取十几毫米厚的结构零件。

② 缺点

a. 芯模表面的缺陷，如划伤、麻坑等，也会复制到电铸零件表面上来。

b. 在复杂的芯模表面或电铸层比较厚时，难以得到均匀的电铸层，有时在棱边和尖角处会有结瘤，这时需对其外表面进行机械加工。

c. 电铸生产速度低（薄壁件除外），生产周期长，成本比较高。

（2）电铸的应用

由于电铸具有突出的优点，已在机械制造业获得广泛应用，如用电铸方法来制造形状复杂、精密度高的空心零件（如异形空心管、波导管、文氏管等）、注塑成型模具或橡胶零件压模、超音速气切割嘴、金属箔和金属网、光盘压模、风洞喷管内壁、液体火箭发动机推力室、泡沫金属、电铸连接以及艺术品的创作和复制等。

37.2 电铸的基本要求

电铸的基本要求如表 37-1 所示。

表 37-1 电铸的基本要求

项目	电铸零件及电铸溶液的基本要求
电铸零件的基本要求	① 电铸零件外形力求简单,对于难以简化而又不易电铸的制品,可将其分割为数个简单零件,电铸后再组装

项目	电铸零件及电铸溶液的基本要求
电铸零件的基本要求	② 电铸零件应有良好的外观,表面无针孔、裂纹、烧焦、结瘤等缺陷,外形尺寸、表面粗糙度应符合产品要求 ③ 电铸零件的内部不得有针孔、空洞夹渣等缺陷 ④ 电铸金属零件的成分纯度和电铸合金的合金元素含量,应符合产品技术条件要求 ⑤ 受力的电铸零件的抗拉强度、屈服强度、断后伸长率、硬度等力学性能,以及其他的物理性能等,应符合产品设计提出的要求 ⑥ 电铸连接零件的连接强度;多次电铸时的各电铸层之间的结合强度等,都应符合技术要求
电铸溶液的基本要求	① 沉积速度高。由于电铸层厚度一般较厚,为提高生产效率,故要求电铸溶液有高的沉积速度。可从电铸溶液的组成(提高主盐浓度)及工艺规范(如溶液加热、搅拌、阴极移动、脉冲电流电铸)等采取措施,以提高操作电流密度,加快沉积速度 ② 电铸溶液稳定性好。由于电铸是长时间连续的电沉积过程,要求电铸溶液成分简单,容易操作和维护,在长时间工作过程中保持稳定,以获得性能稳定的电铸层 ③ 电铸外形复杂的零件,要求能获得均匀的电铸层,要求电铸溶液有较好的分散能力。而其他零件对电铸溶液的分散能力和覆盖能力的要求不高 ④ 电铸层通常作为功能材料使用,因此要求电铸溶液沉积的电铸层,应具有零件所要求的力学性能或物理性能,并且性能稳定,而对电铸层的外观装饰要求不高 ⑤ 电铸溶液所得的电铸层的内应力比较低,应防止在电铸时产生电铸层开裂、翘起等缺陷 ⑥ 电铸溶液不应采用剧毒的氰化物溶液。再则,所采用的溶液成分,应便于净化处理

37.3　电铸用的芯模

37.3.1　芯模的类型和材料

(1) 芯模类型

芯模的类型,按使用次数可分为一次使用的芯模和多次使用的芯模。根据电铸零件的形状、尺寸精度、表面粗糙度、性能要求、生产量以及所采用的电铸材料等来选用芯模类型。一般情况下,当公差小、表面粗糙度低、批量生产时选用多次使用的芯模;当尺寸精度及表面粗糙度要求不高,或零件形状复杂、脱模困难(电铸成型后,不能用机械方法脱模)时,则选用一次使用的芯模。

(2) 芯模材料

多次使用的芯模,一般用不锈钢制作,或在碳钢表面上镀镍、镀铬。铝合金、塑料及有机玻璃可以用作一次或多次使用的芯模,根据具体情况选用。但铝合金芯模抗划伤能力较低并且易受镀液腐蚀,只有在镀液腐蚀性不强、使用次数不多时,才用铝合金作多次使用的芯模。常用的芯模材料及性能见表 37-2。

低熔点合金是一种常用的一次使用的金属芯模材料。由于低熔点合金芯模是铸造成型,芯模表面状态和尺寸精度较低,故不适于精密零件的电铸。某些低熔点合金的成分及熔点见表 37-3。

蜡制剂芯模用的蜡制剂的成分见表 37-4。蜡制剂的成分可在较宽的范围内变化。其中石蜡是蜡制剂的主要成分,蜂蜡及精制地蜡可提高柔软性,松节油起润湿渗透作用,松香可提高硬度并降低收缩率,石墨粉可改善表面石墨化状态和降低收缩率。采用蜡制剂芯模不宜在热的溶液中电铸。

表 37-2 常用的芯模材料及性能

芯膜材料	材料性能	机械加工性能	表面粗糙度	可达到的精度	抗破坏能力	需要的中间层	脱模方式	成本	常用牌号
多次使用的芯膜	碳素钢	好	低	高	高	铜/镍/铬钝化层	机械	低	普通碳素钢
	不锈钢	差	低	高	高	钝化层	机械	高	20Cr13、30Cr13、06Cr19Ni10、12Cr18Ni 9Ti
	黄铜、青铜	好	低	高	中	铜/镍/铬钝化层	机械	较高	—
	铝合金	好	低	高	较低	浸锌层	化学溶解或机械	中	2A12(LY12)2A14 6A02(CD2) 7A04(CC4)
	电铸镍	差	低	高	高	—	机械	高	—
	低膨胀合金	差	低	高	高	钝化层	加热或冷却	很高	4 J32 4 J36
	塑料	好	中	中	较低	导电层	加热冷却或溶剂溶解	中	ABS 塑料、聚丙烯、聚酰胺、聚苯乙烯、聚氯乙烯等
	有机玻璃	好	低	中	较低	导电层	加热冷却或溶剂溶解	高	—
一次使用的芯膜	低熔点合金	(铸造)	中	较低	较低	—	熔化	低	成分见表 37-3
	蜡制剂	(铸造)	中	较低	低	导电层	熔化	低	成分见表 37-4
	石膏	(铸造)	中	较低	低	防水层、导电层	破坏	低	
	铝合金	好	中	高	较低	浸锌层	化学溶解或机械	中	2A12(LY12)6A02(CD2) 7A04(CC4)
	锌合金	(铸造)	低	高	中	—	化学溶解	中	
	热塑性塑料	好	中	中	较低	导电层	加热冷却或溶剂溶解	中	聚丙烯、聚酰胺、聚苯乙烯、聚氯乙烯等
	有机玻璃	好	低	中	较低	导电层	加热冷却或溶剂溶解	高	

注：易熔合金的成分及熔点见表 37-3。蜡制剂的成分见表 37-4。

表 37-3 低熔点合金的成分及熔点

合金成分及工艺规范	1	2	3	4	5	6	7	8	9
	含量(质量分数)/%								
锡(Sn)	8.3	12	13.5	11.3	18.8	—	42	61.9	91.1
铅(Pb)	17.3	18	26.5	37.7	31.2	44.5	—	38.1	—

合金成分及工艺规范	1	2	3	4	5	6	7	8	9
	含量（质量分数）/%								
铋（Bi）	50	49	50	42.5	50	55.5	58	—	—
镉（Cd）	5.3	—	10	8.5	—	—	—	—	8.9
铟（In）	19.1	21	—	—	—	—	—	—	—
熔点/℃	47.2	57.8	70	70～80	96	124	138	183	199

表 37-4　蜡制剂的成分

成分及工艺规范	1	2	3	4	5	6	7	8	9	10
	含量（质量分数）/%									
蜂蜡	80	80	60	—	40	24	20	20	10	—
石蜡	10	—	15	50	10	—	10	30	10	10
精制地蜡	—	10	—	—	30	36	—	—	10	15
松香	—	—	20	50	—	—	70	50	70	70
松节油	2	5	—	—	5	—	—	—	—	—
石墨粉	8	5	5	—	15	40	—	—	—	5

（3）芯模的设计

芯模的设计，应根据电铸零件的外形、尺寸精度、表面粗糙度以及芯模的机械加工等因素确定。设计芯模时应考虑以下问题。

① 对整体脱模的芯模应无"锁扣"，同时为便于脱模，芯模表面粗糙度值最好能达到 $Ra0.05\mu m$，若难于达到此数值，其 Ra 值也不得大于 $0.2\mu m$。

② 芯模应有锥度，其锥度不应小于 $0.085mm/m$[3]。如电铸零件不允许有锥度，为便于脱模，则应选用与电铸热膨胀系数相差较大的材料制造芯模，以便电铸后用加热或冷却方法进行脱模。

③ 外形复杂不能完整脱模的零件，可选用一次性使用芯模，或为脱模方便或简化加工过程，可采用组合芯模。各芯模装配面的表面粗糙度值应小于 $Ra0.8\mu m$，其配合面的间隙应小于 $0.02mm$，应向间隙中填入石蜡。

④ 精度要求不高的电铸零件，也可在芯模表面上涂或浸一层极薄的蜡或低熔点合金，在电铸后加热使其熔化，在熔化状态下迅速脱模。

⑤ 设计的芯模要有足够的刚度，不应因电铸层的应力而变形。对于电铸后退芯模前要进行机械加工的零件，不应在加工时变形；而芯模应有加工时的装夹和定位基准部位，并有一定的加工余量。

⑥ 为减轻外棱角电铸层过厚、结瘤和内棱角处电铸层过薄的问题，其外、内棱角处均应进行倒圆。

⑦ 若电铸时需要安装辅助阳极、辅助阴极或屏蔽板，设计时在芯模上应有其安装的部位。

37.3.2　电铸前芯模的预处理

电铸前芯模的预处理的作用，是使芯模表面能够进行电沉积；并在电铸后能顺利地进行脱模。

电铸芯模有金属芯模和非金属芯模，其预处理分述如下。

(1) 金属芯模的预处理

金属芯模分为多次使用的金属芯模和一次使用的金属芯模。多次使用的金属芯模有不锈钢、碳素钢、铝合金芯模等，一般使用的是不锈钢制作的芯模；一次性使用的金属芯模有低熔点合金和铝合金芯模。

金属芯模的预处理见表 37-5。

表 37-5　金属芯模的预处理

芯模材料		金属芯模的预处理
多次使用的金属芯模	不锈钢芯模	不锈钢表面在空气中可生成氧化膜，其上的电铸层附着不牢，易于进行整体脱模。但为可靠起见，通常在电铸前进行钝化处理。 ① 脱脂　按常规工艺进行 ② 弱浸蚀　在 110～130mL/L 的硫酸溶液中，于室温下浸蚀 2～5min ③ 钝化　在 15～25g/L 的重铬酸钾溶液中，于室温下钝化 0.5～1min；或在 180～220mL/L 的硝酸溶液中，于室温下钝化 30min
	碳素钢芯模	碳素钢的芯模易产生锈蚀，所以外层需镀覆约 10μm 厚的铬镀层作为防护层，然后可按不锈钢芯模的预处理(钝化)方法，进行电铸前的预处理
	黄铜芯模[31]	由于黄铜机械加工性能好，能达到较高的光洁度与精度，可采用机械方式脱模，能反复多次使用。其预处理流程：脱脂→活化处理→镀铬→镀镍→镀铜。镀铬和镀镍的作用是提高模具的硬度和耐磨性，并使其有一定的抗蚀性。最后电镀铜，以增加模具的厚度，这是因为电镀铜成本低，其镀层具有一定的机械强度，导热导电性好，并且酸性镀铜溶液能快速镀出内应力低的镀层
	铝合金芯模	电铸前的预处理方法：经脱脂和硝酸溶液出光后，在 30～50mL/L 的硫酸溶液中弱浸蚀 3～5min，清洗干净后即可下槽电铸。由于铝是两性金属，电铸溶液 pH 值最好为 3.5～10，若 pH 值过低或过高，则应先预镀一层内应力小的铜镀层或镍镀层。如果电铸层内应力大，则选用铝上电镀的预处理方法
一次使用的金属芯模	低熔点合金芯模	低熔点合金是常用的一次性使用的金属芯模材料。其芯模是铸造成型，所以芯模表面状态及尺寸精度不好，因此不适用于精密零件的电铸。低熔点合金的芯模的预处理流程如下： ① 脱脂　按常规方法进行化学或电化学脱脂 ② 弱浸蚀　对于不含铅的低熔点合金，在 10～100g/L 的硫酸或氨磺酸溶液中，于室温下浸泡 2～5s；对于含铅的低熔点合金，在 10～100g/L 的氟硼酸溶液中，于室温下浸泡 2～5s ③ 阳极处理　对于含铅的低熔点合金，应在 30g/L 的硫酸溶液中，于室温下，1A/dm² 的阳极电流密度下处理 20s，使芯模表面形成一层由过氧化铅组成的分离层，使其在脱模时不与电铸层粘连在一起，便于脱模 ④ 预镀铜　对于不含铅的低熔点合金，可在常规镀铜溶液中镀几微米的铜镀层，便于脱模，还可防止高应力电铸层在电铸时的翘起现象 ⑤ 电铸　如电铸溶液温度比室温高得多，为防止电铸层开裂，芯模应在与电铸溶液温度相当的水槽中浸泡，待芯模升温后再入槽电铸
	铝合金芯模	其预处理，同多次使用的铝合金芯模的预处理
使用含铋的低熔点合金芯模电铸后，在退模时若未退除干净，残留的低熔点合金中的铋会使电铸铜、镍产生晶界脆性，在这种情况下，要使用不含铋的低熔点合金芯模[2]		

(2) 非金属芯模的预处理

非金属芯模有蜡制剂芯模、石膏芯模和塑料芯模。其预处理见表 37-6。

表 37-6　非金属芯模的预处理

芯模材料	非金属芯模的预处理
蜡制剂芯模	蜡制剂是常用的一种一次性使用的芯模材料。蜡制剂芯模制造方法简单，先在模具表面涂一层油脂类薄膜，然后将熔化的蜡制剂浇入模具中，冷却后脱模。为使芯模表面导电，在其表面涂导电粉末，如镍粉、铜粉、银粉或石墨粉，粉末的粒度一般为 200～300 目[2](孔径为 0.05～0.071mm)。由于石墨粉粒度小、导电性好、价格低，并且很容易在蜡制剂表面黏着，所以导电粉末最常用的是石墨粉 涂覆导电粉末后，用水洗去芯模表面未黏着的粉末，于室温下在清洗剂溶液中浸泡脱脂，其表面被水润湿后，即可在电铸溶液中进行电铸。内应力小的电铸层可在电铸溶液中直接进行电铸；内应力大的电铸层，为防止电铸层开裂，应先镀一层内应力小的镀层——裹紧层，如铜裹紧层、镍裹紧层

芯模材料	非金属芯模的预处理
石膏芯模	石膏是吸水性强的多孔性材料,石膏芯模在电铸前必须进行封孔处理。封孔可采用蜡质材料或涂料 ① 蜡质材料封孔　将石膏芯模浸入温度约为 100℃ 的熔融石蜡、地蜡或蜂蜡中,待芯模表面的孔隙被完全封闭后,可按前述蜡制剂芯模的预处理方法进行处理和电铸 ② 涂料封孔　向芯模表面喷涂或刷涂一层涂料,一般选用室温固化的清漆或磁漆。涂料封孔后的芯模安置导电的铜丝后,可按照塑料芯模电铸的预处理方法进行预处理和电铸。若芯模涂覆导电涂料,涂覆后便可直接进行电铸
塑料芯模	制作芯模常用的塑料有:ABS 塑料(宜选用电镀级品种)、聚丙烯(PP,宜选用电镀级品种)、聚酰胺(PA,尼龙)、聚甲基丙烯酸甲酯(PMMA,有机玻璃)、聚氯乙烯(PVC)、聚苯乙烯(PS)、环氧塑料、酚醛塑料等 用热固性塑料制作的芯模,电铸后只能整体脱模;用热塑性塑料制作的芯模,电铸后,既可整体脱模又可熔融脱模,脱模后塑料可再次使用 塑料芯模不导电,电铸前要进行表面金属化处理。一般都采用化学镀覆工艺,也可以采用真空镀、阴极溅射、离子镀、涂导电涂料等

37.4　电铸工艺

电铸是在芯模上电沉积,然后分离以制造金属制品的工艺。电铸作为一种金属成型加工的工艺,电铸的流程可以分为四大部分,即芯模的选定或制作、芯模预处理、电铸和电铸后处理。其主要工艺流程如下。

(1) 制备芯模

首先要确定的是芯模类型。如何选定芯模类型和根据设计要求制作好芯模是电铸的关键。根据所加工产品的结构、造型、零件形状、尺寸精度、表面粗糙度、生产量、材料和适合的加工工艺来确定芯模。芯模的制作有很多方法,包括手工制作、机械加工制作、利用快速成型技术制作和从成品上翻制原型等。

(2) 芯模预处理

根据选用的芯模类型(金属的或非金属的芯模、多次使用的或一次性使用的芯模),按 37.3.2 电铸前芯模的预处理方法进行芯模预处理。

(3) 电铸

电铸过程是金属的电沉积过程,电铸所用的金属可以是铜、镍、铁、合金、稀贵金属等。电铸制品的厚度也可以从几十微米到十几毫米。由于电铸过程时间比较长,电铸过程中的工艺参数可以采用自动控制的方法加以监控。如溶液的温度、电流密度、pH 值、溶液浓度等,可以采用不同的控制系统加以控制。

电铸过程中所用的阳极,通常都采用可溶性阳极。这是因为电铸过程中金属离子的消耗比电镀要大得多,并且电铸过程所采用的阴极电流密度也比较高,如果金属离子得不到比较及时的补充,电铸的效率和质量都会受到影响。

(4) 电铸后处理

电铸的后处理包括脱模和对电铸制品的清理等。对电铸制品的清理包括去除一次芯模特别是破坏芯模的残留物,尤其是内表面(如果是腔体类模具)的清理。如果电铸件的外表面以及结构等还需进行机械加工,最好在脱模前进行,这样可以防止电铸件的变形或损坏。

电铸后处理见表 37-7。

表 37-7　电铸后处理

后处理工序	电铸后处理方法
脱模	由于电铸所采用的芯模类型不同,因此脱模的工艺方法也有所不同。对于不同的电铸的芯模,可以选择以下不同的脱模方法

续表

后处理工序		电铸后处理方法
脱模	机械法脱模	对于多次使用的芯模,大多采用机械脱模。简单的芯模可以用锤子敲击脱模;如果是有较大接触面的芯模,则需要采用水压机或千斤顶对芯模施加静压力脱模
	热胀冷缩法脱模	当芯模与电铸金属的热胀系数相差较大时,可以采用加热或冷却的方法进行脱模。通常可以采用烘箱、喷灯、热油等加热的方法,在芯模和电铸金属因热胀程度不同的情况下松动后,再用机械方法,可以比较方便地进行脱模。如果芯模不适合加热,则可以采用冷却法进行冷缩处理,可采用干冰或酒精溶液进行冷却,使零件与芯模形成空隙,可以方便地进行脱模
	熔化法脱模	由低熔点合金、蜡制剂等材料制成的一次性芯模,一般可用熔化法脱模 ① 低熔点合金芯模,可以采用加热使其熔化的方法进行脱模 ② 蜡制剂芯模,可在烘箱中将其熔化退除后,再在合适的溶剂或清洗剂中进行清洗 ③ 涂有低熔点材料作隔离层或脱模剂的芯模,也可用加热的方法脱模 ④ 热塑性塑料的一次性芯模,在加热后可以将大部分软化后的芯模材料从模腔内脱出,剩余的部分可以用溶剂清洗,直至模腔内没有残留物
	溶解法脱模	对于适合采用溶解法脱模的芯模,要根据不同的材料选用不同的溶解液。例如对于铝合金芯模,可以采用200~250g/L氢氧化钠的溶液,于80℃下使其溶解脱模。若为含铜的铝合金,可在50g/L氢氧化钠、1g/L酒石酸钾钠、0.4g/L的EDTA、1.5g/L葡萄糖的溶液中溶解脱模
对电铸零件的加固与最后修饰		对于某些电铸制件,特别是用来作模具用的制件,为了能适用于各种使用模具的工作状况,需要配置模架加工和加固。为装饰、防腐蚀等目的,可以对电铸零件进行修饰加工,如抛光、镀覆金属镀层、喷漆等后处理
提高电铸层性能的处理		如为消除电铸镍层的内应力,一般在200~300℃下加热1~2h;为提高电铸层的塑性再在合适的温度下进行退火处理;为提高电铸铁层的硬度可进行渗碳或渗氮等

37.5 常用的电铸层材料

能用作电铸层的金属材料有很多,但从电铸层的性能、成本及生产工艺上考虑,有电铸的实用价值的只有铜、镍、铬、铁、镍-钴、镍-锰、镍-铁等少数金属和合金。目前在工业中广泛应用的只有铜和镍。

37.5.1 电铸铜

电铸铜层具有良好的导电性和导热性,但强度和硬度较低。它不适宜作为单独受力的结构件,主要用于需要导电性、导热性良好的场合,如波导管、超音速气切割嘴、复制艺术品,还可电铸铜箔,贴附在塑料板上供制作印制电路板使用。

(1) 电铸铜层的结构与性能

由不同电铸溶液所得电铸铜层的结构与性能见表37-8。

表 37-8　由不同电铸溶液所得电铸铜层的结构与性能[3]

铜层类型	溶液成分/(g/L)	操作条件		镀层组织结构	技术性能						
		电流密度/(A/dm²)	温度/℃		抗拉强度/MPa	伸长率/%	内应力/MPa	维氏硬度(HV)	弹性模量/MPa	电阻率/μΩ·cm	线膨胀系数/(×10⁻⁶/℃)
高强度	硫酸铜　187 硫酸　74 三异丙醇胺 3.5	5	30	细晶粒	500	7	50	131~159	110000	1.89	18.9~25.8

续表

铜层类型	溶液成分/(g/L)	操作条件		镀层组织结构	技术性能						
		电流密度/(A/dm²)	温度/℃		抗拉强度/MPa	伸长率/%	内应力/MPa	维氏硬度(HV)	弹性模量/MPa	电阻率/μΩ·cm	线膨胀系数/(×10⁻⁶/℃)
高强度	硫酸铜　　100 硫酸铵　　20 乙二胺 80mL/L 氨水　　4mL/L	4	55	细晶粒	420	4	−42	169～202	—	2.08	
高硬度	硫酸铜　　125 硫酸　　　49 明胶　　0.2	2	25	纤维状	—	—	—	305	—	—	—
	硫酸铜　　250 硫酸　　　50 硫脲　　0.2	3	20	条纹层状	—	—	—	350	—	—	—
低应力	硫酸铜　　187 硫酸　　　40 氨基苯甲酸　1	4	20	—	210	24	−1	56～57	—	1.72	
高整平	硫酸铜　　225 硫酸　　　50 专用光亮剂	4	27～28	细晶粒	365	19	20	128	—	1.82	—
高纯、低电阻	硫酸铜　　187 硫酸　　　40	2	30	粗柱状	210	24	<6(19)	53	96000	1.72	17.1～17.8
	氟硼酸铜　177 硼酸　　　12 氟硼酸　　12	5～8.5	30	纤维状	260	31	0～6(10)	56	85000	1.73	16.7～17.6
	焦磷酸铜　　90 磷酸钾　　　80 焦磷酸钾　350 硝酸钾　　　15 氨水　　2mL/L pH值　　8.5	5	50	细晶粒	280	33	12(−70)	92	120000	1.74	16.7～17.5

注：表中括号内的数字为不同文献的数据。

（2）电铸铜溶液的种类

电铸铜的溶液有：硫酸铜、氟硼酸铜、烷基磺酸铜、氨基磺酸铜、氰化铜和焦磷酸铜等电铸溶液。

酸性硫酸铜溶液，具有成分简单、稳定、容易控制调整、能使用较高的电流密度等优点，而且成本低、环境污染小，获得广泛应用，是最常用的电铸铜溶液。

氟硼酸盐电铸铜可配制高浓度的溶液，从而可使用较高的电流密度，阴、阳极电流效率基本可达到100%，镀液简单、稳定、易于管理，但溶液腐蚀性强、所用化学品价格高，所需氟硼酸铜需自行配制。

氰化铜、焦磷酸铜电铸溶液，由于阴极电流效率低，操作管理复杂，一般很少采用。

（3）电铸铜的工艺规范及电铸铜层的力学性能

电铸铜的工艺规范及电铸铜层的力学性能见表37-9。

表 37-9　电铸铜的工艺规范及电铸铜层的力学性能

溶液成分、工艺规范及电铸层性能		硫酸盐电铸铜	氟硼酸盐电铸铜
		含量/(g/L)	
工艺规范	硫酸铜（$CuSO_4 \cdot 5H_2O$）	210～240	—
	氟硼酸铜[$Cu(BF_4)_2$]	—	225～450
	硫酸（H_2SO_4）	52～75	—
	氟硼酸（HBF_4）	—	调节 pH 值至 0.15～1.5
	pH 值		0.5～1.5
	温度/℃	20～32	20～50
	阴极电流密度/(A/dm²)	1～10	8～40
	搅拌	机械或空气搅拌	机械或空气搅拌
	阳极	电解、轧制或铸造纯铜	电解、轧制或铸造纯铜
电铸层力学性能	抗拉强度/MPa	205～380	140～345
	伸长率/%	15～25	5～25
	显微硬度（HV）	45～70	40～80
	内应力/MPa	0～10	0～105

37.5.2　电铸镍

电铸镍层具有较高的强度和硬度、良好的耐蚀性，应用广泛。电铸主要用于不易通过机械加工制造的结构受力零件，例如：塑料、橡胶零件注射成型模具或锌合金零件压制成形模具、纺织品印滚筒，以及波纹管、风速管、气切割嘴、表面粗糙度标准样板、反射镜、长度连续的箔材与网材、风洞喷管内壁、风洞试验模型等。

电铸镍的溶液有：氨基磺酸盐、硫酸盐、氯化物、硫酸盐-氯化物、氟硼酸盐等电铸溶液。

（1）氨基磺酸盐电铸镍溶液

氨基磺酸盐溶液在工业生产中，是应用最广泛的电铸镍溶液。可采用较高的阴极电流密度，电铸速度快。所获得的电铸镍层强度相当高，内应力小，塑性好。但成本高，易产生结瘤与麻坑、针孔。氨基磺酸盐溶液在温度高于 70℃、pH＜3 时会水解生成硫酸铵，所以溶液不要用蒸汽或电加热管直接加热，应采用水套加热。阳极钝化时，会使氨基磺酸根分解，硫会掺杂在电铸镍层中，使镍层含有硫，从而产生硫脆性。

氨基磺酸盐电铸镍的工艺规范及电铸镍层的力学性能见表 37-10。

在电铸溶液中，氨基磺酸镍是主盐，向溶液中提供镍离子；氯化镍是阳极活化剂，使阳极正常溶解；硼酸是缓冲剂，促使溶液 pH 值保持稳定。此外，还常加入少量润湿剂（0.1g/L 的十二烷基硫酸钠），防止电铸镍层产生针孔、麻点。对内应力有要求的零件，一般加入含硫的某些有机物添加剂，如糖精、糖精＋丙炔醇、糖精＋磺基水杨酸、N-甲苯磺酰胺等，除降低内应力外，通常还能提高电铸镍层的强度和硬度，降低塑性。

表 37-10 中配方 3 为高速电铸溶液，在其溶液温度与电流密度匹配适当的情况下，可以得到无应力的电铸镍层（见表 37-11）。溶液最好连续循环过滤处理，溶液必须定期进行去除有机杂质和金属杂质的净化处理。此外，因电流密度很高，必须采用高活性的含硫活性阳极，以防阳极钝化。

表 37-10 氨基磺酸盐电铸镍的工艺规范及电铸镍层的力学性能

溶液成分、工艺规范及电铸层性能		1	2	3
		含量/(g/L)		
工艺规范	氨基磺酸镍[$Ni(NH_2SO_3)_2 \cdot 4H_2O$]	300	300～450	500～650
	氯化镍($NiCl_2 \cdot 6H_2O$)	6	5～25	5～15
	硼酸(H_3BO_3)	30	30～45	30～40
	pH 值	3.5～4.5	3.5～4.5	3.5～4.5
	温度/℃	28～60	30～60	20～70
	阴极电流密度/(A/dm^2)	2～25	1～30	20～70
	搅拌	空气或机械搅拌	空气或机械搅拌	空气或机械搅拌或溶液连续循环
	阳极	电解镍板	电解镍板	含硫活性镍板
电铸层力学性能	抗拉强度/MPa	760	415～620	400～600
	伸长率/%	15～20	10～25	10～25
	显微硬度(HV)	190	170～230	150～250
	内应力/MPa	10	0～55	溶液温度与电流密度匹配适当时无应力

表 37-11 高速电铸镍溶液得到无应力镍层的操作条件与沉积速度[4]

溶液温度/℃	35	40	45	50	55	60	65	70
阴极电流密度/(A/dm^2)	1.1	2.7	4.3	8.1	13.5	17.8	21.6	32
沉积速度/(μm/h)	12	31	50	94	156	206	250	375

(2) 硫酸盐电铸镍溶液

硫酸盐溶液是在工业生产中，应用较多的一种电铸镍溶液。硫酸盐溶液易维护，成本较低。电铸镍层强度中等，塑性良好，内应力中等，但易产生结瘤与麻坑。

硫酸盐电铸镍层经 400℃退火后，其强度稍有降低，而塑性则有明显提高。也常加入少量润湿剂，以防止电铸镍层产生针孔、麻点。为降低电铸镍层的内应力，还可以加入少量添加剂。这种添加剂有含硫（如氨基苯磺酸、苯磺酸、萘磺酸、萘二磺酸、糖精、硫脲等）和不含硫（如乙酰胺、丙酮、乙二醇、香豆素、氨基乙酸、氨基脲、蔗糖、尿素等）两类。含硫添加剂会使电铸镍层含有硫。

硫酸盐电铸镍的工艺规范及电铸镍层的力学性能见表 37-12。

表 37-12 硫酸盐电铸镍的工艺规范及电铸镍层的力学性能

溶液成分、工艺规范及电铸层性能		1	2
		含量/(g/L)	
工艺规范	硫酸镍($NiSO_4 \cdot 7H_2O$)	180	225～300
	氯化镍($NiCl_2 \cdot 6H_2O$)	—	38～50
	氯化铵(NH_4Cl)	25	—
	硼酸(H_3BO_3)	30	30～45
	pH 值	5.5～5.9	3～4.2
	温度/℃	43～60	45～65

续表

溶液成分、工艺规范及电铸层性能		1	2
		含量/(g/L)	
工艺规范	阴极电流密度/(A/dm²)	2～10	3～11
	搅拌	压缩空气或机械搅拌	压缩空气或机械搅拌
	阳极	可溶性镍板	可溶性镍板
电铸层力学性能	抗拉强度/MPa	1050	345～485
	伸长率/%	5.8	15～25
	显微硬度(HV)	350～500	130～200
	内应力/MPa	308	125～185

(3) 其他电铸镍溶液

① 氯化物电铸镍溶液　与氨基磺酸盐及硫酸盐溶液相比，这种溶液所获得的电铸镍层结晶比较细致，表面平滑，产生结瘤和树枝状结晶的倾向小；电铸镍层强度较高而塑性较低，内应力高；溶液电导率高，使电铸时的电压低；阴、阳极电流效率均几乎达到100%；溶液简单，但对杂质十分敏感。由于镍层内应力高，电铸零件容易开裂、变形，所以它在工业生产中很少采用。

② 硫酸盐-氯化物电铸镍溶液　其镀液特性与氯化物溶液相似。溶液电导率高，电流效率接近100%，对杂质比较敏感。镍层强度较高，内应力大，不易产生结瘤与麻坑。

③ 氟硼酸盐电铸镍溶液　这种溶液所获得的电铸镍层的外观及力学性能，与硫酸盐溶液所获得的电铸镍层相似。氟硼酸盐的溶解度大，在室温下也可以使用较高的电流密度。但溶液腐蚀性强，所以在工业生产中应用不多。

其他电铸镍的工艺规范及电铸镍层的力学性能见表37-13。

表 37-13　其他电铸镍的工艺规范及电铸镍层的力学性能

溶液成分、工艺规范及电铸层性能		氯化物电铸镍	硫酸盐-氯化物电铸镍	氟硼酸盐电铸镍
		含量/(g/L)		
工艺规范	硫酸镍(NiSO₄·7H₂O)	—	200	—
	氯化镍(NiCl₂·6H₂O)	300	175	—
	氟硼酸镍[Ni(BF₄)₂]	—	—	350～450
	硼酸(H₃BO₃)	38	40	30～40
	pH 值	3	3	2.5～3.5
	温度/℃	50～70	35～50	30～70
	阴极电流密度/(A/dm²)	2.5～10	1.2～5.4	3～15
	搅拌	空气或机械搅拌	空气或机械搅拌	空气或机械搅拌
	阳极	镍板	镍板	镍板
电铸层力学性能	抗拉强度/MPa	700	380～450	约375
	伸长率/%	20	23～33	约20.4
	显微硬度(HV)	380～450	525	约164
	内应力/MPa	283	约350	—

注：在氯化物电铸镍溶液中也可加入少量润湿剂。

37.5.3 电铸铁

电铸铁层具有较高强度和硬度，但脆性大。铁层的性能可以通过热处理的方法来调节，在250℃下热处理可部分消除脆性，在500℃左右热处理，能彻底消除脆性，可以通过渗碳提高其表面硬度和耐蚀性。由于铁层易生锈，所以电铸铁零件常要再镀镍、铬或其他防护层。电铸件成本低，广泛用于磨损件的修复和电铸件的加固。

电铸铁的溶液有：氯化物、氨基磺酸盐、硫酸盐、氟硼酸盐等溶液。

① 氯化物溶液 它是目前工业生产中应用最广泛的电铸铁溶液，可使用高电流密度、电铸速度快，而且溶液成分简单、成本低。为防止溶液中二价铁被氧化，要加入抗氧化剂（抗坏血酸），加入碱土金属的氯化物来提高溶液的电导率，加入润湿剂以降低溶液的表面张力。

② 氨基磺酸盐溶液 它可在室温或中温下工作，所获得电铸铁层的内应力低（通常为43～47MPa），塑性较好，强度及硬度适中，外观均匀，无裂纹。

③ 硫酸盐溶液 一般采用硫酸亚铁溶液，它腐蚀性低，较稳定，但使用的电流密度低，沉积速度慢，分散能力差。在不同工艺规范下，可得到不同强度和硬度的电铸铁层。

④ 氟硼酸盐溶液 该溶液的抗氧化能力和酸度缓冲能力都比较好，溶液比较稳定，二价铁不易被氧化成三价铁；但腐蚀性强，所用化学品价格高，在工业生产中应用得不多。

电铸铁的溶液组成及工艺规范见表 37-14。

表 37-14 电铸铁的溶液组成及工艺规范

溶液成分及工艺规范	氯化物溶液	氨基磺酸盐溶液		硫酸盐溶液	氟硼酸盐溶液
		1	2		
	含量/(g/L)				
氯化亚铁($FeCl_2 \cdot 4HO$)	300～500	—	—	—	15
氨基磺酸亚铁[$Fe(NH_2SO_3)_2$]	—	425	500	—	—
硫酸亚铁($FeSO_4 \cdot 7H_2O$)	—	—	—	210	—
氟硼酸亚铁[$Fe(BF_4)_2$]	—	—	—	—	225～300
氨基磺酸铵($NH_2SO_3NH_4$)	—	—	30	—	—
氯化钙($CaCl_2$)	100～200	—	—	—	—
氟化氢铵(NH_4HF_2)	—	10	—	—	—
硫酸钾(K_2SO_4)	—	—	—	150	—
硼酸(H_3BO_3)	—	—	—	—	5
抗坏血酸($C_6H_8O_6$)	1～2	—	—	—	—
十二烷基硫酸钠($NaC_{12}H_{25}SO_4$)	0.05～0.1	—	—	—	0.5
尿素[$CO(NH_2)_2$]	—	30	—	—	—
糖精($C_6H_4COSO_2NH$)	—	0.2	—	—	—
pH 值	0.8～1.2	2.5～3	2～2.5	2.2～2.5	3～3.8（用氟硼酸调）
温度/℃	50～100	50～70	43～49	20	50～60
阴极电流密度/(A/dm²)	10～20	5～15	5.4～16	2～3	7.5～9.5
搅拌	机械搅拌	—	—	—	—

注：在氯化物溶液中电铸铁，为防止铸铁层产生裂纹甚至翘起，可先在低的电流密度（约5A/dm²）下电铸0.5～1h，然后逐渐将电流密度升到10～20A/dm²进行电铸。

37.5.4 电铸 Ni-Co 合金

Ni-Co 合金电铸层比电铸镍层具有更高的硬度和热稳定性，无硫脆性。电铸 Ni-Co 合金主要用于要求电铸层硬度较高和工作温度较高的场合。

镍含量为 30%（质量分数）的 Ni-Co 合金电铸层，有很高的矫顽力，是一种良好的硬磁材料；钴含量为 20%～40%（质量分数）的 Ni-Co 合金电铸层，具有最高的硬度及抗拉强度。合金层的内应力随钴含量的升高而增大（参见表 37-15）。从综合性能考虑，用作塑料注射成型模具型腔的电铸层，以钴含量为 12%～15%（质量分数）的 Ni-Co 合金电铸层为宜。电铸 Ni-Co 合金常用氨基磺酸盐溶液，所获得的 Ni-Co 合金电铸层，有较高的硬度和强度，内应力低，电铸速度快。硫酸盐溶液所获得的电铸合金层，硬度较低，内应力较高，所使用的电流密度也较低。电铸 Ni-Co 合金的溶液组成及工艺规范[2]见表 37-16。

表 37-15 电铸 Ni-Co 合金层的内应力和硬度

电铸层钴含量(质量分数)/%	0	7	20.5	31.5	50.5
内应力/MPa	3	30	90	110	140
显微硬度(HV)	220	414	442	465	436

表 37-16 电铸 Ni-Co 合金的溶液组成及工艺规范

溶液成分及工艺规范	氨基磺酸盐溶液		硫酸盐溶液
	1	2	
	含量/(g/L)		
氨基磺酸镍[Ni(NH₂SO₃)₂·4H₂O]	400～450	550～650	—
硫酸镍(NiSO₄·7H₂O)	—	—	300～350
氨基磺酸钴[Co(NH₂SO₃)₂·4H₂O]	22～25	—	—
钴(以氨基磺酸钴的形式加入)	—	1.25～1.5	—
硫酸钴(CoSO₄·7H₂O)	—	—	15～20
氯化镍(NiCl₂·6H₂O)	10～15	5～15	20～30
硼酸(H₃BO₃)	20～40	30～40	30～40
十二烷基硫酸钠(NaC₁₂H₂₅SO₄)	0.05～0.1	0.05～0.1	0.05～0.1
pH 值	3.5～4.5	3.5～4.5	3.5～4.5
温度/℃	50～60	60	60
阴极电流密度/(A/dm²)	4～5	4	3

注：氨基磺酸盐溶液的配方 2 所获得的合金层中，Co 含量为 12%～15%（质量分数），适用于作模具的 Ni-Co 合金电铸层。

37.5.5 电铸 Ni-Fe 合金

Ni-Fe 合金电铸层具有较高的硬度，良好的塑性和较低的内应力，用作塑料注射成型模具型腔，不仅可延长其使用寿命，还可大大降低生产成本。电铸 Ni-Fe 合金的溶液有氨基磺酸盐溶液和硫酸盐溶液，常用的是氨基磺酸盐溶液。电铸 Ni-Fe 合金的溶液组成及工艺规范[2]见表 37-17。

表 37-17　电铸 Ni-Fe 合金的溶液组成及工艺规范

溶液成分及工艺规范	氨基磺酸盐溶液	硫酸盐溶液	
		1	2
	含量/(g/L)		
氨基磺酸镍[Ni(NH₂SO₃)₂·4H₂O]	300～350	—	—
硫酸镍(NiSO₄·7H₂O)	—	180～200	150～200
氨基磺酸亚铁[Fe(NH₂SO₃)₂·4H₂O]	25～35	—	—
硫酸亚铁(FeSO₄·7H₂O)	—	30～40	80～120
氯化镍(NiCl₂·6H₂O)	30～45	—	—
氯化钠(NaCl)	—	20～25	15～25
柠檬酸钠(Na₃C₆H₅O₇·6H₂O)	25～30	30～40	—
抗坏血酸(C₆H₈O₆)	2～3	—	—
硼酸(H₃BO₃)	30～40	30～40	30～40
十二烷基硫酸钠(NaC₁₂H₂₅SO₄)	0.1～0.2	0.1～0.3	—
糖精(C₇H₅NO₃S)	—	3～5	—
稳定剂	—	—	40～55
添加剂	—	—	2～3
pH 值	2.5～3.5	3.5	3.5
温度/℃	55～60	55～60	65
阴极电流密度/(A/dm²)	5～10	3～5	6

注：1. 氨基磺酸盐溶液电铸时用的是分体式阳极。由于铁阳极比镍阳极容易溶解，其阳极面积比宜为 S_{Ni}：S_{Fe}＝7：1～8：1。

2. 硫酸盐溶液配方 1 可获得 Fe 质量分数为 20%～30% 的 Ni-Fe 合金电铸层。

3. 硫酸盐溶液配方 2 获得 Ni 质量分数为 36% 的软磁低膨胀 Ni-Fe 合金电铸层。

37.5.6　电铸 Ni-Mn 合金

Ni-Mn 合金电铸层具有良好的焊接性能，在室温和中温条件下，比电铸镍层有更高的强度和硬度，但其塑性降低，内应力升高。其电铸液组成及工艺规范见表 37-18。

表 37-18　Ni-Mn 合金电铸的溶液组成及工艺规范

溶液成分		工艺规范	
氨基磺酸镍[Ni(NH₂SO₃)₂·4H₂O]	200～400g/L	温度	40～50℃
氨基磺酸锰[Mn(NH₂SO₃)₂·2H₂O]	20～60g/L	阴极电流密度	1～3A/dm²
氯化镍(NiCl₂·6H₂O)	15～25g/L	用上述配方可获得 Mn 含量为 0.11%～0.57%(质量分	
硼酸(H₃BO₃)	30～40g/L	数)的 Ni-Mn 合金电铸层	
pH 值	3.8～4.1		

第7篇 金属转化处理工艺

第38章
钢铁的氧化处理

38.1 概述

金属转化膜是指金属经化学或电化学处理，所形成的含有该金属化合物的表面膜层，例如钢铁上的氧化膜、磷化膜等。这种处理工艺，称为金属转化处理工艺。

钢铁工件通过化学氧化处理后，生成的一层致密的呈蓝黑色或黑色磁性氧化物（Fe_3O_4）薄膜，也称为发蓝或发黑。所生成的氧化膜厚度一般为 $0.5 \sim 1.5 \mu m$，不影响零件精度，但耐蚀性及耐磨性都较差，氧化处理后需进行后处理，以提高其耐蚀性、润滑性，还能起到表面装饰的作用。

钢铁化学氧化处理，由于工艺简单、生产成本低、工效高、保持零件精度，又无氢脆，在机械制造业上应用广泛，常用作机械、光学仪器、兵器零件、精密机床零件以及日常用品等的一般防护与装饰。一些对氢脆很敏感的零件，如弹簧、细钢丝和薄钢件等也常用钢铁件化学氧化膜作防护层。

钢铁的化学氧化处理方法有碱性化学氧化处理（又称发蓝）和酸性化学氧化处理（又称发黑）两种。

38.2 钢铁碱性化学氧化

38.2.1 钢铁碱性化学氧化的成膜机理

(1) 氧化膜形成机理

碱性化学氧化处理，是在含有氧化剂（通常是 $NaNO_3$ 或 $NaNO_2$）的氢氧化钠（$NaOH$）碱性溶液中，接近沸点的温度下进行的。金属上的转化膜（Fe_3O_4）是由氧化物从金属/溶液界面液相区的饱和溶液中结晶析出的。首先是氧化剂和氢氧化钠与金属铁反应生成亚铁酸钠（Na_2FeO_2），然后亚铁酸钠（Na_2FeO_2）被氧化成铁酸钠（$Na_2Fe_2O_4$），最后两者再相互作用生成磁性四氧化三铁（Fe_3O_4）。

① 铁在有氧化剂（$NaNO_2$ 或 $NaNO_3$）存在下，被热的浓碱（$NaOH$）溶解生成亚铁酸钠（Na_2FeO_2），其反应如下：

$$3Fe+NaNO_2+5NaOH \longrightarrow 3Na_2FeO_2+H_2O+NH_3\uparrow$$

$$4Fe+NaNO_3+7NaOH \longrightarrow 4Na_2FeO_2+2H_2O+NH_3\uparrow$$

② 借助于沸腾溶液的搅拌作用，氧化剂将亚铁酸钠氧化，在界面附近生成铁酸钠（$Na_2Fe_2O_4$），其反应如下：

$$6Na_2FeO_2+NaNO_2+5H_2O \longrightarrow 3Na_2Fe_2O_4+7NaOH+NH_3\uparrow$$

$$8Na_2FeO_2+NaNO_3+6H_2O \longrightarrow 4Na_2Fe_2O_4+9NaOH+NH_3\uparrow$$

③ 铁酸钠与未被氧化的亚铁酸钠反应，生成难溶化合物——磁性氧化铁（Fe_3O_4），其反应如下：

$$Na_2Fe_2O_4+Na_2FeO_2+2H_2O \longrightarrow Fe_3O_4+4NaOH$$

当溶液中 Fe_3O_4 的浓度达到过饱和状态时，Fe_3O_4 开始在钢铁零件表面沉积出来形成晶核，通过晶核的不断成长，便形成了一层致密的连续的氧化膜（Fe_3O_4）。当氧化膜将钢铁表面全部覆盖后，溶液与基体被隔开，铁的溶解速度和氧化膜生成速度也随之降低，直至反应停止。

④ 生成氧化膜（Fe_3O_4）的同时，有一部分铁酸钠可能水解生成三价铁的氧化物（$Fe_2O_3 \cdot mH_2O$），俗称为红色挂灰，其反应如下：

$$Na_2Fe_2O_4+(m+1)H_2O \longrightarrow Fe_2O_3 \cdot mH_2O+2NaOH$$

当铁酸钠水解反应控制不当时，红色挂灰在浓碱中的溶解度很小，可能随 Fe_3O_4 一起沉积在工件表面上，影响氧化膜质量，形成不合格品。

（2）两槽（次）氧化法

为了能有效地消除氧化膜红色挂灰，又能得到较厚、耐蚀性较高的氧化膜，可采用两槽氧化法。第一槽氧化主要形成氧化物晶核，第二槽氧化主要使氧化膜加厚。

红色挂灰是在零件氧化初期生成的[20]。由于氧化初期，基体铁的溶解较快，铁酸钠（$Na_2Fe_2O_4$）的水解速度相对于四氧化三铁（Fe_3O_4）的形成速度要快，易生成红色挂灰。因此，只要控制好氧化初期铁酸钠的水解速度，即可避免红色挂灰的生成。所以，为了获得较厚、耐蚀性较高和无红色挂灰的氧化膜，可采用两槽氧化法。第一槽氧化溶液的氢氧化钠含量低于第二槽溶液，在第一槽溶液中氧化，主要使金属表面形成氧化物晶核，形成薄而致密的氧化膜。在第二槽溶液中氢氧化钠含量较高，氧化膜厚度一般随着溶液中氢氧化钠含量的升高和溶液沸点的升高而有所增加，可以获得较厚的氧化膜。

（3）氧化膜的色泽

氧化膜的颜色依材料不同而异，碳钢、低合金钢为黑色，含硅量高的铸铁为红褐色或深褐色，铸钢为深褐色，合金钢依其合金元素成分不同可呈蓝色、紫色至褐色。经热处理后的钢铁件，碱性氧化后的色泽均匀性差。

38.2.2　化学氧化的溶液组成及工艺规范

钢铁碱性化学氧化的溶液组成及工艺规范见表 38-1。

表 38-1　钢铁碱性化学氧化的溶液组成及工艺规范

溶液成分及工艺规范	1	2	3	4	5		6	
					第一槽	第二槽	第一槽	第二槽
	含量/（g/L）							
氢氧化钠（NaOH）	550～650	600～700	650～700	600～700	500～600	700～800	550～650	600～700

续表

溶液成分及工艺规范		1	2	3	4	5		6	
						第一槽	第二槽	第一槽	第二槽
含量/(g/L)									
亚硝酸钠(NaNO₂)		150~250	180~220	200~220	200~250	100~150	150~200	—	—
硝酸钠(NaNO₃)		—	50~70	50~70	—	—	—	130~150	150~200
重铬酸钾(K₂Cr₂O₇)		—	—	—	25~30	—	—	—	—
二氧化锰(MnO₂)		—	—	20~25	—	—	—	—	—
温度/℃	碳素钢	130~143	138~150	135~145	130~135	135~140	145~152	135~143	140~150
	合金钢	140~145	150~155	150~155					
时间/min	碳素钢	15~45	30~50	20~30	15	10~20	45~60	15~20	20~30
	合金钢	50~60	30~60	30~60					

注：1. 配方1、2、3、4为普通的一次氧化。
2. 在氧化溶液中加入适量的其他化合物，如二氧化锰、重铬酸钾，可缩短氧化时间；添加 20~40g/L 的亚铁氰化钾，可减少红色挂灰产生，提高氧化速度、氧化膜致密性和耐蚀性。
3. 配方4溶液，氧化处理速度快，氧化膜致密，但光亮性稍差。
4. 配方5、6为二次（槽）氧化，第一槽氧化到第二槽氧化，中间不必清洗。

38.2.3 溶液组成及工艺规范的影响

(1) 氢氧化钠

① 氧化溶液中 NaOH 的浓度，会影响钢铁的氧化速度，通常高碳钢氧化速度快，可采用较低的浓度（550~650g/L）；而低碳钢或合金钢氧化速度慢，所以采用较高的浓度（600~700g/L）。

② 提高 NaOH 的浓度，相应地升高溶液的工作温度（NaOH 浓度与溶液沸点的关系见表38-2），但膜容易出现多孔或疏松，甚至会出现红色挂灰等缺陷。

③ NaOH 的浓度超过 1100g/L 时，所生成的氧化膜会被溶解，故不能生成氧化膜。

④ NaOH 的浓度太低时，形成的氧化膜较薄，易发花，耐蚀性较差。

表38-2 碱性化学氧化溶液中氢氧化钠浓度与溶液沸点的对应关系

NaOH 浓度/(g/L)	溶液沸点/℃	NaOH 浓度/(g/L)	溶液沸点/℃	NaOH 浓度/(g/L)	溶液沸点/℃
400	117.5	700	136.5	1000	152
500	125	800	142	1100	157
600	131	900	147		

(2) 氧化剂

提高氧化溶液中的氧化剂浓度，可加快氧化速度，获得的膜层致密牢固；氧化剂浓度过低时，生成的氧化膜厚而疏松。钢铁氧化采用的氧化剂有亚硝酸钠和硝酸钠。通常采用亚硝酸钠作氧化剂，所获得的氧化膜呈蓝黑色，光泽较好。

(3) 铁离子的影响

氧化溶液中应含有一定量的三价铁离子，以获得致密而结合力好的膜层，其含量一般控制在 0.5~2g/L。若三价铁离子含量过高，会降低氧化速度，且易出现红色挂灰。

(4) 温度

在碱性氧化溶液中，氧化处理必须在沸腾的温度下进行。溶液沸点随氢氧化钠浓度的增加而升高。温度升高，氧化速度加快，膜层薄而致密；温度过高，则氧化膜溶解速度加快，氧化速度减慢，膜层疏松。溶液处理温度应控制在工艺规范规定的范围内。在一般情况下，零件进槽的温度应取下限值，出槽的温度应取上限值。

（5）氧化时间

氧化处理时间与钢铁的含碳量有关系。当钢件含碳量高时，氧化处理容易进行，可用浓度较低的氧化溶液，氧化温度低一些，氧化时间可短一些；低碳钢、合金钢（含碳量低），不易氧化，氧化需要的时间较长。氧化温度、时间与钢铁含碳的关系见表 38-3。

表 38-3　氧化温度、时间与钢铁含碳量的关系

钢铁的含碳量 （质量分数）/%	氧化温度 /℃	氧化时间 /min	钢铁的含碳量 （质量分数）/%	氧化温度 /℃	氧化时间 /min
0.1～0.4	140～145	30～60	合金钢	140～145	50～60
0.4～0.7	138～142	20～30	高速钢	135～138	30～40
＞0.7	135～138	15～20	—	—	—

38.2.4　碱性化学氧化的后处理

为提高氧化膜的耐蚀性，钢铁件氧化处理后需进行皂化或填充处理（处理工艺规范见表 38-4）。

经皂化或填充处理过的工件（除需要涂装的工件外），可在温度为 105～110℃ 的机油、锭子油、变压器油中浸渍 5～10min，以提高防锈性能。如不经皂化或填充处理过的工件，在氧化后，经清洗后可直接浸脱水防锈油或防锈乳化溶液。

表 38-4　钢铁件氧化后的皂化、填充处理工艺规范

后处理	溶液组成		工艺规范	
	成分	含量/(g/L)	温度/℃	时间/min
皂化	肥皂	30～50	80～90	3～5
填充	重铬酸钾（$K_2Cr_2O_7$）	50～80	80～90	5～10
	铬酐（CrO_3） 磷酸（H_3PO_4）	2 1	60～70	0.5～1

38.3　钢铁酸性化学氧化

钢铁酸性化学氧化是 20 世纪 90 年代发展起来的一种常温氧化工艺，与碱性高温氧化相比，它具有工艺简单，氧化速度快，能在常温下获得均匀的黑色或蓝黑色氧化膜，能耗低，生产效率高，成本低，改善劳动条件等优点，得到广泛应用。但它还存在附着力不够的问题。

38.3.1　钢铁酸性化学氧化的成膜机理[2]

酸性化学氧化以硫酸铜（$CuSO_4$）和二氧化硒（SeO_2）为基本成分。SeO_2 溶于水生成亚硒酸（H_2SeO_3）。当钢铁件浸入氧化溶液中，在酸性条件下，溶液中的 Cu^{2+} 与 Fe 发生置换反应，金属铜覆盖在零件表面上，且伴随着 Fe 的溶解，其反应如下：

$$SeO_2 + H_2O \longrightarrow H_2SeO_3$$

$$CuSO_4 + Fe \longrightarrow FeSO_4 + Cu$$

$$Fe + 2H^+ \longrightarrow Fe^{2+} + H_2 \uparrow$$

金属铜与亚硒酸（H_2SeO_3）发生氧化还原反应，生成黑色的硒化铜（CuSe）氧化膜。同时伴随着副反应，生成亚硒酸铜（$CuSeO_3$）及亚硒酸铁（$FeSeO_3$）的挂灰成分，其反应如下：

$$3Cu + 3\,H_2SeO_3 \longrightarrow CuSe\downarrow + 2CuSeO_3 + 3H_2O$$

$$Fe + H_2SeO_3 \longrightarrow FeSeO_3 + H_2\uparrow$$

生成的黑色氧化膜主要为硒化铜（CuSe），同时还存在 $CuSeO_3$ 及 $FeSeO_3$ 的挂灰成分。

38.3.2　酸性化学氧化的溶液组成及工艺规范

酸性化学氧化的溶液由硫酸铜、氧化硒（或亚硒酸）以及各种催化剂、配位剂、缓冲剂等组成。由于钢铁工件的成分（含碳量）不同，其氧化速度也不相同，如铸铁氧化速度最快，依次为高碳钢、中碳钢、低碳钢，而合金钢最慢。

酸性化学氧化的溶液组成及工艺规范见表 38-5。

市售（商品）的常温快速发黑剂的处理工艺规范见表 38-6。

表 38-5　酸性化学氧化的溶液组成及工艺规范

溶液成分及工艺规范	1	2	3	4	5[3]
	含量/(g/L)				
硫酸铜($CuSO_4 \cdot 5H_2O$)	3	4	2	2～4	10
二氧化硒(SeO_2)	4	4	4	—	—
亚硒酸(H_2SeO_3)	—	—	—	3～5	—
氯化镍($NiCl_2 \cdot 6H_2O$)	2	—	2	—	—
硫酸镍($NiSO_4 \cdot 7H_2O$)	—	1	—	—	—
磷酸二氢钠(NaH_2PO_4)	2	—	3	—	—
磷酸二氢锌[$Zn(H_2PO_4)_2$]	—	2	—	—	—
磷酸二氢钾(KH_2PO_4)	—	—	—	5～10	—
柠檬酸钠($Na_3C_6H_5O_7 \cdot 2H_2O$)	2	—	—	—	—
柠檬酸钾($K_3C_6H_5O_7 \cdot 2H_2O$)	—	—	2	—	—
酒石酸钾钠($NaKC_4H_4O_6$)	2	—	2	—	—
葡萄糖酸钠($C_6H_{11}NaO_7$)	—	—	—	—	5
磷酸(H_3PO_4)	1	—	—	3～5	—
醋酸(CH_3COOH)	—	—	—	—	3mg/L
DPE-Ⅲ添加剂	—	1～2	—	—	—
硼酸(H_3BO_3)	—	4	—	—	—
硝酸(HNO_3)	—	—	—	3～5	—
添加剂/(mL/L)	—	—	—	2～4	—
催化剂 A	—	—	—	—	0.01～0.03
聚胺类表面活性剂 B	—	—	—	—	0.01～0.1
pH 值	2～2.5	2.5～3.5	2～2.5	1.5～2.5	2～2.5
温度/℃	室温	室温	室温	室温	室温
时间/min	2～5	1～3	3～5	3～10	1～3

注：配方 5 为非硒盐常温发黑处理，在钢铁表面上生成以 Cu_2O 为主的 Cu_2O 和 CuO 的复合黑膜。

表 38-6　市售（商品）的常温快速发黑剂的处理工艺规范

发黑剂名称	发黑剂使用量及性能	pH 值	温度 /℃	时间 /min	备注
HH-902 节能高效 常温发黑剂	开缸使用量:浓缩液与水配比(体积比)为 1∶3 质量符合 GB/T 15519—2002 适用于铸铁、高硅钢、高锰钢,对钢件适应性好	2~2.5 (浓缩液)	室温	—	长沙军工民用产品研究所研制
SX-891 常温快速 发黑剂(浓缩液)	开缸使用量:浓缩液与水配比(体积比)为 1∶5~1∶10 性能:稳定,发黑时间短,成膜性能好	2~2.5	室温	3~8	重庆东方化工表面技术开发公司研制
YB-93 常温快速 发黑剂(浓缩液)	开缸使用量: YB-93A　50mL/L YB-93B　50mL/L 耐蚀性:质量分数为 3% 的 $CuSO_4$ 点滴试验≥30s,体积分数为 5% 的 NaCl 浸渍试验 3h 不变色	1.5~2	室温	1~3	上海永生助剂厂研制
XH-30 常温快速 发黑剂(浓缩液)	开缸使用量:浓缩液与水配比(体积比)为 1∶6~1∶7 耐蚀性:质量分数为 3% 的 $CuSO_4$ 点滴试验≥30s,体积分数为 20% 的醋酸点滴试验≥15min 牢固度:用布均匀来回擦 10 次不露底	1.8~2.5	室温	3~10	成都祥和磷化公司研制
WX-93 常温快速 发黑剂(浓缩液)	使用量:250mL/L	1~3	室温	3~6	武汉风帆电镀技术有限公司研制
GH-7003 常温发黑剂	液体 使用量(体积比): 1 份发黑剂:3~4 份水	—	室温	3~8	上海锦源精细化工厂的产品

38.3.3　酸性化学氧化的工艺流程

钢铁酸性化学氧化的工艺流程如下:

化学除油→热水洗→冷水洗→浸蚀除锈→冷水洗→氧化处理→冷水洗→封闭处理。

化学除油及浸蚀除锈按钢铁工件常用的工艺规范进行。常温氧化发黑见上节的工艺规范。封闭处理有下列几种方法。

① 工件经氧化、冲洗干净后,立即浸入脱水防锈油中浸渍 2~3min,取出晾干 24h 后使用。

② 工件经氧化、冲洗干净后,立即用热水烫干,然后进行封闭处理。先在 1%(质量分数)的肥皂溶液(温度在 90℃ 以上)中浸渍 2~3min,然后再浸入热机油或脱水防锈油等中封闭处理。

③ 工件经氧化、冲洗干净后,立即用热水烫干,然后浸渍清漆保护。

38.4　不锈钢的化学氧化

38.4.1　不锈钢的黑色化学氧化

不锈钢的黑色氧化,主要用于光学仪器零件的消光处理。化学黑色氧化方法有重铬酸盐氧化和铬酸氧化等。其黑色氧化的溶液组成及工艺规范见表 38-7。

表 38-7　不锈钢黑色氧化的溶液组成及工艺规范

溶液成分及工艺规范	重铬酸盐氧化			铬酸氧化
	1	2	3	
	含量/(g/L)			
重铬酸钾($K_2Cr_2O_7$)	300～350	—	—	—
重铬酸钠($Na_2Cr_2O_7 \cdot 2H_2O$)	—	200～300	—	—
重铬酸铵[$(NH_4)_2Cr_2O_7$]	—	—	200～250	—
铬酐(CrO_3)	—	—	—	200～250
硫酸(H_2SO_4)($d=1.84$)/(mL/L)	300～350	300～350	300～350	250～300
温度/℃	镍铬不锈钢　95～102 铬不锈钢　　100～110	95～100	95～100	95～100
时间/min	5～15	2～10	2～10	2～10

38.4.2　不锈钢的彩色化学氧化

不锈钢在含有氧化剂的硫酸溶液中进行氧化处理，可以得到不同的颜色。不锈钢经彩色氧化所得的膜层，色泽艳丽而多样。由于光波的干涉原理，当氧化膜层厚度发生变化时，其所显示出来的颜色也发生变化。氧化膜从薄至厚显示出色泽变化的顺序为：

蓝色→金黄色→红紫色→绿色→黄绿色。

不锈钢彩色氧化，工艺简便，成本低，膜层具有色泽艳丽、富有立体感的较高装饰功能的特点，而膜层又有金属的外观与强度、耐磨、耐蚀性好，获得广泛应用。目前主要应用于各种装饰品、建筑材料、光学仪器、太阳能选择性吸收板，国防工业以及在海洋气候条件下使用的高耐蚀材料上。

(1) 不锈钢材料及表面状态对氧化色泽的影响

不锈钢材料对彩色化学氧化的色泽影响很大。奥氏体不锈钢是适合着色的材料，能得到令人满意的鲜艳色彩；铁素体不锈钢，由于在氧化溶液中有腐蚀倾向，得到的色彩不如奥氏体不锈钢鲜艳；而低铬高碳马氏体不锈钢，由于在氧化溶液中耐蚀性差，则只能得到灰暗的色彩或黑色的膜层。

不锈钢的表面状态对氧化膜颜色影响很大。光滑细致的表面容易上色，而且色泽均匀；粗糙表面只能得到彩虹色。所以不锈钢的彩色氧化的前处理宜采用电化学抛光。

应当指出，不锈钢化学氧化的工艺规范（溶液浓度、温度、处理时间）的变化，都会使氧化膜色彩发生变化，在大批量工业生产中，很难得到重现性好的颜色。这是工艺生产控制的一个难点。要得到色彩良好的重现性，采用控制电位差法，可以得到较好的效果。控制电位差是以铂作为参比电极，控制被着色氧化工件与铂电极之间的电位差。从起始电位开始，随着处理时间的延长，不锈钢工件的电位开始逐渐下降，在某一电位与起始着色电位之间的电位差，出现一定的颜色，依此来控制所要得到的颜色。

(2) 彩色化学氧化的溶液组成及工艺规范

不锈钢彩色化学氧化的溶液组成及工艺规范见表 38-8。

表 38-8　不锈钢彩色化学氧化的溶液组成及工艺规范

溶液成分及工艺规范	1	2	3
	含量/(g/L)		
硫酸(H_2SO_4)	490	600	1100～1200

续表

溶液成分及工艺规范	1	2	3
	含量/(g/L)		
铬酐(CrO_3)	250	—	—
重铬酸钠($Na_2Cr_2O_7 \cdot 2H_2O$)	—	80	—
偏钒酸钠($NaVO_3$)	—	—	130～150
温度/℃	70～90	105～110	80～90
时间/min	10～20	15～22	5～10
氧化膜色泽（随时间延长依次得到的颜色）	青铜色→蓝色→金黄色→红色→绿色	棕色→蓝色→黑色	金黄色

38.4.3　不锈钢的钝化处理

不锈钢的钝化处理也称为化学氧化处理，经处理后不锈钢仍能保持原来的色泽，一般为银白色或灰白色，且能提高其耐蚀性。不锈钢经浸蚀后进行钝化处理，其溶液组成及工艺规范见表 38-9。

表 38-9　不锈钢钝化处理的溶液组成及工艺规范

溶液成分及工艺规范	1	2
	含量/(g/L)	
重铬酸钠($Na_2Cr_2O_7 \cdot 2H_2O$)	300～350	300～500
硝酸(HNO_3)($d=1.42$)	20～30	—
温度/℃	室温	室温
时间/min	30～60	30～60

38.4.4　不锈钢化学氧化的工艺流程

不锈钢化学氧化的主要工艺流程如图 38-1 所示。

工艺说明如下。

(1) 不锈钢的前处理

前处理包括化学除油、浸蚀及抛光等工序。

① 化学除油、浸蚀、化学抛光及电化学抛光等可按常用的工艺规范进行。其溶液组成及工艺规范，可参见第 2 篇第 4 章电镀前处理及第 4 篇第 27 章不锈钢的电镀等章节的有关内容。

② 抛光可使不锈钢表面平滑细致，使氧化膜容易上色。对表面粗糙度要求不太高的零件可采用化学抛光；要求较高的采用电化学抛光；要求镜面光亮的采用机械抛光。

(2) 化学氧化的后处理

后处理包括坚膜、封闭、干燥等工序。化学氧化后获得的膜层是多孔疏松的，容易被玷污、擦伤，需进行坚膜、封闭，以提高彩色膜的耐磨、耐蚀、耐污性。

① 坚膜处理　坚膜是在坚膜溶液中进行电解处理。在电

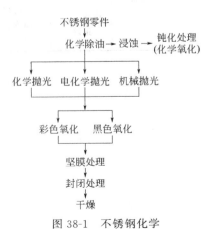

图 38-1　不锈钢化学氧化的主要工艺流程

解处理过程中，产生的大量氢气将氧化膜层细孔中的六价铬还原成三价铬，生成三氧化二铬（Cr_2O_3）、氢氧化铬 ［$Cr(OH)_3$］ 等沉淀物埋入细孔中，使膜层减少孔隙而硬化。坚膜处理的溶液组成及工艺规范见表 38-10。

表 38-10　坚膜处理的溶液组成及工艺规范

溶液成分及工艺规范	1	2
	含量/(g/L)	
铬酐（CrO_3）	250	250
硫酸（H_2SO_4）	2.5	—
磷酸（H_3PO_4）	—	2.5
温度/℃	20～40	30～40
阴极电流密度/（A/dm^2）	0.2～1	0.5～1
时间/min	5～15	10
阳极材料	铅板	铅板

② 封闭处理　氧化膜层经硬化坚膜后，其硬度、耐蚀及耐磨性得到很大改善，但表面仍多孔，还需进行封闭处理，使性能更完善。封闭处理工艺是在 10g/L 的硅酸钠（Na_2SiO_3）溶液中，在溶液沸腾条件下，处理 5min。

38.5　不合格氧化膜的退除

不合格氧化膜的退除方法见表 38-11。

表 38-11　不合格氧化膜的退除方法

基体金属	退除方法	溶液组成及工艺规范	备注
钢铁件	化学法	碱性或酸性化学氧化膜退除 盐酸或硫酸　10%～15%（体积分数） 温度：室温	退除后在铬酐-硫酸溶液中，室温下除挂灰
不锈钢件着色氧化膜	化学法减薄	若着色氧化膜偏厚，需要减薄。未经坚膜处理的着色氧化膜，可在下列还原性介质溶液中进行减薄： 硫代硫酸钠（$Na_2S_2O_3 \cdot 5\,H_2O$）8%（质量分数） 温度：80℃	减薄时间视要求减薄程度而定
	电化学法退除	磷酸（H_3PO_4）　100～200mL/L 温度：室温　阳极电流密度：1.5～2.5A/dm^2 电压：12V　时间：5～15min　阴极材料：铅板	—

第39章
钢铁的磷化处理

39.1 概述

钢铁的磷化处理，是在含有锌、锰、钙、铁等的磷酸盐溶液中，发生化学反应，生成难溶于水的磷酸盐转化膜（磷化膜）的处理过程。钢铁磷化处理工艺经过不断改进、完善和发展，已形成了种类繁多、功能齐全、用途广泛的防护性、功能性的一门转化膜技术。

磷化膜层是由大小不同的晶粒组成的，形成细小裂纹的多孔结构。这种多孔的晶体结构，能改善和提高钢铁零件表面的吸附性、减摩性和耐磨性等性能。

磷化膜稳定性差，不经后处理的磷化膜耐蚀性较差。磷化膜经重铬酸盐填充封闭处理，其耐蚀性大大提高，一般在大气条件下的耐蚀性高于钢铁氧化处理（发蓝）膜 $2\sim10$ 倍，可作为大气条件下钢铁表面的防护层。

由于磷化膜具有多孔性，对油漆涂料具有良好的吸附性，广泛用作油漆涂装的底层；它还具有良好的润滑性，可用作钢铁冷墩、冷挤压、冷引伸加工的润滑层，从而减少零件加工时产生裂纹、拉伤，可延长模具使用寿命；此外，磷化膜还具有较高的电绝缘性，可用作电动机、变压器用的硅钢片的电绝缘层。

钢铁件经磷化处理后，基本保持其基体金属的硬度、磁性能等。为防止磷化处理对基体材料性能的影响，对于抗拉强度大于或等于1050MPa的关键、重要钢零件，在磷化前应消除应力；对于抗拉强度大于或等于1300MPa的钢零件、弹性件和壁厚小于1mm的薄壁零件，不允许采用阴极电化学除油和强浸蚀，并且在磷化处理后应进行消除脆性处理[5]。

39.1.1 磷化处理的分类

磷化处理的分类方法很多，通常有下列几种。

(1) 按磷化成膜溶液体系分类

根据钢铁基体材质、表面状态及磷化溶液工艺规范的不同，可得到不同种类、厚度、颜色、膜重等的磷化膜。磷化处理按磷化成膜溶液体系分类，主要分为锌系（磷酸锌系、磷酸锌钙系、磷酸锌锰系）、锰系、铁系（铁系、非晶相铁系）三大类。

磷化膜及磷化溶液体系分类见表39-1。

表 39-1 磷化膜及磷化溶液体系分类

磷化膜及磷化液类别		磷化溶液主要成分	磷化膜主要组成（钢铁件）	膜层外观	膜重/(g/m²)	性质及用途
锌系	锌系	$Zn(H_2PO_4)_2$	磷酸锌$[Zn_3(PO_4)_2 \cdot 4H_2O]$ 磷酸锌铁$[Zn_2Fe(PO_4)_2 \cdot 4H_2O]$	浅灰至深灰，结晶状	$1\sim40$	磷化晶粒呈树枝状、针状、孔隙较多。广泛应用于涂漆前打底、防腐蚀和冷加工减摩润滑

续表

磷化膜及 磷化液类别		磷化溶液 主要成分	磷化膜主要组成 （钢铁件）	膜层 外观	膜重 /(g/m²)	性质及用途
锌系	锌-钙系	Zn(H₂PO₄)₂ Ca(H₂PO₄)₂	磷酸锌钙[Zn₂Ca(PO₄)₂·2H₂O] 磷酸锌铁[Zn₂Fe(PO₄)₂·4H₂O]	浅灰至 深灰， 结晶状	1~15	磷化晶粒呈紧密颗粒状（有时有大的针状晶粒），孔隙较少。应用于涂装前打底及防腐蚀
	锌-锰系	Zn(H₂PO₄)₂ Mn(H₂PO₄)₂	磷酸锌、锰、铁混合物 [ZnFeMn(PO₄)₂·4H₂O]	灰色至 深灰， 结晶状	1~60	磷化晶粒呈颗粒-针状-树枝状混合晶型，孔隙较少。广泛用于漆前打底、防腐蚀及冷加工减摩润滑
铁系	铁系	Fe(H₂PO₄)₂	磷酸铁[Fe₃(PO₄)₂·4H₂O]	深灰色 结晶状	5~10	磷化膜厚度大，磷化温度高，处理时间长，膜孔隙较多，磷化晶粒呈颗粒状。应用于防腐蚀以及冷加工减摩润滑
	轻铁系	NaH₂PO₄ 或 NH₄H₂PO₄	三氧化二铁(Fe₂O₃) 磷酸铁[Fe₃(PO₄)₂·8H₂O]	深灰彩虹 非晶体	0.5~ 1.5[①]	磷化膜薄，微观膜结构呈非晶相的平面分布状，仅应用于涂漆前打底
锰系	锰-铁系	Mn(H₂PO₄)₂ Fe(H₂PO₄)₂	磷酸锰铁[Mn₂Fe(PO₄)₂·4H₂O] 磷酸铁[Fe₃(PO₄)₂·4H₂O]	灰色至 黑灰色 结晶状	1~60	磷化膜厚度大、孔隙少，磷化晶粒呈密集颗粒状。广泛应用于防腐蚀、绝缘及冷加工减摩

① 膜重为 0.1~1g/m² 时呈彩虹色，大于 1g/m² 时呈深灰色。

（2）按磷化膜的重量分类

按磷化膜的重量分类，可分为次轻量级、轻量级、次重量级、重量级四种。磷化膜按其膜重的分类见表 39-2。

磷化膜厚度（μm）和膜重（g/m²）的换算关系见表 39-3。

表 39-2 磷化膜重的分类

磷化膜类别	磷化膜重/(g/m²)	膜的组成
次轻量级	0.2~1.0	主要由磷酸铁、磷酸钙或其他金属的磷酸盐所组成
轻量级	1.1~4.5	主要由磷酸锌和(或)其他金属的磷酸盐所组成
次重量级	4.6~7.5	主要由磷酸锌和(或)其他金属的磷酸盐所组成
重量级	＞7.5	主要由磷酸锌、磷酸锰和(或)其他金属的磷酸盐所组成

注：1. 次轻量级（磷化膜重 0.2~1.0g/m²）、轻量级（磷化膜重 1.1~4.5g/m²）的磷化膜，一般可用作涂装的底层。
2. 次重量级（磷化膜重 4.6~7.5g/m²）的磷化膜较厚（一般＞3μm），也可用于防腐蚀及冷加工减摩滑润（作引伸减摩润滑磷化膜）。
3. 重量级（磷化膜重＞7.5g/m²）的磷化膜，不作为漆前打底用，广泛用于防腐蚀、绝缘及冷加工减摩。
4. 引自 GB/T 6807-2001《钢铁工件涂装前磷化处理技术条件》。

表 39-3 磷化膜厚度和膜重的换算关系

膜厚/μm	膜重/(g/m²)	换算关系
1	1~2	① 次轻量级磷化膜重与厚度之比约为 1
3	3~6	② 轻量级磷化膜重与厚度之比约为 1~2
5	5~15	③ 次重量级、重量级磷化膜重与厚度之比一般为 1~3

注：引自 GB/T 6807—2001《钢铁工件涂装前磷化处理技术条件》中的附录 B（提示的附录）磷化膜厚度和膜重的换算关系。

（3）按磷化处理温度分类

磷化处理温度划分法本身并不严格，按处理温度一般可分为常温、低温、中温、高温四类。

常温磷化：一般处理温度为 10～35℃（室温磷化）；

低温磷化：一般处理温度为 35～45℃；

中温磷化：一般处理温度为 50～70℃；

高温磷化：一般处理温度＞90℃。

（4）按处理工艺分类

按处理工艺可分为浸渍法、喷淋法、刷涂法等，如表 39-4 所示。

表 39-4　磷化处理按处理工艺分类

磷化分类	磷化处理方法及应用
浸渍磷化法	适用于高温、中温、低温和常温磷化工艺，可处理各种形状的零件，溶液稳定，磷化膜比较均匀。浸渍磷化所需设备简单，制造容易,造价低
喷淋磷化法	适用于中温、低温和常温磷化工艺。其处理方法是利用泵将处理液喷射到零件表面上,不仅具有化学作用,同时还具有机械冲击作用,缩短处理时间,适合于自动化生产,生产效率高。适用于处理外形较简单的零件,常用于作涂装底层的磷化自动生产线。但设备复杂,造价高
刷涂磷化法	适用于常温磷化工艺。用刷子将磷化液刷涂到需磷化的工件表面上,处理完用水清洗干净。这种处理方法,涂膜质量较低,劳动量大,生产效率低,仅用于大型工件的局部磷化

39.1.2　磷化膜的用途

（1）用于防护耐蚀层

用作钢铁零件防护耐蚀层的磷化膜，可选用锌系、锌-锰系、锰系、锌-钙系等。磷化膜层重为 10～40g/m²。磷化后涂防锈油、防锈脂、防锈蜡等。

（2）用于减磨润滑的磷化膜

磷化膜可使两个滑动表面润滑，减小摩擦力，降低摩擦系数。钢铁零件的减摩一般优先选用锰系磷化膜，也可选用锌系磷化膜。对动配合间隙较小的零件，选用较薄的磷化膜，膜重选 1～3g/m²；动配合间隙较大的零件，选用较厚的磷化膜，膜重选 5～20g/m²。

（3）用作涂装的底层

钢铁磷化膜由于多孔，而具有很大的表面积，有良好的吸附性能，可广泛用作涂料涂装、电泳涂装、静电喷涂、粉末静电喷涂等的底层，可增强钢铁基体与涂层之间的结合力和提高其耐蚀性能。磷化膜可用锌系、锌钙系或铁系。用作涂装底层的磷化膜见表 39-5。

表 39-5　用作涂装底层的磷化膜

磷化膜类型	磷化膜重/(g/m²)	膜的组成	用途
锌系	5～10	磷酸锌[$Zn_3(PO_4)_2 \cdot 4H_2O$] 磷酸锌铁[$Zn_2Fe(PO_4)_2 \cdot 4H_2O$]	恶劣环境下的防护
锌-钙系	1～15	磷酸锌钙[$Zn_2Ca(PO_4)_2 \cdot 2H_2O$] 磷酸锌铁[$Zn_2Fe(PO_4)_2 \cdot 4H_2O$]	恶劣环境下的防护
锌系	1～5	磷酸锌[$Zn_3(PO_4)_2 \cdot 4H_2O$] 磷酸锌铁[$Zn_2Fe(PO_4)_2 \cdot 4H_2O$]	一般腐蚀环境下的防护
轻铁系	0.5~1.5	三氧化二铁 Fe_2O_3 磷酸铁[$Fe_3(PO_4)_2 \cdot 8H_2O$]	室内及一般腐蚀环境下的防护
锌-钙系	0.2～1.0	磷酸锌钙[$Zn_2Ca(PO_4)_2 \cdot 2H_2O$] 磷酸锌铁[$Zn_2Fe(PO_4)_2 \cdot 4H_2O$]	用作较大形变钢铁工件的涂装底层,或耐蚀要求较低的涂装底层

磷化膜类型	磷化膜重/(g/m²)	膜的组成	用途
锌系	1.5~2.5 (一般采用2)	磷酸锌[$Zn_3(PO_4)_2 \cdot 4H_2O$] 磷酸锌铁[$Zn_2Fe(PO_4)_2 \cdot 4H_2O$]	用作电泳涂装的底层

(4) 用于冷挤、拉拔的润滑层

采用锌系或锌钙系的磷化膜，有助于冷加工（如冷挤压、拉拔、引伸、冲压）成型，并能延长模具的使用寿命。单位面积上磷化膜的质量依使用场合而定，见表39-6。

表39-6　用于机械冷加工的磷化膜

磷化膜类型	单位面积膜重/(g/m²)	应用实例
锌系或锌-钙系	5~15	钢丝、焊接钢管拉拔
	4~10	精密钢管拉拔、引伸
	>10	冷挤压成形
	1~5	非减壁深冲成形
	4~10	减壁深冲成形

(5) 用于电绝缘的磷化膜

磷化膜层有较高的电绝缘性能，电阻率为$107\Omega \cdot cm$[5]，是电机、变压器的硅钢片首选的电绝缘层。硅钢片经磷化处理后可提高电绝缘性能，一般选用锌系磷化膜，膜重为1~20g/m²，膜击穿电压为240~380V，涂绝缘漆后可提高到1000V[2]，而且不影响它的磁性能。

39.2　钢铁磷化的成膜机理

钢铁表面磷化膜的形成过程，一般认为是一个电化学反应过程。当钢铁零件浸入磷化溶液中时，在其表面形成很多腐蚀微电池，此时电位较负的铁素体是微阳极区被氧化，发生溶解反应；而珠光体、碳粒、合金元素以及应力集中部位的电位比铁素体正，是微阴极区，氢离子得电子而被还原，析出氢。两者的反应式如下：

$$Fe - 2e \longrightarrow Fe^{2+}$$
$$2H^+ + 2e \longrightarrow H_2 \uparrow$$

钢铁表面与磷化溶液中的游离磷酸也可发生化学反应，析出氢，其反应式如下：

$$Fe + 2H_3PO_4 \longrightarrow Fe(H_2PO_4)_2 + H_2 \uparrow$$

这时由于氢的析出，而使钢铁表面与磷化溶液接触的界面处酸度下降，pH值升高。当钢铁表面附近磷化溶液中的金属离子，如Zn^{2+}、Ca^{2+}、Mn^{2+}、Fe^{2+}等的浓度与PO_4^{3-}浓度的乘积达到相应的溶度积时，不溶性的磷酸盐结晶，如$Zn_3(PO_4)_2 \cdot 4H_2O$、$Zn_2Fe(PO_4)_2 \cdot 4H_2O$等，在钢铁表面沉积而形成晶核，随着晶核增多和晶核的增长，便生成连续的不溶于水的磷化膜。其反应式如下：

$$4H_2O + 3Zn(H_2PO_4)_2 \longrightarrow Zn_3(PO_4)_2 \cdot 4H_2O + 4H_3PO_4$$
$$4H_2O + Fe(H_2PO_4)_2 + 2Zn(H_2PO_4)_2 \longrightarrow Zn_2Fe(PO_4)_2 \cdot 4H_2O + 4H_3PO_4$$

磷化过程中产生的沉渣，是由于钢铁表面溶解下来的Fe^{2+}，一部分成为磷化膜的组成部分，而另一部分与磷化溶液中的氧化剂反应，生成不溶性的磷酸铁沉渣。

在常温、低温磷化时，由于在温度、浓度以及酸度都较低的情况下，钢铁的氧化能力弱，磷化反应只靠Fe溶解时放出的热量作驱动力是远远不够的，必须加入足够的氧化促进剂，来提供其磷化反应的内动力。这就是常温、低温磷化与高温、中温磷化的差异。

磷化液中加入氧化型促进剂，如硝酸盐能起催化促进作用，可加快磷化速度。随着钢铁表面上磷酸盐结晶生成，磷化过程的速度随之减慢，当整个表面被磷化膜全部覆盖时，磷化过程结束（可从氢停止析出来判断）。

常温、低温磷化前必须采用表面调整处理工序。表面调整的主要作用，是使钛的胶体均匀地吸附在钢铁零件表面上，在磷化过程中，溶度积极小的磷酸钛成为结晶活性点，促使磷化膜结晶均匀细致[2]。表面调整后不经水洗，可直接进行磷化处理。

39.3　高温磷化处理

高温磷化的工作温度在 90℃ 以上，所得磷化膜较厚。其优点是磷化膜耐蚀性、结合力、硬度、耐磨性和耐热性都比较好；缺点是高温操作，劳动条件差，能耗大，溶液蒸发量大，成分变化快，沉渣多，磷化膜易夹杂沉淀物，结晶粗细不够均匀。

高温磷化主要用于钢铁零件的防锈、耐磨和减摩。高温磷化溶液体系有锰系、锌系及锌-锰系。锰系所得磷化膜微观结构呈颗粒密堆积状，膜层经填充和浸油处理，具有最佳防锈性能；还具有较高的硬度和热稳定性，广泛用作活塞环、轴承支座、压缩机等零件的耐磨、减摩磷化膜。

高温磷化的溶液组成及工艺规范见表 39-7。

市售的高温磷化液（剂）的处理工艺规范见表 39-8。

表 39-7　高温磷化的溶液组成及工艺规范

溶液成分及工艺规范	1	2	3	4	5	6
	含量/(g/L)					
磷酸二氢锰铁盐（马日夫盐）$[x\mathrm{Fe(H_2PO_4)_2} \cdot y\mathrm{Mn(H_2PO_4)_2}]$	30～40	25～30	30～35	—	—	—
磷酸二氢锌$[\mathrm{Zn(H_2PO_4)_2 \cdot 2H_2O}]$	—	—	—	30～40	28～36	—
硝酸锌$[\mathrm{Zn(NO_3)_2 \cdot 6H_2O}]$	—	—	55～65	55～65	42～56	25～18
氯化锌$(\mathrm{ZnCl_2})$	—	—	—	—	—	3.5～4.5
硝酸锰$[\mathrm{Mn(NO_3)_2 \cdot 6H_2O}]$	15～25	—	—	—	—	—
碳酸锰$(\mathrm{MnCO_3})$	—	25	—	—	—	—
硝酸钙$[\mathrm{Ca(NO_3)_2}]$	—	—	—	—	—	11～15
磷酸$(\mathrm{H_3PO_4})$	—	—	—	—	9.5～13.5	0.98～2.74
磷酸二氢铵$(\mathrm{NH_4H_2PO_4})$	—	—	—	—	—	7～9
游离酸度/点	3.5～5	2～4	5～8	6～9	12～15	1～2.8
总酸度/点	35～50	28～35	40～60	40～58	60～80	20～28
温度/℃	94～98	97～99	90～98	90～95	92～98	85～95
时间/min	15～20	25～30	15～20	8～15	10～15	6～9

注：磷化溶液酸度点数，是指用 0.1mol/L 的 NaOH 溶液滴定磷化溶液所消耗 NaOH 溶液的毫升数。滴定总酸度时用酚酞作指示剂，滴定游离酸度时用溴酚蓝作指示剂。

表 39-8　市售的高温磷化液（剂）的处理工艺规范

商品名称	类型	处理方法	工艺规范			特点
			含量(质量分数)/%	温度/℃	时间/min	
PF-1AM 化成（磷化）剂	磷酸锰	浸渍	—	90～95	3～15	磷化膜厚，吸油性好，提高耐磨耗效果

续表

商品名称	类型	处理方法	工艺规范			特点
			含量(质量分数)/%	温度/℃	时间/min	
PF-M2A化成(磷化)剂	磷酸锰	浸渍	—	95~100	15~30	磷化膜厚,吸油性好,提高耐磨耗效果
PF-M5化成(磷化)剂	磷酸锰	浸渍		82~85	10	磷化膜厚,吸油性好,提高耐磨耗效果
PF-5004化成(磷化)剂	磷酸锰	浸渍	—	90~95	3	磷化膜厚,吸油性好,提高耐磨耗效果
PB-181X化成(磷化)剂	磷酸锌	浸渍	—	70~80	3~10	适合钢管拉制及钢板的深拉伸、冷锻
PB-421WD化成(磷化)剂	磷酸锌	浸渍	—	70~80	2~7	适合线材拉制及冷轧
PB-423WD化成(磷化)剂	磷酸锌	浸渍	—	70~80	5~10	适合线材拉制及冷轧
PB-9X化成(磷化)剂	磷酸锌	浸渍	—	80~90	0.4~1	适合流水线用
FB-A化成(磷化)剂	草酸盐	浸渍		>90	10~20	适合SUS400系铁素体,SIS系奥氏体等不锈钢
FB-3803化成(磷化)剂	草酸盐	浸渍		80~90	10~20	主要适用于SUS400系铁素体不锈钢
GH-3007螺丝磷化液	液体锌钙系	浸泡	8~10	70~80	8~10	五金烤漆、抽管、抽线、冷锻变形以及螺栓、螺母等黑磷处理
GH-3009中温锌钙系磷化液	液体锌钙系	浸泡	8~10	70~80	8~10	无须表调和添加促进剂,磷化膜结晶致密,适合涂装用
GH-3010锌锰系磷化液	液体锌锰系	浸泡	8~10	70~80	10~20	防锈能力极佳
GH-7004锰系磷化液	液体锰系	浸泡	8~10	90~98	10~15	齿轮、活塞环、凸轮轴等耐磨耗用
GH-7005锰系磷化液	液体锰系	浸泡	8~10	90~98	10~15	齿轮、活塞环、凸轮轴等耐磨耗用。防锈能力超好
XH-13B型拉伸专用润滑粉	润滑	浸渍	7	80~90	0.5~5	用于与之配套的拉丝、拉管及各类冷拔、压型、冷挤压、拉伸加工厂的润滑处理
XH-7高温耐磨磷化粉	固体	浸渍	20g/L	88~98	10~15	—

注：1. GH体系磷化液是上海锦源精细化工厂的产品。
2. PB、PF体系磷化剂，FB-A，FB-3803等磷化剂是沈阳帕卡濑精有限总公司的产品。
3. XH-7高温耐磨磷化粉 XH-13B型拉伸专用润滑粉是成都祥和磷化公司的产品。

39.4 中温磷化处理

中温磷化的工作温度约为 50~70℃，溶液稳定，磷化速度快，生产效率高，膜层耐蚀性接近高温磷化膜，而处理温度比高温磷化低得多。在目前生产中应用最多的是中温磷化。

中温厚膜磷化用于防锈、冷挤引伸的润滑、减摩等；薄膜磷化多用于涂装的底层。中温磷化工艺采用锌系、锌-钙系、锌-锰系等。

中温磷化的溶液组成及工艺规范见表 39-9。

市售的中温磷化液（剂）的处理工艺规范见表 39-10。

表 39-9　中温磷化的溶液组成及工艺规范

溶液成分及工艺规范	锌系			锌-锰系		锌-钙系	轻铁系
	1	2	3	1	2		
	含量/(g/L)						
磷酸二氢锰铁盐（马日夫盐）$[x\mathrm{Fe(H_2PO_4)_2} \cdot y\mathrm{Mn(H_2PO_4)_2}]$	30～35	—	30～40	40	30～40	—	—
磷酸二氢锌$[\mathrm{Zn(H_2PO_4)_2} \cdot 2\mathrm{H_2O}]$	—	30～40	30～40	—	—	—	—
硝酸锌$[\mathrm{Zn(NO_3)_2} \cdot 6\mathrm{H_2O}]$	80～100	100	80～100	120	100～130	15～18	—
氯化锌$(\mathrm{ZnCl_2})$	—	—	—	—	—	3～5	—
亚硝酸钠$(\mathrm{NaNO_2})$	—	—	1～2	—	—	—	—
硝酸锰$[\mathrm{Mn(NO_3)_2} \cdot 6\mathrm{H_2O}]$	—	—	—	50	20～30	—	—
硝酸钙$[\mathrm{Ca(NO_3)_2} \cdot 4\mathrm{H_2O}]$	—	—	—	—	—	18～22	—
磷酸二氢铵$(\mathrm{NH_4H_2PO_4})$	—	—	—	—	—	8～12	—
磷酸二氢钠$[\mathrm{NaH_2PO_4}]$	—	—	—	—	—	—	88
磷酸$(\mathrm{H_3PO_4})$	—	—	—	—	—	1.5～3	—
EDTA	—	—	—	1～2	—	—	—
氟化钠(NaF)	—	—	—	—	—	—	5
草酸$(\mathrm{H_2C_2O_4} \cdot 2\mathrm{H_2O})$	—	—	—	—	—	—	39.7
草酸亚铁$(\mathrm{FeC_2O_4})$	—	—	—	—	—	—	17.9
重铬酸钠$(\mathrm{Na_2Cr_2O_7})$	—	—	—	—	—	—	10.5
游离酸度/点	5～7	5～7.5	4～7	3～7	6～9	1～3	—
总酸度/点	50～80	60～80	60～80	90～120	85～110	20～30	—
温度/℃	50～70	60～70	50～70	55～65	55～70	65～75	50
时间/min	10～15	10～15	10～15	20	10～15	2～8	pH 值 2

表 39-10　市售的中温磷化液（剂）的处理工艺规范

商品名称	类型	处理方法	工艺规范			特点
			含量（质量分数）/%	温度/℃	时间/min	
PB-138 化成（磷化）剂	磷酸锌	喷淋浸渍	—	45～55	2～3	低温、低渣、快速磷化剂
PB-3118 化成（磷化）剂	磷酸锌	喷淋	—	50～55	2～3	适合汽车车身部件等电泳涂装底层，喷淋型
AB-521 型 Zn-Ca 磷化液	锌-钙系	—	200mL/L	60～70	3～7	游离酸度 4～7 点，总酸度 40～60 点
MP-882 型 磷化液	—	—	MP-882 磷化液　100mL/L 促进剂 C　1～3mL/L	60～70	4～7	游离酸度 5～6 点，总酸度 50～60 点

续表

商品名称	类型	处理方法	工艺规范 含量(质量分数)/%	温度/℃	时间/min	特点
AD-PG 型 Zn-Ca 磷化剂	锌-钙系	—	AD-PG(A)50mL/L AD-PG(B)5～10mL/L	60～65	8～15	游离酸度1.8～2.2点，总酸度25～30点
促进剂 C/Y836 锌钙磷化液	锌-钙系		促进剂 C/Y836 170～210mL/L	65～70	4～6	游离酸度4～4.5点，总酸度55～65点
DFL-3 磷化液	—	—	DFL-3 200mL/L	70	5～10	游离酸度5～7点，总酸度60～80点
XH-13 型中温拉伸磷化浓缩液	润滑	浸渍	—	55～65	5～10	适用于钢管、钢棒冷拔拉伸磷化处理，也可单独用于冲压件、冷镦件等，还可单独用于工序间或贮存零件防锈磷化
GH-3009 中温锌钙系磷化液	锌-钙系	浸泡	8～10	70～80	8～10	无须表面调整和添加促进剂，磷化膜结晶致密，适合涂装用

注：1. PB体系磷化剂为沈阳帕卡濑精有限总公司的产品。
2. AB-521 型 Zn-Ca 磷化液是苏州昂邦化工有限公司的产品。
3. MP-882 型磷化液、促进剂 C 是长春第一汽车厂工艺研究所的产品。
4. AD-PG 型 Zn-Ca 磷化剂是开封安迪电镀化工有限公司的产品。
5. 促进剂 C/Y836 锌钙磷化液是上海仪表烘漆厂的产品。
6. DFL-3 磷化液是上海东风磷化厂的产品。
7. XH-13 型中温拉伸磷化浓缩液是成都祥和磷化公司的产品。
8. GH-3009 中温锌钙系磷化液是上海锦源精细化工的产品。

39.5 低温、常温磷化处理

低温磷化的工作温度一般为 35～45℃，常温磷化是指在自然室温条件下进行磷化处理，通常温度为 10～35℃。由于处理温度较低，需要加入强促进剂，如 NO_3^-、NO_2^-、ClO_3^- 等，以加快成膜速度。低温、常温磷化常用的促进剂体系及性能，如表 39-11 所示。

表 39-11 低温、常温磷化促进剂体系及性能

性能	促进剂体系			
	NO_3^-/NO_2^-	$NO_3^-/ClO_3^-/NO_2^-$	NO_3^-/ClO_3^-	NO_3^-/有机硝基化合物
产生泥渣	一般	较多	较多	较少
槽液颜色	无色-微蓝	无色-微蓝	无色	深柠檬色
促进剂补加	需经常补加	需经常补加	定期补加	定期补加
反应成膜速度	快	快	较慢	较快
槽液管理	简单方便	简单方便	一般	一般

低温、常温磷化（一般不需加热），节约能源，生产成本低，溶液稳定，适合自动化生产。但其所获得的膜层较薄，耐蚀性、耐热性均不如高中温磷化膜，常用于涂料涂装、粉末涂装、电泳涂漆的底层。低温、常温磷化剂目前国内已有很多商品供应市场，使用方便。

低温、常温磷化在磷化前，需进行表面调整处理，以促使膜层结晶的初期晶核的形成，有利于产生均匀细致的磷化膜，以及提高磷化速度。

低温、常温磷化大部分以锌系、轻铁系磷化为主。

（1）锌系低温、常温磷化

目前锌系低温、常温磷化应用最为广泛，技术进步最快，而且市售的这类磷化剂（液）商品品牌众多。

锌系低温、常温磷化的溶液组成及工艺规范见表 39-12。

市售的锌系低温、常温磷化液（剂）的处理工艺规范见表 39-13。

表 39-12　锌系低温、常温磷化的溶液组成及工艺规范

溶液成分及工艺规范	1	2	3	4
	含量/(g/L)			
磷酸二氢锌[$Zn(H_2PO_4)_2 \cdot 2H_2O$]	40～55	50～70	60～70	—
硝酸锌[$Zn(NO_3)_2 \cdot 6H_2O$]	60～70	80～100	60～80	50～100
磷酸二氢锰铁盐（马日夫盐）[$xFe(H_2PO_4)_2 \cdot yMn(H_2PO_4)_2$]	—	—	—	40～65
烷基磺酸盐（$R-SO_3Na$）	2～3	—	—	—
磷酸（H_3PO_4）/(mL/L)	8～10	—	—	—
稀土复合添加剂	5～6	—	—	—
亚硝酸钠（$NaNO_2$）	—	0.2～1	—	—
氟化钠（NaF）	—	—	3～4.5	3～4.5
氧化锌（ZnO）	—	—	4～8	4～8
游离酸度/点	4～6	4～6	3～4	3～4
总酸度/点	80～95	75～95	70～90	50～90
温度/℃	15～35	20～35	25～30	20～30
时间/min	3～10	20～30	30～40	30～45

表 39-13　市售的锌系低温、常温磷化液（剂）的处理工艺规范

商品名称	类型	处理方法	工艺规范			特点
			含量（质量分数）/%	温度/℃	时间/min	
PB-L3020 化成（磷化）剂	磷酸锌	浸渍	—	40～45	2	适合汽车车身部件等电泳涂装基础,低温全浸渍
PB-WL35 化成（磷化）剂	磷酸锌	浸渍	—	33～39	2～3	适合汽车车身部件等电泳涂装基础,低温全浸渍
PB-L3007 化成（磷化）剂	磷酸锌	浸渍	—	40～45	＞2	适合汽车车身部件等电泳涂装基础,低温全浸渍
PB-3140 化成（磷化）剂	磷酸锌	喷淋	—	48～52	2～3	适合汽车车身部件等电泳涂装基础,喷淋型
PB-AX35 化成（磷化）剂	磷酸锌	浸渍	—	33～37	2	适合钢铁、镀锌板及铝材混合材料电泳涂装的前处理
PBS-5010 化成（磷化）剂	镍磷酸锌	喷淋、浸渍	—	40～45	2	适合汽车车身部件等电泳涂装基础,低温全浸渍,且不含重金属镍
PB-3108 化成（磷化）剂	磷酸锌	喷淋	—	25～45	2～3	低温、低渣、快速磷化剂

商品名称	类型	处理方法	工艺规范			特点
			含量(质量分数)/%	温度/℃	时间/min	
GH-3001 涂装磷化液	液体锌系	喷淋、浸泡	5~6	室温	2~5	适合各类涂装使用
GH-3002 涂装磷化液	液体锌系	喷淋、浸泡	5~6	室温	2~5	适合家用电器等电泳涂装使用
GH-3003 电泳磷化液	液体三元系	浸泡	6~8	室温	2~5	电泳涂装专用产品
GH-3004 锌系磷化液	液体锌系	浸泡	5~6	室温	5~10	结晶致密,适合粉末涂装使用
ST-8001 化成(磷化)剂(硅烷系)	无磷、镍化成剂	浸渍	—	室温~50	2	无磷、无镍、免表调剂,硅烷系,新型处理液
PB-4100 化成(磷化)剂	磷酸锌	喷淋、浸渍	—	>15	>3	低温、低渣、快速磷化剂
祥和牌 XH-10B 磷化液	—	喷淋、浸渍		30~45 或室温	喷淋:1.5~3 浸渍:5~15	适用于汽车、摩托车、自行车、仪器仪表、家用电器、钢门窗等行业钢铁工件的阴极电泳涂装前磷化
AB-501 型磷化剂 AB-501 型促进剂	—		磷化剂 40mL/L 促进剂 3mL/L	15~35	喷淋:1~3 浸渍:5~10	游离酸度 0.8~1.5 点,总酸度 27~32 点
YP-3115 磷化剂 YP-131 促进剂	—		磷化剂 90mL/L 促进剂0.3~0.4g/L	室温	4~6	游离酸度 0.5~1 点,总酸度 30~40 点
PZ-91A 型磷化剂 PZ-91B 型促进剂	—		磷化剂 100mL/L 促进剂 10mL/L	35~45	3~5	游离酸度 0.5~1.5 点,总酸度 22~28 点
YS-5 型磷化剂 YM-5 型促进剂	—		磷化剂 80mL/L 促进剂 8mL/L	15~35	3~10	游离酸度 0.5~1 点,总酸度 30~35 点
PB-3100M 型磷化剂 AC 促进剂	—		磷化剂 35mL/L 促进剂 0.5~1g/L	25~45	3~5	游离酸度 0.7~0.9 点,总酸度 16~25 点
DP-532 磷化剂 DP-54 促进剂	—		磷化剂 50mL/L 促进剂 7g/L	>20	3~5	游离酸度 0.8~1.5 点,总酸度 28~34 点

注:1. PB 体系磷化剂、PBS-5010、ST-800 化成(磷化)剂(硅烷系)为沈阳帕卡濑精有限总公司的产品。
2. 祥和牌 XH-10B 磷化液是成都祥和磷化公司的产品。
3. AB-501 型 Zn-Ca 磷化剂是苏州昂邦化工有限公司的产品。
4. YP-3115 型磷化剂、YP-131 型促进剂是南京昆仑磷化厂的产品。
5. PZ-91A 型磷化剂、PZ-91B 型促进剂是武汉材料保护研究所的产品。
6. YS-5 型磷化剂、YM-5 型促进剂是上海永生助剂厂的产品。
7. PB-3100M 型磷化剂、AC 促进剂是合资帕卡濑精有限公司的产品。
8. DP-532 磷化剂、DP-54 促进剂是广州电器科学研究院院金属防护研究所的产品。
9. GH 体系磷化液是上海锦源精细化工厂的产品。

(2)轻铁系低温、常温磷化

轻铁系磷化,磷化液维护方便,泥渣少,从室温到低温均可获得优良的膜层。膜层中铁含量为 15%(质量分数),膜层很薄(膜重 0.1~1g/m²)。膜层具有良好的抗碎裂和抗冲击能力,特别适合于作为涂装后尚需再进行加工的零件底层,也可作为工序间的短期防锈用。但对于耐蚀性较差，要求高的产品，一般不使用铁系磷化。轻铁系磷化一般不需要表调，对基材适应性强。铁系磷化工艺流程如下：

化学除油→水洗→酸式磷酸盐溶液清洗→磷化处理（浸渍或喷淋）→水洗→封闭处理。

酸式磷酸盐溶液清洗的作用，是对除油和水洗后表面上残留的碱液进行中和处理。

轻铁系低温、常温磷化的溶液组成及工艺规范见表 39-14。

市售的轻铁系低温、常温磷化液（剂）的处理工艺规范见表 39-15。

表 39-14 轻铁系低温、常温磷化的溶液组成及工艺规范

溶液成分		工艺规范	
磷酸二氢钠[Na$_2$(H$_2$PO$_4$)$_2$]	10g/L	游离酸度	3～5 点
磷酸(H$_3$PO$_4$)	10g/L	总酸度	10～20 点
草酸(H$_2$C$_2$O$_4$·2H$_2$O)	5g/L	温度	>20℃
草酸钠(Na$_2$C$_2$O$_4$)	4g/L	时间	>5min
氯酸钠(NaClO$_3$)	5g/L		

表 39-15 市售的轻铁系低温、常温磷化液（剂）的处理工艺规范

商品名称	类型	处理方法	工艺规范			特点
			含量(质量分数)/%	温度/℃	时间/min	
YS-6 型磷化粉	铁系	—	YS-6　30～40	20～35	5～20	游离酸度4～6点，总酸度15～18点
P-1577 磷化剂	液体铁系	—	P-1577　50mL/L	15～40	6～25	—
AB-606 型磷化溶液	液体铁系	—	AB-606　25mL/L	室温	1～5	游离酸度1～2点，总酸度3～8点
GH-4001 铁系磷化液	液体铁系	喷淋、浸泡	8～10	室温	9～11	天蓝色，皮膜均匀
GH-4002 磷酸铁皮膜剂	液体铁系	喷淋、浸泡	8～10	室温	9～11	天蓝色，涂装、制桶等
GH-4003 铁系磷化液	液体铁系	喷淋、浸泡	8～10	室温	9～11	紫蓝色，皮膜均匀，有脱油功能
祥和牌 XH-11 型新型常温铁系磷化粉	—	喷淋、浸渍	0.7	室温	喷淋：1.5～3　浸渍：5～15	适用于各种形状的黑色金属工件的涂装前磷化，可与烤漆、喷塑、喷漆、电泳等涂装工艺配套
BH-64 磷化剂	液体铁系	—	BH-64　50mL/L	5～40	2～14	—
GP-5 磷化剂	液体铁系	—	GP-5　100mL/L	10～35	5～15	游离酸度5～7点，总酸度15～20点
AD-PC 型磷化溶液	液体铁系	—	AD-PC　50	20～40	1～4	总酸度6～9点

注：1. YS-6 型磷化粉是上海永生助剂厂的产品。
2. P-1577 磷化剂是武汉材料保护研究所的产品。
3. AB-606 型磷化溶液是苏州昂邦化工有限公司的产品。
4. GH 体系磷化液是上海锦源精细化工厂的产品。
5. 祥和牌 XH-11 型新型常温铁系磷化粉是成都祥和磷化公司的产品。
6. BH-64 磷化剂是广州市二轻研究所的产品。
7. GP-5 磷化剂是湖南大学研制的产品。
8. AD-PC 型磷化溶液是开封安迪电镀化工有限公司的产品。

39.6 黑色磷化处理

钢铁黑色磷化处理所获得的膜层，结晶细致，色泽均匀，外观呈黑灰色，厚度约为 $2\sim4\mu m$。黑色磷化不影响零件精度，又能减少光的漫反射，常用于仪器仪表制造业中的精密钢铸件的防护与装饰。

黑色磷化处理的溶液组成及工艺规范见表 39-16。

市售的黑色磷化液（剂）的处理工艺规范见表 39-17。

表 39-16 黑色磷化处理的溶液组成及工艺规范

溶液成分及工艺规范	1	2
	含量/(g/L)	
磷酸二氢锰铁盐（马日夫盐）$[xFe(H_2PO_4)_2 \cdot yMn(H_2PO_4)_2]$	$25\sim35$	55
磷酸$(H_3PO_4)(d=1.7)/(mL/L)$	$1\sim3$	13.6
硝酸锌$[Zn(NO_3)_2 \cdot 6H_2O]$	$15\sim25$	2.5
硝酸钙$[Ca(NO_3)_2]$	$30\sim50$	—
硝酸钡$[Ba(NO_3)_2]$	—	0.57
亚硝酸钠$(NaNO_2)$	$8\sim12$	—
氧化钙(CaO)	—	$6\sim7$
游离酸度/点	$1\sim3$	$4.5\sim7.5$
总酸度/点	$24\sim26$	$58\sim84$
温度/℃	$85\sim95$	$96\sim98$
时间/min	30	视具体情况而定

注：1. 配方 1，零件在磷化前需在 $5\sim10g/L$ 硫化钠溶液中，于室温下浸泡 $5\sim20s$，不经水洗即进行磷化。

2. 配方 2，需进行 $2\sim3$ 次磷化，第一次磷化待零件表面停止冒气泡后取出，经冷水清洗后，在 15% 硫酸溶液中，于室温下浸渍 1min，经水清洗后，再进行第二次磷化（溶液和规范同第一次磷化），依次进行第三次磷化。

表 39-17 市售的黑色磷化液（剂）的处理工艺规范

商品名称	工艺规范			特点
	含量	温度/℃	时间/min	
HH800 中温黑色磷化处理液	浓缩液　　1 份（体积） 水　　　　4 份（体积） pH 值　　　$2\sim2.5$	>70	$5\sim10$	适用范围广，可处理钢材、铸铁、铸钢、高硅钢。磷化膜外观均匀、致密、呈黑色，膜厚为 $2\sim5\mu m$，耐蚀性、装饰性好 黑色磷化前需经表调
LD-2360 磷化剂	200mL/L	$70\sim80$	$5\sim10$	游离酸度 $4\sim7$ 点 总酸度 $30\sim60$ 点
GH-3007 螺栓磷化液	$8\%\sim10\%$（体积分数）	$70\sim80$	$8\sim10$	用于五金烤漆、抽管、抽线、冷锻变形以及螺栓、螺母等黑磷处理
HH315X 锰系黑色磷化处理液	浓缩液　　1 份（体积） 水　　　　2.5 份（体积） pH 值　　　$2\sim2.5$	>70	$5\sim10$	适用范围广，可处理铸铁、铸钢、高硅钢、合金钢，能得到色泽均匀的黑色膜（锰磷酸盐复合膜），膜厚为 $2\sim5\mu m$，耐蚀性能好，附着力强 黑色磷化前需经表调

续表

商品名称	工艺规范			特点
	含量	温度/℃	时间/min	
TJ-201 黑色锰系磷化液	棕色液体 浓缩液　　1 份（体积） 水　　　　10 份（体积）	75～85	5～10	膜层纯黑色，10～20μm，耐磨 游离酸度 5～8 点 总酸度 50～80 点

注：1. HH800 中温黑色磷化处理液、HH315X 锰系黑色磷化处理液为长沙军工民用产品研究所的产品。

2. LD-2360 磷化剂是重庆立道科技有限公司的产品。

3. GH-3007 螺栓磷化液是上海锦源精细化工厂的产品。

4. TJ-201 黑色锰系磷化液是山东章丘市天健表面技术材料厂的产品。

39.7　磷化液成分及工艺规范的影响

(1) 游离酸度及总酸度

游离酸度和总酸度的计算，一般用"点"数来表示。"点"数是指用 0.1mol/L 氢氧化钠溶液滴定 10mL 磷化溶液至终点时，所消耗的氢氧化钠溶液的毫升数。当用溴酚蓝作指示剂时，测定出的酸度，即为游离酸度；当用酚酞作指示剂时，测定出的酸度，即为总酸度。

① 游离酸度　它是表示溶液中游离磷酸浓度的参数，亦表示溶液酸度的强弱及对钢铁浸蚀的强弱。磷化溶液必须保持一定量的游离酸，才能得到结晶细致的磷化膜。

a. 游离酸度过高，析氢量大，晶核难以生成，延长磷化时间，所得膜层结晶粗大多孔，耐蚀性差，亚铁离子含量容易升高，溶液中沉淀物容易增加。

b. 游离酸度过低，生成的磷化膜薄，易造成钢铁零件局部或全部钝化，出现彩色膜或镀不上膜。

c. 游离酸度的调整。游离酸度太高时，加入 0.5g/L 氧化锌（ZnO），游离酸度约可降低 1 点；游离酸度过低时，加入 5～6g/L 磷酸二氢锰铁盐（马日夫盐）或磷酸二氢锌，游离酸度约可升高 1 点，同时总酸度升高 5 点左右。市售商品磷化游离酸度的调整，可根据商品使用说明书进行。

② 总酸度　它表示溶液中可溶性磷酸盐、硝酸盐及磷酸的总浓度。高温磷化总酸度一般控制在 40～60 点左右；中温磷化控制在 60～100 点左右。低温、常温商品磷化液（剂）的总酸度一般在 20～30 点左右。

a. 总酸度高，磷化速度快，膜层结晶细致。但总酸度过高，膜层太薄，甚至磷化不上，而且产生的泥渣多。

b. 总酸度过低，磷化速度慢，膜层厚且粗糙。

c. 总酸度的调整。总酸度过低时，加入 5～6g/L 磷酸二氢锰铁盐（马日夫盐）或磷酸二氢锌，总酸度约升高 5 点；或加入 2g/L 硝酸锌或 4g/L 硝酸锰，总酸度约升高 1 点。总酸度过高时，可用水稀释溶液的方法来降低。

③ 酸比值（即总酸度/游离酸度的比值）　酸比值是磷化必须控制的重要参数，也是影响成膜速度和膜层质量的重要参数。酸比值小意味着游离酸度高，酸比值大意味着游离酸度低。酸比值依磷化工艺的不同，也应有相应的变化。高温磷化酸比值一般控制在 6～9，中温磷化酸比值控制在 10～15，低温、常温磷化酸比值一般大于 20。酸比值要与温度、pH 值相适应。溶液温度高，则酸比值和 pH 值都要小一些；温度低，酸比值和 pH 值都要控制大一些。

(2) 溶液中离子浓度的影响

溶液中离子浓度的影响如表 39-18 所示。

表 39-18　溶液中离子浓度的影响

溶液中的离子	溶液中离子浓度的影响
锌离子(Zn^{2+})	Zn^{2+}可以加快磷化膜的形成速度,使膜层结晶致密,色泽光亮。含锌的磷化液允许在较宽的工作范围内工作,这在中温、低温和常温磷化中尤为重要。Zn^{2+}含量低,磷化膜疏松发暗,磷化速度慢;Zn^{2+}含量高,磷化膜结晶粗大,排列紊乱,膜层发脆且白粉增多
锰离子(Mn^{2+})	仅含Mn^{2+}的磷化液,在中温或低温下不能形成磷化膜,必须有Zn^{2+}共存时才能磷化。磷化液中的Mn^{2+}可提高磷化膜的硬度、附着力和耐蚀性,降低摩擦因数,并使膜层颜色加深,结晶均匀。在中温磷化液中Mn^{2+}含量不宜过高,它会阻碍磷化膜的生成,中温磷化液中Zn^{2+}与Mn^{2+}含量之比应控制在 $1.5\sim2$
亚铁离子(Fe^{2+})	磷化溶液都需要含有一定量的Fe^{2+},才能进行正常的磷化处理。因此,新配制磷化溶液时,常常加入铁屑,即所谓的"熟化处理",以增加一定量的亚铁离子(Fe^{2+})。有的市售的磷化液(或浓缩液)已加入一定量的Fe^{2+},则可不必"熟化处理" ① 在中温和低常温磷化液中,保持一定量的Fe^{2+},能提高成膜速度和耐蚀性,同时能扩大磷化工作范围。但Fe^{2+}含量过高,磷化膜晶粒粗大,表面有白色浮灰,膜层耐蚀性和耐热性下降 ② 磷化液中的Fe^{2+}很不稳定,尤其是在高温磷化液中,容易被氧化成Fe^{3+},并转化为磷酸铁($FePO_4$)沉淀,使沉渣增多,从而导致溶液呈乳白色浑浊,游离酸度升高。这时需要过滤,调整酸比值,否则影响膜层质量 ③ 高温磷化液中Fe^{2+}的含量应控制在小于 0.5g/L,中温磷化液中Fe^{2+}的含量应控制在 $1\sim3.5$g/L,常温磷化液中Fe^{2+}的含量应控制在 $0.5\sim2$g/L。过多的Fe^{2+}可用过氧化氢(H_2O_2)除去,每除去 1g Fe^{2+}需加 1mL 质量分数为 30% 的H_2O_2和 0.5g 的氧化锌(ZnO)
硝酸根(NO_3^-)	在磷化液中,NO_3^-作为促进剂,可加快成膜速度,使磷化膜均匀致密,在适当条件下可促使Fe^{2+}稳定。NO_3^-含量过高,会使高温磷化膜变薄,也会使中温磷化液中Fe^{2+}聚集过多,使磷化膜产生白色斑点,也会使常温磷化膜出现黄色锈迹
亚硝酸根(NO_2^-)	在低温、常温磷化液中,NO_2^-是一种很好的促进剂,能大大提高磷化速度,减少膜层孔隙,使结晶细致,提高膜层耐蚀性。NO_2^-含量过高,膜层表面易出现白色斑点
磷酸根 (以 P_2O_5表示)	它能加快磷化速度,使膜层致密,使晶粒闪烁发光。P_2O_5主要来自磷酸二氢盐,其含量过低,膜层的致密性和耐蚀性差,甚至磷化不上;含量过高,膜层结合力下降,零件表面出现较多的白色浮灰,影响膜层的耐蚀性
硫酸根(SO_4^{2-})	磷化液中存在过多的SO_4^{2-},会降低磷化速度,使膜层疏松多孔,易生锈。磷化液中SO_4^{2-}含量不应超过 0.5g/L。过量的SO_4^{2-}可用硝酸钡[$Ba(NO_3)_2$]处理,每处理 1g SO_4^{2-}需加入 2.72g $Ba(NO_3)_2$。加入的$Ba(NO_3)_2$不可过量,否则磷化速度慢,结晶粗大,表面白色浮灰增多
氯离子(Cl^-)	磷化液中过多的Cl^-,会降低磷化速度,使膜层疏松多孔,耐蚀性降低。磷化液中Cl^-含量不应超过 0.5g/L。Cl^-过量时,可更换部分老溶液,以降低其含量,或用硝酸银($AgNO_3$)沉淀法去除,然后用铁屑或铁板置换残余的Ag^+
氟离子(F^-)	F^-是一种有效的活化剂,在常温磷化液中其作用尤其突出,可加速磷化晶核的生成,使晶粒致密,增强耐蚀性。F^-过多,中温磷化零件表面易出现白色浮灰;常温磷化液会缩短寿命。因此,氟化钠(NaF)的含量应严格控制在工艺规定的范围内,每班氟化钠(NaF)补充量,中温磷化液不超过 0.5g/L,低温磷化液不超过 1g/L
铜离子(Cu^{2+})	磷化液中含有Cu^{2+}时,磷化膜表面发红,耐蚀能力降低。Cu^{2+}可用铁屑或铁板置换除去

(3) 溶液温度的影响

溶液温度对磷化反应速率有很大影响。提高温度可加快磷化速度,提高磷化膜附着力、硬度、耐蚀性和耐热性。但在高温下,Fe^{2+}易被氧化成Fe^{3+}而沉淀,从而导致溶液浑浊,沉渣多,使溶液不稳定。

39.8　钢铁其他磷化处理

钢铁其他磷化处理包括"四合一"磷化处理和"三合一"磷化处理等。

"四合一"磷化,就是将除油、除锈、磷化和钝化四个工序综合为一个工序,即在一个槽内完成。"四合一"磷化溶液由磷酸、促进剂、成膜剂、配合剂、钝化剂和表面活性剂等组成,酸度很高,可去除油和锈。带油和锈蚀的零件浸渍在"四合一"磷化溶液中时,首先发生乳化除油,靠表面活性剂的润湿、扩散、渗透及乳化作用,降低油膜的表面张力,去除油的同时,渗透于油膜下的磷化液与锈作用,去除锈、氧化皮同时生成磷酸二氢铁。零件除净油和锈后取出,不经水洗,在暴露空气中溶液与铁基体继续反应,酸度降低,磷酸盐和残留成膜剂水解沉积,钝化剂填充于孔隙中,即形成一层致密的磷化膜[3]。

"四合一"磷化可简化工序,缩短工时,提高劳动生产率,减少设备和作业面积,节能,降低成本。除浸渍磷化外,对大型制品和管道也可进行刷涂磷化,使用方便。这种处理方法所获得的磷化膜大都是纯铁型的,均匀细致,膜重约为 $4\sim5\mathrm{g/m^2}$,有一定的耐蚀性和绝缘性,可作为要求不高的制品涂装前打底。

"三合一"磷化处理包括除油、除锈和磷化。

(1) 溶液组成及工艺规范

"四合一"和"三合一"磷化处理的溶液组成及工艺规范见表 39-19。

表 39-19　"四合一"和"三合一"磷化处理的溶液组成及工艺规范

溶液成分及工艺规范	"四合一"磷化处理				"三合一"磷化处理
	1	2	3	4	
	含量/(g/L)				
磷酸(H_3PO_4)	50～65	100	—	10mL/L	150～300
磷酸二氢锌[$Zn(H_2PO_4)_2 \cdot 2H_2O$]	—	—	30～40		40～50
氧化锌(ZnO)	12～18	30			
硝酸锌[$Zn(NO_3)_2 \cdot 6H_2O$]	180～210	160	80～100	45～50	
磷酸二氢铬[$Cr(H_2PO_4)_3$]			0.4～0.5	0.3～0.4	
硫酸氧基酞[$(TiOH_2O_2)SO_4$]	0.1～0.3			0.1	
硝酸锰[$Mn(NO_3)_2 \cdot 6H_2O$]				9～10	
酒石酸[$(CHOH)_2(COOH)_2$]	5	5	5	4	
烷基磺酸钠(AS 表面活性剂或 601 洗净剂)/(mL/L)	15～20	20～30	15～20		
OP 乳化剂/(mL/L)	10～15			12	3～5
氯化镁($MgCl_2$)		3			
钼酸铵[$(NH_4)_2MoO_4$]		1			
重铬酸钾($K_2Cr_2O_7$)	0.3～0.4	0.3			
硝酸(HNO_3)/(mL/L)		2			
硫脲[$(NH_2)_2CS$]					3～5
游离酸度/点	10～15	18～25	18～25	2	
总酸度/点	130～150	180～220	75～100	25	
温度/℃	55～65	60～62	50～60	≤85	50～70
时间/min	5～10	5～15	5～6		5～10

注:"四合一"磷化处理配方 4 适用于合金钢件磷化。

(2) 工艺维护[4]

① "四合一"磷化适合于含有轻度油(液态油),轻度锈蚀(包括水锈、薄的浮锈)的钢

铁件直接处理。对于含油、锈蚀较重的零件，应先进行除油、除锈，然后再进行处理。

②"四合一"磷化溶液必须含有足够的亚铁离子，亚铁离子可使磷化速度加快、结晶细致、溶液稳定；如亚铁离子不足，溶液会产生大量沉淀。所以配制溶液时要放入铁屑或铁板进行处理，亚铁离子含量达到7g/L以上时，经调整酸度后，即可投入生产。

③生产操作时，要防止溶液温度过高，温度不应超过70℃，否则容易导致硝酸根分解。

④溶液连续使用较好，工作结束，槽子不要加盖，让其自然冷却。溶液成分的补充可配成补充液加入，防止热状态下倒浓硝酸和固体硝酸锌。

(3) 市售的"四合一"磷化液（剂）的处理工艺规范

市售的"四合一"磷化液（剂）的处理工艺规范见表39-20。

表 39-20　市售的"四合一"磷化液（剂）的处理工艺规范

商品名称	工艺规范			特点
	含量/(mL/L)	温度/℃	时间/min	
PP-1 磷化剂	PP-1　300	常温	3～15	
YP-1 磷化剂	YP-1　500	常温	5～15	游离酸度300～350点，总酸度600～700点膜重2～6g/m²
GP-4 磷化剂	GP-4　250	常温	5～25	游离酸度120点,总酸度250点适用于轻度油、锈工件,浸渍
	GP-4　330	30～40	10～15	游离酸度160点,总酸度350点适用于含油、重锈工件,浸渍
	GP-4　500	30～40	10～15	游离酸度250点,总酸度500点适用于多油、重锈或氧化皮工件,浸渍或刷涂
TJ-210 钢铁常温四合一磷化剂	—	常温	20～120	浸泡或刷涂。产品:游离酸度200～240点,总酸度430～490点,处理后工件不水洗,自然晾干,后刷漆或喷漆
祥和牌XH-9 型常温"四合一"磷化粉	XH-9　50g/L	室温	5～25	白色糊状物或固体(浸渍)适用于各种形状、材质的钢铁件的除油、除锈、磷化、钝化处理
祥和牌XH-4 型带锈刷涂磷化粉	白色糊状物(刷涂),具有脱脂、除锈、磷化、钝化多功能对于锈蚀氧化皮在80μm以内,油膜在5μm以内的钢铁构件,可直接刷涂,如铁架、铁桥、储柜、储油罐、起重机、叉车、机床、汽车、钢结构厂房等大型的钢铁构件制造可直接使用,并可与各种中间漆、面漆配套适用于钢铁件、大型结构件等			

注：1. PP-1 磷化剂为武汉材料保护研究所的产品。

2. YP-1 磷化剂为湖南新化材料保护应用公司的产品。

3. GP-4 磷化剂是湖南大学研制的产品。

4. TJ-210 钢铁常温四合一磷化剂是山东章丘市天健表面技术材料厂的产品。

5. 祥和牌 XH-9 型、祥和牌 XH-4 型磷化粉为成都祥和磷化公司的产品。

39. 9　钢铁磷化工艺流程

(1) 磷化工艺流程

钢铁磷化处理种类很多，处理的制品的用途及要求不同，其处理工艺及流程也有所不同，一般的钢铁磷化处理工艺的大致主要流程如下。

除油→热水清洗→冷水清洗→浸蚀除锈→冷水清洗→冷水清洗→表调→磷化处理→热水清

洗→冷水清洗→磷化后处理→冷水清洗→热水或纯水清洗→烘干或热风吹干。

(2) 工艺说明

① 机械前处理 钢铁零件若预先经喷砂清理,所得磷化膜质量更佳。经喷砂过的零件为防止重新生锈,应尽快进行磷化处理。喷砂清理至磷化处理的时间间隔,一般在气候炎热潮湿的南方地区不应超过 4h;在气候干燥的北方地区不应超过 8h。

② 除油和浸蚀除锈 钢铁件磷化前的除油、浸蚀除锈,按钢铁件除油、浸蚀的常规工艺进行。但浸蚀除锈溶液不宜加入缓蚀剂(如苦丁、乌洛托品之类),因为这些有机物易被吸附在零件表面上,会抑制磷化反应,造成磷化膜不均匀。

③ 表面调整 低温、常温磷化在磷化前,必须进行表面调整处理;中温磷化,为实现快速优质磷化,也常在磷化前进行表面调整处理,或加入组合促进剂。表面调整的作用,是促使磷化形成晶粒细致密实的磷化膜,以及提高磷化速度。表面调整剂主要有两种,一种是酸性表调剂,如草酸;另一种是胶体钛以及新开发的长效新型液体钛表调剂。两者的应用都很普遍。

a. 草酸表调剂。草酸表调是在表面形成草酸铁结晶型沉淀物,作为磷化膜增长的晶核,加快磷化成膜速率。同时,草酸还兼备除轻锈(工件运行过程中形成的"水锈"及"气锈")的作用。

b. 胶体钛表调剂。它主要由 K_2TiF_6、多聚磷酸盐、磷酸氢盐合成。使用时配制成 $10g/m^3$ Ti 的磷酸钛胶态溶液,磷酸钛沉积于钢铁件表面作为使磷化膜增长的晶核,促使磷化膜致密细致。由于胶体钛表调剂稳定性差,虽然不受产量影响,但随时间老化,使用周期短(老化周期一般为 10~15 天),而且对工件带入的脱脂液成分的稳定性差,需经常补给药剂。

c. 液体钛表调剂。这种新开发的液体钛表调剂可替代胶体钛表调剂。新型液体表调剂不随时间老化,即使经过 30 天也还保持表调作用,而且对被工件带入的脱脂液成分的耐久性增强。

市售钢铁件磷化用表调剂的处理工艺规范见表 39-21。

表 39-21 市售钢铁件磷化用表调剂的处理工艺规范

商品名称	类型	处理方法	工艺规范			特点
			含量/%	温度/℃	时间/min	
GH-2001 胶酞表调剂	弱碱白色粉末	浸渍、喷淋	0.2~0.3	室温	0.5~1	用于磷化前表面活化调整,使磷化膜结晶致密、均匀
GH-2002 锰系表调剂	弱碱粉红色粉末	浸渍、喷淋	0.2~0.3	室温	0.5~1	用于锰系磷化前表面活化调整,使磷化膜结晶致密、均匀
GH-2003 液体酞表调剂	弱碱乳白色液体	浸渍、喷淋	0.5~2	室温	0.5~1	新开发产品,使磷化膜结晶致密、均匀
PL-X 表调剂	液体	浸渍、喷淋	—	室温	>0.25	缩短皮膜磷化时间,处理液稳定时间长
PL-ZM 表调剂	粉体	浸渍、喷淋	—	室温~40	>0.2	缩短皮膜磷化时间,使晶体均匀、致密
PL-VM 表调剂	粉体	浸渍	—	40~50	0.5~2.5	使磷化膜均匀、致密
PL-4040 表调剂	粉体	浸渍、喷淋	—	室温~40	>0.2	缩短皮膜磷化时间,使晶体均匀、致密

续表

商品名称	类型	处理方法	工艺规范			特点
			含量/%	温度/℃	时间/min	
PL-Z 表调剂	粉体	浸渍喷淋	—	室温	>0.2	使磷化膜均匀、致密
TJ-510 高效钛盐表调剂	白色粉状固体		0.2~0.3	室温	1~2	加快磷化成膜速度,缩短磷化时间,使膜层细化、致密、均匀
Deoxidizer 150-40 表调剂出光剂（汉高产品）	—	浸渍喷淋	3~10	室温或50	1~10	酸性液体去氧化表调剂,出光剂

注：1. 工艺规范中的浓度（%）为质量分数。

2. GH 系列表调剂是上海锦源精细化工的产品。

3. PL-X、PL-ZM、PL-VM、PL-4040、PL-Z 表调剂是沈阳帕卡濑精有限总公司的产品。

4. TJ-510 高效钛盐表调剂是山东章丘市天健表面技术材料厂的产品。

(3) 磷化后处理

为提高磷化膜的防护能力,在磷化后根据零件的用途进行后处理。后处理有填充（钝化）、封闭和皂化处理。

① 填充处理　其溶液组成及工艺规范见表 39-22。

表 39-22　磷化膜填充处理的溶液组成及工艺规范

溶液成分及工艺规范	填充处理					作冷挤压润滑用磷化膜的填充处理
	1	2	3	4	5	
	含量/(g/L)					
重铬酸钾(K$_2$Cr$_2$O$_7$)	30~50	60~100				
铬酐(CrO$_3$)			1~3			
碳酸钠(Na$_2$CO$_3$)	2~4					
三乙醇胺(C$_6$H$_{15}$O$_3$N)				8~9		
亚硝酸钠(NaNO$_2$)				3~5		
肥皂				—	30~50	80~100[①]
温度/℃	80~95	85~95	70~95	室温	80~95	60~80
时间/min	5~15	3~10	3~5	5~10	3~5	3~5

① 作冷挤压润滑用磷化膜的填充处理的肥皂浓度为 80~100g/L,是以脂肪酸计的。

② 封闭处理　有下列三种方法。

a. 涂覆清漆。

b. 浸涂锭子油、机油、炮油、变压器油等,温度为 105~115℃,时间为 5~10min。

c. 浸涂石蜡。其组成为：石蜡 200~300g、汽油 8~10L、炮油 1L。在 30~40℃下,浸渍数秒钟。

39.10　不合格磷化膜的退除

不合格磷化膜的退除的溶液组成及工艺规范见表 39-23。

表 39-23　不合格磷化膜的退除的溶液组成及工艺规范

基体金属	退除方法	溶液成分		工艺规范		备注
		成分	含量/(g/L)	温度/℃	时间/min	
钢铁	化学法	铬酐(CrO₃) 98%硫酸(H₂SO₄)	100~150 1~3	15~35	退净为止	用于精密零件或光洁度较高的零件上的磷化膜退除
	化学法	98%硫酸(H₂SO₄)	150~200	室温	退净为止	—
	化学法	盐酸(HCl)	150~200	室温		—

第40章
铝和铝合金的氧化处理

40.1　概述

　　铝是一种化学活性很强的金属，它是两性金属，能与酸性、碱性物质起反应。而纯铝的硬度较低，不能广泛应用于工业生产中。加入合金元素形成的铝合金，提高了强度，但耐蚀性下降，这是由于形成铝合金的元素如 Cu、Mg、Mn、Si、Zn 等，它们中的大多数与铝形成微电池，合金元素电位较正，作为阴极，而铝是阳极，在外界腐蚀介质的作用下，会加速铝的腐蚀。为了解决耐蚀性问题，保证铝合金既有足够的强度，又有较高的耐蚀性，铝合金必须进行氧化处理。

　　铝和铝合金氧化处理分为化学氧化和电化学氧化（阳极氧化）两种。铝和铝合金通过表面装饰防护性氧化及功能性阳极氧化处理，尤其是经过阳极氧化处理后，其表面具有较高的耐蚀性、耐磨性和很高的硬度，也可将铝和铝合金表面着上各种鲜艳夺目的图案和色彩，来提高其外观和装饰效果。因此，铝和铝合金广泛应用于航天、航空、造船、机械、仪器仪表、电子、建筑及建筑装饰、轻工、化工等各工业领域。

40.2　铝和铝合金的化学氧化

40.2.1　概述

　　铝和铝合金的化学氧化，是指将其浸入某些含有氧化剂的酸性或碱性的溶液中，通过化学处理使其表面形成氧化膜的过程。

　　铝和铝合金经化学氧化处理所获得的氧化膜比较薄，一般为 $0.5\sim4\mu m$，多孔、质软、不耐磨，力学性能和耐蚀性能均不如阳极氧化膜。但化学氧化膜具有良好的吸附性能，是有机涂层（涂料）的良好底层，并且可点焊。除特殊用途外，一般不宜单独用作保护层。

　　此外，铝及铝合金还可进行化学导电氧化，所获得的膜层不但具有特殊的防止电磁信号干扰的重要作用，而且还具有良好的导电性，是铝合金喷漆或电泳涂漆的良好底层。化学导电氧化主要用在电子仪器仪表、计算机、雷达、无线电导航、电子通信设备、电台机箱及内部屏蔽板和衬板所使用的铝材上，使其具有一定的耐蚀性及导电性。

　　化学氧化所用设备简单，操作方便，生产效率高，成本低，适用范围广，不受零件大小和形状的限制，可氧化大型零件和组合件（如点焊件、铆接件、细长管子等），以及细小零件。经化学氧化后涂装，可提高涂层的结合力，并大大地提高零件的耐蚀性能。

　　铝及铝合金化学氧化工艺按其处理溶液性质，可分为碱性氧化处理和酸性氧化处理两类。而常用的阿洛丁（Alodine）处理，属于酸性氧化处理，所获得氧化膜的厚度约为 $2.5\sim10\mu m$，其耐蚀性优于一般化学氧化膜，在汽车工业、航天航空工业中应用广泛。

40.2.2　碱性化学氧化处理

　　碱性化学氧化处理的溶液组成及工艺规范见表 40-1。

表 40-1　碱性化学氧化处理的溶液组成及工艺规范

序号	溶液成分	工艺规范			性能及应用
		含量/(g/L)	温度/℃	时间/min	
1	氢氧化钠(NaOH) 碳酸钠(Na_2CO_3) 铬酸钠(Na_2CrO_4)	2～5 50 15～25	85～100	5～8	适用于纯铝、铝-镁、铝-锰、铝-硅合金的氧化。纯铝、铝-镁合金的氧化膜呈金黄色，而铝-锰、铝-硅合金的氧化膜颜色较暗
2	碳酸钠(Na_2CO_3) 铬酸钠(Na_2CrO_4) 磷酸三钠(Na_3PO_4)	50～60 15～20 15～2	95～100	8～10	膜厚约 0.5～1μm，膜质软，孔隙率高，吸附性好，抗蚀能力较差，适合作涂装底层
3	碳酸钠(Na_2CO_3) 铬酸钠(Na_2CrO_4) 磷酸氢二钠($Na_2HPO_4 \cdot 12H_2O$)	60 20 2	95	8～10	氧化膜钝化后呈金黄色，多孔，做涂装底层。适用于纯铝、铝-镁、铝-锰和铝-硅合金的氧化
4	碳酸钠(Na_2CO_3) 铬酸钠(Na_2CrO_4) 硅酸钠(Na_2SiO_3)	40～50 10～20 0.6～1	90～95	8～10	氧化膜无色，硬度及耐蚀性略高，孔隙率及吸附性略低。在质量分数为 2%的硅酸钠溶液中封闭处理后的氧化膜可作为防护层
5	重铬酸钾($K_2Cr_2O_7 \cdot 2H_2O$) 铬酐(CrO_3) 氟化钠(NaF)	2～4 1～2 0.1～1	50～60	10～15	膜层呈棕黄色至彩虹色，耐蚀性好，适用于铝合金焊接件局部氧化
6	重铬酸钠($Na_2Cr_2O_7 \cdot 2H_2O$) 铬酐(CrO_3) 氟化钠(NaF)	3～3.5 2～4 0.8	室温	3	膜层厚度约为 0.5μm，无色至深棕色，孔隙少，耐蚀性好，适合较大件或组合件的氧化处理
7	钼酸铵[$(NH_4)_2MoO_4$] 氯化铵(NH_4Cl)	10～20 15	90～100	1～5	膜层为钼的氧化物，外观呈黑色，表面涂罩光漆可作装饰用

40.2.3　酸性化学氧化处理

　　酸性化学氧化一般使用弱酸溶液进行处理，所获得的膜层外观为无色至浅绿色，膜厚可达 3～4μm，与基体金属结合牢固，膜层细密，有一定耐磨性，触摸时不易弄脏，处理零件的尺寸无明显变化，对力学性能无影响，可代替阳极氧化膜作为油漆底层。

　　阿洛丁（Alodine）处理，使用含有铬酸盐、磷酸盐及氟化物的酸性溶液，所获得膜层的厚度为 2.5～10μm。膜层组成大约为：Cr 含量 18%～20%、Al 含量 45%、磷含量 15%、铁含量 0.2%（均为质量分数）。加热氧化膜时，其质量约减少 40%，而耐蚀性却得到很大提高。该处理方法按所得的膜层颜色不同，可分为有色和无色两类。其处理工艺有浸渍法、刷涂法和喷涂法等。

　　酸性化学氧化处理的溶液组成及工艺规范见表 40-2。

　　阿洛丁处理的溶液组成及工艺规范见表 40-3。

　　市售的铝和铝合金化学转化膜处理剂（液）的处理工艺规范见表 40-4。

表 40-2　酸性化学氧化处理的溶液组成及工艺规范

序号	溶液成分	工艺规范			性能及应用
		含量/(g/L)	温度/℃	时间/min	
1	磷酸(H_3PO_4)/(mL/L) 铬酐(CrO_3) 氟化钠(NaF)	10～15 1～2 3～5	20～25	8～15	氧化膜较薄，韧性好，耐蚀性好，适用于氧化后需变形的铝及铝合金，也可用于铸铝件的表面防护，氧化后不需钝化或填充处理

续表

序号	溶液成分	工艺规范			性能及应用
		含量/(g/L)	温度/℃	时间/min	
2	磷酸(H_3PO_4) 铬酐(CrO_3) 氟化钠(NaF)	45 6 3	15~35	10~15	膜层较薄,韧性好,抗蚀能力较强,适用于氧化后需变形的铝及其合金
3	磷酸(H_3PO_4) 铬酐(CrO_3) 氟化钠(NaF) 硼酸(H_3BO_3)	22 2~4 5 2	室温	0.25~1	此法又称化学导电氧化。氧化膜为无色透明,膜厚为$0.3~0.5\mu m$,膜层导电性好,主要用于变形的铝制电器零件
4	铬酐(CrO_3) 重铬酸钠($Na_2Cr_2O_7$) 氟化钠(NaF)	3.5~4 3~3.5 0.8	室温	3	膜薄(约$0.5\mu m$),氧化膜颜色由无色透明至深棕色,耐蚀性好,孔隙少。用于不加涂料的防护。使用温度不宜高于60℃,应用于不适于阳极氧化的较大部件等的化学氧化
5	铬酐(CrO_3) 硅酸钠(Na_2SiO_3)	5 5	室温	5~10	膜薄,厚度小于$1\mu m$。不耐擦,作涂装底层
6	铬酐(CrO_3) 氟化钠(NaF) 铁氰化钾$[K_3Fe(CN)_6]$	4~5 1~1.2 0.5~0.7	25~35	0.5~1	膜很薄,导电性及耐蚀性好,硬度低,不耐磨,可以电焊和氩弧焊,但不能锡焊。主要用于要求有一定导电性能的纯铝、防锈铝及铸造铝合金零件
7	铬酐(CrO_3) 铁氰化钾$[K_3Fe(CN)_6]$ 氟化钠(NaF) 硼酸(H_3BO_3) 硝酸(HNO_3)($d=1.42$)/(mL/L)	5~10 2~5 0.5~1.5 1~2 2~5	室温	0.5~5	膜层为金黄色的彩虹色至淡棕黄色,耐蚀性良好,耐磨性较差。适用于复杂和大型零件的局部氧化

表 40-3　阿洛丁处理的溶液组成及工艺规范

序号	溶液成分	工艺规范			性能及应用
		含量/(g/L)	温度/℃	时间/min	
1	磷酸(H_3PO_4)/(mL/L) 铬酐(CrO_3) 氟化氢铵(NH_4HF_2) 磷酸氢二铵$[(NH_4)_2HPO_4]$ 硼酸(H_3BO_3)	50~60 20~25 3~3.5 2~2.5 1~1.2	30~36	3~6	又称阿罗丁氧化法。膜层颜色为无色至带红绿色的浅蓝色。膜厚约$3~4\mu m$,膜层致密,较耐磨,抗蚀性能高,需进行封闭处理,氧化后零件尺寸无变化,适用于铝及其合金。也有称磷化处理
2	Alodine 1200S 铝合金皮膜剂 (汉高产品) 粉剂,黄色铬化剂	0.75% (质量分数)	室温~35	喷淋 浸渍 0.3~3	在其表面形成一层从浅金色到棕黄色的转化膜;这一涂层有极好的防腐蚀性能,而且能保证外面的涂料和塑料涂层有极好的黏着力
3	Alodine C6100 皮膜剂阿洛丁处理剂 (汉高产品) 液体,黄色铬化剂	1%~2% (质量分数)	25~35	喷淋 浸渍 0.5~2.5	处理后工件表面的氧化膜呈黄色,膜重$0.1~1g/m^2$;此氧化膜能增强工件的耐蚀性以及与漆膜的结合力

表 40-4　市售的铝及铝合金化学转化膜处理剂（液）的处理工艺规范

商品名称	类型	处理方法	工艺规范			特点
			含量/%	温度/℃	时间/min	
GH-5001 铝合金磷化液	液体、铬系	喷淋、浸泡	5～6	室温	5～8	铝合金草绿色化学转化膜,和涂料附着力强
GH-5002 铝合金化成皮膜剂	液体、铬系	喷淋、浸泡	5～6	室温	5～8	铝合金金黄色化学转化膜,抗氧化能力强
GH-5003 铝合金铬化皮膜剂	液体、铬系	喷淋、浸泡	5～6	室温	5～8	银白色化学转化膜,适合于铝合金表面处理
GH-5004 铝合金无铬皮膜剂	液体、无铬系	喷淋、浸泡	5～6	室温	3～8	铝合金浅黄色化学转化膜,环保型产品
GH-5005 铝合金无铬皮膜剂	液体、无铬系	喷淋、浸泡	5～6	室温	3～8	铝合金银白色化学转化膜,环保型产品
GH-5006 铝合金无铬皮膜剂	液体、无铬系	喷淋、浸泡	5～6	室温	6～10	适合于铝、铁工件同时处理的转化膜。环保型产品
GH-50010 铝合金冷锻皮膜剂	粉末、无铬系	浸泡	2～3	90～98	2～5	用于铝合金冷锻、抽管等冷变形加工
PB-AX35 化成剂	磷酸锌	浸渍	—	33～37	2	适合钢铁、镀锌板及铝材混合材料电泳涂装的前处理
AB-A 化成剂	氟酸铝	浸渍	—	＞98	5～10	适合冷锻、冷挤,适用于铝材
BD-F011 型铝材氧化剂（钝化剂）	液态 pH1.5～2.5	浸渍	配比 1:10	常温	3～10	属于酸性、常温铝型材氧化剂。适用于铝和铝合金氧化处理,膜层呈无色至淡黄色的五彩膜,也适用于铝材防腐蚀、喷涂、导电氧化等工艺。具有氧化速度快、耐蚀性强、与漆膜结合力优良、溶液稳定性好等显著优点。广泛用于铝型材、铸铝长期防锈处理及喷涂前处理

注：GH 系列皮膜剂是上海锦源精细化工厂的产品。PB-AX35、AB-A 化成剂是沈阳帕卡濑精有限总公司的产品。

40.2.4　化学氧化后处理

　　经化学氧化处理后的零件,为提高其耐蚀性,需进行填充或钝化处理。其溶液组成及工艺规范见表 40-5。

表 40-5　铝和铝合金氧化膜后处理的溶液组成及工艺规范

名称	溶液成分		工艺规范			备注
	溶液成分	含量/(g/L)	温度/℃	时间/min	干燥温度/℃	
填充处理	重铬酸钾（$K_2Cr_2O_7$）	40～50	90～98	10	≤70	适合于表 40-3 序号 1 配方,处理一般零件
	硼酸（H_3BO_3）	20～30	90～98	10～15	≤70	适合于表 40-3 序号 1 配方处理铝铆钉件

续表

名称	溶液成分		工艺规范			备注
	溶液成分	含量/(g/L)	温度/℃	时间/min	干燥温度/℃	
钝化处理	铬酐(CrO_3)	20	室温	5~15	≤50	适合于表 40-1 序号 1、2、3 配方的碱性氧化溶液

40.3 铝和铝合金的阳极氧化

40.3.1 概述

铝和铝合金的阳极氧化，是指铝件作为阳极，在一定的电解液中进行电解处理，使其表面形成一层具有某种功能（如防护性、装饰性或其他功能）的氧化膜的过程。铝和铝合金阳极氧化厚度可达几十至几百微米，其耐磨性、耐蚀性、电绝缘性和装饰性等比原金属或原合金都有明显的提高。采用不同的电解溶液和工艺规范，可以获得不同性能的氧化膜层。

(1) 铝和铝合金阳极氧化膜的特性

阳极氧化膜具有较高的硬度；较高的耐蚀性和装饰性；较强的吸附能力和粘接能力；很高的绝缘性能和击穿电压；良好的绝热耐热性能。

(2) 铝和铝合金阳极氧化工艺的选择

按其氧化溶液的不同，其阳极氧化工艺有：硫酸普通阳极氧化、铬酸阳极氧化、草酸阳极氧化、瓷质阳极氧化、硬质阳极氧化以及微弧氧化等工艺。根据制品不同的使用条件和所处的环境，选择不同的阳极氧化工艺，参见表 40-6。

表 40-6 铝和铝合金阳极氧化工艺的选择

防护用途	选用的阳极氧化工艺
耐蚀(大气腐蚀)	硫酸阳极氧化(热水封闭或铬酸盐封闭)
作为涂装底层	铬酸阳极氧化、硫酸阳极氧化(封闭)
防护装饰	瓷质阳极氧化、硫酸阳极氧化后染色或电解着色、微弧氧化
耐磨	硬质阳极氧化、微弧氧化
耐高温气体腐蚀	微弧氧化
绝缘	草酸阳极氧化、硬质阳极氧化
胶接	磷酸阳极氧化、铬酸阳极氧化
减少对基体疲劳性能的影响	铬酸阳极氧化
识别标记	硫酸阳极氧化后染色
消除视觉疲劳	硫酸阳极氧化后染黑色

40.3.2 阳极氧化的一般原理

(1) 电极反应[20]

氧化成膜过程中的阳极反应比较复杂，至今仍有不少问题未弄清楚。

早期的观点认为，在进行阳极氧化时，铝阳极表面的水放电析出氧，初生态氧有很强的氧化能力，它与阳极上的铝直接反应，生成了氧化铝膜层（Al_2O_3），还伴有溶液温度上升现象。阳极上发生如下反应：

$$H_2O - 2e \longrightarrow [O] + 2H^+$$
$$2Al + 3[O] \longrightarrow Al_2O_3$$

对氧化膜的形成过程，生成膜的区域，新的观点认为，在阳极上铝原子失去电子而氧化成铝离子（Al^{3+}）。铝离子与氧离子结合形成了氧化铝膜层（Al_2O_3），同时放出热量。其反应如下：

$$Al - 3e \longrightarrow Al^{3+}$$
$$2Al^{3+} + 3O^{2-} \longrightarrow Al_2O_3$$

在硫酸电解液中的实验表明，在电场下氧离子的扩散速度比铝离子的折扩散速度快，氧化膜是由于氧离子扩散到阻挡层内部与铝离子结合而形成的，新的氧化膜在铝基/阻挡层界面上生长，氧化膜内的离子电流 60% 由氧离子输送，40% 由铝离子输送。

氧化膜为双层结构，内层为阻挡层（致密无孔的 Al_2O_3），外层是多孔层（由孔隙和孔壁组成）。在氧化膜/溶液界面上（即孔底和外表面）则发生氧化膜的化学溶解，其反应如下：

$$Al_2O_3 + 3H_2SO_4 \longrightarrow Al_2(SO_4)_3 + 3H_2O$$

氧化膜的生成与溶解同时进行，只有当膜层生成速度大于膜层溶解速度时，膜层的厚度才能不断增长，并保持一定厚度。

（2）阳极氧化膜的生成过程[20]

通电瞬间，在铝表面上迅速形成一层致密无孔、并具有很高绝缘电阻的阻挡层，其厚度取决于槽电压，一般为 15nm 左右。由于氧化铝比铝原子体积大，而且发生膨胀，致使阻挡层变得凸凹不平。这就使得电流分布不均匀，凹处电阻较小而电流大，凹处在电场作用下发生电化学溶解，以及由硫酸的浸蚀作用而产生化学溶解，凹处逐渐加深变成孔穴，继而变成孔隙，而凸处变成孔壁。当膜的生成速度大于膜的溶解速度时，膜层逐渐增厚。阳极氧化时阻挡层向多孔层转移。阳极氧化膜的结构模型，如图 40-1 所示。

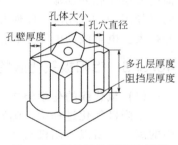

图 40-1　阳极氧化膜结构模型

氧化膜的生长规律，可以通过氧化膜生成阶段示意图（图 40-2）及氧化过程的电压-时间特性曲线来说明。其特性曲线（是通过硫酸阳极氧化测定的）如图 40-3 所示。

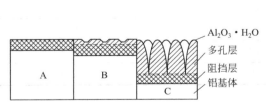

图 40-2　铝阳极氧化膜生成阶段示意图

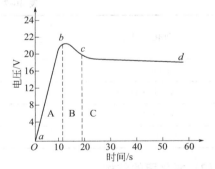

图 40-3　铝阳极氧化的特性曲线

铝阳极氧化的特性曲线分为三段，每段都反映了氧化膜的生成特点。

① A 段（曲线 ab 段）　开始通电十几秒钟，铝表面立刻生成一层致密无孔的氧化膜（即阻挡层），其厚度约为 $0.01 \sim 0.1 \mu m$[2]。这时铝阳极的电压急剧上升，接着电流就降至最小。阻挡层厚度主要取决于外加电压（槽电压），外加电压越高，阻挡层的厚度越厚，而且其硬度比紧接着要形成的多孔层要高。

② B 段（曲线 bc 段）　当阳极电压达到最大值后开始下降，一般可下降 $10\% \sim 15\%$。此时由于阻挡层膨胀，凹处（即氧化膜较薄处）发生电化学和化学溶解，产生孔穴，其电阻下降，电压也随之下降。氧离子通过孔穴扩散与 Al^{3+} 结合生成新的阻挡层。电化学反应又继续

进行，氧化膜就继续生长。

③C段（曲线 *cd* 段）　约经 20s 后，电压和电流趋于平稳，而氧化反应并未停止。反应在阻挡层和铝界面上继续进行，使孔穴底部逐渐向铝基体内部移动。随着时间的延长，孔穴逐渐加深形成孔隙孔壁，由孔隙和孔壁构成的多孔层，不断增厚。孔壁与电解液接触的部分也同时被溶解并水化（$Al_2O_3 \cdot 3H_2O$），从而形成可以导电的多孔层，其厚度可达几十至几百微米，但硬度比阻挡层低得多。此时，阻挡层的生成速度与溶解速度基本达到平衡，厚度不再增加，电压保持平稳。

（3）电渗

氧化膜的生长与金属的沉积截然不同，不是在膜的外表面上生长，而是在已生成的氧化膜底下，即氧化膜与铝基体的交界处，向着基体金属生长。为此，在氧化膜生成的过程中，电渗起着重要的作用，它使电解液到达孔隙的底部，溶解阻挡层，而且使孔内的电解液不断更新。产生电渗的原因可解释为：在电解液中，水化了的氧化膜表面溶解，而在其周围的溶液中紧贴着带正电荷的离子（由于氧化膜的溶解而存在大量 Al^{3+}），因电位差的影响，带电质点相对固体壁发生电渗液流，即贴近孔壁带正电荷的液层向孔外部流动，而外部新鲜电解液沿孔的中心轴流入孔内（如图 40-4 所示），促使孔内电解液不断更新，从而使孔加深并扩大。电解液的电渗是铝阳极氧化膜生长的必要条件之一。

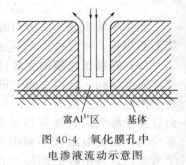

富 Al^{3+} 区　　基体

图 40-4　氧化膜孔中
电渗液流动示意图

40.3.3　铝阳极氧化膜的组成和结构

（1）氧化膜的化学组成

在阳极氧化过程中，随着电解液对孔壁水化过程的进行，膜层可能吸附或化学结合电解液中的离子。所以，阳极氧化膜的化学组成，往往由于电解液的不同以及工艺规范的改变而不同。硫酸阳极氧化膜的化学组成（封闭前及用水封闭后）见表 40-7。

表 40-7　硫酸阳极氧化膜的组成

氧化膜成分	封闭前	用水封闭后
	含量（质量分数）/%	
Al_2O_3	78.9	61.7
$Al_2O_3 \cdot H_2O$	0.5	17.6
$Al_2(SO_4)_3$	20.2	17.9
H_2O	0.4	2.8

（2）氧化膜的结构

铝阳极氧化膜为双层结构，即氧化膜由两部分组成。内层为阻挡层，较薄（0.01～0.1μm）、致密、电阻高（电阻率为 $10^{11}\Omega \cdot cm$）；外层为多孔层，较厚（几十至几百微米）、疏松、多孔、电阻低（电阻率为 $10^7\Omega \cdot cm$）。

通过电子显微分析观察，在硫酸、铬酸和磷酸等电解液中生成的氧化膜的结构基本相似。氧化膜的外层通常是由六角形的膜胞组成的，所以可把多孔层看作是由多个六角柱体膜胞堆砌而成的，如图 40-1 所示。

在氧化膜的多孔层中，孔隙率随着电解液性质及工艺规范而变化，一般随着槽压的上升，单位面积的孔数减小，每个膜胞的孔径增大，并且延长氧化时间，孔径会随着变大。阳极氧化不同膜层的孔隙直径见表 40-8。

表 40-8　阳极氧化不同膜层的孔隙直径

阳极氧化膜层	溶液组成		工艺规范		孔隙直径 /μm	孔数 /($\times 10^6$个 /cm^2)
	成分	含量(质量分数) /%	温度 /℃	处理电压 /V		
硫酸 阳极氧化膜[5]	硫酸(H_2SO_4, $d=1.84$)	15	10	15	0.012 (120Å)	77190
				20		51770
				30		27740
铬酸 阳极氧化膜[5]	铬酸($H_2Cr_2O_4$)	2	24	20	0.017 (170Å)	35650
				40		11625
				60		5753
	铬酐(CrO_3)	3	49	20	0.024 (240Å)	21700
				40		8060
				60		4185
磷酸 阳极氧化膜[5]	磷酸(H_3PO_4, $d=1.86$)	4	20	20	0.03 (300Å)	18755
				40		7750
				60		4185
草酸 阳极氧化膜[1]	草酸($H_2C_2O_4$)	2	25	20	—	35×10^9个/cm^2
				40	—	11×10^9个/cm^2
				60	—	6×10^9个/cm^2

40.3.4　硫酸阳极氧化

铝和铝合金硫酸阳极氧化能获得一层具有硬度高、吸附能力强、耐磨性好的无色透明氧化膜。膜层较厚（约为 $5\sim 20\mu m$），易进行染色和封闭等处理，并具有较高的装饰性和耐蚀性能。

硫酸阳极氧化电解溶液成分简单，性能稳定，操作方便，消耗电能小，成本低，而且允许杂质含量范围大，适用范围广，主要用于防护和装饰。

（1）硫酸阳极氧化膜的应用

硫酸阳极氧化膜的应用见表 40-9。

表 40-9　硫酸阳极氧化膜的应用

适用范围	不适用范围
① 铝合金零件的防护,如使用于恶劣条件下或要求耐蚀性较高的零件,也可作为涂装的底层,以提高防护性能 ② 要求光亮外观,并有一定耐磨性的零件 ③ 为了装饰和作识别标记而要求具有特殊颜色的零件 ④ 铜含量大于 4%(质量分数)的铝合金防护 ⑤ 形状简单的对接气焊零件 ⑥ 铝门窗以及建筑铝型材等的防护、装饰 ⑦ 铝合金制的日用、五金、仪器、仪表、工艺品等制件的装饰防护 ⑧ 消除视觉疲劳要求黑色外观的零件	① 搭接、点焊或铆接的组合件。孔隙率大的铸件。在缝隙中渗进酸液时,易引起零件的局部腐蚀 ② 阳极氧化时,气囊不易排除的零件 ③ 与其他金属组成的组合件,在阳极氧化过程中另一种金属会影响铝表面成膜时

（2）阳极氧化溶液组成及工艺规范

① 硫酸阳极氧化　其溶液组成及工艺规范见表 40-10。

表 40-10 硫酸阳极氧化溶液组成及工艺规范

溶液组成及工艺规范	1	2	3	4	5	6
	含量/(g/L)					
硫酸(H_2SO_4)	180～200	150～160	160～170	280～320	100～110	180～360
铝离子(Al^{3+})	<20	<20	<15	<20	<20	<20
硫酸镍($NiSO_4 \cdot 6H_2O$)	—	—	—	8～10	—	—
草酸($H_2C_2O_4$)	—	—	—	—	—	5～15
甘油[$C_3H_5(OH)_3$]/(mL/L)	—	—	—	—	—	5～15
添加剂/(mL/L)	—	—	—	—	—	60～100
温度/℃	15～25	20±1	0～5	20～30	13～26	5～30
阳极电流密度/(A/dm^2)	0.8～1.5	1.1～1.5	0.5～2.5	2～3	1～2	4～8
电压/V	12～22	18～20	12～22	18～20	16～24	15～25
时间/min	30～40	30～60	30～60	30～40	30～60	30～40
阴极材料	纯铅或铅合金板					
搅拌	空气搅拌					
电源类型	直流	直流或脉冲	直流	直流	交流	交流

注：1. 配方 1 适用于一般铝和铝合金的阳极氧化（通用配方）。
2. 配方 2 适用于建筑铝型材的阳极氧化。
3. 配方 3 适用于对硬度、耐磨性要求较高的铝和铝合金的表面装饰处理。
4. 配方 4 为宽度快速氧化。
5. 配方 5 适用于一般铝和铝合金的表面装饰处理。
6. 配方 6 为优质交流氧化，硬度和厚度与直流电氧化相当，由湖南大学研制。

② 混酸阳极氧化 在硫酸溶液中加入一些其他酸如草酸、酒石酸（即混酸阳极氧化），可提高膜层的某些性能，以及提高溶液的操作温度。

在硫酸溶液中加入稀土添加剂和相应辅助材料的阳极氧化，与普通阳极氧化相比，所获得的氧化膜的耐蚀性和硬度有明显提高，在较宽温度范围内（20～45℃）能正常氧化，对氧化膜没有负面影响。

混酸阳极氧化的溶液组成及工艺规范见表 40-11。

表 40-11 混酸阳极氧化的溶液组成及工艺规范

溶液组成及工艺规范	1	2	3	加稀土添加剂的阳极氧化
	含量/(g/L)			
硫酸(H_2SO_4)	150～200	150～160	120～140	150～180
铝离子(Al^{3+})	<20	<20	<20	<20
草酸($H_2C_2O_4$)	5～6	—	15	3～5
酒石酸($C_4H_6O_6$)	—	—	40	—
CP 稀土添加剂	—	—	—	0.5～0.6
KH-550 硅烷 [$NH_2(CH_2)_3Si(OC_2H_5)_3$]	—	—	—	1.2～1.5
甘油[$C_3H_5(OH)_3$]	—	50	—	1～2
温度/℃	15～25	20	15～45	20～45

续表

溶液组成及工艺规范	1	2	3	加稀土添加剂的阳极氧化
	含量/(g/L)			
阳极电流密度/(A/dm²)	0.8～1.2	1～3	1～1.5	0.8～1.5
电压/V	18～24	16～18	18～24	8～10

注：1. 添加草酸或甘油，所获得的氧化膜比在相同条件下不加添加剂所得的氧化膜要厚些。草酸在硫酸溶液中可以降低膜层的溶解度，使膜层紧密细致。

2. 配方 3 为宽温度配方，在 45℃下也可获得到密氧化膜。

3. 加稀土添加剂的阳极氧化的 CP 稀土添加剂由江苏宜兴市新新稀土应用技术研究所研制生产。KH-550 硅烷为南京曙光化工厂的产品。

（3）溶液成分的作用及影响

溶液成分的作用及影响见表 40-12。

表 40-12　溶液成分的作用及影响

溶液成分	溶液成分的作用及影响
硫酸	氧化膜的生产过程中，在氧化的初始阶段，浓度较高的硫酸溶液中氧化膜的生长速度，比浓度较稀的硫酸溶液快；但随着氧化时间延长，浓度较高的硫酸溶液中氧化膜的生长速度，反而比浓度较稀的硫酸溶液慢 ① 一般情况下，浓度较高的硫酸溶液生成的氧化膜，透明度较好，膜层孔隙较多，吸附力强，易于染色，但膜层硬度、耐磨性较低。铝和铝合金的防护-装饰的阳极氧化，一般采用 180～200g/L 的硫酸溶液 ② 浓度较稀的硫酸溶液生成的氧化膜，坚硬而耐磨，反光性能好，但孔隙率较低，适宜于染成较淡的色彩。建筑铝型材等表面装饰的氧化，一般采用 150～160g/L 的硫酸溶液 ③ 使用交流电进行阳极氧化时，由于只有 1/2 的时间处于阳极半周期内，所以氧化溶液中，硫酸浓度通常应控制在 100～110g/L，所获得的氧化膜较薄，透明度比直流电氧化膜更好
铝离子(Al³⁺)	氧化溶液中必须保持有一定量的铝离子(Al^{3+})。若溶液中无铝离子，膜层耐蚀性、耐磨性差；而 Al^{3+} 含量为 1～5g/L 时，膜层耐蚀性、耐磨性好；Al^{3+} 含量继续增加，膜层耐蚀性、耐磨性下降 ① 一般铝离子(Al^{3+})控制在 2～12g/L 范围内，极限浓度为 20g/L，大于此值，必须部分更新溶液 ② 新配制的槽液中，必须加入 1g/L 以上的铝离子，才能获得均匀的氧化膜。以后在生产中由于膜层的溶解，铝离子会不断积累，铝离子的浓度增加会影响电流密度、电压、膜层的耐蚀性和耐磨性
镍盐	在快速氧化溶液中加入镍盐(硫酸镍 8～10g/L)，可提高氧化速度，增大电流密度和温度的上限值
草酸和甘油	它们可以提高氧化膜硬度、耐磨性和耐蚀性，可降低膜层溶解速度，提高溶液的上限温度

（4）工艺规范（操作条件）的影响

阳极氧化处理的工艺规范包括溶液温度、电流密度、处理电压、氧化时间及搅拌等，其对处理及氧化膜性能的影响见表 40-13。

阳极氧化处理用的电源，可以采用直流电源、交流电源、脉冲电源。电源波形对处理及氧化膜性能的影响见表 40-14。

表 40-13　工艺规范对处理及氧化膜性能的影响

工艺规范	工艺规范（操作条件）的影响
溶液温度	氧化温度是影响膜层性质的主要参数 ① 升高温度，能提高氧化速度，有利于提高生产率和降低能耗，但溶液对膜层的溶解加剧，造成膜层的生成效率、膜厚、硬度、耐磨性和耐蚀性降低。当温度在 25～30℃时，所得氧化膜呈柔软的多孔隙状，吸附能力好，但耐磨性相当差。当温度进一步升高时，膜层就变成不均匀甚至是不连续的，失去使用价值 ② 在硫酸溶液中加入稀土添加剂和相应辅助材料的阳极氧化，可在较宽温度范围内(20～45℃)正常氧化，对氧化膜没有负面影响 ③ 最优质的氧化膜，其氧化溶液的最佳温度为 20℃±1℃。高于 26℃，膜层质量明显降低。而低于 13℃，膜层脆性增大 ④ 硫酸阳极氧化是放热反应，同时电解液内也产生焦耳热，氧化时溶液温度会不断升高，一般硫酸阳极氧化温度应控制在 15～25℃，所以应根据生产等具体情况，采取如加强制冷却以降低溶液温度等措施

工艺规范	工艺规范(操作条件)的影响
电流密度	它是阳极氧化的重要参数,提高电流密度,膜层生成速度加快,膜层耐磨性提高,孔隙率增加,易于染色。但电流密度过高,溶液升温快,加快膜层溶解,对外形复杂零件,会造成电流分布不均匀,而引起厚度和染色不均匀,严重时还会烧蚀零件。在冷却和搅拌的条件下,可采用电流密度的上限值。一般铝和铝合金阳极氧化的阳极电流密度宜控制在 $0.8 \sim 1.5 A/dm^2$
电压	当开始通电进行阳极氧化时,立即在铝件表面产生一层薄而致密的初生态氧化膜(阻挡层)。此时,电压随着膜的电阻增高而上升,电流逐渐减小。当电压升到一定数值时,氧化膜因受电解液的溶解作用,而在较薄的部位,逐个被击穿形成孔隙,电流继续通过,氧化作用继续进行。因此,氧化时初始电压对氧化膜结构影响很大。当电压较高时,阻挡层增厚,孔壁增厚,耐蚀性和耐磨性提高,但孔隙率降低,着色能力下降。电压升高且电流也高时,氧化膜易"烧焦"。但电压不能低于12V,否则膜层硬度低,耐磨性和耐蚀性差。一般装饰性阳极氧化电压采用 $12 \sim 16V$,铝型材阳极氧化电压采用 $18 \sim 22V$
氧化时间	阳极氧化时间应根据溶液的硫酸浓度、温度、电流密度、被氧化零件的大小和形状以及所需氧化膜厚度来选择。相同条件下,随着时间延长,膜厚增加,孔隙增多,易于染色,耐蚀性提高。但达到一定厚度后,膜层生成速度减慢,到最后不再增加。为获得具有一定厚度和硬度的氧化膜,一般需要 $30 \sim 40min$,要得到孔隙多、易于染色的装饰性氧化膜,氧化时间需 60min 或更长些
搅拌	硫酸阳极氧化工作时需要搅拌,其作用是:使氧化中产生的热量从氧化膜表面附近迅速散失,减少氧化膜溶解;提高溶液冷却效果。搅拌方法,可采用溶液循环搅拌;而常用的是压缩空气(空气需经净化处理)搅拌

表 40-14 电源波形对处理及氧化膜性能的影响[20]

电源波形	电源波形对处理及氧化膜性能的影响
直流电源	硫酸阳极氧化一般采用直流电源。直流电氧化电流效率高,并可得到孔隙细微并具有较高硬度和耐磨性的氧化膜。当操作不当时,易出现"起粉"和"烧焦"现象。采用不连续直流电(如单相半波),由于周期内存在瞬间断电过程,能使处理零件表面附近热量及时散发,降低了膜层的溶解速度,因此可以提高膜层极限厚度,允许提高电流密度和温度的上限值。由于采用的是不连续直流电,所以生产效率降低
交流电源	交流电氧化不需专用电源,而且两极都可挂零件。交流电氧化具有成本低、节能等优点。交流电氧化由于存在负半波,所得到的氧化膜孔壁薄、孔隙率高、质软、透明度好、染色性好,但硬度低、耐磨性差、膜层带黄色,难以得到 $10\mu m$ 以上的厚度。向电解液中加入添加剂,可提高膜层硬度、耐蚀性、厚度,且无黄色。既适用于 Al-Si 系、Al-Cu 等难氧化的铝合金,又适用于一般纯铝和建筑铝型材,是一种有发展前途的阳极氧化工艺
脉冲电源	脉冲电源阳极氧化比直流电源阳极氧化所得氧化膜性能好(见表 40-15),可使用较高的电流密度,提高氧化速度,缩短氧化时间约30%。现在已用于建筑铝型材的阳极氧化[现国产的大电流(5000~10000A)的脉冲电源已用于生产]

表 40-15 脉冲电流阳极氧化膜与直流电阳极氧化膜的比较[20]

氧化膜性能	直流电阳极氧化膜	脉冲电流阳极氧化膜
维氏硬度(HV)	300(20℃)	650(20℃)
CASS试验(铜加速盐雾试验)/h	8	>48
耐碱性试验(滴碱)/h	250	>1500
弯曲试验	—	好
耐击穿电压/V	最大 300	1200(100μm)
膜层均匀性	差	好

(5) 杂质的影响

氧化溶液中可能产生和带入的杂质有 Cl^-、F^-、NO_3^-、Al^{3+}、Cu^{2+}、Fe^{2+} 等,而其中对阳极氧化过程影响最显著的是 Cl^-、F^- 和 Al^{3+}。这些杂质的允许含量一般为:Cl^- < 0.05g/L、F^- < 0.01g/L、NO_3^- < 0.02g/L、Al^{3+} < 20g/L。

当溶液中存在 Cl^-、F^- 时膜层的孔隙率大大增加,膜层表面粗糙疏松,当其含量达到一定量后,铝制件将发生穿孔。当 Al^{3+} 含量超过 20g/L 后,往往使制件表面呈现出白点或块状白斑，并且氧化膜的吸附性能大大下降，造成染色困难。

溶液中 Cu^{2+} 含量达到 0.02g/L 时，氧化膜上会出现暗色条纹或斑点。可以用铅作电极，阴极电流密度控制在 $0.1 \sim 0.2A/dm^2$，使 Cu^{2+} 在阴极上析出除去。

进入溶液中的硅杂质，常以悬浮状态存在，使溶液浑浊度大大提高，会在阳极上以褐色粉状物析出。为减少硅杂质，可采用仔细过滤溶液的方法将其除去。

40.3.5　硬质阳极氧化

硬质阳极氧化是一种厚膜阳极氧化法，它可在铝和铝合金零件的表面生成质硬、多孔的厚氧化膜。有硫酸硬质阳极氧化和常温硬质阳极氧化两种，常用的是硫酸硬质阳极氧化。硬质阳极氧化后应进行封闭处理，可在热纯水中或在质量分数为 5% 的重铬钾溶液中，于室温下浸渍 15～30min；也可浸油或蜡在 80℃下封闭，时间为 15～30min。

（1）硬质阳极氧化的特点

硬质阳极氧化的特点如表 40-16 所示。

表 40-16　硬质阳极氧化的特点

项目	硬质阳极氧化的特点
色泽	根据基体材质和工艺的不同，氧化膜外观呈灰、褐和黑色，而且温度越低，膜层越厚，色泽越深
膜层厚度	厚度最高可达 250μm 左右
硬度和耐磨性	硬质阳极氧化膜硬度很高，钝铝上氧化膜的显微硬度可达 1500HV,铝合金上氧化膜的显微硬度为 400～600HV。膜层多孔，可吸附和储存各种润滑剂，增强了减摩能力，提高耐磨性
耐蚀性	氧化膜与铝或铝合金基体有很强的结合力。膜层经封闭处理后，有很高的耐蚀性，尤其在工业大气和海洋性气候中具有优异的抗蚀能力
绝缘性	氧化膜具有很高的电阻率，厚度为 100μm 的膜层，经封闭处理后（浸绝缘物或石蜡），击穿电压可达 2000V。经封闭处理后，平均 1μm 的氧化膜可耐电压 25V
耐热性	氧化膜的熔点高达 2050℃，而且传热系数很低，约为 67kW/(m²·K)，是一种优良的隔热膜层，也是极好的耐热材料。膜层在短时间内能耐 1500～2000℃的高温
硬质阳极氧化的缺点	膜层性脆，并且随膜层厚度的增加脆性加大。当膜层超过一定厚度时，会使铝合金的抗疲劳强度降低

（2）硬质阳极氧化的应用

硬质阳极氧化的应用见表 40-17。

表 40-17　硬质阳极氧化的应用

使用范围	不宜使用范围
① 要求具有高硬度的耐磨零件。如活塞座、活塞、汽缸、轴承、导轨、水力设备、蒸汽叶轮或为减轻重量以铝代钢的耐磨零件等 ② 耐气流冲刷的零件 ③ 要求绝缘的零件 ④ 瞬时经受高温的零件	① 螺距小于 1.5mm 的螺纹零件；厚度小于 0.8mm 的板材 ② 含硅高的压铸件；LY11 合金制造的零件 ③ 对疲劳强度要求高的零件；承受冲击载荷的零件 ④ 搭接、点焊或铆接的组合件；不同金属或与非金属组合的制件

（3）硬质阳极氧化的工艺要求

为获得质量好的氧化膜，需处理的零件等，应符合下列要求。

① 零件尺寸的余量　因硬质氧化膜的厚度较厚，而硬质阳极氧化时要改变零件尺寸，一般情况下，零件增大的尺寸大致为生成氧化膜厚度的 1/2 左右。所以，零件在机加工时，要事先预测氧化膜的厚度和氧化处理后零件尺寸的增大，来确定硬质阳极氧化前的零件实际尺寸，以便氧化后尺寸符合规定公差范围。

② 锐角倒圆 由于硬质阳极氧化时间较长，氧化过程中发生放热反应，而零件的锐角（棱角）又是电流较集中的部位，为防止电流集中引起局部过热导致零件烧伤，零件所有锐角（棱角）都要倒圆，倒圆半径不应小于 0.5mm，而且零件不允许有毛刺。

③ 零件表面粗糙度 硬质阳极氧化会改变零件表面的粗糙度。一般来说，较粗糙的表面，经氧化处理后，可以显得比原来平整些；原始表面粗糙度较小的零件，经氧化处理后，表面粗糙度有所增加，光亮度有所降低。据有关文献[5]介绍，要求硬质阳极氧化的部位，其表面粗糙度不大于 $1.6 \sim 3.2 \mu m$。

④ 零件装挂夹具 硬质阳极氧化时，零件要承受很高的电压和较高的电流，因此零件与夹具要保持良好的接触，以免烧伤零件。所以应对不同形状的零件，设计制造专用夹具，宜使用有压紧螺钉或有螺栓连接板的夹具。

⑤ 局部保护 对只需局部硬质阳极氧化的零件，不需氧化的表面应加绝缘保护。绝缘方法有：在不需氧化的表面，用喷枪喷涂或毛刷刷涂硝基胶或过氯乙烯胶，每涂一层应在低温下干燥 $30 \sim 40min$，共涂 $2 \sim 4$ 层。氧化后绝缘层用稀释剂洗去或在 $50 \sim 70℃$ 热水中浸泡剥离。

（4）硫酸硬质阳极氧化工艺

硫酸硬质阳极氧化工艺具有溶液组成简单、稳定、操作方便、成本低，能适用于多种铝材等优点。它与普通硫酸阳极氧化基本相同，主要不同是溶液温度比较低，必须经强制冷却和强搅拌，才能获得硬而厚的氧化膜。

① 溶液组成及工艺规范 硫酸硬质阳极氧化的溶液组成及工艺规范见表 40-18。

表 40-18 硫酸硬质阳极氧化的溶液组成及工艺规范

溶液成分及工艺规范	1	2	3
	含量/（g/L）		
硫酸（H_2SO_4）	$200 \sim 300$	$100 \sim 200$	$130 \sim 180$
温度/℃	$-8 \sim 10$	0 ± 2	$10 \sim 15$
阳极电流密度/（A/dm²）	$0.5 \sim 5$	$2 \sim 4$	2
电压/V	$40 \sim 90$	$20 \sim 120$	开始 5V，终止 100V
时间/min	$120 \sim 150$	$60 \sim 240$	$60 \sim 180$
搅拌	空气搅拌	空气搅拌	空气搅拌
适用范围	变形铝合金	变形铝合金	铸造铝合金

② 溶液成分及工艺规范的影响 见表 40-19。

表 40-19 溶液成分及工艺规范的影响

项目	溶液成分及工艺规范的影响
硫酸浓度	硫酸硬质阳极氧化溶液中，硫酸浓度一般为 $100 \sim 300g/L$。硫酸浓度低所生成的氧化膜硬度高，尤其是对纯铝比较明显。但对于硬铝和含铜量高的铝合金易生成 $CuAl_2$ 化合物，在氧化时溶解较快，易烧毁零件，不适合用低浓度的硫酸溶液，必须在高浓度（硫酸浓度为 $310 \sim 350g/L$）溶液中进行阳极氧化处理，或采用交直流电叠加或脉冲电流氧化
氧化温度	温度对硬质阳极氧化膜硬度和耐磨性影响很大。一般来说，温度低，氧化膜硬度高、耐磨性好；但温度过低，膜层脆性增大。但纯铝在 $6 \sim 11℃$ 下获得的氧化膜硬度和耐磨性均比在 0℃ 时得到的高。硫酸硬质阳极氧化适宜的温度，要根据硫酸的浓度、电流密度和铝材合金成分等而定，一般控制在 $-5 \sim 10℃$ 范围内（温度控制在 $\pm 2℃$ 范围内）；对纯铝应控制在 $6 \sim 11℃$

项目	溶液成分及工艺规范的影响
电流密度[20]	硬质阳极氧化常采用恒电流法。提高电流密度,氧化膜生成速度快,氧化时间缩短,膜层硬度高、耐磨性好。但当电流密度超过一定值($8A/dm^2$)时,因发热量大的影响,膜层硬度及耐磨性反而降低。电流密度过低,成膜慢,化学溶解时间长,膜层硬度降低。一般电流密度选择在 $2\sim5A/dm^2$ 范围内。生产操作时,在开始氧化时电流密度控制在 $0.5A/dm^2$ 左右,在 25min 内分 $5\sim8$ 次逐步升高到 $2.5A/dm^2$ 左右,最高不超过 $5A/dm^2$,然后保持稳定,并每隔 5min 用升高电压的方法调整电流密度,最终电压根据膜层厚度和材料而定,直至氧化终止。这样的操作方法,可获得与基体结合力很强的氧化膜。
铝合金成分的影响[2]	合金成分对阳极氧化膜的均匀性和完整性有一定影响。对于 Al-Cu、Al-Si、Al-Mn 合金,硬质阳极氧化难度较大。当合金中 Cu 含量超过 5%(质量分数)或 Si 含量超过 7%(质量分数)时,一般不用直流电来氧化。当采用交直流叠加电源氧化时,Cu 含量范围可放宽些

(5) 常温硬质阳极氧化

常温硬质阳极氧化,是在硫酸或草酸溶液的基础上加入适量的有机酸或少量无机盐,可以在接近常温下获得较厚的硬质阳极氧化膜,便于生产,成本较低。该工艺规范较广,溶液浓度范围较宽,工作温度可达 30℃,获得膜层显微硬度可达 $300\sim500HV$,膜层厚度约为 $50\mu m$。

常温硬质阳极氧化特别适用于含铜的质量分数在 5% 以下的各种牌号的铝合金,适用于深不通孔内表面的氧化,可得到较均匀的膜层。

常温硬质阳极氧化的溶液组成及工艺规范见表 40-20。

表 40-20　常温硬质阳极氧化的溶液组成及工艺规范

溶液成分及工艺规范	1	2	3	4	5	6
	\multicolumn{6}{c}{含量/(g/L)}					
硫酸(H_2SO_4)	120	—	$5\sim12$	200	$10\sim15$	$180\sim200$
草酸($H_2C_2O_4 \cdot 2H_2O$)	10	$30\sim50$	—	—	—	15
苹果酸($C_4H_5O_5$)	—	—	$30\sim50$	17	—	—
丙二酸($C_3H_4O_4$)	—	$25\sim30$	—	—	—	—
磺基水杨酸($C_7H_5O_6S$)	—	—	$30\sim90$	—	—	—
酒石酸($C_4H_6O_6$)	—	—	—	—	—	15
甘油[$C_3H_5(OH)_3$]	—	—	—	12mL/L	—	—
硫酸锰($MnSO_4 \cdot 5H_2O$)	—	$3\sim4$	—	—	—	—
磺化蒽/(mL/L)	—	—	—	—	$3.5\sim5$	—
乳酸($C_3H_6O_3$)	—	—	—	—	$30\sim40$	—
硼酸(H_3BO_3)	—	—	—	—	$30\sim40$	—
DP-Ⅲ添加剂	—	—	—	—	—	$20\sim25$
温度/℃	$9\sim11$	$10\sim30$	变形铝合金 $15\sim20$ 铸铝 $15\sim30$	$16\sim18$	$18\sim30$	$10\sim20$
阳极电流密度/(A/dm^2)	$10\sim20$	$3\sim4$	变形铝合金 $5\sim6$ 铸铝 $5\sim10$	3	$10\sim20$	$1\sim2$
电压/V	$10\sim75$	起始 50,终止 130	—	$22\sim24$	—	$15\sim25$
时间/min	—	$50\sim100$	$30\sim100$	70	$80\sim100$	$40\sim70$

溶液成分及工艺规范	1	2	3	4	5	6
	含量/(g/L)					
适用范围	多种铝合金	LC4、LF3、ZL6、ZL10、ZL11、ZL101、ZL303等	变形铝合金、铸铝	LC4等铝合金	LC4、LY11、LY12、LD5、LD7、ZL105	Al-Si合金

注：配方6的DP-Ⅲ添加剂是广州电器科学研究院金属防护研究所的产品。

40.3.6 铬酸阳极氧化

在铬酸阳极氧化溶液中所生成的氧化膜，色泽呈不透明的灰白色到深灰色或彩虹色，而且膜层很薄，一般厚度只有 $2\sim5\mu m$，膜层质软，弹性极好，而耐磨性差。由于膜层太薄，气孔率太低，不易染色，不易被染成各种鲜艳的具有装饰效果的色泽，也不易染成黑色等深色。由于气孔率很低，不经封闭处理也可以使用。该膜层与有机涂料有良好的结合力，是良好的涂装底层。

(1) 铬酸阳极氧化的特点

① 对铝和铝合金疲劳强度影响小。

② 铬酸阳极氧化，可以显现一般探伤方法不能显现的铝合金零件组织缺陷，还可以显露铝合金的晶粒度、纤维方向、裂纹等。

③ 由于铬酸电解液对铝的溶解度很小，膜层很薄，仍能保持零件原来的精度和表面粗糙度。

④ 阳极氧化溶液对铝合金腐蚀性小，溶液残存在零件不易洗净的缝隙中，对铝合金的腐蚀速度很慢。

⑤ 铬酸阳极氧化膜对气体的流动性好于硫酸氧化膜，并且膜层的自润滑性比硫酸氧化膜和草酸氧化膜好。

(2) 铬酸阳极氧化的应用

见表40-21。

表 40-21 铬酸阳极氧化的应用

使用范围	不允许使用的范围
① 对疲劳性能要求较高的零件 ② 用来检查铝和铝合金材料的晶粒度、纤维方向、表面裂纹等冶金缺陷 ③ 用于尺寸公差小和表面粗糙度低的精密零件的防护。硅铝合金的防护 ④ 形状简单的对接气焊零件 ⑤ 适用于硫酸氧化法难以加工的松孔度大的铸件、点焊件、铆接件 ⑥ 蜂窝结构面板的防护。需胶接的零件 ⑦ 作为油漆等涂料的底层	① 铜含量或硅含量超过5%（质量分数）的铝合金与合金元素总含量超过7.5%（质量分数）的铝合金零件[5] ② 与其他金属组成的组合件

(3) 铬酸阳极氧化的溶液组成及工艺规范

见表40-22。

表 40-22 铬酸阳极氧化的溶液组成及工艺规范

溶液成分及工艺规范	1	2	3	4
	含量/(g/L)			
铬酐(CrO_3)	30～40	35～50	50～55	95～100
温度/℃	32～40	33～37	37～41	35～39

续表

溶液成分及工艺规范	1	2	3	4
	含量/(g/L)			
阳极电流密度/(A/dm²)	0.2~0.6	0.3~0.7	0.3~2.7	0.3~2.5
电压/V	0~40	0~22	0~40	0~40
时间/min	60	33~37	60	35
阴极材料	铅或石墨	铅	铅或石墨	铅或石墨
适用范围	尺寸公差小或抛光零件		一般加工件和钣金件	一般零件、焊接件或作涂装底层

注：配方 1 氧化后需要封孔处理。

（4）工艺维护和生产操作

① 操作方法　为保持电流密度在规定范围内，在氧化过程中应不断调整电压。在初始的 15min 内，使电压由 0 逐步升高到 40V，在 40V 下氧化至终点。然后切断电源，取出零件，经水洗后，在 60~80℃ 下干燥 15~20min。

② 溶液维护和调整　在氧化过程中，铝的溶解，铝离子与铬酸反应生成铬酸铝 $[Al_2(CrO_4)_3]$ 及碱式铬酸铝 $[Al(OH)CrO_4]$，导致游离铬酸含量降低，氧化能力下降，应定期化验分析加以补充。生产中，由于不断添加铬酐，致使溶液中六价铬的含量不断增高，当铬的总含量（换算为 CrO_3）超过 70g/L 时，氧化能力下降，这时应稀释或更换部分溶液。

③ 杂质的影响及去除　铬酸溶液中的杂质主要有 SO_4^{2-}、Cl^- 及 Cr^{3+}。杂质的影响及去除方法见表 40-23。

表 40-23　杂质的影响及去除方法

溶液中的杂质	杂质的影响及去除方法
SO_4^{2-}	杂质 SO_4^{2-} 含量不允许超过 0.5g/L，否则氧化膜变得粗糙。当 SO_4^{2-} 含量过高时，可采用 $Ba(OH)_2$ 或 $BaCO_3$（添加量为 0.2~0.3g/L）化学沉淀法去除
Cl^-	杂质 Cl^- 含量不允许超过 0.2g/L，否则氧化膜变得粗糙。Cl^- 含量过高，必须稀释或更换部分溶液
Cr^{3+}	Cr^{3+} 含量增多，会使氧化膜发暗而无光，耐蚀性降低。溶液中的 Cr^{3+} 可采用低电流通电处理，将 Cr^{3+} 氧化成 Cr^{6+}。电解处理时，阳极用铅板，阳极电流密度为 0.25A/dm²；阴极用铁板（或不锈钢板），阴极电流密度为 10A/dm²，使 Cr^{3+} 在阳极上氧化成 Cr^{6+}

40.3.7　草酸阳极氧化

草酸阳极氧化，是用有机酸对铝和铝合金进行阳极氧化处理，能得到 8~20μm 厚的膜层，最大厚度可达到 60μm。

（1）草酸阳极氧化的特点

① 通过改变阳极氧化工艺规范（如电源、电流密度、温度及酸含量等），可在零件上直接获得银白色、淡黄色、草黄色、褐黄色等的氧化膜，而无需进行染色。

② 草酸阳极氧化所获得的膜层，耐蚀能力强，硬度极高，耐磨性好，而且电绝缘性能良好。

③ 草酸是有机酸，它对铝的氧化膜的溶解性小，而它的溶解作用主要取决于溶液温度，电解液浓度的变化对膜层的溶解影响很小，所以可以得到较厚的氧化膜。

④ 采用交流电氧化时，能获得较软的、弹性和电绝缘性能良好的氧化膜，可作为铝线绕组的良好绝缘层。

⑤ 用直流电氧化所得的氧化膜一般比硫酸溶液所得的氧化膜脆，抗扰曲性较差（即抗冲击性较差）。

⑥ 氧化膜易随电流密度、酸含量和温度而起变化，易使零件表面产生色差，尤其是表面积较大的制件。

⑦ 氧化电解液成本高（比硫酸电解液高 2～3 倍），电能消耗较大（需设有冷却装置），而且电解液的电阻比硫酸、铬酸电解液都大，电解液容易发热。

（2）草酸阳极氧化的应用

草酸阳极氧化的应用见表 40-24。

表 40-24　草酸阳极氧化的应用

使用范围	不宜使用范围[5]
① 要求有较高电绝缘性能的精密仪器、仪表零件,用于制作电气绝缘保护层 ② 要求具有较高硬度和良好耐磨性的仪器、仪表零件 ③ 食用器具、日用品的装饰防护 ④ 广泛用于建筑、造船、电气及机械工业等	① 厚度小于 0.6mm 的板材 ② 工作表面粗糙度低于 $0.8～1.6\mu m$ 的零件 ③ LY11、LY12 铝合金零件

（3）溶液组成及工艺规范

直流草酸阳极氧化的溶液组成及工艺规范见表 40-25。

交流及交直流叠加草酸阳极氧化的溶液组成及工艺规范见表 40-26。

表 40-25　直流草酸阳极氧化的溶液组成及工艺规范

溶液成分及工艺规范	1	2	3	4	5
	含量/(g/L)				
草酸($H_2C_2O_4 \cdot 2H_2O$)	40～60	50～70	27～33	30～50	30～50
温度/℃	15～18	25～32	15～21	18～20	35
阳极电流密度/(A/dm^2)	2～2.5	1～2	1～2	1～2	1～2
电压/V	110～120	40～60	110～120	40～60	30～35
时间/min	90～150	30～40	120	40～60	20～30
氧化膜性质和用途	膜厚,用于电气绝缘	耐磨、耐晒,用于装饰	电气绝缘	纯铝、Al-Mg 合金,黄色膜,耐磨	膜薄,无色,韧性好,可着色

注：溶液需要压缩空气搅拌。

表 40-26　交流及交直流叠加草酸阳极氧化的溶液组成及工艺规范

溶液成分及工艺规范	交流或直流氧化		交流氧化		交流直流叠加氧化
	1	2	1	2	
	含量/(g/L)				
草酸($H_2C_2O_4 \cdot 2H_2O$)	40～50	80～85	30～50	50～100	2%～4%
铬酐(CrO_3)	1	—	—	—	—
甲酸(CH_2O_2)	—	55～60	—	—	—
温度/℃	20～30	12～18	25～35	35	20～29
阳极电流密度/(A/dm^2)	1.5～4.5	4～4.5	2～3	2～3	交流 1～2 直流 0.5～1
电压/V	40～60	40～50	40～60	40～60	交流 80～120 直流 25～30
时间/min	30～40	15～25	40～60	30～60	20～60

续表

溶液成分及工艺规范	交流或直流氧化		交流氧化		交流直流叠加氧化
	1	2	1	2	
	含量/(g/L)				
氧化膜性质和用途	一般应用（通用）	用于装饰，快速氧化	纯铝,黄色膜,质软韧性好,适用于线材	表面装饰	日用品装饰

注：1. 溶液需要压缩空气搅拌。

2. 交流直流叠加氧化配方中草酸含量 2%～4% 为质量分数。

（4）工艺操作和维护

草酸阳极氧化膜致密，电阻率高，因此只有在高电压下才能获得较厚的氧化膜，生产操作和工艺维护如下。

① 为防止氧化膜不均匀和在高电压下出现电击穿现象，操作过程必须采用逐步升压。以表 40-25 配方 1 为例，操作如下：氧化时，零件为带电（小电流）下槽，在氧化最初的 5min 内，保持阳极电流密度为 $2\sim2.5A/dm^2$，慢慢地将电压由零升至 60V。在保持阳极电流密度为 $2\sim2.5A/dm^2$ 的条件下，在 $15\sim30min$ 内逐步将电压升至 90V。再在 15min 内调到 110V。在此电压下，进行氧化保持约 $1\sim1.5h$。在此时间内电压决不允许超过 120V，而电流任其缓慢下降，到规定时间后，断电取出零件，经冷水清洗，干燥。在氧化过程中应用压缩空气强烈地搅拌溶液。

② 采用交流电进行草酸阳极氧化时，零件可挂在两根极杆上，同时进行阳极氧化。

③ 在阳极氧化过程中，严格的要求是保持溶液温度的恒定，控制在工艺规定的范围内，温度过高会降低膜层的厚度，所以必须强烈搅拌溶液，并冷却溶液。

④ 氧化过程中草酸参与电极反应而消耗，要定期分析草酸总量、游离草酸和 Al^{3+} 含量，及时补加。草酸消耗的估算，可按每通电 $1A\cdot h$，消耗草酸 $0.13\sim0.14g$，同时有 $0.08\sim0.09g$ Al^{3+} 进入溶液。每 1g 铝与 5g 草酸结合生成草酸铝，从而消耗草酸。

⑤ 溶液中的 Al^{3+} 或 Cl^- 是杂质，含量过高，膜层疏松或被溶解，一般 Al^{3+} 不允许超过 2g/L，Cl^- 不大于 0.2g/L，否则应稀释更换部分溶液。

40.3.8　磷酸阳极氧化

（1）磷酸阳极氧化的特点及应用

① 氧化膜孔径较大　磷酸阳极氧化所获得的膜层的孔径较大，可用作铝合金零件胶接前的良好底层。铝和铝合金零件组合时，除焊接、铆接等形式外，还可以采用胶接的形式。由于铝和铝合金阳极氧化膜多孔，可用作胶接的底层，而且膜层孔径越大，粘接能力越强。磷酸阳极氧化膜孔径比其他几种阳极氧化膜大（见表 40-8），故胶接的底层一般多采用磷酸阳极氧化膜。

② 用作电镀的底层　由于膜层孔隙大，用作铝和铝合金电镀的底层，可提高镀层的结合力。

③ 氧化膜具有较好的防水性　可用于高湿度环境下铝和铝合金制件的防护。

④ 适用于铜含量高的铝合金的阳极氧化　铜含量较高的铝合金不宜在铬酸溶液中进行阳极氧化（因铬酸会溶解铜），而在磷酸溶液中阳极氧化无论铜含量高或低，一样都能获得质量好的膜层。故常用于铜含量高的铝合金的防护。

（2）溶液组成及工艺规范

磷酸阳极氧化的溶液组成及工艺规范见表 40-27。

表 40-27　磷酸阳极氧化的溶液组成及工艺规范

溶液成分及工艺规范	1	2	3
	含量/(g/L)		
磷酸(H_3PO_4)	200	286~354	100~140
草酸($H_2C_2O_4 \cdot 2H_2O$)	5	—	—
十二烷基硫酸钠($NaC_{12}H_{25}SO_4$)	0.1	—	—
温度/℃	20~25	25	20~25
阳极电流密度/(A/dm^2)	2	1~2	—
电压/V	25	30~60	10~15
时间/min	18~20	10	18~22
适用范围	用作电镀底层	用作电镀底层	用于胶接表面的底层

(3) 工艺维护及生产操作

① 阳极氧化溶液必须充分地冷却和搅拌。如温度超过40℃，将会降低与电镀层的结合力。

② 一般用作电镀底层的阳极氧化膜只需 $3\mu m$ 左右。由于膜层薄，故不应采用强酸性或强碱性溶液来电镀。在阳极氧化后，彻底清洗，然后在稀的氢氟酸（0.5~1mL/L）溶液中活化，经清洗后即可进行电镀。电镀前氧化膜不能干燥，否则孔隙封闭，与镀层结合不牢。

③ 进行阳极氧化处理时，应注意阳极氧化后严禁污染膜层表面，禁止以任何形式接触膜层表面，包括不允许用手触摸，并在1h以内进行涂胶胶接。

40.3.9　瓷质阳极氧化

在草酸盐或硫酸盐的电解液中，添加稀有金属盐（如钛、锆、钍盐等），在氧化过程中，由于盐的水解作用产生的色素体被吸附沉积于膜孔中，形成的氧化膜的色泽由乳白色至浅灰白色，具有类似瓷釉、搪瓷、塑料的不透明外观；而在以铬酸为基础的混合酸电解液中，所得氧化膜呈树枝状结构，光在此结构上产生漫反射形成白色不透明瓷质感。所以这两类阳极氧化称为瓷质阳极氧化，也称为仿釉阳极氧化。

(1) 瓷质阳极氧化的特点

① 氧化膜厚度约为 $8\sim20\mu m$，膜层致密、光滑，结合力好，有较高的硬度，可以保持零件的精度和平滑度，耐磨性好，绝热性、绝缘性和耐蚀性远远超过硫酸阳极氧化膜。

② 膜层具有良好的吸附能力，能染各种颜色，具有良好的装饰效果。但染色外观不如硫酸阳极氧化膜染色鲜艳。作为装饰性膜外观比硫酸阳极氧化膜好。而且由于膜层表面光滑，表面上的污垢或杂质容易清除。

③ 由于膜层不透明，能够遮盖机械加工零件表面上的缺陷。因此，对阳极氧化前零件表面状态要求不高，可以不进行电化学抛光。

④ 膜层具有较高的硬度（膜层显微硬度为 650~750HV），硬度随材料成分不同而不同。其硬度介于硬质阳极氧化膜与硫酸阳极氧化膜之间，比铬酸阳极氧化膜高。膜层绝缘性比草酸阳极氧化膜低，但高于硫酸或铬酸阳极氧化膜。

⑤ 具有高的耐蚀性能和力学性能。

⑥ 膜层与基体金属黏附优良，膜层在受冲击和压缩负载时发生开裂，但并不剥落。

⑦ 瓷质阳极氧化处理不会改变零表面尺寸精度和粗糙度。

⑧ 但草酸或硫酸锆阳极氧化电解液成本高，溶液使用周期短，而且对工艺条件要求严格。

(2) 瓷质阳极氧化的应用

① 适宜于精密仪器、仪表零件的装饰和防护。

② 需保持零件表面原有尺寸精度和粗糙度，又要求表面具有一定硬度、电绝缘性的零件。

③ 日用品、食品用具、文教器材等的装饰和防护。

(3) 溶液组成及工艺规范

铝和铝合金瓷质阳极氧化的溶液有：草酸钛钾溶液、铬酸-硼酸溶液、硫酸锆溶液、硫酸溶液及混合酸溶液等。其溶液组成及工艺规范见表 40-28。

为获得优质的瓷质阳极氧化膜，最适合的铝合金材料为：Al-Zn（5％）-Mg（1.5％～2％）合金、Al-Mg（3％～4％）合金、Al-Mg（0.8％）-Si（1.8％）合金、Al-Mg（0.8％）-Cr（0.4％）合金（合金中的百分数均为质量分数）。

表 40-28　瓷质阳极氧化的溶液组成及工艺规范

溶液成分及工艺规范	草酸钛钾溶液	铬酸-硼酸溶液	硫酸锆溶液	硫酸溶液	混合酸溶液	
					1	2
	含量/(g/L)					
草酸钛钾[$K_2Ti(C_2O_4)_2$]	35～45	—	—	—	—	—
硼酸(H_3BO_3)	8～10	1～3	—	—	1.5～2	5～7
柠檬酸($C_6H_8O_7$)	1～1.5	—	—	—	3	—
草酸($C_2H_2O_4$)	2～5	—	—	—	0.5～1	5～12
铬酐(CrO_3)	—	30～35	—	—	30	35～40
硫酸锆[$Zr(SO_4)_2 \cdot 4H_2O$]（按氧化锆计）	—	—	5%（质量分数）	—	—	—
硫酸(H_2SO_4)	—	—	7.5%（质量分数）	280～300	—	—
硫酸镍($NiSO_4 \cdot 6H_2O$)	—	—	—	8～10	—	—
温度/℃	24～28	40～50	34～36	18～24	45～60	45～55
阳极电流密度/(A/dm²)	开始2～3 终结1～1.5	开始2～4 终结0.1～0.6	1.2～1.5	1～1.5	10～20	0.5～1
电压/V	90～110	40～80	12～20	10～12	20	25～40
时间/min	30～60	40～60	40～60	—	60	40～50
氧化膜厚度和颜色	10～16μm 灰白色	11～15μm 灰色	12～25μm 白色	经浸渍染 白色膜	12～20μm 暗灰色	10～16μm 乳白色
适用范围	膜硬度高、耐蚀性好,用于耐磨精密零件。但工艺不易掌握	用于一般零件及食品设备零件。工艺稳定,操作简便。膜层能染色	用于装饰品	快速氧化。成本低,操作方便	用于一般零件装饰,膜层可以染色	

注：1. 草酸钛钾溶液操作方法：氧化开始阳极电流密度为 2～3A/dm²，在 5～10min 内调节电压到 90～110V，然后保持电压恒定，让电流自然下降，经过一段时间，电流密度相对稳定在 1～1.5A/dm²，至氧化结束。氧化过程中，pH 值要控制在 1.8～2。

2. 铬酸-硼酸溶液操作方法：氧化开始阳极电流密度为 2～4A/dm²，在 5min 内将电压逐渐升到 40～80V，然压电压保持在此范围内，调节阳极电流密度至 0.1～0.6A/dm²，直至氧化结束。

3. 硫酸溶液所得氧化膜浸渍染白色膜配方及工艺规范：硫酸铝[$Al_2(SO_4)_3 \cdot 18H_2O$] 40g/L，pH 值 3～5，温度 50～55℃，浸渍时间 25min 左右；溶液必须搅拌。

4. 阴极材料：纯铝、铅板或不锈钢板。对于管材内阴极可以采用纯铝棒材。阴极面积与阳极面积之比为 4:1 或 2:1。

5. 操作时溶液需要经常搅拌。

(4) 溶液成分的影响及维护

溶液成分的影响及维护见表 40-29。

表 40-29 溶液成分的影响及维护

溶液成分	溶液成分的影响及维护
草酸钛钾	它含量不足,氧化膜疏松,甚至呈粉末状。其含量必须控制在工艺规定的范围内,使膜层致密
草酸	它能促进氧化膜成长,含量低则膜层薄;含量过高,溶液对膜层溶解加快,从而导致氧化膜疏松。因此,草酸含量应控制在规定的范围内
柠檬酸和硼酸	它们对膜层的光泽和色彩(乳白)有明显影响,还能起缓冲作用,适当提高其含量,可提高膜层硬度和耐磨性。其含量过高氧化速度下降,膜层带雾状透明
铬酸	除影响电导和生成速度外,还影响外观颜色。随铬酐增加膜层向灰色方向转化,仿瓷效果提高
溶液中的杂质	最大允许量:Al^{3+} 含量 30g/L,Cl^- 含量 0.03g/L,Cu^{2+} 含量 1g/L,超过此值需稀释或更换溶液
备注	瓷质阳极氧化不能进行电解着色

40.3.10 微弧氧化

(1) 概述

微弧氧化是零件在电解质水溶液中,置于阳极,施加高电压(直流、交流或脉冲),在铝和铝合金表面的微孔中产生火花或微弧放电,在其表面上生成陶瓷化膜层的表面改性处理技术。该过程是物理放电与电化学氧化协同作用的结果。

微弧氧化技术是 20 世纪 80 年代新兴的一项高新技术。20 世纪 90 年代,我国很多单位(如高等院校、研究单位等)出去考察,引进技术,并开始研制开发。目前,我国有很多单位,已经在铝和镁合金上进行微弧氧化工艺的开发工作,并在工业生产上获得应用。

微弧氧化,首先在铝的表面生成一层薄的阳极氧化膜。这层氧化膜使得电流迅速下降,为了氧化膜的继续发展,只有增大电压,以维持氧化膜生长所需的电流。由于电压增大,氧化膜薄弱的位置被几百伏的高压电击穿,导致局部产生火花(或微弧放电),依靠弧光放电产生的瞬时高温高压的作用,生长出以基体金属氧化物为主的陶瓷膜层。因为局部薄弱位置是不断变动的,所以造成高压电击穿而产生火花的位置不断变动(发生相同的反应)。因此可预计,微弧氧化膜并不是在零件的所有表面上同时生长的,而是在不断增加电压的过程中局部击穿而生长的,这样导致微弧氧化膜全面增厚,最后达到指定电压的极限厚度。

铝和铝合金微弧氧化膜的结构、成分、形貌等与溶液组成及工艺规范有密切关系。微弧氧化膜一般由三层组成,其组成[2]如下。

① 过渡层(结合层) 紧贴铝表面的薄层,厚度约为 $3\sim5\mu m$。由 $\alpha-Al_2O_3$、$\gamma-Al_2O_3$ 等组成。

② 工作层(致密层) 微弧氧化膜层的主体,厚度约为 $150\sim250\mu m$。其成分以刚玉($\alpha-Al_2O_3$)为主,也有 $\gamma-Al_2O_3$。这层孔隙率很小,硬度极高。

③ 表面层 这层比较疏松粗糙,在含硅酸盐溶液中,其氧化膜的表面层含有硅酸铝(Al_2SiO_5)和 $\gamma-Al_2O_3$。在工程中应用时,一般要磨去这一层,而直接接触工作层使用。

(2) 微弧氧化膜的性能

微弧氧化膜具有耐蚀性高、耐磨性好、绝缘、装饰美观以及与基体结合良好等优点。微弧氧化膜的综合性能如下。

① 膜层厚 约为 $200\sim400\mu m$。微弧氧化膜层结构致密,韧性好,孔隙率低(0%~40%)。

② 耐蚀性能好 由于膜层中的氧化铝是在高温高压条件下形成的,其结构致密,孔隙率

低（且为盲性微孔），因而具有很高的耐蚀性能。承受 5%（质量分数）NaCl 的盐雾试验的耐蚀能力在 1000h 以上。

③ 硬度高、耐磨性好　其硬度高达 800～2500HV（依材料及工艺而定），明显高于硬质阳极氧化膜，并具有摩擦系数低、耐磨性好的特点。

④ 电绝缘性能好　其绝缘电阻率可达到 $5 \times 10^{10} \Omega \cdot cm$，在干燥空气中的击穿电压为 3000～5000V。

⑤ 装饰性能好[5]　外观装饰性能好。可按使用要求大面积地加工成各种不同颜色（红、蓝、黄、绿、灰、黑等）、不同花纹的膜层，并保持原有粗糙度。经抛光处理后，膜层粗糙度为 $Ra0.1～0.4\mu m$，远优于原基体的粗糙度。

⑥ 热导率小　膜层具有良好的隔热能力。

⑦ 与基体结合牢固　结合强度可达 30MPa。

微弧氧化与硬质阳极氧化工艺及所得膜层的性能对比见表 40-30。

表 40-30　微弧氧化与硬质阳极氧化工艺及所得膜层的性能对比[5]

项目	微弧氧化膜层	硬质阳极氧化膜层
处理工序	除油→微弧阳极氧化	除油→碱浸蚀→去氧化皮→硬质阳极氧化→化学封闭→蜡封或热处理
操作温度	常温	低温（−10～−1℃）
处理效率	10～30min(50μm)	1～2h(50μm)
膜的微观结构	含 α-Al$_2$O$_3$、γ-Al$_2$O$_3$、α-AlO(OH)等组织	非晶组织
硬度(HV)	2500	300～500
孔隙相对面积/%	0～40	>40
5%盐雾试验/h	>1000	>300（经 K$_2$Cr$_2$O$_7$封闭）
最大厚度/μm	200～300	50～80
柔韧性	韧性好	膜层较脆
膜层均匀性	内外表面均匀	产生"尖边"效应

此外，微弧氧化工艺简单易操作，工艺清洁对环境污染小。但微弧氧化耗电高；而且氧化电压较常规铝阳极氧化电压高得多，操作时要做好安全保护措施；溶液温度上升较快，需配备较大容量的制冷和热交换设备；具有大生产的局限性等。

（3）微弧氧化的应用

微弧氧化技术是一项新颖技术，其氧化膜的多功能，促使它在各工业领域如航空、电子、化工、石油、纺织、医疗、建筑和机械制造业等中应用。其应用示例见表 40-31。

表 40-31　微弧氧化应用的示例

应用领域	应用示例	应用性能
航天、航空、机械	气动元件、密封件、叶片、轮毂、货仓地板	耐磨性、耐蚀性
石油、化工、船舶	阀门、动态密封环	耐磨性、耐蚀性
航空、汽车	发动机中的气缸-活塞组件、涡轮叶片、喷嘴	耐高温气体腐蚀
轻工、纺织	压掌、纺杯、储纱盘、搓轮、传动元件	耐磨性
电子、仪器仪表	电器元件、探针、传感元件	电绝缘性
日常用品	电熨斗底板、水龙头、自行车圈、车架	耐磨性、耐蚀性
建筑装饰	装饰材料	装饰性

（4）工艺流程

微弧氧化的工艺流程比普通阳极氧化简单，只需去除零件表面的油污和尘土。如零件表面没有重油污，甚至可以直接进行微弧氧化，因为碱性溶液和微弧氧化工艺可以起到除油的作用。其工艺流程如下：铝和铝合金零件→化学除油→清洗→微弧氧化→清洗→后处理→成品检验。

膜层的后处理：铝和铝合金零件经微弧氧化后，可不经后处理直接使用，也可对氧化后的膜层进行封闭、电泳涂漆、机械抛光等后处理，以进一步提高膜的性能。

（5）溶液组成及工艺规范

微弧氧化的溶液组成相对比较简单，目前以碱性溶液为主。为了得到各种颜色的膜层，可向溶液中加入不同金属的盐，依靠不同金属离子沉积掺杂在氧化膜中得到相应的颜色。微弧氧化的溶液组成及工艺规范见表40-32。

表 40-32　微弧氧化的溶液组成及工艺规范

溶液成分及工艺规范	1	2	
		第一步	第二步
	含量/(g/L)		
硅酸钾(K_2SiO_3)	5～10	—	—
过氧化钠(Na_2O_2)	4～6	—	—
氟化钠(NaF)	0.5～1	—	—
醋酸钠(CH_3COONa)	2～3	—	—
偏钒酸钠($NaVO_3$)	1～3	—	—
钾水玻璃($K_2O \cdot nSiO_2$)	—	200	—
焦磷酸钠($Na_4P_2O_7$)	—	—	70
pH 值	11～13	—	—
温度/℃	20～50	20～50	20～50
阴极材料	不锈钢板	不锈钢板	不锈钢板
电解方式	先将电压迅速上升至300V，并保持 5～10s，然后将阳极氧化电压上升至450V，电解 5～10min	微弧氧化分两步电解： ① 先在第一步溶液中，以 $1A/dm^2$ 的阳极电流密度氧化 5min； ② 经第一步氧化并经水洗后，再在第二步溶液中，以 $1A/dm^2$ 的阳极电流密度氧化 15min	

（6）溶液成分及工艺规范的影响

① 材料及表面状态　微弧氧化对铝合金的成分和零件表面状态的要求不高。普通阳极氧化难以处理的铝合金材料，如含铜铝合金、高硅铸铝合金等均可进行微弧氧化处理，并能得到性能良好的膜层；零件一般不需进行表面抛光处理。粗糙度较高的零件，经微弧氧化处理后表面得到修复变得均匀平整；而粗糙度较低的零件，经微弧氧化后表面粗糙度有所提高。

② 溶液成分的影响　电解液是获得合格膜层的关键因素。电解液既要有利于维持氧化膜及随后形成的陶瓷氧化层的电绝缘特性，又要有利于抑制微弧氧化产物的溶解。大多数情况下，弱碱性电解液容易满足微弧氧化的要求。

a. 微弧氧化电解液多采用含有一定量金属离子或非金属氧化物的碱性盐溶液（如硅酸盐、磷酸盐等），其在溶液中的存在形式最好是胶体状态。溶液的pH值范围一般为9～13。在相同的微弧电解电压下，电解质浓度越大，成膜速度就越快，溶液温度上升越慢；反之，成膜速度较慢，溶液温度上升较快。

b. 由于溶液中的成分会参与微弧氧化反应，当溶液中的金属离子进入电弧区时，导致热分解并生成不溶性金属氧化物掺入微弧氧化膜中，所以调整溶液成分既可改变膜层的性能又可改变膜层的外观颜色。

③ 氧化电压及电流密度 微弧氧化电压和电流密度的控制，对获取合格膜层是非常重要的。不同的铝基材料和不同的氧化溶液，具有不同的微弧放电击穿电压（击穿电压，即工件表面刚刚产生微弧放电的电解电压），微弧氧化电压一般控制在大于击穿电压几十至上百伏。随着外加电压的不断升高，微弧氧化膜的厚度不断增加。根据对膜层性能的要求和不同的工艺条件，微弧氧化电压可在 $200 \sim 600 V$ 范围内变化。微弧氧化可采用控制电压法或控制电流法进行，分述如下。

a. 控制电压法。电压值一般分段控制，即先在一定的阳极电压下使铝基体表面形成一定厚度的绝缘氧化膜层；然后升高电压至一定值进行微弧氧化。当微弧氧化电压刚刚达到控制值时，通过的氧化电流一般都较大，可达 $10A/dm^2$ 左右，随着氧化时间的延长，陶瓷氧化膜不断形成，氧化电流逐渐减小，最后小于 $1A/dm^2$。

b. 控制电流法。此法比控制电压法工艺操作上更为方便，电流密度一般控制在 $2 \sim 8A/dm^2$。氧化过程中，电压开始上升较快，达到微弧放电时，电压上升缓慢，随着膜的形成，氧化电压又较快上升，最后维持在一较高的电解电压下。

④ 溶液温度 微弧氧化溶液的温度允许范围较宽，可在 $10 \sim 90℃$ 条件下进行。温度越高，膜的形成速度越快，但其粗糙度也随之增加。同时温度越高，溶液蒸发也越快。因此微弧氧化溶液的温度一般控制在 $20 \sim 50℃$ 范围内。

⑤ 溶液冷却 由于微弧氧化的大部分能量以热能的形式释放，其氧化溶液的温度上升较常规铝阳极氧化快。因此，微弧氧化过程中，必须加强对溶液进行冷却，以控制溶液温度。

⑥ 溶液搅拌 虽然微弧氧化过程中，零件表面有大量气体析出，对溶液有一定的搅拌作用，但为保证氧化温度和溶液组分的均匀，一般都配备机械搅拌或压缩空气搅拌。

⑦ 氧化时间 微弧氧化时间越长，膜的致密性越好，但其粗糙度也增加。微弧氧化时间一般控制在 $10 \sim 60 min$。

⑧ 阴极材料 阴极材料采用不溶性金属。由于微弧氧化电解液多为碱性溶液，故阴极材料可采用碳钢、不锈钢或镍。其方式可采用悬挂，或以上述材料制作的电解槽体作为阴极。

⑨ 电源类型 微弧氧化电源的特点是输出高电压与大电流。输出电压范围一般为 $0 \sim 600V$，输出电流视加工零件的表面积而定，一般电流密度要求为 $6 \sim 10A/dm^2$。电源输出波形有直流、交流和脉冲三大类。直流波形（零件为阳极）所得氧化膜的硬度低一些；交流和脉冲波形所得氧化膜的硬度较高。这里所指的交流并非城市供应的 $50Hz$ 正弦波，而通常是正向与负向成一定比例的"交电流"。

40.4 阳极氧化膜的着色

40.4.1 概述

铝阳极氧化膜具有多孔性和化学活性，容易染色。需要进行染色的氧化膜层应均匀，不应有明显的伤痕、砂痕点等缺陷。铝的材质、氧化膜层厚度以及氧化处理方法的不同，都会影响染色的色泽及效果。

(1) 阳极氧化膜的厚度

膜层厚度不同所染出的色调就不一样，如深暗色就要求较厚的氧化膜；浅色就要求较薄的氧化膜。一般情况下，染浅色氧化膜厚度为 $5 \sim 6 \mu m$，染深色为 $8 \sim 10 \mu m$，染黑色为 $10 \mu m$

以上。

(2) 铝的材质

纯铝、铝-镁和铝-锰合金的阳极氧化膜易于染成各种不同的颜色；铝-铜和铝-硅合金的氧化膜发暗，只能染成深色。

(3) 阳极氧化处理方法

由于氧化处理方法不同，所得膜层的孔隙度和吸附性能不一样，直接影响染色的色泽及效果。

① 铬酸阳极氧化膜由于孔隙度极小，膜层对染料的吸附性能很差，膜本身也具有颜色，故铬酸阳极氧化膜一般不适于染色。

② 硫酸和磷酸阳极氧化，能使大多数铝和铝合金上形成无色透明膜层，这种膜层最适合进行染色。

③ 草酸阳极氧化得到的膜层是黄色氧化膜，只能染深暗色调。

④ 瓷质阳极氧化膜能染上各种色彩，得到多色泽的新鲜铝制件。

铝和铝合金阳极氧化膜的染色方法：根据其显色色素体存在的位置不同，可分为化学浸渍着色、电解整体着色、电解着色、涂装着色四类。各种着色方法的特点和应用，如表 40-33 所示。

表 40-33　氧化膜着色方法的特点和应用

着色方法	特点和应用	色素体存在的位置
化学浸渍着色	包括有机染料染色和无机染料染色两种方法。该方法具有工序少、工艺简单、容易操作、成本低、色种多且色泽艳丽、装饰性好的特点 无机染料染色的鲜艳度远不如有机染料染色。浸渍着色由于色素体存在于多孔膜层的表层，所以耐光、耐晒、耐磨性差。不宜作室外和经常受摩擦零件的表面装饰，一般用于室内装饰和小五金着色等。无机盐着色和带"铝"字头的有机染料着色，具有较好的耐光、耐晒性能，可用于室外装饰	染色的色素体存在于多孔膜层的表层
电解整体着色（自然着色）	电解整体着色(也称一步电解着色或自然着色)，它是在阳极氧化的同时，使铝合金表面生成有色氧化膜的方法。色素体存在于整个膜壁上是合金或电解质残留物 具有耐光、耐晒、耐磨等特点，曾广泛用于建筑铝材的装饰。但该法着色种少、色调深暗，操作工艺严格而复杂，膜层颜色受材料成分及加工方法等因素的影响很大，而且成本高，故在应用上受到一定限制，现已逐渐被电解着色取代	色素体存在于整个膜壁中
电解着色	电解着色(也称二步电解着色)是指在经阳极氧化之后，再在含有金属盐的溶液中进行电解处理，在电场作用下，使进入膜层孔隙中的金属离子在氧化膜的孔隙底部还原析出而显色。色素体存在于孔隙底部阻挡层上 该法的特点是改变金属盐种类或电源波形，可方便获得各种色调，着色膜具有良好的耐磨性、耐晒性、耐热性、耐蚀性和色泽稳定持久等优点，而且处理能耗低、成本低。广泛用于建筑铝型材的装饰和其他功能用途	色素体存在于孔隙底部
涂装着色	涂装着色是指铝和铝合金零件经阳极氧化处理后，根据用途的需要，在氧化膜上涂覆各种颜色的有机涂料以及粉末涂料。其色彩存在于多孔膜层的表层 氧化膜上颜色的色调、耐晒性、耐磨性、耐热性、耐蚀性和色泽的稳定持久性等，取决于有机涂料的性能及施工方法	色彩存在于多孔膜层的表层

40.4.2　化学浸渍着色

(1) 有机染料染色

由于铝阳极氧化膜具有多孔性，因此它具有巨大的表面积和极高的化学活性，所以阳极氧化膜具有强烈的吸附能力，有机染料分子通过氧化膜的物理和化学吸附积存于膜层的表面而显色。由于阳极氧化膜的吸附能力，随着氧化膜在空气或水中时间的增长而逐渐降低（这是由于多孔状的膜层有自然封闭的趋向而造成的），因此染色处理必须在阳极氧化处理后立即进行。

目前市场上有很多有机染料供应，但有时所需的色彩不一定都能得到保证。因此，为了增加各种色彩，可以自行配制。颜色配制如下[2]：

配制示例：橙色＝5 份红色＋3 份黄色

　　　　　绿色＝8 份蓝色＋3 份黄色

　　　　　紫色＝8 份蓝色＋5 份红色

由于各种有机染料性质差异很大，所以进行拼色时，染料必须是同一类型的，性能基本相似，染色温度、亲和力、扩散力、色泽耐晒度、坚牢度等均要相似，否则染色后色光会存在问题。

① 有机染料染色的溶液组成及工艺规范　适用于铝阳极氧化膜着色的有机染料很多，它可以染成各种颜色，有机染料染色的溶液组成及工艺规范见表 40-34。

表 40-34　有机染料染色的溶液组成及工艺规范

颜色	染料名称	化学代号	含量 /(g/L)	温度 /℃	时间 /min	pH 值
红色	直接耐晒桃红	G	2~5	15~25	15~20	5~7
	酸性大红	GR	5~10	50~60	10~15	5~7
	茜素红	S	4~6	15~40	15~30	5~8
	酸性红	B	4~6	15~40	15~30	5~7
	铝红	GLW	3~5	室温	5~10	5~6
	铝枣红	RL	3~5	室温	5~10	5~6
	碱性玫瑰精酸性橙	—	0.75~3	40~50	3~5	—
	食用苋菜红		4~6	室温	10~15	6~7
	分散红	B	5	40	10~15	—
	活性橙红	R	2~5	50~60	10~15	
蓝色	直接耐晒蓝	—	3~5	15~30	15~20	4.5~5.5
	直接耐晒翠蓝	GL	3~5	60~70	1~3	4.5~5
	JB 湖蓝	—	3~5	室温	1~3	5~5.5
	酸性蒽醌蓝		5	50~60	5~15	5~5.5
	活性橙蓝	—	5	室温	1~15	4.5~5.5
	活性艳蓝	X-BR	5	室温	5~10	—
	酸性蓝		2~5	60~70	2~15	4.5~5.5
	分散蓝	FFR	5	40	5~10	—
	铝翠蓝	PLW	3~5	室温	5~10	5~6

颜色	染料名称	化学代号	含量 /(g/L)	温度 /℃	时间 /min	pH 值
绿色	直接耐晒艳绿	BLL	3～5	15～35	15～20	—
	直接耐晒翠绿	—	3～5	室温	5～10	4.5～5
	弱酸性绿	GS	5	70～80	15～20	5～5.5
	直接绿	B	2～5	15～25	15～20	—
	酸性墨绿	—	2～5	70～80	5～15	—
	铝绿	MAL	0.5	室温	5～10	5～6
黄色	活性艳橙	—	0.5～2	50～60	5～15	—
	酸性媒介棕	RH	0.7～1	60	3	—
	直接黄棕	D3G	1～5	15～25	15～20	—
	直接黄	G	1～2	15～25	15～20	—
	醇溶黄	GR	0.5～1	40	5～9	—
	酸性嫩黄	G	4～6	15～30	15～30	—
	活性嫩黄	K-4G	2～5	60～70	2～15	—
金黄色	中性橙	RL	3～5	室温	5	—
	铝坚固金	RL	3～5	室温	5～8	5～6
	铝黄	GLW	2～5	室温	2～5	5～5.5
	溶恩素金黄	IGK	5～10	室温	5～10	5～6
	茜素黄	S	0.3	50～60	1～3	5～6
	茜素红	G	0.5			
	溶恩素金黄	IGK	0.035	室温	1～3	4.5～5.5
	溶恩素橘黄	IRK	0.1	室温	1～3	4.5～5.0
橙色	分散橙	GR	5	40	5～10	—
	酸性橙	I	1～2	50～60	5～15	—
	可溶性还原橙	HF	1	40	5～10	—
	活性艳橙	KN-4R	0.5	70～80	5～15	—
	活性艳橙	K-2R	1～10	15～80	3～5	—
黑色	酸性黑	ATT	10～15	30～60	10～15	4.5～5.5
	酸性粒子元	NBL	12～16	60～75	10～15	5～5.5
	酸性蓝黑	10B	10～12	60～70	10～15	5～5.5
	苯胺黑	—	5～10	60～70	15～30	5～6
	酸性元青		10～12	60～70	10～15	5～6
棕色	直接耐晒棕	RTL	15～20	80～90	10～15	6.5～7.5
红棕色	铝红棕	RW	3～5	室温	5～10	5～6
紫色	铝紫	CLW	3～5	室温	5～10	5～6

注：冠以"铝"字头的是铝染色最耐晒的染料。

② 工艺维护

a. 为保证阳极氧化膜的染色均匀一致，阳极氧化处理的工艺规范以及染色的工艺规范必须保持一致。

b. 配制染色溶液应用纯水，而不用自来水。因自来水中的钙、镁等离子会与染料分子配合形成配合物，严重的会使染色溶液报废。

c. 染料染色的色调深浅与溶液中的染料含量有关，据有关资料报道，染色颜色的色调深浅与染料含量的关系如下：

很浅色调	染料含量 $0.1\sim0.3g/L$
浅色调	染料含量 $1g/L$
暗色调	染料含量 $5g/L$
黑色调	染料含量 $10g/L$

d. 在使用混合染料染色时，应注意氧化膜层在染色溶液中可能发生选择性吸附，从而使颜色不调和或改变色泽。拼色染料应将两种染料分别完全溶解后，再放入染色溶液中。

e. 酸性染料应用冰醋酸调节 pH 值。冰醋酸的加入量依据染料含量而变，染色溶液 pH 值控制在 $4.5\sim6$ 时，冰醋酸加入量一般为 $0.5\sim1mg/L$。

f. 染色温度影响着色速度和色牢度，随温度升高着色加快，色牢度提高。染色温度一般为 $40\sim70℃$，温度过高由于水化反应，氧化膜处于半封闭，会影响着色速度。

g. 染色时间视色调要求和染料性质而定，浅色短些，深色长些，黑色时间更长，通常为 $5\sim30min$。

h. 染色时，应避免零件与零件之间贴合或碰撞。零件染色后，清洗干净，立即封闭和干燥，不宜在水中停留，以免表面流色、发花。

i. 一般为保持铝件表面粗糙度和光洁度，染浅一点的颜色为好，因染的色泽越深，对铝表面的粗糙度和光洁度影响越大。

j. 若阳极氧化后存放的时间较长，染色前，需用 10%（质量分数）的醋酸溶液在室温下浸渍处理 10min，或在稀硝酸溶液中浸渍数秒钟，以提高氧化膜的着色性。

k. 染色槽要防止带入氯离子和金属盐。

③ 染色缺陷的褪色处理　用有机染料染色时，如发生颜色不均匀，有斑点、亮点，或表面染色膜易擦掉等缺陷，可用褪色溶液除去，氧化膜经清洗后重新进行染色。褪色溶液的组成及工艺规范见表 40-35。

表 40-35　褪色溶液的组成及工艺规范

溶液成分及工艺规范	1	2	3
	含量(体积分数)/%		
硝酸(HNO_3)	5	—	—
草酸($C_2H_2O_4$)	—	10	—
铬酐(CrO_3)	—	—	$150g/L$
水	95	90	—
温度	室温	室温	室温

(2) 无机染料染色

通常采用无机染料着色的氧化膜，色调不如有机染料着色鲜艳，结合力差，但耐晒性好，而且无机染料着色，当温度超运金属的熔点时，其颜色也不会发生变化。无机染料着色可用于室外铝合金建筑材料氧化膜的着色。

　　无机染料一般是金属氧化物或金属盐。无机染料溶液本身不具有所需颜色，只有金属氧化物或金属盐进入氧化膜层孔中发生化学反应得到有色物质，才呈现出颜色。

　　无机染料染色有一种溶液法和二种溶液法两种工艺。一种溶液法是指将铝件经阳极氧化并经清洗后，浸入一种金属盐溶液中，金属盐在膜孔内水化生成沉淀而使膜层显色。二种溶液法是将经阳极氧化并经清洗后的零件，先在第一种金属盐溶液中浸渍，经清洗后，再浸入第二种金属盐溶液中，两次浸渍吸附的盐发生反应，生成一种不溶性的化合物，而使零件表面显色。

　　① 二种溶液染色法的工艺规范　见表 40-36。

表 40-36　二种溶液染色法的工艺规范

颜色	无 机 盐 名 称		含量/(g/L)	温度/℃	时间/min	呈色化合物
红色	第一种溶液	醋酸钴[$(CH_3COO)_2Co \cdot 4H_2O$]	50~100	室温	10~15	铁氰化钴 {$Co_3[Fe(CN)_6]_2$}
	第二种溶液	铁氰化钾[$K_3Fe(CN)_6$]	10~50	室温	10~15	
红橙色	第一种溶液	硫酸铜($CuSO_4 \cdot 5H_2O$)	10~100	80~90	10~20	亚铁氰化铜 [$Cu_2Fe(CN)_6$]
	第二种溶液	亚铁氰化钾[$K_4Fe(CN)_6 \cdot 3H_2O$]	10~50	80~90	10~20	
褐色	第一种溶液	硫酸铜($CuSO_4 \cdot 5H_2O$)	10~100	80~90	10~20	铁氰化铜 {$Cu_3[Fe(CN)_6]_2$}
	第二种溶液	铁氰化钾[$K_3Fe(CN)_6$]	10~50	80~90	10~20	
深褐色	第一种溶液	醋酸铅[$(CH_3COO)_2Pb \cdot 3H_2O$]	10~50	90	5	硫化铅 (PbS)
	第二种溶液	硫化铵[$(NH_4)_2S$]	10~50	75	10	
古铜色	第一种溶液	醋酸铅[$(CH_3COO)_2Pb \cdot 3H_2O$]	10~30	50	2	氧化钴 (CoO)
	第二种溶液	高锰酸钾($KMnO_4$)	5~30	50	2	
黄金色	第一种溶液	硫代硫酸钠($Na_2S_2O_3 \cdot 5H_2O$)	5~10	5~10	10~15	二氧化锰 (MnO_2)
	第二种溶液	高锰酸钾($KMnO_4$)	10~50	90~100	5~10	
橙色	第一种溶液	醋酸铅[$(CH_3COO)_2Pb \cdot 3H_2O$]	100~200	85~90	5~10	重铬酸铅 ($PbCr_2O_7$)
	第二种溶液	重铬酸钾($K_2Cr_2O_7$)	50~100	80~90	10~15	
	第一种溶液	硝酸银($AgNO_3$)	50~100	75~80	5~10	重铬酸银 ($Ag_2Cr_2O_7$)
	第二种溶液	重铬酸钾($K_2Cr_2O_7$)	5~10	75~80	10~15	
黄色	第一种溶液	醋酸铅[$(CH_3COO)_2Pb \cdot 3H_2O$]	100~200	90	5	重铬酸铅 ($PbCr_2O_7$)
	第二种溶液	重铬酸钾($K_2Cr_2O_7$)	50~100	75	10	
	第一种溶液	醋酸镉[$(CH_3COO)_2Cd$]	50~100	70~80	5~10	硫化镉 (CdS)
	第二种溶液	硫化铵[$(NH_4)_2S$]	50~100	70~75	10~20	
蓝色	第一种溶液	亚铁氰化钾[$K_4Fe(CN)_6 \cdot 3H_2O$]	10~50	90~100	5~10	亚铁氰化铁 {$Fe_4[Fe(CN)_6]_3$}
	第二种溶液	硫酸铁[$Fe_2(SO_4)_3$]	10~50	90~100	10~20	
	第一种溶液	亚铁氰化钾[$K_4Fe(CN)_6 \cdot 3H_2O$]	10~50	90~100	5~10	亚铁氰化铁 {$Fe_4[Fe(CN)_6]_3$}
	第二种溶液	三氯化铁($FeCl_3 \cdot 6H_2O$)	10~50	90~100	10~20	
黑色	第一种溶液	醋酸钴[$(CH_3COO)_2Co \cdot 4H_2O$]	50~100	90~100	10~15	氧化钴 (CoO)
	第二种溶液	高锰酸钾($KMnO_4$)	15~25	90~100	20~30	
	第一种溶液	醋酸钴[$(CH_3COO)_2Co \cdot 4H_2O$]	50~100	90~100	10~15	硫化钴 (CoS)
	第二种溶液	硫化钠($Na_2S \cdot 6H_2O$)	50~100	90~100	20~30	

续表

颜色		无机盐名称	含量 /(g/L)	温度 /℃	时间 /min	呈色化合物
白色	第一种溶液	醋酸钴[(CH$_3$COO)$_2$Co·4H$_2$O]	10～50	60～70	10～15	硫酸铅 (PbSO$_4$)
	第二种溶液	硫酸钠(Na$_2$SO$_4$)	10～50	60～70	30～35	
	第一种溶液	硝酸钡[Ba(NO$_3$)$_2$]	10～50	60～70	10～15	硫酸钡 (BaSO$_4$)
	第二种溶液	硫酸钠(Na$_2$SO$_4$)	10～50	60～70	30～35	

② 一种溶液染色法的工艺规范　见表 40-37。

表 40-37　一种溶液染色法的工艺规范

颜色	无机盐名称	含量 /(g/L)	pH 值	温度 /℃	时间 /min	呈色化合物
金色	草酸高铁铵 [(NH$_4$)$_3$·Fe·(C$_2$O$_4$)$_3$·3H$_2$O]	15	5～6	55	10～15	三氧化二铁 (Fe$_2$O$_3$)
青铜色	草酸(C$_2$H$_2$O$_4$) 铁铵矾[NH$_4$Fe(SO$_4$)$_2$·12H$_2$O] 25%氨水(NH$_3$·3H$_2$O)	22 28 30mL/L	—	45～55	2～5	—

③ 工艺维护

a. 无机染料染色溶液必须用纯水配制。零件在染色时，应避免零件之间相互贴合或相碰撞。

b. 采用两种溶液法染色时，零件在第一种金属盐溶液中浸渍后，清洗干净后再放入第二种金属盐溶液中浸渍，浸渍后如颜色太浅，可以重复处理。要特别注意避免互相带入染色溶液而污染，破坏其槽液的稳定性。

c. 无机染料染色溶液温度高，可提高染色性能；温度低，染料吸附慢，延长染色时间；温度过高，会发生部分封孔作用，反而降低染色性能。

d. 染色前，必须充分清洗，并应严格控制染色时间。

e. 染色后，必须充分清洗。染色清洗后，可采用纯水封孔。封孔温度为 90℃以上，时间为 15～20min。

f. 为提高氧化膜耐蚀能力，零件染色后，经水洗、60～80℃烘干后，可以涂覆有机涂料（油漆）或浸蜡。

40.4.3　电解整体着色

电解整体着色也称为一步法着色或自然着色。一般采用溶解度高，电离度大，能够生成多孔阳极氧化膜的有机酸作为阳极氧化电解液，在阳极氧化的同时，使铝合金表面生成有色氧化膜。

氧化膜的颜色取决于膜层厚度、铝和铝合金成分、所用的有机酸电解液和工艺规范等。电解液常用的有机酸有草酸、磺基水杨酸、氨基磺酸、磺基酞酸、酚磺酸和马来酸等，并添加少量硫酸调整 pH 值，以改善溶液的导电性能。

由于有机酸溶液的导电性较差，所以电解整体着色过程中的电压较高（比常规硫酸阳极氧化约高 3～4 倍）。常用的电流密度也比硫酸阳极氧化约高 1～3 倍。处理过程中会产生大量热量，必须进行强制冷却。为使着色均匀，而且有较强的再现性，电解液必须处于循环和搅拌状态，电解液温度变化应小于±2℃。

电解液中的铝离子对颜色影响较大，铝离子浓度超过一定范围会使溶液的导电性下降，使膜层颜色发生变化，所以要严格控制铝离子浓度，过剩的铝离子可用离子交换法去除。

电解整体着色的色素体存在于整个膜壁中，具有耐光、耐晒、耐磨等优点，该方法曾广泛用于建筑铝材的装饰。但由于该方法着色范围窄、色种少、色调深暗、成本高，操作工艺严格而复杂，膜层颜色受材料成分及加工方法等因素的影响很大，因此在应用上受到一定限制，现已逐渐被电解着色取代。

电解整体着色的溶液组及工艺规范见表 40-38。

表 40-38　电解整体着色的溶液组及工艺规范

膜层颜色	溶液组成		工艺规范			膜层厚度/μm
	成分	含量/(g/L)	温度/℃	电压/V	阳极电流密度/(A/dm²)	
青铜色系	磺基水杨酸($C_7H_6O_6S$) 硫酸(H_2SO_4) 铝离子	62~68 5.6~6 1.5~1.9	15~35	35~65	1.3~3.2	18~25
	磺基水杨酸($C_7H_6O_6S$) 硫酸(H_2SO_4)	15%(体积分数) 0.5%(体积分数)	20	45~75	2~3	20~30
	马来酸($C_4H_4O_4$) 草酸($C_2H_2O_4$) 硫酸(H_2SO_4)	100~300 10~30 3	15~25	40~80	1.5~3	18~40
红棕色 琥珀棕色	硫酸(H_2SO_4) 草酸($C_2H_2O_4$) 草酸铁[$Fe_2(C_2O_4)_3$]	0.5~4.5 5~饱和 5~80	20~22	20~35 最高60	5.2	25
金黄色 青铜色 中灰色	酒石酸($C_4H_6O_6$) 草酸($C_2H_2O_4$) 硫酸(H_2SO_4)	50~300 50~30 0.1~2	15~30	—	1~3	20
琥珀色	酚磺酸($C_{10}H_8O_7S_2$) 硫酸(H_2SO_4)	90 6	20~30	40~60	2.5	20~30
褐色	硫酸或草酸(H_2SO_4 或 $C_2H_2O_4$) 添加二羧酸(HOOC—R—COOH)	10%(体积分数) 适量	>10	—	2.5~5	50~130
茶褐色	磺基酞酸 硫酸(H_2SO_4)	60~70 2.5	20	40~70	1.3~4	20~30
金色	草羧酸	9%~10% (体积分数)	18~20	<75	1.5~1.9	25~35

40.4.4　电解着色

(1) 电解着色的原理

铝及铝合金经过阳极氧化处理，再在含有金属盐的溶液中进行交流电解处理，使进入氧化膜孔隙中的重金属离子，在膜孔底阻挡层上还原析出而显色的方法，称为电解着色（也称二步电解着色）。由于各种电解着色溶液中所含的重金属离子的种类不同，使在氧化膜孔底阻挡层上析出的金属种类也不同，以及粒子大小和分布均匀度等也不同，因此氧化膜对各种不同波长的光发生选择性地吸收和反射，从而显出不同的颜色。

但是，由于铝的阻挡层是没有化学活性的，要在阻挡层上沉积金属，必须活化阻挡层。因此，电解着色普遍采用正弦波交流电，利用交流电的极性变化来活化阻挡层。在交流电负半周时阻挡层遭到破损，正半周时又得到氧化修复，从而使阻挡层得到活化。所以电解着色要使用交流电。而且，由于阻挡层具有单向导电的半导体特性，能起整流作用。当其电势比铝的电势高（正）时，铝件一侧电流的负相成分就占主导，在阴极强还原作用下，通过扩散进入膜孔内的金属离子就被还原析出，直接沉积在阻挡层上。贵金属和铜及铁族金属离子被还原成金属胶态粒子；一些含氧酸根（如硒酸根、钼酸根、高锰酸根）则被还原成金属氧化物或金属化合物沉积在膜壁上。电解着色膜的色调依溶液金属盐种类、金属沉积量的不同而异，还与金属胶粒的大小、形态和粒度分布有关。

（2）电解着色的特点和应用

电解着色膜，具有良好的耐磨性、耐晒性、耐热性、耐蚀性和色泽稳定持久等优点。电解着色能耗低，成本比电解整体着色低得多，而且受铝合金成分和状态的影响较小，现广泛应用于建筑铝型材的装饰和其他功能用途。

（3）电解着色用的金属盐种类

目前常用于电解着色的金属盐有镍、锡、铜、银、锰、钴盐以及镍锡混合盐等金属盐。其特点见表 40-39。

表 40-39　电解着色用金属盐的特点

金属盐类	着色的颜色	特点
镍盐	青铜色系列	具有一定的磁性，耐热性好。稳定，但着色溶液分散能力差，形状复杂的零件着色不均匀
锡盐	浅青铜色、青铜色、青铜褐色	着色溶液分散能力好，色差小，膜层色调均匀稳定，适合各种复杂型材。但亚锡盐容易氧化和水解沉淀
镍锡混合盐	香槟色、青铜色、咖啡色、古铜色、黑褐色至纯黑色	能综合镍盐稳定和锡盐分散能力好的优点，工艺范围宽，色系更完整，着色的均匀性和重现性好，适合于复杂零件。着色膜的色素体是合金，比单盐着色膜耐磨、耐蚀、耐气候腐蚀，而且色感好，因而镍锡混合盐着色获得最广泛应用
铜盐	红色、赤紫色、土绿色、黑色	着色膜层耐光性好，着色成本低，但耐蚀性较差
银盐	金黄色、金绿色	着色溶液对杂质较敏感，铜离子多时膜层色调偏红，氯离子会使银沉淀，造成着色困难
锰盐	金黄色、芥末色	着色成本低，色素体是锰的氧化物，持久性不及银盐着色
钴盐	褐色、黑褐色、黑色、深红色	一般着深色，但着色溶液价格高，一般情况下很少应用

（4）电解着色的工艺规范

交流电解着色的溶液组成及工艺规范见表 40-40。

表 40-40　交流电解着色的溶液组成及工艺规范

盐类	颜色	溶液组成	含量/(g/L)	pH 值	电流密度/(A/dm²)	电压/V	温度/℃	时间/min	对应电极
镍盐	由浅至深青铜色	硫酸镍($NiSO_4 \cdot 7H_2O$) 硫酸铵$[(NH_4)_2SO_4]$ 硫酸镁($MgSO_4 \cdot 7H_2O$) 硼酸(H_3BO_3)	25 15 20 25	4.4	0.2～0.4	7～15	15～25	2～15	镍
	青铜色	硫酸镍铵 $[(NH_4)_2SO_4 \cdot NiSO_4 \cdot 6H_2O]$ 硼酸(H_3BO_3)	40 25	4～4.5	—	15	室温	5	—
	银灰、浅灰、烟灰、灰黑、黑灰	硫酸镍($NiSO_4 \cdot 6H_2O$) 硫酸锌($ZnSO_4 \cdot 7H_2O$) 硫酸镁($MgSO_4$) 硫酸铵$[(NH_4)_2SO_4]$ GKC-93(灰)	15 4 25 40 25	—	—	18～20	20～35	1～10	—

续表

盐类	颜色	溶液组成	含量/(g/L)	pH值	电流密度/(A/dm²)	电压/V	温度/℃	时间/min	对应电极
锡盐	青铜色	硫酸亚锡($SnSO_4$) 硫酸(H_2SO_4, $d=1.84$) 苯酚磺酸($C_6H_6O_4S$)	20 6 10	—	0.2～0.8	5～8	15～25	5～15	锡、不锈钢、石墨
	浅黄色→深古铜色	硫酸亚锡($SnSO_4$) 硫酸(H_2SO_4, $d=1.84$) ADL-DZ 稳定剂	10 10～15 适量	1～1.5	—	8～16	20	2.5	—
	青铜褐色、青铜色	硫酸亚锡($SnSO_4$) 硫酸(H_2SO_4) 硼酸(H_3BO_3) 磺酞酸	20 10 10 4～5	1～2	0.2～0.8	6～9	15～25	5～10	锡、不锈钢、石墨
		硫酸亚锡($SnSO_4$) 硫酸(H_2SO_4, $d=1.84$) 硼酸(H_3BO_3)	20 10 10	1～2		6～9	15～25	5～10	—
		硫酸亚锡($SnSO_4$) 硫酸(H_2SO_4, $d=1.84$) ADL-DZ 稳定剂	10～15 20～25 15～20	—	—	10～15	20～30	3～10	—
镍锡盐	浅青铜色到黑色	硫酸镍($NiSO_4·7H_2O$) 甲酚磺酸($C_7H_8O_4S$) 硫酸亚锡($SnSO_4$) 硼酸(H_3BO_3)	10 10 10 5～10		0.5	12	20	1～10	石墨
	青铜色	硫酸镍($NiSO_4·6H_2O$) 硫酸亚锡($SnSO_4$) 硫酸(H_2SO_4, $d=1.84$) 硼酸(H_3BO_3) ADL-DZ 稳定剂	20～30 3～6 15～20 20～25 10～15			9～12	15～25	3～8	—
	黑色	硫酸镍($NiSO_4·6H_2O$) 硫酸亚锡($SnSO_4$) 硫酸(H_2SO_4, $d=1.84$) 硼酸(H_3BO_3) ADL-DZ 稳定剂	35～40 10～12 20～25 15～30 15～20	—		14～15	15～25	9～12	—
银盐	金绿色	硝酸银($AgNO_3$) 硫酸(H_2SO_4, $d=1.84$)	0.5 5	1	0.5～0.8	10	20	3	不锈钢
	金黄色	硝酸银($AgNO_3$) 硫酸(H_2SO_4, $d=1.84$) ADL-DJ 添加剂	0.5～1.5 15～25 15～25	—	—	5～7	20～30	1～3	—
铜盐	赤紫色	硫酸铜($CuSO_4·5H_2O$) 硫酸镁($MgSO_4·7H_2O$) 硫酸(H_2SO_4, $d=1.84$)	35 20 5	1～1.3	0.2～0.8	10	20	5～20	石墨
	土绿色	硫酸铜($CuSO_4·5H_2O$) 硫酸铵[$(NH_4)_2SO_4·7H_2O$]	2 30	0.6～3.5	0.2～0.4	20	室温	2～5	—
	红色、紫色、黑色	硫酸铜($CuSO_4·5H_2O$) 硫酸(H_2SO_4, $d=1.84$) ADL-DZ 稳定剂	20～25 8 25	—	—	8～12	20～40	0.5～5	—

续表

盐类	颜色	溶液组成	含量 /(g/L)	pH 值	电流密度 /(A/dm²)	电压 /V	温度 /℃	时间 /min	对应电极
铜锡盐	红褐色→黑色	硫酸铜(CuSO₄·5H₂O) 硫酸亚锡(SnSO₄) 硫酸(H₂SO₄, d=1.84) 柠檬酸(C₆H₈O₇·5H₂O)	7.5 15 10 6	1.3	0.1~1.5	4~6	20	1~8	石墨
铜锡镍盐	红古铜色	硫酸铜(CuSO₄·5H₂O) 硫酸亚锡(SnSO₄) 乙二胺四乙酸(EDTA) 硫酸镍(NiSO₄·7H₂O) 硼酸(H₃BO₃)	1~3 5~10 5~20 30~80 5~50	1~1.5	0.1~0.4	10~25	室温	1~5	不锈钢
锰盐	芥末色	高锰酸钾(KMnO₄) 硫酸(H₂SO₄, d=1.84)	20 20	1.6	0.5~0.8	10~15	20	5	石墨
锰盐	金黄色	高锰酸钾(KMnO₄) 硫酸(H₂SO₄, d=1.84)	10~30 5	1	0.5~0.8	11~13	15~30	2~5	不锈钢、石墨
锰盐	金黄色	高锰酸钾(KMnO₄) 硫酸(H₂SO₄, d=1.84) ADL-DJ99 添加剂	7~12 20~30 15~25	—	—	6~10	15~40	2~4	—
钴盐	黑色	硫酸钴(CoSO₄·5H₂O) 硫酸铵[(NH₄)₂SO₄] 硼酸(H₃BO₃)	25 15 25	4~4.5	0.2~0.8	17	20	13	铝
钴盐	深红色	硫酸钴(CoSO₄) 硫酸(H₂SO₄, d=1.84)	30 10	2	—	15	20	5	石墨
钴镍盐	青铜色→黑色	硫酸钴(CoSO₄) 硫酸镍(NiSO₄·7H₂O) 硼酸(H₃BO₃) 磺基水杨酸(C₇H₆O₆S)	50 50 40 10	4.2	0.5~1	8~15	20	1~1.5	石墨
金盐	粉红→淡紫色	盐酸金 甘氨酸(C₂H₅NO₂)	1.5 15	4.5	0.5	10~12	20	1~1.5	—

注：1. 镍盐类配方中的 GKC-93（灰）添加剂为湖南大学研制，开封安迪电镀化工公司生产。

2. 锡盐类配方中的 ADL-DZ 稳定剂是开封安迪电镀化工公司的产品。

3. 镍锡盐类配方中的 ADL-DZ 稳定剂是开封安迪电镀化工公司的产品。

4. 银盐类配方中的 ADL-DJ 添加剂是开封安迪电镀化工公司的产品。

5. 铜盐类配方中的 ADL-DJ 稳定剂是开封安迪电镀化工公司的产品。

6. 锰盐类配方中的 ADL-DJ99 添加剂是开封安迪电镀化工公司的产品。

(5) 电解着色的技术要点

① 采用的着色电解液必须有较好的导电性和渗透性，易于着色且色差小，耐光性好，着色膜层不发生剥落现象。如着色后需电泳涂装时，已在膜孔内析出的金属微粒在电泳涂漆时应不会泳出。而且电解液的成本低、稳定性好，有较高的生产率。

② 着色前零件应用纯水彻底清洗，以防止前工序的阳极氧化溶液（如硫酸溶液）或其他有害离子进入电解着色槽，避免溶液污染、变质，从而延长着色液使用寿命。

③ 要着色的阳极氧化膜厚度应不小于 6μm，着黑色时要大于 10μm，一般铝型材膜层厚度宜达 10~15μm，以确保在户外有良好的耐候性和防护性。

④ 着色要在阳极氧化后立即进行，不宜在水中浸泡或在空气中停留较长的时间，以免着色困难。氧化后在空气中的停留时间不得超过 30min。如果暂时不能着色，可以停放在 5~10g/L 的硼酸溶液中，以抑制氧化膜的水化反应。

⑤ 零件放入着色溶液中，最好先不通电停放 1～2min，让金属离子向膜孔内扩散。着色开始缓慢升高电压，在 1min 内从零升高到规定值。电压升高的方式可以是连续的，也可以是分阶段的，但切不可急剧升压。

⑥ 为保持色调的重现性，最初的起步操作很重要，应用同一方式进行，最好采用自动升压装置。为了获得不同色调的氧化膜，可以通过恒定电压和着色温度，改变着色时间来获得各种色调；也可以通过固定着色温度和时间，改变电压来实现。

⑦ 形状或合金成分差别大的零件不宜在同一槽内着色。同一根极杆上应处理相同成分的铝材。

⑧ 电解着色与阳极氧化采用同一挂具，采用硬铝作挂具，不导电部分应绝缘，不宜采用钛材挂具。挂具必须有足够的导电面积（接触面积），并装挂接触牢固，防止松动移位。

⑨ 电解着色的对应电极，采用比铝电极电位正的材料，一般采用惰性材料，如石墨或不锈钢；也可用能溶的金属材料，如镍盐着色溶液中用镍，锡盐着色溶液中用锡。对应电极形状为棒状、条状、管状或网格状，在槽内均匀排布。其面积不宜小于着色面积。

（6）溶液成分的作用及影响

交流电解着色溶液成分的作用及影响见表 40-41。

表 40-41　交流电解着色溶液成分的作用及影响

溶液成分	溶液成分的作用及影响
主盐	重金属主盐浓度应控制在工艺规定的范围内，随浓度升高，着色速度加快，色调加深，着深色可采用较高的浓度。但浓度过高，则容易产生浮色甚至脱落；浓度过低，不易在膜孔中着上颜色。由于着色时金属沉积量很少，一般情况下金属盐的消耗不大，只需定期分析补充
硫酸	添加硫酸的作用是提高溶液的导电性和保持着色的稳定性，并可防止硫酸亚锡的水解。硫酸含量低时，着色溶液稳定性差，零件表面容易附着氢氧化物(灰色膜)；过高时，氢离子竞争还原，着色速度下降，甚至着不上色。一般硫酸含量控制在 15～20g/L，着纯黑色宜升高至 25g/L
硼酸	它可以在膜孔内起缓冲作用，还能促进共析，如在镍盐着色溶液中不加硼酸，则镍不能析出。硼酸有利于提高着色的均匀性，含量不足易产生色差与色散现象。其含量一般为 20～25g/L 左右
促进剂和稳定剂	促进剂在着色溶液中起催化作用，有利于提高着色速度和加强着色深度。稳定剂能保持锡盐或镍锡盐着色溶液的稳定，能有效地防止亚锡的氧化和水解，保持着色稳定。促进剂和稳定剂大多数为专利商品

（7）工艺规范的影响

工艺规范的影响见表 40-42。

表 40-42　工艺规范的影响

项目	工艺规范的影响
电压	电压对着色速度有很大影响。电压低，着色较浅。升高电压，电流增大，着色速度加快，色调加深。但电压过高，超过阳极氧化电压时，阻挡层被击穿而着色膜脱落。一般在同样条件(温度和时间)下，改变交流电压就可以在氧化膜孔内分别着上多种不同的颜色。为获得色调的重视性，必须恒定电压
温度	生产中着色溶液温度一般控制在 20～30℃较为适宜。温度低，着色速度慢；升高温度，金属离子扩散速度加快，色调加深。温度过高会加速亚锡氧化和水解。因此，着色溶液温度应控制在工艺规范规定的范围内
时间	在工艺规范相同的条件下，随着电解着色时间的逐步延长，可以在氧化膜的微孔内分别着上由浅到深的不同颜色
搅拌	着色溶液的搅拌，有利于色调的均匀性和重现性。一般采用机械搅拌，尤其是含有亚锡盐的着色溶液，不宜用压缩空气搅拌。着色溶液最好进行连续循环过滤

40.5　阳极氧化膜的封闭处理

铝和铝合金阳极氧化膜具有很高的孔隙率和吸附能力，容易受污染，腐蚀性介质易进入孔内而引起腐蚀；染色后如不经处理，色泽的耐磨性和耐晒性较差。因此，在工业生产中，铝和铝合金件经阳极氧化处理后，无论着色与否，都要进行封闭处理，以提高膜层的耐蚀性、抗污染能力和色彩的牢固性和耐晒性。

封闭（封孔）方法很多，按其作用机理可分为三种[20]。

① 水合封孔　水合封孔是利用水化反应使产物体积膨胀而堵塞孔隙，如沸水封孔和蒸汽封孔。

② 无机盐水解封孔　利用盐的水解作用吸附阻化封孔，如无机盐水解封闭（包括高温封孔和常温封孔）。

③ 有机涂料封孔　利用有机物屏蔽封孔，如浸油、浸漆、电泳涂漆、粉末喷涂等。

其中①、②封孔方法应用广泛。为节省能源，利用吸附阻化的常温封孔法已占主导地位。

40.5.1　高温水合封孔(闭)

高温水合封孔包括沸水封孔（闭）和蒸汽封孔（闭）。

(1) 高温水合封孔的机理

封孔方法就是利用无水氧化铝的水化作用，使氧化铝体积膨胀，从而达到封孔的目的。其实质是将具有很高化学活性的非晶质氧化膜变成化学钝态的结晶氧化膜的过程。

水化反应在高温和低温下都能进行，水化反应结合水分子的数目为 1～3 个，依反应温度而定。

① 水温低于 80℃时，水化发生以下反应：

$$Al_2O_3 + 3H_2O \longrightarrow Al_2O_3 \cdot 3H_2O$$

当生成 $Al_2O_3 \cdot 3H_2O$ 时，其体积增大几乎 100%，而这种水化氧化膜稳定性差，具有可逆性，水温越低，可逆性越大。

② 水温高于 80℃，接近沸腾时，水化发生以下反应：

$$Al_2O_3 + H_2O \longrightarrow Al_2O_3 \cdot H_2O$$

当生成 $Al_2O_3 \cdot H_2O$ 时，其体积增大约 33%，从而封闭氧化膜的孔隙。而且这种水合氧化铝是稳定不可逆的，在腐蚀介质中比三水合氧化铝（$Al_2O_3 \cdot 3H_2O$）稳定。所以高温水合封孔水温要达到 95℃ 以上才好，故又称为沸水封孔（闭）。

(2) 沸水封闭

沸水封闭必须用纯水，封孔效率高，质量好。不能用自来水封闭，因为自来水中有 Ca^{2+}、Mg^{2+}，它们进入氧化膜微孔内，会降低氧化膜的透明度和色泽；而自来水中的 Cl^-、SO_4^{2-} 会降低膜的耐蚀性。所以，封闭用水的质量必须严格控制。沸水封闭工艺规范如下：

纯水封闭温度　　　　＞95℃
pH 值　　　　　　　6～6.9
封闭时间　　　　　　15～30min

纯水水质[2]要求：电导率低于 2×10^{-4} S/cm 时，有害杂质的允许质量浓度为：SO_4^{2-} 为 100mg/L，Cl^- 为 50mg/L，NO_3^- 为 50mg/L，PO_4^{3-} 为 15mg/L，F^- 为 5mg/L，SiO_3^{2-} 为 5mg/L。

(3) 蒸汽封闭

蒸汽封闭的原理与热水封闭的原理相同，而封闭效果比热水封闭好，一般应用于装饰性氧化膜的封闭。如氧化后需染色的零件，用水蒸气封闭，还可以防止某些染色膜的流色现象。蒸汽封闭不受水的纯度和 pH 值的影响，而且有利于提高膜层的致密程度。但所需设备体积大，投资大，成本高，一般情况下较少使用。

蒸汽封闭工艺规范如下：

蒸汽压力	$0.1\sim0.3MPa$
温度	$100\sim110℃$
时间	$15\sim30min$

蒸汽温度不宜过高，否则易使氧化膜硬度及耐磨性下降。

40.5.2 水解盐封闭

水解盐封闭法在国内应用较为广泛，主要应用于阳极氧化膜染后对膜进行封闭处理。水解盐封闭溶液中含有镍盐和钴盐等，这些盐被氧化膜吸附后，水解生成氢氧化物沉淀填充在膜孔内。由于较少量的氢氧化物几乎是无色透明的，因此不影响氧化膜的色泽和光亮度，而且它还会和有机染料形成络合物，从而增加染料的稳定性和耐晒度。水解盐封闭的溶液组成及工艺规范见表40-43。

表 40-43 水解盐封闭的溶液组成及工艺规范

溶液成分及工艺规范	1	2	3	4	5	6	7
	含量/(g/L)						
硫酸镍($NiSO_4 \cdot 6H_2O$)	4.2	$3\sim5$	—	—	—	—	—
醋酸镍[$(CH_3COO)_2Ni \cdot 4H_2O$]	—	—	$5\sim5.8$	—	$4\sim5$	$5\sim5.5$	5
硫酸钴($CoSO_4 \cdot 7H_2O$)	0.7	—	—	—	—	—	—
醋酸钴[$(CH_3COO)_2Co \cdot 4H_2O$]	—	—	$0.5\sim1$	0.1	—	1	—
醋酸钠($CH_3COONa \cdot 3H_2O$)	4.8	$3\sim5$	—	5.5	—	—	—
氟化钠(NaF)	—	—	—	—	—	—	1
氟硼酸钠($NaBF_4$)	—	—	—	—	—	—	$2\sim8$
硫酸(H_2SO_4)	—	—	—	—	$0.7\sim2$	—	—
硼酸(H_3BO_3)	5.3	$1\sim3$	$8\sim8.4$	3.5	—	8.5	—
阴离子表面活性剂	—	—	0.075	—	—	0.5	—
硫脲(CH_4N_2S)	—	—	—	—	—	1	—
pH 值	$4.5\sim5.5$	$5\sim6$	$5\sim6$	$4.5\sim5.5$	$5.5\sim6$	$5\sim6$	$5.8\sim6.5$
温度/℃	$80\sim85$	$70\sim90$	$70\sim90$	$80\sim85$	$93\sim100$	$80\sim90$	$27\sim33$
时间/min	$10\sim20$	$10\sim15$	$15\sim20$	$10\sim15$	20	$20\sim30$	$8\sim12$

40.5.3 重铬酸盐封闭

重铬酸盐封闭是在强氧化性的重铬酸盐溶液中，于较高温度下进行。阳极氧化膜经重铬酸盐封闭后呈黄色，耐蚀性较高。这种封闭适用于封闭硫酸阳极氧化膜，而不宜于封闭经过着色的装饰性阳极氧化膜。

重铬酸盐封闭是填充和水化双重作用的结果。

① 重铬酸盐与氧化膜表面和孔壁上的氧化铝发生化学反应，生成碱性铬酸铝及碱性重铬酸铝，沉淀于孔隙中。其反应如下：

$$2Al_2O_3 + 3K_2Cr_2O_7 + 5H_2O \longrightarrow 2Al(OH)CrO_4 \downarrow + 2Al(OH)Cr_2O_7 \downarrow + 6KOH$$

② 热水与氧化膜（氧化铝）生成的一水合氧化铝及三水合氧化铝，与上述反应的生成物一起封闭了氧化膜微孔。

重铬酸盐封闭的溶液组成及工艺规范见表40-44。

表 40-44 重铬酸盐封闭的溶液组成及工艺规范

溶液成分及工艺规范	1	2	3	4	5
	含量/(g/L)				
重铬酸钾($K_2Cr_2O_7$)	50～70	60～100	100	—	80～100
铬酸钾(K_2CrO_4)	—	—	—	50	—
硫酸钠(Na_2SO_4)	—	—	18	—	—
碳酸钠(Na_2CO_3)	—	—	—	—	15～23
氢氧化钠(NaOH)	—	—	13	—	—
pH 值	6～7	6～7	6～7	—	—
温度/℃	80～90	90～95	90～95	80	75～95
时间/min	10～20	10～25	2～5	20	2～10

注：pH 值用碳酸钠调整。

阳极氧化膜在封闭前，必须彻底清洗干净，避免将 SO_4^{2-} 带入重铬酸盐封闭溶液中。封闭溶液中的 SO_4^{2-} 的含量不应超过 0.2％（质量分数），超过时氧化膜封闭后颜色变淡、发红，影响透明度。过量的 SO_4^{2-} 可用碳酸钡或氢氧化钡除去。

40.5.4 常温封闭

常温封闭工作温度低（20～40℃），节能效果显著，封闭效率高，质量好，已获得广泛应用。

市售的常温封闭剂的化学组成都是不公开的，主要成分一般是镍盐、钴盐和氟等（即 Ni-F 或 Ni-Co-F 系），为使其性能更全面，还加其他助剂，如配位剂、缓冲剂、极性溶剂、粉霜抑制剂及表面活性剂等。封闭的主要原理是金属盐的水解沉积和氧化膜的吸附作用，根据其组成不同，还有水化作用和生成化学转化膜等的综合结果。常温封闭的工艺规范见表 40-45。

表 40-45 常温封闭的工艺规范

溶液成分及工艺规范	1	2	3	4	5
	含量/(g/L)				
GKC-F(3)常温封闭剂	5	—	—	—	—
DP-922 常温封闭剂	—	5	—	—	—
A-93F 铝氧化常温封闭剂	—	—	7.5～8	—	—
常温封闭剂	—	—	—	5	5
pH 值	5.8～6.2	6～6.5	6～6.5	5.5～6.5	5.5～6.5
温度/℃	25～35	20～40	20～30	20～40	20～40
时间/min	8～15	10～15	依膜层厚度而定	10～15	10～15
封闭速度(30～35℃)/(μm/min)	1～1.5	1～1.5	1.77	1	1～1.2

注：1. 配方 1 的 GKC-F（3）常温封闭剂由湖南大学研制，开封安迪电镀化工有限公司生产。
2. 配方 2 的 DP-922 常温封闭剂是广州电器科学研究院金属防护研究所研制、生产的。
3. 配方 3 的 A-93F 铝氧化常温封闭剂是上海永生助剂厂的产品。封闭时间依氧化膜厚度及封闭温度确定，按下列计算：20℃时，封闭时间（min）＝1.25×氧化膜厚度（μm）；25℃时，时间（min）＝0.83×膜厚（μm）；30℃时，时间（min）＝0.58×膜厚（μm）；35℃时，时间（min）＝0.53×膜厚（μm）。
4. 配方 4 的常温封闭剂由中山大学研制，南海市科发公司生产。
5. 配方 5 的常温封闭剂是意大利西沙特的产品。

40.6 不合格氧化膜的退除

不符合质量要求的氧化膜可在表 40-46 的溶液中退除。

表 40-46 不合格氧化膜退除的溶液组成及工艺规范

溶液成分及工艺规范	阳极氧化膜					化学氧化膜
	1	2	3	4	5	
	含量/(g/L)					
氢氧化钠(NaOH)	5～10	30	—	—	—	—
磷酸三钠(Na$_3$PO$_4$·12H$_2$O)	30～40	—	—	—	—	—
碳酸钠(Na$_2$CO$_3$)	—	30	—	—	—	—
铬酐(CrO$_3$)	—	—	—	20	—	15～30
重铬酸钠(Na$_2$Cr$_2$O$_7$·2H$_2$O)	—	—	—	—	40～50	—
硫酸(H$_2$SO$_4$)/(mL/L)	—	—	—	—	—	30～60
硝酸(HNO$_3$)/(mL/L)	—	—	180	—	—	—
40%氢氟酸(HF)/(mL/L)	—	—	8	—	—	—
磷酸(H$_3$PO$_4$)/(mL/L)	—	—	—	35	40～100	—
温度/℃	50～60	40～60	室温	80～90	85～90	65～80

注：1. 配方 3 适用于含硅铝合金。

2. 退膜时间，氧化膜退净为止。

3. 退除阳极氧化膜的溶液也适用于退除化学氧化膜。

第**41**章

镁合金的氧化处理

41.1 概述

镁合金密度小，它是最轻的金属结构材料，具有高的比强度和比刚度，对撞击和振动能量吸收性能强。它是航空、航天重要的结构材料之一。但镁合金的化学活性很高，在干燥大气中生成灰色氧化膜，在潮湿的工业大气中，镁合金表面变成深灰色，防护性极差。为了提高其防护性和装饰性，必须对镁合金表面进行防护处理。

镁合金的表面防护方法有化学氧化、阳极氧化、微弧氧化、电镀和涂漆等表处理方法。

41.2 镁合金的化学氧化

镁合金采用化学氧化处理，能提高其耐蚀性，但氧化膜层薄（0.5~3μm），而且软，使用时容易损伤。镁合金经过化学氧化处理的膜层，能提高与涂料的结合力，一般除用作涂装底层外，只能作加工工序间的短期防护，很少单独作表面层使用。

41.2.1 化学氧化的工艺规范

(1) 溶液组成及工艺规范

镁合金化学氧化的溶液组成及工艺规范见表 41-1。

表 41-1 镁合金化学氧化的溶液组成及工艺规范

配方号	溶液组成		工艺规范			膜层色泽	适用范围
	成分	含量/(g/L)	pH 值	温度/℃	时间/min		
1	重铬酸钾($K_2Cr_2O_7$) 硫酸铵[$(NH_4)_2SO_4$] 铬酐(CrO_3) 60%醋酸(CH_3COOH)/(mL/L)	145~160 2~4 1~3 10~40	3~4	65~80	0.5~2	金黄色至棕色	氧化膜防护性好，不影响零件尺寸，氧化时间短。适用于容差小或具有抛光表面的成品或半成品氧化处理
2	重铬酸钾($K_2Cr_2O_7$) 硫酸铝钾[$KAl(SO_4)_2 \cdot 12H_2O$] 60%醋酸(CH_3COOH)/(mL/L)	35~50 8~12 5~8	2~4	15~30	5~10	金黄色至深棕色	膜层耐热性好，氧化后对零件尺寸影响较小。适用于锻铸件成品或半成品氧化
3	重铬酸钾($K_2Cr_2O_7$) 氯化铵或氯化钠(NH_4Cl 或 $NaCl$) 硝酸(HNO_3)（浓）/(mL/L)	40~55 0.75~1.25 90~120	—	70~80	0.5~2	草黄色至棕色	氧化膜耐蚀性不太好，氧化后零件尺寸明显减小，仅适用于铸、锻件的毛坯氧化
4	重铬酸钾($K_2Cr_2O_7$) 硫酸铵[$(NH_4)_2SO_4$] 重铬酸铵[$(NH_4)_2Cr_2O_7$] 硫酸锰($MnSO_4 \cdot 5H_2O$)	15 30 15 10	3.4~4	95~100	10~25	黑色或淡黑色或咖啡色	适用于成品氧化，对零件尺寸影响小，耐蚀性好。但温度高，稳定性差，需常用 H_2SO_4 调整 pH 值

配方号	溶液组成		工艺规范			膜层色泽	适用范围
	成分	含量/(g/L)	pH 值	温度/℃	时间/min		
5	重铬酸钾($K_2Cr_2O_7$) 硫酸铵[$(NH_4)_2SO_4$] 硫酸锰($MnSO_4 \cdot 5H_2O$) 硫酸镁($MgSO_4 \cdot 7H_2O$)	30~60 25~45 7~10 10~20	4~5	80~90	10~20	深棕色至黑色	适用于成品、半成品和组合件的氧化,对零件尺寸精度无影响,耐蚀性好。重新氧化时,可不除旧膜
6	重铬酸钾($K_2Cr_2O_7$) 硫酸铵[$(NH_4)_2SO_4$] 邻苯二甲酸氢钾($KHC_8H_4O_4$)	30~35 30~35 15~20	4~5.5	80~100	ZM5 20~40 MB2 15~25 MB8 15~25	ZM5 黑色 MB2 军绿色 MB8 金黄色	适用于精密度高的成品、半成品和组合件氧化,耐蚀性较好,无挂灰。重新氧化时,可不除旧膜。尤其适合于铸件(ZM5)发黑处理
7	重铬酸钾($K_2Cr_2O_7 \cdot 2H_2O$) 硫酸镁($MgSO_4 \cdot 7H_2O$) 硫酸锰($MnSO_4 \cdot 5H_2O$) 铬酐(CrO_3)	110~170 40~75 40~75 1~2	2~4	85~100	10~20	深黑色	耐蚀性较好,膜层外观美丽,颜色较深。适用于成品、半成品的氧化
8	重铬酸钾($K_2Cr_2O_7 \cdot 2H_2O$) 硫酸锰($MnSO_4 \cdot 5H_2O$) 铬矾[$KCr(SO_4)_2$]	100 50 20	2.2~2.6	85~95	10~20	黑色	氧化后不影响零件表面粗糙度和尺寸。适用于含锰、铝等以及其他镁合金零件的发黑处理
9	氟化钠(NaF)	35~40	—	15~35	10~15	深灰色至深棕色	氧化膜耐蚀性较好,有较高的电阻。适用于成品、半成品、铸件和组合件的氧化
10	磷酸(H_3PO_4)($d=1.75$)/(mL/L) 磷酸二氢钡[$Ba(H_2PO_4)_2$] 氟化钠(NaF)	3~6 40~70 1~2	1.3~1.9	90~98	10~30	深灰色	所获膜层亦称磷化膜,耐蚀性好,一般作为油漆底层

(2) 溶液成分及工艺规范的影响

① 重铬酸盐 它是形成膜的主要成分,含量过高过低,都会使成膜的速度减慢;而含量过低,形成的膜层薄。在重铬酸盐溶液体系中,随着氧化的进行,溶液中的六价铬不断被消耗,可根据化学分析结果补加。

② 硝酸、醋酸 主要起调节酸度的作用。其含量过高,则成膜速度过快,膜层疏松多孔,甚至产生腐蚀点;含量过低,成膜速度慢,而且膜层薄。

③ 氯化物、硫酸盐 主要起表面活化的作用,促进膜的形成,氯化物含量过高,会引起零件表面腐蚀。

④ 氟化钠 表 41-1 的配方 9 中的氟化钠是成膜主盐。其含量过高,则膜厚而疏松;含量过低,膜层薄,而且易产生腐蚀点。

⑤ pH 值 随着氧化的进行,溶液 pH 值会逐渐上升,可用配方溶液中的对应酸,如硫酸、醋酸和铬酐来调整 pH 值。

⑥ 温度 温度高反应速率快,温度过高,生成的氧化膜疏松;温度低,反应速率慢,膜层薄。

⑦ 时间 氧化时间根据氧化溶液的氧化能力、溶液温度及镁合金材料成分而定。当溶液的氧化能力强和合金中镁含量高时,氧化时间可短些,反之要长些。

若氧化膜表面出现严重挂灰,应部分或全部更新溶液。

41.2.2　局部化学氧化

（1）溶液组成及工艺规范

局部损伤的氧化膜及不宜采用全部氧化处理的镁合金零件，可以采用局部氧化处理，其溶液组成及工艺规范[3]见表 41-2。

表 41-2　镁合金局部氧化的溶液组成及工艺规范

配方号	溶液组成		工艺规范		膜层色泽	适用范围
	成分	含量/(g/L)	温度/℃	时间/min		
1	铬酐(CrO_3) 氧化镁(MgO) 硫酸(H_2SO_4)($d=1.84$)/(mL/L)	45 8~9 0.6~0.8	室温	30~35	黄色	适用于已经涂过漆或准备涂漆的成品零件的局部氧化
2	重铬酸钾($K_2Cr_2O_7 \cdot 2H_2O$) 亚硒酸(H_2SeO_3)	12 24	室温	30~35	黄色	适用于半成品零件以及以后不准备涂漆的成品零件的局部氧化

（2）工艺方法

采用擦拭氧化方法。在局部氧化处理前，先用砂纸、砂布将需氧化的表面打磨至显出金属基体，然后用乙醇擦洗干净，再蘸氧化溶液擦拭需要氧化的表面，使之生成氧化膜，最后将残留溶液仔细清洗干净。

41.2.3　氧化膜填充处理

为提高氧化膜的耐蚀性能，镁合金零件经化学氧化处理后，需进行填充封闭处理。填充处理的溶液组成及工艺规范见表 41-3。

表 41-3　填充处理的溶液组成及工艺规范

溶液成分及工艺规范	1	2
	含量/(g/L)	
重铬酸钾($K_2Cr_2O_7$)	40~50	100~150
温度/℃	90~98	90~98
时间/min	15~20	40~50
备注	配方 2 适用于表 41-1 中的配方 9 氟化钠溶液氧化后的填充封闭处理	

41.2.4　镁合金三价铬及无铬转化膜处理

镁合金的化学氧化工艺，一般常采用铬酸盐氧化处理，其工艺成熟，性能稳定，氧化膜具有很好的防护性能。但其最大的弱点是处理溶液中含有毒性高的六价铬，对人体健康有害，污染环境。由于环境保护的要求，镁合金的三价铬及无铬化学转化膜处理（即氧化处理）的研制受到关注。

（1）镁合金三价铬转化膜处理

据有关文献资料报道，采用三价铬转化涂覆镁合金，可以提高耐蚀性能和黏附结合强度。几种镁合金三价铬转化膜处理的溶液组成及工艺规范实例[25]见表 41-4。

处理方法可采用浸渍、喷涂或擦（刷）涂方法，最好是浸渍处理，以提高膜层耐蚀性。若零件大的面积不允许浸渍处理或喷涂垂直表面时，可加入增稠剂使处理液在零件表面上保持足够的接触时间。处理后，用水充分清洗零件表面的残留溶液。所得膜层不必要进行另外的化学处理。

表 41-4 镁合金三价铬转化膜处理的溶液组成及工艺规范

溶液成分及工艺规范	1	2	3	4
	含量/(g/L)			
碱式硫酸铬[Cr(OH)SO$_4$]	3	3	3	3
氟锆酸钾(K$_2$ZrF$_6$)	4	4	4	4
硫酸锌(ZnSO$_4$)	1	1	—	1
氟硼酸钾(KBF$_4$)	—	—	0.12	0.12
pH 值	3.4～4	3.4～4	3.4～4	3.4～4
温度/℃	室温～49	室温～49	室温～49	室温～49
时间/min	3～25	3～25	3～25	3～25

(2) 镁合金无铬转化膜处理

镁合金无铬转化膜处理研制开发的溶液有：磷酸盐、高锰酸盐、锡酸盐及稀土盐等处理溶液。

镁合金无铬转化膜处理的溶液组成及工艺规范[25]见表 41-5，供参考。使用前需经小槽试验，其处理效果取得认可后再使用。

表 41-5 镁合金无铬转化膜处理的溶液组成及工艺规范

溶液类型	配方号	溶液组成		工艺规范	
		成分	含量/(g/L)	温度/℃	时间/min
磷酸盐溶液	1	磷酸二氢锌[Zn(H$_2$PO$_4$)$_2$·2H$_2$O] 氢氧化镍[Ni(OH)$_2$] 氟化钠(NaF) 硫酸锰(MnSO$_4$) 硝酸钠(NaNO$_3$)	4 0.2～0.5 0.2～0.4 0.1～0.2 0.5～0.8	15～40	8～10
	2	硝酸钙[Ca(NO$_3$)$_2$·4H$_2$O] 碳酸锰(MnCO$_3$) 75%磷酸(H$_3$PO$_4$) 氯酸钠(NaClO$_3$) pH 值	15.2 2.1 19.2mL/L 0.4 1.65～1.7	70	3～5
	3	75%磷酸(H$_3$PO$_4$) 氢氧化钡[Ba(OH)$_2$·H$_2$O] 氟化钠(NaF)	26～30mL/L 26.5～32 1.5～2	90	20
高锰酸盐溶液	1	高锰酸钾(KMnO$_4$) 硝酸铈[Ce(NO$_3$)$_3$·6H$_2$O] 硫酸锆[(Zr(SO$_4$)$_2$]	5～50 0.1～15 0.1～10	20～40	0.5～10
	2	高锰酸钾(KMnO$_4$) 磷酸三钠(Na$_3$PO$_4$) 磷酸(H$_3$PO$_4$)	60 100 20mL/L	40～60	20
	3	高锰酸钾(KMnO$_4$) 磷酸二氢铵(NH$_4$H$_2$PO$_4$) 氟化钠(NaF) pH 值	20 80 0.3 3.5	30	15
	4	高锰酸钾(KMnO$_4$) 磷酸二氢钠(NaH$_2$PO$_4$·2H$_2$O) 醋酸钠(CH$_3$COONa) pH 值(用磷酸调节)	45 10 20 2.3～6	50	2

续表

溶溶类型	配方号	溶液组成 成分	溶液组成 含量/(g/L)	工艺规范 温度/℃	工艺规范 时间/min
锡酸盐溶液	1	锡酸钠($Na_2SnO_3 \cdot 3H_2O$) 焦磷酸钠($Na_4P_2O_7$) 氢氧化钠($NaOH$) 醋酸钠($CH_3COONa \cdot 3H_2O$) pH 值	55 40 8 8 11~12	60	30
锡酸盐溶液	2	锡酸钾($K_2SnO_3 \cdot 3H_2O$) 氢氧化钠($NaOH$) 醋酸钠($CH_3COONa \cdot 3H_2O$) 焦磷酸钠($Na_4P_2O_7$) pH 值	50 10 10 50 12.6	82	3~5
稀土盐溶液	1	硝酸镧[$La(NO_3)_3$] pH 值	5 5	25	20
稀土盐溶液	2	硝酸铈[$Ce(NO_3)_3$] 氯化铈($CeCl_3$) 硫酸铈[$Ce_2(SO_4)_3$] 硝酸镧[$La(NO_3)_3$] 硝酸钕[$Nd(NO_3)_3$]	3 3 3 3 3	40	20
稀土盐溶液	3	硝酸钕[$Nd(NO_3)_3$] 过氧化氢(H_2O_2)	5 20mL/L	50	20

41.3　镁合金的阳极氧化

　　镁合金经阳极氧化处理所获得的氧化膜层,厚度可达 $10~40\mu m$,膜层不透明,外观均匀,较粗糙多孔。其耐蚀性、耐磨性和硬度均比化学氧化处理所得的氧化膜高。而且经阳极氧化处理后的零件的尺寸精度几乎不变。但膜层脆性较大,外形复杂零件难以获得均匀的氧化膜。

　　镁合金阳极氧化膜比较粗糙、多孔,可以作为涂装的良好底层。

41.3.1　阳极氧化的工艺规范

　　镁合金阳极氧化溶液有酸性溶液和碱性溶液。碱性阳极氧化溶液应用的不多。阳极氧化方法有直流电阳极氧化和交流电阳极氧化两种,一般多采用交流电阳极氧化。

　　镁合金阳极氧化的溶液组成及工艺规范[20]见表 41-6。

表 41-6　镁合金阳极氧化的溶液组成及工艺规范

溶液组成及工艺规范	酸性溶液 1	酸性溶液 2	碱性溶液
	含量/(g/L)	含量/(g/L)	含量/(g/L)
氟化氢铵(NH_4HF_2)	240	300	—
重铬酸钠($Na_2Cr_2O_7$)	100	100	—
磷酸(H_3PO_4)($d=1.7$)	86	86	—
锰酸铝钾(以 MnO_4^- 计)	—	—	50~70
氢氧化钾(KOH)	—	—	140~180

溶液组成及工艺规范		酸性溶液		碱性溶液
		1	2	
		含量/(g/L)		
氟化钾(KF)		—	—	120
氢氧化铝[Al(OH)₃]		—	—	40～50
磷酸三钠(Na₃PO₄·12H₂O)		—	—	40～60
电源		交流	直流	交流
温度/℃		70～82	70～82	<40
电流密度/(A/dm²)		2～4	0.5～5	0.5～1
成膜终止电压/V	软膜	55～60	55～60	55
	软膜(作涂装底层)	60～75	60～75	65～67
	硬膜	75～95	75～110	68～90
氧化时间/min		至终止电压为止	至终止电压为止	至终止电压为止

注：锰酸铝钾可以自行制备，自制方法：将 60%（质量分数）的高锰酸钾（KMnO₄）、37%（质量分数）的氢氧化钾（KOH）和 3%（质量分数）的氢氧化铝［Al（OH）₃］（可溶性的或干凝胶）放入瓷坩埚或不锈钢容器中，捣碎搅匀，然后放入加热炉内（或带鼓风的烘箱内），在 245℃下，加热 3h 以上即可，冷却后取出。

41.3.2　工艺操作和维护

① 交流电阳极氧化，采用的电源频率为 50Hz，由自耦变压器或感应变压器供电。零件分挂在两根极棒上，两极的零件面积应大致相等。

② 无论是采用直流或交流阳极氧化，通电后都应逐渐升高电压，以保持规定的电流密度。待到达规定电压后，电流自然下降，这时即可断电取出零件。这段时间大约为 10～45min。

③ 镁合金阳极氧化的电压对氧化膜层的生成速度、厚度和外观影响很大。因此，为获得所需要的膜层，不同镁合金材料应采用不同的最终电压。几种镁合金酸性溶液阳极氧化的最终电压列于表 41-7。

表 41-7　几种镁合金酸性溶液阳极氧化的最终电压[3]

镁合金牌号	薄膜层用最终电压/V	厚膜层用最终电压/V
ZM5	60～65	75～80
MB8	65～70	90～95
MB15	70～75	95～100

④ 为提高阳极氧化膜的耐蚀性能，应进行封闭处理。通常采用 10%～20%（质量分数）的环氧酚醛树脂进行封闭，也可根据需要涂漆或涂蜡。

41.4　镁合金微弧氧化

镁合金表面微弧氧化亦称表面陶瓷化处理，其氧化原理和工艺方法与铝合金微弧氧化基本相同。由于得到的陶瓷膜层为基体原位生长，因此它完整、致密、与基体和油漆的附着性能好，具有优良的耐蚀性、耐磨性和电绝缘性。根据需要可以制备出装饰、保护和功能性等陶瓷表面。镁合金表面微弧氧化的综合技术性能见表 41-8。

表 41-8 镁合金表面微弧氧化的综合技术性能

项目	技术性能	项目	技术性能
外观	膜层致密均匀,颜色一致	耐盐雾试验	>1000h
膜层厚度	最大可达 $100\mu m$	相对耐磨性	提高 3~30 倍
硬度(HV)	300~600	电绝缘性(电阻)	>100MΩ
柔韧性	好	与基体结合强度	>30MPa

镁合金微弧氧化（直流氧化）的工艺规范如下：

铝酸钠（$NaAlO_2$）	10g/L	阳极电流密度	15A/dm²
温度	20~40℃	时间	30min

镁合金微弧氧化可以采用直流电也可以采用交流电。因为微弧放电会使处理液的温度不断升高，所以为了保证处理液的温度恒定，进行表面处理时还需要采用循环冷却系统。

镁合金工件进行微弧氧化时，夹具可以使用铝合金和钛合金制作，但微弧氧化过程中，夹具与镁合金工件必须结合紧密，防止发生松动，否则会在氧化过程中使得夹具与工件界面发生拉弧，造成工件烧蚀而损坏。

41.5 不合格氧化膜的退除

镁合金不合格氧化膜退除的溶液组成及工艺规范见表 41-9。

表 41-9 镁合金不合格氧化膜退除的溶液组成及工艺规范

溶液组成及工艺规范	1	2	3	4	
	含量/(g/L)				
氢氧化钠(NaOH)	260~310	—	—	—	
铬酐(CrO_3)	—	150~250	100	180~250	
硝酸钠($NaNO_3$)	—	—	5	—	
温度/℃	70~80	室温	室温	50~70	沸腾
时间/min	5~15	退净为止	退净为止	10~30	2~5
适用范围	适用于一般零件的化学氧化膜	适用于容差小的零件的化学氧化膜	适用于从酸性溶液中获得的阳极氧化膜	适用于从碱性溶液中获得的阳极氧化膜	

第42章
铜和铜合金的氧化处理

42.1 概述

铜和铜合金具有良好的传热、导电、压延等物理机械性能。但它在空气中不稳定，容易氧化，在腐蚀介质中，易受到强烈腐蚀。它在含有 SO_2 的大气中，生成碱性硫酸铜 $[CuSO_4 \cdot Cu(OH)_2]$ 腐蚀产物，颜色变暗；在潮湿空气中与水、CO_2 和 O_2 等作用，生成碱性碳酸铜 $[CuCO_3 \cdot Cu(OH)_2 \cdot H_2O]$，俗称铜绿。

为提高铜和铜合金的抗蚀能力，除通常采用的电镀外，普遍采用氧化（化学氧化、电化学氧化）和钝化处理方法，使其表面生成一层氧化膜和钝化膜，以提高铜和铜合金零件的防护与装饰性能。这些处理方法主要用于电器仪表、光学仪器、电子工业等产品需要黑色外观的零件，也可作一般防护。当氧化膜中有少量氧化亚铜存在时，随着氧化亚铜含量的增加，膜层颜色可为黄、橙、红、紫、棕直至黑色。这一特性可用于日常用品的表面装饰及美术工艺品的仿古处理。

42.2 铜和铜合金的化学氧化

铜和铜合金经化学氧化处理后，其表面生成一层很薄的氧化膜，厚度一般为 $0.5 \sim 2\mu m$，膜层呈半光泽或无光泽的蓝黑色、黑色。膜层主要是氧化铜（CuO）、氧化亚铜（Cu_2O）、硫化铜（CuS）等或它们的混合物。

化学氧化所得氧化膜，膜层薄，防护性能不高，性脆且不耐磨。经氧化处理后，再涂油或涂覆透明清漆，能提高氧化膜的防护能力。

铜和铜合金化学氧化依使用溶液的不同，氧化类型有：过硫酸钾氧化、氨水氧化、高锰酸钾氧化和硫化钾氧化等。

42.2.1 过硫酸钾氧化

在碱性溶液中，用过硫酸钾进行化学氧化，使其表面生成黑色氧化铜膜层，同时因工艺影响，也有少量褐色氧化亚铜生成。

(1) 溶液组成及工艺规范

过硫酸钾化学氧化的溶液组成及工艺规范见表 42-1。

表 42-1　过硫酸钾化学氧化的溶液组成及工艺规范

溶液成分及工艺规范	1	2	3
	含量/(g/L)		
过硫酸钾($K_2S_2O_8$)	$15 \sim 30$	$10 \sim 15$	20
氢氧化钠(NaOH)	$60 \sim 100$	$45 \sim 55$	100
硝酸钠($NaNO_3$)	—	—	20

续表

溶液成分及工艺规范	1	2	3
	含量/(g/L)		
温度/℃	60～65	60～65	80～90
时间/min	3～8	10～15	5～10
适用范围	仅适用于纯铜。其他铜合金氧化时,应先镀 2～5μm 纯铜层		适用于磷铜件

（2）工艺控制和维护

① 过硫酸钾 （$K_2S_2O_8$） 是强氧化剂,易分解为硫酸和极活泼的氧原子,使铜表面氧化,生成黑色氧化铜保护膜。随着时间延长,膜层不断增厚,当达到一定厚度时,氧化自行停止。若溶液中的过硫酸钾含量不足,分解产生的氧原子有限,会影响膜层的生成;若含量过高,分解产生的硫酸过多,会加速膜层的溶解,造成膜层疏松,易脱落。生产过程中过硫酸钾不断分解,应适时补充。

② 氢氧化钠 （NaOH） 的主要作用是中和过硫酸盐分解产生的硫酸,减轻其对膜层的溶解,保证膜层厚度。如氢氧化钠不足,硫酸不能完全被中和,膜层会变成微红或微绿色。因此,必须保持氢氧化钠和过硫酸盐钾的恰当比例,才能获得优质黑色氧化膜。

③ 硝酸钠　因磷铜件难于氧化,故加入硝酸钠,以加速氧化过程,其他铜和铜合金不用添加。

④ 溶液温度　为加速氧化反应的进行,要适度加热。温度过高,促使过硫酸盐分解过快,使氧化膜生成速度急剧增加,不能得到致密的氧化膜;温度过低,氧化膜生成速度慢,膜层质量下降。

⑤ 氧化时间　氧化时以目测色泽达到要求为终点,也可以在氧化至开始析氧时结束。时间过长,氧化膜会遭受溶解,膜层变薄而疏松;时间过短,达不到应有的膜层厚度。氧化时间对氧化膜质量也有较大影响,应控制在工艺规范的范围内。

⑥ 有关文献资料介绍,向过硫酸盐氧化溶液中加入 18～25g/L 的钼酸铵 〔$(NH_4)_2MoO_4$〕,有利于在铜表面形成有光泽的深黑色膜层。

⑦ 因溶液中氢氧化钠含量高,氧化后零件要彻底清洗干净,否则日后会生成白色产物。

⑧ 过硫酸盐溶液氧化所获得的氧化膜质量较好,但溶液稳定性较差,使用寿命短,在溶液配制后应立即进行氧化,不宜长期存放。

42.2.2　氨水氧化

氨水氧化是在氨溶液中进行,仅适用于黄铜化学氧化处理,能获得光亮黑色或深蓝色的氧化膜。黄铜的铜质量分数必须低于 65％ 才易着色。

（1）溶液组成及工艺规范

氨水化学氧化的溶液组成及工艺规范见表 42-2。

表 42-2　氨水化学氧化的溶液组成及工艺规范

溶液成分及工艺规范	1	2	3	4
	含量/(g/L)			
碱性碳酸铜[$CuCO_3 \cdot Cu(OH)_2 \cdot H_2O$]	40～60	80～120	200	200
28％氨水($NH_3 \cdot H_2O$)/(mL/L)	200～250	500～1000	1000	500

溶液成分及工艺规范	1	2	3	4
	含量/(g/L)			
过氧化氢(H_2O_2)/(mL/L)	—	—	—	100
温度/℃	室温	室温	15～30	15～25
时间/min	5～15	8～15	10～20	15～30

(2) 工艺控制和维护

① 碱性碳酸铜为氧化剂,要先与氨水配位化合才能发挥作用。其含量偏高时效果好,但受溶解度影响不可能太高。其含量偏低,则膜层达不到黑色。碱性碳酸铜在氧化过程中要适量补充。

② 溶液中的氨水的作用是溶解碱性碳酸铜并使之生成配位化合物。这种溶液溶解铜及锌的速度快,若浓度偏低,会降低对碱性碳酸铜的溶解度,氧化膜达不到黑色。氨水浓度会在氧化过程中逐渐降低,应及时补加。

③ 过氧化氢是氧化促进剂,使反应加快。过氧化氢过多会冲淡氨水,使碱性碳酸铜含量偏低。

④ 黄铜零件氧化前,最好在 70g/L 重铬酸钾($K_2Cr_2O_7$)和 40g/L 硫酸(H_2SO_4)的溶液中处理 15～20s,直到零件表面合金成分均匀为止,然后在 10%(质量分数)的硫酸(H_2SO_4)浸蚀溶液中浸蚀 15～15s,即可氧化,以保证膜层质量。

⑤ 氨水氧化溶液配制好后,应存放 24h,反应完全后再使用;或在溶液中加入 0.8～1g/L 硫氰酸钾(KSCN),配制好后即可使用。

⑥ 氨液氧化在氧化时或停止工作时,要将氧化槽盖好,以防氨水挥发。

⑦ 氨液氧化用的挂具只能使用铝、钢、黄铜材料,不能用纯铜制作挂具,以防溶液恶化。

⑧ 氧化后经清洗的零件,宜在 25g/L 的氢氧化钠溶液中浸一下,起固色作用。

⑨ 氧化后零件需在 100～110℃左右烘干 30～60min,然后涂油、浸蜡或浸防锈油。

42.2.3 高锰酸钾氧化

高锰酸钾在弱酸性溶液(含有适量硫酸铜、硫酸镍或铬酸钾)中或在氢氧化钠碱性溶液中才能对铜和铜合金进行氧化处理。

(1) 溶液组成及工艺规范

其氧化溶液组成及工艺规范[2]见表 42-3。

表 42-3　高锰酸钾化学氧化的溶液组成及工艺规范

溶液成分及工艺规范	弱酸性溶液			碱性溶液
	1	2	3	
	含量/(g/L)			
高锰酸钾($KMnO_4$)	1～2	5～8	15	55
硫酸铜($CuSO_4 \cdot 5H_2O$)	15～25	50～60	120	—
氢氧化钠(NaOH)	—	—	—	180～210
温度/℃	室温	90～沸腾	70～90	80～沸腾
时间/min	3～4	1～5	1～5	3～5

注:弱酸性溶液配方 1 所得氧化膜为浅色。

（2）溶液组成及工艺规范的影响

① 高锰酸钾　它是氧化剂，含量偏高，氧化膜厚，但生成过多的二氧化锰，影响膜层质量；含量偏低，则氧化膜为氧化亚铜，呈褐色。

② 硫酸铜　参与氧化反应，使高锰酸钾分解析氧，其含量偏低则膜层质量差。

③ 氢氧化钠　促使氧化能不断进行，直至形成厚的黑膜。其含量不低于 150g/L 氧化才能进行。其含量过高，膜层表面有二氧化锰沉积，不光洁。

④ 温度　温度高氧化速度快，黄铜件氧化要求温度为 90℃ 以上至沸腾。制作浅古铜色膜层，可在室温下进行。

⑤ 时间　氧化时间依温度、溶液成分而定，其终点一般以目视达到要求色调为准。

42.2.4　硫化钾氧化

硫化钾化学氧化是指溶液中硫化钾分解的硫离子与铜反应生成硫化铜膜层的过程。在氧化反应过程中，色泽在变化，铜氧化的色泽变化过程为：淡褐→深褐→杨梅红→青绿→蓝→铁灰→黑灰。黄铜中铜的质量分数大于 85%，其变色与铜相似。氧化时，要不断晃动或移动工作，时常取出零件观察，色泽达到要求时，即取出清洗。硫化钾氧化溶液组成及工艺规范[2]见表 42-4。

表 42-4　硫化钾氧化溶液组成及工艺规范

溶液成分及工艺规范	1	2	3
	含量/(g/L)		
硫化钾（K_2S）	1～1.5	5～10	—
氯化铵（NH_4Cl）	—	1～3	—
氯化钠（NaCl）	2	—	—
硫化铵[$(NH_4)_2S$]/(mL/L)	—	—	5～15
温度/℃	25～40	30～40	15～30
时间/min	0.1～0.5	0.2～1	0.2～1

42.3　铜和铜合金的阳极氧化

铜和铜合金阳极氧化处理，工艺简单，溶液稳定，所获得的氧化膜的力学性能和耐蚀性能较好，适用于各种铜及铜合金的氧化处理。

（1）溶液组成及工艺规范

铜在氢氧化钠溶液中进行阳极氧化处理，首先生成氧化亚铜，然后再转变为氧化铜。铜和铜合金阳极氧化的溶液组成及工艺规范见表 42-5。

表 42-5　铜和铜合金阳极氧化的溶液组成及工艺规范

溶液成分及工艺规范	1	2
	含量/(g/L)	
氢氧化钠（NaOH）	100～250	400
重铬酸钾（$K_2Cr_2O_7$）	—	50
温度/℃	80～90	60
阳极电流密度/(A/dm²)	0.6～1	3～5

溶液成分及工艺规范	1	2
	含量/(g/L)	
时间/min	20～30	15
阴阳极面积比	(3～5)∶1	(3～5)∶1
阴极材料	不锈钢	不锈钢
适用范围	用于铜(适当提高氢氧化钠浓度到300g/L,温度为60～70℃,可用于铜合金阳极氧化)	用于青铜

(2) 工艺控制和维护

① 为获得深黑色氧化膜,可向电化学氧化的溶液中加入0.1%～0.3%(质量分数)的钼酸钠($Na_2MoO_4 \cdot 2H_2O$)或钼酸铵$[(NH_4)_2MoO_4]$。

② 溶液中氢氧化钠(NaOH)含量过高,铜溶解加快,成膜速度快,但膜层疏松,结合力差;含量过低,膜层薄,允许的电流密度范围变窄。因些,其浓度应维持在工艺规定的范围内。

③ 溶液中的重铬酸钾($K_2Cr_2O_7$)可加速氧化过程,多加效果不明显。

④ 铜合金的阳极氧化处理,可在稍低的温度下进行,或采取先镀3～5μm的铜镀层再进行氧化处理。

⑤ 零件下槽,先在槽中预热1～2min,再在低电流密度(0.3～0.6A/dm^2)下氧化3～5min,然后电流密度升至正常电流密度范围,继续处理到规定时间。零件需带电出槽,氧化后必须彻底清洗干净。

⑥ 氧化后,零件彻底清洗干净,并立即烘干,然后涂油或涂覆清漆等,以提高防护性能。

42.4 铜和铜合金的化学钝化

铜和铜合金经钝化处理后,所获得的钝化膜虽然很薄,却有一定的耐蚀性能,可防止铜表面受硫化物作用而使其颜色变暗,并能保持原有的装饰外观。

不同的钝化溶液所得的钝化膜外观及功能是不同的。常用的钝化溶液有重铬酸盐溶液和铬酸溶液。重铬酸盐溶液钝化所得的钝化膜带有色彩,电阻较大,不易进行锡钎焊;铬酸溶液钝化所得的钝化膜为金属本色,容易锡钎焊。

钝化处理工艺简单,操作简便,成本低,生产效率高。铜和铜合金的化学钝化使用范围如下。

① 铬酸溶液钝化(保持金属本色)用于需要进行钎焊零件的防护。

② 重铬酸盐溶液钝化膜用于涂覆涂装的底层,或作铜的一般防护。

③ 仪器、仪表内部零件的防护。

(1) 溶液组成及工艺规范

化学钝化的溶液组成及工艺规范见表42-6。

表42-6 化学钝化的溶液组成及工艺规范

溶液成分及工艺规范	重铬酸盐溶液		铬酸溶液		苯并三氮唑钝化	钛盐钝化	无铬钝化浓缩液
	1	2	1	2			
	含量/(g/L)						
重铬酸钠($Na_2Cr_2O_7 \cdot 2H_2O$)	100～150	—	—	—	—	—	—

续表

溶液成分及工艺规范	重铬酸盐溶液		铬酸溶液		苯并三氮唑钝化	钛盐钝化	无铬钝化浓缩液
	1	2	1	2			
	含量/(g/L)						
重铬酸钾($K_2Cr_2O_7 \cdot 2H_2O$)	—	150	—	—	—	—	—
铬酐(CrO_3)	—	—	10~20	80~90	—	—	—
氯化钠(NaCl)	5~10	—	—	1~2	—	—	—
硫酸(H_2SO_4)	4~6	10mL/L	1~2	20~30	—	20~30mL/L	—
苯并三氮唑($C_6H_5N_3$)(BTA)	—	—	—	—	0.5~1.5	—	—
硫酸氧钛($TiOSO_4$)	—	—	—	—	—	5~10	—
30%过氧化氢(H_2O_2)	—	—	—	—	—	40~60mL/L	—
硝酸($HNO_3, d=1.42$)	—	—	—	—	—	10~30mL/L	—
XH-82 型无铬钝化浓缩液	—	—	—	—	—	—	20mL/L
温度/℃	室温	室温	室温	室温	50~60	室温	60~70
时间/s	3~10	2~5	30~60	15~30	2~3min	20	60~120

（2）工艺控制和维护

① 表 42-6 中的重铬酸盐溶液所得钝化膜不易进行锡钎焊；铬酸溶液所得钝化膜容易进行锡钎焊。这两种溶液钝化后，不允许用热水清洗，经冷水清洗后，在 70~80℃ 下烘干，使膜层老化，以提高结合力和防护性。

② 表 42-6 中的苯并三氮唑钝化，对钝化膜要求高时，在钝化前需在下列的溶液中进行浸洗：

草酸（$H_2C_2O_4$）	40g/L	pH 值	3~5
氢氧化钠（NaOH）	16g/L	温度	25~40℃
苯并三氮唑（$C_6H_5N_3$）	0.2g/L	时间	2~5min
30%过氧化氢（H_2O_2）	10mL/L		

③ 表 42-6 中的钛盐钝化，为提高钝化膜耐蚀性能，钝化后需在下列溶液中进行低铬封闭处理：铬酐 0.5~1.5g/L 在室温下，处理时间为 10s。

④ 在重铬酸盐和铬酸溶液中，重铬酸盐和铬酐是主要成膜物质，是强氧化剂，浓度高，钝化膜光亮。加入氯化钠，因氯离子穿透力较强，能得到较厚的钝化膜。当硫酸含量过高时，膜层疏松，不光亮，易脱落；而含量过低时，成膜速度慢。

⑤ 表 42-6 中的无铬钝化浓缩液，是成都祥和磷化有限公司生产的 XH-82 型铜件无铬钝化浓缩液。

42.5　铜和铜合金的化学着色

铜和铜合金的化学着色也属于化学氧化。着色膜的颜色主要由膜层的组成决定，例如[2]：氧化亚铜能显示出黄、橙、红、紫和褐色；氧化铜显示出褐色和黑色；硫化铜显示出褐色、灰色和黑色；碱式铜盐显示出蓝色或绿色。根据组成成分及其含量的变化，膜层能呈现出各种不同的颜色。

铜和铜合金的化学着色膜很薄，一般约为 0.025~0.05μm，不耐磨。除在光学仪器上应用外，主要用于装饰品及工艺美术品的表面装饰处理。

　　铜和铜合金的化学着色溶液，常用的有硫化物、硫代硫酸盐、氯酸钾、碱性碳酸铜溶液等。化学着色工艺的主要流程如下：

　　除油→浸蚀（抛光）→活化→化学着色→干燥→喷涂罩光清漆。

　　铜和铜合金化学着色的配方很多，选用时需先通用试验，才能获得所需要的色泽。

　　铜化学着色的溶液组成及工艺规范见表42-7。

　　铜合金的化学着色中以黄铜着色较简便，其次是青铜、铝青铜、硅铜等。铜合金化学着色的溶液组成及工艺规范见表42-8。

表 42-7　铜化学着色的溶液组成及工艺规范

| 颜色 | 配方号 | 溶液组成 | | 工艺规范 | | 备注 |
		成分	含量/(g/L)	温度/℃	时间/min	
古铜色	1	碱性碳酸铜[$CuCO_3 \cdot Cu(OH)_2 \cdot H_2O$] 28%氨水($NH_3 \cdot H_2O$)	40～120 200mL/L	15～25	5～15	操作时要经常摇动，避免产生花斑，使铜层生成氧化铜
	2	氢氧化钠(NaOH) 过硫酸钾($K_2S_2O_8$)	45～55 5～15	60～65	10～15	
	3	硫化钾(K_2S) 氯化钠或氨水(NaCl 或 $NH_3 \cdot H_2O$)	5～15 少量	40～60	0.5～5	膜层是硫化铜，耐蚀性好。加入氯化钠或氨水，可加速反应过程，使膜层均匀
金黄色	1	硫化钡(BaS) 硫化钠(Na_2S) 硫化钾(K_2S)	0.25 0.6 0.75	室温	—	
	2	硫化钾(K_2S)	3	室温	—	
蓝色	1	硫化钡(BaS) 氯化铜($CuCl_2$) 醋酸铜[$(CH_3COO)_2Cu \cdot H_2O$] 硫酸铜($CuSO_4 \cdot 5H_2O$)	24 24 30 24	45	数分钟	
	2	硫酸铜($CuSO_4 \cdot 5H_2O$) 氯化铵(NH_4Cl) 28%氨水($NH_3 \cdot H_2O$) 36%醋酸(CH_3COOH)	130 13 30mL/L 10mL/L	室温	—	浸渍后放置一定的时间
红色	1	硝酸铜[$Cu(NO_3)_2 \cdot 3H_2O$] 氯化钠(NaCl)	25 200	50	5～10	
	2	亚硫酸钠(Na_2SO_3) 氯化铵(NH_4Cl)	100 30	100	数分钟	
褐色	1	硫酸铜($CuSO_4 \cdot 5H_2O$) 醋酸铜[$(CH_3COO)_2Cu \cdot H_2O$] 明矾[$KAl(SO_4)_2 \cdot 12H_2O$]	6 4 1	95～100	10	—
	2	高锰酸钾($KMnO_4$) 硫酸铜($CuSO_4 \cdot 5H_2O$)	5 50	80	10	着色后呈带红光的褐色
	3	硫化钾(K_2S) 碳酸铵[$(NH_4)_2CO_3$]	20 0.4	室温	数分钟	—

续表

颜色	配方号	溶液组成		工艺规范		备注
		成分	含量/(g/L)	温度/℃	时间/min	
黑色	1	硫化钾(K_2S) 氯化钠(NaCl)	5～10 少量	40～60	0.5～5	—
	2	硫化钾(K_2S) 氯化铵(NH_4Cl)	5～12.5 20～200	室温	数分钟	延长时间可获得结合牢固的灰黑色
绿色	1	硝酸铜[$Cu(NO_3)_2 \cdot 3H_2O$] 氯化铵(NH_4Cl)	30 30	80	数分钟	—
	2	氯化铵(NH_4Cl) 氯化铜($CuCl_2$)	40 40	室温	数分钟	—
古绿色		氯化钠(NaCl) 氯化铵(NH_4Cl) 28%氨水($NH_3 \cdot H_2O$)	125 125 100mL/L	室温	24h	—
淡绿色		硫化钾(K_2S) 硫化钠(Na_2S) 硫化钡(BaS)	0.75 0.68 0.25	室温	—	—
橄榄绿色		硫酸镍铵 [$NiSO_4 \cdot (NH_4)_2SO_4 \cdot 6H_2O$] 硫代硫酸钠($Na_2S_2O_3 \cdot 5H_2O$)	50 50	65	2～3	硫代硫酸钠要经常补充
巧克力色		硫酸铜($CuSO_4 \cdot 5H_2O$) 硫酸镍铵 [$NiSO_4 \cdot (NH_4)_2SO_4 \cdot 6H_2O$] 氯酸钾($KClO_3$)	25 25 25	100	数分钟	—
橙色		氢氧化钠(NaOH) 碳酸铜($CuCO_3$)	25 50	60～75	数分钟	—
蓝黑色		硫代硫酸钠($Na_2S_2O_3 \cdot 5H_2O$) 醋酸铅[$Pb(CH_3COO)_2 \cdot 3H_2O$]	160 40	60	至需要颜色	浸渍颜色变化过程: 红→紫红→紫→蓝→蓝黑→灰黑
古铜锈绿色		硝酸铜[$Cu(NO_3)_2 \cdot 3H_2O$] 氯化钠(NaCl) 硫酸铵[$(NH_4)_2SO_4$] 酒石酸钾($C_4O_6H_5K$) 水	200g 50g 200g 50g 100g	室温	—	此液配好后,用浸渍法或喷洒在铜表面上,在室温下干燥即成

注:着古铜色[3],着色完后经水洗干燥后,进行抛光或擦拭或把着色零件与皮革角料一起在滚筒中滚擦。把凸出处表面着色层磨去而露出部分铜本色,零件产生从凸面至凹面由浅渐深的色调,形成幽雅古旧风格。

表 42-8 铜合金化学着色的溶液组成及工艺规范

颜色	配方号	溶液组成		工艺规范		备注
		成分	含量/(g/L)	温度/℃	时间/min	
古铜锈绿色	1	氯化铵(NH_4Cl) 醋酸铜[$Cu(CH_3COO)_2 \cdot H_2O$]	350 200	室温	数分钟	—
	2	28%氨水($NH_3 \cdot H_2O$) 碱性碳酸铜[$CuCO_3 \cdot Cu(OH)_2 \cdot H_2O$] 碳酸钠($Na_2CO_3$)	250mL/L 250 250	30～40	数分钟	—
	3	硫化钾(K_2S) 硫酸铵[$(NH_4)_2SO_4$]	5 20	室温	0.5	

续表

颜色	配方号	溶液组成		工艺规范		备注
		成分	含量/(g/L)	温度/℃	时间/min	
蓝色	1	亚硫酸钠(Na_2SO_3) 硝酸铁[$Fe(NO_3)_3 \cdot 9H_2O$]	6.25 50	75	数分钟	—
	2	醋酸铅[$Pb(CH_3COO)_2 \cdot 3H_2O$] 硫代硫酸钠($Na_2S_2O_3$) 醋酸($CH_3COOH$)	13~30 60 30	80	数分钟	—
	3	醋酸铅[$Pb(CH_3COO)_2 \cdot 3H_2O$] 亚硫酸钠($Na_2SO_3$)	1 2	100	数分钟	—
黑色	1	硫酸铜($CuSO_4 \cdot 5H_2O$) 28%氨水($NH_3 \cdot H_2O$) 氢氧化钾(KOH)	25 少量 16	室温	数分钟	—
	2	碱性碳酸铜[$CuCO_3 \cdot Cu(OH)_2 \cdot H_2O$] 28%氨水($NH_3 \cdot H_2O$)	40~60 200~250mL/L	室温	5~15	仅适用于黄铜,特别适合于铜含量为57%~65%(质量分数)的铜
	3	亚砷酸(H_3AsO_3) 硫酸铜($CuSO_4 \cdot 5H_2O$)	125 62	室温	—	溶液配好后,要放置24h后再使用
褐色	1	硫化铵[$(NH_4)_2S$] 氧化铁(Fe_2O_3)	0.5 12	室温	—	涂布后放置至膜稳定
	2	硫化钡(BaS)	13	50	数分钟	—
古绿色	1	硫酸铜($CuSO_4 \cdot 5H_2O$) 氯化铵(NH_4Cl)	75 13	100	数分钟	—
	2	氯化铵(NH_4Cl) 醋酸铜[$Cu(CH_3COO)_2 \cdot H_2O$]	350 200	100	—	—
淡绿褐色	1	硫化钾(K_2S)	13	82	数分钟	—
	2	氢氧化钠(NaOH) 酒石酸铜($C_4H_4CuO_6 \cdot 3H_2O$)	50 30	30~40	30	—
	3	A液:硫化钾(K_2S) 氯化铵(NH_4Cl) B液:硫酸($H_2SO_4, d=1.84$)	5 20 2~3mL/L	室温	—	按A液、B液顺序浸渍
巧克力色	1	硫酸铜($CuSO_4 \cdot 5H_2O$) 硫酸镍铵[$NiSO_4 \cdot (NH_4)_2SO_4 \cdot 6H_2O$] 氯酸钾($KClO_3$)	25 25 25	100	数分钟	—
	2	硫酸铜($CuSO_4 \cdot 5H_2O$) 高锰酸钾($KMnO_4$)	60 7.5	95~98	2~3	—
红色		硝酸铁[$Fe(NO_3)_3 \cdot 9H_2O$] 亚硫酸钠(Na_2SO_3)	2 2	75	数分钟	—
红黑色		硫酸镍铵[$NiSO_4 \cdot (NH_4)_2SO_4 \cdot 6H_2O$] 硫酸铜($CuSO_4 \cdot 5H_2O$) 氯酸钾($KClO_3$)	25 25 25	80	2~3	—
橙色		氢氧化钠(NaOH) 碱性碳酸铜[$CuCO_3 \cdot Cu(OH)_2 \cdot H_2O$]	25 50	60~75	数分钟	—

续表

颜色	配方号	溶液组成		工艺规范		备注
		成分	含量/(g/L)	温度/℃	时间/min	
橄榄绿色		硫酸镍铵[NiSO₄·(NH₄)₂SO₄·6H₂O] 硫代硫酸钠(Na₂S₂O₃)	50 50	65	2～3	硫代硫酸钠要经常补充
灰绿色		亚砷酸(H₃AsO₃) 盐酸(HCl,d=1.19) 硫化钾(K₂S)	0.5～1 0.5mL/L 0.1	70	数分钟	—
紫罗兰色		醋酸铜[(CH₃COO)₂Cu·H₂O] 三氧化二锑(Sb₂O₃) 盐酸(HCl,d=1.19) 水	20g 20g 250mL/L 250mL/L	90	—	

42.6　不合格氧化膜及钝化膜的退除

铜及铜合金不合格氧化膜及钝化膜退除的溶液组成及工艺规范见表 42-9。

表 42-9　不合格氧化膜及钝化膜退除的溶液组成及工艺规范

溶液成分及工艺规范	氧化膜退除			钝化膜退除		
	1	2	3	1	2	3
	含量/(g/L)					
盐酸(HCl)	1000mL/L	—	—	1000mL/L	—	—
硫酸(H₂SO₄)	—	10% (质量分数)	15～30	—	10% (质量分数)	—
铬酐(CrO₃)	—	—	30～90	—	—	—
氢氧化钠(NaOH)	—	—	—	—	—	300
温度	室温	室温	室温	室温	室温	加热

第43章
钛和钛合金的氧化处理

43.1 概述

钛和钛合金具有良好的力学性能，密度小，只有钢的 1/2 左右，具有很高的强度重量比，无磁性，耐高温，热膨胀系数小，在各种介质中都有很好的耐蚀性。所以它是工业、国防、航空、航天、航海的重要材料。

钛是一种非常活泼的金属，在含有水分的介质中极易发生钝化，它的钝化性能超过铬、镍及不锈钢，所以在通常条件下非常稳定。

但钛和钛合金尚存在一些固有的缺陷，硬度低、耐磨性和焊接性差、导热导电性不良等。而它表面有一层天然的结构致密的氧化膜，当在其表面上涂覆有机涂料涂层时，这层氧化膜会导致涂层与基体的结合力很差。为进一步提高钛和钛合金的使用特性，通常需要对其材料进行表面处理和改性。表面转化膜处理技术是重要的方法之一。

钛和钛合金表面的转化膜处理有化学氧化、电化学氧化（阳极氧化）和微弧氧化等。

43.2 钛和钛合金的化学氧化

钛和钛合金的化学氧化溶液，常用的有重铬酸盐溶液、磷酸盐-氟化物溶液和稀土元素溶液等。其溶液组成及工艺规范见表 43-1。

溶液中的重铬酸盐和磷酸盐是成膜的主要成分。氟化物是促进剂，起表面活化作用，醋酸主要起调节酸度的作用。

表 43-1 化学氧化的溶液组成及工艺规范

溶液成分及工艺规范	重铬酸盐溶液	磷酸盐-氟化物溶液		稀土元素溶液
		1	2	
	含量/(g/L)			
重铬酸钠($Na_2Cr_2O_7 \cdot 2H_2O$)	30	—	—	—
氟化钠(NaF)	2	30	—	—
氟化钾(KF)	—	—	20	—
氯化铈($CeCl_3 \cdot 7H_2O$)	—	—	—	13
磷酸三钠($Na_3PO_4 \cdot 12H_2O$)	—	45	50	—
50%氟氢酸(HF)	—	—	25mL/L	—
醋酸(CH_3COOH)	—	65	—	—
过氧化氢(H_2O_2)	—	—	—	3
Cu^{2+}	—	—	—	60mg/L
钛过氧化配合物	—	—	—	0.1
pH 值	—	—	—	2(用盐酸调)

续表

溶液成分及工艺规范	重铬酸盐溶液	磷酸盐-氟化物溶液		稀土元素溶液
		1	2	
	含量/(g/L)			
温度/℃	20	15~30	25	45
时间/min	10	5~15	2~3	30

注：稀土元素溶液中的钛过氧化配合物的制备方法：氯化钛（TiCl₄）加到 35% 过氧化氢（H_2O_2）溶液中。

43.3　钛和钛合金的阳极氧化

钛和钛合金的阳极氧化，所获得的氧化膜，具有很高的耐蚀性能和良好的耐磨性。而且如果钛合金氧化时的电压不同，可以得到不同颜色的膜层。钛和钛合金电化学氧化的溶液有酸性溶液和碱性溶液，其溶液组成及工艺规范[3] 见表 43-2。

表 43-2　钛和钛合金的阳极氧化的溶液组成及工艺规范

溶液成分及工艺规范	酸性溶液	碱性溶液
	含量/(g/L)	
98% 硫酸(H_2SO_4)	200	—
草酸($H_2C_2O_4$)	10	—
氢氧化钠(NaOH)	—	200
双氧水(H_2O_2)	—	40~60mL/L
温度/℃	15~35	23~28
阳极电流密度/(A/dm²)	2	3~15
时间/s	4~5	30~40
备注	膜层外观颜色随电压的变化而变化,可参见表 43-3	—

表 43-3　钛和钛合金阳极氧化电压与氧化膜颜色的关系

电压/V	5	7	10	15	17	20	25	30	40	50	55	60	65	70	85	90
颜色	灰黄	褐色	茶色	紫色	群青	深蓝	浅蓝	海蓝	灰蓝	黄色	红黄	玫瑰红	金黄	浅黄	粉绿	绿色

43.4　钛和钛合金的微弧氧化

钛和钛合金表面微弧氧化亦称表面陶瓷化处理，其氧化原理和工艺方法与铝合金微弧氧化基本相同。据有关文献介绍，钛和钛合金表面微弧氧化处理电解溶液，采用磷酸三钠（Na_3PO_4）5g/L 和铝酸钠（$NaAlO_2$）10g/L。钛合金表面微弧氧化的综合技术性能见表 43-4。

表 43-4　钛合金表面微弧氧化的综合技术性能

项目	微弧氧化的综合技术性能	项目	微弧氧化的综合技术性能
外观	膜层致密均匀、颜色一致	耐盐雾试验	>3000h
膜层厚度	最大可达 100μm	相对耐磨性	提高 3~30 倍
硬度(HV)	300~800	电绝缘性(电阻)	>100MΩ
柔韧性	薄膜好	与基体结合强度	>30MPa

43.5 钛和钛合金的着色

钛和钛合金的着色，是在特定的溶液中进行阳极氧化处理，改变其工艺规范（电压和处理时间）可以获得各种颜色的氧化膜。而且着色膜层的强度较高，化学稳定性较好，有较高的装饰性及实用价值。

钛和钛合金采用阳极氧化的方法着黑色[3]，其溶液组成及工艺规范见表 43-5。在着黑色过程中，膜层的颜色随着阳极氧化膜的形成和生长而变化。

变色过程：金属本色→浅棕色→深棕色→褐色→深褐色→浅黑色→深黑色。

变色时间：开始通电 2～5min 内形成的膜层为浅棕色；5～8min 膜层颜色变深，为深棕或褐色；8～10min 呈深褐色至浅黑色；12～15min 为黑色至深黑色。

表 43-5　钛和钛合金阳极氧化着黑色的溶液组成及工艺规范

溶液成分		工艺规范	
重铬酸钾（$K_2Cr_2O_7$）	20～30g/L	温度	15～28℃
硫酸锰（$MnSO_4 \cdot 5H_2O$）	15～20g/L	阳极电流密度	0.05～1A/dm²
硫酸铵[（NH_4）$_2SO_4$]	20～30g/L	电压	初始3V，终止5V
pH 值	3.5～4.5（用硼酸调节）	时间	15～30min
		阴极材料	不锈钢
		阴阳极面积比	（3～5）：1

第8篇

镀层及镀液性能测试

第44章
镀层性能测试

44.1 概述

电镀质量控制是由镀液质量控制、镀层质量控制和电镀管理质量控制等部分构成的。所以镀层性能测试是电镀质量控制中的一个重要的组成部分。镀层质量好坏直接关系到产品的使用性能和使用寿命,因此,镀层性能测试是评定电镀产品优劣的重要手段,是鉴定、考察电镀工艺性能的必要措施。

评定镀层质量有两种方法:一是镀件在使用中进行实际考核,这是最准确的方法,但试验时间长;二是人工模拟使用时的条件或选择性地测定某些性能,这种方法虽不完全符合实际情况,但试验时间短,而且也能判定镀层是否达到预期要求的性能;并且还有助于发现电镀生产过程中存在的问题,可及时指导生产。

镀层性能表现在外观、装饰、防护以及各种功能性等的性能。镀层性能测试主要包括:镀层外观、光泽性(光亮度)、厚度、结合强度、孔隙率、耐磨性、显微硬度、内应力、脆性、氢脆性、延展性、表面粗糙度、焊接性、耐蚀性等。

44.2 外观检测

镀件镀层的外观是镀层最基本的技术指标,外观检测是最基本最常用的检测方法。外观检测包括表面缺陷、覆盖完整性、色泽和光泽性。

44.2.1 检测方法和结果表示

① 检测方法　检测常用的方法是目测观察镀观外观,可在自然光下进行,也可在荧光灯(日光灯)下进行。

② 结果表示　可将镀件分为合格、有缺陷(须返修)和废品三类。

有缺陷镀件中,有一部分镀层表面缺陷是允许的(须返修),允许存在的缺陷和废品的确定如表 44-1 所示。

表 44-1 允许存在的缺陷和废品的确定

镀件允许存在的缺陷	镀件不允许存在的缺陷废品
在表面缺陷检测中，有一部分镀层表面缺陷并不影响使用性能，根据镀件的使用条件，应区别对待，一般存在下列情况是允许的： ① 对于防护-装饰性镀层，不损害或不影响零件外观 ② 对于防护性镀层，不降低镀层耐蚀性能 ③ 轻微的缺陷，如轻微的小划痕、次要部位上的挂具接触痕迹、钝化膜表面不明显的钝化液痕迹等	存在下列情况视为废品： ① 过腐蚀的零件 ② 有机械损坏的零件 ③ 有大量的孔隙，而且要用机械方法破坏其尺寸才能消除孔隙的铸件、焊接件或钎焊件等各种零件 ④ 由于电镀过程发生故障而损坏且不可修复的零件，如用电发生短路过热而被烧蚀的零件 ⑤ 不容许去掉不合格镀层的零件（如多层防护-装饰性电镀中的锌合金镀件、松孔镀铬的活塞等）

44.2.2 表面缺陷、覆盖完整性和色泽检测

(1) 表面缺陷检测

目视观察镀件表面的镀层是否有针孔、麻点、起皮、起瘤、起泡、脱落、开裂、斑点、烧焦、暗影、粗糙、阴阳面、树枝状、海绵状等缺陷。

(2) 覆盖完整性检测

零件经过电镀，检测规定应被镀层覆盖的部位表面是否完全被镀层所覆盖，特别是内孔和形状复杂的零件，以及对镀液分散能力、覆盖能力较差的电镀工艺，更应加强这种性能的检测。

(3) 色泽检测

色泽是指镀层的颜色。主要观察镀件表面镀层颜色与标准样片是否一致；颜色是否均匀，尤其是弯曲部位，内表面的颜色与主要受镀面颜色的差别。有钝化膜的镀层，其外观应达到规定的钝化色泽（如黑色钝化、蓝白色钝化等）。

(4) 对各种镀层的外观要求

各种镀层外观的一般要求参见表 44-2。

表 44-2 各种镀层外观的一般要求

镀层、化学防护层名称	正常外观	允许缺陷	不允许缺陷
锌镀层 镉镀层 （钝化）	镀层结晶均匀、细致，钝化膜完整，色泽光亮	① 轻微水迹与挂具接触痕迹 ② 除氢后钝化膜可稍变暗 ③ 复杂件、大型件或过长的零件，锐棱边及端部有轻微的粗糙，但不影响装配和结合 ④ 焊缝、搭接交界处局部稍暗	① 镀层粗糙、灰暗、起泡、脱落明显和严重条纹 ② 钝化膜疏松、严重钝化液痕迹 ③ 局部无镀层（盲孔、通孔深处及工艺条件规定处除外）
铜镀层	镀层结晶细致、呈浅红色或玫瑰红色，光亮镀铜类似镜面光亮	① 轻微水迹与挂具接触痕迹 ② 半光亮或光亮铜镀层，因零件表面状态及复杂程度不同，允许同一零件光泽稍不均匀 ③ 复杂件、大型件或过长的零件，锐棱边处有轻微的粗糙，但不影响装配质量和结合	① 镀层粗糙、起泡、脱落和条纹 ② 影响产品质量的机械损伤 ③ 局部无镀层（盲孔、通孔深处及工艺条件规定处除外）
锡镀层	银白色、镀层结晶细致、均匀	① 轻微水迹与挂具接触痕迹 ② 由于材料和表面状态的不同，光泽和颜色稍不均匀 ③ 焊接件的焊缝处镀层发暗	① 镀层粗糙、斑点、起泡、脱落和明显条纹 ② 深灰色的镀层 ③ 局部无镀层（盲孔、通孔深处及工艺条件规定处除外）

续表

镀层、化学防护层名称	正常外观	允许缺陷	不允许缺陷
镍镀层	暗镍稍带淡黄色的银白色，镀层结晶细致、均匀，光亮镍平滑，近似镜面光亮	① 轻微水迹与挂具接触痕迹 ② 形状复杂而且表面状态不均匀的零件，颜色和光泽稍不均匀	① 镀层粗糙，明显针孔、起皮、脱落和明显条纹 ② 乌灰色的镀层 ③ 局部无镀层（盲孔、通孔深处及工艺条件规定处除外）
黑镍镀层	镀层结晶细致，较均匀的黑色	① 轻微水迹与挂具接触痕迹 ② 颜色可因零件的表面状态和复杂程度不同而异	① 镀层麻点、白点、起泡、脱落。疏松和机械损伤 ② 局部无镀层（盲孔、通孔深处及工艺条件规定处除外）
化学镀镍层	稍带淡黄色的银白色或钢灰，镀层结晶细致、均匀	① 轻微水迹 ② 由于材料和表面状态的不同，零件上有不均匀光泽	① 镀层黑斑、明显针孔、起皮、脱落 ② 局部无镀层（工艺条件规定处除外）
铬镀层	装饰铬呈略带蓝色的镜面光亮。硬铬稍带浅蓝色的银白色到亮灰色。乳白铬无光泽的灰白色	① 轻微水迹与挂具接触痕迹 ② 复杂件或大型件棱、锐边有轻微粗糙，但不影响装配质量 ③ 由于材料和表面状态不同，同一零件上有稍不均匀的颜色和光泽 ④ 镀铬后尚需加工才能排除的缺陷，如粗糙、柱子、针化等	① 镀层粗糙、疏松、脱落 ② 局部无镀层（盲孔、通孔深处及工艺条件规定处除外） ③ 未洗净的明显镀液痕迹或明显黄色、黄膜
黑铬镀层	镀层较均匀的无光黑色	① 轻微水迹与挂具接触痕迹 ② 由于零件的表面状态和复杂程度不同，允许黑度稍不均匀，深凹处或遮蔽部分无镀层或镀层发黄	① 镀层粗糙、疏松、脱落 ② 局部无镀层（盲孔、通孔深处及工艺条件规定处除外）
银镀层	镀层银白色，经钝化后稍带浅黄色调的银白色，结晶细致平滑	① 轻微水迹与挂具接触痕迹 ② 锡焊、银焊的零件，在焊接处有少许发黄、灰暗 ③ 由于材料和表面状态的差异，同一零件允许有稍不均匀的颜色和光泽	① 镀层粗糙、斑点、起泡、脱落和明显条纹 ② 局部无镀层（盲孔、通孔深处及工艺条件规定处除外）
金镀层	微带浅黄色，镀层结晶细致平滑，纯金为半光亮的金黄色	① 轻微水迹与挂具接触痕迹 ② 由于材料和表面状态的差异，同一零件允许有稍不均匀的颜色和光泽	① 焦黄色、灰色、白色或晶状镀层。镀层起皮、起泡、发暗、发黑和烧焦 ② 局部无镀层（盲孔、通孔深处及工艺条件规定处除外）

44.3　光泽性检测

光泽是指镀层的光亮度，一般分为光亮、半光亮、亚光亮和无光亮。

① 检测方法　主要是以目视观察镀层的光亮度与标准样片是否一致；也可以使用光泽计测定。

② 光泽计检测　其工作原理是将一定强度的光束照射到待测表面上，经表面反射后，由光电池搜集反射光，用仪器测定反射光在光电池里引起的电信号的数值。由于这种测试方法在镀层方面尚未形成标准，因此基准面无明确规定。一般以玻璃银镜面或抛光后的银层镜面为基准面，一般先测定基准面而后测定被测镀层的反射光束值，两者比较而得出相对的光亮度。

光泽计的技术性能规格见表 44-3。如果使用漆膜光泽计直接测量金属镀层的光亮度，由于镀层反射率高，指针将超出测量范围，需改变仪器内的电值，使反射光能落在表头指示范围内。

表 44-3　金属镀层光泽计技术性能规格

名称型号	技术性能规格	仪器外形图
CQ-60（A）型 单角度光泽仪	本产品为小型便携式机型。各项性能指标均达到国家 JJG696-2002《镜向光泽度仪计量检定规程》一级工作机的要求。适用于涂料、油墨、塑料、石材、纸张、瓷砖、搪瓷、金属、电镀层等制品光泽度的测量 测量范围:0～199.9Gs(光泽单位) 稳定性:小于±0.4Gs/30min 示值误差:小于±1.5Gs 光斑尺寸:10mm×20mm 测量口尺寸:11mm×54mm 工作电源:两节 7 号电池,也可使用充电电池 使用条件:环境温度 0～40℃ 相对湿度:不超过 85% 主机尺寸:长 114mm×宽 32mm×高 64mm 主机质量:300g;标准盒质量:45g	深圳市成企鑫科技 有限公司的产品
MG6-SM 型 光泽计	应用范围:各种金属和非金属材料及其涂镀层表面的光泽测量 读数范围:0～999 光泽单位 示值误差:±2;±1.5%光泽单位 测量光斑:10mm×20mm 测量窗口:14mm×30mm 投射角度:60° 电源:单节 5 号(AA)碱性电池或可充电电池 外形尺寸:123mm×38mm×65mm 主机质量:300g	福建省泉州科仕佳光电 仪器有限公司的产品
MG6-SA 型 光泽计	应用范围:各种金属和非金属材料及其涂镀层表面的光泽测量,适合小平面表面的光泽测量 读数范围:0～999 光泽单位 示值误差:±2;±1.5%光泽单位 测量光斑:1.5mm×3mm 测量窗口:2mm×4mm 投射角度:60° 电源:单节 5 号(AA)碱性电池或可充电电池 外形尺寸:123mm×38mm×65mm 主机质量:300g	福建省泉州科仕佳光电 仪器有限公司的产品
MN60-H 型 电镀层光泽计	本产品适用于金属、电镀层等高光泽平面制品光泽度的测量。技术参数符合国际标准 ISO 7668 焦距:100mm 波长范围:100nm 适用范围:高档 0～1999Gs(光泽单位) 稳定性:小于±0.4% 光斑尺寸:10mm×20mm 测量口尺寸:14mm×28mm 投射角度:60° 工作电压:0.8～1.5V 工作电源:一节 5 号(AA)碱性电池 示值误差:自动稳零功能,无需校零 外形尺寸:112 mm×32 mm×64 mm 质量:400g	广州德满亿仪器有限 公司的产品
东儒 B60M 型 金属光泽度仪	应用范围:本仪器是遵照 ISO 2813、ISO 7668、GB 9754 标准制造的高精度、小型化光泽度仪,适用于金属抛光以及涂层表面镜向光泽度的测量 显示范围:0～1999Gs(光泽单位) 示值误差:小于 1%Gs 稳定度:2Gs/30min 测量窗尺寸:14mm 短轴×28mm 长轴(椭圆) 电源:单电池供电 外形尺寸:114mm×35mm×65mm	广州市东儒电子科技 有限公司的产品

续表

名称型号	技术性能规格	仪器外形图
WGG60-EJ 型光泽计	应用范围:各种金属和非金属材料及其涂镀层表面的光泽测量 读数范围:0~999 光泽单位 示值误差:±2;±2%光泽单位 测量光斑:18mm×26mm 测量窗口:20mm×50mm 投射角度:60° 电源:内置可充电电池组 外形尺寸:130mm×40mm×80mm 主机质量:430g	福建省泉州科仕佳光电仪器有限公司的产品

44.4 镀层厚度的测定

镀层厚度是衡量镀层质量的重要指标,它影响产品的使用性能、可靠性、使用寿命及生产成本等多项性能。近年来,新的电镀技术不断涌现,镀层用途更加广泛,因此,对镀层厚度的测定要求也就更高。镀层厚度的测定方法有非破坏性厚度测定法和破坏性厚度测定法两大类。

(1) 非破坏性厚度测定法

这种厚度测定方法包括:磁性测厚仪测定法、涡流测厚仪测定法、分光束显微测定法、X射线光谱测定法、β射线反向散射法、机械量具法等。

非破坏性厚度测定法属于仪器测量法,能迅速准确地测定出镀层(包括一些化学转化膜)的厚度,其精度较高,有的误差小于±5%。影响测量精度的因素除了仪器性能还有很多,例如:

① 测试零件表面的油污、灰尘、杂质。

② 测量探头与被测表面的接触状态、探头定位是否良好。

③ 被测表面的粗糙程度或缺陷。

④ 试样表面曲率、测量部位边缘的影响等。

所以,测量时应注意消除这些干扰因素。

(2) 破坏性厚度测定法

这种厚度测定方法包括:化学溶解法、阳极溶解库仑法、金相显微镜法、扫描电子显微镜法、轮廓仪法、干涉显微法、计时液流法和计时点滴法等。

采用以上的镀层厚度测量方法,除溶解法测量的是镀层平均厚度外,其余多是镀层的局部厚度。因此,测量时至少应在有代表性的部位测量三个以上厚度,计算其平均值,以平均值作为测量厚度的结果。

44.4.1 磁性测厚仪测定法

① 检测标准 GB/T 4956—2003《磁性基体上非磁性覆盖层 覆盖层厚度测量 磁性法》(等同采用国际标准 ISO 2178:1982)。

② 测试原理 利用电磁场磁阻原理,以流入磁性基体(钢铁底材)的磁通量大小来测定涂膜厚度。

③ 适用范围 用于测量磁性金属基体(如钢、铁、合金等)上非磁性覆盖层(如铝、铬、化学转化膜和涂层)的厚度,是目前应用最广泛的一种测量方法。

④ 结果表示 镀层厚度以微米(μm)表示。镀层厚度小于 $5\mu m$,应进行多次测量,然后用统计方法求出其厚度。

⑤ 使用仪器 磁性测厚仪:电磁式(电源、干电池)、磁吸力式的测试仪器。常用的磁性测厚仪技术性能规格见表 44-4。

表 44-4　常用的磁性测厚仪技术性能规格

名称型号	技术规格	仪器图
TT260 涂镀层测厚仪	本仪器采用了磁性和涡流两种测厚方法。测量磁性金属基体(如钢、铁、合金和硬磁性钢等)上非磁性覆层(如铝、铬、涂层等)及非磁性金属基体(如铜、铝、锌等)上非导电覆层的厚度(如涂层等) 内置打印机,可打印数据;有连续和单次两种测量方式 测试范围:$0\sim1000\mu m$ 示值误差:$\pm(1\%\sim3\%)H$ 电源:1/2AA 镍氢电池 5×1.2V 600mA·h,10 种可选探头 外形尺寸:270mm×86mm×47mm	时代集团公司、上海精密仪器仪表有限公司等的产品
TT220 涂层测厚仪 (磁性测厚仪)	进行铁磁性基体上的覆层厚度测量。便携式一体超小型。计算机接口 测量范围:$0\sim1250\mu m$ 示值误差:$\pm(1\%\sim3\%)H+1\mu m$ 测量最小面积直径:$\phi5$ mm 存储功能:15 个值 电源:2 节 AA 型碱性电池 质量:100g 外形尺寸:100mm×50mm×22mm	上海精密仪器仪表有限公司、时代集团公司等的产品
TT210 涂镀层测厚仪	采用了磁性和涡流两种测厚方法。测量磁性金属基体(如钢、铁、合金和硬磁性钢等)上非磁性覆层(如铝、铬、涂层等)及非磁性金属基体(如铜、铝、锌、锡等)上非导电覆层的厚度(如涂层、塑料等)。测头与仪器一体化,特别适用于现场测量。便携式一体超小型 测量范围:$0\sim1250\mu m$ 示值误差:$\pm(1\%\sim3\%)H+1\mu m$	时代集团公司的产品
QUC-200 数显式磁性 测厚仪	执行标准:GB/T1764-79 　　　　GB/T 134522-92 ISO 2808—74 测量范围:$0\sim200$ μm 测量精度:±0.7 $\mu m+3\%H$ 用途:测定铁磁性材料表面上非磁性涂镀层的厚度试验 技术特征:专用于铁磁性材料表面上非磁性涂镀层厚度测定 机内备有充电电池,便于涂装施工现场应用	天津永利达材料试验机有限公司的产品
MINITEST600 电子型 涂镀层测厚仪	测量范围: F 型用于钢铁上的所有非磁性涂镀层,如涂料、塑料、搪瓷、铬、锌等 N 型用于有色金属(如铜、铝、奥氏体不锈钢)上的所有绝缘涂层,如阳极氧化膜、涂料等 FN 型两用测头可在所有金属基体上测量。读数和统计数据可以打印 MINITEST 600B:基本型、无统计功能和接口 测量厚度范围:F 型 $0\sim3000\mu m$;N 型 $0\sim2000\mu m$　FN 型(两用型)$0\sim2000\mu m$ 允许误差:$\pm2\mu m$ 或$\pm2\%\sim4\%$ 最小曲率半径:5mm(凸);25mm(凹) 最小测量面积直径:$\phi20$mm 最小基体厚度:0.5mm(对 F 型),$50\mu m$(对 N 型) 测量单位:μm、mils 可选 电源:两节 5 号碱电池,至少测量 1 万次 仪器尺寸:64mm×115mm×25mm 探头尺寸:$\phi15$mm×62mm 仪器符合 DIN、ISO、BS、ASTM 标准	德国产品 时代集团公司代理
MIKROTEST 涂层测厚仪	德国 EPK 公司产品。测量钢上所有非磁性涂层镀层厚度(如涂料、粉末涂层、塑料、锌、铜、锡及镍) 所有仪器均符合 DIN,ISO 及 ASTM 标准 MIKROTEST 6G 型 测厚:$0\sim100\mu m$,精度:$1\mu m$ 或 5% MIKROTEST 6F 型 测厚:$0\sim1000\mu m$,精度:$3\mu m$ 或 5% MIKROTEST 6S3 型 测厚:$0.2\sim3$mm,精度:5%读数	德国产品 时代集团公司代理

续表

名称型号	技术规格	仪器图
HZ-9022A 指针式磁性 测厚仪	测定铁磁性材料表面上非磁性涂镀层的厚度 试验技术特征:专用于铁磁性材料表面上非磁性涂镀层厚度测定。机内备有充电电池,便于涂装施工现场用 　执行标准:GB/T1764-79,GB/T134522-92 　　　　　ISO 2808—74 　测量范围:0~500μm 　测量精度:40μm 以下±2μm;40μm 以上±5%	 上海恒准仪器科技有限公司的产品
涂层测厚仪 PD-CT2(高精度)	本仪器是磁性、涡流一体的便携式覆层测厚仪,可无损地测量磁性金属基体(如钢、铁、合金和硬磁性钢等)上非磁性涂层的厚度(如铝、铬、铜、珐琅、橡胶、涂料等)及非磁性金属基体(如铜、铝、锌、锡等)上非导电覆层(如珐琅、橡胶、涂料、塑料等)的厚度 测试材料: 　F 型测头:磁性金属基体上的非磁性覆层 　N 型测头:非磁性金属基体上的非导电覆层 　测量范围:0~1500μm　显示精度:0.1μm 　测量误差:±(2%H+1)μm　测量周期:4 次/秒 　最小曲率半径:F 型测头 凸 1.5mm,凹 10mm 　　　　　　　 N 型测头 凸 3.0mm,凹 10mm 　基体临界厚度:F 型测头 0.5mm;N 型测头 0.3mm 　数据存储:500 组　电池规格:三节 7 号电池 　外形尺寸:150mm×70mm×30mm　质量:160g	 中科朴道技术(北京)有限公司产品
口袋式涂层测厚仪 MiniTest70 系列 (德国 EPK 公司)	测量钢铁上的非磁性涂镀层或非铁金属上的非导电涂层。自动识别基体材质,自动选择测量模式(磁性或者涡流) 　MiniTest70 F:内置探头,测量铁基体上的非磁性涂层 　MiniTest 70 FN:内置探头,两用型,测量铁基体上的非磁性涂镀层,非铁基体上的非导电涂层 　测量范围: 　70 F 型　　0~3000μm 　70 FN 型　F 0~3000μm;FN 0~2500μm 　精度:一点校准 1.5μm+3%读数 　　　 二点校准 1.5μm+2%读数 　重复性:1μm+1%读数　低端分辨率:0.5μm 　电源:1 节 AA 电池 　规格:157mm×ϕ27mm　质量:约 80g(包含电池)	 上海玖纵精密仪器有限公司代理
PENTEST 笔式测厚仪 (德国 EPK)	测量铁基体上的非磁性涂层,能方便放在口袋中用于现场检测的测厚仪 测量原理符合 DIN,EN,ISO 2178 标准 永久性磁头,无需电池或其他电源 　测量范围:25~700μm　最小测量面积直径:ϕ25mm 　精确度:±10%环境温度(-10~+80℃) 　体积:直径 10mm,长度 150mm	 北京时代集团公司代理

　注:其中部分测厚仪可采用磁性和涡流两种测厚方法。

44.4.2　涡流测厚仪测定法

　　① 检测标准　GB/T 4957—2003《非磁性基体金属上非导电覆盖层 覆盖层厚度测量 涡流法》(等同采用国际标准 ISO 2360：1982)。

　　② 测试原理　利用一个带有高频线圈的测头来产生高频磁场,使置于测头下方的待测试样(金属基体)中产生涡流,根据感应涡流的大小测出涂膜厚度。

　　③ 适用范围　非磁性金属基体(如铜、铝、锌等)上非导电涂覆层(如铝阳极氧化膜、涂层等)的厚度测定,但不适用于测量所有薄的转化膜;也可用于测量铝或铜及其合金基体的涂层或其他非导电层的厚度,以及非导电基体上铜箔的厚度等。

④ 结果表示 涂镀层厚度以微米（μm）表示。

⑤ 使用仪器 有普通涡流测厚仪、印制电路板的孔壁铜厚（孔内铜镀层厚度）和面铜（面板铜箔厚度）测厚仪。

a. 常用的普通涡流测厚仪。常用的是电磁式（电源、干电池）测试仪器。常用的涡流测厚仪的技术性能规格见表44-5。

b. 印制电路板孔壁铜镀层厚度测量仪。其技术性能规格见表44-6。

表 44-5 常用的涡流测厚仪的技术性能规格

名称型号	技术规格	仪器图
TT230 涂层测厚仪（涡流测厚仪）	进行非磁性基体上的非导电覆层厚度测量。便携式一体超小型。计算机接口 测量范围:$0\sim1250\mu m$ 示值误差:$\pm(1\%\sim3\%)H+1\mu m$ 测量最小面积直径:$\phi7$ mm 存储功能:500 个值 电源:两节 AA 型碱性电池 质量:100g 外形尺寸:110mm×50mm×23mm	 上海精密仪器仪表有限公司、时代集团公司等的产品
TT240 涂镀层测厚仪（涡流测厚仪）	采用涡流测厚法。测量非磁性金属基体上非导电覆层（如涂层、塑料等）的厚度。特点:有连续测量和单次测量方式,有直接和成组工作方式。有打印功能。可与 PC 机通信 测量范围:$0\sim1250\mu m$ 示值误差:$\pm(1\%\sim3\%)H+1\mu m$	 时代集团公司的产品

注：表 44-4 的磁性、涡流一体测厚仪也可采用涡流测厚方法。

表 44-6 印制电路板孔壁铜镀层厚度测量仪的技术性能规格

名称型号	技术性能规格	
PTH-1/ITM 型 PCB 线路板孔壁铜厚测量仪（手提式）	PTH-1 型手提式测厚仪,用于测量线路板孔内铜镀层(PTH)厚度,同时也能测量覆铜板的铜箔厚度 设计形式:涡流式 无论已刻蚀和未刻蚀之板材均可很快地测量出孔内铜镀层厚度 能测量更细的孔(0.45～0.6mm),并可测量覆铜板铜箔厚度,一机两用 表面镀钛的探针可进行湿板测量,不会腐蚀探针 可储存 15000 个测量数据 PTH-1 基本型,包括主机、EP-30 探针、EP-25 探针、相关配件 PTH-1D 豪华型,包括主机、EP-30 探针、EP-25 探针、EP-20 探针、SP-100 探头、相关配件 上海益朗仪器有限公司代理(俄罗斯产品)	
台式 PCB 铜厚测试仪	品牌:milum 型号:mm805 milum mm805 是台式的孔/面铜功能测厚仪。附有 7 寸触控式彩色荧幕,功能键全部显示于画面 配合孔铜测头 THP-10 可做 35mils(0.89mm)以上孔径量测,附有温度自动补偿功能 99 组应用程序,可分别独立设定孔铜或面铜校正程序组 面铜部分使用测头 SCP-15,它能于蚀刻前、后,测量 PCB 面铜镀层厚度 测针(Tips),共有三种规格(W/M/N)供客户选用,能应用于不同的产品生产线 涡流感应式:测量 PCB 通孔镀铜膜厚 微电阻式:测量 PCB 表面镀铜膜厚 拥有 RS-232、USB 传输界面,可连接计算机做数据传输,可接点阵式打印机打印输出 上海益朗仪器有限公司代理(中国台湾)	

44.4.3 分光束显微测定法

① 检测标准 GB/T 8014.3—2005《铝及铝合金阳极氧化氧化膜厚度的测量方法 第 3

部分：分光束显微镜法》（等同采用 ISO2128：1976）。规定了铝及铝合金阳极氧化膜呈透明和半透明时的非破坏性厚度测定方法。

② 测试原理　将一光束以 45°的入射角照射到覆盖层（如铝阳极氧化膜）表面上，光束的一部分从覆盖层表面上反射回来，而另一部分穿透覆盖层并从覆盖层/基体的界面上反射回来。穿透覆盖层的光经历二次折射，这样在显微镜的目镜中，可以看见两条平行的亮线（图像），其距离与覆盖层的厚度成正比，并可以调节标尺的控制旋钮对该距离进行测量，经计算，可得到覆盖层厚度。

③ 适用范围　本测定法用于测量透明和半透明覆盖层的厚度，特别是铝及铝合金上的阳极氧化膜。只对透明和半透明覆盖层，如铝阳极氧化膜（呈透明和半透明时）进行测量，属于非破坏性测厚方法。

④ 测量误差　测量误差小于 10%。

44.4.4　X 射线光谱测定法

① 检测标准　GB/T 16921—2005《金属覆盖层　覆盖层厚度测量 X 射线光谱方法》（等同采用国际标准 ISO 3497：2000）。标准规定了应用 X 射线光谱方法测量金属覆盖层厚度的方法。

② 测试原理　将 X 射线照射到镀层和基体组合上，会激发镀层和基体产生不同波长或能量的二次辐射，即荧光辐射。其强度是元素原子序数的函数，不同原子序数的镀层（包括中间镀层）和基体会产生不同的特征辐射。因此，收集和测量被镀层衰减后的二次射线强度和频谱即可测出镀层厚度以及二元合金成分。X 射线光谱测定仪器一般由高压 X 射线管、准直器、检测器和一个计算机处理系统等组成。仪器的工作原理如图 44-1 所示。

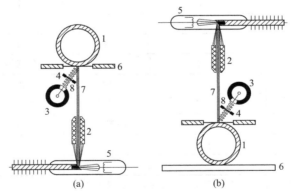

图 44-1　高压 X 射线管照射测厚工作原理示意图

1—测试试样；2—准直器；3—检测器；4—吸收器；5—X 射线发生器；
6—试样支架；7—入射 X 射线光束；8—检测和分析的特征荧光射线光束

③ 适用范围　X 射线光谱测定法适用于测量任何金属或非金属基体上的金属镀层厚度，特别适合测量表面极小的零件表面上的镀层厚度和极薄的镀层厚度（百分之几微米）。不但可测量单层金属镀层的厚度，还可测量双层和三层金属镀层、合金镀层的厚度。同时还可测量二元合金镀层成分，它是一种先进的镀层测厚方法。

X 射线光谱测厚法对镀层/基体组合的可测范围见表 44-7。

X 射线光谱测厚法对常见镀层的测量范围见表 44-8。

④ 测量误差　测量误差在 10% 以内。X 射线光谱测厚法在下列情况下测量精度偏低：当基体金属中存在与镀层成分相同的金属或镀层中存在基体金属成分时；当镀层多于两层时；当镀层的化学成分与标定样品成分有很大差异时。

⑤ 使用仪器　常用的是 X 射线荧光镀层测厚仪。本仪器一般由高压 X 射线管、准直器、检测器和一个计算机处理系统等组成。X 射线荧光镀层测厚仪的技术性能规格见表 44-9。

表 44-7　X 射线光谱测厚法对镀层/基体组合的可测范围

基体金属	镀层										
	金（Au）	银（Ag）	钯（Pd）	铑（Rh）	锡（Sn）	铅（Pb）	锌（Zn）	镉（Cd）	铜（Cu）	镍（Ni）	铬（Cr）
镍	○	○	○	○	○	○	○	○	○	×	○
铜	○	○	○	○	○	○	○	×		○	○
黄铜	○	○	○	○	○	○	×	×		○	○
青铜	○	○	○	○	○	○	○	○	×	○	○
铁	○	○	○	○	○	○	○	○	○	○	○
银	○	×	○	○	○	○	○	○	○	○	○
陶瓷	○	○	○	○	○	○	○	○	○	○	○
镍-铜合金	○	○	○	○	○	○	○	○	○	○	○
塑料	○	○	○	○	○	○	○	○	○	○	○

注：○表示可测量；×表示不可测量。

表 44-8　X 射线光谱测厚法对常见镀层的厚度测量范围

镀层金属	基体材料	测量厚度范围/μm	镀层金属	基体材料	测量厚度范围/μm
铝	铜	0～100	镍	铁	0～20
镉	铁	0～60	钯	镍	0～40
铜	铝	0～30	钯-镍合金	镍	0～20
铜	铁	0～30	铂	钛	0～8
铜	塑料	0～30	铑	铜或镍	0～50
金	陶瓷	0～8	银	铜或镍	0～50
金	铜或镍	0～8	锡	铝	0～60
铅	铜或镍	0～15	锡	铜或镍	0～60
镍	铝	0～20	锡-铅合金	铜或镍	0～25
镍	陶瓷	0～20	锌	铁	0～40
镍	铜	0～20	—	—	—

注：引自 GB/T 16921—2005《金属覆盖层 覆盖层厚度测量 X 射线光谱方法》

表 44-9　X 射线荧光镀层测厚仪的技术性能规格

名称及型号	技术性能规格
CMI 型 X 射线荧光镀层测厚仪	CMI 型 X 射线荧光镀层测厚仪的品牌：牛津 可以测量 Au、Ag、Pd、Rh、Ni、Cu、Su 等金属多镀层厚度；还可以进行金属成分的分析等。该仪器具有无损、非接触测量，高生产力、高再现性等优点。设置有正比计数探测器和 50 瓦微焦 X 射线管，大大提高灵敏度；二次光束过滤器，可以分离重叠元素；可预设参数，可提供 800 多种预设应用参数/方案；自动热补偿测量仪器温度，纠正变化，提供稳定的结果；可在实验室或生产线测量操作 测量单金属镀层厚度：例如 Zn、Cr、Cu、Ag、Au、Sn 等 测量二元合金镀层厚度：例如在 Fe 上镀 Pb-Sn、Zn-Ni、Ni-P 等合金 测量三元合金镀层厚度：例如在 Ni 上镀 Au-Cu-Cd 等合金 测量双镀层厚度：例如在 Cu 上镀 Au/Ni、在 Cu 上镀 Cr/Ni、在 Ni 上镀 Au/Ag、在黄铜上镀 Sn/Cu 等 测量三镀层厚度：例如在塑料件上镀 Cr/Ni/Cu 广东正业科技股份有限公司代理

续表

名称及型号	技术性能规格
XRF-2000 型 X 射线荧光分析仪	X 荧光射线膜厚分析仪利用 XRF 原理来分析测量金属厚度及物质成分，可用于材料的涂层/镀层厚度、材料组成和贵金属含量检测。非破坏、非接触式检测分析 　可测量高达六层的镀层(五层厚度＋底材)并可同时分析多种元素 　元素检测范围：从钛(Ti,原子序 $Z=22$)～铀(U,$Z=92$)。铝(Al 13)：选配 　X 射线管：阳极 钨(W)(选购配备：钼 Mo　铍 Be),密闭油冷式 　X 射线发生器：电压：0～50kV　选购配备：Micro Focus Tube　电流：0～1mA,电脑软体控制可调,最大功率为 50W 　脉冲处理器：高速微电脑数位脉冲处理器　电源：110～220V,50/60Hz 上海益朗仪器有限公司代理(韩国产品)
HMX 型 手提式 X 射线 镀层测厚仪	电镀过程中的随机检测以及电镀件的最终检测。现场测量,现场的样品分析,基材管理的合金分类以及合金确认独特的"分组测量"模式,允许计算一组部件的平均厚度 　质量：基体配置 1.2kg；1.6kg 带电池 　尺寸：长度 30cm；高度 23cm；宽度 7.5cm 　X 射线发生器：银或钨靶微型 X 射线管；10～40kV 　主要过滤器：5 个过滤器 　测量尺寸：接触样品表面测量时,7.75mm 　X 射线探测管：Si-PIN 高分辨率探测系统 　温度范围：—10～50℃ 　电源：可充电锂离子电池；含两块电池及充电器；AC 转换器及多电池电源可选购 上海益朗仪器有限公司代理(美国产品)

44.4.5　β 射线反向散射法

① 检测标准　GB/T 20018—2005《金属与非金属覆盖层 覆盖层厚度测量 β 射线背散射法》(等同采用国际标准 ISO3543：2000)。

② 测试原理　将 β 射线射向被测试样的镀层,射线进入金属之后与金属原子碰撞,其中的一部分被反向散射,而重新穿出被反射至探测器,而被反射的 β 粒子的强度是被测镀层种类和厚度的函数。因此,用探测器测量被测镀层反射的 β 射线的强度,即可换算成被测镀层的厚度。

③ 适用范围　可测量金属或非金属基体上的金属或非金属覆盖层厚度,但主要用于测量贵重金属薄镀层(小于 $2.5\mu m$)的厚度；也可用来测定较厚的镀层。这种方法可以测定小至 $\phi 2mm$ 区域的镀层厚度。

使用的 β 射线源不同,测量的镀层厚度范围也不同,如表 44-10[20] 所示。

表 44-10　不同 β 射线源对镀层厚度的测量范围

镀层	β 射线源				
	碳(C-14)	钷(Pm-147)	铊(Tl-204)	镭(Ra-D+E)	锶(Sr-90)
	测量厚度范围/μm				
镍	0.3～4.5	0.5～5.8	2～25	3～38	9～100
锌	0.3～4.5	0.5～5.8	2～25	3～38	8～100
银	0.2～2.2	0.3～3.2	2～15	3～25	7～70
镉	0.2～3.0	0.3～4.0	2～18	3～30	8～80
锡	0.2～3.2	0.3～4.3	3～22	4～35	10～100
金	0.1～1.5	0.1～2.0	0.8～8	1.0～11	2.5～28

④ 测量误差 测量误差在±10％以内。镀层与基体材料的原子序数相差越大，测量精度越高。一般要求镀层与基体材料的原子序数之差不应小于5。

⑤ 使用仪器 使用β射线反向散射测厚仪。本仪器包括放射源（封闭的放射性同位素容器）、检出反向散射的装置、测量发射量的计数器或换算器。用一个小工作台作装配架，安装发射器、样板和检出装置。β射线反向散射测厚仪的技术性能规格见表44-11。

表44-11 β射线反向散射测厚仪的技术性能规格

名称 型号	技术性能规格	仪器外形图
MP-700、MP-900型 β射线镀层测厚仪	基本型 MP-700：可测量一般的金属镀层，如 Au、Ag、Cu、Sn-Pb 等。 加强型 MP-900：可以利用霍尔效应技术增加测试铜上镍镀层厚度的功能 45种标准档案记忆允许用户快速地进行应用转换 多点校正模式应用于霍尔效应测量（测量镍层）	上海益朗仪器有限公司代理 (美国产品)
CMS型 手提式β射线 镀层测厚仪	美国 UPACMS 手提式β射线涂镀层测厚仪 快速、简便进行涂/镀层测量 在生产线上可作为手持式仪器，在质量控制实验室可作为台式仪器使用 可通过 USB 端口将样品数据传输至电脑 充电式镍电池，可连续测量使用20h 典型应用：示例如下铝/铁镍钴合金，钢，玻璃，硅； 巴式合金/青铜，黄铜，铜，铁；铬/铜，铝； 铜/铝，铍，碳，陶瓷，塑胶；镉/钢，黄铜，不锈钢；化学镍/铝，塑胶； 金/镍，铜，硅，陶瓷；氧化铁/聚酯薄膜，铅/黄铜，青铜，镍/铝，铍； 钯/镍；光阻材料/铜；铂/镍，铑/镍，铜，金，银/铜，镍，陶瓷，焊锡/铜； 黄铜，锡/铜，黄铜，钢，锡镍合金/镍；氮化钛/钢，不锈钢等 尺寸：250mm×125mm×62.5mm 质量：0.65kg 显示：2″×2.4″(50mm×60mm) 存储：100应用 电池：可充电式 4AA 2500mAh NiMH 电池 上海益朗仪器有限公司代理(美国产品)	

44.4.6 化学溶解法

① 测试原理 用相应的试液溶解被测镀层，然后用称重法（比较溶解前后试样的质量）或化学分析法测定镀层的质量，根据被测镀层的表面积和密度，计算镀层的平均厚度。

② 测量误差 测量误差一般约为5％，但在基体与镀层中含有相同的金属时，测量误差增大而且不易测量准确。

③ 试样准备 测试前，试样应用有机溶剂或氧化镁除油。除油后用清水（或纯水）冲洗干净、晾干。

④ 测试溶液 不同基体上各种镀层所用的测试溶液成分及工作条件见表44-12。所用试剂应为化学纯，试液用纯水配制。称重法用的试液可以多次使用，但不得浸蚀基体或中间镀层。化学分析法测定用的试液只能使用1次。

表44-12 溶解法测定镀层厚度所用的试液成分

镀层		基体金属或 中间层金属	试液成分	含量 /(g/L)	温度 /℃	镀层金属质量 测定方法
名称	密度 /(g/cm³)					
锌	7.2	钢铁	硫酸($H_2SO_4 d=1.84$) 盐酸($HCl\ d=1.19$)	50 17	18～25	称重法
镉	8.65	钢铁	硝酸铵(NH_4NO_3)	饱和溶液	18～25	称重法

续表

镀层		基体金属或中间层金属	试液成分	含量/(g/L)	温度/℃	镀层金属质量测定方法
名称	密度/(g/cm³)					
锡	7.3	钢铁	盐酸(HCl d=1.19) 三氧化二锑(Sb₂O₃)	1000mL 20	18~25	称重法
		铜和铜合金	盐酸(HCl d=1.19) 硝酸铵(NH₄NO₃)	10%(体积分数) 20%(体积分数)	室温	称重法
铜和铜合金	铜 8.9	钢铁	铬酐(CrO₃) 硫酸铵[(NH₄)₂SO₄]	270 110	18~25	称重法
镍	8.8	钢铁、铜和铜合金、锌合金	发烟硝酸(HNO₃)	含量在 70%以上(质量分数)	室温	化学分析法
铬	7.1	钢铁	盐酸(HCl d=1.19) 三氧化二锑(Sb₂O₃)	1000mL 20	18~25	称重法
		镍、铜和铜合金	盐酸(HCl d=1.19) 纯水	1体积 1体积	20~40	称重法
银	10.5	钢铁、铜和铜合金	硫酸(H₂SO₄ d=1.84) 硝酸铵(NH₄NO₃)	1000mL 20	40~60	称重法

⑤ 检验方法　称重法和化学分析法分别采用下列检验方法。

a. 称重法：将准备好的试样称重后，浸入相应试液中溶解镀层，直至镀层完全溶解并裸露出基体或中间镀层金属为止。取出试样，用水冲洗干净，经干燥后称重。称重天平感量为 0.1mg 或 0.01mg。

b. 化学分析法：待试样镀层在相应试液中完全溶解后，取出试样，用纯水冲洗，将冲洗水和溶解试液合并，分析溶液中溶解的镀层金属质量。

⑥ 镀层平均厚度计算

a. 用称重法测定镀层质量时，镀层平均厚度按下式计算：

$$h = \frac{m_1 - m_2}{Sd} \times 10^4$$

式中，h 为镀层的平均厚度，μm；m_1 为镀层溶解前的试样质量，g；m_2 为镀层溶解后的试样质量，g；S 为试样上镀层的表面积，cm^2；d 为镀层金属的密度，g/cm^3。

b. 用化学分析法测定镀层质量时，镀层平均厚度按下式计算：

$$h = \frac{m}{Sd} \times 10^4$$

式中，h 为镀层的平均厚度，μm；m 为用化学分析法测得的镀层金属的质量，g；S 为试样上镀层的表面积，cm^2；d 为镀层金属的密度，g/cm^3。

44.4.7　阳极溶解库仑法

① 检测标准　GB/T 4955—2005《金属覆盖层　覆盖层厚度测量　阳极溶解库仑法》（等同采用国际标准 ISO 2177：2003）。

② 测试原理　阳极溶解库仑法又称电量法。在被测镀层表面上，以恒定的直流电流在相应试液中以被测试镀件作为阳极，来溶解镀层。当镀层金属完全溶解，裸露出基体或中间镀层时，电解池电压会发生突变，而指示测量已达到终点。依据库仑定律，根据溶解镀层金属所消耗的电量、镀层被溶解的面积、镀层金属的电化当量、密度以及阳极溶液的电流效率来计算镀

层厚度。

③ 适用范围　适用于测量除难以阳极溶解的贵金属镀层以外的金属基体上的单层或多层单金属镀层的局部厚度。

④ 测量误差　镀层厚度在 $0.2\sim50\mu m$ 范围内，其测量误差在 $\pm10\%$ 以内。

⑤ 测试电解液　本检测方法所用测试电解液应符合以下要求：

a. 在未通电时，测试电解液对被测镀层金属应无化学腐蚀作用。

b. 镀层金属在电解液中的阳极溶解效率为 100%（或接近 100%）。

c. 当镀层金属溶解完毕，裸露出基体或中间镀层金属时，电极电位应发生明显变化。

测定不同基体金属上的各种镀层厚度所使用的电解液[2]见表 44-13。

表 44-13　阳极溶解库仑法测定镀层厚度所使用的电解液

镀层	基体(或底层)金属	电解液组成		备注
锌	钢、铜、黄铜	氰化钾(KCN)	100g/L	—
镉	钢、铜、黄铜	氰化钾(KCN) 氯化铵(NH_4Cl)	30g/L 30g/L	—
铬	钢、镍、铝	铬酐(CrO_3) 磷酸($H_3PO_4,d=1.75$)	25g/L 95mL/L	此试液只适用于 $J_A=100A/dm^2$，厚度不大于 $5\mu m$ 的镀层
	铜、黄铜	碳酸钠(Na_2CO_3)	100g/L	此试液只适用于 $J_A=100A/dm^2$，厚度不大于 $5\mu m$ 的镀层
	镍、铝	磷酸($H_3PO_4,d=1.75$)	64mL/L	此试液适用于 $J_A=100A/dm^2$，薄的镀层
铜	钢、铝	硝酸铵(NH_4NO_3) 氨水($NH_3\cdot H_2O,d=1.75$)	800g/L 10mL/L	此试液测出的镀层厚度会比正确值低 $1\%\sim2\%$
	镍、铝	硫酸钾(K_2SO_4) 磷酸($H_3PO_4,d=1.75$)	100g/L 20mL/L	—
	锌、锌压铸件	纯六氟硅酸(H_2SiF_6)$\geqslant30\%$(质量分数)		—
铅	钢、铜、镍	醋醋钠(CH_3COONa) 醋醋铵(CH_3COONH_4)	200g/L 200g/L	—
镍	钢、铝	硝酸铵(NH_4NO_3) 硫脲[$CS(NH_2)_2$]	800g/L 76g/L	—
	铜及铜合金、不锈钢	盐酸($HCl,d=1.18$)	170mL/L	此试液适合 $J_A=400A/dm^2$
银	铜及铜合金、镍	氟化钾(KF)	100g/L	此试液不适用于含锑或铋的光亮银合金
锡	钢、铜合金、镍	盐酸($HCl,d=1.18$)	170mL/L	—
	铝	硫酸($H_2SO_4,d=1.84$) 氟化钾(KF)	50mL/L 5g/L	—
锡-镍	钢	磷酸($H_3PO_4,d=1.75$) 盐酸($HCl,d=1.18$) 草酸(室温下的饱和溶液)	100mL/L 50mL/L 50mL/L	此试液只适合 $J_A=100A/dm^2$。由于锡呈二价锡状态溶解，故必须按实际锡-镍合金的成分，按二价锡溶解时的电化当量来计算
	铜或黄铜	氯化镍($NiCl_2\cdot6H_2O$) 无水氯化锡($SnCl_2$) 盐酸($HCl,d=1.18$) 磷酸($H_3PO_4,d=1.75$)	12g/L 13g/L 40mL/L 50mL/L	此试液适合 $J_A=100A/dm^2$。由于锡呈四价锡状态溶解，故必须按实际锡-镍合金的成分，按四价锡溶解时的电化当量来计算

⑥ 镀层厚度计算　测定的镀层厚度按下列计算式计算，按表 43-13 中的电解液，基本是以 100％的阳极电流效率溶解镀层。如采用市售的定型仪器测量，其镀层厚度就直接显示在数字显示器上。

$$h = \frac{QEk}{Sd} \times 10^4$$

式中，h 为镀层厚度，μm；Q 为溶解镀层消耗的电量，等于消耗的电流（A）与时间（s）的乘积，A·s；k 为溶解过程的电流效率，％；当电流效率为 100％时，$k = 1$；E 为测试条件下镀层金属的电化量，g/（A·s）；S 为镀层被溶解的面积，即测量面积，cm²；d 为镀层金属的密度，g/cm³。

⑦ 使用仪器　在 GB/T 4955—2005《金属覆盖层 覆盖层厚度测量 阳极溶解库仑法》的附录 A 中，介绍了有关测量用电解池的技术要求。电解池的结构如图 44-2 所示。测量曲面上镀层厚度用的电解池限定退镀面积见表 44-14。市售的电解测厚仪的技术性能规格见表 44-15、表 44-16、表 44-17。

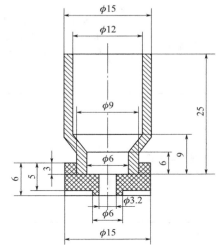

图 44-2　电解池结构示意图

表 44-14　测量曲面上镀层厚度用的电解池限定退镀面积

限定的退镀表面直径/cm	限定的退镀面积/cm²	曲面的最小直径/cm
0.32	0.080	3.0
0.22	0.038	1.0
0.15	0.018	0.14

表 44-15　HQT 型微电脑多功能电解测厚仪的技术性能规格

项目	基本型（HQT-IA）	电脑接口型（HQT-IB）	多层镍型（HQT-IC）
可测镀种	铜、镍、铬、锌、银、金、锡等镀层，包括复合镀 2 层或 3 层的每一层不同金属镀层	铜、镍、铬、锌、银、金、锡等镀层，包括复合镀 2 层或 3 层的每一层不同金属镀层	除具有基本型仪器所拥有的全部功能外，还可测定多层镍的各层厚度及层间电位差
测量厚度范围	0.03～99μm	0.03～99μm	厚度：0.03～99μm 电位差：−100～+400mV
测量精度	±10％	±10％	厚度：±10％ 电位差：±5％
复现精度（差异率）	＜5％	＜5％	＜5％
测量值表示	LED 4 位显示，两位为小数 仪器自带内置微型打印机，即时打印测量品种及四位数字测量结果（其中两位为小数）	LED 4 位显示，两位为小数 仪器自带内置微型打印机，即时打印测量品种及四位数字测量结果（其中两位为小数）	除了拥有基本型的数码显示、打印功能外，可在普遍电脑上即时显示电位差曲线，并自动对曲线进行分析。所有的测量数据、电位差曲线及曲线的分析结果都会自动保存在数据库内，随时打印
标准测量面积	A 橡皮垫圈 ϕ2.5mm B 橡皮垫圈 ϕ1.7mm	A 橡皮垫圈 ϕ2.5mm B 橡皮垫圈 ϕ1.7mm	A 橡皮垫圈 ϕ2.5mm B 橡皮垫圈 ϕ1.7mm
性能特点	操作简便，复现性好，可测量单层、复合电镀层。具有内置的微电脑芯片	操作简便，复现性好，可测量单层、复合电镀层。具有内置的微电脑芯片	操作简便，复现性好，可测量单层、复合电镀层。具有内置微电脑芯片，经过微电脑芯片处理后，直观显示各层厚度及电位差

续表

项目	基本型（HQT-IA）	电脑接口型（HQT-IB）	多层镍型（HQT-IC）
配置标准	主机（含内置微型打印机）、电解池、有机测量架、橡皮垫圈、标准样板、打印纸及支架、试剂瓶等	主机（含内置微型打印机）、电解池、有机测量架、橡皮垫圈、标准样板、打印纸及支架、试剂瓶等。与普通电脑连接的接口、连接线、可安装入普通电脑的全套测量用软件	主机（含内置微型打印机）、电解池、有机测量架1、有机测量架2、橡皮垫圈、标准样板、打印纸及支架、试剂瓶等。与普通电脑连接的接口、连接线、可安装入普通电脑的全套测量用软件
电脑接口配置	—	仪器在测量时通过与普通电脑连接后，利用测量软件在普通电脑上直观地显示厚度数值。测量数据会自动保存在数据库内，如需打印可自动生成打印报告，随时打印，并具有对所选中的需打印的几次测量结果自动计算平均值功能等	除具有基本型电脑的所有功能外，多层镍型还可在普通电脑上即时显示电位差曲线，并自动对曲线进行分析。所有的测量数据、电位差曲线及曲线的分析结果都会自动保存在数据库内，随时打印
仪器外形图	基本型（HQT-IA）	电脑接口型(HQT-IB)、多层镍型 (HQT-IC)	

可附加测量小体积物体及线材的功能（体积，形状，大小不限）

通过测量软件可在电脑上显示电位差曲线画面（多层镍型）

上海贝增电子设备有限公司产品

表 44-16　库仑镀层测厚仪 (GALVANOTEST) 的技术性能规格

库仑镀层测厚仪(GALVANOTEST)的技术性能规格		2000 型	3000 型
可以测量 70 种以上镀层/基体组合		○	○
可以测量平面、曲面上的镀层；可以测量小零件、导线、线状零件		○	○
预置 10 种金属的测量参数：Cr(铬)、Ni(镍)、Cu(铜)、黄铜、Zn(锌)、Ag(银)、Sn(锡)、Pb(铅)、Cd(镉)、Au(金,需提供样品确定)		△	○
预置 9 种金属的测量参数：Cr(铬)、Ni(镍)、Cu(铜)、黄铜、Zn(锌)、Ag(银)、Sn(锡)、Pb(铅)、Cd(镉)			△
用户可另设置 8 种金属的测量参数		△	
用户可另设置 1 种金属的测量参数		○	△
库仑镀层测厚仪测量机构	带循环泵	△	○
	带气泵	○	△
库仑镀层测厚仪测量面积	密封垫 8mm²	○	△
	密封垫 4mm²	○	○
	密封片 1mm²	○	○
	密封片 0.25mm²(涂镀层面积几乎小得看不见)	△	○
	电解杯 0.25～16mm²(可选件)	○	○

续表

库仑镀层测厚仪（GALVANOTEST）的技术性能规格		2000 型	3000 型
库仑镀层测厚仪测量参数最优化调整	除镀速度 0.3～40μm/min 可调	○	○
	根据金属和测量表面可直接调整系数	○	○
	可用厚度标准样板校准	○	○
	可调整终点电压,以抗干扰,适应镀层/基体之间的合金	○	○
GALVANOTEST 的数据存储	可存储不同金属测量参数的数目	10	18
	可存储的读数和统计值	2000	2000
	仪器断电后可保持所有校准值、读数、统计值	○	○
库仑镀层测厚仪统计计算	显示 6 种统计值:均值、标准偏差、变异系数、最大、最小值、读数个数	○	○
	立即或稍后显示统计值	○	○
	立即或稍后打印读数和统计值	△	○
	显示打印年、月、日、时、分	○	○
用于外设的计算机接口	MINIPRINT 微型打印机接口。RS-232,PC 计算机接口	○	○
	连接 x-t 记录仪模拟电压输出接口	○	○
	电解液饱和报警指示	△	○
测量的不确定性	5%,在 8mm² 面积下,经校准	○	○
库仑镀层测厚仪电源	110/220V,50/60Hz,10W	○	○
测量厚度范围	最大测量镀层厚度范围:0.05～75μm	○	○
仪器外形图	GALVANOTEST 库仑测厚仪由测量杯、支架和仪器三大部分组成 利用库仑电量分析原理,测量镀层、多层镀层 符合国际标准:DIN EN ISO 2177 符号表示:○表示支持；△表示不支持 上海玖纵精密仪器有限公司代理		

表 44-17　ET-3 微电脑多功能电解测厚仪的技术性能规格

项目	技术性能规格
测量镀种范围	镍（Ni）、铬（Cr）、铜（Cu）、锌（Zn）、镉（Cd）、锡（Sn）、银（Ag）、金（Au）、Pd-Sn、Cu-Zn、Zn-Ni 、Ni-P、Cu-Ni-Cr/Fe 等,其他镀层可定制
可测多层镍	可测定二层或三层以上的每一层不同金属镀层的厚度,除具有基本型仪器所拥有的全部功能外,还可测定多层镍的各层间电位差
测量厚度等范围	测量厚度:0.03～300μm　　准确度（误差范围）:±8%,电位差±5% 复现精度（差异率）:5%　　电解电流精度:±1% 测量面直径:φ3.0mm；φ2.5mm；φ1.7mm
供电电源	A C 220±10%V；0.7A；50/60Hz±0.5Hz；需有良好可靠接地
使用环境	＋10～＋40℃；相对湿度不大于 85%；要求周围无强腐蚀性气体和强磁场干扰
外形尺寸及主机质量	外形尺寸:350mm×260mm×160mm（长×宽×高）,主机质量:5kg

项目	技术性能规格
性能特点	中、英文液晶显示,中、英文打印镀层种类、厚度、测试人员、日期,可选内部时钟万年历,无需每次设置。测量范围大,自动暂停测量提示更换电解液 仪器断电后可保持所有校准值、读数、统计值,均值、标准偏差、变异系数、最大值、最小值、读数个数 除镀速度 $0.3\sim40\mu m/min$ 可调 可调整终点电压,以抗干扰,适应镀层/基体之间的合金 可以测量 70 种以上金属镀层基体组合,可以测量平面、曲面上的镀层,可以测量小零件、导线、线状零件
分步测量多层镍厚度	是一种已定型的测试方法,用来测定多层镍镀层系统中各个单个的镀层厚度以及各镀层之间的电化学电位差。高的电压分辨率可以测量顶层为微孔镍或微裂纹镍与下层光亮镍之间的电位,以及光亮镍和半光亮镍之间的电位。若需要,还可以测光亮镍和半光亮镍之间的高的硫化镍,测试原理如下:
仪器外形图	 苏州奇乐电子科技有限公司代理

44.4.8 金相显微镜法

① 检测标准　GB/T 6462—2005《金属和氧化物覆盖层 厚度测量 显微镜法》,(等同采用国际标准 ISO 1463:2003)。标准规定了利用金相显微镜对金属镀层和氧化膜层横断面厚度进行测量的方法。

② 测试原理　利用制备金相试样的方法,制得试样镀层的横断面,用金相显微镜直接测量金属镀层或化学保护层的局部厚度或平均厚度。

③ 适用范围　几乎适用于任何镀层和化学保护层的厚度($2\mu m$ 以上)测量。当厚度大于 $8\mu m$ 时,可作为仲裁检验。

④ 测量误差　测量误差一般为 $\pm10\%$,当厚度大于 $25\mu m$ 时,可使测量误差小于 5%。

⑤ 试样准备　取样按镀件的技术条件和规定,一般从零件主要表面一处或几处切取试样。试样镶嵌后,对横断面进行研磨、抛光和浸蚀,浸蚀后先经清水冲洗,然后用酒精洗净,用热风快速吹干。化学保护膜的试样经研磨、抛光后(如铝氧化膜)不必进行浸蚀。几种常用的浸蚀剂见表 44-18。

表 44-18　几种常用的浸蚀剂

基体金属	待测镀层	浸蚀液组分	
		成分	含量
钢铁	铜、镍、铬、铜-锡合金	硝酸(HNO_3, $d=1.42$) 乙醇(C_2H_5OH, 95%)	5mL 95mL
钢铁	锌、镉	铬酐(CrO_3) 硫酸钠(Na_2SO_4) 纯水	20g 1.5g 100mL
铜及铜合金	锌、铬	硝酸(HNO_3, $d=1.42$) 纯水	50mL 50mL
铜及铜合金	锡、银、金、黑镍	硝酸(HNO_3, $d=1.42$) 纯水	30mL 70mL
锌基合金	镍、铜	铬酐(CrO_3) 硫酸钠(Na_2SO_4) 纯水	20g 1.5g 100mL
铝和铝合金	镍、铜	硝酸(HNO_3, $d=1.42$) 氢氟酸(HF, $d=1.14$) 纯水	5mL 2mL 93mL

⑥ 使用仪器　可使用各种类型经过校准的带有测微计或目镜测微计的金相显微镜。

44.4.9　扫描电子显微镜法

① 检测标准　JB/T 7503—1994《金属覆盖层横断面厚度扫描电镜 测量方法》。

② 测试方法　从待测试样上的指定部位，垂直覆盖层切割试样，经镶嵌、研磨、抛光和浸蚀制成横断面金相试样，利用扫描电子显微镜的显微图像微标尺直接测定镀层厚度。

③ 测量误差　测量精度比金相显微镜法高，测量误差一般小于 10%，最小测量误差仅为 ±0.1μm。

④ 适用范围　适用于测定特别薄的覆盖层厚度。

⑤ 使用仪器　可使用扫描电子显微镜。市售的 KYKY-2800B 型扫描电子显微镜的技术性能规格见表 44-19。

表 44-19　KYKY-2800B 型扫描电子显微镜的技术性能规格

名称型号	技术性能规格	仪器外形图
KYKY-2800B 扫描电子显微镜	分辨率：4.5nm(钨丝阴极) 放大倍数：15～250000 倍 电子枪：发叉式钨丝阴极 加速电压：0～30kV 透镜系统：三级电磁透镜 物镜光阑：三个光阑可在真空外选择调节 该产品除具有原 KYKY 电镜的优良工艺和稳定可靠特性外，新增加了各种计算机自动控制及调节功能，尤其是彩色专用图像处理器(进行图像分析处理)，使扫描电镜和图像分析得到完美结合。在先进友好的 WindowXP 的操作界面下，用户可以非常便捷地得到各种分析测试数据或者实验报告	 上海精密仪器仪表有限公司的产品

44.4.10 轮廓仪法

① 检测标准 GB/T 11378—2005《金属覆盖层 覆盖层厚度测量 轮廓仪法》（等同采用国际标准 ISO 4518：1980）。标准规定了测量金属镀层厚度的轮廓仪法，以及使用仪器的测量特性、测量规程、测量精度和影响测量精度的因素。

② 测试原理 在被测试的镀层表面与基体表面之间，制造出一台阶或沟槽，其高度能真正代表镀层的厚度，可用轮廓仪测定出厚度。

③ 测试方法 在被测试的镀层表面制备台阶，可使用阳极溶解库仑法使用的电解池，溶解掉小圆面积内的镀层（即不溶解基体而只溶解掉一小圆面积的镀层），使其形成一个台阶。用轮廓仪（即断面示踪型表面粗糙度分析仪）的探测触针横向拉动跨过这个台阶，探针的水平与垂直运动被放大并记录，测量出台阶高度，即为镀层厚度。

④ 测量误差 测量误差在 10% 或 $\pm 0.005\mu m$（以大值为准）范围内。测量分辨率最小可达 $0.005 \sim 1\mu m$。

⑤ 适用范围 测量镀层厚度范围可达 $0.01 \sim 1000\mu m$，如采取适当措施，也可以测量圆柱表面。它非常适合于微小厚度的测量。测量方法直观，特别适合测量薄的镀层厚度，用作仲裁和镀层厚度标准块的测量。

⑥ 使用仪器 可使用轮廓仪（即表面粗糙度检测仪）。有下列两种类型的仪器：

a. 电子触针式仪器，即表面分析仪和表面轮廓记录仪，通常用于测量表面粗糙度，也可用于记录台阶的轮廓，应用较广，测量范围为 $0.005 \sim 250\mu m$。

b. 电子感应比较仪，具有触针及记录台阶轮廓的功能。其结构更简单，测量范围为 $1 \sim 1000\mu m$。

表面粗糙度检测仪的技术性能规格见表 44-20。

表 44-20 表面粗糙度检测仪的技术性能规格

名称及型号	技术性能规格
JB-4C 表面粗糙度 测试仪	测试参数：Ra、Rz、Rt、RS、RSm、Rp、Rv、R_{max}、Rq、D、Pt、Lr、Ln 和 $Rmr(T_p)$ 曲线等粗糙度轮廓图形放大倍率：$10 \sim 500000$ 自动调整 粗糙度测量范围：$Ra\ 0.01 \sim 10\ \mu m$ 以上 分辨率：$0.001\mu m$；示值误差：$\pm(5\% + 4nm)$测量重复性：$\pm 3\%$ 测量工件最大高度：300mm；传感器可测：平面、斜面、内孔表面、外圆柱面、槽表面、圆弧面、球面等各种零件的表面粗糙度 天然金刚石触针：标准型，高度 8mm；小孔型 4mm，触针半径 $2\mu m$，测力 4mN 顶尖角度 60° 台阶和 Pt 测量范围：$100\ \mu m$；轴向测量范围：60 mm；轮廓图形：直接轮廓，滤波轮廓 小孔测量范围：$\geqslant \pm 5mm$ X-Y 工作台：旋转角度 $\pm 10°$ X-Y 移动范围 15mm 调整校正范围 15mm 标准配件、附件：粗糙度仪主机，支柱及大理石底座，控制器，驱动装置，传感器，X-Y 工作台，V 形块，标准型触针，小孔型触针，粗糙度样板，计算机打印机仪器 电源：220V AC±10%50Hz 大理石工作台尺寸：630mm×400mm×100mm 质量：100kg 仪器毛重：150kg 上海精密仪器仪表有限公司的产品

名称及型号	技术性能规格
JB-5C 粗糙度轮廓仪 （具有检测粗糙 度、轮廓两种 功能）	测试参数：Ra、Rz、Rt、RS、RSm、Rp、Rv、R_{max}、Rq、D、Pt、Lr、Ln 和 $Rmr(T_p)$ 曲线等 粗糙度轮廓图形放大倍率：10～500000 自动调整　粗糙度测量范围：$Ra0.01\sim10\mu m$ 以上 分辨率：$0.001\mu m$；示值误差：$\pm(5\%+4nm)$测量重复性：$\pm3\%$ 测量工件最大高度：370mm；传感器可测：平面、斜面、内孔表面、外圆柱面、槽表面、圆弧面、球面 等各种零件的表面粗糙度 天然金刚石触针：标准型，高度 12mm；小孔型 4mm，触针半径 $2\mu m$，测力 4mN 顶尖角度 60° 台阶和 Pt 测量范围：1mm；轴向测量范围：100 mm　轮廓图形：直接轮廓，滤波轮廓 小孔测量范围：$\geqslant\pm5mm$；轮廓测量范围：X：100mm，Z：10mm X-Y 工作台：旋转角度 $\pm10°$；X-Y 移动范围：15mm；调整校正范围：15mm 标准配件、附件：粗糙度仪主机，支柱及大理石底座，控制器，驱动装置，传感器，X-Y 工作台，V 形块，标准型触针，小孔型触针，粗糙度样板，计算机打印机 电源：220V AC$\pm10\%$50Hz 大理石工作台尺寸：700mm×400mm×100mm 质量：150kg 仪器毛重：200kg 可测量各种精密机械零件的粗糙度和轮廓形状参数。 此款仪器各方面指标已达到国际标准 上海精密仪器仪表有限公司的产品

44.4.11　干涉显微镜法

① 测试原理和方法　干涉显微镜测量法，采用与轮廓仪测量法相同的试样处理方法，即造成基体与镀层之间的台阶。用单色光束直接照到试样表面的台阶上，台阶使干涉条纹发生位移。位移一整个条纹的间距相当于单色光半个波长的垂直位移。干涉显微镜测量条纹的间距和位移，可测出台阶高度，即镀层厚度。

② 测量误差　测试仪器极限分辨率为 $0.05\mu m$ 左右。

③ 适用范围　用来测量厚度小于 $2\mu m$，具有高反射率的镀层。

④ 使用仪器　可使用干涉测量仪。

44.4.12　计时液流法和计时点滴法

计时液流法是以试液在一定速度的液流作用下，使试样的局部镀层溶解，其镀层厚度，根据试样上局部镀层溶解完毕时所用的时间来计算。计时点滴法是用小滴的试液在镀层局部表面上停止一定时间，然后再在原处更换新的液滴，根据溶解局部镀层所消耗试液滴数和时间来计算镀层厚度。

这两种测量方法费时，操作较烦琐，测量误差有时较大。随着科学技术的发展，各种测量准确、操作简便的测量仪器不断出现，计时液流法和计时点滴法现在基本上很少使用，故在此不做介绍。

44.4.13　镀层厚度测定方法的选择

镀层厚度测定有很多方法，任何一种测试方法都有它的长处和局限性，如何科学、合理地选择测定方法是个重要问题。选择时要考虑以下几个方面：所需检测的厚度测量范围、测量精度要求、测量速度、使用场合、测量的是平均厚度还是局部厚度、非破坏性或破坏性检测以及测试仪器的性价比等问题，经分析、比较后确实。贵金属镀层、造价高的大型工件等应选用非破坏性测厚法。

各种镀层厚度测定方法的适用范围[2]见表 44-21。

表 44-21　各种镀层厚度测定方法的适用范围

基体材料	覆盖层种类																
	铝及铝合金	阳极氧化层	镉	铬	铜	金	铅	镍	化学镀镍	非金属	钯	铑	银	锡	锡铅合金	釉瓷和搪瓷	锌
铝及铝合金	—	E	BC	BC	BC	B	BC	BCM	BC②E②	E	B	B	BC	BC	B③C③	E	C
铜及铜合金	—	E	BC	C	C	B	BC	CM①	C②M①	BE	B	B	BC	BC	B③C③	E	C
镁及镁合金	—							BM①							B③		B
镍	—		BC	BC	C	B	BC	—	—	BE	B	B	BC	BC	B③	—	C
铁-镍-钴合金④	—		BM	M	M	BM	BM	BCM①	C②M①	BM	BM	BM	BM	BM	B③C③M	—	BM
非金属	BE	—	BC	BC	BC	B	BC	BCM①	BC②	—	B	B	BC	BC	B③C③	—	B
银	—	—	B	B	B	BC	BM		BM		BM	BM	BC	BC	B③C③M	M	BCM
钢(磁性)	BM	—	BCM	CM	CM	BM	BCM	C②M①	C②M①	BM	BM	BM	BCM	BCM	B③C③M	M	BCM
钢(非磁性)	B		BC	C	C	BC	BC	CM①	B②C②M①		B	B	BC	BC	B③C③	E	BC
钛	—		B	B	B	B	B	BM①	BE		B	B	B	B	B③	—	B
锌及锌合金	—		B	B	B	B	B	M①	BE		B	B	B	B	B③		

① 此方法对覆盖层磁导率变化敏感。
② 此方法对覆盖层中磷或硼的含量变化敏感。
③ 此方法对合金的成分敏感。
④ 铁-镍-钴合金组成为：Fe=54%、Ni=29%、Co=17%，均为质量分数。
注：表中符号 B 表示 β 射线反向散射仪；C 表示库仑仪；E 表示涡流测厚仪；M 表示磁性测厚仪。

44.5　镀层结合强度的测定

镀层结合强度是指镀层与基体材料或中间镀层结合的强度，可使用镀层与基体分离所需的力表示。它是镀层的主要力学性能之一。作为电镀产品，镀层与基体具有足够的结合强度，是电镀最基本的要求。因此，结合强度是评价电镀件质量的主要指标。

镀层结合强度的测定方法有定性测试方法和定量测试方法两类。工业生产中常大多采用的是定性测试方法，如现场生产线、车间的检测等，作为镀件质量控制试验。而定量测试方法由于有诸多困难，如需要特殊试验仪器和相当熟练的技术等，定量测试主要用在试验研究中心等，供科研开发用。

44.5.1　镀层结合强度的定性检测方法

检测标准：GB/T 5270—2005《金属基体上的金属覆盖层 电沉积层和化学沉积层 附着强度试验方法评述》（等同采用国际标准 ISO 2819：1980）。标准中规定了镀层结合强度的定性检测方法。

定性检测方法，一般是以镀层金属和基体金属的物理-力学性能的不同为基础，当试样承受不均匀变形热应力或外力的作用后，检验镀层与基体或中间层的附着结合是否良好，是一种破坏性的检测方法。镀层结合强度的定性检测方法有摩擦抛光试验，钢球摩擦滚光试验，喷丸试验，剥离试验，锉刀试验，磨、锯试验，凿子试验，划线、划格试验，弯曲试验，缠绕试验，拉力（拉伸）试验，热震试验，深引试验和阴极试验等，其检测方法见表 44-22～表 44-24。

表 44-22　镀层结合强度的定性检测方法（1）

检测项目	检测原理和方法
摩擦抛光试验	在面积不小于 $6cm^2$ 的镀层表面上，用 1 根直径为 6mm、顶端加工成光滑半球形的圆钢棒，对测试镀层表面进行摩擦抛光约 15s，摩擦时所加的压力只能抛光镀层，但又不能削割镀层。随着摩擦力的作用，也有热量产生，继续进行，若镀层不出现任何变化为结合强度合格，若出现长大的鼓泡，则镀层结合强度差。本试验方法适用于检测厚度较薄的镀层
钢球摩擦滚光试验	将试样放入一个内部装有直径为 3mm 钢球的滚筒或振动抛光机内，并以肥皂水溶液作润滑剂进行摩擦滚光试验，其转速或振动频率及试验时间，依据试样复杂程度及试验规定要求而定。结合不良的镀层经此试验后会起泡。本试验方法适用于检测小型零件上的薄镀层
喷丸试验	利用重力或压缩空气，把铁丸或钢丸喷射于试样的表面上，由于撞击作用导致镀层变形，如果镀层与基体结合强度不好，则镀层将会起泡。在 GB/T 5270—2005 的附录 A 中规定了具体的测试方法。本试验方法一般用于银镀层和镍镀层
剥离试验	① 焊接-剥离试验　将一张 75mm×10mm×0.5mm 的镀锡低碳钢或镀锡黄铜试片，在距一端 10mm 处弯成直角，将较短的一边平焊于试样镀层表面上，对长边（未焊接的一边）施加一垂直于焊接面的拉力，直至试片与试样镀层分离。若在焊接处或镀层内部发生断裂，则认为其结合强度好。本方法未被广泛应用，因为在焊接过程中焊点的温度可能会改变镀层的结合强度。另外，可利用一种具有足够抗拉强度的胶黏剂，代替焊接进行剥离试验。本试验方法适用于测试厚度小于 $125\mu m$ 的镀层 ② 粘接-剥离试验　将一纤维黏胶带（黏胶带的附着强度值大约每 25mm 的宽度为 8N）黏附在试样的镀层上，用一定质量的橡胶滚筒在上面滚压，以除去胶粘接面内的空气泡。间隔 10s 后，用垂直于镀层的拉力使胶带剥离，若镀层无剥离现象为结合强度合格。本试验方法特别适用于检测印制电路板中导线和触点上镀层的附着强度，镀覆的导线试验面积大于 $30mm^2$
锉刀试验	锉刀试验，将试样夹在台虎钳中，用一种粗齿扁锉，锉试样的边棱（或锯断面），锉刀与试样镀层表面大约成 45°。锉动方向是从基体金属向镀层。镀层不揭起或不脱落为结合强度合格。本试验方法只适合较厚和较硬的镀层的试验，不适合较薄的镀层以及像锌、镉之类的软镀层
磨、锯试验	① 磨削试验　沿基体金属到镀层的切割方向，利用砂轮磨削镀件的边缘，然后检查磨削面镀层的结合强度。若镀层出现剥离现象，则认为镀层结合强度差 ② 锯子试验　也可以利用钢锯来代替砂轮，但要注意对钢锯所施加的力的方向，应力图使镀层与基体金属分离，若镀层出现剥离现象，则认为镀层结合强度差 本试验方法特别适用于检测硬而脆的镀层（如镍、铬等镀层）
凿子试验	① 将一锐利的凿子置于镀层突出部位的背面，并给予一猛烈的锤击，使凿子穿透镀层并向前推进。若镀层不与基体分离，则认为镀层结合强度好 ② 另一种方法是"凿子试验"与"锯子试验"结合进行试验。试验时，先垂直于镀层锯下一块试样，如结合强度不好，镀层会剥落；如果断口处镀层无剥落现象，则用一锐利的凿子在断口边缘尽量撬起镀层，若镀层能够剥下相当大一段，则表明镀层的结合强度差 ③ 较薄的镀层也可以用刀代替凿子进行试验，也可用锤子轻轻敲击试验 本试验方法仅适用于厚镀层（大于 $125\mu m$）的镀件，不适用于锌、镉等薄而软的镀层

表 44-23　镀层结合强度的定性检测方法（2）

检测项目	检测原理和方法
划线、划格试验	① 划线试验　用一把刃口为 30°锐角的硬质钢划刀，在钢直尺的配合下，在试样镀层表面划两条相距 2mm 的平行线。在划两根平行线时，应以足够的力使划刀一次就能划破镀层到达基体金属。如果两平行线之间的镀层出现任何剥离现象，则认为镀层结合不好 ② 划格试验　划边长为 1mm 的正方形格子。用力应使划刀一次就能划破镀层到达基体金属。如果正方形格子内的镀层出现任何剥离现象，则认为镀层结合不好 本试验方法仅适用于较薄镀层的镀件
弯曲试验	弯曲试验是在外力作用下使试样弯曲或拐折，检测其结合强度。弯曲试验常用的有两种方法： ① 将试样沿直径等于试样厚度的轴，弯曲 180°，然后用放大 4 倍的放大镜观察弯曲部位，镀层不起皮、不脱落为结合强度合格；或者将试样沿直径等于试样厚度的轴，反复弯曲 180°直至试样断裂，镀层不起皮、不脱落为合格 ② 将试样夹在台虎钳中，反复弯曲试样，直至基体和镀层一起断裂，镀层不起皮、不脱落；或用放大 4 倍的放大镜检查，镀层与基体不分离均为合格 本试验方法广泛用于薄片弹簧等镀件的检测
缠绕试验	直径为 1mm 以下的线材，将其绕在直径为线材直径 3 倍的轴上；直径为 1mm 以上的线材，绕在与线材直径相同的轴上，均绕成 10～15 个紧靠着近的线圈，镀层不起皮、不脱落、不碎裂为结合强度合格。缠绕试验常用于检验线材或带材等的镀层与基体金属的结合强度
拉力（拉伸）试验	使电镀试样在拉力试验机上承受拉伸应力，直至断裂，观察断口处镀层与基体的结合情况，不出现镀层从基体金属上剥落为合格。试样的规格尺寸和其他要求，按力学性能试验时拉力棒的设计要求处理。拉力棒应在与零件完全相同的条件下电镀后再进行结合强度试验。最好使拉力棒的材质和热处理工艺与实际镀件相同。本试验方法适用于镀层较厚的镀件
深引试验	深引试验常用来检测薄板金属镀件的结合强度，常用的方法是用某种冲头对镀层和基体金属进行冲压使其逐渐变形成杯状和凸缘帽状，观察变形及破裂处的镀层与基体的结合强度。常用的试验方法有埃里克森杯突试验和罗曼诺夫凸缘帽试验 ① 埃里克森杯突试验　采用适当的液压装置把一个直径为 20mm 的球状冲头，以 0.2～6mm/s 的速度压入试样，至要求的深度。观察镀层，结合强度差的镀层经过几毫米变形便起皮或以片状从基体金属上剥离开来。结合强度好的镀层即使冲头穿透基体也不会起皮 ② 罗曼诺夫凸缘帽试验　该试验装置由一般压力机和一套用来与凸缘帽配合使用的可调式模具所组成。其凸缘直径为 63.5mm，帽的直径为 38mm，帽的深度可在 0～12.7mm 范围内调整。一般把试样测试到帽破裂为止。深引后的未损伤部分将表明深引如何影响镀层的结构 本试验方法常用来检测薄板镀件镀层的结合强度，特别适用于较硬的镀层，如镍和铬镀层。但对延展性大和较薄的镀层，深引试验则不能有效地说明其结合强度

表 44-24　镀层结合强度的定性检测方法（3）

检测项目	检测原理和方法
热震试验	将被测试的试样在一定温度下进行加热，然后骤然冷却，由于镀层金属与基体金属（或中间镀层）的热膨胀系数不同而发生变形的差异，则可用来测定许多镀层的结合强度。热震试验的试样加热温度见表 44-25。试验时，将试样放在炉中加热至表中规定的温度，时间一般为 0.5～1h，然后取出放入冷水或室温中骤冷，观察镀层是否起泡、片状脱离或分层脱离。只有当镀层与基体金属的膨胀系数有明显差别时，采用本试验方法才比较有效。易氧化的镀层和基体应放在惰性气氛、还原气氛或在适当液体中加热。若带有焊缝的镀件做热震试验，其焊料熔点低于上述表中规定温度时，允许相应降低加热温度，但在评定结果中应予以说明。 必须指出：加热一般都会提高镀层的结合强度。所以，需要把试样加热的任何试验方法，都不能正确地指示电镀状态的结合强度
阴极试验	阴极试验是将已电镀的试样放在适当的溶液中作阴极，通电时阴极析出的氢气通过某些镀层扩散，并在镀层和基体金属之间任何不连续部位积累，所产生的压力将会使镀层起泡。观察镀层是否起泡，以评定电镀的结合强度 阴极试验的溶液及试验条件： 氢氧化钠（NaOH）　　　5%（质量分数） 试验温度　　　　　　　90℃ 阴极电流密度　　　　　10A/dm² 试验时间：2min 为观察起点，通电 15min 后镀层不起泡为结合强度良好 也可在质量分数为 5% 的硫酸水溶液中，用 10A/dm² 的阴极电流密度在 60℃ 条件下进行电解处理，经 5～15min 镀层不起泡为结合强度良好 本试验方法只适用于能够透过阴极释放氢气的镀层，如镍、镍＋铬镀层，而不适用于铅、锌、锡、铜或镉等软镀层

表 44-25　热震试验的试样加热温度

基体金属	镀层金属		
	铬、镍、铜、镍＋铬及锡-镍	锡、铅及铅-锡	锌、镉
钢	300℃±10℃	150℃±10℃	190℃±10℃
铜及铜合金	250℃±10℃	150℃±10℃	190℃±10℃
锌合金	150℃±10℃	150℃±10℃	190℃±10℃
铝及铝合金	220℃±10℃	150℃±10℃	190℃±10℃

44.5.2　镀层结合强度的定量检测方法

（1）拉开剥离试验

拉开剥离试验方法如图 44-3 所示。准备两个与镀件基体相同的圆柱形试件（直径 30mm，长 100mm 左右），试件的一端要磨光滑平整。其中一个试件在平滑端面镀上被测镀层，其镀层用粘接强度好的环氧树脂胶黏剂与另一试件平滑端面粘接。放在拉力试验机上进行拉开试验，直至两个试件分开，如是在胶黏剂处与镀层处分开，说明镀层结合强度大于胶黏剂的抗拉强度，如在镀层与基体处分开，记录拉力 F 值，镀层的结合强度按下式计算：

$$P = \frac{F}{S}$$

式中，P 为镀层结合强度，N/mm^2；F 为镀层与基体剥离所需的力，N；S 为镀层与基体结合的面积，mm^2。

（2）塑料基体镀层剥离试验

取尺寸为 75mm×100mm 的塑料板，并镀上厚度为 $40\mu m \pm 4\mu m$ 的酸性铜层。用刀子切割铜镀层至基体成 25mm 宽的铜条，并从试样任一端剥起铜镀层约 15mm 长，用夹具将剥离的铜镀层端头夹牢，用垂直于表面 90°±5°的力进行剥离（如图 44-4 所示），剥离速度为 25m/min，不间断地记录剥离力，直到镀层与塑料试样分离为止。剥离强度按下式计算：

$$F_r = \frac{F_p}{h} \times 10$$

式中，F_r 为剥离强度，N/cm；F_p 为剥离力，N；h 为切割铜镀层宽，cm。

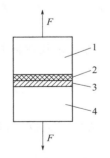

图 44-3　拉开剥离试验
1—圆柱形试件；2—胶黏剂；3—被测镀层；
4—镀上被测镀层的圆柱形试件

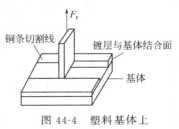

图 44-4　塑料基体上
镀层的剥离试验

44.5.3　适用于测定各种金属镀层结合强度的试验方法

适用于测定各种金属镀层结合强度的试验方法见表 44-26。

表 44-26　适用于测定各种金属镀层结合强度的试验方法

结合强度试验方法	覆盖层金属									
	镉	铬	铜	镍	镍+铬	银	锡	锡-镍合金	锌	金
摩擦抛光法	○	—	○	○	○	○	○	○	○	○
钢球摩擦滚光法	○	○	○	○	○	○	○	○	○	○
喷丸法	—	—	—	○	—	—	—	—	—	—
剥离(焊接)法	—	—	○	○	—	○	○	○	—	○
剥离(粘接法)法	—	—	○	○	—	○	○	○	—	○
锉刀法	—	—	○	○	—	○	—	○	—	—
磨、锯法	—	○	○	○	—	—	—	—	—	—
凿子法	—	○	○	○	—	—	—	—	—	—
划线、划格法	○	○	○	○	○	○	○	○	—	○
弯曲法	—	○	○	○	—	○	○	○	—	—
缠绕法	—	○	○	○	—	○	○	○	—	—
拉力(拉伸)法	○	○	○	○	○	○	○	○	○	○
热震法	—	○	○	○	○	○	○	○	—	—
深引(杯突)法	—	○	○	○	—	○	○	—	—	—
深引(凸缘帽)法	—	○	○	○	—	○	—	—	—	—
阴极法	—	○	—	○	—	○	—	—	—	—

注：○表示适用的试验方法。

44.6　镀层孔隙率的测定

镀层孔隙是指镀层表面直至基体金属的细小孔道，即针孔。镀层孔隙率是指镀层表面单位面积上针孔的个数。镀层孔隙率反映了镀层表面的致密程度，它直接影响镀层的防护能力（尤其是阴极镀层），以及作为特殊性能要求的镀层（如防渗碳、氮等）的使用性能，也是衡量镀层质量的重要指标。所以，精确测定镀层孔隙率，对于提高镀层质量起着非常重要的作用。

测定镀层孔隙率的方法有贴滤纸法、涂膏法、浸渍法、电图像法、气相试验法等。有关的检测标准如下：

GB/T 17720—1999《金属覆盖层　孔隙率试验评述》（等同采用国际标准 ISO 10308：1995）；

GB/T 17721—1999《金属覆盖层　孔隙率试验 铁试剂试验》（等同采用国际标准 ISO 10309：1994）；

GB/T 18179—2000《金属覆盖层　孔隙率试验 潮湿硫（硫华）试验》（等同采用国际标准 ISO 12687：1996）；

GB/T 19351—2003《金属覆盖层　金属基体上金覆盖层孔隙率的测定 硝酸蒸气试验》（等同采用国际标准 ISO 14647：2000）。

44.6.1　贴滤纸测定法

(1) 测试原理和方法

将浸有测试溶液的润湿滤纸，贴于经过预处理的被测试样的镀层表面上，滤纸上的试液渗入镀层孔隙中与中间镀层或基体金属作用，生成具有特征颜色的斑点显示在滤纸上。依据滤纸上有色斑点的数量来评定镀层孔隙率。

（2）适用范围

本测试方法用于测定钢和铜合金基体上的 Cu、Ni、Cr、Sn、Ni/Cu、Cu/Ni、Cu/Ni/Cr 等单层或多层镀层的孔隙率。

（3）测定程序

测定方法和程序如下。

① 测定表面用有机溶剂或氧化镁膏脱脂除油，纯水洗净，吹干或用滤纸吸干。如试样在电镀后立即检测，可不必除油。

② 将浸透试液的滤纸，紧贴在被测试镀层的表面上。滤纸与待测镀层表面之间不得有残留气泡，同时可不断向滤纸补加试液（使滤纸保持湿润）。至规定时间后，揭下滤纸，用纯水冲洗，放置在洁净玻璃板上晾干。

③ 在自然光或日光灯下观察镀层孔隙的有色斑点，依据滤纸上的斑点数目，按下式计算出镀层孔隙率：

$$K = \frac{n}{S}$$

式中，K 为镀层孔隙率，个/厘米^2；n 为测试滤纸上的斑点数，个；S 为被测镀层面积，cm^2。

为测试准确，应测试三次，将三次测试的平均值作为最终的测定结果。

④ 为显示滤纸上有特征颜色的斑点，便于计数，可采取下列方法：

a. 为显示直至钢、铜或黄铜基体上的孔隙，可将带有孔隙斑点的滤纸放在洁净的玻璃板上，并向试纸滴上数滴 4%（质量分数）的亚铁氰化钾［$K_4Fe(CN)_6$］溶液，以除去滤纸与镍镀层作用的黄色斑点，仅剩下与钢铁基体作用的蓝色斑点或与铜、黄铜基体（或底层）作用的红褐色斑点。

b. 为显示直至镍层的孔隙，在滤纸上均匀地滴加含有二甲基乙二醛肟的氨水溶液数滴。这时滤纸上显示至镍底层的黄色斑点变为玫瑰红色，而显示至钢铁和铜层的有色斑点的颜色消失，有利于判别至镍层的孔隙。氨水溶液为体积分数为 25% 的氨水（500mL）中加入二甲基乙二醛肟 2g。

（4）测试溶液

贴滤纸测定法用的测试溶液及测试条件见表 44-27。应按被测试样的基体金属（或中间镀层）种类及镀层种类来选择测试溶液。

表 44-27　贴滤纸测定法的试液组成及测试条件

基体金属或中间镀层	镀层种类	溶液成分	浓度/(g/L)	滤纸粘贴时间/min	斑点特征
钢铁	铬 镍/铬 铜/镍/铬	铁氰化钾［$K_3Fe(CN)_6$］ 氯化铵（NH_4Cl） 氯化钠（NaCl）	10 30 60	10	蓝色点： 孔隙至钢铁基体 红褐色点： 孔隙至铜镀层或铜基体 黄色点： 孔隙至镍镀层 鲜红色点： 孔隙至铝基体
铜及铜合金	铬 镍/铬	铁氰化钾［$K_3Fe(CN)_6$］ 氯化铵（NH_4Cl） 氯化钠（NaCl）	10 30 60	10	
钢铁	镍	铁氰化钾［$K_3Fe(CN)_6$］ 氯化钠（NaCl）	10 20	5 10	
铜及铜合金					

续表

基体金属 或中间镀层	镀层种类	溶液成分	浓度 /(g/L)	滤纸粘贴 时间/min	斑点特征
钢铁	铜	铁氰化钾[K₃Fe(CN)₆] 氯化钠(NaCl)	10 20	20	蓝色点: 孔隙至钢铁基体 红褐色点: 孔隙至铜镀层或铜基体 黄色点: 孔隙至镍镀层 鲜红色点: 孔隙至铝基体
	铜/镍 镍/铜/镍			10	
钢铁	锡	铁氰化钾[K₃Fe(CN)₆] 亚铁氰化钾[K₄Fe(CN)₆] 氯化钠(NaCl)	10 10 60	5	
钢铁	铜-锡合金	铁氰化钾[K₃Fe(CN)₆] 氯化钠(NaCl)	40 15	60	
铝	铜、锌、银	铝试剂(玫红三羧酸铵) 氯化钠(NaCl)	3.5 150	10	
钢铁	锌	① 氯化银(AgCl) 盐酸(HCl) 白明胶 ② 铁氰化钾[K₃Fe(CN)₆] 溶液①和②配好后按1:1混合	30 30mL/L 10 20	5	

44.6.2 浸渍测定法

① 测试原理 将试样浸于试液中,试液渗入镀层孔隙与基体金属或中间镀层作用,在镀层表面产生有色斑点,通过检查镀层表面的有色斑点数,来评定镀层孔隙率。

② 测试方法 试样表面用有机溶剂或氧化镁膏脱脂除油,纯水洗净,吹干或用滤纸吸干,如试样在电镀后立即检测,可不必除油。将脱脂净化过的试样放入相应试液中浸渍5min,取出用滤纸吸去水分,干燥后观察并统计试样表面的有色斑点数,计算出镀层孔隙率(计算方法同贴滤纸测定法)。

③ 适用范围 检测钢铁、铜或铜合金和铝合金基体表面上的阴极性镀层的孔隙率。

④ 测试溶液及测定方法 不同镀层及基体金属常用的测试溶液及测定方法见表44-28。

表44-28 浸渍测定法使用的测试溶液及测定方法

基体 金属	镀层	试液成分	浓度 /(g/L)	测试方法	斑点特征
钢铁	铜/镍/铬	铁氰化钾[K₃Fe(CN)₆] 氯化钠(NaCl) 白明胶 加纯水	10g 20g 20g 至1L	将试样放入25～30℃的试液内静置5min后取出,用滤纸吸去水分,干燥后观察,计算镀层孔隙数	孔隙至钢基体呈蓝色;至铜底层呈红褐色;至镍镀层呈黄色
钢铁	锡、 铜-锡合金	铁氰化钾[K₃Fe(CN)₆] 0.25mol/L硫酸溶液 95%乙醇(C₂H₅OH) 食用动物胶	2 10mL/L 200mL/L 20～40①	将试样放入25～40℃的试液内,轻轻抖动2～3下后取出,在室温下放置5min,观察、计算镀层上的蓝色斑点数	呈蓝色
铝	铜	茜红素(95%酒精饱和溶液) 氯化钠(NaCl) 明胶	10mL/L 150 2	将试样放入试液内静置20～25min后取出,用清水洗并干燥,观察、计算紫红色斑点数	呈紫红色
铝	铜、锡、银	铝试剂(玫红三羧酸铵) 氯化钠(NaCl) 白明胶 加纯水	3.5g 150g 10g 至1L	试样浸入25～30℃的试液中,然后取出,经5min后观察、计算鲜红色斑点数	呈玫瑰红色

续表

基体金属	镀层	试液成分	浓度/(g/L)	测试方法	斑点特征
锌及锌合金	铜-锡合金/铜/镍/铬	用1g/L碳酸钠溶液中和过的质量分数为5%的硫酸铜溶液		将试样浸入试液中3min后取出,在室温下干燥,观察、计算斑点数	呈红色或暗灰色

① 食用动物胶浓度为20~40g/L,其使用浓度与温度有关,当温度<25℃,为20g/L;25~35℃,为30g/L;>35℃,为40g/L。

44.6.3　气体测定法

测试原理:利用腐蚀气体(如二氧化硫、硝酸蒸气等)易于渗透到孔隙中的特性,通过试样表面的腐蚀产物来测量镀层的孔隙率。气体测定法包括二氧化硫测定法和硝酸测定法。

(1) 二氧化硫测定法

① 测试溶液及测定方法　二氧化硫测定法使用的测试溶液及测定方法见表44-29。

表 44-29　二氧化硫测定法使用的测试溶液及测定方法

基体金属	镀层	测试溶液	测定方法	结果观察
铜、镍和镍合金	金	① 200g 硫代硫酸钠溶于800g纯水中　② 1:1硫酸溶液	在试验箱内放入20mL试液①,按规定放入试样;再加入50mL试液②,立即盖好,在23℃±3℃、相对湿度为86%的条件下放置24h±1h	取出试样,除去干燥的固体腐蚀物,略等几分钟后用10倍放大镜或立式显微镜检查腐蚀点数
银或有银底层	金		把盛有50~70℃热水的另一器皿放入试验箱,盖紧,至箱壁出现凝露;迅速加入200mL试液①和50mL试液②,在23℃±3℃、相对湿度为100%的条件下放置24h±1h	

注:测试要在通风柜中进行。

② 测试设备　试验箱为有密封盖的玻璃或有机玻璃容器,箱体积(cm³)数值与试液表面积(cm²)数值之比小于50:1。试验支架用玻璃、有机玻璃或其他惰性材料制作。试样的放置必须不妨碍气体循环。试样与箱壁的距离不小于25mm,试样与液面的距离不小于75mm,试样与试样之间的距离不小于13mm。

(2) 硝酸测定法

① 检测标准　GB/T 19351—2003 标准规定了利用硝酸蒸汽法测定金镀层,特别是电触头上的镀层和包金层孔隙率的方法和设备。适用于金含量≥95%的金镀层或通常在电触头中采用含铜、镍及其含金的底镀层。而不适用于厚度<0.6μm的金镀层。

② 测试溶液及测定方法　使用的测试溶液及测定方法见表44-30。

表 44-30　硝酸测定法使用的测试溶液及测定方法

基体金属	镀层	测试溶液	测定方法	结果观察
铜和铜合金	金	(69±2)%硝酸(试剂级)(d=1.39~1.42)	试验开始时的环境温度、试样温度和试液温度均为23℃±3℃,并在试验期间始终保持不变。试验容器中的相对湿度应处于40%~55%范围内,应不允许下降到低于40%或升高到高于60%。　加500mL新鲜HNO₃于试验器底部,盖严盖子。经30min±5min之后,放入试样,盖严盖子。暴露于硝酸蒸气中的时间应为:金镀层厚度在0.6~2μm时,暴露时间为60min±5min;金镀层厚度在2~2.5μm范围内时,暴露时间为75min±5min	试验结束后取出试样,放入烘箱中于125℃±5℃干燥30~60min。然后从烘箱中取出试样,直接放入装有活性干燥剂的干燥器中,冷却至室温。用10倍放大镜检查腐蚀点数目。镍上金镀层的腐蚀产物可能是透明的,仔细计数,尤其是对粗糙、弯曲部分。若在镍或镍底层上发现气泡,也应作为孔隙计算
镍或有镍底层	金			

③ 测试装置　本试验用的测试装置有试验容器、烘箱、干燥器、放大镜以及试验夹具或支架等。

a. 试验容器。选用适当尺寸并可用玻璃盖封住的玻璃容器，例如容量为 9～12L 的玻璃干燥器，其腔室中空气空间（cm³）与试液（硝酸）表面积（cm²）之比不应大于 25：1。

b. 试验夹具或支架。支架或挂具应由玻璃、聚四氟乙烯材料制作。试样放置必须保证气体的循环不受阻。试样距液面不小于 75mm，距容器壁不小于 25mm，各个试样的测量面彼此相距不小于 12mm。不得采用遮挡超过液面横断面积 30％的瓷板或其他构件，以保证容器内空气和蒸气的运动不受阻。

④ 编写试验报告　按 GB/T 19351—2003 的要求及编写内容，编写本测试结果的试验报告。

44.6.4　电图像测定法

① 测试原理　测试原理如图 44-5 所示。测试时，对镀层的基体金属通电，使其阳极溶解。溶解的金属离子通过镀层上的孔隙，电泳迁移到测试纸上。由于金属离子和测试纸上的某种化学试剂发生反应，形成染色点。可以根据测试纸上染色点的数量来判断镀层的孔隙数。

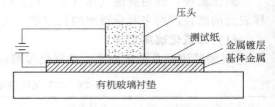

图 44-5　孔隙率电图像测定法的测试原理

② 测试方法　用乙醇或纯水清洗被测试样镀层表面，然后将试样放在测试仪器压块下方的有机玻璃垫上，在被测部位表面覆盖两层用纯水润湿的测试纸（用钡基纸或 200g 以上的铜版纸），用干燥的吸墨纸或滤纸吸去多余的水并保持一定湿度，即可开始测试。压上压头、压紧至规定压力，是为了使浸有显色剂的测试纸和镀层均匀密切接触。试样接到直流电源的阳极上，压头接到电源的阴极上。具体的测试程序、显色剂的配制及选用，以及测试的阳极电流密度、通电时间等操作条件，可按测试仪器使用说明书进行。

③ 适用范围　电图像测定法适用于平面及能采用适当夹具的低曲率平面的孔隙测试。电图像测定法操作方便、显示迅速，得到的数据可靠，不仅可以显示孔隙的数量，还可以显示孔隙的形貌。

④ 使用仪器　可使用镀层孔隙率测试仪。

44.7　镀层硬度检测

镀层硬度是指镀层抵抗其他物体刻划或压入其表面的能力，是镀层的一项重要机械性能。它涉及镀件在使用过程中的耐磨性、强度和使用寿命等方面。不同的金属硬度变化程度依下列次序递减：铬→铂→铑→镍→钯→钴→铁→铜→银→锌→镉→锡→铅。

虽然各种金属的硬度值可以从手册中查到，但从电沉积（包括化学沉积）获得的金属镀层的硬度，往往比其他方式得到的金属镀层的硬度要高。因此，要了解金属镀层的硬度，就必须对镀件的镀层硬度进行检测。

镀层的硬度可以用划痕法和压痕法来检测。划痕法的设备工具比较简单，用于较厚较硬的镀层做宏观硬度试验，例如，锉刀试验就是一种宏观的定性试验。较软的镀层，可用铅笔硬度法来测定；压痕法一般用于较薄的镀层，也可用于厚镀层的检测，其硬度测定一般采用显微硬度试验方法。

44.7.1　锉刀硬度测定法

(1) 测试原理和方法

用锉刀在镀层上锉动，以切割程度定性地表示硬度。使用 200～900HV 的已知硬度的一组标准锉刀（通常 8 支一组），如图 44-6 所示。用单手握住刀柄，以单手的力量（4.5～5kg）将锉纹部压入被测定试件，镀层比锉刀硬时，锉刀滑动，否则锉刀会进入镀层。开始进入镀层的锉刀的硬度，即为镀层的硬度。

（2）适用范围

多用于较硬较厚镀层，如硬铬镀层、铝硬质阳极氧化后的硬度测定。

锉纹部　　柄

图 44-6　硬质标准锉刀示例

（3）使用的锉刀

一般使用硬度锉刀，其技术规格见表 44-31。

表 44-31　硬度锉刀技术规格

名称、型号	颜色	牌号表示	硬度范围
日本 TSUBOSAN 牌 硬度锉刀 （葫芦牌）	赤	HRC40	40～42HRC、392～412HV
	黄	HRC45	45～47HRC、446～471HV
	黄绿	HRC50	50～52HRC、513～544HV
	绿	HRC55	55～57HRC、595～633HV
	青	HRC60	60～62HRC、697～746HV
	黑	HRC65	64～66HRC、800～868HV
日本壶三公司的产品			

44.7.2　显微硬度测定法

（1）测试标准

GB/T 9790—1988《金属覆盖层及其他有关覆盖层 维氏和努氏显微硬度试验》（等同采用国际标准 ISO 4516：1980）。该标准适用于指导电镀层、化学镀层、喷涂层、铝及铝合金上阳极氧化膜和硬阳极氧化膜的维氏和努氏显微硬度测定，并对试验用仪器、压头的形状和尺寸、测量厚度、测量的方法等做出了规定。

（2）测试原理

利用仪器上金刚石压头加一定负荷压入待测镀层，在待测镀层上压出压痕，再从读数显微镜测出压痕的大小，经计算（或查表）求得被测试样表面镀层的硬度。

（3）试验方法

显微硬度测定有布氏法、维氏法和努氏法等。

① 布氏显微硬度计采用小钢球压头，这种方法测得的镀层硬度受基体影响很大，故一般不采用这种方法。

② 维氏硬度计使用正方锥体压头，即用金刚石制成的正四棱锥体。其压痕为正方形，测得的镀层硬度值受基体和所加负荷影响都较小，可作为测定厚镀层硬度的一种方法。但测定薄镀层硬度时，应先制备金相试样，在镀层的横断面上进行测量。若在垂直镀层上进行测量，一般结果不够准确。

③ 努氏硬度计的压头是用金刚石制成的具有菱形基面的棱锥体。其压痕为菱形，该方法对薄镀层硬度的测定灵敏度较高，故被广泛采用。

（4）测试要求[2]

镀层硬度测试的基本要求如下：

① 被测试样表面应平整、光滑、无油污。若测量横断面硬度，则按金相试样制备方法备样。

② 为了使基体金属硬度不影响其表面上镀层硬度的测量，必须调整试验力，使压痕深度小于镀层厚度的 1/10。

③ 为保证在镀层的横断面上测量硬度的准确性，对镀层厚度有一定要求。

a. 采用维氏压头测量硬度，镀层厚度应足以产生符合以下条件的压痕。

(a) 压痕的对角线必须有一条垂直于镀层平面。

(b) 压痕的每一角与镀层的任一边的距离应至少为对角线长度的一半。

(c) 压痕的两条对角线的长度应基本相等（误差小于 5%）。

(d) 压痕的四边也应基本相等（误差在 5% 以内）。

b. 采用努氏压头测量硬度时，软质镀层（如金、铜或银等）的厚度不应小于 40μm；硬质镀层（如镍、钴、铁和硬质金属及其合金镀层等）的厚度不应小于 25μm。

④ 在垂直于镀层表面测量时，如采用维氏压头，镀层厚度要大于或等于压痕对角线平均长度的 1.4 倍；如采用努氏压头，镀层厚度至少应为压痕较长的对角线的 0.35 倍。一般只有基体和镀层硬度相近时，才在镀层表面上测量硬度。通常都在镀层的横断面上测量硬度。

⑤ 试验负荷的选择　在可能的范围内尽可能选用大负荷，以便获取较大尺寸的压痕，从而减小测量的相对误差。要使测量误差≤5%，压痕的对角线应≥16μm。一般硬度值低于 300HV 的材料，贵金属及其合金和薄的镀层采用 0.245N 的负荷；铝上硬阳极氧化膜采用 0.490N 的负荷；硬度大于 300HV 的非贵金属材料采用 0.981N 的负荷。

⑥ 对施加负荷的要求　施加负荷要平稳、缓慢，无任何振动和冲击现象。压头压入速度一般为 15～70μm/s，负荷在试验时保持 10～15s，测定温度为 23℃±5℃。

(5) 结果计算

测量取平均值，即在同一试样上，在相同条件下至少取不同的部位测量 5 次，取各次测量的平均值作为测定结果。硬度值的计算如下。

① 维氏显微硬度按下式计算：

$$HV = 1.854 \times \frac{0.102F}{d^2} \times 10^6$$

式中，HV 为维氏显微硬度；F 为施加于试样的负荷，N；d 为压痕对角线长度，μm。

② 努氏显微硬度按下式计算：

$$HK = 14.229 \times \frac{0.102F}{d^2} \times 10^6$$

式中，HK 为努氏显微硬度；F 为施加于试样的负荷，N；d 为压痕对角线长度，μm。

(6) 使用仪器

可使用显微硬度计、维式硬度计等。其技术性能规格见表 44-32。

表 44-32　硬度计的技术性能规格

项目	HV-1000 显微硬度计	HVS-1000 数显显微硬度计	HVS-1000S 视屏测量显微硬度计
执行标准	EN-SO 6507、GB/T 4340		
试验力	0.098N、0.246N、0.49N、0.98N、1.96N、2.94N、4.90N、9.80N		
	10g、25g、50g、100g、200g、300g、500g、1000g		
显微硬度标尺	HV0.01、HV0.025、HV0.05、HV0.1、HV0.2、HV0.3、HV0.5、HV1		

续表

项目	HV-1000 显微硬度计	HVS-1000 数显显微硬度计	HVS-1000S 视屏测量显微硬度计
硬度值范围	5～3000HV		
显示	—	自动读数菜单显示 5 位数的硬度值,4 位数的对角线长度 ($D1,D2$)、试验力、保持时间、测试次数、平均值、标准偏差、返 回	
加荷机构	自动加卸试验力		
加试验力速度	0.16～0.19mm/s		
试验力保持时间	5～60s		
物镜放大倍数	10X、40X		
测量目镜	10X 自动数字式编码器		
总放大倍数	100X(观察)、400X(测量)		
测量范围	200μm		
分辨率	0.01μm		
试件最大高度	85mm(定制高度 215mm)		
试件最大宽度	135mm		
微动载物台	尺寸 100mm×100mm、XY 方向 25mm、最小移动值 0.01mm		
自动记录	—	含内置打印机	
摄影装置	用户选配件	需用时装上	
外形尺寸	290mm×405mm×480mm		
质量	25kg		
电源	220V±10％　50Hz		
仪器外形图	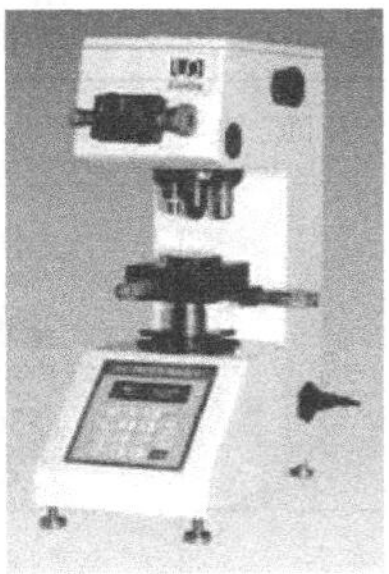	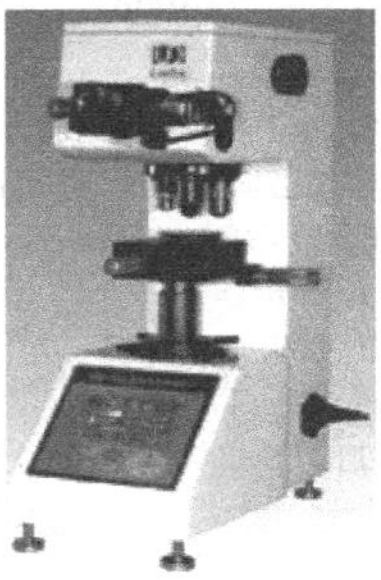	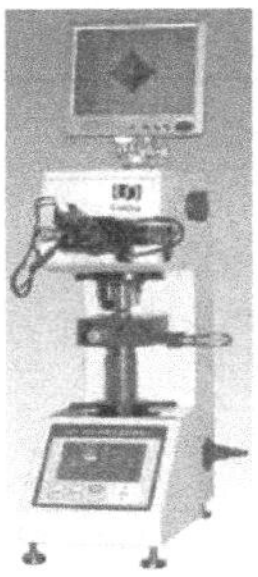
备注	上海伦捷机电仪表有限公司的产品		

44.8　镀层耐磨性能试验

耐磨性是指镀层对机械磨损的抵抗能力。耐磨性是那些在使用过程中经常受到机械磨损的镀层的重要特性之一,它实际上是镀层硬度、附着力等综合效应的体现。

(1) 耐磨性检测方法

检测镀层耐磨性有多种方法,根据镀层性质来选用。

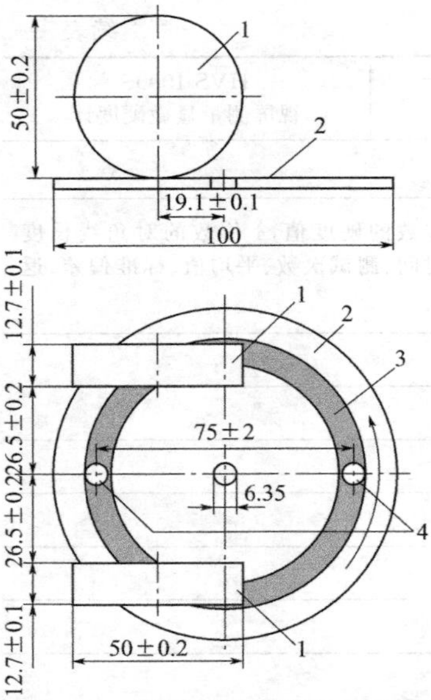

图 44-7 磨耗仪试验原理示意图
1—橡胶砂轮；2—试板；3—磨耗区；
4—吸尘嘴（φ8mm±0.5mm 内径）

① 对于较硬的镀层，如镍、铬等镀层，以及阳极氧化膜，可采用喷射法和轮式磨耗试验仪测定法。

a. 喷射法。使由空气喷枪喷出来的带有金刚砂的气流作用于（喷射）被测试料表面，此时磨损镀层所消耗的金刚砂的数量或磨损镀层所用的时间，可作为耐磨性指标。

b. 轮式磨耗试验仪测定法。它用两个吊臂分别夹住两个磨轮，磨轮压在试样上，在两个磨轮和试样之间加一定的载荷，产生摩擦力，试样在旋转的同时镀层遭受磨损，使试样表面形成圆环状的磨损印痕，磨耗试验仪的试验原理如图 44-7 所示。通过测定试样经过一定转数的摩擦后产生的失重，来表示镀层的耐磨性。

② 银、铜、镉及其他软镀层可用落砂方法测试：以一定大小的砂粒，从规定的高度，由导管流出来落到试样上，冲击试样表面，直至露出基体金属。测试时所消耗的砂子数量，即为相对耐磨性指标。

（2）镀层耐磨性试验仪器

镀层耐磨性试验仪器的技术性能规格见表 44-33。

表 44-33　镀层耐磨性试验仪器的技术性能规格

名称及型号	技术性能规格	仪器图
JM-IV（或 HZ-9018）磨耗仪	执行标准：GB/T 1768-93 主电机功率：40W 修磨电机：J×5612,220V,90W,2800r/min 转盘转数：0～90r/min 橡胶：φ50mm×φ16mm×13mm 荷重砝码：250g,500g,750g 荷重砝码标示质量：500g,750g,1000g 平衡砝码：1g,2g,5g,10g,20g 主机外形尺寸：220mm×280mm×300mm	 JM-IV型为天津市中亚涂料试验设备有限公司的产品 HZ-9018型为上海恒准仪器科技有限公司的产品
TRCA7-IBB 耐磨耗试验机	本机主要用于硅胶、橡胶、塑料等产品的表面、漆膜、油墨、电镀层固化后耐磨测试 电源：AC220V,50/60Hz 转速：17r/min 消耗功率：8W 测试压力：55g/175g/275g 摩擦纸：11/16″	 深圳市三利化学品有限公司、广州市特沃兹贸易有限公司(530-RCA纸带耐磨试验机)的产品
LS 落砂耐磨试验器	LS落砂耐磨试验器可用来测试标准条件下有机涂层的耐磨性。通过单位膜厚的磨耗量来表示试板上涂层的耐磨性。 执行标准：ASTM D968-83 　　　　　JG/T 133—2000 导管长度：36 英寸(914mm) 导管内径：φ0.75 英寸(φ19mm) 漏斗容积：3L 整机重量：25kg 外形尺寸(长×宽×高)：230mm×200mm×1500mm	 东莞市万江伟鸿仪器经营部、深圳市三利化学品有限公司、广州市特沃兹贸易有限公司(290型)等的产品

44.9　镀层内应力的测试

镀层内应力是指在电镀过程中由于种种原因引起镀层晶体结构的变化，使镀层被抽伸或压缩，但因镀层已被固在基体上，遂使镀层处于受力状态，这种作用于镀层内的力，称为内应力。

镀层内应力可分为宏观内应力和微观内应力两类。

（1）宏观内应力

宏观内应力是在镀层整体上表现出来的一致的应力，例如镀层作为一个整体而变形，这种宏观内应力类似材料的残余应力。宏观内应力又可分为拉应力（张应力）和压应力（缩应力）两种，试片（阴极）向阳极方向内弯曲，产生的应力为拉应力；试片（阴极）背向阳极弯曲，产生的应力为压应力，如图 44-8 所示。宏观内应力能引起镀层在储存、使用过程中产生气泡、开裂、剥落等现象。

（2）微观内应力

微观内应力是在晶粒尺寸大小的范围内表现出来的，常影响镀层硬度（提高硬度），但并不在宏观范围内表现为力，也不会造成镀层的宏观变形。

常用的测定内应力的方法有：弯曲阴极法、刚性平带法、螺旋收缩仪法等。

44.9.1　弯曲阴极法

① 测试原理　采用一块长而窄的金属薄片作阴极，背向阳极的一面绝缘。电镀时一端用夹具固定，另一端可以自由活动。电镀后，镀层中产生的内应力，迫使阴极薄片朝向阳极（拉应力）或背向阳极（压应力）弯曲。

② 试验方法[2,3]　测试应力最简单的方法是用幻灯机将试片弯曲情况放大，测量弯曲程度。这种方法有人称为幻灯投影法，也有人称为柔性平带法，试验方法如下：

试验装置（如图 44-9 所示）是一个透明有机玻璃制成的扁形槽，内部尺寸（长×宽×高）为 250mm×150mm×120mm。槽内一端悬挂金属阳极片（180mm×8mm×4mm）；槽内另一端悬挂纯铜阴极试片（180mm×8mm×0.2mm）。试片用之前应在 700℃下充分退火，用酸洗去表面上的氧化物，清洗、干燥、静压碾平。在试片背着阳极的一面涂上一层薄薄的绝缘涂料，防止镀上镀层。将试片及阳极固定于扁槽顶端的夹具上，阳极与试片平行（间距保持 150mm）。接通电源后，试片面对阳极的一面沉积上镀层。若镀层产生了内应力，试片自由端就会发生偏转，如果朝着阳极方向偏转，则表明镀层有拉应力；如果背着阳极方向偏转，则表明镀层有压应力。用幻灯机将试片自由端镀前的位置和镀后偏转的挠度放大 10 倍，投影于屏幕的坐标纸上，记录试片在某一个厚度下的变形值，以供计算镀层的内应力。

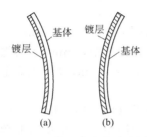

图 44-8　镀层内应力示意图
(a) 拉应力；(b) 压应力

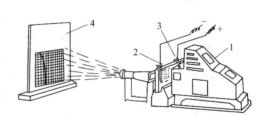

图 44-9　幻灯投影法测试镀层内应力的装置
1—幻灯机；2—阴极试片；3—阳极紧固夹；
4—贴有坐标纸的屏幕

③ 结果计算 镀层的内应力可依据幻灯投影法测试阴极的变形值，按下列公式分别计算：

$$S = \frac{1}{6} \times \frac{Et^2}{Rd} \quad 或 \quad S = \frac{3}{4} \times \frac{Et^2 Z}{dL^2} \quad 或 \quad S = \frac{1}{3} \times \frac{Et^2 Z'}{dL^2}$$

式中，S 为镀层内应力，Pa；E 为基体材料的弹性模量，Pa；t 为阴极基体厚度，mm；d 为镀层厚度，mm；R 为阴极弯曲的曲率半径，mm；Z' 为阴极下端偏移量，mm；Z 为阴极的弯曲度，mm；L 为阴极的长度，mm。

④ 适用范围 适用于应力较大的镀层的测试。

44.9.2 刚性平带法

① 测试原理和方法 用塑料制成一个专用夹具，将一块金属薄试片夹住，使试片的一面可以电镀，而另一面被夹具屏蔽不能电镀。也可将两块薄试片紧贴在一起同时进行电镀，相当于每片试片只镀一面。试片电镀的工艺规范与实际生产的工艺规范相同。试片电镀一定厚度以后，从夹具中取出，由于夹持力消失，若镀层产生了内应力，试片就会自由弯曲到平衡状态。通过仪器测出试片自由弯曲以后的曲率半烃，就可以计算出镀层的内应力。

② 结果计算 依上述测试方法测出的有关数值，按下列公式计算出镀层的内应力：

$$S = \frac{1}{3} \times \frac{E(t+d)^3}{Rd(2t+d)}$$

式中，S 为镀层内应力，Pa；E 为基体材料的弹性模量，Pa；t 为基体厚度，mm；d 为镀层厚度，mm；R 为阴极弯曲的曲率半径，mm。

44.9.3 螺旋收缩仪法

① 测试原理和方法 用不锈钢片制作的螺旋带管作为试样，其内表面涂绝缘漆保护，防止电沉积。将螺旋带管试样一端固定在螺旋收缩仪上，另一端成为自由端，而与一个带刻度机构并转动灵敏的指针系统连接。将螺旋收缩仪置于镀槽上，把螺旋带管试样浸没于镀液中，即可进行电镀测试。电镀时用的工艺规范与实际生产的工艺规范相同。当带管试样的外表面沉积上镀层后，由于镀层内应力的作用，使螺旋带管产生扭曲，借助自由端通过齿轮变速装置而使指针偏转。读出指针指示的偏转角度，即可计算出镀层的内应力。也可从螺旋带管电镀后是绕的更紧还是退绕，判断镀层的内应力是压应力还是拉应力。一种螺旋应力仪的结构示意图见图 44-10。

② 结果计算 依据上述测试的指针的偏转角度、螺旋带管试样参数以及镀层厚度等数据，按下列公式计算出镀层的内应力：

$$S = \frac{2KD}{ptd}$$

式中，S 为镀层的平均内应力，kgf/mm²；D 为指针偏转角度，(°)；p 为螺旋管螺距，mm；t 为螺旋带管材料厚度，mm；d 为镀层厚度，μm；K 为螺旋管偏转常数，g·mm/(°)。

③ 使用仪器 可使用螺旋式镀层应力测试仪。螺旋式应力仪通过专用试片外侧电镀后，根据弯曲角度的指针读数来计算镀层的内部应力，电镀和化学镀都可以使用，只要温度不高于 65℃ 就可以使用。

市场供应的定型产品有 B-72 型、LDY-Ⅱ型，螺旋式

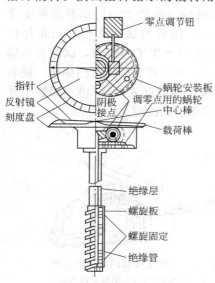

图 44-10 螺旋应力仪
结构示意图

（图中标注：零点调节钮、蜗轮安装板、调零点用的蜗轮、中心棒、载荷棒、指针、反射镜、阴极接点、刻度盘、绝缘层、螺旋板、螺旋固定、绝缘管）

镀层内应力测试仪的结构形式如图 44-11 所示。

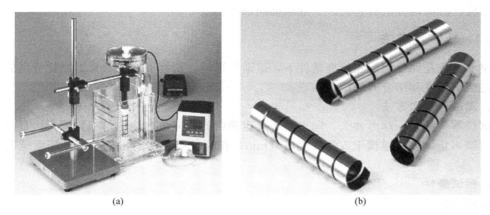

(a)　　　　　　　　　　　　　(b)

图 44-11　螺旋式镀层应力测试仪装置示意图
（a）螺旋式镀层应力测试仪装置；（b）测试专用试片（螺旋形试片）

44.9.4　电阻应变仪测量法[10]

① 测试原理　利用电阻丝的伸缩而导致电阻值变化的原理，来测量镀层的内应力。

② 测试方法　测量时，用 $100mm \times 20mm \times 2mm$ 的碳钢作试样，试样的表面粗糙度为 $Ra0.32\mu m$。试样清洗干净后，将电阻丝制成的应变片用 88 胶粘贴在试样电镀面的背面，作为被测部位，并引出导线。将粘贴有应变片的一面用涂料绝缘（绝缘电阻应大于 $50M\Omega$）。电镀时试样单面沉积镀层后，由于镀层产生内应力，导致应变片相应伸缩，而引起应变片电阻值发生微小变化。电镀前后，用电阻应变仪测定应变量。其测定原理是用电桥测定电镀前后电阻的变化。根据测的电镀前后电阻的应变量，即可计算出镀层的内应力。

③ 结果计算　依据上述测得的电阻应变量，以及有关数据，可按下列公式计算出镀层的内应力：

$$S = \frac{h\varepsilon E}{2d} \times 10^{-6}$$

式中，S 为镀层的平均内应力，Pa；E 为镀层金属的弹性模量，Pa；h 为试样厚度，mm；ε 为测得的应变量；d 为镀层厚度，mm。

④ 使用仪器　可使用电阻应变仪。

44.9.5　电磁测定法

测试原理：测定的试片在电镀时，阴极试片因镀层产生应力而导致弯曲时，安装在阴极上部的电磁铁能连续施加阻止其弯曲的力，这个力的大小可借助流经电磁铁的电流来确定，并据此计算镀层的内应力。

44.10　脆性的测试

镀层的脆性是指镀层所能承受变形程度的能力，它主要取决于镀层材料及其内应力。镀层的脆性是物理性能中的一项重要指标。脆性往往会导致镀层开裂，结合力下降，甚至直接影响镀件的使用价值。因此，测定脆性，也是镀层性能测定的一个重要环节，并有针对性提出减小镀层脆性的措施，对于指导电镀生产起着重的作用。

镀层脆性的测试，一般通过试样在外力的作用下使之变形，直至镀层产生裂纹，然后以镀层产生裂纹时的变形程度或挠度值大小，来评定镀层的脆性。由于镀层的延伸率也能从另一方面反映镀层的脆性程度，所以也可用延伸率来评估镀层的脆性。

镀层脆性的测定方法有杯突法、静压挠曲法等。

44.10.1 杯突测定法

杯突测定法是评价镀层在标准条件下，逐渐变形后，抗开裂或抗与金属底材分离的能力的方法，是镀层塑性和结合力的综合体现。

(1) 测试原理和方法

测试仪器头部有一球形冲头，向夹紧于规定模内的试样恒速地均匀施加压力，直到镀层开始产生裂纹为止，以试样被压入的深度值（mm）作为镀层脆性的指标。杯突深度越大，脆性越小。

(2) 测试条件

测试时应在以下条件下进行。

① 固定模中心线与冲头压入方向应重合，其偏差小于 0.1mm。

② 冲头顶端球面与夹膜及固定模两个工作面的硬度应不低于 750HV。球形冲头表面粗糙度值 $Ra \leqslant 0.1\mu m$，夹膜及固定模两个工作面的表面粗糙度值 $Ra \leqslant 0.4\mu m$。

③ 根据试样的宽度（或边长）选择相应的固定内径及冲头直径，其相互关系及所适用的材料厚度范围列入表 44-34。杯突试验机的主要部分的尺寸如图 44-12 所示。

④ 测试时，均匀地向试样施加压力，冲压速度为 5～20m/min，开始时可稍快，接近终点前应慢一些。用 5～10 倍放大镜观察受测部位，直至镀层开始产生裂纹时，终止试验，此时刻度盘上的指示值即为杯突深度。每个试验至少测试两次，取其平均值。

表 44-34 试样宽度、固定模内径与冲头直径之间的关系

类型	试样宽度或边长/mm	固定模内径/mm	冲头直径/mm	基体厚度/mm
I	70～90	27	20	≤2
II	70～90	27	14	>2～4
III	30～70	17	14	<1.5
IV	20～30	11	8	<1.5
V	10～20	5	3	<1.0

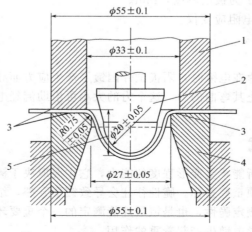

图 44-12 杯突试验机的主要部分的尺寸

1—固定杯（夹模）；2—冲头及球；3—试样；4—冲模（固定模）；5—压陷深

（3）使用仪器

可使用杯突试验机。

杯突试验机的技术性能规格见表 44-35。

表 44-35　杯突试验机的技术性能规格

名称　型号	技术性能规格	仪器图
QBJ 涂层杯突试验仪 （数显）	执行标准：GB/T9753-88　ISO1520-73　DIN53156　BS3900. E4 试膜或轴棒尺寸：冲头直径 20mm（经淬火抛光的半球形） 试板底材厚度：0.3～1.25mm（磨光钢板） 外形尺寸：280mm×200mm×400mm 用途：通过在规定的标准条件下漆膜随底材一起变形而不发生损坏的能力，评价漆膜的柔韧性 试验技术特征：冲头以 0.2mm/s±0.1mm/s 恒速推向试板，直至达到规定深度，并以正常视力或 10 倍放大镜检查涂层开裂程度	天津市中亚涂料试验设备有限公司、天津永利达材料试验机有限公司、深圳市三利化学品有限公司等的产品
HZ-9037 涂层杯突试验仪 （数显）	执行标准：GB/T9753-88 ISO1520-73 　　　　　DIN53156　BS3900. E4 试膜或轴棒尺寸：冲头直径 20mm（经淬火抛光的半球形） 试板底材厚的：0.3～1.25mm（磨光钢板） 外形尺寸：280mm×200mm×400mm 通过在规定的标准条件下漆膜随底材一起变形而不发生损坏的能力，评价漆膜的柔韧性 试验技术特征：冲头以 0.2mm/s±0.1mm/s 恒速推向试板，直至达到规定深度，并以正常视力或 10 倍放大镜检查涂层开裂程度	上海恒准仪器科技有限公司等的产品
QBT 杯突试验机 （QBT-Ⅱ型 为数显）	执行标准：GB/T 9753-88、ISO 1520-1973 仪器由铸铁座、压料环、压料膜、刻度盘、手轮等组成 冲头是淬火抛光钢制，直径为 20mm，半球型 冲头进行压陷深度测量，精确到 0.05mm 涂层在标准条件下，逐渐变形后其抗开裂与金属底材分离的性能，按规定的压陷深度进行试验，以测定涂层刚出现开裂或开始脱离底材时的最小深度 测试结果：以毫米（mm）表示 适用于单层或配套体系涂层抗损坏试验	天津市伟达试验机厂产器等的产品

44.10.2　静压挠曲法

（1）测试原理和方法

测试原理与杯突法相似。试验机示意图如图 44-13 所示。

① 制备试样　将一块 60mm×30mm×（1～2）mm、表面粗糙度值为 $Ra < 1.6\mu m$ 的试片，按规定要求电镀后作为试样。

② 测量试样镀层厚度　在试样中线上用无损测厚法测出几个点的镀层厚度，计算出平均镀层厚度。

③ 测试　将试样置于静压挠曲试验机上，试样中心部位对准弯头顶端，摇动手柄使压模接触试样表面。测试时均匀缓慢摇动手柄向试样施加压力，使试样受力挠曲变形。用放大镜观察试样挠曲

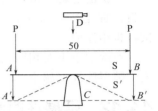

图 44-13　静压挠曲试验机
试验示意图

A、*B*—加力支点；*S*—试片；
S'—挠曲变形的试片；
P—静压力作用方向；
C—弯头；*D*—放大镜

部分的表面，直至镀层开始产生裂纹时立刻停止试验。

（2）结果表示

上述试验结束后，从挠度表上读出挠度值，以毫米（mm）表示，作为衡量镀层脆性的指标。另取相同试样重复两次以上试验，算出平均值，作为该厚度下的镀层脆性的测试结果。测出的挠度值越大，镀层脆性越小。

（3）使用仪器

可使用静压挠曲试验机。

44.11 韧性的测试

镀层韧性（以伸长率表示）的测试，一般采用心轴弯曲法。镀层的韧性也可用来评定镀层脆性的程度，韧性的测试也可作为评定镀层脆性的一种方法。

（1）测试原理和方法

① 制备试样　用宽 10mm、厚 1～2.5mm 的黄铜片，按规定要求电镀后作为试样。

② 测量试样镀层厚度　用无损测厚法测出试样镀层的平均厚度。

③ 测试　测试时，将试样置于弯曲试验器上，用不同直径的心轴，从小到大逐一进行弯曲试验（如图 44-14 所示）。每次弯曲后用放大镜观察镀层裂纹，最后以镀层不产生裂纹的最小心轴直径计算伸长率。

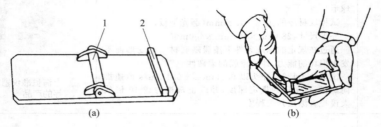

图 44-14　心轴弯曲试验仪及其使用方法
（a）试验仪示意图；（b）试验仪使用方法
1—轴；2—相当于轴高的挡条

（2）结果计算

依据上述测试结果，按下列公式计算镀层伸长率：

$$\varepsilon = \frac{\delta}{D + \delta} \times 100\%$$

式中，ε 为镀层伸长率，%；δ 为基体和镀层的总厚度，mm；D 为心轴直径，mm。

测试的心轴规格：长 100～150mm，直径以 2mm、3mm、4mm、6mm、8mm、10mm 为一组；直径以 6～50mm（按 3mm 差值变化）为另一组。测试时，根据具体规定选用，并在测试报告中注明。

经两次以上对相同试样的测试，取其平均值作为测试结果。镀层的伸长率越大，韧性越大，镀层脆性就越小。

44.12 延展性的测试

检测标准：GB/T 15821—1995《金属覆盖层 延展性测量方法》（等同采用国际标准 ISO 8401：1994，《金属覆盖层延展性测量方法评述》）。该标准规定了测量电镀、化学镀或其他的厚度不超过 200μm 的金属覆盖层延展性的测量方法。

镀层的延展性是指镀层受外力的作用下，产生弹性变形或塑性变形时，或者两种变形同时产生时，镀层不发生裂纹、断裂或开裂的能力。延展性是镀层力学性能的重要指标之一。

镀层延展性的测量方法分为两类：一类是在从基体上剥离下的镀层箔上测量；另一类不剥离镀层（即连带基体）直接测量。

44.12.1　剥离镀层(镀层箔)的测试方法

测试标准规定适用于剥离镀层进行延展性试验的方法有：拉伸试验、测微计弯曲试验、台虎钳弯曲试验、液压突起试验及机械杯突试验五种方法。厚度大于 $10\mu m$ 的镀层，可用从基体上剥离下来的镀层箔进行试验。

（1）拉伸试验

① 测试原理和方法　用镀层箔制作拉伸试样，如图 44-15 所示。在拉力试验机上用专门的夹具夹持试样，进行直线拉伸试验，直至镀层箔断裂，并计算其镀层延展性。

② 结果计算　镀层延展性（延伸率）按下式计算：

$$L_0 + \Delta L = L_1 + L_2$$

$$\delta = \frac{\Delta L}{L_0} \times 100\% = \frac{L_1 + L_2 - L_0}{L_0} \times 100\%$$

式中，δ 为镀层延伸率，%；ΔL 为试样试验前后的长度差，mm；L_0 为试样原有长度，mm；L_1、L_2 为断裂口至最近刻线的距离，mm。

（2）测微计弯曲试验

① 测试原理和方法　本试验方法使用测微计将镀层夹成 U 字形（U 字形的外侧必须是镀层的外部），并慢慢夹紧直至镀层破裂为止，试验方法如图 44-16 所示。然后计算延伸率。本试验方法适用于测定延展性差的镀层（如光亮镀镍层）。

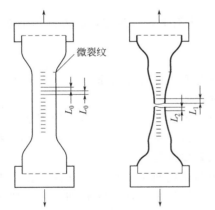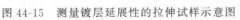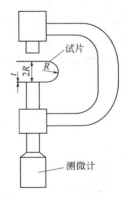

图 44-15　测量镀层延展性的拉伸试样示意图　　图 44-16　测微计弯曲试验方法示意图

② 结果计算　镀层延展性（延伸率）按下式计算：

$$\delta = \frac{t}{2R - t} \times 100\%$$

式中，δ 为镀层延伸率，%；t 为镀层厚度，μm；$2R$ 为测微计读数，μm。

（3）台虎钳弯曲试验

① 试验方法　将试片用特制夹具夹紧在台虎钳上，弯曲 90°，反复弯曲直至镀层产生裂纹为止，试验方法如图 44-17 所示。

② 结果表示　用弯曲次数来表征镀层的延展性。该试验方法简单实用，但弯曲引起的冷作硬化可能影响试验结果的准确性。

（4）液压突起试验

① 试验方法　液压突起试验方法如图 44-18 所示。将试片夹持在试验装置上，缓慢地增加水压，使试片稳定变形到凸起来或呈拱圆，直至镀层爆裂。

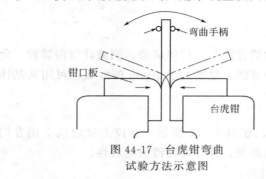

图 44-17　台虎钳弯曲试验方法示意图

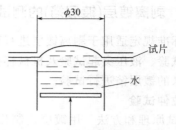

图 44-18　液压突起试验原理示意图

② 结果表示　由试片突起膨胀而挤压出水的体积计算试片的延展性。本方法适用于精确测量薄板状高延展性镀层的延伸率。

（5）机械杯突试验

① 试验方法　根据试样宽度，选择相应的固定模内径和冲头直径，冲头向夹紧于模内的试样均匀施加压力，直至试样镀层开始产生裂纹为止，并作下记录。

② 结果表示　以试样镀层开始产生裂纹时压入的深度（mm）作为镀层延展性的指标。杯突深度越大，延展性越好。

③ 使用仪器　可使用杯突试验机。杯突试验机的技术性能规格见表 44-35。

44.12.2　连着基体的镀层测试方法

适用于连着基体的镀层进行延展性试验的方法[2]有七种。这些试验方法的基本要求如下：

① 镀层与基体必须有良好的结合力。

② 基体的延展性一定要比镀层好。

③ 制备试样的基体通常使用退火的铜、黄铜或适宜的 ABS 塑料。

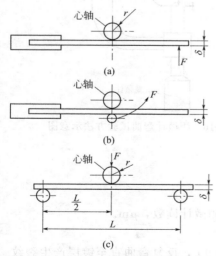

图 44-19　三点弯曲试验的加载方式
（a）夹紧一端近自由端施力；
（b）夹紧一端近芯轴处施力；
（c）两端被支撑中间处施力

（1）拉伸试验

测定试验装置和方法与剥离镀层的测试方法相似。可参见剥离镀层（镀层箔）的测试方法中的（1）拉伸试验。

（2）三点弯曲试验

将试片的两端用两个垂直的力支撑，在两力点的中心部位垂直方向向试片另一面反向施加一力，使试片缓慢弯曲直至断裂。加载方式有三种，均在试验机上完成。试验原理如图 44-19 所示。

（3）四点弯曲试验

① 试验方法　将试片的两端支撑住，在对称于中心区两个受力点施加力，使试片在中心区两个受力点承受载荷的作用，使试片缓慢弯曲直至断裂。试验原理如图 44-20 所示。这种试验方法的优点是可避免试片扭曲。

② 结果计算　依据上述试验方法，其镀层延展性（延伸率）按下式计算：

$$\delta = \frac{TS}{b^2 + 2ab} \times 100\%$$

式中，δ 为镀层延伸率，%；T 为试片总厚度，mm；S 为垂直位移，mm；$a+b$ 为两力点间距离的一半，mm；a 为载荷间距离的一半，mm。

（4）圆柱心轴弯曲试验

① 试验方法　圆柱心轴弯曲试验装置示意图如图 44-21 所示。将待测的带状或丝状镀层试样置于圆柱心轴上，向试样均匀地施加力，以使试样缓慢地沿着心轴弯曲，直至镀层出现破裂。

② 结果表示　以使试样镀层不产生破裂的最小心轴直径来确定其镀层延展性。

（5）螺旋线心轴弯曲试验

① 试验方法　将待测的带状或丝状镀层试样，紧绕在一个曲率逐渐变小的螺旋线心轴上，进行弯曲试验，直至镀层出现裂纹。测试装置的工作原理如图 44-22 所示。

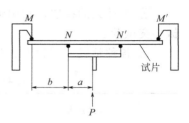

图 44-20　四点弯曲试验的测量试验示意图

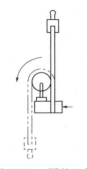

图 44-21　圆柱心轴弯曲试验装置示意图

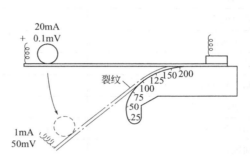

图 44-22　螺旋线心轴弯曲测试工作原理示意图

② 结果表示　以试样镀层开裂处的曲率半径来确定其延展性。

（6）圆锥心轴弯曲试验

① 试验方法　将待测的方形或丝状镀层试样，绕在一个圆锥心轴上进行弯曲试验。用 10 倍放大镜检查镀层开裂情况。其试验工作原理如图 44-23 所示。由于心轴的最小曲率半径为 4mm，因此只能用于厚度小于 0.5mm 的薄板试片进行贴合弯曲试验，不适合用于延展率大于 11% 的镀层试样的测试。

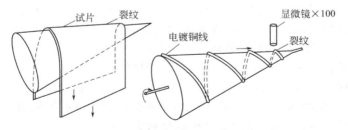

图 44-23　圆锥心轴弯曲测试工作原理示意图

② 结果表示　确定镀层开裂的部位及所处位置的锥形曲率半径，以比较镀层延展性。

（7）机械杯突试验

机械杯突试验与 44.12.1 剥离镀层（镀层箔）的测试方法中的机械杯突试验法相同。

44.12.3　镀层延展性测试方法的选择

一般情况下，镀层延展性测试方法按下列情况选用：

① 厚度小于 $10\mu m$ 的镀层，采用连着基体的镀层测定。宜选用弯曲试验或机械杯突试验。

② 厚度大于 $10\mu m$ 的镀层，宜采用剥离镀层测定。延展性好的镀层，可用液压突起试验或拉伸试验。稍脆的镀层，宜用测微计弯曲试验或机械杯突试验。

③ 脆性大的镀层，宜用延展性好的基体材料作为镀层试样，用螺旋线心轴弯曲试验或机械杯突试验。

④ 各种延展性试验方法对不同镀层的适用性[2]见表 44-36。

表 44-36　各种延展性试验方法对不同镀层的适用性

试验方法		延展性好的镀层	脆性镀层	裂纹的能见度	精度	试样制作的难易程度
剥离镀层	拉伸试验	4	1	5	3	3
	液压突起试验	5	3	5	4	5
	机械杯突试验	3	3	4	4	5
	测微计弯曲试验	1	2	4	2	3
	台虎钳弯曲试验	1	2	3	1	3
不剥离镀层	拉伸试验	2	4	4	3	3
	圆柱心轴弯曲试验	2	4	3	2	3
	螺旋线心轴弯曲试验	1	4	2	3	3
	圆锥心轴弯曲试验	1	4	2	2	3
	三点弯曲试验	2	3	3	3	3
	四点弯曲试验	3	3	3	3	3
	机械杯突试验	2	3	3	3	4

注：1. 表中数字表示：1 表示没有其他可用的测定法时，才可采用；2 表示适用于其他因素正确评定时；3 表示大体上可满足要求；4 表示虽然不算理想，但能满足要求；5 表示最佳的测定法。

2. 试样制作的难易程度，也可理解为制备试样所需的时间及所采用的设备装置。

44.13　氢脆的测定

氢脆是指金属或合金吸收氢原子和应力存在下而引起的脆性。金属制件在浸蚀、除油、电镀和其他化学处理等的过程中吸附氢原子，引起基体金属渗氢，这是造成金属氢脆的主要原因。金属渗氢造成氢脆，高强度钢、超高强度钢的氢脆是一个致命的问题。因此，为保证电镀产品的安全可靠性，避免氢脆引起的破坏，必须对其进行氢脆性检测。

有关金属渗氢及氢脆的测试方法，主要包括下列两个方面：

① 氢的含量和存在状态的测定　包括各种物理和化学的测氢方法。

② 渗氢后塑性变化的测定　主要从力学性能和金属物理方面等检测。其检测方法有延迟破坏试验（持久试验）、缓慢弯曲试验、挤压试验和应力环试验等。

氢的含量和存在状态的测定，常作为氢脆研究的基本方法。而氢的含量对金属行为影响的因素很多，这方面的测定和研究，对仪器设备和技术的要求很高，测定过程烦琐而复杂，一般为研究单位供科研用。工业生产实际应用多是镀件渗氢后塑性变化的测定，故对这方面的测定加以叙述。

44.13.1　延迟破坏试验

① 检测原理　依据经过热处理强化的结构钢件电镀后，由于吸收了氢并在外力小于屈服

强度的静载荷作用下，持续规定时间内，试件是否断裂，来评定试样的氢脆性。

② 适用范围　延迟破坏试验是一种常用的、灵敏而可靠的氢脆性试验方法，适用于以下几个方面：

a. 适用于鉴定高强度钢和超高强度钢、弹簧钢零件电镀后的氢脆性。

b. 可作为对电镀工艺和镀件的氢脆性进行仲裁鉴定的方法。

c. 可作为考核电镀工艺是否能保证镀件电镀以后，不产生氢致延迟断裂失效的方法。

③ 试样形状和尺寸　将被测试材料制成缺口拉伸试棒，其形状如图 44-24 所示。其试棒主要尺寸（我国 HB 5067—2005《镀覆工艺氢脆试验》标准）如下。其余尺寸及粗糙度要求见图 44-24。

试棒直径：6.5mm

缺口根部直径：4.5mm±0.05mm

缺口半径：0.25mm±0.01mm

缺口角度：60°±1°

试棒长度：60mm

试样表面粗糙度值为 Ra 0.4～0.8μm。

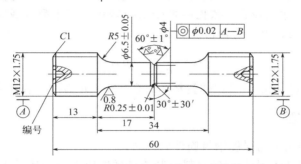

图 44-24　延迟破坏试验用带缺口的拉伸试棒

④ 试样的制备　试样应先经退火处理后进行粗加工，然后热处理达到试样要求的抗拉强度，再精加工到规定尺寸。试样在电镀前，应消除磨削应力。消除应力的时间和温度与被镀零件相同。试样电镀工艺应与镀件电镀使用的工艺相同。缺口处的镀层厚度应与镀件相同。试样缺口处镀层厚度为 12～18μm（较适宜为 12.5μm）。试样电镀后必须在 3h 内进行除氢处理（一般温度控制在 190～240℃，时间控制在 10～24h）。

⑤ 试验方法　进行延迟破坏试验时，试样所承受的载荷力，应等于未电镀的缺口试样的缺口处截面积与缺口试样抗拉强度乘积的 75%。试样加载时间为 200h，不断裂为合格。

⑥ 结果表示　鉴定镀件的氢脆性，使用两根试样平行试验，但只要其中一根试样在 200h 以内断裂，即认为氢脆性不合格。这种试验方法获得的结果重现性较好。

⑦ 使用仪器　可使用拉力试验机。

44.13.2　缓慢弯曲试验

① 检测原理　缓慢弯曲试验是一种动态试验。将试片缓慢来回往复弯曲，以试片断裂时弯曲角度的总和，来评定氢脆性程度。

② 检测试片　试片尺寸一般为 150mm×13mm×1.5mm，表面粗糙度值为 $Ra \leqslant 1.6\mu$m。试片需经热处理达到与镀件相同的硬度。试片电镀工艺必须与所代表的镀件相同。镀前应消除应力，镀后要严格除氢，除氢箱内温度应均匀，除氢时间应充分。试片在热处理后如变形，应静压校平，切勿敲打冷校。

③ 试验方法　进行缓慢弯曲试验时，弯曲速度有两种：一种速度为 0.6°/s，90°往返弯曲；另一种速度为 0.13°/s，单向弯曲 180°。弯曲直至断裂，来评定氢脆性程度。试验前应选一定数量的试样材料进行空白试验，摸清材料本身存在的脆性，便于分析试验结果和选择合适的折断轴直径。

④ 结果表示　氢脆性以试片断裂时弯曲角度的总和来表示，角度越大，氢脆性越小。由于氢脆性有延迟的特性，因此，试片弯曲速度的缓慢程度，是影响试验结果准确性的关键。

⑤ 使用仪器　可使用缓慢弯曲试验机。

44.13.3　挤压试验

挤压试验法专门用来检测弹簧垫圈电镀后的氢脆性，是一种简便有效的现场质量检验方法。

① 试验方法　受测弹簧垫圈需经电镀和除氢。将需要检测的弹簧垫圈，套在与垫圈内径相同的两端均车有螺纹的钢棒上。每根钢棒上套 10～15 个垫圈，在钢棒的两端分别套上平垫圈和螺母，旋紧螺母至弹簧垫圈在开口处达到完全闭合。放置 24h 后松开，用 5 倍放大镜检查受试垫圈产生裂纹或断裂的数量。每批受试弹簧垫圈不得少于 50 个。

② 结果计算　经上述试验后，依据一批受试弹簧垫圈产生裂纹或断裂的数量，按下式计算其脆断率。脆断率在 2% 以下为合格。

$$\varepsilon = \frac{b}{a} \times 100\%$$

式中，ε 为脆断率，%；a 为受试弹簧垫圈总数，个；b 为产生裂纹或断裂的垫圈数，个。

44.13.4　应力环试验

应力环试验是一种测定高强度钢氢脆性的方法。

① 试验方法　选用与镀件相同的材料，制成试样即应力环，其形状和尺寸如图 44-25（a）所示。应力环采用与镀件相同的工艺进行热处理，而后进行电镀。应力环除氢后夹在台虎钳上，将其夹压成椭圆形，直至恰能塞进一个应力块塞规，塞规如图 44-25（b）所示，图中 L 为 64.1mm±0.05mm 或 63.1mm±0.03mm。这时应力环的受力状态与受到 90% 的极限抗拉强度载荷相似。根据到规定时间是否断裂，判断其氢脆性。

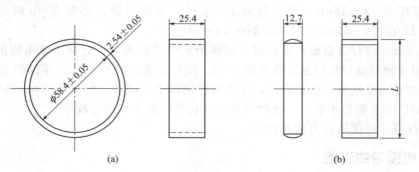

图 44-25　应力环及应力块塞规尺寸
（a）应力环尺寸；（b）应力块塞规尺寸

② 结果表示　按上述试验，当应力环在台虎钳上静压 200h 后不断裂，即表明氢脆性合格。测试时，必须同时用三个试样（应力环）进行试验，其中有一个不合格，即认为氢脆性不合格。

44.14 镀层表面粗糙度的测定

镀层表面粗糙度是指镀层表面具有较小间距和微观峰谷不平度的微观特性。采用的测定方法有下列几种方法。

44.14.1 样板对照法

采用标准粗糙度样板与被测镀层进行对比，反复仔细观察两者的表面丝纹、反光强度和色彩，以受检镀层与相接近标准样板的粗糙度值，作为受检镀层的粗糙度值。

44.14.2 轮廓仪测量法

此法属于针描法（接触测量法）。其类型有机械式、光电式和电动式等。电动式轮廓仪测量法的工作原理是，测量传感器的金刚石针尖在被测镀层表面平稳移动时，由金刚石针尖顺着被测镀层表面上波峰与波谷上下位移产生一定振动量，其振动量大小通过压电晶体转换为微弱电能，经放大并整流后，在仪表上直接显示出被测镀层表面粗糙度（Ra）值。粗糙度检测仪器的技术性能规格见表 44-37。

表 44-37　表面粗糙度检测仪器的技术性能规格

名称型号	技术性能规格	仪器外形图
TR101 表面粗糙度仪	测量参数：Ra、Rz 测量范围：Ra 0.05～10μm　Rz 0.1～50μm 取样长度：0.25mm、0.8mm、2.5mm 评定长度：1.25mm、4mm、5mm 扫描长度：6mm 示值误差：≤±15%　示值变动性：<12% 传感器类型：压电晶体 电源：3.6V 锂离子电池 工作温度：0～40℃ 外型尺寸：125mm×73mm×26mm 质量：200g	上海伦捷机电仪表有限公司、北京八零时代科技发展有限公司的产品
TR210 粗糙度测量仪	测量参数：Ra、Rz、Rq、Rt 测量范围：Ra 0.025～12.5μm 显示范围：Ra、Rq 0.005～16μm，Rz、Rt 0.02～160μm 量程范围：±20μm、±40μm、±80μm 最高显示分辨率：0.001μm 滤波方式：RC、PC-RC、GAUSS、D-P 取样长度：0.25mm、0.8mm、2.5mm 评定长度：5L（L 为取样长度） 测量行程长度：7L 最大驱动行程长度：18mm/0.71in(1in＝0.0254m) 最小驱动行程长度：1.8mm/0.071in 示值误差：≤±10%　示值变动性：≤6% 针尖角度：90°　显示方式：段码显示（带背光） 工作环境：温度 0～40℃，相对湿度<90% 外型尺寸：140mm×52mm×48mm　质量：440g	上海伦捷机电仪表有限公司的产品

44.14.3 非接触式检测法

非接触式检验镀层粗糙度利用光波干涉原理来测量表面镀层粗糙度。用干涉法将它以干涉带的弯曲程度表现出来，然后进行测量。

44.14.4　印模检测法

此法利用块状的塑性材料作为印模，将印模贴在被测镀件表面上，待取下后，在贴合面上即印制出被测表面的轮廓状况，然后对印模进行测量，得出镀层粗糙度的参数值。

44.15　镀层钎焊性的测试

镀层钎焊性是指焊料在欲焊金属表面流动的难易程度，即镀层表面被熔融焊料润湿的能力。钎焊性有两方面的含义：一是钎焊的结合力，即"钎焊质量"，用给定时间内润湿力的大小来衡量；二是钎焊所需时间，用规定达到某种润湿程度所需时间来衡量。因此，钎焊性的测试，应包括这两方面的内容。镀层钎焊性检测有下列几种方法。

44.15.1　流布面积法

① 测试方法　将一定质量的焊料放在待测试样表面上，滴上几滴松香异丙醇焊剂，放入恒温箱中加热到 250℃，保持 2min 后，取出试样，用面积仪检测并计算焊料涂布面积（虚焊面不能一并计入）。

② 采用的焊料和焊剂　通常采用的焊料为含 Sn 为 60%（质量分数），含 Pb 为 40%（质量分数）的 Sn-Pb 合金；焊剂为含松香为 25%（质量分数）的松香异丙醇中性焊剂。

③ 结果评定　流布面积越大，镀层钎焊性越好。

44.15.2　润湿时间法

① 测试原理　通过熔融焊料对规定试样全部润湿的时间来判断钎焊性。

② 测试方法　按下列步骤进行。

a. 制备 10 块电镀试样，规格可用 5mm×5mm（厚度不限），依次进行编号。

b. 先浸入松香异丙醇焊剂中。

c. 再浸入 250℃的熔融焊料（焊料表面严禁氧化物存在）中，浸入时间依据 10 块编号不同的电镀试样，分别控制在 1~10s 后，立即取出。

d. 冷却后检查试样是否全部被润湿。采用的焊料和焊剂与流布面积法相同。

③ 结果评定　以试样全部被润湿的最短时间评定镀层钎焊性。一般以 2s 以内全部润湿为好，10s 才能全部润湿的试样的钎焊性较差。

④ 使用仪器　可使用可焊性测试仪。

44.15.3　蒸汽考验法

① 测试方法　将试样放在连续沸腾的水面上部，禁止试样与容器壁相碰，试样与沸腾的水面相距 100mm，与顶盖相距 50mm。容器顶盖呈 Λ 形，以防盖上冷凝水滴在试样表面上。经过 240h 后，不管试样表面状态如何，让试样在空气中干燥，然后用流布面积法或润湿时间法测试。蒸汽考验时间可根据产品使用要求和条件缩短或延长。

② 结果评定　经上述蒸汽考验后的试样，再经流布面积法或润湿时间法测试，根据其测试的结果来确定试样的钎焊性。

44.15.4　焊料润湿覆盖法

① 检测标准　GB/T 16745—1997《金属覆盖层 产品钎焊性的标准试验方法》（等效采用美国材料与试验协会标准 ASTM B 678—8 6《金属覆盖层产品钎焊性的标准试验方法》）。

本标准规定了一种用软（铅-锡）焊料和松香焊剂检验金属覆盖层产品及试样钎焊性的评价方法。这是一种定性的、适用范围较宽的试验方法，所需设备简单，易于实施。该方法是一个"通过性"试验方法，不适用于评定产品钎焊性等级。本标准仅适用于通常易于焊接的金属覆盖层，例如锡、锡-铅合金、银和金等覆盖层。

② 测试原理　将涂有焊剂松香的镀件，浸入熔融的锡-铅焊料中，经短暂时间后取出，检验镀件被焊料润湿覆盖的情况。

③ 使用的焊剂和焊料　用一级和特级松香溶于不小 99％ 的异丙醇中，得到质量分数为 25％±5％ 的松香溶液作为焊剂。用 Sn 含量为 60％（质量分数）和 Pb 含量为 40％（质量分数）的 Sn-Pb 合金作为焊料。

④ 测试方法　按下列步骤进行。

a. 某些镀层（如 Sn、Pb-Sn 合金镀层），在储存过程中会自然老化，使镀层的钎焊性恶化。为了解这些镀层长期储存后的钎焊性能，在测试前先对试样进行人工加速老化，采用水蒸气烘烤老化方法（如同蒸汽考验法），持续时间为 24h，在室温下冷却和干燥。

b. 将试样先浸渍焊剂，取出后在空气中停留 30～60s。

c. 加热焊料，并使其维持在 245℃±5℃，用不锈钢工具搅拌并刮去熔融钎料表面的焊渣。

d. 用人工或自动浸渍装置，将试样以 25mm/s±5mm/s 的速度浸入焊料中，停留 5s±0.5s，然后以同样速度取出。

e. 在焊料覆盖层凝固后，用异丙醇去除焊剂残留物。用目视或用 10 倍放大镜检查焊料覆盖层，再用锐利的刀片或针挑刮焊料覆盖层。

⑤ 结果评定　按上述方法测试，若 95％ 以上测试面的焊料覆盖层保持光亮、平滑、均匀、附着牢固，则判定合格。

44.15.5　槽焊法

将浸有标准焊剂的试样浸入加热（一般采用电加热）的焊料槽中，焊料温度控制在 235℃±2℃，经 3s 后取出，观察试样表面的润湿情况，以评定镀层钎焊性的优劣。

44.15.6　球焊法

球焊法常用于引线（圆导线）镀层钎焊性的测定。测定方法：将涂覆有助焊剂的引线即圆导线（被测试样）水平地放置在熔融成球状的焊料上 [见图 44-26 (a)]。焊球的大小依引线直径而定。将引线下落到焊球中，焊球均匀地一分为二，从引线接触到加热块的瞬间开始 [见图 44-26 (b)] 到焊球把引线整个包住 [见图 44-26 (c)] 为止，这个时间为钎焊时间。本测定方法操作方便，而且测试结果与实际情况相符。应当注意：钎焊时间是从引线到达加热块表面时算起，而不是刚接触到焊料就开始计算。

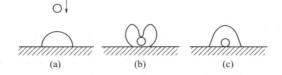

图 44-26　球焊法钎焊过程示意图

(a) 将引线水平地放置在熔融成球状的焊料上；(b) 引线下落到焊球中，焊球均匀地一分为二；(c) 焊球把引线整个包住

44.15.7　钎焊性的检测仪器

镀层钎焊性的检测仪器的技术性能规格见表 44-38。

表 44-38 可焊性测量仪器的技术性能规格

名称及型号	技术性能规格
SAT-5200T 系列 可焊性测试仪	5200T 可焊性测试仪,可针对助焊剂、焊锡等焊接材料的润湿性以及各种电子元器件、PCB 的可焊性进行测试与评价 ① 改良的 Micro 电子天平搭乘控制系统可自动进行零调整。使动态润湿力与时间的分解能达到 0.01mN 以下 ② 改善了样品夹具的装接性能,用磁性夹具将样品固定在主机的连接处,确保样品开始测试的位置,从而得到更精确的再现性 ③ 为了增强主机的单独测试性能,搭载了触摸屏,也可以与 PC 并用测试,使其具有更好的分析能力。为了确保更好的再现性,采用了 Micro 微调与基点定位 ④ 5200T 适用于不同分析方法的多功能可焊性试验系统: a. 焊锡槽平衡法。它主要可以对浸槽中焊锡的润湿性进行评价,另外可根据需要,安装氮气(N_2)箱体或前加热炉。 b. 焊锡小球平衡法。它是一种使用不同的焊锡小球,对评价较困难的表面贴装元器件进行可焊性评价的方法,根据被测样品的尺寸,备有四种加热块(直径分别为 4mm、3.2mm、2mm、1mm)供选择。另外,也可对电路板上的焊盘和通孔的润湿性进行评价,并且加强了 BGA 的测试功能 c. 急速加热法。它是一种将焊锡膏和表面贴装部件,在相接触的状态下,迅速浸入熔融焊锡中,在短时急速加热的状态下,对其可焊性进行评价的方法 d. 阶梯升温法(回流工艺)。它是一种模拟回流焊过程的测试方法,不但可以对焊锡膏及样品进行可焊性评价,也可以对回焊的条件及助焊剂的活性进行评价,可自由设定温度,也可在氮气的状态下进行测试评价 日本力世界(RHESCA)公司的产品(东莞市协美电子有限公司代理)
RPS-202-TL 可焊性试验台	RPS-202-TL 是微处理器控制的可焊性测试系统,所有程序参数都是数字化设置。微处理器能够存储 8 个不同的程序用于自动操作。这些参数包括:助熔剂和焊料的浸入和提出速度,焊料助熔剂的浸入停留时间,所需的循环次数和焊接温度。操作:8 个不同储存程序 精度:X 轴 ± 0.010in,Y 轴 ± 0.002in 容量:多种,典型容量是一次性 45 多个轴向和 21 多个径向器件 浸入深度:可调节控制,分为助熔剂和焊料深度 输入/输出速度:0.5～2.5in/s 浸入时间:0.1～10s 温度控制:大比例(0～350℃)± 3℃ PID 用到的炉表面面积:静态 2in×4in(带有自动撇渣器) 焊料容量:6b(1b=0.4536kg) 可用深度:2in 控制器:微处理器 电输入:120V/AC/1PH/60Hz/10A(可转换 220V AC) 构造:用重规格钢制造,带有多个轧平机,用于桌面贴装。所有部件都是环氧涂层 体积(宽×高×深):24in×16in×20in 上海益朗仪器有限公司代理(美国产品)
SKC-8H 可焊性测试仪	润湿力范围:-9.80～$+9.8$mN 读数误差:0～-1mN 误差为读数的 $\pm 1\%$ ± 0.03mN 　　　　　-1～-2mN 误差为读数的 $\pm 1\%$ ± 0.02mN 　　　　　-2～-19.6mN 误差为读数的 $\pm 1\%$ ± 0.01mN 润湿力设定范围及润湿力显示范围:0～-9.99 mN(分度 0.01mN) 润湿力显示时间设定范围:0～9s(分度 1s) 润湿开始时间测量范围和显示范围:0～9.9s(分度 1s);误差为 ± 0.1s 试件直径测量范围:$\phi 0.1$mm～4.0mm(分度 $\phi 0.1$mm) 试件最大质量:3g 试件浸渍深度测量范围:0～9mm(分度 1mm);误差不大于 ± 0.2mm 　　　　　　　　　　0.1～0.9mm(分度连续);误差不大于 $\pm 2\%$ 试件浸渍时间设定范围:0～10s(分度 1s);误差不大于 0.1s 试件浸渍速度可调范围:1～30mm/s(分度 1mm/s);误差不大于 10% 称重模拟电压输出:称重 1g 时,输出 980mV;误差不大于 1.5% 焊料温度:(235± 2)℃(0～400℃可调) 测试设定条件和测量结果参数及曲线 可靠性:MTBF 不小于 500h 使用电源:AC 220V$\pm 10\%$;50Hz± 2Hz;功率消耗不大于 1000W 外形尺寸:测控装置 550mm×600mm×800mm 使用环境条件:工作温度 10～30 ℃;相对湿度 40%～80%;大气压力(86～106)$\times 10^3$Pa

名称及型号	技术性能规格
SKC-8H 可焊性测试仪	仪器特点和用途： ① 运用润湿称量法（Wetting Balance）对各类封装电子元器件（DIP、TO、贴片电阻、贴片电容）、各类低频接插件、插针、插片、线材和导线接端、助焊剂、焊料、焊膏进行可焊性定量检测，使用附件可对印制板进行可焊性的定性分析 ② 仪器采用微机控制，测试数据稳定可靠，操作维修方便。在测试过程中自动绘制润湿力与时间的动态曲线，并提供测试数据及测试结果供用户判断使用 ③ 在机械结构和电路设计方面分别吸取了英国和日本同类仪器的特点，测试分析方法符合国际 IEC 和国家有关标准的规定　杜美分析仪器（上海）有限公司的产品

44.16　金属镀层表面接触电阻的测定

金属镀层表面接触电阻的测定方法有电桥法、伏安法，以及印制板金属化孔镀层电阻的测定。

44.16.1　电桥法

① 测量装置和方法　采用直流电桥测量镀层表面接触电阻，其测量装置如图 44-27 所示。两个紫铜基体的测试头的表面镀在厚度 $10\mu m$ 以上的纯银镀层，接触试片的一端呈半圆球形（需抛光），其质量应满足压力要求。两个测试头的中心距离按要求可调。绝缘板上按要求制有定位孔。试样表面为金属镀层（例如金或银）。测量时，将两个测试头放入绝缘板上的定位孔内，接通电源，即可从电桥上直接读出表面接触电阻。

② 结果表示　测量时取 2 个试样为一组，每个试样测 3 个电阻值，取其平均值，再求出每一组的平均值，比较这些测量结果。

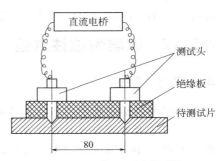

图 44-27　直流电桥法测量表面接触电阻装置示意图

44.16.2　伏安法

① 测量装置和方法　伏安法的测量原理如图 44-28 所示。当电流 I（A）流经两试样的触点时 [图 44-28（a）]，在触点两侧间引起电压降（mV），根据欧姆定律就可以计算出接触电阻值。

此外，也可采用十字交叉试样，利用伏安法测量镀层表面的接触电阻，其原理如图 44-28（b）所示。两根相同直径的圆柱体试样镀上被测镀层（例如银），接通电源，电流经过十字交叉试样触点时，可用电压表测量两圆柱体试样触点形成的电压降。为了测置作用在十字交叉试样上的压力，采用天平作为测力仪。

② 结果表示　由于影响接触电阻的因素很多，所以镀层表面的接触电阻需进行多次测量，取其平均值。同时，应记下测量时两试样接触的压力值。

44.16.3　印制板金属化孔镀层电阻的测定

印制板金属化孔镀层电阻，是指孔的两端对测得到的电阻，它与镀层间的连接电阻、内孔径大小、镀层厚度、印制板基材厚度等有关。采用标准的无接触电阻的四端法测试金属化孔镀层的电阻值。测试原理如图 44-29 所示。

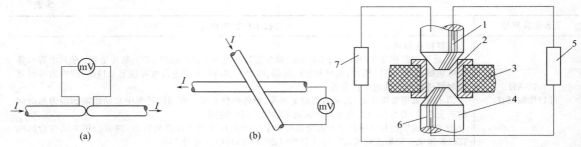

图 44-28　伏安法测量表面接触电阻装置示意图　　　图 44-29　金属化孔电阻测试原理示意图
(a) 试样对接触测量；(b) 试样十字交叉接触测量　　1—电压探针；2—金属化孔；3—印制板；4—电流探针；
　　　　　　　　　　　　　　　　　　　　　　　　5—数字电压表；6—绝缘间隙；7—恒电源

① 试样准备　测试前，将放置 24h 以上的印制板试样用有机溶剂仔细清理干净，孔两端不得有油污和绝缘材料（如焊剂、黏合剂、氧化物等）。

② 测试方法　测试时，被测金属化孔放在上下两探针之间（见图 44-29），以大约 1 N 的压力压紧探针，使探针固定在金属化孔位置上。两端通以 0.1A 脉冲电流，在数字电压表上直接读取孔的电阻值（$\mu\Omega$）。同一孔在不同方向测 3 次，以其最大值作为该孔的电阻值。

44.17　镀层耐蚀性试验

44.17.1　概述

镀层耐蚀性是指镀层在所处环境、介质中抵抗腐蚀的能力。无论是防护性镀层、装饰性镀层，还是功能性镀层，对镀层在一定环境下的耐蚀性能都有严格要求。为了判断镀层的耐蚀性能，通常采用腐蚀试验的方法进行评定。镀层耐蚀性测试方法有自然曝露腐蚀试验和人工加速腐蚀试验。

(1) 自然曝露腐蚀试验

自然曝露腐蚀试验包括：大气腐蚀试验、储存条件下的腐蚀试验、天然海水腐蚀试验等。

户外自然曝露试验能较真实地评定户外使用镀层的耐蚀性能，但试验周期长，生产中不太适用，只有在长期研究工作中使用。

(2) 人工加速腐蚀试验

人工加速腐蚀试验方法包括：中性盐雾试验、醋酸盐雾试验、铜盐加速醋酸盐雾试验、腐蚀膏试验、周期浸润试验、二氧化硫试验、电解腐蚀试验、硫化氢试验、湿热试验等。

人工加速腐蚀试验主要是为了快速鉴定镀层质量。应当指出，由于自然环境复杂，任何人为模拟的人工加速腐蚀试验，都无法表征和代替镀层的实际腐蚀环境和腐蚀状态，试验结果只能提供相对的依据。

44.17.2　大气腐蚀试验

试验标准：GB/T 14165—2008《金属和合金　大气腐蚀试验　现场试验的一般要求》（等同采用国际标准 ISO 8565：1992）。该标准规定了在大气条件下进行静置腐蚀试验时有关试样制备、大气腐蚀试验场址、曝露架、试样放置、试验规程和编写试验报告等的要求。

大气曝露条件下的腐蚀试验目的如下。

① 获得在大气环境下金属、合金和其他覆盖层等的耐腐蚀数据。

② 评价大气环境下和给定的实验室条件下的试验结果的相关性。

③ 评价特殊金属的腐蚀类型。

（1）曝晒环境条件

大气腐蚀试验场按环境条件，可分为下列两种类型。

① 代表区域气候条件建的永久性试验场，这些区域气候可分为工业、海洋、农村和城郊大气环境四类，见表 44-39。

表 44-39　大气曝晒场所地区的环境条件

地区环境	环境及腐蚀状况
工业性大气	在工厂集中的工业区，大气被工业性介质（如 SO_2、H_2S、NH_3 及煤灰等）污染较严重
海洋性大气	靠近海边 200m 以内的地区，大气易受盐雾污染
农村大气	远离城市没有工业废气污染的乡村，空气洁净，大气基本上没有被工业性介质及盐雾所污染
城郊大气	在城市边缘地区，大气较轻微地被工业性介质所污染

② 为进行特殊的腐蚀试验而选定的临时试验场。这是为了某些特殊的腐蚀试验项目，定期地在特殊气候和腐蚀条件区域而建的临时试验场所。

镀层进行大气腐蚀试验时，应选择在与镀件使用区域的环境气候条件类似的试验场进行自然曝晒腐蚀试验。

（2）曝晒场的位置选择

① 大气曝晒场应设在较为空旷的场地或建筑物的屋顶，四周不宜有高大建筑物。要使周围建筑物、构筑物和树林等的阴影不会投射到场内任何曝晒的试样上。

② 曝晒场所应适合观察试样。既能便于定期观察试样，又能每天记录和评价标准中所规定大气因素的场地。

③ 曝晒场周围除作为特殊目的用的试验外，曝晒场附近不得有排放各种化学气体、烟尘等的烟囱和通风口等设施。

（3）试验场特征

为进一步评价腐蚀测量结果，需要描述试验场的大气条件，可通过测量或从其他来源收集大气数据。表征大气条件的环境数据以及检测频率见表 44-40。其他因素如风向、风速、雨水pH 值、气体及颗粒污染物的量等，按规定的试验要求收集或测量。

表 44-40　表征大气条件的环境因素

环境因素		单位	测量种类和次数	结果的表示
大气温度		℃	连续或每天至少三次	月或年平均
大气湿度		%	连续或每天至少三次	月或年平均
润湿时间（温度＞60℃，RH＞80％）		h	—	每月或每年的小时数
降水量		mm/d	月	每月或每年的量
空气污染	SO_2 浓度	mg/m^3	连续或按月	月或年平均
	SO_2 沉降速度	$mg/(m^2 \cdot d)$	连续或按月	月或年平均
	氯化物沉降速度	$mg/(m^2 \cdot d)$	连续或按月	月或年平均

注：引自 GB/T 14165—2008《金属和合金 大气腐蚀试验 现场试验的一般要求》附录 A。

（4）曝露方式

根据试验要求和目的，试样可以选用下列三种曝露方式。

① 敞开曝露　即露天曝晒，试样直接放置在框架上，框架最低边缘距地最小高度应防止雨水飞溅和积雪掩埋，应不小于 0.75m，架子与水平方向成 45°角度，并且面向南方，架子附近的植物高度不应大于 0.2m。

② 遮挡曝露　即半封闭曝露，试验在遮挡曝露棚中进行，可以做成伞形棚顶，棚顶作成倾斜的，能让雨水流下（但不能从棚顶漏下），并且能完全地或部分地遮蔽太阳光，防止太阳光直接照射试样，棚顶高度应不小于 3m。

③ 封闭曝露　即室内曝露，采用百叶箱作为封闭曝露用棚。它应能防止大气沉降、阳光辐射、强风直吹、雨和雪不能进入箱内，但应能与外界的空气保持流通。顶棚适当倾斜，有檐和雨水沟槽。百叶箱内部尺寸根据放在架子上的试样数量确定。百叶箱应放在试验场的空旷的场地上，若放置两个以上的百叶箱，则箱子之间的最小距离应等于箱子高度的两倍，箱距离地面至少 0.5m。

(5) 试样要求

① 自然曝露试样用的每个试样表面积都应尽可能大，任何情况下都不应小于 50cm²（5cm×10cm）。片状试样的基材一般选用面积相对大些的矩形钢板（或其他金属板）。试样适宜的尺寸为 150mm×100mm，最适宜的厚度为 1～3mm。

② 试样材料的化学成分、物理状态和表面状态应与所代表的镀件尽可能一致，试样表面的工艺和质量要求应与所代表的镀件一致。

③ 允许采用不规则的试样，也可直接用产品经镀覆好的零部件作为试样，但必须满足试验的各项技术要求。

④ 每件试样应有不易消失的明显标记，始终清晰可认，不应标在会影响外观检查及其功能作用的表面上。标记可打上钢字或挂有刻字的塑料牌等。

⑤ 试样在试验前，应有专门的记录卡，必须详细记录有关试样的重要数据、镀层的测试数据、工艺方法和规范参数等。

⑥ 在任何一批试验中，一般所采用的每种试样数量不少于 3 件；复杂的试验方案有时需要更多的试样。

⑦ 试样制备完成而尚未进行曝露试验之前，应储存在能控制室温、相对湿度≤65% 的环境中，防止试样表面发生机械损伤和与其他试样接触，特别敏感的试样应密封于塑料袋或干燥容器内。

⑧ 每种试样需留下 1～3 件保存在干燥容器内，供试验过程中比较观察用。

(6) 试样放置要求

① 各试样之间或试样与其他会影响试验腐蚀的任何材料之间不能接触。一般采用非金属材料制作夹具或挂钩，把试样固定在框架上，并使试样与夹具、挂钩之间的接触面积尽可能小。

② 试样的取放应方便，便于观察试样，并防止跌落或损坏。

③ 放置的试样与试样之间不得彼此相互遮盖，也不得受其他物体的遮盖。试样都应曝露在相同的条件下，均匀地接触来自各方面的空气。

④ 试样的腐蚀产物和含有腐蚀产物的雨水，不得从一个试样的表面落到另一个试样的表面上。

⑤ 从地面上溅回的雨水滴不得到达试样表面。

⑥ 对于敞开曝露，一般试样表面应朝南，试样表面最好倾斜 45°（也可以是 30°），而且不要被附近的植物或其他对象遮挡。

⑦ 对于遮蔽曝露，试样最好倾斜成 0°、30°、45°、60° 或 90° 角。

⑧ 在伞形棚下或百叶箱内的曝露试验，除非另有规定，一般都将试样放置倾斜 45°。

(7) 曝露试验时间

① 试样曝露时间取决于试验种类、镀层耐蚀性及试验目的等因素，一般曝露试验时间可安排 1 年、2 年、10 年或 20 年。应当注意的是：腐蚀的结果与刚开始曝露时候的季节气候有关，特别是短期曝露的结果取决于曝露开始的季节，因此建议腐蚀试验安排在腐蚀性最高的季

节（通常为秋季或春季）开始曝露。

② 在户外曝露试验开始后，头一个月内每十天检查记录一次。以后每月检查记录一次。曝露超过 2～3 年，每 6 个月检查记录一次。

（8）结果评价

通过目测、金相检查、失重、力学性能或行为特征（如反射率）的变化进行结果评价。除非有其他规定，金属镀层应根据 GB/T 6461—2002《金属基体上金属和其他无机覆盖层 经腐蚀试验后的试样和试件的评级》对曝露试验进行评级。

（9）编写试验报告

大气腐蚀试验结束后，按规定进行评价和编写试验报告。试验报告的编写内容和要求，应符合 GB/T 14165—2008《金属和合金 大气腐蚀试验 现场试验的一般要求》标准的有关规定。

44.17.3　储存条件下的腐蚀试验

试验标准：GB/T 11377—2005《金属和其他无机覆盖层 储存条件下腐蚀试验的一般规则》（等同采用国际标准 ISO 4543：1981）。该标准规定了试样的技术要求、保存方法、腐蚀环境和腐蚀因素的选择、对储存室和曝露架的要求、试样放置的要求、试验持续时间、定期检查周期、结果评价等。

进行储存条件下的腐蚀试验，其目的在于：

① 评价不同的保护覆盖层在特定的储存条件下的耐腐蚀性能。

② 比较两种或多种保护覆盖层的耐腐蚀性能。

③ 确定保护覆盖层的种类、最佳厚度以及保护包装的类型。

④ 探索在给定的实验室试验条件下和储存条件下试验结果的相关性。

本试验方法适用于金属、金属覆盖层、转化膜和其他无机覆盖层及它们的保护性包装或无保护性包装的试样和试件。

（1）试样

① 试样类型　专门制备的镀（涂）受试覆盖层的试样；带有覆盖层的试件或零件。

② 试样形状和尺寸　为使边缘效应引起的误差减至最小程度，试样表面积尽可能大，任何情况下不得小于 $50cm^2$（$5cm×10cm$）。

③ 试验前，应彻底清洗试样，去除表面油污物。每件试样都要做好标记。

④ 每一试验周期，用于预定评价的每一类试样的数量不得少于 3 件，且表面积至少为 $50cm^2$。如果试样面积较小，则相应取较多的试样。

⑤ 试验前试样应保存在有空调的、相对湿度不大于 50% 的清洁干燥的环境中，或将试样密封在干燥器中。

（2）储存试验条件

① 腐蚀环境　选择的试验条件应与覆盖层、试件使用或储存的实际条件一致或相似。试验前应对储存室本身的腐蚀因素做出评价。对受试的各种材料而言，影响其腐蚀的因素是不同的。GB/T 11377—2005 标准的附录 A 中提出了这些腐蚀因素的类型和合适的监测频率，其内容如表 44-41 所示。

表 44-41　储存条件下腐蚀因素的类型和数值

测定项目	单位	测试类型和次数	结果的表示
空气温度	℃		每天、每月和每年平均值
相对湿度及其变化	%	连续测定	最大值和最小值
绝对湿度及其变化	%		最大值和最小值

续表

	测定项目	单位	测试类型和次数	结果的表示
空气污染物	SO₂ 浓度	mg/m³	每周至少一次	每月和每年平均值
	Cl⁻ 浓度	mg/m³		
	每日累计沉积 SO₂	mg/m²	连续测定	每月和每年总的数量
	每日累计沉积 Cl⁻	mg/m²		
固体尘埃		g/m²		一月内的化学成分和总的数量
生物因素		—	定期观察	有或没有

② 试样应放在储存室的特定区域（如架子上）。试样应处在不会被局部热源、通风口和排气扇影响的位置。放置架子上的试样应尽可能远离地面，且距屋顶至少 0.5m。如果架子是木制的，尽可能减少木材防腐剂对试样保护层的影响。

③ 试样在储存室的曝露。各试样之间、试样与任何可能影响腐蚀的材料之间不得直接接触。试样用的夹具、钩子尽可能用非金属材料制作，且接触面尽可能小。各试样所处条件应一致，应使其均匀地接受来自各个方向的空气。

（3）试验持续时间

根据试验目的和试验类型，决定总的试验周期。原则上，试验应连续进行，直至基体金属出现最初腐蚀缺陷为止。试样定期检测的次数，由受试试样的耐腐蚀性决定，推荐检测周期为 1 周、2 周、2 个月、3 个月、6 个月、12 个月、18 个月、24 个月、36 个月、48 个月和 60 个月。

（4）试验结果的评价

① 如果条件允许，可在曝露试样的储存室中直接评定腐蚀程度。如需移至其他地方进行评定，则应防止转移过程中试样损伤及在转移中试样腐蚀发生变化。

② 除另有规定外，按上述推荐检测周期定期评价试验的腐蚀变化。试验结果评定应根据有关标准规定进行。按本标准规定的内容，编写试验报告。

44.17.4 天然海水腐蚀试验

试验标准：JB/T 8424—1996《金属覆盖层和有机涂层 天然海水腐蚀试验方法》。该标准规范了金属镀层和有机涂层在天然海水中全浸、潮差和飞溅条件下的试验方法，规定了对试验地点、试验设施、试样制备、试验时间选择、试验结果评定标准以及编试验报告等的要求。

（1）试验种类

海水腐蚀试验可分为下列三种。

① 全浸试验　试验的试样始终浸于海水中（即使海水于低潮位时），试样必须低于水面 0.2m，试样距海底不小于 0.8m。

② 潮差试验　试验的试样安置于平均中潮位±0.3m 之间。

③ 飞溅试验　试验的试样应挂在飞溅区中腐蚀最严重区域的试验设施上，并有阳光照射。

（2）试验地点

海水腐蚀试验地点的选择，应考虑下列几点。

① 腐蚀试验地点应选择在有代表性的天然海水环境的区域，且海水的环境因素稳定。

② 无工业污染、无大的波浪冲击、有潮汐引起海水自然流动且流速小于 1m/s。

③ 随着季节变化有一定温差和海生物生成，无冰冻期。

（3）试验的试样

① 试样类型为金属覆盖层或有机涂层。可采用专门制备的平板试样或产品试件。

② 推荐平板试样的尺寸为 （300～350)mm×(150～250)mm×(2～3)mm。

③ 试样数量，一般同一项目同一批试验的试样数量不得少于 3 件。

④ 试验前，试样表面应进行清洁清洗，并符合有关技术要求。

（4）试验持续时间

① 腐蚀试验持续的时间，按照不同的试验目的进行选择，一般分为 1 年、2 年、5 年、10 年、20 年等，最短时为 1 年。试验开始的时间通常在每年的 9～10 月份。

② 根据试验要求定期检查试样，一般每年检查一次。检查时，不得损坏腐蚀产物和海生物附着层。试验框架出水时间不得超过 30min。

（5）试验结果评价

试样去除附着的海生物后，按 GB/T 6461—2002《金属基体上金属和其他无机覆盖层经腐蚀试验后的试样和试件的评级》标准规定的方法对腐蚀试验结果进行评定。并按 JB/T 8424—1996 标准规定的内容编写试验报告。

44.17.5　人工加速腐蚀试验——盐雾试验

试验标准：GB/T 10125—2012《人造气氛腐蚀试验 盐雾试验》（等同采用国标标准 ISO 9227：2006）。该标准详细规定了中性盐雾试验（NSS）、醋酸盐雾试验（ASS）、铜盐加速盐雾试验（CASS）等的方法。

本试验适用于对金属材料具有或不具有腐蚀保护时的性能进行对比，不适用于对不同材料进行有耐蚀性的排序。

（1）中性盐雾试验（NSS）

中性盐雾试验（NSS）应用较早，是目前应用最广泛的一种人工加速腐蚀试验，适用于金属及其合金、金属覆盖层（阳极性或阴极性）、转化膜、阳极氧化膜、金属基体上的有机覆盖层的检验和鉴定。

中性盐雾试验（NSS）溶液组成及其操作条件如下。

试验溶液：氯化钠（NaCl）（50±5）g/L。使用化学纯试剂氯化钠，用电导率不超过 $20\mu S/cm$ 的纯水配制。

溶液 pH 值：6.5～7.2

试验温度：35℃±2℃

喷雾方式：连续喷雾。试液使用前必须过滤，喷雾试液只能使用一次。

盐雾沉降率：$(1.5\pm0.5)mL/(h\cdot80cm^2)$

（2）醋酸盐雾试验（ASS）

醋酸盐雾试验（ASS）是一种重现性较好的加速试验。醋酸盐雾试验（ASS）可加快腐蚀速度，缩短试验周期。本方法适用于 Cu/Ni/Cr 或 Ni/Cr 装饰性镀层，也适用于铝的阳极氧化膜的腐蚀性试验。

醋酸盐雾试验（ASS）溶液组成及其操作条件如下。

试验溶液：氯化钠（NaCl）（50±5）g/L

　　　　　用冰醋酸（CH_3COOH）调节 pH 值到 3.1～3.3

　　　　　试液配制、喷雾方式及盐雾沉降率等与中性盐雾试验（NSS）相同

溶液 pH 值：3.1～3.3

试验温度：35℃±2℃

（3）铜盐加速醋酸盐雾试验（CASS）

铜盐加速醋酸盐雾试验（CASS）适用于 Cu/Ni/Cr 或 Ni/Cr 装饰性镀层，也适用于铝的阳极氧化膜的腐蚀性试验。

铜盐加速盐雾试验（CASS）溶液组成及其操作条件如下。

试验溶液：氯化钠（NaCl）　　　　　　　（50±5）g/L

氯化铜（$CuCl_2 \cdot 2H_2O$）　　　　（0.26±0.02）g/L

用冰醋酸（CH_3COOH）调节　　　pH 值到 3.1～3.3

试液配制、喷雾方式及盐雾沉降率等与中性盐雾试验（NSS）相同

溶液 pH 值：3.1～3.3

试验温度：50℃±2℃

（4）试验规范及操作条件

① 试样及放置要求

a. 参比试样采用 4 块或 6 块冷轧碳钢板，其厚度为 1mm±0.2mm，试样尺寸为 150mm×70mm，表面粗糙度 $Ra=0.8\mu m \pm 0.3\mu m$。用于试验的有机涂层试板尺寸约为 150mm×100mm×1mm。如试样是从带有覆盖层的工件上切割下来的，应用适当的覆盖层如涂料、石蜡或胶带对切割区进行保护。

b. 试样不应放在盐雾直接喷射的位置。在盐雾试验箱内被试表面与垂直方向成 15°～25°，尽可能成 20°。试样之间不得互相接触，也不能与箱壁相碰。试样之间相隔应能使盐雾自由沉降在试样的主要表面上，试样或支架上的液滴不得落在其他试样上。

c. 试验支架用惰性非金属材料制作。悬挂试样的材料不能用金属，而应用人造纤维、棉纤维或其他绝缘材料。

② 用过的喷雾溶液不应重复使用。

③ 试验周期

a. 试验周期应根据被试材料或产品的有关标准选择。若无标准，可经有关方面协商决定。推荐的试验周期为 2h、6h、24h、48h、72h、96h、144h、168h、240h、480h、720h、1000h。

b. 在规定的试验周期内喷雾不能中断，只有需要短暂观察试样时才能打开盐雾箱。开箱的时间及次数尽可能少。

④ 试验后试样的处理　试验结束后取出试样，为减少腐蚀产物的脱落，试样在清洗前放在室内自然干燥 0.5～1h，然后用温度不高于 40℃ 的清洁流动水轻轻清洗，以除去试样表面残留的盐雾溶液，用气压不超过 200kPa 的空气立即吹干。

⑤ 试验结果的评价　试验结果的评价标准，通常应由被试材料或产品标准提出。一般考虑以下几方面。

a. 试验后的外观，除去表面腐蚀物后的外观。

b. 腐蚀缺陷及分布；开始出现的腐蚀时间。

c. 质量变化；显微形貌变化；力学性能变化。

⑥ 试验报告　根据试验的目的和要求，试验报告应包括的内容，应按照 GB/T 10125—2012《人造气氛腐蚀试验　盐雾试验》提出的内容和要求编写。

（5）盐雾试验设备

① 使用的盐雾试验箱必须符合 GB/T 10125—2012《人造气氛腐蚀试验 盐雾试验》的规定。

② 盐雾箱的容积应不小于 $0.4m^3$，因为较小的容积难以保证喷雾的均匀性。对于大容积的箱体要确保在盐雾试验中，满足盐雾的均匀分布。

③ 箱顶部要避免试验时聚积的溶液滴落到试样上。

④ 喷雾装置由一个压缩空气供应器、一个盐水槽和一个或多个喷雾器组成。

⑤ 供应到喷雾器的压缩空气应通过过滤器，去除油脂和固体颗粒。喷雾压力应控制在 70～170kPa 范围内。

目前，盐雾腐蚀试验箱国内已有许多厂家生产，可以选用。盐雾腐蚀试验箱的技术性能规格见表 44-42。

表 44-42　盐雾腐蚀试验箱的技术性能规格

名称及型号	技术性能规格	仪器图
YW 型 盐雾腐蚀试验箱	工作室尺寸： YW-150 型：500mm×630mm×450mm YW-250 型：550mm×900mm×600mm YW-750 型：750mm×1100mm×600mm YW-010 型：1000mm×1300mm×600mm YW-016 型：1000mm×1600mm×900mm YW-020 型：1000mm×2000mm×1000mm 温度范围：35～55℃　温度偏差：<±2℃ 温度均匀度：<2℃　温度波动度：<±0.5℃ 湿度范围：85%～98%RH 盐雾沉降率：1～2mL/(80cm²·h) 采用进口温控仪表。该仪表自动化程度高，多组 PID 运算，具有更平滑的控制输出和更高的控制精度 采用自动定时装置，试验室在预定温度后，进行自动喷雾，到达设定的时间时，自动停止 实验室也可采用透明顶盖，便于检查喷雾及工件状况。采用不结晶喷射嘴，无盐分堵塞。有双重压力调整及超温保护装置 可作中性盐雾试验(NSS)、铜盐加速醋酸盐雾试验(CASS)等试验	上海精密仪器仪表有限公司的产品
YW 型 盐雾试验箱	工作室尺寸： YW10 型：450mm×580mm×400mm YW20 型：540mm×900mm×450mm YW80 型：1000mm×1300mm×600mm 温度可调节范围：室温＋5～50℃ 温度均匀度：±0.5℃　控温精度：±0.5℃ 盐雾沉降率：1～2mL/(80cm²·h) 工作电源：AC 220V 50Hz 喷雾方式：连续喷雾、周期喷雾两种，可任意选择	上海新苗医疗器械制造有限公司的产品
CEEC-YWS 盐雾试验箱	容积：600～1100L　温度：环境温度～＋60℃ 湿度：45%～100%RH　盐雾沉降量：1～2mL/(80cm²·h) 试验能力：常规盐雾试验，复合盐雾试验(盐雾、湿度、干燥、储存条件交替程序控制实验) 内外箱材料：玻璃钢整体塑模 盐雾喷射器：蠕动泵(自动控制)＋喷头＋电热式水泡塔 加湿器：电热蒸汽发生器＋喷嘴 安全装置：漏电保护器，超温保护器，加湿器缺水保护，溶液槽缺水保护	广州市正仪科技有限公司的产品
YWX/Q 型系列 盐雾腐蚀试验箱	工作室尺寸： NQ-0150 型：500mm×630mm×450mm NQ-0250 型：550mm×900mm×600mm NQ-0750 型：750mm×1100mm×600mm NQ-1000 型：1000mm×1300mm×600mm NQ-1600 型：900mm×1600mm×900mm NQ-2000 型：1000mm×2000mm×1000mm 温度范围：35～55℃　温度波动度：±0.5℃ 盐雾沉降量：1～2mL/(80cm²·h) 该设备可按 GB/T 2423.17《电子电工产品基本环境试验规程试验 Ka：盐雾试验方法》做中性盐雾试验，同时也可做醋酸盐雾试验。采用智能 PID 温控仪表。该仪表智能化程度高，多组 PID 运算及模糊控制 采用自动定时装置 盐水喷雾试验机可采用透明顶盖。盐水喷雾试验机喷嘴采用不结晶喷射嘴	苏州市易维试验仪器有限公司的产品

名称及型号	技术性能规格	仪器图
610 腐蚀试验仪 (德国仪力信 Enichsen)	执行标准:ISO1456 ASTM B368 　　　　　DIN 50 907 DIN 50 017 测试箱容积:400L　净重:210kg 尺寸:1450mm×1160mm×720mm(高×宽×深) 测试温度范围:20~50℃　耗电:2.2kW 控制电路电压:24V 1×10A 保险丝:2×20A　电源:230V　50Hz 压缩空气接口压力:0.6~0.8MPa 压缩空气消耗量:约4m^3/h 管接口:ϕ6mm 带螺纹　水接口压力:0.2~0.4MPa 该设备全部由塑料制成,包含所有符合最常用的盐雾试验(连续的及间歇的)和冷凝水试验所必需的装备 带前门的箱形试验箱,喷嘴固定在内部的背板上,这样整个试验箱都可放置试件 数字显示屏下的 3 个按钮控制以下三个功能:盐雾、冷凝水和排气	 深圳市郎普电子科技 有限公司代理
SH-60 SH-90 SH-120 盐雾试验箱	实验室空间(W×D×H): SH-60:600mm×450mm×400mm SH-90:900mm×600mm×500mm SH-120:1200mm×1000mm×500mm 实验室温度: 中性盐雾试验(NSS)35℃±1℃ 醋酸盐雾试验(ACSS)35℃±1℃ 铜盐加速醋酸盐雾试验(CASS)35℃±1℃ 饱和空气桶温度:NSS、ACSS 47℃±1℃ CASS 63℃±1℃ 电源:SH-60 AC 220V 1×20A SH-90 AC 220V 1×30A SH-120 AC 220V 3×45A 实验室容积:110L;270L;600L　饱和空气桶容积:15L;25L;40L 采用自动或手动加水系统,具有自动补充水位功能,试验不中断。精密玻璃喷嘴(PYREX)雾气扩散均匀,并自然落于试片,并保证无结晶与阻塞 双重超温保护,水位不足警示报警温度控制器使用数字显示,PID 控制,误差±0.1℃。试验室采用蒸汽直接加温方式,升温速度快且均匀,减少待机时间 喷雾塔附锥形分散器,具有导向雾气、调节雾量及均匀雾量等功能	 中国台湾产品/品牌ASLI 东莞市艾思荔检测仪器 有限公司代理
YWS 盐雾试验机	实验室空间(W×D×H):　　　　　　　实验室外形(W×D×H): YWP-60:600mm×450mm×400mm　　1100mm×670mm×1180mm YWP-90:900mm×600mm×500mm　　1410mm×910mm×1220mm YWP-120:1200mm×850mm×500mm　2000mm×1150mm×1450mm YWP-160:1600mm×1000mm×600mm　2200mm×1450mm×1550mm YWP-200:2000mm×1000mm×600mm　2600mm×1450mm×1450mm 温度范围:35~55℃　温度均匀度:≤2℃　温度波动度:≤0.5℃ 工作气压:0.2~0.4 MPa　喷雾方式:连续　间歇　喷雾时间:0~9999h 盐雾沉降量:1~2mL/(80cm^2·h)　整台 PVC 板制,内部采用先进的立体补强技术,不变形。采用自动/手动加水系统,具有水位不足时能自动/手动补充水位之功能,试验不中断。精密玻璃喷嘴,无结晶阻塞。控制仪表均在同一机板,操作简便。附双重超温保护,水位不足警示。进口温度控制器,数字显示,PID 控制,高稳定性白金测温探头,误差 0.3℃。实验室采用蒸汽直接加温方式,升温速度快。喷雾塔附锥形分散器,具有导向雾气、调节雾量及均匀落雾等功能	

续表

名称及型号	技术性能规格	仪器图
YWS 盐雾试验机	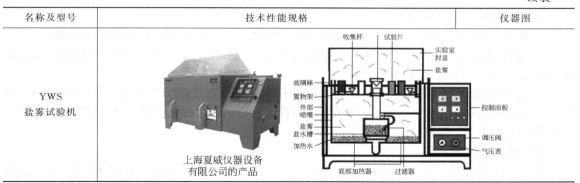 上海夏威仪器设备 有限公司的产品	

44.17.6　腐蚀膏腐蚀试验(CORR 试验)

检测标准：GB/T 6465—2008《金属和其他无机覆盖层 腐蚀膏腐蚀试验（CORR 试验）》（等同采用国际标准 ISO 4511：1978）。该标准规定了腐蚀膏剂的组成、对试验设备及试样制备的要求、试验方法、步骤及规范、试验结果的评价方法等内容。

本试验方法适用于钢铁、锌及锌合金、铝及铝合金上 Cu/Ni/Cr 或 Ni/Cr 等装饰性多层电镀层耐蚀性能的快速鉴定。

(1) 试验原理

将含有腐蚀性盐类的泥膏涂覆在试样上，待泥膏干燥后，将试样放在相对湿度高的潮湿箱中，按规定时间周期进行曝露。试验结束后取出，对试样进行检查和评价。

(2) 腐蚀膏的制备

腐蚀膏的制备有下列两种方法，可任选其中一种使用。配制用的化学试剂必须是化学纯级的。腐蚀膏最好现配现用。

① 在玻璃杯中将 0.035g 硝酸铜 [$Cu(NO_3)_2 \cdot 3H_2O$]、0.165g 三氯化铁（$FeCl_3 \cdot 6H_2O$）和 1.0g 氯化铵（NH_4Cl）溶解于 50mL 纯水中，搅拌，再加入 30g 经水洗涤的高岭土，用玻璃棒搅拌使其充分混合，静置 2min，以便使高岭土充分浸透。使用前再用玻璃棒搅拌。

② 称 2.50g 硝酸铜 [$Cu(NO_3)_2 \cdot 3H_2O$]、2.50g 三氯化铁（$FeCl_3 \cdot 6H_2O$）、50g 氯化铵（NH_4Cl）分别放在 500mL 的容量瓶中，各自用纯水稀释至刻度。然后取 7.0mL 硝酸铜溶液、33.0mL 的三氯化铁溶液、10.0mL 氯化铵溶液放在同一烧杯中，并加入 30g 高岭土，用玻璃棒搅拌均匀。

(3) 试验方法

① 试验前试样用适当溶剂（如乙醇、乙醚、丙酮或石油醚）清洗，去除表面油污，但不得使用有腐蚀性或能生成保护膜的溶剂清洗。

② 用干净的刷子将腐蚀膏均匀地涂覆在试样表面上，并使其湿膜厚度达到 0.08～0.2mm。试样置入潮湿箱前，在室温和相对湿度低于 50% 的条件下干燥 1h。

③ 干燥后将试样移到温度为 38℃±1℃、相对湿度为 80%～90%、在试样表面无凝露产生的湿热箱中进行试验，但允许在箱顶和箱壁上产生凝露。

④ 除对受试的覆盖层或产品另有规定外，在箱中连续曝露 16h 为一个周期。除投放或取出试样需短暂间断外，湿热箱应在关闭状态下连续运行。

⑤ 试样试验多少个周期，应按照产品技术条件或镀层质量标准的规定执行。如需继续进行试验，则在每个试验周期后，检查试样表面状况，并作记录，然后清除泥膏，重新涂覆新鲜

的腐蚀膏，进行下一个试验周期的试验。

（4）试验后试样的处理

① 最后一个试验周期完成后，从潮湿箱中取出试样，首先检查带有完整泥膏的试样。

② 然后用清水清洗表面上的泥膏，必要时可用氧化镁等软磨料擦拭清除黏附较牢固的泥膏。擦拭干净后，进行检查和评定。

③ 为使重现腐蚀点等便于观察，在去除试样上的泥膏后，将试样放在盐雾试验箱内，按中性盐雾试验的规范曝露 4h；或将试样放在湿热试验箱中，温度为 38℃，相对湿度为 100%，且有凝露的条件下，曝露 24h。

（5）试验结果的评价

腐蚀试验结果的评价，按照 GB/T 6461—2002《金属基体上金属和其他无机覆盖层 经腐蚀试验后的试样和试件的评级》标准规定的方法进行。评价标准通常是在覆盖层或受试产品中的规范中给定，对于一般的试验，至少应检查记录以下几种腐蚀状态。

① 试验后的外观。

② 除去表面腐蚀产物以后的外观。

③ 腐蚀缺陷的数量和分布，如凹点、裂纹、气泡等。

44.17.7 盐溶液周浸腐蚀试验

试验标准：GB/T 19746—2005《金属和合金的腐蚀 盐溶液周浸试验》（等同采用国际标准 ISO 11130：1999）。该标准规定了周浸试验溶液的组成、试样制备、试验方法及规范、试验结果的评价方法等内容。

周浸（即周期浸润）腐蚀试验，可以模拟海水飞溅区、除冰液和酸性盐环境的腐蚀效应。本试验适用于锌镀层、镉镀层、装饰性铬镀层以及铝合金阳极氧化膜层等的耐蚀性试验。

（1）试验原理

试样在盐溶液中交替浸没与取出干燥。浸渍和干燥循环在给定的周期内按给定的频率重复，然后评测腐蚀的程度。对很多材料而言，这种方法提供了一种比连续浸渍更苛刻的腐蚀试验。

（2）试样

① 试验可选用产品或零件或任何其他合适的试样进行。如果电镀或有涂层的试样要进行切割，切割面需进行保护。

③ 在对几何形状没有特殊要求的情况下，推荐采用 90mm×120mm×1mm 的矩形试样。至少采用三个平行试样。

③ 应用合适的方法除去试样上的油脂，例如，在容器中用干净的软刷进行人工清洗。清洗后试样需用纯净的试剂冲净并干燥。

（3）试验溶液

试验的溶液应尽可能接近实际使用条件。一种可用来模拟海洋环境中腐蚀效应的中性盐溶液，其组成如下：在纯水中溶解足够量氯化钠（试剂级化学试剂）以获得浓度为 35g/L±1g/L 的中性盐溶液。如果测试的 pH 值不在 6.0～7.0 范围之内，应在溶液中加入分析纯的盐溶液或稀盐酸或氢氧化钠来调节。试验溶液的体积应由产品的技术条件来决定。若没有相关技术要求，推荐溶液体积与试样表面积比不小于 3 L/dm²，此外，在标准附录 A 中还详述了其他三种可模拟含盐除冰液、酸性盐环境和海水的试验溶液。

（4）试验方法

通常，试验条件在相应的规范或标准中做出规定，否则，暴露时间应包括 10min 的浸渍和取出后 50min 的干燥。这个循环过程在整个试验过程中应连续进行。试验溶液温度应在

25℃±2℃范围内。在一个特定的试验中，同一容器中只可以浸入同一种金属、合金或表面涂层。

试样浸入溶液时，试样必须被溶液完全覆盖且在溶液面下至少 10mm。

应根据需要用纯水补充容器中溶液蒸发的水。

一般试液每隔 168 h 或其 pH 值相对于原值变化了 0.3 以上时进行更换。

试验结束后，试样从装置中取出，用水清洗掉积累的吸湿性盐的沉积物并干燥。尽可能彻底清洗试样以避免试样继续受到腐蚀。

（5）结果的评定

根据试验的特定要求，可用多种标准对试验结果进行评定。

① 试验后的试样外观。

② 清除试样表面腐蚀产物后的试样外观（见 GB/T 16545《金属和合金的腐蚀 腐蚀试样上腐蚀产物的清除》）。

③ 腐蚀作用产生的结果，例如腐蚀点、裂纹、气泡等的数量和分布（按 GB/T 6461《金属基体上金属和其他无机覆盖层 经腐蚀试验后的试样和试件的评级》中规定的方法进行）。

④ 用金相法检测应力试样的腐蚀裂纹。

⑤ 腐蚀迹象出现的时间。

⑥ 腐蚀的平均深度和最大深度等。

（6）盐溶液周浸试验装置

盐溶液周浸试验装置如图 44-30 所示。

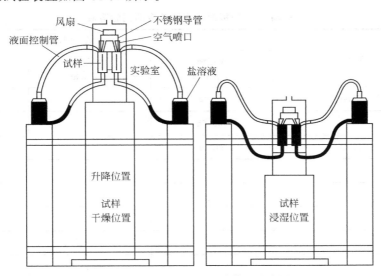

图 44-30　盐溶液周浸试验装置示意图

（7）标准（GB/T 9746—2005）附录 A 中推荐的其他三种模拟试验液

① 模拟含盐除冰液腐蚀效应的试验溶液　试液组成及配制见表 44-43。

表 44-43　模拟含盐除冰液腐蚀效应的试验溶液

试验溶液成分	模拟含盐除冰液腐蚀效应的试验溶液	
	A 试液	B 试液
无水硫酸钠(Na_2SO_4)	0.500g±0.002g	—
无水亚硫酸钠(Na_2SO_3)	0.250g±0.002g	

试验溶液成分	模拟含盐除冰液腐蚀效应的试验溶液	
	A 试液	B 试液
无水硫代硫酸钠（$Na_2S_2O_3$）	$0.100g\pm0.002g$	—
氯化钠（NaCl）	$52.5g\pm1g$	—
二水氯化钙（$CaCl_2\cdot2H_2O$）	—	$52.5g\pm1g$
加入纯水（将其混合并搅拌均匀）	525mL	525mL
配制试验溶液，调节 pH 值	慢慢地将溶液 B 倒入溶液 A 中并连续搅动。溶液配好后立即用稀氢氧化钠溶液或稀盐酸调节 pH 值到 9.3 ± 0.5	
试验溶液的储存期限	溶液应在配好后 8d 内使用，在试验过程中每次使用之前调整 pH 值	

② 模拟酸性盐溶液的试验溶液　试液配制如下。

a. 用纯水溶解配制氯化钠浓度为 $50g/L\pm5g/L$ 的溶液。

b. 在 10 L 的氯化钠溶液中加入下列试剂调节盐溶液的 pH 值至 3.5 ± 0.1（在 $25℃\pm2℃$ 时测量）。首先加入 12mL 硝酸（HNO_3，$d=1.42g/mL$）和 17.3mL 硫酸（H_2SO_4，$d=1.84g/mL$），然后加入适量的浓度为 1%（质量分数）的氢氧化钠溶液（大约需 317g）调节溶液 pH 值到规定值（3.5 ± 0.1）。

③ 模拟海水腐蚀效应的试验溶液　试液组成和配制见表 44-44。

表 44-44　模拟海水腐蚀效应的试验溶液

试验溶液成分	模拟海水腐蚀效应的试验溶液		
	A 试液 （标准溶液）	B 试液 （标准溶液）	C 试液 （标准溶液）
六水合氯化镁（$MgCl_2\cdot6H_2O$）	3889g	—	—
无水氯化钙（$CaCl_2$）	405.6g	—	—
六水合氯化锶（$SrCl_2\cdot6H_2O$）	14.8g	—	—
氯化钾（KCl）	—	486.2g	—
碳酸氢钠（$NaHCO_3$）	—	140.7g	—
溴化钾（KBr）	—	70.4g	—
硼酸（H_3BO_3）	—	19.0g	—
氟化钠（NaF）	—	2.1g	—
将上述盐溶于纯水中并稀释到 7L	7 L	7 L	—
硝酸钡[$Ba(NO_3)_2$]	—	—	0.994g
六水合硝酸锰[$Mn(NO_3)_2\cdot6H_2O$]	—	—	0.546g
三水合硝酸铜[$Cu(NO_3)_2\cdot3H_2O$]	—	—	0.396g
六水合硝酸锌[$Zn(NO_3)_2\cdot6H_2O$]	—	—	0.151g
硝酸铅[$Pb(NO_3)_2$]	—	—	0.066g
硝酸银（$AgNO_3$）	—	—	0.0049g

试验溶液成分	模拟海水腐蚀效应的试验溶液		
	A 试液 （标准溶液）	B 试液 （标准溶液）	C 试液 （标准溶液）
将上述盐溶于纯水中并稀释到 10 L	—	—	10 L
标准溶液的制备	将配制好的溶液保存在密封的玻璃容器中	将配制好的溶液保存在密封的淡黄色容器中	
海水替代溶液的配制	在 8～9 L 水中溶解 245.34g 氯化钠（NaCl）和 40.94g 无水硫酸钠（Na_2SO_4）。慢慢加入 0.200L 标准溶液 A 和 0.100L 标准溶液 B 并用力搅拌，稀释到 10L。用 0.1mol/L 氢氧化钠（NaOH）溶液调节 pH 值到 8.2		
含重金属的海水替代溶液的配制	在按上述方法配制的 10L 海水替代溶液中，缓慢加入 10mL 标准溶液 C，并用力搅拌		

注：表 44-44 是从 GB/T 19746—2005 标准附录 A 中整理出来的。

44.17.8　二氧化硫腐蚀试验

检测标准：GB/T 9789—2008《金属和其他非有机覆盖层 通常凝露条件下二氧化硫腐蚀试验》（等同采用国际标准 ISO 6988：1985）。该标准对试验箱的性能和结构、试样的制备和暴露方法、试验方法和试验周期、试验结果的评定等做出了明确的规定。

许多金属镀层和其他覆盖层处于含有二氧化硫的潮湿环境中会很快遭受腐蚀。而二氧化硫通常是工业大气的代表性腐蚀介质，因此，将凝露条件下的二氧化硫腐蚀试验定为模拟工业大气环境腐蚀的人工加速腐蚀试验方法。该方法主要用于快速评定防护装饰性镀层的耐蚀性和镀层质量。

（1）试样及试样暴露方式

① 按照被试验的覆盖层或产品的规定，选择试样数量、类型、形状及尺寸。当无此规定时也可由有关方面协商选定。

② 试验前，要对试样做彻底清洁处理，但不能使用会破坏试样表面的任何磨料或溶剂。

③ 如果试样要从已有覆盖层的大工件上切割下来，则不能让覆盖层受到损坏，切口处可使用蜡或胶带等覆盖加以封闭。

④ 将试样放入箱内支架上，试样之间的距离不得小于 20mm；试样与箱壁或箱顶的距离不得小于 100mm；试样下端与箱底水面的距离不得小于 200mm。试样与支架的接触面积要尽可能小。

⑤ 放置试样时，要使试样或支架上的任何冷凝水不得滴落到置于下方的其他试样上。

⑥ 暴露试样表面的倾斜度应严格控制。如试样为平板，应使其与垂直方向成 15°±2°角倾斜放置。

（2）试验方法

① 将 2.0 L±0.2 L 电导率为（或低于）500μS/m 的纯水注入箱底。然后将试样挂入箱内，关闭试验箱。

② 将 0.2 L 的二氧化硫气体注入试验箱内，并开始计时。

③ 接通电加热器，使箱内温度在 1.5 h 内升到 40℃±3℃，然后保持该温度。

④ 以 24h 为一个试验周期，但是在每个试验周期内，可以采用不同的试验方案，即在试验箱内连续暴露 24h；或先在箱内暴露 8h，然后在室内环境大气中再暴露 16h。室内环境条件是温度为 23℃±5℃，相对湿度低于 75%。无论采用哪一种方式，在每 24h 周期开始之前，都

必须更换试验箱内的水和二氧化硫气氛。

⑤ 试验结束后，从箱内取出试样，在进行评价之前，将试样悬挂在一般室内大气中，直至液态的腐蚀产物干燥。

(3) 结果评定

① 试验周期数按试验材料、产品技术条件或镀层质量的规定执行，或者由供需双方协商决定。

② 首先在不除去腐蚀产物的情况下检查试样，然后进行清洁处理。金属覆盖层试样可按照 GB/T 16545—1996《金属和合金的腐蚀试样上腐蚀产物的清除》的规定方法进行清洁。

③ 可使用许多不同的试验结果评定标准，以满足各种特殊要求。一般在受试材料或产品说明中都注明了适当的检查标准。对于多数的常规试验，仅需考虑下述项目。

a. 试验后的外观。

b. 除去表面层腐蚀产物后的外观。

c. 腐蚀缺陷的数量和分布。腐蚀缺陷指针孔、裂纹、鼓泡等（按 GB/T 6465—2008 标准规定的方法评定）。

d. 第一个腐蚀点出现以前经历的试验时间。

④ 编写试验报告（按 GB/T 9789—2008 标准规定的要求和内容编写）。

(4) 试验设备

① 试验箱应安装有温度调节、排气处理、加热装置等，以及 SO_2 气体瓶及定量稀释装置、浓度装置等。试验箱密封性要好。

② 二氧化硫试验箱通常有两种形式：一种是门式试验箱，另一种是罩式试验箱，如图 44-31 所示。试验箱的室容积最好为 300L±10L。

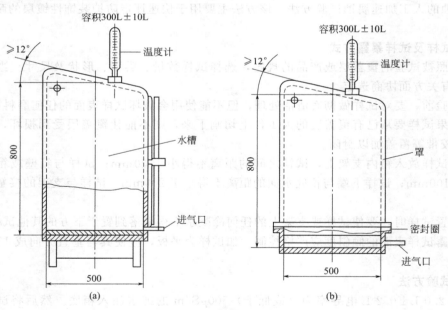

图 44-31　二氧化硫腐蚀试验箱
(a) 门式试验箱；(b) 罩式试验箱
（引自 GB/T 9789—2008）

③ 市售的二氧化硫腐蚀试验箱的技术性规格见表 44-45。

表 44-45　二氧化硫腐蚀试验箱的技术性规格

名称　型号	技术性能规格						仪器外形图

型　号	工作室尺寸/mm			外形尺寸/mm		
	D	W	H	D	W	H
SO$_2$-150	450	600	400	800	1100	1000
SO$_2$-250	600	900	500	950	1400	1200
SO$_2$-750	750	1100	550	1100	1650	1250
SO$_2$-300	600	550	900	850	900	1200
SO$_2$-600	850	750	940	1000	1100	1250
SO$_2$-900	1000	900	1000	1300	1250	1300

SO$_2$ 二氧化硫腐蚀试验箱

温度范围:10～50℃　相对湿度:满足湿度要求 100%
温度均匀度:≤±2℃　温度波动度:≤±0.5℃
气体产生方式:钢瓶法　气体纯度:99.99%
二氧化硫浓度:6700mg/L(可调)
二氧化硫浓度测量方法:通过二氧化硫计量筒测量
功率:1.0kW/1.5kW/2.5kW/1.3kW/2.0kW/3.5kW
配二氧化硫气体一瓶,钢瓶一个
箱体外壳材料:进口 PVC 增强硬质塑料板
加热为内胆水槽式加热方式,升温快,温度分布均匀
气体浓度由计量筒浮标控制。排废风机采用离心式塑料风机。
整体设备有超温、低水位、过载、风机过热、漏电、运行指示等故障报警,报警后自动关机保护

杭州奥科环境试验设备有限公司的产品

型　号	工作室尺寸/mm			外形尺寸/mm		
	D	W	H	D	W	H
SO$_2$-150B	450	600	400	800	1080	1080
SO$_2$-250B	600	900	500	960	1400	1350
SO$_2$-750B	750	1100	500	1150	1750	1400
SO$_2$-010B	850	1300	600	1250	2000	1550
SO$_2$-016B	850	1600	600	1250	3000	1550
SO$_2$-020B	900	2000	600	1300	2700	1550

SO$_2$-150B 二氧化硫腐蚀试验箱

温度范围:5～55℃　湿度范围:95%～98%RH
温度偏差度:±2℃　温度波动度:±0.5℃
二氧化硫纯度:99.96%　二氧化硫浓度:0.1～2L/300L
箱体注水量:(2L±0.2L)/300L(箱体容积)
功率:1.3kW/2kW/2.5kW/4.5kW/4.8kW/6.5kW
电源电压:AC 220V/50Hz
　　　　　250B 以上为 AC380V　三相五线
试样架:试样架可满足 15°～30°倾斜试验(两层)
特设的二氧化硫气体过滤装置能够在试验结束之后快速有效地将箱体内残余的二氧化硫气体过滤,余气不会对大气造成污染,操作方便
也适用于硫化氢气体的腐蚀试验

江苏艾默生试验仪器科技有限公司的产品

44.17.9　硫化氢腐蚀试验

检测标准:QB/T 3831—1999《轻工产品金属镀层和化学处理层的抗变色腐蚀试验方法 硫化氢试验法》。该标准规定了用硫化氢气体检查铜及铜合金镀层、银及银合金镀层抗变色能力的腐蚀试验方法。

(1) 试验条件

① 硫化氢浓度　$10×10^{-4}$%～$15×10^{-4}$%(体积分数)。

② 试验箱内温度　25℃±2℃。

③ 相对湿度　75%±5%。

（2）试验方法

① 采用硫化氢腐蚀试验箱，箱内保持规定的试验条件。通过减压装置，直接向箱内通入含硫化氢气体的空气。也可以在玻璃干燥器的底部储水，以保持有较大的湿度。

② 被测试件挂在试验箱内，并能保持使气体畅通的适当间距，但不得互相遮蔽。

③ 也可制备硫化氢气体。将盛有适量硫化钠的烧杯放入干燥器中，再用分液漏斗加入相应量的硫酸溶液，即可产生硫化氢气体（体积分数大约为 $0.3\% \sim 0.5\%$），其反应式如下：

$$Na_2S + H_2SO_4 \longrightarrow Na_2SO_4 + H_2S\uparrow$$

④ 试验仪器设备　采用硫化氢腐蚀试验箱，部分试验箱的技术性能规格见表 44-46。

（3）试验结果评定

可与未试验的原料进行比较，来确定其变色的最初时间，也可以规定一定的试验时间，然后检验确定变色面积和程度，用相应的标准进行评级。

表 44-46　硫化氢腐蚀试验箱的技术性能规格

名称 型号	技术性能规格						仪器外形图
	型　号	工作室尺寸/mm					
		D	W	H			
	SO₂-250	600	900	500			
	SO₂-750	750	1100	500			
	SO₂-010	850	1300	600			
	SO₂-016	850	1600	600			
	SO₂-020	900	2000	600			
SO₂- 二氧化硫 （硫化氢） 试验箱	二氧化硫(硫化氢)试验箱适用于二氧化硫气体和硫化氢气体进行的腐蚀试验 温度范围:10~50℃　相对湿度:>95%RH 温度均匀度:≤±2℃(空载)温度波动度:≤±0.5℃(空载) 气体产生方式:钢瓶法 二氧化硫气体浓度:0.1%~1%(体积分数,一般为 0.33% 或 0.67%) 试验箱底部水量:≤0.67%(体积分数) 时间设定范围:0~999h 配二氧化硫气体一瓶,钢瓶一个 箱体外壳材料:进口 PVC 增强硬质塑料板 加热为内胆水槽式加热方式,升温快,温度分布均匀 气体浓度由计量筒浮标控制。排废风机采用离心式塑料风机。 整体设备有超温、低水位、过载、风机过热、漏电、运行指示等故障报警,报警后自动关机保护						 合肥赛帆试验设备 有限公司的产品
	型　号	工作室尺寸/mm			外形尺寸/mm		
		D	W	H	D	W	H
	F-SO₂-250	600	900	500	850	1700	1240
	F-SO₂-750B	750	1100	600	1000	1830	1320
F-SO₂- 二氧化硫 试验箱	F-SO₂-二氧化硫试验箱适用于二氧化硫气体和硫化氢气体进行的腐蚀试验 温度范围:10~50℃　湿度范围:95~98%RH 温度波动度:±0.1℃ 试验时间:0.1~999.9(s,min,h)可调 气体浓度:0.1%~1%(体积分数)可调 气体产生方式:钢瓶法 气体控制:自制高精度流量控制筒 试样架:试样架可满足 15°~30°倾斜试验 总功率:F-SO₂-250,1.25kW;F-SO₂-750B,1.75kW(220V) 净重:F-SO₂-250,130kg;F-SO₂-750B,180kg						东莞市精卓仪器设备 有限公司的产品

44.17.10 电解腐蚀试验(EC 试验)

检测标准：GB/T 6466—2008《电沉积铬层 电解腐蚀试验（EC 试验）》（等同采用国际标准 ISO 6988：1985）。该标准规定了在钢铁或锌合金压铸件上铜/镍/铬或镍/铬镀层电解腐蚀试验的方法，适用于评价它们在户外的耐蚀性。本试验方法快速而准确。如要用于其他基体材料和镀层体系，应事先验证本方法同使用环境之间的相应关系。电解腐蚀试验的速率，是电解 2min 的腐蚀程度，相当于使用 1 年所出现的腐蚀程度。

（1）试验原理

电解腐蚀时，由于铬层不被浸蚀，因而通过铬镀层的孔隙、裂纹等不连续部位，使电解液与暴露的镍镀层接触，镍镀层产生阳极溶解，直至暴露出钢铁或锌合金基体。每进行一个通电周期，铬镀层下面的镍镀层就会被溶解一定量。

（2）试验电解液

电解腐蚀溶液和显色指示剂溶液的组成见表 44-47。

表 44-47　电解腐蚀溶液和显色指示剂溶液的组成

基体金属	电解腐蚀溶液		显色指示剂溶液	
锌合金压铸件	溶液 A		溶液 C	
	硝酸钠($NaNO_3$)	10.0g	冰醋酸(CH_3COOH)	2mL/L
钢铁件	氯化钠($NaCl$)	1.3g	喹啉(C_9H_7N)	8mL/L
	硝酸(HNO_3,$d=1.42$)	5.0mL	溶液 D	
	纯水	1000mL	冰醋酸(CH_3COOH)	2mL/L
	（溶液寿命 900A·s/L）		硫氰酸钾($KCNS$)	3g/L
			双氧水(H_2O_2)（30%体积分数）	3mL/L
钢铁件	溶液 B		由于溶液中已经加有指示剂,腐蚀点在电解液中显色鉴别。所以不必再把试件从溶液中取移出到指示剂溶液中显色	
	硝酸钠($NaNO_3$)	10.0g		
	氯化钠($NaCl$)	1.0g		
	硝酸(HNO_3,$d=1.42$)	5.0mL		
	1,10-盐酸二氮杂菲	1.0g		
	纯水	1000mL		
	（溶液寿命 200A·s/L）			

（3）试验条件

① 试验最高电流密度为 $3.3\ mA/cm^2$。

② 试样相对于饱和甘汞电极的电位为 $+0.3V$。必要时，可稍低些，以便保持试样的电流密度。

③ 通电周期为通电 1min，断电约 2min。

注：对准确性要求不高的试验，可通电 2min，断电约 2min。

（4）试验方法

① 在试样或镀件的表面选取一小块受试表面，用绝缘涂料将非试验表面遮盖保护起来。

② 测定受试的表面积，按电流密度 $3.3\ mA/cm^2$ 计算最高电流值。

③ 将受试表面用氧化镁软膏轻轻擦拭去除油污，用水清洗，使受试表面完全能被水润湿。

④ 将试样放入溶液 A（见表 44-47）中，调节甘汞电极的尖端使与受试表面相距 2mm，然后试样接通正极，调节恒电位仪，控制试样相对于饱和甘汞电极的电位为 $+0.3V$，使受试面积上的电流密度保持在 $3.3\ mA/cm^2$。

⑤ 开始电解，并同时计时，记录电流密度。

⑥ 连续电解，通电 $60s\pm2s$，断电 $2min$ 作为一个试验周期。

注：随着电解时间的增长，电流有可能会逐步变大，必要时可适当降低一些电位，保持电流恒定。如果阳极电流密度超过 $3.3\ mA/cm^2$，铬镀层就有可能被溶解，从而破坏整个试验。

⑦ 停止电解和计时。取出试样，用流动水清洗干净。

⑧ 将试样浸于指示剂溶液中显色。锌合金件浸入溶液 C（见表 44-47）中，钢铁件浸入溶液 D（见表 44-47）中。

⑨ 观察试样表面，若观察到锌合金试样表面出现白色液流，或钢铁试样表面出现红色液流，则表示镀层已穿透，基体金属已被腐蚀。

⑩ 如果镀层尚未穿透，则试样清洗后再进行一个试验周期的电解腐蚀，直至穿透为止。钢铁件也可以采用溶液 B（见表 44-47）进行电解腐蚀试验。

⑪ 停止电解和计时，记录总通电时间。

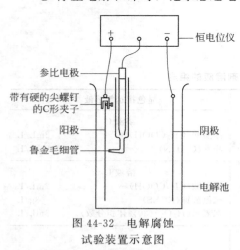

图 44-32　电解腐蚀试验装置示意图

(5) 试验仪器

试验仪器：电解腐蚀试验装置，其构造如图 44-32 所示。

① 恒电位仪能在 $\pm0.002V$ 内调节阳极电位，容量能保证被试表面至少可获得 $3.3\ mA/cm^2$ 的电流密度。

② 电解池的容量要能容纳足够的电解液，使试样（阳极）、阴极和参比电极浸入其中。电解池的底面和侧面平整透明，最好能附有均匀照明底部的装置，以便观察阳极试样表面。

③ 指示剂溶液槽的底面和侧面平整透明。试验钢基体试样时，要有均匀照明底部的装置。试验锌基体试样时，附有照明侧面和使底部变黑的装置。

④ 阴极一般采用镀铂的钽片、铂金片。参比电极用饱和甘汞电极。鲁金毛细管尖端的内径约为 $1mm$，外径约为 $2mm$，上部玻璃管内径能放入甘汞电极。

44.17.11　湿热试验

湿热（即在高温高湿条件下）试验作为镀层耐蚀性的加速试验，其加速腐蚀作用不显著，故湿热试验一般不单独作为电镀工艺质量的鉴定，而多用作产品组合件、整机以及包括镀层在内的各种金属防护层的综合性鉴定。

(1) 试验方法[2]

湿热试验方法有三种。

① 恒温恒湿试验　温度为 $42℃\pm2℃$，相对湿度 $\geqslant95\%$，用于模拟产品经常处于高温高湿环境下的试验。

② 交变温湿度试验　试验步骤如下。

a. 试验箱内温度初始保持在 $30℃\pm2℃$，相对湿度 $\geqslant85\%$，开始试验。

b. 在 $1.5\sim2h$ 时间内逐渐升至 $40℃\pm2℃$，相对湿度 $\geqslant95\%$，在此条件下保持 $14\sim14.5h$。

c. 开始降温，在 $2\sim3h$ 内从 $40℃\pm2℃$ 降至 $30℃\pm2℃$，相对湿度降至 $\geqslant85\%$。

d. 在温度（$30℃\pm2℃$）保持不变的条件下，再将相对湿度升至 $\geqslant95\%$，在此条件下试验 $5\sim6h$，依靠箱内温度的交替变化，造成凝露环境条件。

③ 高温高湿试验　试验箱内温度保持在 $55℃\pm2℃$，相对湿度 $\geqslant95\%$，在有凝露的条件下暴露试验 $16h$，然后关掉热源只保留试验箱的空气循环，使箱内温度降至 $30℃\pm2℃$，保持

8h,作为一个试验周期。

(2) 质量评定

① 良好　色泽变暗,镀层和底层金属无腐蚀。

② 合格　镀层的腐蚀面积不超过镀层面积的 1/3,但底层金属除边缘及棱角外无腐蚀。

③ 不合格　镀层腐蚀点占总面积的 1/3 或更多,或底层金属出现腐蚀。

(3) 试验设备

湿热试验箱的技术性能规格见表 44-48~表 44-50。

表 44-48　GDJS 系列高低温交变湿热试验箱的技术性能规格

名称　型号	高低温交变湿热试验箱					
	GDJS-100	GDJS-150	GDJS-225	GDJS-250	GDJS-408	GDJS-1000
工作室尺寸 /(mm×mm×mm)	400×500× 500	500×600× 500	600×750× 500	630×790× 500	800×900× 550	1000×1000× 1000
温度范围/℃	−20/−40/−70~100(150)					
湿度范围(RH)/%	30~98					
温度偏差/℃	<±2	<±2	<±2	<±2	<±2	<±2
温度均匀度/℃	<2	<2	<2	<2	<2	<2
温度波动度/℃	<±0.5	<±0.5	<±0.5	<±0.5	<±0.5	<±0.5
湿度偏差/%	+2~−3	+2~−3	+2~−3	+2~−3	+2~−3	+2~−3
功率/kW	5	6	8	12	15	20
电源电压	AC 220V 或 380V　50Hz					

| 说明及设备图 | 高低温交变湿热试验箱符合 GB 10592.89、GB 2423.22.87 标准
　性能指标符合 GB5170.18《电工电子产品环境试验设备基本参数检定方法 温度/湿度组合循环试验设备》的要求
　高低温交变湿热试验箱采用进口温控仪进行控温控湿,可编程序控制仪,可进行多种参数的设定,温湿度直接数字显示,操作方便
　可程控式恒温恒湿试验箱制冷系统采用进口压缩机。采用电热式蒸汽发生器加湿方式,饱和气体加湿方式。工作室用不锈钢制作,外箱体冷轧钢板静电喷涂
　高低温交变湿热试验箱配备超温超压保护功能
　加湿系统具有缺水、断相报警功能 | 
苏州市易维试验仪器有限公司的产品 |

表 44-49　XW 系列高低温交变湿热试验箱的技术性能规格

型号	工作室尺寸/mm			外形尺寸/mm			设备外形图
	D	W	H	D	W	H	
XW/GDJS 50	350	400	350	790	800	1220	
XW/GDJS 100	500	400	500	970	850	1320	
XW/GDJS 150	500	500	600	980	932	1470	
XW/GDJS 225	500	600	750	1003	1050	1570	
XW/GDJS 250	550	630	780	1060	1080	1740	
XW/GDJS 500	700	800	900	1180	1250	1880	
XW/GDJS 800	800	800	1000	1250	1500	1930	
XW/GDJS 010	1000	1000	1000	1450	1500	1930	

型号	工作室尺寸/mm			外形尺寸/mm			设备外形图
	D	W	H	D	W	H	
温度范围	−20~+150℃		−40~+150℃	−60~+150℃		−70~+150℃	
温度波动度	≤±0.5℃ 可按需提高至 0.1℃			温度均匀度		≤±2℃ 可按需提高至 0.5℃	
湿度范围	30%~98%RH 可按客户要求定做			湿度误差		≤+2%/−3%RH	
升温速率	2~3℃/min 可按需提高至 10℃以上			降温速率		1℃/min,按需提至 10℃以上	
功率	−40℃时 4~6kW			电源电压		AC 380V,50Hz	
噪声	≤65dB (国家标准为≤75dB)			以上均为空载时			
控制仪表	微电脑集成韩国 TEMI-880N 彩屏液晶显示触摸屏可编温控仪						
精度范围	设定精度:温度±0.1℃,湿度±1%RH;指示精度:温度±0.1℃,湿度±1%RH						
传感器	高精度 A 级 Pt100 铂电阻传感器			加热加湿统		独立镍铬合金电加热式加热	
加湿系统	外置式加湿器,加水方式为水泵提升,供水采用自动控制且可回收余水,节水降耗						
循环系统	耐温低噪声空调型电机,多叶式离心风轮						
电气元件	交流接触器热继电器采用法国施耐德,中间继电器采用欧姆龙,其他元器件均为国内知名品牌德力西						
制冷方式	进口全封闭压缩机组/单级压缩制冷 二元复叠压缩制冷						
冷却方式	风冷			制冷剂		环保制冷剂 404A (R23)	
标准配置	φ50 测试孔一个,试品搁板一件,箱内荧光照明灯						
安全保护	超温报警,漏电保护,欠相缺相保护,过电流保护,快速熔断器,压缩机高低压保护						
	压缩机过热保护,电流保护,线路保险丝及全护套式端子,缺水保护,接地保护						
备注	上海夏威仪器设备有限公司的产品						

表 44-50　BG/TH 系列温湿度试验箱的技术性能规格

型号	工作室尺寸/mm			外形尺寸/mm			温度范围/℃	湿度范围(RH)/%	电源(50Hz)及功率
	D	W	H	D	W	H			
BG/TH-50	350	400	350	900	850	1520	00~150 −20~150 −40~150 −50~150 −60~150 −70~150 −80~150	30~98	220V/5kW
BG/TH-100	400	450	550	920	940	1680			220V/6kW
BG/TH-150	500	500	600	1030	1010	1720			220V/6.5kW
BG/TH-225	500	500	750	1100	1030	1880			380V/7kW
BG/TH-250	550	630	780	1140	1120	1950			380V/7.5kW
BG/TH-300	600	600	800	1190	1100	1950			380V/7.5kW
BG/TH-500	700	800	900	1250	1300	2030			380V/8kW
BG/TH-800	800	1000	1000	1290	1500	2140			380V/8.5kW
BG/TH-010	1000	1000	1000	1490	1500	2140			380V/10kW
技术指标(均匀空载)	温度波动度:≤±0.5℃;温度均匀度:≤±2℃;湿度误差:≤+2%/−3%RH								
	降温速率:0.7~1℃/min;升温速率:2~3℃/min;噪声:≤65(dB)								
	快速温度变化试验箱:降温速度 3~5℃/min,升温速度 3~5℃/min								

续表

型号	工作室尺寸/mm			外形尺寸/mm			温度范围 /℃	湿度范围(RH) /%	电源(50Hz) 及功率
	D	W	H	D	W	H			
制冷	系统:法国全封闭泰康压缩机,单级制冷;低于—40℃复叠制冷								
	制冷剂:单级一级 R-404A,复叠二级 R-23(无氟)								
	冷却:风冷								
传感器	温度:A 级铂金电阻(Pt100)湿度:A 级铂金电阻(Pt100)								
加湿器	不锈钢电极式加湿器								
箱体材质	工作室:304#镜面不锈钢(1.2mm)　　外箱体:冷轧钢板静电喷涂(1.5mm)								
	保温:聚氨酯+超细玻璃纤维(—50℃以下 110mm)								
控制	韩国原装进口温控仪表,操作简单,设定方便,控制精度 0.01℃								
加热器	鳍片式不锈钢加热系统								
蒸发器	高效能热交换器								
安全保护	短路保护、漏电保护、超温保护、压缩机超压保护、压缩机过载保护、风机过载保护、相序缺相保护、试件保护等								
温、湿度控制范围及设备外形图	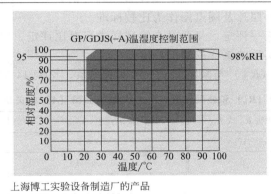  上海博工实验设备制造厂的产品								

44.17.12　金属镀层经腐蚀试验后耐蚀性的评定

耐蚀测定结果的评定标准:GB/T 6461—2002《金属基体上金属和其他无机覆盖层 经腐蚀试验后的试样和试件的评级》(等同采用国际标准 ISO 10289:1999)。该标准规定了在金属基体上呈阳极性或阴极性的装饰性和保护性的镀层,以及无机覆盖层经腐蚀试验后的耐蚀性的评级方法。

本标准规定的方法,既适用于在自然大气中动态或静态条件下暴露的试样或试件,也适用于经加速腐蚀试验的试样或试件的耐蚀性评定。试样一般采用 100mm×150mm 标准电镀试片。

对覆盖层的耐蚀性评级,应从两方面进行。

保护评级即覆盖层保护基体金属免遭腐蚀破坏的能力。评定与保护评级相关的缺陷,如凹坑腐蚀、针孔腐蚀、基体腐蚀引起的斑点、鼓泡以及因基体腐蚀而造成的其他缺陷。

外观评级即覆盖层保持其完整性和保持满意外观的能力。评定试样经试验后全面的外观缺陷(包括因暴露引起的缺陷)。

（1）评定原理

① GB/T 6461—2002 标准提出了一种评价覆盖层和基体金属受腐蚀破坏的评级系统。描述的评定方法用于评价覆盖层外观，以及试样或试件的主要表面经受试验后的腐蚀程度。

② 用保护评级（R_p）和外观评级（R_A）这两种互相独立的评级来记录表面的检查结果，称为性能评级　性能评级的表示：保护评级数（R_p）后接斜线（/）再接外观评级数（R_A）的组合，保护评级（R_p）记录在第一位，即（R_p）/（R_A）。

③ 记录表面评级时，如需要表示表面缺陷的类型和严重程度，应使用约定的缺陷类型代号和缺陷程度代号来记录这些信息。

④ 当只需要保护评级（R_p）时，允许省略外观评级（R_A）。其表示方法是在保护评级后面接一短横线（R_p/-），以表明省略了外观评级。

（2）保护评级（R_p）的评定

① 保护评级（R_p）的评级　根据腐蚀缺陷所覆盖的面积，按下式计算保护等级：

$$R_p = 3(2 - \lg A)$$

式中，R_p 为保护等级（化整到最接近的整数）；A 为基体金属腐蚀所占总面积的百分数，%。

对于缺陷面积极小的试样，严格按上述公式计算，将导致评级大于 10。因此，公式仅限于面积 $A > 0.046416\%$ 的试样。通常，对没有出现基体金属腐蚀的表面，人为规定为 10 级。

腐蚀缺陷面积的判别可借试样照片及圆点图作为比较标准。

评定过程既要对照标准体系逐一评定，又要对全组试样进行对比评定，以便对各个试样进行复查，以确保每一评级都能真实反映试样的缺陷程度。

保护评级（R_p）和外观评级（R_A）与缺陷面积（A）的关系，见表 44-51。

表 44-51　保护评级（R_p）和外观评级（R_A）与缺陷面积（A）的关系

缺陷面积(A)/%	评级 R_p 或 R_A	缺陷面积(A)/%	评级 R_p 或 R_A
无缺陷	10	$2.5 < A \leqslant 5.0$	4
$0 < A \leqslant 0.1$	9	$5.0 < A \leqslant 10$	3
$0.1 < A \leqslant 0.25$	8	$10 < A \leqslant 25$	2
$0.25 < A \leqslant 0.5$	7	$25 < A \leqslant 50$	1
$0.5 < A \leqslant 1.0$	6	$50 < A$	0
$1.0 < A \leqslant 2.5$	5	—	—

注：引自 GB/T 6461—2002 标准。

② 保护评级（R_p）的示例　用这种方法评定保护评级（R_p）的示例如下：

a. 轻微生锈超过表面 1%，小于表面 2.5% 时，则表示为 5/-。

b. 无缺陷时，则表示为 10/-。

（3）外观评级（R_A）的评定

① 评定外观评级　按以下项目评定外观评级。

a. 用表 44-52 给出的分类确定缺陷类型。

b. 用表 44-51 所列的等级（10~0）确定受某一缺陷影响的面积。

c. 对破坏程度的主要评价，例如：

vs＝非常轻度；

s＝轻度；

m＝中度；

x＝重度。

表 44-52　覆盖层破坏类型的分类

分类	破坏缺陷类型
A	覆盖层损坏所致的斑点和(或)颜色变化(与明显的基体金属腐蚀产物的颜色不同)
B	很难看得见,甚至看不见覆盖层腐蚀所致的发暗
C	阳极性覆盖层的腐蚀产物
D	阴极性覆盖层的腐蚀产物
E	表面点蚀(腐蚀坑可能未扩展到基体金属)
F	碎落、起皮、剥落
G	鼓泡
H	开裂
I	龟裂
J	鸡爪状或星状缺陷

注：引自 GB/T 6461—2002 标准。

② 外观评级 (R_A) 的示例　用这种方法评定外观评级 (R_A) 的示例如下：

a. 中度起斑点，面积超过 20%，则表示为：-/2 m A。

b. 覆盖层（阳极性的）轻度腐蚀，面积超过 1%，则表示为：-/5s C。

c. 极小的表面蚀点引起整个表面轻度发暗，则表示为：-/0s B，vs E。

（4）性能评级的表示

性能评级的表示是保护评级 (R_p) 与外观评级 (R_A) 的组合，保护评级 (R_p) 记录在第一位，即 (R_p)/(R_A)。性能评级的示例如下：

① 试样出现超过总面积的 0.1% 的基体金属腐蚀和试样的剩余表面出现超过该面积的 20% 的中度斑点，则性能评级的表示为：8/2 m A。

② 试样未出现基体金属腐蚀，但出现小于总面积的 1.0% 的阳极性覆盖层的轻度腐蚀，则性能评级的表示为：10/6 s C。

③ 试样上 0.3% 的面积出现基体金属腐蚀 (R_p＝7)，阳极性覆盖层的腐蚀产物覆盖总面积的 0.15%，而且最上面的电沉积出现轻微鼓泡的面积超过总面积的 0.75%（但未延伸到基体金属），则性能评级的表示为：7/8 vs C，6 m A。

（5）试验的评定报告

金属基体上金属和其他无机覆盖层，经腐蚀试验后的评定报告，按 GB/T 6461—2002 标准的要求和规定的内容编写。

第45章
转化膜性能测试

45.1 概述

金属经化学或电化学处理所形成的含有该金属化合物的表面膜层，称为转化膜，经化学处理所得的膜层也称为化学保护层，包括黑色金属的氧化膜和磷化膜、铝和铝合金氧化膜、镁合金氧化膜等。

转化膜性能表现在外观、装饰、防护以及功能性等的性能。转化膜性能测试主要包括：外观、厚度、耐磨性、耐蚀性等的测试。

45.2 外观检测

转化膜的外观是最基本的技术指标，外观检测包括色泽、光泽、缺陷等方面检测。

（1）检测方法

通常采用下列两种检测方法。

① 目视检测法　在光线充足的条件下，在天然散射光或无反射光的白色透射光下（光的照度应不低于 300 1x，相当于在 40W 荧光灯下 500mm 处的光照度）目视检测。检测方法：将标样和待测试样放在同一平面上，测试者在散射光下距离 300mm，在垂直于试样的方向观察试样与标样的差别是否在允许范围内。

② 比色仪（色差计）检测法　比色仪可以测出两个试样之间颜色上极其微小的差异，这种检测方法较精确，可作仲裁用。

（2）结果表示

可将测试件分为合格、有缺陷（须返修）和废品三类。

各种氧化膜、磷化膜的外观检测一般要求（包括正常外观、允许缺陷、不允许缺陷）见表45-1。存在下列情况视为废品：过腐蚀的零件、有机械损坏的零件、存在缺陷而不能修复的零件等。

（3）使用仪器

使用比色仪，其技术性能规格见表 45-2。

表 45-1　各种氧化膜、磷化膜外观的一般要求

膜层名称	正常外观	允许缺陷	不允许缺陷
钢铁件氧化膜	膜层应连续、均匀、完整，呈现黑色或带微蓝的黑色。但对合金钢，由于材料成分不同，允许膜颜色从浅棕色到黑褐色。不同的加工方法，以及表面粗糙度的不同，允许色泽有差异，但应符合图纸要求	① 轻微的水迹 ② 焊接件氧化膜存在不均匀 ③ 氧化前表面粗糙度的不同，氧化后颜色有差别 ③ 由于材质、热处理、焊接或加工表面状态不同，有不均匀的颜色和光泽	① 局部无氧化膜 ② 表面有挂灰和赤褐色或红色斑点 ③ 膜层损伤或划伤 ④ 残留碱液

续表

膜层名称	正常外观	允许缺陷	不允许缺陷
钢铁件磷化膜	膜层应为均匀的浅灰色、深灰色或黑色,表面均匀、无白点、锈斑、手印等。由于基体材料不同或挂具接触,允许膜表面有微小的变化	① 轻微的水迹、铬酸盐痕迹、发白(擦白)、挂灰 ② 由于热处理、焊接和表面加工状态的不同,造成颜色和结晶的局部不均匀 ③ 在焊缝的气孔和夹渣处无磷化膜	① 疏松的磷化膜 ② 有锈和绿斑 ③ 局部无磷化膜(盲孔、通孔深处、夹渣处及工艺条件规定处除外) ④ 严重挂灰
铝及铝合金件氧化膜	不同的材料和氧化工艺,其外观有所不同。硫酸阳极氧化膜的颜色为乳白色和灰白色,钝化后为黄绿至浅黄色;硬质阳极氧化膜为暗灰至黑色;草酸阳极氧化膜呈黄绿至深褐色;化学氧化膜为金黄色或黄色,并略带彩虹色,铸件为深灰色。膜层应连续、均匀、完整。外观应符合标准色板或用户要求	① 轻微的水迹 ② 同一零件上有不同的颜色和阴影 ③ 允许有夹具印,深孔处膜层可以不完整 ④ 由于铸造引起的缺陷 ⑤ 变形板材允许有发纹	① 用手指能擦掉的疏松膜层及填充着色后挂灰 ② 有烧焦、过腐蚀、斑点和划伤等 ③ 裸铝零件阳极化后不允许出现黑点和黑斑 ④ 未洗净的盐类痕迹 ⑤ 局部无膜层(盲孔、通孔深处及工艺条件规定处除外)
铝及铝合金件磷铬化膜	依不同的基体材料,膜层外观从浅彩云色到光亮彩云色,连续、均匀、完整	焊缝及焊点处膜层发暗	① 发暗、粗糙、疏松及用手指或棉花能擦掉的膜层 ② 膜层擦伤、划伤或无氧化膜的白点 ③ 局部无膜层(盲孔、通孔深处及工艺条件规定处除外)
镁合金件氧化膜	膜层的颜色为草黄色至金黄色或黄褐色至浅黑色,取决于不同工艺。膜层应连续、均匀、完整。外观应符合标准色板或用户要求	① 同一零件上有不同的颜色 ② 由旧氧化膜引起的斑点,零件过热引起的黑斑,焊缝处有黑色部位	① 膜层表面出现白点和黑色 ② 过腐蚀 ③ 用手指能擦掉的疏松膜层。未洗净的盐类痕迹

表 45-2 涂层色差检测仪器的技术性能规格

名称型号	技术性能规格	仪器图
CR-10 小型色差仪 (日本美能达)	CR-10 小型色差仪简单易用,使用电池供电,方便随处测量色差,亦可连接打印机(另购) 照明/观察光学系统:8/d(8 度照明角/满射) 测量面积:直径 8mm 显示模式:$\Delta(L*a*b)\Delta E*ab$ 或 $\Delta(L*C*H*)\Delta E*ab$ 重复性能:标准偏差 $\Delta E*ab0.1$ 以内 测量条件:用白色板测定取其平均值 标准色记忆:一个,用测量输入 测量范围:$L*$ 10~100 测量条件:光源 CIE D65 标准光源 测量间距:约 1s 电源:4 枚 AA 电池或另外选购的电源转换器 AC-A12 操作温度范围:0~40℃相对湿度低于 85% 标准配件:4 枚 AA 电池、腕带、收藏袋、保护盖 选购附件:交流电转换器 AC-A12,打印机接线 CR-A75 外形尺寸:158mm×59mm×85mm(长×宽×高) 整机质量:365g	 东莞市万江伟鸿仪器经营部、北京泰亚赛福科技发展有限公司、深圳市三利实验仪器有限公司、天津市其立科技有限公司等代理
HPG-2132 便携式色差仪	测试范围:L:0~100 a:128~127 b:128~127 测量时间:约 3s 照明/受光 d/8(扩散照明、8°方向受光) 测量间距:约 2s 测量孔径:8mm 存储功能:自动存储一组标准色(不连接 PC) 自动关机:待机 5min,自动关机 测量光源:软件模拟 C 光源 传感器:校正硅光电二极管(列阵) 电源:9V 电池/5V 外接电源	 东莞市万江伟鸿仪器经营部的产品

续表

名称型号	技术性能规格	仪器图
DC-P3 全自动测色 色差计(打印)	测物体表面色的绝对值:X10Y10Z10、x10y10z10 测明度:$L*$,色泽 $a*$,$b*$ 测偏色:$\Delta L*$、$\Delta a*$,$\Delta b*$指导配色 测色差:$\Delta E*ab$、ΔEH 测白度:W 测黄度指数 Yi 及变黄度 Δyi 测彩色 C 及色调角 H	天津市中亚涂料试验设备有限公司、深圳市三利实验仪器有限公司等的产品
HZ-9024 全自动测色 色差计(打印)	仪器照明光源:6V 100W 卤钨灯 照射试样光斑大小:ϕ20mm、ϕ10mm 用户任选一种。有特殊要求时用户订货时说明 电源:220V±10% 探测器:光电池与滤光器 校正:自动调零,自动调白 表示方法:液晶显示及打印,并配有计算机接口。根据用户要求帮助选购各类计算机或笔记本电脑 主要指标 准确度:$\Delta Y(\Delta X,\Delta Z)\leqslant1.5$ $\quad\quad\Delta X,\Delta y(\Delta z)\leqslant0.015$ 稳定性:$\Delta Y\leqslant0.15$　重复性:$\Delta E\leqslant0.05$ 复现性:$\Delta E\leqslant0.25$　疲劳特性:$\Delta Y\leqslant0.15$ 外型尺寸:主机 280mm×240mm×120mm 探头 ϕ80mm×180mm 打印机 140mm×100mm×35mm 总质量:3kg 仪器稳定、可靠,自动化程度高,测量迅速、准确,能进行微机数据处理的仪器	上海恒准仪器科技有限公司的产品

45.3　厚度的测定

一般情况下,钢铁件的氧化膜和磷化膜、镁合金件的氧化膜不需测量其厚度。磷化膜较薄,通常不测量厚度,为了表达其膜层用途的需要,而往往测量基体单位面积上的磷化膜的质量,以表示其膜层厚薄的程度。

铝合金件的硬质阳极氧化膜需测定厚度,铝件的其他阳极氧化膜在必要时才进行厚度测量。

45.3.1　铝合金件阳极氧化膜厚度的测量

铝合金件阳极氧化膜厚度的测量,除常使用涡流测厚仪和金相显微镜法(见本篇第 44 章镀层性能测试)外,还可以采用电压击穿测量法和质量测量法。

(1) 电压击穿测量法

这种测量方法,是用专用击穿电压仪,测出氧化膜被击穿的电压值,并从仪器刻度盘上直接读出厚度值,或由对照表查得氧化膜的厚度。铝合金氧化膜厚度-击穿电压对照表见表 45-3。

表 45-3　铝合金氧化膜厚度-击穿电压对照表

氧化膜厚度/μm	5	10	15	20
击穿电压/V	400	600	1000	1200

(2) 质量测量法

利用试片氧化处理后的氧化膜质量,计算出氧化膜的厚度。用与被测零件相同的材料制作试片，其规格尺寸为 $50mm \times 100mm \times (0.8 \sim 1)$ mm。试片经前处理，随同被测零件一起入槽进行阳极氧化。氧化后经清洗、干燥、称重，并记录试片质量后，在下列溶液中退除氧化膜：

磷酸（H_3PO_4，$d = 1.72$）	35mL/L
铬酐（CrO_3）	20g/L
温度	$90 \sim 100℃$
时间	$10 \sim 15min$

退除氧化膜后，清洗试片、干燥、称重。将退除氧化膜前后试片的质量相减，得出氧化膜的质量，依据氧化膜的密度，即可按下式计算氧化膜厚度：

$$\delta = \frac{m}{\rho A} \times 100$$

式中，δ 为氧化膜平均厚度，μm；m 为氧化膜质量，g；A 为试样待检的氧化表面积，dm^2；ρ 为氧化膜密度，kg/dm^3；未封闭的氧化膜密度约为 $2.4\ kg/dm^3$。

此测量方法适用于铜含量不大于 6%（质量分数）的铸造或变形铝及铝合金生成的所有阳极氧化膜。

45.3.2　磷化膜质量的测量

检测标准：GB/T 9792—2003《金属材料上的转化膜 单位面积膜质量的测定 重量法》（等同采用国际标准 ISO 3892：2000《金属材料上的转化膜 单位面积膜质量的测定 重量法》）。

（1）试样

试样最大质量应为 200g。为保证测试数据可靠，规定了试样的最小测试面积，见表 45-4。

表 45-4　不同质量磷化膜的试样最小测试面积

单位面积上磷化膜的质量/(g/m²)	<1	$1 \sim 10$	$11 \sim 25$	$26 \sim 50$	>50
试样最小面积/dm²	4	2	1	0.5	0.25

（2）测量单位面积上磷化膜质量的方法

将覆有磷化膜的干燥试样，用分析天平称重，然后将试样浸入退除溶液（见表 45-5）中退除磷化膜，取出试样清洗干净、干燥，用分析天平称重。根据退除磷化膜前后试样的质量差，按下式计算出单位面积上磷化膜的质量：

$$m = \frac{m_1 - m_2}{A}$$

式中，m 为单位面积上的磷化膜质量，g/mm^2；m_1 为磷化膜退除前的试样质量，g；m_2 为磷化膜退除后的试样质量，g；A 为试样待检的磷化膜表面积，mm^2。

表 45-5　磷化膜的退除溶液组成和操作条件

基体金属	磷化工艺	溶液组成		操作条件	
		成分	含量/(g/L)	温度/℃	时间/min
钢铁	锰系（磷酸锰膜）	铬酐（CrO_3）	50	70 ± 5	15
	锌系（磷酸锌膜）	氢氧化钠（NaOH） EDTA-4Na 三乙醇胺（$C_6H_{15}NO_3$）	100 90 4	70 ± 5	5
	铁系（磷酸铁膜）	铬酐（CrO_3）	50	70 ± 5	15

续表

基体金属	磷化工艺	溶液组成			操作条件	
		成分	含量/(g/L)	温度/℃	时间/min	
锌和镉	磷化(磷酸盐膜)	重铬酸铵[$(NH_4)_2Cr_2O_7$] (用质量分数为25%～30%的氨水配制)	20	室温	3～5
铝及 铝合金	磷化 (晶态磷酸盐膜)	硝酸(HNO_3)	65%～70% (质量分数)	70±5	5
				或室温	15

注：1. 每次试样测试都采用新配溶液。
2. 引自 GB/T 9792—2003。

45.4 耐磨性试验

氧化膜和磷化膜的耐磨性试验方法主要有耐磨耗试验法、落砂试验法和喷磨试验法。

45.4.1 耐磨耗试验法

(1) 试验方法[2]

经氧化或磷化过的试验用的试片规格为 65mm×35mm×1mm，膜厚应大于 5μm。采用平面磨损试验机进行试验，将试片水平放置于试验台上，从片下方向试片施加负荷，磨轮上贴有碳化硅砂纸（根据氧化膜的耐磨性，砂纸粗糙度可相应变换），磨轮直径为 50mm，宽度为 12mm，行程为 30mm，试验时磨轮做往返运动，每往返一次，磨轮便转动 0.9°的角度，使每一次试验时都能接触新的砂纸面。

(2) 结果表示

结果有两种表示方法。

① 称量试验前后试片的失重，用磨损失重与摩擦次数的关系值表示。

② 将磨损后的试片表面横切下来，用金相显微镜测量试验前后的氧化膜的厚度变化，用下式表示其耐磨性：

$$W_R = \frac{N}{\delta_1 - \delta_2}$$

式中，W_R 为耐磨性，次/微米；表示每 1μm 厚的氧化膜可承受的摩擦次数；N 为摩擦次数；δ_1 为试验前氧化膜的厚度，μm；δ_2 为试验后氧化膜的厚度，μm。

做试验性试验，通常进行 3 次以上的测试，结果取其平均值。

45.4.2 落砂试验法

(1) 钢铁的氧化膜落砂试验

将表面粗糙度 $Ra \leqslant 3.2\mu m$ 的试样，用酒精去除油污后，放在落砂试验仪上（如图 45-1 所示），将 100g 粒度为 0.5～0.7mm 的石英砂放在漏斗中，砂子经内径为 5～6mm，高 500mm 的玻璃管自由下落，冲击试样表面。砂落完后，擦去试样上的灰尘，并在冲击部位滴一滴用氧化铜中和过的硫酸铜溶液（5g/L），经 30s 后，用水冲洗液滴或用脱脂棉擦，直接目视观察，不得有接触铜出现。

(2) 铝及铝合金的氧化膜落砂试验

将磨料（如碳化硅砂粒）从位于 1000mm 高、内径为 20mm 的诱导管内落到与垂直方向为 45°角放置的试样表面上，测定厚度膜层被磨穿所需要的时间（s），以此来评定耐磨性。例如，厚度在 9μm 以上的铝合金硫酸氧化膜，能通过 250s 以上的试验为合格；而厚度在 9μm 以上的铝合金草酸氧化膜，需通过 500s 以上的试验才认为合格。

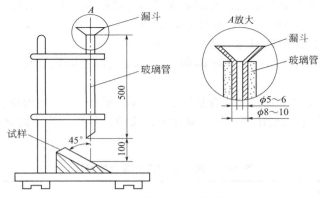

图 45-1　落砂试验仪示意图

45.4.3　喷磨试验法

喷磨试验法一般用于测定铝及铝合金的阳极氧化膜的耐磨性。

检测标准：GB/T 12967.1—2008《铝及铝合金阳极氧化膜检测方法 第 1 部分：用喷磨试验仪测定阳极氧化膜的平均耐磨性》（等同采用国际标准 ISO 8252：1987）。本方法特别适用于检验受试表面积非常小或表面不平整的试样的平均耐磨性。例如，检测厚度不小于 $5\mu m$ 的，受试表面直径仅为 2mm 的氧化膜的耐蚀性。

(1) 喷磨试验仪的工作原理

用干燥空气流或惰性气体流，将干燥的碳化硅颗粒（通用 $180\sim300\mu m$ 的筛子）喷射在试样表面上的一个小的检验区内，一直到露出金属基体为止。氧化膜的耐磨性可用喷磨时间或喷磨所用碳化硅质量来表示。

(2) 检验结果

检验的结果必须和标准试样或协议参比试样的结果相比较。一般情况下，厚度在 $14\mu m$ 以上的铝合金硫酸阳极氧化膜能通过 25s 以上的试验时间，为合格；而厚度在 $14\mu m$ 以上的铝合金草酸阳极氧化膜能通过 50s 以上的试验时间，为合格。

45.5　铝及铝合金阳极氧化膜其他性能试验

45.5.1　阳极氧化膜封孔质量的评定

(1) 酸处理后的染色斑点法

检测标准：GB/T 8753.4—2005《铝及铝合金阳极氧化 氧化膜封孔质量的评定方法 第 4 部分：酸处理后的染色斑点法》（等同采用国际标准 ISO 2143：1981）。该标准规定用酸处理后的抗染色能力来评定氧化膜的封闭质量。

① 试验方法　试验步骤如下。

a. 用蘸有丙酮的棉花球擦拭受试表面，去除油污，保持干燥。

b. 用一滴酸溶液 A 或酸溶液 B（其溶液组成见表 45-6）滴在试件表面上，精确地保持 1min。

c. 除去酸滴，将受试表面清洗干净，并干燥。

d. 用一滴染色溶液 A 或染色溶液 B（其溶液组成见表 45-6）滴在已经用酸溶液处理过的表面上，精确地保持 1min。

e. 洗净染色液滴，用浸泡过软磨料（如氧化镁）的干净擦布将受试表面擦拭干净。

② 结果表示　将做过染色斑点试验的表面与本标准附录 A 所示的标准染色斑点进行对照，评出染色强度等级。抗染色能力强表明封闭质量好。

③ 适用范围　本方法的适用与不适用范围如下。

a. 适用于检验那些有待于在大气曝晒和腐蚀环境工作的阳极氧化膜；更适用于有耐污染要求的氧化膜的试验。

b. 不适用于检验高铜、高硅（铜含量＞2％，硅含量＞4％，均为质量分数）铝合金上的氧化膜；用重铬酸钾封闭的氧化膜；深色氧化膜；涂油、打蜡、涂漆的氧化膜；以及厚度小于 $3\mu m$ 的氧化膜。

表 45-6　酸溶液和染色溶液的组成

酸溶液		染色溶液	
A	B	A	B
硫酸(H_2SO_4,$d=1.84$)　　　　25mL/L 氟化钾(KF)　　　10g/L	氟硅酸(H_2SiF_6,$d=1.29g/cm^3$)　　25mL/L	铝蓝 2LW　　　　5g/L pH 值 5±0.5(用硫酸或氢氧化钠调节)	山诺德尔红　　　B3LW 或铝红 GLW　　10g/L pH 值 5±0.5(用硫酸或氢氧化钠调节)
温度:23℃±2℃	温度:23℃±2℃	温度:23℃±1℃	温度:23℃±1℃

(2) 导纳法

检测标准：GB/T 8753.3—2005《铝及铝合金阳极氧化 氧化膜封孔质量的评定方法 第 3 部分：导纳法》（等同采用国际标准 ISO 3210：1983）。

① 试验原理　阳极氧化膜可以等效为由若干电阻和电容在交流电路中经串联和并联组成的电路。用导纳法测定封孔后阳极氧化膜的表观导纳值，即可了解氧化膜的电绝缘性，从而可以判断阳极氧化膜的封孔质量。

② 试验条件　氧化膜厚度及测试时间等要求规定如下。

a. 受试部位的氧化膜厚度必须大于 $3\mu m$，且有足够大的受试面积（直径约为 20mm 的圆）。

b. 用水蒸气或热水封孔后的试样，必须在冷却至室温以后的 1~4h 之内进行测试，不得超过 48h。

c. 室温封孔的试样应在 24h 以后，72h 以内进行测试。

③ 适用范围　本方法适用于测定在水溶液或水蒸气中封孔的铝及铝合金阳极氧化膜的封孔质量，是一种无损、快速的测试方法，既可作为验收的方法，也可作为阳极氧化过程的质量控制方法。

④ 使用仪器　本测试方法使用导纳仪和电解池。

a. 导纳仪的量程通常在 3~300μS，精度为 ±5%，工作频率为 1000Hz±10 Hz。

b. 电解池内径为 13mm，厚度为 5mm，截面为 133mm²，表面黏着橡胶密封环。电解液为 35g/L 的硫酸钾（K_2SO_4）或氯化钠（NaCl）溶液。

45.5.2　铝及铝合金阳极氧化膜连续性的测定

铝及铝合金阳极氧化膜是一种多孔性膜。膜中可能存在隐形孔隙、互联孔隙、通达基体的贯通孔隙。阳极氧化膜对基体是阴极性膜层，特别是贯通孔隙危害最大，因此在阳极氧化膜中必须杜绝贯通基体的孔隙。

检测标准：GB/T 8752—2006《铝及铝合金阳极氧化 薄阳极氧化膜连续性检验方法 硫酸铜法》（等同采用国际标准 ISO 2085：1986）。

测定方法及测定用的试液及测定步骤如下。

（1）测定用的试液

标准规定了用硫酸铜-盐酸溶液测定阳极氧化膜的连续性，其组成为：20g 硫酸铜（Cu-SO$_4$·5H$_2$O）、20mL 盐酸（HCl，$d=1.18$g/cm^3）、100mL 纯水。

（2）测定步骤

测定时，先在试样表面上选取一块约为 100mm^2 的受测面积，用有机溶剂去除受试表面上的油污。待干燥后在测定面积范围内滴上 4 滴硫酸铜试液，在室温下放置 5min（硫酸铜试液中的铜离子渗入膜层中的贯通孔隙之后，会与基体铝发生置换反应，最后形成褐色或黑色），然后检查受测面的黑点数，以每 100mm^2 的表面内有无黑点或黑点数作为评价的依据。

45.5.3　铝及铝合金阳极氧化膜绝缘性的测定

检测标准：GB/T 8754—2006《铝及铝合金阳极氧化 阳极氧化膜绝缘性的测定 击穿电位法》（等同采用国际标准 ISO 2376：72）。该标准规定了用击穿电位法对绝缘性和击穿电位有一定要求的阳极氧化膜进行绝缘性测试的方法。

测量击穿电位方法的原理是基于氧化膜的介电性能和绝缘性能。检测装置可选用能连续改变交流电压的各种仪器作为电源。测试的电极系统有两种，一种是单电极系统，另一种是双电极系统。

① 用单电极系统测试时，一个球电极（直径为 3～8mm）与待测表面接触，另一个球电极与基体金属相接触，在球电极上施加 0.5～1.0N 的力，使球与受测表面接触良好，所测得的结果就是氧化膜的击穿电位。

② 用双电极系统测试时，两个球电极都压在受测表面上，两个压点之间距离 25mm 并构成测试系统，测试时电压的升高速度为 25V/s。所测的结果大致为氧化膜击穿电位的两倍。

45.5.4　铝及铝合金阳极氧化膜耐晒度的试验

检测标准：GB/T 6808—1986《铝及铝合金阳极氧化 着色阳极氧化膜耐晒度的人造光加速试验》（等同采用国际标准 ISO 2135：1984）。

（1）试验方法

着色阳极氧化膜的耐晒度试验是放在日晒气候试验机或褪色计中进行的。试验后出现的颜色变化，是与按 GB/T 250—2008《纺织品 色牢度试验 评定变色用灰色样卡》标准规定的灰卡进行对比而检测的。灰卡三级相当于颜色损失达到 25%。

① 试验机及光源在使用前，应用符合 GB/T 730—2008《纺织品 色牢度试验 蓝色羊毛标样 1～7 级的品质控制》要求的 6 级色布标样进行校准。把 6 级标样的颜色变化（相当于 GB/T 250—2008 中灰卡三级时）所需的时间定为设备的曝光周期。

② 试验机通常采用氙弧灯或碳弧灯。通常 6 级色布标样用氙弧灯照射 300h 或碳弧灯照射 150h，其颜色的变化正好相当于灰卡三级，可以算作一个曝光周期。

③ GB/T 6808—1986《铝及铝合金阳极氧化 着色阳极氧化膜耐晒度的人造光加速试验》规定了受测试样的颜色变化，相当于灰卡三级时应经历的曝光周期数列于表 45-7。

表 45-7　试样耐晒度级数与曝光周期的关系

曝光周期数	1	2	4	8	16
试样耐晒度级数	6	7	8	9	10

（2）结果表示

阳极氧化膜试样按标准规定的方法进行光照之后，即可求得曝光周期数，然后按表 45-7

评出耐晒度等级。耐晒度的级数越高，着色氧化膜在光照射下，发生颜色变化的周期越长。

45.5.5　铝及铝合金阳极氧化膜耐紫外光性能的测定

检测标准：GB/T 12967.4—2014《铝及铝合金阳极氧化膜检测方法 第 4 部分：着色阳极氧化膜耐紫外光性能的测定》（等同采用国际标准 ISO 6581：1980）。

（1）测试方法

紫外光照射试验在专门的照射室内进行。氧化膜试样经紫外光照射后，应和标样或控制标样进行比较，通过观察试样经照射后发生的变化，评定耐晒性能。为了比较方便，试样和控制标样同时照射，而且在试样和控制标样的局部表面上同样都用不透明材料粘贴，免除紫外光的照射，这样有利于颜色变化的检查和对比。

（2）结果表示

着色阳极氧化膜的耐紫外光性能，是以刚达到允许变色程度所需的光照时间来评定的，时间越长，耐晒性能越好。由于由汞弧灯的汞蒸气发射的光源具有光谱的不连续性和紫外光辐射强的特点，所以本方法试验结果必须和太阳光照射的试验结果对照验证。

（3）适用范围

本方法是一种快速检验法，适用于氧化膜的耐晒性能试验。由于深色表面在紫外光的照射下，表面会升温，故不适用于热敏性的着色阳极氧化膜的测定。

45.6　锌、镉镀层上铬酸盐转化膜试验方法

检测标准：GB/T 9791—2003《锌、镉、铝-锌合金和锌-铝合金的铬酸盐转化膜 试验方法》（等同采用国际标准 ISO 3613：2000）。该标准规定了以下七个方面的试验内容和试验方法。

45.6.1　无色铬酸盐转化膜的测定

本试验方法用来测定锌、镉镀层经铬酸盐转化处理以后，表面是否有铬酸盐转化膜存在。

① 试验溶液　醋酸铅试液：将 50g 醋酸铅 $[(CH_3COO)_2Pb \cdot 3H_2O]$ 溶于水，稀释至 1L，pH 值保持在 5.5～6.8。若新配试液有沉淀，可加入少量醋酸溶解，如果 pH 值已低于 5.5 沉淀仍不溶解，试液必须重配。

② 检测方法　在锌镀层试样上，滴一滴醋酸铅试液，滴试液后至少经 1min 才形成暗色或黑色斑点，说明锌镀层上有铬酸盐转化膜存在；如果经 3min 以后才形成黑色斑点，则膜上可能有附加层（如蜡或油膜）。QB/T 3825—1999《轻工产品镀锌白色钝化膜的存在试验及耐腐蚀试验方法》标准指出，滴一滴醋酸铅试液于锌镀层试样表面上，如果只停留 5s，吸去液滴后表面就有暗色或黑色斑点存在，则锌镀层无钝化膜存在。如果是镉镀层，在滴试液后至少 6s 才形成黑色斑点，说明镉镀层上有铬酸盐转化膜存在，如果经 1min 以后才形成暗色或黑色斑点，则说明膜层上可能有附加层。

45.6.2　铬酸盐转化膜中六价铬的测定

测定无色和有色铬酸盐转化膜中是否有六价铬存在，采用下列试液及测试方法。

① 测试溶液　将 0.5g 二苯碳酰二肼溶于 25mL 丙酮和 25mL 乙醇的混合物中，加 20mL 的 85%（体积分数）磷酸和 30mL 水，保存于暗色瓶中，待用。

② 测试方法　滴 1～5 滴试液于试样上，如果几分钟内出现红色到紫色，则说明膜层中存在六价铬。必要时可用未经铬酸盐处理的表面做空白试验。

45.6.3 铬酸盐转化膜中单位面积上六价铬含量的测定

① 测试方法 将铬酸盐转化膜溶于热的氢氧化钠溶液中，再用硫酸酸化。六价铬在 0.1～0.2mol 硫酸中与二苯碳酰二肼生成紫红色配位化合物，用磷酸二氢钠缓冲溶液降低显色液的酸度，然后用分光光度计测量其吸光度，减去试剂空白的吸光度，再在工作曲线上查出铬的含量。

② 绘制工作曲线 配制铬标准溶液，用分光光度计测量其吸光度，减去试剂空白的吸光度，并绘制出工作曲线。

③ 计算单位面积上六价铬的含量 从工作曲线上查出铬的含量，按下式计算单位面积上六价铬的含量：

$$Cr(Ⅵ) = \frac{m \dfrac{V}{V_1}}{A} \times 10$$

式中，$Cr(Ⅵ)$ 为单位面积上六价铬的含量，mg/m^2；m 为从工作曲线上查得的铬（Ⅵ）含量，μg；V 为试样溶液的总体积，mL；V_1 为分取试样溶液的体积，mL；A 为试样上转化膜的总表面积，m^2。

45.6.4 铬酸盐转化膜中单位面积上总铬量的测定

① 测试方法 将铬酸盐转化膜溶于热的硫酸中，用高锰酸钾将铬氧化成六价，在硫脲存在下，以亚硝酸钠还原过量的高价锰，六价铬在 0.1～0.2mol 硫酸中与二苯碳酰二肼生成紫红色配位化合物。用磷酸二氢钠缓冲溶液降低显色液的酸度，以稳定该配位化合物，然后用分光光度计测量其吸光度，减去试剂空白的吸光度，再在工作曲线上查出铬的含量。

② 绘制工作曲线及计算转化膜中单位面积上总铬的含量 参照 45.6.3 中的②、③方法进行。

45.6.5 有色铬酸盐转化膜附着力试验

采用摩擦试验法检测铬酸盐转化膜附着力。手持无砂橡胶或软纸，以通常的压力在转化膜表面来回摩擦试样表面 10 次，然后检查试样表面，如果转化膜不磨损、不脱落，则说明转化膜有较好的附着力。

45.6.6 铬酸盐转化膜单位面积上膜层质量的测定

检测标准：GB/T 9792—2003《金属材料上的转化膜 单位面积膜质量的测定 重量法》（等同采用国际标准 ISO 3892：2000）。

① 试件 试件的最大质量应为 200g，为使测量结果有较高的准确度，试件总面积应符合表 45-8 的规定。

表 45-8 试件总面积

预计的单位面积转化膜层质量(m)/(g/mm²)	试件的最低总表面积(A)/mm²
$m < 1$	400
$1 \leqslant m \leqslant 10$	200
$10 < m \leqslant 25$	100
$25 < m \leqslant 50$	50
$m > 50$	25

注：1. 为使综合测定的误差不超过 5%，表面积的测量误差不应超过 1%。
2. 引自 GB/T 9792—2003。

② 测量单位面积上铬酸盐转化膜质量的方法 将覆有铬酸盐转化膜的干燥试样，用分析天平称重，然后将试样浸入退除溶液中退除铬酸盐转化膜，取出试样清洗干净、干燥，用分析天平称重。根据退除转化膜前后试样的质量差，按下式计算出单位面积上铬酸盐转化膜的质量：

$$m = \frac{m_1 - m_2}{A}$$

式中，m 为单位面积上的铬酸盐转化膜质量，g/mm^2；m_1 为铬酸盐转化膜退除前的试样质量，g；m_2 为铬酸盐转化膜退除后的试样质量，g；A 为试样待检的铬酸盐转化膜表面积，mm^2。

③ 适用范围 本方法仅适用于没有任何附加覆盖层（例如油膜、水基或溶剂型聚合物膜或蜡膜）的转化膜（锌和镉上的铬酸盐膜；铝和铝合金上的铬酸盐转化膜）。

④ 退除铬酸盐转化膜的溶液 退除铬酸盐转化膜的溶液组成和操作条件见表 45-9。

表 45-9　退除铬酸盐转化膜的溶液组成和操作条件

基体金属	铬酸盐处理工艺	溶液组成		温度/℃	阴极电流密度/(A/dm²)	时间/min
		成分	含量/(g/L)			
锌和镉	铬酸盐膜	氰化钠或钾(NaCN 或 KCN) 氢氧化钠(NaOH)	50 5	室温	15	1
铝及 铝合金	新鲜铬酸盐膜	硝酸(HNO₃)(质量分数为 65%～70%) 水	1 份(体积) 1 份(体积)	室温	—	1
	老化铬酸盐膜	固体硝酸钠(NaNO₃) 固体氢氧化钠(NaOH) (药剂可能飞溅,操作要小心)	98 份(质量) 2 份(质量)	370 ～500	—	2～5

注：1. 每次试样测试都采用新配溶液。
2. 引自 GB/T 9792—2003。

45.6.7　铬酸盐转化膜的耐腐蚀性试验

铬酸盐转化膜的耐腐蚀性，按照 GB/T 10125—2012《人造气氛腐蚀试验 盐雾试验》（等同采用国际标准 ISO 9227：1990）标准规定的方法进行试验。见本篇第 44 章镀层性能测试中的 44.17.5 人工加速腐蚀试验——盐雾试验。

并按照 GB/T 9800—1988《电镀锌和电镀镉层的铬酸盐转化膜》（等同采用国际标准 ISO 4520：1981）标准规定评价转化膜的耐蚀性。

测定锌、镉镀层的铬酸盐转化膜的耐蚀性，采用中性盐雾（NSS）方法。在各级铬酸盐转化膜上出现白色腐蚀产物的时间，不能低于标准的规定值，见表 45-10。

表 45-10　铬酸盐转化膜的分级特性及耐蚀性

分级	型号及代号	典型外观	单位面积上的膜层质量/(g/m²)	耐蚀性(经中性盐雾试验时转化膜上出现白色产物的最短时间)/h	防护性能
1	A 光亮	光亮清晰,有时带淡蓝色	≤0.5	≥6	具有有限防护性,如在运输、使用过程中抗污染及轻微腐蚀条件下抗高湿度
	B 漂白	清晰微带彩虹色	≤1.0	≥24	

续表

分级	型号及代号	典型外观	单位面积上的膜层质量/(g/m²)	耐蚀性(经中性盐雾试验时转化膜上出现白色产物的最短时间)/h	防护性能
2	C 彩虹	彩虹色	0.5～1.5	≥72	具有良好的防护性(如在大气、某些有机气氛条件下的防护性)
	D 深色	草绿、橄榄绿、棕褐、黑色等	>1.5	≥96	

注：黑色铬酸盐转化膜由于成膜工艺不同，因而防护性能也有差异，单位面积上的膜层质量也可不同。

45.7　耐蚀性试验

金属表面上的化学转化膜的耐蚀性试验，除了铝和铝合金阳极氧化并封闭处理后，以及锌、镉镀层的铬酸盐转化膜，可采用盐雾试验和湿热试验之外，其他的化学转化膜通常采用点滴试验或浸渍试验。

点滴试验：在洁净的试样表面上滴一滴腐蚀溶液，将滴上试液到出现腐蚀变化所需的时间，作为耐蚀性的评价标准。

浸渍试验：将洁净的试样浸渍在规定的试液中，浸渍到规定的时间，试样没有出现腐蚀锈点，被认为合格。

45.7.1　钢铁的氧化膜、磷化膜耐蚀性的测定

(1) 点滴试验

采用规定的试液对试样进行测定。试样被测表面除净油污，测试时，首先用蜡笔在试样表面画一个小圆圈，然后用滴管吸取试液，滴一滴试液在圆圈内，观察试样表面的变化情况。在规定的时间内试样表面无变化，则认为其耐蚀性合格。

钢铁的氧化膜、磷化膜点滴试验的试液及合格标准见表 45-11。

表 45-11　钢铁的氧化膜、磷化膜点滴试验的试液及合格标准

转化膜类别	试验液成分		终点变化	合格标准	备注
氧化膜(发蓝)	3%(质量分数)中性硫酸铜溶液		试样表面无变化	20s	允许在 1cm² 内有 2～3 个接触析出的红点
磷化膜	0.25mol/L 硫酸铜溶液 10%(质量分数)氯化钠溶液 0.1mol/L 盐酸溶液	40mL 20mL 0.8mL	出现玫瑰红色斑点	3min 以上	作为涂装底层的快速磷化、冷磷化，以 30s 为合格

(2) 浸渍试验

将去除油污的氧化试样或磷化试样，悬挂浸渍在 3%（质量分数）的氯化钠溶液中（试样不得接触槽壁和底部）。在浸渍过程中，一直观察，直到氧化试样出现棕色斑点或一片棕色薄膜，氯化钠溶液发生浑浊为止。在试验前和试验后都称试样的质量，求出腐蚀失重，衡量腐蚀程度。浸渍 2h 后观察磷化试样，没有出现腐蚀锈点则为合格。

45.7.2　铝合金氧化膜耐蚀性的测定

铝合金阳极氧化膜的耐蚀性检测，通常采用中性盐雾试验或湿热试验方法，见本篇第 44 章镀层性能测试。下面介绍另一种铝合金氧化膜耐蚀性的测定方法——点滴法。

① 点滴法的试液组成　3g 重铬酸钾（$K_2Cr_2O_7$），25mL 盐酸（HCl，$d=1.19$），75mL 纯水。

② 试验方法　点滴试验应在氧化膜封闭处理后 3h 之内进行。试验前，试样表面去除油

污，在氧化膜受试表面上滴一滴腐蚀溶液，同时用秒表开始计时，当液滴刚变成绿色时，立即停止计时，试验即告结束，这段时间为点滴腐蚀时间。液滴变化表明氧化膜已被溶解完，基体铝与试液中的六价铬发生反应，使六价铬被铝还原为三价铬而呈绿色。根据点滴腐蚀时间评价氧化膜的耐蚀性。

③ 试验结果评价　根据点滴试验的点滴腐蚀时间，对照表 45-12 铝合金氧化膜点滴试验时间标准，评价其氧化膜的耐蚀性。

表 45-12　铝合金氧化膜点滴试验时间标准

氧化方法	材　　料	在不同温度下的试验时间标准/min				
		11~13℃	14~17℃	18~21℃	22~26℃	27~32℃
硫酸法	包铝材料（膜厚 10μm 以上）	30	25	20	17	14
	裸铝材料（膜厚 5~8μm）	11	8	6	5	4
铬酸法	包铝材料	—	—	12	8	6
	裸铝材料	—	—	4	3	2
瓷质氧化法	ZL104（ZA1Si9Mg）	10	8	5	4	3
	ZA12（LY12）	10	8	5	3.5	2.5

注：LY12 为旧牌号。

45.7.3　镁合金氧化膜耐蚀性的测定

镁合金氧化膜耐蚀性的测定，采用点滴试验方法。点滴试验的试液组成见表 45-13，镁合金氧化膜点滴试验（配方 1）的时间标准见表 45-14。

表 45-13　镁合金化学氧化膜点滴试验的试液组成

配方号	试液组成	终点颜色	配方号	试液组成	终点颜色	备注
1	氯化钠　　　　1g 酚酞　　　　0.1g 乙醇　　　　50mL 纯水　　　　50mL	液滴呈现玫瑰红色	2	高锰酸钾　　　0.05g 硝酸(d=1.42g/cm³)　　　　　1mL 纯水　　　　100mL	液滴呈红色不消失	试验 3min 后，液滴红色不消失为合格

表 45-14　镁合金氧化膜点滴试验（配方 1）的时间标准

镁合金代号	在不同温度下的试验时间标准/min				
	20℃	25℃	30℃	35℃	40℃
ME20M（MB8）	2	1.33	1.05	0.86	0.66
Mg99.50（MB1）	2	1.33	1.05	0.86	0.66
AZ61M（ZM5）	2	0.66	0.58	0.43	0.33

注：镁合金代号中括号内为旧牌号。

第46章
镀液性能测试

46.1　概述

电镀溶液是决定电镀层质量的最基本和最主要的因素，镀液性能测试是电镀质量控制中的一个重要的组成部分。因此，镀液性能测试是提高镀层质量和电镀工艺性能的必要措施。

镀液性能测试包括 pH 值、电导率、电流效率、镀液分散能力、镀液覆盖能力、整平能力、极化曲线、表面张力、微分电容等测定，以及霍尔槽试验。

46.2　pH 值的测定

镀液的 pH 值是一个常用的质量控制指标，正确地测定和调整镀液 pH 值，是确保电镀质量的关键之一。

测定 pH 值的方法，主要有 pH 试纸测定和酸度计（pH 计）测定两种方法。pH 试纸测定方便，但精确度较低；pH 计测定比较精确，而且测定结果不受镀液颜色的影响。

46.2.1　pH 试纸测定

pH 试纸是由多种指示剂的混合液浸制而成的。用 pH 试纸测定溶液的 pH 值，是生产中最常用的方法。

（1）测定方法

测定时，将试液滴在 pH 试纸上或将 pH 试纸一端浸入欲测溶液中，0.5s 后取出，试纸呈现出的颜色，与试纸所带的标准比色板相比对，即可测知溶液的 pH 值。测试时，最好先用广泛试纸测定，确定 pH 值的大致范围后，再用精密试纸测定 pH 值。

（2）pH 试纸规格

市售 pH 试纸分为广泛试纸和精密试纸两种，其规格如表 46-1 所示。pH 试纸测试方便，适用于现场检测，使用广泛，但准确性较差，还会因长期搁置、日晒或遇到酸碱气体而失效。

表 46-1　常用 pH 试纸规格

名称	规格	灵敏度	适用范围
广泛试纸	1～4	0.5～1	配制溶液,制取离子交换水等
	4～10		
	9～14		
广泛试纸	1～12	1	检查溶液的酸碱性,配制溶液
	1～14		
精密试纸	3.8～5.4	0.4～0.6	镀镍溶液等
精密试纸	5.4～7.0	0.4～0.6	氯化钾镀锌溶液等
精密试纸	6.8～8.4	0.4～0.6	配制溶液等

46.2.2　pH 计测定

pH 值的精确测定，可选用 pH 值测定仪（即 pH 计或酸度计）。pH 计是采用氢离子选择性电极测量电极电位，并将电位换算成 pH 值的一种化学分析仪器。

(1) 测定方法

使用 pH 计，测定溶液的 pH 值的方法如下：

① 取样　取样前将槽液搅拌均匀，然后用移液管在槽液的不同部位取样（取样要有代表性），将其放入 150mL 烧杯中，混合均匀。

② 测量前，用标准溶液对 pH 计进行校正。

③ 用纯水洗净电极，然后用滤纸吸干。

④ 将电极放入盛有待测溶液的烧杯中，从仪器表盘上直接读取 pH 值。

(2) 使用仪器

可使用 pH 计，其技术性能规格见表 46-2。

表 46-2　pH 计（酸度计）的技术性能规格

名称及型号	技术规格	仪器图
PHS-3C 数字式酸度计	测量范围:pH 值 0.00～14.00 　　　　电位－1999～＋1999mV 精度:0.01pH±0.1％FS 用于测定水溶液的 pH 值和测量电极电位值	上海精密仪器仪表有限 公司的产品
SH2601 精密酸度计	测量范围:pH 值 0～14.000 　　　　电位 0～±2000.0mV 本精密酸度计的智能化、自动化包括: ① 自动标定,自动补温 ② 自动检测电极品质(由标准溶液) ③ 自动识别标准溶液(由已知参数电极)	上海精密仪器仪表有限 公司的产品
PHS-3C 数显型酸度计	测量范围:pH 值 0～14　精度±0.01pH 适用于测量水溶液酸度(pH 值)和电极电位(mV 值), 仪器如配上适当的离子选择电极,也可以测定溶液离子 浓度。具有数显温度和斜率补偿功能	上海宇隆仪器有限公司的产品
ZD-2A 自动电位滴定仪	测量范围:pH 值　0.0～14.0　电位　0～±1999mV 测量精度:pH 值　0.01　电位　±0.1％ 电位控制精度:0.03pH 或 3mV 容量分析精度:不大于 0.02mL 输入阻抗:不小于 $10^{12}\Omega$ 外型尺寸:280mm×200mm×130mm 质量:3.5kg。ZD-2A 自动电位滴定仪系化学实验室 做容量分析的自动电位滴定仪。同时又是一台高精度 的数字显示 pH 计	上海宇隆仪器有限公司的产品
PHB-60 数字 pH 酸度计 （便携式）	测量范围:pH 值 0.00～14.00　　分辨率:0.01pH 级别:0.05 级　稳定性:±0.05 pH/24h 校正时可调范围:零点±1.45 pH 　　　　　　　斜率 8.％～100％ 工作电压:DC 9V 电池 尺寸:96mm×48mm×118mm　　质量:0.35kg 仪器的工作条件:环境温度为 0～40℃ 空气相对湿度:≤90％ 除地球磁场外周围无强磁场干扰	温州市辉煌电泳科技 有限公司的产品

名称及型号	技术规格	仪器图
CT-6021A 笔式 pH 计	测量范围:pH 值 0.00～14.00　解析度:0.1 pH 精度:±0.1 pH pH 校准:pH 6.86,pH 4.00,pH 9.18 三点校准 温度显示:0.1℃　工作温度:0～50℃ 温度精度:1℃ 配有 DC 1.5 V 电池(LR44,BAT)×4 PCs 尺寸:188mm×38mm(包括电极) 质量:120g(包括电极)	温州市辉煌电泳科技 有限公司的产品
P-1 型 笔式酸度计	测量范围:pH 值 0.0～14.0　测量误差:±0.2pH 分辨率:0.1pH 试样温度:5～40℃(40℃以上测量时可先校正使用) 供电电源:SR44 扣式电池 4 节 　　　　　连续使用 1000h 以上 外形尺寸:47mm×20mm×130mm　质量:80g P-1 型笔式 pH 计以特制的复合 pH 电极作探头,3 位液晶数字显示,它的操作简便,可代替精密 pH 试纸,随时方便地进行各类溶液 pH 值的测试,适用于各行业水溶液的 pH 测定	江苏江分电分析仪器 有限公司的产品
PHB-3 笔式酸度计	测量范围:pH 值 0.0～14.0　分 辨 率:0.1pH 精度:±0.2pH　校准溶液:有 电池:9V 叠层电池 仪表外形尺寸:158mm×40mm×34mm 仪表质量:120g　仪表盒质量:120g 仪表盒尺寸:165mm×100mm×40mm 笔式酸度计使用方便,适合于低精度,适用频率不高的常规测试	上海三信仪表厂的产品
PHG-100 型 工业在线 pH 计	测量范围:pH 值:0.00～14.00　温度:0～100℃ 输入阻抗:≥10^{12} Ω　输入电流:≤2×10^{-12} A 测量精度:±0.1pH　显示分辨率:0.01pH 隔离信号输出:4～20mA DC(负载 650Ω) 数字通信:RS-232　温度补偿范围:0～100℃ 报警继电器容量:AC 220V/2A　环境温度:0～50℃ 空气相对湿度:≤90% 电源:AC 220V±10%　50Hz±1Hz PHG-100 型工业在线 pH 计,可对工业流程中的各种水体的 pH 值进行连续测量和控制。双排液晶显示,pH 值和温度同时显示。报警、输出范围无级调整	江苏江分电分析仪器 有限公司的产品

46.3　电导率的测定

镀液的导电性能通常是以电导率来衡量的。一般来说,电导率越高,电解质溶液的导电能力越强。

① 测定原理　电导率(比电导)是指单位截面积和单位长度的导体的电导。电解质溶液的电导率可由下式表示:

$$\gamma = KG_x = \frac{K}{R_x}$$

式中,γ 为电解质溶液的电导率,S/cm;G_x 为电解质溶液的电导,S;R_x 为电解质溶液的电阻,Ω;K 为电导池常数,它是电导池中两极距离(l)与电极面积(A)的比值。

从上式可以看出,只要测出电解质溶液的电阻值,就可以计算出电解质溶液的电导率。

② 测定仪器　可使用电导率仪。根据交流电桥原理制成的专用电导率仪的技术性能规格见表 46-3。

表 46-3 电导率仪的技术性能规格

名称及型号	技术规格		仪器图
DDS-11A 电导率仪	测量范围:0～100000μS/cm 准确度:1.0% 环境补偿:15～35℃ 电池类型/电源:220V AC 50/60Hz 尺寸:270mm×160mm×80mm 质量:1.5kg 用于测定各种液体介质的电导率,有信号输出功能		上海精密仪器仪表有限公司的产品
DDS-11A 电导率仪	测量范围:0～20000μS/cm 准确度:1.0% 稳定性:0.3% 温补范围:15～35℃ DDS 系列电导率仪适用于精密测量各种液体介质的电导率,当配以 0.1、0.01 规格常数的电导电极时,可以精确测量高纯水的电导率。仪器特别设计了基本测量、温补测量两种方式,使标准测量和温补测量误差最小		11A
DDS-11C 数显电导率仪	测量范围:0～105μS/cm 温度补偿范围:15～35℃(手动) 精确度:≤±1%字(满量程)3.5 位 数显 外型尺寸:280mm×160mm×70mm		11C 上海优浦科学仪器有限公司的产品
EC-860 笔式 电导率计测试仪	测量范围:0～1999μS/cm 分辨率:10μS/cm 精度:±2%FS 工作温度:0～50℃(ATC) 外形尺寸:150mm×32mm×16mm 质量:60g		上海阔思电子有限公司的产品
SG23-便携式 双通道仪表 pH/电导率仪 (SevenGo Duo)	便携式双通道仪表用于测定 pH 值、电位、电导率、TDS(总溶解固体)、盐度和电阻率 pH 值范围:0.00～14.00 pH 值分辨率:0.01 pH 值精度:±0.01 电位范围:-1999～1999mV 电位分辨率:1 电位精度:±1 电导率范围:0.10 μS/cm～500mS/cm 电导率分辨率:0.01～1 电导率精度:满量程最大值 ±0.5% TDS 范围:0.1mg/L～300g/L TDS 分辨率:0.01～1 TDS 精度:满量程最大值 ±0.5% 盐度范围:(0.00～80.00)×10^{-12} 电阻率范围:0.00～100.00Ω·cm 校准:最多 3 点,4 个预置缓冲液组 数据存储:99 个数据记录 显示:LCD 电源:4 节 1.5V AA 电池或镍氢蓄电池 1.3V 使用环境:0～40℃,相对湿度 5%～85%(无凝结)		深圳市怡华新电子有限公司的产品

名称及型号		型号	HI 98311	HI 98312
防水笔式 EC/TDS/℃ 测试仪 HI98311、HI98312		测量范围	0～3999μS/cm 0～2000×10^{-6} 0～60℃	0～20.00mS/cm 0～10.00×10^{-12} 0～60℃
		解析度	EC:1μS/cm TDS:1×10^{-6} 温度:0.1℃	EC:0.01mS/cm TDS:0.01×10^{-12} 温度:0.1℃
		校准方式	一点自动识别校准 EC 校准点 HI 7031(1413μS/cm) TDS 校准点 HI 7032(1382×10^{-6})	一点自动识别校准 EC 校准点 HI 7030(12.88mS/cm) TDS 校准点 HI 70038(6.44×10^{-12})

续表

名称及型号	技术规格		仪器图
防水笔式 EC/TDS/℃ 测试仪 HI98311、HI98312	精度（℃）	EC/TDS：±2％F.S　温度：±0.5℃	 
	标准 EMC 偏差	EC/TDS：±2％F.S　温度：±0.5℃	
	温度补偿	自动温度补偿，补偿范围 0～60℃	
	EC/TDS 转换系数	自动识别转换 0.45～1.00	
	配套电极	HI 73311	
	自动关机	8min 不用后	
	电池类型	4×1.5　并带有电池电量指示	
	环境	0～50℃，100％RH	
	尺寸及质量	163mm×40mm×26mm　85g	
上海精密仪器仪表有限公司的产品			

46.4　电流效率的测定

电流效率是指电极上通过单位电量时，电极反应生成物的实际质量与电化当量之比，通常以百分数表示。电流效率高，电沉积同样质量的镀层，电能消耗就少。通过电流效率的测定，可以找出和分析影响电流效率的因素，有助于生产质量的控制。

（1）测定方法

① 测定使用的仪器　电镀溶液最常用铜库仑计测定电流效率，其测定装置及电路如图 46-1 所示。铜库仑计通常使用玻璃容器或有机玻璃容器，其中放入铜库仑计的电解液，电解液内插进三个极片，两侧为纯铜制成的阳极片，中间为阴极片（铜片或镀铜的铝片）。为提高测定的准确度，要求库仑计具备以下条件。

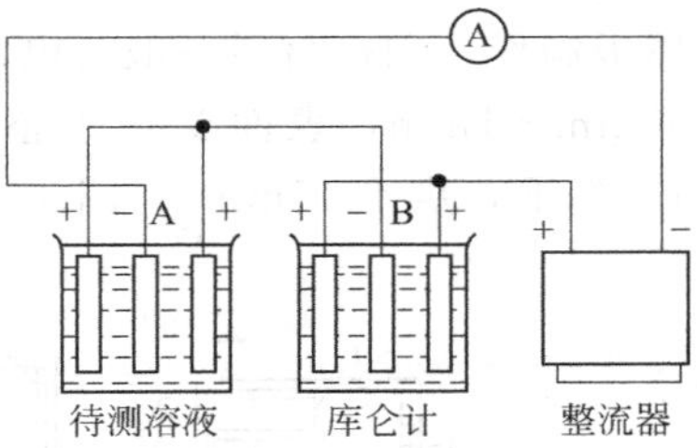

a. 电极反应中没有副反应，电流效率为 100％。

b. 电解槽系统没有漏电。

c. 电极上析出的物质能全部收集起来，无任何损失。

② 铜库仑计溶液　库仑计使用的溶液组成及操作条件如下：

硫酸铜（$CuSO_4 \cdot 5H_2O$）	125g/L	温度	18～25℃
硫酸（H_2SO_4，$d=1.84$）	25mL/L	阴极电流密度	0.2～2.0A/dm^2
乙醇（C_2H_5OH）	50mL/L	时间	10～30min

③ 测定方法　测定前，将库仑计的阴极试片 B 和待测溶液槽中的阴极试片 A 洗净、烘干，并用分析天平准确称重。按待测溶液的工艺规范通入电流，按规定时间电镀后，取出试片 A、B，洗净、烘干，再次准确称重。然后进行阴极电流效率计算。

（2）结果计算

根据上述测定所得出的数据，即铜库仑计阴极上的增重和待测电解槽中阴极上的增重，按下式计算阴极电流效率：

$$\eta_k = \frac{m_1 \times 1.186}{m_0 k} \times 100\%$$

式中，η_k 为待测溶液的阴极电流效率，％；m_1 为待测溶液槽中阴极试片 A 的实际增重，

（图 46-1 上方电路图）

图 46-1　库仑计测定
电流效率装置示意图
A—待测溶液的阴极试片；
B—库仑计的阴极试片

待测溶液　库仑计　整流器

g；m_0 为铜库仑计上阴极试片 B 的实际增重，g；k 为待测溶液槽中阴极上析出物质的电化当量，$g/(A·h)$；1.186 为铜库仑计阴极上析出铜的电化当量，$g/(A·h)$。

46.5　镀液分散能力的测定

镀液的分散能力是指镀液在一定电解条件下，使沉积金属在被镀表面上分布均匀的能力，是电镀溶液的一个重要性能。通过分散能力的测定，可以找出和分析影响分散能力的因素，以改善镀液性能，有助于电镀工艺质量的控制。

镀液分散能力的测定方法有：远近阴极测定法、弯曲阴极测定法和霍尔槽测定法。

46.5.1　远近阴极测定法

远近阴极测定法（又称哈林阴极法）通过测量与阳极不同距离的阴极上的镀层质量（镀后增重），然后利用公式计算出镀液的分散能力。

（1）测定方法

远近阴极测定法是在实验室和生产中使用最广泛的一种方法。此法的优点是设备简单，使用方便，测定数值的重现性好。该测定方法是在测定槽中放两个尺寸相同的金属平板作为阴极，在两阴极之间（或一侧）放入一个与阴极尺寸相同的带孔的或网状阳极，并使两个阴极与阳极间有不同的距离。测定完后测量远近阴极上沉积金属的质量，以此来计算镀液的分散能力。

本测定方法所用的测定槽和电路如图 46-2 所示。最常用的是图 46-2（b）中的电路，测定槽用透明的有机玻璃制作，其内部尺寸为 150mm×50mm×70mm。阳极用网状材料或多孔金属板制作，阳极材料一般与电镀时的阳极相同。阴极一般采用铜或黄铜板，其尺寸为 50mm×50mm×1mm，表面要求平整光亮，阴极背面及侧面涂绝缘漆（如丙烯酸清漆，在 105～115℃下，烘干 15min）。图 46-2（b）中的接线电路如图 46-3 所示。

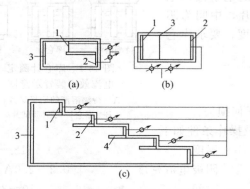

图 46-2　远近阴极测定法所用的测定槽示意图
（a）阳极在两阴极的一侧；（b）阳极在两阴极之间；（c）阳极在多阴极的一侧
1,2—阴极（多阴极）；3—阳极；4—隔极

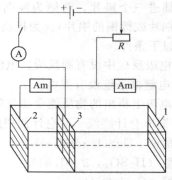

图 46-3　测定分散能力装置的
接线电路示意图
1,2—阴极；3—阳极

图 46-3 中阴、阳极之间的距离之比为 1∶2、1∶3 或 1∶5。测定时，先在一定条件下电镀至规定时间，然后用分天平称出近、远阴极的增重，最后计算出镀液的分散能力。

测定时选取的阴、阳极距离之比、电流密度、温度等应与实际使用的条件相接近，线路接触应良好。测定时间可选取 30min，如有温度要求，则需采用恒温装置。

此外，电镀参数测试仪，也可用来测定镀液的分散能力。该仪器采用远近阴极测定法，测量与阳极距离不同的阴极上的电流分布，测定槽的结构形式如图 46-2（c）所示。

（2）结果计算

按上述的测定方法对镀液分散能力进行测定，测定完成后，称出近、远阴极的增重，然后按表 46-4 中所列公式计算测定结果。由于使用的计算公式不同，所得结果也不一样，因此应在报告中注明所使用的公式。

应当指出，采用此方法来比较同一镀种不同工艺规范的分散能力时，测试等条件必须相同，并使同相同的计算公式，否则会得出错误的结论。

表 46-4　分散能力的计算公式

公式编号	1	2	3
计算公式	$TP = \dfrac{K - \dfrac{m_1}{m_2}}{K} \times 100\%$	$TP = \dfrac{K - \dfrac{m_1}{m_2}}{K-1} \times 100\%$	$TP = \dfrac{K - \dfrac{m_1}{m_2}}{K + \dfrac{m_1}{m_2} - 2} \times 100\%$
分散能力范围	$80\% \sim -\infty (K=5)$ $50\% \sim -\infty (K=2)$	$100\% \sim -\infty$	$100\% \sim -100\%$
式中符号的意义	\multicolumn{3}{c}{TP 表示分散能力(%)；K 表示远阴极离阳极的距离与近阴极离阳极的距离之比；m_1 表示近阴极上镀后的增重(g)；m_2 表示远阴极上镀后的增重(g)}		

46.5.2　弯曲阴极测定法

弯曲阴极法是通过测量与阳极不同距离、不同相对位置的阴极上的镀层厚度，然后利用公式计算出镀液的分散能力。

（1）测定装置及测定规范

弯曲阴极法测定槽的内部尺寸为 160mm×180mm×120mm。阳极材料一般与电镀时的阳极相同，其尺寸为 150mm×50mm×5mm。弯曲阴极各边长度为 29mm，厚度为 0.2～0.5mm，浸入溶液的面积（两面）为 1dm²，弯曲阴极背面不绝缘，材料一般采用轧制的软钢板。弯曲阴极试样的形状、尺寸及在测定槽中的位置如图 46-4 所示。

测定溶液、电镀时间及电流密度的选择，可根据镀层种类及镀液性质来确定。测定时，一般当阴极电流密度为 0.5～1A/dm² 时，电镀时间取 20min；阴极电流密度为 2A/dm² 时，电镀时间取 15min；阴极电流密度为 3～5A/dm² 时，电镀时间取 10min。

（2）结果计算

计算分散能力时，先测量 A、B、D、E 各面中央部位的镀层厚度，即 δ_A、δ_B、δ_D、δ_E，分散能力 TP（%）可按下式计算：

$$TP = \frac{\dfrac{\delta_B}{\delta_A} + \dfrac{\delta_D}{\delta_A} + \dfrac{\delta_E}{\delta_A}}{3} \times 100\%$$

采用本方法测定时，当所测部位的镀层呈现烧焦、树枝状或粉末状时，必须降低电流密度，重新测量。但当 D 面无镀层时，应提高电流密度。

46.5.3　霍尔槽测定法

采用霍尔槽（267mL）测定分散能力，测定时，电流可控制在 0.5～3A，电镀时间根据溶液情况而定，一般为 10～15min。

电镀结束后，取出试片，洗净，吹干。将试片分成 8 个部位，如图 46-5 所示，并分别测出 1～8 号方格中心部位镀层的厚度 δ_1、δ_2、…、δ_8，按下式计算分散能力：

$$TP = \frac{\delta_i}{\delta_1} \times 100\%$$

式中，TP 为分散能力，%；δ_i 为 2～8 号方格中任选方格的镀层厚度，一般选取 δ_5 的数值；δ_1 为 1 号方格中镀层的厚度。

用本方法测定获得的分散能力的数值在 0%～100%，数值越大，分散能力越好。

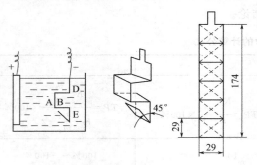
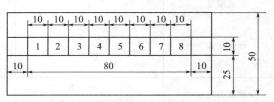

图 46-4　弯曲阴极法测定分散能力示意图　　　图 46-5　霍尔槽测定分散能力的阴极试样

46.6　镀液覆盖能力的测定

覆盖能力是指镀液所具有的使镀件表面的深凹处沉积金属的能力，又称为深镀能力。镀液覆盖能力的测定方法有：直角阴极法、平行阴极法、管形内壁法和凹穴法。

46.6.1　直角阴极测定法

直角阴极法仅用于测定镀液覆盖能力差的镀液，如镀铬溶液。

① 试样　直角阴极试样材料一般选用 1～2mm 的铜板，阴极长 100mm，宽 50mm，在离一端 50mm 处将极板弯折 90°，如图 46-6 所示。阳极材料采用与工业生产相同阳极材料的平板。

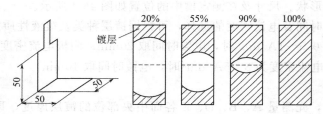

图 46-6　直角阴极法测定覆盖能力用的阴极

② 电解槽　其内部尺寸为 90mm×50mm×120mm。用玻璃、硬聚氯乙烯等绝缘材料制作。

③ 测试方法　测试前，将阴极做必要的前处理。测试时，阴极试样浸入镀液并使直角面正对阳极，背面紧贴槽壁。电流密度按工艺要求选取，时间为 5～10min。镀后将阴极试样拉平，用带有小方格线的有机玻璃盖上，量取镀层占应镀表面积的百分比，评定镀液的覆盖能力。

46.6.2　平行阴极测定法

平行阴极法常用于测定镀铬溶液的覆盖能力。

① 测试装置　测试装置及试样尺寸如图 46-7 所示。测试槽采用 1L 的烧杯，平行阴极置于烧杯中间，烧杯两侧安装阳极。

② 结果评价　覆盖能力的大小，以平行阴极试样内侧所镀上的镀层面积的百分数来表示。

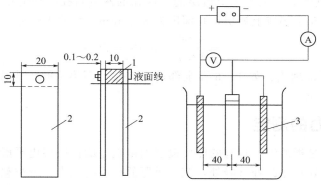

图 46-7 平行阴极法测定覆盖能力的试验装置
1—塑料块；2—平行阴极（纯铜片，厚 0.1～0.2mm）；
3—阳极（铅-锡合金，厚 2～3mm，40mm×50mm）

46.6.3 管形内壁测定法

本方法通过电镀管子内壁，观察镀层达到的深度，来评定镀液的覆盖能力。本法适用于覆盖能力较好的镀液及一般镀液。

① 测试方法 用钢管、铜管或黄铜管，内径为 $\phi 5\sim30$mm，长为 30～100mm，装挂形式一般采用将管子内孔正对阳极，对其内壁电镀，镀后剖开，观察镀层达到的深度。为简便测试，也可用绝缘材料制作管子，内径、长度与上述相同，在管子中插入一根与管子一样长的狭铜皮或软钢皮，进行电镀，根据镀层达到的深度评定覆盖能力。覆盖能力好的镀液，也可将管子一头封闭，采用单阳极电镀，镀后用同样方法评定覆盖能力。管形内壁法的测定装置如图 46-8 所示。

② 结果评价 镀液的覆盖能力，通常用镀层达到的深度与管子内径之比的百分数来表示，也有用镀入内孔镀层的长度来表示的。由于测定镀液覆盖能力的方法和表达方法不一，因此写试验报告时应加以说明。

46.6.4 凹穴测定法

本方法采用一组相同直径，而不同深度凹穴的特制阴极试样进行电镀，观察凹穴的内表面是否全部镀上镀层，以此来判断镀液的覆盖能力。本法适用于覆盖能力较好的镀液及一般镀液。

① 测试方法 凹穴测定法使用带有 10 个凹穴的特制阴极，如图 46-9 所示，凹穴直径为 12.5mm，深度为 1.25～12.5mm，相邻两凹穴深度差为 1.25mm，即最浅的凹穴深度为 1.25mm，最深的为 12.5mm。测定时，将带有凹穴的阴极放入镀槽，并使凹穴正对阳极进行电镀。镀完后观察凹穴的内表面是否全部镀上金属，经计算评定镀液的覆盖能力。

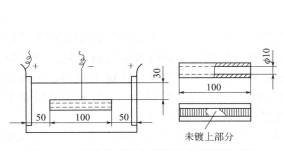

图 46-8 管形内壁测定法的测定装置示意图

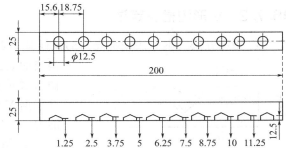

图 46-9 凹穴法测定覆盖能力所用的阴极试样

② 结果计算　电镀后，全部镀上镀层的最深孔的深度与孔径比的百分数即为镀液的覆盖能力。例如，第 5 个孔全部镀上镀层，孔深度为 6.25mm，则覆盖能力 CP 按下式计算：

$$CP = \frac{6.25}{12.5} \times 100\% = 50\%$$

从上式计算可以推理出：如 1～6 孔全部镀上镀层，而第 7 孔内表面没有全部镀上镀层，则其镀液覆盖能力为 60%。

46.7　整平能力的测定

镀液的整平作用是指镀液所具有的能使镀层的微观轮廓比底层更平滑的能力。即电镀时在底层或基体凹处（谷处）比凸处（峰处）沉积更厚的镀层的能力。影响整平能力的主要因素是添加剂，而能使金属电沉积的结果在微观粗糙表面上产生整平作用的添加剂，就称为整平剂。

镀液整平能力的测定方法有：假正弦波法、V 形沟槽法、粗糙度法、旋转圆盘电极法等。

46.7.1　假正弦波测定法

(1) 测定原理

用裸铜线紧密缠绕在铜棒上制成有规则的微观表面的峰（凸处）和谷（凹处），以模仿实际生产零件上的微观表面，电镀后测量峰处和谷处镀层厚度的变化，以此来评定镀液的整平能力。

(2) 测定方法[3]

先制备阴极试样，然后进行电镀测试。

① 制备阴极试样。取直径为 5mm 的铜棒，再取直径为 0.15mm 的裸铜线沿铜棒一圈挨一圈地依次紧密缠绕在铜棒上呈螺旋状，使其剖面呈现为有"波峰"、"波谷"状有规则的假正弦波形的阴极试样。

② 为了便于观察镀层形貌，往往先在试样上镀上一层间隔层，间隔层要求镀液应仅具有几何整平性（不改变基体的原形）。阴极试样在被测镀液中镀好后，清洗干净，吹干。将试样剖开，然后按 GB/T 6462 标准制成金相试样，在 300 倍金相显微镜下观察，并与测微标尺在同倍数下一同摄影，洗出金相照片。在试样金相照片上测量被测镀液镀出镀层的假正弦波的振幅 (α) 和波峰处的累计厚度 (δ)。

(3) 结果计算

依据上述测定所取得的数据，按下式计算镀液的整平能力：

$$L = \frac{0.41\alpha_0 - \alpha_1}{\alpha_1} \times 100\%$$

式中，L 为整平能力，%；α_0 为被测镀液镀出的镀层厚度为零时的假正弦波的振幅，即铜线半径，μm；α_1 为假正弦波的振幅，等于波峰上累积镀层厚度为 δ 时的振幅，μm。

46.7.2　V 形沟槽测定法

① 测定方法　本方法是把光洁的试样基体表面加工成带有一定深度和角度的微小的 V 形沟槽的表面，然后试样在被测镀液中进行电镀。镀后应做出试样的显微金相照片，并在显微镜下观察，经测量并根据 V 形沟槽被镀层填平的程度，来计算镀液的整平能力。其镀层整平效果如图 46-10 所示。

② 结果计算　镀液的整平能力按下式计算（符号见图 46-10）：

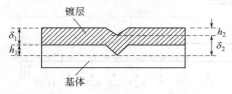

图 46-10　镀层整平效果示意图

$$L = \frac{h_1 - h_2}{h_1} \times 100\%$$

或

$$L = \frac{\delta_2 - \delta_1}{\delta_2} \times 100\%$$

式中，L 为整平能力，%；h_1 为基体 V 形沟槽的深度，μm；h_2 为镀后 V 形沟槽的深度，μm；δ_1 为凸处（峰处）镀层的厚度，μm；δ_2 为凹处（谷处）镀层的厚度，μm。

46.7.3　粗糙度测定法

本测定方法以镀前与镀后表面粗糙度值的变化，来评定镀液的整平能力。

① 测定方法　先将试样表面用具有一定尺寸的砂粒进行喷砂，使试样表面的粗糙度一致，用粗糙度仪测量试样表面的粗糙度值。然后电镀 20min，镀后洗净、吹干，再用粗糙度仪测量试片镀层表面的粗糙度值，并进行计算以评定其整平能力。

② 结果计算　依据上述测定的粗糙度值，按下式计算镀液的整平能力：

$$L = \frac{R_0 - R_1}{R_0} \times 100\%$$

式中，L 为整平能力，%；R_0 为电镀前试样表面的粗糙度值，μm；R_1 为电镀后试样镀层表面的粗糙度值，μm。

46.8　极化曲线的测试

46.8.1　概述

极化曲线是指通过电极的电流密度（i）与电极电位（φ）之间的函数关系曲线。

若控制电流密度 i，测定不同 i 值下的电极电位 φ，得到的极化曲线为恒电流极化曲线。若控制电极电位 φ，在不同 φ 值下测定电流密度 i，得到的极化曲线为恒电位极化曲线。

测定极化曲线是研究镀液性能的重要手段。阴极极化曲线，可以帮助判断镀液的分散能力和覆盖能力、析氢反应影响等，估计镀层结晶细致状态，为优化镀液组成、工艺规范及添加剂筛选等提供理论指导。此外，通过测定阳极极化曲线，可以帮助了解镀液中阳极在不同阳极电流密度下的溶解情况，选择合适的阳极材料和阳极电流密度，确定合适的阳极去极化剂等。

极化曲线的测定方法有稳态法和暂态法。稳态法就是测定电极过程达到稳态时电流密度与过电位之间的关系；暂态法是指电极开始极化到极化达到稳态这一阶段。这两种方法又因自变量的控制方式不同，可分为控制电流法（恒电流法）和控制电位法（恒电位法）。

46.8.2　恒电流测定法

恒电流法易于控制，应用比较普遍，主要用在一些不受扩散控制和电极表面状态不发生很大变化的电极过程的测量。

（1）测试装置[3]

经典恒电流法采用的恒流装置有下列两种。

① 一种是用高电压稳压电源和大的滑线电阻组成的恒流装置，如图 46-11（a）所示。其恒电流原理是选用的可变电阻（滑线电阻）的电阻值要远远大于电解池的溶液电阻，当电位一定时，流过电解池的电流主要取决于滑线电阻，溶液电阻发生微小变化时，电流能保持恒定。

② 另一种是用恒流电源代替稳压电源和滑线电阻组成的恒流系统，如图 46-11（b）所示。

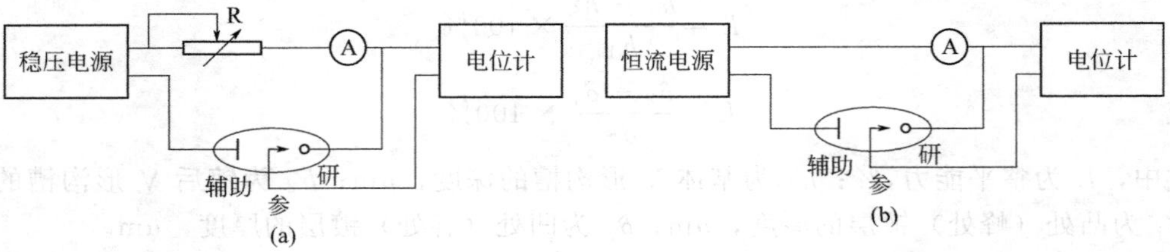

图 46-11　经典恒电流法测极化曲线系统示意图

(a) 高电压与大电阻恒电流法；(b) 恒流电源恒电流法

稳压电源—用输出电压为 380V，电流为 3A 的直流稳压电源；

R—2000Ω 以上的 0.5A 的滑线电阻；

A—0.5 级的多量程电流表；电位计—电位差计或高精度的数字电压表

(2) 测量步骤

测量阴极极化曲线时，待测电极为阴极；测量阳极极化曲线时，待测电极为阳极。

① 选择适宜的辅助电极、参比电极及电解池。研究电极（待测电极）用绝缘漆或石蜡封好留出待测面积（$1 \sim 2cm^2$），并计算出要测量的各电流密度对应的电流强度。

② 配制待测溶液，将其注入电解槽中。

③ 将研究电极即待测电极和辅助电极处理干净（用细砂纸磨光、除油除锈）。

④ 若有温度要求，可将恒温水浴控制到所需要的温度，再将电解槽置于水浴槽中。

⑤ 接好电路。首先测出电流等于零时的电位，即平衡电位。

⑥ 开启稳压电源，调节电流调节器（可变电阻），以改变极化电流值，同时测量不同电流下对应的电极电位。即电流从小向大值逐点变化，测量各点电流密度下所对应的电极电位。

⑦ 以电流密度与相应的电极电位作图，便可得到极化曲线。

⑧ 测定时应注意以下几个问题。

a. 为维持线路中的电流恒定，所选用的可变电阻值要大大高于电解槽内的电阻值。

b. 为消除电流通过时由于电解液引起的欧姆压降，盐桥一端的毛细管应尽量靠近待测电极。盐桥内充满由琼脂和饱和氯化钠溶液制得的凝胶。

c. 应根据待测溶液的酸碱性选用不同的参比极。如饱和甘汞电极用于中性或酸性溶液，氧化汞电极用于碱性溶液。

46.8.3　恒电位测定法[3]

恒电位法一般用来研究快速电化学反应，某些电极表面在电极反应过程中发生很大变化的电极反应（如阳极过程）也适用。测定方法有经典恒电位法和恒电位扫描法。

(1) 经典恒电位法

恒定电位法目前已广泛采用恒电位仪（作为恒电位极化电源）。恒电位仪控制电位精度高，响应快，输入阻抗高，输出电流大，并能实现自动控制。图 46-12 是恒电位法测量极化曲线的示意图。

测量方法和步骤与恒电流法基本相似，但它控制的是不同的电位值，同时测量相对应的电流值。将测得的电流值换算为电流密度，然后把测得的一系列不同电位下的电流密度作成曲线，即得到控制电位法极化曲线。

(2) 恒电位扫描法

① 测试装置　恒电位扫描法也称为电位扫描法，由信号发生器控制恒电位仪，做自动扫描，极化曲线直接在函数记录仪上作出。恒电位扫图描法测极化曲线的装置如图 46-13 所示。

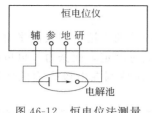

图 46-12　恒电位法测量
极化曲线的示意图

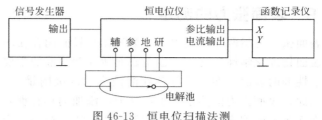

图 46-13　恒电位扫描法测
极化曲线的装置示意图

② 测试步骤

a. 研究电极（待测电极）用绝缘漆或石蜡封好留出待测面积（$1\sim2cm^2$）。

b. 设定恒电位仪参数。设定好测量电位范围的起始电位和终止电位；估算出最高电流强度。调整恒电位仪的各旋钮在适当的挡位。

c. 按常规方法将研究电极除净油污，配制待测溶液，将其注入电解池中，放好辅助电极、参比电极、研究电极。按图 46-13 把电解池接入恒电位仪。

d. 设定信号发生器参数。根据测试曲线的要求选择波形的扫描状态。波形电位输出，要设定起始电位和终点电位。扫描速度要根据测试要求设定，一般选择 $2\sim5mV/s$。

e. 设定函数记录仪参数。依据记录纸大小、绘图面积，来设定记录仪的 X、Y 轴的电位量程挡位。

f. 完成上述步骤后，进行测量，在记录纸上标出电位和电流的坐标点，自动作出极化曲线。

46.8.4　电化学分析仪测定法

电化学分析仪法是由计算机控制，自动进行测量的。

电化学分析仪将信号发生器、恒电位仪组合在一起，只需将仪器的输入端与电解池相连，仪器的数据输出线与计算机相连，按仪器说明书的操作要求进行测量，就可以在计算机屏幕上自动显示所测的曲线，并存盘保存。测试装置如图 46-14 所示。

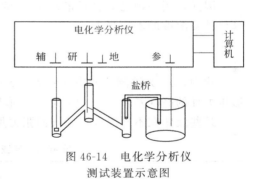

图 46-14　电化学分析仪
测试装置示意图

MEC-12B 型多功能微机电化学分析仪的技术性能规格见表 46-5。

表 46-5　MEC-12B 型多功能微机电化学分析仪的技术性能规格

名称及型号	技术性能规格	设备外形图
MEC-12B 型多功能微机电化学分析仪	MEC-12B 型多功能微机电化学分析仪，是由 PC 机控制的多功能电化学分析系统。在 Windows98 中文操作平台下，窗口菜单采用汉字管理与提示，能完成几十种电化学研究与分析方法。仪器可配用静汞电极、悬汞电极及各类固体电极 电位范围：$+2.0V\sim-2.0V$ 分 辨 率：相邻峰电位小于 50mV 检测下限：$1\times10^{-7}mol/L(Cd^{2+})$ 重现性误差：$\leqslant3\%$ 主要方法：循环伏安法(CV)；阶梯伏安法(SCV)；线性扫描伏安法(LSV)；计时电流法(CA)； 　　差分脉冲伏安法(DPV)；常规脉冲伏安法(NPV)； 　　新极谱法(NEOP)；方波伏安法(SWV)；电流-时间曲线(i-t)；计时库仑法(CC)	上海精密仪器仪表有限公司的产品

46.9 表面张力的测定

表面张力是指两相（其中一相为气体）界面间存在的使界面收缩的作用力。表面张力是溶液的表面物理化学性质之一，也是表面活性剂溶液的主要性质。通过测定表面张力，可以确定表面活性剂的表面活性，计算其在溶液表面的吸附量，了解表面活性剂在电极表面的作用机理。因此，表面张力的测定对于选择镀液添加剂具有重要的作用。

表面张力的测定方法有：最大气泡压力法、扭力计测定法、毛细管液面上升法、液滴法和液膜法等。

46.9.1 最大气泡压力法

(1) 测量原理

使毛细管的下端与液面垂直接触，当从毛细管内吹出气泡时，测出气泡从毛细管端部脱离时所需的压力 (ρ)，而此压力 (ρ) 与表面张力 (σ) 成正比，即：

$$\sigma = k\rho$$

式中，k 为比例常数，与毛细管的半径有关。

当用同一支毛细管在相同条件下对两种液体进行测试时，根据上式有如下关系：

$$\frac{\sigma_1}{\sigma_2} = \frac{\rho_1}{\rho_2} = \frac{H_1}{H_2}$$

式中，H 为液体 U 形压力计的高度差，可以从试验中测定。

因此，用一种已知表面张力 (σ) 的液体（一般用二次蒸馏水）作参照液，即可按下式计算出被测溶液的表面张力：

$$\sigma_1 = \frac{\sigma_2 H_1}{H_2}$$

式中，σ_1 为被测溶液表面张力，N/cm；σ_2 为水的表面张力，N/cm；H_1 为被测溶液 U 形压力计的高度差，cm；H_2 为水 U 形压力计的高度差，cm。

某些液体在不同温度下的表面张力见表 46-6。

表 46-6 某些液体在不同温度下的表面张力

物　质	表面张力/($\times 10^{-5}$N/cm)						
	0℃	10℃	20℃	30℃	40℃	50℃	60℃
水(H_2O)	75.620	74.220	72.750	71.150	69.550	67.916	66.170
苯(C_6H_6)	——	30.240	28.900	27.610	26.260	24.980	23.720
乙醇(C_2H_5OH)	24.050	23.140	22.030	21.480	20.200	19.800	18.430

(2) 测量装置

最大气泡压力法的测量装置见图 46-15。

(3) 测量步骤

① 校正，测定水的 H 值（即 U 形压力计的高度差）。

a. 将毛细管（内径一般为 0.2~0.5mm）、烧瓶清洗干净，调节恒温槽至规定温度（一般为 25℃±1℃），在 U 形压力计及分液漏斗中装入适量的蒸馏水。

b. 将 20mL 二次蒸馏水装入小烧瓶内，插入毛细管，使管口恰与液面接触。

c. 待小烧瓶内蒸馏水温度恒定后（5~10min），打开分液漏斗的活塞，这时毛细管中有空气泡逸出，控制活塞，并使每秒大约逸出 3 个气泡。

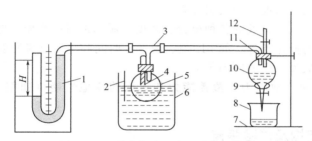

图 46-15 最大气泡压力法的测量装置

1—U 形压力计；2—温度计；3—三通管；4—毛细管；5—小烧瓶；6—恒温槽；
7—铁架台；8—小烧杯；9—铁环；10—分液漏斗；11—铁夹；12—单通活塞

d. 记录 U 形压力计上液面高度差 H 的最大值，观察数次，取其平均值。

e. 打开分液漏斗上方的单通活塞，使 U 形压力计恢复到原来的水平位置，关闭单通活塞，重复操作步骤 c、d，反复测量三次，取其平均值，即为蒸馏水的压力计液面高度差 H。

② 待测溶液的测量

a. 将小烧瓶中的水倒出，用待测溶液清洗毛细管及小烧瓶，然后在小烧瓶内装入 20mL 待测溶液。

b. 按上述测量水的 H（水）值的方法，测出待测溶液的压力计液面高位差 H（待测溶液）。

③ 待测溶液的表面张力计算 不同温度下水的表面张力（σ），可从表 46-6 中查出，水及待测溶液的 H 值按上述方法测出，根据上述被测溶液的表面张力计算公式，计算出不同温度下被测溶液的表面张力。

46.9.2 液滴测定法

① 测量原理 通过测量给定体积的液体从小孔中滴下的滴数，并与相同体积的纯水滴下的滴数相对比，来计算表面张力。

② 结果计算 待测溶液的表面张力按下式计算：

$$\sigma_1 = \frac{\sigma_2 m_2 d}{m_1}$$

式中，σ_1 为被测溶液表面张力，N/cm；σ_2 为水的表面张力，N/cm；m_1 为被测溶液的滴数；m_2 为水的滴数；d 为被测溶液的相对密度，g/cm^3。

水的表面张力可从有关资料中查到，水滴数目为同一温度下相同体积的纯水通过小孔滴落的滴数，可以通过试验测定。测定时可使用简单的滴定管或专用仪器——液重计。本测定方法在实际应用中很普遍。

46.10 霍尔槽试验

46.10.1 概述

霍尔槽是一种具有一定比例的梯形槽，用它进行电镀试验，利用电流密度在远、近阴极上分布不同的特点，观察不同电流密度下镀层的质量，并研究多种因素影响的小型电镀试验槽。

霍尔槽试验只需要少量镀液，经过短时间试验，便能得到在较宽的电流密度范围内镀液的电镀效果。由于霍尔槽结构简单，试验效果好，使用方便，耗用镀液的量少，它已广泛地应用于电镀试验和工厂生产的质量管理中，已成为电镀研究、电镀工艺控制不可缺少的工具。

霍尔槽的主要应用有以下几个方面。

① 用于观察不同电流密度下的镀层外观。

② 用于确定和研究电镀溶液的各种成分、浓度、添加剂对镀层质量的影响。

③ 用于选择合理的操作条件，如 pH 值、温度、时间和阴极电流密度等。

④ 用于分析电镀故障产生的原因等。

⑤ 用于测定镀液的分散能力、覆盖能力和镀层的其他性能（如整平性、脆性、内应力等）。

46.10.2　霍尔槽结构及试验装置

(1) 霍尔槽的结构形式

霍尔槽的槽体材料一般用耐酸、耐碱的透明材料（如有机玻璃），以便于观察试验情况。霍尔槽底面呈梯形，阴、阳极分别置于不平行的两边。

霍尔槽有多种规格，按槽内容体，常用的有 267mL 和 1000mL。目前常用的是在 267mL 的槽子中，装入 250mL 镀液，因为 250mL 等于 1/4 L，这对计算每升镀液中所含物质的量比较方便。霍尔槽的具体内部尺寸及结构形式见表 46-7。

表 46-7　霍尔槽的内部尺寸

内部尺寸 /mm	霍尔槽的内部容积			结构示意图
	250mL	267mL	1000mL	
a	48	48	120	
b	64	64	85	
c	102	102	127	
d	127	127	212	
e	65	65	85	
液面高度	45	48	74	

(2) 霍尔槽试验装置

霍尔槽试验接线电路与一般的电镀电路相同，如图 46-16 所示。为了保持试验时电流的稳定，宜采用恒电流电源供电。

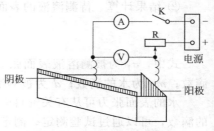

图 46-16　霍尔槽试验装置

46.10.3　霍尔槽阴极上的电流分布

在霍尔槽中，由于阴极上各部位与阳极的距离不同，所以阴极上各部位的电流密度也不相同。阴极离阳极距离最近的一端，称为近阳极端，它的电流密度最大；随着阴极部位与阳极距离的增大，电流密度逐渐减小，离阳极距离最远的一端称为远阳极端，它的电流密度最小。250mL 的霍尔槽近端的电流密度是远端的 50 倍，因而一次试验便能观察到相当宽范围的电流密度下所获得的镀层状况，从而可以大致确定正常电镀的电流密度范围。

将四种常用镀液（酸性镀铜、酸性镀镍、氰化镀铜、氰化镀锌）在不同电流强度下进行电镀试验，并取它们的平均值，得到阴极上各点的电流密度与该点离近阳极端距离关系的经验公式。因为各种镀液的电导率及极化率不同，所以计算得的电流密度值只是近似值。

1000mL 霍尔槽：$D_K = I(3.2557 - 3.0451 \lg L)$

267mL 霍尔槽：$D_K = I(5.1019 - 5.2401 \lg L)$

式中，D_K 为阴极上某点的电流密度值，A/dm²；I 为试验时通过霍尔槽的电流，A；L

为阴极上某点距近阳极端的距离，cm。

应当指出，靠近阴极两端的电流密度计算值是不准确的。故上述的计算公式的应用范围是从近阳极端的 L_1（0.635cm）至 L_2（8.255cm）。

若 267mL 霍尔槽中装入 250mL 镀液做试验时，阴极上各点的电流密度应是 267mL 的 1.068 倍，即 267mL 霍尔槽阴极的相应点的电流密度乘上 1.068（267/250）。

为方便起见，将 250mL、267mL 及 1000mL 霍尔槽上常用电流和阴极各点的电流密度值列于表 46-8、表 46-9。

表 46-8　250mL 和 267mL 霍尔槽阴极上的电流密度分布

至近阳极端的距离 /cm	通过霍尔槽(267mL)的电流/A						通过霍尔槽(250mL)的电流/A					
	1	2	3	4	5	K_1	1	2	3	4	5	K_2
	电流密度($D_K = I\,K_1$)/(A/dm²)						电流密度($D_K = I\,K_2$)/(A/dm²)					
1	5.45	10.90	16.35	21.80	27.25	5.45	5.10	10.20	15.30	20.40	25.50	5.10
2	3.74	7.48	11.22	14.96	18.7	3.74	3.50	7.00	10.50	14.00	17.50	3.50
3	2.78	5.56	8.34	11.12	13.90	2.78	2.60	5.20	7.80	10.40	13.00	2.60
4	2.08	4.16	6.24	8.32	10.40	2.08	1.95	3.90	5.85	7.80	9.75	1.95
5	1.54	3.08	4.62	6.16	7.70	1.54	1.44	2.88	4.32	5.76	7.20	1.44
6	1.09	2.18	3.27	4.36	5.45	1.09	1.02	2.04	3.06	4.08	5.10	1.02
7	0.72	1.44	2.16	2.88	3.60	0.72	0.67	1.34	2.01	2.68	3.35	0.67
8	0.40	0.80	1.20	1.60	2.00	0.40	0.37	0.74	1.11	1.48	1.85	0.37
9	0.11	0.22	0.33	0.44	0.55	0.11	0.10	0.20	0.30	0.40	0.50	0.10

注：表中 K_1、K_2 为单位电流强度时阴极上的电流分布。

表 46-9　1000mL 霍尔槽阴极上的电流密度分布

至近阳极端的距离 /cm	通过霍尔槽的电流/A						
	2	4	6	8	10	15	K
	电流密度($D_K = I\,K$)/(A/dm²)						
1	6.50	13.0	19.6	26.1	32.6	48.9	3.260
2	4.70	9.40	14.0	18.7	23.4	35.1	2.340
3	3.60	7.20	10.9	14.5	18.1	27.2	1.810
4	2.80	5.70	8.50	11.4	14.2	21.3	1.420
5	2.30	4.50	6.80	9.00	11.3	17.0	1.130
6	1.80	3.60	5.30	7.10	8.90	13.4	0.890
7	1.40	2.70	4.10	5.40	6.80	10.2	0.680
8	1.00	2.00	3.00	4.00	5.10	7.60	0.506
9	0.70	1.40	2.10	2.80	3.50	5.30	0.350
10	0.40	0.80	1.30	1.70	2.10	3.20	0.210
11	0.17	0.34	0.50	0.67	0.84	1.30	0.084
11.5	0.05	0.10	0.15	0.20	0.25	0.38	0.025

此外，为了便于对照阴极各点相应的电流密流值下的镀层质量情况，还可以根据霍尔槽的电流、阴极上各点的电流密度及阴极上各点距近阳极端的距离的关系，制成霍尔槽阴极样板，如图 46-17 所示，使用时可直接查对。

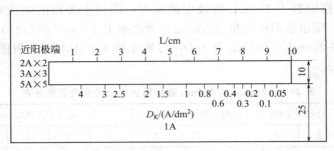

图 46-17　250mL 霍尔槽阴极试片上的电流密度标尺

46.10.4　霍尔槽试验方法

(1) 试验溶液

为获得正确的试验结果，取液及溶液选择应考虑下列几点。

① 试验所取溶液应具有代表性，取样时溶液应充分混合，若混合有困难，可用移液管在槽内溶液的不同部位吸取溶液，混合均匀后使用。

② 在重复试验时，每次试验所取溶液的体积应相同。

③ 当试验使用不溶性阳极时，镀液经 1～2 次试验后，应更换新溶液。

④ 在使用可溶性阳极时，最多试验 4～5 次后应更换新溶液。

⑤ 当试验有少量杂质或添加剂的影响时，每批镀液的试验次数应少一些。

(2) 试验的操作条件

① 试验时用的电流　试验时用的电流强度，应根据镀液的性能而定。

a. 若镀液的上限电流密度较大，则试验时的电流密度应取大一些。反之，应小些，一般情况下，电流控制在 0.5～3A 范围内。

b. 大多数光亮镀液，包括镀镍、镀锌、镀铜和镀镉等，可采取 2A。

c. 非光亮镀液，一般采用 1A。

d. 装饰性镀铬，采用 3～5A；电镀硬铬，采用 6～10A。

e. 试验微量杂质的影响，采用 0.5～1A。

② 试验温度和时间

a. 试验时的镀液温度应与生产时相同。若需在较高的温度下进行试验，可将溶液加热后倒入霍尔槽内，待温度高于试验温度 0.5℃时开始试验。为了使试验温度恒定，也可采用改良型霍尔槽。

b. 试验时间一般为 5～10min，如镀液需经较长的电镀时间才能在阴极上反映出某些现象，可适当延长试验时间。光亮镀液应采用空气或机械搅拌。

(3) 阴极、阳极材料的选择

① 霍尔槽用的阴极、阳极通常是长方形平面薄板。

② 槽体积不同，阴极、阳极尺寸也不同。250mL 霍尔槽所用的阴极为 100mm×70mm，阳极为 63mm×70mm；1000mL 霍尔槽所用的阴极为 125mm×90mm，阳极为 85mm×90mm。

③ 阳极的板厚一般为 3～5mm。阳极材料与生产中使用的阳极相同，也可以采用不锈钢等不溶性阳极。若阳极易钝化，可采用瓦楞形及网状阳极，但其厚度不应大于 5mm。

④ 镀铬阳极在使用前，必须在另外的镀铬溶液中使表面先获得一层导电的"棕色"过氧化铅薄膜。

⑤ 阴极板厚度一般为 0.25～1.0mm，材料根据试验要求而定，一般可用冷轧钢板、白铁片、铜及黄铜片，试片表面必须平整。

（4）阴极试片上镀层外观的表示方式

① 霍尔槽试验的阴极试片上的镀层外观状况，一般用符号以图示形式记录下来。

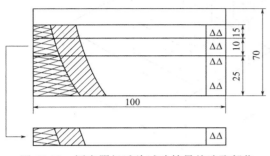

图 46-18　评定阴极试片试验结果的选取部位

② 通过霍尔槽试验发现，在同一距离，阴极的不同高度处，镀层的外观并不一样，为了能较好评定霍尔槽试验的试验结果，一般以阴极试片横向中线偏上的部位，作为试验结果的评定区域，如图 46-18 所示。

③ 为了便于将霍尔槽试验结果以图示形式记录下来，可用符号（见图 46-19）表示镀层的表面外观状况。如果符号还不能充分说明问题，可配合适当的文字加以说明。

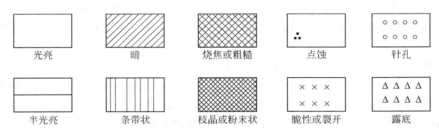

光亮　　暗　　烧焦或粗糙　　点蚀　　针孔

半光亮　　条带状　　枝晶或粉末状　　脆性或裂开　　露底

图 46-19　霍尔槽试片表面状况的表示符号

④ 一些有代表性的阴极试片，除了绘图说明外，将试片干燥后，涂覆清漆，以便长期保存备查。

46.10.5　改进型霍尔槽

（1）改良型霍尔槽

① 结构形式　为了便于加热的镀液进行霍尔槽试验，可使用改良型的霍尔槽（如图 46-20 所示）。改良型霍尔槽的形状和尺寸与普通霍尔槽相同，只是在槽子平行的两壁上，钻以直径为 φ12.5mm 的小孔，短壁上钻 4 个孔，长壁上钻 6 个孔，孔的位置与尺寸并不十分严格，只要长壁上的孔距阴极端远一点就可以。

② 使用方式　试验时将该槽置于能加热（或冷却）的另一个容量较大的容器中，然后加入镀液并使液面达到规定的高度。也可以用一种无底的霍尔槽直接浸在大槽里。如生产需要搅拌溶液或阴极移动，则霍尔槽试验可采用空气搅拌、磁力搅拌器搅拌，或在阴极前面以机械或手工方式搅拌，以模拟生产中的阴极移动。

（2）横型霍尔槽

霍尔槽在静止的情况下进行电镀试验时，由于阴极试片上析出氢气，常使镀层出现明显的条纹，而当电流大、时间长时更为明显。为此有人提出使用横型霍尔槽进行试验。即将普通霍尔槽按横向制作，如图 46-21 所示，阴极试片不是垂直的，而是斜着

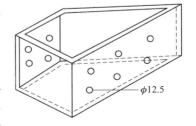

图 46-20　改良型霍尔槽
结构示意图

插入镀液中。这种横型霍尔槽能克服上述缺点

(3) 滚镀用的改良霍尔槽

为了使霍尔槽试验适应滚镀的特点，将它改为如图 46-22 所示的装置。

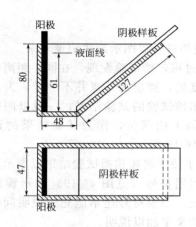

图 46-21　横型霍尔槽结构示意图　　　图 46-22　滚镀用的改良霍尔槽示意图

① 在离霍尔槽阴极试片的近阳极端处放置一块多孔板，其孔径及数目视现场情况由试验确定。

② 在阴极试片的下部，沿着阴极放置一根空气搅拌管。

③ 为适应滚镀特点，在靠近霍尔槽阳极部分的侧面和底部，尽可能多开一些大孔（孔径约为 $\phi 10mm$），而靠近阴极部分的侧面和底部则开小孔。

④ 最后将这种霍尔槽放进一个大的容器中，即可进行试验。

⑤ 若镀液需加热，可将加热元件放在大容器中，感温元件放在霍尔槽内阳极一侧。

第47章
电镀清洁生产

47.1 概述

清洁生产是一种新型污染预防和控制战略，是实现经济和环境协调持续发展的一种重要手段。1993 年我国国家环保总局和原国家经贸委联合在上海召开的"全国工业污染防治会议"上，明确了清洁生产在我国工业污染中的地位。1997 年 4 月，国家环保总局制定并发布了《关于推行清洁生产的若干意见》，要求地方环保主管部门将清洁生产纳入已有的环境管理政策中，以便更深入地推行促进清洁生产。1999 年，全国人大环境与资源保护委员会将"清洁生产促进法"的制定列入立法计划。2002 年 6 月 29 日，九届全国人大常委会第二十八次会议通过了《中华人民共和国清洁生产促进法》。2004 年 8 月，国家发改委、国家环保总局发布了《清洁生产审核暂行办法》，这标志着我国清洁生产跨入了全面推进的新阶段，使清洁生产更加具体化、规范化、法制化。总之，《清洁生产促进法》的实施，是推动我国经济实现可持续发展战略的重要保障，是防治工业污染的最佳选择，也是当今世界环境保护发展的方向和趋势。

47.2 清洁生产的基本概念

47.2.1 清洁生产的定义

清洁生产是一种先进思想和新的思维方式。《中华人民共和国清洁生产促进法》总则中的第二条指出，"本法所称清洁生产，是指不断采取改进设计、使用清洁的能源和原料、采用先进的工艺技术与设备、改善管理、综合利用等措施，从源头削减污染，提高资源利用效率，减少或者避免生产、服务和产品使用过程中污染物的产生和排放，以减轻或者消除对人类健康和环境的危害"。它的适用范围包括了全部生产和服务领域。清洁生产能使自然资源和能源利用合理化、经济效益最大化、对人类和环境的危害最小化。企业在建设和技术改造中，应采取以下清洁生产措施。

① 采用无毒、无害或者低毒、低害的原料，替代毒性大、危害严重的原料。

② 采用资源利用率高、污染物产生量少的工艺和设备，替代资源利用率低、污染物产生量多的工艺和设备。

③ 对生产过程中的废物、废水和余热等进行综合利用或循环利用。

④ 对生产的产品（商品）在使用寿命终结后，能够便于回收利用，不对环境造成污染或潜在威胁。

⑤ 采用能够达到国家或者地方规定的污染物排放标准和污染物排放总量控制指标的污染防治技术。

47.2.2　清洁生产与传统污染控制的比较

传统污染控制侧重于末端治理，即污染产生以后，考虑如何来处理，解决污染，怎样实现达标排放。而清洁生产考虑的是把预防放在最重要的位置，控制生产全过程，使末端治理的负荷和投入达到最小。

传统污染控制和清洁生产的比较[6]见表 47-1。

表 47-1　传统污染控制和清洁生产的比较

序号	传统污染控制	清洁生产
1	在末端用各种技术控制污染	从源头采取整体性措施预防污染
2	问题产生以后再考虑治理	从生产工艺和产品同时考虑
3	总是被视作增加企业额外成本的因素	环境和经济的协调发展
4	主要由环境专家来完成	全体人员的责任
5	完全要靠技术措施实现	通过技术与非技术两类措施实现
6	目标是达到污染排放标准	不断提高企业竞争能力
7	产品质量仅以满足顾客要求为准	产品质量不但要满足顾客的要求,还要使其对环境和人类健康的不利影响最小化
8	有毒有害污染物在不同的环境介质之间转移,不能根本消除	消除或者最大限度地减少污染物产生的根源

47.2.3　清洁生产的目标及技术方法

清洁生产所要达到的目标[6]及清洁生产的技术方法，如表 47-2 所示。

表 47-2　清洁生产的目标和清洁生产的技术方法

清洁生产所要达到的目标		清洁生产的技术方法	
自然资源和能源利用合理化	清洁生产对自然资源的合理利用的含义是:投入最少的原料和能源,生产出来尽可能多的产品,提供尽可多的服务,最大限度地节约资源(原材料和能源)。同时,还包括替代能源、原材料的应用和循环利用物料等	源头削减污染	选用无毒无害或低毒低害的物料、能源,最大限度地减少有毒有害物料的使用,从工艺生产的源头上大大削减污染源
经济效益最大化	清洁生产通过节约资源、降低损耗、提高生产效益、提高产品质量,以达到降低生产成本,提高企业竞争能力的目的	生产过程的控制	通过加强技术管理,采用适合产品特点的无毒无害或低毒低害、高效、低耗、节能的技术、工艺、装备等,以达到无废物排放或少废物排放,减少最后的末端治理、减轻排放的压力,达到预防污染的目的
对人类健康和环境的危害最小化	清洁生产通过最大限度地减少有毒有害物料的使用,或者选用无毒无害或低毒低害的物料,采用无废或少废物排放的技术、工艺及设备装置,并通过提高废物循环利用率及治理等,实现对人类健康和环境的危害最小化	治理及回收利用	通过上述的技术措施,使末端治理和清理投入的精力或者财力达到最小。并采取有效措施,对有用废料、废物进行回收利用,提高废物的循环利用率

47.2.4　清洁生产审核

(1) 清洁生产审核的定义

清洁生产审核定义：清洁生产审核也称清洁生产审计，是一套对正在进行的生产过程进行系统分析和评价的程序；是通过对一家公司（工厂）的具体生产工艺、设备和操作的诊断，找出能耗高、物耗高、污染重的原因，掌握废物的种类、数量以及产生原因的详尽资料，提出减少有毒和有害物料的使用、产生以及废物产生的方案，经过对备选方案的技术经济及环境进行可行性分析，选定可供实施的清洁生产方案的分析过程。

清洁生产审核的重点工作在于找出问题，并提出可行的清洁生产实施方案。所以，清洁生产审核是支持和帮助企业（工厂）有效开展清洁生产活动的工具和手段，也是企业实施清洁生产的基础。

《中华人民共和国清洁生产促进法》中指出：企业应当对生产和服务过程中的资源消耗及废物的产生情况进行监测，并根据需要对生产和服务实施清洁生产审核。有下列情况的应实施清洁生产审核。

① 污染物排放超过国家和地方规定的排放标准，或者超过经有关地方人民政府核定的污染物排放总量控制指标的企业，应当实施清洁生产审核。

② 使用有毒、有害原料进行生产或者在生产中排放有毒、有害物质的企业，应当定期实施清洁生产审核。

(2) 清洁生产审核的工作程序及内容

根据《清洁生产审核暂行办法》（国家环境保护总局令第 16 号，于 2004 年 10 月 1 日起施行）第十三条规定：清洁生产审核程序原则上包括审核准备，预审核、审核，实施方案的产生、筛选和确定，编写清洁生产审核等，见表 47-3。

表 47-3　清洁生产审核的工作程序及内容

序号	工作程序	工作内容
1	审核准备	开始培训和宣传，成立由企业管理人员和技术人员组成的清洁生产审核工作小组，制订工作计划
2	预审核	在对企业基本情况进行全面调查的基础上，通过定性和定量分析，确定清洁生产审核重点和企业清洁生产目标
3	审核	通过对生产和服务过程的投入产出进行分析，建立物料平衡、水平衡、资源平衡以及污染因子平衡，找出物料流失、资源浪费环节和污染物产生的原因
4	实施方案的产生和筛选	对物料流失、资源浪费、污染物产生和排放进行分析，提出清洁生产实施方案，并进行方案的初步筛选
5	实施方案的确定	对初步筛选的清洁生产方案进行技术、经济和环境可行性分析，确定企业拟实施的清洁生产方案
6	编写清洁生产审核报告	清洁生产审核报告应包括企业基本情况、清洁生产审核过程和结果、清洁生产方案汇总和效益预测分析、清洁生产方案实施计划等

47.3　电镀清洁生产标准

国家环境保护总局于 2006 年 11 月 22 日发布了国家环境保护行业标准，HJ/T 314-2006《清洁生产标准　电镀行业》。

在达到国家和地方环境标准的基础上，根据当前的行业技术、装备水平和管理水平而制定电镀清洁生产标准，该标准给出了电镀行业生产过程中清洁生产水平的三级技术指标：

一级：国际清洁生产先进水平；

二级：国内清洁生产先进水平；

三级：国内清洁生产基本水平。

电镀行业清洁生产标准（综合电镀类）见表47-4。

印刷电路板制造业清洁生产技术指标要求见表47-5。

表 47-4　电镀行业清洁生产标准（综合电镀类）

清洁生产指标等级	一级	二级	三级
一、生产工艺与装备要求			
① 电镀工艺选择合理性[①]	结合产品质量要求，采用了清洁生产工艺[②]		淘汰了高污染工艺[③]
② 电镀装备（整流电源、风机、加热设施等）节能要求及节水装置	采用电镀过程全自动控制的节能电镀装备，有生产用水计量装置和车间排放口废水计量装置	采用节能电镀装备，有生产用水计量装置和车间排放口废水计量装置	已淘汰高能耗装备，有生产用水计量装置和车间排放口废水计量装置
③ 清洗方式	根据工艺选择淋洗、喷洗、多级逆流漂洗、回收或槽边处理的方式，无单槽清洗等方式		
④ 挂具、极杠	挂具有可靠的绝缘涂覆，极杠及时清理		
⑤ 回用	对适用镀种有带出液回收工序，有清洗水循环使用装置，有末端处理出水回用装置，有铬雾回收利用装置	对适用镀种有带出液回收工序，有末端处理出水回用装置，有铬雾回收利用装置	对适用镀种有带出液回收工序，有铬雾回收利用装置
⑥ 泄漏防范措施	设备无"跑、冒、滴、漏"，有可靠的防范措施		
⑦ 生产作业地面及污水处理系统防腐防渗措施	具备		
二、资源利用指标			
① 锌的利用率（钝化前）/%	≥85	≥80	≥75
② 铜的利用率/%	≥85	≥80	≥75
③ 镍的利用率/%	≥95	≥92	≥80
④ 铬酸酐的利用率（装饰铬）/%	≥60	≥24	≥20
⑤ 铬酸酐的利用率（硬铬）/%	≥90	≥80	≥70
⑥ 新鲜水用量[④]/(t/m²)	≤0.1	≤0.3	≤0.5
三、镀件带出液污染物产生指标（末端处理前）			
① 氰化镀种（铜）工艺，总氰化（以 CN⁻ 计）/(g/m²)	≤0.7	≤0.7	≤1.0
② 镀锌镀层钝化工艺（六价铬）/(g/m²)	0	≤0.13	≤2
③ 酸性镀铜工艺，总铜/(g/m²)	≤1.0	≤2.1	≤2.5
④ 镀镍工艺，总镍/(g/m²)	≤0.3	≤0.6	≤0.71
⑤ 镀装饰铬工艺，六价铬/(g/m²)	≤2.0	≤3.9	≤4.6
⑥ 镀硬铬工艺，六价铬/(g/m²)	≤0.1	≤1	≤1.3
四、环境管理要求			
① 环境法律法规标准	符合国家和地方有关环境法律、法规，污染物排放达到国家和地方排放标准、总量控制和排污许可证管理要求		

续表

清洁生产指标等级	一级	二级	三级
② 环境审核	GB/T 24001—2004 建立并运行环境管理体系,环境管理手册、程序文件及作业文件齐备	环境管理制度健全,原始记录及统计数据齐全、有效	环境管理制度、原始记录及统计数据基本齐全
③ 废物处理处置	具备完善的废水、废气净化处理设施且有效运行,有废水计量装置。有适当的电镀液收集装置和合法的处理处置途径,生产现场有害气体发生点有可靠的吸风装置,废水处理过程中产生的污泥应按照危险废物鉴别标准(GB5085.1～3—1996⑤)进行危险特性鉴别。属于危险废物的,应按照危险废物处置,处置设施及转移符合标准,处置率达到100%,不得混入生活垃圾		
④ 生产处理环境管理	生产现场环境清洁、整洁,管理有序,危险品有明显标识		
⑤ 相关方环境管理	购买有资质的原材料供应商的产品,对原材料供应商的产品质量、包装和运输等环节施加影响;危险废物送到有资质的企业进行处理		
⑥ 制订和完善本单位安全生产应急预案	按照《国务院关于全面加强应急管理工作的意见》的精神,根据实际情况制订和完善本单位应急预案,明确各类突发事件的防范措施和处置程序		

① 电镀工艺选择合理性评价原则是:工艺取向是无氰、无氟或低氟、低毒、低浓度、低能耗、少用配位剂;淘汰重污染化学品,如铅、镉、汞等。对特殊产品的特殊要求另外考虑。
② 清洁生产工艺是指氯化钾镀锌工艺、镀锌层低六价铬和无六价铬钝化工艺、镀锌-镍合金工艺及其他清洁生产工艺。
③ 高污染工艺是指高氰镀锌工艺、高六价铬钝化工艺、电镀铅-锡合金工艺。
④ 新鲜水用量是指消耗新鲜水量与全厂电镀生产成品总面积之比(包括进入镀液而无镀层的面积)。
⑤ 该标准被 GB 5085.1～3—2007 取代。
注:引自 HJ/T314-2006《清洁生产标准　电镀行业》。本标准虽然被 HJ 450—2008《清洁生产标准　印制电路板制造业》替代。但普通电镀行业的电镀特点与印制电路板的电镀有很多不同,而内容有变动,故仍将引用其内容,供使用参考。

表 47-5　印制电路板制造业清洁生产技术指标要求

清洁生产指标等级	一级	二级	三级
一、生产工艺和装备要求			
① 基本要求	工厂有全面节能节水措施,并有效实施,工厂布局先进,生产设备自动化程度高,有安全节能工效	工厂布局合理,图形形成、板面清洗、蚀刻和电镀与化学镀有水、电计量装置	不采用已淘汰的高耗能设备;生产场所整洁,符合安全技术、工业卫生的要求
② 机械加工及辅助设施	高噪声区隔音吸声处理;或有防噪声措施	有集尘系统回收粉尘;废边料分类回收利用	有安全防护装置,有吸尘装置
③ 线路与阻焊图形形成(印刷或感光工艺)	用光固化抗蚀剂、阻焊剂 显影、去膜设备附有有机膜处理装置 配置排气或废气处理系统		用水溶性抗蚀剂,弱碱显影阻焊剂 废料回收、分类
④ 板面清洗	化学清洗和/或机械磨刷,采用逆流清洗或水回用,附有铜粉回收或污染物回收处理装置		不使用有机清洗剂,清洗液不含络合剂
⑤ 蚀刻	蚀刻机有自动控制与添加、再生循环系统 蚀刻清洗水多级逆流清洗 蚀刻清洗浓液补充添加于蚀刻液中或回收 蚀刻机密封,无液体与气体泄漏、排风管有阀门 排气有吸收处理装置,控制效果好		应用封闭式自动传送蚀刻装置、蚀刻液不含铬、铁化合物及螯合物,废液集中存放并回收
⑥ 电镀与化学镀	除电镀金与化学镀金外,均采用无氰电镀液 除产品特定要求外,不采用含铅合金电镀液与含氟络合物电镀液,不采用含铅的焊锡涂层。设备有自动控制装置,清洗水多级逆流回用。配置废气收集及处理系统		废液集中存放并回收,配制排气和处理系统

续表

清洁生产指标等级	一级	二级	三级
二、资源能源利用指标			
① 单位印制电路板耗用新水量 /(m³/m²)			
单面板	≤0.17	≤0.26	≤0.36
双面板	≤0.50	≤0.90	≤1.32
多层板(2+n 层)	≤(0.5+0.3n)	≤(0.9+0.4n)	≤(1.3+0.5n)
HDI板(2+n 层)	≤(0.6+0.5n)	≤(1.0+0.6n)	≤(1.3+0.8n)
② 单位印制电路板耗用电量 /(kW·h/m²)			
单面板	≤20	≤25	≤35
双面板	≤45	≤55	≤70
多层板(2+n 层)	≤(45+20n)	≤(65+25n)	≤(75+30n)
HDI板(2+n 层)	≤(60+40n)	≤(85+50n)	≤(105+60n)
③ 覆铜板利用率/%			
单面板	≥88	≥85	≥75
双面板	≥80	≥75	≥70
多层板(2+n 层)	≥(80-2n)	≥(75-3n)	≥(70-5n)
HDI板(2+n 层)	≥(75-2n)	≥(70-3n)	≥(65-4n)
三、污染物产生量(末端处理前)			
① 单位印制电路板废水产生量 /(m³/m²)			
单面板	≤0.14	≤0.22	≤0.30
双面板	≤0.42	≤0.78	≤1.32
多层板(2+n 层)	≤(0.42+0.29n)	≤(0.78+0.39n)	≤(1.3+0.49n)
HDI板(2+n 层)	≤(0.52+0.49n)	≤(0.85+0.59n)	≤(1.42+0.99n)
② 单位印制电路板的废水中铜产生量/(g/m²)			
单面板	≤8.0	≤20.0	≤50.0
双面板	≤15.0	≤25.0	≤60.0
多层板(2+n 层)	≤(15+3n)	≤(20+5n)	≤(50+8n)
HDI板(2+n 层)	≤(15+8n)	≤(20+10n)	≤(50+12n)
③ 单位印制电路板的废水中化学需氧量(COD)/(g/m²)			
单面板	≤40	≤80	≤100
双面板	≤100	≤180	≤300
多层板(2+n 层)	≤(100+30n)	≤(180+60n)	≤(300+100n)
HDI板(2+n 层)	≤(120+50n)	≤(200+80n)	≤(300+120n)
四、废物回收利用指标			
① 工业用水重复利用率/%	≥55	≥45	≥30
② 金属铜回收率/%	≥95	≥88	≥80

续表

清洁生产指标等级	一级	二级	三级
五、环境管理指标			
① 环境法律法规标准	符合国家和地方有关环境法律、法规标准,污染物排放达到国家和地方排放标准、总量控制指标和排放许可管理要求		
② 生产过程环境管理	有工艺控制和设备操作文件;有针对生产装置突发损坏,对危险物、化学溶液应急处理的措施规定		无"跑、冒、滴、漏"现象,有维护保养计划和记录
③ 环境管理体系	建立 GB/T 24001 环境管理体系并被认证,管理体系有效运行;有完善的清洁生产管理机构,制定持续清洁生产体系,完成国家的清洁生产审核		有环境管理和清洁生产管理规程,岗位职责明确
④ 废水处理系统	废水分类处理,有自动加料调节与监控装置,有废水排放量与主要成分自动在线监测装置		废水分类汇集、处理,有废水分析监测装置,排水口有计量表具
⑤ 环保设施的运行管理	对污染物能在线监测,具有污染物分析条件,记录运行数据并建立环保档案,具备计算机网络化管理系统。废水在线监测装置经环保比对监测		有污染物分析条件,记录运行的数据
⑥ 危险物品管理	符合国家《危险废物储存污染控制标准》规定,危险品原材料分类,有专门仓库(场所)存放,有危险品管理制度,岗位职责明确		有危险品管理规程,有危险品储存场所
⑦ 废物存放和处理	做到国家相关管理规定,危险废物交给有资质的专业单位回收处理,应制订并向所在地县级以上地方人民政府环境行政主管部门备案危险品管理计划(包括减少危险货物产生量和危害性的措施以及危险废物储存、利用、处置措施),向所在地县级以上地方人民政府环境行政主管部门申报危险废物产生种类、产生量、流向、储存、处置等有关资料。针对危险废物的产生、收集、储存、运输、利用、处置,应制订意外事故防范措施和应急预案,并向所在地县级以上地方人民政府环境行政主管部门备案。废物处置管理,按不同种类区别存放及标识清楚;无泄漏,存放环境整洁;如是可利用资源应无污染地回收利用处理;不能自行回收则交给有资质的专业回收单位处理。做到再生利用,没有二次污染		

注：1. 表中"机械加工及辅助设施"包括开料、钻铣、冲切、刻槽、磨边、层压、压缩空气、排风等设备。

2. 表中的单面板、双面板、多层板包括刚性印制电路板和挠性印制电路板。由于挠性印制电路板的特殊性,新水用量、耗电量和废水产生量比表中所列数值分别增加 25% 与 35%,覆铜板利用率比表中所列数值减少 25%。刚挠结合印制电路板参照挠性印制电路板相关指标。

3. 表中所述印制电路板制造适合于规模化批量生产的企业,当以小批量、多品种为主的软件和样板生产企业时,新水用量、耗电量和废水产生量可在表中指标值的基础上增加 15%。

4. 表中印制电路板层数中的"n"是正整数。如 6 层多层板是 (2+4),n 为 4;HDI 板层数包含芯板,若无芯板则是全积层层板,都是在 2 层基础上加上 n 层;刚挠板以刚性或挠性的最多层数计算。

5. 若采用半加成法或加成法工艺制作印制电路板,能源利用指标、污染物产生指标应不大于本标准。其他未列出的特殊印制电路板参照相应导电图形层数印制电路板的要求。如加印导电膏线路的单面板、导电膏灌孔的双面板都按双面板指标要求。

6. 若生产中除用电外还耗用重油、柴油或天然气等其他能源,可以按国家有关综合能耗折标煤标准换算,统一以耗电量计量,如电力:1.229 吨标煤/(万千瓦·时);重油:1.4286 吨标煤/吨;天然气:1.3300 吨标煤/立方米。则 1t 标煤折电力 0.81367 万千瓦·时,1t 重油折电力 1.1624 万千瓦·时,1 千立方米天然气折电力 1.0822 万千瓦·时。

引自 HJ 450—2008《清洁生产标准　印制电路板制造业》。

47.4　实现电镀清洁生产的主要途径

实现电镀清洁生产的主要途径见图 47-1。

47.5　实现电镀清洁生产所采取的措施

清洁生产要求人们转变传统观念,要从生产、环保一体化原则出发,针对生产过程系统的各个环节,采取改变、替代、革除等方法,以实现提高资源综合利用率、降低能源消耗、减少污染,以达到高的经济效益和社会效益。

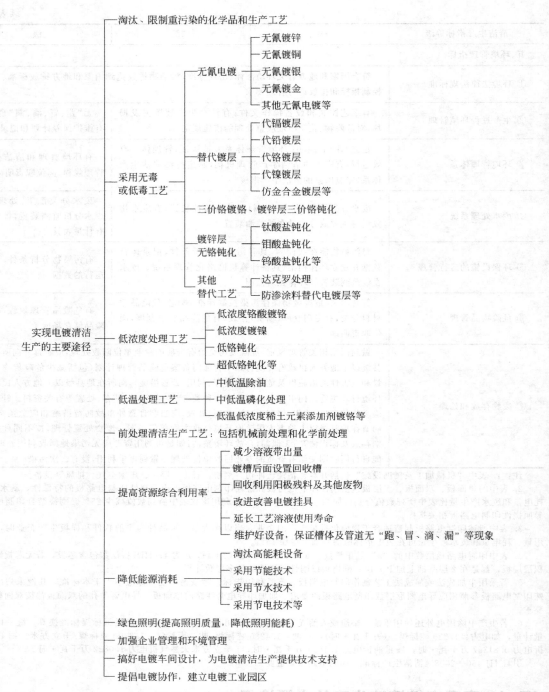

图 47-1　实现电镀清洁生产的主要途径

47.5.1　淘汰、限制重污染的化学品和生产工艺

电镀工艺及所用原材料、化学品的合理性取向是：无氰、无氟或低氟、低毒、低浓度、低能耗、少用配位剂等；淘汰重污染化学品和生产工艺。

淘汰重污染化学品及高污染工艺见表 47-6。

表 47-6　淘汰重污染化学品及高污染工艺

项目	淘汰重污染化学品及高污染工艺
淘汰重污染化学品	① 含苯溶剂[①]（包括金属清洗液、脱漆剂等；包括重质苯、石油苯、溶剂苯和纯苯） ② 铅、镉、汞等。对特殊产品的特殊要求另做考虑[②]
淘汰高污染工艺	① 淘汰含氰电镀[③] ② 淘汰高污染工艺，如高氰镀锌工艺、高浓度六价铬钝化、电镀铅-锡合金工艺[②]等 ③ 严禁用苯（包括重质苯、石油苯、溶剂苯和纯苯）脱漆或清洗[①] ④ 禁止游离二氧化硅含量在 80% 以上的干喷砂除锈[①] ⑤ 禁止大面积使用汽油、甲苯、二甲苯除油、除旧漆[①]

　　① 引自 GB 7691—2003《涂装作业安全规程 安全管理通则》。如有特殊工艺要求不得不使用时，应得到当地安全主管部门的批准；对作业场所空气中的有毒物质进行跟踪检测（每月至少检测 1 次）；并及时评价操作人员接触有害物质的情况，进行健康监护。

　　② 引自 HJ/T314—2006《清洁生产标准 电镀行业》。

　　③ 在国家经济贸易委员会令第 32 号颁布的《淘汰落后生产能力、工艺的目录》（第三批）中，序号 23 含氰电镀 淘汰期限为 2003 年。

47.5.2　替代电镀工艺或镀层

　　在预防电镀污染的措施中，采用无毒、低毒工艺替代有毒、毒性大的工艺，是清洁生产中一项很重要的工作，它从源头削减污染，减少或改变了废物的毒性。目前，在电镀企业中采用的替代工艺或镀层，如表 47-7 所示。

表 47-7　替代电镀的工艺或镀层

项目	替代电镀的工艺或镀层
无氰电镀	替代氰化电镀，如无氰镀锌、无氰镀铜、无氰镀金、无氰电镀合金等
代镉镀层	锌-镍合金镀层、锡-锌合金镀层、锌-钴合金镀层、锌-铝合金镀层、锡-锰合金镀层、镉-钛合金镀层、达克罗涂覆层等
代铅-锡合金镀层	锡-铈合金镀层、锡-铋合金镀层、锡-银合金镀层、锡-铜合金镀层、锡-锌合金镀层、锡-铟合金镀层等
代装饰性铬镀层	锡-镍合金镀层、锡-钴合金镀层、三元合金镀层（如锡-钴-锌、锡-钴-铟、锡-钴-铬等）等
代硬铬镀层	镍-钨合金镀层、镍-磷合金镀层、镍-钼合金镀层、镍-钨-磷三元合金镀层、镍-钨-硼三元合金镀层、合金复合镀层（如镍-磷、镍-硼、镍-钨等）、纳米合金镀层（如纳米镍-钨合金、纳米镍-磷合金镀层等）、化学镀镍-磷合金镀层等
部分替代修复性镀铬	可部分替代修复性镀铬，如镀铁，对于有较高硬度要求的修复件，常常需要镀后渗碳等强化处理
代镍镀层及节镍镀层	镍-铁合金镀层、铜-锡合金镀层、锡-钴-锌三元合金镀层等
仿金合金镀层	铜-锌合金、铜-锡合金、铜-锌-锡合金、铜-锌-锡-镍合金等
防渗涂料取代电镀层	防渗涂料取代电镀层在局部渗碳、渗氮中起保护作用
备注	此外，还可采用毒性仅为六价铬 1% 的三价铬镀铬，部分替代六价铬镀铬；采用三价铬钝化，替代六价铬镀锌钝化工艺

47.5.3　采用低温、低浓度处理工艺

　　采用中低温除油、中低温磷化处理等工艺，节约能源。

　　采用低浓度电镀工艺，如低浓度铬酸镀硬铬（CrO_3 含量约为 50～100g/L）、低浓度镀镍（硫酸镍浓度由原来的 200g/L 左右或更高，降低到 60～100g/L）等，以及低温、低浓度稀土元素添加剂镀铬，可大大降低镀液带出量，减少污染，提高铬、镍的利用率，节约资源，降低生产成本。

　　采用低铬及超低铬镀锌层钝化工艺，中高铬钝化的铬酐含量约为 150～250g/L，而低铬及超低铬钝化的铬酐含量约为 2～5g/L，可大大降低铬酸盐浓度，减少铬酐消耗，也降低对环境

的污染。

47.5.4　前处理清洁生产工艺

其他的清洁生产工艺，如机械前处理采用液体喷砂取代干喷砂，大型工件采用抛（喷）丸替代喷砂、采用振动光饰和滚光替代磨光和机械抛光；采用电镀添加剂直接镀出光亮镀层，以减少机械抛光。化学前处理采用以水基清洗剂替代有机溶剂脱脂、开发对环境无害或低害的有机溶剂、采用低温无磷除油剂、采用微生物降解生化除油等。化学及电解抛光已研制开发出一些不含硝酸、铬酐的抛光工艺，可大大减轻环境污染，根据制品工艺要求加以采用。

47.5.5　提高资源综合利用率及降低能源消耗

提高资源综合利用率，可大大降低原材料消耗和能源消耗，减少污染物排放，降低治理费用，降低产品成本。提高资源综合利用率的技术措施有：减少溶液带出量、回收物料、减少损耗、延长工艺溶液使用寿命及加强管理等。见本篇第 48 章电镀节能减排。

电镀用能源包括电、水、蒸汽、压缩空气以燃料等。降低能源消耗，采取的主要技术措施，见本篇第 48 章电镀节能减排。

47.6　加强企业管理和环境管理

加强企业管理和环境管理的要求及做法见表 47-8。

表 47-8　加强企业管理和环境管理的要求及做法

项目	企业管理和环境管理的要求及做法
环境管理	① 环境管理要求　符合国家和地方有关环境法律、法规标准，污染物排放达到国家和地方排放标准、总量控制指标和排放许可管理要求 　建立并运行环境管理体系，环境管理手册、程序文件及作业文件齐备。原始记录及统计数据齐全、有效 ② 生产过程环境管理　有工艺控制和设备操作文件；按照《国务院关于全面加强应急管理工作的意见》的精神，根据实际情况修订和完善本单位应急预案，针对生产装置突发损坏，明确各类如危险物、化学溶液等突发事件的防范措施和应急处置程序规定。无"跑、冒、滴、漏"现象，有维护保养计划和记录。生产现场环境清洁、整洁，管理有序，危险品有明显标识 ③ 环境管理体系　有环境管理和清洁生产管理规程，岗位职责明确 　建立按照 GB/T 24001《环境管理体系 要求与使用指南》标准要求的环境管理体系并被认证，管理体系有效运行；有完善的清洁生产管理机构，制订持续清洁生产体系，完成国家的清洁生产审核
物资管理	① 物料采购　物料即原材料包括化学品、添加剂、阳极材料等，购买有资质的原材料供应商的产品，对原材料供应商的产品质量、包装和运输等环节施加影响 ② 实行无害保管　物资在保管过程中，应防止渗漏、"跑"、"冒"、飞扬、扩散、变质等而导致损失。物资保管必须有专人管理，建立和建全账卡档案，及时准确掌握和反应供、需、消耗、储存等情况，一旦发现问题，立即查找原因，采取措施，减少物资损失 ③ 制定物资消耗定额　物资消耗定额是对各种物资生产消耗规定的标准，是物资利用情况的一个考核项目，是促进合理利用资源、减少浪费、控制污染来源的有效方法。电镀企业应根据每个产品进行核定，制定合理的物资消耗定额，并严格执行。根据生产量、进度、消耗定额和用料计划，限额定量发放物资。物资消耗定额应根据科学技术的发展、操作经验的积累进行定期的修改，保持其先进性和稳定性
设备管理	① 设备采购　购买有资质的制造设备供应商的产品，对非标设备制造完成时到制造方现场进行质量检验；待到使用现场，经安装、调试后再进行最后的质量检验，合格后方可使用 ② 建立设备维修记录档案　包括设备位置、性能特点、损坏部位、损坏程度和维修项目 ③ 制订预防性检修计划　对各种设备制订预防性检修日程，加强设备及各种管道的经常性维护、维修，杜绝"跑、冒、滴、漏"现象 ④ 环境管理体系　建立设备的使用档案。保存好设备有关资料，包括销售商提供的设备使用说明书、维修手册(包括非标设备的所有资料)等
能源管理	电镀生产用的能源包括水、蒸汽、压缩空气、燃气、燃油、电力等。应建立一套完善的能耗定额标准，在生产过程中严格执行，责任制到每个环节。做好计量统计工作，根据生产情况，必要时按逐线进行统计，发现问题，及时采取措施解决。制订各种能源的节能和降耗等措施和操作要求

项目	企业管理和环境管理的要求及做法
环保设施的运行管理	对污染物能在线监测,具有污染物分析条件,记录运行数据并建立环保档案,具备计算机网络化管理系统。废水在线监测装置经环保比对监测
废水废气处理系统管理	具备完善的废水、废气净化处理设施且有效运行 废水分类汇集、处理,有废水分析监测装置,排水口有计量表具 废水分类处理,有自动加料调节与监控装置,有废水排放量与主要成分自动在线监测装置 废水处理处程中产生的污泥应按照危险废物鉴别标准(GB 5085.1～3—2007)进行危险特性鉴别,属于危险废物的,应按照危险废物处置,处置设施及转移符合标准,处置率达到100%,不得混入生活垃圾 有适当的电镀废液收集装置和合法的处理处置途径 生产现场有害气体发生点有可靠的吸风装置、废气净化处理设施
危险物品管理	危险物品管理应符合国家《危险废物储存污染控制标准》规定,危险品原材料分类,有专门仓库(场所)存放,有危险品管理制度,岗位职责明确 有危险品管理规程,有危险品储存场所
废物存放和处理	① 废物存放和处理做到国家相关管理规定,危险废物交给有资质的专业单位回收处理 ② 应制订危险品管理计划,包括减少危险货物产生量和危害性的措施以及危险废物储存、利用处置措施;以及危险废物产生种类、产生量、流向、储存、处置等有关资料,并向所在地县级以上地方人民政府环境行政主管部门申报和备案 ③ 针对危险废物的产生、收集、储存、运输、利用、处置,应当制订意外事故防范措施和应急预案,并向所在地县级以上地方人民政府环境行政主管部门备案 ④ 废物处置管理,按不同种类区别存放及标识清楚;无泄漏,存放环境整洁 ⑤ 如是可利用资源,应无污染地回收利用处理;不能自行回收的,则交给有资质的专业回收单位处理。做到再生利用,没有二次污染

47.7　搞好电镀车间设计

电镀车间设计也是实现清洁生产的一个重要环节。车间设计应符合清洁生产要求,车间设计除了要配合做好上述提出的实现清洁生产所采取的措施外,还应做好电镀车间设计,给电镀清洁生产提供技术支持。

此外,还应提倡电镀协作,建立电镀工业园区。这样可减少环境污染,降低生产成本,提高经济效益和社会效益。

第48章

电镀节能减排

48.1　概述

节能减排是国家发展经济的一项长远战略方针。

节能是指加强用能管理，采用技术上可行、经济上合理以及环境和社会可以承受的措施，减少从能源生产到消费各个环节中的损失和浪费，更加有效、合理地利用能源。

减排是指加强环保管理，提倡清洁生产，采用先进的工艺技术与设备等措施，从源头上削减污染，减少排放污染物，对污染物采用行之有效的治理技术和综合利用技术，消除对环境的危害。

电镀生产能耗高、污染重，所以节能减排就显得更为突出。电镀车间的节能减排效果，是衡量电镀车间工艺设计质量和水平的重要因素之一。电镀工艺设计人员应掌握节能（节约能源资源）和减排（消除或减轻电镀公害）的技术。

机械行业工程建设项目的电镀车间设计中，在设计工艺、设备方案以及电镀物料等的选用方面，应充分考虑采用节省资源的新材料、新工艺、新技术。节能减排设计，要在电镀作业的各个环节，做到合理利用能源、节约能源、提倡清洁生产、提高资源利用效率，减少和避免污染物的产生，保护和改善环境。

实现电镀生产的节能减排途径，如图48-1所示。

48.2　电镀节能减排的基本原则

电镀车间的节能减排技术，是指加强用能和环保管理，采用技术上可行、经济上合理的节能及减少污染物排放的措施。减少各个环节中的能源损失和浪费，更加有效、合理地利用能源和最大限度地减少污染物排放，并对三废进行有效的治理和综合利用。电镀节能减排的基本原则如表48-1所示。

表 48-1　电镀节能减排的基本原则

项目	电镀节能减排的基本原则
应遵守的节能环保的法规、标准和设计规范	电镀车间设计和生产应遵守下列有关的节能环保的法规、标准和设计规范： 《中华人民共和国节约能源法》 《中华人民共和国清洁生产促进法》（2002年6月29日，第九届人民代表大会第二十八次会议通过） HJ 450—2008《清洁生产标准　印制电路板制造业》 JBJ 14—2004《机械行业节能设计规范》 JBJ 16—2000《机械工业环境保护设计规范》等
积极发展推广节能	积极发展推广节能、环保新技术、新工艺、新设备和新材料，淘汰能耗大和严重污染环境的落后生产技术、工艺、设备和材料。优先采用无毒或低毒、低温、低浓度的生产工艺
淘汰高能耗设备	淘汰高能耗设备，优先选用国家有关部门鉴定推广的节能型产品
充分利用工厂现有生产条件	在工厂的改建、扩建、技术改造的设计中，利用工厂现有设备时，应对现有设备进行技术鉴定，那些能耗大、能源利用率低的现有设备应淘汰

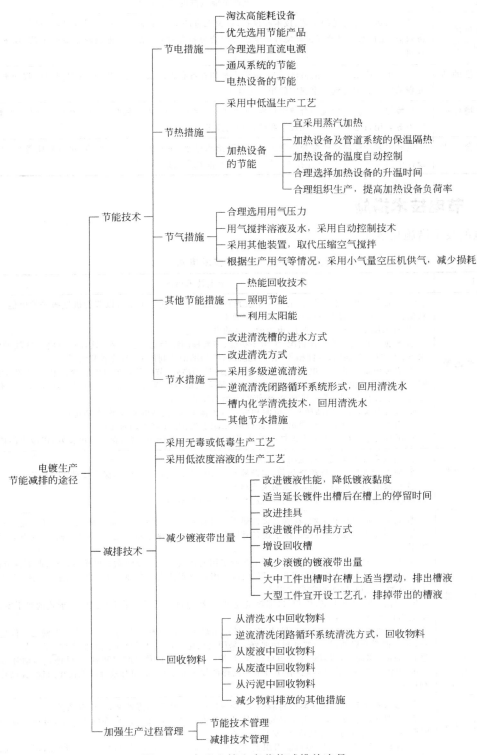

图 48-1　实现电镀生产节能减排的途径

续表

项目	电镀节能减排的基本原则
采用先进的工艺、技术和设备	鼓励引进境外先进的工艺、技术和设备,以及先进的节能技术和设备。引进时,应对其技术水平、经济效益、能耗水平以及保护环境等因素进行综合分析和评定,禁止引进境外落后的工艺、技术、设备和材料
采用先进的清洗工艺	电镀生产应采用先进的清洗工艺,减少废水和有毒有害污染物的产生量;提倡资源回收和水的回用;处理的废水必须达到国家规定的排放标准
搞好环境保护工程设计	环境保护工程设计应结合建设规模、生产工艺、因地制宜,对电镀生产中所产生的废气、废水、废液、废渣等采用行之有效的治理技术和综合利用技术
搞好综合工程设计	电镀工艺专业应积极配合综合工程(建筑、给水排水、采暖通风、动力供应、供电照明等)的有关专业设计中所采用的节能、环保技术,减少总体工程能耗和搞好环境保护

48.3 节电技术措施

节电的技术措施见表 48-2。

表 48-2 节电的技术措施

项目	节电技术措施
工艺生产的节电措施	① 装饰性镀镍/铬等时,宜采用一步法光亮电镀工艺。这样不仅可以节省机械抛光的电能消耗和材料消耗,还可以减轻劳动强度和提高工作效率 ② 宜采用工艺简单、污染小、电流效率高的电镀工艺 ③ 根据生产规范等具体情况,组织多功能、多流程的综合电镀生产线,这样可以将一些辅助槽(如冷水槽、热水槽、除油槽、浸蚀槽等)合用,提高这些辅助槽的利用率,节约能源消耗 ④ 直流电源的选用。电解过程所用直流电应选用高效、节能的直流电源装置。电镀、电化学除油、电解抛光、阳极氧化、退镀等用的直流电源的容量应根据生产规模、产量、设备负荷等情况确定,不得因考虑发展等原因而无限增大其容量,致使大大增加安装电容量 a. 直流电源,宜选用高频开关电源和可控硅整流电源,提高电流效率,节省电能 b. 电镀等用的直流电源输出端至镀槽输入端的线路电压降不超过10% c. 用直流电的槽子上的电极杆应保持清洁、母线或电缆接头完好,保持导电良好,以减少能耗
通风系统的节电措施	① 通风系统中风机应按说明书要求合理配备驱动电机 ② 应按管理规定定期检修保养,定期检查传动皮带、更换润滑油脂,保证传动效率稳定 ③ 应及时检查通风管道,消除漏风或堵塞 ④ 推广使用抑雾剂,减少排风量,减少排风机的电能损耗
烘干箱(室)的节电措施	① 烘干室的设计和采购,在满足镀件烘干条件前提下,应尽量减小室内体积,减少工件进出口尺寸 ② 采用优质保温材料,提高烘干设备外壁及热风风管隔热保温性能,减少散热损失,尤其是对于大型烘干室 ③ 对于大型烘干室,如磷化等大量生产所采用的连续通过式或间歇式烘干室,应采取下列节能措施: a. 应尽量减小烘干室(炉)外壁面积,如可采用双行程或多行程烘干室(炉)的结构形式,大大减小烘干室壁的表面积,减少热能散发损失 b. 防止或减少烘干室(炉)开口部热量逸出,连续通过式烘干室采用桥式结构形式的烘干室,或烘干室进出口处设置风幕等 c. 减小烘干室的工件出入口尺寸,在工件进出烘干室处设有开启的门。一般手工搬运工件进出烘干室,都可设置开启的门,门的密封性要更好。采用机械化输送工件的间歇式的生产线,工件是按生产节拍进行周期性移动的,所以烘干室也可设置门,按产品节拍工件移动时门开启,工件停止移动时门关闭 d. 优化加热系统设计,减少各个环节中的热能损失和浪费,更有效合理地使用热能,提高热能有效利用率
电加热槽的节电措施	① 槽体外壁采用优质保温材料隔热,减少散热损失。槽子温度控制,采用自动控制 ② 合理确定槽液加热的升温时间(尤其是对于大型槽子),在生产允许的情况下,可适当延长其升温时间,降低升温时的电容量,降低安装电功率 ③ 合理组织电镀生产,尽可能组织集中生产,提高槽子负荷率,保持生产的连续性,可减少加热电能的损耗

48.4　节热及节气技术措施

节热及节气技术措施见表 48-3。

表 48-3　节热及节气技术措施

项目	节热及节气技术措施
宜选用中温或常温处理工艺	前处理、化学表面处理和电镀等生产工艺,在满足产品质量要求前提下,宜采用中温或常温处理工艺,与高温处理工艺相比,可取得显著的节能效果
加热设备的节能	① 电镀生产的热源绝大部分用于加热槽液、热水以及冬季送热风系统的加热等。一般多采用蒸汽(或高温热水)加热。从节能考虑,蒸汽加热价格约为电加热的 10% ② 蒸汽加热槽的加热形式,有蛇形管或排管的间接加热和将蒸汽直接放入槽液或水中的直接加热。一般多采用间接加热形式,如生产工艺允许,宜采用直接加热,以提高热能利用率 ③ 加热槽外壁、蒸汽管道、法兰及阀门,应采用优质保温材料隔热保温,减少散热损失 ④ 槽子温度控制,采用自动控制 ⑤ 合理确定槽液加热的升温时间(尤其是对于大型槽子),在生产允许的情况下,可适当延长其升温时间,降低升温时的热耗量 ⑥ 蒸汽的凝结水宜返回锅炉,不能返回的凝结水经过疏水器送至附近的热水槽,禁止排入下水道 ⑦ 蒸汽入口装置以及蒸汽管道、法兰、阀门等,应定期检查、维修,杜绝"跑、冒"、漏汽,降低能耗 ⑧ 合理组织电镀生产,尽可能组织集中生产,提高槽子负荷率,保持生产的连续性,以降低加热能耗 ⑨ 没有蒸汽供应的大中型电镀企业(车间),可以单独设置燃气(或燃油)锅炉,单独为车间(生产线)供应蒸汽。锅炉可设置在车间附属的建筑物内或附近,供汽线路短,蒸汽损耗少,实践证明,供汽灵活、方便、节能 ⑩ 利用太阳能的热能来加热溶液槽、热水槽,也可用来加热生活用水,用于淋浴等,可以节省部分热能
节气技术措施	电镀生产用压缩空气主要用于:喷砂(丸)、吹净、吹干处理后的零件、搅拌溶液及清洗水、焊接(气焊)等 ① 合理地选用喷砂(丸)的喷嘴的直径及压缩空气压力;喷嘴磨损到一定程度时应及时更换,减少空气耗量 ② 吹干零件用的压缩空气,采用的空气压力应低些(一般表压为 0.2~0.3MPa),以减少空气耗量,也降低噪声。对于很小零件的吹干,可采用小型的带热风的吹风机(如理发用的小吹风机),不会吹跑零件,而且干燥快 ③ 压缩空气搅拌溶液或清洗水,采用自控技术控制,需要时才开启搅拌,降低压缩空气消耗量,节约能源 ④ 根据生产及压缩空气供应等情况,也可采用无油高压小型鼓风机、吹吸两用气泵进行搅拌,取代压缩空气搅拌,使用灵活。采用吹吸两用气泵与采用压缩空气供气相比较,可节能约 90% ⑤ 如工厂没有设置集中的空压站,或与空压站距离较远而用气量不大时,车间可以自备小型空压机供气,供气管道距离短,使用方便,减少漏气损耗

48.5　电镀节水技术

48.5.1　改进清洗水槽的进水方式

(1) 改进清洗进水方式

浸洗时改进进水方式,合理安排进水管的进水方式及排水口的相对位置,提高清洗效率,节省清洗用水。水洗槽进水方式如图 48-2 所示。

① 槽上进水。给水装置简便,但清洗效果不如其他方式好。

② 给水管伸至槽底进水。换水较彻底,清洗效果较好。

③ 槽上两侧设置喷管(喷嘴)喷淋进水,使浸洗与喷淋相结合清洗零件,清洗效率高,节水。

④ 进水口位置尽量远离溢流口、排水口,应设置在溢流口、排水口的对面。换水较彻

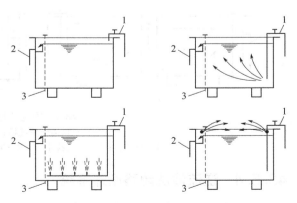

图 48-2　水洗槽进水方式示意图
1—进水管;2—溢流排水管;
3—排水管(供清理清洗水槽时排空用)

底，提高清洗效果。

(2) 采用自控技术控制用水

采用自控技术，根据镀件清洗情况，进水阀门用时开启，不用时关闭，对用水量进行控制，杜绝长流水供水形式，大大节约了清洗用水，同时也降低了末端废水处理负荷。

48.5.2 喷淋清洗和喷雾清洗

喷淋清洗利用水的喷射压力，容易冲洗掉零件表面附着的溶液，能提高冲洗效率，如磷化连续自动生产线上的喷淋清洗。喷淋清洗可分为末级喷淋清洗、首级喷淋清洗和各级喷淋清洗。末级喷淋清洗形式见图 48-3。

喷雾清洗是利用压缩空气的气流使水雾化，通过喷嘴形成气水雾冲洗镀件，将附着在镀件表面上的溶液吹脱下来，气雾同洗脱液一起落入喷雾清洗下部，定期回用于镀槽。这种喷雾清洗方法，可直接回用镀件带出的镀液，用水量小，操作方便，设备简单，投资少，运行费用低，特别适用于槽液温度在 50℃ 以上，批量小，镀件形状不太复杂的电镀生产过程，但不适用于大批量的深孔、盲孔镀件。

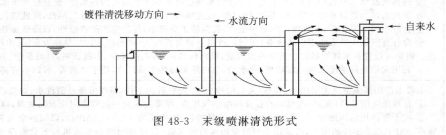

图 48-3　末级喷淋清洗形式

48.5.3 多级逆流清洗

多级逆流清洗是用水量少而清洗效率高的清洗技术。逆流清洗是由若干级清洗槽串联组成的，从最后一级清洗槽进水，逐级流向第一级槽，从第一级槽排出清洗废水，其水流方向与镀件清洗移动方向相反。

固定式水洗槽的逆流清洗方式。当需采用二级连续水洗时，宜采用双格槽逆流清洗，比单槽清洗可节水约 50%；当需采用三级连续水洗时，宜采用三格槽逆流清洗，比单槽清洗可节水约 60%～65%。逆流清洗槽示意图，如图 48-4 所示。

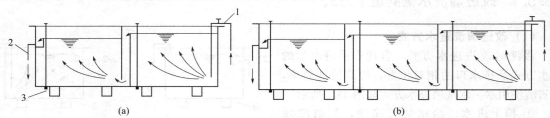

图 48-4　固定式逆流清洗槽示意图
(a) 双格逆流清洗槽；(b) 三格逆流清洗槽
1—进水管；2—溢流排水管；3—排水管（供清理清洗水槽时排空用）

48.5.4 逆流清洗闭路循环系统

设置在槽边的清洗闭路循环系统，使用时镀件清洗水在系统中循环使用，不向系统外排放废水。这个系统能最大限度地节约用水，减少排污和回收利用物质。系统通过逆流清洗把用水量减下来，再运用分离、浓缩等技术将物质回收利用。

逆流清洗闭路循环系统有：逆洗清洗-离子交换系统、逆洗清洗-反渗透薄膜分离系统、逆洗清洗-蒸发浓缩系统等。逆洗清洗-离子交换系统见图 48-5。如是反渗透薄膜分离系统，将系统线路上的离子交换装置换为反渗透装置，在反渗透装置前加过滤器。

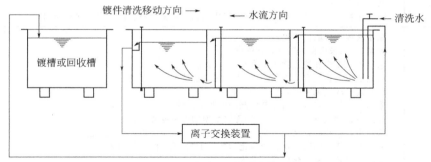

图 48-5　逆洗清洗-离子交换系统

48.5.5　其他节水技术

① 电镀车间的废水经预处理、深度处理后达到清洗水标准，可直接回用于生产线，取代生产线的自来水洗部分用水。电镀废水回用技术的推广应用，可节约电镀的 $60\%\sim70\%$ 的自来水用量。

② 前处理等生产线的清洗水，经反渗透装置处理制成的 RO 水，可替代纯水用于配制溶液及向镀槽补充用水、回收槽用水、最终清洗用水等，以实现废水回用，闭路循环清洗。

③ 在以往的电镀生产中，尤其是产品品种多、小批量生产，生产过程中水阀门常开，处于长流水状态，极大浪费清洗水。如在供水点采用自动控制系统，可根据生产情况、状态预定最佳的供水量，实现零件到位后自动控制，控制清洗用水量。

48.6　电镀减排技术

48.6.1　采用无毒或低毒工艺

采用无毒或低毒工艺，减少污染物的排出，其无毒或低毒的工艺见表 48-4。

表 48-4　采用无毒或低毒的工艺

项目	采用的工艺或镀层(示例)
无氰电镀	无氰镀锌：氯化钾镀锌、锌酸盐镀锌等 无氰镀铜：酸性镀铜、焦磷酸盐镀铜、碱性无氰镀铜、其他无氰镀铜等 无氰镀银：硫代硫酸盐镀银 无氰镀金：碱性亚硫酸盐镀金和金合金、柠檬酸盐镀金和金合金、丙尔金镀金 其他无氰电镀等工艺：如镀锌-镍合金、镀锡-锌合金等
替代镀层	代镉镀层：镀锌-镍合金、镀锡-锌合金、镀锌-钴合金等 代铅镀层：电镀锡-铋合金、锡-银合金、锡-铜合金等 装饰性代铬镀层：锡-镍合金镀层、锡-钴合金镀层、三元合金镀层(如锡-钴-锌、锡-钴-铟、锡-钴-铬等) 代硬铬镀层：镍-钨合金、镍-磷合金、镍-钼合金、镍-钨-磷三元合金、镍-钨-硼三元合金、合金复合镀层、纳米合金电镀替代镀铬、化学镀镍-磷合金等 代修复性镀铬：镀铁
三价铬处理工艺	三价铬镀铬取代六价铬镀铬 镀锌层三价铬钝化：三价铬蓝白色钝化、三价铬彩色钝化、三价铬黑色钝化等
无铬钝化	镀锌层无铬钝化：钛酸盐钝化、钼酸盐和钨酸盐钝化、镀锌层的磷化处理

项目	采用的工艺或镀层(示 例)
其他替代工艺	达克罗处理工艺 艾美特涂层① 防渗涂料取代电镀层在局部渗碳(替代镀铜)、渗氮(替代镀锡)中起保护作用
前处理 替代工艺	采用液体喷砂取代干喷砂 大型工件,采用抛(喷)丸替代喷砂 采用振动光饰和滚光替代研磨和机械抛光 水基清洗剂替代有机溶剂除油,水基无磷清洗剂 已开发对环境无害的有机溶剂除油 采用微生物可降解性活性剂配制的脱脂剂除油 低温不锈钢化学抛光工艺,采用无铬酐型的电解抛光工艺 采用不含硝酸的铝及铝合金的化学抛光工艺,无铬酸电解抛光工艺 采用不含硝酸的铜及铜合金的化学抛光工艺,无铬酸电解抛光工艺 采用浸银替代汞齐化处理工艺等

① 艾美特涂层是一种将超细锌鳞片和铝鳞片叠合包裹在特殊黏结剂中的无机涂层,是一种水性涂料,作为达克罗涂层的替代产品。

48.6.2　采用低浓度处理工艺

采用低浓度处理工艺,降低处理液浓度,减少污染物的排放量。

低浓度电镀如低浓度铬酸镀硬铬、低浓度稀土元素添加剂镀铬、低浓度镀镍等。镀层低铬钝化如镀锌层低铬彩色钝化、低铬白色钝化;镀锌层超低铬钝化等。

48.6.3　减少镀液带出量的措施

减少镀液带出量的措施见表 48-5。

表 48-5　减少镀液带出量的措施

项目	减少镀液带出量的措施
改进镀液性能,降低镀液黏度	当镀液的黏度增大时,液膜层就厚,带出的液量增加。镀液黏度随镀液浓度的增加而增大,随温度升高而降低。所以,采用低浓度的镀液比高浓度的镀液带出液量少,升温槽液比常温槽液带出液量少。因此,尽量采用低浓度的镀液
合理地确定镀件在镀槽上的停留时间	适当延长镀件在槽子上空的停留时间,让槽液充分回流到镀槽,可减少镀液的带出量
改进挂具	① 挂具尽量简单、平滑,不留镀液的死角,尽可能减少镀液带出量,减少槽液之间的相互污染,提高原料利用率,提高产品质量 ② 尽量减小挂具的表面积,挂具提杆不宜过粗等,以减少挂具的镀液带出量 ③ 改进镀件的吊挂方式,应根据镀件特征,合理装挂工件,使工件不积水、不兜水,尽可能有利于排除带出的溶液
增设回收槽	根据电镀工艺实际生产情况,宜在电镀槽后设置水浸洗回收槽。工件出镀槽后进入回收槽进行清洗,回收大部分镀液,然后再进入流动水槽清洗,将回收槽内的洗液补充回镀槽
滚镀生产,采取措施,减少镀液带出量	① 滚筒从镀槽中提出时,在槽上多停留一些时间,让镀液尽可能多地滴流回镀槽 ② 滚筒出槽时让它处于滚动状态,有利于带出液的滴落
大型处理工件宜开设工艺孔以便排液	处理大型工件(电镀、氧化、磷化等)如形状较复杂而且易兜液兜水的工件时,若产品允许,可开设工艺孔,以便排液排水
工件出槽时能倾斜摆动,让工件积液流回槽内	采用自行葫芦生产时,从溶液槽中提出工件时(尤其是大型工件或制品),利用前后的电动葫芦使工件前后倾斜摆动,让工件凹坑处的积液流回槽内

48.6.4　收回物料,减少排放

收回物料的方法见表 48-6。

表 48-6 收回物料的方法

项目	收回物料的方法
从清洗废水中回收物料	电镀或化学处理后的清洗,采用逆流清洗闭路循环系统时,可以从清洗废水中回收物料,如采用逆洗清洗-离子交换系统、逆洗清洗-反渗透薄膜分离系统、逆洗清洗-蒸发浓缩系统、逆洗清洗-阳离子交换-蒸发浓缩系统等
逆洗清洗-电解回收技术	逆洗清洗-电解回收技术是将第一级清洗槽排出的废水引入电解槽,当处理含铜废水时,电解槽采用无隔膜、单极性平板电极电解槽,阳极材料为不溶性材质,阴极材料为不锈钢板或铜板。在直流电作用下铜离子凝聚于阴极,铜回收率为 100%。电解槽出水补充第二级清洗水 当处理含银废水时,电解槽采用无隔膜、单极性平板电极电解槽,或同心双筒电极旋流式电解槽,直流或脉冲电源。电解破氰最佳工艺条件:氯化钠浓度 3%～5%(质量分数),电压 3～4V,电流密度 10～13A/dm^2,氰酸根去除率大于 99%,白银回收率为 100% 该技术适用于酸性镀铜、氰化镀铜、氰化镀银等工艺过程
从废液中回收物料	可以从电镀和化学处理的废液中回收物料,如废酸的回收利用、含铜废液中回收铜、含铬废液中回收铬酸、含镍废液中回收镍、镀银废液中回收银、镀金废液中回收金等
从废渣中回收物料	从沉积在槽底的废渣中回收物料,如从铬废渣中回收铬、镍废渣中回收镍、铜废渣中回收铜等
从电镀污泥中回收物料	电镀污泥是一种未被开发的再生资源,它具有高热值、轻质地、含有多种金属的特点。如含铬污泥的综合利用:可制作磁性材料、制作中温变换催化剂、制作制革工业用的铬鞣剂(鞣革剂)、制作抛光膏、制作颜料。混合污泥的综合利用:可制作改性塑料制品、制煤渣砖、浇筑混凝土

48.7 加强电镀生产过程管理

(1)加强管理,转变观念,提高认识

实现节能、减排、增强环保意识,必须转变观念。加强领导和管理,对全员进行节能、减排、清洁生产的教育,提高思想认识,改变高投入、高消耗、轻环保的粗放经营模式和观念。必须制定一套健全的、完整的法规和政策,建全对节能、减排、环保的管理机制和考核制度,使制定的节能、减排的技术措施能在生产过程中严格贯彻执行。把环境管理与生产管理紧密地结合在一起,从而取得环境效益和经济效益双丰收。

据经验表明,强化管理能削减约 40%[6] 污染物的产生,加强管理是一项投资少而成效大的有效措施。

(2)节能技术管理和减排技术管理

节能技术管理和减排技术管理见表 48-7。

表 48-7 节能技术管理和减排技术管理

节能技术管理	减排技术管理
节约能源,降低能耗,加强能源管理,是解决当前和今后能源紧张的重要方针,为此,节能技术管理应做好下列几点: ① 电镀生产中所用能源,即电能、热能、水资源,必须建立一套完善的能耗定额标准,在生产中严格执行,责任制订到每个环节、每个职工 ② 选用清洁能源,各种设备、装置应优先选用国家有关部门鉴定推广的节能型产品 ③ 各生产单元、生产线或工序,应安装电、汽、气、水等各种流量计量仪表,做到定期检验、抄表,严格按照定额考核并进行奖惩 ④ 积极推广使用节能、高效、低耗的新工艺、新材料、新设备的先进的科研成果	各类化学品是电镀生产的主要原材料,也是电镀污染物的根源,严格生产中的物资管理,对电镀生产实现降低原材料消耗和减少污染起着重要作用 ① 加强考核各种物料的使用情况,提高电镀和化学处理材料利用率,减少物料的排放和流失 ② 制订物料消耗定额,加强用料考核。电镀企业要根据每种产品、每个工序、每个班组进行核定,制订合理的消耗定额,并严格执行。实际消耗高于定额水平,应当限期降下来 ③ 实行物料限额发放,物料有计划限额发放就是根据生产进度、消耗定额、用料计划,定量发放。这是一种科学的管理方法,有利于有计划、有准备地供应生产用料,同时要坚持余料退回仓库和对消耗的原材料核销制度

续表

节能技术管理	减排技术管理
⑤ 加强设备的日常维护、检修，杜绝"跑、冒、滴、漏" ⑥ 建立设备的使用档案，完善设备管理 ⑦ 加强生产节电、节热、节水、节汽、节气的技术管理	④ 对减排所制定或采取的技术措施和物料回收等方法，要经常或定期检查执行情况，并督促其严格执行 ⑤ 加强物料保管，克服由于管理不善所造成的渗漏、"跑"、"冒"、飞扬、扩散、变质等，而导致物料损耗和污染。物料必须有专人管理，建立和建全账卡档案，及时准确掌握和反映供、需、消耗、储存等的情况，一旦发现问题，及时查找原因，采取措施，减少物资的流失和环境污染 ⑥ 加强物料运输管理。按照物料的状态、性能，采用不同的包装、装卸、运输方法和设备，做到不泄漏、不飞扬、不污染环境。要制订物料运输管理制度，易飞扬和易撒落的物料要轻装轻卸，运输设备要密闭；易挥发的物料要采取密闭措施；运输过程中撒落的物料要尽可能及时回收，禁止用水冲洗，以免污染环境

第49章
电镀"三废"处理

49.1 概述

电镀"三废"处理技术，是在生产全过程中，清洁生产及污染物末端治理技术的合理整合，即通过先进可行的清洁生产技术和污染治理技术，实现生产工艺的合理配置和防治污染、保护改善环境，以及资源的合理利用。电镀"三废"处理最佳技术，可为电镀行业污染源达标排放、污染物总量削减、节能减排和环境保护目标的实现，提供可靠的技术保障。

49.1.1 电镀"三废"处理技术的确定和选用原则

① 电镀"三废"处理技术的选用，应根据我国现阶段国民经济的发展水平，体现先进性、适用性、经济性、稳定性和节约能源的原则；应符合我国制定的环保法规和方针政策。

② 鼓励电镀企业"三废"处理工程设计，鼓励开发和采用新工艺和新技术，并采用自动化控制和监测，促进我国电镀企业整体污染治理技术水平的提升。严禁采用国家明令淘汰的工艺、技术、设备和材料。

③ 实现电镀企业的清洁生产和节能减排，充分体现以防为主、防治结合、资源能源高效利用的战略思想。

④ 选用的污染治理技术的质量要达标排放，不产生二次污染，尽可能加以回收使用，变废为宝，化害为利。

⑤ 电镀排出的废水、废液、废渣等不得用渗坑、渗井或漫流等方式排放，以避免污染地下水水源。

⑥ 电镀污染治理的装置、构筑物和建筑物均应根据其接触介质的性质、浓度和环境要求等具体情况，采用相应的防腐、防渗、防漏等措施。

49.1.2 电镀生产的主要污染物

电镀工艺生产的污染包括水污染、大气污染、固体废物污染和噪声污染，其中水污染（含重金属离子和有机污染物等）和大气污染（各种酸雾等）是主要环境问题。电镀生产主要污染物见表 49-1。

表 49-1　电镀生产的主要污染物

项目		主要污染物
水污染		电镀废水成分复杂,污染物浓度高,含有数十种无机和有机污染物,其中无机污染物主要是铜、锌、铬、镍、镉等重金属离子以及酸、碱、氰化物等;有机污染物主要是含碳有机物、含氮有机物、螯合剂等
	酸碱废水	包括前处理及其他浸蚀槽、碱洗槽、中和槽等产生的废水,主要污染物为盐酸、硫酸、硝酸、氢氧化钠、碳酸钠、磷酸钠等。一般酸、碱废水混合后偏酸性
	含氰废水	包括镀锌、铜、镉、银、金、合金等氰化电镀产生的废水,以及某些活化液、退镀液等的废水。主要污染物为氰化物、络合态重金属离子等。剧毒,须单独收集处理。一般废水中氰浓度在 50mg/L 以下,pH 值为 8～11

续表

项目		主要污染物
水污染	含铬废水	包括镀铬、化学或电解抛光、表面钝化、铝件铬酸盐阳极氧化、退镀以及塑料电镀前处理粗化等工艺产生的废水。主要污染物为六价铬、总铬等。毒性大，须单独收集处理。一般废水中六价铬离子浓度在 200mg/L 以下，pH 值为 5～6
	重金属废水	包括镀镍、铜、锌、镉等金属及其电镀合金、化学镀以及浸蚀、退镀等产生的废水，阳极氧化、化学氧化、磷化等产生的废水。主要污染物为镍、氯化镉、硫酸镉、硫酸铜、氯化锌、氧化锌、硫酸锌、氯铵以及络合态重金属离子及络合剂类有机物、甲醛和乙二胺四乙酸（EDTA）等
	磷化废水	包括磷酸盐、硝酸盐、亚硝酸钠、锌等。一般废水中含磷浓度在 100mg/L 以下，pH 值在 7 左右
	有机废水	包括工件除油（脱脂）、除锈、除蜡等电镀前处理工序产生的废水。主要污染物为有机物、悬浮物、重金属等
	混合废水	包括多种工序排放的废水，组分复杂多变，主要污染物为多种金属离子、添加剂、配合剂、染料、分散剂、悬浮物、石油类、磷酸盐以及表面活性剂等
大气污染		电镀的大气污染中，含有颗粒物、多种无机污染物和有机污染物。颗粒物主要为粉尘，无机类污染物包括酸性、碱性、含铬、含氰等废气，有机类污染物为有机溶剂废气。电镀废气主要有下列几类
	含尘废气	主要由喷砂、喷丸、磨光及抛光等工艺产生，含有砂粒、金属氧化物及纤维性粉尘等
	酸碱废气	采用盐酸、硫酸等酸性物质进行浸蚀、出光和化学抛光等工序所产生的酸性气体，如氯化氢、二氧化硫、氟化氢及磷酸等气体和酸雾，具有极强的刺激性气味。产生碱雾的工序有化学及电化学除油、强碱性电镀（如碱性镀锌、镀锡等）和氰化电镀等，主要由于工艺中使用氢氧化钠、碳酸钠及磷酸钠等碱性物质，由于加热等所产生的碱性气体
	含铬废气	包括镀铬、化学或电解抛光、表面钝化、退镀以及塑料电镀前处理粗化等工艺产生的铬酸雾废气
	含氰废气	主要由氰化电镀（如氰化镀铜、锌、银、金、合金等）所产生的含氰废气，遇酸反应，能产生毒性更强的氰化氢气体
	有机废气	主要是采用有机溶剂对零件进行除油，所产生的有机溶剂气体
固体废物污染		电镀工艺产生的固体废物较少，固体废物主要为处理废水过程中产生的污泥。氢氧化物、硫化物及重金属污染物从废水中转移到污泥中，属于危险废物
噪声污染		电镀工艺生产中主要噪声源包括磨光机、抛光机、振光机、滚光机、空压机、水泵、超声波、抽风机、送风机、用压缩空气吹干零件等设备。噪声强度通常为 65～100dB(A)

49.2 废水处理

49.2.1 基本规定和要求

① 电镀废水处理工艺，应符合技术先进、经济合理、达标排放原则。

② 采用节水的镀件清洗方式，应选用清洗效率高、用水量少和能回用镀件带出液的清洗工艺方法。从源头上控制、削减电镀废水的产生。

③ 电镀工艺宜采用低浓度镀液，并应采取减少镀液带出量的措施。镀件单位面积的镀液带出量应通过试验确定，当无试验条件时，可按表 49-2 镀件单位面积的镀液带出量的数值采用。

④ 回收槽或第一级清洗槽的清洗水水质应符合电镀工艺要求。当回收槽内主要金属离子浓度达到回用程度时，宜补入电镀槽回用。当回用液对镀层质量会产生影响时，应采用过滤、离子交换等方法净化后再回用。

表 49-2　镀件单位面积的镀液带出量

电镀方式	不同形状的镀件的镀液带出量/(L/m²)			
	简单	一般	较复杂	复杂
手工挂镀	<0.2	0.2～0.3	0.3～0.4	0.4～0.5
自动线挂镀	<0.1	0.1	0.1～0.2	0.2～0.3
滚镀	0.3	0.3～0.4	0.4～0.5	0.5～0.6

注：1. 选用时可再结合镀件的排液时间、悬挂方式、镀液性质、挂具制作等情况确定。

2. 表中所列镀液带出量已包括挂具的带出量。

3. 表中所列滚镀的镀液带出量为滚筒吊起后停留 25s 的数据。

引自 GB 50136—2011《电镀废水治理设计规范》。

⑤ 末级清洗槽中的主要金属离子允许浓度，宜根据电镀工艺要求确定，亦可采用下列数据：

a. 中间镀层清洗为 5～10mg/L；

b. 最后镀层清洗为 20～50mg/L。

注：引自 GB 50136—2011《电镀废水治理设计规范》。

⑥ 当电镀槽镀液蒸发量与清洗水用量平衡时，宜采用自然封闭循环工艺流程；当蒸发量小于清洗水用量时，可采用强制封闭循环工艺流程。镀液蒸发量宜通过试验确定。当无试验条件时，可参照表 49-3 中所列数据[3]。

表 49-3　镀液蒸发量

工作班次	气温条件		镀液温度 /℃	蒸发量 /[L/(m²·d)]
	室温/℃	相对湿度/%		
一班	9～24	45～100	50～60	25～50
两班	10～25	50～100	40～62	45～90

注：本表数据是对镀铬槽的实测资料整理；工作时开通风机及对镀液连续加热；镀槽不加 F-53 等铬雾抑制剂。

⑦ 废液及过滤的废渣等不应直接进入废水处理系统。

⑧ 含氰废水、含铬废水、含络合物废水应预处理后，方可与其他重金属废水混合处理。

⑨ 含氰废水、含铬废水、含有价值金属的废水应分质、分管排至废水处理站处理。

⑩ 含氰废水严禁与酸性废水混合，以避免产生剧毒的氰化氢气体。

⑪ 废水与投加的化学药剂混合、反应时，应进行搅拌。搅拌方式可采用机械、水力或空气。当废水含有氰化物或所投加的药剂在反应过程中产生有害气体时，不宜采用空气搅拌。

⑫ 当废水需要进行过滤时，滤料层的冲洗排水不得直接排放，应排入废水处理系统的调节池（集水池）。

⑬ 采用离交换法处理某一种镀种的清洗废水时，不应混入其他镀种或地面散水等废水。当离交换柱的洗脱回收液回收于镀槽时，不得混入不同镀液配方的废水。

⑭ 进入离子交换柱的废水，其悬浮物浓度不应超过 15mg/L，当超过时，在进入离子交换柱前应进行预处理。

49.2.2　废水收集、水量和水质确定

（1）废水收集

① 电镀废水应清污分流，分类收集。

② 电镀废水收集系统应采用防腐管道或排水沟。

③ 废水中的油污在进入收集池或调节池前，应进行隔油处理。

④ 电镀槽液、废槽液及电镀生产污物，不得弃置和进入废水收集系统。

（2）水量计算

① 新建电镀厂（车间或生产线）废水排放量的计算，应符合 GB 21900—2008《电镀污染物排放标准》、GB 50136—2011《电镀废水治理设计规范》等的有关规定和要求。

② 废水排放量一般等于或接近于排放废水的该清洗槽的平均用水量。

③ 现有车间电镀废水排放量，根据实测数据值的 110%～120%确定；如不具备现场实测条件，可类比同镀种、同规模生产线的实际排放量数据；无类比数据时，可参照废水排放量的计算方法进行计算。

（3）水质确定

① 处理前废水水质可采取实测数据的加权平均值进行确定，实测数据应在车间排水口取得，连续 3～5 天，每天不少于 4h 的连续采样。没有实测条件的，可参考下列数据：

a. 含氰废水：一般废水中含氰浓度在 50mg/L 以下，pH 值为 8～11。

b. 含铬废水：一般废水中六价铬浓度在 100mg/L 左右，较高不超过 200mg/L，pH 值为 4～6。

c. 含重金属废水：如含镍、铜、锌等，一般废水中重金属离子浓度在 100mg/L 以下，其 pH 值依据镀槽和处理槽槽中溶液的性质、浓度等而定。

d. 酸碱废水：根据实际生产中的槽液性质、浓度等而定，一般酸、碱废水混合后偏酸性。

② 废水浓度估算　车间排出废水浓度的变化范围有时较大，无法进行较精确的计算，只能做概略估算。根据小时生产量，镀件 1m² 的槽液带出量，槽液浓度，计算出每小时带到清洗水槽中的某污染物的量，然后除以清洗水槽小时平均排水量，即得出废水浓度。

电镀废水的来源、主要成分和浓度范围参见表 49-4。

表 49-4　电镀废水的来源、主要成分和浓度范围

废水种类	废水来源	废水主要成分	主要污染物浓度范围
酸碱废水	镀前处理、冲洗地面等	各类酸和碱等	酸、碱废水混合后，一般呈酸性，pH 值 3～6
含氰废水	氰化电镀工序等	氰络合金属离子、游离氰等	pH 值 3～6 总氰根离子 10～50mg/L
含铬废水	镀铬、粗化、钝化、化学镀铬、铬酸阳极氧化处理等	六价铬、铜等金属离子等	pH 值 4～6 六价铬离子 10～200mg/L
含镉废水	无氰镀镉、氰化镀镉	镉离子、游离氰离子	pH 值 8～11，镉离子≤50mg/L，游离氰离子 10～50mg/L
含镍废水	镀镍、化学镀镍	镀镍：硫酸镍、氯化镍、硼酸、添加剂 化学镀镍：硫酸镍、配位剂、还原剂	镀镍：pH 值 6 左右，镍离子≤100mg/L 化学镀镍：pH 值取决于溶液类型，镍离子≤50mg/L
含铜废水	酸性镀铜、焦磷酸盐镀铜、氰化镀铜、镀铜-锡合金、镀铜-锌合金等	酸性镀铜：硫酸铜、硫酸 焦磷酸盐镀铜：焦磷酸钾、柠檬酸钾、氨三乙酸及添加剂	酸性镀铜：pH 值 2～3，铜离子≤100mg/L 焦磷酸盐镀铜：pH 值 7 左右，铜离子≤50mg/L
含锌废水	碱性锌酸盐镀锌	锌离子、氢氧化钠和部分添加剂	pH 值＞9 锌离子≤50mg/L
	钾盐镀锌	锌离子、氯化钾、硼酸和部分光亮剂	pH 值 6 左右 锌离子≤50mg/L
	硫酸锌镀锌	硫酸锌、部分光亮剂	pH 值 6～8，锌离子≤50mg/L
	铵盐镀锌	氯化锌、氯化铵、锌的配位化合物和添加剂	pH 值 6～9 锌离子≤50mg/L

续表

废水种类	废水来源	废水主要成分	主要污染物浓度范围
含铅废水	氟硼酸盐镀铅、镀铅-锡-铜合金	氟硼酸铅、氟硼酸根、氟离子	pH 值 3 左右,铅离子 150mg/L 左右,氟离子 60mg/L 左右
含银废水	氰化镀银、硫代硫酸盐镀银	银离子、游离氰离子	pH 值 8~11,银离子≤50mg/L、游离氰离子 10~50mg/L
含氟废水	冷封闭	氟离子、镍离子	pH 值 6 左右,氟离子≤20mg/L、镍离子≤20mg/L
混合废水	电镀前处理和清洗	铜、锌、镍、三价铬等重金属离子	pH 值 4~6,铜、锌、镍、三价铬等重金属离子均为≤100mg/L

注:引自 HJ 2002—2010《电镀废水治理工程技术规范》。

49.2.3　废水处理方法

电镀废水的处理方法见图 49-1,电镀废水的处理方法及应用见表 49-5。

表 49-5　电镀废水的处理方法及应用

废水处理方法	废水处理原理	应用
化学处理法	化学处理法是利用氧化、还原、中和、沉淀等化学反应,对废水进行处理的一种方法。化学法是向水中投加化学药剂,使之与污染物质发生化学反应,形成新的物质,从而将其从废水中除去。化学法一般分为中和法、化学沉淀法和氧化还原法。 化学处理法的主要处理对象是废水中的溶解性或胶体性的污染物质。它既可使污染物与水分离,也能改变污染物的性质,如降低废水中的酸碱度、去除金属离子、氧化某些物质及有机物等,因此可以达到比物理方法更高的净化程度。特别是要从废水中回收有用物质或当废水中有有毒、有害而又易被微生物降解的物质时,采用化学处理方法最为适宜。在化学法的前处理或后处理过程中,通常还需配合使用物理处理方法	含铬废水、含氰废水、含镉废水、含锌废水、含金废水、混合废水、重金属废水及酸碱废水等
离子交换法	离子交换法是利用一种不溶于水、酸、碱及其他有机溶剂的高分子合成树脂,而这种树脂中含有一种具有离子交换能力的活性基团,对废水中的某些离子性物质进行选择性地交换或吸附,使废水得到净化处理。然后再将这些从废水中被吸附的物质用其他试剂从树脂上洗脱下来,达到除去或者分离回收这些物质的目的 离子交换法一般可用于处理浓度低、水量大的电镀废水,可以回收利用金属,回用大量的清洗水,处理过程不产生废渣(污泥),没有二次污染,占地面积小,但操作管理复杂,设备投资费用大	含铬废水、含镍废水、含铜废水、含锌废水、含金废水等
电解处理法	电解是利用直流电进行氧化还原的过程。在电解过程中,废水中的某些阳离子在阴极得到电子而被还原;废水中的某些阴离子在阳极失去电子而被氧化。废水进行电解反应时,废水中的有害或有毒物质,在阳极和阴极分别进行氧化还原反应,结果产生新物质。这些新物质在电解过程中,或沉积于电极表面或沉淀下来或生成气体从水中逸出,从而降低了废水中有害物浓度。用这种利用电解反应来处理废水的方法称为电解法	含铬废水、含铜废水、含银废水、含金废水、含氰废水、混合废水等
活性炭吸附法	活性炭是一种非极性吸附剂,使用较多的是粒状活性炭。它具有良好的吸附性能和稳定的化学性质,可以耐强酸、强碱,能经受水浸、高温、高压作用,不易破碎。活性炭具有巨大的比表面积和特别发达的微孔,粒状活性炭的比表面积高达 950~1500m²/g,具有吸附能力强、吸附容量大的特点,可有效地吸附废水中的有机污染物和金属离子,活性炭是目前废水处理中普遍采用的吸附剂	含铬废水、含氰废水等
反渗透处理法	反渗透法属于膜分离法中常用的一种处理废水的方法。膜分离是指通过特定的膜的渗透作用,借助外界能量或化学位差的推动,对两组分或多组分混合液体进行分离、分级、提纯和富集。膜分离技术作为新的分离净化和浓缩技术,其过程大多数无相变化,常温下操作,有高效、节能、工艺简便、投资少、污染小的优点,故发展迅速,获得越来越广泛的应用	含镍废水、含镉废水、反渗透深度处理等
生物化学处理法	微生物处理电镀重金属废水的机理是依据获得的高效功能菌对重金属离子的静电吸附作用,酶的催化转化作用,络合作用,絮凝作用和共沉淀作用,以及对 pH 值的缓冲作用,使得金属离子被沉积、经固液分离,净化废水	含铬废水、含铜废水、混合废水等

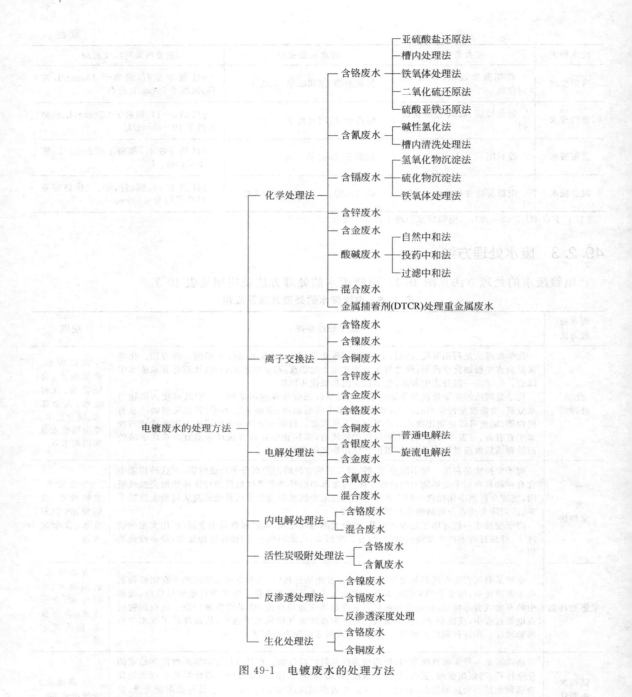

图 49-1　电镀废水的处理方法

49.2.4　含铬废水处理

含铬废水的处理方法有：化学处理法（包括亚硫酸盐还原法、硫酸亚铁还原法、槽内清洗处理法、铁氧体法等）、离子交换法、电解处理法、活性炭吸附法、生物化学处理法等。

49.2.4.1　化学处理法

（1）亚硫酸盐还原法

亚硫酸盐还原法是国内常用的处理含铬废水的方法之一，其处理方法是在酸性条件下（pH 值 2.5～3），亚硫酸盐与六价铬进行氧化还原反应，将六价铬还原为三价铬，加入氢氧化钠溶液或碱（石灰），pH 值提高至 7～8 后，生成氢氧化铬沉淀。以亚硫酸氢钠处理为例，其化学反应如下：

$$6NaHSO_3 + 3H_2SO_4 + 2H_2Cr_2O_7 \longrightarrow 2Cr_2(SO_4)_3 + 3Na_2SO_4 + 8H_2O$$

$$2Cr_2(SO_4)_3 + 3Na_2SO_4 + 9Ca(OH)_2 \longrightarrow 4Cr(OH)_3 \downarrow + 9CaSO_4 + 6NaOH$$

亚硫酸盐还原法的还原剂有：亚硫酸氢钠、亚硫酸钠、硫代硫酸钠等。

沉淀剂有：氢氧化钙、石灰、碳酸钠、氢氧化钠等。

亚硫酸盐与废水混合反应的时间宜为 15～30min。

废水反应过程无在线自动监测和自动加药系统时，加药量可按亚硫酸盐与六价铬离子的质量比投加，加药量见表 49-6。

表 49-6　亚硫酸盐与六价铬（Cr^{6+}）的投药量比（质量比）

亚硫酸盐：六价铬（Cr^{6+}）	理论投药比	实际投药比
亚硫酸氢钠（$NaHSO_3$）：六价铬（Cr^{6+}）	3.0：1.0	(4.0～5.5)：1.0
亚硫酸钠（Na_2SO_3）：六价铬（Cr^{6+}）	3.6：1.0	(4.0～5.0)：1.0
焦亚硫酸钠（$Na_2S_2O_5$）：（Cr^{6+}）	2.74：1.0	(3.5～4.0)：1.0

亚硫酸盐还原法处理含铬废水，根据废水量的大小有两种处理形式，即间歇处理方式和连续处理方式。含铬废水量每天小于 40t 时，且含六价铬离子的浓度变化较大时，宜采用间歇处理方式；含铬废水量每天大于或等于 40t，且含六价铬离子的浓度变化不大时，可采用连续处理方式。其处理流程见图 49-2、图 49-3。

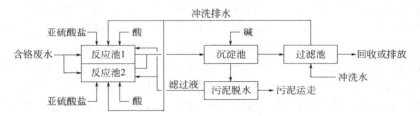

图 49-2　亚硫酸盐还原法间歇式处理含铬废水的流程

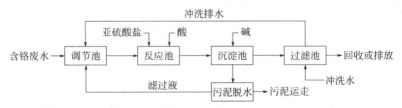

图 49-3　亚硫酸盐还原法连续式处理含铬废水的流程

（2）槽内清洗处理法

槽内清洗处理法是将镀件工艺清洗和废水处理融为一体的一种废水处理方法。它适合于镀件镀层不受处理剂影响，而且不降低镀层质量的场合。在线上回收槽后面设置化学清洗槽，再在其后设置清洗水槽。处理流程顺序：镀件从镀铬槽中出槽→回收槽清洗→化学清洗槽（一级）→化学清洗槽（二级）→清洗水槽浸洗。当化学清洗槽（一级）接近反应终点时，将其化学清洗液移至失效的清洗液处理槽（即沉淀池），把化学清洗槽（二级）清洗液移至化学清洗槽（一级），而化学清洗槽（二级）配制新的化学清洗液。在失效溶液处理槽（沉淀池）内投加氢氧化钠或石灰，调节 pH 值进行沉淀分离，沉淀物排出、过滤，污泥运走。这种处理法具有投药量小，污泥量少，占地面积小，投资较少等特点。对小型电镀车间比较合适，但对大型电镀车间反而会延长生产线，增加操作人员劳动量，不太适用。

槽内处理法处理含铬废水的还原剂，宜采用亚硫酸氢钠或水合肼（$H_2N—NH_2 \cdot H_2O$）。当采用亚硫酸氢钠为还原剂时，化学清洗液中还原剂浓度宜为 3g/L，pH 值宜为 2.5～3.0；当采用水合肼（有效浓度 40%）为还原剂时，化学清洗液中还原剂浓度宜为 0.5～1.0g/L，用于镀铬清洗时，溶液的 pH 值宜为 2.5～3.0；用于钝化清洗时，溶液的 pH 值宜为 8～9。

在酸性条件下，以亚硫酸氢钠或水合肼为还原剂时，可采用图 49-4 的基本流程；在碱性条件下，以水合肼为还原剂时，可采用图 49-5 的基本流程。

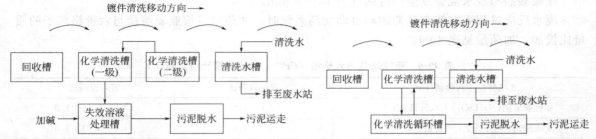

图 49-4　酸性条件下槽内法处理含铬废水的基本流程　　图 49-5　碱性条件下槽内法处理含铬废水的基本流程

49.2.4.2　离子交换法

离子交换法可用于处理镀铬和钝化清洗废水，经处理后出水能达到排放标准，且出水水质较好，能循环使用。阴离子交换树脂交换吸附饱和后的再生洗脱液，经脱钠和净化或浓缩后，能回用于镀槽或用于钝化及其他需用铬酸的工艺槽。阳离子交换树脂的再生液等需处理达标后排放。但多年来的生产实践证明，由于各种原因，例如阴柱再生剂工业烧碱（NaOH）含有较多的 Cl$^-$ 等杂质，所获再生洗脱液杂质较多，难以回用，在这种情况下，洗脱液可通过其他渠道进行综合利用。所以离子交换法用于处理含铬废水，现在用得不多。

用离子交换法处理含铬废水，六价铬离子含量不宜大于 200mg/L，且不宜用于镀黑铬和镀含氟铬的清洗废水。除铬阴柱一般采用大孔型弱碱阴离子树脂（如 710A、710B、D370、D301 型），也可采用凝胶型强碱阴离子树脂（如 717、731 型）。但处理钝化含铬废水，一般不宜采用凝胶型强碱阴离子树脂。

含铬废水离子交换法的处理流程见图 49-6。

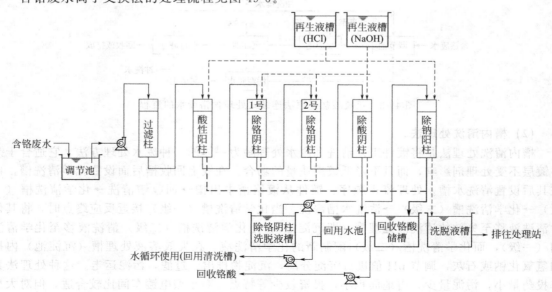

图 49-6　离子交换法处理镀铬清洗废水的基本流程

49.2.4.3　电解处理法

电解处理法可用于处理镀铬、浸蚀、钝化、铬酸阳极氧化等产生的各种含铬废水。它便于操作管理，并具有适应性强，处理稳定，处理后水容易达到排放标准等优点。其缺点是耗电量较其他处理方法大，消耗大量钢板，污泥较多，污泥处理费用高，因此，应用的很少。

电解法处理含铬废水，一般采用铁板作阳极和阴极，接通直流电，在电解过程中，阳极铁板不断溶解，产生亚铁离子，在酸性条件下将废水中的六价铬还原成三价铬。随着电极反应的进行，氢离子浓度逐渐减小，pH值逐渐升高，使废水从酸性转变为碱性，使水中的三价铬离子生成氢氧化铬沉淀。再则，由于铁阳板溶解产生的亚铁离子使六价铬还原成三价铬，同时亚铁离子被氧化成三价铁离子，并与水中的OH^-形成氢氧化铁，起到了使氢氧化铬凝聚和吸附的作用，加快了废水的固液分离。因此，它不需投加处理药剂，处理水中基本不增添其他离子和其他污染物，更有利于处理后水的重复使用，所产生的污泥需要进一步处置。

电解法处理含铬废水的流程见图49-7。

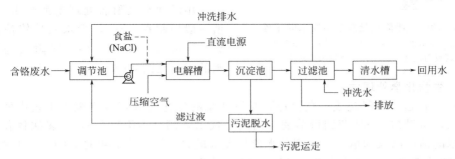

图 49-7　电解法处理含铬废水的流程

处理方式一般采用间歇集水，连续电解处理的方式。电解法处理含铬废水时，六价铬离子浓度不宜大于100mg/L，pH值宜为4.0～6.5。电解槽投加食盐（NaCl），投加量为0.5g/L，以增加水的电导率，若采用小极距电解槽，一般可不投加食盐。一般情况下，当进水Cr^{6+}浓度为50mg/L，极板净距为5mm（或10mm）时，电解时间宜采用5min（或10min），阳极电流密度宜采用$0.15A/dm^2$（或$0.2A/dm^2$）。当六价铬离子浓度为100mg/L时，处理$1m^3$废水所产生的污泥干重可按1kg计算。

49.2.4.4　活性炭吸附法

（1）处理原理[8]

用活性炭吸附法处理电镀废水，一般认为是利用它的吸附作用和还原作用。

① 吸附作用　在活性炭表面存在大量的含氧基团，如羟基（—OH）、甲氧基（—OCH₃）等（制造时引入），因此活性炭不是单纯的游离碳，而是含碳量多，分子量大的有机物凝聚体。当pH值为3～4时，由于含氧基团的存在，微晶分子结构产生电子云，使羟基上的氢具有较大的静电引力（正电引力），因而能吸附$Cr_2O_7^{2-}$或CrO_4^{2-}等负离子，形成一个稳定的结构，可见，活性炭对Cr^{6+}有明显吸附效果。

随着pH值的升高，水中OH^-浓度增大，而活性炭的含氧基团对OH^-的吸附较强，由于含氧基与OH^-的亲和力大于对$Cr_2O_7^{2-}$的亲和力，因此，当pH大于6时，活性炭表面的吸附位置全被OH^-夺取，活性炭对Cr^{6+}的吸附明显下降，甚至不吸附。利用此原理，用碱处理可达到再生活性炭的目的。即当pH值降低后，再次恢复其吸附Cr^{6+}的性能。

② 还原作用　活性炭对铬除有吸附作用外，还具有还原作用。在酸性条件下（pH<3），活性炭可将吸附在其表面的Cr^{6+}还原为Cr^{3+}，其反应式可能是：

$$3C + 2Cr_2O_7^{2-} + 16H^+ \longrightarrow 3CO_2 \uparrow + 4Cr^{3+} + 8H_2O$$

在生产运行中亦发现，当 pH<4 时含铬废水经活性炭处理后，其出水中含 Cr^{3+}，说明在较低的 pH 值条件下，活性炭主要起还原作用，氢离子浓度越高，其还原能力越强。利用此原理，当活性炭吸附饱和后，通过酸液将它吸附的铬以三价铬形式洗脱下来，达到再生的目的。

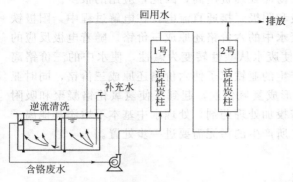

图 49-8　活性炭吸附法处理含铬废水的流程
注：活性炭吸附饱和后，用酸或碱进行再生处理，
恢复其吸附性能。再生系统管道未表示出。

（2）处理流程

一般采用两柱或三柱活性炭柱串联运行，当第 1 级炭柱吸附饱和后进行再生，再生后再与第 2 级（或最后一级）炭柱串联，这样交替工作，以达到饱和流程。由于单用活性炭处理后的出水含三价铬浓度偏高，pH 值偏低，因此，有的处理流程在活性炭柱后再串联 1 个硅酸钙柱，使处理后出水中的三价铬浓度达到 0.5mg/L 以下，pH 值在 7 左右。

用活性炭吸附法处理电镀废水，废水 pH 值一般控制在 3～5，废水六价铬浓度控制在 5～60mg/L 较好。活性炭吸附法处理含铬废水的流程见图 49-8。

49.2.4.5　生物化学处理法

有文献[3]报道，中科院成都微生物研究所开发的生化法处理含铬废水工艺中使用的微生物是厌氧菌，从最初的 SR 菌到目前使用的新一代 BM 菌（为厌氧菌），经多次优化筛选，处理含铬废水的活性已大为增大。含细菌水量与废水量的比例，从最初的 1:（2～5）提高到 1:100。生化法处理含铬废水的处理流程如图 49-9 所示。

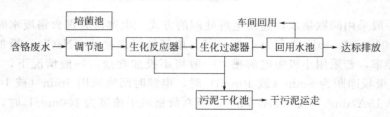

图 49-9　生化法处理含铬废水的处理流程

当 BM 复合菌与电镀含铬废水混合后，通过多层生物-化学反应使各种重金属离子转化为沉降物，沉降物经过固液分离后，达到净化水质的目的。同时对废水中有机物也具有一定降解去除作用。

BM 菌生命力强、稳定、变异性小。培养基主要成分为粮食加工工业中的副产品、下脚料，来源广泛。

处理效果：对六价铬处理有特效，处理出水不会超标。出水总铬含量可稳定低于 0.3mg/L。污泥产出量少。现在 10L 细菌水可处理 1m³ 废水。本处理技术可供大型电镀厂或电镀车间废水处理参考采用。

49.2.5　含氰废水处理

含氰废水的处理方法有：化学处理法（碱性氯化法、槽内清洗处理法）、电解处理法、活性炭吸附法等。

49.2.5.1　碱性氯化法

化学法处理含氰废水，宜采用碱性氯化法。在碱性条件下采用氯系氧化剂，将氰化物氧化破坏而除去的方法叫碱性氯化法。这种处理方法具有运行成本低、处理效果稳定等优点，是目前国内外采用较多的处理含氰废水的一种化学处理方法。

但废水总氰质量浓度超过 300mg/L[2] 时，就需要考虑该法的安全性，而且药剂消耗量很大，处理效果较差，不能达到排放标准。

氧化剂可采用次氯酸钠（NaClO）、漂白粉 [Ca（ClO）$_2$]、液氯（Cl$_2$）等。此法是利用活性氯的氧化作用，首先使氰化物氧化成氰酸盐（氰酸盐毒性为氰化物的 1‰），当废水中有足够氧化剂存在时，会将氰酸盐进一步氧化为二氧化碳和氮。以次氯酸钠作氧化剂，其总体反应：

$$NaCN + NaClO \longrightarrow NaCNO + NaCl$$
$$2NaCNO + 3NaClO + H_2O \longrightarrow 2CO_2 \uparrow + N_2 \uparrow + 2NaOH + 3NaCl$$

反应分为两个阶段，即第一阶段（不完全氧化反应）和第二阶段（完全氧化反应）。

第一阶段（不完全氧化反应）将氰化物氧化成氰酸盐（CNO$^-$），破氰不彻底，叫作"不完全氧化"。其反应如下：

$$CN^- + ClO^- + H_2O \longrightarrow CNCl + 2OH^-$$
$$CNCl + 2OH^- \longrightarrow CNO^- + Cl^- + H_2O$$

第二阶段（完全氧化反应）完全氧化是在过量氧化剂和 pH 值接近中性条件下，将 CNO$^-$ 进一步氧化分解成 CO$_2$ 和 N$_2$，将碳氮键完全破坏掉。其反应如下：

$$2CNO^- + 3ClO^- + H_2O \longrightarrow 2CO_2 \uparrow + N_2 \uparrow + 3Cl^- + 2OH^-$$

（1）处理流程

碱性氯化法处理含氰废水，应采用二级氧化处理，当受纳水体的水质许可时，可采用一级处理。

① 采用二级氧化处理时，第一级和第二级所需氧化剂应分阶段投加。其处理流程见图 49-10。

② 采用一级氧化处理时，其处理流程见图 49-11。采用间歇式处理，当设置两格反应沉淀池交替使用时，可不设调节池。

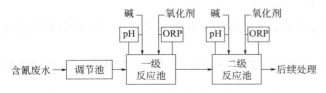

图 49-10　二级氧化处理含氰废水的基本流程
注：ORP 为氧化还原电位监测仪。

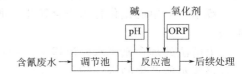

图 49-11　一级氧化处理含氰废水的基本流程
注：ORP 为氧化还原电位监测仪。

（2）处理的基本规定和要求

① 化学法处理含氰废水时，废水中氰离子浓度不宜大于 50mg/L。

② 采用碱性氯化法处理含氰废水时，应避免铁、镍离子混入含氰废水处理系统。

③ 含氰废水经氧化处理后，应根据含其他污染物的情况，进行后续处理。

④ 氧化剂的投入量应通过氧化还原电位控制，也可按氰离子与活性氯的质量比计算确定：采用一级氧化处理时，质量比宜为（1:3）~（1:4）；采用二级氧化处理时，质量比宜为（1:7）~（1:8）。

⑤ 反应过程中的 pH 值控制和处理时间

a. 采用一级氧化处理。当采用次氯酸钠、漂白粉作氧化剂时，反应过程中 pH 值宜控制在 10~11；当采用二氧化硫作氧化剂时，反应过程中 pH 值宜控制在 11~11.5。当采用次氯酸钠、二氧化硫作氧化剂时，反应时间宜为 10~15min；当采用漂白粉作氧化剂干投时，反应时间宜为 30~40min。

b. 采用二级氧化处理。第二级反应过程中的 pH 值宜控制在 6.5～7.0，反应时间宜为 10～15min。

⑥ 连续处理含氰废水时，反应 pH 值的控制和氧化剂的投药量，应采用在线自动监测和自动加药系统控制，第一级氧化阶段氧化还原电位应为 300～350mV，第二级氧化阶段氧化还原电位应为 600～700mV。

⑦ ORP 仪（氧化还原电位监测仪）应选用黄金电极[2]，不宜采用白金电极。因白金电极在氰氧化反应中极易钝化，造成 ORP 仪响应迟钝，加药控制不灵敏。

⑧ 反应池应采取防止有害气体逸出的封闭和通风措施。

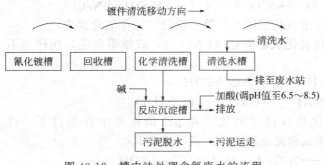

图 49-12　槽内法处理含氰废水的流程

49.2.5.2　槽内清洗处理法

这是线上槽内清洗处理与镀件工艺清洗结合在一起的一种废水处理方法。它适合于镀件镀层不受氧化剂影响，而且不降低镀层质量的场合。其处理流程见图 49-12。

在线上镀槽（如镀液加热时可设置回收槽）后面设置化学清洗槽，再在其后设置清洗水槽。从氰化槽中取出零件，先在回收槽中清洗（当设置回收槽时），然后在槽内清洗处理槽中清洗（除氰净化处理），再在清洗水槽中（二级或三级逆流清洗）清洗，清洗水槽出水可直接排放。化学清洗槽内加入氧化剂次氯酸钠，加碱将 pH 值调至 10～12，当化学清洗槽内的重金属等杂质增加到一定量，将处理液排入反应沉淀槽（池），沉淀污泥脱水后运走。排水加酸调 pH 值至 6.5～8.5 后排放。

49.2.5.3　电解处理法

电解法处理含氰废水，氰化电镀的清洗废水中的氰化物初始浓度低，用电解法处理不经济，浓度高的废液，如氰化电镀废较为合适。

废水中简单的氰化物和络合氰化物通过电解，在阳极上将氰电解氧化为二氧化碳和氮气而除去。

电解法处理含氰废水的流程见图 49-13。电解法处理含氰废水产生的沉淀物，比电解法处理含铬废水所产生的沉淀物要少得多。

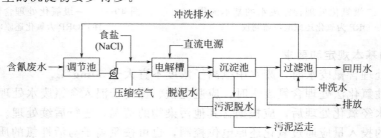

图 49-13　电解法处理含氰废水的流程

电解法处理含氰废水的工艺参数见表 49-7。

表 49-7　电解法处理含氰废水的工艺参数

氰浓度（CN⁻）/(mg/L)	槽电压/V	体积电流密度①/(A/L)	阳极电流密度/(A/dm²)	电解时间/min	食盐投加量/(g/L)
50	6～8.5	0.75～1.0	0.25～0.3	25～20	1.0～1.5

续表

氰浓度(CN⁻)/(mg/L)	槽电压/V	体积电流密度①/(A/L)	阳极电流密度/(A/dm²)	电解时间/min	食盐投加量/(g/L)
100	6～8.5	0.75～1.0～1.25	0.25～0.3～0.4	45～35～30	1.0～1.5
150	6～8.5	1.0～1.25～1.5	0.3～0.4～0.45	50～45～35	1.5～2.0
200	6～8.5	1.25～1.5～1.75	0.4～0.45～0.5	60～50～45	1.5～2.0

① 体积电流密度即为单位体积溶液通入的电流强度。
注：处理低浓度含氰废水，现一般采用 0.4～0.7A/dm² 的阳极电流密度。

49.2.5.4 活性炭吸附法

活性炭不仅具有吸附特性，同时还具有较强的催化特性。活性炭催化氧化法处理含氰废水，就是利用活性炭的这种特性。

(1) 处理原理

含氰废水流经浸铜处理过的活性炭（载铜活性炭），利用活性炭的吸附性，吸附氰在活性炭上利用空气中的氧将其催化氧化分解成氨和碳酸根，氨气逸出，铜与碳酸根反应生成碱式碳酸铜吸附在活性炭表面上。这是一种简便高效的处理方法。它不需要投加另外的药剂，不产生二次污染，处理效率高。

(2) 处理流程

活性炭催化氧化法处理含氰废水的流程见图 49-14。含氰废水排入调节池经混匀和调节 pH 值后，用泵打入气升式流化床进行吸附催化氧化反应，由于流化床有良好的传质性能，其处理效率很高，处理掉大部分的氰，可把流化床作为高负荷处理的前置反应器，然后流入固定床，结合固定床处理实现废水达标排放。处理后出水可以回用。饱和的活性炭进行再生处理。流化床的出气口与含 5%（质量分数）NaOH 的吸收液接触，防止氨气等逸出。

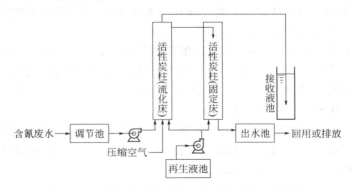

图 49-14 活性炭催化氧化法处理含氰废水的流程

(3) 活性炭再生[8]

饱和的活性炭的再生：在 0.5mol/L 的 NaOH 溶液中加入 H_2O_2（5%～6%，体积分数）作为再生液，浸渍已饱和的活性炭 30min 左右，滤出液体，用自来水冲洗至 pH 值为 9～10，然后再用含 10%（质量分数）$CuCl_2$ 的溶液浸渍上述活性炭，其作用是洗脱活性炭上的沉淀物和活性炭吸附 Cu^{2+} 作为催化剂，20h 后用水冲洗至 pH 值为 4～5。再生后活性炭可重新投入运行。

49.2.6 含镉废水处理

含镉废水的处理方法有：化学处理法（硫化物沉淀法、氢氧化物沉淀法、铁氧体处理法）、反渗透处理法等。氰化镀镉废水，先经过化学处理（碱性氯化法），去除氰化物后的废水和无氰镀镉废水，曾经采用多种方法处理，但效果都不够理想。现在多采用化学沉淀法处理。

49.2.6.1 硫化物沉淀法

硫化物沉淀法处理无氰镀镉废水，是向废水中投加硫化钠等硫化剂，使镉离子与硫离子反应，生成难溶的硫化镉沉淀，予以分离除去。其工艺流程见图 49-15。

镉的排放标准是 $0.01\sim0.05\mathrm{mg/L}$（GB 21900—2008《电镀污物排放标准》），要达到这个标准是很困难的。根据溶度积规则，硫化镉（CdS）的溶度积 $K_{SP}=[\mathrm{Cd^{2+}}][\mathrm{S^{2-}}]=8.0\times10^{-27}$，从理论上说，这种处理方法是可行的。

硫化物沉淀法处理含镉废水，投资不多，工艺简易可行，排水符合排放标准。

49.2.6.2 氢氧化物沉淀法

化学法处理含镉废水，宜采用氢氧化物沉淀法处理无氰镀镉废水。向废水中投加石灰，提高废水的 pH 值到大于或等于 11，在较强的碱性条件下，离子状态的镉以氢氧化镉形式沉淀后除去。

氢氧化物沉淀法处理无氰镀镉废水的基本流程见图 49-16。

图 49-15 硫化物处理含镉废水的流程   图 49-16 氢氧化物沉淀法处理无氰镀镉废水的基本流程

49.2.6.3 反渗透处理法

硫酸盐镀镉废水的反渗透法处理，对于单纯硫酸镉废水，可采用醋酸纤维素（CA）膜进行反渗透分离，在 2.8 MPa 的压力下，$\mathrm{Cd^{2+}}$ 的分离率可达到 98% 以上，而且透水率也较高。CA 膜的透水率和分离率较高，但适用的 pH 值范围较窄（3～8），并且使用温度较低。也可采用 PSA（聚砜酰胺）膜，它具有良好的抗氧化性、抗酸性和抗碱性。PSA 膜经处理后使用，经反渗透测试，膜的脱盐率为 96.3%，透水率为 $1.5\mathrm{cm^3/(cm^2 \cdot h)}$。PSA 膜物化稳定性良好，可适用于处理 pH 值在 1～12 的溶液。

处理流程见图 49-17。含镉废水排入集水槽，经过滤器进入高压泵，加压后（由高压针形阀调节）进入板式反渗透器，透过膜的淡水，由淡水储槽收集。未透过膜的浓液（水），经转子流量计返回集水槽，继续进行循环浓缩。

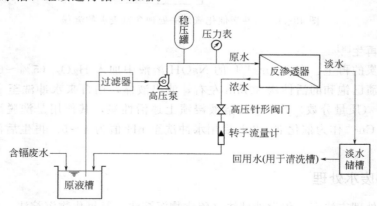

图 49-17 反渗透法处理含镉废水的流程

49.2.7　混合废水处理

混合废水的处理方法有：普通化学处理法、金属捕集沉淀剂（DTCR）处理法、内电解处理法、生物化学处理法等。

49.2.7.1　普通化学处理法

电镀混合废水包括多种工序排放的废水，如前处理的除油、酸洗、中和等工序产生的废水，后处理的氧化、钝化、着色、封闭工序产生的废水，以及退镀工序所产生的废水等，组分复杂多变，含有多种金属离子、油类、有机添加剂、络合剂等污染物。

下列废水不得排入混合废水系统：

① 含各种配位剂超过允许浓度的废水。

② 含各种表面活性剂超过允许浓度的废水。

③ 含氰废水和含铬废水不得排入混合废水处理系统，只有将氰氧化破坏，六价铬还原后，才能与混合废水一起处理。如废水 COD_{Cr} 较高，再进一步采用生化处理。

（1）处理流程

化学沉淀法处理混合废水宜采用连续式处理，其处理的基本流程见图 49-18。

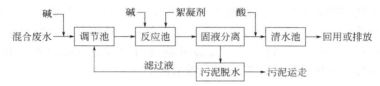

图 49-18　化学沉淀法处理混合废水的基本流程

混合废水中不含有镉、镍离子时，应采用一级处理；混合废水中含有镉、镍离子时，应采用二级处理，第一级处理过程中 pH 值应控制在 8～9，第二级处理过程中 pH 值应控制在大于或等于 11。

该处理技术可简化混合废水处理工艺和设备，节省投资，提高处理效率，降低运行成本，适用于中小型电镀点的废水处理。

（2）处理过程控制

① 控制系统　采用 pH 和 ORP（氧化还原监测仪）自动控制系统，系统有控制、调节、显示、记录和检测等功能，处理过程中将根据出水水质及时调节投药量，不合格的处理出水将由系统控制返回集水池重新处理。废水处理自动控制系统，有助于提高整个废水处理系统的稳定性，提高处理效率和确保出水水质。

② 投加药剂　混合废水多数呈酸性，且含有多种金属离子，一般添加碱性沉淀剂，使重金属离子生成难溶的氢氧化物沉淀物除去。中和沉淀方法一般有一次中和沉淀和分段中和沉淀两种。一次中和沉淀是一次投加碱剂提高 pH 值，使各种金属离子共同沉淀除去，工艺流程简单，操作方便，但沉淀物含有多种金属，不利于金属回收。分段中和沉淀是根据不同金属氢氧化物在不同 pH 值下沉淀的特性，分段投加碱剂，控制不同的 pH 值，使各种重金属分别沉淀，工艺较复杂，pH 值控制要求严格，但有利于金属的回收。

（3）处理用的药剂

处理过程中投加的碱剂有氢氧化钠、石灰乳、石灰石、电石渣、碳酸钠等，其中石灰的应用最广，它可以同时起到中和与混凝的作用，其价格便宜、来源广，生成的沉淀物沉降性好，污泥脱水性好，因此它是国内外处理重金属废水的主要中和剂。常见的氢氧化物溶度积常数及析出 pH 值见表 49-8。

表 49-8 金属氢氧化物的溶度积常数及析出 pH 值

金属离子	金属氢氧化物	溶度积常数	析出 pH 值
Cr^{3+}	$Cr(OH)_3$	6.3×10^{-31}	5.7
Cu^{2+}	$Cu(OH)_2$	5.0×10^{-20}	6.8
Zn^{2+}	$Zn(OH)_2$	7.1×10^{-18}	7.9
Co^{2+}	$Co(OH)_2$	6.3×10^{-15}	8.5
Ni^{2+}	$Ni(OH)_2$	2.0×10^{-15}	9.0
Cd^{2+}	$Cd(OH)_2$	2.2×10^{-14}	10.2
Mn^{2+}	$Mn(OH)_2$	4.5×10^{-13}	9.2
Fe^{3+}	$Fe(OH)_3$	3.2×10^{-38}	3.0

在混合废水化学处理过程中，可根据需要投加絮凝剂和助凝剂，其品种和投加量应通过试验确定。还可投加硫化钠等硫化剂，使金属离子与硫离子反应，生成难溶的金属硫化物沉淀，分离除去。

（4）电镀综合废水处理示例

电镀综合废水处理即将电镀厂或电镀车间排出废水汇总进行处理。一般先分流进行预处理，然后汇总进行后续处理，即将分流的含氰废水破氰；含铬废水将六价铬还原为三价铬；酸碱废水调节 pH 值为 6～9，然后将这三股分流并将进行过预处理的废水汇总至综合处理池，再经过后续处理达标后回用或排放。其处理流程示例见图 49-19。

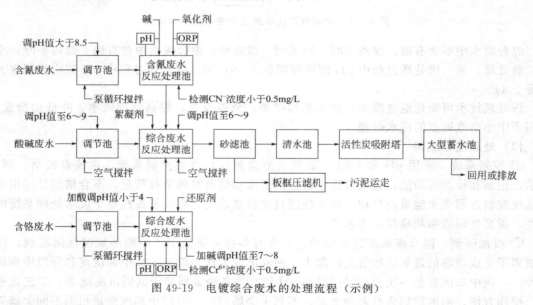

图 49-19 电镀综合废水的处理流程（示例）

处理流程简要说明：

① 含氰废水预处理 将经过过滤无悬浮物的含氰废水排入调节池，调节 pH 值大于 8.5，然后引入含氰废水反应处理池，调节 pH 值至 10～11（根据氧化剂要求而定），投入氧化剂进行反应处理，反应达到终点（CN^- 浓度小于 0.5mg/L）后，将预处理后的水排入综合废水反应池。

② 含铬废水预处理 将经过过滤无悬浮物的含铬废水排入调节池，再引入含铬废水反应池，加酸调节 pH 值至 2.5～3，投加还原剂，将六价铬还原为三价铬，当六价铬含量始终保持为小于 0.5mg/L 时，加碱调节 pH 值，控制废水的 pH 值为 7～8，然后将预处理后的废水

排入综合废水反应池。

③ 酸碱废水预处理 将经过过滤无悬浮物的酸碱废水排入调节池，加酸或碱调节 pH 值至 6～9，然后将预处理后的废水排入综合废水反应池。

④ 综合池、砂滤池处理 取水样检测综合池水体的 pH 值是否在 6～9 范围内，若 pH 值不在此范围内加酸或碱调节 pH 值至 6～9，加絮凝剂（阴离子型聚丙烯酰胺，PAM）至综合池中，并充分搅拌，将综合处理后的污泥打入砂滤池，进行固液分离，砂滤池定期清理干化的污泥，回收或进一步处理。从砂滤池流出的清水进入清水池，回用或排放。

49.2.7.2 金属捕集沉淀剂（DTCR）处理重金属废水

DTCR 是一种高分子量重金属离子捕集沉淀剂，是二硫代氨基甲酸型螯合树脂，能在常温下与废水中的 Hg^{2+}、Ag^+、Cd^{2+}、Pb^{2+}、Mn^{2+}、Cu^{2+}、Ni^{2+}、Zn^{2+}、Cr^{3+} 等各种重金属离子迅速反应，生成不溶于水的螯合盐，再加入少量有机或（和）无机絮凝剂，形成絮状沉淀，从而达到去除重金属的目的，能实现在多种重金属离子共存的情况下一次处理。这是一种新的处理方法——螯合沉淀法。

（1）处理原理

DTCR 是一种长链的高分子螯合树脂，含有大量的极性基团，螯合树脂中的硫离子原子半径较大、带负电，易于极化变形产生负电场，捕捉阳离子，同时趋向成键，生成难溶的二硫代氨基甲酸盐（DTC 盐）而析出。生成的难溶螯合盐絮凝体积大，故此金属盐一旦在水中产生，在重力作用下，便有很好的絮凝沉淀效果。

（2）处理流程

金属捕集沉淀剂（DTCR）处理废水的一般工艺流程见图 49-20。

根据废水中的重金属离子的含量，确定 DTCR 的投放量（DTCR 的投加量见表 49-9），可以连续或分批投入废水中，处理时必须充分搅拌，并加入适量有机或（和）无机絮凝剂，有机絮凝剂可采用非离子型、弱阴离子型和阴离子型，常用的是聚丙烯酰胺（PAM）；无机絮凝剂可采用铁盐和铝盐。重金属沉淀物与水分离可采用沉降、过滤等固液分离方法，清液（水）达标排放。

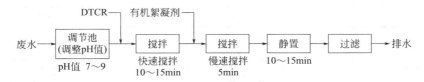

图 49-20 金属捕集沉淀剂（DTCR）处理废水的一般工艺流程

表 49-9 每 1mg/L 的重量金属所使用的 DTCR 原液量

重金属离子	DTCR 的用量/(g/m³)	重金属离子	DTCR 的用量/(g/m³)
汞（Hg^{2+}）	0.49～1.02	铁（Fe^{2+}）	1.77～3.65
银（Ag^+）	0.92～1.89	锰（Mn^{2+}）	1.80～3.71
铜（Cu^{2+}）	1.56～3.21	锡（Sn^{2+}）	0.83～1.72
铅（Pb^{2+}）	0.48～0.98	铬（Cr^{3+}）	2.86～5.88
镉（Cd^{2+}）	0.87～1.80	铬（Cr^{6+}）	5.71～11.76
锌（Zn^{2+}）	1.50～3.00	砷（As^{3+}）	1.32～2.72
镍（Ni^{2+}）	1.68～3.46	金（Au^+）	1.02～2.10
钴（Co^{2+}）	1.68～3.46	—	—

(3) 处理特点

DTCR 沉淀法的特点如下。

① 处理方法简单。只要向废水中投放药剂，即可除去重金属离子，处理方法简便，也可在原化学沉淀法装置上投药使用，费用低。

② 处理效果好。DTCR 与重金属离子强力螯合，生成不溶物，且形成良好的絮凝，沉降速度快，过滤性好，去除效果好。

a. 废水中的重金属离子浓度无论高低，都有较好的去除效果。

b. 多种重金属离子共存时，能同时去除。

c. 重金属离子以络合盐形式 [EDTA（乙二胺四乙酸）、柠檬酸等] 存在的情况下，也能发挥良好的去除效果。

d. 胶质重金属也能去除。

e. 不受共存盐类的影响。

③ 污泥量少，且稳定。产生的污泥量约为中和沉淀法产生污泥中的 5%，污泥中的重金属不会再溶出（强酸条件除外），没有二次污染，后处理简单。污泥脱水容易。

④ 本产品无毒，可安全使用。

⑤ DTCR 对金属的选择性依次为：

$Hg^{2+} > Ag^+ > Cu^{2+} > Pb^{2+} > Cd^{2+} > Zn^{2+} > Ni^{2+} > Co^{2+} > Cr^{3+} > Fe^{2+} > Mn^{2+}$。

螯合沉淀法（DTCR）与传统化学沉淀法的比较见表 49-10。

表 49-10 螯合沉淀法（DTCR）与传统化学沉淀法的比较

项目	螯合沉淀法(DTCR)	传统化学沉淀法
工艺方法	重金属离子与金属捕集剂（DTCR）反应形成不溶于水的螯合盐，再利用絮凝剂使其沉淀分离	添加氢氧化物[Ca(OH)$_2$ 或 NaOH]将废水 pH 值调节到碱性范围，形成水不溶性重金属氢氧化物，再利用絮凝剂使其沉淀分离
重金属去除	很好	一般
汞去除	可以处理至极低浓度	去除效果差
盐类影响	无影响	影响小
有机物影响	无影响	无影响
絮状物	絮状物粗大	絮状物细小
沉淀性	沉淀快速	沉淀速度一般
沉淀再溶出	无	碱性稳定,酸性可再溶出
连续处理	可以	可以
建设费	低	一般
处理药费	较高	低
废水处理费	比较低	低
污泥处理费	低	很高
二次公害	无	有
维护管理	容易	一般

(4) 应用示例

【示例 1】DTCR 在电镀废水处理中的应用

① 处理流程 DTCR 在电镀废水处理应用中的处理工艺流程见图 49-21，含铬废水处理系统见图 49-22。

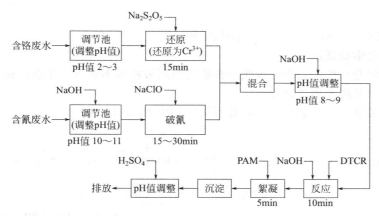

图 49-21　DTCR 在电镀废水处理应用中的处理工艺流程

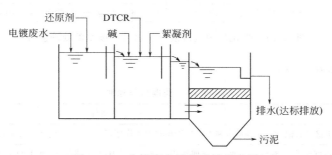

图 49-22　含铬废水处理系统示意图

② 处理运行工艺条件、参数和处理效果　见表 49-11。

表 49-11　处理运行工艺条件、参数和处理效果

项目	处理运行工艺条件、参数和处理效果					
破氰	氰化废水的破氰采用 NaClO 500mg/L,pH 值为 10～11,时间为 15～30min					
Cr^{6+} 还原	含铬废水采用 H_2SO_4 调 pH 值至 2～3,Cr^{6+} 还原剂采用 $Na_2S_2O_5$ 213mg/L,时间为 15min					
反应	投加 DTCR 100mg/L,NaOH 444mg/L,时间 10min					
沉降	絮凝剂 1mg/L,时间 5min					
处理效果	成分	Cu/(mg/L)	Zn/(mg/L)	Fe/(mg/L)	总 Cr/(mg/L)	Ni/(mg/L)	pH 值
	原废水	70.350	79.814	1.740	33.371	44.052	3.36
	处理后水	0.012	0.235	0.005	0.002	0.182	8.35

【示例 2】DTCR 在印刷电路板电镀废水处理中的应用

① 处理流程　处理工艺流程及处理系统见图 49-23。

② 处理效果　此示例废水中含有络合物 EDTA（乙二胺四乙酸），它与铜离子形成稳定性较高的络合铜，干扰络合铜的沉淀，但用螯合沉淀法处理则能取得良好的效果。处理效果如下。

a. 原废水：含络合铜离子 46.37mg/L，

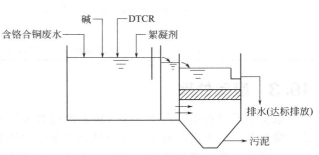

图 49-23　印刷电路板电镀废水处理系统示意图
（反应：投加 DTCR 120mg/L，NaOH 64mg/L
沉降：絮凝剂 2mg/L，$FeCl_2$　210mg/L）

pH 值为 4.5。

b. 处理后的水：含铜 0.12mg/L，pH 值为 7.3。

49.2.7.3 生物化学处理法

电镀混合（综合）废水是指电镀生产排放的不同镀种和不同污染物混合在一起的废水，包括经过预处理的含氰废水和含铬废水。

生化处理电镀混合（综合）废水的处理流程如图 49-24 所示。

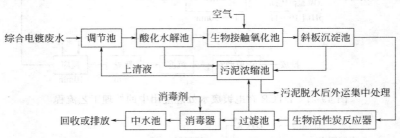

图 49-24　生化处理电镀混合（综合）废水的处理流程

处理操作条件见表 49-12。

表 49-12　处理操作条件

项目	处理操作条件
重金属应预处理	由于铬、铅、镉、锌、铁等重金属对微生物均有毒害作用，所以进入生化处理系统的重金属应进行预处理
依据废水的水质选用处理装置	宜根据综合电镀废水的水质，合理选用酸化水解池作为初级处理，生物活性炭作为二级处理，高效过滤器、药剂消毒作为深度处理
污泥处置	处理过程中所产生的污泥，经管道汇集后自流入污泥浓缩池，经浓缩脱水后外运集中处理，上清液重新流回调节池
生物接触氧化池设置	① 为保证整个处理系统的安全可靠运行，生物接触氧化池和高效过滤器应设反冲洗管路，反冲洗水用自来水或该流程处理后的排水 ② 生物接触氧化池宜按一级、二级两格串联布置，水力停留时间不小于 4h（一级 2.6h、二级 1.4h）。池中应设有立体弹性填料，框架为碳钢结构，内外涂防腐涂料，池底应设微孔曝气软管布气，气水比按（10～15）：1 考虑
生物活性炭的设计和运行参数	生物活性炭的主要设计和运行参数宜满足以下要求： ① 活性炭粒径：0.9～1.2mm，床高 2～4m，空床停留时间 20～30min ② 体积负荷：0.25～0.75kg(BOD)/(m³·d)；水力负荷：8～10m³/(m²·h) ③ 生物活性炭的有效体积（活性炭体积），宜按下式算： $$V = \frac{Q(S_D - S_C)}{N_V}$$ 式中，V 为活性炭有效体积，m³；Q 为废水平均日流量，m³/d；S_D 为进水 BOD 值，mg/L；S_C 为出水 BOD 值，mg/L；N_V 为容积去除负荷，[g(BOD)/(m³·d)]，一般取 0.5～1g(BOD)/(m³·d) ④ 生物活性炭的总面积，宜按下式算： $$A = \frac{V}{H}$$ 式中，A 为生物活性炭总面积，m²；V 为活性炭有效体积，m³；H 为活性炭总高度，m

49.3　废气处理

电镀生产过程中会产生含尘气体和大量有害气体，如前处理作业的磨光、刷光、抛光、喷砂、喷丸等产生大量的粉尘；化学处理及电化学处理过程中产生的各种酸、碱以及氰化物等各种有害废气。需要净化处理的废气，大致有粉尘废气；铬酸、三酸（硝酸、盐酸、硫酸）、氰化物、氮氧化物废气以及高浓度或高温强碱性废气等。

电镀废气净化处理方法见图 49-25。

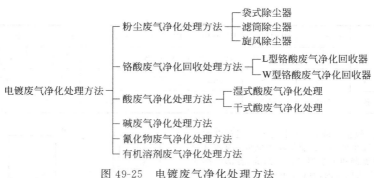

图 49-25　电镀废气净化处理方法

49.3.1　粉尘废气净化处理

电镀前处理作业的磨光、刷光、抛光、喷砂、喷丸等产生大量的粉尘，必须进行除尘净化处理。

手工或手动工具作业，如磨光、刷光、抛光等所产生的粉尘，其净化处理，一般采用布袋式除尘器或滤筒除尘器。中小型规模作业可采用单机袋式除尘器，其除尘效率高，使用灵活方便，PL 型系列单机袋式除尘器的技术性能规格见表 49-13。

中小型规模的喷砂、喷丸作业的粉尘净化处理，一般采用袋式除尘器；大型作业可采用旋风除尘器＋袋式除尘器的联合除尘装置。目前已有不少厂家生产多种结构和规格的中小型规模的喷砂机，并附带高效净化除尘净化装置可以选用。

在选用除尘设备时，除尘设备的工作能力，应考虑风管及调节阀等构件的漏风，一般按系统计算风量时，宜附加 10%～15%。

表 49-13　PL 型系列单机袋式除尘器的技术性能规格

项目　规格		PL-800/		PL-1100/		PL-1600/		PL-2200/		PL-2700/		PL-3200/		PL-4500/		PL-6000/	
		A	B	A	B	A	B	A	B	A	B	A	B	A	B	A	B
处理风量/(m³/h)		800		1100		1600		2200		2700		3200		4500		6000～8000	
使用压力/(mmH₂O)		80		85		85		100		120		100		100		150～120	
过滤面积/m²		4		7		10		12		13.6		15.3		21.5		30	
进气口尺寸/mm		$\phi 120$		$\phi 140$		$\phi 150$		$\phi 200$		200×250		200×300		200×350		220×450	
进气口中心离底座距离/mm		318		345		418		433		458		478		478		1295	
风机电机功率/kW		1.1		1.5		2.2		3		4		4		5.5		7.5	
清灰电机功率/kW		0.18		0.18		0.18		0.18		0.18		0.18		0.37		0.55	
过滤风速/(m/min)		3.33		2.62		2.66		3.05		3.30		3.48		3.49		3.33～4.5	
净化效率/%		>99		>99		>99		>99		>99		>99		>99		>99.5	
灰箱容积/L		20	—	30	—	40	—	40	—	55	—	55	—	70	—	105	—
噪声/dB(A)		<75		<75		<75		<75		<75		<75		<75		<80	
外形尺寸/mm	宽	530		700		740		720		760		790		900		1200	
	深	520		580		580		660		680		700		800		900	
	高　A	1300		1400		1613		1699		1798		1888		2028		3190	
	高　B	1040		1100		1240		1330		1380		1420		1550		1740	

续表

项目 规格		PL-800/		PL-1100/		PL-1600/		PL-2200/		PL-2700/		PL-3200/		PL-4500/		PL-6000/	
		A	B	A	B	A	B	A	B	A	B	A	B	A	B	A	B
质量/kg	A	483		578		662		767		893		1134		1302		1470	
	B	504		556		703		735		650		750		960		1460	

备注	该产品是根据引进的除尘器进行改进研制的一种体积小、除尘效率高的就地除尘机组。基本结构由风机、过滤器和集尘器三部分组成，各部件都安装在一个立式框架内，钢板壳体 　该机组分为 A、B 等类型。A 型设灰斗抽屉；B 型不设灰斗抽屉，下部加法兰，由用户直接配接 　右图为产品结构示意图，图中 1 为壳体，2 为检修门，3 为进气口，4 为出灰门，5 为灰斗抽屉，6 为洁净空气出口，7 为电机，8 为电气控制装置，9 为风机，10 为过滤器紧定装置，11 为扁布袋，12 为钢丝网，13 为振打清灰电机，14 为隔件，15 为灰斗 　生产厂：天津市富莱尔环保设备有限公司；扬州松泉环保科技有限公司；河北泊头市先科环保设备有限公司；北京东立银燕环保设备技术有限公司	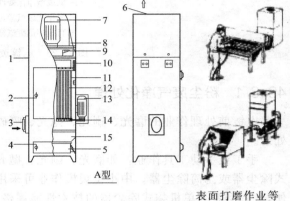

49.3.2 铬酸废气净化处理

　　镀铬和含有铬酸的溶液槽，在生产过程中排出大量的铬酸雾废气，其净化处理，常采用网格式铬酸雾废气净化回收器，它体积小、气流阻力小、结构简单、维护管理方便，净化效率在98%以上，是目前使用较普遍的一种净化装置。

　　网格式净化回收器的工作原理：由于铬酸雾气具有密度较大而易凝聚的特点，不同大小的铬酸雾悬浮在流动的空气中，互相碰撞而凝聚成较大的颗粒，从净化器下箱体进入主箱体时，由于空气速度的降低，已凝聚成的较大的铬酸颗粒在重力的作用下从空气中分离出来，细小铬酸雾滴受多层塑料网板的阻挡，附着在网格的表面，凝聚成液体，顺着网板壁流入导管槽，通过导管流入回收容器内。净化过的气体从上箱体排出，经冷却、碰撞、聚合、吸附等一系列分子布朗运动后，凝成液滴并达到气液分离被回收，回收的铬酸液可回用于生产。

　　铬酸废气净化回收器适用于处理镀铬、镀黑铬及钝化等工序产生的铬酸废气。

　　网格式铬酸废气净化回收器依其结构形式的不同，分为 L 型（立式）和 W 型（卧式）两种。

　　L 型的气流为下进上出，其技术规格及结构形式示意图，见表 49-14。

　　W 型的气流为侧进侧出，其技术规格及结构形式示意图，见表 49-15。

　　净化器的过滤器一般由 8～12 层有菱形网孔的硬聚氯乙烯塑料板网纵横交错地平铺叠成，每层网板厚 0.5mm。过滤器与主箱体之间的密封材料采用硬聚氯乙烯泡沫塑料，过滤网格应根据污染程度定期清洗，以防堵塞。需净化气体的温度不宜超过 40℃。

表 49-14　L 型铬酸废气净化回收器的技术规格

技术规格	净化回收器型号			
	L_2	L_3	L_4	L_6
额定风量/(m³/h)	2000	3000	4000	6000
使用风量/(m³/h)	1600～2400	2400～3600	3200～4800	4800～7200
净化效率/%	98～99	98～99	98～99	98～99

续表

技术规格		净化回收器型号			
		L₂	L₃	L₄	L₆
设备 外形尺寸 /mm	A	300	510	510	710
	D	250	320	390	450
	H	1246	1266	1706	1976
	H_1	326	360	480	540
	H_2	600	740	740	950
	a	260	330	350	500
	b	20	280	—	—
设备质量/kg		30	40	49	63

L2、L3型　　　　L4、L6型

1—上箱体；2—观察窗；3—主体；4—盖板；5—过滤网格；6—进风口；
7—下箱体；8—液封管；9—出风口；10—接管(接回收容器)

上下箱体分为a、b两种。a式的进、出风口方向是在箱体两侧面；b式的在箱体的正面和背面，可根据设计情况任选一种。

通过回收器过滤网格迎风面的风速一般取2～3m/s(使用范围)，表中额定风量采用的风速为2.5m/s

表49-15　W型铬酸废气净化回收器的技术规格

技术规格		净化回收器型号						
		W₂	W₃	W₄	W₆	W₈	W₁₂	W₁₆
额定风量/(m³/h)		2000	3000	4000	6000	8000	12000	16000
使用风量/(m³/h)		1600 ～2400	2400 ～3600	3200 ～4800	4800 ～7200	6400 ～9600	9600 ～14400	12800 ～19600
净化效率/%		98～99	98～99	98～99	98～99	98～99	98～99	98～99
设备 外形尺寸 /mm	A	515	765	515	765	1040	1040	1040
	A_1	595	845	595	845	1130	1130	1130
	B	404	404	620	620	802	940	1200
	B_1	484	484	700	700	892	1030	1290
	C	550	550	620	620	950	850	1130
	E	522	522	522	522	1050	795	1050
	F	100	100	500	500	130	740	965
	G	310	460	310	460	620	620	620

续表

技术规格	净化回收器型号						
	W_2	W_3	W_4	W_6	W_8	W_{12}	W_{16}
设备质量/kg	16	19	25	30	80	94	128

设备示意图

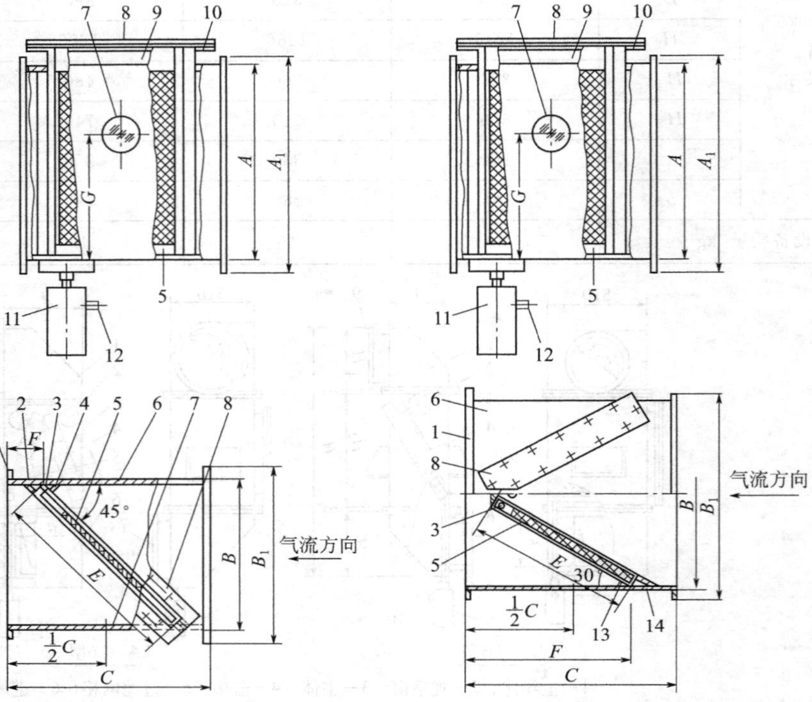

W_2、W_3、W_8型号图

W_4、W_6、W_{12}、W_{16}型号图

1—法兰盘；2,4—斜撑；3—导槽；5—下横条；6—外壳；7—观察窗；8—盖板；9—上横条；10—小法兰；11—液封；12—接管(接回收容器)；13—小斜撑；14—大斜撑

49.3.3 酸废气净化处理

电镀生产中常用硫酸、盐酸、硝酸、氢氟酸以及混合酸对制件进行酸洗、强腐蚀，硝酸出光等工序所产生的酸废气，如二氧化硫、氯化氢、二氧化氮、氟化氢等有害气体，危害很大，尤其是二氧化氮气体最为严重，需要进行净化处理。目前常用的净化处理方法有湿法和干法两种，湿法有碱液吸收法（中和法）、氨水吸收法等；干法有催化还原法和吸附法。

（1）湿式酸废气净化处理

湿式废气净化处理一般采用氢氧化钠、氢氧化铵作吸收液，中和酸废气。硫酸和盐酸废气也可采用水吸收。

湿式废气净化处理采用湿式废气净化塔，治理不同的有害气体采用不同的中和液。废气净化塔由塔体、液箱、喷雾系统、填料、气体分离器等构成，可选用PVC、PP、玻璃钢、碳钢、不锈钢等制造。酸废气从净化塔底部进风口进入塔内，经填料层及中和液喷淋洗涤，被净化的气体再经气液分离器，最后由排风机排入大气。净入效率约为90%～95%。中和液循环使用，而且中和液水槽要定期排出废液，需排至废水处理池进行处理。湿式净化塔处理酸废气的流程见图49-26。

比较强的碱、处理溶液槽等排出的废气，也可采用湿式净化塔处理，按废气性质，采用相应的吸收液。

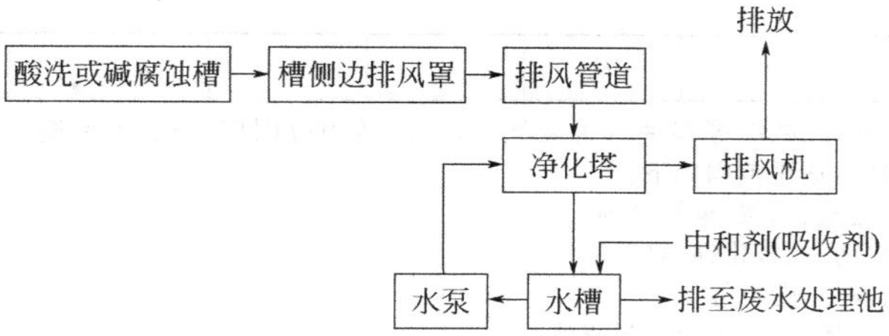

图 49-26 湿式净化塔处理酸废气的流程

　　湿式废气净化塔在北方地区，宜安置在室内，以防冬季低温对设备及吸收液的影响；南方地区设备可安置在室外。

　　湿式废气净化塔的技术规格见表 49-16、表 49-17。

表 49-16　WGL-2 型湿法多功能废气净化塔的技术规格

型号	风量 /(m³/h)	配套水泵		配套风机		液重 /kg	塔体及吸收液总质量 /kg
		泵	电机 /kW	风机	电机 /kW		
1	2000～2600	40FSB-15L	2.2	4-724.5A	1.2	840	1280
2	5000～10000	40FSB-20L	3	4-725 A	2.2	1820	2420
3	8000～10000	50FSB-25L	4	4-726 A	4	3200	3900
4	14000～15000	65FSB-32L	5.5	4-726C	7.5	4200	5000
5	18000～20000	80FSB-20L	5.5	4-727C	11	5400	6400
6	24000～26000	100FSB-32L	5.5	4-728C	15	6600	7800
7	30000～35000	100FSB-32	15	4-7210C	18.5	7200	8200
8	40000～45000	1000FSB-32	15	4-7210C	30	8100	12000
9	50000～60000	1000FSB-32	15	4-7212C	37	10048	15000

型号	A	B	C	D	ϕ	ϕ_1	设备外形示意图
1	1500	800	400	200	800	320	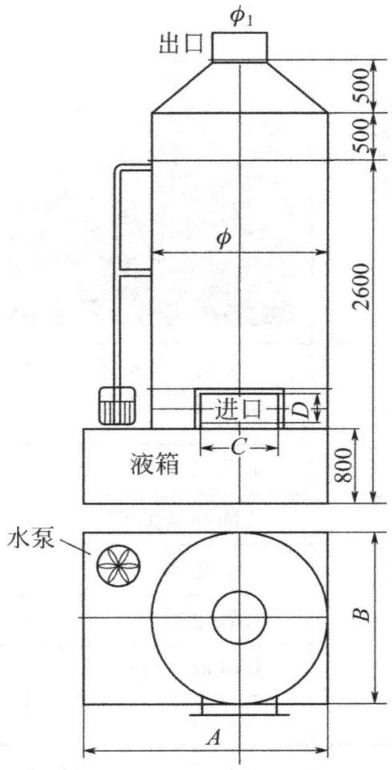
2	2000	1300	600	300	1300	450	
3	2500	1800	600	400	1800	550	
4	2700	2000	800	400	2000	650	
5	3100	2400	1000	400	2400	750	
6	3400	2800	1100	500	2800	850	
7	3800	3000	1200	600	3000	1000	
8	4400	3600	1400	800	3800	1200	
9	4800	4000	1800	800	4000	1300	

续表

型号	A	B	C	D	φ	φ₁	设备外形示意图
备注	本净化塔适合于酸性、碱性等多种有害废气的治理,适用范围广,净化效率高(>95%),设备阻力低(400~600Pa),运行费用低。适用范围如下。 酸性气体:硫酸、盐酸、硝酸、氢氟酸等 碱性气体:氢氧化钠、氢氧化钾、氨气等 有机气体:苯类、醇类、酚类等 治理不同的有害气体,采用不同的吸收液 本净化塔宜在室内安装,以防北方地区冬季低温对设备及吸收液的影响,南方地区设备可安装在室外 生产厂:天津市富莱尔环保设备有限公司						

表 49-17　VST 型系列新型垂直筛孔塔的技术规格

序号	塔径(D_t) /mm	气相负荷 /(m³/h)	液相负荷 /(m³/h)	单板压降 (ΔP)/(mmH₂O)	全塔压降 (ΔP)/(mmH₂O)
1	600	2277~2965	6.8~8.9	51~65	203~245
2	700	2988~3969	9.0~11.9	53~70	209~260
3	800	3806~5074	11.4~15.2	55~72	215~275
4	1000	5655~7652	17.0~23.0	59~79	227~287
5	1200	8920~10555	28.8~32.7	62~73	236~269
6	1400	12744~13654	38.2~41.6	73~79	269~289
7	1600	15313~17372	47.4~52.1	67~74	251~272
8	1800	20839~21986	62.5~66.0	76~81	287~293
9	2000	24988~26578	75.0~79.7	80~85	290~305

设备性能	垂直筛孔塔是根据引进的国外设备而研制的新产品,它采用了喷射型气液接触方式,目前已形成两大系列(金属制与塑料制的),每个系列有九种规格,处理风量为 2500~25000m³/h。 　废气从塔体下部进入,在塔中气流自下而上地通过塔板与横向流动的吸收液充分接触,完成传质过程,消除气流中的有害物质,气流经除雾器除雾后排出。净化效率高,压力降小(比常规吸收塔小 16%),灵活性大,可根据不同的废气源增加或减少塔层。本塔也可作为湿式除尘器,尤其适用于含尘浓度不高但气体却含有一定毒性的气体

设备外形	 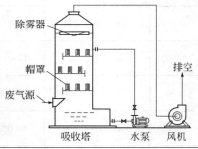

	净化废气类型	使用的吸收液(其浓度百分数均为质量分数)	净化效率
适用范围	铅烟尘	0.5%稀醋酸或 5%氢氧化钠	>95%
	汞蒸气	0.3%~0.5%高锰酸钾或 2%过硫酸铵水溶液	>90%
	三酸和氢氟酸	5%氢氧化钠或自来水	>95%
	二氧化硫	5%~10%碳酸钠、氢氧化钠(钙)	>90%
	氮氧化物	5%氢氧化钠或 10%尿素	>90%
	有机混合气体	丙碳或轻柴油	>90%
	有毒粉尘	自来水	>95%
备注	生产厂:扬州松泉环保科技有限公司		

（2）干式酸废气净化处理

干式酸废气净化处理，一般采用干式吸附净化塔。干式酸雾净化塔是治理多种酸性废气的一种新型干法吸收净化设备，吸收效率高，净化效率达 95% 以上，没有二次污染，不受使用条件限制，应用范围广，主要用于治理硝酸、硫酸、盐酸、氢氟酸产生的废气，亦可治理磷酸等产生的废气。

WGL-3 型干式酸雾净化塔的技术性能规格见表 49-18。

表 49-18　WGL-3 型干式酸雾净化塔的技术性能规格

| 型号 | 处理风量/(m³/h) | 阻力/Pa | 设备各部位尺寸/mm | | | | | | | 设备质量/kg |
			Φ	H₂	H₁	H	B₁	B	A	
1	3000	800～1500	320	600	1600	1800	1200	1770	2200	1500
2	5000		400	600	2100	2300	1200	1900	2200	1800
3	7000		450	700	2100	2300	1600	2400	2200	2200
4	10000		560	700	2100	2300	2000	3100	2600	2600
5	14000		650	800	2500	2700	2000	3200	2600	2900
6	18000		750	940	2500	2700	2400	3750	3200	3200
7	24000		800	1100	3300	3500	2400	4050	3200	3800
8	30000		950	1250	4100	4300	2400	4200	3200	4600
设备性能	净化塔主要由箱体、进风口、吸附段和出风口等组成。含酸废气由进风口进入箱体，通过吸附段，在吸附段内经过净化，净化后的气体由排风机排入大气。在吸附段内根据所处理酸雾种类的不同，填置吸附剂 DBS-Ⅰ 或 DBS-Ⅱ型。主要用于治理硝酸、硫酸、盐酸、氢氟酸产生的废气，亦可治理磷酸、硼酸产生的废气。适用于各种环境湿度，耐湿性好									
设备外形	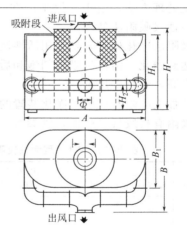生产厂:天津市富莱尔环保设备有限公司									

DBS 新型吸附剂的主要性能指标见表 49-19。该吸附剂无毒，无二次污染，适用于各种环境温度，耐湿性好，成本及运行费用较低。可根据废气的浓度改变吸附层厚度。废气浓度≤ 1000mg/m³ 时吸附剂更换周期为 1～1.5 年。更换下来的吸附剂可作为一般工业垃圾处置，不造成二次污染。

表 49-19　DBS 新型吸附剂的主要性能指标

吸附剂型号	DBS-Ⅰ	DBS-Ⅱ
吸附酸种类	NO_2	H_2SO_4、HCl、HF
堆积密度/(g/cm³)	0.51～0.56	0.64～0.72

吸附剂型号	DBS-Ⅰ		DBS-Ⅱ		
处理酸气浓度/(mg/m³)	≤1000		≤1000		
初始吸附效率/%	NO₂		H₂SO₄	HCl	HF
	>95		95	98	98
吸附容量(质量分数)/%	—		50	50	40
吸附效率/%	95~70		95~70	85~80	98~85
床层压降/Pa	0.8~1.5		0.8~1.5		
耐温性能/℃	>300		>350		
备注	生产厂:天津市富莱尔环保设备有限公司				

49.3.4 氰化物废气净化处理

氰化物废气净化处理采用湿式处理法，即采用喷淋塔吸收处理法。吸收液采用15%氢氧化钠和次氯酸钠溶液或亚硫酸铁溶液。处理后生成物为氮、二氧化碳和水。

该技术氰化物废气净化率为90%~96%，具有技术成熟、操作方便、氰化物去除率高的特点，适用于处理各种氰化电镀生产过程中所产生的氰化物废气。

49.3.5 有机溶剂废气净化处理

电镀生产中的有机溶剂废气，主要来自镀件前处理的有机溶剂除油等工序。有机溶剂废气有很多种净化处理方法，由于电镀生产在一般情况下，镀件用有机溶剂除油的工作量不是很大，可采用活性炭吸附法处理。

活性炭吸附法净化处理，是利用活性炭的吸附性能，将有机溶剂废气吸附到活性炭吸附剂表面，从而达到净化。活性炭吸附剂饱和后可再生，连续使用。可回收有机溶剂，处理程度可以控制，效率高，运行费用低。

市售的活性炭吸附有机废气净化装置的种类规格很多，表49-20中列出一种结构形式较简单的活性炭吸附有机废气净化器，供参考。

表 49-20 WT-3 型活性炭吸附有机溶剂废气净化器的技术规格

型号	处理风量/(m³/h)	炭层总厚度/mm	固定床总风阻/Pa	风机风压/Pa	外形尺寸/(mm×mm×mm)	占地面积/m²	设备外观
W1	1500	300	800~1000	2200~2700	1100×1100×2600	3	
W2	3000	300			1100×1600×2600	3	
W3	4000	350			1600×1600×2600	4.5	
W4	6000	350			1600×2100×2600	4.5	
W5	8000	400			2100×2100×2600	6	
W6	10000	400			2100×2600×2600	6	
备注	净化效率:90%~99% 净化器结构简单、造价低、使用及维修方便 活性炭再生，可在体内再生，也可在体外再生。体内再生对设备要求高，设备成本高。体外再生，设备简单，价格低，即饱和后的活性炭从出料孔取出，在体外再生，再生后装入设备内继续使用。用户可提出再生方法要求						

生产厂：天津市富莱尔环保设备有限公司

49.4　废液、废渣及污泥的治理

废液是指各种报废的槽液；废渣（也称为槽渣）是指各种槽液的废沉渣及过滤溶液的残渣；污泥主要是指处理废水过程中产生的污泥，氢氧化物、硫化物及重金属污染物从废水中转移到污泥中。这些都属于危险废物。

（1）这些污染物的治理技术和选用原则

① 选用的污染治理技术要能达标排放，不产生二次污染，尽可能加以回收使用，变废为宝，化害为利。

② 电镀排出的废液、废渣及污泥等不得用渗坑、渗井或漫流等方式排放，以避免污染地下水水源。

③ 这些污染物的治理装置、堆放地、构筑物和建筑物均应根据其接触介质的性质、浓度和环境要求等具体情况，采用相应的防腐、防渗、防漏等措施。

（2）废液、废渣、污泥的处置和回收利用方法

见图 49-27。

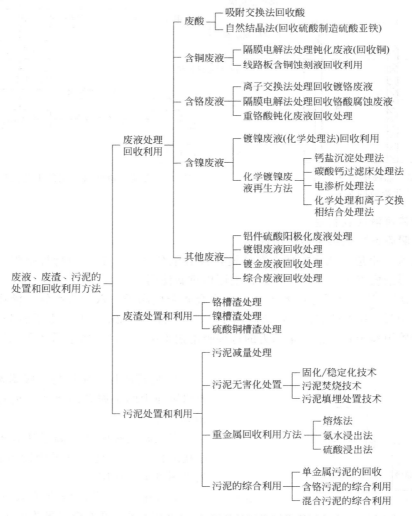

图 49-27　废液、废渣、污泥的处置和回收利用方法

49.4.1 废液处理和回收利用

49.4.1.1 含铜废液回收利用

(1) 隔膜电解法处理铜钝化废液

铜及其合金钝化废液中含有大量的重铬酸钾,硫酸以及三价铬,铜、锌离子等。在阴极室内放入稀硫酸溶液,阴极为紫铜板。在阳极室内放入待处理废液,阳极使用不溶性铅-锑合金板,其隔膜处理装置如图 49-28 所示。在直流电场作用下,阳极室中的 Cu^{2+}、Zn^{2+} 穿过隔膜进入阴极室,在阴极上析出铜和锌。三价铬在阳极上被氧化成六价铬。

利用此法回收的铜纯度大于 99%,三价铬的转化率大于 97%,经过处理的钝化液可以返回生产中使用。

(2) 线路板含铜蚀刻废液回收利用

含铜废液回收利用的主要工艺原理,是通过化学方法的中和、置换反应,使含铜废液中的铜生成硫酸铜或氢氧化铜产品。含铜废液回收利用的工艺流程[9] 见图 49-29。

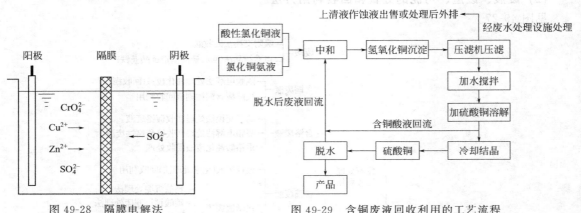

图 49-28 隔膜电解法
处理铜钝化废液的装置

图 49-29 含铜废液回收利用的工艺流程

49.4.1.2 含铬废液回收利用

(1) 特种吸附剂净化再生镀铬废液

据有关文献[3] 报道,北京古林惠泰环境科技有限公司生产的一种特种吸附剂可以去除镀铬废液中的金属杂质离子,镀铬液得到再生可以重新使用。

① 主要原理 利用离子电性的不同,去除金属杂质离子。六价铬镀铬溶液中的主要成分为 $Cr_2O_7^{2-}$、CrO_4^{2-} 和 $HCrO_4^-$,而杂质离子 Fe^{3+}、Ni^{2+}、Zn^{2+} 等与主要成分的电性不同,采用对金属杂质阳离子具有很强亲和力的特种吸附剂 DK12,将金属杂质离子从镀铬废液中吸附除去。

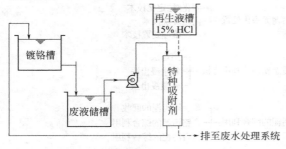

图 49-30 特种吸附剂 DK12 去除镀铬
溶液中的金属杂质离子的处理流程

② 处理流程 使用特种吸附剂 DK12 去除镀铬溶液中的金属杂质离子的处理流程,如图 49-30 所示。

当吸附剂吸附杂质离子达到饱和后,可利用盐酸再生,恢复高分子吸附剂的吸附性能,吸附剂可重复使用。

镀液中的其他添加剂等有效成分不会减少。这种吸附剂可处理铬酐浓度为 150~400g/L 的镀铬溶液。

（2）隔膜电解法处理铬酸腐蚀废液[6]

塑料电镀前处理的化学粗化溶液中，一般含有 CrO_3 300～350g/L，H_2SO_4 360～460g/L，随着粗化反应的进行，粗化液中 Cr^{6+} 不断被还原为 Cr^{3+}，当 Cr^{3+} 积累到 30～40g/L 时，粗化效果变差，粗化液不能继续使用。因此，需将这部分 Cr^{3+} 氧化成 Cr^{6+}，这可以采用隔膜电解法处理。把粗化液放入阳极室中，阴极室中加入 H_2SO_4，Cr^{3+} 在阳极表面氧化成 Cr^{6+}，阳极室中的其他金属离子穿过隔膜进入阴极室，从而达到废液再生的目的。

49.4.1.3 含镍废液回收利用

（1）镀镍废液回收利用

采用化学处理法，从镀镍废液中回收镍——制备硫酸镍。以过氧化氢为氧化剂，联合使用氢氧化钠和碳酸钠，除去废液中的杂质，制成硫酸镍（$NiSO_4 \cdot 7H_2O$）。制备原理和流程如下。

① 加入过氧化氢。在废液中加入过氧化氢，使废液中的 Fe^{2+} 氧化成 Fe^{3+}，避免 $Fe(OH)_2$ 沉淀时引起 $Ni(OH)_2$ 同时沉淀，而造成镍的损失。

② 用氢氧化钠调节 pH 值，在一定范围内（pH 值约为 6.3～6.7），废液中的铁、铜杂质生成氢氧化物沉淀而被除去，而镍仍留在废液中。因 $Fe(OH)_3$ 和 $Cu(OH)_2$ 沉淀的表面吸附作用而使部分锌一同被除去。

③ 加入碳酸钠调节 pH 值，在一定范围内（pH 值约为 8.6 时），镍以碳酸镍形式沉淀而析出，而镁等杂质则留在废液中，达到分离镍的目的。

④ 加入稀硫酸使碳酸镍沉淀（滤饼）转化成硫酸镍溶液，其反应如下：

$$NiCO_3 + H_2SO_4 \longrightarrow NiSO_4 + H_2O + CO_2 \uparrow$$

⑤ 制成硫酸镍。缓慢加热浓缩硫酸镍溶液的过程中出现硫酸镍微晶，自然冷却至室温，得到硫酸镍结晶体（$NiSO_4 \cdot 7H_2O$），该结晶体可达到二级硫酸镍标准。镍回收率可达 92% 以上。

（2）化学镀镍废液再生[7]

化学镀镍过程中，镍盐不断被还原为金属镍时，次磷酸钠不断被氧化，其中一部分生成亚磷酸钠，当其达到一定浓度时（亚磷酸钠一般为 25～30g/L 时），会大量生成黑色亚磷酸镍沉淀，使镀镍液失效。再则，由于镍的不断析出，不断添加硫酸镍，而造成硫酸根的积累，对沉积不利，需对化学镀镍废液进行再生。废液再生实际上是降低废液中积累的亚磷酸盐和硫酸根的过程。常用的几种废液再生方法简要介绍如下。

① 碳酸钙过滤床法 化学镀镍废液（pH 值为 6～7）由下向上流过碳酸钙过滤床，废液中的亚磷酸根与钙盐反应，使废液得到再生。其再生处理流程见图 49-31。

过滤床主要参数如下。

过滤床厚度（高度）：0.5～1m

碳酸钙粒度：0.1～0.5mm

废液流经过滤床的速度：0.2～1m/min

泵采用不锈钢离心泵或 ABS 离心泵，过滤床采用不锈钢或 ABS 材料制作，沉淀槽及氨水补加槽均采用聚丙烯（PP）材料制作。

② 化学沉淀和离子交换相结合处理法 此法利用沉淀、固液分离和离子交换的方法处理化学镀镍废液。其处理流程见图 49-32[7]。

a. 首先化学镀镍废液进入阳离子树脂交换柱，树脂吸附

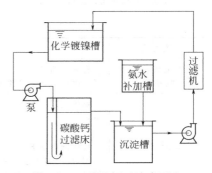

图 49-31 碳酸钙过滤床再生
镀镍废液的流程

废液中的钠离子，树脂饱和后用 0.125mol/L 的 H_2SO_4 溶液再生，洗脱除去 Na^+。

　　b. 从离子交换柱出来的废液（已除去钠离子）进入反应池，然后加入碱土金属氢氧化物或碳酸盐，以除去硫酸盐和亚磷酸盐。

　　c. 最后经过阳离子树脂交换柱回收镍离子。树脂饱和后用 0.125mol/L 的 H_2SO_4 溶液再生，分别将钠离子和镍离子洗脱。硫酸钠可无害排放，硫酸镍可回镀槽使用。

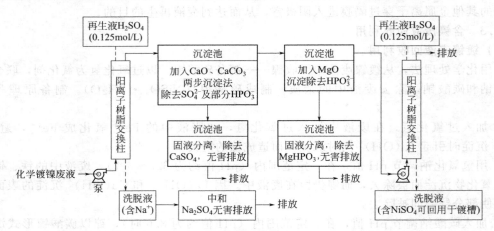

图 49-32　沉淀、固液分离、离子交换再生化学镀镍废液的流程

49.4.1.4　镀银废液及镀钯废液回收处理

　　镀银废液及镀钯废液的回收处理见表 49-21。

表 49-21　镀银废液及镀钯废液的回收处理

废镀液	回收处理方法
镀银废液	① 氰化镀银废液　在良好的抽风条件下，向氰化镀银废液中缓缓加入盐酸，产生的氰化氢气体被强力抽风机抽出，使银离子全部生成氯化银固体而沉淀出来，静置澄清溶液，把液体倾出，用清水洗净氯化银固体，即可回收再用 ② 无氰镀银废液　用 20%（质量分数）氢氧化钠溶液调节废液的 pH 值至 8～9，加入硫酸钠溶液，使其生成硫化银固体而沉淀出来，彻底清洗硫化银固体，洗掉各种酸根离子，滤去水分。将硫化银固体放入坩埚中，在 800～900℃下脱硫，直到全部变成金属银为止
镀钯废液	用盐酸先将钯废液酸化，并通入硫化氢气体，或加入硫化钠，使钯沉淀下来。将沉淀的钯过滤、干燥、煅烧，还原成金属钯。操作时应在排气装置下进行

49.4.1.5　镀金废液回收处理

　　镀金废液回收处理见表 49-22。

表 49-22　镀金废液回收处理

废镀液	回收处理方法
镀金废液电解法回收处理	将废液加热到 90℃ 左右，以 100mm×30mm 的不锈钢作电极，电流 20～30A，电压 5～6V，使金在阴极上沉积到一定厚度，用利器将沉积的金刮下，经过滤、洗净、炼成条状，含金量可达 85%
无氰镀金废液	亚硫酸镀金溶液呈弱碱性，用过氧化氢将络合离子 $[Au(SO_3)_2]^{3-}$ 中的金还原为金属金，其反应如下： $$[Au(SO_3)_2]^{3-}+H_2O_2 \longrightarrow Au\downarrow+SO_4^{2-}+H_2O$$ 具体操作如下：在 1L 镀金废液中加进过氧化氢 70～100mL，放在电炉上慢慢加热（加热反应有时很激烈，应严加注意），使过氧化氢反应完全。如溶液不清亮应补加过氧化氢，煮沸 10～15min 取下，用滤纸过滤，再用纯水冲洗，洗至无氯，放入坩埚灰化，然后加热至 1060℃，保温 30min，就能得到纯度约为 99% 的纯金

废镀液	回收处理方法
镀金废液加热沉淀回收	在良好的通风条件下,用盐酸将废液的pH值调至1左右,将废液加热到70~80℃,在不断搅拌下加入锌粉,至废液变成透明黄白色,有大量金粉被沉淀下来为止。将沉淀物先用盐酸,后用硝酸煮一下,然后用纯水清洗,烘干,最好在700~800℃下焙烧30min
从印刷电路板的冲裁边角料上回收金	利用金不溶于硝酸的特点,用硝酸将铜、铅、锡溶解后,将金镀层剥落下来加以收集。具体操作如下:将镀金印刷电路板冲裁下的边角料放在耐酸耐热的容器里,加进硝酸溶液(HNO_3:H_2O=1:4或1:5,体积比),加热2~3h,如金镀层没有脱离,则继续加热至脱离为止。冷却至室温,将酸倒出,取出金镀层,再用水冲洗,然后放入1:1(体积比)的硝酸中加热煮沸30min,使其他金属全部溶解,冷却后将金镀层取出水洗干净,烘干或晾干,以便保存或制作三氯化金用

49.4.1.6 其他废液回收处理

其他废液回收处理见表49-23。

表 49-23 其他废液回收处理

废液	回收处理方法
铝件硫酸普通阳极化废液处理	铝件硫酸普通阳极化溶液中的杂质有Al^{3+}、Cu^{2+}、Cl^-、Fe^{3+}、Mg^{2+}。一般情况下允许各种杂质的最大含量:Al^{3+}为15~25g/L,Cu^{2+}为0.02g/L,Cl^-为0.2g/L,Fe^{3+}为2g/L,Mg^{2+}为微量 废液中的Cu^{2+},可以用阴极通电处理,阴极电流密度控制在0.1~0.2A/dm^2,使Cu^{2+}在阴极析出除去。废液中的Al^{3+},可以将废液温度升高到40~50℃,在不断搅拌下,缓缓加入硫酸铵$[(NH_4)_2SO_4]$,使铝变为硫酸铝铵$[AlNH_4(SO_4)_2]$的复盐沉淀在槽底。当其他离子过量时,一般是更换溶液
综合废液	含铬、铜、镍的废液,铜、镍浓度很高。首先破铬,将六价铬转化为三价铬,调整pH值,沉淀过滤,回收氢氧化铬;然后再用低电流密度电解回收铜;最后加热,回收镍,生产硫酸镍、硫酸铜。如有铁生成,用磁铁将其吸出

49.4.2 废渣处置和利用

废渣(槽渣)是指电镀溶液过滤和清槽后,在槽底沉积的沉渣。槽渣含化合物浓度很高,不允许任意排放,应及时处理回收,常用的方法以化学法为主,其处理方法如表49-24所示。

表 49-24 废渣(槽渣)处置和利用[6]

废渣(槽渣)	废渣(槽渣)处置和利用
铬废渣(槽渣)	铬废渣先用纯水浸渍回收三次,向经水浸洗回收过的废渣中加入工业用盐酸,然后在搅拌下加入还原剂,使六价铬转化为三价铬,加碱调整pH值,经沉淀后过滤,得到氢氧化铬,铬的回收率可达90%,澄清液符合排放标准时排放
镍废渣(槽渣)	镍废渣含有大量的硫酸镍,少量的铁、铜、锌、镍和有机杂质等。回收方法是将镍、铁屑用化学方法分离,用吸铁石将渣中的铁吸出,用低电流密度将铜电解除去。沉淀镍与铁离子时,先加10%硫酸使氢氧化物溶解,然后加双氧水使二价铁离子氧化成三价铁离子,控制pH值在4~5,加热到40~50℃,此时镍的回收率在90%以上,铁的去除率在99%以上
硫酸铜废渣(槽渣)	硫酸盐酸性镀铜的废渣中含硫酸铜150~200g/L,硫酸50~70g/L,活性炭及其他杂质。先将废渣过滤,滤渣用水清洗后再过滤,过滤后的滤液用电解法回收铜,得到含铜92%的铜粉。滤渣中60%以上是活性炭,可与铁屑混合焚烧成灰

49.4.3 电镀污泥回收利用

电镀污泥是指大量的固体悬浮物质,绝大部分是在废水处理过程中形成的。废水的化学处理法、电解法等都要产生污泥,有些处理方法(如离子交换、活性炭吸附等)虽不直接产生污泥,但在方法的某环节(如再生液处理等)也要产生污泥。由于废水的化学处理法,是目前国内外都使用的一种主要的处理方法,因而污泥问题显得十分突出,如不进行安全处置仍然会造成二次污染。所以,电镀污泥处理是电镀废水处理工程的一个重要环节。

国家的住房和城乡建设部、环境保护部和科学技术部在 2009 年 2 月 18 日联合颁布了《城镇污水处理厂污泥处理处置及污染防治技术政策(试行)》,指出 "污泥处理处置的目标是实现污泥的减量化、稳定化和无害化;鼓励回收和利用污泥中的能源和资源。坚持在安全、环保和经济的前提下实现污泥的处理处置和综合利用,达到节能减排和发展循环经济的目的"。其中第 2.4 条规定:"污水处理厂新建、改建和扩建时,污泥处理处置设施应与污水处理设施同时规划、同时建设、同时投入运行。污泥处理必须满足污泥处置的要求,达不到规定要求的项目不能通过验收"。

我国现行的污泥处理处置水平落后,综合利用率不到 50%。污泥处置问题已成为废水处理发展的 "瓶颈"。一般来说,污泥处理处置费用应占废水处理总运行费用的 40%~50%,但我国废水处理行业长期存在 "瓶颈" 倾向,污泥处理处置设施和处置水平滞后。我国现行的污泥处理处置方式主要有以下几种[9]:

① 简单填埋 约占 30%(完全当成废物处理)。

② 土地利用 约占 45%(病原体扩散、污染物进入食物链,存在环境风险)。

③ 焚烧 约占 2%(投资高昂,生成废气造成二次污染)。

④ 随意弃置 约占 15%。

49.4.3.1 电镀污泥资源化

电镀污泥是一种未被开发的再生资源,它具有高热值、轻质地、含有多种金属的特点。目前虽然国内外对污泥处置[9]尚没有一个统一的标准,但有一点是达成共识的,即禁止将污泥倾倒入海;有机物含量大的污泥禁止堆埋;重金属、医学化学污泥不允许在农业中随意使用。概括起来说,电镀污泥的处理和处置的目的就是减量、稳定、无害化、重金属回收和综合利用。

电镀污泥的重金属回收及综合利用,所遵循的基本原则如下。

① 利用方法简单,易于上马;产品质量良好,销路好。

② 在处理生产过程中不产生二次污染,有利于环保。

③ 因地制宜、利用本地区材料,结合本地区工业生产等的特点,生产出本地区需要的产品。

④ 提高经济效益,能调动综合利用工厂的积极性。

电镀污泥的重金属回收及综合利用有三种方法,如表 49-25 所示。

表 49-25 电镀污泥的重金属回收及综合利用方法

回收及利用方法	电镀污泥的重金属回收及综合利用的原理及应用
熔炼法	熔炼法是传统的火法冶金方法。熔炼法处理电镀污泥主要是回收其中的铜和镍。将经烘干处理的电镀污泥放入炉内,以煤炭、焦炭为燃料和还原物质,辅料有铁矿石、铜矿石、石灰石等 熔炼以铜为主的污泥时,炉温在 1300℃ 以上,熔出的铜称为冰铜 熔炼以镍为主的污泥时,炉温在 1455℃ 以上,熔出的镍称为粗镍 冰铜和粗镍可直接用电解法进行分离、提纯回收,炉渣可以达到冶金行业废弃物标准,进行安全填埋或作为生产水泥的原料 该技术适用于化学法含氰、含铬、含镍、含铜、含镉废水以及退镀废水等产生的电镀污泥
氨水浸出法	一般采用氨水溶液作浸提剂,因氨水具有碱度适中、使用方便、可回收使用等优点 氨水浸出法从电镀污泥中浸出铜和镍;再用氢氧化物沉淀法、溶剂萃取法或碳酸盐沉淀法把铜和镍分离出来。对铜和镍的浸出选择性好,浸出效率高,铜离子和镍离子在氨水中极易生成铜氨和镍氨络合离子,溶解于浸出液中,氨浸出液如只含铜的铜氨溶液,可直接用作生产氢氧化铜或碳酸铜的原料 氨有刺激性气味,当 NH_3 的浓度大于 18% 时,氨容易挥发,不仅造成氨的损失,而且影响操作环境,因此,对浸出装置的密封性要求较高

续表

回收及利用方法	电镀污泥的重金属回收及综合利用的原理及应用
硫酸浸出法	硫酸浸出法或硫酸铁法从电镀污泥中浸出铜和镍;再用溶剂萃取法或碳酸盐沉淀法把铜和镍分离出来。浸出的铜和镍以硫酸盐形式存在,该方法反应时间较短,效率较高。如果电镀污泥的硫酸浸出液富含铜,不含或只含微量的镍,若要分离镍必将增加很多不必要的费用,在这种情况下,直接采用置换反应生产铜金属是最经济的办法,通常采用与铜有一定电位差的金属如铁、铝等置换金属铜,这样可以得到 90% 以上的海绵铜粉,铜的回收率达 95%。但该技术采用置换反应来回收铜,置换效率低,且对铬等金属未能有效回收,有一定的局限性。该工艺过程较简单,主要包括浸出、置换和废水净化,循环运行,基本不产生二次污染,环境效益显著 硫酸具有较强腐蚀性,对反应容器防腐要求较高;同时,浸出时温度将达到 80~100℃,产生蒸汽和酸性气体。溶剂萃取法的操作过程和设备较复杂,成本较高,工艺有待于进一步优化 该技术适用于含铜、镍等金属废水处理过程中产生的电镀污泥

49.4.3.2　电镀污泥的综合利用

(1) 含铬污泥的综合利用

含铬污泥的综合利用见表 49-26。

表 49-26　含铬污泥的综合利用

项目	含铬污泥的综合利用
制作磁性材料	制作磁性材料的含铬污泥,最适宜的是铁氧体法处理废水所产生的污泥。为了制作的磁性材料具有较强磁性,使用铁氧体法时,必须控制好硫酸亚铁的投加量、加空气氧化的程度、加热转化的温度,并将沉渣中的硫酸钠洗脱干净。由于污泥成分很不固定且杂质成分多,制作前都要对沉渣进行分析,再调整材料成分,这给制作磁性材料带来不少麻烦 此外,铁氧体沉渣还可用于制作远红外涂料、耐酸瓷器,以及作为制铸石的原料等
制作中温变换催化剂	在氮肥生产的合成氨工艺上要使用大量的催化剂(又称触媒),利用含铬污泥成功制作了合成氨中温变换催化剂。用电解法、铁氧体法、硫酸亚铁还原法处理含铬废水时所产生的污泥,其中 Cr_2O_3 和 Fe_2O_3 所占百分比符合 B_{104} 中温变换催化剂原料的化学成分,只需补充 MgO、K_2O、CaO,即可满足 B_{104} 中温变换催化剂生产的要求。污泥经洗涤、过滤,再与助催化剂 MgO、K_2O、CaO 混碾均匀,经 120℃烘干,加石墨 10% 压片,再经 350℃焙烧即可制中温变换催化剂
制作制革工业用的铬鞣剂(鞣革剂)	制革工业用的铬鞣剂[$Cr(OH)SO_4$],是一种羟基硫酸铬,它与皮质胶原分子反应,发生质的变化,使皮变为革。即三价铬具有与兽皮(未经处理的生皮)成分中的蛋白质形成稳定复合物的能力,经铬鞣后的生皮就成为熟革,它干燥后具有弹性,有一定抗张强度。由于铁、铜等是铬鞣剂中的有害成分,因而作铬鞣剂的污泥来源,最好是亚硫酸氢钠法处理含铬废水所产生的污泥。采用较纯的 $Cr(OH)_3$ 污泥制作铬鞣剂
制作抛光膏	用含铬污泥可以制作绿色抛光膏和红色抛光膏 ① 制作绿色抛光膏(绿油)　采用含铁较少的含铬污泥,如用亚硫酸氢钠法等还原法处理含铬废水所产生的污泥。将含 $Cr(OH)_3$ 的污泥烘干,经 650~1200℃高温灼烧 12h,则 $Cr(OH)_3$ 脱水转化为绿色的 Cr_2O_3。将其球磨成粉末,然后将石蜡(20%)、蜂蜡(3%)、硬脂精(7%)放在容器内微焙,加入 Cr_2O_3(70%,均为质量分数)和煤油(适量)搅拌均匀,倒入成型模内,冷却后从模中取出即为绿色抛光膏 ② 制作红色抛光膏(红油)　可用含铁较多的含铁铬污泥,如用硫酸亚铁法、电解法处理含铬废水所产生的污泥。将污泥干燥后粉碎,用 180~200 目筛子过筛,在 200℃左右加热 0.5h。红色抛光膏配方:污泥(196kg)、混合油脂(200kg)、抛光剂(15kg)、红丹(15kg)、长石粉(600kg)、石灰(10kg)
制作颜料	① 制铁红颜料　电解法处理含铬废水所得的含铬污泥,可用于制作醇酸铁红底漆中的铁红颜料 ② 制作陶瓷颜料。氧化铬(Cr_2O_3)可用作陶瓷工业产品的绿色颜料。含铬污泥中的氢氧化铬[$Cr(OH)_3$]在马弗炉内 800~900℃下焙烧 6h 左右,再置于 1200℃的高温炉内煅烧 12h,可得到氧化铬(Cr_2O_3)。制作原料的污泥中即使混入一些 Na、Ca、Zn、Pb 等也不影响色泽

(2) 混合污泥的综合利用

混合污泥的综合利用见表 49-27。

表 49-27　混合污泥的综合利用

项目	混合污泥的综合利用
制作改性塑料制品	利用中和沉淀法、电解法和铁氧化法等处理废水后所产生的混合污泥,经过处理,掺入塑料原料中,可制成改性塑料制品,如电器圆木、泥桶、圆凳、地板等改性塑料制品 将污泥自然干化后(使污泥含水率为 40%~60%),经 100~200℃烘干,使其含水率达 5%以下,由粉碎机粉碎后,再由磨粉机磨成粉,过 100 目筛,将过筛后的污泥粉末与高压聚乙烯塑料按 1:(0.5~1)的质量比,加到温度为 120~130℃的塑料挤出机里进行混合,即可得到用聚乙烯塑料固化了的电镀污泥改性原料。再经成型加工,制成各种塑料制品。其机械强度、耐磨、耐蚀、弹性均可满足要求。而其加工性能,像木材一样,可锯、刨、钉
制煤渣砖	利用煤渣蒸氧法制砖时,掺入含水率为 85%~98%的电镀混合污泥制作煤渣砖。制煤渣砖的配比(质量分数)为:煤渣 75%、电镀混合污泥 15%、石灰 8%、磷石膏 2%。 生产工艺与原制砖的工艺完全相同。由于煤渣砖原料本身呈碱性,混合污泥中的重金属多数是以氢氧化物形式存在,这些重金属污泥在砖中能稳定地固化,可以有效地防止二次污染。制成的煤渣砖可作墙体材料使用,其力学性能及其他性能均可满足墙体材料的要求
浇筑混凝土	将电镀混合污泥掺入水泥、砂石中浇筑混凝土使用。掺入混合污泥一般按污泥干重占水泥质量的 2%左右,按此比例掺入混合污泥浇筑的混凝土,经 28 天固化强度可提高 20%~30%。采用这种处理工艺,混合污泥无需脱水、干化、磨粉等工序,直接投加湿污泥,而且混凝土生产的原操作程序不需改变

(3) 单金属污泥的回收

单一金属的污泥不能看作废弃物,而是一种宝贵的金属资源,比矿石中的金属含量高得多。把重金属污泥作为资源已受到广泛重视。

含镍、铜、锌三种金属的废水以碱性沉淀处理所形成的氢氧化物沉淀的污泥比较纯净,可采用隔膜电解法在阴极上沉积而得到金属镍、铜、锌。以其他形式处理的沉淀物,也可采用化学反应回收金属盐,经进一步处理后回用。电镀污泥中金属的回收率能达到:镍 94%、铜 91%、锌 90%、铬 95%。不但减轻了污泥对环境的危害,而且还有一定的经济效益。

49.4.4　电镀污泥无害化处理

(1) 污泥固化/稳定化处置

这项技术是向电镀污泥中加入一些固化剂以固化污染源,可以使污泥(污染源)得到固化,防止二次污染,例如:水泥固化(一般按污泥干重占水泥质量的 2%左右,浇筑混凝土)、水泥与粉煤灰的混合物固化重金属污泥(含铬、镍、镉等)、沥青固化(将污泥与沥青混合加热蒸发而固化)。

(2) 污泥焚烧处置

污泥焚烧是使污泥在高温下燃烧(污泥焚烧在焚烧炉内进行),将污泥中所有水分和有机物全部去除的方法,是固体废物高温分解和深度氧化的综合处理过程。污泥焚烧使污泥变成灰,体积通常可以缩小到脱水污泥体积的 10%以下。有毒物质含量高的污泥可与煤炭或城市垃圾混合焚烧并利用产生的热量发电。

(3) 电镀污泥填埋处置

污泥填埋是目前污泥处理的主要方法。电镀污泥填埋处置应符合 GB 18598《危险废物安全填埋污染控制标准》的有关规定,以及《危险废物安全填埋处置工程建设技术要求》《危险废物污染防治技术政策》等的要术。

填埋场场址位置及选择应符合下列要求。

① 能充分满足填埋场基础层的要求。

② 现场或附近有充足的黏土资源以满足构筑防渗的要求。

③ 位于饮用水、水源地主要补给区范围之外，且下游无集中供水井。

④ 地下水水位应在不透水层 3m 以下。如果小于 3m，则必须提高防渗设计要求，实施人工措施后的地下水水位必须在压实黏土层底部 1m 以下。

⑤ 天然地层岩性相对均匀、面积广、厚度大、渗透率低。

⑥ 地质构造相对简单、稳定，没有活动性断层。非活动性断层应进行工程安全性分析论证，并提出确保工程安全性的处理措施。

第50章
职业安全卫生

50.1　概述

在机械工厂的新建、改建、扩建和技术改造项目设计中的职业安全设施设计中，应正确贯彻"安全第一，预防为主，清洁生产"的方针，加强劳动保护，改善劳动条件，做到安全可靠、技术先进、经济合理；在职业卫生设施设计中，应贯彻国家制定的职业病防治法，坚持"预防为主，防治结合"的卫生工作方针，落实职业病"前期预防"控制制度，保障劳动者健康。保证电镀车间设计符合职业安全卫生要求。

根据国家标准《职业安全卫生术语》的定义，职业安全卫生是指"以保障职工在职业活动中的安全与健康为目的工作领域及在法律、技术、设备、组织制度和教育等方面所采取的相应措施"。

职业安全卫生（OHSMS）是一个国际通行的概念，是 20 世纪 80 年代后期在国际上兴起的现代职业安全卫生管理模式，它与 ISO 9000 和 ISO 14000 等标准化管理体系一样被称为后工业化时代的管理方法。我国政府部门对职业安全卫生（OHSMS）标准化新动向给予了高度的警觉和重视，在短短的数年内相继推出了多项有关职业安全卫生的标准，标志着我国职业安全卫生法制化进程到了一个新的阶段。电镀生产应认真贯彻执行国家及行业等的有关法律法规和职业安全卫生标准，见表 50-1。

电镀车间设计应认真贯彻执行有关电镀职业安全卫生的法规和标准。优化工艺设计，并对电镀作业场所的建筑物、电气装置、通风净化设施、三废治理、消防防护等积极采取如防毒、防腐蚀、防化学品伤害、电气安全、防机械伤害、消防防护、防雷等的防范措施和设施，并符合国家有关的职业安全卫生标准，相互协调配套，做到电镀作业场所整体安全。

表 50-1　有关法律法规和职业安全卫生相关标准

标准编号	标准名称
《中华人民共和国安全生产法》	
《中华人民共和国职业病防治法》	
《作业场所安全使用化学品公约》（第 170 号国际公约）	
《危险化学品管理条例》（国务院 344 号令）	
《使用有毒物品作业场所劳动保护条件》（国务院 352 号令）	
《作业场所安全使用化学品建议书》（国际劳工组织第 177 号建议书）	
GBZ 158—2003	《工作场所职业病危害警示标识》
GB 5083—1999	《生产设备卫生设计总则》
GB 12158—2006	《防静电通用导则》
GB/T 13869—2008	《用电安全导则》
GB 15603—1995	《常用化学危险品贮存通则》

续表

标准编号	标准名称
GB 17914—2013	《易燃易暴性商品储存养护技术条件》
GB 17915—2013	《腐蚀性商品储存养护技术条件》
GB 17916—2013	《毒害品商品储存养护技术条件》
GB/T 18664—2002	《呼吸防护用品的选择、使用与维护》
GB 50016—2014	《建筑设计防火规范》
GB 50057—2010	《建筑防雷设计规范》
GB 50087—2013	《工业企业噪声控制设计规范》
AQ 5202—2008	《电镀生产安全操作规程》
AQ 5203—2008	《电镀生产装置安全技术条件》
AQ 3019—2008	《电镀化学品运输、贮存、使用安全规程》
AQ 4250—2015	《电镀工艺防尘防毒技术规范》
GBZ 1—2010	《工业企业设计卫生标准》
GBZ 2.1—2007	《工业场所有害因素职业接触限值 第1部分:化学有害因素》
GBZ 2.2—2007	《工业场所有害因素职业接触限值 第2部分:物理因素》
JBJ 18—2000	《机械工业职业安全卫生设计规范》
JBJ 16—2000	《机械工业环境保护设计规范》
GB 21900—2008	《电镀污染物排放标准》

50.2 电镀行业职业危害因素

电镀是高污染行业,所以电镀职业安全卫生就显得尤为重要。电镀行业职业危害因素按其来源分为两大类:生产过程和劳动过程中的危害因素（见表 50-2）,其他危害安全的因素（见表 50-3）。

表 50-2 电镀企业职业危害因素分类

工艺生产过程中的危害因素		劳动过程中的危害因素
化学因素	生产性毒物:如铬、氰化物、盐酸、硫化氢、氮氧化物、酸雾、烧碱、氨气、有机溶剂、合成添加剂等	劳动组织和劳动休息不合理 劳动精神（心理）过度紧张 劳动强度过大,安排不当,不能合理安排与劳动者的生理状况相适应的作业 劳动时个别器官系统过度紧张,如视力紧张等 长时间用不良体位和姿势劳动或使用不合理的工具劳动
物理因素	生产性粉尘:如喷砂、喷（抛）丸、打磨、抛光等产生的粉尘,有机粉尘等	
	异常气候条件:如高温、高湿、低温	
	噪声、振动	

表 50-3 电镀企业其他危害安全的因素

危害安全因素	发生原因及易发生场所
急性中毒	违反操作规程,意外事故导致误食毒物或毒气大量泄漏
化学灼伤	操作不当和意外事故导致腐蚀性药液灼伤身体肌肤和器官
触电	违反操作规程和意外事故或设备故障导致被电击、烧伤和死亡
火灾	违反制度,违反易燃品储存和操作规程,导致设备故障和意外情况的发生
机械损害	违反操作规程,设备和建筑意外事故。包括建筑物损害,压力容器事故

50.3　前处理作业安全卫生

50.3.1　机械前处理作业安全卫生

机械前处理作业包括：喷砂、喷（抛）丸、磨光、刷光、滚光、抛光、振动光饰以及手工、风（电）动工具清理等。

① 机械除锈清理采用喷射清理时（即喷砂、喷丸等），应优先选用喷丸清理或抛丸清理。喷射清理应提高机械化自动生产水平，减轻劳动强度；其室体、排风管道、分离器等应有良好的密闭（封）性，防止钢丸、粉尘外逸。

② 喷丸室的通风除尘净化系统必须与喷丸的压缩空气源联锁，只有当通风除尘净化系统正常运行后，气源才能启动。喷丸室应同时设置室内外都能控制启动和停止的控制开关，并设置相应的声光信号器件。

③ 当作业人员在喷丸室内作业时，必须穿戴封闭型橡胶防护服和供气面具。当采用升降装置或脚手架进行喷丸时，四周设置 1.2m 的安全护栏。

④ 喷丸室内壁应设置耐磨材料制作的护板。与其配套的喷射软管应耐磨、防静电。

⑤ 喷砂作业如工艺、工件允许时尽量采用湿喷砂，以减少粉尘。喷砂室体、排风管道等应有良好的密闭（封）性，防止粉尘外逸。

⑥ 除锈用的手持电动工具必须符合 GB 3883.1—2014《手持式 可移式电动工具和园林工具的安全　第 1 部分 通用要求》

⑦ 手工除锈用的钢刷、铲刀和锤等工具，作业前应检查其可靠性。相邻操作人员之间距离应大于 1m。

⑧ 直径 60mm 以上的风动打磨机应设置防护罩，其开口夹角不大于 150°。

50.3.2　化学前处理作业安全卫生

化学前处理作业包括：除油（包括有机溶剂除油）、酸洗、中和、清洗及有特殊要求的处理工序等。

化学前处理的一般要求及操作前准备见表 50-4。

除油及浸蚀（酸洗）作业安全卫生见表 50-5。

表 50-4　化学前处理的一般要求及操作前准备

前处理	前处理作业安全卫生
化学前处理的一般要求	① 能散发出有害气体的化学前处理槽子,应设置局部排风系统,改善劳动环境 ② 前处理作业量较大的,而且腐蚀性较强的作业,如强浸蚀、混酸浸蚀、有色金属的强蚀等作业,宜集中一起设立前处理浸蚀间(酸洗间),用隔墙与其他作业隔离,便于组织排风及废气处理,并减少对其他作业区的影响 ③ 较高的槽子,一般设有高出地面的操作走道(台)或平台,应在操作走道、平台周边设置防护栏杆 ④ 大型全浸型槽的槽口宜高出地面 0.8m,当槽体全部埋入地面时,应在槽体四周设置防护栏杆,并设置安全标志 ⑤ 禁止大面积、大量使用汽油、甲苯、二甲苯除油 ⑥ 有机溶剂除油宜在单独设立的有机溶剂除油间进行 ⑦ 一般情况下前处理工序与电镀(包括化学表面处理)一起组成生产线,根据生产规模,尽量采用自动线或半自动线生产,提高机械化自动化生产水平,改善生产条件,降低劳动强度

前处理	前处理作业安全卫生
化学前处理操作前准备	① 应先打开通风机通风、检查所使用的工装挂具是否正常 ② 检查槽体有无渗漏,是否符合安全要求 ③ 应检查极板与极杠之间导电接触是否良好,极板与槽体之间绝缘是否良好 ④ 应检查各种电器装置是否正常,设备接地是否良好 ⑤ 采用蒸汽加热槽液的,应检查蒸汽管道有无渗漏;采用电加热管的,应检查绝缘是否良好 ⑥ 应检查槽液成分、pH 值、温度等是否满足工艺生产要求,清洗水是否符合要求

表 50-5 除油及浸蚀 (酸洗) 作业安全卫生

前处理	化学前处理作业安全卫生
有机溶剂除油	① 有机溶剂除油作业现场的防静电,应符合 GB 12158《防静电事故通用导则》要求 ② 有机溶剂除油作业场所,一般属于甲类火灾危险性生产区域。作业场所的防火防爆等,均应符合 GB 50016—2014《建筑设计防火规范》的有关设计规定 ③ 有机溶剂除油宜在单独设立的有机溶剂除油间进行。室内严禁明火及其他火种 ④ 有机溶剂除油间应设置在建筑物的外侧(除油间的长边靠建筑物外侧),根据防爆炸的要求要有足够的泄爆面,泄爆面的计算见 GB 50016—2014《建筑设计防火规范》 ⑤ 工件进行有机溶剂除油作业的地点,应避免阳光直接照射。盛溶剂的容器应加盖,且溶剂量不超过容器体积的 2/3 ⑥ 工件应在干燥的状态下进行有机溶剂除油 ⑦ 在有机溶剂除油作业现场,溶剂存放量不应超过半班次的使用量 ⑧ 采取有效通风措施(并辅有全面换气通风),非作业时间,汽油槽(有机溶剂槽)应加盖密闭,以避免有机溶剂挥发和污染 ⑨ 有机溶剂除油作业现场的照明灯具、电插座、开关、电机等用电设备均应符合防爆要求 ⑩ 有机溶剂除油作业场所空气中的有害物质的最高容许浓度不得超过卫生标准要求的允许浓度
碱液除油	① 工件挂入碱性槽液时,应使用专用工具,不宜用手操作 ② 用铁筐装工件除油时,工件不应高于铁筐高度的 2/3 ③ 手工操作电解除油,放入工件时,应先将直流电源关闭,放好挂具后,再开启电源;取出工件时,应先关闭电源,再取出工件 ④ 定期清除槽液面的薄层泡沫,以防爆炸 ⑤ 向槽液中添加氢氧化钠时,应将整块的氢氧化钠破碎后装在铁筐中,然后放入冷水中溶解,最后再加入槽中 ⑥ 槽液溅到皮肤上时,应立即去除衣服,用大量清水冲洗,再用弱酸液清洗
浸蚀(酸洗)	① 搬运酸液(酸罐、塑料桶)时,应检查外包装是否完整。搬运应使用专用装置或工具 ② 操作过程中,应严格控制化学反应所产生的槽液升温 ③ 配制或稀释酸洗液,应用冷水,不应使用热水 ④ 配制硫酸酸洗槽液时,应将浓硫酸缓慢地加入水中,不得将水加入硫酸中,以防酸液飞溅 ⑤ 配制混酸溶液时,应先加硫酸,冷却后再加盐酸、硝酸 ⑥ 酸液飞溅到身上时,应立即去除衣服,用大量清水冲洗,再用弱碱液清洗

50.4 电镀及化学处理作业安全卫生

50.4.1 槽液配制作业安全卫生

① 槽液的配制与调整,应严格按照工艺要求操作,由专门操作人员在技术人员指导下进行。配制槽液时,应在通风条件良好的地方进行。

② 槽液混合作业时,添加槽液应缓慢,同时进行充分搅拌。

③ 在进行化学药品溶解操作时,易产生溶解热的化学药品,应在耐热的玻璃器皿内溶解。

④ 槽液配制与调整时,一般将固体化学药品在槽外溶解后,再慢慢加入槽内,不应将固体化学药品直接投入槽液中。

⑤ 氢氟酸不应放置于玻璃器皿内,以防玻璃被腐蚀而造成事故。

⑥ 不应将浓酸、浓碱直接加入槽液中调整 pH 值。

50.4.2 氰化电镀作业安全卫生

氰化电镀作业安全卫生见表 50-6。

表 50-6　氰化电镀作业安全卫生

项目	氰化电镀作业安全卫生
氰化物采购及保管	① 电镀用氰化物的购买、储存及使用等,应严格按照《危险化学品安全管理条例》(国务院令第 344 号)及公安部门的有关规定 ② 所有称量、运输氰化物的应为专用器具,并应在器具的明显处标注剧毒标记,称量应在通风良好的条件下进行 ③ 存放氰化物或含氰液的场所,应通风良好,氰化物或含氰液不应与酸摆放在一起 ④ 所有已使用过的工具及仪器,用后宜用 5%绿矾(FeSO$_4$·7H$_2$O)溶液进行消毒 ⑤ 氰化物及其他剧毒物品须凭批手续按量领取。而且领取、保管、称量和配制使用都应采用双人制度,即所谓的"五双制",即严格做到双人收发、双人双账、双人双锁、双人运输和双人使用。电镀车间所领用的氰化物宜全部加入溶液中,不应在作业现场存放 ⑥ 存放剧毒品、毒品、腐蚀试剂的包装袋、玻璃器皿等用完料后,应有专人妥善保管、集中销毁
生产操作	① 应定期检查通风系统运行是否正常。在处理操作前,应打开通风设备通风 15min 以上,通风机出现故障,应停止处理作业 ② 所有氰化槽应尽量远离酸槽,镀前的浸蚀后,工件(尤其是形状复杂的工件)应清洗干净,防止将酸带入氰化槽内,形成剧毒的氰化氢气体;氰化电镀后的工件清洗槽,应为专用槽 ③ 清洗电镀的阳极板时,应用水冲洗,不应干擦。阳极棒和阴极棒不应用酸直接清洗,宜将极棒取下后清洗 ④ 掉入槽内的工件不应用手捞出,而应使用专用工具 ⑤ 采用蒸汽加热的含氰槽液(包括清洗槽),其蒸汽凝结水(回水)不应返回锅炉 ⑥ 操作人员下班后,应用 1%绿矾(FeSO$_4$·7H$_2$O)溶液洗手,应用 20%的次氯酸钠或 5%(均为质量分数)绿矾溶液清洗地面。清洗工作服时,先用 5%的次氯酸钠或 1%(均为质量分数)绿矾的水溶液浸泡 1h 左右,再用大量清水漂洗

50.4.3 钢铁件氧化处理及其他作业安全卫生

钢铁件氧化处理及其他作业安全卫生见表 50-7。

表 50-7　钢铁件氧化处理及其他作业安全卫生

项目	钢铁件氧化处理及其他作业安全卫生
钢铁件氧化处理	① 操作时应戴耐温防碱手套 ② 氧化槽(碱液槽)加碱时,为防止碱液溅出伤人,应先将碱(NaOH)块在槽外破碎后,再放入铁丝篮中,悬挂于碱液槽上部,然后沉入槽内,边缓慢搅拌边加热,使碱块充分溶解 ③ 不应将冷水、带冷水的工件迅速放入已加热的槽液内,以防槽液暴溅 ④ 采用手工方法往槽内放放工件,特别是带有深孔的工件时,应使工件有一定倾斜角度,并缓慢进行,以免槽液飞溅 ⑤ 钢铁件氧化处理槽液温度较高,一般采用电加热,应采取电气安全防护措施,设置漏电保护器,槽体应有接地保护
其他作业	① 在化学镀镍操作中,操作者应穿戴耐热耐酸耐碱手套;化学镀镍的废槽液应有集中处理措施 ② 在化学镀铜操作中,采用银盐活化工艺的,银盐活化液的储存容器不能封闭太严,以防爆炸 ③ 在有使用水合肼的槽液操作中,因其易挥发、有毒,应加强通风,防止槽液接触皮肤 ④ 采用手工操作时,镀件入槽要轻,出槽要慢,要防止槽液飞溅伤人 ⑤ 有可能发生化学性灼伤及经皮肤黏膜吸收引起急性中毒的工作地点或车间,应根据可能产生或存在的职业性有害因素及危害特点,在工作地点就近设置现场应急处理设施。应急设施应包括:不断水的冲洗、洗眼设施,个人防护用品,急救包或急救箱,应急救护通信设备等。冲洗、洗眼设施应靠近可能发生相应事故的工作地点

50.5　操作人员的个人防护

操作人员的个人防护见表 50-8。

表 50-8　操作人员的个人防护

操作人员	操作人员的个人防护
前处理及喷漆操作人员	① 除锈、打磨、喷砂、喷丸作业操作人员,应穿戴工作服、防尘口罩、披肩帽、防护手套 ② 在喷砂室内、喷丸室内的操作人员,应穿戴工作服、供给空气的呼吸保护器、防护手套 ③ 喷漆作业操作人员,应穿戴防毒口罩、防静电服、防静电鞋
电镀及化学处理操作人员	① 操作人员应穿戴好防护用品,再进入电镀操作岗位 ② 在有毒气体可能逸出的场所,所有操作人员,应穿戴防护工作服、胶靴、手套 ③ 溶液配制或调整、运输和使用酸碱溶液等场所,操作人员应戴长胶裙、护目镜和乳胶手套 ④ 在操作浓酸或浓碱溶液时,操作人员应穿戴防毒口罩、护目镜、耐酸耐碱手套和防化靴 ⑤ 在设备维修时、清洗阳极板时,应戴耐酸耐碱手套,并防止极板的毛刺和碎片伤及皮肤 ⑥ 所穿戴的防护用品,不应穿离工作场所 ⑦ 操作人员暂时离开生产岗位时,应充分洗涤手部、面部、漱口、更衣。特别是接触氰化物等剧毒品的,应进行消毒处理 ⑧ 操作人员有外伤时,伤口应包扎后才能进行工作。伤口未愈合的人员,不应进行接触氰化物、铬酸等剧毒品的操作 ⑨ 车间内应设有急救箱,备有急救药品、器材等;还应常备有稀醋酸、硼酸、稀碳酸钠的溶液,以便受酸、碱灼伤时,能迅速取来使用 ⑩ 每班工作结束后,应淋浴更衣

50.6　电镀生产装置作业安全卫生

电镀生产装置,是指完成工件电镀及化学处理工序所使用的设备及辅助装置的总称。电镀生产装置的设计、制造、安装、维护、使用以及设备改造等的一般要求如下。

① 电镀生产装置作业安全卫生应符合国家安全生产行业标准 AQ 5203—2008《电镀生产装置安全技术条件》的规定和要求。

② 电镀生产装置及零部件设计应符合 GB 5083—1999《生产设备卫生设计总则》、GB/T 15706.2《机械安全　基本概念与设计通则　第二部分　技术　原则与规范》。

③ 生产装置工作时,如果存在被加工料、碎块（物品破裂）或液体从设备中飞出或溅出,而发生危险的情况,应设置透明的防护罩、隔板等防护措施,其强度应能承受可以预料的负荷。

④ 生产装置的气动系统应符合 GB 7932—2003《气动系统通用技术条件》、液压系统应符合 GB 3766《液压系统通用技术条件》、电气设备应符合 GB/T 5226.1—2008《机械电气安全　机械电气设备　第 1 部分　通用技术条件》、管道设计应符合 GB 7231—2003《工业管道的基本识别色、识别符号和安全标识》中的有关安全的要求。

⑤ 生产装置的工作区根据需要设置的局部照明装置,应符合 GB/T 5226.1—2008《机械电气安全　机械电气设备　第 1 部分　通用技术条件》有关安全的技术要求,且应符合 GB 50034—2013《建筑照明设计标准》中的照度要求。

⑥ 电气安全防护　所有用电设备及生产装置都应考虑电气安全防护。

a. 任何电气设备、装置,都不应超负荷运行或带故障使用。

b. 电气设备和开关应装设短路保护、过载保护和接地故障保护。

c. 电气设备的接地保护。根据 GB 50169—2006《电气装置安装工程接地施工及验收规范》的要求,电气装置相关的金属部分,均应安全接地。

d. 处在有喷漆间、有机溶剂去油间等易燃易爆作业场所的电器设备应选用防爆型（隔爆型）的，应安全、可靠。

50.7 防机械伤害及噪声控制

防机械伤害及噪声控制见表 50-9。

表 50-9　防机械伤害及噪声控制

项目	防机械伤害及噪声控制
防机械伤害	① 电镀车间设计时，尽可能提高机械化、自动化程度，减轻劳动强度。有机械伤害的场所，应设置安全防护措施 ② 设计带有机械传动装置的非标准设备及联动生产线时，其传动带（链）、明齿轮、连接器、带轮、飞轮和转动轴等转动部分的突出部位必须同时设计防护罩，并应符合现行国家标准 GB 8196《机械设备安全防护罩安全要求》的规定 ③ 除锈用的手持电动工具必须符合 GB 3883.1—2014《手持式 可移动式电动工具和园林工具的安全 第1部分 一般要求》的有关规定；手持气动工具必须符合手持气动工具安全的有关规定 ④ 抛光机、砂轮机以及机械前处理用的手提式电动工具、气动工具如手提砂轮机、刷光机等，直径在 60mm 以上的应设置防护罩，其开口夹角不大于 150° ⑤ 车间地面应平坦，不打滑。单人通道净宽应不小于 700mm；当通道常有人或多人交叉通过时，通道宽度应增加至 1200mm；若通道作为疏散路线，其最小净宽应不小于 1200mm ⑥ 生产线垫高并超过 0.5m 高度的操作走台、平台等，需设置安全保护栏杆。废水处理池的池边，需设置安全保护栏杆 ⑦ 横穿通道及在人行通道处的明沟，必须设置地沟盖板。坑池边和升降口有跌落危险处，必须设置栏杆或盖板
噪声控制	电镀作业过程中所用的风机、水泵、电机等各个噪声源及其风管、水管应采取减振、隔声、消声、吸声等措施，使操作区的噪声不应超过工作地点噪声声级的卫生限值。工作地点噪声声级的卫生限值见表 50-10

表 50-10　工作地点噪声声级的卫生限值

日接触噪声时间/h	卫生限值/dB(A)	备注
8	85	
4	88	
2	91	① 最高不得超过 115dB(A)
1	94	② 办公室等噪声卫生限值：
1/2	97	车间办公室：60dB(A) 会议室：60dB(A)
1/4	100	计算机室：70dB(A)
1/8	103	

50.8 危险化学品使用和储存的作业安全

危险化学品，是指易燃、易爆，具有毒性、腐蚀性、放射性等特性，会对人员、设施、环境造成伤害或损害的化学品。化学品的分类及危险性见 GB 13690—2009《化学品分类和危险性公示通则》。化学品的运输、储存、使用的基本要求见表 50-11。

表 50-11　化学品的运输、储存、使用的基本要求

项目	化学品的运输、储存、使用的基本要求
基本要求	① 应有健全的电镀化学品的安全管理制度，保证电镀化学品的安全操作和管理 ② 从事电镀化学品运输、储存、使用的人员，应接受有关安全知识、专业技术、职业卫生防护和应急救援知识的培训，并经考试合格 ③ 应制订事故应急救援预案，配备必要的防护应急器材，在遇到突发事件时，能快速反应并妥善处理，具备发生事故或意外时，须采取应急行动的措施和设施

续表

项目	化学品的运输、储存、使用的基本要求
储存、保管安全要求	① 电镀化学品仓库建筑物应符合 GB 50016—2014《建筑设计防火规范》的要求 ② 仓库应配备足够的消防设施和器材,放置在明显、便于取用的地点。储存易燃品的仓库,应有严禁火种的警示牌 ③ 仓库若需采暖,应使用热水或蒸汽采暖。供暖系统与垛位之间的距离应不小于 0.3m ④ 仓库相对湿度应不大于 85%,温度应不高于 35℃。应设有机械通风装置 ⑤ 电镀化学品按不同类别、性质、危险程度、灭火方法等隔离储存。隔离储存是指在同一建筑或同一区域内,不同物料之间分开一定距离,非禁配物料间用通道保持间隔的储存方式 ⑥ 禁配物料,应用隔板或墙隔开存放。禁配物料是指化学性相抵制或灭火方法不同的化学物料 ⑦ 电镀化学品储存仓库通道,堆垛与墙、柱、地面等的各项之间的最小距离应符合 GB 17916《毒害性商品储存养护技术条件》的要求

50.9　安全卫生管理

电镀生产企业应结合实际,建立安全卫生生产管理体系,配备安全管理人员,并明确其职责和权限,实行标准化管理。安全卫生管理的对策措施见表 50-12。

表 50-12　安全卫生管理的对策措施

安全卫生管理措施	安全卫生管理的对策措施的实施方法
落实安全生产责任制	应明确企业负责人、管理人员、班组长及操作人员的安全职责,签订各岗位的安全生产责任书
制订和完善各类安全管理制度	结合实际生产情况,制订和完善有关剧毒品、易燃易爆场所、生产设备、设备维修、安全用电、安全检查等安全卫生管理制度。针对危险性较大的岗位,制定安全操作规程
加强从业人员的安全教育	企业负责人和管理人员应具备相应的安全知识。对企业全员进行安全教育,提高生产安全意识。所有操作人员应熟悉电镀生产安全卫生知识,经专业培训并考试合格后,持证上班
进行安全生产检查	对生产作业现场、库房(特别是剧毒品库、易燃易爆品库)、电气设施和灭火器材等进行安全检查,发现隐患,及时整改
保证安全生产投入	应有专用资金用于安全卫生设施的建设、维护和改善。新建(或改扩建)项目的安全卫生设施应与主体工程同时设计、同时施工、同时投入生产和使用
提高劳动保障水平	对有毒有害岗位的作业人员进行上岗前、在岗期间、离岗时以及定时的职业健康检查;依法参加工伤保险;与职业卫生部门建立联系,职工体检内容及周期应符合卫生行政部门的职业健康监护管理规定;对所接触的化学药品有过敏反应的人员,不应安排有化学药品的操作岗位;车间根据电镀生产卫生特征属于 2 类,依据车间规模,应设置休息室、盥洗室、厕所、淋浴室、更衣室以及妇女卫生室(根据企业、车间规模确定)等生活卫生设施
加强事故应急处理能力	为防止突发事故发生,并在事故发生后能迅速地控制和处理事故,应制订本单位事故应急救援预案,并定期演练
积极开展安全卫生评价和清洁生产审核工作	对安全卫生评价和清洁生产审核工作中提出的问题及生产隐患,找出原因,及时整顿改进

电镀生产应根据国家相应法律、法规,制定并严格执行安全卫生生产规章制度,执行安全操作程序。安全卫生生产管理规章制度应包括:安全生产责任制,安全教育培训制度,生产设施安全管理制度,安全检查和事故隐患整改管理制度,危险物品安全管理制度,化学药品的保管和发放制度,防火、防爆、防毒管理制度,消防管理制度,安全生产工作考评和奖惩制度等。

参 考 文 献

[1]　沈品华主编. 现代电镀手册 (上册). 北京：机械工业出版社，2010.
[2]　沈品华主编. 现代电镀手册 (下册). 北京：机械工业出版社，2011.
[3]　张允诚，胡汝南，向荣主编. 电镀手册 (第4版). 北京：国防工业出版社，2011.
[4]　曾华梁，吴仲达，秦月文，等. 电镀工艺手册. 北京：机械工业出版社，1989.
[5]　李金桂主编，肖定全副主编. 现代表面工程设计手册. 北京：国防工业出版社，2000.
[6]　冯绍彬等编著. 电镀清洁生产工艺. 北京：化学工业出版社，2005.
[7]　孙华主编，李梅，刘利亚副主编. 涂镀三废处理工艺和设备. 北京：化学工业出版社，2006.
[8]　贾金平，谢少艾，陈虹锦. 电镀废水处理技术及工程实例 (第2版). 北京：化学工业出版社，2009.
[9]　段光复编著，电镀废水处理及回用技术手册. 北京：机械工业出版社，2010.
[10]　黎德育，李宁，邹忠利主编. 电镀材料和设备手册. 北京：化学工业出版社，2007.
[11]　北京照明学会照明设计专业委员会编. 照明设计手册 (第2版) 北京：中国电力出版社，2006.
[12]　机械工业部第四设计研究院主编. 油漆车间设备设计. 北京：机械工业出版社. 1985.
[13]　刘仁志编著. 现代电镀手册. 北京：化学工业出版社，2010.
[14]　陈治良主编. 简明电镀手册. 北京：化学工业出版社，2011.
[15]　谢无极编著. 电镀工程师手册. 北京：化学工业出版社，2011.
[16]　傅绍燕编著. 涂装工艺及车间设计手册. 北京：机械工业出版社，2013.
[17]　叶扬祥，潘肇基主编. 涂装技术实用手册. 北京：机械工业出版社，2001.
[18]　刘仁志编著. 整机电镀. 北京：国防工业出版社，2008.
[19]　袁诗璞. 碱性锌酸盐镀锌的生产应用 [J]. 涂装与电镀，2008 (3)：30-35.
[20]　安茂忠主编. 电镀理论与技术. 哈尔滨：哈尔滨工业大学出版社，2004.
[21]　王增福，关秉羽，杨太羽等编. 实用镀膜技术. 北京：电子工业出版社，2008.
[22]　陈祝平著. 特种电镀技术. 北京：化学工业出版社，2004.
[23]　张蕾，景璀. 钕铁硼永磁材料镀 Zn-Ni 合金. 电子工艺技术，2009，30 (4)：230-232.
[24]　潘继民主篇. 电镀技术 1000 问. 北京：机械工业出版社，2012.
[25]　屠振密，胡会利，刘海萍等编著. 绿色环保电镀技术. 北京：化学工业出版社，2013.
[26]　万小波，张林，周兰，等. 电镀非晶体镍钨合金工艺研究。材料保护，2006，39 (12)：23-25.
[27]　董允，张廷森，林晓娉编著. 现代表面工程技术. 北京：机械工业出版社. 2000.
[28]　田微，顾云飞. 化学镀银的应用与发展. 电镀与环保，2010，30 (3)：4-7.
[29]　徐磊，何捍卫，周科朝，等. 化学镀锡工艺参数对沉积速率、镀层厚度及表面形貌的影响. 材料保护，2009，42 (5)：32-35.
[30]　刘海萍，李宁，毕四富，等. 无氰化学镀金技术的发展及展望. 电镀与环保，2007，27 (3)：4-7.
[31]　周斌. 电铸工艺. 电镀与涂饰，2004，23 (5)：22-23.
[32]　电镀行业的职业卫生管理探讨　http：//www.cworksafety.com 2009.06.19 中国电视网.

附录

附录 A 金属及其他无机覆盖层 表面处理 术语(GB/T 3138—2015)

本标准使用翻译法等同采用 ISO 2080：2008《金属及其他无机覆盖层 表面处理、金属及其他无机覆盖层 词汇》。

本标准代替 GB/T 3238—1995《金属涂覆和化学处理与有关过程术语》。

本标准不包括腐蚀和腐蚀科学中电化学技术的基本术语和定义，这些术语和定义列于 GB/T 10123。本标准也不包括在化学、物理手册或词典中可查到的化学、电化学或物理的基础术语和定义。

1 范围

本标准提供了表面处理的一般类型及与此有关的术语和定义。本标准注重金属加工领域中表面技术的实际应用。本标准不包括搪瓷和釉瓷、热喷涂、热浸镀锌的术语和定义，这些术语和定义已收录于专业词汇表或正在制定的相关词汇表中。大多数情况下，本标准不包括在表面处理和其他技术领域有相同含义的基本术语，也不包括化学、物理手册和词典中定义的基本术语。

2 表面处理的一般类型

2.1 化学镀 chemical plating

用化学法而非电解方法沉积金属覆盖层。

2.1.1 自催化镀 autocalytic plating

非电解镀 electroless plating（已放弃使用）

被沉积金属或合金通过催化还原反应而形成沉积金属覆盖层。

2.1.2 接触镀 contact plating

在含有被镀金属离子的溶液中将工件（3.202）与另一金属保持接触，通过形成的内部电流沉积金属覆盖层。

2.1.3 浸镀 immersion coating；immersion plate（US）

由一种金属从溶液中置换出另一种金属来获得金属覆盖层，例如：$Fe + Cu^{2+} \longrightarrow Cu + Fe^{2+}$。

2.2 化学气相沉积 chemical vapour deposition（GB）；chemical vapor deposition（US）

在加热状态下，通过化学反应或蒸汽还原凝结在基体上形成的沉积层。

2.3 转化处理 conversion treatment

经化学或电化学过程形成的膜（通常简称为转化膜），含有基体金属元素和溶液中的阴离子化合物。

示例：铝、锌的铬酸盐膜（常误称为钝化膜）；钢的氧化膜和磷化膜。

注：阳极氧化（3.8）虽然满足上述定义，但是通常不称为转化膜或铬酸盐处理。

2.4 扩散处理 diffusion treatment

通过其他金属或非金属在基材（3.185）金属表面扩散形成表面膜的过程（通常称为扩散镀）。

示例：〈电镀〉通过扩散处理使两种或两种以上的不同镀层形成合金层。

注：电镀（2.5）后热处理（3.111），如驱氢，通常不认为扩散处理。

2.5 电镀 electroplating

电沉积 electrodeposition

为获得基体金属（3.22）所不具有的性能或尺寸，通过电解法在基材（3.185）上沉积结合力良好的金属或合金层。

注：电镀的英文单词不应单独用"plating"，而是"plating"与"electro"联合起来的"electroplating"。

2.6 热浸镀 hot-dip metal coating

将一般金属（3.22）浸入熔融金属以形成金属镀层。

注：传统术语"galvanizing"用来指在熔融锌中浸泡以获得锌层时，应冠以"hot-dip"。术语"spelter galvanizing"不应用于"热浸镀"。为给出"热浸镀锌"详细的术语和定义，应协商制定相关标准。

2.7 机械镀 mechanical coating

在细金属粉（如锌粉）和合适的化学试剂存在下，用坚硬的小圆球（如玻璃球）撞击金属表面，以在基体金属表面形成金属覆盖层。

注：不建议用"mechanical plating"、"peen plating"和"mechanical galvanizing"。

2.8 金属覆盖 metal cladding

通过机械制造技术将一种金属覆盖到另一种金属上。

2.9 金属化 metallizing

在非金属或不导电材料表面上涂镀金属覆盖层。

注：不推荐使用这个术语作为金属热喷涂（2.10）或在金属基材（3.185）上沉积金属覆盖层的同义词。

2.10 金属热喷涂 metal spraying

通过热喷涂方法形成金属覆盖层。

2.11 釉瓷 porcelain enamelling

玻璃搪瓷 eitereous enamelling

大约425℃以上，在金属上熔覆釉瓷或玻璃质的无机涂层。

2.12 物理气相沉积 physical vapour deposition（GB）；physical vapor deposition（US）

通过蒸发、再凝结元素或化合物在基体表面上形成覆盖层，通常在高真空条件下进行。参见：溅射（3.175）和离子镀（3.119）。

2.13 渗锌 sherardizing

将锌粉和惰性介质加热，在不同的基体金属（3.22）上形成的锌/铁合金层。

2.14 表面处理 surface treatment

改性表面性能的处理。

注：该术语不限于金属覆盖层。

2.15 热喷涂 thermal spraying

用喷枪将熔融或热软材料喷射到基材（3.185）上形成覆盖层。

3 通用术语

3.1 活化 activation

消除钝化的表面状态。

3.2 添加剂 addition agent；additive

为改进溶液的性能或改善从溶液中获得沉积物的质量，添加到溶液中的物质，通常是少量的。

3.3 结合力 adhesion

使覆盖层的不同膜层分离所需的力，或使覆盖层从相应表面的某一区域和基材（3.185）分离所需的力。

3.4 阳极腐蚀 anode corrosion

电解槽中，通过电化学反应使阳极金属逐渐溶解或氧化，或使阳极材料溶解。

注：电解液无电流通过的化学反应使阳极溶解，一般不叫腐蚀，而叫溶解。

3.5 阳极膜 anode film

3.5.1 阳极液膜 anode film

〈溶液接触阳极〉与阳极接触的溶液层，其成分与溶液主体不同。

3.5.2 阳极膜 anode film

〈阳极本身〉阳极本身的外表层，由阳极金属的氧化物或反应生成物组成。

3.6 阳极氧化膜 anodic oxidation coating

采用电解氧化工艺在金属表面转化形成的防护性、装饰性或功能性的氧化膜。

参见阳极氧化（3.8）。

3.7 阳极性镀层 anodic coation（GB）；sacrifical coation（US）

比基体金属（3.22）的电极电位更负的金属覆盖层。

注：阳极性镀层在气孔或其他镀层缺少处为基体金属（3.22）起到阴极保护。

3.8 阳极氧化 anodic oxidation；anodising（GB）；anodizing（US）

在阳极金属表面覆盖具有较好的保护性、装饰性或功能性覆盖层的电解氧化过程。

3.9 阳极液 anolyte

在一个分隔电解池（3.83）中，隔膜阳极一侧的电解液。

3.10 抗针孔剂 anti-pitting agent

用来防止电镀层产生小气孔的添加剂（3.2）。

3.11 自动输送机 automatic machine；conveyer

〈电镀〉清洗、阳极氧化或电镀等循环中用于自动运送工件的机械。

3.12 自动电镀 automatic plating

3.12.1 全自动电镀 fully-automatic electroplating

工件在工序间连续自动传送的电镀。

3.12.2 半自动电镀 semi-automatic electroplating

工件在工序间需要人工辅助的自动电镀。

3.13 辅助阳极 auxiliary anode

电沉积（2.5）过程中为使镀层获得较好的厚度分布而采用的辅加阳极。

3.14 辅助阴极 auxiliary cathode；thief；robber

用来转移工件（3.202）某些部位的部分电流以防止高电流密度（3.68）的辅加阴极。

3.15 烘烤 baking（已放弃使用）
见热处理（3.111）。

3.16 滚光 barrel burnishing
在无或装有金属或陶瓷丸（或球）磨料的滚筒中，通过翻滚工件（3.202）使表面光滑。

3.17 滚镀 barrel electroplating
在旋转、震荡或其他移动的容器中对散装工件进行电沉积的电镀工艺。

3.18 滚饰 barrel finishing
为了提高表面精饰，有或无磨料或抛光丸的情况下，在滚筒中进行的散件加工。
参见滚磨（3.193）。

3.19 滚动加工 barrel processing
在旋转或其他震动的容器中对散装工件进行机械处理、化学处理、自动催化处理或电解处理。

3.20 阻挡层 barrier layer
阳极氧化阻挡层 anodizing barrier layer
〈铝阳极氧化〉紧靠金属表面的薄而无孔的半导电的铝氧化物层，它区别于具有多孔结构的氧化膜主体。

3.21 一般金属 base metal
易氧化生成离子的金属。
示例：锌或镉
注：一般金属与贵金属（3.139）相对。

3.22 基体材料 basis material
基体金属 basis metal
在其上沉积覆盖层的材料。
参见基材（3.185）。

3.23 双极电极 bipolar electrode
不与外电源连接而置于阴极和阳极之间电解液中的导体，其面对着阳极的一侧起阴极作用，对着阴极的另一侧起阳极作用的一种电极。

3.24 黑色氧化 black oxide
黑色精饰 black finishing
发黑 blackening
将金属浸泡在热的氧化性盐或盐溶液，或混合酸或碱溶液中以对其进行精饰（3.101）。

3.25 喷射 blasting
用固体金属、矿物、合成树脂、植物颗粒或水高速喷射工件（3.202），以清洗（3.54）、研磨或喷丸（3.171）表面。

3.25.1 喷金刚砂 abrasive blasting
用金刚砂高速喷射工件，以对工件进行清洗或精饰。

3.25.2 喷丸 bead blasting
在干或湿的条件下，用玻璃或陶瓷小圆球喷射材料表面。

3.25.3 喷金属丝粒 cut-wire blasting
用短金属丝或金属丝粒喷射（3.25）。
参见喷金刚砂（3.25.1）。

3.25.4 喷干冰 dry ice blasting（US）
用固体干冰（固体二氧化碳）颗粒喷射金属表面。

3.25.5 喷玻璃珠 glass bead blasting

见喷丸（3.25.2）。

3.25.6 喷钢砂 grit blasting

用不规则的细钢或可锻性铸铁喷射。

注 1：在英国，该术语也可用于具有相同形状的非金属颗粒，例如：碳化硅或氧化铝。

注 2：由于健康和安全的原因，大多国家禁止喷射（3.25）砂子。

3.25.7 高速喷丸 shot blasting

将圆形固体以相对高速度喷向工件，通过研磨作用改善表面性能。

参见喷金刚砂（3.25.1），喷丸（3.171）。

3.25.8 喷湿沙 wet abrasive blasting

湿法喷砂 vapour blasting（GB）；vapour blasting（US）

用含有金刚砂的液体介质或砂浆喷射（3.25）。

3.26 起泡 blister

镀层中由于镀层与基材（3.185）之间失去结合力（3.3）而引起的凸起缺陷。

3.27 起霜 bloom

表面上可见的渗出物或风化物。

3.28 发蓝 blueing

将钢铁工件置于空气中加热或放入氧化性溶液中，使其表面形成非常薄的蓝色氧化膜。

3.29 抛光 bobbing

见机械抛光（3.154）。

3.30 浸亮剂 bright dip

使金属表面光亮的溶液。

参见化学增亮（3.49）。

3.31 光亮精饰 bright finish

使表面具有均匀、光滑且具有高反射性的精饰（3.101）。

3.32 光亮电镀 bright electroplating

电镀层具有高镜面反射性的电沉积过程。

3.33 光亮电镀范围 bright electroplating range

在规定的操作条件下，电镀溶液沉积光亮电镀层的电流密度的范围。

3.34 光亮均镀力 bright throwing power

电镀液或规定的电镀工艺在不规则阴极上沉积均匀光亮镀层的性能的量度。

3.35 光亮剂 brightener

加入自动催化和电镀溶液中使镀层光亮的添加剂。

3.36 铜着色 bronzing

用化学精饰（3.101）使铜或铜合金（或铜和铜合金电镀层）表面改变颜色。

注：不能将铜着色与电镀铜混淆。

3.37 电刷镀 brush electroplating

用与阳极连接并能提供所需电镀液的垫或刷，在待镀阴极上移动而进行的电镀（2.5）。

3.38 电刷抛光 brush electropolishing

用与阴极连接并能提供所需电镀液的垫或刷，在待抛光表面（阳极）移动所进行的电解抛光（3.96）。

3.39 缓冲剂 buffer

在溶液中仅部分离解，且加入溶液中可减少酸或碱的加入对 pH 值的影响的化学品。

3.40 打磨 buffing

用机械方法使表面光滑，可使用粒状磨料。

3.41 磨光 burnishing

通过摩擦使表面光滑，一般需要施加压力，而不是去除表面层。

3.42 烧伤 burn-off

〈非金属电镀〉后续电镀（2.5）操作中，由于电流过高或接触面积过小，造成自催化沉积物从非导电基材（3.185）上脱落。

3.43 烧焦 burn-deposit

在过高的电流密度下形成的粗糙的、疏松的、质量差的沉积物，其通常含有氧化物或其他杂质。

3.44 汇流排 busbar

传输电流的硬导线，例如，连接阳极或阴极排。

3.45 阴极效率 cathode efficiency

沉积金属的电流占总阴极电流的比例。

3.46 阴极液膜 cathode film

与阴极接触的溶液薄膜，电极在该处发生氧化反应，其成分不同于电解液主体。

3.47 阴极电解液 catholyte

阴极附近的电解液，即在分隔电解池（3.83）中隔膜（3.80）阴极一侧的电解液。

3.48 螯合剂 chelating agent

与金属化合形成由金属原子和非金属（通常为有机物）组成螯合物的化合物。

3.49 化学增亮 chemical brightening

在金属表面上形成光亮精饰（3.101）的化学（非电解）过程。

参见浸亮剂（3.30）。

注：不可将化学增亮与化学抛光（3.51）混淆。

3.50 化学刻蚀 chemical milling

将工件（3.202）浸入刻蚀剂中以获得某种表面修整。

3.51 化学抛光 chemical polishing

将金属浸入合适的溶液中以提高表面光滑度。

3.52 铬酸盐转化膜 chromate conversion coating

铬化（3.53）获得的膜层。

参见转化处理（2.3）。

3.53 铬化 chromating

用含六价或三价铬化合物的溶液来获得铬酸盐转化膜（3.52）的过程。

3.54 清洗 cleaning

除去表面上的外来物质，如氧化皮（3.164）、水垢、油脂等。

3.54.1 酸洗 acid cleaning

用酸溶液清洗（3.54）。

3.54.2 碱洗 alkaline cleaning

用碱溶液清洗（3.54）。

3.54.3 阳极清洗 anodic cleaning

反向清洗 reverse cleaning（US）

将工件（3.202）作为电解池阳极进行的电解清洗（3.54.6）。

3.54.4 阴极清洗 cathodic cleaning

将工件（3.202）作为电解池阴极进行的电解清洗（3.54.6）。

3.54.5 复合清洗 diphase cleaning

在一个由有机溶剂层和水液层组成的液体系统中，通过溶解作用和乳化双重作用进行的清洗（3.54）。

3.54.6 电解清洗 electrolytic cleaning

将工件（3.202）作为电极之一，在溶液中通入直流电流的清洗（3.54）。

参见阳极清洗（3.54.3）和阴极清洗（3.54.4）。

3.54.7 乳化剂清洗 emulsifiable solvent cleaning

采用溶剂和表面活性剂（3.187）乳化并通过水漂洗分离油脂的两阶段清洗（3.54）。

3.54.8 乳液清洗 emulsion cleaning

用由有机溶剂、水和乳化剂（3.97）组成的乳液体系进行的清洗（3.54）。

3.54.9 浸渍清洗 immersion cleaning

见浸泡清洗（3.54.10）。

3.54.10 浸泡清洗 soak cleaning

不用电流的浸泡清洗（3.54），通常在碱溶液中进行。

3.54.11 溶剂脱脂 solvent degreasing

在有机溶剂中浸泡以移去表面上的油脂和油。

3.54.12 喷淋清洗 spray cleaning

通过喷洒清洗溶液进行的清洗（3.54）。

3.54.13 超声波清洗 ultrasonic cleaning

采用化学手段辅助超声波的清洗（3.54）。

3.54.14 蒸气脱脂 vapour degreasing（GB）；vapor degreasing（US）

在待清洗工件（3.202）上凝聚溶剂蒸气以除去油和油脂。

3.54.15 生物除油 biological degreasing

由噬油细菌帮助进行的清洗金属表面的过程。

3.55 阳极氧化着色 colour anodising（GB）；colour anodising（US）

〈铝阳极氧化〉在进行阳极氧化过程中或氧化膜形成后，使着色物、颜料或染料被吸收而形成有色氧化膜的过程。

3.55.1 染色 dyeing

〈阳极氧化〉将未封闭的氧化膜浸入染料溶液中进行上色。

参见：阳极氧化着色（3.55）。

3.55.2 阳极氧化电解着色（两步）electrolytic（2-step）colour anodizing（GB）；electrolytic（2-step）color anodizing（US）

通过吸收阳极氧化（3.8）溶液中的金属盐以产生不褪色的阳极氧化膜（3.6）的电解过程。

3.55.3 自然发色 integral colour anodising（GB）；integral colour anodizing（US）

对于特定铝合金，采用适当的、通常含有机物和酸的电解液，在阳极氧化（3.8）过程中生成不褪色的阳极氧化膜的氧化过程。

3.56 着色 colouring（GB）；coloring（US）

通过适当的化学或电化学作用，在金属表面或电镀涂层上产生理想颜色的过程。

3.57 擦亮 colouring off（GB）；coloring buffing（US）；

为获得高光泽，对金属表面进行打磨（3.40），即最后擦光（3.137）。

3.58 配合剂 complexing agent
与金属离子形成配离子的化合物。

3.59 配合盐 complex salt
由两个单盐按简单的分子比结合形成的化合物。

3.60 复合镀层 composite coating
由金属离子与其他颗粒或纤维同时沉积而获得的镀层。
参见弥散镀层（3.82）

3.61 表面调整 conditioning
一般情况下，使表面转化为适合后续步骤处理的状态的过程。
注：在欧洲，本术语用于导电基材（3.185）。

3.62 导电盐 conducting salt
添加到溶液中能够提高溶液电导率的盐。

3.63 腐蚀膏试验 corrodkote test
镀层的加速腐蚀试验。

3.64 覆盖能力 covering power
在特定的电镀条件下，镀液在表面凹陷区域或孔内沉积金属的能力。

3.65 裂纹 rack
表面覆盖层上尺寸和位置不定的窄裂口。

3.66 龟裂 crazing
覆盖层上细丝状裂痕形成的网状纹。

3.67 临界电流密度 critical current density
〈电镀〉高于或低于某一电流密度时，会发生不同的或意外的反应，则该电流密度被称为临界电流密度（3.68）。

3.68 电流密度 current density
电极表面上的电流与其面积的比。

3.69 电流效率 current efficiency
某一特定的过程中，法拉第电解定律中有效电流的比例。
注：电流效率通常用百分率表示。

3.70 去毛刺 deburring
通过机械的、化学的或电化学方法除去锐边或毛刺。

3.71 除氢脆 de-embrittlement（已放弃使用）
见降低氢脆的热处理（3.114）。

3.72 除油 degreasing
除去表面油脂或油。参见清洗（3.54）

3.73 去离子 deionization
除盐 demineralisation（已放弃使用）
去除离子过程，例如，通过离子交换除去溶液中的离子。

3.74 去极化 depolarization
降低电极极化的方法（不同于电极平衡或稳定电势）。

3.75 去极化剂 depolarizer
减少电极极化的物质。

3.76 沉积范围 depostition rage
见电镀范围（3.95）。

3.77 阴离子清洗剂 detergent，anionic
可产生带负电荷离子胶团的清洗剂。

3.78 阳离子清洗剂 detergent，cationic
可产生带正电荷离子胶团的清洗剂。

3.79 非离子清洗剂 detergent，non-ionic
可产生中性胶团的清洗剂。

3.80 隔膜 diaphragm
将电镀（2.5）槽的阳极区和阴极区彼此分隔开或与中间间隔分隔开的，允许电流流动的多孔分离物。

3.81 分散剂 dispersing agent
增加液体中悬浮颗粒的稳定性的材料。

3.82 弥散镀层 dispersion coating
一种材料粒子或纤维包含在另一金属中或非金属中组成的覆盖层。
参见复合镀层（3.60）。

3.83 分隔电解池 divided cell
用隔膜（3.80）或其他方式使阳极（3.9）和阴极（3.47）物理分隔的电解池。

3.84 双盐 double salt
由两种单盐按化学计量比结合形成的化合物，但在水溶液中，如同对应的单盐一样发生作用。
参见络合盐（3.59）。

3.85 带入 drag-in
引入的物体使液体进入溶液中的过程。

3.86 带出 drag-out
移开的物体使液体从溶液中移出的过程。

3.87 延展性 ductility
覆盖层无破裂的塑性变形能力。

3.88 消光精饰 dull finish
实质上缺乏扩散和镜面反射的精饰（3.101）。
参见哑光处理（3.127）。

3.89 假阴极 dummy；dummy cathode
低电流电解作用下，用于去除电镀溶液中杂质的阴极。

3.90 双覆盖层 duplex coating
3.90.1 双镀层 duplex coating
〈电沉积金属〉同种电沉积金属形成的两镀层体系，如：双层镍，每一镀层的性质各不相同。
3.90.2 双覆盖层 duplex coating
〈不同材料〉为提高耐蚀性，由两层不同材料的镀（涂）层形成的组合。
注：通常由金属镀层加漆膜组成。

3.91 电化学刻蚀 electrochemical machining；electrochemical milling
ECM 在金属工件（3.202）（阳极）和具有一定形状的用具（阴极）之间的电解液中通以直流电，使电流集中在需要优先溶解的区域，从而使工件形成一定形状的过程。

3.92 非电解镀 electroless plating（已放弃使用）
见自催化镀（2.1.1）。

3.93　电解着色　electrolytic colouring（GB）；electrolytic coloring（US）

在基体金属或电镀层上产生颜色的电解过程。

注：电解着色与阳极氧化着色（3.55），阳极氧化电解着色（二步法）（3.55.2）和自然着色（3.55.3）是有区别的。

3.94　电解液　electrolytic solution；electrolyte

一种导电介质，大多是由酸、碱或沉积金属的溶解性盐组成的水溶液，在介质中电流的流动伴随着物质的运动。

3.95　电镀范围　electroplating rage

获得合格电镀层的电流密度（3.68）的范围。

3.96　电解抛光　electropolishing

在合适的电解液中使金属发生阳极反应以提高金属表面的平滑度和光亮度的过程。

3.97　乳化剂　emulsifying agent

产生乳液或增加其稳定性的物质。

3.98　蚀刻　etch（动词）

不规则地溶解金属表面一部分的过程。

3.99　蚀刻剂　etchants

用于选择性去除材料或蚀刻（3.98）表面的溶液。

3.100　助滤剂　filter aid

惰性的不溶性物质，或多或少有微小的分解物，用于过滤机，或帮助过滤防止过度结块。

3.101　精饰　finish

3.101.1　精饰　finish（名词）

覆盖层或基体金属（3.22）的外观。

参见光亮精饰（3.21），消光精饰（3.88），哑光精饰（3.127），缎面精饰（3.163）。

3.101.2　精饰　finish（动词）

使覆盖层或基体金属（3.22）产生一定外观的处理。

3.102　闪镀　flash；flash plate

用作面镀层的十分薄的电镀。

注：本术语只用于面镀层，用于中间镀层时，应为冲击镀（3.181）。

3.103　絮凝　focculate（动词）

聚集成更大颗粒以增大尺寸，从而形成沉淀的过程。

3.104　软熔光亮处理　flow brightening

使镀层融化后凝固的过程，特别是锡和锡-铅合金的处理。

3.105　游离氰化物　free cyanide

不包括与溶液中金属化合物的配合离子中的氰离子或等价的碱金属氰化物的真实的或实际浓度；与溶液中一种或多种金属配合后，多余的游离氰化物或碱金属氰化物的计算浓度；或由特定分析方法测出的游离氰化物浓度。

参见总氰化物（3.191）。

3.106　析气　gassing

电解时从一个或多个电极上释放气体的过程。

3.107　拉丝　graling

见拉丝（3.124）。

3.108　磨光　grlinding；polishing（US）

在坚硬的或柔韧的支托物上吸附或黏附磨料以除去工件（3.202）表面上的材料，磨光通常是抛光工艺的第一步。

3.109 硬质阳极氧化膜 hard aondized coating

比一般的铝阳极氧化膜具有更高的表观密度和厚度及更好的耐磨性的阳极氧化膜（3.6）。

3.110 哈林槽 Haring-blum cell；Haring-blum

用非导电材料制成的矩形盒，布置有辅助电极，用来评估分散能力（3.190）和电极极化及其电位。

3.111 热处理 heat treatment

〈覆盖层，基体材料〉用来改善电镀、化学镀和其他类型镀层性能的各种加热处理，处理不改变基体材料（3.22）的冶金结构。

示例：镀前降低应力的热处理（3.180），镀后降低氢脆的热处理（3.114）。

3.112 霍尔槽 Hull cell

用不导电材料做成的带有电极的梯形盒子，用来观察较宽电流密度（3.68）范围内的阴极和阳极效应。

3.113 氢脆 hydrogen embrittlement

〈表面技术〉由于吸收氢原子而引起金属或合金脆化的现象，例如，产生于电镀（2.5）、自动催化电镀（2.1.1）、阴极清洗（3.54.4）或酸洗（3.151）过程，其表现：在拉应力存在时（无论是外部施加和/或内部残余应力），出现延迟破裂、脆化破裂或降低延展性（3.87）。

3.114 降低氢脆的热处理 hydrogen-embrittlement-relief heat treatment

除氢脆 de-embrittlement（已放弃使用）

不改变基体金属（3.22）的冶金结构，如再结晶，在一定温度范围内持续一段时间的热处理过程，该处理可使电镀工件脆性释放，即减小因吸收氢原子而产生的脆性。

参见消除应力的热处理（3.180）。

3.115 惰性阳极 inert anode

见不溶性阳极（3.116）。

3.116 不溶性阳极 insoluble anode

在电解液中不溶解，且电解作用下不消耗的阳极。

3.117 缓蚀剂 inhibitor

能减小化学或电化学反应速率的少量加入的物质，例如，腐蚀和酸洗中常用。

3.118 离子交换 ion exchange

固体无实质组织变化的情况下，固体和液体间的离子替换的可逆过程。

3.119 离子镀 ion plating

基材（3.185）和/或沉积薄膜经过高能粒子流（通常是气体离子）足以使界面区域或薄膜性能发生改变的技术的通称。

3.120 夹具 jig

见架具（3.159）。

3.121 研磨 lapping

有或无磨料的情况下使两表面摩擦，以获得最好的尺寸精度或卓越的表面精饰（3.101）效果。

3.122 整平力 levelling (GB)；leveling (US)

电镀工艺使电镀层表面具有比基材（3.185）更平滑的能力。

3.123 极限电流密度 limiting current density

3.123.1 极限电流密度 limiting current density

〈电镀，阴极〉能获得满意镀层的最大电流密度（3.68）。

3.123.2　极限电流密度　limiting current density

〈电镀，阳极〉阳极正常工作而不过度极化的最大电流密度（3.68）。

3.124　拉丝　linishing（GB）；graining（US）

通过一个黏附磨料的旋转带对平面进行定向磨光（3.108）。

3.125　宏观分散力　macrothrowing power

电镀（2.5）溶液在工件（3.202）整体表面包括凹陷上获得均匀厚度的能力。

参见分散能力（3.190）、微观分散力（3.133）。

注：好的微观分散力（3.133）不一定表示好的宏观分散力。

3.126　芯模　mandrel

电铸中用作阴极的模型。铸模（3.136）。

3.127　哑光精饰　matt finish

形成几乎没有镜面反射的细腻质感表面的一致性精饰（3.101）。

3.128　测量面　measurement area

为判断一个或多个规定要求是否合格而进行检测的表面区域。

3.129　金属分布比　metal distribution ratio

阴极两个指定区域上沉淀金属的厚度的比。

3.130　微裂纹铬　microcracked chromium

特意形成显微裂纹的铬电镀层。

3.131　微断裂　microdiscontinuity

镀层中的微裂纹或微孔。

3.132　微孔铬

特意形成显微孔隙的铬电镀层。

3.133　微观分散力　microthrowing power

电镀（2.5）溶液或一套特定的电镀工艺在孔或划痕处沉积金属的能力。

注：好的微观分散能力不一定表明好的宏观分散能力（3.125）。

3.134　氧化皮　millscale

某些金属热加工或热处理（3.111）过程中产生的厚氧化层。

3.135　调制电流电镀　modulated current electroplating

阴极电流密度（3.68）周期变化的电镀（2.5）方法。

参见脉冲电镀（3.158）、周期换向电镀（3.149）。

3.136　型模　mould（GB）；mold（US）

见芯模（3.126）。

3.137　抛光　mopping（GB）；buffing（US）

用带有细磨料的悬浮液体、膏状或棒状磨料，通过柔软的旋转轮打磨使表面平滑的过程。

参见磨光（3.108）和机械抛光（3.154）。

注：抛光表面具有半光亮到镜面光亮且没有明显的线条纹。

3.138　多层电镀（金属）multiayer deposit（metallic）

先后沉淀两层或多层不同金属或性质不同的同种金属的电镀。

3.139　贵金属　noble metal

不易腐蚀的金属或抗氧化的金属。

注1：贵金属相对于普通金属（3.21）而言。

注2：虽然其电极电位的表现没有一致规律。但是，"贵"和"普通"的含义是清楚的。

注3：通常，较贵的贵金属比较差的贵金属具有更好的抵抗腐蚀和抗化学攻击性能，然

而，由于一些因素的影响，如表面氧化层的形成，不可能仅根据电极电位来预测金属的腐蚀行为。

3.140 结瘤 nodle

电镀过程中形成的、无放大情况下肉眼可见的圆形突出物。

参见树枝状结晶（3.192）。

3.141 成核 nucleation

〈非导电基材上的电镀〉使催化物质吸附在基材（3.185）表面的预镀步骤，电镀以其作为开始的起点。

3.142 暴露率 open porosity

覆盖层表面上存在的孔、裂缝、坑、划痕、洞或其他开口等不连续状态，使底层或基体金属（3.22）暴露在环境中。

3.143 橘皮 orange peel

类似于橘皮外表的表面精饰（3.101）。

3.144 氧化剂 oxidizing agent

引起另一类物质氧化而自身减少的物质。

3.145 钝化 passivating

使金属表面或电镀层形成不活泼状态（3.146）的过程。

3.146 不活泼态 passivity；passive state

特定条件下，能阻碍其正常反应的金属状态，其电位比正常电位更正（通过形成一个表面阻挡层，通常是氧化层）。

3.147 起皮 peeling

基体金属（3.22）或底层上的分离或局部分离。

3.148 喷丸 peeling

见喷丸（3.171）。

3.149 周期换向电镀 periodic reverse electroplating

pR 电镀 pR electroplating

电流周期换向的电镀（2.5），其周期不超几分钟。

3.150 磷化膜 phosphate conversion coating

用含正磷酸和/或正磷酸盐的药剂在金属表面形成的不溶性磷酸盐膜。

参见转化处理（2.3）。

3.151 酸浸蚀 picking

通过化学或电化学作用去除金属表面的氧化层或其他化合物。

3.152 麻点 pit

电镀（2.5）过程中或由于腐蚀作用在金属表面上形成的小坑或洞。

3.153 极化 polarizer

产生或增强极化的方法（电极电压与平衡电势不同，平衡电势时没有任何反应发生）。

3.154 机械抛光 polishing, mechanical

借助高速旋转的轮或带上黏附的磨光颗粒的作用使金属表面光滑的过程。

3.155 孔隙率 porosity

见暴露（3.142）。

3.156 后成核 post-nucleation

〈电镀非导电材料〉如有必要，使催化剂改变为最终形式的步骤；自催化镀（2.1.1）前的最后步骤。

注：也称为加速步骤。

3.157　初次电流分布　primary current distribution

没有极化时，电流根据几何因素在电极表上的分布。

3.158　脉冲电镀　pulse plating

电流频繁中断或周期性地增大或减小的电镀（2.5）方法。

3.159　架具　rack；plating rack

夹具　jig

电镀（2.5）和相关的操作中，悬挂工件并给工件输送电流的框架。

3.160　雕刻　relieving

用机械的方式去除着色金属表面上特定部分的材料，以实现多彩的效果。

3.161　防护材料　resist

3.161.1　绝缘材料　resist

〈不导电表面〉用于阴极或电镀架具（3.159）的部分表面上使表面不导电的材料。

3.161.2　防护材料　resist

〈化学或电化学加工〉用于工件的部分表面，防止化学处理或电镀过程中该部分的金属发生反应的材料。

3.162　分流阴极　robber

见辅助阴极（3.14）。

3.163　缎面精饰　satin finish

光亮的（但没达到镜面）的表面精饰（3.101），表面具有精细的直纹理（通常用机械生产）或没有方向性的纹理。

3.164　氧化皮　scale

附着在表面比表层膜厚的氧化膜，称作锈。

3.165　阳极氧化膜封闭　sealing of anodic oxide coating

阳极氧化（3.8）后的处理，通过吸附、化学反应或其他机械作用，以增强阳极氧化膜抵抗褪色和抗腐蚀的性能，提高膜层颜色的耐久性，或赋予其他令人满意的性能。

3.166　铬酸盐转化膜封闭　sealing of chromate conversion coating

为提高转化膜的耐蚀性及其他性能，采用无机和/或非成膜性封闭剂对转化膜进行处理。

3.167　敏化　sensitization

〈非导电基材电镀〉使基材（3.185）表面吸附还原剂的过程。

3.168　上表面粗糙度　shelf roughness

电镀操作中，不溶固体沉降在工件朝上表面造成的粗糙度。

3.169　屏蔽物　shield（名词）

改变阳极或阴极电流分布的非导电中间物。

3.170　屏蔽　shield（动词）

通过插入非导体以改变正常电流在阳极或阴极上的分布。

3.171　喷丸　shot peening

用硬而小的球状物体，例如金属球或陶瓷珠，喷射表面，以加压强化表面或获得装饰效果。

3.172　有效表面　significant surface

工件上已镀覆或待镀覆的表面，该表面上的覆盖层对于工件的使用性能和/或外观是极为重要的。

3.173　剥落　spalling

通常由于热膨胀或收缩引起的覆盖层的碎裂。

3.174 起斑 spotting out

电镀或其他精饰的表面延后出现的斑点或瑕疵。

3.175 溅射 sputtering

在氩等重惰性气体高能离子的撞击下，由于动量的变化，材料从固体或液体表面喷射出去的过程。

注：离子源可能是一个离子束或等离子流，被撞击的材料置于其中。

3.176 粗糙 stardusting（US）

电镀层表面上极细的不平的形式。

3.177 挂镀 still plating

见挂镀（3.196）。

3.178 防护 stopping

用防护材料（3.161）涂覆电极［阴极、阳极或夹具（3.159）］。

3.179 杂散电流 stray current

流经预期电路以外的电流，例如流过加热线圈或镀槽的电流。

3.180 降低应力的热处理 stress-relief head treatment

在一定的温度范围内，持续一定时间对基体金属（3.22）进行的热处理过程，在基体金属不发生冶金结构变化下，如再结晶，使待镀工件的应力得到释放。

参见降低氢脆的热处理（3.114）。

3.181 冲击镀层（液）strike（名词）

金属镀层上结合力强的薄过渡层，或沉积薄金属镀层的溶液。

3.182 冲击镀 strike（动词）

短时间的电镀（2.5），通常在高电流密度（3.68）下进行。

注：通常沉积速度快，不考虑效率。

3.183 退镀 strip（名词）

退去工作表面上镀层的过程。

3.184 退镀 strip（动词）

从基体金属（3.22）或底镀层上除去镀层。

3.185 基材 substrate

在其上直接电镀的材料，对于单一镀层或第一镀层，基材是基体金属（3.22），对于随后的镀层，则中间镀层为基材。

3.186 交电叠加 superimposed ac（US）

在直流电镀电流上叠加交流电的电流形式。

3.187 表面活性剂 surface active agent；furfactant

加入少量时能显著影响溶液的界面或表面张力的物质。

3.188 槽电压 tank voltage

电解时，电镀（2.5）液或电解槽的阳极和阴极之间的总电压，即平衡反应电位，电流-电阻（IR）压降和单个电极电位之和。

3.189 分流阴极 thief

见辅助阴极（3.14）。

3.190 分散能力 throwing power

在规定的条件下，特定镀液使电极（通常是阴极）上覆盖层（通常为金属）分布比初次电流分布（3.157）更均匀的能力。

注：本术语也可用于阳极过程，其定义类似。

3.191 总氰化物 total cyanide

无论以简单离子或配合离子形式存在，CN⁻或碱金属氰化物的总含量；即溶液中化合的和自由的氰化物含量的总和。

3.192 树枝状结晶 tress；dendrites

树结晶 treeing（已放弃使用）

电镀（2.5）时阴极上形成的枝状或不规则的突起物，尤其出现在边缘和其他高电流密度（3.68）区域。

3.193 滚磨 tumbling

有或无磨料或磨光（3.41）丸的情况下，为提高表面精饰（3.121）效果，在滚筒中进行散装处理。

参见滚动加工（3.19）。

3.194 均匀性 uniformity

〈外观〉保证镀层类型在典型变化下，单一批或批与批之间，已镀零件主要表面上所有的视觉特征相同。

3.195 湿法喷砂 vapour blasting（GB）；vapor blasting（US）

见湿喷砂（3.25.8）。

3.196 挂镀 vat plating（GB）；still plating（US）

待镀件与挂具独立连接的电镀。

见滚镀（3.17）。

3.197 振动处理 vibratory finishing

将产品与磨料混合放入容器中进行振动除去毛刺（3.70）和表面精饰的过程。

3.198 电压效率 voltage efficiency

某特定电镀过程的反应平衡电位与测量的槽电压的比率。

注1：电压效率通常用百分率表示。

注2：平衡电位表示结构和宏观特性不随时间变化的系统状态。

3.199 不连续水膜 water break

表面上间断的水膜，预示表面不均匀湿润，通常因表面污染引起。

3.200 润湿剂 wetting agent；wetter（US）

能减小液体表面张力，使液体更容易在固体表面伸展开的物质。

3.201 晶须 whiskers

〈电镀〉一个单晶金属生长出如丝的增长物，通常是微小的，但有时可以长达几厘米。

3.202 工件 work

待电镀或待其他加工的材料。

附录 B 电镀污染物排放标准(引自 GB 21900—2008)

1 适用范围

本标准规定了电镀企业和拥有电镀设施企业的电镀水污染物和大气污染物的排放限值等内容。

本标准适用于现有电镀企业的水污染物排放管理、大气污染物排放管理。

本标准适用于对电镀设施建设项目的环境影响评价、环境保护设施设计、竣工环境保护验收及其投产后的水、大气污染物排放管理。

本标准也适用于阳极氧化表面处理工艺设施。

本标准适用于法律允许的污染物排放行为；新设立污染源的选址和特殊保护区域内现有污染源的管理，按照《中华人民共和国大气污染防治法》《中华人民共和国水污染防治法》《中华人民共和国海洋环境保护法》《中华人民共和国固体废物污染环境防治法》《中华人民共和国放射性污染防治法》和《中华人民共和国环境影响评价法》等法律、法规、规章的相关规定执行。

本标准规定的水污染物排放浓度限值适用于企业向环境水体的排放行为。

企业向设置污水处理厂的城镇排水系统排放废水时，有毒污染物总铬、六价铬、总镍、总镉、总银、总铅、总汞在本标准规定的监控位置执行相应的排放限值；其他污染物的排放控制要求由企业与城镇污水处理厂根据其污水处理能力商定或执行相关标准，并报当地环境保护主管部门备案；城镇污水处理厂应保证排放污染物达到相应排放标准要求。

建设项目拟向设置污水处理厂的城镇排放水系统排放废水时，由建设单位和城镇污水处理厂按前款的规定执行。

2 水污染物排放控制要求

2.1 现有企业水污染物排放限值

现有设施自 2009 年 1 月 1 日至 2010 年 6 月 30 日起执行表 F-1 规定的水污染物排放浓度限值。

表 F-1 现有企业水污染物排放浓度限值及单位产品基准排水量

序号	污染物		排放浓度限值	污染物排放监控位置
1	总铬	/(mg/L)	1.5	车间或生产设施废水排放口
2	六价铬	/(mg/L)	0.5	车间或生产设施废水排放口
3	总镍	/(mg/L)	1.0	车间或生产设施废水排放口
4	总镉	/(mg/L)	0.1	车间或生产设施废水排放口
5	总银	/(mg/L)	0.5	车间或生产设施废水排放口
6	总铅	/(mg/L)	1.0	车间或生产设施废水排放口
7	总汞	/(mg/L)	0.05	车间或生产设施废水排放口
8	总铜	/(mg/L)	1.0	企业废水总排放口
9	总锌	/(mg/L)	2.0	企业废水总排放口
10	总铁	/(mg/L)	5.0	企业废水总排放口
11	总铝	/(mg/L)	5.0	企业废水总排放口
12	pH 值		6~9	企业废水总排放口
13	悬浮物	/(mg/L)	70	企业废水总排放口
14	化学需氧量(COD_{Cr})	/(mg/L)	100	企业废水总排放口
15	氨氮	/(mg/L)	25	企业废水总排放口
16	总氮	/(mg/L)	30	企业废水总排放口
17	总磷	/(mg/L)	1.5	企业废水总排放口
18	石油类	/(mg/L)	5.0	企业废水总排放口
19	氟化物	/(mg/L)	10	企业废水总排放口
20	总氰化物(以 CN^- 计)/(mg/L)		0.5	企业废水总排放口

续表

序号	污染物		排放浓度限值	污染物排放监控位置
单位产品基准排水量 /(L/m² 镀件镀层)	多层镀		750	排水量计量位置与污染物排放监控位置一致
	单层镀		300	

注：现有企业指本标准实施之日前，已建成投产或环境影响评价文件已通过审批的电镀企业、电镀设施。

2.2 新建企业水污染物排放限值

自 2010 年 7 月 1 日起，现有企业执行表 F-2 规定的水污染物排放浓度限值。

自 2008 年 8 月 1 日起，新建企业执行表 F-2 规定的水污染物排放浓度限值。

表 F-2 新建企业水污染物排放浓度限值及单位产品基准排水量

序号	污染物		排放浓度限值	污染物排放监控位置
1	总铬	/(mg/L)	1.0	车间或生产设施废水排放口
2	六价铬	/(mg/L)	0.2	车间或生产设施废水排放口
3	总镍	/(mg/L)	0.5	车间或生产设施废水排放口
4	总镉	/(mg/L)	0.05	车间或生产设施废水排放口
5	总银	/(mg/L)	0.3	车间或生产设施废水排放口
6	总铅	/(mg/L)	0.2	车间或生产设施废水排放口
7	总汞	/(mg/L)	0.01	车间或生产设施废水排放口
8	总铜	/(mg/L)	0.5	企业废水总排放口
9	总锌	/(mg/L)	1.5	企业废水总排放口
10	总铁	/(mg/L)	3.0	企业废水总排放口
11	总铝	/(mg/L)	3.0	企业废水总排放口
12	pH 值		6～9	企业废水总排放口
13	悬浮物	/(mg/L)	50	企业废水总排放口
14	化学需氧量(COD$_{Cr}$)	/(mg/L)	80	企业废水总排放口
15	氨氮	/(mg/L)	15	企业废水总排放口
16	总氮	/(mg/L)	20	企业废水总排放口
17	总磷	/(mg/L)	1.0	企业废水总排放口
18	石油类	/(mg/L)	3.0	企业废水总排放口
19	氟化物	/(mg/L)	10	企业废水总排放口
20	总氰化物(以 CN⁻ 计)/(mg/L)		0.3	企业废水总排放口
单位产品基准排水量 /(L/m² 镀件镀层)	多层镀		500	排水量计量位置与污染物排放监控位置一致
	单层镀		200	

注：新建企业指本标准实施之日起环境影响文件通过审批的新建、改建和扩建的电镀设施建设项目。

2.3 水污染物特别排放限值

根据环境保护工作的要求，在国土开发密度已经较高、环境承载能力开始减弱，或环境容量较小、生态环境脆弱，容易发生严重环境污染问题而需要采取特别保护措施的地区，应严格控制设施的污染物排放行为，在上述地区的设施执行表 F-3 规定的水污染物排放先进控制技术限值。

　　执行水污染物特别排放限值的地域范围、时间，由国务院环境保护行政主管部门或省级人民政府规定。执行水污染物特别排放限值的太湖流域行政区域名单见表 F-4。

表 F-3　水污染物特别排放限值

序号	污染物		排放浓度限值	污染物排放监控位置
1	总铬	/(mg/L)	0.5	车间或生产设施废水排放口
2	六价铬	/(mg/L)	0.1	车间或生产设施废水排放口
3	总镍	/(mg/L)	0.1	车间或生产设施废水排放口
4	总镉	/(mg/L)	0.01	车间或生产设施废水排放口
5	总银	/(mg/L)	0.1	车间或生产设施废水排放口
6	总铅	/(mg/L)	0.1	车间或生产设施废水排放口
7	总汞	/(mg/L)	0.005	车间或生产设施废水排放口
8	总铜	/(mg/L)	0.3	企业废水总排放口
9	总锌	/(mg/L)	1.0	企业废水总排放口
10	总铁	/(mg/L)	2.0	企业废水总排放口
11	总铝	/(mg/L)	2.0	企业废水总排放口
12	pH 值		6～9	企业废水总排放口
13	悬浮物	/(mg/L)	30	企业废水总排放口
14	化学需氧量(COD_{Cr})	/(mg/L)	50	企业废水总排放口
15	氨氮	/(mg/L)	8	企业废水总排放口
16	总氮	/(mg/L)	15	企业废水总排放口
17	总磷	/(mg/L)	0.5	企业废水总排放口
18	石油类	/(mg/L)	2.0	企业废水总排放口
19	氟化物	/(mg/L)	10	企业废水总排放口
20	总氰化物(以 CN^- 计)/(mg/L)		0.2	企业废水总排放口
单位产品基准排水量 /(L/m² 镀件镀层)	多层镀		250	排水量计量位置与污染物排放监控位置一致
	单层镀		100	

　　注：执行水污染物特别排放限制的地域范围、时间，由中华人民共和国环境保护部门公告（2008 年第 28 号）定，自 2008 年 9 月 1 日起在太湖流域执行水污染物特别排放限值，地区见表 F-4。

表 F-4　执行水污染物特别排放限值的太湖流域行政区域名单

省份	城市(区)名称	执行水污染物特别排放限值的范围
江苏省	苏州市	全市辖区
	无锡市	全市辖区
	常州市	全市辖区
	镇江市	丹阳市、句容市、丹徒区
	南京市	溧水县、高淳县
浙江省	湖州市	全市辖区
	嘉兴市	全市辖区
	杭州市	杭州市区(上城区、下城区、拱墅区、江干区、余杭区、西湖区的钱塘江流域以外区域)、临安市的钱塘江流域以外区域
上海市	青浦区	全部辖区

2.4 水污染物排放浓度限值适用范围

水污染物排放浓度限值适用于单位产品实际排水量不高于单位产品基准排水量的情况。若单位产品实际排水量超过单位产品基准排水量，须按下式将实测水污染物浓度换算为水污染物基准水量排放浓度，并以水污染物基准水量排放浓度作为判定排放是否达标的依据。产品产量和排水量统计周期为一个工作日。

企业的生产设施同时生产两种以上产品，可使用不同排放控制要求或不同行业国家污染物排放标准，在生产设施产生的废水混合处理排放的情况下，应执行排放标准中规定的最严格的浓度限值，并按下式换算水污染物基准水量排放浓度。

$$\rho_{基} = \frac{Q_{总}}{\sum Y_i Q_{i基}} \rho_{实}$$

式中，$\rho_{基}$ 为水污染物基准水量排放浓度，mg/L；$Q_{总}$ 为排水总量，m^3；Y_i 为某种镀件镀层的产量，m^2；$Q_{i基}$ 为某种镀件的单位产品的基准排水量，m^3/m^2；$\rho_{实}$ 为实测水污染物排放浓度，mg/L。

若 $Q_{总}$ 与 $\sum Y_i Q_{i基}$ 的比值小于1，则以水污染物实测浓度作为判定排放是否达标的依据。

3 大气污染物排放控制要求

3.1 现有企业大气污染物排放限值

现有企业自 2009 年 1 月 1 日至 2010 年 6 月 30 日，执行表 F-5 规定的大气污染物排放限值。

表 F-5　现有企业大气污染物排放浓度限值

序号	污染物	排放浓度限值/(mg/m³)	污染物排放监控位置
1	氯化氢	50	车间或生产设施排气筒
2	铬酸雾	0.07	车间或生产设施排气筒
3	硫酸雾	40	车间或生产设施排气筒
4	氮氧化物	240	车间或生产设施排气筒
5	氰化氢	1.0	车间或生产设施排气筒
6	氟化物	9	车间或生产设施排气筒

注：现有企业指本标准实施之日前，已建成投产或环境影响评价文件已通过审批的电镀企业、电镀设施。

3.2 新建设施大气污染物排放限值

现有设施自 2010 年 7 月 1 日起执行表 F-6 规定的大气污染物排放限值。

新建设施自 2008 年 8 月 1 日起执行表 F-6 规定的大气污染物排放限值。

表 F-6　新建企业大气污染物排放限值

序号	污染物	排放浓度限值/(mg/m³)	污染物排放监控位置
1	氯化氢	30	车间或生产设施排气筒
2	铬酸雾	0.05	车间或生产设施排气筒
3	硫酸雾	30	车间或生产设施排气筒
4	氮氧化物	200	车间或生产设施排气筒
5	氰化氢	0.5	车间或生产设施排气筒
6	氟化物	7	车间或生产设施排气筒

注：新建企业指本标准实施之日起环境影响文件通过审批的新建、改建和扩建的电镀设施、建设项目。

3.3 现有和新建企业单位产品基准排气量

现有和新建企业单位产品基准排气量按表 F-7 的规定执行。

表 F-7 单位产品镀件镀层基准排气量

序号	工艺种类	基准排气量/(m^3/m^2)(镀件镀层)	排气量计量位置
1	镀锌	18.6	车间或生产设施排气筒
2	镀铬	74.4	车间或生产设施排气筒
3	其他镀种(镀铜、镍等)	37.3	车间或生产设施排气筒
4	阳极氧化	18.6	车间或生产设施排气筒
5	发蓝	55.8	车间或生产设施排气筒

3.4 对产生空气污染物的排放要求

产生空气污染物的生产工艺和装置必须设立局部气体收集系统和集中净化处理装置,净化后的气体由排气筒排放。排气筒高度应不低于 15m,排放含氰化氢的排气筒高度不得低于 25m。排气筒高度应高出周围 200m 半径范围的建筑 5m 以上。不能达到该要求的排气筒,应按排放浓度限值严格 50%执行。

3.5 大气污染物排放浓度限值适用范围

大气污染物排放浓度限值适用于单位产品实际排气量不高于单位产品基准排气量的情况。若单位产品实际排气量超过单位产品基准排气量,须将实测大气污染物浓度换算为大气污染物基准排气量排放浓度,并以大气污染物基准气量排放浓度作为判定排放是否达标的依据。大气污染物基准气量排放浓度的换算,可参照采用水污染物基准水量排放浓度的计算公式。

产品产量和排气量统计周期为一个工作日。

4 污染物监测要求

污染物监测的一般要求:

① 对企业排放废水和废气采样,应根据监测污染物的种类,在规定的污染物排放监控位置进行。有废水、废气处理设施的,应在该设施后监控。在污染物排放监控位置须设置永久性排污口标志。

② 新建设施应按照《污染源自动监控管理办法》的规定,安装污染物排放自动监控设备,并与环保部门的监控中心联网,并保证设备正常运行。各地现有企业安装污染物排放自动监控设备的要求由省级环境保护行政主管部门规定。

③ 对企业污染物排放情况进行监测的频次、采样时间等要求,按国家有关污染源监测技术规范的规定执行。

④ 镀件镀层面积的核定,以法定报表为依据。

⑤ 企业应按照有关法律和《环境监测管理办法》的规定,对排污状况进行监测,并保存原始监测记录。

附录 C 电镀行业标准及相关标准

标准编号	标准名称
1. 术语及一般技术规范	
GB/T 3138—2015	金属及其他无机覆盖层表面处理术语
GB/T 6807—2001	钢铁工件涂装前磷化处理技术条件
GB/T 8923.1—2011	涂覆涂料前钢材表面处理 表面清洁度的目视评定 第1部分:未涂覆过的钢材表面和全部清除原有涂层后的钢材表面的锈蚀等级和处理等级

续表

标准编号	标准名称
GB/T 11372—1989	防锈术语
GB/T 12611—2008	金属零(部)件镀覆前质量控制技术要求
GB/T 13911—2008	金属镀覆和化学处理标识方法
GB/T 12612—2005	多功能钢铁表面处理液通用技术条件
GB/T 18719—2002	热喷涂 术语、分类
GB/T 20019—2005	热喷涂 热喷涂设备的验收检查

2. 镀层及处理等技术规范

标准编号	标准名称
GB/T 2056—2005	电镀用铜、锌、镉、镍、锡阳极
GB/T 5267.1—2002	紧固件 电镀层
GB/T 9793—2012	金属和其他无机覆盖层 热喷涂 锌、铝及其合金
GB/T 9797—2005	金属覆盖层 镍＋铬和铜＋镍＋铬电镀层
GB/T 9798—2005	金属覆盖层 镍电沉积层
GB/T 9799—2011	金属及其他无机覆盖层 钢铁上经过处理的锌电镀层
GB/T 9800—1988	电镀锌和电镀镉层的铬酸盐转化膜
GB/T 11373—1989	热喷涂金属件表面预处理通则
GB/T 11376—1997	金属的磷酸盐转化膜
GB/T 11379—2008	金属覆盖层 工程用铬镀层
GB/T 12332—2008	金属覆盖层 工程用镍电镀层
GB/T 12333—1990	金属覆盖层 工程用铜电镀层
GB/T 12599—2002	金属覆盖层 锡电镀层 技术规范和试验方法
GB/T 12600—2005	金属覆盖层 塑料上镍＋铬电镀层
GB/T 13322—1991	金属覆盖层 低氢脆镉钛电镀层
GB/T 13346—2012	金属及其他无机覆盖层 钢铁上经过处理的镉电镀层
GB/T 13912—2002	金属覆盖层 钢铁制件热浸镀锌层 技术要求及试验方法
GB/T 13913—2008	金属覆盖层 化学镀镍-磷合金镀层 规范和试验方法
GB/T 15519—2002	化学转化膜 钢铁黑色氧化膜 规范和试验方法
GB/T 16744—2002	热喷涂 自熔合金喷涂与重熔
GB/T 17456.1—2009	球墨铸铁管外表面锌涂层 第1部分:带终饰层的金属锌镀锌
GB/T 17457—2009	球墨铸铁管和管件 水泥砂浆内衬
GB/T 17459—1998	球墨铸铁管 沥青涂层
GB/T 17461—1998	金属覆盖层 铅-锡合金电镀层
GB/T 17462—1998	金属覆盖层 锡-镍合金电镀层
GB/T 18592—2001	金属覆盖层 钢铁制品热浸镀铝 技术条件
GB/T 18593—2010	熔融结合环氧粉末涂料的防腐蚀涂装
GB/T 18681—2002	热喷涂 低压等离子喷涂 镍-钴-铬-铝-钇-钽合金涂层
GB/T 18682—2002	物理气相沉积 TiN 薄膜 技术条件
GB/T 18683—2002	钢铁件激光表面淬火
GB/T 18684—2002	锌铬涂层 技术条件

标准编号	标准名称
GB/T 19349—2012	金属和其他无机覆盖层 为减少氢脆危险的钢铁预处理
GB/T 19350—2012	金属和其他无机覆盖层 为减少氢脆危险的涂覆后钢铁的处理
GB/T 19352.1—2003	热喷涂 热喷涂结构的质量要求 第1部分:选择和使用指南
GB/T 19352.2—2003	热喷涂 热喷涂结构的质量要求 第2部分:全面的质量要求
GB/T 19352.3—2003	热喷涂 热喷涂结构的质量要求 第3部分:标准的质量要求
GB/T 19352.4—2003	热喷涂 热喷涂结构的质量要求 第4部分:基体的质量要求
GB/T 19355—2003	钢铁结构耐腐蚀防护 锌和铝覆盖层指南
GB/T 19822—2005	铝及铝合金硬质阳极氧化膜规范
GB/T 19823—2005	热喷涂 工程零件热喷涂涂层的应用步骤
GB/T 19824—2005	热喷涂 热喷涂操作人员考核要求
GB/T 20015—2005	金属和其他无机覆盖层 电镀镍、自催化镀镍、电镀铬及最后精饰 自动控制喷丸硬化前处理
GB/T 20016—2005	金属和其他无机覆盖层 不锈钢部件平整和钝化的电抛光法
JB/T 10620—2006	金属覆盖层 铜-锡合金电镀层
QB/T 4188—2011	贵金属覆盖层饰品 电镀通用技术条件
SJ 20818—2002	电子设备的金属镀覆及化学处理

3. 镀层及镀液性能检测技术标准

标准编号	标准名称
GB/T 4955—2005	金属覆盖层 覆盖层厚度测量 阳极溶解库仑法
GB/T 4956—2003	磁性基体上非磁性覆盖层 覆盖层厚度测量 磁性法
GB/T 4957—2003	非磁性基体金属上非导电覆盖层 覆盖层厚度测量 涡流法
GB/T 5270—2005	金属基体上的金属覆盖层 电沉积层和化学沉积层 附着强度试验方法评述
GB/T 6461—2002	金属基体上金属和其他无机覆盖层 经腐蚀试验后的试样和试件的评级
GB/T 6462—2005	金属和氧化物覆盖层 厚度测量 显微镜法
GB/T 6463—2005	金属和其他无机覆盖层 厚度测量方法评述
GB/T 6465—2008	金属和其他无机覆盖层 腐蚀膏腐蚀试验(CORR 试验)
GB/T 6466—2008	电沉积铬层 电解腐蚀试验(EC 试验)
GB/T 6808—1986	铝及铝合金阳极氧化 着色阳极氧化膜耐晒度的人造光加速试验
GB/T 8014.3—2005	铝及铝合金阳极氧化膜的试验方法 第3部分:分光束显微法
GB/T 8642—2002	热喷涂 抗拉结合强度的测定
GB/T 8752—2006	铝及铝合金阳极氧化 薄阳极氧化膜连续性检验方法 硫酸铜法
GB/T 8753.3—2005	铝及铝合金阳极氧化 氧化膜封孔质量的评定方法 第3部分:导纳法
GB/T 8753.4—2005	铝及铝合金阳极氧化 氧化膜封孔质量的评定方法 第4部分:酸处理后的染色斑点法
GB/T 8754—2006	铝及铝合金阳极氧化 阳极氧化膜绝缘性的测定 击穿电位法
GB/T 9789—2008	金属和其他非有机覆盖层 通常凝露条件下的二氧化硫腐蚀试验
GB/T 9790—1988	金属覆盖层及其他有关覆盖层 维氏和努氏显微硬度试验
GB/T 9791—2003	锌、镉、铝-锌合金和锌-铝合金的铬酸盐转化膜 试验方法
GB/T 9792—2003	金属材料上的转化膜 单位面积膜层质量的测定 重量法
GB/T 10125—2012	人造气氛腐蚀试验 盐雾试验

标准编号	标准名称
GB/T 11374—2012	热喷涂涂层厚度的无损测量方法
GB/T 11377—2005	金属和其他无机覆盖层 储存条件下腐蚀试验的一般规则
GB/T 11378—2005	金属覆盖层 覆盖层厚度测量 轮廓仪法
GB/T 12305.6—1997	金属覆盖层 金和金合金电镀层的腐蚀方法 第6部分:残留盐的测定
GB/T 12334—2001	金属和其他非有机覆盖层 关于厚度测量的定义和一般规则
GB/T 12609—2005	电沉积金属覆盖层和有关精饰 计数抽样检查程序
GB/T 12967.1—2008	铝及铝合金阳极氧化膜检测方法 第1部分:用喷磨试验仪测定阳极氧化膜的平均耐磨性
GB/T 12967.4—2014	铝及铝合金阳极氧化膜检测方法 第4部分:着色阳极氧化膜耐紫外光性能的测定
GB/T 13744—1992	磁性和非磁性基体上镍电镀层厚度的测量
GB/T 13825—2008	金属覆盖层 黑色金属材料热镀锌层单位面积质量测定 称量法
GB/T 14293—1998	人造腐蚀试验 一般要求
GB/T 14165—2008	金属和合金 大气腐蚀试验 现场试验的一般要求
GB/T 15821—1995	金属覆盖层 延展性测量方法
GB/T 15957—1995	大气环境腐蚀性分类
GB/T 16545—2015	金属和合金的腐蚀 腐蚀试样上腐蚀产物的清除
GB/T 16745—1997	金属覆盖层 产品钎焊性的标准试验方法
GB/T 16921—2005	金属覆盖层 覆盖层厚度测量 X射线光谱方法
GB/T 17720—1999	金属覆盖层 孔隙率试验评述
GB/T 17721—1999	金属覆盖层 孔隙率试验 铁试剂试验
GB/T 18179—2000	金属覆盖层 孔隙率试验 潮湿硫(硫华)试验
GB/T 19351—2003	金属覆盖层 金属基体上金覆盖层孔隙率的测定 硝酸蒸气试验
GB/T 19353—2003	搪玻璃釉 密封系统中的腐蚀试验
GB/T 19354—2003	铝搪瓷 在电解液作用下 铝上瓷层密着性的测定(剥落试验)
GB/T 19746—2005	金属和合金的腐蚀 盐溶液周浸试验
GB/T 20017—2005	金属和其他无机覆盖层 单位面积质量的测定 重量法和化学分析法评述
GB/T 20018—2005	金属与非金属覆盖层 覆盖层厚度测量 β射线背散射法
GB/T 8014.3—2005	铝及铝合金阳极氧化膜的试验方法 第3部分:分光束显微法
JB/T 7503—1994	金属覆盖层横断面厚度扫描电镜 测量方法
JB/T 8424—1996	金属覆盖层和有机涂层 天然海水腐蚀试验方法
QB/T 3825—1999	轻工产品镀锌白色钝化膜的存在试验及耐腐蚀试验方法
QB/T 3831—1999	轻工产品金属镀层和化学处理层的抗变色腐蚀试验方法 硫化氢试验法
HB 5067.1—2005	镀覆工艺氢脆试验 第1部分:机械方法
HB 5067.2—2005	镀覆工艺氢脆试验 第2部分:测氢仪方法
4. 职业安全卫生法规及标准	
安全卫生有关法规	中华人民共和国安全生产法
安全卫生有关法规	中华人民共和国职业病防治法
安全卫生有关法规	作业场所安全使用化学品公约(第170号国际公约)
安全卫生有关法规	危险化学品管理条例(国务院344号令)

续表

标准编号	标准名称
安全卫生有关法规	使用有毒物品作业场所劳动保护条例(国务院 352 号令)
安全卫生有关法规	作业场所安全使用化学品建议书(国际劳工组织第 177 号建议书)
清洁生产法规	中华人民共和国清洁生产促进法
HJ/T 314—2006	清洁生产标准 电镀行业
HJ 450—2008	清洁生产标准 印刷电路板制造业
GB 2893—2008	安全色
GB 2894—2008	安全标志及其使用导则
GB 3883.1—2014	手持式 可移式电动工具和园林工具的安全 第 1 部分 通用要求
GB 4053.3—2009	固定式钢梯及平台安全要求 第 3 部分:工业防护栏杆及钢平台
GB 5083—1999	生产设备安全卫生设计总则
GB/T 11375—1999	金属和其他无机覆盖层 热喷涂 操作安全
GB/T 11651—2008	个体防护装备选用规范
GB 12158—2006	防静电事故通用导则
GB 12801—2008	生产过程安全卫生要求总则
GB 13690—2009	化学品分类和危险性公示通则
GB/T 13869—2008	用电安全导则
GB 15603—1995	常用化学危险品储存通则
GB 15630—1995	消防安全标志设置要求
GB 17914—2013	易燃易爆性商品储存养护技术条件
GB 17915—2013	腐蚀性商品储存养护技术条件
GB 17916—2013	毒害品商品储存养护技术条件
GB 18568—2001	加工中心 安全防护技术条件
GB/T 18664—2002	硫内橡胶工业用抗静电和导电产品 电阻极限范围
AQ 3019—2008	电镀化学品运输、储存、使用安全规程
AQ 5202—2008	电镀生产安全操作规程
AQ 5203—2008	电镀生产装置安全技术条件
AQ 4250—2015	电镀工艺防尘防毒技术规范
GBZ 158—2003	工作场所职业病危害警示标识
5. 其他相关标准	
GB/T 250—2008	纺织品 色牢度试验 评定变色用灰色样
GB/T 730—2008	纺织品 色牢度试验 蓝色羊毛标样(1～7)级的品质控制
GB 3096—2008	噪声环境质量标准
GB 3805—2008	特低电压(ELV)
GB 3838—2002	地面水环境质量标准
GB 5749—2006	生活饮用水卫生标准
GB 7231—2003	工业管道的基本识别色、识别符号和安全标记
GB 12348—2008	工业企业厂界环境噪声排放标准
GB/T 13277.1—2008	压缩空气 第 1 部分:污染物净化等级

续表

标准编号	标准名称
GB/T 15957—1995	大气环境腐蚀分类
GB/T 16716.1—2008	包装与包装废弃物 第1部分:处理与利用原则
GB 21900—2008	电镀污染物排放标准
GB 50016—2014	建筑设计防火规范
GB 50033—2013	建筑采光设计标准
GB 50034—2013	建筑照明设计标准
GB 50046—2008	工业建筑防腐蚀设计规范
GB 50055—2011	通用用电设备配电设计规范
GB 50057—2010	建筑防雷设计规范
GB 50058—2014	爆炸危险环境电力装置设计规范
GB 50136—2011	电镀废水治理设计规范
GB 50681—2011	机械工业厂房建筑设计规范
GB/T 50087—2013	工业企业噪声控制设计规范
GBZ 1—2010	工业企业设计卫生标准
GBZ 2.1—2007	工业场所有害因素职业接触限值 第1部分:化学有害因素
GBZ 2.2—2007	工业场所有害因素职业接触限值 第2部分:物理因素
JBJ16—2000	机械工业环境保护设计规范
JBJ18—2000	机械工业职业安全卫生设计规范
JBJ/T 1—1994	机械工厂办公与生活建筑设计标准
JBJ/T 2—2000 J39—2000	机械工厂年时基数设计标准
JBJ 14—2004	机械工业节能设计规定
JBJ 35—2004	机械工业建设工程设计文件深度规定
GBJ 50140—2005	建筑灭火器配置设计规范
HJ2002—2010	电镀废水治理工程技术规范

注:上表中列出可供检索查阅用的国家和行业等的电镀标准、规范及设计相关标准,由于标准经常在更改更新,使用时应加以核对,以便使用的是当时有效的标准。